Klaus Hengesbach, Peter Hille, Jürgen Lehberger,
Detlef Müser, Georg Pyzalla, Walter Quadflieg, Werner Schilke

Zerspanungsmechanik

Lernfelder 1 bis 13
Grund- und Fachwissen

2. Auflage

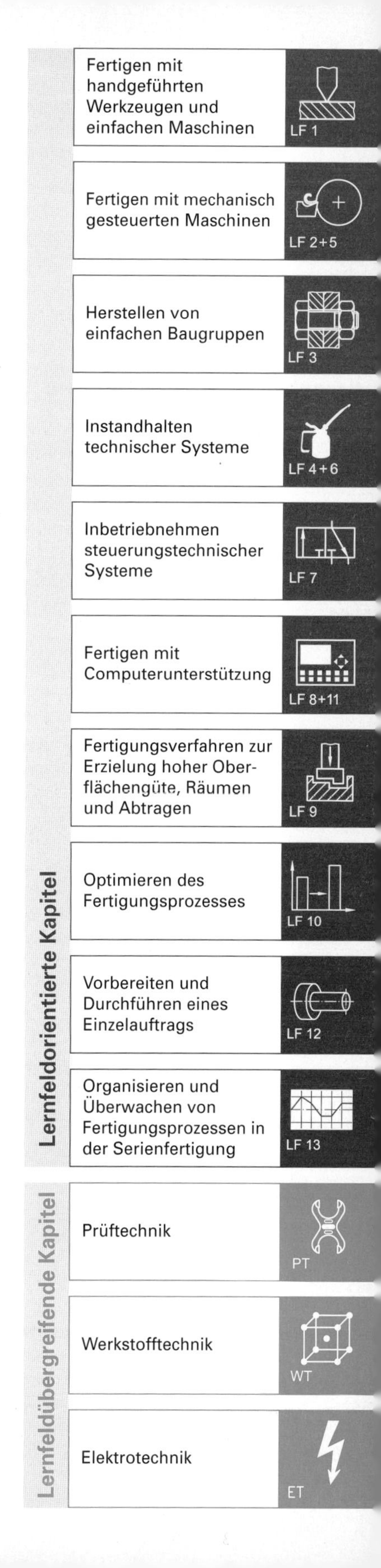

Bestellnummer 55300

Haben Sie Anregungen oder Kritikpunkte zu diesem Produkt?
Dann senden Sie eine E-Mail an 55300_002@bv-1.de
Autoren und Verlag freuen sich auf Ihre Rückmeldung.

www.bildungsverlag1.de

Bildungsverlag EINS GmbH
Hansestraße 115, 51149 Köln

ISBN 978-3-427-**55300**-7

Hinweise für den Benutzer

Das Lernpaket „Zerspanungsmechanik" besteht aus den zwei Büchern:

- Zerspanungsmechanik Lernfelder 1 bis 13 – **Grund- und Fachwissen** (55300)
- Zerspanungsmechanik Lernfelder 1 bis 13 – **Aufgabenband** (55310)

Das vorliegende Buch **„Zerspanungsmechanik Grund- und Fachwissen"** enthält Sachinformationen, die notwendig sind, um Lernsituationen in den Lernfeldern 1 bis 13 zu bearbeiten. Um diese fachlichen Informationen zusammenhängend darzustellen und die systematische Suche von Informationen zu erleichtern, wurde in diesem Buch die Gliederung durchweg nach Lernfeldern und nach Lernfeldbereichen vorgenommen. Einige Bereiche sind lernfeldübergreifend behandelt.
Die mathematischen Inhalte der einzelnen Kapitel sind im Inhaltsverzeichnis mit dem Buchstaben **M** gekennzeichnet.

Kenn-zeichnung	Lernfeld-zuordnung	Kapitel
A	LF 1	Fertigen mit handgeführten Werkzeugen
B	LF 2 + LF 5	Fertigen mit Werkzeugmaschinen
C	LF 3	Herstellen von einfachen Baugruppen
D	LF 4 + LF 6	Instandhalten technischer Systeme
E	LF 7	Inbetriebnehmen steuerungstechnischer Systeme
F	LF 8 + LF 11	Fertigen mit Computerunterstützung
G	LF 9	Feinbearbeitungsverfahren zur Erzielung hoher Oberflächengüte
H	LF 10	Optimieren des Fertigungsprozesses
J	LF 12	Vorbereiten und Durchführen eines Einzelauftrags
K	LF 13	Organisieren und Überwachen von Fertigungsprozessen in der Serienfertigung
PT	lernfeldübergreifend	Prüftechnik
WT	lernfeldübergreifend	Werkstofftechnik
ET	lernfeldübergreifend	Elektrotechnik

Jedes Kapitel wird mit einer Handlungsstruktur eingeleitet, die den Umgang mit dem dargebotenen Lernstoff näher darstellt. In der Fußnote dieser Einleitungsseite werden die zum jeweiligen Kapitel gehörenden Lernsituatioen im Buch **„Zerspanungsmechanik Aufgabenband"** *angegeben.*

*Das zugehörige Buch **„Zerspanungsmechanik Aufgabenband"**, Bestellnummer 55310, ist im ersten Teil nach Lernfeldern 1 bis 13 gegliedert. Hier wird der Lernstoff in praxisnahen Lernsituationen angewandt und eingeübt.*
Im zweiten Teil des Aufgabenbandes befinden sich Übungsaufgaben, auf die im Buch „Zerspanungsmechanik Grund- und Fachwissen" in den entsprechenden Kapiteln verwiesen wird. Die vielseitig gestalteten Übungsaufgaben ergänzen und vertiefen den Lernstoff.
*Im dritten Teil des Aufgabenbandes folgt ein umfangreicher Kurs Mathematik. Zum leichteren Auffinden der Übungsaufgaben, z. B. **Übungsaufgaben A-6; A-7**, sind diese auf der entsprechenden Seite des Lehrbuchs aufgeführt. Bei der Nummerierung der Aufgaben gibt der Buchstabe die Kapitelnummer innerhalb der Lernfelder und die Buchstabengruppe das lernfeldübergreifende Kapitel an. Die folgende Ziffer ist die fortlaufende Nummer innerhalb des jeweiligen Kapitels.*

***Unterrichtsbegleitmaterial** auf CD-ROM erhält der Lehrer unter der Bestellnummer 55311 mit folgendem Inhalt:*

- *didaktische Hinweise für den Unterricht,*
- *Lösungsvorschläge zu den Lernsituationen,*
- *Handlungssituationen zu den Lernfeldern,*
- *Lösungen zu den Übungsaufgaben,*
- *Vorlagen für Folien bzw. für den Einsatz mit einem Beamer.*
- *Ausgewählte Simulationen der Programme für Dreh- und Fräszyklen.*

Inhaltsverzeichnis

Herstellen von einfachen Baugruppen LF 3

Instandhalten LF 4 + LF 6

Inbetriebnehmen steuerungstechnischer Systeme LF 7

Fertigen mit Computerunterstützung LF 8+LF 11

Die in diesem Kapitel aufgeführten Programme für Dreh- und Fräszyklen erhalten Sie auch als Simulation in BuchPlusWeb und auf der DVD im Aufgabenband 55310.

Fertigungsverfahren zur Erzielung hoher Oberflächengüte, Räumen und Abtragen LF 9

Optimieren des Fertigungsprozesses LF 10

Vorbereiten und Durchführen eines Einzelfertigungsauftrags LF 12

Organisieren und Überwachen von Fertigungsprozessen in der Serienfertigung LF 13

Prüftechnik PT

Werkstofftechnik WT

Elektrotechnik ET

Handlungsfeld: Werkstücke durch Spanen und Biegeumformen herstellen

Problemstellung

Auftrag

Auftrag:
3 Winkel fertigen
Werkstoff S235

Termin: 04.03. ...

Zeichnung

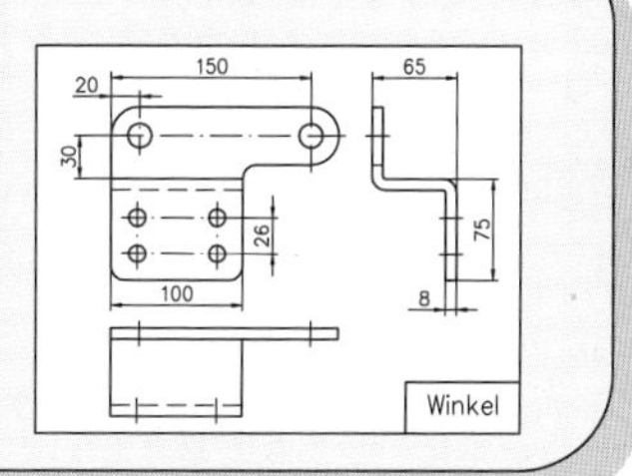

Vorgaben:
- Werkstückzeichnung (Form, Maße, Toleranzen)
- Werkstoff
- Stückzahl
- Termine

Analysieren

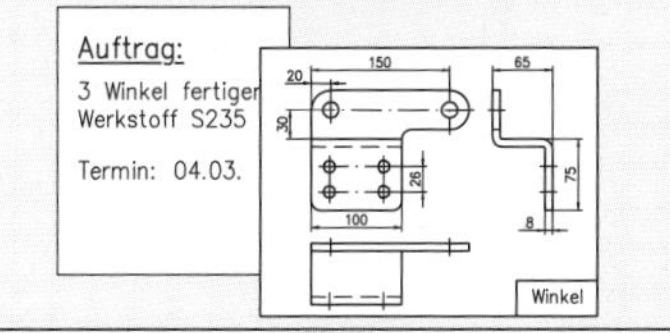

Ergebnisse:
- mögliche Fertigungsverfahren und Abfolge
- Rohteil (Form, Maße)

Vorgaben:
- Rohteil (Form, Maße)
- mögliche Fertigungsverfahren

Planen

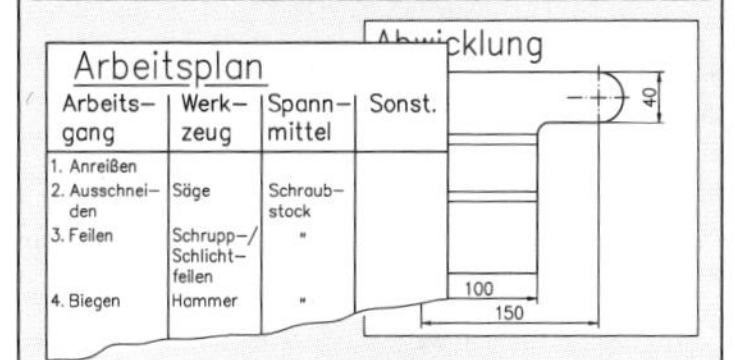
Arbeitsplan

Arbeitsgang	Werkzeug	Spannmittel	Sonst.
1. Anreißen			
2. Ausschneiden	Säge	Schraubstock	
3. Feilen	Schrupp-/Schlichtfeilen	"	
4. Biegen	Hammer	"	

Ergebnisse:
- Arbeitsplan mit
  - Fertigungsverfahren
  - Werkzeugen
  - Spannmitteln
  - Hilfsmitteln
- Hinweise zu Arbeitssicherheit
- Prüfplan

Vorgaben:
- Arbeitsplan
- Hinweise zur Arbeitssicherheit
- Rohteil
- Werkzeuge u. a.

Fertigen

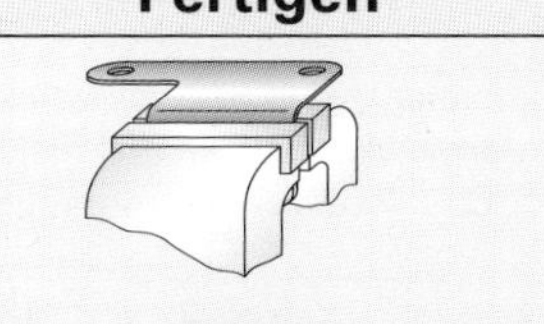

Ergebnisse:
- Werkstück
- Reststoffe
- benötigte Fertigungszeit
- Werkzeugabnutzung u. a.

Vorgaben
- Werkstück
- Werkstückzeichnung
- Prüfplan
- Verbrauch

Kontrollieren/Bewerten

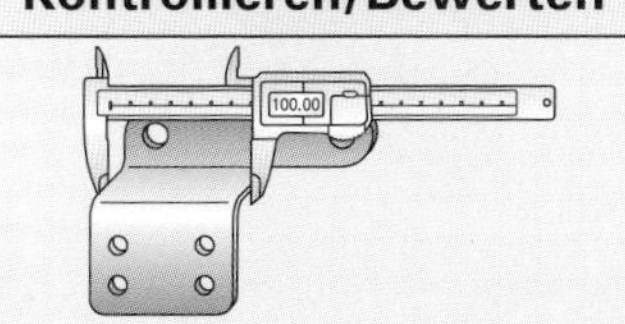

Bewertung des Produkts:
- Maße
- Form
- Oberfläche

Bewertung des Arbeitsverfahrens:
- Güte der Planung
- Arbeitszeit
- Kosten

1 Einteilung der Fertigungsverfahren

Bei der Fertigung von Maschinen, Geräten und Gebrauchsgütern werden viele unterschiedliche Verfahren angewendet. Fertigungsverfahren sind nach DIN 8580 in 6 Hauptgruppen eingeteilt:

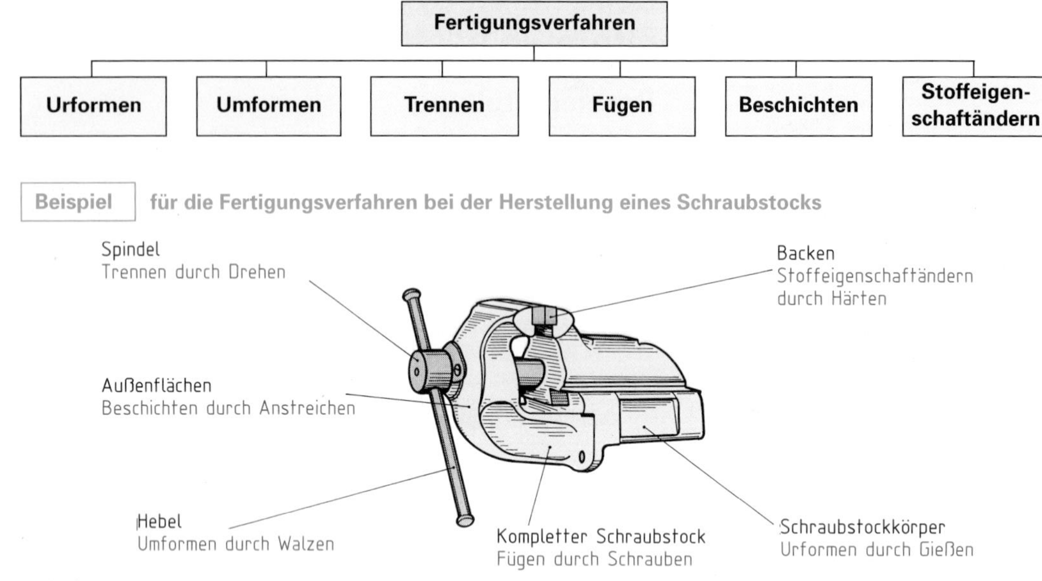

- **Urformen**

Alle Fertigungsverfahren, in denen aus formlosem Stoff ein Werkstück hergestellt wird, bezeichnet man als Urformverfahren. In diesen Verfahren wird der *Zusammenhalt* der Stoffteilchen *geschaffen*.

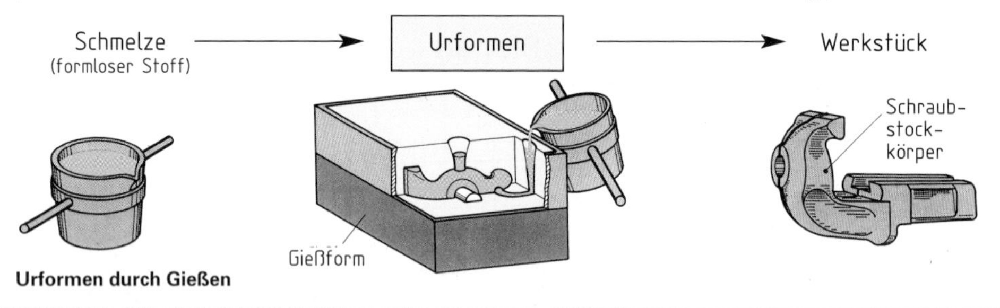

Urformen durch Gießen

Beim Urformen werden Werkstücke aus formlosen Stoffen, wie z.B. Schmelzen, erzeugt.

- **Umformen**

Man nennt alle Fertigungsverfahren, in denen Werkstücke aus festen Rohteilen durch bleibende Formänderung erzeugt werden, Umformverfahren. Das Volumen des Rohteils ist gleich dem Volumen des Fertigteils.

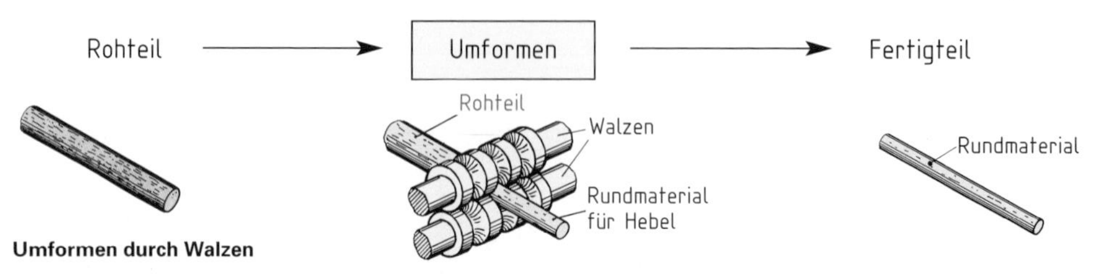

Umformen durch Walzen

Beim Umformen wird die Form eines festen Rohteils bleibend verändert, ohne dass Werkstoffteilchen abgetrennt werden.

- **Trennen**

Alle Verfahren, in denen die Form eines Werkstücks durch die *Aufhebung* des *Werkstoffzusammenhalts* an der Bearbeitungsstelle geändert wird, nennt man Trennverfahren.

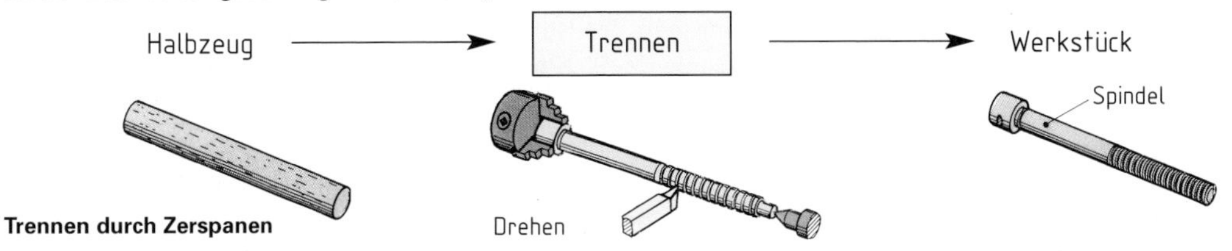

Trennen durch Zerspanen

Beim Trennen werden Werkstücke meist durch Zerteilen von Rohteilen oder durch Abtrennen von Spänen gefertigt.

- **Stoffeigenschaftändern**

Beim Härten der Schraubstockbacken werden Kohlenstoffatome im Stahl umgelagert. Dadurch werden die Eigenschaften des Stahls geändert. Alle Verfahren, in denen die *Eigenschaften* von Werkstoffen *geändert werden,* bezeichnet man als Stoffeigenschaftändern.

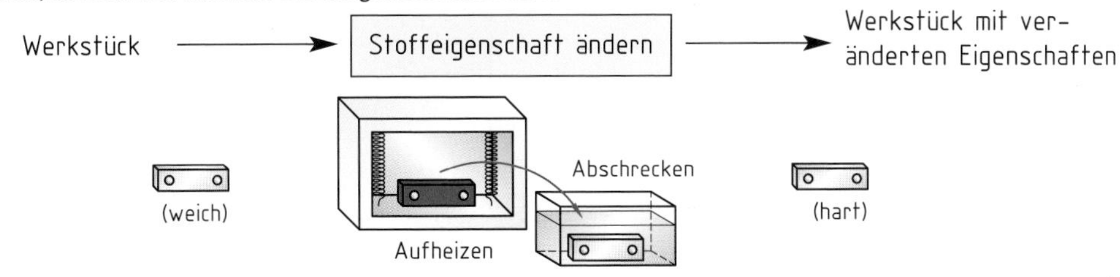

Beim Stoffeigenschaftändern erhalten Werkstücke veränderte Stoffeigenschaften.

- **Beschichten**

Alle Verfahren, in denen man auf Oberflächen von Werkstücken *Schichten aufträgt,* bezeichnet man als Beschichtungsverfahren.

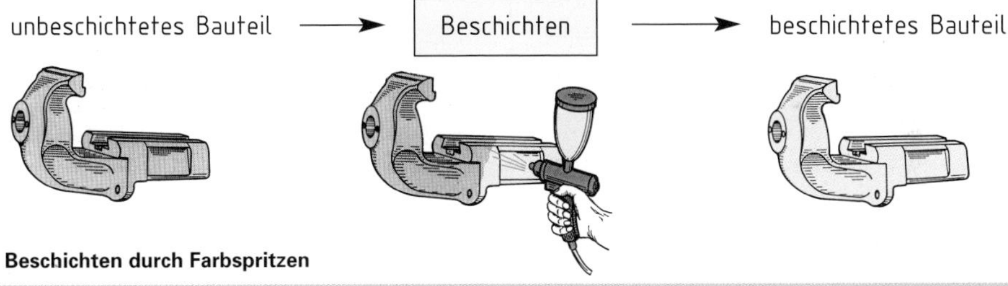

Beschichten durch Farbspritzen

Beim Beschichten wird auf Werkstücke eine fest haftende Schicht aus anderen Stoffen aufgetragen.

- **Fügen**

Alle Fertigungsverfahren, bei denen *aus Einzelteilen größere Baueinheiten* zusammengebaut oder verbunden werden, bezeichnet man als Fügeverfahren.

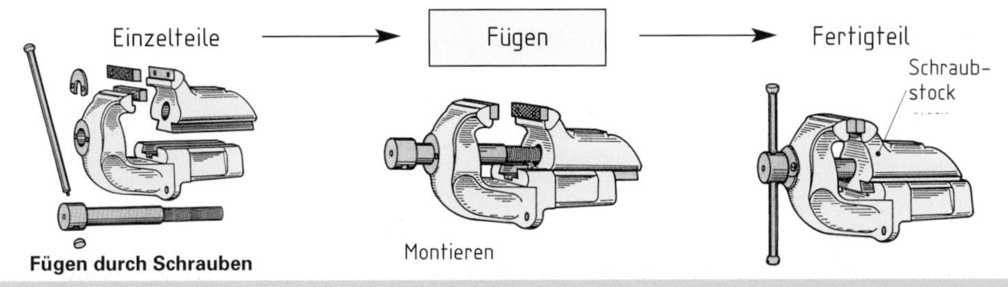

Fügen durch Schrauben

Beim Fügen werden Werkstücke miteinander verbunden.

2 Vorbereitende Arbeiten zur Fertigung von Werkstücken

Zur Vorbereitung bestimmter Fertigungsschritte werden Bohrungsmitten und Werkstückkonturen gemäß der Zeichnungsangaben auf die Rohteile übertragen. Die Rohteile werden dazu entsprechend angerissen und mit Körnungen versehen. Damit die Risslinie deutlich sichtbar wird, bestreicht man die Werkstückoberfläche z. B. mit Schlämmkreide. Leichtmetalle oder glatte Metalloberflächen kann man mit farbigen Anrießlack besprühen, blanke Stahlflächen lassen sich mit Kupfersulfat (Kupfervitriol) verkupfern.

Beispiel zur Vorbereitung von Fertigungsschritten durch Anreißen und Körnen

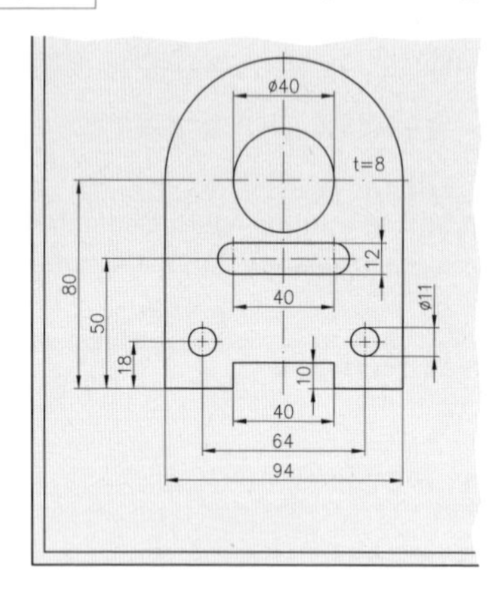

Zeichnung

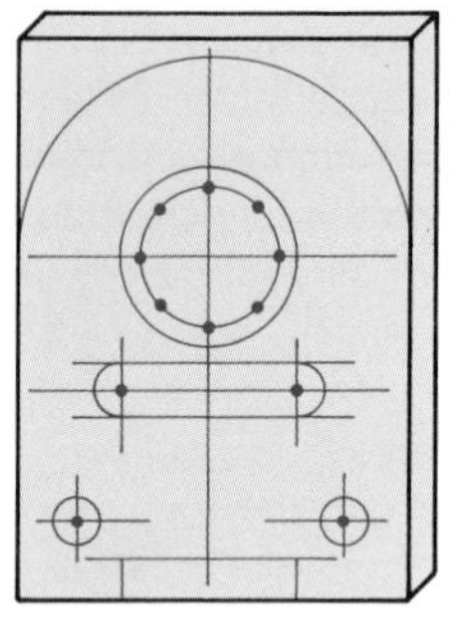
Rohteil mit Anrisslinien und Körnungen

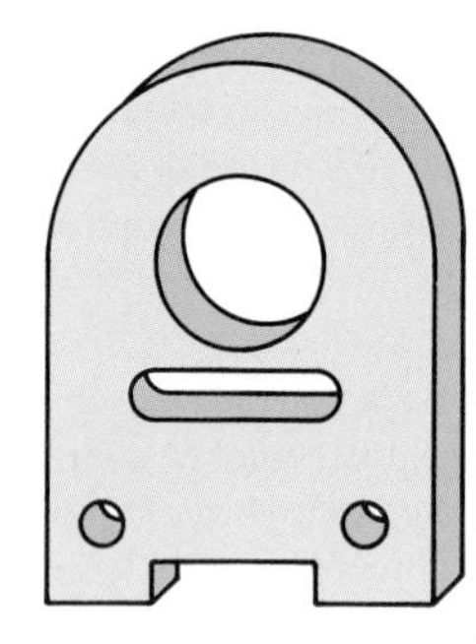
Fertigteil

2.1 Anreißen

- **Maßbezugsebenen**

Das Übertragen der Maße auf das Rohteil erfolgt von zwei oder drei Ebenen aus. Diese Ebenen bezeichnet man als **Maßbezugsebenen.** Zweckmäßigerweise werden äußere Flächen als Maßbezugsebenen gewählt. Meist werden diese Flächen vor dem Anreißen so bearbeitet, dass sie eben und winklig sind. Bei symmetrischen Werkstücken legt man auch Maßbezugsebenen in die Werkstückmitte.

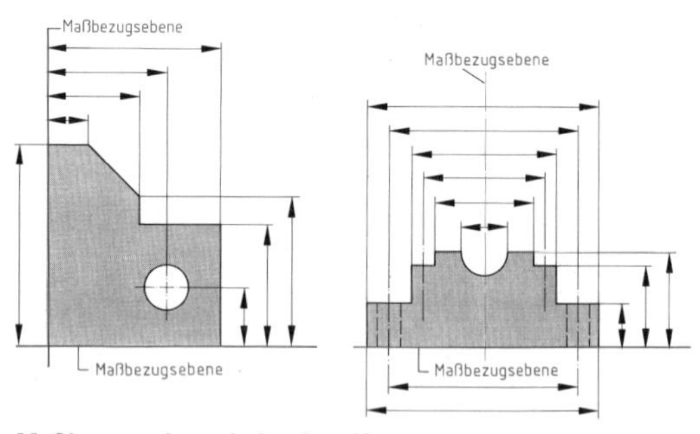

Maßbezugsebene beim Anreißen

- **Anreißwerkzeuge**

Beim Anreißen werden mit Reißnadeln Risslinien auf den Werkstücken erzeugt. Dazu verwendet man meist gehärtete Stahlreißnadeln bzw. Reißnadeln mit Hartmetallspitzen. Die genannten Reißnadeln sind härter als das Werkstück und ritzen die Werkstückoberfläche ein. Manchmal sind solche Einkerbungen unerwünscht, weil sie das Aussehen und die Festigkeit eines Bauteils beeinträchtigen. Zur Vermeidung von Beschädigungen der Werkstückoberfläche verwendet man auch Messingreißnadeln oder Bleistifte.

Reißnadel mit auswechselbarer Hartmetallmine

gerade Reißnadel aus gehärtetem Stahl oder Messing

Winkelreißnadel

Reißnadelarten

Anreißwerkzeuge sind so auszuwählen, dass möglichst keine Beschädigung der Randschicht eintritt, durch die Festigkeit und Aussehen beeinträchtigt werden.

Übungsaufgabe A-2

- **Anreißverfahren**

Anreißen von Parallelrissen auf der Anreißplatte

Beim Anreißen auf der Anreißplatte werden Linien, die parallel zur Plattenoberfläche verlaufen, mit Parallelreißern ausgeführt.
Parallelreißer eignen sich besonders für Anreißarbeiten, bei denen mehrere Parallelrisse zu einer Bezugsebene auszuführen sind. Das Werkstück liegt mit einer Bezugsebene auf der Anreißplatte auf, das Abstandsmaß zur Bezugsebene wird am Parallelreißer eingestellt. An modernen Geräten wird die Einstellung digital angezeigt.

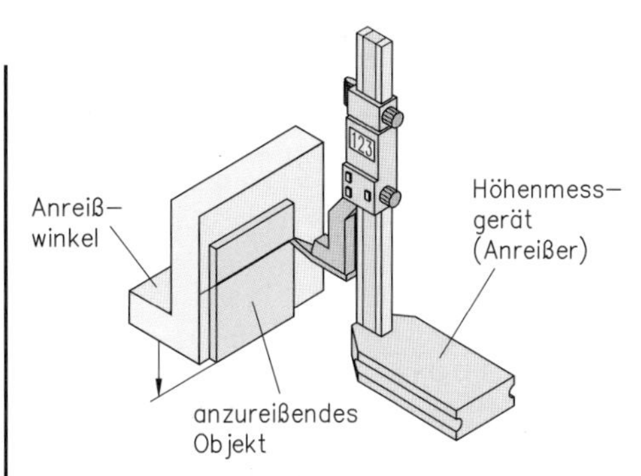

Anreißen von Parallelen

Anreißen von Profilstäben und Blechen

An langen Profilstäben und großen Blechen werden parallel zu einer Werkstückkante verlaufende Längsrisse mithilfe von **Streichmaßen** angerissen. Auf dem verschiebbaren Stabmaß wird der Abstand vom Anschlag bis zur eingespannten Reißnadel direkt eingestellt. Das Streichmaß wird mit seinem Anschlag an der Maßbezugsebene entlang geführt.
Die rechtwinklig zur Bezugsebene verlaufenden Risse werden mithilfe eines Anschlagwinkels angerissen, nachdem z.B. mit einem Stahlmaß ein Bezugspunkt angetragen wurde.

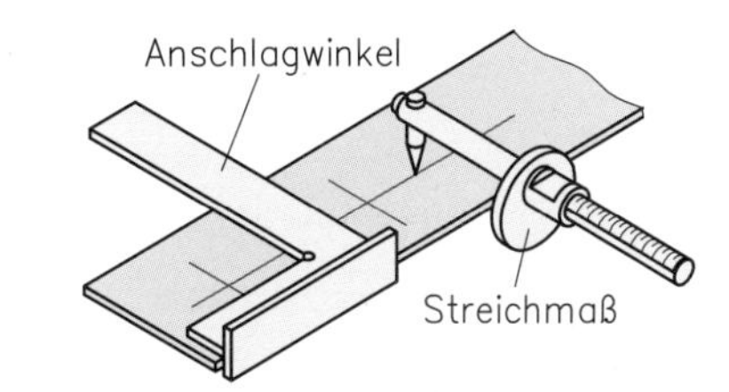

Anreißen mit Anschlagwinkel und Streichmaß

Anreißen von Gehrungsschnitten

Für die Fertigung von Schrägschnitten oder Ausklinkungen an Profilen müssen Risse erzeugt werden, die nicht rechtwinklig zur Längsrichtung des Werkstücks verlaufen. Dazu können feste Anschlagwinkel – wie z.B. der abgebildete Gehrungswinkel von 135° oder verstellbare Winkelmesser – verwendet werden. Je nach Lage einer 45°-Risslinie am Profilende benötigt man einen Gehrungswinkel von 135° oder 45°.

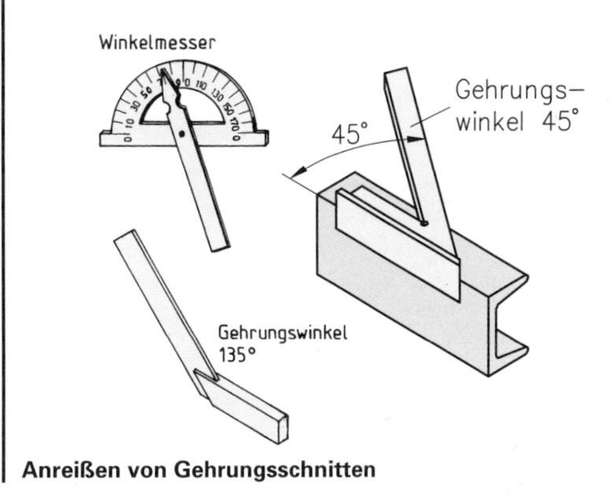

Anreißen von Gehrungsschnitten

Parallelrisse zu Längskanten erzeugt man mit einem Streichmaß. Querrisse und Schrägrisse erzeugt man mithilfe von festen Anschlagwinkeln oder Winkelmessern.

2.2 Körnen

Die beim Anreißen auf dem Werkstück erzeugten Risslinien werden meist durch Körnen ergänzt, um Bohrern und Zirkelspitzen eine sichere Führung zu geben.
Körner werden aus Werkzeugstahl hergestellt. Die Spitze ist gehärtet, sie hat einen Winkel von 60°. Beim Körnen werden durch Hammerschläge auf den Körnerkopf kleine kegelförmige Vertiefungen in die Werkstückoberfläche geschlagen. Beim Ansetzen des Körners wird er so geneigt, dass man einen freien Blick auf Risslinienkreuz und Körnerspitze hat. Beim Schlag muss der Körner senkrecht gehalten werden, da sonst die Spitze verläuft.

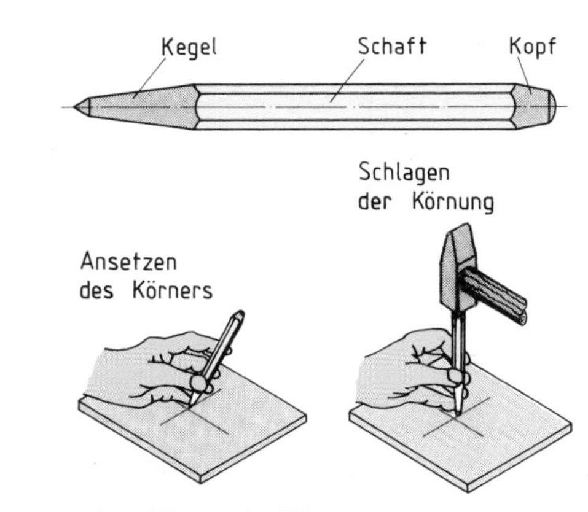

Körner und Ausführung des Körnens

Übungsaufgaben A-3; A-4

3 Verfahren des Trennens

3.1 Grundbegriffe zum Zerteilen und Spanen

Zur Herstellung von Maschinen, Werkzeugen und Vorrichtungen sind viele Einzelteile erforderlich. Aus wirtschaftlichen Gründen werden sie möglichst durch spanlose Fertigungsverfahren, wie z.B. Gießen, Schmieden und Walzen, so vorgearbeitet, dass nur geringe Werkstoffanteile durch Zerteilen und Spanen abgetrennt werden müssen. Die zum Trennen notwendigen Werkzeuge können von Hand oder mit Maschinenantrieb betätigt werden. Durch spanabhebene Bearbeitung können hohe Zerspanleistungen, große Form- und Maßgenauigkeiten und gute Oberflächenbeschaffenheiten erzielt werden.

Beispiele für die Verfahren des Spanens zur Fertigung einer Schraubzwinge

Rohteile

Fertigteil

Trennverfahren:

Bohren **Sägen** **Meißeln** **Schleifen**

Feilen **Gewindeschneiden** **Drehen** **Gewindeschneiden**

Beim Spanen trennen keilförmige Schneiden schichtweise den überschüssigen Werkstoff in Form von Spänen ab. Der Zusammenhalt der Werkstoffteilchen muss durch das eindringende Werkzeug überwunden werden. Die dazu erforderliche **Schnittkraft** F_c kann durch Muskel- oder Maschinenkraft aufgebracht werden.

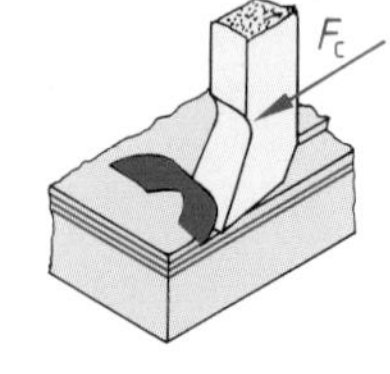

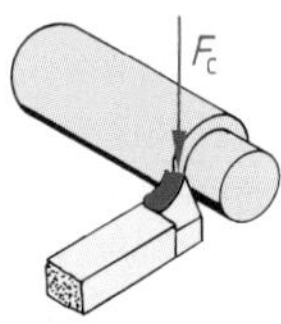

Kraftwirkung beim Spanen

Spanen ist ein Abtrennen von Werkstoffteilchen (Spänen) unter Einwirkung äußerer Kräfte mithilfe von keilförmigen Werkzeugschneiden. Die Spanabnahme erfolgt durch die Schnittbewegung zwischen Werkzeugschneide und Werkstück.

Übungsaufgabe A-5

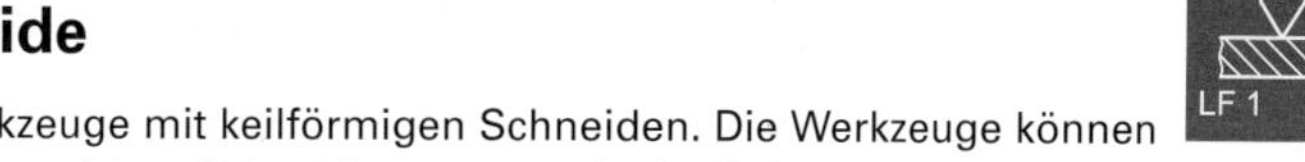

3.2 Keil als Werkzeugschneide

Zum Zerteilen und Spanen benötigt man Werkzeuge mit keilförmigen Schneiden. Die Werkzeuge können nur eine Schneide haben wie der Meißel oder mehrere Schneiden tragen wie der Bohrer oder das Sägeblatt.

Sind die Schneiden eines Werkzeugs in ihrer Form und Lage genau bestimmt, dann spricht man von **geometrisch bestimmten Schneiden**. Haben die Schneiden alle unterschiedliche Formen, wie z.B. die Körner einer Schleifscheibe, so spricht man von **geometrisch unbestimmten Schneiden**.

Beispiele für Schneidenzahl und Schneidenform bei Werkzeugen zum Zerteilen und Spanen

Verfahren	Meißeln	Bohren	Sägen	Schleifen
Schema				
Anzahl der Schneiden	eine	zwei	mehrere	viele
Form und Lage der Schneide	bestimmt	bestimmt	bestimmt	unbestimmt

Alle Werkzeuge zum Zerteilen und Spanen haben keilförmige Schneiden.

3.3 Kraft

Damit Werkzeuge mit ihren Schneiden beim Zerteilen und Spanen auf Rohteile Wirkungen erzielen, sind immer Kräfte erforderlich. Bei manchen Verfahren werden diese Kräfte von Menschen aufgebracht **(Fertigungsverfahren von Hand)**, bei anderen Verfahren wirken die Kräfte von Maschinen auf Werkzeuge ein **(maschinelle Fertigungsverfahren)**.

- **Kraftwirkungen**

Kräfte sind nicht sichtbar, man erkennt sie nur an den Auswirkungen.

- Durch die Wirkung der Muskelkraft wird z.B. Flachmaterial gebogen.
  Kräfte bewirken **Formänderungen.**
- Durch die Wirkung der Muskelkraft wird z.B. ein Hammer aus der Ruhe in eine schnelle Bewegung versetzt.
  Kräfte bewirken **Bewegungsänderungen.**

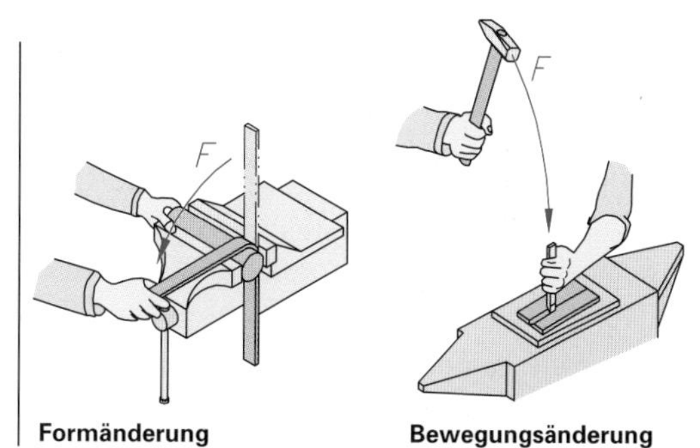

Formänderung **Bewegungsänderung**

Kräfte können die Form oder den Bewegungszustand von Körpern ändern.

- **Maßeinheit der Kraft**

Die **Maßeinheit der Kraft** ist das Newton N (sprich: njutn). Auf einen Körper mit der Masse m = 1 kg wirkt am 45. Breitengrad in Meereshöhe eine Gewichtskraft von F_G = 9,81 N.

Für die Technik ist in vielen Fällen bei der Gewichtskraftberechnung eine etwa 2%ige Ungenauigkeit von untergeordneter Bedeutung, sodass für die Masse m = 1 kg auf der Erdoberfläche näherungsweise eine Gewichtskraft von F_G = 10 N angenommen werden kann.

Auf einen Körper mit der Masse m = 1 kg wirkt am 45. Breitengrad in Meereshöhe eine Gewichtskraft von F_G = 9,81 N (näherungsweise F_G = 10 N).

Übungsaufgaben A-6; A-7

3.3.1 Kräftezerlegung am Keil

Wirkt eine Kraft auf einen Keil, so wird sie in Seitenkräfte zerlegt, die senkrecht auf den Wangen des Keiles stehen. Im Versuch kann man die Größe der Seitenkräfte messen.
Die Größe der Seitenkräfte kann zeichnerisch mithilfe des Kräfteparallelogrammes ermittelt werden.
Eine Änderung des Keilwinkels bewirkt auch eine Änderung der Seitenkräfte.

Beispiele für die Änderung der Seitenkräfte bei gleicher Kraft F = 10 N, aber unterschiedlichen Keilwinkeln β_0

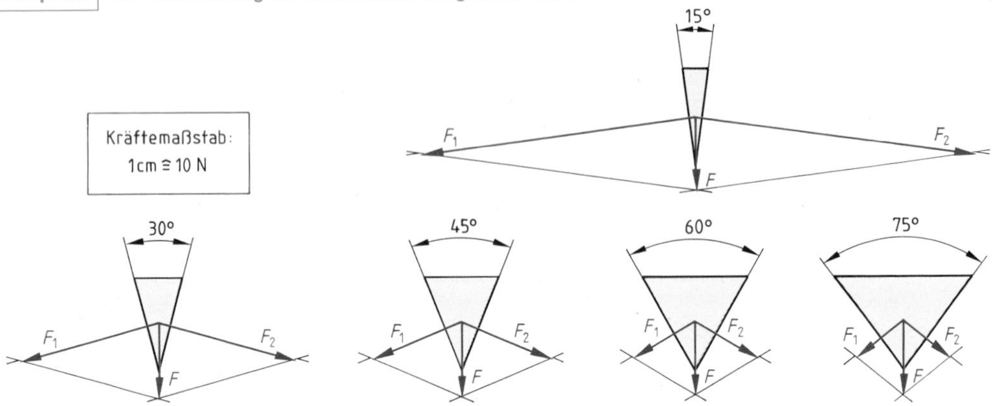

Kräftemaßstab: 1 cm ≙ 10 N

Keilwinkel β_0 Grad	Seitenkraft F_1 N	Seitenkraft F_2 N
15	38,3	38,3
30	19,3	19,3
45	13,1	13,1
60	10,0	10,0
75	8,3	8,3

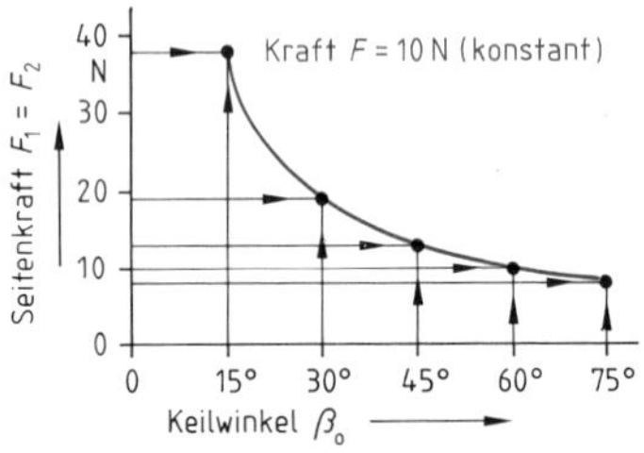

Bei gleichem Kraftaufwand erzielt man
- bei kleinen Keilwinkeln große Seitenkräfte,
- bei großen Keilwinkeln kleine Seitenkräfte.

3.3.2 Keilwinkel zur Bearbeitung unterschiedlicher Werkstoffe

Die Festlegung eines geeigneten Keilwinkels wird durch widersprüchliche Gesichtspunkte problematisch:
- Geringer Kraftaufwand erfordert einen kleinen Keilwinkel.
- Große Schneidenstabilität und große Schneidhaltigkeit erfordern einen großen Keilwinkel.

Es kann daher nur ein Kompromiss bei der Festlegung der Keilwinkelgröße geschlossen werden. Nur weiche Werkstoffe erlauben die Verwendung eines kleinen Keilwinkels. Harte Werkstoffe erfordern wegen der hohen Schneidenbeanspruchung einen großen Keilwinkel.

Die angegebenen Keilwinkel sind mittlere Werte für Werkzeuge zum Zerteilen. Da auch der Ablauf eines Fertigungsverfahrens Einfluss auf den Keilwinkel hat, können weitere Angaben nur bei den Verfahren gemacht werden.

Gebräuchliche Keilwinkel

Keilwinkel	Werkstoff
15°	Holz, Blei
30°	Aluminium, Kupfer
60°	Stahl mittlerer Festigkeit, Messing
80°	Stahl hoher Festigkeit

Für die Wahl des Keilwinkels gilt:
- harter Werkstoff → großer Keilwinkel, weicher Werkstoff → kleiner Keilwinkel.
- Keilwinkel β_0 so klein wie möglich, aber so groß wie nötig.

Übungsaufgaben A-8 bis A-11

3.4 Zerteilen durch Scherschneiden

3.4.1 Scherschneiden

Zerteilt man Halbzeuge zwischen zwei Schneiden, die sich aneinander vorbei bewegen, so spricht man von Scherschneiden.

Beispiele für das Scherschneiden

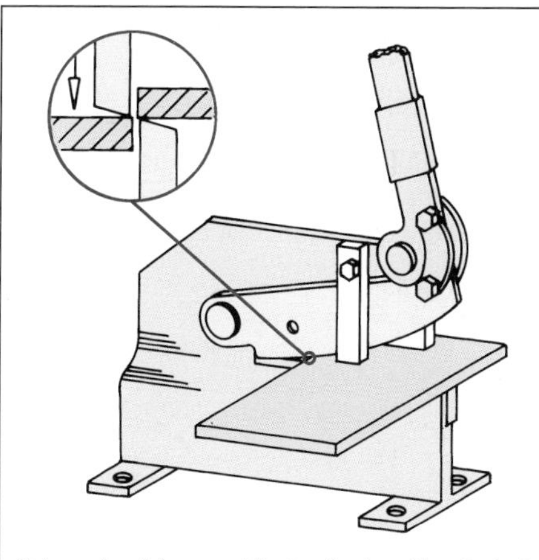

Scherschneiden von Blech mit einer Handhebelschere.

Kurze Schnitte an Blechen und Profilen zur Rohteilbearbeitung.

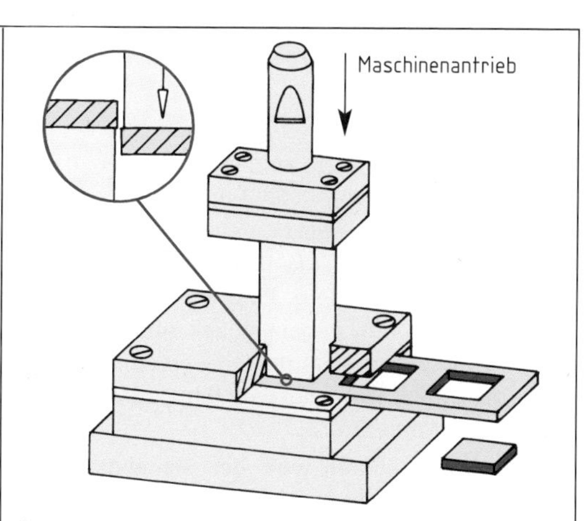

Scherschneiden von Werkstücken in hoher Stückzahl durch Formschneiden.

Wirtschaftliche Fertigung von hohen Stückzahlen mit hoher Form- und Maßgenauigkeit.

3.4.2 Scheren

- **Schervorgang**

Beim Zerteilen durch Scherschneiden bewegen sich zwei Schneiden aneinander vorbei und verschieben Werkstoffteilchen bis zur vollständigen Trennung gegeneinander.

Vorgang des Scherschneidens

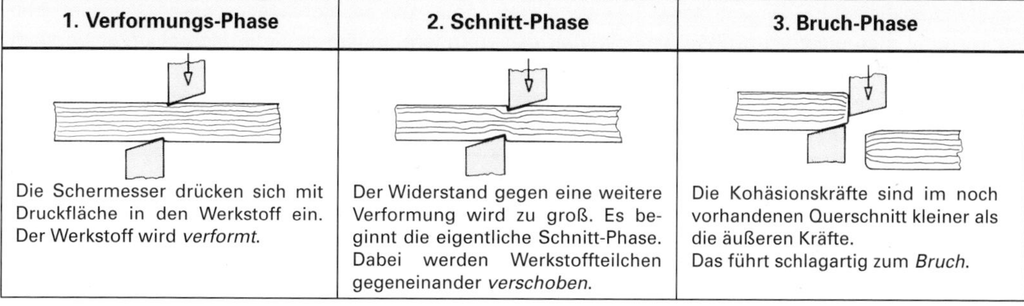

1. Verformungs-Phase	2. Schnitt-Phase	3. Bruch-Phase
Die Schermesser drücken sich mit Druckfläche in den Werkstoff ein. Der Werkstoff wird *verformt.*	Der Widerstand gegen eine weitere Verformung wird zu groß. Es beginnt die eigentliche Schnitt-Phase. Dabei werden Werkstoffteilchen gegeneinander *verschoben.*	Die Kohäsionskräfte sind im noch vorhandenen Querschnitt kleiner als die äußeren Kräfte. Das führt schlagartig zum *Bruch.*

Um eine Werkstofftrennung zu begünstigen, erhalten die Schermesser die dargestellte Form. Die Druckfläche wird um einen Winkel von etwa 5° geneigt. Dadurch dringt die Innenkante des Schermessers als Schneide in den Werkstoff ein. Damit die beiden inneren Seitenflächen der Schermesser nicht unnötig Reibung verursachen, wird ein Freiwinkel α_0 von 1,5° bis 3° angeschliffen. Für den Keilwinkel ergeben sich somit Werte von 82° bis 83,5°.

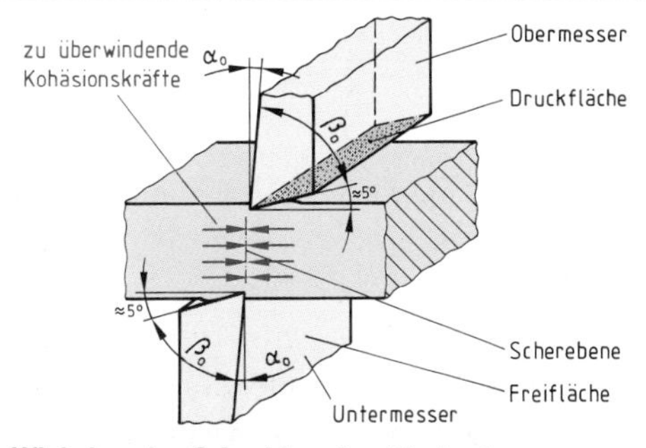

Winkel an den Schneiden einer Blechschere

Die Trennfläche zeigt die drei Bereiche *Verformung, Schnittfläche* und *Bruchfläche.* Der Anteil der drei Bereiche wird durch die Sprödigkeit des Werkstoffes beeinflusst. Bei spröden Werkstoffen wird der Anteil der Bruchfläche größer und der Anteil der Schnittfläche kleiner.

Trennfläche beim Scherschneiden

Einkerbung
Schnittfläche
Bruchfläche
Einkerbung

Beim Scherschneiden erfolgt die Trennung durch zwei Schneiden, welche die Werkstoffteilchen gegeneinander verschieben. Die Trennfläche zeigt Einkerbung, Schnittfläche und Bruchfläche.

- **Schneidspalt**

Die Schermesser müssen so geführt werden, dass zwischen den beiden Schneiden ein geringer Abstand vorhanden ist. Diesen Abstand nennt man Schneidspalt. Die Größe des Schneidspalts ist von der Werkstückdicke abhängig. Mit zunehmender Werkstückdicke nimmt die Größe des Schneidspalts zu.

- Ein zu enger Schneidspalt verursacht Reibung zwischen den Messern. Eine starke Abnutzung ist die Folge. Ein gegenseitiges Aufsetzen der Schermesser muss vermieden werden.
- Ein zu großer Schneidspalt führt zur Gradbildung am Werkstück.

Bei Maschinenscheren wird der Schneidspalt in Abhängigkeit von der Blechdicke eingestellt.

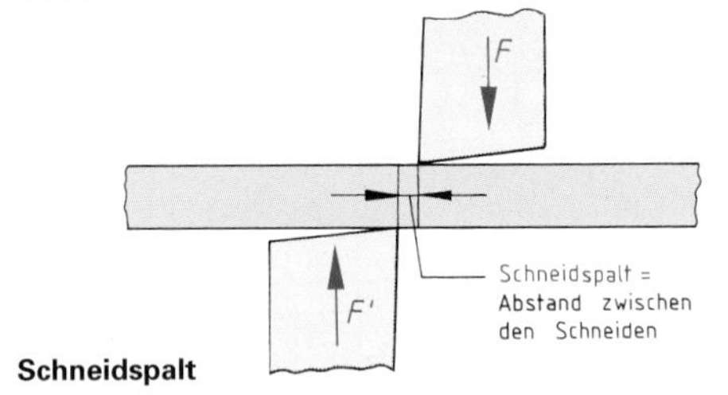

Schneidspalt

Der Abstand zwischen den Schneiden wird Schneidspalt genannt. Der Schneidspalt soll möglichst klein sein. Mit zunehmender Werkstoffdicke wird er größer eingestellt.

3.4.3 Scherenarten

- **Handblechscheren**

Alle Handblechscheren arbeiten nach dem Prinzip des kreuzenden Schnittes. Die beiden Schermesser bewegen sich um einen Drehpunkt und dringen allmählich in den Werkstoff ein. Als Folge des kreuzenden Schnittes sind die Schnittteile stark gekrümmt. Da die Handkraft des Menschen begrenzt ist, bestimmen Dicke und Festigkeit des Werkstoffes die Anwendungsmöglichkeit der Handblechscheren. Bei Handscheren versucht man einen zu großen Schneidspalt zu verhindern, indem man die Messer unter Vorspannung setzt.

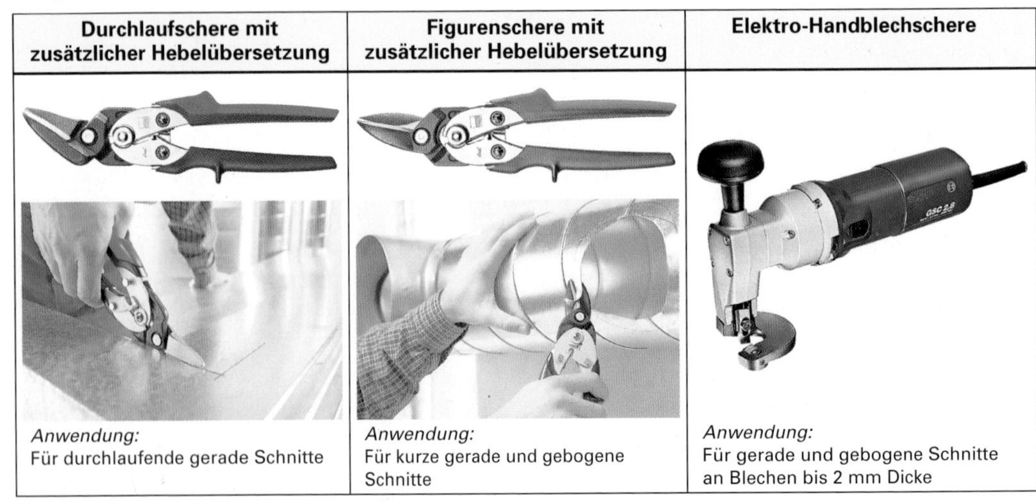

Durchlaufschere mit zusätzlicher Hebelübersetzung	Figurenschere mit zusätzlicher Hebelübersetzung	Elektro-Handblechschere
Anwendung: Für durchlaufende gerade Schnitte	*Anwendung:* Für kurze gerade und gebogene Schnitte	*Anwendung:* Für gerade und gebogene Schnitte an Blechen bis 2 mm Dicke

Bei Handscheren wir der Schneidspalt durch Vorspannung verringert.

Übungsaufgaben A-13; A-14

- **Handhebelschere**

Die mehrfache Hebelübersetzung der Handhebelschere vervielfacht die aufgewandte Muskelkraft und erlaubt somit das Trennen größerer Querschnitte. Mit der Handhebelschere können Schnitte bis etwa 200 mm Länge ohne Nachschieben ausgeführt werden.

Bewegt sich das Obermesser um einen Drehpunkt, so erreicht man mit einer bogenförmigen Schneide einen gleich bleibenden Öffnungswinkel zwischen den Schermessern.

Die Messerführung der Handhebelschere führt zu einem kreuzenden Schnitt. Dabei wird der unter dem Obermesser liegende Teil gekrümmt. Je dünner das Blech, desto stärker die Krümmung.

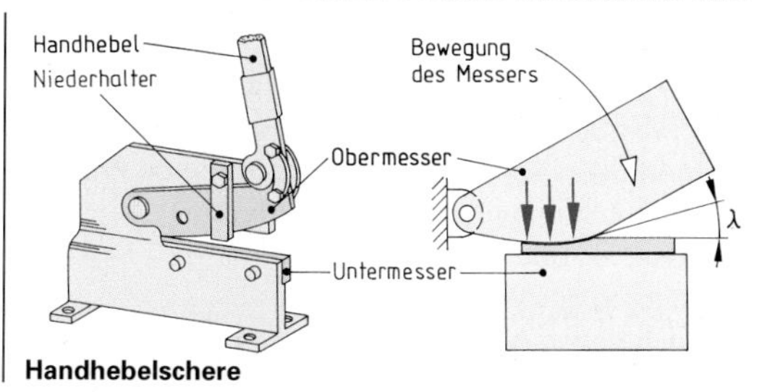

Handhebelschere

Handhebelscheren vervielfachen die Muskelkraft durch Hebelübersetzung und arbeiten mit kreuzendem Schnitt.

- **Niederhalter**

Die Scherkräfte erzeugen eine Drehwirkung, welche das Blech zu kippen versucht. Diese Drehwirkung wird mit größer werdendem Schneidspalt und durch stumpfe Schneiden noch beträchtlich verstärkt. Wird der Abstand zwischen den Schneiden so groß wie die Blechdicke, kann es zu einem Einklemmen oder Abkanten kommen.

Die Funktion des Niederhalters kommt nur voll zur Wirkung, wenn er auf die Blechdicke eingestellt wird.

An Handhebel- und Tafelscheren und an maschinell angetriebenen Scheren verhindern **Niederhalter** das Kippen.

Drehmoment des Niederhalters = Drehmoment des Obermessers

$$F_2 \cdot l_2 = F_1 \cdot l_1$$

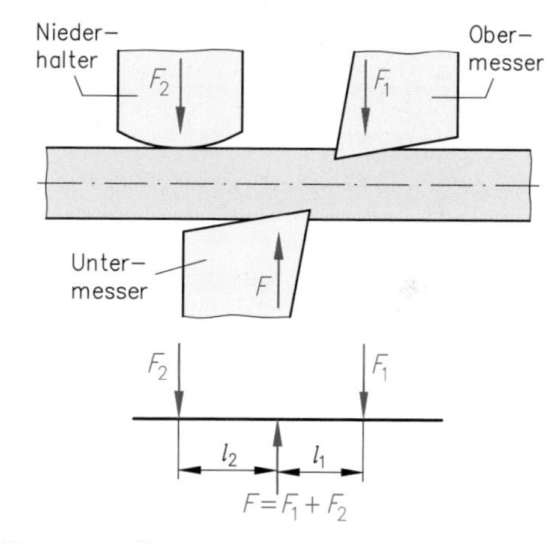

Wirkung des Niederhalters

Der Niederhalter verhindert eine Werkstückdrehung, indem er der Drehwirkung der Schermesser ein gleich großes Drehmoment entgegensetzt.

Hinweise zum Einsatz von Scheren

- Scharfkantige Blechteile sind eine Verletzungsgefahr. Besonders beim Transportieren großer Blechtafeln sind Lederhandschuhe zu tragen oder besondere Traghaken zu benutzen.
- Handblechscheren sind so aufzubewahren, dass eine Verletzungsgefahr ausgeschlossen ist.
- Der Schneidspalt bei Handblechscheren ist durch Anziehen der Gelenkschraube möglichst klein einzustellen.
- Niederhalter an Handhebelscheren sind auf Blechdicke einzustellen.
- Lange Betätigungshebel an Handhebelscheren sind nach Benutzung gegen Herabfallen zu sichern.

Übungsaufgaben A-15; A-16

4 Spanen von Hand und mit einfachen Maschinen

Der Schneidkeil dringt parallel zur Werkstückoberfläche in das Werkstück ein. An der vorderen Keilfläche bildet sich ein Span, der an dieser **„Spanfläche"** des Schneidkeils hochgeschoben wird. Dabei können bei weichen Werkstoffen folgende **Phasen** der Spanbildung unterschieden werden:

- Stauchen des Werkstoffs,
- Scheren des Werkstoffs,
- Hochgleiten des Werkstoffs.

Spanbildung bei einem weichen Stahl

- **Winkel an der Werkzeugschneide**

Die Spanbildung wird wesentlich vom Schneidkeil und seiner Stellung zum Werkstück beeinflusst.

Keilwinkel β_o	Freiwinkel α_o	Spanwinkel γ_o
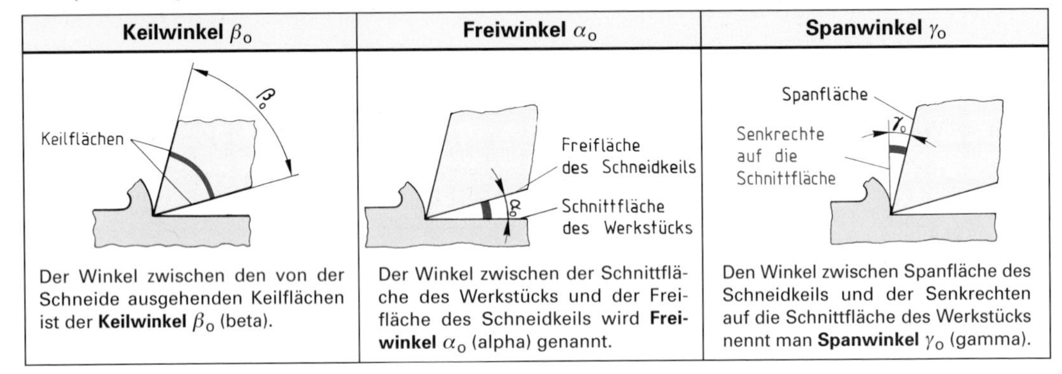		
Der Winkel zwischen den von der Schneide ausgehenden Keilflächen ist der **Keilwinkel** β_o (beta).	Der Winkel zwischen der Schnittfläche des Werkstücks und der Freifläche des Schneidkeils wird **Freiwinkel** α_o (alpha) genannt.	Den Winkel zwischen Spanfläche des Schneidkeils und der Senkrechten auf die Schnittfläche des Werkstücks nennt man **Spanwinkel** γ_o (gamma).

Die Größe von Keil- und Spanwinkel wird hauptsächlich entsprechend dem zu bearbeitenden Werkstoff festgelegt. Der Freiwinkel bleibt bei allen Werkstoffen nahezu unverändert.

Durch die Festlegung der Winkel ergibt sich:

Freiwinkel + Keilwinkel + Spanwinkel = 90°
$\alpha_o + \beta_o + \gamma_o = 90°$

Die Winkel einer Werkzeugschneide werden so ausgewählt, dass die Schneide möglichst lange hält, man spricht dann von einer langen **Standzeit** des Werkzeugs.

- **Schnittbewegung**

Bei der Spanabnahme findet eine Bewegung zwischen Werkzeug und Werkstück statt. Bei spanenden Fertigungsverfahren von Hand führt das Werkzeug diese **Schnittbewegung** aus.
Bei maschineller Fertigung kann die Schnittbewegung durch das Werkzeug oder das Werkstück erfolgen.

Beispiele für Schnittbewegungen

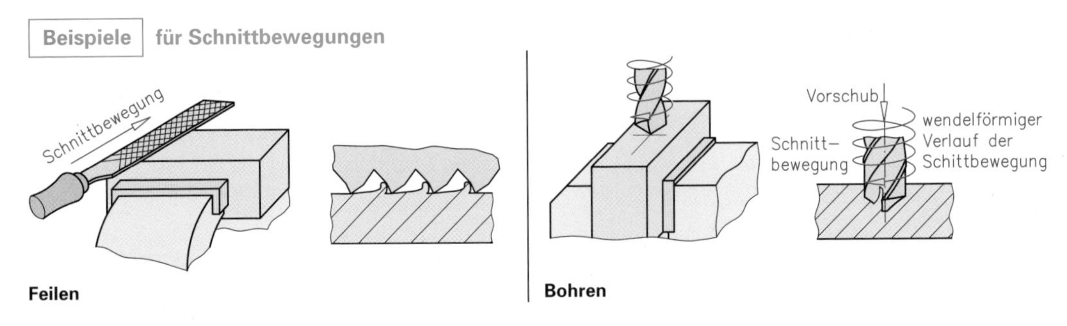

Feilen **Bohren**

> Spanen ist ein Abtrennen von Werkstoffteilchen (Spänen) unter Einwirkung äußerer Kräfte mithilfe von keilförmigen Werkzeugschneiden. Die Spanabnahme erfolgt durch die Schnittbewegung zwischen Werkzeugschneide und Werkstück.

Übungsaufgaben A-17; A-18

4.1 Sägen

Profilstäbe und Rohre werden häufig auf Roh- oder Fertiglänge gesägt. Das Trennverfahren Sägen wird vorwiegend dann angewandt, wenn eine ebene Schnittfläche ohne Verformung des Werkstücks verlangt wird.

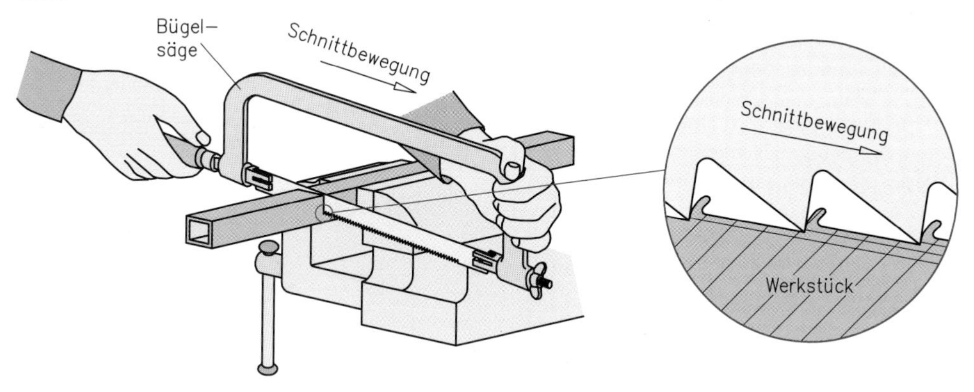

Ablängen mit der Handbügelsäge

Von dem zum Trennen verwendeten Werkzeug, dem Sägeblatt, werden kleine Späne durch eine Vielzahl hintereinander angeordneter Schneidkeile abgetrennt. Dabei wird der Werkstoff in der Schnittfuge durch die hintereinander liegenden Zähne gleichzeitig in mehreren Schichten zerspant.

Sägen ist ein Trennverfahren, bei dem durch eine Vielzahl hintereinander angeordneter Keile kleine Späne abgetrennt werden.

- **Schneidenwinkel**

Die Winkel am Schneidkeil werden möglichst entsprechend der Werkstoffestigkeit gewählt, um mit geringem Kraftaufwand und geringem Werkzeugverschleiß große Trennleistung zu erreichen.

Schneidenwinkel an Sägeblättern

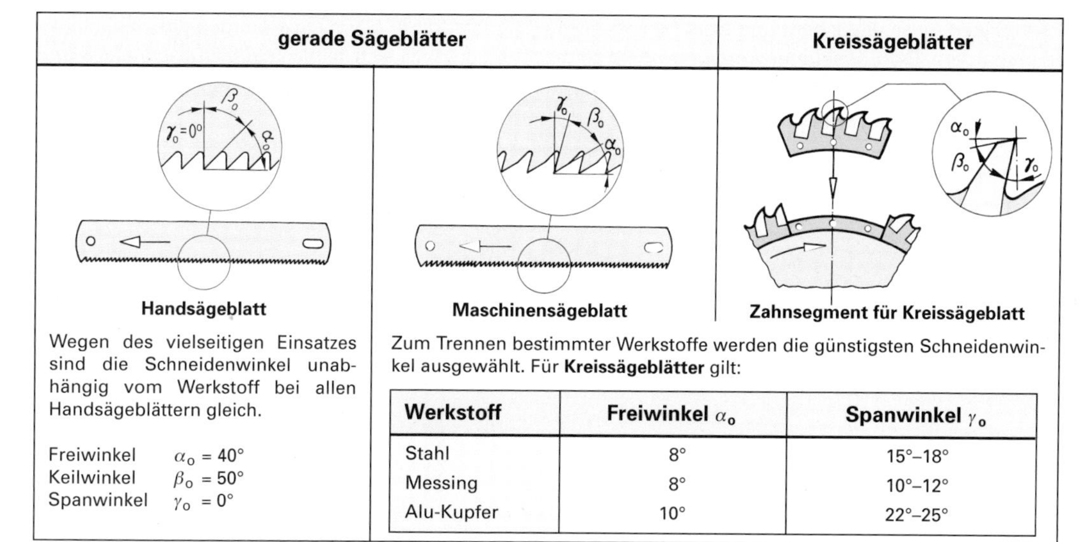

Handsägeblatt

Wegen des vielseitigen Einsatzes sind die Schneidenwinkel unabhängig vom Werkstoff bei allen Handsägeblättern gleich.

Freiwinkel $\alpha_0 = 40°$
Keilwinkel $\beta_0 = 50°$
Spanwinkel $\gamma_0 = 0°$

Maschinensägeblatt

Zahnsegment für Kreissägeblatt

Zum Trennen bestimmter Werkstoffe werden die günstigsten Schneidenwinkel ausgewählt. Für **Kreissägeblätter** gilt:

Werkstoff	**Freiwinkel α_0**	**Spanwinkel γ_0**
Stahl	8°	15°–18°
Messing	8°	10°–12°
Alu-Kupfer	10°	22°–25°

Alle Handsägeblätter haben gleiche Schneidenwinkel. Die Auswahl des Schneidenwinkels eines Maschinensägeblattes richet sich nach dem zu sägenden Werkstoff.

Übungsaufgabe A-19

- **Zahnteilung**

In Betrieben, in denen Halbzeuge mit geringen Wandstärken aus unterschiedlichen Werkstoffen von Hand gesägt werden, benutzt man Sägeblätter mit „Allround-Zahnung". Sie haben 24 Zähne pro Zoll. Der Abstand zwischen benachbarten Zähnen beträgt daher $\frac{25{,}4\ \text{mm}}{24} = 1{,}06\ \text{mm}$. Eine **Zahnteilung** dieser Größenordnung wird **„mittel"** genannt. In Werkstätten, in denen ausschließlich Vollmaterialien aus Werkstoffen mit geringer Festigkeit, wie z.B. Aluminium, Kupfer u.ä., gesägt werden, benutzt man Sägeblätter mit der Zahnteilung **„grob"**. Die Zahnlücken sind groß und können die anfallenden Sägespäne besser aufnehmen.

Für das Sägen von Blechen, Blechprofilen und dünnwandigen Rohren benutzt man Sägeblätter mit der Zahnteilung **„fein"**. Durch den geringen Abstand sind beim Sägen stets mehrere Zähne im Einsatz. Das Sägeblatt hakt darum nicht und es brechen keine Zähne aus.

Im Interesse einer hohen Wirkungsweise des Sägeblattes ist in Abhängigkeit von der Festigkeit des zu sägenden Werkstoffs möglichst eine grobe Zahnteilung zu wählen, jedoch sollten mindestens drei Zähne im Einsatz sein.

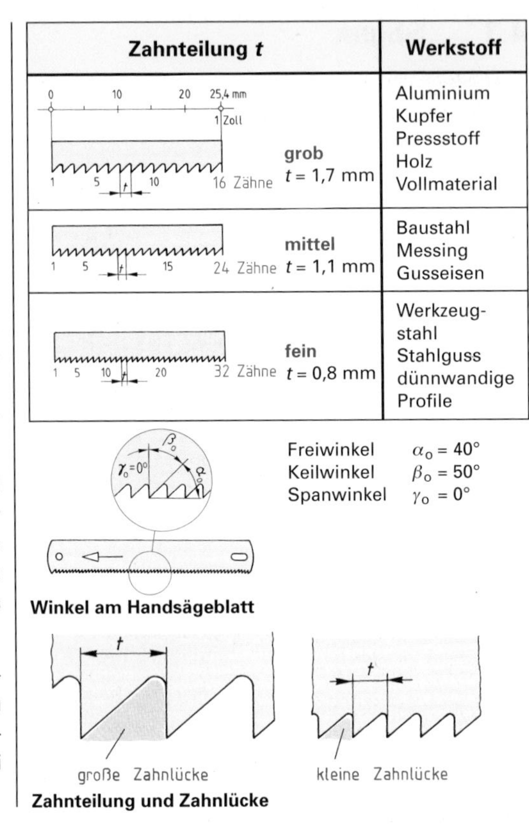

Zahnteilung t	Werkstoff
16 Zähne – grob $t = 1{,}7$ mm	Aluminium Kupfer Pressstoff Holz Vollmaterial
24 Zähne – mittel $t = 1{,}1$ mm	Baustahl Messing Gusseisen
32 Zähne – fein $t = 0{,}8$ mm	Werkzeugstahl Stahlguss dünnwandige Profile

Winkel am Handsägeblatt

Zahnteilung und Zahnlücke

Die Zahnteilung bei Sägen ist der Abstand zweier benachbarter Zähne. Zur Kennzeichnung von Sägeblättern wird meist die Zähnezahl angegeben, die sich auf einem Zoll der Sägeblattlänge befindet.

- **Freischnitt**

Beim Sägen muss die Schnittfuge *a* breiter sein als die Sägeblattdicke *b*, um ein Klemmen des Sägeblattes zu verhindern. Die Sägeblätter werden deshalb so gestaltet, dass sie sich seitlich *selbst freischneiden* und damit die unerwünschte Reibung herabgesetzt wird. Die Verbreiterung der Schnittfuge heißt Freischnitt.

Erzeugen des Freischnitts

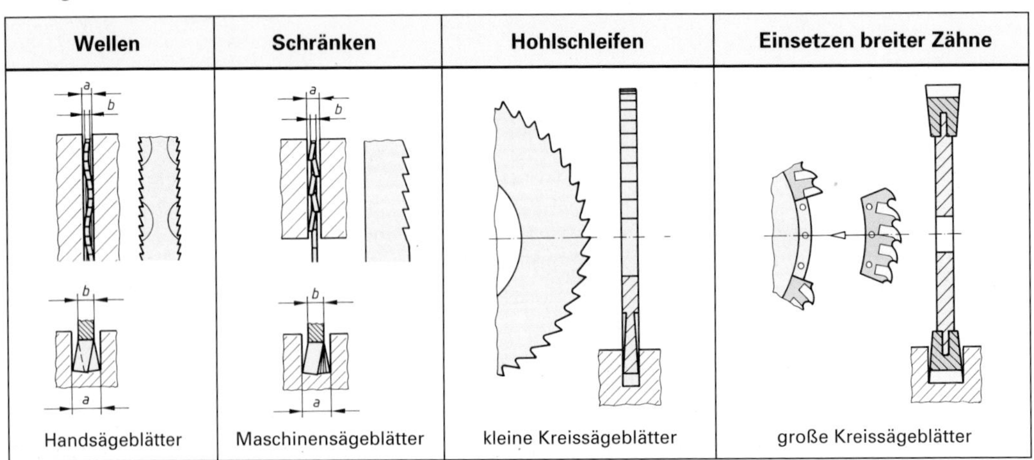

Wellen	Schränken	Hohlschleifen	Einsetzen breiter Zähne
Handsägeblätter	Maschinensägeblätter	kleine Kreissägeblätter	große Kreissägeblätter

Ein Sägeblatt schneidet frei, wenn die Schnittfuge breiter als die Sägeblattdicke ist.

Übungsaufgaben A-20 bis A-23

4.2 Feilen

- **Feilarbeiten**

Bei der Herstellung von Werkstücken in Einzelfertigung werden weitgehend vorgearbeitete Werkstücke häufig durch Feilen fertiggestellt.

für Feilarbeiten

Entgraten:

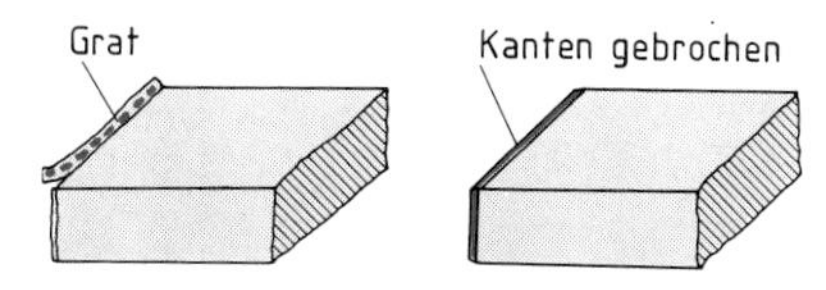

Bei Rohteilen, die durch Sägen oder Scheren abgetrennt wurden, wird vor einer weiteren Bearbeitung der entstandene Grat durch Feilen entfernt.

Einpassen:

Rohteil
Passfeder

Werkstücke wie die abgebildete Passfeder erfahren durch Feilen geringfügige Maß- und Formänderungen, um mit einem anderen Werkstück gefügt werden zu können.

- **Aufbau und Wirkungsweise der Feile**

Bei der Feile sind keilförmige Schneiden hintereinander auf dem **Feilenblatt** angeordnet. Das ausgeschmiedete spitze Ende der Feile nennt man **Angel.** Die Angel muss stramm in einen Griff, dem sogenannten **Feilenheft**, eingetrieben werden, damit man gefahrlos mit der Feile arbeiten kann.

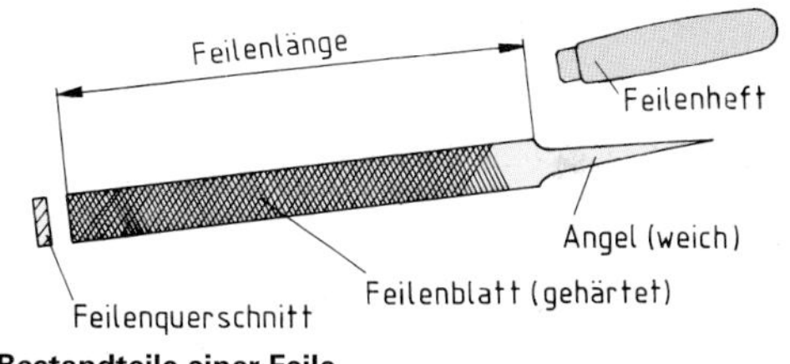

Bestandteile einer Feile

Das Feilenblatt wird im ungehärteten Zustand durch einen Haumeißel in gleichmäßigen Abständen mit Kerben versehen. Die zuerst aufgebrachten Kerben bezeichnet man als *Unterhieb*. Schräg zum Unterhieb wird der *Oberhieb* aufgebracht. Durch die gekreuzten Hiebe entstehen die Feilenzähne.

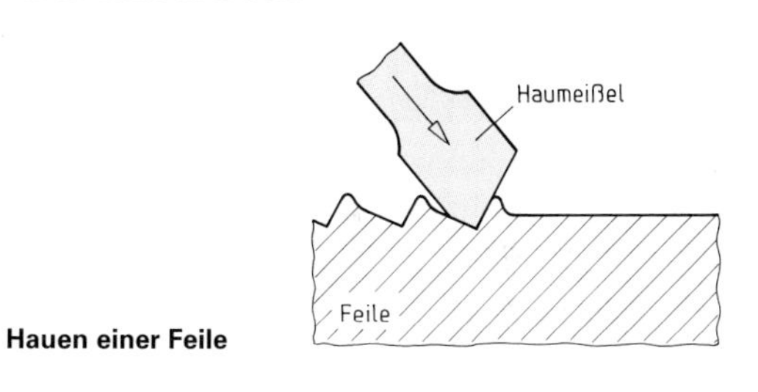

Hauen einer Feile

Ober- und Unterhieb können unter verschiedenen Winkeln oder mit unterschiedlicher Teilung gehauen werden. Meist hat der Unterhieb eine größere Teilung als der Oberhieb. Dadurch stehen hintereinander folgende Zähne zur Feilrichtung versetzt. Diesen seitlichen Versatz bezeichnet man als **Schnürung.** Durch Schnürung wird eine Riefenbildung auf dem Werkstück vermieden.

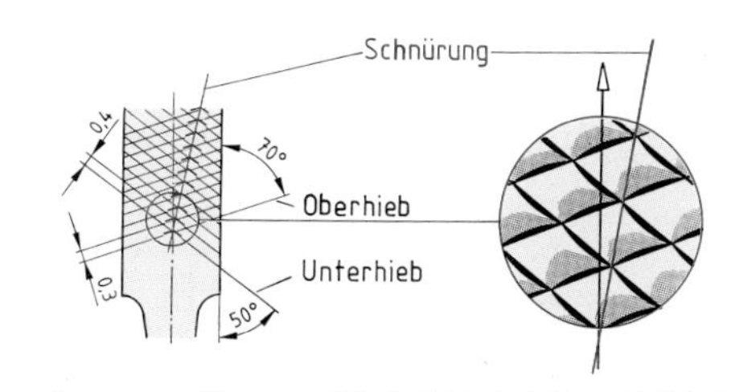

Anordnung von Ober- und Unterhieb bei Kreuzhiebfeilen

Als Schnürung bezeichnet man den seitlichen Versatz der Feilenzähne.
Durch Schnürung vermeidet man Riefenbildung beim Feilen.

Zur Bearbeitung weicher Werkstoffe wie Aluminium und Kunststoffe werden gefräste Feilen eingesetzt. Sie haben positive Spanwinkel und trennen daher mit geringem Kraftaufwand ein großes Spanvolumen ab.

Übungsaufgaben A-24 bis A-26

Bei einer **gehauenen Feile** ist die Spanfläche gegen die Schnittrichtung geneigt. Der Spanwinkel liegt zwischen der Spanfläche und einer Senkrechten zur Werkstückoberfläche. Dadurch wird der *Spanwinkel* negativ.

Bei einem Schneidkeil mit negativem Spanwinkel entstehen nur kleine Späne, da der stumpfe Keil vorwiegend eine schabende Trennwirkung hat. Der große Keilwinkel ergibt eine stabile Schneide. Darum werden gehauene Feilen zur Bearbeitung von Werkstoffen wie z.B. Stahl oder Gusseisen eingesetzt.

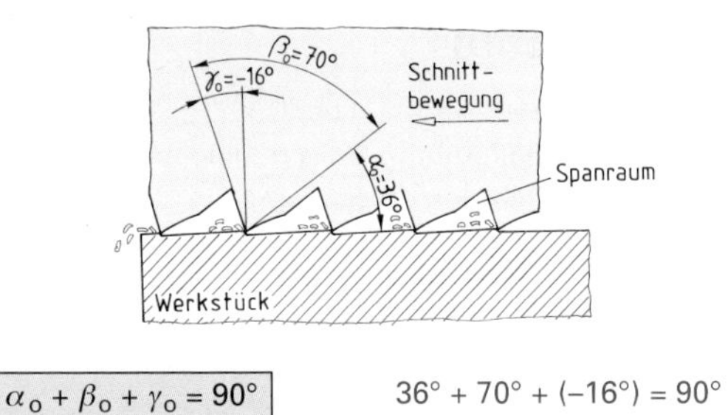

$$\alpha_0 + \beta_0 + \gamma_0 = 90°$$

$$36° + 70° + (-16°) = 90°$$

Spanabnahme durch gehauene Feile

Gehauene Feilen haben negative Spanwinkel.
Mit gehauenen Feilen bearbeitet man relativ harte Werkstoffe.

Den Abstand zweier aufeinander folgender Zähne nennt man Hiebteilung. Normgerecht wird die Hiebzahl durch die Anzahl der Zähne je Zentimeter Feilenlänge angegeben.

Grobe Feilen haben weniger Hiebe auf 1 cm Feilenlänge als Feilen mit feiner Hiebteilung.

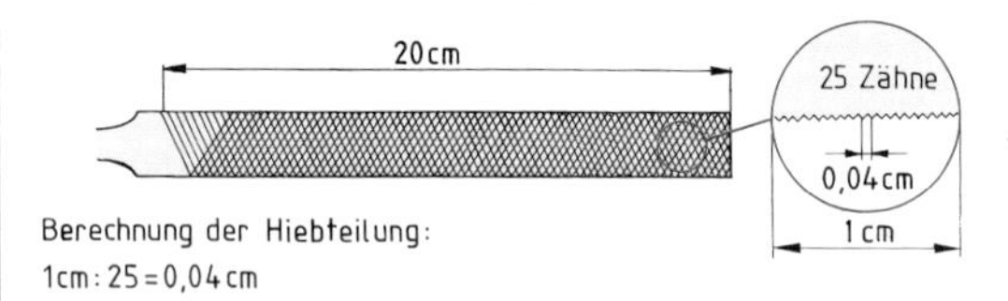

Hiebteilung

Den Feilen ordnet man nach der Zahl der Hiebe je cm Feilenlänge verschiedene **Hiebnummern** zu. Eine Hiebnummer umfasst einen bestimmten Bereich von Zähnen auf 1 cm Feilenlänge. So haben z.B. Feilen mit der Hiebnummer 2 zwischen 10 und 25 Hiebe auf 1 cm Feilenlänge.

Lange Feilen – mit Hieb 2 – erhalten die geringere Zähnezahl dieses Bereichs, laut Tabelle 10 Hiebe je Zentimeter.

Kurze Feilen – mit Hieb 2 – erhalten die höhere Zähnezahl des Bereichs, laut Tabelle 25 Hiebe je Zentimeter.

Bei der Auswahl der Feilen für bestimmte Arbeiten orientiert man sich an der abzutragenden Werkstoffmenge und an der verlangten Oberflächengüte.

Hiebnummern und Hiebzahlen

Hieb-nummer	Hiebzahl je cm		Werkstatt-übliche Hiebbe-zeichnung	Erreichbare Oberflächengüte
	lange Feilen	kurze Feilen		
0	4,5 ...	10	Grob	**Geschruppt:** Riefen fühlbar und mit bloßem Auge sichtbar
1	5,3 ...	16	Bastard	
2	10 ...	25	Halb-schlicht	**Geschlichtet:** Riefen mit bloßem Auge noch sichtbar
3	14 ...	35	Schlicht	
4	25 ...	50	Doppel-schlicht	**Fein geschlichtet:** Riefen mit bloßem Auge nicht mehr sichtbar
5	40 ...	71	Fein-schlicht	

- **Feilenformen**

Für Feilarbeiten gibt es eine Vielzahl von Feilenquerschnitten. Jede Feilenform ist genormt.

Bei Werkstattfeilen werden bestimmte Querschnittsformen angeboten, bei anderen Feilenarten gibt es entsprechende Feilenformen, z.B. Löffelfeilen, gebogene Feilen.

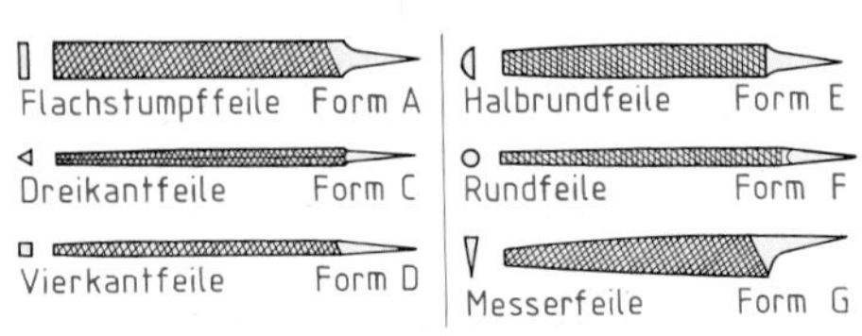

Querschnittsformen von Werkstattfeilen

Die Feilenform wird entsprechend dem zu bearbeitenden Profil ausgewählt.

Übungsaufgaben A-27 bis A-29

4.3 Bohren

Ein Bohrer trennt während der Drehbewegung Späne ab, wenn gleichzeitig eine geradlinige Bewegung in Werkstückrichtung erfolgt.

- Die Drehbewegung des Bohrers nennt man **Schnittbewegung**.
- Die zur Spanabnahme notwendige geradlinige Bewegung des Bohrers wird **Vorschubbewegung** genannt.

Die Überlagerung der Bewegungen ergibt eine wendelförmige Bewegung der Schneidecken.

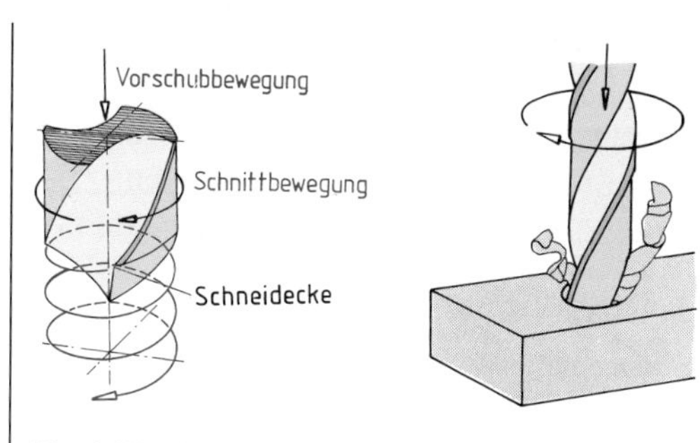

Wendelförmige Bohrbewegung

Die Spanabnahme beim Bohren erfolgt durch das Zusammenwirken einer kreisförmigen Schnittbewegung und einer geradlinigen Vorschubbewegung.

4.3.1 Spiralbohrer

- **Aufbau und Winkel**

Spiralbohrer sind die am häufigsten verwendeten Bohrwerkzeuge. Der spiralförmige Schneidteil endet in einem zylindrischen oder kegeligen Einspannteil. Die Spitze der Schneidseite wird von den Bohrerschneiden gebildet.

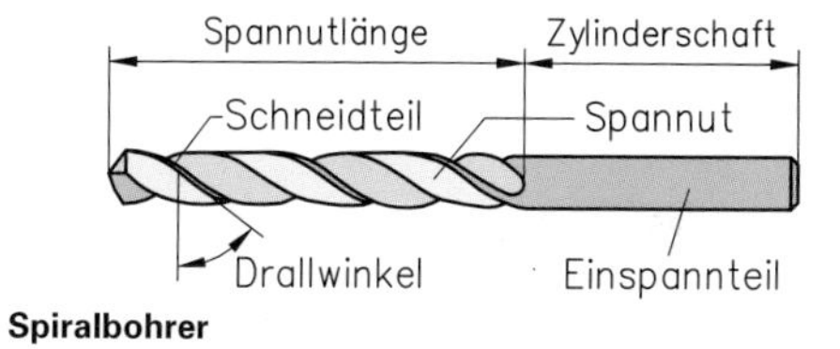

Spiralbohrer

Im Schneidteil des Bohrers befinden sich zwei gegenüberliegende, wendelförmig aufsteigende **Spannuten.** Der Winkel zwischen Spannut und Bohrerachse wird **Drallwinkel** genannt. Er entspricht dem **Spanwinkel** γ_o des Schneidkeils am Bohrer. Die beiden **Hauptschneiden** schließen den **Spitzenwinkel** σ von meist 118° ein. Die beiden Freiflächen sind um den **Freiwinkel** α_o geneigt.

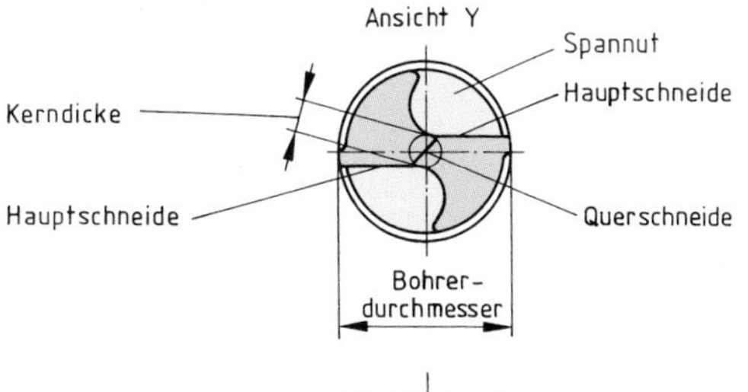

Fase
Spitzenwinkel σ
Spanfläche
Freifläche
Schneidecke
Hauptschneiden
Bohrerachse
Y

Benennungen und Winkel am Spiralbohrer

Winkel an den Bohrerschneiden

Freiwinkel	+	Keilwinkel	+	Spanwinkel	= 90°
α_o	+	β_o	+	γ_o	= 90°

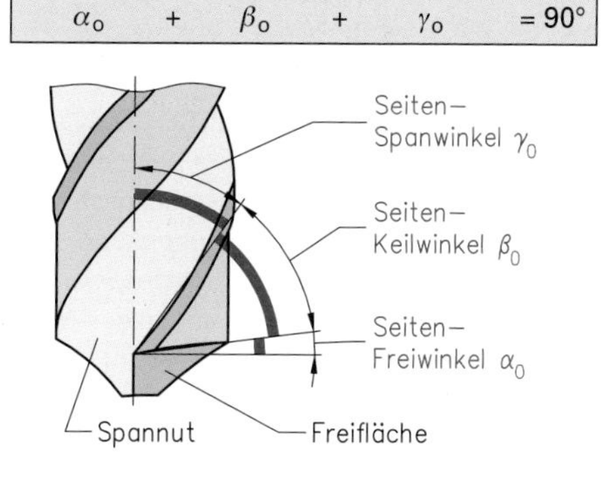

Beim Spiralbohrer bestimmt der Drallwinkel den Spanwinkel. Der Hinterschliff ergibt den Freiwinkel. Durch beide Winkel wird der Keilwinkel festgelegt. Die Bohrerfase dient der Führung.

Übungsaufgaben A-30 bis A-32

- **Spiralbohrertypen**

Zur Bearbeitung von Werkstoffen mit unterschiedlicher Festigkeit stehen verschiedene Spiralbohrertypen zur Verfügung. Danach gibt es den Grundtyp N für Werkstoffe mittlerer Festigkeit und die Typen W und H für weiche bzw. härtere Werkstoffe. Bedingt durch den unterschiedlichen Drall ergibt sich z.B. beim Typ H aus einem kleinen Drallwinkel ein großer Keilwinkel mit großer Schneidenstabilität.

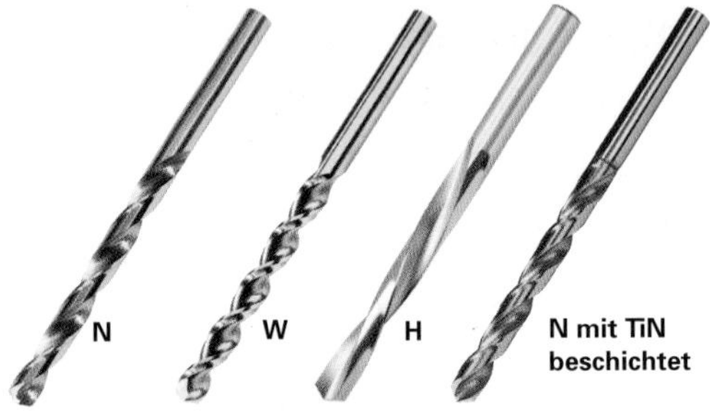

Spiralbohrertypen

Alle Bohrertypen werden auch mit einer Titannitrid-Beschichtung (TiN) geliefert, welche bei höheren Schnittgeschwindigkeiten eine längere Einsatzzeit (Standzeit) erlaubt. Für besonders harte Einsatzbedingungen bei der Bearbeitung hoch legierter Stähle stehen verstärkte Ausführungen mit Sonderanschliffen oder Hartmetallbohrer bereit.

- **Einspannen von Bohrern**

Die Mitnahme des Bohrers erfolgt bei allen Einspannverfahren durch Reibung.

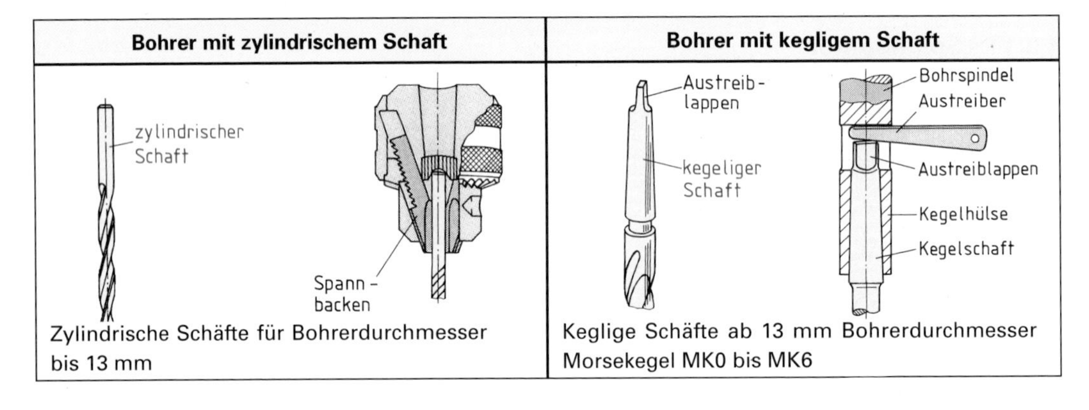

Bohrer mit zylindrischem Schaft	Bohrer mit kegligem Schaft
Zylindrische Schäfte für Bohrerdurchmesser bis 13 mm	Keglige Schäfte ab 13 mm Bohrerdurchmesser Morsekegel MK0 bis MK6

4.3.2 Bohrmaschinen

Unterschiedliche Werkstücke mit Bohrungen, die sich in der Größe, Lage und Genauigkeit unterscheiden, erfordern den Einsatz verschiedenartiger Bohrmaschinen. So unterschiedlich die Konstruktionen der Bohrmaschine sind, so führen sie alle die für den Bohrvorgang notwendigen Bewegungen aus.

Häufig werden Säulenbohrmaschinen in Handwerks- und Industriebetrieben eingesetzt. Sie bestehen aus einer Grundplatte, Rundsäule, Werkstücktisch und der Antriebseinheit im Bohrmaschinenkopf. Der Werkstücktisch ist um die Rundsäule schwenkbar und höhenverstellbar, er dient zum Aufspannen der Werkstücke. Der Antrieb der Bohrspindel kann mit einer Verstellung der Umdrehungsfrequenzen in Stufen oder stufenlos erfolgen.

Produktionsmaschinen werden serienmäßig mit stufenloser Umdrehungsfrequenzregelung und digitaler Anzeige von Umdrehungsfrequenz und Bohrtiefe ausgestattet. Als Sonderausstattung sind Gewindeschneid- und Vorschubeinrichtungen im Einsatz.

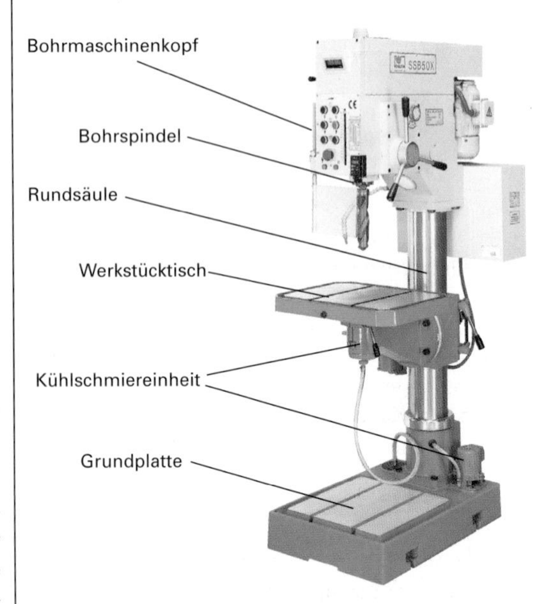

Säulenbohrmaschine

Übungsaufgaben A-33 bis A-37

4.3.3 Einspannen der Werkstücke beim Bohren

Kleine Werkstücke werden in einen Maschinenschraubstock eingespannt. Der Maschinenschraubstock eignet sich zum Spannen von Werkstücken mit parallelen Anlageflächen.
Prismatische Ausarbeitungen in den Spannbacken ermöglichen ein genaues Spannen der Werkstücke in waagerechter und senkrechter Richtung.

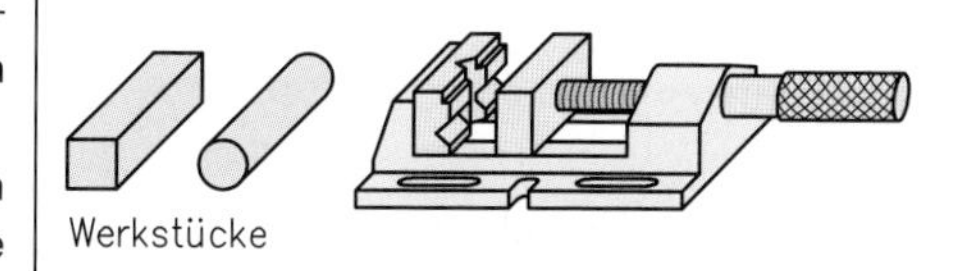

Maschinenschraubstock für Bohrmaschinen

Große Werkstücke werden mit Spannelementen direkt auf dem Bohrtisch befestigt. Spannelemente gibt es in vielgestaltigen Ausführungsformen. Ein Werkstück kann z.B. mithilfe von Spanneisen, Spannschrauben und Schraubbock gegen Parallelanschläge gespannt werden. Bei Durchgangslöchern muss durch Zwischenlagen ein Auslauf für die Bohrspitze geschaffen werden.

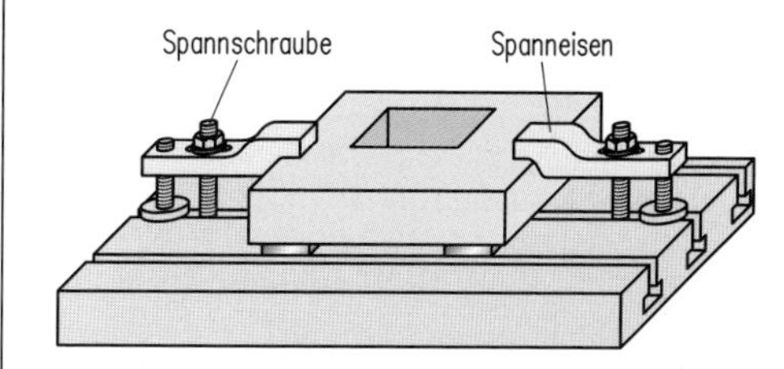

Aufspannen von Werkstücken mit Spannelementen

Eine große Zahl von gleichen Werkstücken wird zum Bohren in Bohrvorrichtungen gespannt. Die Spannkraft kann dabei mechanisch, hydraulisch oder pneumatisch aufgebracht werden. Jedes Werkstück wird so in der gleichen Lage festgespannt. Außerdem wird der Bohrer durch gehärtete Bohrbuchsen so genau geführt, dass die Lage der Bohrungen an allen Werkstücken übereinstimmt.

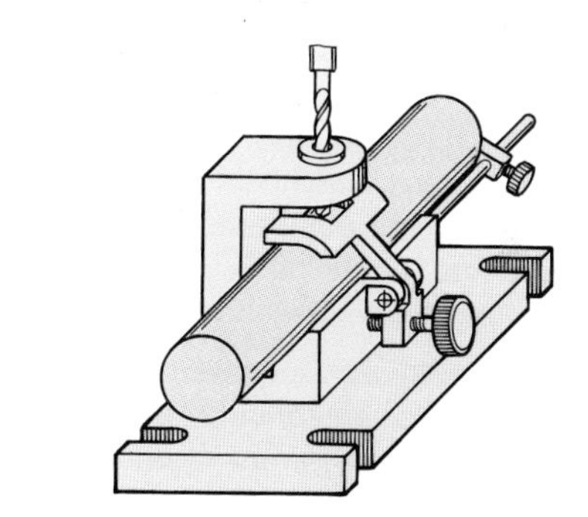

Bohrvorrichtung für zylindrische Werkstücke

Durch Spannzeuge und Spannvorrichtungen erreicht man:
- ein schnelles und genaues Spannen der Werkstücke und
- eine Verringerung der Unfallgefahren.

4.3.4 Sicherheitshinweise zum Bohren

- Vor Inbetriebnahme Maschine auf Betriebssicherheit überprüfen.
- Bohrer zentrisch und fest einspannen. Spannschlüssel sofort wieder entfernen und sicher ablegen – nicht an Kette oder Schnur befestigen.
- Werkstück ausrichten und so sicher einspannen, dass es gegen Mit- und Hochreißen gesichert ist.
- Beim Bohren dünner Werkstücke Unterlagen aus Holz oder Kunststoff verwenden.
- Eng anliegende Ärmel tragen, bei langen Haaren Haarnetz benutzen, bei spröden Werkstoffen Schutzbrille tragen.
- Laufende Arbeitsspindel nach Abschalten der Maschine nicht mit der Hand abbremsen.
- Vorsicht vor Schnittverletzungen infolge Gratbildung.

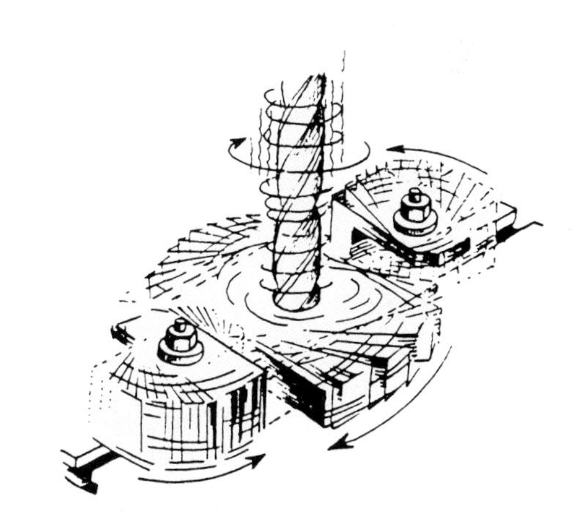

Werkstücke sicher spannen

Übungsaufgabe A-38; A-39

4.3.5 Berechnung von Schnittdaten zum Bohren

Die Geschwindigkeit, mit der der Trennvorgang erfolgt, wird **Schnittgeschwindigkeit** v_c genannt.

Der Bohrer führt eine kreisförmige Schnittbewegung aus. Die höchste Schnittgeschwindigkeit hat der Bohrer an der Schneidecke. Deshalb werden Schnittgeschwindigkeitsberechnungen für diesen Punkt ausgeführt.

Aus der Schnittgeschwindigkeit, die aus Tabellen zu entnehmen ist, kann die einzustellende Umdrehungsfrequenz errechnet werden.

$$n = \frac{v_c}{d \cdot \pi}$$

n Umdrehungsfrequenz
v_c Schnittgeschwindigkeit
d Bohrerdurchmesser

Die **zulässige Schnittgeschwindigkeit** ist von der Zerspanungseignung des Werkstücks und von der Warmstandfestigkeit der Bohrerschneide abhängig. Mit abnehmender Zerspanungseignung steigt der Widerstand gegen den Trennvorgang und damit auch die Erwärmung an den Schneiden. Durch Zugabe eines geeigneten Kühlschmiermittels wird die Zerspanungswärme von den Werkzeugschneiden schneller abgeführt. Dadurch kann mit einer höheren Schnittgeschwindigkeit gebohrt werden.

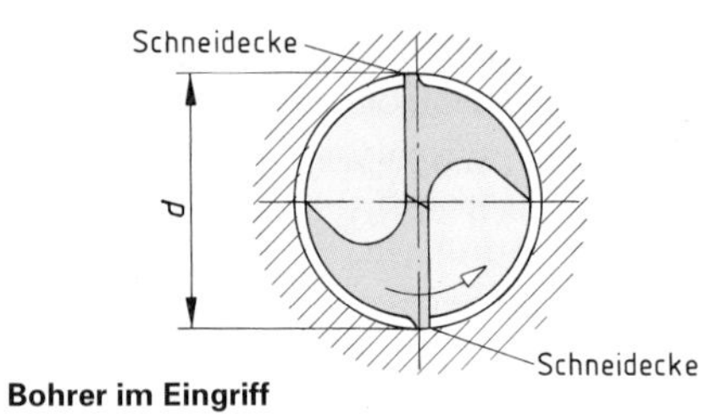

Bohrer im Eingriff

Richtwerte für Schnittgeschwindigkeiten für HSS-Bohrer

Werkstoffe des Werkstücks (R_m)	Schnittgeschwindigkeit in m/min		Kühlschmiermittel
	unbeschichtet	mit TiN-beschichtet	
Leichtmetalle langspannend	90	–	trocken, Bohrölemulsion
Messing	30–50	50– 60	trocken, Bohrölemulsion
Gusseisen bis 260 N/mm²	25–35	35–45	trocken, Bohrölemulsion
Stahl bis 700 N/mm²	25–35	30–45	Bohrölemulsion

Die zulässige Schnittgeschwindigkeit wird unter Berücksichtigung der Werkstoffe vom Werkstück und vom Werkzeug Tabellen entnommen. Bei gewählter Schnittgeschwindigkeit und vorgegebenem Bohrerdurchmesser kann man die einzustellende Umdrehungsfrequenz rechnerisch bestimmen.

Beispiel für die Berechnung der Umdrehungsfrequenz

Aufgabe

In Baustahl sind mit unbeschichteten HSS-Bohrern zwei Löcher von 3 mm und 8 mm Durchmesser zu bohren.

Die jeweils maximal einzustellende Umdrehungsfrequenz ist zu berechnen.

Lösung

$$n = \frac{v_c}{d \cdot \pi} \qquad v_c = 30 \text{ m/min}$$

$$n_1 = \frac{30\,000 \text{ mm}}{3 \text{ mm} \cdot 3{,}14 \cdot \text{min}} = \mathbf{3\,184\ 1/min}$$

$$n_2 = \frac{30\,000 \text{ mm}}{8 \text{ mm} \cdot 3{,}14 \cdot \text{min}} = \mathbf{1\,194\ 1/min}$$

Die Schnittgeschwindigkeit wird ausgewählt nach:
- der Zerspanungseignung des Werkstückwerkstoffs,
- der Warmstandfestigkeit des Bohrers,
- der Verwendung eines Kühlmittels.

Hinweise zum fachgerechten Bohren

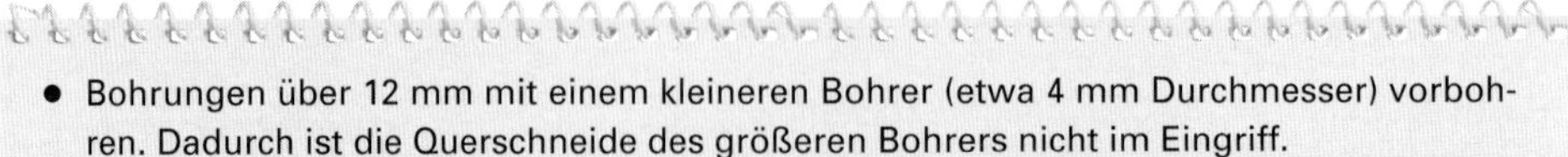

- Bohrungen über 12 mm mit einem kleineren Bohrer (etwa 4 mm Durchmesser) vorbohren. Dadurch ist die Querschneide des größeren Bohrers nicht im Eingriff.
- Werte für zulässige Schnittgeschwindigkeit und Vorschub dem Tabellenbuch entnehmen. Für die ausgewählten Bohrer die zulässige Umdrehungsfrequenz an der Maschine einstellen.
- Bohrer mit Kühlemulsionen kühlen, um Schneidhaltigkeit zu erhalten.

Übungsaufgaben A-40 bis A-43

4.4 Senken

Senken ist ein dem Bohren verwandtes spanendes Bearbeiten. Durch Senken erhalten zylindrische Löcher ihre zur Aufnahme von Verbindungselementen wie Schrauben, Niete, Stifte notwendige Form.

Damit beim Senken glatte Oberflächen erzielt werden, arbeitet man mit niedrigen Schnittgeschwindigkeiten. Diese sollen etwa halb so groß sein wie beim Bohren unter gleichen Bedingungen.

- **Entgraten**

Durch Entgraten werden scharfkantige Bohrungen gratfrei gemacht, damit sie einwandfreie Anlageflächen erhalten. Schnittverletzungen werden vermieden.

Zum Entgraten werden wegen der günstigen Schnittbedingungen meist die einschnittigen Kegelsenker (Entgrater) verwendet. Daneben werden für tiefere Ansenkungen die mehrschnittigen Kegelsenker mit 5 bis 12 Schneiden eingesetzt.

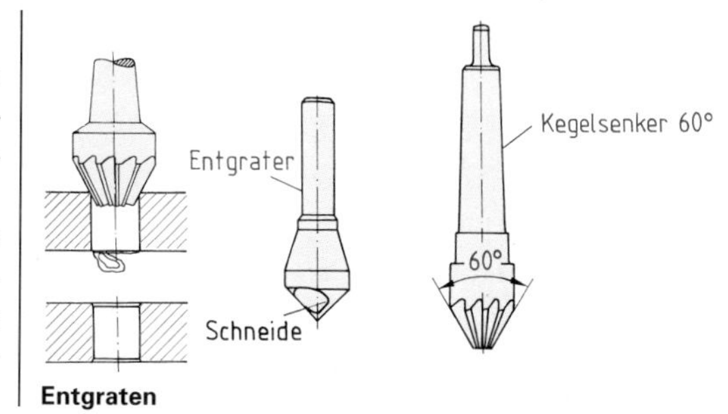

Entgraten

Zum Entgraten verwendet man meist einschnittige Entgrater oder Kegelsenker (60°).

- **Kegeliges Ansenken**

Zur Aufnahme der Köpfe von Senknieten und Senkschrauben werden kegelige Ansenkungen benötigt. Senkniete und Senkschrauben haben unterschiedliche Kegelwinkel. In beiden Fällen werden mehrschnittige Senker in verschiedenen Ausführungsformen verwendet.

Senker für Niete haben Senkwinkel von 75°, 60° oder 45°. Die Größe des Senkwinkels richtet sich nach dem Nietdurchmesser. Für kleine Bohrungen gelten große Senkwinkel, für große Bohrungen die kleinen Senkwinkel.

Senker für Schrauben haben einen Senkwinkel von 90°. Solche Senker gibt es auch mit Führungszapfen, wodurch erreicht wird, dass die Senkung genau zentrisch zur Bohrung liegt.

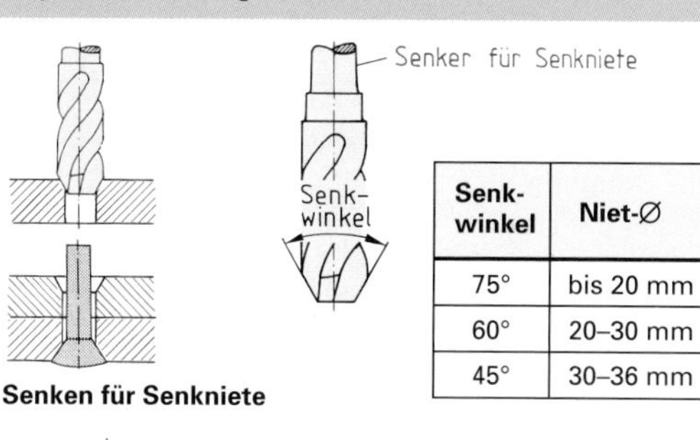

Senkwinkel	Niet-∅
75°	bis 20 mm
60°	20–30 mm
45°	30–36 mm

Senken für Senkniete

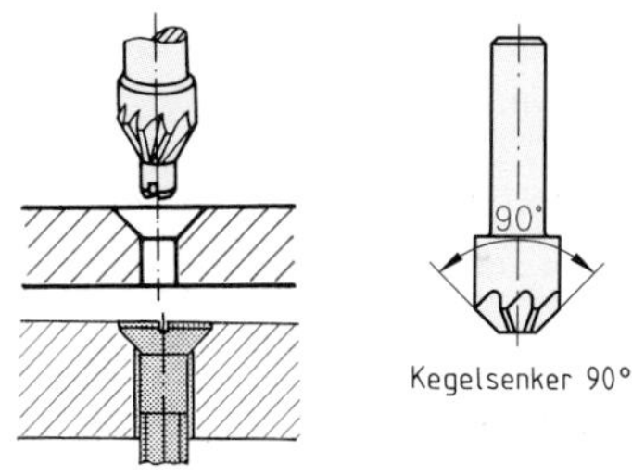

Senken für Senkschrauben

Zum kegeligen Ansenken von Bohrungen verwendet man:
- für Senkniete bis ∅ 20 mm Kegelsenker 75°
- für Senkschrauben Kegelsenker 90°.

- **Zylindrisches Einsenken**

Für die Aufnahme zylindrischer Schraubenköpfe von Innensechskant- oder Zylinderkopfschrauben benötigt man zylindrische Einsenkungen.

Solche Einsenkungen fertigt man mit Flachsenkern, die stets einen Führungszapfen haben. Der Führungszapfen kann auswechselbar sein. Dadurch kann ein Senker für verschiedene Bohrungsdurchmesser verwendet werden. Flachsenker sind mehrschnittige Werkzeuge mit höchstens vier Schneiden.

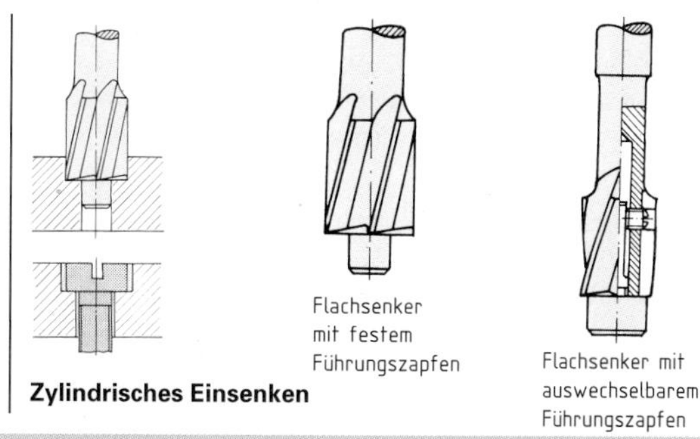

Zylindrisches Einsenken

Zum zylindrischen Ansenken von Bohrungen verwendet man Flachsenker mit Führungszapfen.

Übungsaufgaben A-44 bis A-47

4.5 Gewindeschneiden

4.5.1 Aufbau und Maße von Gewinden

- **Gewinde und Schraubenlinie**

Bei der Gewindeherstelleung wird entlang der Schraubenlinie eine fortlaufende Rille in das Werkstück eingearbeitet. Die Gewinderillen mit dem dazwischen verbliebenen Werkstoff werden Gewindeprofil genannt.

Schrauben haben ein dreieckiges Gewindeprofil, es wird normgerecht als Spitzgewinde bezeichnet.

- Arbeitet man das Gewindeprofil in die Mantelfläche eines Bolzens ein, so erhält man **Außengewinde**.
- Arbeitet man das Gewindeprofil in die Mantelfläche einer Bohrung ein, so erhält man **Innengewinde**.

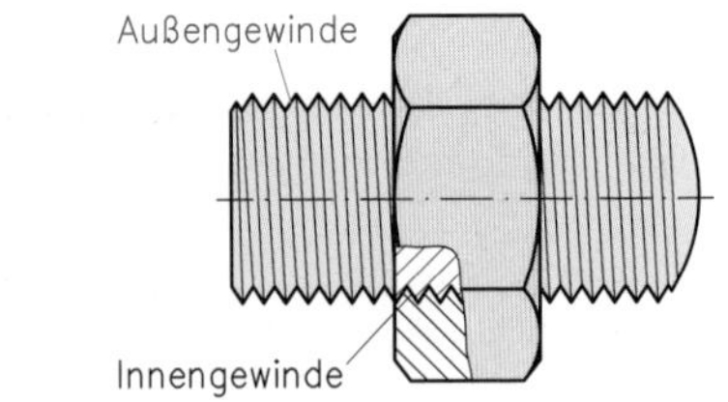

Außen- und Innengewinde

Die Abwicklung des Zylindermantels zwischen Grundfläche des Zylinders bis zur Schraubenlinie ergibt ein rechtwinkliges Dreieck. Die Höhe des Dreiecks ist gleich dem Anstieg bei einer Umdrehung und wird beim Gewinde **Steigung** genannt. Aus Steigung und Umfang des zylindrischen Körpers ergibt sich der Verlauf der Schraubenlinie.

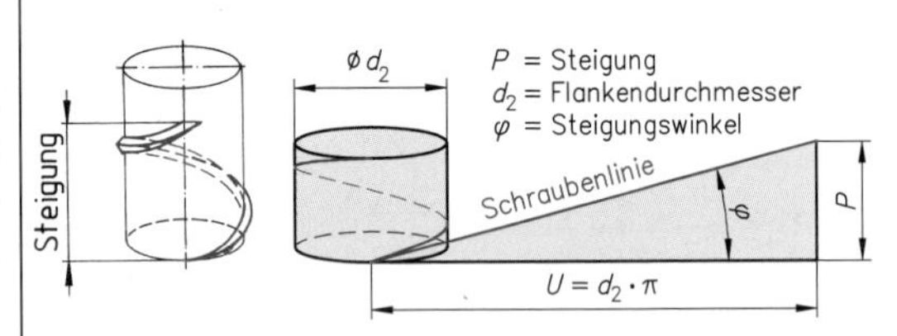

Abwicklung einer Schraubenlinie

Das rechtwinklige Dreieck aus Umfang, Steigung und Schraubenlinie wird Steigungsdreieck genannt.

- **Gewindemaße des metrischen ISO-Gewindes**

Bauteile mit Gewinden müssen austauschbar sein. Aus diesem Grund sind Gewinde in allen Einzelheiten genormt. Am häufigsten wird das metrische ISO-Regelgewinde verwendet. Seine Maße sind in DIN 13 festgelegt. Man benennt die

- Maße des Außengewindes mit **kleinen** Buchstaben,
- Maße des Innengewindes mit **großen** Buchstaben.

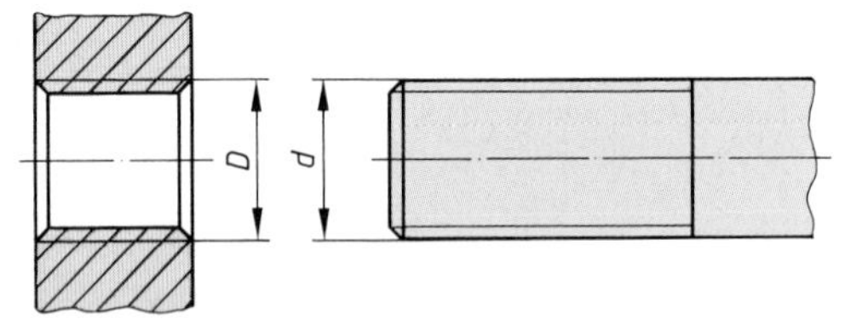

Gewinde-Nenndurchmesser

Nenndurchmesser (*D* und *d*)

Der Nenndurchmesser ist der äußere Gewindedurchmesser.

Kerndurchmesser (D_1 und d_3)

Bei Außengewinden wird der Durchmesser des noch vorhandenen Restquerschnittes als Kerndurchmesser bezeichnet. Beim Innengewinde entspricht der Kerndurchmesser etwa dem Durchmesser des herzustellenden Bohrloches.

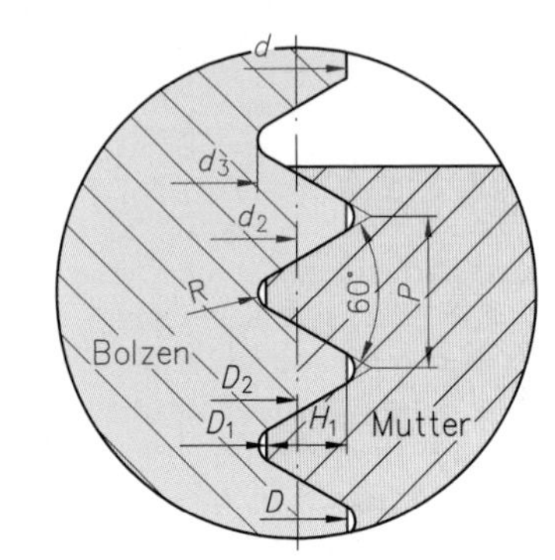

Metrisches ISO-Regelgewinde

Steigung (*P*)

Die Steigung ist bei eingängigen Gewinden der Abstand von Gewindegang zu Gewindegang.

Flankenwinkel

Als Flankenwinkel bezeichnet man den Winkel zwischen den Gewindeflanken. Er beträgt bei metrischen ISO-Regelgewinden 60°.

Übungsaufgaben A-48; A-49

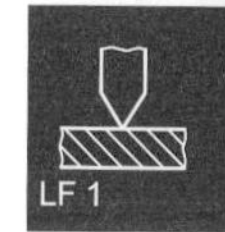

4.5.2 Herstellen von Innengewinden mit Handgewindebohrern

Zum Innengewindeschneiden muss zunächst gebohrt werden. Wegen des Aufschneidens des Werkstoffs muss der Bohrerdurchmesser geringfügig größer als der Kerndurchmesser des Gewindes gewählt werden. Nach dem Bohren werden die Bohrungen mit einem Kegelsenker von 90° auf den Nenndurchmesser des Gewindes angesenkt. Hierdurch wird der Anschnitt erleichtert und man erhält ein gratfreies Gewindeloch.

Die nutzbare Gewindelänge muss so groß sein, dass die Gewindegänge bei Belastung nicht ausreißen. Bei gleichem Werkstoff von Schraube und Mutter genügt als Gewindelänge das 0,8-fache des Gewindedurchmessers.

Gewindelänge l bei Werkstoffen mit gleicher Festigkeit von Bolzen und Mutter

$$l_{\text{mindestens}} = 0{,}8 \cdot D$$

$$l_{\text{höchstens}} = 1{,}5 \cdot D$$

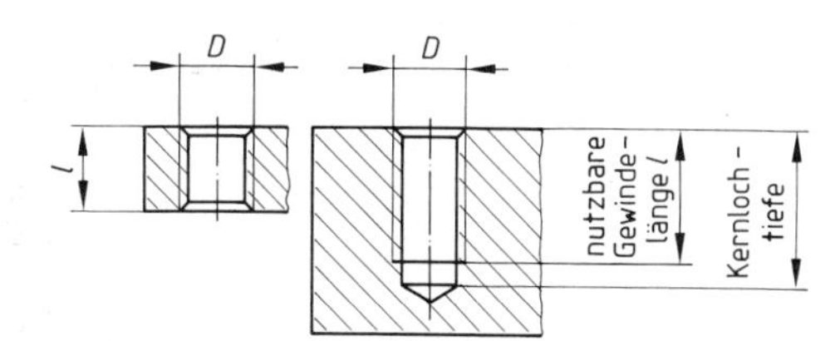

Durchgangs- und Grundlochgewinde

Bohrerdurchmesser für Gewindekernlöcher

Gewinde	Kerndurchmesser D_1 (min)	Kernloch-bohrer-∅
M 5	4,134 mm	4,2 mm
M 6	4,917 mm	5,0 mm
M 8	6,647 mm	6,8 mm
M 10	8,376 mm	8,5 mm
M 12	10,106 mm	10,2 mm
M 24	20,752 mm	21,0 mm

Bei Gewindebohrungen soll die Gewindetiefe nach dem Gewindedurchmesser festgelegt werden: Gewindelänge ungefähr gleich Gewindedurchmesser.

- **Gewindebohrersatz**

Die beim Gewindeschneiden anfallende Spanmenge kann meist nicht in einem Arbeitsgang mit einem Werkzeug abgetrennt werden. Dabei wäre eine große Schnittkraft erforderlich; die Gewindebohrer würden brechen. Deshalb wird das Gewindeprofil meist mit einem **Gewindebohrersatz** aus **Vor-, Mittel- und Fertigschneider** hergestellt. Die Trennarbeit verteilt sich auf 3 Werkzeuge mit unterschiedlichen Spananteilen.

Gewindebohrer sind mit einem kegeligen Anschnitt versehen. So wird das Einführen des Werkzeuges in das Bohrloch ermöglicht. Die ersten Schneiden eines Gewindebohrers müssen das Gewindeprofil allmählich in den Werkstoff einarbeiten. Da die Schneiden des Anschnittes fast allein die Zerspanarbeit übernehmen, bewirkt der kegelförmige Anschnitt auch eine Verteilung der Spanabnahme auf die Schneiden des Anschnittteils. Die nachfolgenden Schneiden sind kaum an der Spanabnahme beteiligt.

Vor-, Mittel- und Fertigschneider haben unterschiedliche Anschnittlängen und verschieden ausgestaltete Gewindeprofile. Der Vorschneider hat den längsten Anschnitt, aber noch kein vollständiges Gewindeprofil. Bei Mittel- und Fertigschneider wird der Anschnitt jeweils kürzer, das Gewindeprofil nähert sich der Endform. Dadurch wird die Spanabnahme auf alle drei Gewindebohrer verteilt.

Zerspananteile beim Gewindebohrer-Satz

Vorschneider	Mittelschneider	Fertigschneider
1 Ring, l_A	2 Ringe, l_A	kein Ring, l_A
Anschnittlänge l_A		
5 Gänge	$3^1/_2$ Gänge	2 Gänge
Spananteil		
ca. 50%	ca. 33%	ca. 17%

Bei einem Gewindebohrersatz wird
- vom Vorschneider ein großer Anteil der Späne abgetragen,
- vom Fertigschneider das vollständige Gewindeprofil geschnitten.

Übungsaufgaben A-50 bis A-52

- **Einschneider**

Beim Schneiden von Durchgangsgewinden und Gewindetiefen bis 1,5 · d kann das Gewinde in einem Arbeitsgang mit einem **Einschneider** gefertigt werden. Die drei Bereiche Vor-, Nach- und Fertigschneiden werden mit einem einzigen Werkzeug ausgeführt. Wegen des langen Anschnitts eignen sich Einschneider nicht zum Gewindeschneiden von Grundlöchern.

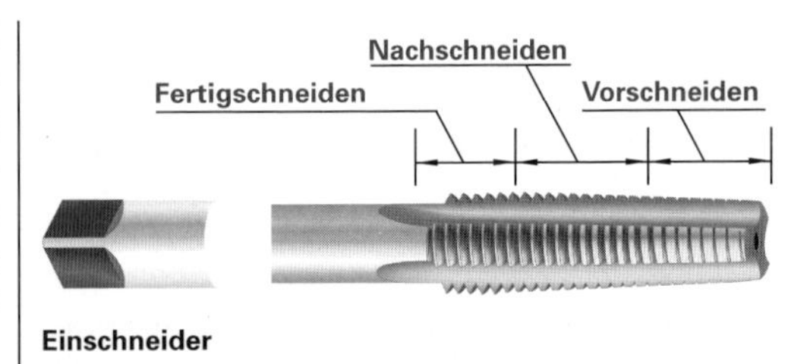

Einschneider

Einschneider eignen sich für Durchgangsgewindebohrungen bis $l \approx 1{,}5 \cdot d$.

- **Spanwinkel am Gewindebohrer**

Gewindebohrer sind mehrschnittige Werkzeuge, die mit keilförmigen Schneiden das Gewindeprofil aus dem Werkstoff herausarbeiten.
Der Schneidvorgang wird am stärksten von der Größe des **Spanwinkels** beeinflusst. Die Wahl des geeigneten Spanwinkels richtet sich nach der Festigkeit und dem Zerspanverhalten des zu bearbeitenden Werkstoffes.

Winkel am Schneidkeil

Werkstoff	Spanwinkel γ_o
Aluminium	20° bis 25°
Baustahl	10° bis 15°
Gusseisen	4° bis 6°

Gewindebohrer für weiche Werkstoffe haben große Spanwinkel.

- **Herstellen von Innengewinden**

Gewindebohrer müssen stets fluchtend zur Bohrlochachse angesetzt und eingedreht werden. Vor allem beim Anschneiden muss die rechtwinklige Stellung des Gewindebohrers mehrfach mit einem Flach- oder Anschlagwinkel geprüft werden. Die erforderliche Schnittkraft wird von Hand aufgebracht, durch die Hebelwirkung des Windeisens verstärkt und auf das Werkzeug übertragen.

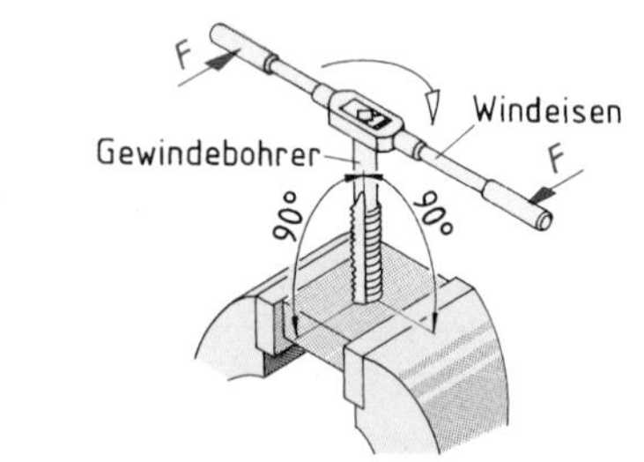

Schneiden von Innengewinden

4.5.3 Herstellen von Außengewinden mit Schneideisen

Außengewinde werden auf Bolzen geschnitten. Da fast immer ein Aufschneiden des Werkstoffes erfolgt, werden bei Stahl die Bolzendurchmesser etwa um 1/10 der Steigung kleiner vorgefertigt als der spätere Außendurchmesser des Gewindes. Zum leichteren Anschneiden wird der Anfang des Bolzens unter 45° angefast. Die Anfasung muss mindestens bis zum Kerndurchmesser reichen.
Als Werkzeuge zum Gewindeschneiden von Hand werden **Schneideisen** verwendet. Kleine Gewinde werden mit *geschlossenen* Schneideisen geschnitten. Bei *geschlitzten* Schneideisen kann der Gewindedurchmesser geringfügig verändert werden.

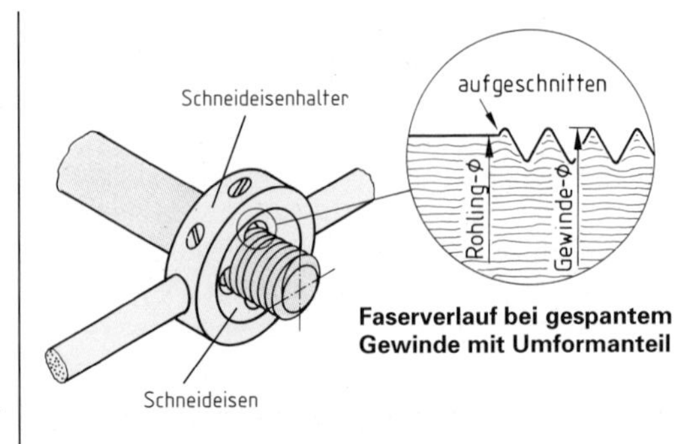

Faserverlauf bei gespantem Gewinde mit Umformanteil

Schneiden von Außengewinden

Für Außengewinde in Stahlbolzen gilt:

- Vordrehen des Bolzendurchmessers um 1/10 der Steigung kleiner.
- Anfasen unter 45° bis auf den Kerndurchmesser.

Außengewinde werden mit Schneideisen oder mit Schneidkluppen geschnitten.

Übungsaufgaben A-53 bis A-56

4.6 Reiben

Beim Fügen von Bauteilen sind häufig Bohrungen mit geringer Maßtoleranz, hoher Formgenauigkeit und hoher Oberflächengüte zur Aufnahme von Stiften, Bolzen und Passschrauben herzustellen. Dies geschieht durch Reiben mit Reibahlen.

- **Reibvorgang**

Die Bohrungen müssen um die Bearbeitungszugabe kleiner vorgebohrt werden. Die Bearbeitungszugabe ist vom Durchmesser der verlangten Bohrung abhängig.

Mit der Reibahle trägt man kleinste Spänchen aus der Bohrung ab und bekommt dadurch eine hohe Oberflächengüte. Dies wird erreicht durch eine Vielzahl von Schneiden, bei denen der Spanwinkel so gewählt ist, dass eine vorwiegend schabende Wirkung erzielt wird.

Die Oberflächengüte kann durch Verwendung geeigneter Schmiermittel merklich verbessert werden. Beim Reiben ist die Schmierwirkung wichtiger als das Kühlen. Daher erzielt man bei Verwendung eines Schneidöls bessere Oberflächen als mit einer Schneidölemulsion.

Die Schnittgeschwindigkeit beim Reiben soll aus Erfahrung wesentlich kleiner als beim Bohren sein.

Bearbeitungszugaben zum Reiben

Bohrungsdurchmesser	bis 5 mm	5–10 mm	10–20 mm	über 20 mm
Bearbeitungszugabe	0,1 mm	0,1–0,2 mm	0,2–0,3 mm	0,3–0,5 mm

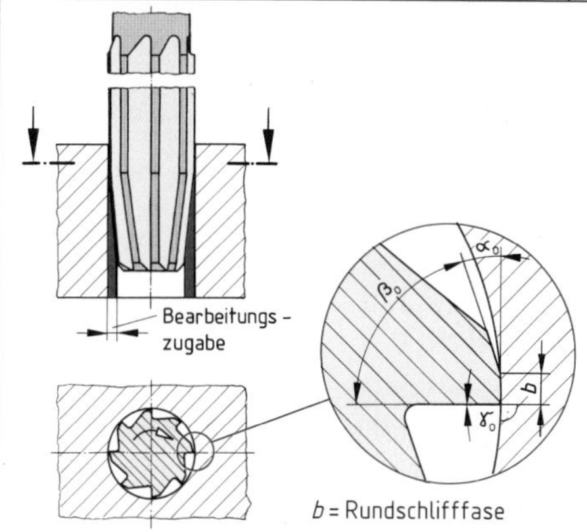

Spanabnahme beim Reiben

Beim Reiben erzielt man die hohe Oberflächengüte:
- durch Werkzeuge mit mehreren Schneiden,
- durch Schneidkeile mit schabender Wirkung,
- durch Zugabe von Schmiermittel,
- durch niedrige Schnittgeschwindigkeit

- **Reibwerkzeuge**

Reibahlen werden mit gerader Schneidenzahl und ungleicher Teilung gefertigt. Auf dem Umfang liegen sich jeweils zwei Schneiden gegenüber. Dadurch kann der Durchmesser der Reibahle mit Messgeräten wie Messschieber oder Bügelmessschraube genau gemessen werden.

Die ungleiche Schneidenteilung bewirkt den Bruch der Späne an stets anderer Stelle. Dadurch entstehen beim Reiben keine *Rattermarken.*

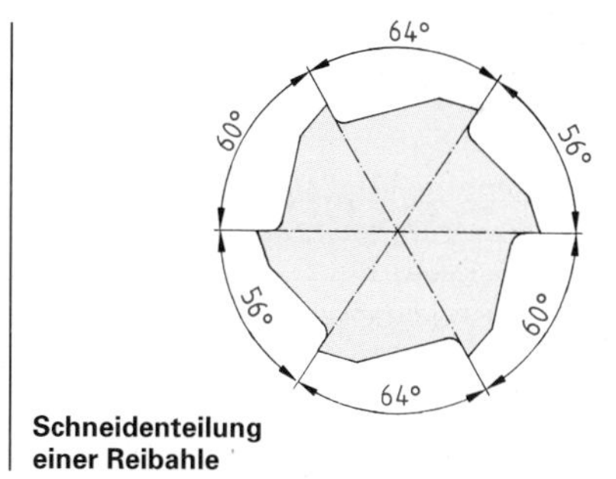

Schneidenteilung einer Reibahle

Reibahlen haben eine gerade Schneidenzahl und ungleiche Zahnteilung. Durch die ungleiche Teilung werden Rattermarken vermieden.

Beim Reiben von Bohrungen, die in Längsrichtung durch Nuten unterbrochen sind, benötigt man Reibahlen, deren Schneiden wendelförmig verlaufen. Solche drallgenuteten Reibahlen überbrücken eine Längsnut, da eine drallgenutete Schneide nicht achsparallel im Eingriff ist. Drallgenutete Reibahlen verhindern Rattermarken und erzeugen auch bei unterbrochenen Bohrungen hohe Oberflächengüte und große Formgenauigkeit.

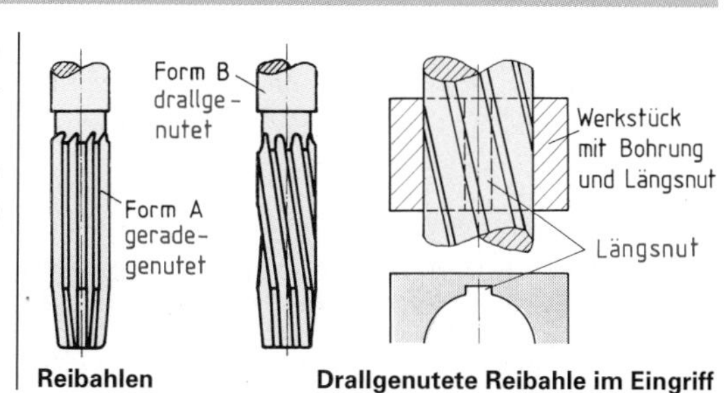

Reibahlen **Drallgenutete Reibahle im Eingriff**

5 Fertigungsverfahren des Urformens

Bei der Einteilung der Fertigungsverfahren nach DIN 8580 wird das Urformen an erster Stelle genannt, denn in der Produktion beginnt die Fertigung mit dem Urformen. Jedes Werkstück erhält zunächst eine feste Gestalt aus formlosen Stoffen.

Die wichtigsten formlosen Stoffe in der Fertigungstechnik sind Flüssigkeiten und Pulver.

Verwendet man Flüssigkeiten, meist geschmolzene Metalle oder flüssige Kunststoffe, dann erzeugt man die feste Gestalt durch das Urformverfahren **Gießen**.

Pulverförmige Stoffe, z.B. Metallpulver, werden durch das Urformverfahren **Sintern** zu festen Körpern verarbeitet.

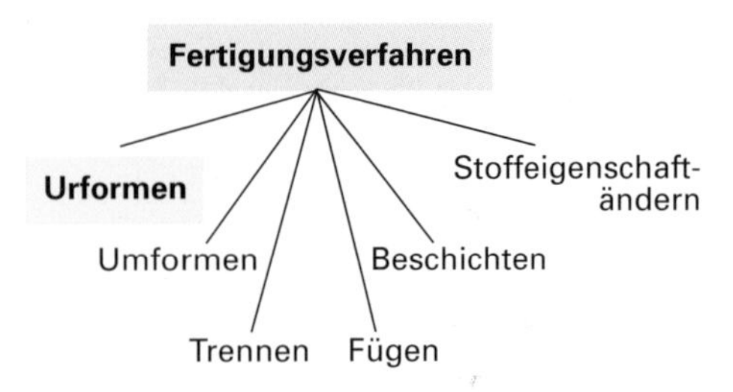

5.1 Gießen

Beim Gießen von Metallen wird der Gusswerkstoff in einen vorher gefertigten Hohlraum gegossen. Das flüssige Metall erstarrt in diesem Hohlraum und erhält damit seine erste Gestalt, seine Urform. Kann durch Gießen die geforderte Form und Genauigkeit des Bauteils erreicht werden und besitzt der Gusswerkstoff die gewünschten Eigenschaften, ist in vielen Fällen diese Art der Fertigung sehr wirtschaftlich.

Die wirtschaftlichen Vorteile des Gießens gegenüber anderen Fertigungsverfahren sind:

- Materialersparnis, da das verwendete Volumen annähernd dem Volumen des endgültigen Bauteils entspricht. Außerdem sind Gusswerkstoffe billiger als umgeformte Werkstoffe.
- Einsparung an Fertigungszeit, da besonders bei komplizierten Bauteilen teure Maschinenarbeit weitgehend oder ganz entfällt.

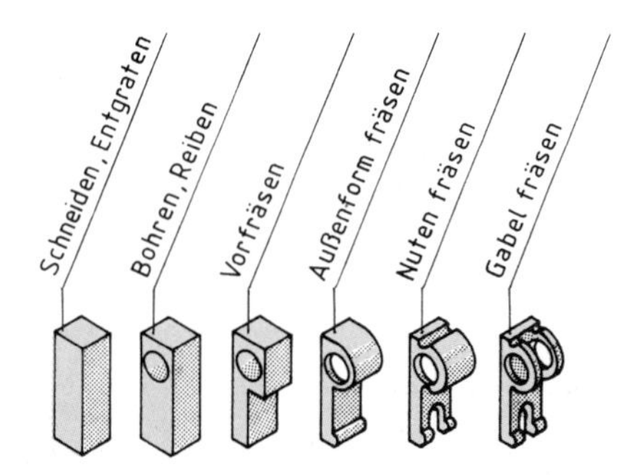

Fertigung eines Bauteils durch Trennen

Bauteil als Feingussteil hergestellt

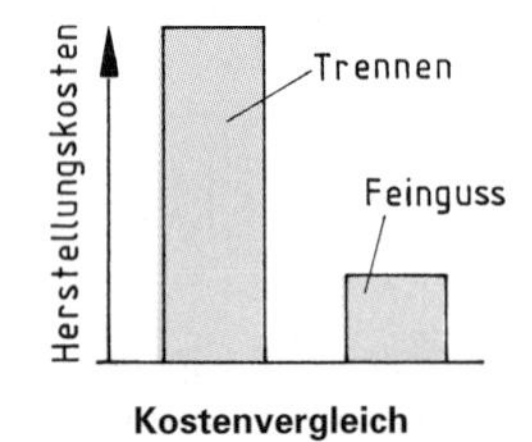

Kostenvergleich

5.1.1 Handformverfahren zum Herstellen von Sandformen

Benötigt man für jedes Gussstück eine neue Form, so spricht man von verlorener Form; denn das Gussstück kann nur aus der Form genommen werden, wenn man sie zerstört. In den meisten Fällen verwendet man als Formstoff Sand mit Bindemittel. Verlorene Formen werden mithilfe von Gießereimodellen hergestellt. Die Modelle werden in Formsand eingeformt. Sie müssen vor dem Gießen oder während des Gießvorgangs wieder entfernt werden.

Man unterscheidet:

- Modelle aus Holz, Metall oder Kunststoff. Sie werden vor dem Gießen aus der Form herausgehoben und können wieder verwendet werden.
- Modelle aus Wachs. Sie werden vor dem Gießen aus der Form ausgeschmolzen.
- Modelle aus Schaumstoff. Sie vergasen während des Gießens.

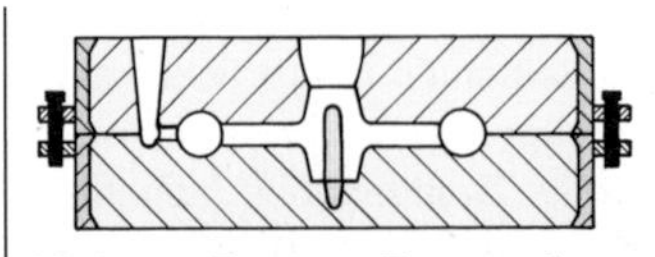

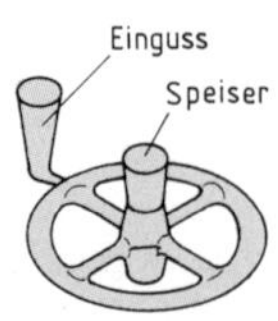

Verlorene Form aus Formsand

Übungsaufgaben A-61; A-62

Bei der Bearbeitung von Gussstücken müssen Zerspanungsmechaniker die Besonderheiten gegossener Bauteile berücksichtigen. Diese Besonderheiten werden am Beispiel der Fertigung eines Reitstockkörpers durch Gießen in einer **verlorenen** Form erklärt.

- **Konstruktion des Gussteils**

Der Konstrukteur hat den Reitstock so gestaltet, dass er seine Funktion als Bauelement der Drehmaschine erfüllt und durch Gießen leicht zu fertigen ist.

Wichtige Grundregeln der Konstruktion sind:

- Alle Wanddicken sollen möglichst gleich sein.
- Kanten und Ecken sollen abgerundet werden, damit das Werkstück gleichmäßig und spannungsfrei erstarren kann.
- Hinterschneidungen sollen vermieden werden, damit der Formhohlraum einfach herzustellen ist.

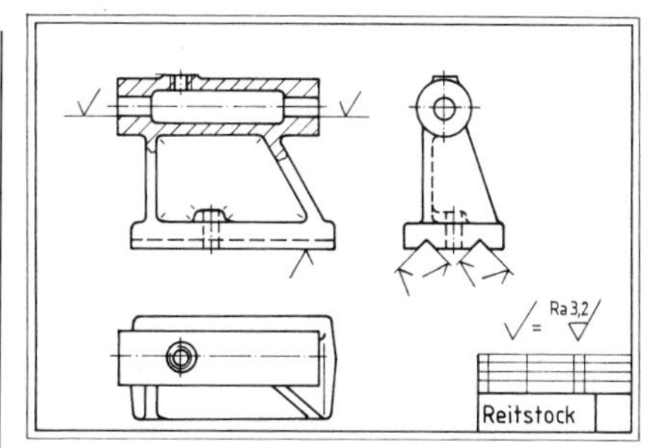

Zeichnung eines Reitstockoberteiles

- **Herstellen einer Modelleinrichtung**

Nach der Konstruktionszeichnung fertigt der Modellbauer eine neue Zeichnung an, den **Modellriss,** welche alle form- und gießtechnischen Gesichtspunkte berücksichtigt, d.h.:

- Alle Maße werden um das **Schwindmaß** vergrößert, da das Werkstück beim Erkalten schwindet. So beträgt die *Längenschwindung* bei:
  - Gusseisen 1 %,
  - Messing 1,5 %,
  - Aluminium 1,25 %,
  - Stahlguss 2 %.
- Damit der Formvorgang vereinfacht wird, sieht man eine **Modellteilung** möglichst im größten Querschnitt vor.

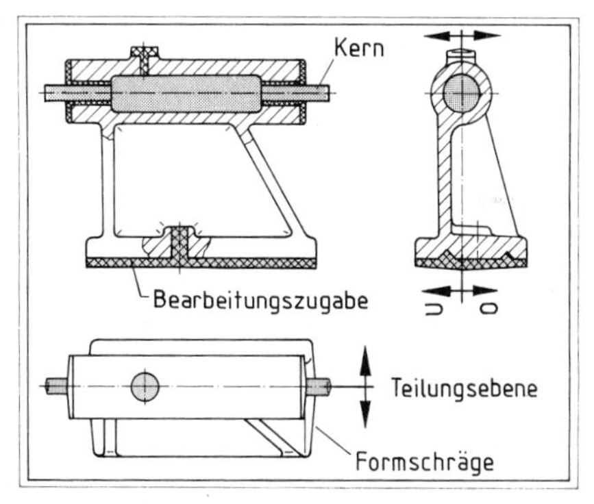

Modellriss eines Reitstockoberteiles

- Alle Flächen, die in der Form senkrecht zur Teilung liegen, erhalten eine Schräge, damit das Modell leicht aus der Form zu heben ist. Bei kleinen Modellen beträgt die **Formschräge** 2°.
- Alle Flächen, die später bearbeitet werden, erhalten eine **Bearbeitungszugabe.** Kleine Bohrungen werden voll gegossen. Bei kleinen Werkstücken beträgt die Bearbeitungszugabe etwa 2 mm.
- Für hinterschnittene Konturen und Innenkonturen wird ein Kernkasten vorgesehen, in dem Sandteile (Kerne) gefertigt werden, die später die entsprechenden Hohlräume erzeugen. Die Lagerstellen des Kerns werden durch die Kernmarken am Modell erzeugt.

Entsprechend dem Modellriss wird die Modelleinrichtung gefertigt. Als Modellwerkstoff verwendet man je nach Zahl der geforderten Abgüsse Holz, Metall oder Kunststoff.

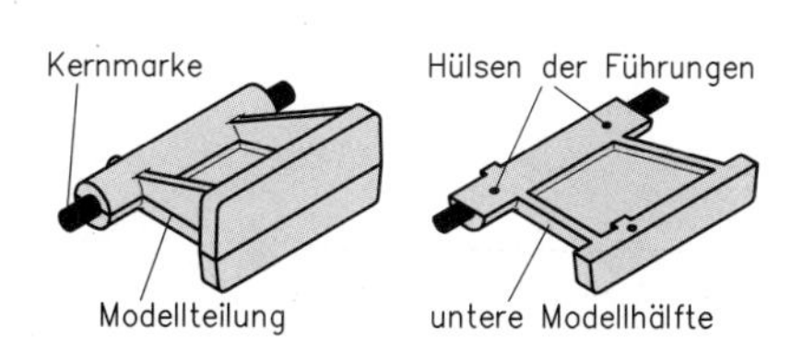

Modell

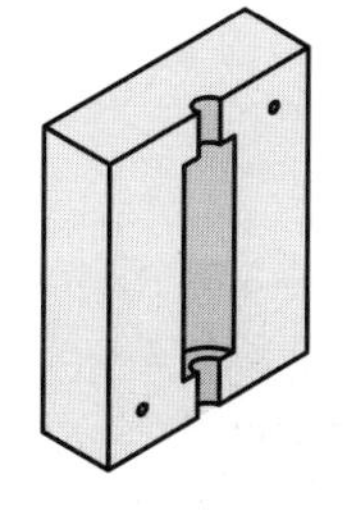

Kernkasten

Übungsaufgabe A-63

• Herstellen der gießfertigen Form in der Handformerei

In der Formerei fertigt man mithilfe des Modells die verlorene Sandform an.
Dies geschieht in folgenden Arbeitsschritten:

1. Einformen einer Modellhälfte im Unterkasten
   Eine Modellhälfte wird auf eine Platte gelegt und mit Trennmittel eingepudert. Ein Formrahmen aus Metall wird darübergesetzt, Formsand in den Kasten gefüllt und festgestampft. Der aufgestampfte Unterkasten wird umgedreht.

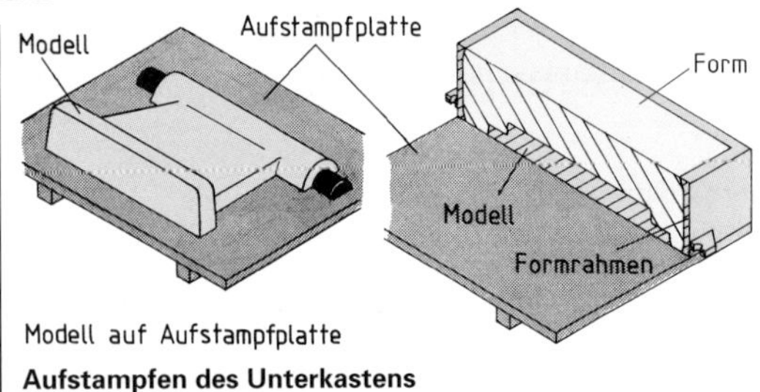

Modell auf Aufstampfplatte
Aufstampfen des Unterkastens

2. Einformen der zweiten Modellhälfte im Oberkasten
   Die zweite Modellhälfte wird auf die erste, bereits eingeformte Hälfte gelegt und ist gegen seitliches Verschieben durch Dübel gesichert. Ein zweiter Formrahmen wird mit Führungen auf den ersten gestellt. Die Form muss eine Eingussöffnung und einen Steiger erhalten. Dazu werden Modelle für den Einguss und den Steiger aufgesetzt. Nun wird der Oberkasten ebenso mit Sand gefüllt wie der Unterkasten.

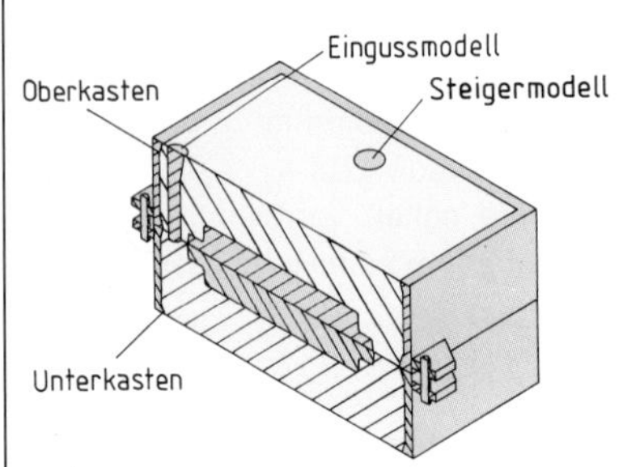

Aufstampfen des Oberkastens

3. Ausheben der Modelle
   Ober- und Unterkasten werden voneinander getrennt. Zwischen dem Einguss und dem Formhohlraum des Reitstockes wird in den Sand ein Verbindungskanal, der sogenannte Lauf, geschnitten. Alle Modellteile werden aus dem Formsand herausgehoben.

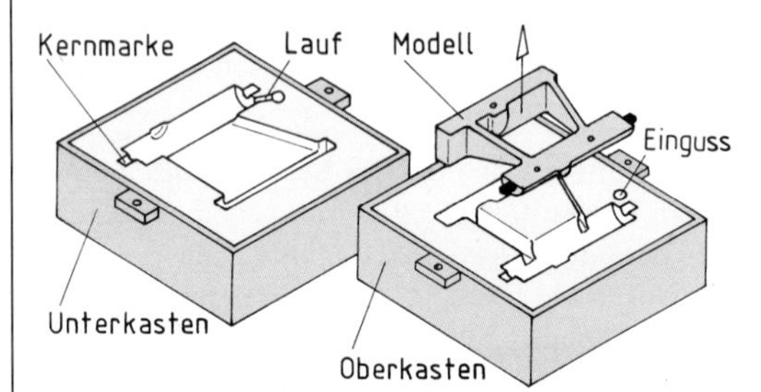

Ausheben der Modelle

4. Vorbereiten der Form zum Gießen
   Der Kern für die durchgehende Bohrung wird in die Kernmarken des Unterkastens eingelegt. Der Oberkasten wird auf den Unterkasten gesetzt. Die Führungen zwischen den beiden Kästen verhindern ein seitliches Verschieben. Zum Schluss beschwert man den Oberkasten, damit er durch das Gießmaterial nicht hochgedrückt werden kann. Die Form ist gießfertig.

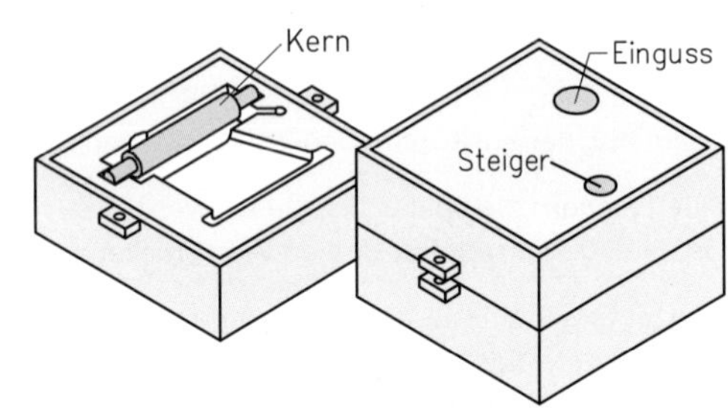

Unterkasten mit eingelegtem Kern **Zusammengelegte Form**

• Abgießen und Putzen des Gussstückes

Durch den Eingusstrichter wird der flüssige Gusswerkstoff in die Form gegossen. Nach dem Erstarren wird die Form zerschlagen und das Gussstück herausgenommen. Eingusstrichter, Lauf und Steiger werden abgeschnitten und das Gussstück gesäubert. Abschließend werden Grate und andere Überstände abgeschliffen.

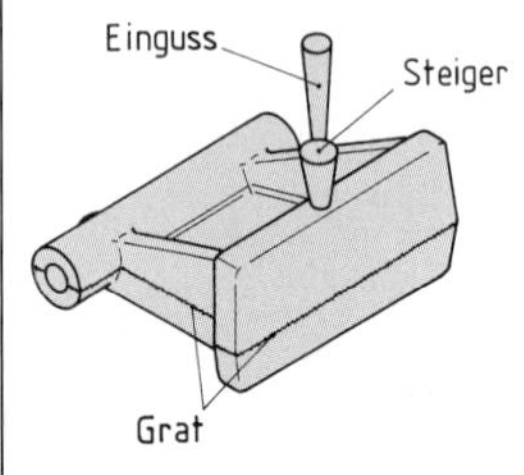

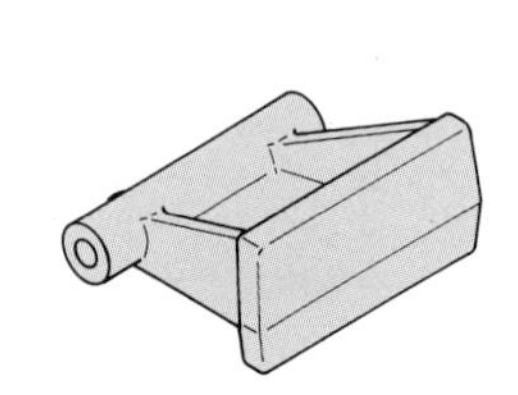

Gussstück mit Einguss und Steiger **Fertiges Gussstück**

Übungsaufgaben A-64 bis A-66

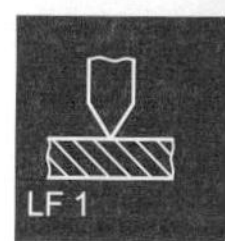

6 Fertigungsverfahren des Umformens

6.1 Grundbegriffe zum Umformen

Nach dem Urformen wird der größte Teil der Werkstoffe durch Umformen zu Blechen, Drähten und sonstigen Profilen weiterverarbeitet. Man nennt diese Produkte **Halbzeuge**. Aus solchen Halbzeugen wiederum werden viele Endprodukte, z.B. Autokarosserien, Werkzeuge, Haushaltsgegenstände und andere Gebrauchsgüter durch erneutes **Umformen** hergestellt.

Beispiele für Umformteile an einem Fahrrad

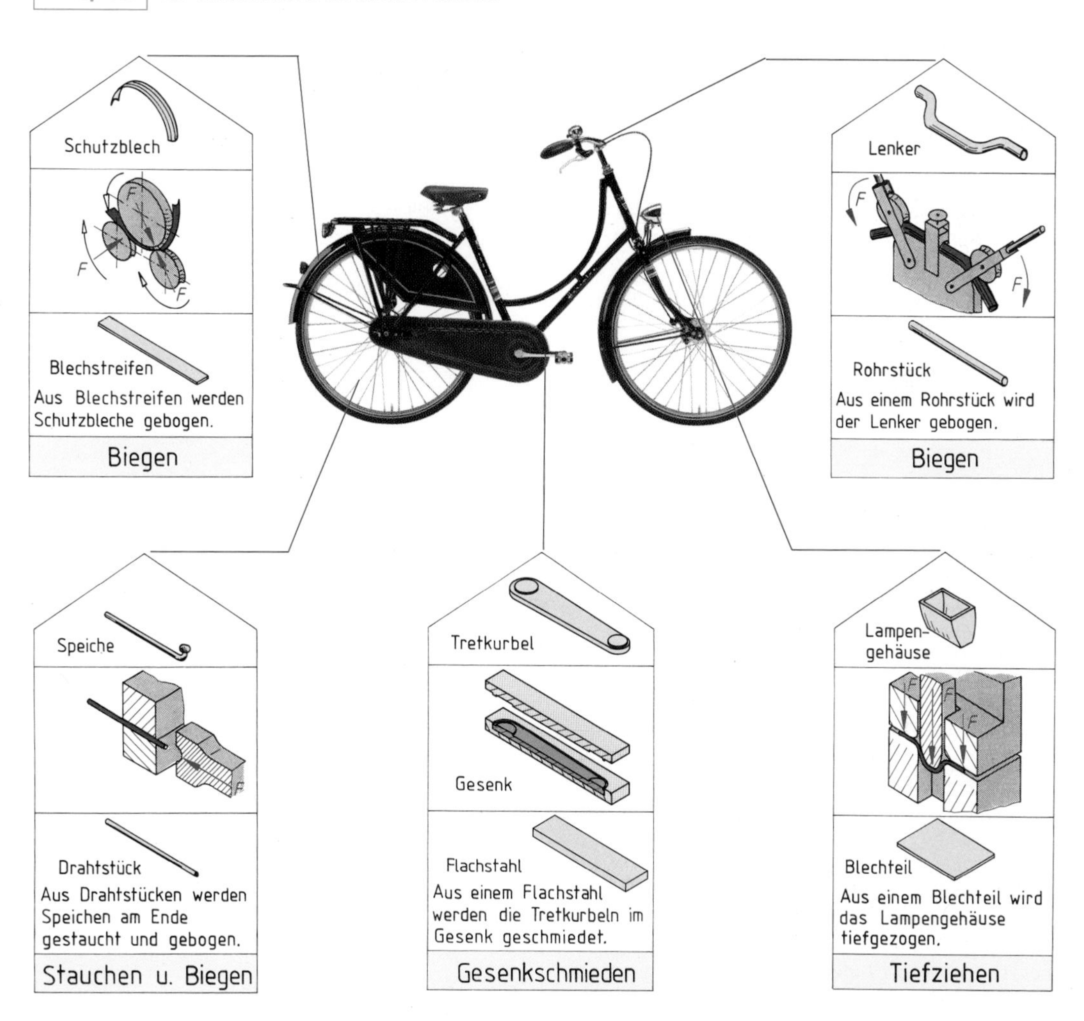

Beim Umformen wird die Formänderung von festen Körpern durch äußere Kräfte bewirkt. Nach Entlastung bleibt diese Formänderung weitgehend erhalten. Man spricht von einer **plastischen Formänderung**. Beim Umformen wird zwar die Form des Werkstücks geändert, jedoch bleiben das Volumen und der Zusammenhalt erhalten. Es können nur solche Werkstoffe umgeformt werden, die eine erhebliche plastische Formänderung ohne Zerstörung des Zusammenhalts ertragen.

Umformen ist Fertigen durch plastische Formänderung eines festen Körpers.

Übungsaufgaben A-67 bis A-69

6.2 Biegen von Blechen und Rohren

6.2.1 Vorgänge beim Biegen

Beim Umformen durch Biegen wirkt stets von außen eine Kraft in einem Abstand von der Biegestelle. Die Entfernung der Kraft zum nächsten Auflagepunkt des Biegeteils bezeichnet man als Hebel. Die Biegewirkung wird größer mit

- zunehmender Biegekraft und
- zunehmender Länge des Hebelarms.

Die Biegewirkung wird durch das **Biegemoment** erfasst. Das Biegemoment ist das Produkt aus der Biegekraft und dem zugehörigen Hebelarm.

$M_b = F \cdot l$

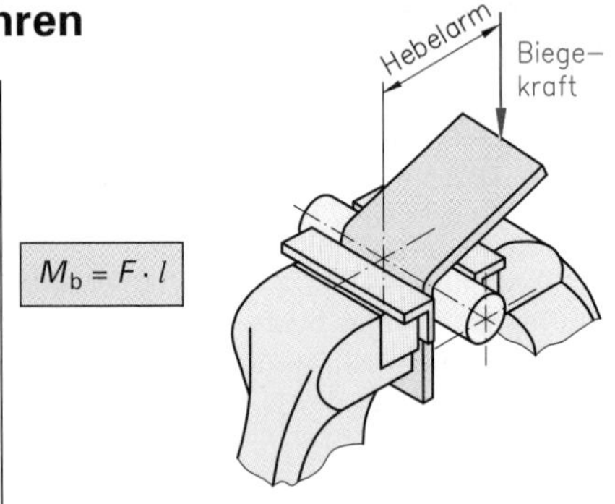

Wirkung des Biegemoments

Biegemoment = Biegekraft · Hebelarm

Beim Biegen eines Werkstücks erfolgt die Umformung unter der Wirkung eines Biegemomentes. Im äußeren Bereich erfolgt eine **Werkstoffstreckung** und im inneren Bereich eine **Werkstoffstauchung**. Zwischen beiden Bereichen liegt eine Ebene, in der der Werkstoff weder gestreckt noch gestaucht wird, sie wird **neutrale Faser** genannt.

Da das Werkstoffvolumen beim Biegen konstant bleibt, erfolgt durch die Werkstoffstreckung und Stauchung an der Biegestelle eine Querschnittsveränderung.

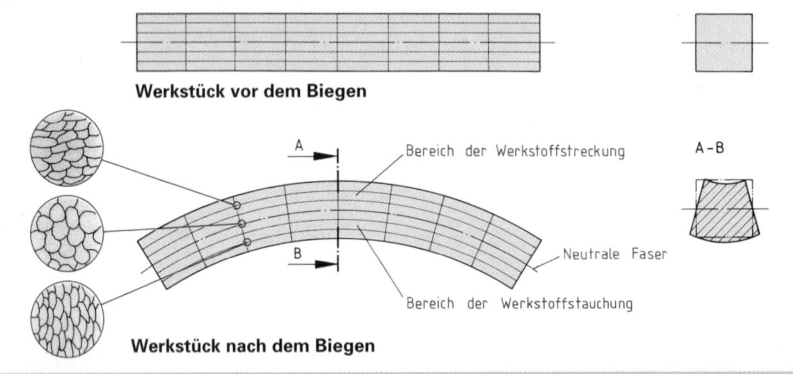

Werkstück nach dem Biegen

Beim Biegen wird der äußere Werkstoffbereich gestreckt und der innere gestaucht. Die mittlere Schicht behält ihre Ausgangslänge und wird neutrale Faser genannt.

6.2.2 Mindestbiegeradien

Auf der gestreckten Seite eines gebogenen Werkstücks treten Zugspannungen auf. Diese können bei falscher Wahl des Biegeradius zu Rissen bzw. bei Hohlprofilen zu unzulässigen Querschnittänderungen führen.

Diese Fehler lassen sich vermeiden, wenn die Werkstücke mit ausreichend großem Radius gebogen werden. Den Innenradius des gebogenen Teils bezeichnet man als **Biegeradius.**

Die Mindestgröße des Biegeradius hängt von der Dehnbarkeit des Werkstoffs und von der Dicke s des Werkstücks ab.

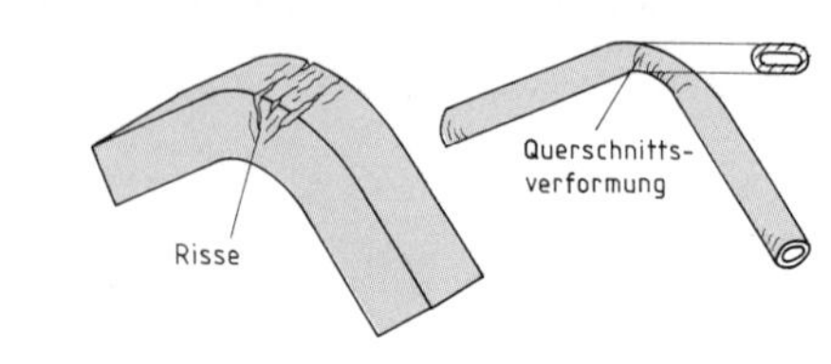

Fehlerhaft gebogene Werkstücke

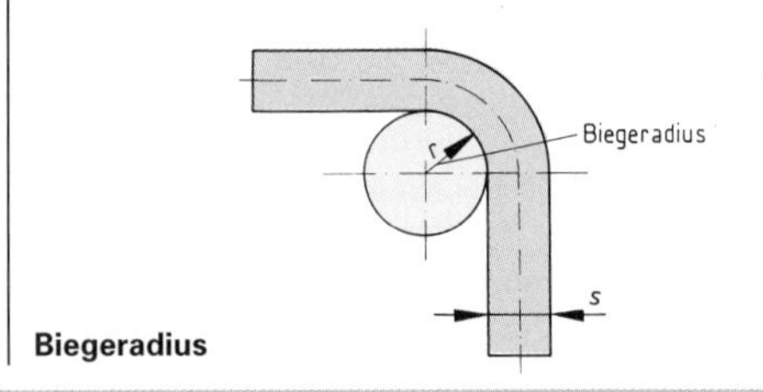

Biegeradius

Als Biegeradius bezeichnet man den Innenradius von Biegeteilen.

Übungsaufgaben A-70 bis A-72

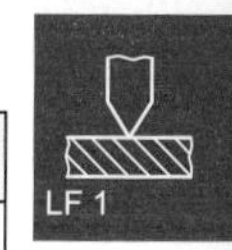

Bei kleinem Biegeradius wird die Zugseite stärker gedehnt als bei einem größeren Radius. Damit der Werkstoff nicht einreißt, muss bei schlecht dehnbaren Werkstoffen deshalb ein größerer Biegeradius gewählt werden als bei gut dehnbaren Werkstoffen.

Je größer die Dicke des Werkstücks, desto größer sind die Spannungen und Dehnungen bei gleichem Biegeradius. Damit an keiner Stelle der gestreckten Seite die Festigkeit überschritten wird, muss bei größerer Werkstückdicke ein größerer Biegeradius gewählt werden.

Werkstoff	Mindestbiegeradius *r*
Stahl (weich)	2-mal Werkstückdicke
Weichaluminium	2-mal Werkstückdicke
Hartaluminium	4-mal Werkstückdicke
Messing	4-mal Werkstückdicke

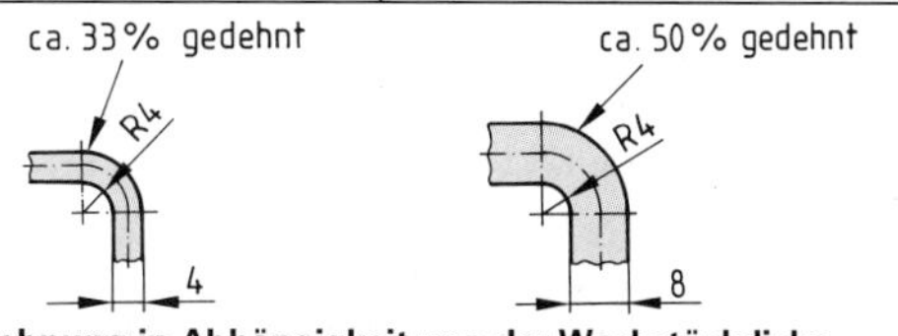

Dehnung in Abhängigkeit von der Weckstückdicke

Die Größe des Biegeradius ist abhängig von:
- der Dehnbarkeit des Werkstücks,
- der Dicke des Werkstücks.

6.2.3 Biegen von Blechen

Kleinere Blechteile werden in der Einzelfertigung im Schraubstock gebogen. Zum Schutz der Oberfläche werden Beilagen oder Spannvorrichtungen verwendet. Bei Verwendung von entsprechenden Spannvorrichtungen können Werkstücke auch dann exakt gebogen werden, wenn sie breiter sind als der Schraubstock.

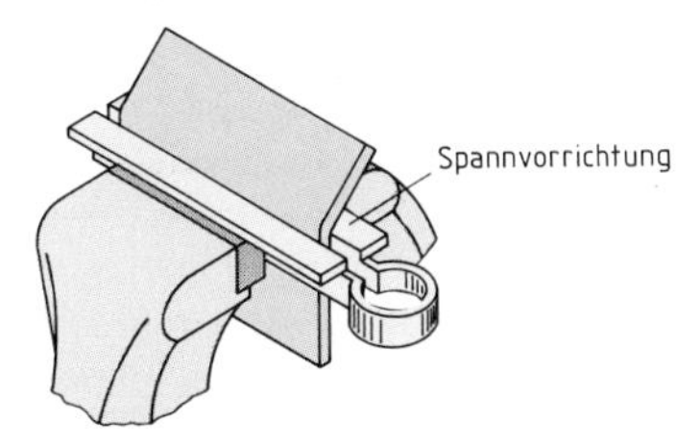

Biegen im Schraubstock

In der Massenfertigung werden Blechteile genauer und wirtschaftlicher in **Biegewerkzeugen** gebogen.
Die Biegeverfahren werden nach der Art der Werkzeugbewegung in Verfahren mit geradliniger und Verfahren mit drehender Werkzeugbewegung unterschieden.
Zu den Verfahren mit geradliniger Werkzeugbewegung zählen alle Biegeverfahren, in denen die Umformung in Gesenken stattfindet.

Beispiele für Umformverfahren mit geradliniger Werkzeugbewegung

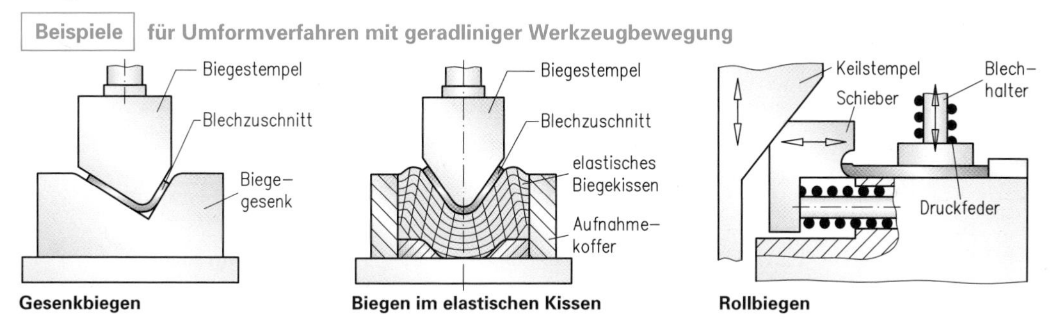

Gesenkbiegen **Biegen im elastischen Kissen** **Rollbiegen**

Bei den Verfahren mit drehender Werkzeugbewegung führen die Werkzeugteile eine Drehbewegung aus.

Beispiele für Umformverfahren mit drehender Werkzeugbewegung

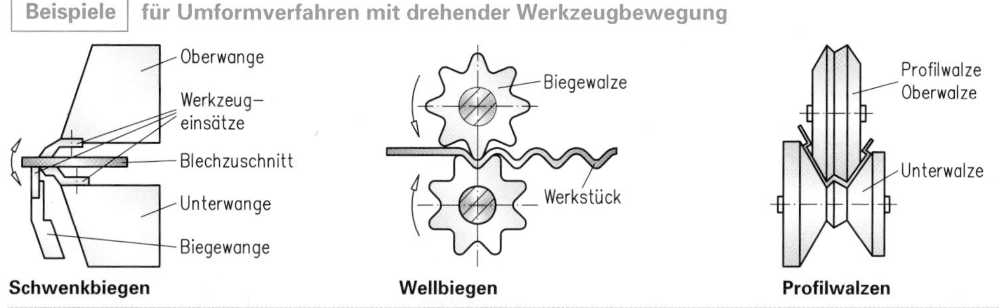

Schwenkbiegen **Wellbiegen** **Profilwalzen**

Biegeverfahren werden nach der Werkzeugbewegung in Verfahren mit geradliniger und Verfahren mit drehender Werkzeugbewegung unterschieden.

Übungsaufgaben A-73 bis A-77

6.2.4 Blechbedarf und Verschnitt

Auf den Preis eines Werkstückes haben die Kosten für das Rohmaterial oft erheblichen Einfluss. Außer für die Fertigung ist es auch für die Kalkulation notwendig, den erforderlichen Materialbedarf und den Verschnitt zu ermitteln.

Zur Herstellung eines Werkstückes aus Blech muss das Rohteil mindestens die ebene Werkstückfläche der Abwicklung beinhalten. Die zur Erzeugung des Werkstücks vom Rohteil abzutrennenden Flächen bezeichnet man als Verschnitt.

Rohteilfläche = Abwicklungsfläche + Verschnitt

Der Verschnitt wird in Prozent der Rohteilfläche angegeben.

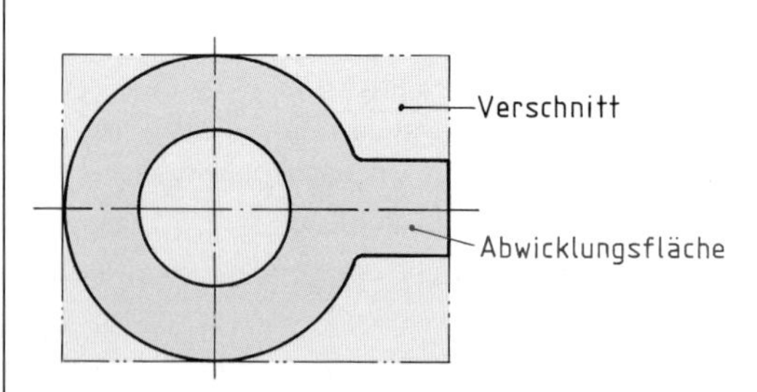

Rohteilfläche für ein Sicherungsblech

Rohteilfläche entspricht 100 %

$$\text{Verschnitt (\%)} = \frac{\text{Rohteilfläche} - \text{Abwicklungsfläche}}{\text{Rohteilfläche}} \cdot 100\ \%$$

Viele Fügeverfahren, z.B. Löten, Kleben und Nieten, erfordern eine Überlappung (Fügeflächen). Diese Fügeflächen müssen bei der Abwicklungsfläche berücksichtigt werden.

Beispiel für die Berechnung von Blechbedarf und Verschnitt (ohne Fügeflächen)

Aufgabe

Für den skizzierten Behälter sind Blechbedarf und Verschnitt zu berechnen.

Gegeben: Skizze

Gesucht: Verschnitt in %

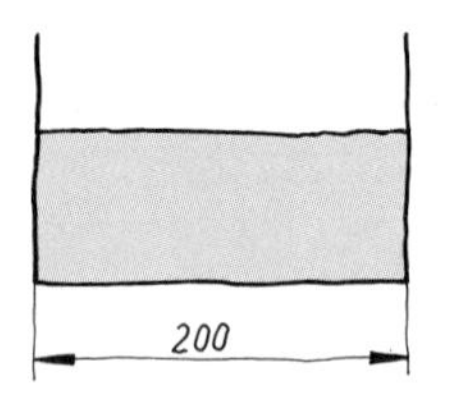

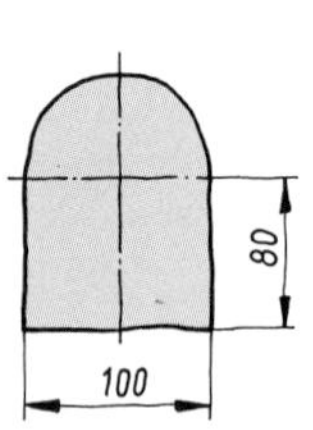

Lösung

1. Darstellung der Abwicklung

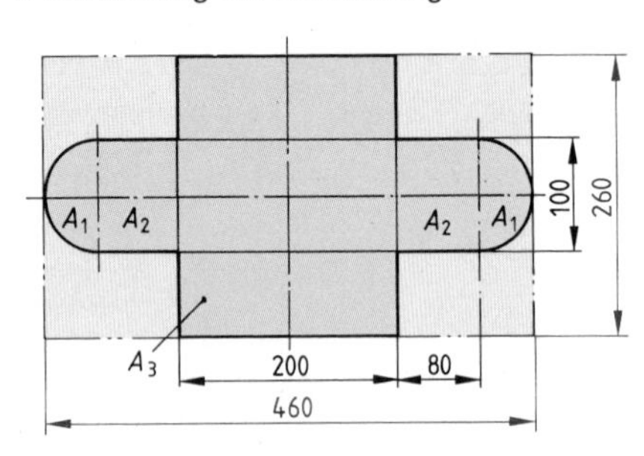

2. Berechnung der Rohteilfläche A_R (Blechbedarf)

$A_R = 460\ \text{mm} \cdot 260\ \text{mm}$

$A_R = \mathbf{119\ 600\ mm^2}$

3. Berechnung der Abwicklungsfläche A_{ges}

$A_{ges} = 2 \cdot A_1 + 2 \cdot A_2 + A_3$

$2 \cdot A_1 = \frac{100^2\ \text{mm}^2 \cdot \pi}{4} = 7\ 854\ \text{mm}^2$

$2 \cdot A_2 = 2 \cdot 100\ \text{mm} \cdot 80\ \text{mm} = 16\ 000\ \text{mm}^2$

$A_3 = 200\ \text{mm} \cdot 260\ \text{mm} = 52\ 000\ \text{mm}^2$

$A_{ges} = \mathbf{75\ 854\ mm^2}$

4. Berechnung des Verschnitts x in Prozent

$$x = \frac{119\ 600\ \text{mm}^2 - 75\ 854\ \text{mm}^2}{119\ 600\ \text{mm}^2} \cdot 100\ \%$$

$x = \mathbf{36{,}58\ \%}$

Übungsaufgaben A-78; A-79

6.3 Biegen von Rohren

Beim Biegen von Rohren ohne Hilfsmittel tritt in der Biegezone eine Querschnittsveränderung ein. Die Teile der Rohrwand mit hohen Zug- und Druckspannungen weichen der Belastung dadurch aus, dass sie sich der neutralen Faser nähern. Das Rohr flacht ab.

Die Abflachung ist umso größer
- je größer der Rohrdurchmesser,
- je dünner die Rohrwand,
- je kleiner der Biegeradius und
- je geringer die Dehnbarkeit des Werkstoffs ist.

Durch die Abflachung verringern sich der Durchflussquerschnitt und die Belastbarkeit des Rohres an der Biegestelle.

Beim **freien Biegen** von Rohren füllt man den Hohlraum aus, um Querschnittsveränderungen zu vermeiden.

Als Füllungen eignen sich trockener Sand, leicht schmelzbare Stoffe (Kolophonium, Blei) und Spiralfedern. In Kunststoffrohre werden häufig Gummischläuche eingezogen.

Nach dem Biegevorgang werden die Füllungen wieder entfernt. Kolophonium und Blei müssen dazu ausgeschmolzen werden.

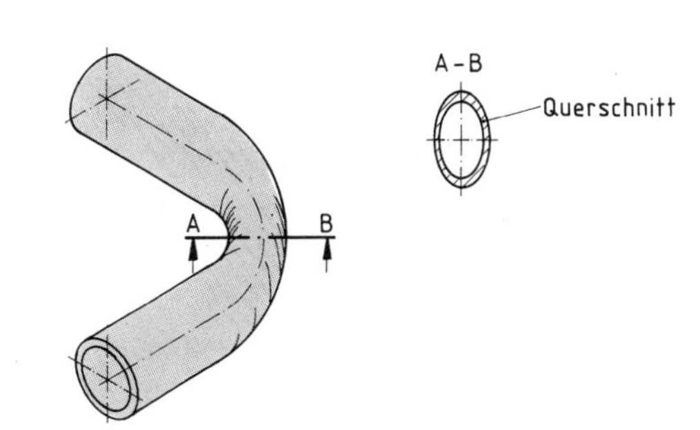

Querschnittsveränderung eines Rohres durch Biegen ohne Hilfsmittel

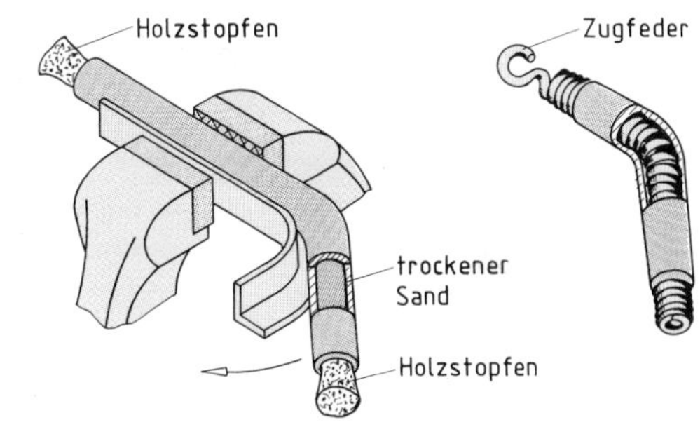

Freies Biegen von Rohren mit Füllung

In **Biegevorrichtungen** für Rohre verhindert eine an der Biegestelle dem Rohraußendurchmesser angepasste Form jede Querschnittsveränderung.

Biegevorrichtung für Rohre

Biegesegmente

Auch beim Biegen von Rohren ist ein Mindestradius einzuhalten, damit keine Risse in der Rohrwand auftreten. Der Mindestradius ist 3 · Rohraußendurchmesser. Beim Biegen von geschweißten Rohren muss die Schweißnaht in die Ebene der neutralen Faser gelegt werden. Dadurch wird die Schweißnaht nur geringfügig durch Spannungen beansprucht.

Beim freien Biegen von Rohren werden Querschnittsveränderungen durch Füllungen vermieden. Mindestradius ist 3 · Rohraußendurchmesser.

Übungsaufgaben A-80 bis A-82

6.4 Berechnungen von gestreckten Längen bei Biegeteilen

Bei dünnen Werkstücken, z.B. aus Blechen und Flachprofilen, und bei großen Biegeradien entspricht die gestreckte Länge etwa der Länge der neutralen Faser des Biegeteils.

Bei engen Biegeradien und dicken Werkstücken hingegen wird der Werkstoff auf der Druckseite stark gestaucht und es kommt zu einer Verschiebung der ungelängten Zone zur Druckseite. In diesen Fällen wird eine Berechnung der gestreckten Länge aus der neutralen Faser mithilfe von Korrekturfaktoren durchgeführt.

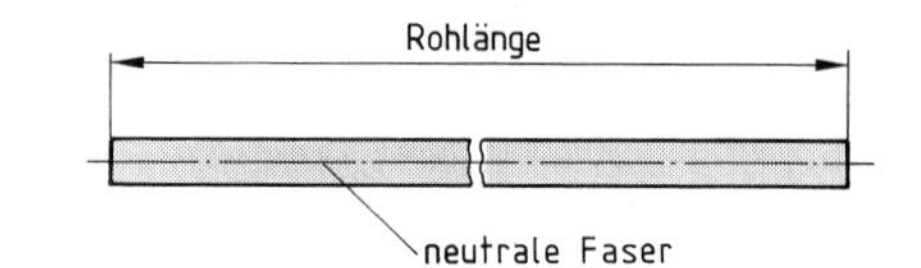

Gestreckte Länge (Rohlänge)

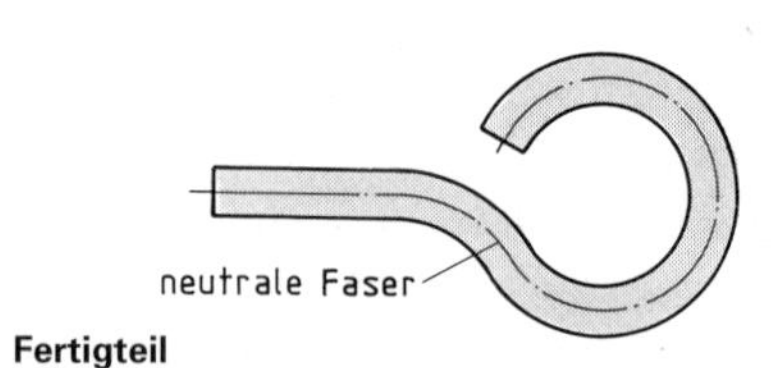

Fertigteil

Die Rohlänge entspricht etwa der Länge der neutralen Faser. Bei dicken Werkstücken und kleinen Biegeradien sind Korrekturen notwendig.

Hinweise **zum Berechnen gestreckter Längen**

1. Von dem Biegeteil wird nur die neutrale Faser gezeichnet und bemaßt.
2. Die neutrale Faser wird in einfach zu berechnende Teillängen zerlegt.
3. Die Teillängen werden berechnet.
4. Zur Ermittlung der Rohlänge werden die Teillängen addiert.

Beispiel **zur Berechnung der gestreckten Länge eines dünnen Bauteils**

Aufgabe

Die gestreckte Länge des dargestellten Werkstückes ist zu berechnen.

Gegeben: Skizze

Gesucht: L

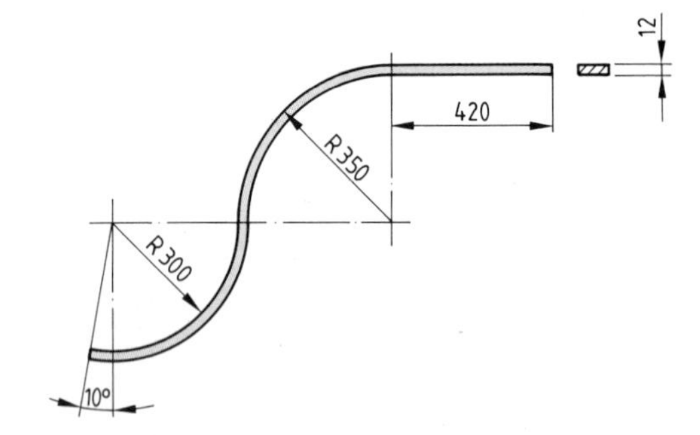

Lösung

1. und 2. Schritt

Skizze mit Bemaßung der neutralen Faser

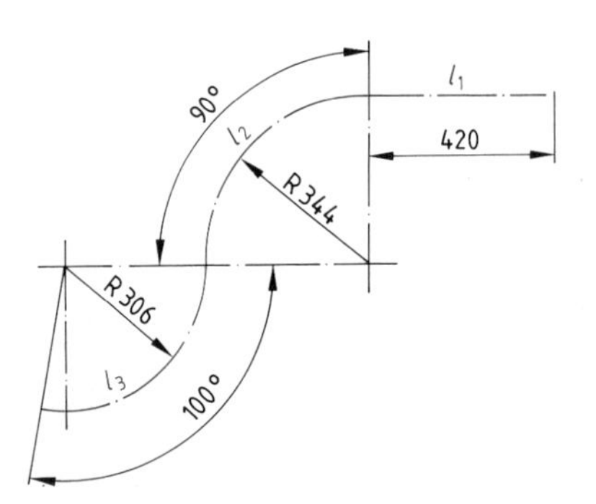

3. Schritt

Berechnung der Längen

$l_1 = 420 \text{ mm}$

$$l_{2/3} = \frac{d_m \cdot \pi \cdot \alpha}{360°}$$

$$l_2 = \frac{688 \text{ mm} \cdot \pi \cdot 90°}{360°} = 540 \text{ mm}$$

$$l_3 = \frac{612 \text{ mm} \cdot \pi \cdot 100°}{360°} = 534 \text{ mm}$$

4. Schritt

Addition der Teillängen

$L = l_1 + l_2 + l_3$

$L = 420 \text{ mm} + 540 \text{ mm} + 534 \text{ mm}$

$\mathbf{L = 1\,494 \text{ mm}}$

Übungsaufgaben A-83 bis A-85

6.5 Schmieden

Rohteile aus Stahl und Nichteisenmetalle können durch Schmieden ihre Halbfertig- oder Fertigform erhalten. Das Ausgangsmaterial wird erwärmt und durch Druckkräfte zum Schmiedestück umgeformt. Schmieden gehört zu den **Warmumformverfahren.** Das Umformen wird oberhalb der Rekristallisationstemperatur durchgeführt. Die Temperatur, die das Rohteil zu Beginn des Schmiedens hat, wird Anfangstemperatur genannt. Die Anfangstemperatur ist so hoch wie möglich zu wählen, damit der Umformwiderstand möglichst klein wird und ein möglichst großer Bereich für die Abkühlung während der Schmiedevorgänge zur Verfügung steht.

Schmiedeteile

6.5.1 Vorgänge beim Schmieden

Die beim Schmieden aufgebrachten Druckkräfte bewirken, dass sich die Form des Rohteils in Druckrichtung verkürzt und der Werkstoff seitlich ausweicht. Eine Volumenveränderung tritt dabei nicht ein. Der Gefügeaufbau wird jedoch verändert, da eine Verschiebung der Kristallkörner und eine Kornverfeinerung eintritt. Der Faserverlauf des gewalzten Ausgangsmaterials wird durch das Umformen nicht unterbrochen.
Wegen der Kornverfeinerung und des nicht unterbrochenen Faserverlaufs hat das Schmiedestück höhere Festigkeitseigenschaften als das Ausgangsmaterial. Deshalb werden z.B. Kurbelwellen geschmiedet und nicht aus dem vollen Material durch Spanabnahme herausgearbeitet. Es werden vor allem Werkstücke mit hoher Dauerbelastung geschmiedet.

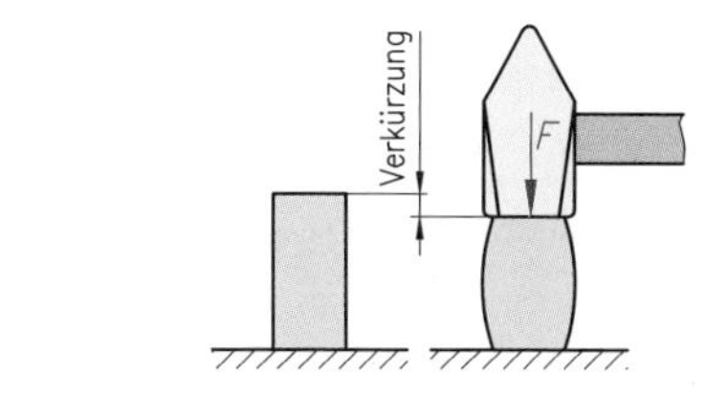

Formänderung beim Schmieden

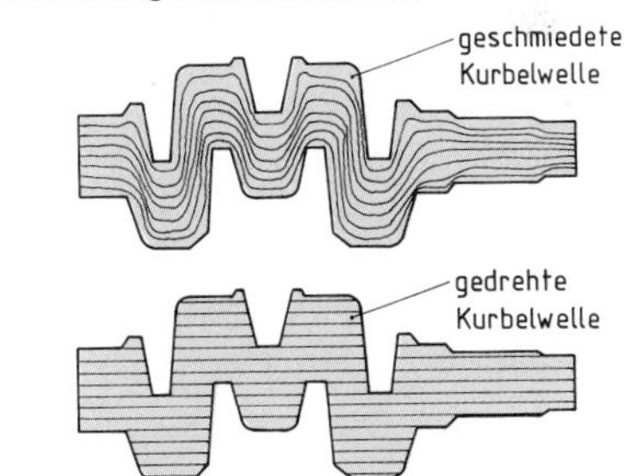

Faserverlauf an Kurbelwellen

Beim Schmieden werden metallische Werkstücke durch Durckkräfte umgeformt.
Dabei werden die Festigkeitseigenschaften des Schmiedestücks verbessert.

6.5.2 Schmiedeverfahren

- **Freiformschmieden**

Beim Freiformschmieden kann der Werkstoff zwischen den Wirkflächen der Schmiedewerkzeuge frei ausweichen. Die Form des gewünschten Werkstücks ist ggf. teilweise im Werkzeug eingearbeitet.

Übersicht über eine Auswahl von einfachen Schmiedearbeiten

Recken	Absetzen	Breiten	Stauchen

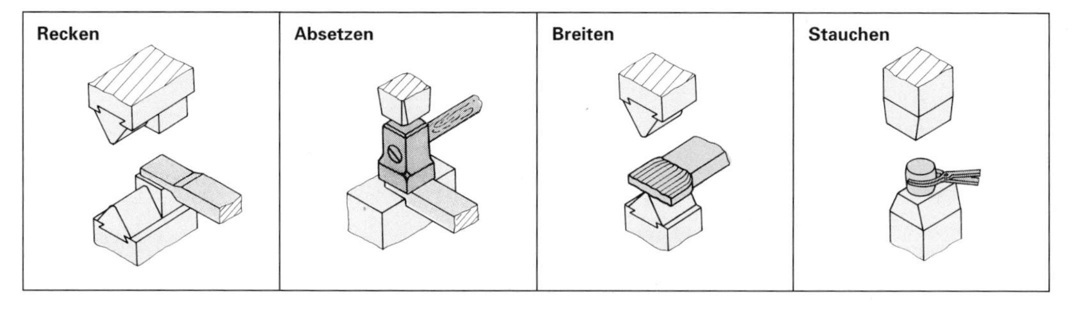

Übungsaufgabe A-86

- **Gesenkschmieden**

Beim Gesenkschmieden werden Schmiedewerkzeuge aus hochwertigem Stahl eingesetzt, in die die Hohlräume eingearbeitet sind, die der äußeren Werkstückform entsprechen. Diese Schmiedewerkzeuge bezeichnet man als **Gesenke,** den Hohlraum im Gesenk nennt man **Gravur.**

Beispiel für das Schmieden eines Werkstücks im Gesenk

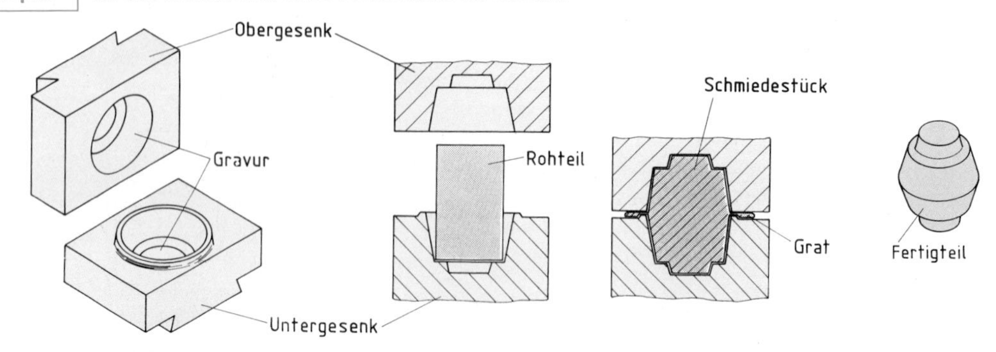

Gesenkschmieden ist ein Druckumformen mit Formwerkzeugen, die das Werkstück ganz oder zum größten Teil umschließen.

6.5.3 Berechnung von Schmiederohlängen

Zur Herstellung von Schmiedeteilen ist die Berechnung der Rohlänge des umzuformenden Stückes erforderlich. Bei dieser Berechnung geht man davon aus, dass der Rohling und das zu fertigende Teil gleiches Volumen haben.

Da das Volumen von Metallen bei einer Umformung nicht verändert wird, kann man in diesen Fällen vom Volumen statt von der Masse ausgehen.

Da beim Warmumformen Verluste infolge Abbrand, Grat u.a. entstehen, muss das Volumen des Rohteiles größer als das zu formende Werkstück sein. Diese Volumenzugabe wird meist in Prozent ausgedrückt. Das Volumen des Werkstückes ist dabei stets 100 %.

Zur Berechnung von Rohlängen für Schmiedeteile geht man in folgenden Schritten vor:

1. Berechnung des Werkstückvolumens V_W (Volumen des Fertigteils).
2. Berechnung des Rohteilvolumens V_R durch Zuschlag der Volumenzugabe V_Z.
3. Errechnung der Länge des Rohlings L_R.

Beispiel für die Berechnung einer Rohlänge

Aufgabe

An ein Rundmaterial soll entsprechend der Skizze ein Vierkantkopf warm angestaucht werden. Als Verlust werden 12 % des Werkstoffvolumens des Fertigteils angenommen. Die erforderliche Rohlänge des Rundmaterials ist zu berechnen.

Gegeben: Skizze *Gesucht:* L_R

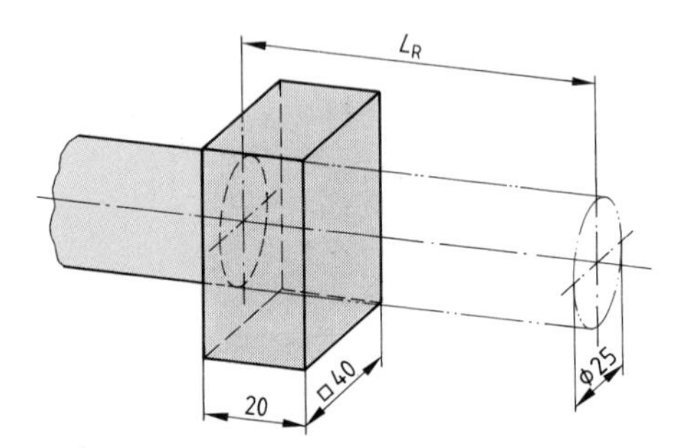

Lösung

1. Werkstückvolumen

$V_W = 40\text{ mm} \cdot 40\text{ mm} \cdot 20\text{ mm}$

$V_W = 32\,000\text{ mm}^3$

2. Berechnung des Rohteilvolumens durch Zuschlag der Volumenzugabe

$$V_Z = \frac{32\,000\text{ mm}^3 \cdot 12}{100} = 3\,840\text{ mm}^3$$

$V_R = 32\,000\text{ mm}^3 + 3\,840\text{ mm}^3 = 35\,840\text{ mm}^3$

3. Länge des Rohlings

$$L_R = \frac{V_R}{A_R} \qquad A_R = \frac{d^2 \cdot \pi}{4}$$

$$A_R = \frac{25^2\text{ mm}^2 \cdot \pi}{4} = 490{,}9\text{ mm}^2$$

$$L_R = \frac{35\,840\text{ mm}^3}{490{,}9\text{ mm}^2} = \mathbf{73\text{ mm}}$$

Übungsaufgaben A-87 bis A-89

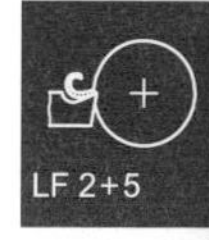

Handlungsfeld: Werkstücke mit Maschinen fertigen

Problemstellung

Auftrag

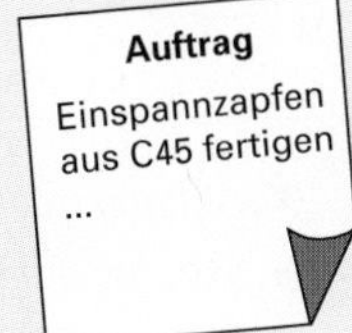

Zeichnung

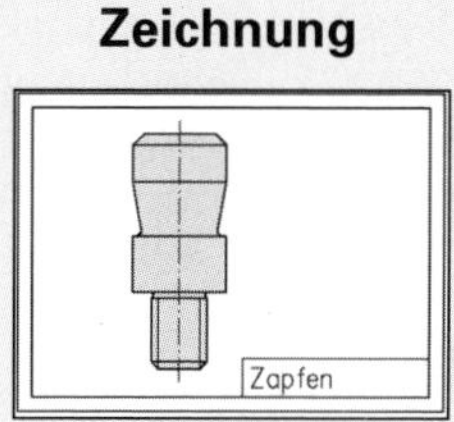

Analysieren

Vorgaben
- Werkstück (Form, Maße, Oberfläche, Toleranzen)
- Werkstoff
- Stückzahl
- Termine

Ergebnisse
- Fertigungsverfahren (Maschine)
- Abfolge der Fertigung
- Rohteil (Form, Maße)

Fertigung planen
(für das jeweilige Verfahren)

Entscheidungen hinsichtlich Werkzeug
- Schneidstoff
- Werkzeugtyp
- Schneidenwinkel
- Einspannung
- Prüfung (Schneidhaltigkeit, Standzeit)

Arbeitsplan			
Drehen	Maschine:		
Arbeitsgänge			
Nr.	Art	Einstelldaten	Bemerkungen
1	Plan-drehen	... ...	...

Entscheidung hinsichtlich Maschine
- Art der Maschine
- Technologiedaten (Umdrehungsfrequenz, Vorschub ...)
- Verfahrbewegungen
- Einspannung
- Werkzeugeinsatz

Fertigen

- Einstellen bzw. Eingeben von Technologiedaten
- Einrichten der Werkstücke (Positionieren, Spannen, ggf. Stützen)
- Einrichten der Werkzeuge
- Bereitstellen von Hilfsstoffen

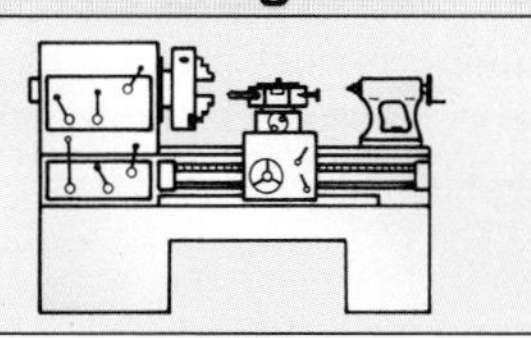

- Fertigung starten und Überwachen
- Zwischenkontrollen durchführen
- Sicherheitsvorschriften beachten

Qualitätskontrolle durchführen

Kontrolle der
- Maße
- Form
- Oberfläche

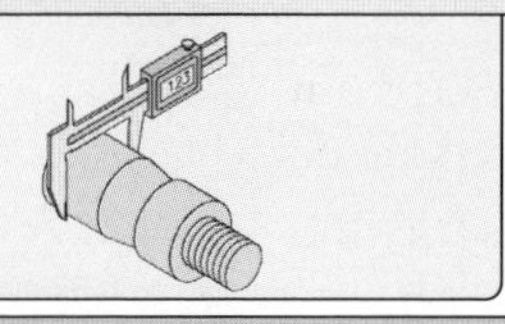

- Entscheidung über Verwendbarkeit (gut, Nacharbeit, Ausschuss)
- Fehleranalyse

1 Fertigen auf Werkzeugmaschinen

1.1 Größen im Fertigungsprozess

Zur maschinellen, spanenden Fertigung eines Werkstückes muss der Mechaniker von der Zeichnung ausgehend eine geeignete Maschine sowie Werkzeuge, Spann- und Hilfsmittel auswählen und die zur Fertigung notwendigen Bewegungen von Werkzeug und Werkstück ermitteln und einstellen. Bei richtiger Eingabe dieser Größen in den Fertigungsprozess und fachgerechter Durchführung der Arbeit soll ein maß- und formgerechtes Werkstück mit geforderter Oberflächenbeschaffenheit bei möglichst geringen Herstellkosten und geringer Umweltbelastung entstehen.

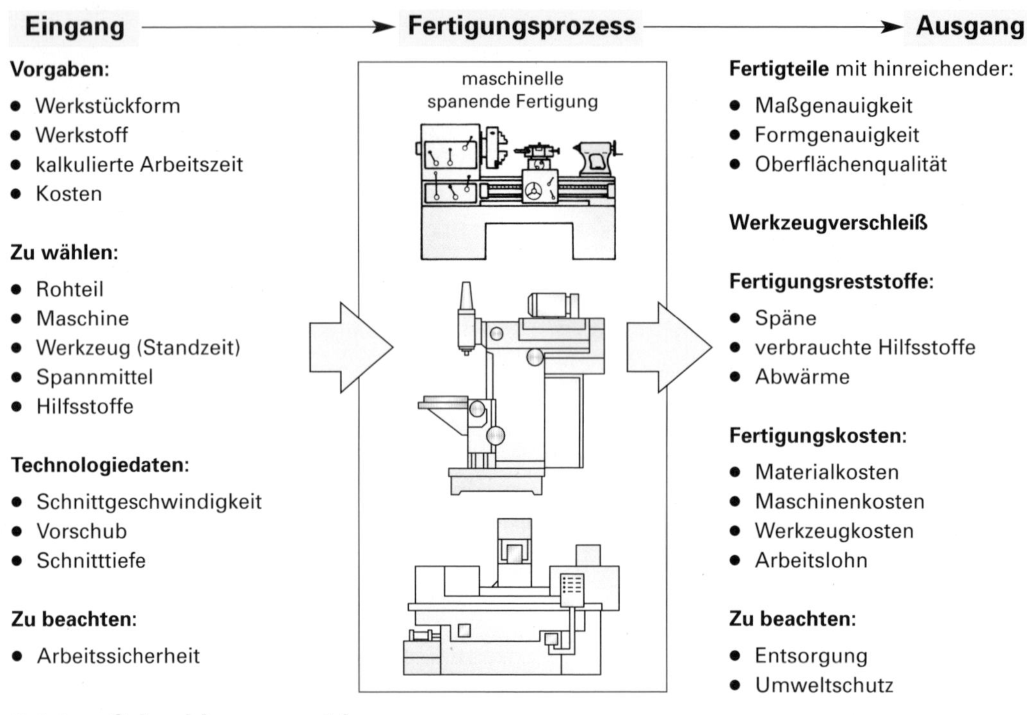

1.1.1 Schneidengeometrie

- **Haupt- und Nebenschneiden**

Der Teil des Werkzeuges, an dem beim Spanen der Span entsteht, ist der Schneidkeil. Er berührt mit seinen Schneiden das Werkstück.

Hinsichtlich der Lage der Schneiden unterscheidet man Haupt- und Nebenschneiden. Hauptschneiden sind die Schneiden, deren Schneidkeil in Vorschubrichtung liegt. Nebenschneiden sind zum Werkstück gerichtet, liegen aber nicht in Vorschubrichtung.

Beispiele **zur Lage von Haupt- und Nebenschneiden**

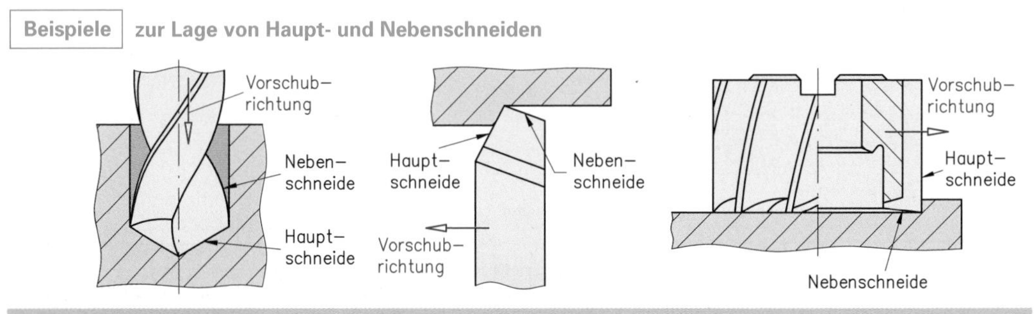

Hauptschneiden liegen in Vorschubrichtung.

Übungsaufgaben B-1; B-2

- **Schneidenwinkel**

Die Winkel an der Schneide des Werkzeuges sind entscheidend für die Kräfte bei der Zerspanung, für die Schneidhaltigkeit des Werkzeugs und die Qualität der Oberfläche des Werkstückes.

Der **Keilwinkel** β_0 beeinflusst die Haltbarkeit des Werkzeugs. Für harte Werkstoffe wählt man deshalb größere Keilwinkel als für weiche Werkstoffe.

Der **Freiwinkel** α_0 vermindert die Reibung zwischen Werkstück und Werkzeug. Er vermindert dadurch die Wärmeentwicklung am Werkzeug.

Der **Spanwinkel** γ_0 beeinflusst die Spanbildung und damit die Oberflächenbeschaffenheit des Werkstückes.

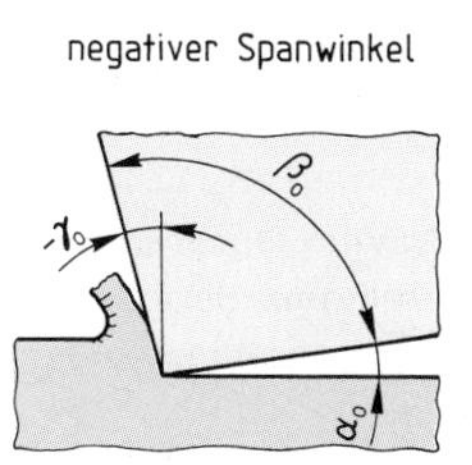

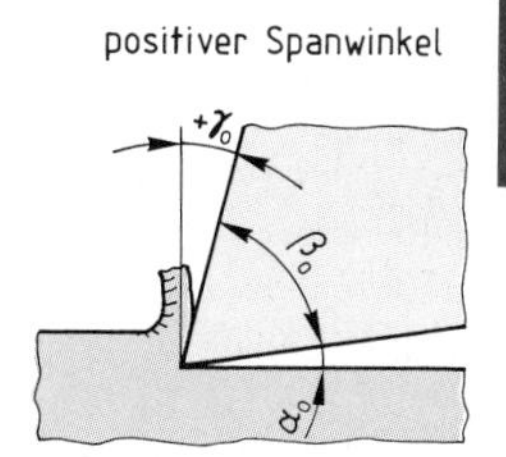

Winkel an der Werkzeugschneide

Die Winkel an der Werkzeugschneide sind hauptsächlich von der Festigkeit des zu bearbeitenden Werkstoffs abhängig.

- **Schneidenecke**

An der Schneidenecke treffen Hauptschneide und Nebenschneide zusammen. Da scharfe Schneiden sehr leicht ausbrechen, werden an den Schneidenecken in den meisten Fällen Eckenradien oder Eckenfasen angebracht.
Die Gestaltung der Schneidenecke beeinflusst entscheidend die Oberfläche des Werkstücks.

Beispiele für den Einfluss der Schneidenecke auf die Oberfäche des Werkstücks

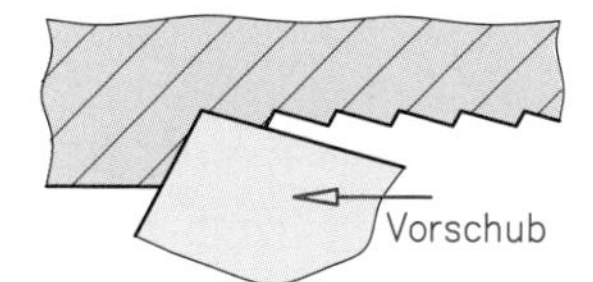

Drehmeißel mit spitzer Ecke

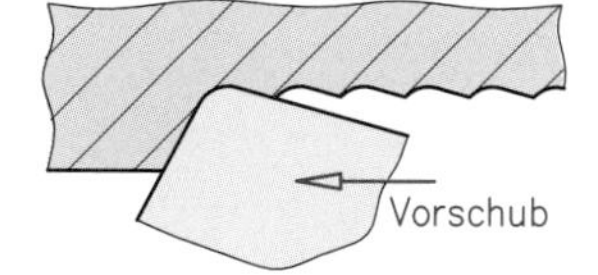

Drehmeißel mit gerundeter Ecke

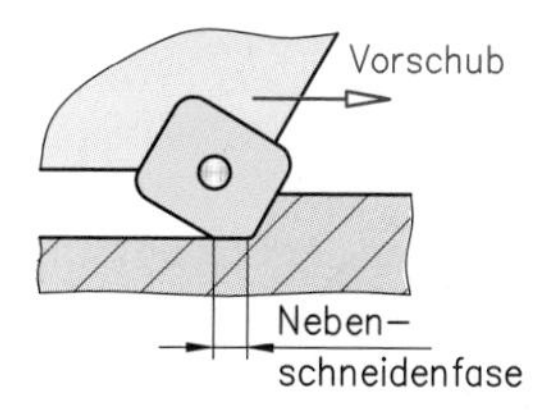

Frässchneide mit gerundeter Ecke und Nebenschneidenfase

Die Gestaltung der Schneidenecke beeinflusst die Qualität der Werkstückoberfläche.

- **Einstellwinkel**

Der Einstellwinkel bestimmt die Länge des im Eingriff befindlichen Teils der Hauptschneide. Bei einem Einstellwinkel von 90° ergibt sich die kleinste im Eingriff befindliche Schneidenlänge, sie entspricht der Schnitttiefe.

Mit kleinerem Einstellwinkel vergrößert sich das Schneidenstück, das die Spanabnahme vornimmt. Bei langen, im Eingriff befindlichen Schneiden verteilt sich die Belastung, zudem wird die entstehende Wärme besser abgeführt. Daher wählt man bei Schruppbearbeitungen Einstellwinkel von 45° oder 60°. Bei gleichem Vorschub und gleicher Schnitttiefe ist bei allen Einstellwinkeln der Spanungsquerschnitt gleich groß.

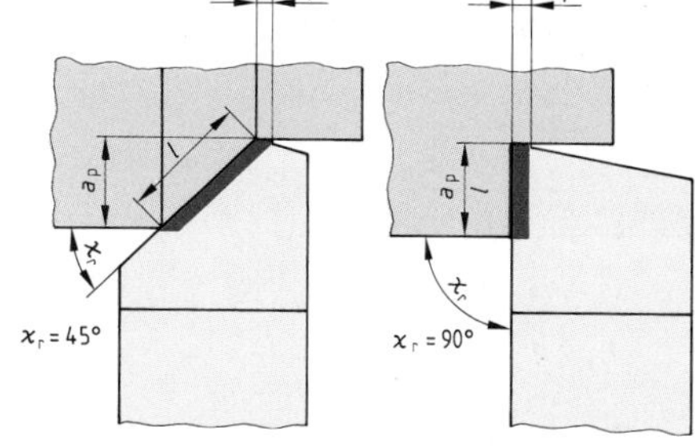

Einstellwinkel und Eingriffslänge

Der Einstellwinkel bestimmt die im Eingriff befindliche Schneidenlänge. Bei gleichem Spanungsquerschnitt führt ein kleinerer Einstellwinkel zur Verringerung der Schneidenbelastung.

1.1.2 Technologische Daten

- **Werkzeug- und Werkstückbewegungen**

Beim Spanen auf Werkzeugmaschinen werden die zur Spanabnahme notwendigen Bewegungen weitgehend von der Maschine ausgeführt.
Die Spanabnahme ist von der Schnittbewegung, der Vorschubbewegung und der Zustellbewegung abhängig.

Beispiele für das Zusammenwirken der verschiedenen Bewegungen bei der Spanabnahme

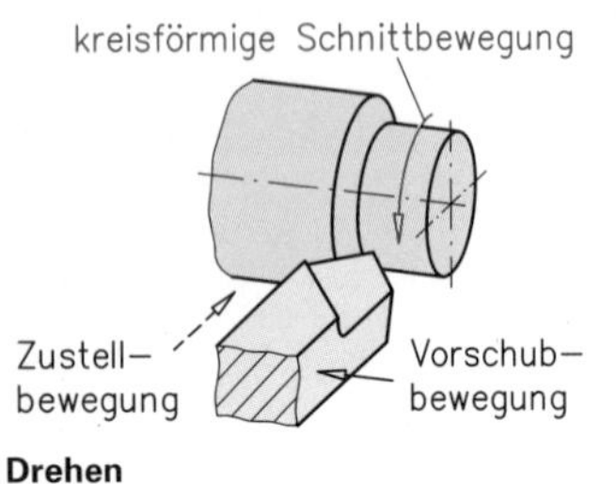

Drehen

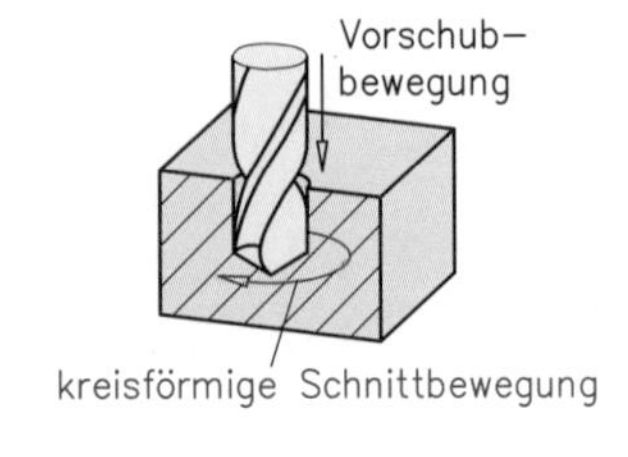

Bohren

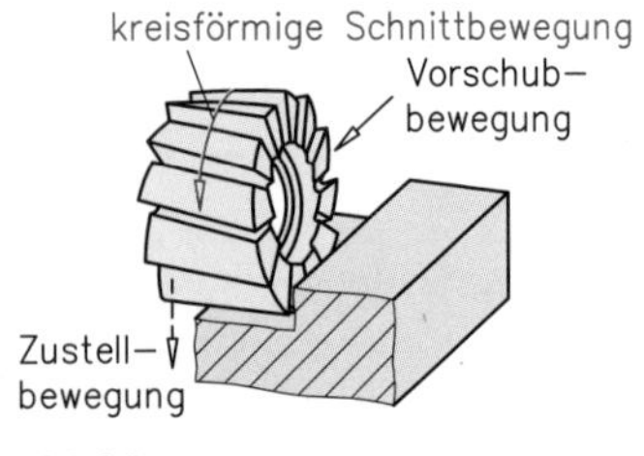

Walzfräsen

Die Größe der einzelnen Bewegungen wird durch Schnittgeschwindigkeit, Vorschub bzw. Vorschubgeschwindigkeit und Schnitttiefe beschrieben.

- **Schnittgeschwindigkeit**

Die Schnittgeschwindigkeit v_c beschreibt die relative Bewegung zwischen dem Werkzeug und dem Werkstück. Die Größe der Schnittgeschwindigkeit wird für ein Fertigungsverfahren entsprechend der Art der Bearbeitung, dem Werkstoff des Werkstükkes und dem Schneidenwerkstoff nach den Angaben des Werkzeugherstellers ausgewählt.
Allgemein kann man feststellen, dass höhere Schnittgeschwindigkeit zu besserer Oberflächengüte und kürzerer Fertigungszeit führt, aber den Werkzeugverschleiß fördert.

HSS-Schaftfräser

Werkstoffbezeichnung	Festigkeit [N/mm²]	Schneidstoff/ Beschichtung	v_c [m/min]	[m:
allg. Baust.	< 500	HSS, unbesch.	28	0
		HSS, beschichtet	78	0,
		PM, beschichtet	83	0,
allg. Baust.	500 – 850	HSS, unbesch.	23	0,0
		HSS, beschichtet	64	0,0
		PM, beschichtet	69	0,0
		HSS, unbesch.	26	0,0

Auszug aus einer Schnittwerttabelle

> Die Schnittgeschwindigkeit wird für einen bestimmten Fertigungsvorgang entsprechend den Werkstoffen von Werkstück und Werkzeug gewählt.

- **Vorschub**

Der Vorschub *f* ist der Weg in Millimeter, den eine Schneide bei einer Umdrehung oder einem Hub zurükklegt. Bei mehrschneidigen Werkzeugschneiden, wie z.B. Fräsern, wird der Vorschub je Zahn angegeben und mit f_z bezeichnet.
Mit größerem Schneidenradius und kleinerem Vorschub erzielt man eine bessere Oberflächengüte. Mit zu großem Radius besteht jedoch die Gefahr der Bildung von Rattermarken.

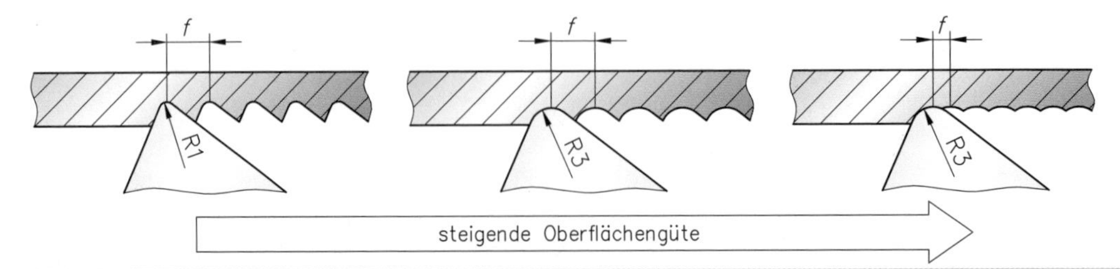

> Der Vorschub ist der Werkzeugweg, der je Umdrehung oder Hub in Vorschubrichtung zurückgelegt wird. Großer Vorschub ergibt meist geringe Oberflächenbeschaffenheit.

- **Schnitttiefe und Spanungsquerschnitt**

Die **Zustellbewegung** zwischen Werkzeug und Werkstück bestimmt vor Schnittbeginn die Dicke der jeweils abzunehmenden Schicht.

Die **Schnitttiefe** a_p ist der Betrag, um den die Schneide durch die Zustellbewegung in Eingriff gebracht wird. Zusammen mit dem Vorschub ergibt sie den **Spanungsquerschnitt** S.

Spanungsquerschnitt = Schnitttiefe · Vorschub
$$S = a_p \cdot f$$

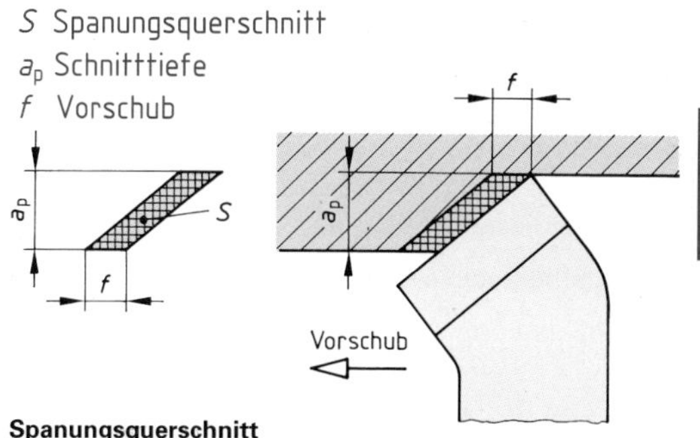

Spanungsquerschnitt

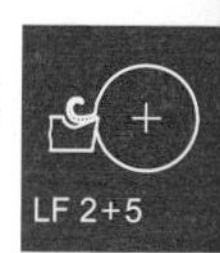

- **Zeitspanungsvolumen**

Das Zeitspanungsvolumen Q ist das in der Zeiteinheit abgetrennte Spanvolumen.
Das Zeitspanungsvolumen ergibt sich aus dem Spanungsquerschnitt und der Schnittgeschwindigkeit.

Zeitsspannungsvolumen = Spanungsquerschnitt · Schnittgeschwindigkeit
$$Q = S \cdot v_c$$

Ein hohes Zeitspanungsvolumen wird beim Schruppen gefordert, denn die Rohkontur eines Werkstücks soll in möglichst kurzer Zeit erzeugt werden.
Im Gegensatz dazu werden beim Schlichten hohe Maß- und Formgenauigkeit sowie eine hohe Oberflächengüte gefordert. Das Zeitspanungsvolumen ist dabei meist gering.

Schruppen	Schlichten
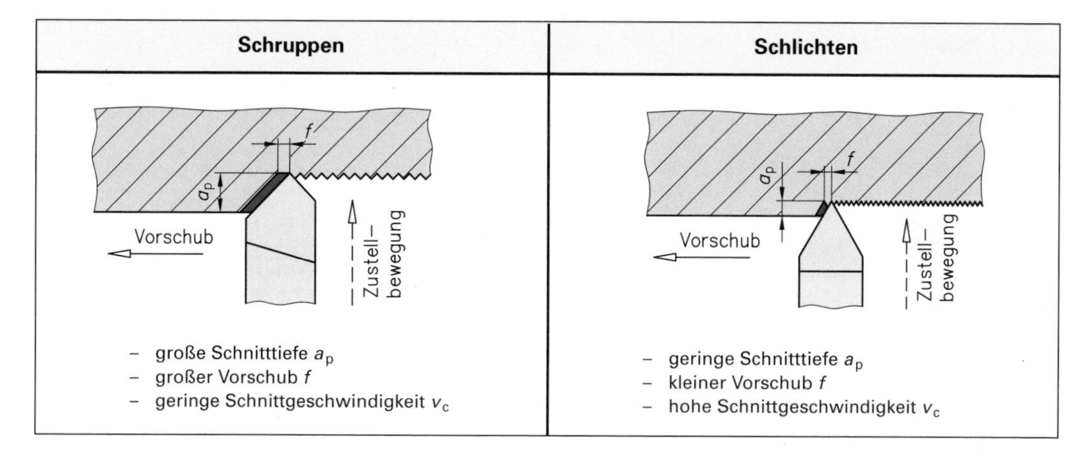	
– große Schnitttiefe a_p – großer Vorschub f – geringe Schnittgeschwindigkeit v_c	– geringe Schnitttiefe a_p – kleiner Vorschub f – hohe Schnittgeschwindigkeit v_c

- **Kühlung und Schmierung**

Beim Zerspanen entsteht durch Reibung und Umformung des Spanes Wärme, welche die Schneide des Werkzeuges erheblich belastet und zu Verschleiß führt. Damit sinkt die Zeit, in der ein Werkzeug zwischen Anschliff und Stumpfwerden eingesetzt werden kann, die **Standzeit**.

Eine hohe Oberflächenqualität erzielt man durch den Einsatz von Kühlschmierstoffen mit
- einer guten Schmierwirkung, wie bei Schneidölen, bei niedrigen Schnittgeschwindikgeiten und
- einer starken Kühlwirkung, wie bei Kühlemulsionen, bei hohen Schnittgeschwindigkeiten.

Durch Einsatz von Kühlschmierstoffen sinkt der Werkzeugverschleiß. Gleichzeitig wird eine höhere Oberflächengüte der Werkstücke erreicht.

Übungsaufgaben B-4; B-5

1.2 Schneidwerkzeuge

1.2.1 Schneidwerkzeuge aus Schnellarbeitsstahl

Schnellarbeitsstähle sind hochlegierte Werkzeugstähle, die kurz **HSS-Stähle** genannt werden. Sie besitzen hohe Zähigkeit und Biegefestigkeit. Sie sind daher wenig empfindlich gegen wechselnde Schnittkräfte. Die Warmstandfestigkeit über 600° C ist hingegen gering, sodass keine hohen Schnittleistungen möglich sind.

Schnellarbeitsstähle sind zur Bearbeitung von weichen Werkstoffen mit hoher Bruchdehnung geeignet.

HSS-Stähle enthalten als Legierungselemente: Chrom Cr, Wolfram W, Molybdän Mo, Vanadium V und Kobalt Co. Diese Legierungselemente bilden als Härteträger Karbide. Der Karbidanteil der HSS-Stähle liegt nach der Wärmebehandlung bei etwa 20 %.

Karbide in einem Schnellarbeitsstahl (*V* = 1000)

Zur Erreichung höchster Härte werden Schnellarbeitsstähle von möglichst hohen Temperaturen aus gehärtet und anschließend bei etwa 500° C angelassen.

Im Kurznamen von Schnellarbeitsstählen gibt man hinter den Buchstaben **HS** die Prozentangaben von W, Mo, V und Co in der vorliegenden Reihenfolge an. Die Prozentzahlen werden durch Bindestriche getrennt. Der Kohlenstoffanteil liegt zwischen 0,8 und 1,5 %, der Chromgehalt bei etwa 4 %. Beide Elemente werden im Kurznamen nicht genannt.

Beispiele für Schnellarbeitsstähle

Kurzname W-Mo-V-Co	Werkstoffnummer	Zusammensetzung in %						Verwendung	Härte nach Anlassen in HRC
		C	Cr	W	Mo	V	Co		
HS 6 - 5 - 2 - 5	1.3243	0,92	4,15	6,35	4,95	1,85	4,75	Drehmeißel, Bohrer, Fräser, Stanz- und Umformwerkzeuge	64 bis 66
HS 12 - 1 - 4 - 5	1.3202	1,37	4,15	12,0	0,85	3,75	4,75	Drehmeißel, Bohrer, Fräser, Formteile für Formen für Kunststoffe	65 bis 67

Zur Verbesserung der Schnittwerte werden HSS-Stähle häufig mit Titannitrid beschichtet. Die Beschichtung wirkt goldfarbig. Man erzielt damit eine Erhöung der Verschleißfestigkeit ohne Verringerung der Biegefestigkeit.

Dadurch kann z. B. bei Beibehaltung der Standzeit des unbeschichteten HSS-Stahls mit einer größeren Schnittgeschwindigkeit ein höheres Zeitspanungsvolumen erzielt werden.

Einfache und profilgebende Werkzeuge werden häufig aus Schnellarbeitsstählen gefertigt, z. B. Drehmeißel und Profildrehmeißen. Komplizierte Werkzeugformen lassen sich relativ gut herstellen.

Werkzeuge aus HSS-Stahl werden eingesetzt, wenn die Anschaffung von Werkzeugen mit Wendeschneidplatten aus Hartmetall nicht wirtschaftlich ist.

Beschichtete Werkzeuge aus Schnellarbeitsstahl

Schnellarbeitsstähle sind hochlegierte Werkzeugstähle mit hoher Zähigkeit, hoher Biegefestigkeit und geringer Wärmestandfestigkeit. Aus ihnen werden einfache Werkzeuge, aber auch Werkzeuge mit komplizierten Formen hergestellt. Zur Steigerung der Schnittleistungen werden HSS-Stähle mit Titannitrid beschichtet.

Übungsaufgabe B-6; B-7

1.2.2 Schneidwerkzeuge aus Hartmetall

Hartmetalle sind Sinterwerkstoffe aus harten Karbiden und Nitriden mit Kobalt, Nickel und anderen Metallen als Bindemittel.

LF 2+5

Hartmetalle aus überwiegend Wolframkarbid mit Kobalt als Bindemittel sind die klassischen Hartmetalle und werden meist verwendet. Sie werden mit dem Kürzel **HW** gekennzeichnet.

Hartmetall (HW)

Härteträger
Wolframkarbid
(+TiC, TaC u.a.)

Bindemittel
Kobalt

Hartmetalle auf Basis von Wolframkarbid (HW) sind gute Wärmeleiter und dehnen sich bei Erwärmung geringfügig aus. Als Folge dieser Eigenschaften haben sie eine hohe Beständigkeit gegen schnelle Temperaturwechsel.

Hartmetalle auf der Basis von wolframarmen Mischkarbiden, Nitriden und Karbonitriden werden auch als **Cermets** (**Cer**amics + **met**als) bezeichnet und mit dem Kürzel **HT** gekennzeichnet.

Cermets (HT)

Härteträger
Karbide und Nitride von
Ti, Ta, Nb, Mo, W

Bindemittel
Ni, Co, Mo

Cermets besitzen wegen der erheblich geringeren Dichte der Härteträger nur etwa 50 % der Dichte von Hartmetallen auf Wolframbasis (HW). Sie sind zudem härter und verschleißfester. Da Cermets erst bei höheren Temperaturen oxidieren, erlauben sie beim Einsatz als Schneidstoff erheblich höhere Schnittgeschwindigkeiten als bei Hartmetallen HW.

Beschichtete Hartmetalle

Durch mehrlagige, dünne Beschichtungen mit Hartstoffen aus Titannitrid, Titankarbid, Titankarbonitrid oder Aluminiumoxid wird die Verschleißfestigkeit von Hartmetallen verbessert. So werden höhere Schnittwerte erzielt, wobei die Biegefestigkeit nicht verringert wird. Beschichtete Hartmetalle werden mit **HC** gekennzeichnet.

Kleinere Werkzeuge wie Bohrer werden aus Vollhartmetall hergestellt. Meist werden jedoch Hartmetalle in Form von Schneidplatten mit unterschiedlichen Befestigungsmechanismen in Schneidenträger eingesetzt.

Beispiele für Werkzeuge aus Hartmetallen oder mit Schneidplatten

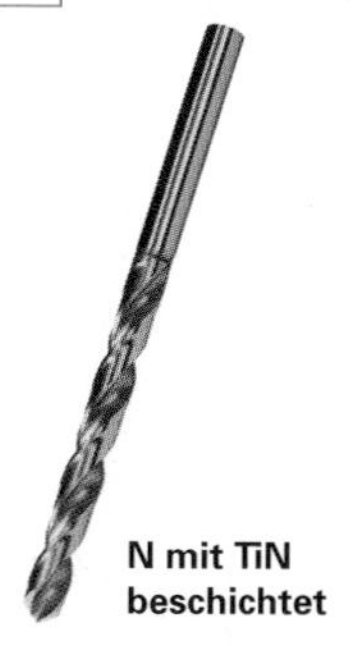

Beschichteter Hartmetallbohrer

Drehmeißel mit geklemmter Hartmetallplatte

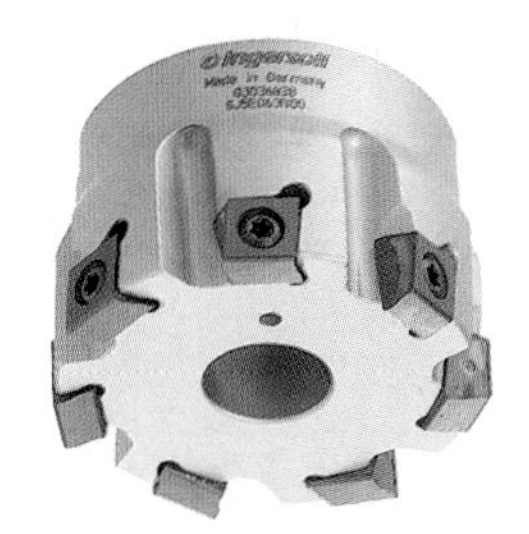

Fräser mit Wendeschneidplatten

Hartmetalle (HW) haben eine höhere Temperaturwechselbeständigkeit und Wärmeleitfähigkeit als Cermets. Cermets (HT) sind dagegen härter und verschleißfester als Hartmetalle (HW).
Hartmetalle mit Beschichtungen (HC) ermöglichen eine Erhöhung der Schnittwerte.

- **Einteilung und Verwendung von Hartmetallen**

Die Eignung der Hartmetalle zum Zerspanen bestimmter Werkstoffe wird durch einen Buchstaben und eine Zahl gekennzeichnet. Dabei gibt der Buchstabe an, für welche Art von Werkstoffen die jeweiligen Hartmetallsorte geeignet ist. Die Zahl steht für die Zähigkeit: je höher die Zahl, desto zäher ist die Sorte.

Übungsaufgaben B-8; B-9

Hauptgruppe Kennfarbe	Anwendungsgruppe Art der Bearbeitung	Eigen- schaften	Schnittbe- dingungen	Werkstoff der Werkstücke
P blau	P01 ⎤ P10 ⎥ Feindrehen P15 ⎦⎤ P20 ⎥ Schlichten P25 ⎥ Gewindedrehen P30 ⎦⎤ P40 ⎥ Vordrehen P50 ⎥ Schruppen	↑ zunehmende Verschleißfestigkeit ↓ zunehmende Zähigkeit	↑ zunehmende Schnittgeschwindigkeit ↓ zunehmender Vorschub	**Lang spanende Werkstoffe** • Baustahl • hochlegierte Stähle • Stahlguss • Temperguss
M gelb	M10 ⎤ M20 ⎥ Schlichten M30 ⎦ M40 ⎤ Bearbeitung auf Automaten	↑ ↓	↑ ↓	**Lang- oder kurz-spanende Werkstoffe** • Automatenstahl • Gusseisen mit Kugelgrafit
K rot	K01 ⎤ K10 ⎦⎤ Feinbearbeitung K20 ⎥ Vordrehen K30 ⎦⎤ K40 ⎥ Schruppen	↑ ↓	↑ ↓	**Kurzspanende Werkstoffe** • Vergütungsstahl • gehärteter Stahl • Gusseisen mit Lamellengrafit • Kunststoffe
N hell grün	N01 ⎤ N05 ⎥⎤ Feinbearbeitung N10 ⎦⎥ Schlichten N20 ⎦ N30 ⎤ Schruppen	↑ ↓	↑ ↓	**Nichteisenmetalle** • Aluminium, Al-Legierungen • Kupfer, Cu-Legierungen
S braun	S01 ⎤ S10 ⎦⎤ Feinbearbeitung S20 ⎥ Schlichten S30 ⎦⎤ Schruppen	↑ ↓	↑ ↓	**Titan- und Ti-Legierungen** • Warmarbeitsstähle
H grau	H01 ⎤ H10 ⎦⎤ Feinbearbeitung H20 ⎥ Schlichten H30 ⎦⎤ Schruppen	↑ ↓	↑ ↓	**Harte und gehärtete Eisenwerkstoffe** • Gehärteter Stahl • Gehärtetes Gusseisen • Hartguss

1.2.3 Schneidwerkzeuge aus keramischen Schneidstoffen

Keramische Schneidstoffe sind Sinterwerkstoffe, welche eine hohe Temperaturbeständigkeit besitzen und daher hohe Schnittgeschwindigkeiten zulassen. Bei den keramischen Schneidstoffen unterscheidet man:

- Oxidkeramik aus Aluminiumoxid (Al_2O_3), Kennbuchstabe **CA**
- Mischkeramik aus Aluminiumoxid mit weiteren Metallverbindungen (MgO; Cr_2O_3; TiC), Kennbuchstabe **CM**
- Nitridkeramik aus Siliziumnitrid (Si_3N_4), Kennbuchstabe **CN**
- Verbundwerkstoffe aus polykristallinem kubischen Bornitrid (PKB) mit keramischer Bindung.

Oxidkeramiken sind verschleißfest, jedoch stoßempfindlich. Sie erfordern einen schwingungs- und stoßfreien Einsatz bei nur kleinen Spanungsquerschnitten.

Nitridkeramik behält bis 1200 °C ihre Schneidhaltigkeit. Sie hat hervorragende Temperaturwechselbeständigkeit und Schlagzähigkeit, sodass sie zum Spanen bei unterbrochenem Schnitt bei Gusseisen und Stählen eingesetzt wird.

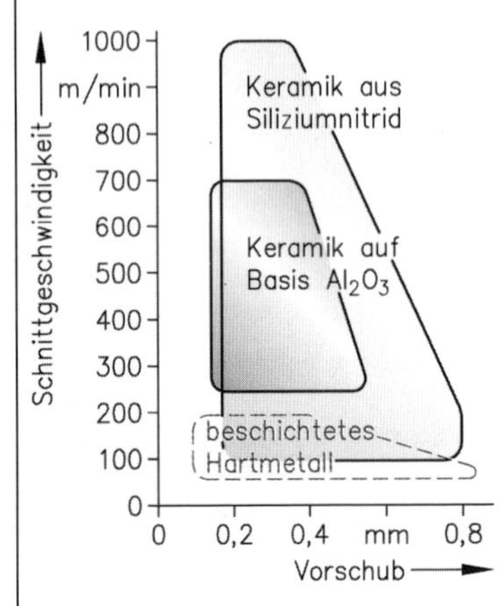

Schnittbedingungen beim Einsatz keramischer Werkstoffe

> Keramische Schneidstoffe ermöglichen bei kleinen Spanungsquerschnitten eine Spanabnahme mit sehr hohen Schnittgeschwindigkeiten. Die Standzeit ist wegen der hohen Warmstandfestigkeit groß.

Übungsaufgaben B-10; B-11

1.2.4 Schneidwerkzeuge aus polykristallinem Diamant (PKD)

Der Diamant ist der härteste in der Natur vorkommende Stoff. Als Einkristall sind seine Eigenschaften sehr richtungsabhängig. Darum verwendet man als Schneidstoff synthetisch erzeugte, vielkristalline Diamantpulver, deren Körnchen in alle Richtungen gleiche Eigenschaften haben. Sie werden in einer dünnen Schicht (ca. 0,5 mm) auf Hartmetallplatten aufgebracht. Polykristalliner Diamant (PKD) erlaubt sehr hohe Schnittgeschwindigkeit und wird zum Zerspanen von NE-Metallen und glasfaserverstärkten Kunststoffen eingesetzt.
Für die Zerspanung von Stahl ist PKD nicht geeignet, da der Diamant, der aus reinem Kohlenstoff besteht, bei den Zerspanungstemperaturen in den Stahl eindiffundiert und so die Schneidhaltigkeit verloren geht.

Fräskopf mit PKD-Schneideneinsätzen für Präzisionsbearbeitungen

Polykristalliner Diamant auf Hartmetall- oder keramischen Trägerplatten wird zum Zerspanen von NE-Metallen und Kunststoffen (GfK) eingesetzt. Wegen seiner Reaktionsneigung mit Eisen ist PKD zur Zerspanung von Eisenwerkstoffen nicht geeignet.

1.2.5 Schneidwerkzeuge aus kubisch-kristallinem Bornitrid (CBN)

Kubisch-Kristallines Bornitrid ist nach dem Diamant der zweithärteste Schneidstoff. Seine Besonderheit liegt in der extrem hohen Warmhärte bis 1200 °C, seiner Reaktionsträgheit gegenüber den zu bearbeitenden Werkstoffen und damit seiner Eignung zum Zerspanen von Eisenwerkstoffen. Kubisches Bornitrid reagiert im Gegensatz zum Diamanten nicht mit Eisen. Spezielle Anwendungsgebiete für den Schneidstoff PcBN sind die Trocken-Zerspanung von gehärteten Stählen, Eisengusswerkstoffen und Sinterstählen sowie die Hochgeschwindigkeitszerspanung.

Kubisch-Kristallines Bornitrid eignet sich zur Zerspanung harter Werkstoffe, die in der Scherzone hohe Temperaturen von ca. 550 bis 750 °C benötigen, damit ein Span sauber abgetrennt werden kann.

1.2.6 Ausführungsarten von Werkzeugen

Einteilige Werkzeuge, z. B. Wendelbohrer, Profilfräser und Formdrehmeißel, werden aus Rohlingen aus Schnellarbeitsstahl oder Hartmetallen (Voll-Hartmetall-Werkzeuge) hergestellt.
Gelegentlich werden auch Werkzeuge aus Vergütungsstahl mit eingelöteten Schneidplatten aus Hartmetall verwendet. Alle diese Werkzeuge müssen nachgeschliffen werden, wobei sich die Werkzeugmaße verändern. Bevorzugt setzt man heute Werkzeuge mit auswechselbaren Schneidplatten ein. Dadurch entfällt das Nachschleifen und die Werkzeugmaße bleiben nahezu unverändert.

Beispiele für Ausführungsarten von Drehmeißeln

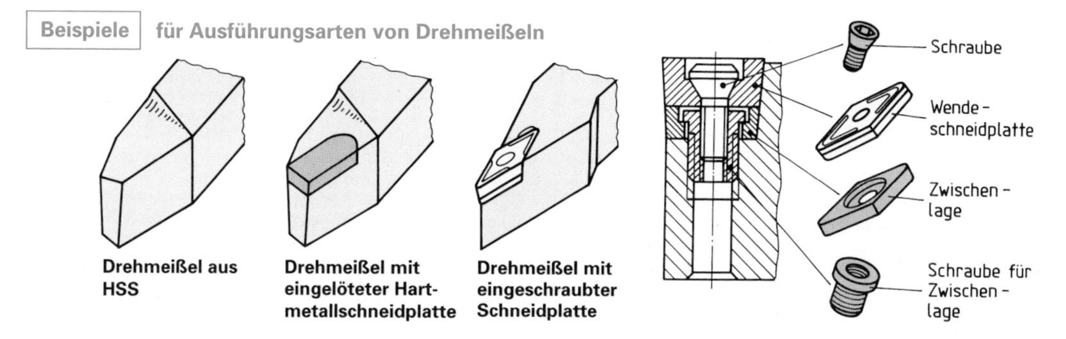

Drehmeißel aus HSS — **Drehmeißel mit eingelöteter Hartmetallschneidplatte** — **Drehmeißel mit eingeschraubter Schneidplatte**

1.2.7 Normung von Wendeschneidplatten

Die in DIN 4987 erhaltenen Festlegungen gelten für Wendeschneidplatten aus Hartmetall, Schneidkeramik und anderen Schneidstoffen. Die Bezeichnung wird aus einer Kombination von Buchstaben und Zahlen gebildet, wobei jede Stelle dieser Kombination eine bestimmte Aussage beinhaltet.

Beispiel für die normgerechte Bezeichnung einer Wendeschneidplatte

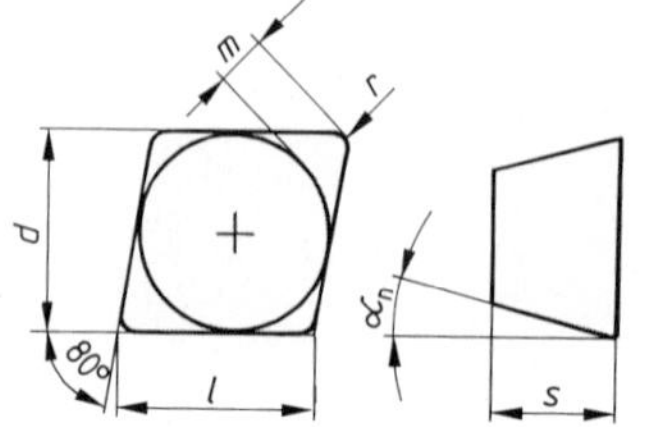

Abmessungen einer Wendeschneidplatte

Schneidplatte DIN 4987–C P M N 12 07 08 F N–P10

① ② ③ ④ ⑤ ⑥ ⑦ ⑧ ⑨ ⑩

Erklärung der Bezeichnung

① Grundformen von Wendeschneidplatten	A	C	D	L	K	R	S	T	V	W
	85°	80°	55°		55°				35°	80°

② Normal-Freiwinkel α_n der ungespannten Wendeschneidplatte	A	B	C	D	E	F	G	N	P	O
	3°	5°	7°	15°	20°	25°	30°	0°	11°	besondere Angaben

③ Toleranzklassen	Durch Toleranzklassen **A, C, E, G, H, J, K, M** und **U** werden verschlüsselt Maßabweichungen für Plattendicke *s*, Inkreis *d* und Prüfmaß *m* angegeben. Die höchste Qualitätsstufe beginnt bei A.

④ Ausführung der Spanfläche und Befestigungsmerkmale	A	F	G	M	N	R	X
							Besonderheiten nach Zeichnung

⑤ Plattengröße	**Schneidenlänge** *l* wird in Millimeter ohne Dezimalstellen angegeben. Bei einziffrigen Zahlen wird eine Null vorangestellt. Für ungleichseitige Platten gibt man die längere Schneide und für runde Platten den Durchmesser an.
⑥ Plattendicke	**Plattendicke** ***s*** wird in Millimeter ohne Dezimalstellen angegeben. Bei einziffrigen Zahlen wird eine Null vorangestellt.
⑦ Ausführung der Schneidenecke	Der **Radius** ***r*** der Schneidenecke wird in 1/10 mm angegeben. Bei einziffrigen Zahlen wird eine Null vorangestellt. Scharfkantige Schneidenecken werden mit 00 gekennzeichnet.

⑧ Schneide	E	F	S	T
	Schneiden gerundet	Schneiden scharf	Schneiden gefast und gerundet	Schneiden gefast

⑨ Schneidrichtung	R	rechts schneidend	L	links schneidend	N	rechts und links schneidend

⑩ Schneidstoff	**Hartmetallsorte**, siehe *„Werkstofftechnik", Kapitel „Hartmetalle"*

Übungsaufgabe B-15

1.2.8 Werkzeugbeschichtungen

- **Verbesserungen der Eigenschaften durch Beschichtungen**

Der größte Teil der Werkzeuge aus Hartmetallen und HSS-Stählen wird zur Verbesserung der Zerspanungsleistungen beschichtet. Die Beschichtungsstoffe verringern Reibung und Verschleiß und können je nach Art die Härte der Schneidkante erhöhen und die Auswirkungen schroffer Temperaturänderungen an der Schneidkante verringern. So können sie:

- die Standzeit erhöhen,
- die Schnittkraft senken,
- den Einsatz höherer Schnittgeschwindigkeiten und Vorschübe ermöglichen,
- die Trockenzerspanung unterstützen und
- die Bearbeitung bereits gehärteter Werkstoffe möglich machen.

- **Beschichtungsstoffe**

Als Beschichtungsstoffe werden hauptsächlich Verbindungen des Titans mit Kohlenstoff (Karbide) und Stickstoff (Nitride) eingesetzt:

TiN Titannitrid **TiCN** Titancarbonitrid **TiAIN** Titanaluminiumnitrid
TiAlCrN Titan-Aluminium-Chrom-Nitrid **AlTiN** Aluminium-Titannitrid

Stoff	Härte BV	Schicht-dicke µm	Reibungs-zahl	Maximale Einsatz-Temp °C	Wärme-leitfähig-kein	Farbe	Verwendung
TiN	2300	2–4	0,6	500	relativ gering	golden	Allround-Beschichtung für Stähle, Gusseisen, NE-Metalle
TiCN	3400	2–4	0,2	400	relativ hoch	blau-grau	schwer zu zerspanende Stahlsorten, HSC-Bearbeitung
TiAIN	3300	2–3	0,7	800	sehr gering	anthrazit	gehärtete Stähle, HSC-Zerspanung, MMS- und Trockenzerspanung
TiAlCrN	3300	2–3	0,6	800	sehr gering	silber	NE-Metalle
AlTiN	3500	2–4	0,7	900	sehr gering	anthrazit	sehr harte und abrasie Materialien

- **Beschichtungsaufbau**

Die Schichten können einlagig (MonoLayer) oder mehrlagig (Multilayer) aufgebracht werden. Bei Multilayern sind die Schichten oft nur Bruchteile von tausendstel Millimetern dick und in den Übergängen intensiv miteinander verzahnt, um ein Abplatzen („Eierschaleneffekt") auszuschließen. Durch die abgestufte Auswahl der Schichtstoffe hinsichtlich Härte, Zähigkeit und Wärmebeständigkeit können auf die Anwendung bezogen optimale Eigenschaften der Beschichtung eingestellt werden. Die äußere Schicht eines Multilayers, der Toplayer, ist stets eine besonders reibungsverringernde Schicht.

- **Beschichtungsverfahren**

Beim PVD-Verfahren (**P**hysical **V**apor **D**eposition = physikalische Abscheidung im Vakuum) werden Beschichtungsmetalle im Hochvakuum auf unterschiedlich Art erhitzt und verdampft. Unter Zugabe von Stickstoffgas bilden sich Nitride, die sich auf der Oberfläche des zu beschichtenden Materials niederschlagen. Das zu beschichtende Material wird nur bis maximal 500 °C erwärmt, sodass auch HSS-Stähle beschichtet werden können, ohne dass diese über die Anlasstemperatur hinaus erwärmt werden.

Beim CVD-Verfahren (**C**hemical **V**apor **D**eposition = Chemische Abscheidung aus der Gasphase) hingegen werden die abzuscheidenden Stoffe aus Gasen gewonnen. Für die Herstellung mehrlagiger Schichten ist das CVD-Verfahren besonders geeignet, da die unterschiedlichen Schichtzusammensetzungen über die Gasphase leicht eingestellt und in verlangter Dicke, Kombination und Reihenfolge auf die Oberflache aufgetragen werden. Die Verfahrenstemperaturen liegen jedoch mit 800 bis etwa 1000 °C weit oberhalb der Temperatur des PVD-Verfahrens

Übungsaufgabe B-16

1.2.9 Verschleiß am Werkzeug

1.2.9.1 Verschleißformen und ihre Beurteilung

- **Frei- und Spanflächenverschleiß**

Freiflächenverschleiß ist ein gleichmäßiger Abrieb von Schneidstoffteilchen an der Freifläche des Schneidstoffes.

Spanflächenverschleiß ist gleichmäßiger Abrieb von der Spanfläche des Schneidstoffes. Er ist meist erheblich geringer als der Verschleiß an der Freifläche.

Frei- und Spanflächenverschleiß sind mit einer Abrundung der Schneidkante verbunden.

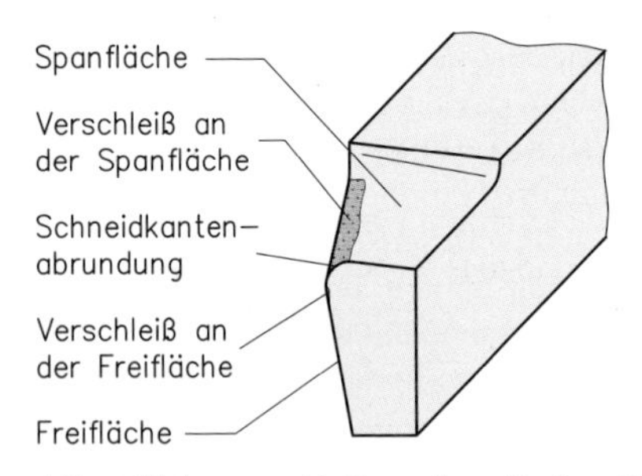

Frei- und Spanflächenverschleiß an einem Drehmeißel

Frei- und Spanflächenverschleiß
- erhöhen die Schnittkräfte,
- verschlechtern die Oberflächengüte und
- beeinträchtigen allmählich die Maßgenauigkeit der Werkstücke.

Zur Beurteilung des Verschleißes an Frei- und Spanfläche wird vorwiegend nur der Verschleiß an der Freifläche herangezogen.

Mit zunehmendem Freiflächenverschleiß nimmt der Schneidkantenversatz SKV zu. Damit bei einer längeren Bearbeitung mit einer Schneide die geforderte Maßhaltigkeit erreicht werden kann, muss das Werkzeug im Laufe der Bearbeitung um den Schneidkantenversatz nachgestellt werden.

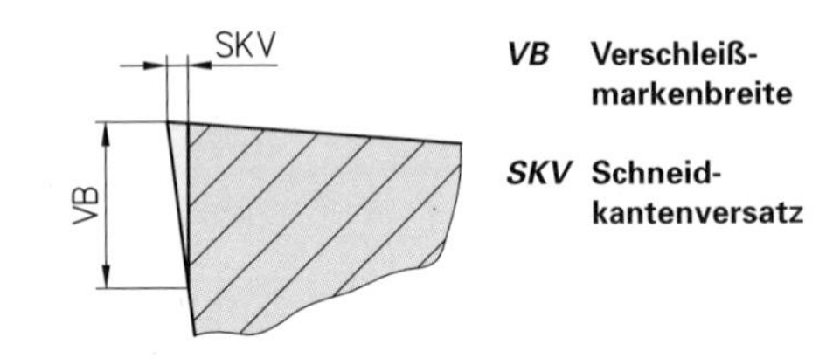

Kriterien zur Beurteilung des Freiflächenverschleißes

Das Erreichen der für eine Bearbeitung vorgegebenen zulässigen Verschleißmarkenbreite VB zeigt das Ende des Werkzeugeinsatzes an.

Ursachen für den Verschleiß an der Frei- und der Spanfläche des Werkzeugs sind zu hohe Schnittgeschwindigkeit, Schneidstoff mit zu geringer Verschleißfestigkeit und zu geringer Vorschub.

Frei- und Spanflächenverschleiß entstehen durch Abrieb.
Die Höhe des Verschleißes wird an der Verschleißmarkenbreite gemessen.
Gegenmaßnahmen gegen Verschleiß von Frei- und Spanfläche sind:
- Senkung der Schnittgeschwindigkeit,
- Erhöhung des Vorschubs,
- Wahl eines verschleißfesteren Schneidstoffes.

- **Kolkverschleiß**

Kolkverschleiß wird durch den ablaufenden Span verursacht. Kolkverschleiß äußert sich auf der Spanfläche zunächst durch eine muldenförmige Vertiefung, die in geringem Abstand zur Schneidkante liegt. Mit fortschreitender Auskolkung reicht die Mulde immer mehr zur Schneidkante und kann schließlich zu Ausbrüchen der Schneidkante führen.

Kolkverschleiß tritt meist zusammen mit Freiflächenverschleiß bei hohen Schnittgeschwindigkeiten und hoher Schneidentemperatur auf.

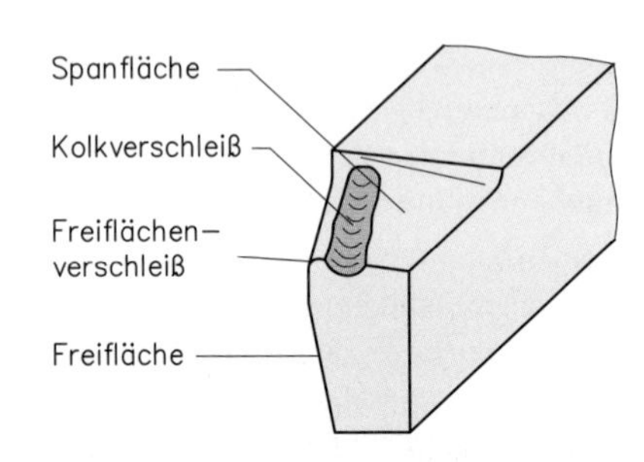

Freiflächen- und Kolkverschleiß an einem Drehmeißel

Übungsaufgabe B-17

Zur Festlegung von Grenzwerten für den zulässigen Kolkverschleiß werden zur tatsächlich vorhandenen Werkzeugoberfläche folgende Abstände herangezogen:

- der **Kolkmittenabstand *KM***,
- die **Kolktiefe *KT*** und
- das **Kolkverhältnis *K***.

Das Standkriterium **Kolkverhältnis *K*** wird aus der Kolktiefe und dem Kolkmittenabstand berechnet:

$$K = \frac{KT}{KM}$$

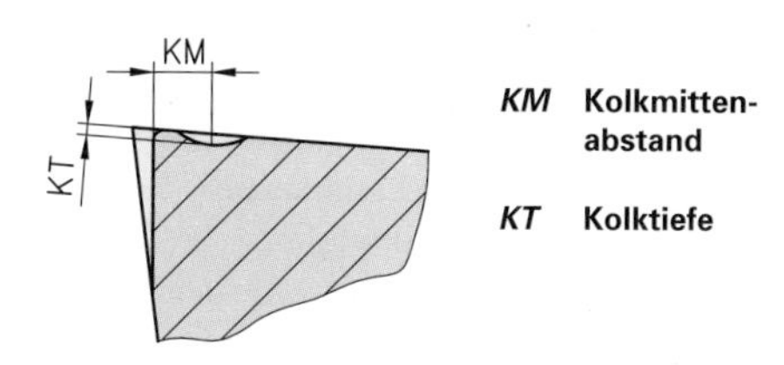

Kriterien zur Beurteilung des Kolkverschleißes

Ursachen für den Kolkverschleiß sind zu hohe Schnittgeschwindigkeit, zu geringer Vorschub, Schneidstoff mit zu geringer Verschleißfestigkeit und zu geringer Spanwinkel am Werkzeug.

Kolkverschleiß entsteht durch Abrieb, erzeugt durch den ablaufenden Span.
Die Höhe des Kolkverschleißes wird am Kolkverhältnis gemessen.
Gegenmaßnahmen gegen Kolkverschleiß sind:

- Senkung der Schnittgeschwindigkeit,
- Erhöhung des Vorschubs,
- Wahl eines verschleißfesteren Schneidstoffes,
- Vergrößerung des Spanwinkels.

- **Plastische Verformung der Schneidkante**

Bei zu hoher Temperatur an der Schnittstelle kann der Schneidstoff an der Schneidkante erweichen und sich plastisch verformen und zu sofortigem Ausfall des Werkzeugs führen.
Ursachen für plastische Verformungen der Schneidkante sind zu hohe Schnittgeschwindigkeit, zu großer Vorschub, zu großer Spanquerschnitt, zu wenig Kühlung und ungenügende Warmhärte des Schneidstoffes.

Plastische Verformungen der Schneidkante entstehen durch hohe Temperaturen an der Schneidkante.
Gegenmaßnahmen gegen die Verformungen sind

- Verringerung der Schnittdaten,
- Verstärkung der Kühlung,
- Wahl eines warmhärteren Schneidstoffes.

- **Kammrissbildung**

Temperaturschwankungen an der Schneidkante führen zu starken Spannungen und schließlich zu Rissen in der Schneidkante. Da die parallelen Risse senkrecht zur Kante verlaufen, erscheinen sie kammartig und werden darum als **Kammrisse** bezeichnet.

Wenn Teilchen zwischen den Rissen herausbrechen, kann es zu plötzlichem Schneidenbruch kommen und das Werkzeug fällt aus.

Ursachen für Temperaturschwanken, die Kammrisse auslösen, können unterbrochene Schnitte, schwankende Kühlschmierstoffzuführung, Schneidstoff mit zu geringer Zähigkeit und ungleichmäßige Spandicken sein.

Brandrisse an einer Werkzeugkante

Kammrisse entstehen durch Wärmespannungen infolge von Temperaturschwankungen.
Gegenmaßnahmen gegen Kammrisse sind

- Erhöhung der Kühlung,
- Wahl eines Schneidstoffes mit größerer Zähigkeit.

Übungsaufgaben B-18; B-19

- **Aufbauschneide**

Infolge des Drucks, den der Span auf die Schneidkante ausübt, sowie der hohen Temperaturen des Spans und der Schneide können kleine Teilchen plastisch leicht formbarer Werkstoffe, z. B. kohlenstoffarmer Stähle, Kupfer und Aluminium, mit der Spanfläche kurzzeitig verschweißen und kurz darauf wieder abscheren. Dabei beschädigen sie die Schneidkante.

Kleine Partikel der sich so periodisch aufbauenden und wieder abreißenden Aufbauschneide gleiten zwischen Span- und Freifläche ab, verursachen so eine große Rautiefe und beeinträchtigen die Maßhaltigkeit der Werkstücke.

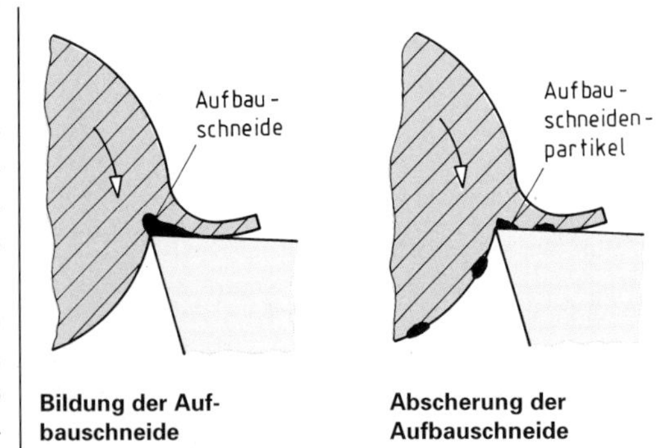

Bildung der Aufbauschneide

Abscherung der Aufbauschneide

Durch Einsatz von Kühl-Schmiermitteln und hohe Schnittgeschwindigkeiten kann die Bildung von Aufbauschneiden vermieden werden.

> **Aufbauschneiden** entstehen durch Verschweißung kleiner Werkstoffteilchen gut plastisch verformbarer Werkstoffe mit der Spanfläche.
> Gegen Aufbauschneiden helfen Kühl-Schmiermitteleinsatz und Erhöhung der Schnittgeschwindigkeit.

- **Verlauf des Verschleißes bei der Bearbeitung**

Zu Beginn der Zerspanung ist der Freiflächenverschleiß größer als der Spanflächenverschleiß. Dieses Verhältnis kehrt sich mit zunehmender Zerspanungsdauer um. Deshalb wird zunächst die Verschleißmarkenbreite und später das Kolkverhältnis als Standkriterium berücksichtigt. Bei größeren Schnittgeschwindigkeiten überwiegt der Kolkverschleiß, deshalb sollte dieses Standkriterium bevorzugt im Bereich höherer Schnittgeschwindigkeiten eingesetzt werden.

Zur Erfassung der Standkriterien, z. B. der Verschleißmarkenbreite, können optische Systeme eingesetzt werden, die etwa beim Werkstückwechsel ein Bild von der Meißelspitze aufnehmen, verarbeiten und auswerten.

1.2.9.2 Standgrößen von Werkzeugen

- **Standgrößen**

Mit einem stumpfen Werkzeug kann kein qualitativ hochwertiges Arbeitsergebnis erzielt werden. Darum ist man bemüht, Werkzeuge rechtzeitig auszuwechseln bzw. zu schärfen. Der Zeitpunkt für eine solche Maßnahme kann durch unterschiedliche Größen festgelegt werden. Man nennt diese Größen Standgrößen. Die wichtigste **Standgröße** ist die Standzeit.

Standzeit

Der wirtschaftliche Einsatz von Schneidwerkzeugen ist von der Zeit abhängig, in der das Werkzeug zuverlässige Zerspanungsarbeit leistet. Diese Zeit wird **Standzeit *T*** genannt. Sämtliche Verschleißkennwerte, wie Verschleißmarkenbreite, Kolktiefe u. a., müssen in dieser Zeit unterhalb der festgelegten Grenzwerte liegen.

Für die jeweilige Fertigungsaufgabe erkennt der Fachmann das Ende der Standzeit, wenn

- die festgelegten Grenzwerte am Werkzeug überschritten werden oder
- Maßgenauigkeit und Oberflächengüte nicht mehr den Anforderungen entsprechen oder
- Unregelmäßigkeiten im Zerspanungsprozess, z.B. Vibrationen, auftreten.

> Die Zeitspanne, in der das Werkzeug vom Anschliff bzw. Schneidplatteneinwechsel bis zum Stumpfwerden zuverlässige Zerspanungsarbeit leistet, wird **Standzeit *T*** genannt.
> Die Standzeit ist die bevorzugte Standgröße.

Übungsaufgaben B-20; B-21

Standlänge

Beim Bohren und Fräsen wird anstelle der Standzeit gelegentlich die Standlänge *L* betrachtet. Die Standlänge kennzeichnet die Summe der Bohrtiefen bzw. der Bearbeitungslängen beim Fräsen, die mit dem Bohrer bzw. Fräser vom Anschliff bis zum Stumpfwerden bearbeitet werden kann.

LF 2+5

Standmenge

Bei der Serienbearbeitung gleicher Werkstücke wird sehr häufig die Zahl der bis zum Stumpfwerden des Werkzeugs zu bearbeitenden Werkstücke als Standgröße gewählt. Man spricht von der Standmenge *Z*.

- **Beeinflussung der Werkzeugstandzeit**

Die Standzeit (bzw. die Standlänge und die Standmenge) der Werkzeuge wird durch die Werkstoffe von Werkstück und Schneide, die Schneidengeometrie und die Spanungsbedingungen beeinflusst. Allgemein gültige Aussagen betrachten immer nur den Einfluss einer Änderung in einem Prozess, wenn die übrigen Einflussgrößen konstant bleiben.

Schneidstoff

Mit steigender Härte und Warmhärte eines Schneidstoffes steigt seine Standzeit.

Schnellarbeitsstahl —— Hartmetall —— Keramik —— Diamant

Steigende Standzeit →

Beispiel für die Erhöhung der Standmenge durch Einsatz eines anderen Schneidstoffes (Firma Gühring, Albstadt)

VHM-Gewindebohrer:

Werkstück: Kurbelgehäuse
Werkstoff: GJV 450
Gewinde: M10
Gewindetiefe: 25 mm
Gewindeart: Sacklochgewinde
Maschine: BAZ
Werkzeugaufnahme: starr in Spannzange
Schmierung: Emulsion 10 %, IK axial

Vorheriges Werkzeug: HSS-E PM, TiAlN-beschichtet, IK axial
Schnittwerte: 18 m/min
Standmenge: 6000 Gewinde

Neues Werkzeug: VHM, TiAlN-beschichtet, IK axial
Schnittwerte: 40 m/min
Standmenge: 100000 Gewinde

Kundenvorteil
Schnittnwerte: + 120 %
Standmenge: + 1550 %

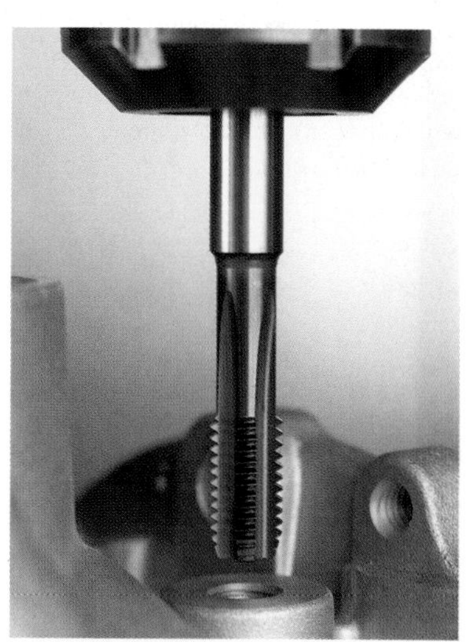

Spanungsbedingungen

Höhere **Schnittgeschwindigkeit**, höherer **Vorschub** und größere **Schnitttiefe** verringern die Standzeit.

Schneidengeometrie

Von Hersteller-Richtlinien abweichender negativer **Spanwinkel** führt zu erhöhtem Kolkverschleiß.
Verringerung des **Freiwinkels** unter ca. 5° verringert die Standzeit, eine Vergrößerung über ca. 10° schwächt die Schneide und senkt ebenfalls die Standzeit.
Je kleiner der **Einstellwinkel**, desto länger ist die unter Schnitt stehende Schneidkantenlänge. Damit sinkt die Schneidenbelastung, während sich die Standzeit erhöht.

Kühlung und Schmierung

Kühlung und Schmierung erhöhen besonders beim Einsatz von Werkzeugen aus Schnellarbeitsstahl die Standzeit erheblich.

Übungsaufgaben B-22 bis B-24

1.3 Zerspanbarkeit von Werkstoffen

1.3.1 Zerspanbarkeit von Stählen

Man spricht von der guten Zerspanbarkeit eines Werkstoffes, wenn
- in kurzer Zeit ein großes Spanvolumen abzutrennen ist,
- geringe Zerspanungskräfte auftreten,
- geringer Schneidenverschleiß auftritt,
- eine gute Oberflächenqualität entsteht und
- kurze Späne anfallen, welche die Zerspanung nicht behindern.

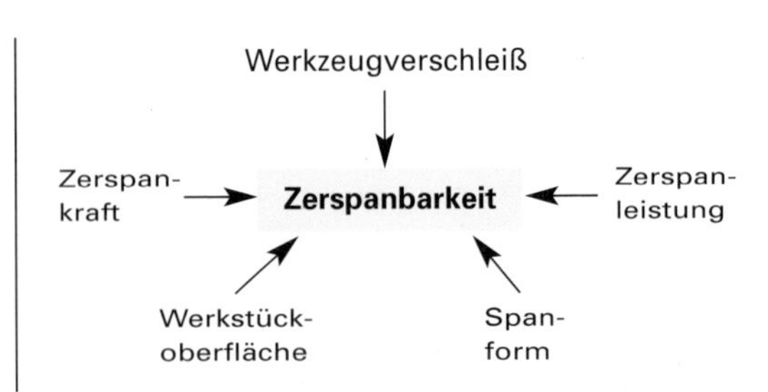

- **Zerspanbarkeit unlegierter Stähle**

Das Gefüge unlegierter Stähle enthält je nach Zusammensetzung des Stahls unterschiedliche Gefügebestandteile:

- **Ferrit:** Dies ist fast reines Eisen. Es ist weich und neigt beim Spanen zum Verkleben mit der Schneide und damit zur Aufbauschneidenbildung. An Konturübergängen führt dies zu erhöhter Gratbildung. Ferrit ist ferner sehr zäh. Deshalb bildet es beim Zerspanen lange und damit störende Band- und Wirrspäne.
- **Zementit:** Dies ist eine Verbindung aus Eisen und Kohlenstoff. Der Zementit ist äußerst hart und spröde. Ab einem Kohlenstoffgehalt von 0,8 % tritt er als Korngrenzenzementit im Gefüge auf und führt zu erhöhtem Schneidenverschleiß.
- **Perlit:** Er ist ein feinstreifiges Gemisch aus Ferrit und Zementit mit 0,8 % Kohlenstoff. Perlit ist hart und spröde. Er verursacht erhöhten Werkzeugverschleiß und bedarf hoher Zerspankräfte.

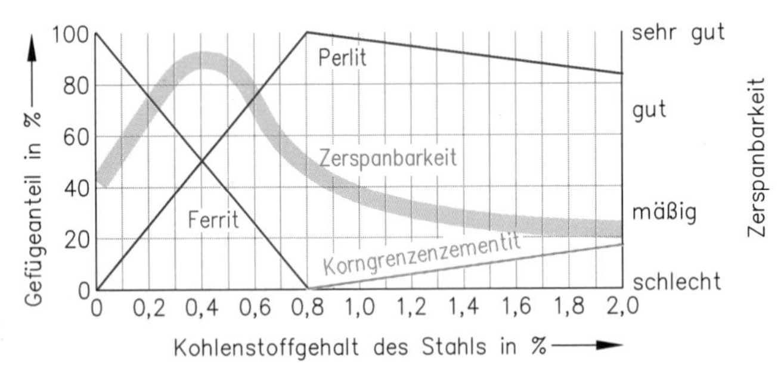

Zerspanbarkeit und Gefügeanteile im Stahl

Bei unlegierten Stählen bis etwa 0,25 % Kohlenstoff bestimmt im wesentlichen der Ferrit die Zerspanungseigenschaften. Bei niedrigen Schnittgeschwindigkeiten können sich Aufbauschneiden bilden und schlechte Oberflächenqualitäten entstehen. Aus diesen Gründen sollten möglichst hohe Schnittgeschwindigkeiten und positive Spanwinkel für die Werkzeugschneiden gewählt werden.

Bei Stählen über 0,25 % machen sich die Eigenschaften des Perlits stärker bemerkbar. Die Neigung zur Aufbauschneidenbildung sinkt. Die Schnittkräfte steigen, womit die Schneidentemperatur wächst und sich auch der Verschleiß erhöht. Die Oberflächengüte wird besser und die Späne werden kürzer. Stähle mit mehr als 0,4 % Kohlenstoff sollten mit verringerter Schnittgeschwindigkeit und unter Einsatz von Kühlschmiermitteln bearbeitet werden.

Bei Stählen mit mehr als 0,8 % Kohlenstoff tritt an den Korngrenzen Zementit auf. Dieser führt zu starkem Werkzeugverschleiß. Diese Stähle sollten nur mit geringen Schnittgeschwindigkeiten, großem Spanquerschnitt und Werkzeugen mit stabilen Schneidkanten bearbeitet werden.

Die beste Zerspanbarkeit unlegierter Stähle liegt bei etwa 0,27 % Kohlenstoff.

Unlegierte Stähle mit Kohlenstoffgehalten zwischen 0,2 und 0,4 % Kohlenstoff sind gut zerspanbar.

Übungsaufgaben B-25; B-26

- **Einfluss von Legierungselementen auf die Zerspanbarkeit**

Legierungselemente werden den Stählen beigefügt, um spezifische Eigenschaften zu verbessern, z.B. die Festigkeit zu erhöhen oder die Korrosionsbeständigkeit zu verbessern. Diese Verbesserung spezifischer Eigenschaften hat Vorrang vor der Zerspanbarkeit.

Die Wirkung der einzelnen Legierungselemente ist von ihrem Einbau in das Stahlgefüge, ihrer Konzentration und ihrem Zusammenwriken mit anderen Legierungselementen abhängig:

- Legierungselemente, die im Stahl keinen eigenen Gefügebestandteil bilden (z.B. Si, Ni, Co) oder in so geringen Mengen vorliegen, dass sie im Mischkristall mit Eisen gelöst bleiben, erhöhen meist die Festigkeit und die Zähigkeit und verringern damit die Standzeit der Schneiden. Diese Auswirkungen haben geringe Gehalte an Chrom, Vanadium, Molybdän u.a., die in höheren Anteilen mit Kohlenstoff jedoch einen eigenen Gefügebestandteil bilden.
  Eine Ausnahme ist Phosphor. Er bildet in geringen Gehalten keinen eigenen Gefügebestandteil und führt zu kurzbrüchigen Spänen und guter Oberflächengüte. Phosphor senkt jedoch die Zähigkeit des Stahls und führt zur Versprödung.
- Legierungselemente, die mit Kohlenstoff harte Karbide bilden, verschlechtern die Zerspanbarkeit. Zu diesen Elementen gehören Chrom, Molybdän und Wolfram, die in höheren Anteilen und bei höheren Kohlenstoffgehalten Karbide, z.B. Cr_4C, oder Mischkarbide, z.B. $(Cr, Fe)_7C_3$, bilden.
  Die Neigung zur Karbidbildung nimmt in dieser Reihenfolge zu:
  $$Mn \rightarrow Cr \rightarrow W \rightarrow Mo \rightarrow V \rightarrow Ti$$
- Legierungselemente, die im Stahl leicht brüchige und leicht schmelzende Einschlüsse bilden, verbessern die Zerspanbarkeit. Zu diesen Legierungselementen gehören:
  - Schwefel, der mit Mangan im Stahl rundliche Mangansulfide bildet, an denen der Span bricht.
  - Blei, das in Form kleiner Einschlüsse im Stahl spanbrechend wirkt.

  Automatenstähle weisen darum geringe Schwefel- und Bleigehalte auf, z.B. 22S20, 9SMn36, 9SMnPb28.

Zerspanbarkeit der Stähle

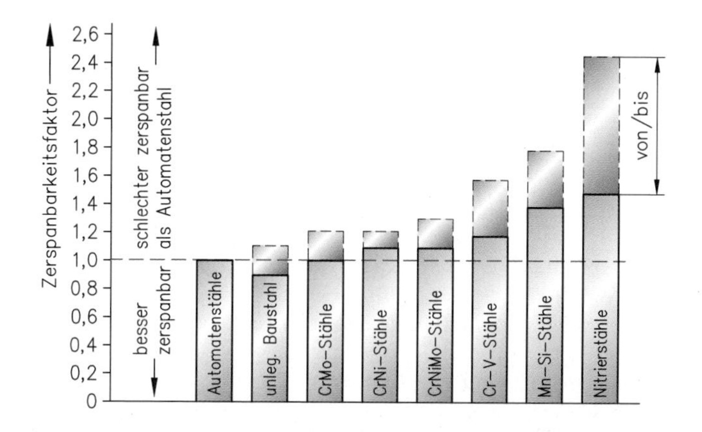

Die Legierungselemente Schwefel und Blei verbessern die Zerspanbarkeit des Stahls. Titan, Chrom, Nickel und Vanadium verringern schon in kleinen Mengen die Zerspanbarkeit.

Durch Legierungselemente kann die Entstehung von Perlit unterdrückt werden. Dadurch bleibt bei Raumtemperatur das Mischkristallgefüge Austenit erhalten. Man bezeichnet diese hochlegierten Stähle darum als **austenitische Stähle**, z.B. X5CrNi 18-10. Sie sind rostfrei und weisen hohe Zähigkeit auf. Diese Stähle sind schwer zerspanbar. Sie neigen zur Kaltverfestigung beim Schnitt und zur Bildung von Aufbauschneiden. Sie werden zweckmäßig mit niedrigen Schnittgeschwindigkeiten und hohen Vorschüben unter Einsatz von Kühlschmiermitteln bearbeitet. Als Schneidstoffe verwendet man speziell beschichtete Wendeschneidplatten.

Übungsaufgabe B-27

1.3.2 Zerspanbarkeit von Eisengusswerkstoffen

- **Schnittaufteilung**

Hinsichtlich der einzustellenden Schnitttiefe ist bei Gussstücken zu beachten, dass die Gusshaut oft wegen Einschlüssen und schnellerer Abkühlung sehr hart ist und die Werkzeugschneiden stark beansprucht.

Darum ist bei der Schnittaufteilung stets zuerst eine Zustellung von möglichst über 2 mm nötig, damit die Schneidecke tief unter die Gusshaut greift.

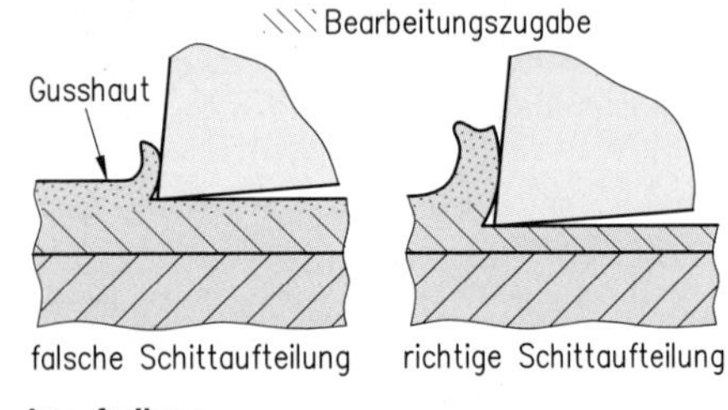

Schnittaufteilung

Bei der Schruppbearbeitung von Gusswerkstoffen soll der erste Schnitt tief unter die Gusshaut greifen.

- **Hartguss**

Als Schutz gegen abrasiven Verschleiß durch schnell bewegten Sand u.Ä. werden häufig Gussteile aus Hartguss eingesetzt. Als Werkstoff für Walzen in der Papierindustrie wird ebenfalls häufig Hartguss verwendet.

In diesem Werkstoff liegt der gesamte Kohlenstoff in Form der sehr harten Verbindung Fe_3C (Zementit) vor. Die Werkzeugschneide wird durch Zementit außerordentlich hoch beansprucht. Darum spant man Hartguss mit niedriger Schnittgeschwindigkeit. Als Schneidstoffe verwendet man vorwiegend Schneidkeramik.

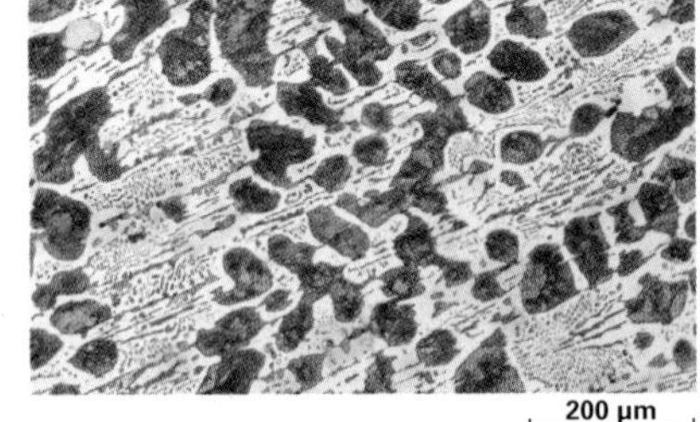

Gefüge von Hartguss

Hartguss erhält seine Härte durch Fe_3C. Er wird zweckmäßig mit niedriger Schnittgeschwindigkeit und Keramikschneidstoffen bearbeitet.

- **Gusseisen**

In Gusseisen liegt der größte Teil des Kohlenstoffs in Form von Grafit vor. Dieser senkt bei der spanenden Bearbeitung die Reibung und führt je nach Form des Grafits zu mehr oder weniger kurzbrüchigen Spänen. Der Werkzeugverschleiß und die zur Bearbeitung einzustellenden Schnittdaten sind wesentlich vom Grundgefüge, in das der Grafit eingelagert ist, abhängig.

Gusseisen mit Lamellengrafit (GJL)

Gusseisen mit Lamellengrafit ist sehr gut gießbar, hat hohe Dämpfungseigenschaften für Schwingungen und weist niedrige Wärmedehnung auf. Aus diesem Grund wird es für Maschinenständer, Motorengehäuse u. Ä. eingesetzt.

Im Gusseisen mit Lamellengrafit liegt der Kohlenstoff in Form unregelmäßiger Lamellen vor. Diese unterbrechen das Gefüge ähnlich wie winzige Kerben. Aus diesem Grund entstehen beim Spanen von Gusseisen mit Lamellengrafit vorwiegend Bröckelspäne. Durch die Kerbwirkung neigt der Werkstoff aber auch zu Kantenausbrüchen, wenn an Konturübergängen mit zu hoher Schnittkraft gespant wird.

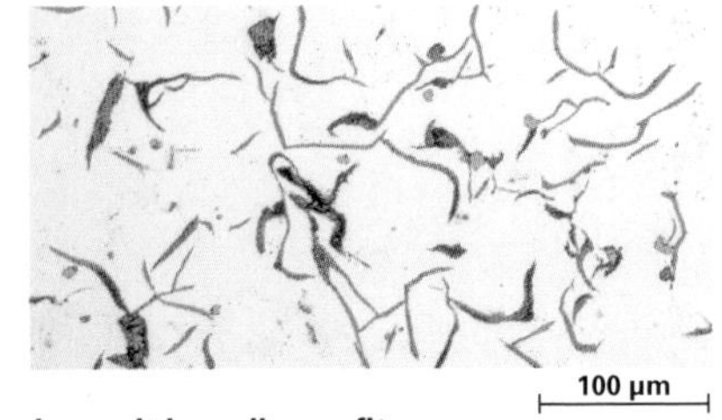

Gusseisen mit Lamellengrafit

Gusseisen mit Kugelgrafit (GJS)

Im Gusseisen mit Kugelgrafit liegt der Kohlenstoff vorwiegend in Form von Kugeln vor. Diese erzeugen im Gegensatz zu Lamellen nur geringe Kerbwirkung. Darum hat Gusseisen mit Kugelgrafit eine höhere Festigkeit und Zähigkeit als Gusseisen mit Lamellengrafit. Gusseisen mit Kugelgrafit wird sehr häufig im Automobil- und Motorenbau eingesetzt.

Übungsaufgaben B-28 bis B-30

Wegen der geringeren Kerbwirkung der Grafitkugeln werden beim Spanen die Kugeln und das Grundgefüge gestaucht. Als Folge treten bei der Zerspanung leicht brüchige Wendelspäne auf. Bei Spanen im Trockenschnitt mit hohen Schnittgeschwindigkeiten tritt an den Werkzeugschneiden infolge der Zähigkeit des Werkstoffs Freiflächenverschleiß stärker auf als bei anderen Gusseisensorten.

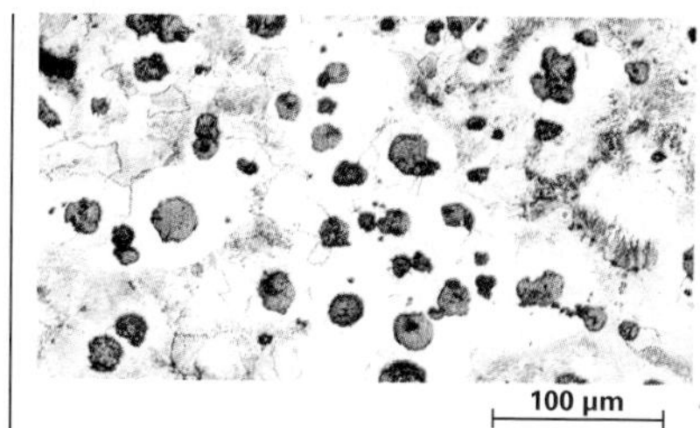

Gusseisen mit Kugelgrafit

Gusseisen mit Vermiculargrafit (GJV)

Gusseisen mit Vermiculargrafit entsteht, wenn die Schmelzbehandlung zur Erzeugung von Gusseisen mit Kugelgrafit gezielt unvollständig durchgeführt wird. Der Grafit liegt in diesem Gusseisen „wurmartig" vor.

Die Eigenschaften von Gusseisen mit Vermiculargrafit liegen etwa zwischen Gusseisen mit Lamellengrafit und Gusseisen mit Kugelgrafit.
Der Werkstoff wird für Bauteile, die hohen mechanischen und gleichzeitig thermischen Belastungen ausgesetzt sind, verwendet, z. B. für Zylinderköpfe, Auspuffkrümmer, Motorblöcke.
Hinsichtlich der Zerspanbarkeit bestehen kaum Unterschiede zum Gusseisen mit Lamellengrafit.

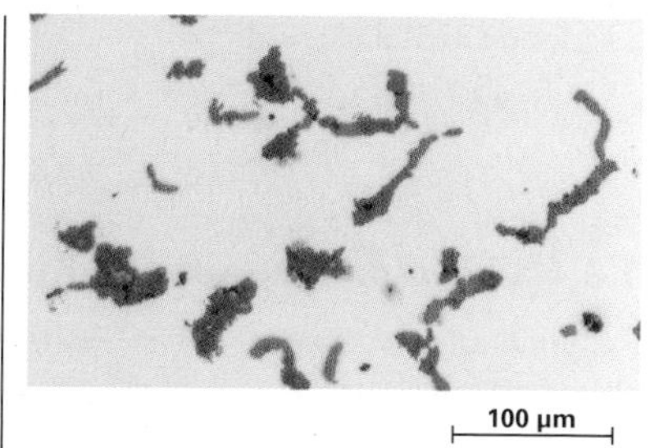

Gusseisen mit Vermiculargrafit

Die Zerspanbarkeit von Gusseisen wird im Wesentlichen durch Grafit bestimmt. Am besten spanbar ist GJL.
Gusseisen eignet sich wegen der Schmierwirkung des Grafits zum Trockenschnitt.

1.3.3 Zerspanbarkeit von Aluminium und Aluminiumlegierungen

- **Weiche Aluminium-Knetlegierungen und reines Aluminium**

Reines Aluminium und nicht ausgehärtete Aluminium-Knetlegierungen sind sehr weich, gut plastisch verformbar und zäh. Aus diesen Gründen neigen die Werkstoffe zur Bildung von Aufbauschneiden. Die Aufbauschneiden verändern die Geometrie der Schneide, erhöhen die Reibung und verschlechtern entsprechend die Oberflächengüte. Beim Spanen entstehen ferner lange und zähe Bandspäne, welche die Spanabfuhr und den Spänetransport blockieren. Man spant diese Werkstoffe mit hoher Schnittgeschwindigkeit, wählt Schneiden mit großem Spanwinkel bis etwa 40°, stellt einen positiven Neigungswinkel ein und verwendet Kühlschmiermittel.

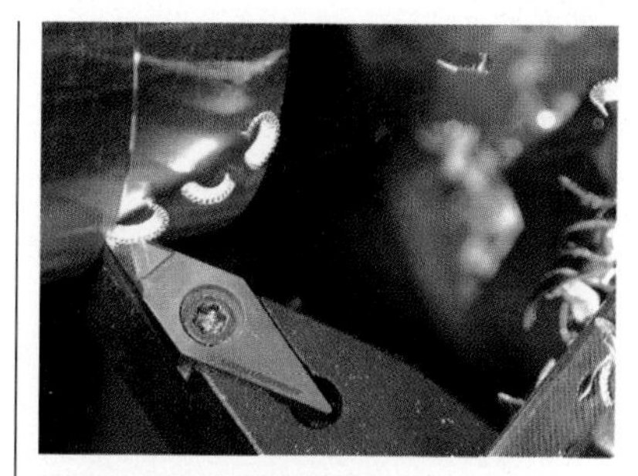
Spanen von Aluminium mit PKD-Schneidplatte mit Spanleitstufe

Reines Aluminium und weiche Aluminiumlegierungen neigen zur Bildung von Aufbauschneiden.
Für Abhilfe sorgen eine hohe Schnittgeschwindigkeit, ein großer Spanwinkel und der Einsatz von Kühlschmiermitteln.

- **Ausgehärtete Legierungen**

Ausgehärtete Aluminiumlegierungen und siliziumarme Gusslegierungen bilden kurze Späne, sind gut spanbar und schonen die Werkzeugschneide, sofern sie keine abrasiv wirkenden Legierungsbestandteile enthalten. Ein weiterer Vorteil liegt in der hohen Wärmeleitfähigkeit des Aluminiums und seiner Legierungen, die dazu führt, dass die entstehende Wärme an der Schneidstelle schnell abgeleitet wird und so die Schneide weniger belastet ist.

- **Aluminium-Gusslegierungen**

Aluminium-Gusslegierungen mit höheren Siliziumgehalten haben schlechtere Zerspanungseigenschaften als Aluminium-Knetwerkstoffe. Mit steigendem Si-Gehalt wird zwar der Spanbruch begünstigt, aber die abrasive Wirkung der Siliziumkristalle führt zu erhöhtem Schneidenverschleiß. Bei Siliziumgehalten oberhalb 12 % treten zusätzlich zu fein verteiltem Silizium grobe Si-Teilchen im Gefüge auf. Diese verringern nochmals die Standzeit der Werkzeuge.
Hoch siliziumhaltige Legierungen werden mit Hartmetallen (HT) oder polykristallinen Diamantwerkzeugen mit kleinen Spanwinkeln (max. 10°) bearbeitet.

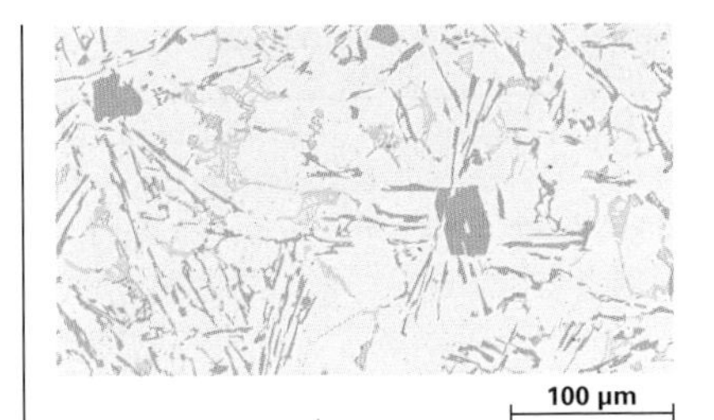

Gefüge einer AlSi-Gusslegierung mit 14 % Si

Aluminium-Gusslegierungen mit höherem Siliziumgehalt beanspruchen die Werkzeugschneiden stark abrasiv. Darum werden diese Legierungen mit Hartmetallen oder polykristallinem Diamant bearbeitet.

1.3.4 Zerspanbarkeit von Kupfer und Kupferlegierungen

Reines Kupfer ist weich und zäh. Es neigt dazu, beim Spanen lange Wirrspäne zu bilden, die den Arbeitsablauf stark behindern und im schlimmsten Fall die Werkzeugmaschine blockieren. Man spant Kupfer mit hoher Schnittgeschwindigkeit und wählt Schneiden mit großem Spanwinkel und Spanbrechnuten.
Kupferlegierungen, die nur aus einer Sorte Mischkristallen bestehen, sind ebenfalls sehr weich und zäh, aber etwas besser spanbar als das reine Kupfer. Sie bilden aber auch Wirrspäne.
Kupferlegierungen, die aus mehreren Sorten Mischkristallen bestehen oder Einlagerungen im Gefüge aufweisen, z.B. Blei, sind gut spanbar. Zu diesen Legierungen gehören das sehr gut spanbare Automatenmessing Cu39Pb3 sowie die Bronzen und Messing-Gusslegierungen.
Als Kühlschmiermittel sollte für alle Werkstoffe auf Kupferbasis ein schwefelfreies Kühlschmiermittel gewählt werden. Schwefel reagiert leicht mit Kupfer und führt zu unschönen Verfärbungen und bei längerer Einwirkung zur Korrosion.

Reines Kupfer und niedrig legierte Kupferlegierungen sind wegen der Neigung zur Wirrspanbildung schwer spanbar. Kupferwerkstoffe mit ungleichmäßigem Gefüge und spanbrechenden Einschlüssen sind gut bis sehr gut spanbar. Kühlschmiermittel müssen schwefelfrei sein.

1.3.5 Spanende Bearbeitung von Sintermetallen

Sintermetalle können wie erschmolzene Metalle spanend bearbeitet werden. Dabei muss aber die Porigkeit der Sintermetalle beachtet werden. So sollen z.B. ölabgebende Flächen nicht spanend bearbeitet werden, da die Poren zugeschmiert werden können.
Die bei spanender Bearbeitung zu erreichende Oberflächenbeschaffenheit hängt neben dem Werkstoff besonders von Schnittgeschwindigkeit und Vorschub ab.

- **Spannen der Werkstücke**

Das Spannen der Werkstücke muss besonders bei Werkstücken mit geringer Festigkeit, z.B. bei Metallfiltern, sehr sorgfältig durchgeführt werden. Ebenso muss die Schnittkraft möglichst gering gehalten werden. Gleichmäßiges Spannen kann durch Verwendung pneumatischer oder hydraulischer Spannelemente erreicht werden.

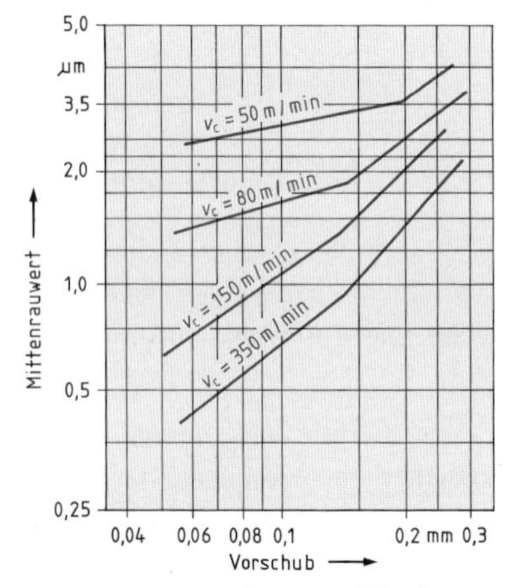

Erreichbare Mittenrauwerte bei der Bearbeitung von Sinterstahl

Übungsaufgabe B-31

- **Verwendung von Kühlmitteln**

Wegen der Porigkeit soll bei der spanenden Bearbeitung von Sintermetallen Luftkühlung angewendet werden. Es empfiehlt sich eine anschließende Rostschutzbehandlung, z.B. durch Tränken. Reicht die Luftkühlung nicht aus, dann sind Kühlmittel, die Rostschutzmittel enthalten, zu verwenden.

- **Nachbehandlung**

Werden flüssige Kühlmittel eingesetzt, ist ein Waschen der Werkstücke erforderlich, um Rost- oder Korrosionserscheinungen in den Kapillaren zu vermeiden. Zum Waschen eignet sich z.B. Benzin in Ultraschall-Reinigungsanlagen. Anschließend ist eine Trocknung bei über 100 °C erforderlich.
Eine Ölnachbehandlung kann erfolgen, indem man die Teile in 70 °C bis 80 °C warmes Tränköl taucht. Die Tränkung ist beendet, wenn keine Blasenbildung mehr erfolgt. Anschließend sollen die Teile im Tränköl auf Raumtemperatur abkühlen, um Ölverlust zu vermeiden.

Beim Spanen von Sintermetallen ist ihre Porigkeit besonders beim Spannen und beim Kühlmitteleinsatz zu beachten.

LF 2+5

1.3.6 Zerspanung von Hartstoffen

Mittels hochwarmfester Schneidstoffe wie Schneidkeramik und Bornitrid, die zugleich schlechte Wärmeleiter sind, können auch gehärtete Stähle und andere Hartstoffe durch Drehen und Fräsen bearbeitet werden.
Die Schnittbedingungen müssen zur Bearbeitung so eingestellt werden, dass der zu zerspanende Werkstoff an der Schnittstelle stark erhitzt wird, damit er dort seine Härte verliert.
Die Erwärmung der Schnittstelle kann auf zwei Arten geschehen:
- Erwärmung infolge hoher Schnittgeschwindigkeit – man spricht von **selbstinduzierter Warmzerspanung**, wie sie bei gehärteten Stahlen angewendet wird, oder
- Erwärmung der Schnittstelle unmittelbar vor dem Werkzeugeingriff zusätzlich durh LASER-Strahl – man spricht in diesem Fall von **laserinduzierter Warmzerspanung**, die z. B. beim Zerspanen von Bauteilen aus Siliziumnitrid eingesetzt wird.

Laserunterstütztes Drehen (Monforts Laserturm)

1.3.7 Zerspanbarkeit von Kunststoffen

Die **schlechte Wärmeleitfähigkeit** der Kunststoffe kann bei thermoplastischen Kunststoffen zum Aufschmelzen auf Schneiden und zum Schmieren führen. Darum müssen diese Kunststoffe mit hoher Schnittgeschwindigkeit und niedriger Schnittkraft gespant werden. Der Vorschub muss je nach Werkstoff angepasst werden. Zu hoher Vorschub führt zu starker Erwärmung – bei zu niedrigem Vorschub wird die Wärme nicht über den Span abgeführt, und Werkstück und Schneide werden stark erwärmt.
Bei Duroplasten haben sich ebenfalls hohe Schnittgeschwindigkeiten mit großem Vorschub bewährt.
Die **große Elastizität** der Kunststoffe kann bei Durchbiegung sowie elastischen Verformungen des Werkstücks an der Schnittstelle Ungenauigkeiten bewirken. Mit steigender Elastizität der Werkstoffe wächst auch die Größe der Kontaktzone zwischen Werkzeug und Werkstück. Darum erhalten Werkzeuge für die Kunststoffverarbeitung große Freiwinkel von 5° bis 10°.

Kunststoff	Drehen v_c m/min	Fräsen v_c m/min
PVC, PP, PE	200 bis 500	200 bis 1000
PS, ABS, SAN	50 bis 80	200 bis 2000
GfK	40 bis 60	200 bis 1000
PF, UF	40 bis 80	200 bis 100

Richtwerte für die spanende Bearbeitung

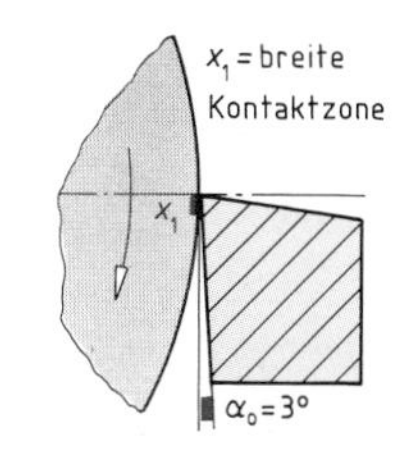

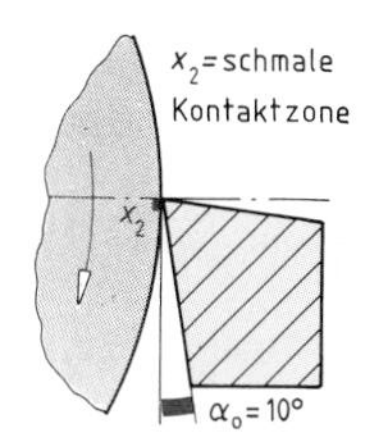

Freiwinkel und Kontaktzone

Kunststoffe erfordern hohe Schnittgeschwindigkeiten. Der Vorschub ist je nach Kunststoff unterschiedlich zu wählen. Werkzeuge erhalten Freiwinkel α bis zu 10°.

Übungsaufgaben B-32 bis B-34

1.4 Ergebnisse des Fertigungsprozesses

1.4.1 Maßgenauigkeit und Formgenauigkeit

Die **Maß- und Formgenauigkeit** der durch Spanen hergestellten Werkstücke hängen von vielen Faktoren ab. Die Sorgfalt, mit welcher der Fachmann Einstellungen vornimmt und Maßkontrollen durchführt und auswertet, bestimmt wesentlich das Ergebnis. Sehr wichtig sind auch die Qualität der Maschine sowie die Werkzeuge und die Umweltbedingungen.

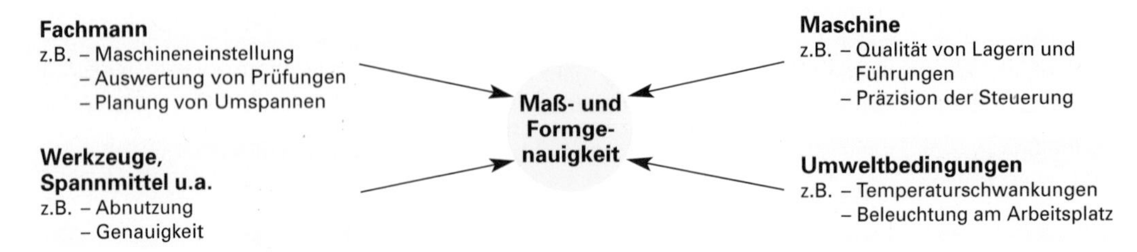

1.4.2 Oberflächenbeschaffenheit

Das Produkt, welches durch Spanen hergestellt wird, soll möglichst gute Oberflächenbeschaffenheit aufweisen. Die Oberflächenbeschaffenheit wird verbessert durch:

- größeren Spanwinkel,
- größeren Schneidenradius,
- höhere Schnittgeschwindigkeit,
- geringeren Vorschub,
- Einsatz von Kühlschmiermitteln.

1.4.3 Spanarten und Spanformen

Bei einer spanenden Formgebung mit keilförmigen Schneidwerkzeugen bezeichnet man die abgetrennten Werkstoffteilchen als Späne. Diese werden meist durch die Spanstauchung höher, breiter als der Spanungsquerschnitt und kürzer als die berechenbare Länge des abgetrennten Werkstoffes. Aus dem Zusammenwirken verschiedener Einflussgrößen wie der Verformbarkeit des Werkstoffes, der Schneidengeometrie und den Schnittbedingungen erhalten die Späne eine bestimmte Spangestalt, die Spanart.

- **Spanarten**

Spanarten	Spanbildung	Schnittbedingungen	Auswirkungen
Fließspan langer zusammenhängender Span	γ_0 • geringe Werkstoffstauchung • kein voreilender Riss • schnelle Folge kleinster Schervorgänge • Spanteilchen bleiben zusammenhängend	• großer Spanwinkel • zäher Werkstoff • hohe Schnittgeschwindigkeit	• glatte saubere Oberfläche • kleine Schnittkraft • lange Späne behindern den Arbeitsvorgang
Scherspan Stücke noch zusammenhängender Spanteilchen mit vielen Scherrissen	γ_0 • stärkere Werkstoffstauchung • kurzer voreilender Riss • einzelne unregelmäßige Schervorgänge • Spanteilchen bleiben nur teilweise zusammenhängend	• kleiner bis mittlerer Spanwinkel • zähe und leicht spröde Werkstoffe • mittlere Schnittgeschwindigkeit	• nicht so glatte Werkstückoberfläche mit unregelmäßigem Aussehen • kurzer bröckliger Span behindert den Arbeitsvorgang nicht • nur wenig größere Schnittkraft
Reißspan sehr kurzer unregelmäßiger Span	$\gamma_0 = 0°$ • geringe Werkstoffstauchung • bei spröden Werkstoffen • voreilender Riss, der auch in die Werkstückoberfläche eindringt • wenige unregelmäßige Schervorgänge	• kleiner Spanwinkel • vorwiegend bei spröden Werkstoffen • niedrige Schnittgeschwindigkeit	• raue Werkstückoberfläche • große Schnittkraft • kurzer Span behindert den Arbeitsvorgang nicht

Übungsaufgabe B-35

• Spanformen

Nach der Abtrennung der Späne entstehen unterschiedliche Spanformen. Diese Spanformen ergeben sich aus dem Zusammenwirken mehrerer Faktoren:

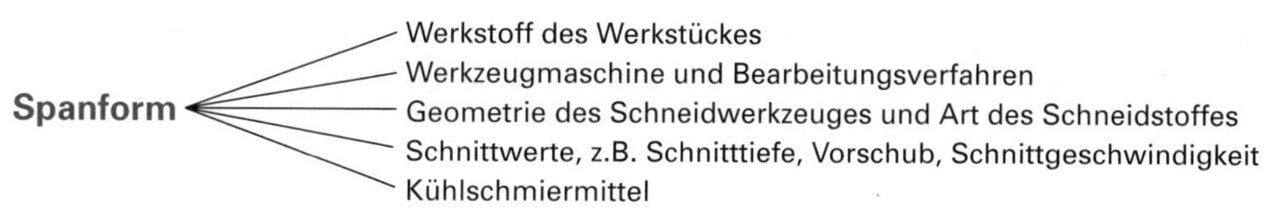

Die sich ergebenden Späne sollen kurz sein, sodass eine Gefährdung des Maschinenbedieners, eine Störung des Fertigungsablaufes sowie eine Beschädigung der Maschinen und der Werkstückoberfläche vermieden werden. Kurze Schraubenspäne, Schraubenbruchspäne und Spiralbruchspäne sind als besonders günstig anzustreben.

Beispiele für günstige und ungünstige Spanformen

Bandspan	Wirrspan	Schraubenspan	Schrauben-bruchspan	Spiralbruchspan
	ungünstige Spanformen	lang	kurz	günstige Spanformen

Bandspäne und Wirrspäne werden lang und behindern durch Knäuelbildung die Fertigung und den Abtransport der Späne. Ihre Entstehung muss verhindert werden.

Schraubenspäne werden bei ungünstigen Bedingungen ebenfalls lang und sollten auch vermieden werden.

Schraubenbruch- und Spiralbruchspäne erweisen sich als sehr günstig, da sie aus dem Schnittbereich fallen und mit Fördereinrichtungen aus der Werkzeugmaschine transportiert werden können.

• Spanbruch durch Spanflächengestaltung der Schneidplatten

Zur Erzeugung kurzer günstiger Spanformen werden im Herstellungsprozess der Schneidplatten im Spanflächenbereich Spanleitstufen eingesintert. Die Spanleitstufen lenken die Späne von der Schnittstelle ab und führen durch starke Spankrümmung zum Bruch. Für die Bearbeitung durch Drehen und Fräsen sind für unterschiedliche Werkstoffe Schneidplatten mit sehr unterschiedlicher Gestaltung der Spanflächen entwickelt worden.

Beispiele für die Gestaltung der Spanflächen von Wendeschneidplatten

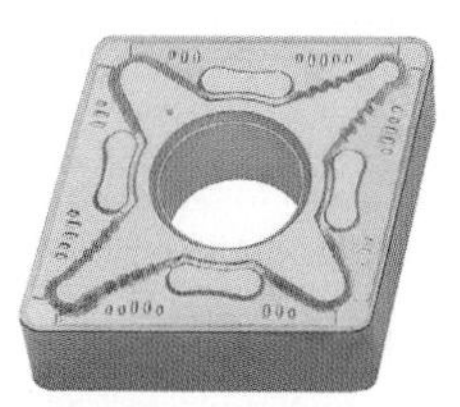

Spanbrecher RP
Schruppbearbeitung

Spanbrechder GG
Schruppbearbeitung und mittlere Bearbeitung

Spanbrecher SZ
mittlere Bearbeitung

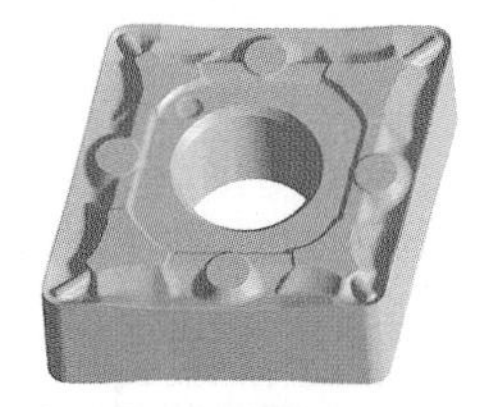

Spanbrecher FP
Schlichtbearbeitung

Kurze, günstige Spanformen werden durch richtige Wahl der Schneidengeometrie, der Schnittwerte, dem Einsatz von Kühlschmiermittel und der Schneidplatte mit der optimalen Gestaltung der Spanfläche angestrebt.

Übungsaufgaben B-36; B-37

2 Fertigen durch Drehen auf mechanisch gesteuerten Werkzeugmaschinen

Durch Drehen werden vorwiegend zylindrische Rohlinge durch Spanabnahme mit einem Werkzeug mit keilförmiger Schneide in ihrer Form verändert. Drehwerkzeuge werden aus unterschiedlichen Werkstoffen in vielen Formen hergestellt, man bezeichnet sie als Drehmeißel.

Die Spanabnahme erfolgt auf Drehmaschinen durch das Zusammenwirken zweier Bewegungen:

- Das Werkstück führt eine kreisförmige Schnittbewegung um die Drehachse aus. Eine rechnerische Erfassung der Schnittbewegung erfolgt durch die **Schnittgeschwindigkeit v_c**, sie wird in m/min gemessen.
- Das Werkzeug führt eine geradlige und stetige Vorschubbewegung aus.
  Der **Vorschub f** wird auf eine Werkstückumdrehung bezogen und in mm angegeben.

Die **Schnitttiefe a_p** wird durch die Zustellbewegung des Werkzeugs bestimmt.

Beispiel für die Bewegungen beim Drehen

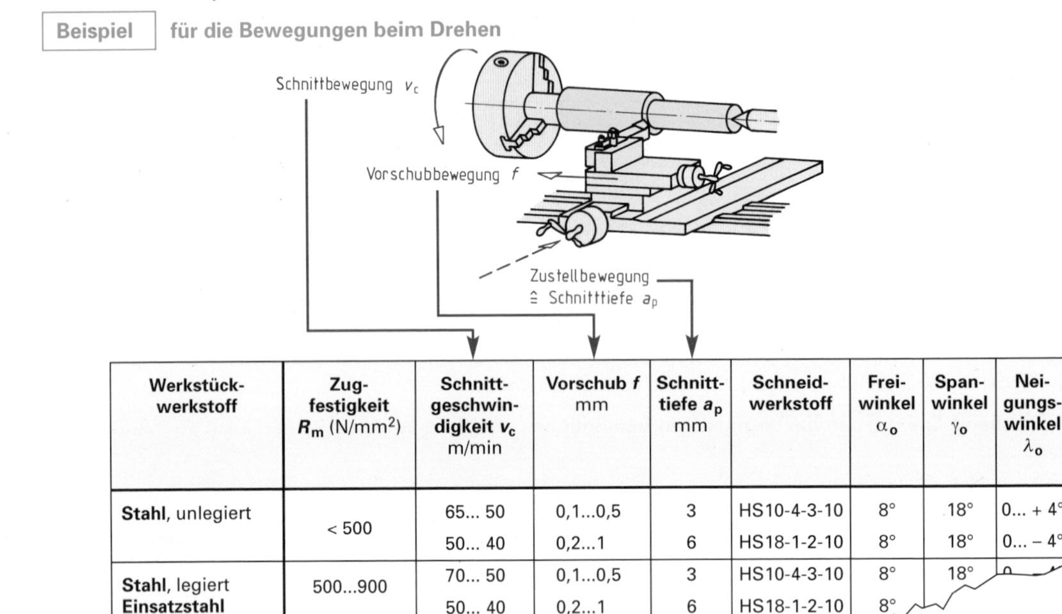

Werkstück-werkstoff	Zug-festigkeit R_m (N/mm²)	Schnitt-geschwin-digkeit v_c m/min	Vorschub f mm	Schnitt-tiefe a_p mm	Schneid-werkstoff	Frei-winkel α_o	Span-winkel γ_o	Nei-gungs-winkel λ_o
Stahl, unlegiert	< 500	65... 50	0,1...0,5	3	HS10-4-3-10	8°	18°	0... + 4°
		50... 40	0,2...1	6	HS18-1-2-10	8°	18°	0... – 4°
Stahl, legiert **Einsatzstahl**	500...900	70... 50	0,1...0,5	3	HS10-4-3-10	8°	18°	
		50... 40	0,2...1	6	HS18-1-2-10	8°		
Vergütungsstahl	700 < 900	70... 40	0,5...1					

Bei der Ausführung einer Drehbearbeitung unterscheidet man zunächst zwischen **Schruppen** und **Schlichten**. Zweck des Schruppens ist es, ein großes Werkstoffvolumen abzutrennen, Zweck des Schlichtens, am Ende einer Bearbeitung eine hohe Maßgenauigkeit und Oberflächenglätte zu erzielen.

Für jede Bearbeitung muss ein geeignetes Werkzeug mit günstigem Schneidstoff und einer optimalen Schneidengeometrie ausgewählt werden. Ferner sind dazu entsprechende Werte für die Schnittbewegungen zu bestimmen. Diese Werte sind in allgemeiner Form in Tabellenbüchern enthalten. Werkzeughersteller empfehlen für ihre Werkzeuge erprobte Schnittwerte.

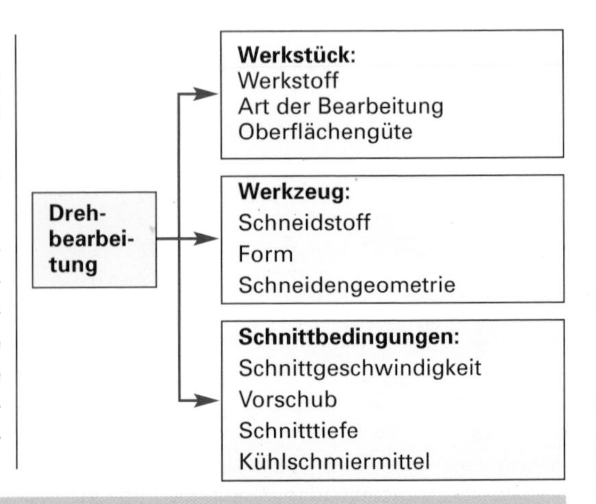

Für jede Drehbearbeitung wird abhängig vom zu bearbeitenden Werkstoff ein Werkzeug mit geeigneter Schneidengeometrie sowie Schnittgeschwindigkeit, Vorschub und Schnitttiefe ausgewählt.

Übungsaufgabe B-38

2.1 Leit- und Zugspindel-Drehmaschine

2.1.1 Kenngrößen einer Leit- und Zugspindel-Drehmaschine

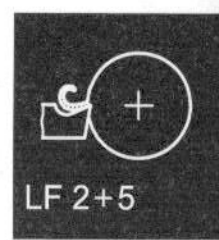

Bei Leit- und Zugspindel-Drehmaschinen werden alle Bewegungen vom Antriebsmotor erzeugt, über Getriebe verändert und vom Bediener über Hebel und Kurbeln mechanisch ausgelöst. Die Überwachung erfolgt durch den Bediener.

Der Vorschub wird vom Vorschubgetriebe über zwei verschiedene Spindeln auf den Bettschlitten übertragen. Dies geschieht

- beim Längs- und Querdrehen über eine **Zugspindel** (Profilspindel),
- beim Gewindedrehen über eine **Leitspindel** (Gewindespindel).

Eine solche Maschine wird daher **Leit- und Zugspindel-Drehmaschine** genannt.

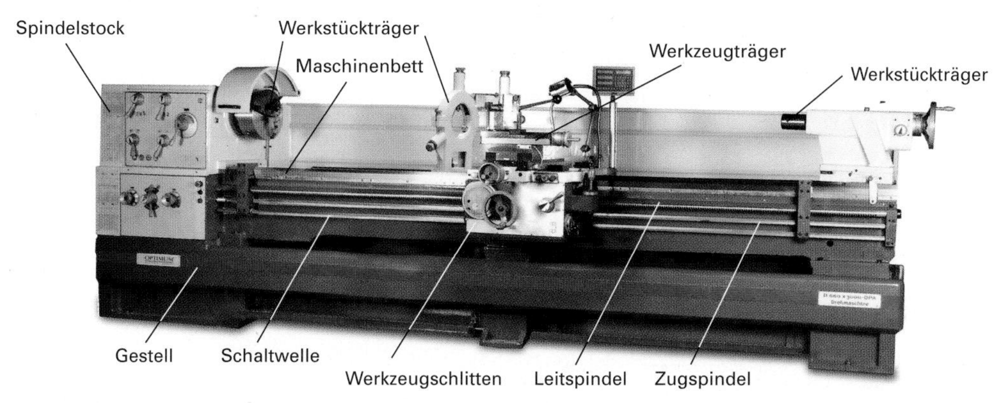

Leit- und Zugspindel-Drehmaschine

Die Einsatzmöglichkeiten einer Drehmaschine ergeben sich aus den folgenden **Kenngrößen**:

- **Spitzenweite**

Dies ist der maximale Abstand zwischen der Zentrierspitze in der Spindel und der Zentrierspitze im Reitstock. Die Spitzenweite bestimmt in etwa die größtmögliche Werkstücklänge.

- **Spitzenhöhe**

Dies ist der Abstand zwischen Drehachse und Maschinenbett. Der maximale Drehdurchmesser ist stets etwas größer als die doppelte Spitzenhöhe.

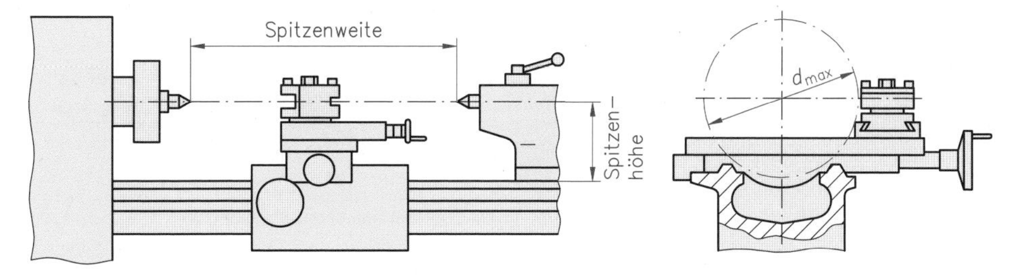

Kenngrößen einer Drehmaschine

- **Umdrehungsfrequenzbereich**

Er gibt die niedrigste und höchste Umdrehungsfrequenz der Spindel an.

- **Vorschubbereich**

Er gibt die einzustellenden Vorschübe und die Anzahl der Stufungen an.

- **Antriebsleistung**

Die Antriebsleistung bestimmt wesentlich die größtmögliche Zerspanungsleistung der Maschine.

Übungsaufgaben B-39; B-40

2.1.2 Energiefluss an einer Leit- und Zugspindel-Drehmaschine

Vom Motor wird die Energie meist schwingungsarm über ein Riemengetriebe auf ein mehrstufiges Hauptgetriebe und von dort über das Vorgelege auf die Arbeitsspindel übertragen.
Das Vorschubgetriebe erhält bei einer Leit- und Zugspindeldrehmaschine seinen Antrieb immer von der Arbeitsspindel. Der eingestellte Vorschub bezieht sich daher jeweils auf eine Umdrehung der Arbeitsspindel.

Schema des Energieflusses an einer Leit- und Zugspindel-Drehmaschine

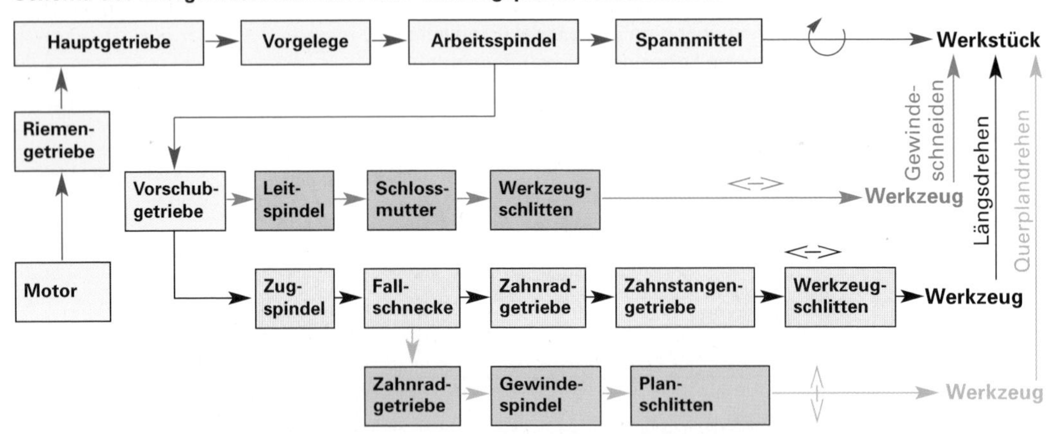

> Das Vorschubgetriebe einer Drehmaschine wird von der Arbeitsspindel aus angetrieben und ermöglicht die Einstellung einer großen Anzahl von Vorschüben.

2.1.3 Baugruppen des Werkzeugschlittens

Der in der Längsführung des Maschinenbetts verschiebbare Werkzeugschlitten besteht aus den im Bild benannten Baugruppen:

Der **Bettschlitten** wird in Prismenführungen auf dem Drehmaschinenbett geführt. Der Bettschlitten wird von Hand mithilfe des großen Handrads bewegt. Mit dem Handrad dreht sich ein Zahnrad, welches in eine Zahnstange an der Unterseite des Maschinenbetts eingreift.

Der **Planschlitten** wird in einer Schwalbenschwanzführung rechtwinklig zum Drehmaschinenbett auf dem Bettschlitten bewegt. Der Antrieb kann von Hand über eine Kurbel erfolgen. Die Größe der Zustellung des Werkzeugs kann mithilfe einer Skala des Planschlittens von Hand exakt eingestellt werden.

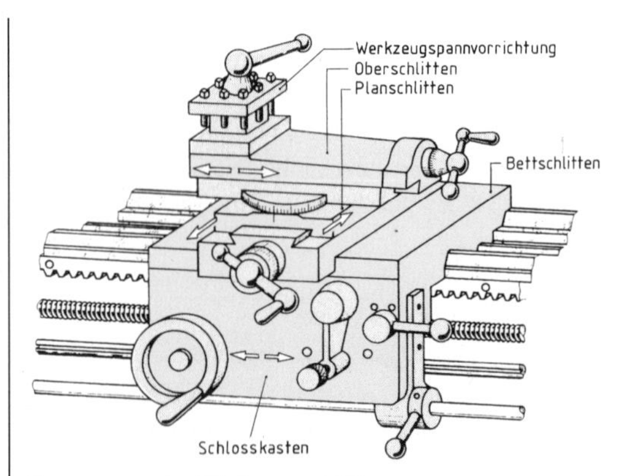

Baugruppen des Werkzeugschlittens

Auf dem Planschlitten befindet sich der schwenkbare **Oberschlitten**. Für die meisten Dreharbeiten ist er so eingestellt, dass er eine Verstellung in Richtung des Maschinenbetts ermöglicht. Der Oberschlitten kann meist nur von Hand betätigt werden. Der Verstellweg des Oberschlittens ist mithilfe einer Skala einstellbar.

Der **Schlosskasten** ist fest mit dem Bettschlitten verbunden und enthält ein Getriebe, das Schlosskastengetriebe, und Bedienungselemente für die Vorschubantriebe.

> Der Werkzeugschlitten besteht aus Bettschlitten, Planschlitten und Oberschlitten mit Werkzeugträger sowie dem Schlosskasten mit Getriebe.

Übungsaufgaben B-41 bis B-43

2.1.4 Antriebe des Werkzeugschlittens

- **Werkzeugschlittenantrieb über die Zugspindel**

Über die Zugspindel wird im Schlosskastengetriebe die Vorschubbewegung für den Längs- und Quervorschub erzeugt.

Die Drehbewegung der Zugspindel wird über ein **Zahnradpaar** auf eine **Schnecke** übertragen. Die Schnecke ist schwenkbar gelagert. Beim Drehen gegen einen Anschlag oder bei Überlastung schaltet sie selbstständig den Vorschub ab. Das geschieht, indem sie durch eine Schwenkbewegung außer Eingriff „fällt". Sie wird daher als Fallschnecke bezeichnet. Die Drehbewegung der Schnecke wirkt über ein Schneckenrad weiter auf das Zahnradpaar einer schwenkbaren Schere. Diese kann von einer Nullstellung aus wahlweise zum Längs- oder Quervorschub geschwenkt werden.

LF 2+5

Beispiele für die Erzeugung der Längs- und des Quervorschubes

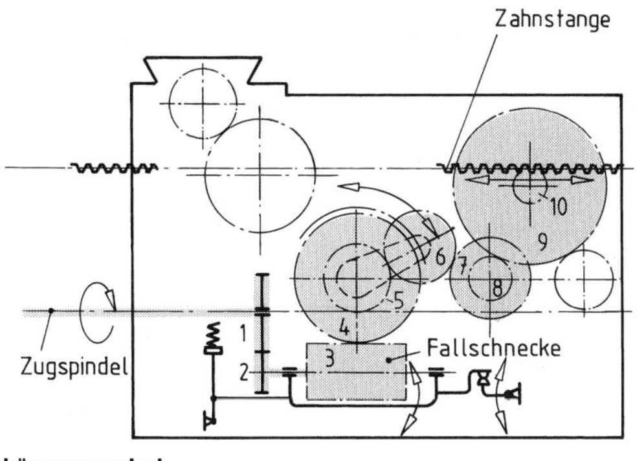

Längsvorschub

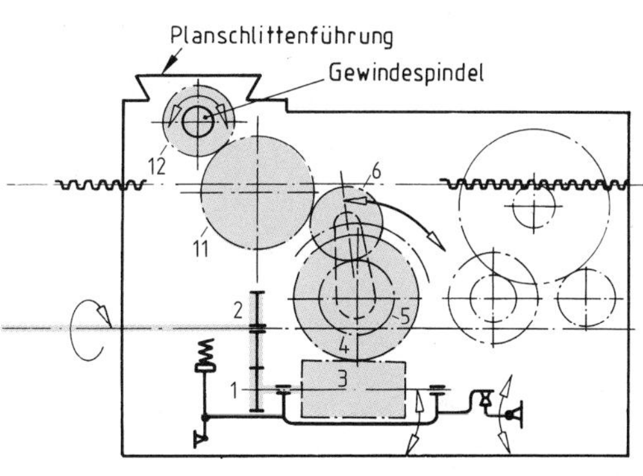

Quervorschub

- Beim **Längsvorschub** wird von den Zahnrädern der Schere die Drehbewegung über weitere Zahnradpaare auf ein Zahnstangengetriebe übertragen. Die Zahnstange ist fest mit dem Maschinenbett verbunden.
- Beim **Quervorschub** wird von den Zahnrädern der Schere die Drehbewegung über weitere Zahnradpaare auf die Gewindespindel des Planschlittens übertragen.

Für Längsrund- und Querplandreharbeiten erfolgt der Vorschubantrieb über die Zugspindel auf das Schlosskastengetriebe mit Fallschnecke. Beim Heranfahren gegen einen Anschlag wird der Vorschubantrieb durch die Fallschnecke abgeschaltet.

- **Werkzeugschlittenantrieb über die Leitspindel**

Zum Gewindedrehen erfolgt der Antrieb des Bettschlittens über die Leitspindel. Die Leitspindel bewegt den Bettschlitten über eine Mutter am Schlosskasten. Diese **Schlossmutter** ist geteilt und kann geöffnet werden. Nur in geschlossenem Zustand wird die Vorschubbewegung von der Leitspindel auf den Bettschlitten übertragen. Dabei sind alle Getriebeteile im Schlosskasten außer Eingriff. Die Drehbewegung der Leitspindel bewirkt eine Schlittenverstellung, indem sich das Trapezgewinde der Spindel durch die geschlossene Mutter am Werkzeugschlitten schraubt.

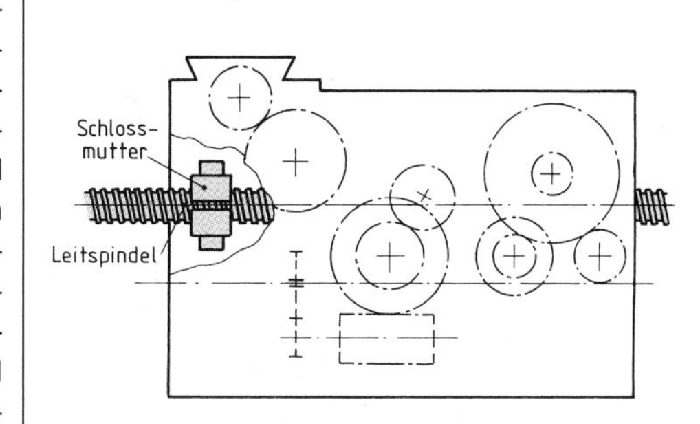

Werkzeugschlittenantrieb über die Leitspindel

Zum Gewindedrehen erfolgt der Vorschubantrieb über Leitspindel und Schlossmutter.

Übungsaufgaben B-44 bis B-49

2.2 Drehwerkzeuge

2.2.1 Drehmeißelgeometrie

- **Werkzeugbezugssystem**

Die Winkel am Drehmeißel sind vom Hersteller zu fertigen und bei jeder Nacharbeit einzuhalten und zu überprüfen. Um die räumliche Lage des Schneidkeils genau bestimmen zu können, ist ein genormtes Werkzeugbezugssystem festgelegt. Dieses wird aus drei zueinander rechtwinklig angeordneten Bezugsebenen gebildet. Die Lage der Bezugsebenen ist von der Schnittrichtung und der Lage der Hauptschneide abhängig.

Die Einordnung des Drehmeißels in das Bezugssystem wird so vorgenommen, dass man den Drehmeißel mit seiner Auflagefläche parallel zur Werkzeugbezugsebene anordnet und ihn so weit dreht, dass die Hauptschneide die Werkzeugschneidenebene berührt. Dabei legt man den Ursprung des Werkzeugbezugssystems in einen beliebigen Punkt der Hauptschneide.

Lage der Ebenen für das Werkzeugbezugssystem (nach DIN 6581)

Werkzeugbezugsebene	Werkzeugschneidenebene	Keilmessebene
Schnitt-richtung Werkzeug-bezugsebene	Werkzeug-schneiden-ebene Schnitt-richtung Werkzeug-bezugsebene	Keilmess-ebene Schnitt-richtung Werkzeug-bezugsebene
Die Werkzeugbezugsebene liegt senkrecht zur Schnittrichtung und meist parallel zur Auflagefläche des Drehmeißels.	Die Werkzeugschneidenebene verläuft in Richtung der Hauptschneide und steht senkrecht zur Werkzeugbezugsebene.	Die Keilmessebene steht sowohl senkrecht zur Werkzeugbezugs- wie auch zur Werkzeugschneidenebene; sie ist die Messebene für Winkel am Scheidkeil.

- **Winkel an der Meißelschneide**

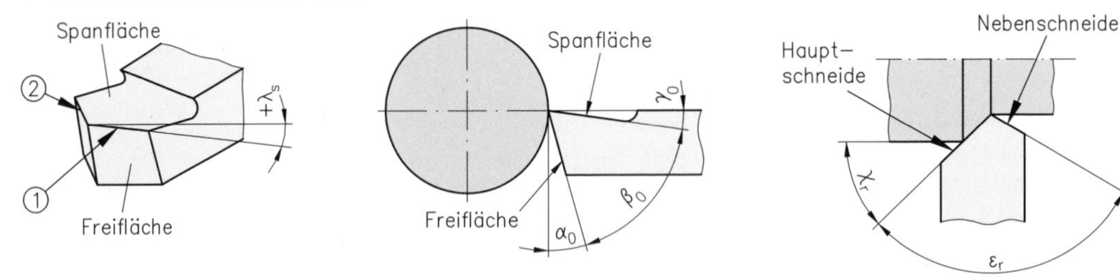

① **Hauptschneide:** Sie übernimmt hauptsächlich die Spanabnahme, sie weist in Vorschubrichtung.
② **Nebenschneide:** Sie ist geringfügig an der Spanabnahme mit beteiligt.
③ **Schneidenecke:** Meist mit Schneidenradius
β_0 **Keilwinkel:** Winkel zwischen Spanfläche und Freifläche.
γ_0 **Spanwinkel:** Winkel zwischen der Spanfläche und einer waagerechten Bezugsfläche.
α_0 **Freiwinkel:** Winkel zwischen Freifläche und einer senkrechten Bezugsfläche.
ε_r **Eckenwinkel:** Winkel zwischen der Hauptschneide und der Nebenschneide.
$\varkappa_r$ **Einstellwinkel:** Winkel zwischen der Hauptschneide und der Vorschubrichtung.
λ_s **Neigungswinkel:** Winkel zwischen Hauptschneide und einer waagerechten Bezugsebene.

Übungsaufgaben B-50 bis B-53

2.2.2 Einfluss der Werkzeuggeometrie auf die Drehbearbeitung

- **Einfluss des Spanwinkels**

Span- und Keilwinkel sind voneinander abhängig, da jede Vergrößerung des Keilwinkels bei konstantem Freiwinkel eine Verkleinerung des Spanwinkels zur Folge hat.

Je größer der Spanwinkel, desto

- kleiner sind die Schnittkräfte und damit die Schneidenbelastung,
- kleiner und schwächer ist der Schneidkeil und damit wächst die Gefahr von Schneidenausbrüchen.

Abhängigkeit des Spanwinkels vom Werkstoff

Werkstoff des Werkstücks	Spanwinkel γo bei HSS-Stahl	Spanwinkel γo bei Hartmetall
Messing, hartes Gusseisen	0° bis 8°	0° bis 5°
hochfeste Stähle, Stahlguss	12° bis 15°	10° bis 12°
Stahl mit R_m bis 700 N/mm², weiches Gusseisen	15° bis 20°	14° bis 18°
Al und Al-Legierungen	20° bis 40°	30° bis 35°

Beispiele für die Abhängigkeit des Spanwinkels vom Werkstoff

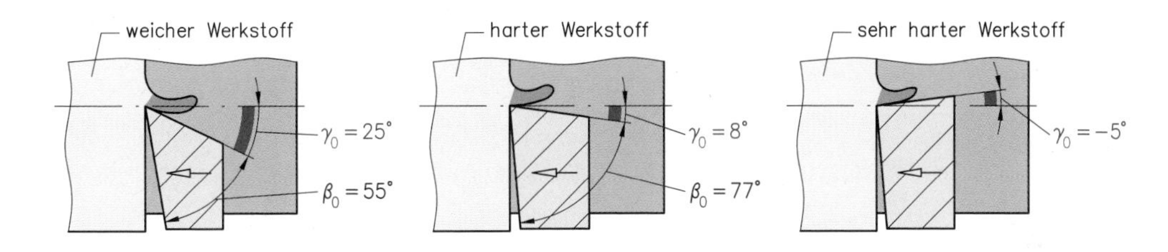

- Für weiche, zähe Werkstoffe wählt man große Spanwinkel.
- Für harte, spröde Werkstoffe und bei erschwerten Zerspanungsbedingungen wählt man kleine oder negative Spanwinkel.

Beim Drehen mit negativen Neigungswinkeln wird nicht die Schneidenecke, sondern die Spanfläche im Bereich hinter der Schneidenecke belastet. Diese Entlastung nutzt man besonders bei ungünstigen Schnittbedingungen, wie z. B. beim Drehen im unterbrochenen Schnitt. Hierbei wird eine stoßartige Belastung bei jedem Eindringen vermieden. Die Gefahr von Schneidenausbrüchen wird verringert.

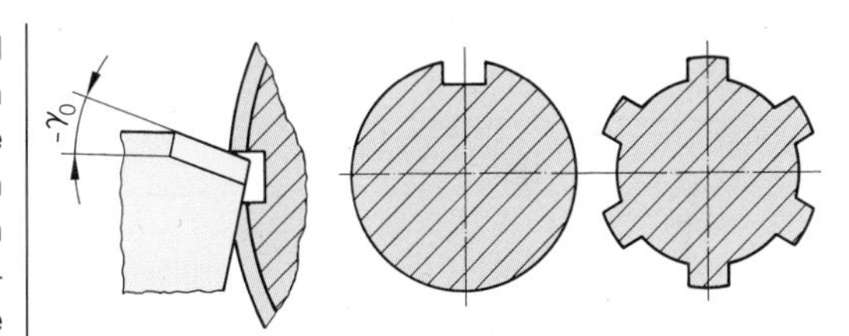

Negativer Neigungswinkel bei unterbrochenem Schnitt

- **Einfluss des Freiwinkels α_0**

Eine Vergrößerung des Freiwinkels bewirkt eine Verringerung der Reibung zwischen Werkzeug und Werkstück. Dadurch wird jedoch nur eine unbedeutende Erhöhung der Standzeit des Meißels erreicht. Man wählt Freiwinkel zwischen 5° und 10°. Für härtere Werkstoffe verwendet man die kleineren Freiwinkel.

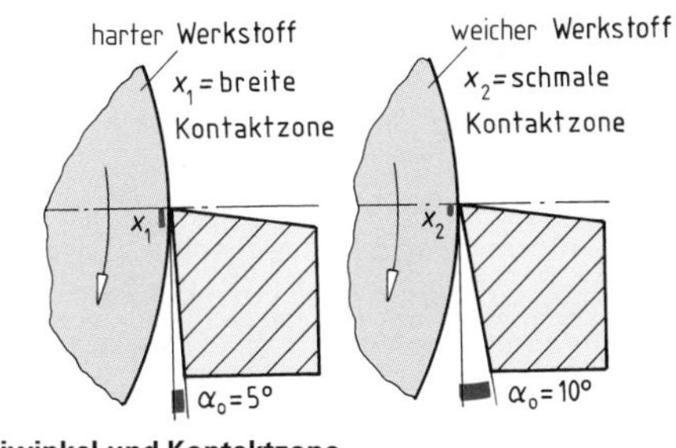

Freiwinkel und Kontaktzone

Für weiche Werkstoffe werden große Freiwinkel von bis zu 10° gewählt.
Für harte Werktoffe wählt man Freiwinkel von etwa 5°.

Übungsaufgaben B-54 bis B-56

- **Einfluss der Höhenlage des Drehmeißels auf Span- und Freiwinkel**

Gewöhnlich werden Drehmeißel auf Mitte des Werkstücks eingestellt. Beim Außenrunddrehen können Schruppdrehmeißel hingegen etwas über Mitte eingerichtet werden. Dadurch wird der Freiwinkel etwas kleiner, der Spanwinkel jedoch etwas vergrößert. Der Span kann jetzt leichter abfließen und die Zerspankraft wird geringer. Aus diesem Grunde kann eine größere Spantiefe gewählt werden.

Beispiel für den Einfluss der Höhenlage auf die Winkel an der Außendrehmeißelschneide

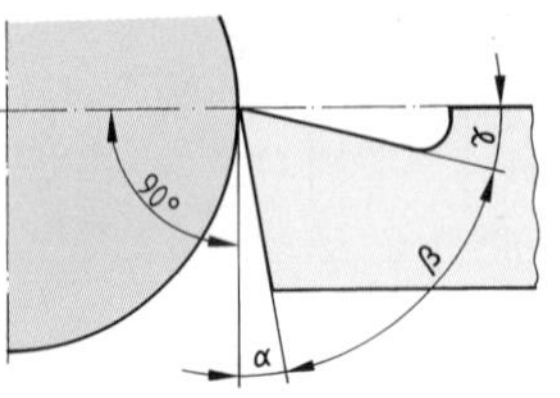

Frei- und Spanwinkel haben normale Größe
Drehmeißel auf Mitte

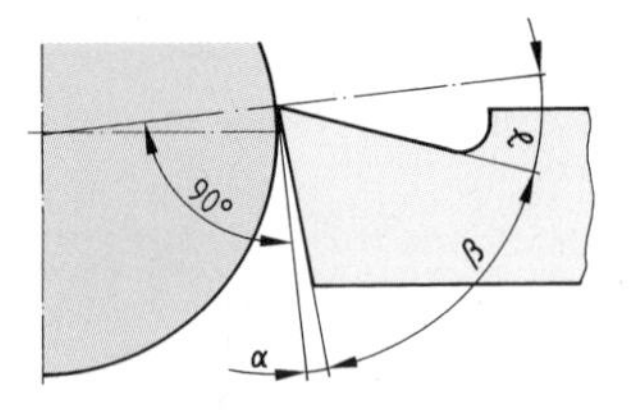

Wirkfreiwinkel wird kleiner, Wirkspanwinkel wird größer
Drehmeißel über Mitte

Bei allen Formdreharbeiten (z. B. Gewindedrehen) ist der Meißel jedoch immer genau auf Mitte einzustellen, sonst ergeben sich Formverzerrungen.

Schruppdrehmeißel für das Außenrunddrehen können geringfügig über Werkstückmitte, Innendrehmeißel etwas unter Werkstückmitte eingerichtet werden. Alle Formdrehmeißel müssen genau auf Werkstückmitte stehen.

- **Einfluss des Neigungswinkels λ**

Der Neigungswinkel wird als positiv bezeichnet, wenn die Hauptschneide von der Schneidenecke aus nach hinten abfällt. Der Neigungswinkel ist negativ, wenn die Hauptschneide von der Schneidenecke aus nach hinten ansteigt.

Die Wahl des Neigungswinkels ist von der Zerspanbarkeit des Werkstoffs, der Größe der Schnittkräfte und von den Zerspanungsbedingungenabhängig.

positiver Neigungswinkel	negativer Neigungswinkel

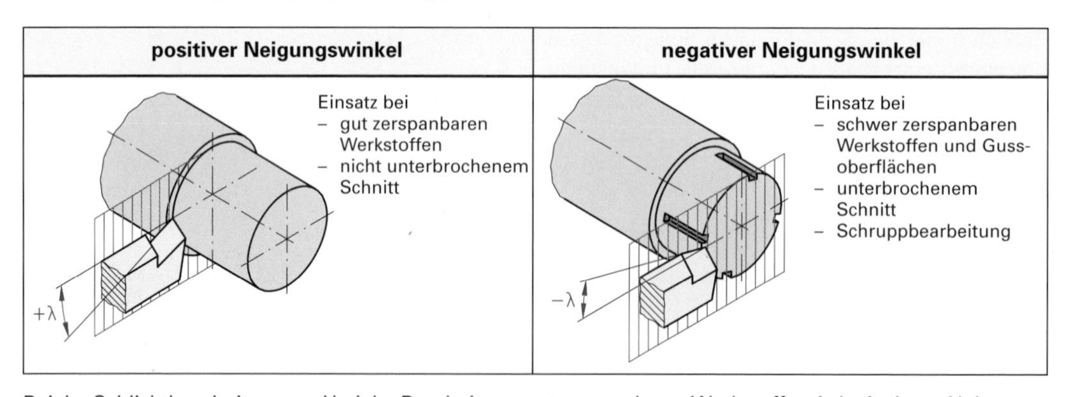

Bei der Schlichtbearbeitung und bei der Bearbeitung gut zerspanbarer Werkstoffe wird mit einem Neigungswinkel von 0° oder mit positiven Neigungswinkeln bis + 4° gedreht.
Bei Schruppbearbeitung wird vorzugsweise mit negativen Neigungswinkeln bis – 4° gedreht.
Beim Drehen mit Oxidkeramik wählt man zur Entlastung der Schneidenecke immer einen Neigungswinkel von – 4°.

- Beim Drehen von weichen und gut zerspanbaren Werkstoffen wählt man bei günstigen Zerspanungsbedingungen Neigungswinkel zwischen 0° und + 4°.
- Beim Drehen von harten und schwer zerspanbaren Werkstoffen wählt man bei ungünstigen Zerspanungsbedingungen Neigungswinkel zwischen 0° und – 4°.

Übungsaufgabe B-57

- **Einfluss des Einstellwinkels $\varkappa_r$**

Der Einstellwinkel bestimmt die Länge des im Eingriff befindlichen Teils der Hauptschneide. Bei einem Einstellwinkel von 90° ergibt sich die kleinste im Eingriff befindliche Schneidenlänge, sie entspricht der Schnitttiefe.

Mit kleinerem Einstellwinkel vergrößert sich das Schneidenstück, das die Spanabnahme vornimmt. Bei langen im Eingriff befindlichen Schneiden verteilt sich die Belastung, zudem wird die entstehende Wärme besser abgeführt. Daher wählt man bei Schruppbearbeitungen Einstellwinkel von 45° oder 60°. Bei gleichem Vorschub und gleicher Schnitttiefe ist bei allen Einstellwinkeln der Spanungsquerschnitt gleich groß.

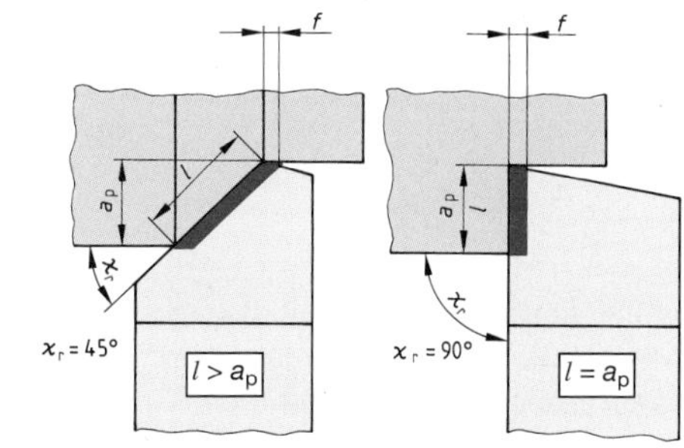

Einstellwinkel $\varkappa_r$ und Eingriffslänge l

LF 2+5

Die Gefahr der Durchbiegung beim Drehen langer, dünner Wellen wird bei einem großen Einstellwinkel gemindert, weil dadurch der Kraftanteil quer zur Drehachse, Passivkraft F_p, verringert wird.

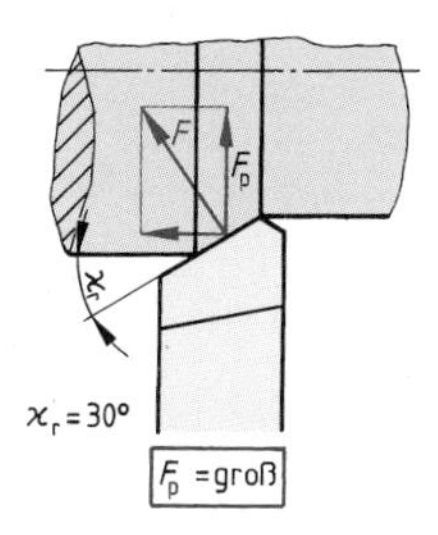

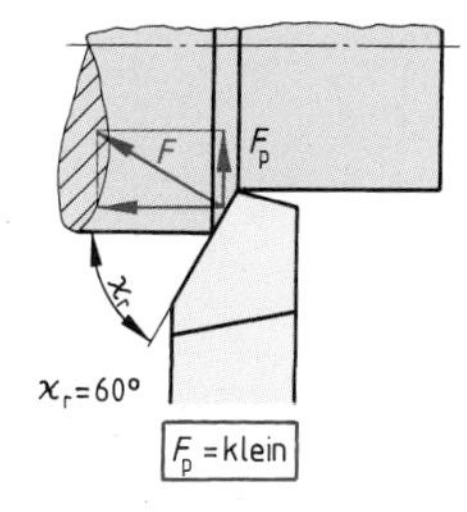

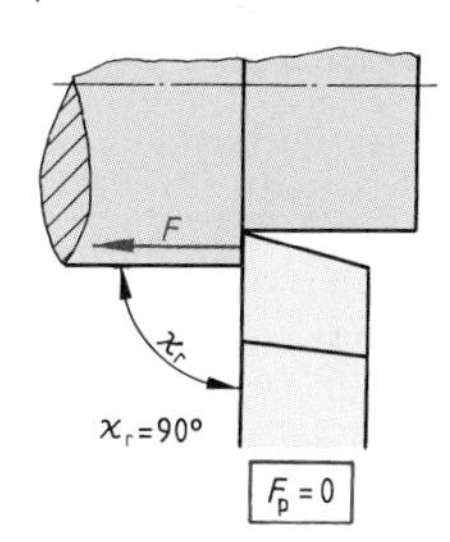

Einstellwinkel $\varkappa_r$ und Passivkraft F_p

Die Größe der **Passivkraft F_p** kann durch Kräftezerlegung aus der rechtwinklig zur Hauptschneide verlaufenden Kraft F in Abhängigkeit vom Einstellwinkel ermittelt werden. Sie verringert sich bei größeren Einstellwinkeln, bis sie bei 90° den Wert Null erreicht.

Zur Schruppbearbeitung wählt man kleine Einstellwinkel, weil sich die Zerspanungsarbeit auf einen längeren Schneidenanteil verteilt
Zum Drehen von langen, dünnen Wellen wählt man den Einstellwinkel $\varkappa_r = 90°$.

- **Einfluss von Spanleitstufen**

Durch Spanleitstufen wird der Span in eine vorbestimmte Richtung geleitet. Der Öffnungswinkel zwischen Schneide und Kante der Spanleitstufe bestimmt die Richtung, in der der Span abgeleitet wird.

- Schneidplatten mit negativem Öffnungswinkel der Spanleitstufe werden beim Schruppen eingesetzt. Durch den negativen Öffnungswinkel werden die Späne leichter gebrochen, sie laufen dabei aber gegen die Werkstückoberfläche.
- Schneidplatten mit positivem Öffnungswinkel der Spanleitstufe werden beim Schlichten eingesetzt. Durch den positiven Öffnungswinkel werden die Späne von der Werkstückoberfläche fortgeleitet.

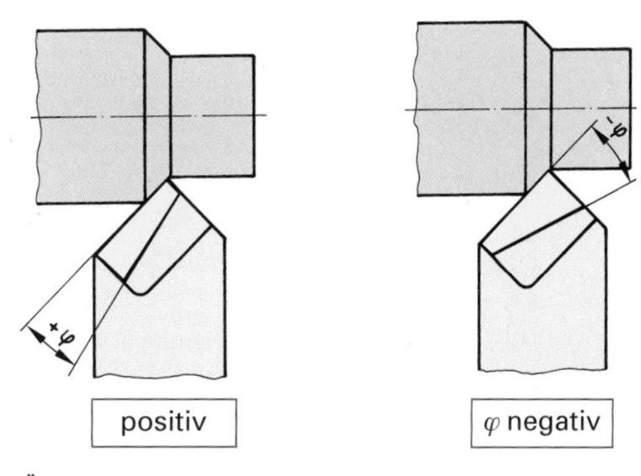

Öffnungswinkel der Spanleitstufen

Schneidplatten mit negativem Öffnungswinkel verwendet man zur Schruppbearbeitung.
Schneidplatten mit positivem Öffnungswinkel verwendet man zur Schlichtbearbeitung.

- **Vorschub und Schneidenradius**

Beim Drehen haben der Schneidenradius und der Vorschub entscheidenden Einfluss auf die Oberflächenbeschaffenheit. Die zu erwartende Rautiefe Rt lässt sich überschlägig nach folgender Formel berechnen:

$$Rt = \frac{f^2}{8 \cdot R}$$

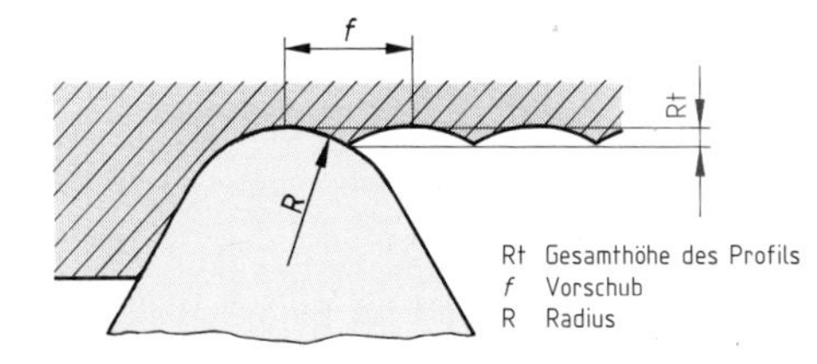

Rautiefe und Schneidenradius

Der Zusammenhang zwischen Rautiefe, Vorschub und Schneidenradius wird häufig in Diagrammen dargestellt. Mithilfe der Diagramme kann geprüft werden, ob bei einem bestimmten Vorschub eine vorgegebene Rautiefe erreicht werden kann.

Je kleiner der Vorschub und je größer der Schneidenradius, desto geringer wird die Rautiefe.

2.2.3 Benennung von Drehmeißeln

- **Grundformen der Drehmeißel**

Drehmeißel haben häufig rechteckige oder quadratische Querschnitte. Für das Innendrehen werden auch runde Querschnitte verwendet. Der Querschnitt eines Drehmeißels soll möglichst groß gewählt werden, um elastische Verformungen und damit Maßabweichungen an Werkstücken einzuschränken.
Der Verlauf der **Mittellinie** durch Schaft und Schneidkopf ist für die **Benennung des Meißels** entscheidend. In der Längsrichtung können Drehmeißel gerade, gebogen oder abgesetzt sein.

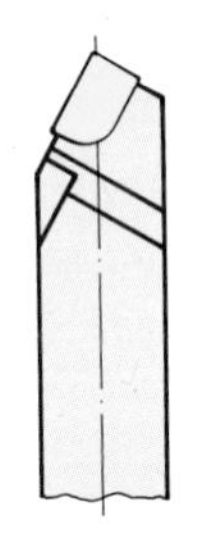
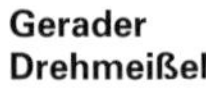

Gerader Drehmeißel

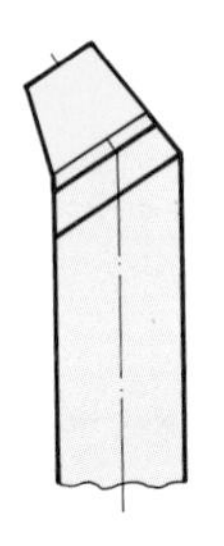

Gebogener Drehmeißel

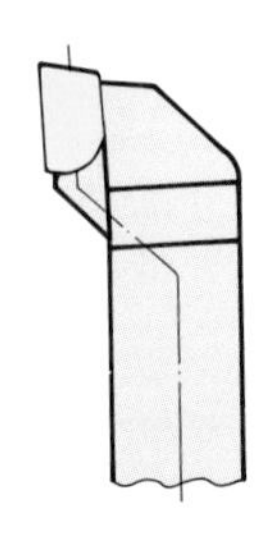

Abgesetzter Drehmeißel

- **Linke und rechte Drehmeißel**

Nach der Lage der Hauptschneide unterscheidet man rechte und linke Drehmeißel. Für die Klärung der normgerechten Bezeichnung sieht der Betrachter auf die Spanfläche des Meißels und dabei muss der Schaft von ihm fort gerichtet sein.

Beispiele für die Einteilung in linke und rechte Drehmeißel

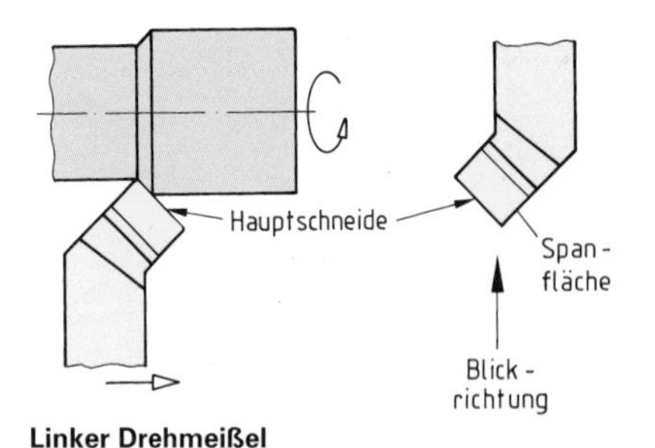

Linker Drehmeißel

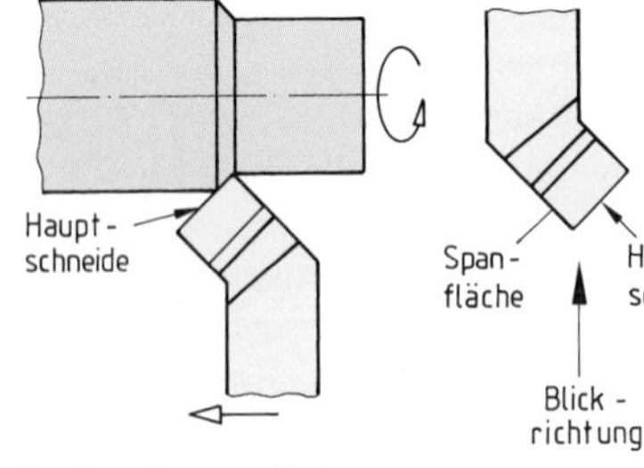

Rechter Drehmeißel

Sieht der Betrachter von der Schneide aus in Schaftrichtung
- dann ist es ein rechter Drehmeißel, wenn die Hauptschneide rechts liegt,
- dann ist es ein linker Drehmeißel, wenn die Hauptschneide links liegt.

Übungsaufgabe B-60

2.2.4 Spannsysteme für Wendeschneidplatten

Wendeschneidplatten müssen auf einen Schneidenträger (Halter) gespannt werden. Dieser soll folgende allgemeine Anforderungen erfüllen:

- ausgezeichnete Stabilität während der Bearbeitung,
- schneller und einfacher Wendeschneidplattenwechsel,
- hohe Positioniergenauigkeit der Wendeschneidplatte,
- ungehinderter Spanablauf.

Die gebräuchlichsten Spannsysteme sind:

- Spannung mit Schraube bei Wendeschneidplatten mit angesenkter Befestigungsbohrung,
- Spannung über Kniehebel für Wendeschneidplatten mit Befestigungsbohrung,
- Klemmung mit Spannfinger oder Spannpratze für Wendeschneidplatten ohne Befestigungsbohrung

Beispiel für Spannsysteme mit Wendeschneidplatten

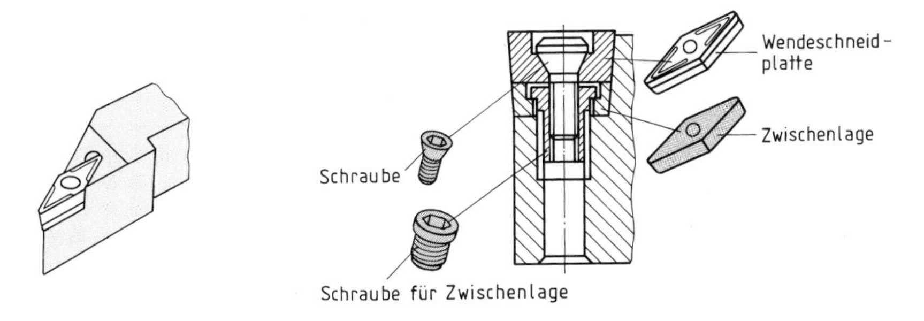

Schraubspannsystem von Wendeschneidplatten mit Befestigungsbohrung

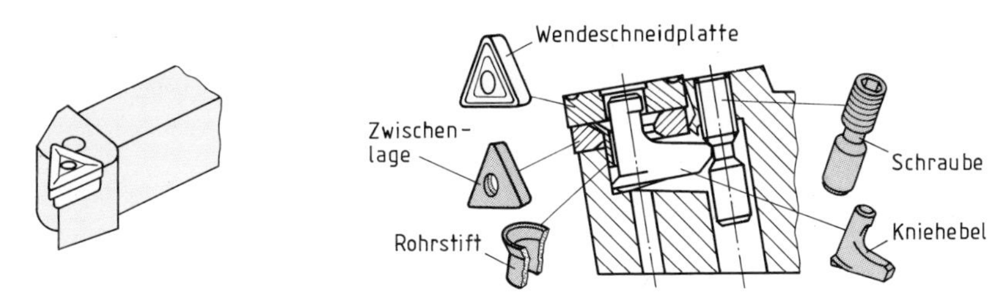

Klemmsystem für Wendeschneidplatten mit Befestigungsbohrung

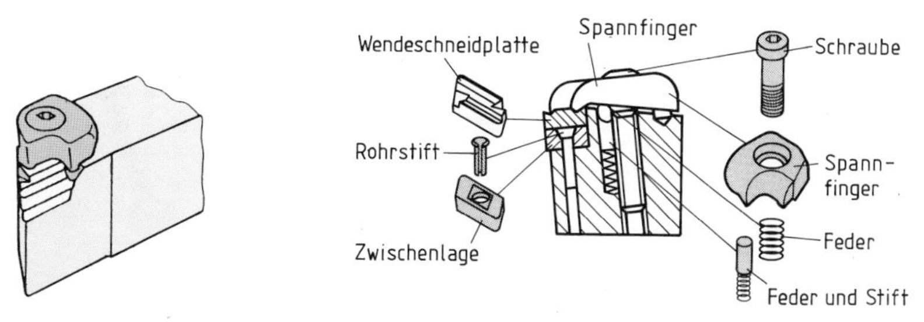

Klemmsystem für Wendeschneidplatten ohne Befestigungsbohrung

Wendeschneidplatten müssen für ein bestimmtes Spannsystem bestellt werden.

- Für Wendeschneidplatten aus Hartmetall sind Spannsysteme vorteilhaft, welche durch die Befestigungsbohrung spannen.
- Für Wendeschneidplatten aus Schneidkeramik sind Spannsysteme mit Spannfingern vorzuziehen.

Übungsaufgabe B-61

2.3 Spannen der Drehwerkzeuge

Drehwerkzeuge müssen wegen der auftretenden Zerspanungskräfte möglichst waagerecht, kurz, fest und mit der Schneidecke auf Höhe der Drehachse eingespannt werden. Bei einem weit aus der Einspannung herausragenden Meißel biegt sich dieser unter der Wirkung der Zerspanungskräfte durch und beginnt zu schwingen. Dadurch erhält die Werkstückoberfläche ein unerwünschtes Schwingungsmuster (Rattermarken).

Einfache Drehwerkzeuge werden mithilfe von **Spannplatten** in der Werkzeugaufnahme des Oberschlittens geklemmt. Die Höhenlage der Schneidenecke wird mithilfe von Einstelllehren oder an der Zentrierspitze des Reitstocks kontrolliert. Korrekturen der Höhenlage erfolgen durch Unterlegen von dünnen Blechen oder Verwendung von Spanntreppen.

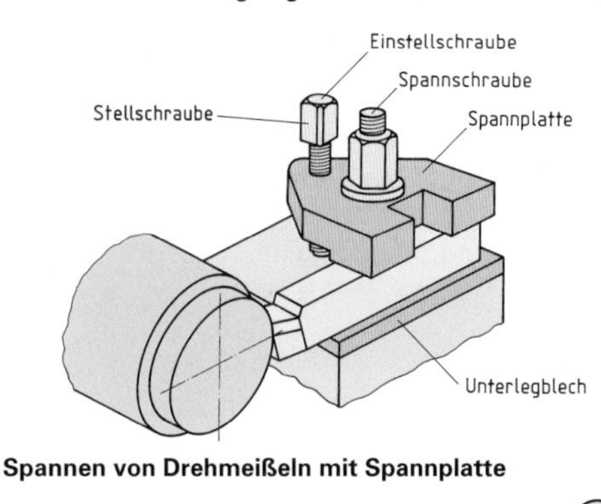

Spannen von Drehmeißeln mit Spannplatte

Im **Mehrfachhalter** können bis zu vier verschiedene Drehwerkzeuge gleichzeitig gespannt werden. Durch Drehen des Meißelhalters um die Achse der Feststellschraube wird das gewünschte Werkzeug in seine Arbeitsstellung gebracht. Durch Einrasten des Mehrfachhalters wird die jeweilige Position genau fixiert.

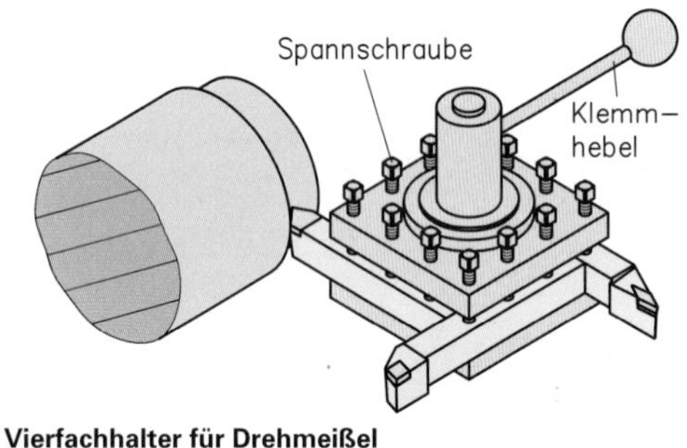

Vierfachhalter für Drehmeißel

Drehwerkzeuge müssen kurz, waagerecht und fest in die Werkzeugaufnahme gespannt werden.
Die Schneidenecke wird auf die Höhe der Drehachse ausgerichtet.

Schnellwechselhalter bestehen aus einem Spannkopf und mehreren auswechselbaren Meißelhaltern. Ein Meißelhalter wird formschlüssig über zwei Aufnahmedorne auf den Spannkopf geschoben. Mit einem Hebel wird über einen Exzenterbolzen der Meißelhalter über die Dorne fest in eine profilgeschliffene Verzahnung gezogen und geklemmt. Die Verzahnung erlaubt ein unterschiedliches Einsetzen des Meißelhalters, um optimale Einstellwinkel festzulegen.

Die Höhenlage des im Werkzeughalter geklemmten Werkzeugs wird über eine Einstellschraube verändert.

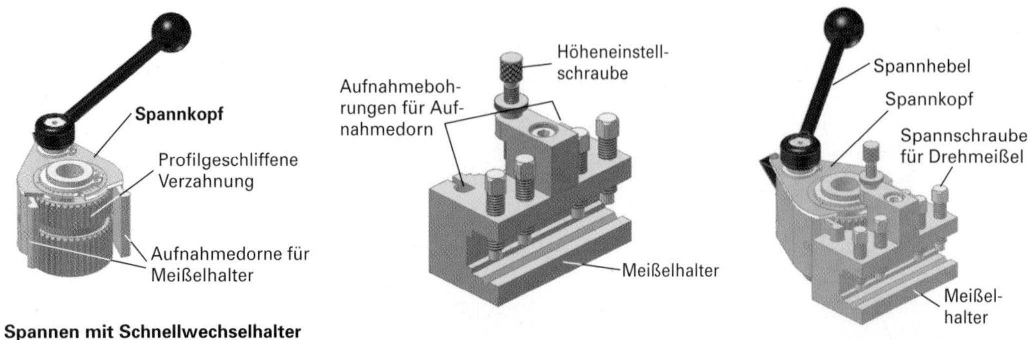

Spannen mit Schnellwechselhalter

In einem Schnellwechselhalter werden beliebig viele Werkzeughalter mit voreingestellten Drehmeißeln nacheinander eingespannt.

Übungsaufgaben B-62; B-63

2.4 Spannen der Werkstücke

Zum Drehen müssen die Werkstücke sicher, schnell und mit gutem Rundlauf eingespannt werden. Die Art der Werkstückeinspannung richtet sich nach
- der Form und Größe des Werkstücks,
- der Anzahl gleicher Werkstücke und
- nach der Art der Betätigung.

LF 2+5

2.4.1 Spannen in Spannfutter

Kurze Werktücke, z.B. Rundteile verschiedener Durchmesser oder Sechskantprofile, werden in das **Dreibackenfutter** eingespannt. Zum Spannen der Vierkant- oder Achtkantprofile ist ein **Vierbackenfutter** erforderlich.

Beispiele Spannmöglichkeiten in Spannfuttern

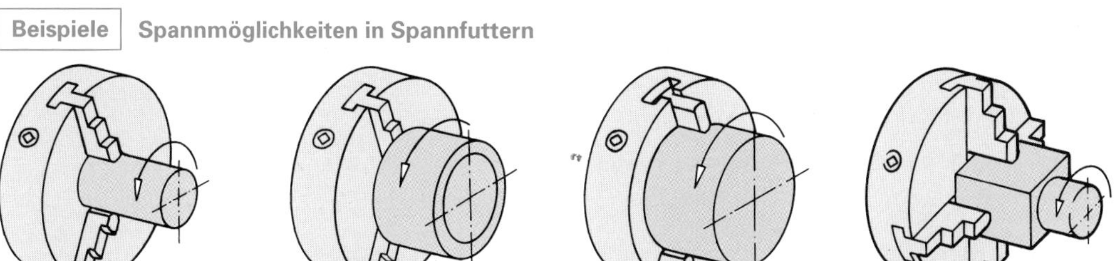

Die abgestuften Spannbacken der Futter werden in unterschiedlicher Weise zum Spannen eingesetzt. Werden Werkstücke von Backeninnenseiten gehalten, so wirken die Spannkräfte radial nach innen; beim Spannen mit Außenseiten müssen die Spannkräfte radial nach außen wirken.

> Zum Drehen werden kurze Werkstücke verschiedener Formen und Durchmesser zentrisch in Drei- oder Vierbackenfuttern gespannt.

In den meisten Fällen werden Spannfutter mit Spiralnut zum Spannen der Werkstücke eingesetzt. In radialen Führungsnuten des Spannfutters sind gehärtete Spannbacken verschiebbar. An ihrer Unterseite haben die Spannbacken ein Plangewinde, das in eine entsprechende Spiralnut einer im Futter befindlichen Scheibe eingreift. Auf der Rückseite dieser Scheibe ist ein Kegelradkranz eingearbeitet. In den Kegelradkranz greifen Kegelräder ein, die mittels Spannschlüssel gedreht werden. Die Drehbewegung des Spannschlüssels wird über Kegelräder und Plangewinde in Radialbewegungen der Spannbacken umgewandelt. Zum Austausch der Backen müssen diese ganz herausgedreht werden. Beim Einsetzen der neuen Backen ist auf die richtige Reihenfolge zu achten. Für exzentrisches Spannen kann man Spannfutter mit einzeln verstellbaren Backen verwenden.

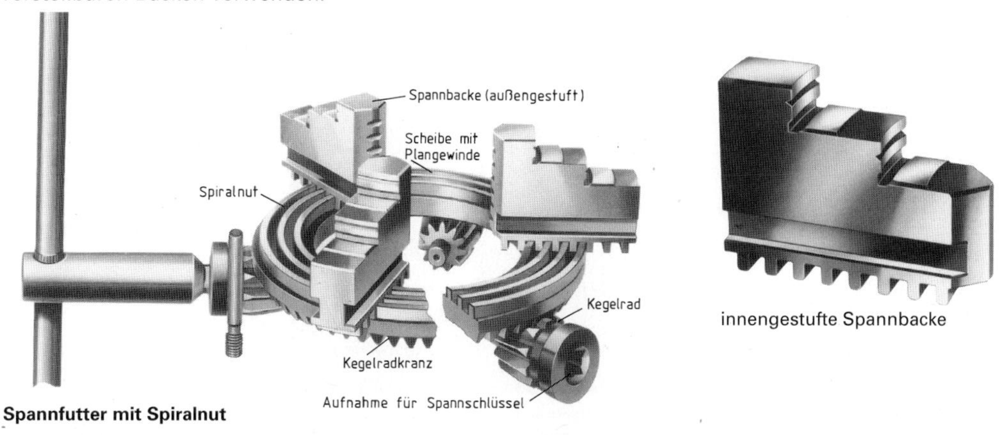

Spannfutter mit Spiralnut

innengestufte Spannbacke

> Spannfutter mit Spiralnut erlauben eine stufenlose Verstellung der Backen über den gesamten Spannbereich.

Übungsaufgaben B-64; B-65

Keilstangenfutter werden dort eingesetzt, wo mit guter Rundlaufgenauigkeit und hohen Spannkräften besondere Spannprobleme gelöst werden müssen. Bei diesem Spannfutter wird durch eine Gewindespindel eine Keilstange mit Schrägverzahnung bewegt. Die Anzugsbewegung wird über einen Treibring gleichmäßig auf die anderen Keilstangen und somit auf die Spannbacken übertragen. Keilstangenfutter haben einen eng begrenzten Spannbereich.
Die Spannbacken sind zweiteilig und bestehen aus einer Grundbacke und auswechselbaren, aufgeschraubten Aufsatzbacken. Aufsatzbacken aus ungehärtetem Stahl (weiche Backen) können für besondere Spannvorgänge durch eine Drehbearbeitung der Werkstückform angepasst werden.

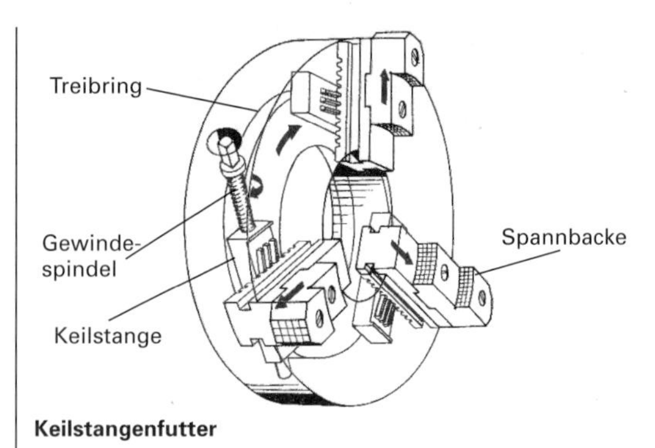

Keilstangenfutter

Beispiel für eine Grundbacke mit Aufsatzbacken für Keilstangenfutter

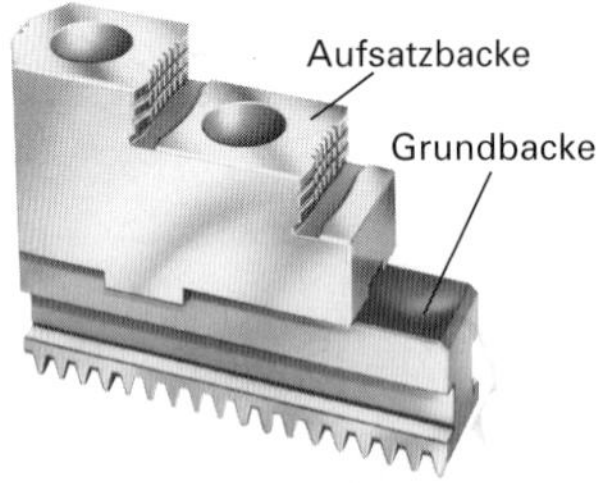

Grundbacke und gehärtete Aufsatzbacke

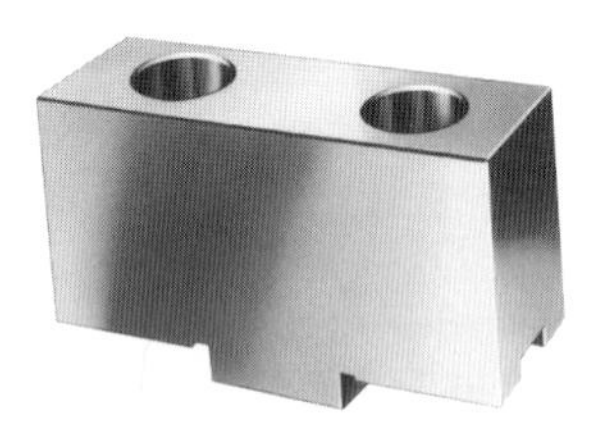

Aufsatzbacke zum Anpassen

Im Keilstangenfutter werden Drehteile schonend mit hoher Rundlaufgenauigkeit gespannt. Ungehärtete Aufsatzbacken können der Werkstückform angepasst werden.

- **Anpassen von Aufsatzbacken**

Eine weitere Steigerung der Rundlaufgenauigkeit erzielt man, indem man die Spannflächen weicher Aufsatzbacken durch Ausdrehen im Spannfutter dem Werkstück anpasst. Zur Bearbeitung werden die Spannbacken über Spannbolzen mithilfe von Ausdrehringen unter Spanndruck fixiert.
Ausdrehringe stehen in einem abgestuften Satz zur Verfügung. Für den zu spannenden Durchmesser wird der entsprechende Ausdrehring eingesetzt. Durch spiralförmige Segmente im Innen- und Außenbereich ist ein stufenloser Spannbereich gegeben.
Die weichen Spannbacken werden so angepasst, dass eine Innen- oder Außenspannung der Drehteile erfolgen kann.

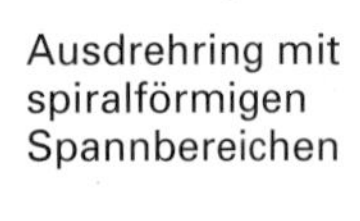

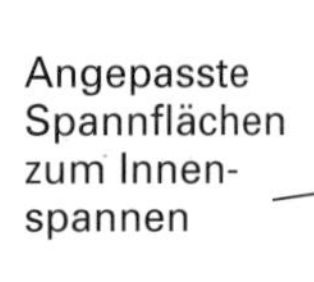

Einsatz von Ausdrehringen zum Drehen der Spannflächen in weichen Aufsatzbacken

Das Ausdrehen der weichen Spannbacken erfolgt mithilfe von Ausdrehringen. Mit angepassten Spannflächen verbessert man die Rundlaufgenauigkeit der Drehteile.

Übungsaufgabe B-66

2.4.2 Spannen auf Planscheiben

Zum Spannen von *unregelmäßig geformten, großen Werkstücken* werden Planscheiben eingesetzt. Die Planscheiben werden direkt auf dem Kopf der Arbeitsspindel befestigt.

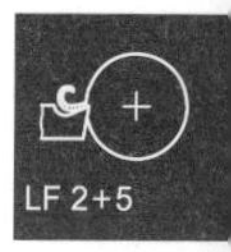

Im meist großformatigen Grundkörper der Planscheiben erlauben einzeln verstellbare Spannbacken variable Werkstückeinspannungen. Je nach Form werden Werkstücke ohne Spannbacken direkt mit Spannlaschen und Spannschrauben oder anderen Hilfsteilen befestigt.

Bei sehr unregelmäßig geformten Werkstücken kann der Gesamtschwerpunkt stark nach außen verlagert sein. Durch Aufschrauben von Gegengewichten muss eine solche Unwucht ausgeglichen werden.

Beispiel zum Spannen von Werkstücken auf Planscheiben

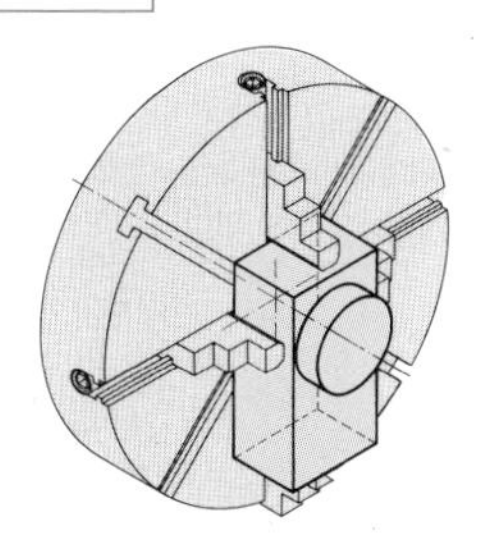

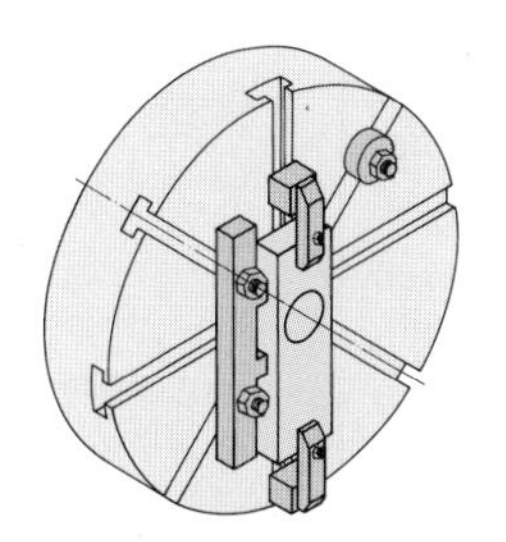

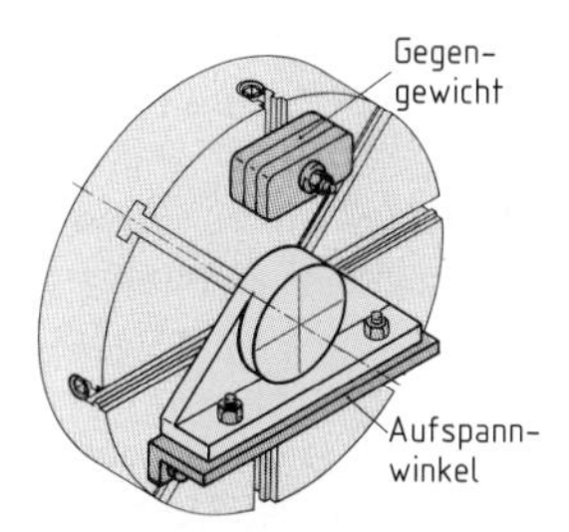

Planscheiben dienen zum Spannen von großen, unregelmäßig geformten Werkstücken, die durch Drehen bearbeitet werden. Werkstücke können mit einzeln verstellbaren Spannbacken, mit Spannlaschen und -schrauben oder mithilfe von Spannwinkeln auf der Planscheibe befestigt werden.

- **Ausrichten von Werkstücken**

Bei der Einzelteilfertigung von massiven Werkstücken erfolgt das Ausrichten nach einem in der Drehmitte geschlagenen Körnerpunkt. Das Werkstück wird mit einer Zentrierspitze im Reitstock ausgerichtet und dann gespannt. Bei Kleinserien wird die Einspannlage durch Anschläge festgehalten, sodass bei den nachfolgenden Spannvorgängen eine hohe Wiederholgenauigkeit ohne erneutes Ausrichten gewährleistet ist.

Beispiel für das Ausrichten von Massivteilen

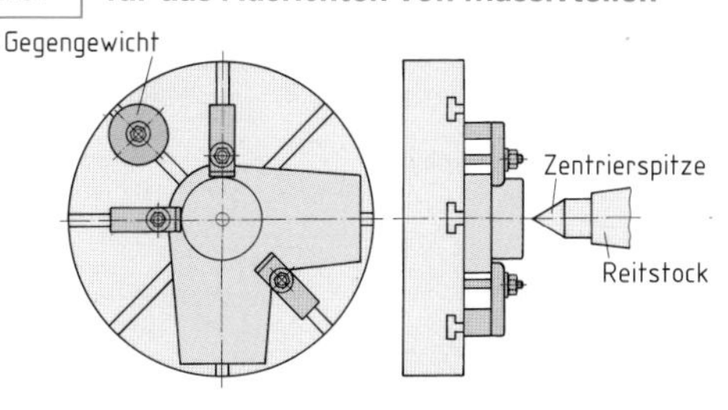

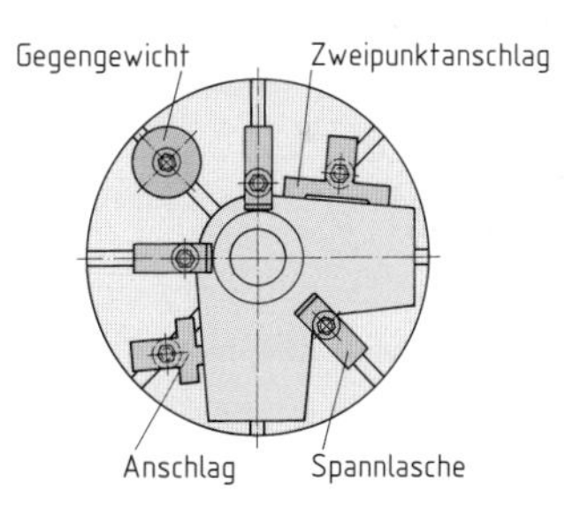

Ausrichten von Werkstücken mit zylindrischen Außen- oder Innenformen

Gegossene, geschmiedete oder geschweißte Werkstücke mit zylindrischen Außen- oder Innenformen werden zunächst nach Augenmaß auf der Planscheibe ausgerichtet und leicht festgespannt. Mithilfe eines Parallelreißers wird der Rundlauf des Werkstüks überprüft und die Einspannlage korrigiert und dann fixiert.

Bei vorgedrehten Zapfen oder Bohrungen wird das Ausrichten mit einer Messuhr vorgenommen, welche wie die Reißnadel in einem Stativ gehalten wird.

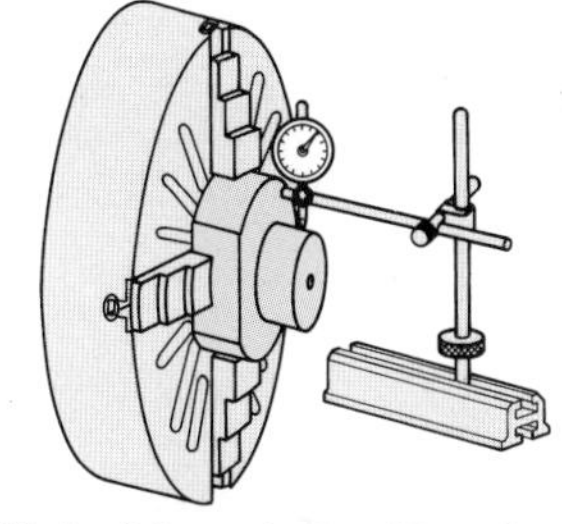

Ausrichten von Werkstücken mit einer Messuhr

Werkstücke müssen auf der Planscheibe so ausgerichtet werden, dass die Drehmitte mit der Achse der Arbeitsspindel übereinstimmt.

Übungsaufgaben B-67; B-68

- **Auswuchten von Werkstücken und Spannmitteln**

Durch die Aufspannung von ungleichförmigen Werkstücken auf Planscheiben befindet sich der Schwerpunkt des Werkstücks außerhalb der Drehachse, es entsteht eine **Unwucht**.

Wegen der Trägheit seiner Masse versucht jeder Körper, seine Geschwindigkeit und seine Richtung beizubehalten. Ein Gegenstand auf einer kreisförmigen Bahn versucht, sich in tangentialer Richtung weiter zu bewegen. Nur durch eine Kraft zum Kreismittelpunkt hin kann er auf der Kreisbahn gehalten werden. Die dazu wirkende Gegenkraft bezeichnet man als **Fliehkraft** oder Zentrifugalkraft. Bei schweren Werkstücken und großen Umlaufgeschwindigkeiten des Werkstückschwerpunkts führt die einseitig wirkende Fliehkraft zu Verformungen der Arbeitsspindel und ungleichen Lagerbelastungen, dadurch werden Schwingungen innerhalb der Drehmaschine angeregt. Die Schwingungen werden auf den Drehmeißel übertragen und beeinträchtigen durch Schwingungsmuster die Oberflächengüte.

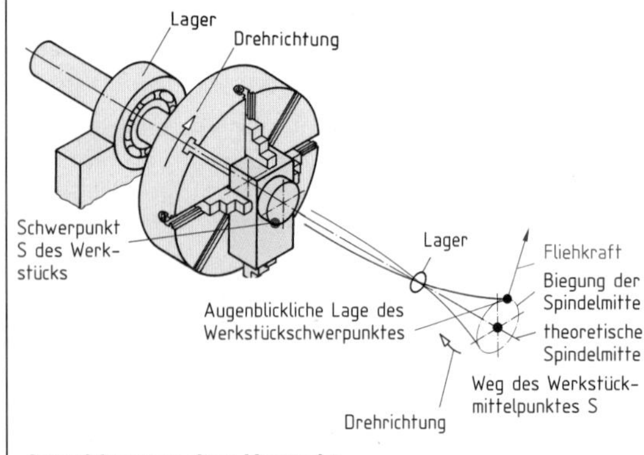

Auswirkungen einer Unwucht

Die Fliehkraft eines außermittig aufgespannten Werkstücks wächst mit der Größe seiner Masse und besonders stark mit der Umlaufgeschwindigkeit seines Schwerpunkts.

Diese Auswirkungen von einseitig wirkenden Fliehkräften müssen durch Gegengewicht mit der gleichen Fliehkraft ausgeglichen werden. Den Arbeitsgang nennt man **Auswuchten**.

Beim Auswuchten wird die Drehspindel vom Drehmaschinengetriebe durch Auskuppeln getrennt. Das aufgespannte Werkstück dreht die Spindel, bis der Schwerpunkt von Werkstück mit Spannmitteln unterhalb des Drehpunkts liegt. Durch Aufspannen eines Gegengewichts oberhalb des Schwerpunkts gleicht man die Unwucht aus. Das Auswuchten ist abgeschlossen, wenn die Planscheibe in jeder Stellung in Ruhe bleibt. Diese Art des Auswuchtens nennt man **statisches Auswuchten**.

Beispiel für das statische Auswuchten einer bestückten Planscheibe

Aufspannen des Gegengewichts

Gegengewicht

Werkstück

Winkelplatte

1. Planscheibe mit Gegengewicht

Planscheibe bewegt sich!

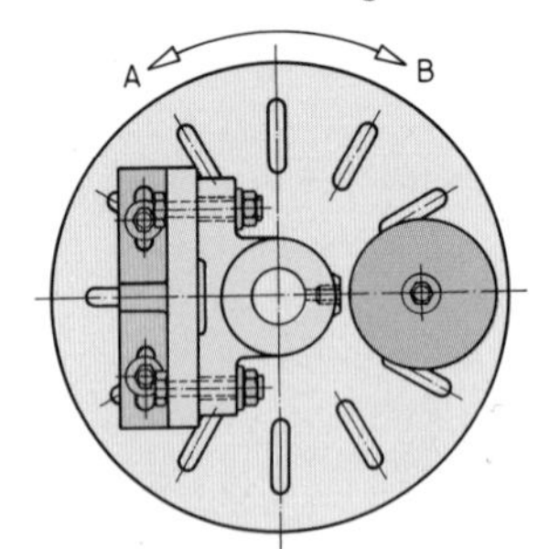

2. Erfolgt ein Verdrehen der Planscheibe
in Richtung A → Gegengewicht zu klein
in Richtung B → Gegengewicht zu groß

Planscheibe bleibt in Ruhe!

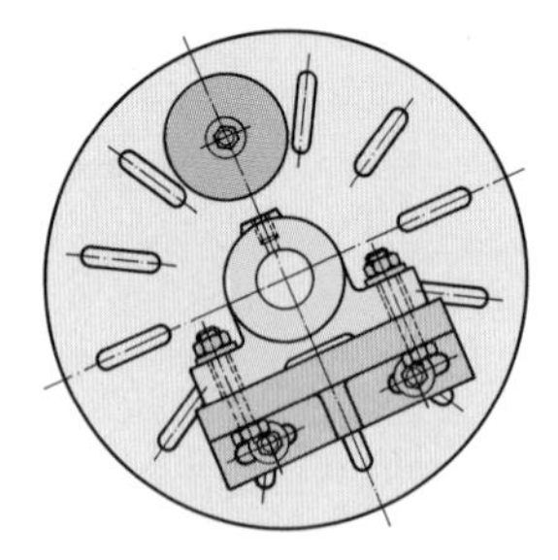

3. Ausgewuchtete Planscheibe bleibt in jeder Stellung im Gleichgewicht

Durch statisches Auswuchten werden Unwuchten durch Gegengewichte ausgeglichen und damit einseitige Fliehkräfte mit ihren Auswirkungen beseitigt.

Übungsaufgabe B-69

2.4.3 Spannen in Spannzangen

Zum schnellen Einspannen von zylindrischen Werkstücken mit kleinen Durchmessern verwendet man bei mittleren und großen Stückzahlen Spannzangen. Diese Werkstückspannung wird vorzugsweise bei Stangenarbeiten verwendet und an kurzen vorgedrehten Werkstücken mit kleineren Durchmessern. Eine Spannzange ist ein geschlitzter Hohlzylinder, der im Einspannbereich einen kurzen Außenkegel hat. Die Spannzange wird entweder direkt in die kegelige Aufnahmebohrung der Arbeitsspindel eingesetzt oder in ein besonderes Schnellspannfutter für Spannzangen eingeschraubt. Zur Aufnahme des Werkstücks besitzt die Spannzange eine zentrische Bohrung, die nur das Spannen in einem *kleinen Durchmesserbereich* erlaubt, z. B. 9,5 mm – 10 mm. Daher muss für jeden zu spannenden Nenndurchmesser eine Spannzange vorhanden sein.

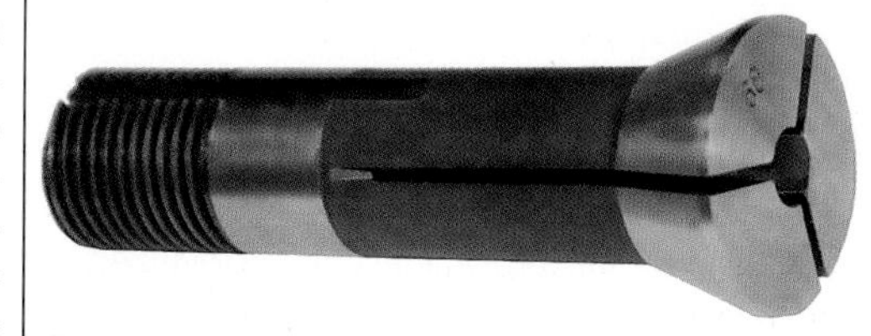

Zugspannzange

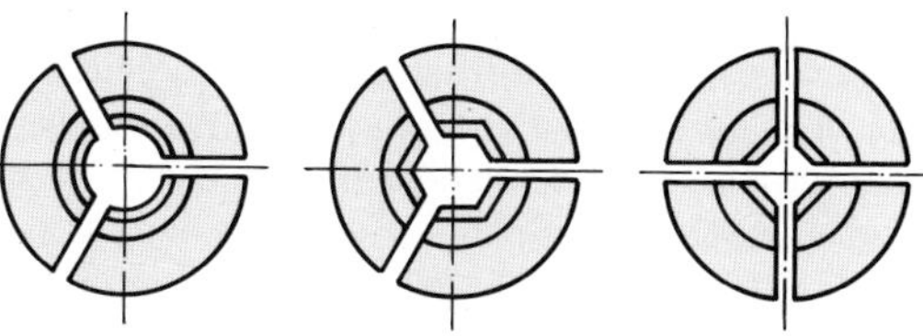

Profilformen für Spannzangen

LF 2+5

- **Schnellspanneinrichtung für Zugspannzangen**

Nach dem Einführen des Werkstücks wird die Spannzange durch die Hebelbetätigung ein wenig tiefer in den Aufnahmekegel hineingezogen. Dabei wird der geschlitzte Kegel der Spannzange zusammengedrückt und hält das Werkstück durch Kraftschluss.

In der letzten Phase des Spannvorgangs kann bei Werkstücken mit abweichenden Durchmessern ein unterschiedlicher Längeneinzug erfolgen. Durch Setzen von Längenanschlägen in der Spanneinrichtung wird eine gleich bleibende Positionierung der Drehteile erreicht.

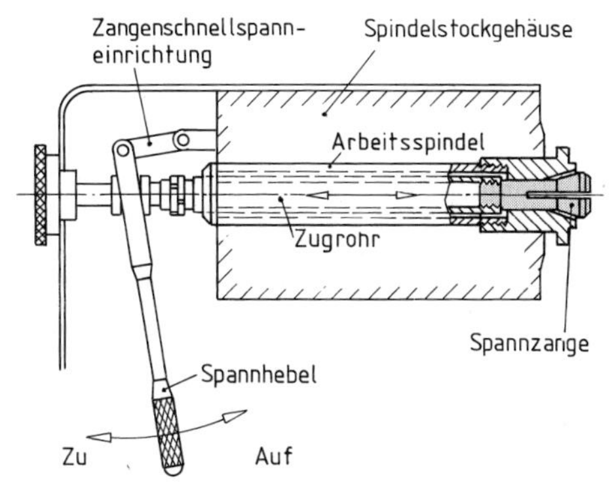

Zangenschnellspanneinrichtung für Zugspannzangen

Die Werkstücke können bei laufender Maschine gespannt und gelöst werden. Dadurch wird die Zeit zum Spannen erheblich verkürzt. Zum Drehen an Stangenenden können lange Stangen von der Antriebsseite her durch die hohle Arbeitsspindel in die Spannzange eingeführt und gespannt werden.

- **Spannfutter mit Zugspannzangen**

Für Zugspannzangen gibt es in einer besonderen Ausführung auch ein Schnellspannfutter, das in der Bedienung dem eines Dreibackenfutters gleicht. Mit dem Spannschlüssel wird ein kleines Zahnrad bewegt, das auf einen Zahnkranz wirkt. Im Zahnkranz ist eine Buchse mit einem Innengewinde zur Aufnahme der Spannzange befestigt. Ein Drehen des Zahnkranzes hat zur Folge, dass die Spannzange, die nicht drehbar in der Kegelhülse liegt, in Längsrichtung gezogen wird und das Werkstück klemmt.

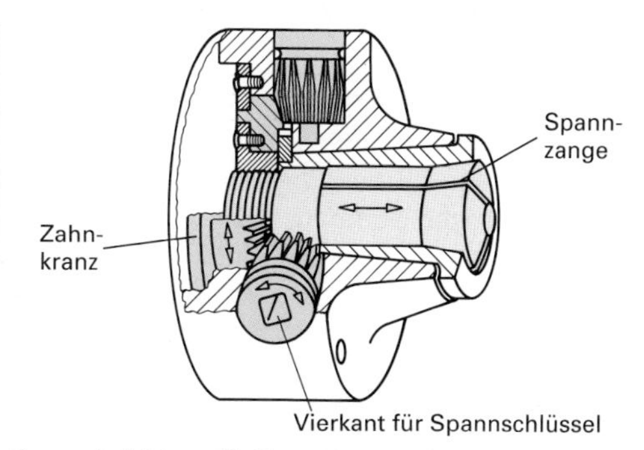

Spanneinrichtung für Zugspannzangen

In Spannzangen werden kurze Drehteile mit kleinen Durchmessern gespannt, die meist aus Stangenmaterial gefertigt werden. Der Einsatz ist nur bei mittleren und hohen Stückzahlen wirtschaftlich.

Übungsaufgaben B-70 bis B-73

2.4.4 Spannen auf Spanndornen

Bei der Komplettbearbeitung müssen Werkstücke häufig innen in Bohrungen oder Ausdrehungen gespannt werden. Bei kleinen Bohrungen und weit in den Arbeitsbereich hinausragenden Werkstücken können diese nicht mehr sicher und mit der geforderten Genauigkeit im Backenfutter gespannt werden. In diesen Fällen werden die Werkstücke auf Spanndornen gespannt.

- **Spannen auf Dornen mit Spannbüchsen**

Spannbüchsen bestehen aus geschlitzten Federstahlbüchsen oder Stahlsegmenten, die durch gummielastische Zwischenlagen miteinander verbunden sind. Die Spannbüchsen haben eine konische Innenbohrung, mit der sie beim Spannen auf einen gegenkonischen Dornkörper gezogen werden. Dabei weiten sie sich auf und fixieren das Werkstück. Spanndorne mit Federstahlbüchsen haben je nach Durchmesser einen Spannbereich von etwa 1 bis 2 mm. Spanndorne mit Spannbüchsen, die einvulkanisierte gummielastische Zwischenlagen besitzen, haben einen Spannbereich von 0,25 bis 0,4 mm. Vorteile der Segmentspannbüchsen sind jedoch beserer Rundlauf und höhere Lebensdauer.

Spanndorne

Bei manuell betätigten Spannbüchsen erfolgt das Spannen und Lösen der Werkstücke von der Vorderseite des Dorns.
Bei mechanisch betätigten Spannbüchsen geschieht das Spannen und Lösen durch Spannzylinder am hinteren Einde der Maschinenspindel. Die Spannzylinder sind über Zug- und Druckstangen mit den Spann- und Ausrückelementen des Spanndorns verbunden.

Beispiel für einen mechanisch betätigten Segmentspanndorn

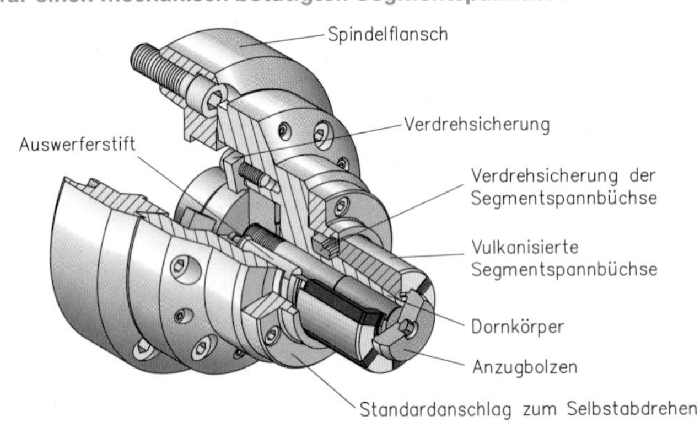

- **Spannen auf hydraulischen Spanndornen**

Bei **hydraulischen Spanndornen** erfolgt das Aufweiten der Spreizhülse durch Hydrauliköl. Beim Anziehen einer Überwurfmutter wird über den Druckbolzen ein Flüssigkeitsdruck erzeugt. Der Druck weitet die Spreizhülse im Bereich der geringsten Wandstärke auf dem gesamten Umfang auf.
Hydraulische Spanndorne haben einen sehr kleinen Spannbereich, als Anhaltswert für die Bohrungstoleranz gilt 1/500 des Hülsendurchmessers. Z.B. liegt bei einem Nenndurchmesser der Hülsen von 80 mm die Bohrungstoleranz innerhalb einer Spanne von 0,16 mm. Für die Bohrung wird die Lage des Toleranzfeldes zur Nulllinie vom Hersteller angegeben.

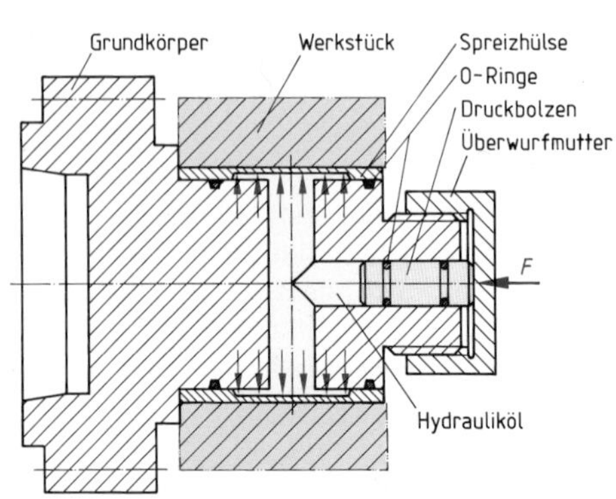

Spannen von Drehteilen mit hydraulischen Spanndornen

Übungsaufgaben B-74 bis B-76

2.4.5 Spannen mit Zentrierspitzen

Lange Werkstücke, die über einen großen Teil ihrer Länge zu bearbeiten sind, müssen aus der Einspannung im Spindelstock weit herausragen. Durch die beim Drehen auftretenden Schnittkräfte wird ein einseitig eingespanntes Werkstück weggedrückt. Daher wird das freie Ende langer Werkstücke zusätzlich geführt. Diese Führung erhält das Werkstück durch eine Zentrierspitze, die im Reitstock eingesetzt ist.

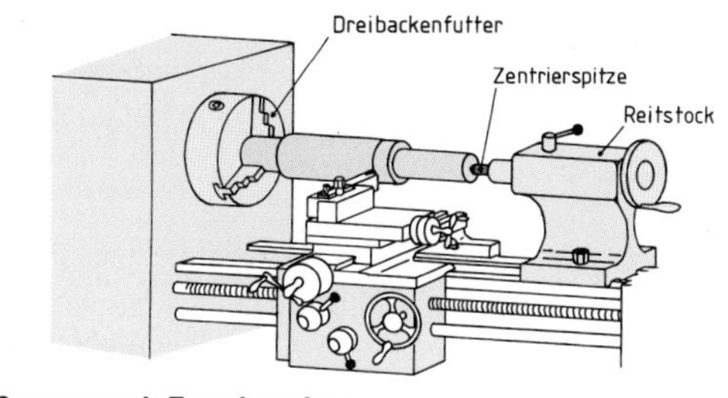

Spannen mit Zentrierspitze

- **Ausführungsformen von Zentrierspitzen**

Zentrierspitzen gibt es in feststehender oder mitlaufender Ausführung.

- **Feststehende Zentrierspitzen** sind im Aufbau einfach, führen das Werkstück gut, jedoch muss zur Verringerung des Reibungswiderstandes in der Zentrierbohrung geschmiert werden.
- **Mitlaufende Zentrierspitzen** sind in Wälzlagern gelagert, sodass keine Reibung auftritt, jedoch können durch die Wälzlager Schwingungen zu Oberflächenmustern am Werkstück führen.

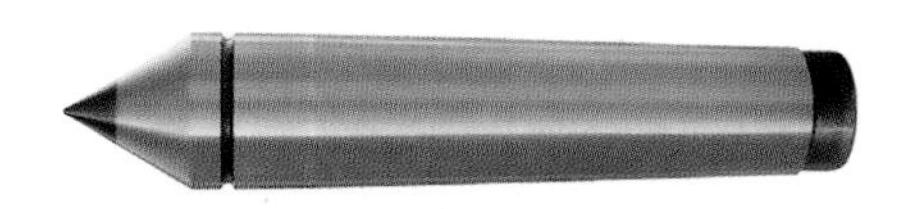

Feststehende Zentrierspitze

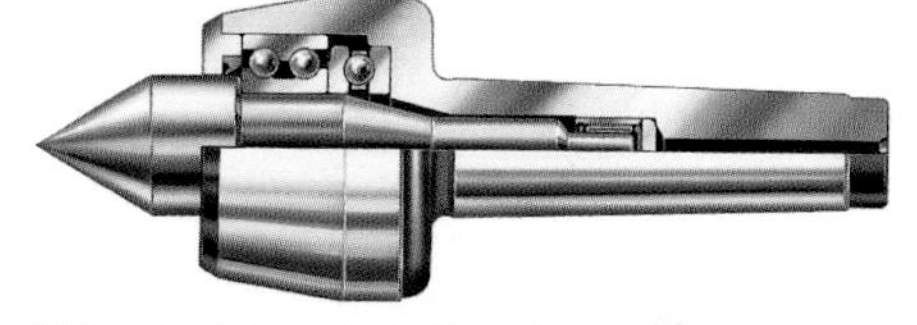

Mitlaufende Zentrierspitze

Zur Bearbeitung von Drehteilen an der Stirnseite werden Sonderformen von Zentrierspitzen eingesetzt:

- halbe Zentrierspitzen in feststehender Ausführung und
- Zentrierspitzen mit verlängerter Spitze in mitlaufender Ausführung.

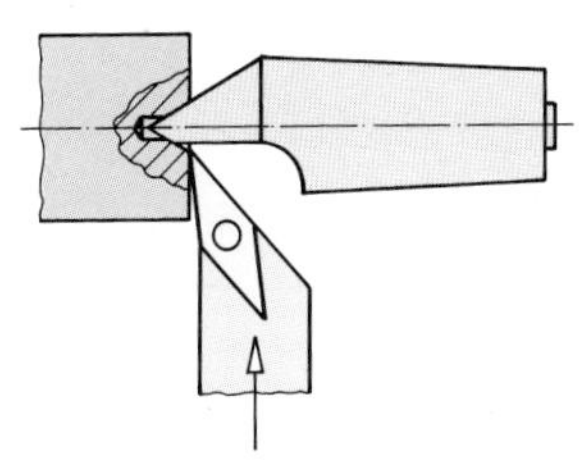

Planseitenbearbeitung mit halber Zentrierspitze

30°
60°

Mitlaufende Zentrierspitze mit verlängerter Spitze

Lange Drehteile werden im Reitstock durch Zentrierspitzen gestützt und geführt.

- **Mitnahme der Werkstücke**

Die Drehbewegung kann auf Werkstücke, die im Reitstock mit einer Zentrierspitze in Längsrichtung gespannt sind, durch Einspannen ins Drehmaschinenfutter, durch Mitnahmevorrichtungen oder durch Stirnseitenmitnehmer erfolgen.

Die früher üblichen Drehherzen sollen aus sicherheitstechnischen Gründen nicht mehr eingesetzt werden.

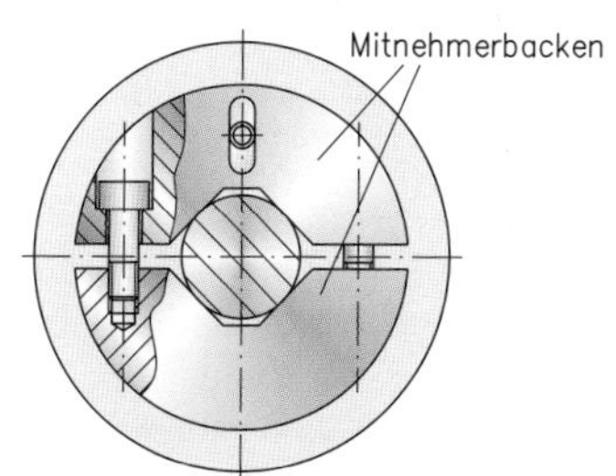

Mitnehmevorrichtung

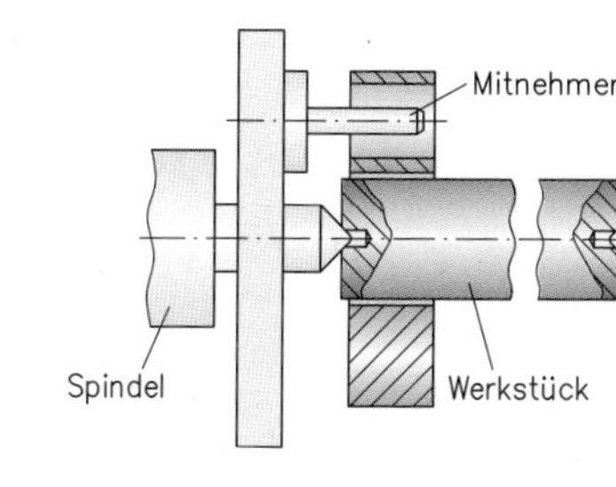

Übungsaufgaben B-77; B-78

Stirnseiten-Mitnehmer erlauben die Mitnahme des Werkstücks, sodass ein Überdrehen der gesamten Werkstücklänge ohne Umspannen möglich ist. Bei der mitlaufenden Zentrierspitze mit Kraftbetätigungsanzeige werden beide Mitnehmer kraftbetätigt gegen das Werkstück gedrückt. Ein hydraulischer bzw. mechanischer Druckausgleich ergibt auch bei unebenen Stirnflächen eine gleichmäßige Spannkraft.

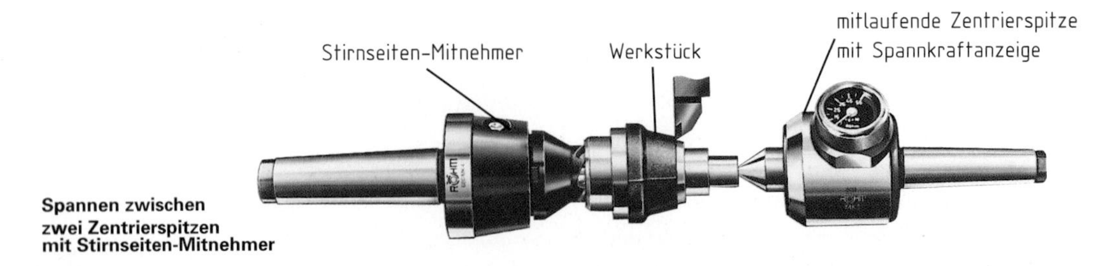

Spannen zwischen zwei Zentrierspitzen mit Stirnseiten-Mitnehmer

> Beim Spannen von Drehteilen zwischen zwei Zentrierspitzen erfolgt die Mitnahme durch eine Mitnahmevorrichtung oder durch einen Stirnseiten-Mitnehmer.

- **Zentrierbohrungen**

Bohrungen zur Aufnahme von Zentrierspitzen bezeichnet man als Zentrierbohrungen. Die Formen der Zentrierbohrungen sind nach DIN- und ISO-Normen festgelegt. Zentrierbohrungen unterscheiden sich durch gerade oder gewölbte Laufflächen, ferner können sie mit einer Schutzsenkung versehen sein.

Besteht die Gefahr, dass während der Lagerung von Werkstücken die Lauffläche einer Zentrierbohrung durch Anstoßen beschädigt werden könnte, wählt man eine Zentrierbohrung der Form B. Diese enthält zusätzlich eine 120°-Schutzsenkung.

Zentrierbohrungen mit gewölbten Laufflächen zeichnen sich durch folgende Vorteile aus:

- *eine nicht zu breite Kontaktfläche* ohne Kantenpressung,
- *ausreichend Platz für das Schmiermittel,*
- *eine gute Führung,* auch wenn die Bohrung nicht zur Zentrierspitze fluchtet, z.B. beim Kegeldrehen mit Reitstockverstellung.

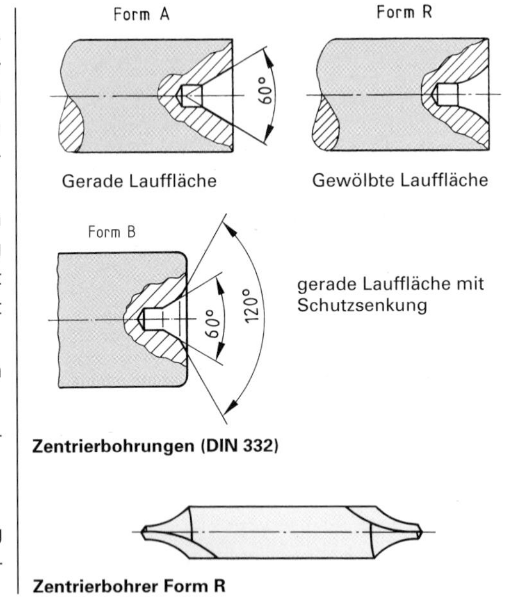

Zentrierbohrungen (DIN 332)

Zentrierbohrer Form R

> Werkstücke werden zur Aufnahme der Zentrierspitze mit Zentrierbohrungen versehen.
> Wegen ihrer günstigen Eigenschaften wird die Form R mit gewölbten Laufflächen bevorzugt.

2.5 Stützen der Werkstücke in Setzstöcken

Bei langen und dünnen Werkstücken ist während der Drehbearbeitung eine Führung an den Werkstückenden unzureichend. Das Werkstück wird an der Bearbeitungsstelle durch die auftretenden Zerspanungskräfte weggedrückt und durchgebogen. So gefertigte Werkstücke weisen Form-, Lage- und Maßfehler auf. Ein zusätzliches Abstützen und Führen der Werkstücke vermeidet diese Fehler. Die dazu verwendeten Vorrichtungen werden **Setzstöcke** (Lünette) genannt.

Übungsaufgaben B-79 bis B-81

- **Feststehende Setzstöcke**

Bei feststehenden Setzstöcken sind zwei Führungen symmetrisch im unteren Teil so angeordnet, dass sie einen Winkel von 120° bilden. Die obere Führung befindet sich in einem schwenkbaren Bügel. In geschlossener Anordnung drückt diese Führung senkrecht von oben auf das Werkstück.

Feststehende Setzstöcke werden auf das Drehmaschinenbett gespannt. Es wird die Stelle gewählt, an der die größte Werkstückdurchbiegung zu erwarten ist und die Vorschubbewegung des Bettschlittens nicht behindert wird. Im Bereich des Setzstockes kann eine Drehbearbeitung nicht erfolgen.

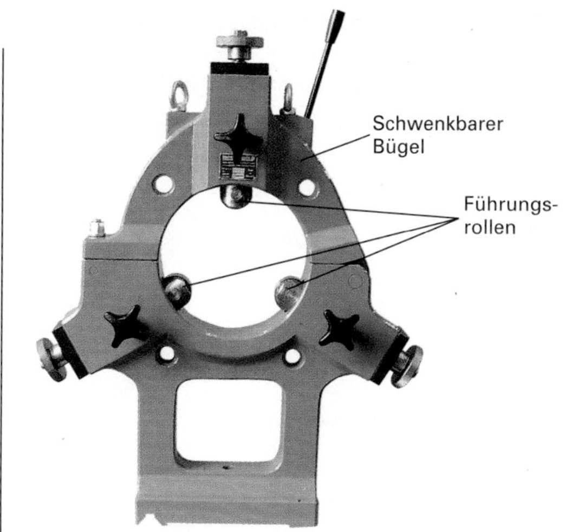

Feststehender Setzstock

Das Drehteil wird bei geöffnetem Bügel eingelegt und meist an beiden Enden gespannt. Anschließend werden die zwei unten liegenden Setzstockbacken der Rollen mit Einstellschrauben so ausgerichtet, dass das Drehteil zentriert ist. Nach dem Umlegen und Befestigen des Bügels wird auch die dritte Führung angepasst. Der Rundlauf wird durch Einsatz einer Messuhr kontrolliert.

Feststehende Setzstöcke sollten möglichst so auf das Maschinenbett gespannt werden, dass das Werkstück dort unterstützt wird, wo sonst die größte Durchbiegung zu erwarten wäre.

- **Mitlaufende Setzstöcke**

Die Drehbearbeitung von langen Drehteilen erfordert besonders den Einsatz mitlaufender Setzstöcke.

Die Aufspannung der mitlaufenden Setzstöcke erfolgt auf dem Bettschlitten. Die Aufspannlage wird so gewählt, dass die stützende Stelle möglichst dicht vor der Bearbeitungsstelle liegt. Die Einspannung und das Zentrieren des Drehteils wird wie beim feststehenden Setzstock vorgenommen.

Mitlaufende Setzstöcke unterscheiden sich von feststehenden dadurch, dass die Führungen in einem festen Bügel angeordnet sind und dass dieser auf der Seite der Drehbearbeitung offen ist. Die mittlere Führung ist waagerecht angeordnet und die beiden anderen schräg gestellt.

Mitlaufende Setzstöcke sind wegen des konstanten Abstands der Bearbeitungsstelle von der Stützstelle den feststehenden Setzstöcken vorzuziehen. Es können höhere Form- und Maßgenauigkeiten erzielt werden.

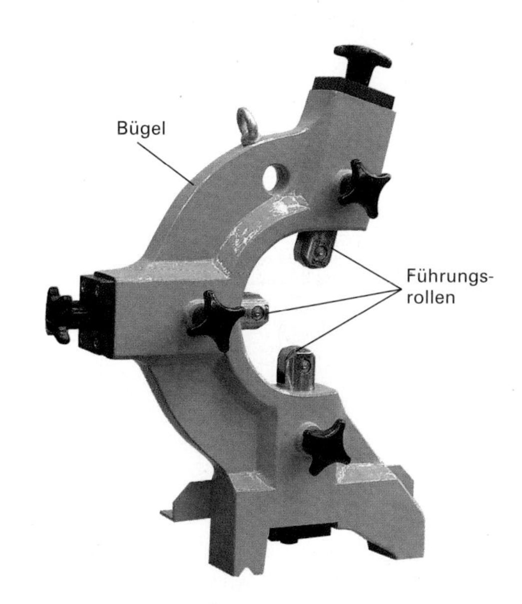

Mitlaufender Setzstock

Mitlaufende Setzstöcke werden auf dem Bettschlitten so befestigt, dass die Führung dicht vor der Schnittstelle liegt. Es werden hohe Form- und Maßgenauigkeiten erzielt.

Übungsaufgaben B-82; B-83

2.6 Arbeitsverfahren auf Drehmaschinen

2.6.1 Einteilung und Benennung der Drehverfahren

Als vorrangiges Unterscheidungsmerkmal und wichtigster Bestandteil der Benennung der Drehverfahren ist die Form der erzeugten Fläche in der DIN-Norm aufgeführt. Hinzu kommt noch die Unterscheidung, wie die Werkstückform erzeugt wurde.

- **Einteilung nach der Form der erzeugten Fläche am Werkstück**

Querplan-drehen	Längsrund-drehen	Form-drehen	Profil-drehen	Schraub-drehen	Abstechen
Erzeugen einer ebenen Stirnfläche	Erzeugen einer zylindrischen Außen- bzw. Innenfläche	Erzeugen einer beliebig geformten Mantelfläche durch Werkzeugsteuerung	Übertragen der Schneidenform auf die Mantelfläche	Erzeugen einer Schraubenlinie in der Mantelfläche	Erzeugen einer Nut

- **Einteilung nach der Richtung der Vorschubbewegung zur Drehachse**

Längsdrehen	Querdrehen

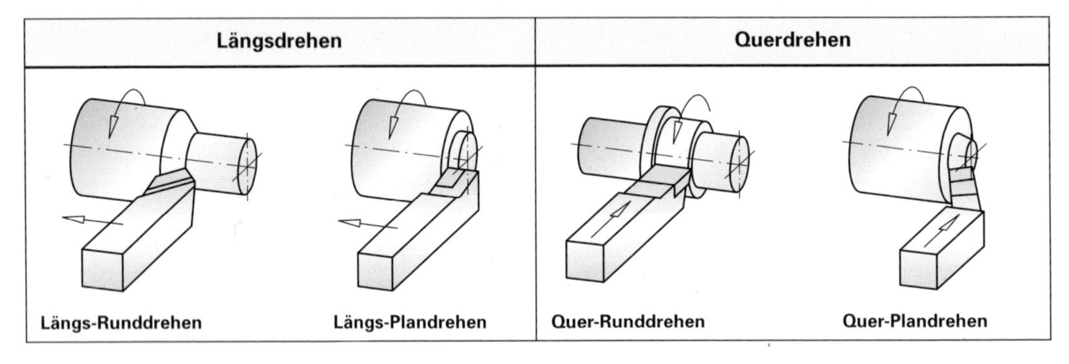

Längs-Runddrehen | Längs-Plandrehen | Quer-Runddrehen | Quer-Plandrehen

- **Einteilung nach der Lage der bearbeiteten Fläche am Werkstück**

Außendrehen	Innendrehen

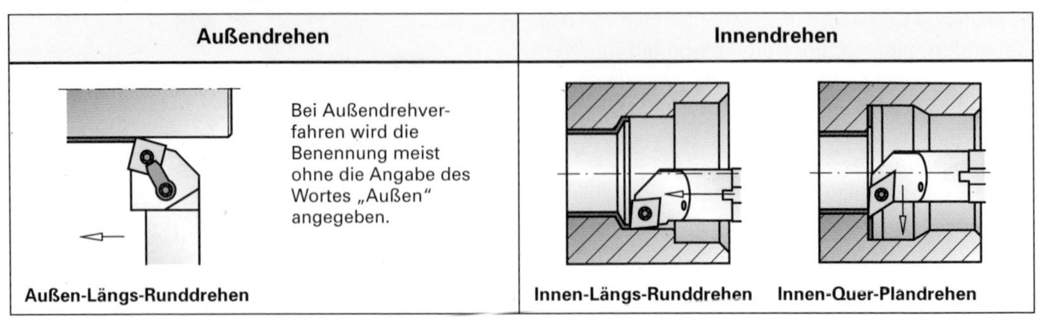

Bei Außendrehverfahren wird die Benennung meist ohne die Angabe des Wortes „Außen“ angegeben.

Außen-Längs-Runddrehen | Innen-Längs-Runddrehen | Innen-Quer-Plandrehen

- Drehverfahren werden hauptsächlich nach der Form der bearbeiteten Fläche benannt.
- Als weiteres Merkmal wird bei Rund-, Plan- und Profildrehverfahren die Richtung der Vorschubbewegung mit **Längs**- bzw. **Plan**- vorangestellt.
- Bei Dreharbeiten innerhalb des Werkstücks wird das Wort **Innen**- der gesamten Benennung vorangestellt.

 Übungsaufgabe B-84

2.6.2 Außen-Längs-Runddrehen

- **Drehmeißel zum Außen-Längs-Runddrehen**

Drehmeißel für das Außen-Längs-Runddrehen wählt man in erster Linie nach der zu erzeugenden Kontur des Werkstückes aus.
Weitere Auswahlkriterien sind:

- die Festigkeit des zu bearbeitenden Werkstoffes,
- die Art der Bearbeitung (Schruppen oder Schlichten),
- die Schnittrichtung (rechts oder links schneidend),
- die mögliche Querkraft, die sich aus dem Einstellwinkel ergibt.

Beispiele für Drehmeißel zum Außen-Längs-Runddrehen

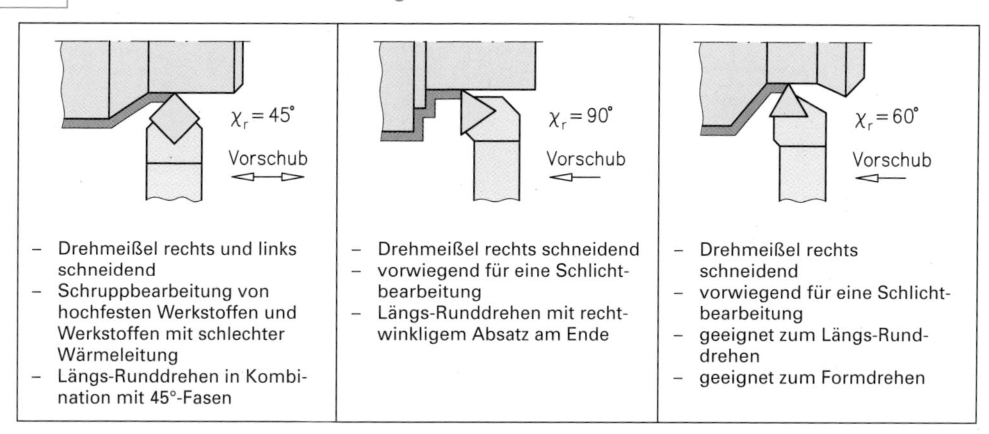

$\chi_r = 45°$ Vorschub ⇔	$\chi_r = 90°$ Vorschub ⇐	$\chi_r = 60°$ Vorschub ⇐
– Drehmeißel rechts und links schneidend – Schruppbearbeitung von hochfesten Werkstoffen und Werkstoffen mit schlechter Wärmeleitung – Längs-Runddrehen in Kombination mit 45°-Fasen	– Drehmeißel rechts schneidend – vorwiegend für eine Schlichtbearbeitung – Längs-Runddrehen mit rechtwinkligem Absatz am Ende	– Drehmeißel rechts schneidend – vorwiegend für eine Schlichtbearbeitung – geeignet zum Längs-Runddrehen – geeignet zum Formdrehen

- **Schnittaufteilung beim Außen-Längs-Runddrehen**

Bei der Fertigung von Drehteilen wird ein Rohteil von bestimmtem Durchmesser in einem oder mehreren Schnitten bearbeitet. Die Schnittaufteilung beim Schruppen wird so vorgenommen, dass zum Fertigmaß eine Bearbeitungszugabe zum Schlichten von meist 1 mm addiert wird. Damit in wenigen Schnitten die erforderliche Durchmesseränderung erreicht wird, wählt man eine möglichst große Schnitttiefe.
Für einen Zerspanungsvorgang wählt man in Abhängigkeit von den Schnittbedingungen nach einer Richtwertetabelle die Schnittgeschwindigkeit und den Vorschub aus. Beim Schruppen kann die Schnitttiefe a_p = (6 bis 10) · Vorschub f festgelegt werden.

Beispiel für eine Festlegung der Schnittaufteilung

Aufgabe

Ein Wellenrohling aus Vergütungsstahl C45 soll mit einer Hartmetallschneide P10 durch Schruppdrehen bearbeitet werden.

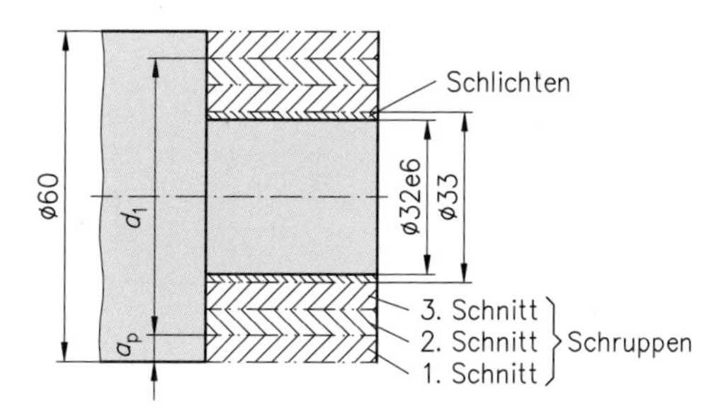

Lösung

Nach Richtwertetabelle:
v_c = 100 m/min; $a_p = 10 \cdot f$
f = 0,5 mm

Festlegung der maximalen Schnitttiefe:
a_p = 10 · 0,5 mm;
a_p = <u>5 mm</u>
kleinster Schruppdurchmesser = 32 mm + 1 mm = 33 mm
Durchmesserabnahme = 60 mm – 33 mm = 27 mm
Anzahl der Schnitte i = 27 mm : 10 mm = 2,7
Gewählt i = 3 Schnitte mit Durchmesserabnahme von je 9 mm
Schnitttiefe a_p = 0,5 · Durchmesserabnahme;
a_p = 0,5 · 9 mm; a_p = **4,5 mm**

Übungsaufgaben B-85; B-86

- **Formfehler durch Schnittkräfte bei schlanken Drehteilen**

Bei Drehteilen, bei denen der Durchmesser im Verhältnis zur Länge sehr klein ist, besteht die Gefahr, dass bei der Bearbeitung Formfehler entstehen. Der Anteil F_p der Schnittkraft, der senkrecht zur Drehachse wirkt, führt zu einer Durchbiegung des Werkstücks, die sich in der Endform auswirkt. Die Formabweichung nimmt mit zunehmender Entfernung der Spanabnahme von der Einspannung zu.

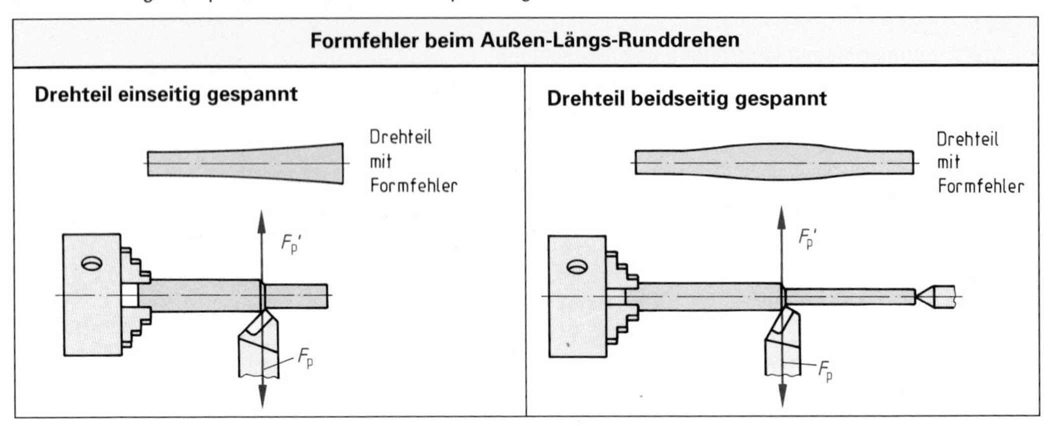

Formfehler beim Drehen schlanker Werkstücke werden verhindert
- durch Wahl des Einstellwinkels $x = 90°$ ($F_p = 0$) und
- durch Abstützen der Bearbeitungsstelle durch einen mitlaufenden Setzstock.

Formfehler an schlanken Drehteilen entstehen durch große Passivkräfte.

2.6.3 Quer-Plandrehen

Beim Quer-Plandrehen werden Stirnflächen an zylindrischen Werkstücken bearbeitet, die rechtwinklig zur Drehachse liegen. Planflächen können als Kreisfläche oder als Kreisringfläche an Werkstücken bearbeitet werden. Für die Auswahl des geeigneten Werkzeugs ist neben der Zerspanungsaufgabe die Lage der Planfläche innerhalb der Werkstückkontur entscheidend.

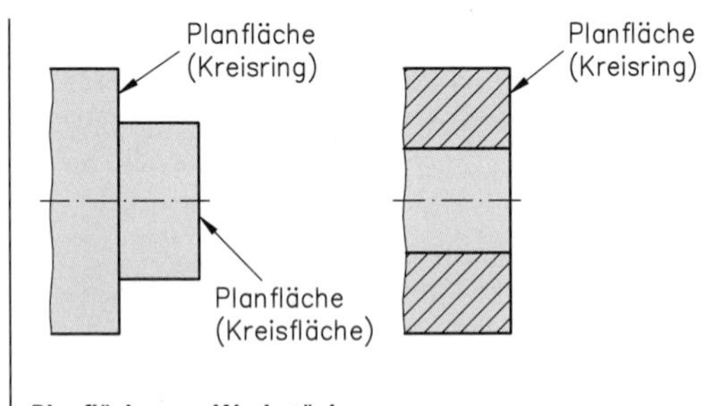

Planflächen an Werkstücken

Beispiele für Drehmeißel zum Quer-Plandrehen

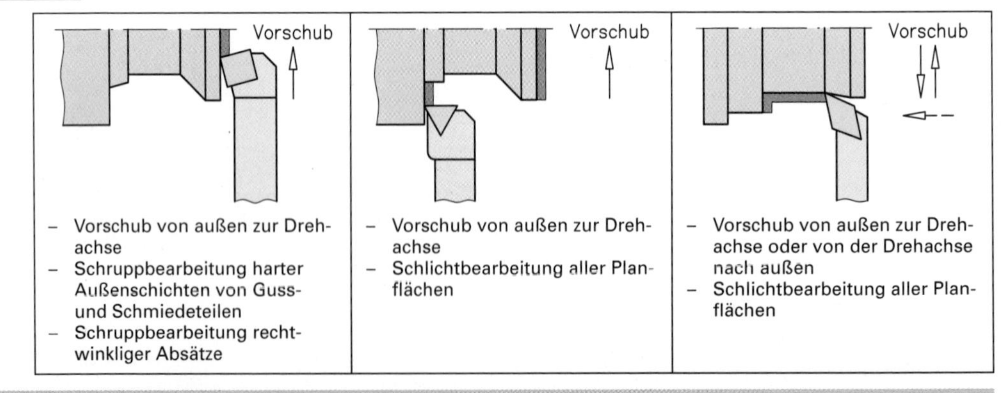

Mit Meißeln zum Plandrehen werden Stirnflächen bearbeitet, wobei die Vorschubrichtung meist quer zur Drehachse verläuft.

Übungsaufgabe B-87

- **Schnittgeschwindigkeit beim Plandrehen**

Beim Plandrehen von Stirnflächen verändert sich bei gleich bleibender Umdrehungsfrequenz die Schnittgeschwindigkeit. Da die Oberflächengüte von der Schnittgeschwindigkeit abhängig ist, verändert sich die Oberflächengüte.

An CNC-Drehmaschinen wird zur Vermeidung der Oberflächengüteveränderung eine konstante Schnittgeschwindigkeit programmiert. Mit der Veränderung des Drehdurchmessers wird dadurch die Umdrehungsfrequenz angeglichen. Damit bleibt die Oberflächengüte konstant und die Bearbeitungsdauer wird verkürzt.

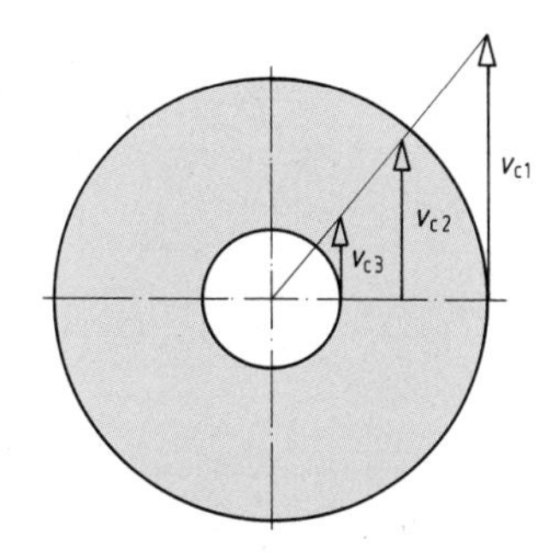

Änderung der Schnittgeschwindigkeit beim Quer-Plandrehen bei konstanter Umdrehungsfrequenz

LF 2+5

Beim Quer-Plandrehen verringert sich bei gleich bleibender Umdrehungsfrequenz die Schnittgeschwindigkeit und damit die Oberflächengüte. Zur Vermeidung einer Oberflächenverschlechterung muss die Umdrehungsfrequenz angepasst werden.

2.6.4 Bohren und Innendrehen

Drehteile mit Innenkonturen werden meist durch Bohren vorgearbeitet. Dabei unterscheidet man das Bohren ins Volle und das Aufbohren.

Beim **Bohren ins Volle** werden
- mit Spiralbohrern (HSS- oder Vollhartmetallbohrer) kleine Bohrungen bis etwa 12 mm,
- mit Wendeplattenbohrern größere Bohrungen von 12 mm bis ca. 60 mm Durchmesser gefertigt.

Als **Aufbohren** bezeichnet man Bohrvorgänge, bei denen vorgebohrte oder gegossene Löcher mit einem mehrschnittigen Werkzeug durch Spanabnahme zu größeren Bohrungen aufgebohrt werden.

Das Aufweiten eines vorhandenen Loches mit einem geeigneten einschnittigen Zerspanwerkzeug kann auch als Innendrehen bezeichnet werden.

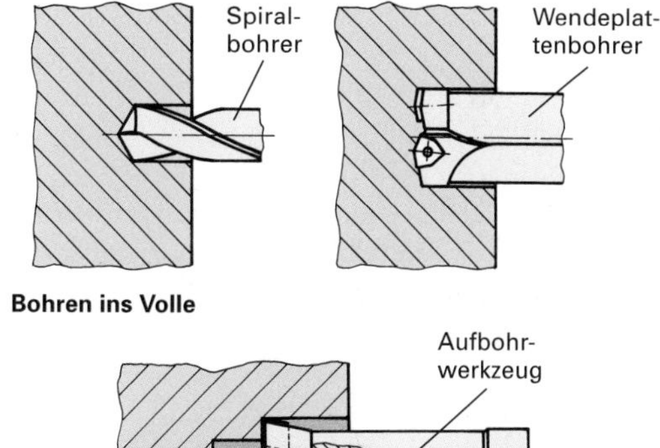

Bohren ins Volle

Aufbohren

- **Aufbau von Wendeschneidplattenbohrern**

Wendeschneidplattenbohrer bestehen aus einem Trägerkörper mit meist zwei oder mehreren Wendeschneidplatten. Der Trägerkörper besteht aus hochfestem Werkzeugstahl, bei dem im Schneidenteil Plattensitze und Befestigungsbohrungen sowie leicht gedrallte Spannuten eingearbeitet sind. Der zylindrische Schaft mit einer ebenen Spannfläche dient als Einspannteil. Kühlmittelkanäle führen vom Schaft bis zu den Schneiden.
Im unteren Durchmesserbereich von etwa 12 mm bis 18 mm verwendet man Bohrer mit einer Schneidplatte und darüber nur noch Bohrer mit zwei Wendeschneidplatten.

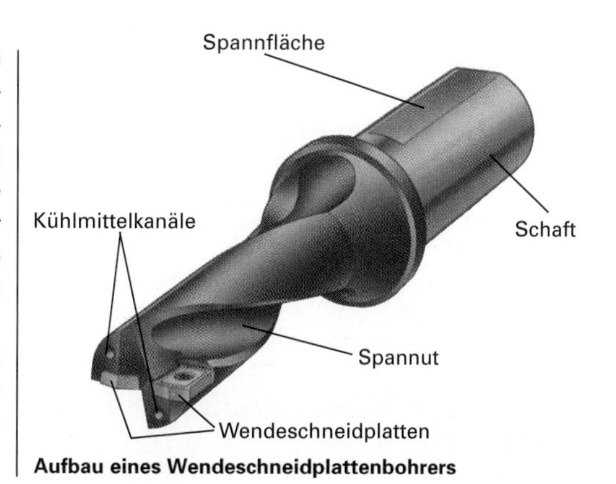

Aufbau eines Wendeschneidplattenbohrers

Übungsaufgaben B-88; B-89

Bei Bohrern nimmt die Stabilität mit zunehmender Länge ab, die Neigung zu Schwingungen nimmt dagegen zu. Daher sollte man Bohrer mit gerade noch ausreichender Länge einsetzen. Die Schneidplatten sind so angeordnet, dass sie den Werkstoff des gesamten Bohrungsquerschnitts zerspanen. Um die Reibung zwischen Trägerkörper und Bohrungswandung zu verhindern, steht die Außenschneidplatte vor.

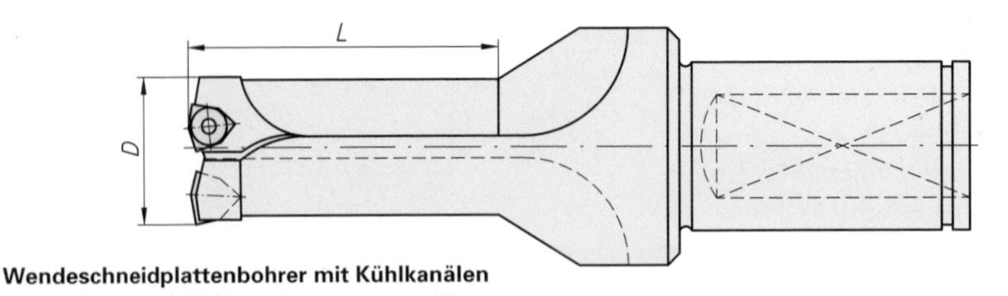

Wendeschneidplattenbohrer mit Kühlkanälen

> Für Bohrungen ins Volle soll stets der kürzest mögliche Wendeschneidplattenbohrer gewählt werden.

Auf Bearbeitungszentren lassen sich mit Wendeschneidplattenbohrern auch größere Löcher bohren, als es der Nenndurchmesser angibt. Dazu wird der stehende Bohrer in Richtung der X-Achse um eine bestimmte Exzentrizität *e* in Richtung der Außenschneide verschoben. Von den Werkzeugherstellern wird die maximale Exzentrizität für den jeweiligen Nenndurchmesser angegeben.

So kann z. B. ein Wendeschneidplattenbohrer mit dem Nenndurchmesser 30 mm maximal um das Maß e = 4 mm verstellt werden. Auf diese Weise lässt sich mit diesem Bohrer stufenlos jede Bohrung von 30 mm bis 38 mm Durchmesser fertigen.

$$d_{max} = d_{Nenn} + 2e$$

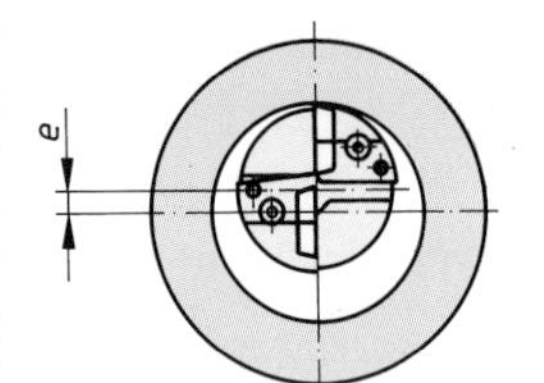

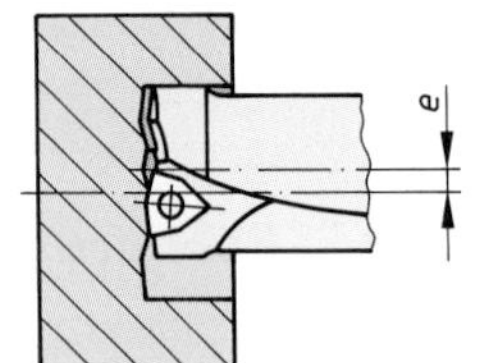

Bohrer-ø d_{Nenn} in mm	Exzentrizität e in mm	Bohrungs-ø d_{max} in mm
16	1,5	19
19	2,0	23
24	3,0	30
30	4,0	38

Außermittigstellen des Wendeschneidplattenbohrers

> Durch das Außermittigstellen des Wendeschneidplattenbohrers um das Maß *e* können Bohrungsdurchmesser stufenlos vom Nenndurchmesser bis zum maximalen Durchmesser gefertigt werden.

- **Kühlschmiermittelzuführung**

Damit die hohe Zerspanleistung der Wendeschneidplattenbohrer vollständig genutzt werden kann, empfehlen die Hersteller den Einsatz von Kühlschmiermitteln. Dabei ist die Zerspanleistung und die Standfestigkeit von Bohrern in hohem Maße von dem Druck und der Menge des Kühlschmiermittels abhängig. Zudem spült der Kühlmittelstrom die Späne rasch aus der Bohrung.

Teilweise rüsten Maschinenhersteller ihre Maschinen mit Hochdruckpumpen aus, die einem Volumenstrom von 80 l/min bei einem Druck bis zu 20 bar Druck abgeben.

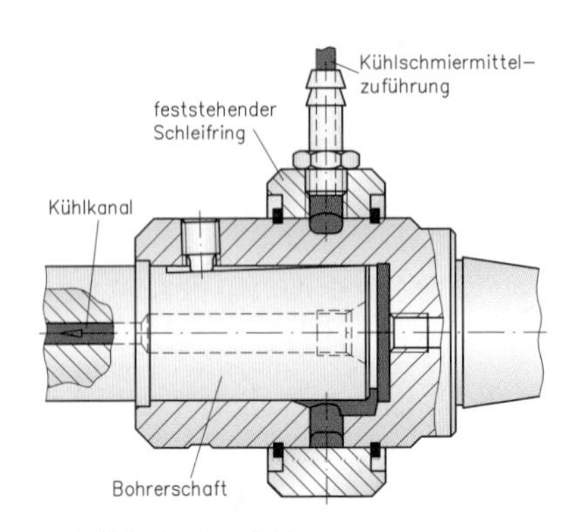

Zuführung des Kühlschmiermittels

> Bei Wendeplattenbohrern steigert der Einsatz von großen Kühlschmiermittelmengen die Bohrleistung erheblich.

- **Innendrehen**

Beim Innendrehen wird mit einem geeigneten Drehmeißel ein im Drehteil vorhandener drehsymmetrischer Hohlraum aufgeweitet. Nach der Vorschubrichtung unterscheidet man das Innen-Längs-Runddrehen und das Innen-Quer-Plandrehen.

Die Auswahl der Drehmeißel für eine Innenbearbeitung wird in erster Linie von dem Durchmesser und der Länge der Ausdrehung bestimmt. Der Durchmesser der vorhandenen Bohrung bestimmt den maximalen Schaftdurchmesser des Drehmeißels; die Tiefe der Innenbearbeitung fordert eine entsprechende freie Länge *L* des Meißelschafts. Diese sollte so kurz wie möglich gewählt werden.

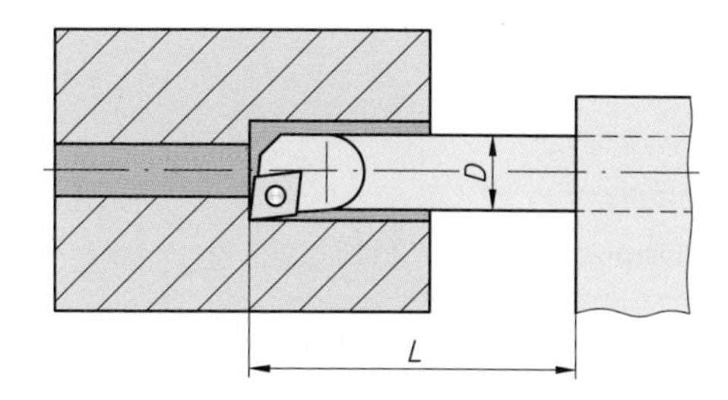

Werkzeugabmessungen beim Innendrehen

Beispiele für Drehmeißel zum Innendrehen

Innen-Längs-Runddrehen	Innen-Längs-Rund- und Quer-Plan-Drehen	Innen-Formdrehen
$\chi_r = 75°$ Vorschub Bearbeitung nur in eine Richtung	$\chi_r = 95°$ Vorschub	$\chi_r = 107°$ Vorschub
– Drehmeißel rechts schneidend – Bearbeitung harter Außenschichten von Guss- und Schmiedeteilen – Schruppbearbeitung an rechtwinkligen Absätzen	– Drehmeißel rechts schneidend – Schrupp- und Schlichtbearbeitung von zylindrischen Wandungen und winkligen Absätzen	– Drehmeißel rechts schneidend – Schlichtbearbeitung von drehsymmetrischen Innenformen

Die Gefahr der Schwingungsneigung kann durch folgende Maßnahmen vermindert werden:

- Schneiden mit positivem Spanwinkel verwenden, weil dabei geringere Schnittkräfte auftreten,
- Schneiden mit Einstellwinkeln von 75° bis 107° einsetzen, damit kleinere Radialschnittkräfte wirken.

Für eine Innenbearbeitung durch Drehen ist der Drehmeißel stets so einzuspannen, dass das freie Schaftende möglichst kurz ist. Dadurch vermeidet man eine Beeinträchtigung der Oberflächengüte und Formfehler am Drehteil infolge von Schwingungen.

2.6.5 Formdrehen

Drehteile, bei denen das Werkstück aus verschiedenen geometrischen Grundformen mit entsprechenden Übergängen gebildet wird, werden durch Formdrehen fertig bearbeitet. Solche Werkstückformen enthalten z. B. zylindrische und kegelförmige Anteile mit Radienübergängen und Kugelformen.

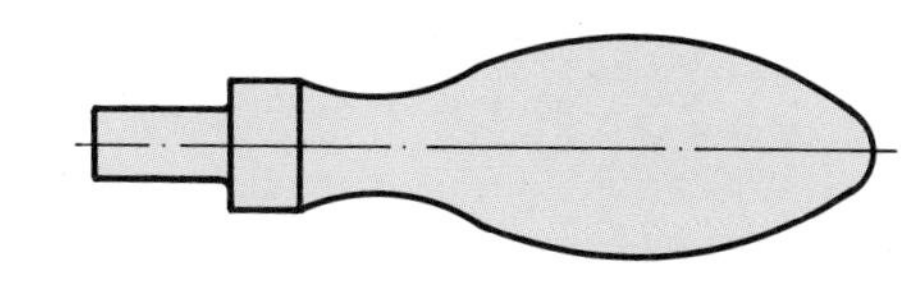

Griff für Handrad

Durch Formdrehen wird mit entsprechenden Drehmeißeln durch die Steuerung der Vorschubbewegungen die Form des Werkstücks erzeugt.

Übungsaufgabe B-92

- **Verfahren zum Formdrehen**

Die **Vorschubbewegungen** können
- von Hand beim **Freiformdrehen**,
- über ein Bezugsformstück beim **Nachformdrehen**,
- von eingegebenen Daten beim **NC-Drehen**

gesteuert werden.

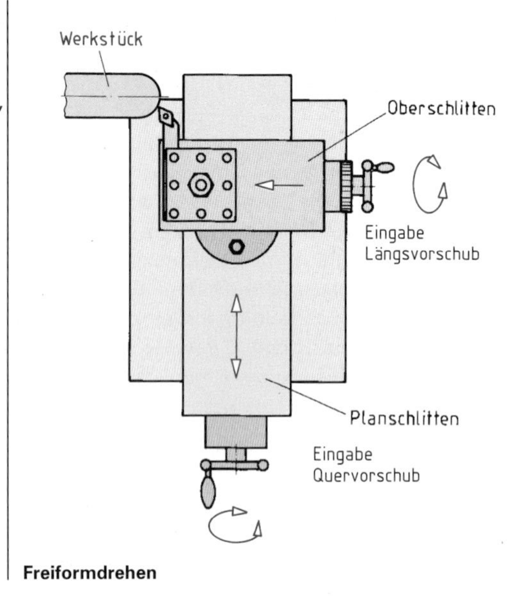

Freiformdrehen

Freiformdrehen

Auf einer Drehmaschine werden durch Freiformdrehen Werkstücke gefertigt, indem der Zerspanungsmechaniker gleichzeitig den Längs- und Quervorschub von Hand über Kurbeln steuert. Die Formgenauigkeit des Werkstücks ist von der Geschicklichkeit des Mechanikers abhängig und bei mehreren Werkstücken ist die Wiederholgenauigkeit nicht zu garantieren. Außerdem ist eine hohe Oberflächengüte nur durch Nacharbeit zu erzielen.

Durch Freiformdrehen entstehen Werkstückformen durch gleichzeitige Eingabe eines abgestimmten Längs- und Quervorschubs, welche über Kurbeldrehungen von Hand eingegeben werden.

Nachformdrehen (Kopierdrehen)

Zum Nachformdrehen sind Drehmaschinen mit entsprechenden Einrichtungen erforderlich, mit denen an einem Bezugsformstück die Werkstückform abgetastet wird. Als Bezugsformstücke werden Musterwerkstücke, häufiger jedoch Schablonen verwendet.

Die Schablone wird parallel zum Werkstück fest mit dem Maschinenbett verbunden. Die Abtastvorrichtung ist auf dem Bettschlitten montiert. Zum Kopierdrehen bewegt sich der Bettschlitten durch den Vorschubantrieb gleichförmig in Längsrichtung. Dabei bewegt sich der Taststift mit leichtem Anpressdruck entlang der Kontur und steuert mit seiner Hubbewegung den Quervorschub des Drehmeißels.

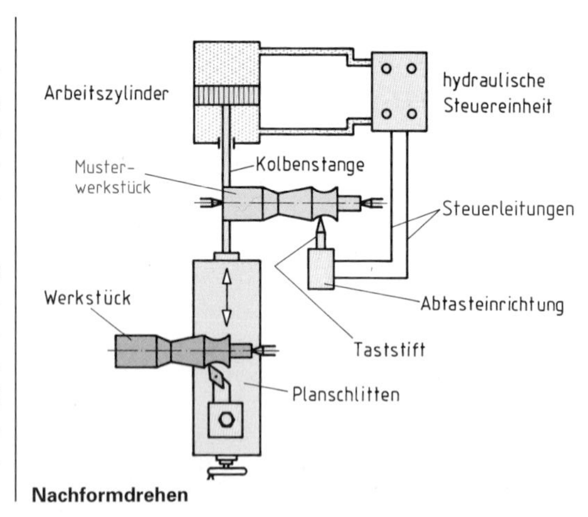

Nachformdrehen

Die Steuerung des Planschlittens erfolgt meist mittelbar über eine hydraulische Einrichtung. Bei einer hydraulischen Kopiereinrichtung ist die Kolbenstange eines Arbeitszylinders mit dem Planschlitten verbunden. Die Hubbewegung des Taststifts steuert über Wegeventile den Ölstrom für den Arbeitszylinder. Dadurch bewegt sich der Kolben mit dem Planschlitten vor oder zurück. Der Drehmeißel wird auf das Drehteil hin- oder von ihm wegbewegt.

Nachformdrehen kann für die Fertigung von mittleren oder größeren Serien auf Drehmaschinen mit Kopiereinrichtung ausgeführt werden. Dabei ist eine hohe Wiederholgenauigkeit der Werkstücke gewährleistet.

Durch Nachformdrehen erzeugt man auf Drehmaschinen mit einer Kopiereinrichtung Werkstückformen, indem man über das Abtasten eines Bezugsformstücks die Drehmeißelbewegung steuert.

Übungsaufgabe B-93

2.6.6 Profildrehen

Profildrehen ist ein Drehverfahren, bei dem ein kleiner Teilbereich der Werkstückkontur mit einem formgebenden Drehmeißel erzeugt wird. Das Profildrehen wird in Abhängigkeit von der Lage der erzeugten Kontur zur Drehachse als Quer- oder Längsdrehen bezeichnet.

Beispiele für das Profildrehen in Abhängigkeit von der Vorschubrichtung

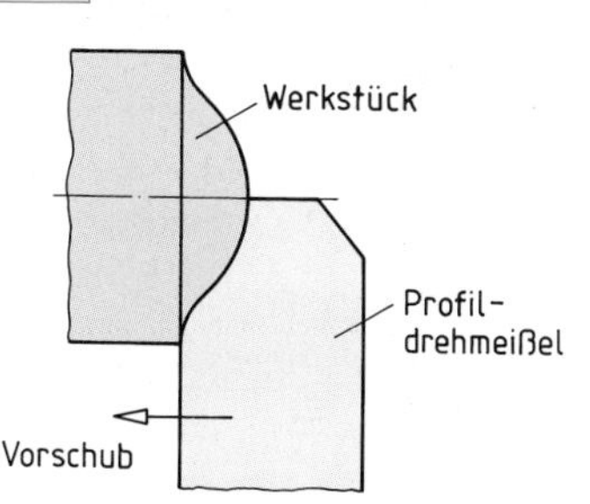

Längs-Profildrehen eines Zapfenendes

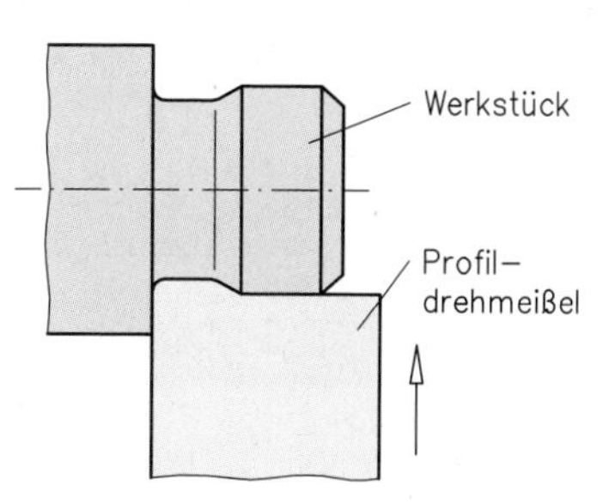

Quer-Profildrehen einer Kontur für ein Kurzgewinde mit Freistich

Profildrehmeißel sind Formdrehmeißel, die spiegelbildlich einem Teilbereich der Werkstückkontur entsprechen. Die Herstellung ist aufwendig und lohnt nur bei mittleren Werkstückserien oder bei immer wiederkehrenden Konturen, wie z. B. Gewindefreistichen, Radienübergängen u. Ä.

Beim Profildrehen auf LZ-Drehmaschinen und Drehautomaten dringt der Meißel nach und nach in das Drehteil ein, bis das gewünschte Profil in der geforderten Tiefe eingearbeitet ist.

Mit Profildrehmeißeln werden in einem Arbeitsgang kleinen Teilbereiche der Kontur in Drehteile eingearbeitet.

- **Ausführungsarten von Profildrehmeißeln**

In Rohlinge aus hoch legiertem Werkzeugstahl (HSS) werden die Konturen durch Schleifen eingearbeitet. Profildrehmeißel werden aus Rohlingen mit rechteckigem Querschnitt oder in kreisförmigen Scheiben gefertigt.

Für genormte Konturen wie Keilnuten und Freistiche sind Drehmeißel mit geformten Hartmetallschneiden erhältlich.

Profildrehmeißel mit rechteckigem Querschnitt

Rohlinge für Profildrehmeißel werden auf einer Schleifmaschine mit einer profilierten Schleifscheibe bearbeitet. Die Kontur wird an der Freifläche erzeugt, sodass die Schneide das verlangte Profil erhält. Der Spanwinkel beträgt immer 0°. Der für die Drehbearbeitung erforderliche Freiwinkel am Schneidkeil wird durch Schrägstellen des Meißels beim Schleifen erreicht.

Zur Drehbearbeitung werden Profilmeißel so eingespannt, dass die Schneide in Höhe der Drehachse liegt.

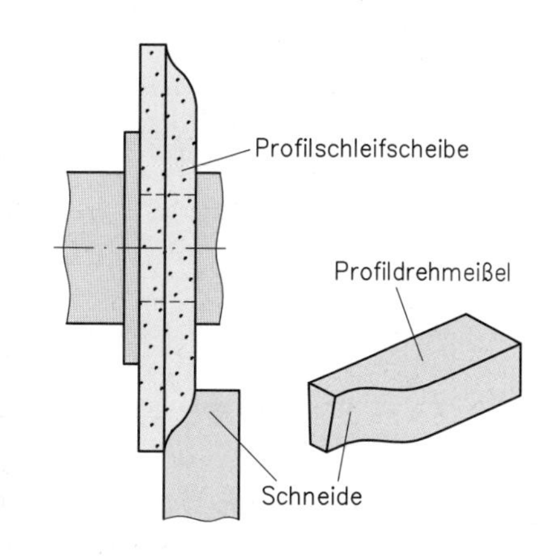

Profildrehmeißel

Profildrehmeißel mit rechteckigem Querschnitt haben einen Spanwinkel von 0° und werden wie alle Drehmeißel mit der Schneide in Höhe der Drehmitte eingespannt.

Übungsaufgaben B-94; B-95

Profildrehmeißel in Scheibenform

Scheibenförmige Rohlinge haben einen Außendurchmesser zwischen 40 mm und 70 mm; zur Aufnahme dient ein Werkzeughalter mit einer zentrische Bohrung. Eine entsprechende Profilform wird durch Schleifen in den Umfang der Scheibe eingearbeitet. Durch Schleifen einer Ausnehmung, die bis etwas unterhalb der Scheibenmitte reicht, entsteht eine Schneide.

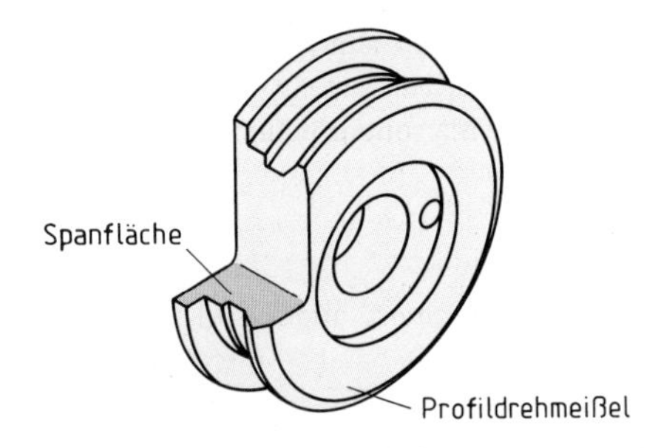

Scheibenförmiger Profildrehmeißel

Diese Drehmeißel haben stets einen Spanwinkel von 0°. Sie werden so in einen Werkzeughalter eingespannt, dass die Schneide in Höhe der Drehachse liegt.

Durch die Lage der Schneide unterhalb der Scheibenmitte wird der Freiwinkel vergrößert. Damit durch diese Lage der Schneide nicht eine Verzerrung des Profils eintritt, muss bereits beim Fertigen der Profilform eine entsprechende Profilveränderung berücksichtigt werden.

Das Nachschleifen dieser scheibenförmigen Profildrehmeißel erfolgt auf der Spanfläche. Dabei wird die Profilscheibe etwas gedreht, sodass im gleichen Abstand zur Scheibenmitte eine neue Schneide angeschliffen wird. Scheibenförmige Profildrehmeißel können häufig angeschliffen werden und damit ist ihr Einsatz wirtschaftlich.

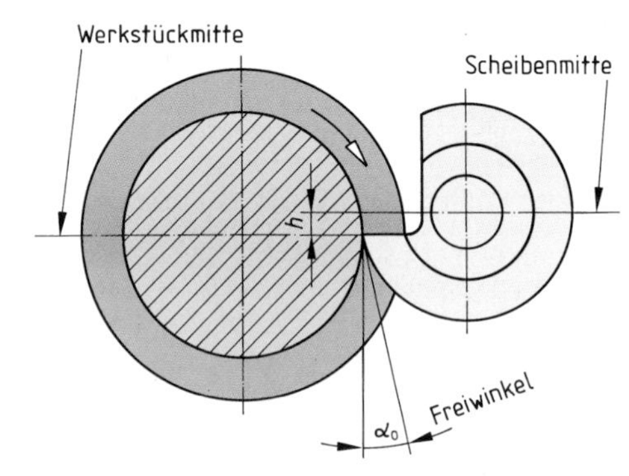

Einspannlage scheibenförmiger Profildrehmeißel

Beispiele für den Einsatz von Profildrehmeißeln in Scheibenform

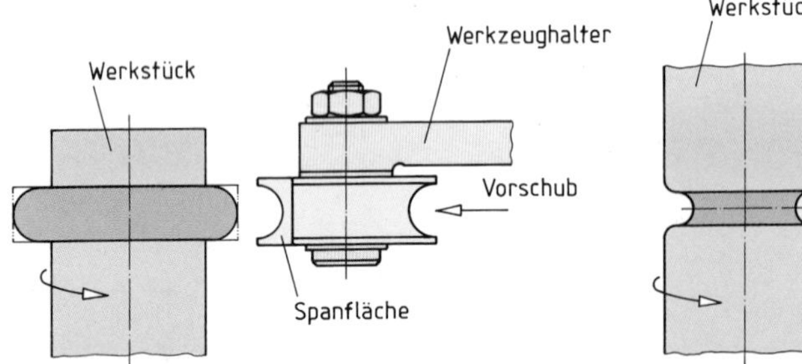

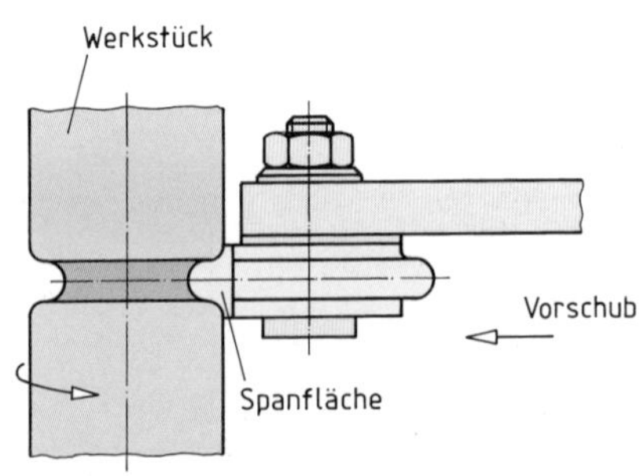

Profildrehmeißel in Scheibenform werden bei der Fertigung von Kleinserien auf konventionellen Drehmaschinen und mechanisch gesteuerten Automaten eingesetzt. Sie werden aus Schnellarbeitsstahl für ein bestimmtes Profil mit großem Aufwand hergestellt. So können z. B. komplizierte Profile wie Gewinde schnell und wiederholgenau gefertigt werden.

Profildrehmeißel in Scheibenform haben einem Spanwinkel von 0° und werden mit der Schneide in Höhe der Drehmitte eingespannt. Ein Freiwinkel entsteht dadurch, dass die Scheibenmitte um ein festgelegtes Maß oberhalb der Drehmitte eingespannt wird.

Auf CNC-Drehmaschinen werden Profile programmiert und mit einem Drehmeißel, der mit einer Wendeschneidplatte bestückt ist, ohne eine aufwendige Herstellung von Spezialwerkzeugen bearbeitet.

Übungsaufgabe B-96

2.6.7 Einstechen und Abstechen

Durch Einstichdrehen werden Nuten in Drehteile eingearbeitet, z. B. als Sitz für Dichtungs- und Sicherungsringe. Mit entsprechend schmalen Einstechdrehmeißeln werden schmalen Nuten in Mantelflächen von zylindrischen Außen- oder Innenformen oder in Planflächen von Drehteilen gefertigt.

Das Abstechdrehen wird angewendet, wenn Werkstücke auf Drehmaschinen komplett bearbeitet sind und erst dann von einem Endstück abgetrennt werden.

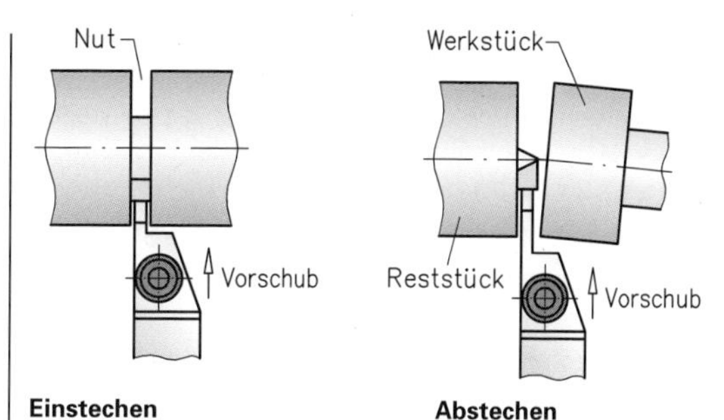

Einstechen **Abstechen**

Beim Ein- und Abstechen sollte die maximale Schnitttiefe etwa dem 8-Fachen der Schneidenbreite entsprechen, um dadurch Vibration und Ablenkung zu reduzieren. Wegen der geringen Schneidenstabilität müssen die Schnittdaten um 30 % bis 50 % niedriger als bei Dreharbeiten unter sonst gleichen Bedingungen eingestellt werden.

- **Einstechen**

Nuten können mit Einstechdrehmeißel durch **Quereinstechen** in Außen- bzw. Innenzylinder oder **Längseinstechen** in Planflächen prismatischer und zylindrischer Werkstücke eingedreht werden.

Quereinstechen		Längseinstechen
Außen-Quer-Einstechen	**Innen-Quer-Einstechen**	**Einstechen in Planfläche**
		D_1, α'

Beim Quereinstechdrehen muss die Länge des Schneidenteils mit Schneidenträger größer als die Nuttiefe sein. Der Bereich der Schneide muss so breit sein, dass sie frei schneidet.

Beim Längseinstechdrehen müssen der Schneidenteil und der Schneidenträger der Krümmung der Nut so angepasst sein, dass die Schneide frei schneidet. Einstechdrehmeißel werden für gewünschte Durchmesser mit einem kleinen Abweichungsbereich angeboten. Bei einer falschen Wahl eines Einstechdrehmeißels würden die Seitenflächen von Schneidplatte und Schneidenträger an der Nutwandung schaben.

Zum Einstechen von Nuten in Planflächen müssen Schneidenträger und Schneidplatte den Krümmungungsradien der Nut so angepasst sein, dass ein Schaben an der Nutwandung vermieden wird.

Einstechdrehmeißel

Einstechdrehmeißel werden in unterschiedlichen Bauformen bereitgestellt. Sie stimmen darin überein, dass die Schneidplatten in Werkzeughaltern geklemmt werden:

- Längenverstellbare Einstechleisten mit eingesetzten Hartmetallschneiden und
- Schneidenträger mit geklemmten Wendeschneidplatten aus Hartmetall

Übungsaufgaben B-97 bis B-99

- **Abstechen**

Zum Abstechen eines Werkstücks wird ein gerader Absteckdrehmeißel quer zur Drehachse eingespannt. Die Hauptschneide steht entweder parallel oder häufig um einen Einstellwinkel geneigt zur Drehachse. Durch die Schrägstellung wird erreicht, dass beim Abstechen das Werkstück sauber abgetrennt wird und am Rohteil ein kegelförmiges Reststück verbleibt.

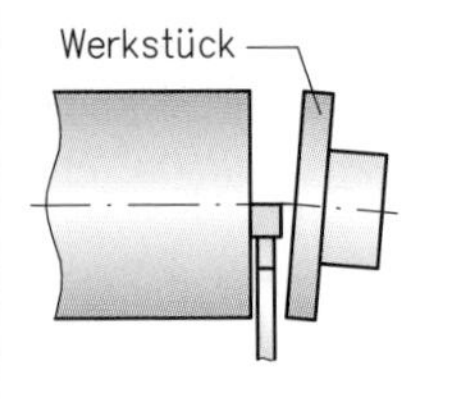

Schneide, achsparallel

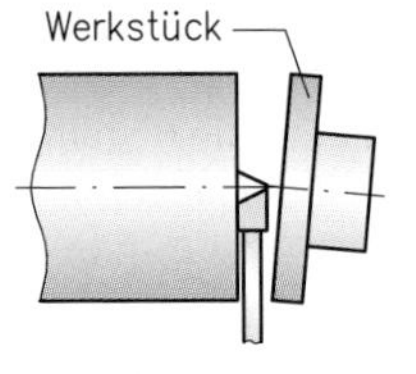

Schneide, geneigt

Das Abstechen von Werkstücken wird vorgenommen, wenn bei der Einzelfertigung das Werkstück vom Einspannende oder bei der Serienfertigung Werkstücke von stangenförmig zugeführten Roh-teilen abgetrennt werden.

Beim Abstechen werden fertig bearbeitete Drehteile durch Abstechdrehmeißel mit schmalen Schneiden, die entweder parallel oder schräg zur Drehachse liegen, von einem Einsspannteil oder von der Stange abgetrennt.

- **Problemlösungen beim Ein- und Abstechdrehen**

In der folgenden Übersicht werden zu auftretenden Störungen beim Ein- und Abstechdrehen Problemlösungen aufgezeigt.

Störung	Lösung durch:
Schneidenbruch	*1, 2, 5*
Freiflächenverschleiß	*1, 4*
Kolkverschleiß	*1, 4, 5, 7*
Aufbauschneide	*3, 6*
Schlechte Oberfläche	*3, 5, 7, 8, 9*

1 *verschleißfestere Werkstoffe wählen*
2 *zäheren Schneidstoff wählen*
3 *Schnittgeschwindigkeit erhöhen*
4 *Schnittgeschwindigkeit verringern*
5 *Vorschub verringern*
6 *Verschub erhöhen*
7 *Kühlmittelmenge verwenden/erhöhen*
8 *Schneidenstabilität verbessern*
9 *Werkzeug senkrecht zur Drehachse stellen*

2.6.8 Kegeldrehen

- **Geometrische Angaben zum Kegeldrehen**

Zur eindeutigen Bestimmung eines Kegels ist die Angabe des Durchmessers und der Kegellänge erforderlich; für einen Kegelstumpf müssen der große und der kleine Durchmesser und die Kegelstumpflänge angegeben werden.
In der normgerechten Bemaßung eines Kegels bzw. Kegelstumpfs werden weitere Kenngrößen verwendet, die auch für die Fertigung benötigt werden. Sie werden aus den Grundmaßen berechnet.

Beispiel für Maßangaben an einem Kegelstumpf

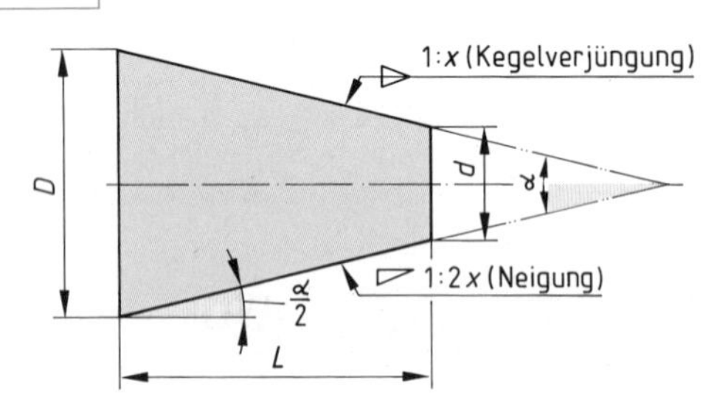

- D großer Kegeldurchmesser
- d kleiner Kegeldurchmesser
- L Kegellänge
- α Kegelwinkel
- $\frac{\alpha}{2}$ Kegelerzeugungswinkel (Einstellwinkel)
- C Kegelverjüngung
- $1 : x$ Kegelverjüngung
- $\frac{C}{2}$ Neigung

Kegelverjüngung *C*

Die Kegelverjüngung gibt das Verhältnis des Durchmesseranstiegs zur Kegellänge an. Die Angabe der Kegelverjüngung wird auf 1 mm Durchmesseranstieg bezogen.

$$C = \frac{\text{Durchmesseränderung}}{\text{Kegellänge}}$$

$$C = \frac{D - d}{L}$$

Übungsaufgabe B-100

Kegelneigung C/2

Die Kegelneigung gibt das Verhältnis des Anstiegs der Kegelmantellinie zur Kegellänge an. Die Kegelneigung wird auf 1 mm Mantellinienanstieg bezogen, sie beträgt demnach die Hälfte der Kegelverjüngung.

$$\text{Neigung } \frac{C}{2} = \frac{\text{halbe Durchmesseränderung}}{\text{Kegellänge}}$$

$$\frac{C}{2} = \frac{D-d}{2 \cdot L}$$

Einstellwinkel $\alpha/2$

Der Spitzenwinkel eines Kegels wird mit α bezeichnet, meist wird er als Kegelwinkel angegeben. Der halbe Kegelwinkel stimmt mit dem Einstellwinkel an der Maschine überein, daher benennt man den Einstellwinkel mit $\alpha/2$. Der Einstellwinkel kann aus den Kegelabmessungen mit der Winkelfunktion des Tangens berechnet werden.

$$\tan \frac{\alpha}{2} = \frac{\text{Gegenkathete}}{\text{Ankathete}}$$

$$\tan \frac{\alpha}{2} = \frac{\text{halbe Durchmesseränderung}}{\text{Kegellänge}}$$

$$\tan \left(\frac{\alpha}{2}\right) = \frac{D-d}{2 \cdot L}$$

Beispiel für die Berechnung von Kenngrößen an einem Kegelstumpf

Aufgabe

An ein Wellenende sind für die Aufnahme einer Radnabe die folgenden Angaben für den Bereich des Kegelstumpfs zu bestimmen:

a) Neigung *C*/2,
b) kleiner Durchmesser *d* als Kontrollmaß,
c) Einstellwinkel $\alpha/2$.

Lösung

a) Kegelneigung *C*/2 = **1 : 10**

b) kleiner Kegeldurchmesser $d = D - C \cdot L$; $d = 30\text{ mm} - \frac{1}{5} \cdot 32\text{ mm}$; $d = \mathbf{23{,}6\text{ mm}}$

c) Einstellwinkel $\alpha/2$: $\tan \alpha/2) = \frac{D-d}{2 \cdot L}$; $\tan\alpha/2 = \frac{30\text{ mm} - 23{,}6\text{ mm}}{2 \cdot 32\text{ mm}}$; $\alpha/2 = \mathbf{5{,}71°}$

Beim Kegeldrehen muss eine gleichmäßige Durchmesseränderung in Längsrichtung des Werkstücks erfolgen. Kegel können nach verschiedenen Verfahren gedreht werden. Jedoch sind manche Kegelabmessungen nur mit bestimmten Verfahren herstellbar.

- **Kegeldrehen durch Oberschlittenverstellung**

Der Oberschlitten wird um den halben Kegelwinkel verstellt, sodass die Bewegung des Oberschlittens entlang der zu fertigenden Mantellinie erfolgt. Die Vorschubbewegung wird meist von Hand ausgeführt. Mit diesem Verfahren können nur kurze Kegel gefertigt werden, da der Vorschubweg des Oberschlittens verhältnismäßig kurz ist. Den Verstellwinkel des Oberschlittens nennt man **Einstellwinkel** $\alpha/2$.

$$\text{Einstellwinkel } \frac{\alpha}{2} = \frac{\text{Kegelwinkel}}{2}$$

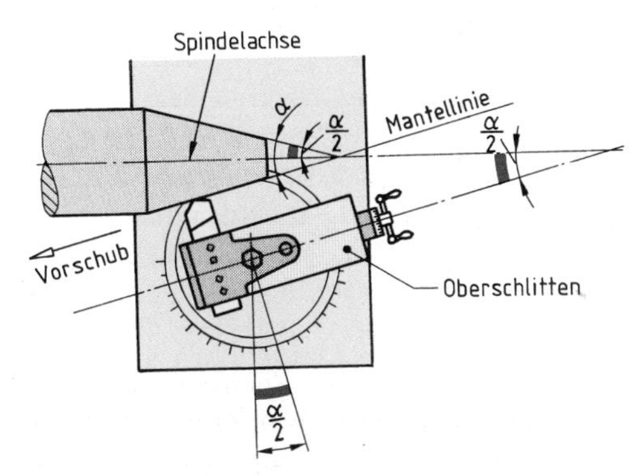

Kegeldrehen durch Oberschlittenverstellung

2.6.9 Gewindedrehen

Beim Gewindedrehen werden in Wellen oder Bohrungen entlang einer Schraubenlinie Gewindegänge in den Werkstoff geschnitten. Die Schneidenform des Drehmeißels entspricht dem Gewindeprofil. Der Vorschub des Drehmeißels bei einer Umdrehung muss gleich der Gewindesteigung *P* sein.

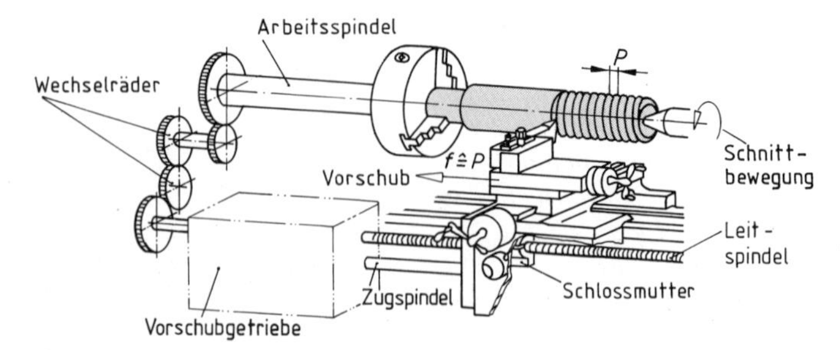

Gewindedrehen

Die Abstimmung der Schnittbewegung mit der Vorschubbewegung erfolgt über Zahnradgetriebe. Von der Arbeitsspindel wird die Drehbewegung über auswechselbare Zahnräder auf das Vorschubgetriebe übertragen. Das entsprechende Zahnradgetriebe bezeichnet man als Wechselrädergetriebe. An der Leit- und Zugspindeldrehmaschine wird mithilfe einer Gewindespindel – der Leitspindel – und einer Mutter – der Schlossmutter – die Drehbewegung in die Längsbewegung des Bettschlittens umgesetzt.

Häufig vorkommende Gewindesteigungen werden am Vorschubgetriebe der Drehmaschine eingestellt. Für selten verlangte Gewindesteigungen müssen Wechselräder entsprechend ausgetauscht werden.

Moderne Drehmaschinen, an denen der Bettschlitten mithilfe einer extrem spielarmen Kugelrollspindel bewegt wird, haben keine Leitspindel mit Schlossmutter. Hier erfolgt auch die Vorschubbewegung zum Gewindedrehen über das Vorschubgetriebe und die Kugelrollspindel.

- **Drehmeißel**

Herkömmliche Gewindedrehmeißel

Der Gewindedrehmeißel muss als Formmeißel so eingespannt werden, dass die Schneiden das gewünschte Gewindeprofil ohne Verzerrung erzeugen. Dazu muss der Drehmeißel

- mittig eingespannt sein,
- einen Spanwinkel $\gamma_0 = 0°$ haben,
- mit der Werkstückachse einen rechten Winkel bilden,
- einen großen Freiwinkel haben ($\alpha_0 = 10° - 15°$).

Bei einem solchen Drehmeißeleinsatz verhindert der große Freiwinkel eine einseitige stärkere Reibung des Schneidkeils am Gewindegang.

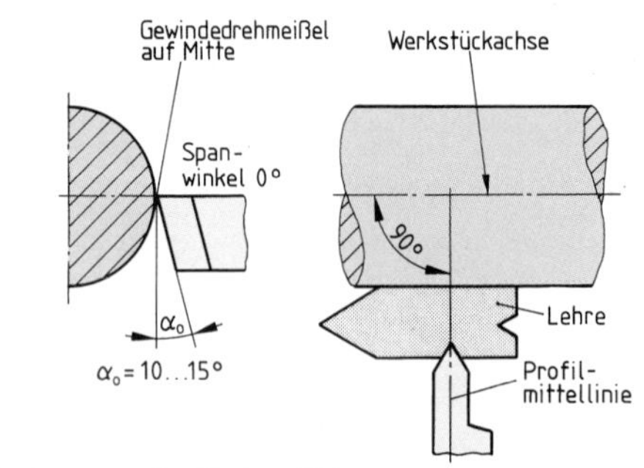

Einspannung des Drehmeißels

Wendeschneidplatten im Werkzeughalter

Beim Gewindedrehen mit einer in einen Werkzeughalter eingesetzten Wendeschneidplatte wird diese um einen Winkel λ schräg gestellt, damit der Schneidkeil an beiden Seiten des Gewindeganges mit dem gleichen Freiwinkel ansteht. Der Steigungswinkel der Gewindegänge und der Neigungswinkel der Schneidplattenauflage sollten übereinstimmen.

Da der Steigungswinkel je nach Gewindedurchmesser zwischen 2° und 4° schwankt, müsste die Schneidplattenauflage im gleichen Maße verändert werden.

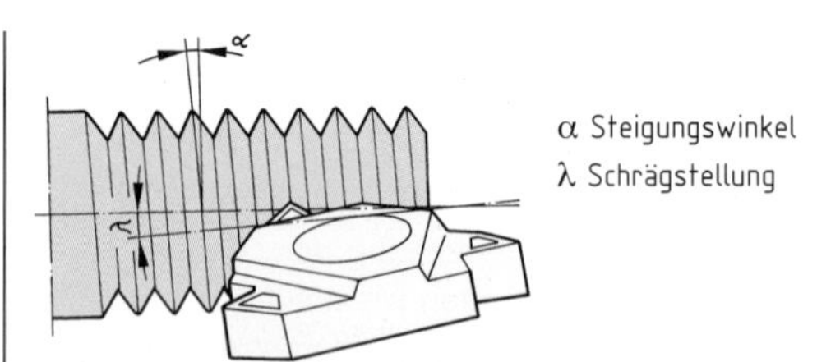

Metrisches Gewinde	Steigung *P* in mm	Flanken-ϕ $d_2 = D_2$ in mm	Steigungswinkel α
M8	1,25	7,19	3,17°
M12	1,75	10,86	2,94°
M20	2,5	18,38	2,48°

Schrägstellung einer Wendeschneidplatte

Übungsaufgaben B-105; B-106

LF 2+5

- **Gewindedrehen auf Leit- und Zugspindeldrehmaschinen**

Das Werkstück wird auf den Gewindenenndurchmesser vorgedreht, die Oberfläche soll Schlichtqualität haben, etwa Rz = 25 µm. Der Anfang des Gewindebereichs wird mit einer 45°-Fase, das Ende mit einem Gewindefreistich nach DIN 76 versehen. Eine sichere Werkstückspannung ist dabei erforderlich, z.B. im Dreibackenfutter mit Führung des freien Endes durch eine Zentrierspitze im Reitstock.

Als Drehmeißel wird eine in einem Werkzeughalter geneigt eingesetzte Wendeschneidplatte verwendet. Günstig ist eine Zustellung unter einem Winkel von 27°. Dazu wird der Oberschlitten um den entsprechenden Winkel verstellt. Die Meißeleinspannung muss rechtwinklig zur Drehachse erfolgen. Die Leitspindel wird zugeschaltet, am Vorschubgetriebe wird die Gewindesteigung als Vorschub eingestellt. Die Schlossmutter wird geschlossen, sie bleibt während des gesamten Gewindedrehens verriegelt. Der Bettschlitten wird nur mithilfe der Leitspindel vor- und zurückgefahren.

Abhängig von der Gewindesteigung wird die Gewindetiefe mit 4 bis 14 Einzelschnitten erreicht.

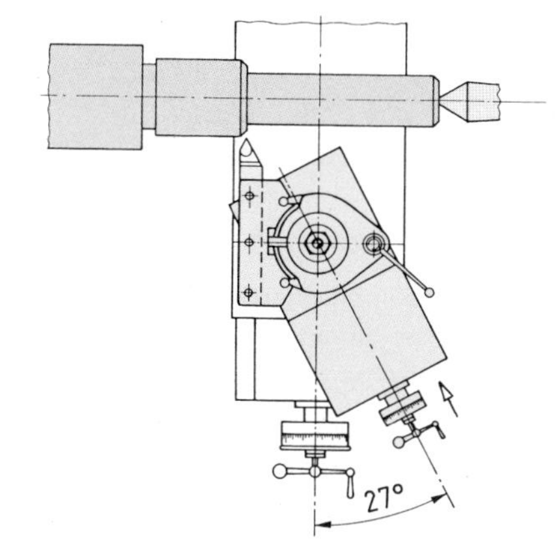

Oberschlittenverstellung beim Gewindeschneiden

Die Anzahl der Zustellungen wird anhand von Erfahrungswerten nach der Gewindesteigung vorgenommen. Die Meißelzustellung auf Gewindetiefe kann auf unterschiedliche Weise ausgeführt werden.

Zustellarten

Radial	Radial – wechselnd	Über Flanke (30°)	Bedingt über Flanke (27°)	Radial über Flanke
– 2 Schneiden im Eingriff	– im Wechsel jeweils 1 Schneide im Eingriff	– 1 Schneide im Eingriff	– 1 Schneide stark, 1 weniger im Eingriff	– im Wechsel jeweils 1 Schneide im Eingriff
– starke Wärmebelastung	– günstige Wärmebelastung	– günstige Wärmebelastung	– mittlere Wärmebelastung	– günstige Wärmebelastung
– große Spanhäufung	– günstiger Spanfluss	– günstiger Spanfluss	– günstiger Spanfluss	– günstiger Spanfluss
– mittlere Oberfläche der Gewindeflanken	– gute Oberfläche der Gewindeflanken	– leichte Riefen in einer Gewindeflanke	– gute Oberfläche der Gewindeflanken	– sehr gute Oberfläche der Gewindeflanken
– Oberschlitten bleibt achsparallel		– Oberschlitten verstellt		
– einfache Durchführung	– komplizierte Durchführung	– einfache Durchführung		– nur programmgesteuert
Einsatz auf herkömmlichen Drehmaschinen				*Einsatz nur auf CNC-Drehmaschinen*

Die Schnittgeschwindigkeit wird beim Gewindedrehen mit HSS-Drehmeißeln um etwa 25 % niedriger gewählt als beim Drehen unter sonst gleichen Bedingungen. Beim Gewindedrehen mit Hartmetall-Wendeschneidplatten werden häufig unbeschichtete Sorten der Gruppe P 10 eingesetzt; die Herstellerempfehlungen sind unbedingt zu beachten. Die Schnittgeschwindigkeit darf hierbei nicht zu sehr erniedrigt werden. Kühlschmierstoffe werden in Abhängigkeit vom zu zerspanenden Werkstoff eingesetzt.

Beim Gewindedrehen mit Hartmetallschneiden ist die Wendeschneidplatte um den Steigungswinkel des Gewindes schräg zu stellen. Auf einer Leit- und Zugspindel-Drehmaschine wird in einer größeren Anzahl von Schnitten mit einer Zustellung in einem Winkel von ca. 27° unter günstigen Bedingungen ein einwandfreies Gewinde gefertigt.

2.6.10 Exzenterdrehen

Werkstücke mit zylindrischen Zapfen oder Bohrungen, deren Achsen in einem bestimmten Abstand parallel zur Hauptachse verlaufen, nennt man *außermittig* oder *exzentrisch*. Den Abstand der parallelen Achsen bezeichnet man als Außermittigkeit oder Exzentrizität. Typisch exzentrische Bauelemente, die auf Drehmaschinen gefertigt werden, sind z. B. Exzenterscheiben und Exzenterwellen.

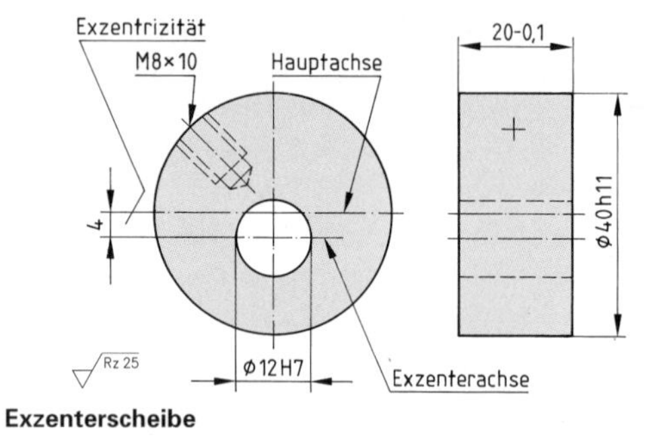

Exzenterscheibe

Exzentrische Werkstücke bestehen aus zylindrischen Teilen mit Zapfen oder Bohrungen, deren Achsen mit dem Abstand der Exzentrizität parallel zur Drehteilhauptachse verlaufen.

- **Spannen von exzentrischen Werkstücken**

Zum Aufspannen von Werkstücken mit exzentrischen Bohrungen oder Zapfen werden Drei- bzw. Vierbackenfutter mit einzeln verstellbaren Spannbacken, Planscheiben oder Exzenter-Drehfuttern eingesetzt. Die Einspannung muss so vorgenommen werden, dass die Exzenterachse mit der Drehachse übereinstimmt.

Bei **Exzenter-Drehfuttern** kann die Exzentrizität teilweise bis 50 mm an einer Skala mit einer Ablesegenauigkeit von 0,2 mm oder weniger direkt eingestellt werden.

Bei Planscheiben und Spannfutter mit vier einzeln verstellbaren Backen wird zunächst das Werkstück zentrisch eingespannt und die untere Spannbacke senkrecht ausgerichtet. Mit einer Messuhr im Stativ wird der höchste Werkstückpunkt ermittelt.

Anschließend wird die untere Spannbacke um das Maß der Exzentrizität abgesenkt und das Werkstück mit der oberen Backe gespannt. Die erreichte Exzentrizität wird überprüft und gegebenenfalls korrigiert. Dann wird das Werkstück gespannt.

Exzenter-Drehfutter

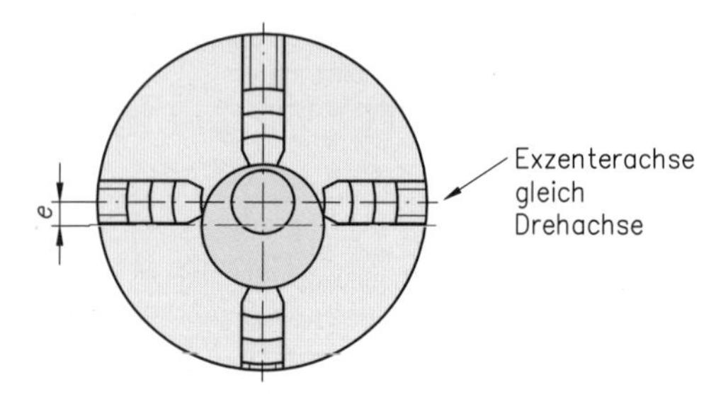

Spannen von exzentrischen Drehteilen in Spannfuttern oder Planscheiben

Beim Exzenterdrehen muss die Einspannung so verändert werden, dass die Exzenterachse auf die Drehachse verschoben wird.

Übungsaufgaben B-108; B-109

2.6.11 Mehrkantfräsen auf der Drehmaschine

Beim Mehrkantfräsen auf der Drehmaschine werden mit einem Mehrkantfräser am Umfang von Drehteilen Flächen erzeugt, die z. B. zum Ansetzen von Schraubenschlüsseln dienen.
Das Werkstück im Futter der Drehmaschine und das angetriebene Werkzeug müssen zur Erzeugung dieser Flächen in einem festen Verhältnis der Umdrehungen laufen.
Die Anzahl der erzeugten Flächen am Werkstück steht in Abhängigkeit vom Verhältnis der Umdrehungsfrequenzen zwischen Werkstück und Werkzeug sowie der Zahl der Schneiden des Werkzeugs.

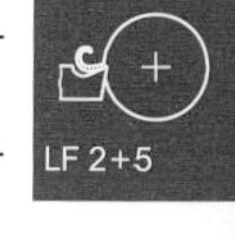

Beispiel für die Erzeugung von Mehrkanten durch Mehrkantfräsen auf der Drehmaschine (Paul Horn GmbH)

Zweikant, mit einer Wendeschneidplatte im Übersetzungsverhältnis von 2 : 1 zur Hauptspindel hergestellt

Sechskant, mit drei Wendeschneidplatten im Übersetzungsverhältnis von 2 : 1 zur Hauptspindel hergestellt

Die erzeugten Flächen können je nach Einstellwerten leicht konvex oder konkav sein. Die geringste Abweichung von einer ebenen Fläche tritt bei Umdrehungsfrequenzen von Spindel und Werkzeug im Verhältnis von 2:1 auf. Darum wird dieses Verhältnis beim Mehrkantfräsen bevorzugt.
Das Mehrkantfräsen auf Drehmaschinen wird stets im Gegenlauf durchgeführt. Die Flächen können sowohl im Einstechdrehverfahren, wie auch im Längsdrehverfahren erzeugt werden.
Beim Einstechdrehen muss der Vorschub je Zahn um etwa 50 % reduziert werden.

Form	Schneiden im MKF	I = WKZ : HSP	Erzeugte Flächen
	1	1 : 1	nicht empfehlenswert, stark konvex
	2 1	1 : 1 2 : 1	nicht empfehlenswert, konvex gut, leicht konvex
	3 1, 1	1 : 1 1,5 : 1, 3 : 1	nicht empfehlenswert, konvex emp- fehlenswert, konvex gut, leicht konkav
	2 1	2 : 1 4 : 1	gut, leicht konvex, nicht empfehlenswert, konkav
	3 2, 1	1,66 : 1 2,5 : 1, 5 : 1	empfehlenswert, konvex gut, leicht konkav, nicht empfehlenswert, konkav
	3 2	2 : 1 3 : 1	gut, leicht konvex nicht empfehlenswert, konkav
	4 2	2 : 1 4 : 1	gut, leicht konvex nicht empfehlenswert, konkav

Richtwerte für das Mehrkantfräsen (Paul Horn GmbH)

Werkstoff	v_c m/min	Vorschub f_z mm
Al	500 – 1000	0,10 – 0,20
Ms58	500 – 1000	0,10 – 0,20
9SMnPb28	200 – 500	0,08 – 0,15
16MnCr5; C45	150 – 250	0,05 – 0,10

Beispiel für die Herstellung eines Mehrkants durch Mehrkantfräsen

Mehrkantfräser Ø 90 mm
Werkstoff: Automatenstahl
f_z = 0,08 mm
Länge des Sechskant: 12 mm

SW 24 mm
v_c = 448 m/min
3 Schneiden, I = 2 : 1
Bearbeitungszeit: ~ 2 s

SW24
12

Mehrkantfräsen auf der Drehmaschine geschieht im Gegenlauf. Die Zahl der erzeugten Flächen wird durch das Verhältnis der Umdrehungsfrequenzen sowie die Schneidenzahl des Werkzeugs bestimmt.

Übungsaufgabe B-110

2.6.12 Unrunddrehen

Durch Meißelbewegungen, die über Kurvenscheibe und Getriebe mit der Drehbewegung des Werkstücks gekoppelt sind, können unrunde Teile gedreht werden. Dieses Verfahren wird zum **Ovaldrehen** und **Hinterdrehen** auf speziell eingerichteten Maschinen angewendet.

Beispiel für Unrunddrehen auf einer Hinterdrehmaschine (Schema)

Formfräser werden mit hinterdrehten Profilen gefertigt, damit sie nach jedem Anschliff noch das gleiche Profil aufweisen.
Auf der Hinterdrehmaschine wird der vorgefräste Rohling auf einem Dorn gespannt. Mittels einer Hubscheibe (Kurvenscheibe), die über ein Getriebe mit der Hauptspindel verbunden ist, wird der Schlitten mit dem Meißel so hin und her bewegt, dass der Meißel die Oberseite des Fräserzahns abspant. In jeder Zahnlücke wird der Schlitten durch Federkaft zurückgezogen.

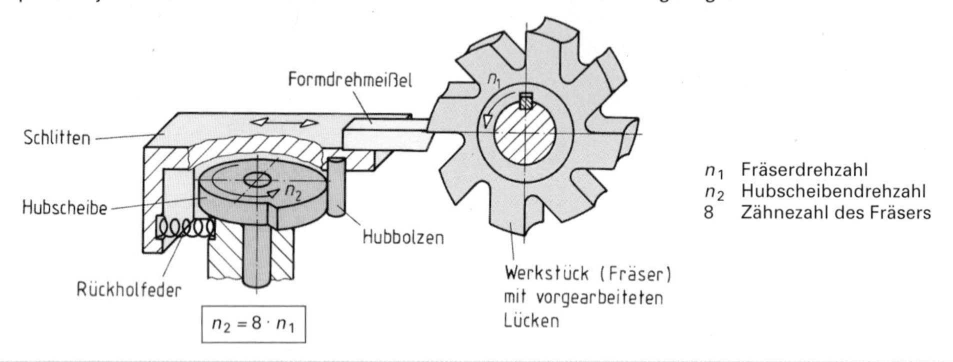

Durch gesteuerte Hin- und Herbewegung des Drehmeißels während einer Teildrehung des Werkstücks werden die Freiflächen der Fräserzähne spiralförmig hinterdreht.

2.6.13 Rändeln

Zylindrische Werkstücke, wie Drehgriffe, Schraubbolzen, Muttern, Schraubbuchsen, erhalten durch Rändeln auf der Drehmaschine eine griffige Oberfläche. Die Rillen können mit entsprechend profilierten Rädchen in die Oberfläche eingedrückt oder mit entsprechenden Fräsern ausgefräst werden.
Je nach dem Verlauf der zu erzeugenden Rillen unterscheidet man verschiedene Rändelarten.

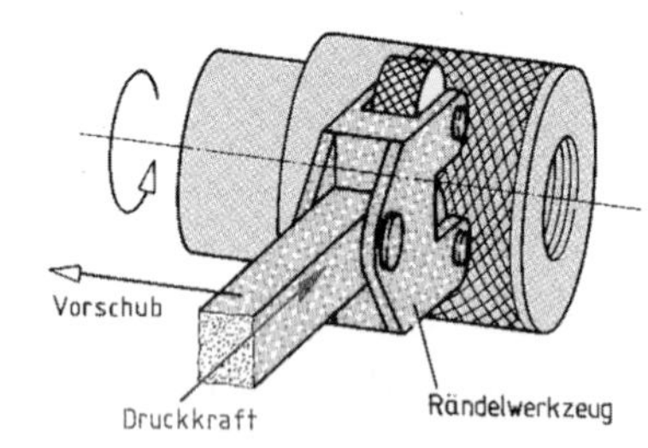

Rändeln

Rändelräder mit Fase für genormte Rändelarten

RAA	RBL	RBR	RKE
Rändel mit achsparallelen Riefen	**Linksrändel**	**Rechtsrändel**	**Kreuzrändel** Spitzen erhöht

Durch Rändeln werden parallele Rillen in unterschiedlichen Mustern in zylindrische Oberflächen eingearbeitet, um griffige Flächen zu erzeugen.

Übungsaufgaben B-111 bis B-113

- **Kurzzeichen für Rändel in Zeichnungen**

Bei Rändelungen wird hinter dem Kurzzeichen der Rillenabstand in Millimeter angegeben, er wird Teilung genannt. Die Größe der Teilung ist nach der Norm von 0,5 mm bis 3,0 mm gestuft. Mit zunehmendem Werkstückdurchmesser muss eine Rändelung mit größerer Teilung gewählt werden. Das Rillenprofil ist durch den Winkel von 90° festgelegt.

DIN 82 RAA 0,8

Teilung und Profil von Rändelungen

- **Rändeln durch Umformen**

Plastisch formbare Werkstoffe können durch Umlagerung von Werkstoffteilchen mit Rändelungen versehen werden. Der Werkstoff wird aus dem Grund der Rillen in die Spitzen gedrückt. Den neuen Außendurchmesser bezeichnet man als Nenndurchmesser der Rändelung, er wird in den Zeichnungen angegeben.

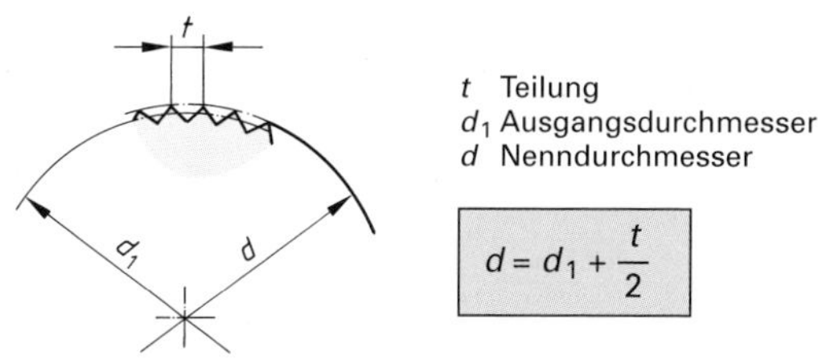

$$d = d_1 + \frac{t}{2}$$

Durchmesseränderung beim Rändeln durch Umformen

Die Rändelwerkzeuge zum Umformen bestehen aus einem oder zwei Rändelrädern, die drehbar in einem Werkzeughalter gelagert sind. Die Stellung der Räder im Halter kann starr oder verstellbar sein. Vielfach besitzen die Werkzeuge einen Gelenkkopf, der stets mit beiden Rädern gleichmäßig auf den Werkstückumfang einwirkt.

Beim Rändeln soll eine Umfangsgeschwindigkeit der Werkstücke zwischen 25 m/min und 30 m/min eingestellt werden. Die Zustellung erfolgt von Hand durch Verstellung des Planschlittens. Der Vorschub des Rändelwerkzeugs soll etwa mit halber Teilung eingestellt werden. Die Verwendung eines Schneidöls erhöht die Standfestigkeit des Werkzeugs und verbessert die Oberflächengüte.

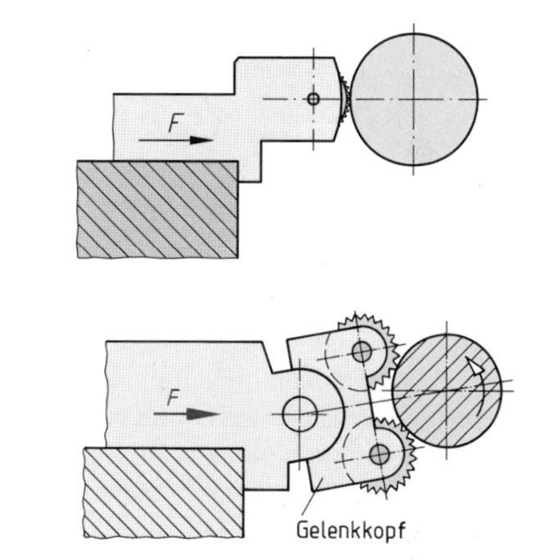

Rändelwerkzeuge zum Umformen

- **Rändeln durch Spanen**

Werkzeuge zum Rändeln durch Spanen schneiden mit Schneidrädern die Rändelprofile in die Werkstückoberfläche. Es erfolgt keine Aufweitung des Ausgangsdurchmessers. Die Schnittkräfte sind verhältnismäßig klein, daher kann die Umlaufgeschwindigkeit der Werkstücke höher gewählt werden als beim Rändeln durch Umformen. Auch bei harten und spröden Werkstoffen werden einwandfreie Rändelmuster erzeugt. Der hohe Anpressdruck entfällt, sodass dünnwandige Werkstücke ohne Probleme gerändelt werden können.

Beispiel für Rändelwerkzeuge zum Fräsen

Rändelwerkzeug für herkömmliche Drehmaschine

Rändelwerkzeug für CNC-Maschine

Übungsaufgaben B-114; B-115

2.6.14 Gewindewirbelköpfe

Zur Fertigung von ein- und mehrgängigen Außen- und Innengewinden mit nahezu beliebigen Profilformen werden Gewindewirbelköpfe in Schneidapparaten auf Drehmaschinen eingesetzt. Zu den gewünschten Gewindeprofilen werden bestimmte Schneidenprofile errechnet. Durch Gewindewirbeln werden z.B. Kugelumlaufspindeln und -muttern, Pumpenspindeln und Getriebeschnecken gefertigt. Es lassen sich harte Werkstoffe, rostfreie und zähe Stähle sowie Titan und Titanlegierungen bearbeiten.

Zur Gewindeherstellung dreht sich das Werkstück, während gleichzeitig der Gewindewirbelapparat bei einer Umdrehung des Werkstückes kontinuierlich um die Steigung *P* des Gewindes weiterbewegt wird.

Der einzustellende Steigungswinkel α ergibt sich aus der Steigung und dem Umfang des Gewindes auf dem Flankendurchmesser.

Der Gewindewirbelapparat wird durch Schwenken um den Steigungswinkel α des Gewindes in die richtige Arbeitslage gebracht.

Beispiel für das Gewindewirbeln von Außengewinden mit einem Wirbelkopf mit vier Schneiden

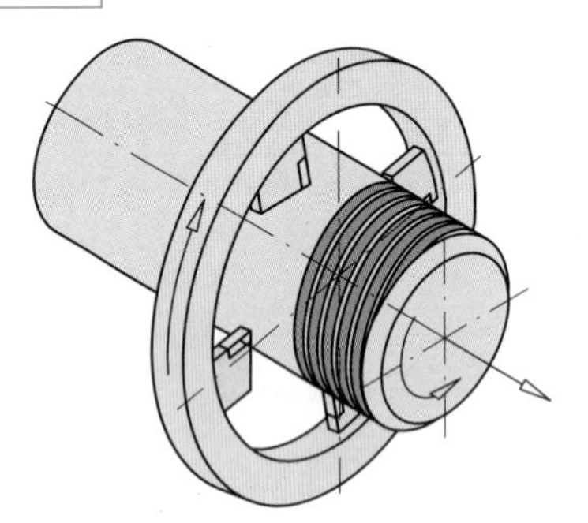

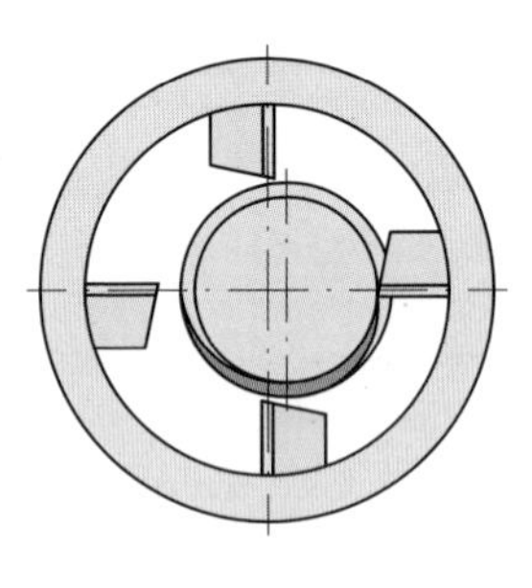

Wirbelköpfe mit 3 bis 12 Schneiden aus Hartmetall oder keramischen Werkstoffen umkreisen mit sehr hoher Umdrehungsfrequenz auf einer exzentrischen Bahn das Werkstück. Die Drehteile drehen sich mit sehr niedriger Umdrehungsfrequenz im Gleich- oder Gegenlauf zur Drehrichtung des Wirbelkopfes. Die mit hoher Schnittgeschwindigkeit umlaufenden Schneiden sind nur kurzzeitig im Einsatz und nehmen nur feine Kommaspänchen ab. Die entstehende Wärme wird zu 80 bis 90 Prozent mit den Spänen abgeführt, sodass meist Trockenbearbeitung möglich ist. Gewinde werden zeitsparend in einem Durchgang mit hoher Oberflächengüte und hoher Genauigkeit gefertigt.

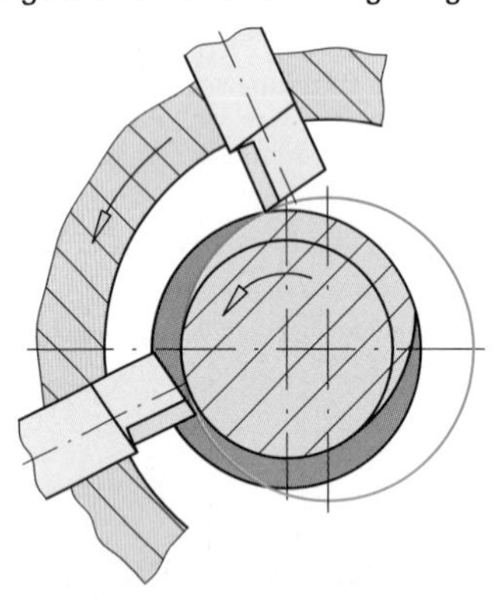

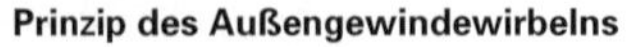
Prinzip des Außengewindewirbelns

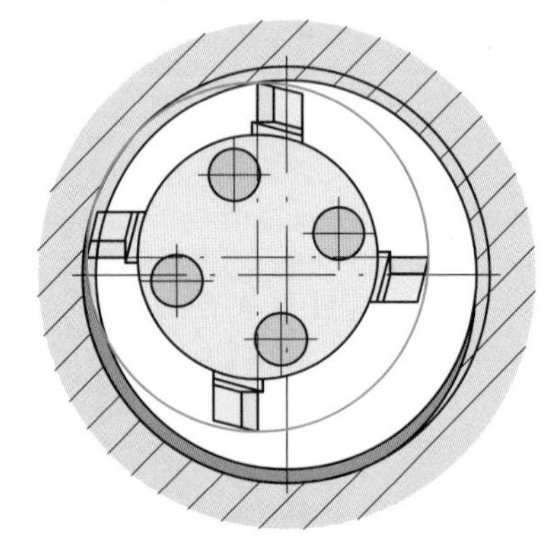
Prinzip des Innengewindewirbelns

Vorteile des Gewindewirbelns:

- geringe Fertigungszeit von gewirbelten Gewinden
- Maßgenauigkeit und Oberflächengüte des gewirbelten Gewindes liegen im Bereich der Schleifgüte.
- Das Werkstoffgefüge wird durch die geringe Erwärmung des erzeugten Gewindes nicht beeinträchtigt.

Gewindewirbeln ist eine Sonderform des Fräsens auf Drehmaschinen zur Erzeugung hochgenauer langer Gewindeprofile in kurzer Fertigungszeit.

Übungsaufgabe B-116

2.7 Bestimmen von Arbeitsgrößen beim Drehen

2.7.1 Bestimmen der Schnittwerte für einen Auftrag

Zur Ermittlung der Schnittwerte für einen Auftrag geht man nach Auswahl der geeigneten Drehmaschine meist in folgender Reihenfolge vor:

1. Wahl der Werkzeuge aus dem Werkzeugmagazin der Maschine.
2. Ermittlung der Schnittdaten aus Tabellen.
3. Berechnung der Umdrehungsfrequenz.
4. *Nur für Schlichten:* Prüfen, ob mit dem gewähltem Vorschub und dem Schneidenradius des Werkzeugs die mindestens geforderte Oberflächengüte erreicht werden kann.
5. Dokumentation der Schnittwerte im Arbeitsplan.

Beispiel für die Bestimmung der Schnittwerte für einen Auftrag

Auftrag:

Ein Bundbolzen aus 34CrNiMo6 soll entsprechend der Zeichnung an einer Seite von 45 mm Durchmesser auf den Durchmesser 36h6 abgedreht werden.

Es steht eine Drehmaschine mit Werkzeug vor der Drehmitte zur Verfügung.

Für das Schruppen und Schlichten sind jeweils Werkzeug, Schnitttiefe, Umdrehungsfrequenz und Vorschub zu bestimmen.

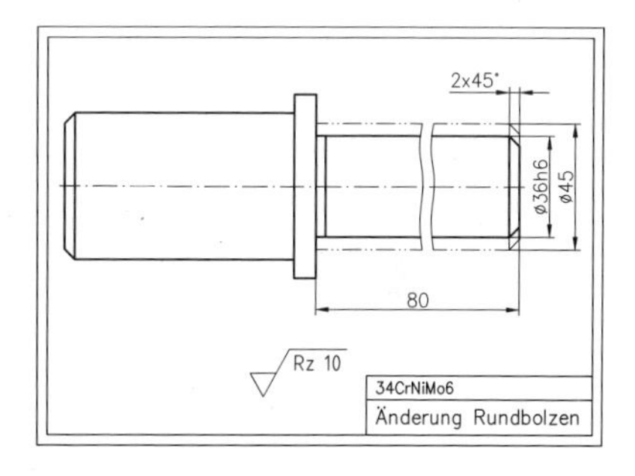

- **Auswahl der Werkzeuge**

Die Auswahl der Werkzeuge richtet sich nach

1. dem Werkstoff des Werkstückes,
2. der Art der Bearbeitung (Schruppen oder Schlichten),
3. dem Bearbeitungsverfahren (Längs- und Querplandrehen, Innen- und Außendrehen)

Beispiel für die Werkzeugauswahl für den Auftrag „Änderung eines Rundbolzens"

Für den Vergütungsstahl 34CrNiMo6 wird zum Schruppen der Schneidenwerkstoff **P30** und zum Schlichten der Schneidenwerkstoff **P10** gewählt.

Nach dem Bearbeitungsverfahren und der Art der Bearbeitung werden aus dem Werkzeugmagazin der Maschine die Werkzeuge **T18** und **T28** gewählt.

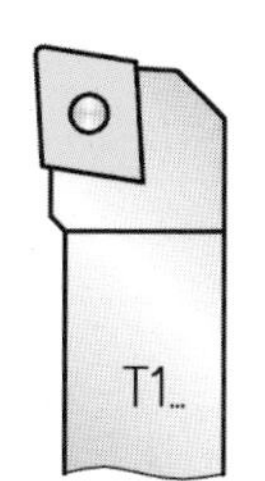

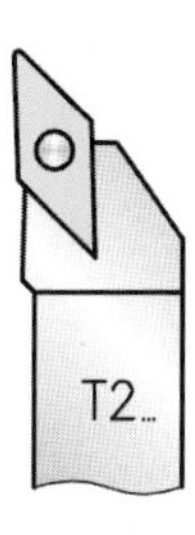

Werkzeug	Schneidenradius *r*
T16	0,6 mm
T18	0,8 mm
T26	0,6 mm
T28	0,8 mm

Auswahlentscheidung

Schruppen Ø 45 → Ø 37:
Schneidstoff P30
Werkzeug T18 mit $r = 0{,}8$ mm

Schlichten Ø 37 → Ø 36h6:
Schneidstoff P10
Werkzeug T28 mit $r = 0{,}8$ mm

Übungsaufgaben B-117; B-118

- **Auswahl der Schnittdaten**

Die Schnittdaten werden aus den Tabellen der Schneidstoffhersteller ausgewählt. Meist werden dort die Schnittgeschwindigkeit, der Vorschub und häufig auch die Schnitttiefe angegeben. Falls die Schnitttiefe frei gewählt wird, wählt man je nach Werkstoff

- für Schruppen etwa den 6- bis 8-fachen Wert des Vorschubs,
- für Schlichten maximal 1 mm.

Beispiel für die Bestimmung der Schnittdaten für den Auftrag „Änderung eines Rundbolzens"

Auszug aus dem Katalog des Schneidstoffherstellers

Werkstoff des Werkstücks	Schruppen und unterbrochener Schnitt			
	HM-Sorte	Vorschub in mm	Schnitttiefe in mm	Schnittgeschwindigkeit in m/min
Niedrig legierte Stähle 850 – 1400 $\frac{N}{mm^2}$ Zugfestigkeit	P25	0,6–1,0	2 – 4	80–40
	P30	0,6–1,2		60–25
	P40	1,2–2,5		30–15

Schlichten			
HM-Sorte	Vorschub in mm	Schnitttiefe in mm	Schnittgeschwindigkeit in m/min
P10	0,1–0,4	0,5 – 1,5	140– 70
M10	0,1–0,3		110– 60
BK[1]	bis 0,1		300–200

Auswahlentscheidung

Schruppen Ø 45 → Ø 37:

Schneidstoff	P30
Schnitttiefe (2 Schnitte)	2 mm
Vorschub	0,8 mm
Schnittgeschwindigkeit	50 m/min

Schlichten Ø 37 → Ø 36h6:

Schneidstoff	P10
Schnitttiefe	0,5 mm
Vorschub	0,2 mm
Schnittgeschwindigkeit	120 m/min

- **Berechnung der Umdrehungsfrequenz**

Aus der Schnittgeschwindigkeit und den zu bearbeitenden Durchmessern wird für jeden Arbeitsgang die Umdrehungsfrequenz entweder mit dem Umdrehungsfrequenz-Schaubild bestimmt oder berechnet nach der Gleichung

$$n = \frac{v_c}{d \cdot \pi}$$

Beispiel für die Berechnung der Umdrehungsfrequenzen für den Auftrag „Änderung eines Rundbolzens"

Vorgaben

Schruppen Ø 45 → Ø 37:
Schnittgeschwindigkeit 50 m/min

Schlichten Ø 37 → Ø 36h6:
Schnittgeschwindigkeit 120 m/min

Ergebnis

Schruppen:

$$n = \frac{v_c}{d \cdot \pi}; \quad n_1 = \frac{50\,000 \text{ mm}}{\text{min } 45 \text{ mm} \cdot \pi};$$

$n = \underline{\mathbf{354\ 1/min}}$

Schlichten:

$$n = \frac{v_c}{d \cdot \pi}; \quad n_2 = \frac{120\,000 \text{ mm}}{\text{min } 37 \text{ mm} \cdot \pi};$$

$n = \underline{\mathbf{1033\ 1/min}}$

- **Prüfen, ob mit dem gewählten Vorschub und dem Schneidenradius des Werkzeugs beim Schlichten die mindestens geforderte Oberflächengüte erreicht werden kann.**

Die Oberflächengüte wird wesentlich durch den Vorschub beim Schlichen und den Schneidenradius bestimmt. Mithilfe des Vorschub-Rauheitswert-Diagramms kann geprüft werden, ob der geforderte Rauheitswert mit dem festgelegten Vorschub erreicht werden kann.

Beispiel für die Überprüfung des Vorschubwertes für den Auftrag „Änderung eines Rundbolzens" hinsichtlich der geforderten Oberflächengüte

Vorgaben

Schlichten Ø 37 → Ø 36h6:

Geforderte Oberflächengüte	*Rz* 10
Schneidenradius	*r* = 0,8 mm
Vorschub	*f* = 0,2 mm

Prüfergebnis

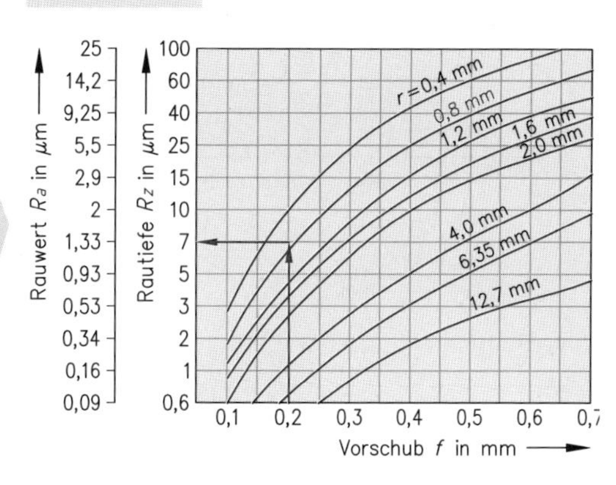

Bewertung:
Mit dem Vorschub beim Schlichten von *f* = 0,2 mm kann der vorgeschriebene Rauheitswert *Rz* 10 erreicht werden.

- **Dokumentation der Schnittwerte im Arbeitsplan**

Im Arbeitsplan, der für das herzustellende Werkstück aufgestellt wird, werden die notwendigen Arbeitsgänge, die Werkzeuge und die Einstelldaten eingetragen. Außerdem werden Besonderheiten bei der Bearbeitung, z.B. der Einsatz von Kühlschmiermitteln, angegeben.

Beispiel für die Dokumentation der Schnittwerte in den Arbeitsplan „Änderung eines Rundbolzens"

Arbeitsplan
Werkstück: Bolzen — Rohteilabmessungen: Ø 68 x 200 — Datum: 08.09....
Zeichnungsnr.: 33.44.55 — Spannmittel: Dreibackenfutter

Nr.	Arbeitsgang	Werkzeug	Einstellgrößen	Bemerkungen
1	Längsdrehen Schruppen	Rechter Außendrehmeißel T18 P30	a_p = 2 mm f = 0,8 mm n = 354 1/min	Kühlschmiermittel
2	Längsdrehen Schlichten	Rechter Außendrehmeißel T28 P10	a_p = 0,5 mm f = 0,2 mm n = 1033 1/min	Kühlschmiermittel

2.7.2 Berechnen der Hauptnutzungszeit

Die reine Nutzungszeit der Drehmaschine, also die Zeit, in der die Maschine das Werkstück bearbeitet, ist die Hauptnutzungszeit t_h. Die Hauptnutzungszeit wird aus dem Vorschubweg, der Zahl der Schnitte und dem Vorschub berechnet. Der Vorschubweg ist der Weg, auf dem das Werkzeug im Eingriff ist, plus dem Anschnittweg und ggf. dem Überlaufweg.

Längs-Runddrehen

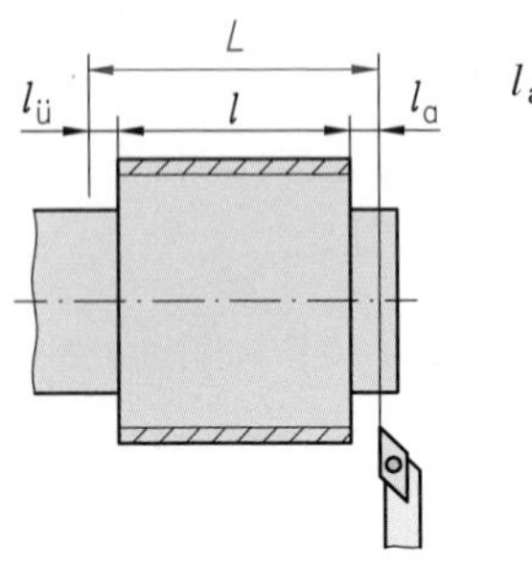

$l_a = l_ü = 2$ mm

$L = l + l_a + l_ü$

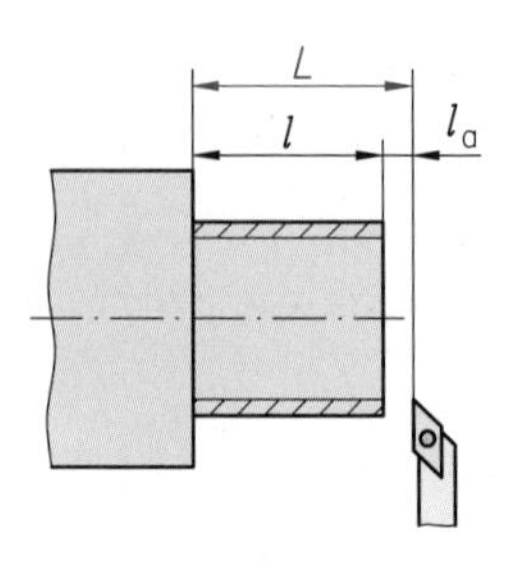

$L = l + l_a$

Formelzeichen

- L Vorschubweg
- l Werkstücklänge
- l_a Anschnittlänge
- $l_ü$ Überlauflänge
- d Werkstückdurchmesser
- t_h Hauptnutzungszeit
- i Anzahl der Schnitte
- f Vorschub
- n Umdrehungsfrequenz

Quer-Plandrehen

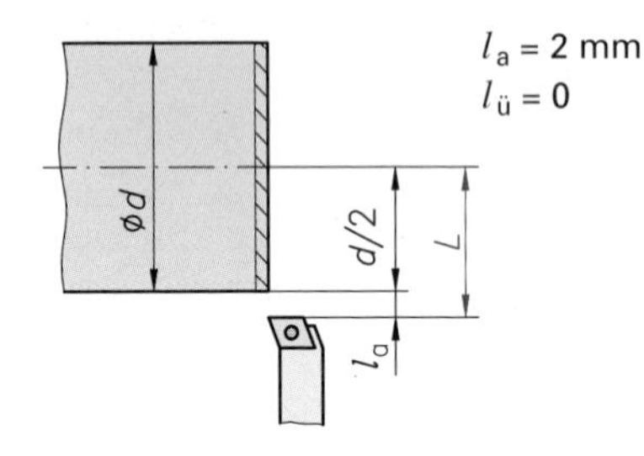

$l_a = 2$ mm
$l_ü = 0$

$$L = \frac{d}{2} + l_a$$

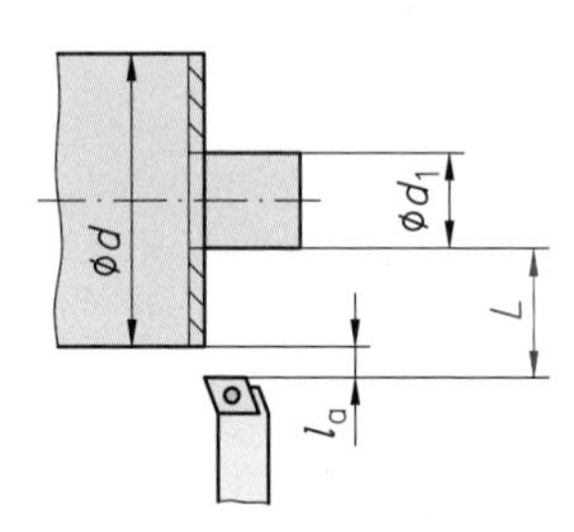

$$L = \frac{d - d_1}{2} + l_a$$

Hauptnutzungszeit:

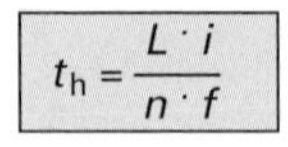

$$t_h = \frac{L \cdot i}{n \cdot f}$$

Beispiel für die Berechnung der Hauptnutzungszeit für das Längs-Runddrehen im Auftrag „Änderung eines Rundbolzens“

Gegeben:

Vorschubweg $l = 80$ mm
Anzahl der Schnitte $i = 2$
Umdrehungsfrequenz
  Schruppen $n_1 = 354$ 1/min
  Schlichten $n_2 = 1033$ 1/min
Vorschub
  Schruppen $f_1 = 0{,}8$ mm
  Schlichten $f_2 = 0{,}2$ mm

Lösung:

$$t_h = \frac{L \cdot i}{n \cdot f}$$

Schruppen:

$$t_{h1} = \frac{82 \text{ mm} \cdot 2 \text{ min}}{354 \cdot 0{,}8 \text{ mm}} = \mathbf{0{,}58 \text{ min}}$$

Schlichten:

$$t_{h2} = \frac{82 \text{ mm} \cdot 1 \text{ min}}{1033 \cdot 0{,}2 \text{ mm}} = \mathbf{0{,}40 \text{ min}}$$

Gesamtzeit:

$$t = t_{h1} + t_{h2} = 0{,}58 \text{ min} + 0{,}40 \text{ min} = \mathbf{0{,}98 \text{ min}}$$

Übungsaufgaben B-119 bis B-124

2.7.3 Berechnen der Schnittkraft

Zerspankräfte dürfen nur geringe Verformungen der Maschine bewirken, da diese zwangsläufig zu Maßabweichungen am Werkstück führen. Schwankungen der Zerspankräfte können Ursachen von Schwingungen sein, welche neben Maßabweichungen zu einer Minderung der Oberflächengüte beitragen.

LF 2+5

Die **Zerspankraft *F*** ist die auf den Schneidkeil wirkende Gesamtkraft. Sie ergibt sich aus der Addition von drei rechtwinklig zueinander wirkenden Teilkräften, die an einem gemeinsamen Angriffspunkt der Schneide angreifen. Von diesen drei Teilkräften ist die senkrecht nach unten wirkende Kraft die größte. Sie ist die Gegenkraft, die der Werkstoff der Spanabnahme entgegensetzt, und wird als **Schnittkraft F_c** bezeichnet. Die Berechnung der Antriebsleistung einer Zerspanungsmaschine wird mithilfe der Schnittkraft F_c vorgenommen.

Die Schnittkraft F_c wächst im gleichen Verhältnis wie der Spanungsquerschnitt *S*. Viele weitere Einflussgrößen werden zu einem konstanten Wert zusammengefasst, den man als **spezifische Schnittkraft k_c** bezeichnet.

Die **spezifische Schnittkraft k_c** steigt mit

- zunehmender Festigkeit des Werkstoffs,
- abnehmender Spanungsdicke *h*,
- abnehmendem Spanwinkel γ_o, Hartmetallscheide: $\gamma_o = 6°$ für Stähle; $\gamma_o = 2°$ für Gusseisen,
- abnehmender Schnittgeschwindigkeit v_c
- abnehmender Schmierwirkung,
- dem Fertigungsverfahren.

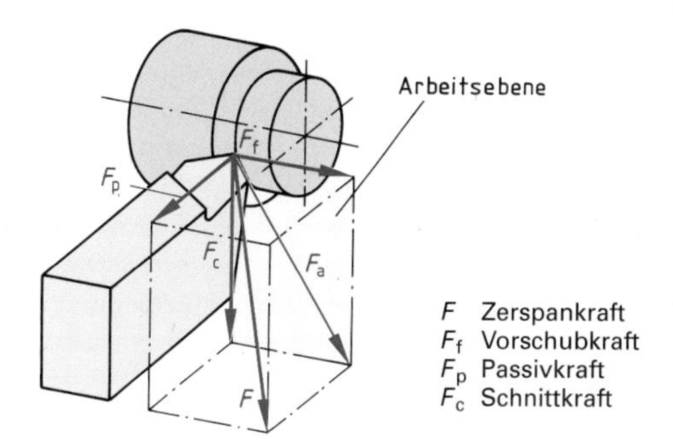

Zerlegung der Zerspankraft beim Drehen

Die Schnittkraft errechnet sich nach der Formel:

$$F_c = k_c \cdot S$$

F_c Schnittkraft
k_c spezifische Schnittkraft
S Spanungsquerschnitt

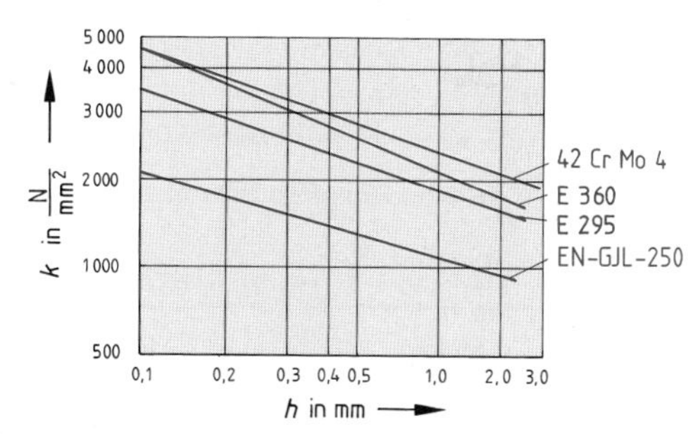

Grundwert *k* der spezifischen Schnittkraft in Abhängigkeit von der Spanungsdicke *h*

Eine Möglichkeit, die spezifische Schnittkraft k_c zu bestimmen, bietet die folgende Formel:

$$k_c = k \cdot c_1 \cdot c_2 \cdot c_3$$

Dabei ist *k* der **Grundwert** für die spezifische Schnittkraft, in dem bereits die Festigkeit verschiedener Werkstoffe bei festgelegter Schneidengeometrie in Abhängigkeit von der Spanungsdicke *h* berücksichtigt ist. Dieser Grundwert ist unabhängig vom jeweiligen Fertigungsverfahren. Er ist in Versuchen ermittelt.

Die **Korrekturfaktoren** berücksichtigen:
c_1 den Einfluss der **Schnittgeschwindigkeit,**
c_2 den Einfluss des **Fertigungsverfahrens,**
c_3 den Einfluss der **Schmierung.**

Korrekturfaktoren

Schnittgeschw. v_c in m/min	c_1	**Fertigungsverfahren**	c_2	**Schmierung**	c_3
10– 30	1,3	Bohren	1,2	Bohren	1,0
> 30– 80	1,1	Drehen	1,0	Drehen	0,95
> 80–300	1,0	Fräsen	0,8	Fräsen	0,8
> 300	0,9				

Die Schnittkraft F_c ergibt sich aus dem Spanungsquerschnitt mal der spezifischen Schnittkraft. Die spezifische Schnittkraft ist ein Widerstandswert, in dem die Einflussgrößen auf den Zerspanvorgang zusammengefasst sind.

Übungsaufgaben B-125 bis B-128

3 Fertigen durch Fräsen mit mechanisch gesteuerten Werkzeugmaschinen

3.1 Fräsmaschinen

Fräsen ist ein spanendes Bearbeiten mit einem meist mehrschnittigen Fräser, von dem an der Schnittstelle stets eine oder mehrere Schneiden im Eingriff sind. Der Fräser hat geometrisch bestimmte Schneiden.
Die Spanabnahme erfolgt auf der Fräsmaschine dadurch, dass
- der Fräser die *kreisförmige* Schnittbewegung und
- das Werkstück die *geradlinige* und stetige Vorschubbewegung ausführt.

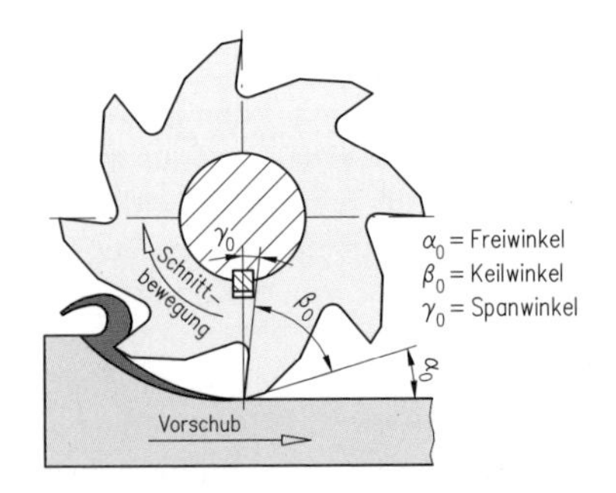

Vorschub und Schnittbewegung beim Fräsen

Fräsen erfolgt mit geometrisch bestimmten Schneiden. Die Schnittbewegung erfolgt durch den rotierenden Fräser.

Mechanisch gesteuerte Fräsmaschinen werden hauptsächlich in der Einzelfertigung zur Herstellung meist geradliniger Konturen und Bohrungen eingesetzt.

Nach der Lage der Frässpindel unterscheidet man Waagerecht- und Senkrechtfräsmaschinen. Universalfräsmaschinen mit schwenkbarem Kopf oder mit zwei Spindeln erlauben den Einsatz sowohl als Waagerecht- als auch als Senkrechtfräsmaschine.

Beispiel für eine Universalfräsmaschine im Einsatz als Waagerecht- und als Senkrechtfräsmaschine

Waagerecht-Fräsmaschine	Senkrecht-Fräsmaschine
Die Frässpindel liegt **waagerecht**. Für bestimmte Fräsarbeiten wird die Frässpindel durch verstellbare Stützlager im Gegenhalter geführt.	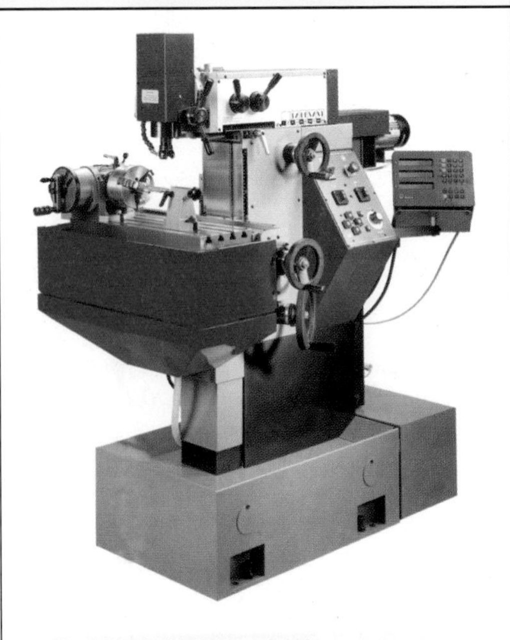 Die Frässpindel steht **senkrecht**. Der Fräskopf ist schwenkbar. Eine Höhenverstellung des Fräsers im Fräskopf ist möglich.

Übungsaufgaben B-129; B-130

3.2 Arbeitsverfahren auf Fräsmaschinen

3.2.1 Einteilung und Benennung der Fräsverfahren

Fräsverfahren werden nach der Form der zu erzeugenden Fläche, nach der Lage der Schneiden zur Vorschubbewegung und nach dem Zusammenwirken von Schnitt- und Vorschubbewegung unterschieden.

- **Einteilung nach der Vorschubbewegung und der Form der zu erzeugenden Fläche**

Nach der Form der zu erzeugenden Fläche unterscheidet man Planfräsen, Rundfräsen, Profilfräsen u. a.

Beispiele für die Bezeichnung von Fräsverfahren nach Vorschub und Form der zu erzeugenden Fläche.

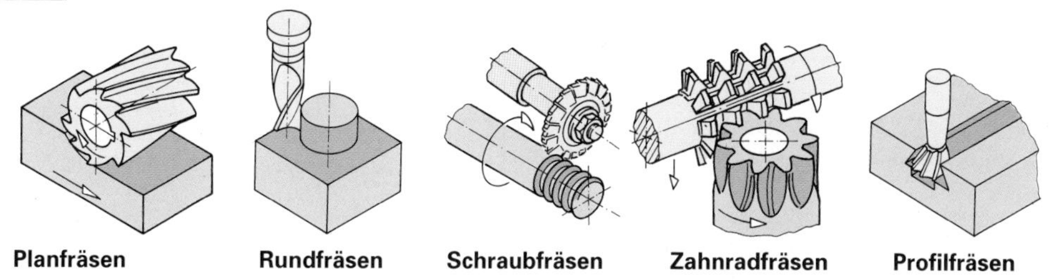

- **Einteilung nach der Lage der Schneiden zur Vorschubbewegung**

Als **Hauptschneiden** bezeichnet man die Schneiden, welche in Vorschubrichtung liegen. **Nebenschneiden** liegen nicht in Vorschubrichtung. Haupt- und Nebenschneiden bilden die **Schneidenecke**.
Nach der Lage der Schneiden am Fräser, durch welche die gewünschte Oberfläche erzeugt wird, unterscheidet man Umfangsfräsen, Stirnfräsen und Stirn-Umfangsfräsen.

Planfräsen durch Stirnfräsen	Planfräsen durch Umfangsfräsen	Planfräsen durch Stirn-Umfangsfräsen
Vorschub Nebenschneide Hauptschneide Schneidecke Die *Nebenschneiden* an der Stirnseite des Fräsers erzeugen die Werkstückoberfläche.	Die *Hauptschneiden* am Umfang des Fräsers erzeugen die Werkstückoberfläche.	Die *Hauptschneiden* am Umfang und die *Nebenschneiden* an der Stirnseite des Fräsers erzeugen die Werkstückoberfläche.

- **Einteilung nach der Art des Zusammenwirkens von Schnitt- und Vorschubbewegung**

Entsprechend dem Zusammenwirken von Schnitt- und Vorschubbewegung unterscheidet man Gegenlauf- und Gleichlauffräsen.

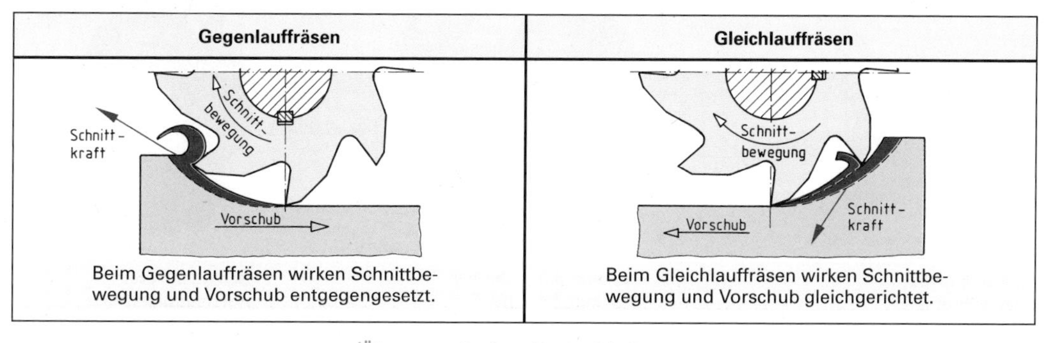

Gegenlauffräsen	Gleichlauffräsen
Beim Gegenlauffräsen wirken Schnittbewegung und Vorschub entgegengesetzt.	Beim Gleichlauffräsen wirken Schnittbewegung und Vorschub gleichgerichtet.

Übungsaufgaben B-131 bis B-134

3.2.2 Vergleich von Gegenlauffräsen und Gleichlauffräsen

Beim Fräsvorgang werden Schneiden und Werkstückaufspannungen unterschiedlich belastet, wenn die Schnittbewegung des Fräsens der Vorschubbewegung des Werkstückes gleich- oder entgegengesetzt gerichtet ist.

Gleichlauffräsen	Gegenlauffräsen
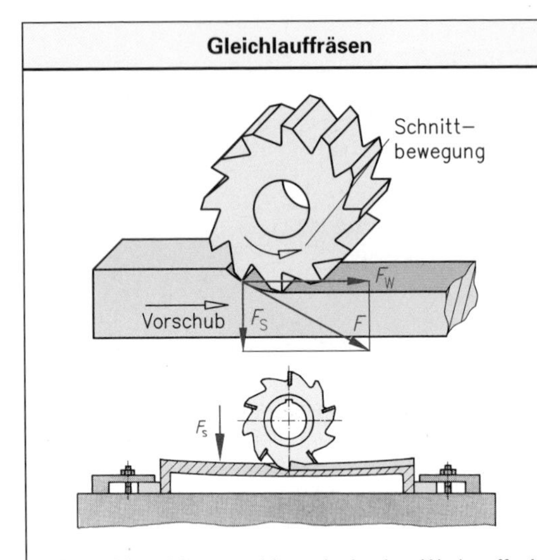	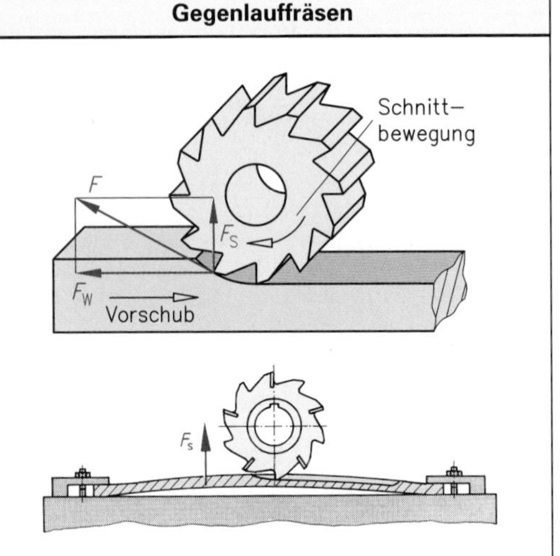
- Schneiden dringen schlagartig in den Werkstoff ein und werden sehr stark belastet. - Geringer Freiflächenverschleiß erhöht die Standzeit der Wendeschneidplatten. - Schräg nach unten gerichtete Schnittkräfte versuchen das Werkstück unter den Fräser zu ziehen. Daher muss die Vorschubeinrichtung der Fräsmaschine absolut spielfrei sein. - Große Schnitttiefen können bei hohen Schnittgeschwindigkeiten gewählt werden.	- Schneiden dringen allmählich in den Werkstoff ein. Starke Reibung führt zu hohem Verschleiß der Schneiden. - Zum Ende des Schnittvorgangs ist der Spanungsquerschnitt maximal, die Schneiden werden schlagartig entlastet. - Rattermarken können die Oberflächengüte negativ beeinflussen. - Schräg nach oben gerichtete Schnittkräfte versuchen das Werkstück aus der Aufspannung zu heben.

3.3 Fräswerkzeuge und ihr Einsatz

Im Aufbau unterscheidet man Fräser, welche ganz aus Schnellarbeitsstahl oder Hartmetall bestehen und Fräser mit Trägerkörpern aus Stahl und eingesetzten Wendeschneidplatten aus Hartmetall oder Schneidkeramik.

Beispiele für den Aufbau von Fräswerkzeugen

HM-Schaftfräser beschichtet

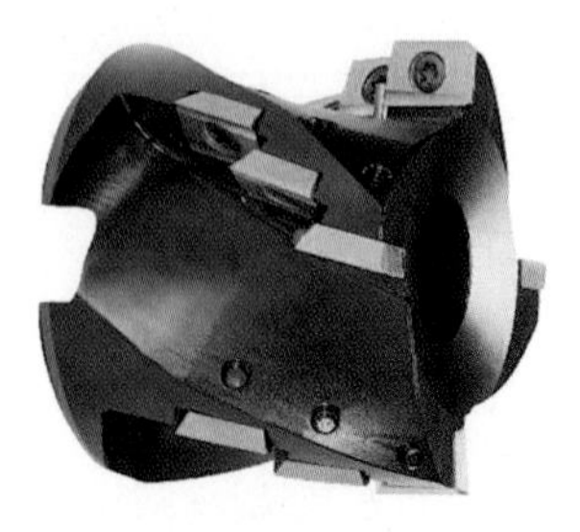

Walzenstirnfräser mit Hartmetallplatten

Scheibenfräser mit Hartmetallplatten

Übungsaufgaben B-135; B-136

3.3.1 Walzenstirnfräser

Walzenstirnfräser haben eine zylindrische Grundform sowie Schneiden am Umfang und an der Stirnseite. Sie werden vorwiegend zum Umfangsfräsen ebener Flächen an schmalen Werkstücken und zum Stirn-Umfangsfräsen von Falzen und breiten Nuten verwendet.

Beispiele für Fräsarbeiten mit Walzenstirnfräsern

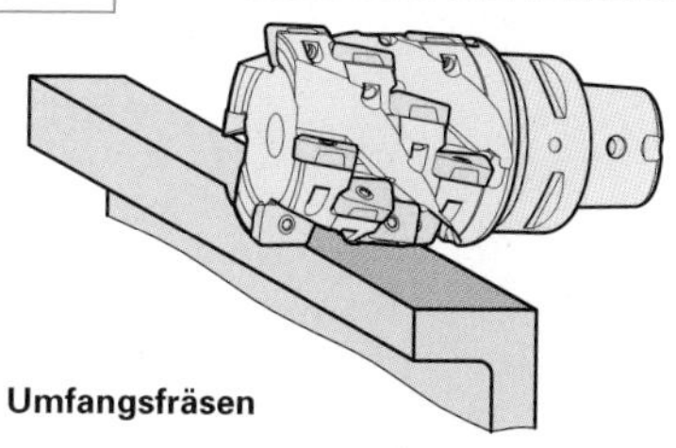

Umfangsfräsen

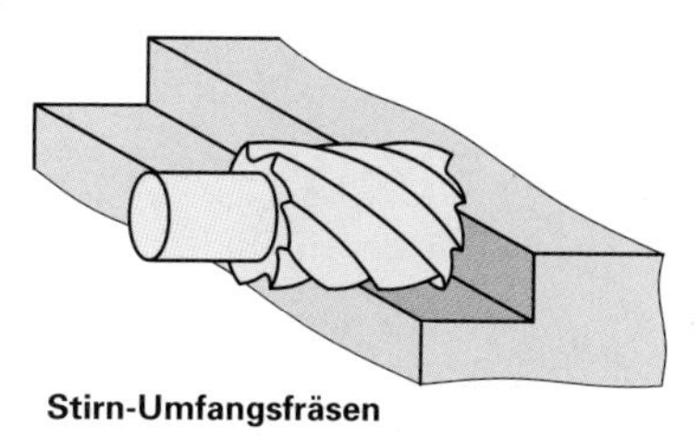

Stirn-Umfangsfräsen

- **HSS-Walzenstirnfräser**

Walzenstirnfräser werden bei diesen Fräsarbeiten vorwiegend so eingesetzt, dass die Schneiden am Umfang des Fräsers die Hauptschneiden sind.

Zur Bestimmung der Werkzeugwinkel der Hauptschneiden an einem Walzenstirnfräser benutzt man die Keilmessebene des Fräsers. Sie steht senkrecht zur Fräserschneide und ist um den Drallwinkel gegen die Längsachse des Fräsers verdreht.

Beispiel für die Lage der Winkel an der Hauptschneide beim Umfangsfräsen

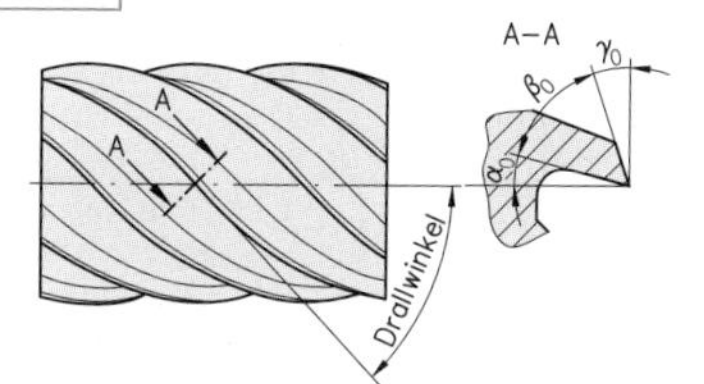

α_o = Freiwinkel
β_o = Keilwinkel
γ_o = Spanwinkel

Die meisten Walzenstirnfräser haben einen Drall, damit die Hauptschneiden allmählich in den Werkstoff eindringen. Dies führt zu

- gleichmäßigerer Schneidenbelastung,
- ruhigerem Lauf des Fräsers,
- leichterer Spanabfuhr und
- Erhöhung der Standzeit der Werkzeuge

HSS-Walzenstirnfräser zum Schlichten als Aufsteckfräser

Fräsertyp	Typ H	Typ N	Typ W
zu bearbeitender Werkstoff	Harte und zähharte Werkstoffe z.B. legierte Stähle	normalharte Werkstoffe z.B. Baustahl, Gusseisen	weiche Werkstoffe z.B. Aluminiumlegierungen
Drallwinkel			
Keilwinkel Spanwinkel Spanraum	γ β	Spanraum γ β	γ β

Walzenstirnfräser haben meist einen Drall.
Je härter der zu bearbeitende Werkstoff, desto größer ist der Keilwinkel und desto kleiner ist der Spanwinkel.

Übungsaufgabe B-137

Einteilige Walzenstirnfräser werden je nach Bearbeitungsart in der Schneide unterschiedlich gestaltet. Zum Schlichtfräsen werden Fräser mit ungeteilten Schneiden verwendet. Zum Schruppfräsen wählt man geteilte, gerundete Schneiden (Kennzeichnung R). Fräser mit unterbrochenen flachen Schneiden (Kennzeichen F) setzt man zum Schruppen und Schlichten ein.

Beispiele für Fräser mit unterbrochenen Schneiden

Typ NR

Typ NF

> Fräser zum Schruppen werden mit dem Kennzeichen R gekennzeichnet und haben gerundete unterbrochene Schneiden.
> Fräser zum Schruppen und Schlichten werden mit dem Kennzeichen F gekennzeichnet. Sie haben flache unterbrochene Schneiden.

Bei Walzenstirnfräsern wirkt die Schnittkraft immer senkrecht zur Schneide. Darum ergibt sich bei Fräsern mit Drall immer ein Anteil der Schnittkraft in Richtung der Spindelachse.
Durch Zerlegung der Schnittkraft in ihre Komponenten kann diese axial gerichtete Kraft ermittelt werden.

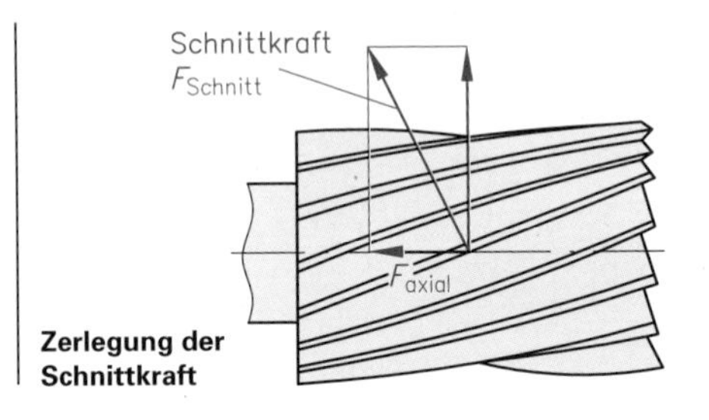

Zerlegung der Schnittkraft

- **Hartmetallbestückte Walzenstirnfräser**

Für die **Schruppbearbeitung** werden die Fräser ausschließlich mit Wendeschneidplatten bestückt. Für die **Schlichtbearbeitung** werden dagegen auch drallförmige Schneidleisten aus Hartmetall eingesetzt. Um eine hohe Rundlaufgenauigkeit zu erzielen, erhalten Schlichtfräser mit Schneidleisten im montierten Zustand den Fertigschliff. Mit diesen Schlichtwalzenstirnfräsern erzielt man hohe Oberflächengüten; auch dünnwandige Werkstücke werden schwingungsarm bearbeitet.
Beim Nuten- und Konturfräsen können Walzenstirnfräser den Werkstoff mit großer Schnitttiefe abtrennen. Dabei wird die Hauptzerspanarbeit von den Schneiden am Umfang geleistet.

Beispiele für Walzenstirnfräser zur Schrupp- und Schlichtbearbeitung

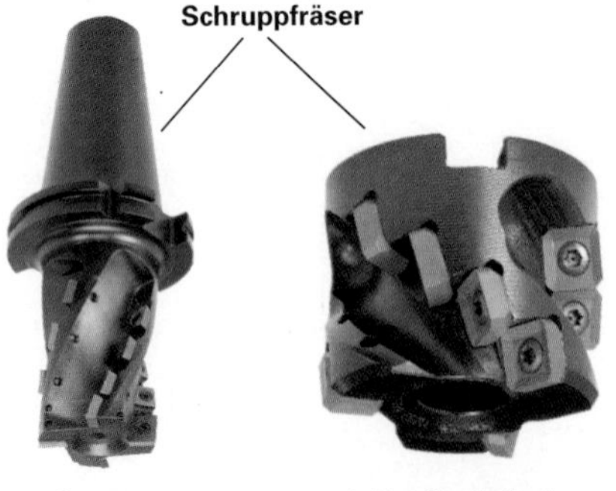

mit Konus | mit Nut für Aufnahme

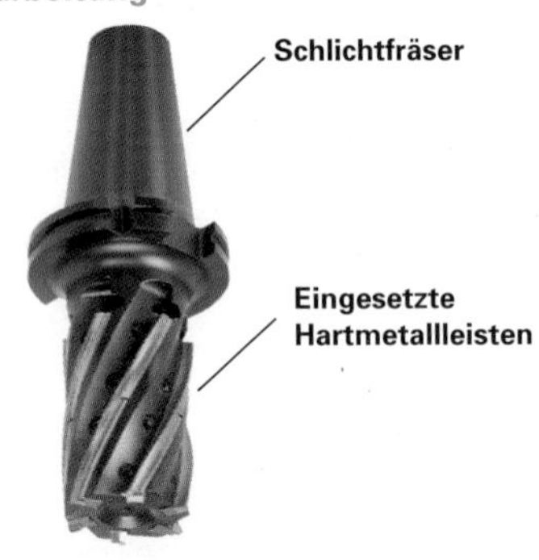

mit Konus

> Hartmetallbestückte Walzenstirnfräser sind für die Schrupp- und Schlichtbearbeitung mit Wendeschneidplatten bestückt. Für die Schlichtbearbeitung werden zur Erzielung hoher Oberflächengüten Walzenstirnfräser mit eingesetzten Hartmetallleisten verwendet.

Übungsaufgabe B-138

3.3.2 Plan- und Eckfräsköpfe

Zum Stirnplanfräsen und Eckfräsen werden Messerköpfe eingesetzt. Der Werkstoff wird beim Fräsen mit diesen Fräsköpfen auf der Umfangsseite mit den Hauptschneiden zerspant. Die Stirnseite mit den Nebenschneiden schabt über die bearbeitete Fläche.

LF 2+5

Planfräsköpfe dienen vorwiegend zur Erzeugung ebener Flächen. Sie haben kleine Einstellwinkel, um die Kraft an der Schneide klein zu halten.

Eckfräsköpfe werden verwendet, wenn außer einer Planfläche gleichzeitig eine senkrechte Fläche erzeugt werden soll oder nur die senkrechte Fläche zu bearbeiten ist. Entsprechend der Verwendung beträgt bei Eckfräsköpfen der Einstellwinkel 90°.

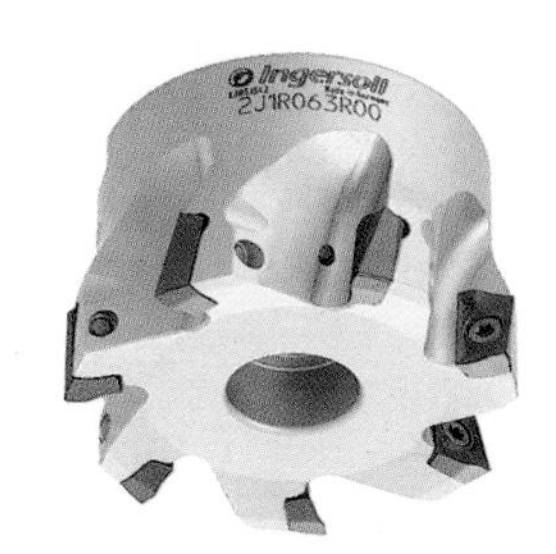

Eckfräser als Aufsteckfräser

Beispiele für Einstellwinkel an Plan- und Eckfräsköpfen

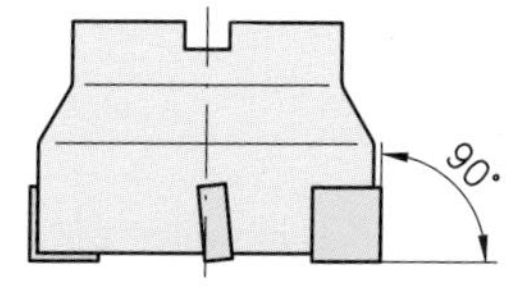

Eckfräskopf

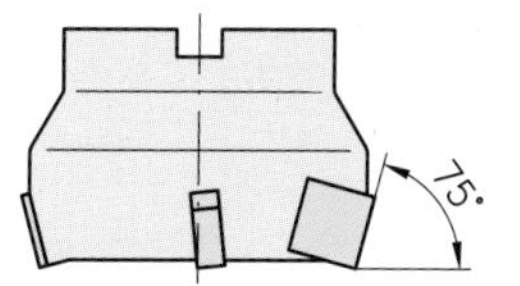

Planfräskopf 75°

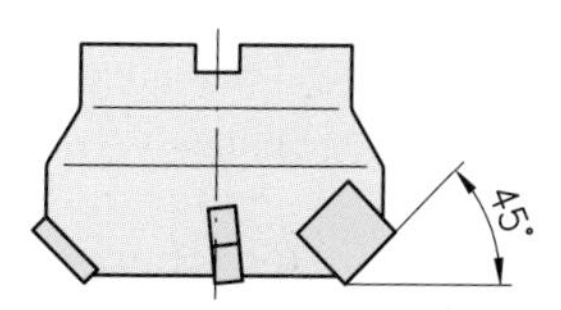

Planfräskopf 45°

Bei gleichem Spanungsquerschnitt nimmt mit kleinerem Einstellwinkel die Schneidenbelastung ab. Dadurch sind höhere Vorschubwerte möglich und damit ist auch ein höheres Zeitspanvolumen zu erreichen. Gleichzeitig nimmt die Gefahr von Kantenausbrüchen an den bearbeiteten Werkstücken ab.

Planfräsköpfe haben Einstellwinkel von 45° oder 75°.
Eckfräsköpfe haben Einstellwinkel von 90°

Die Teilung des Fräskopfes ergibt sich aus der Anzahl der Schneidplatten auf seinem Umfang. Sie bestimmt den Spanraum und hat damit großen Einfluss auf die mögliche Zerspanleistung des Fräskopfes.
- Weite Teilungen ermöglichen eine große Spanabnahme mit großer Schnitttiefe.
- Enge Teilungen erlauben eine höhere Vorschubgeschwindigkeit und eignen sich besser zur Bearbeitung unterbrochener Flächen.

Jeder Eintritt einer Schneide in den Werkstoff erzeugt einen Stoß. Wenn diese Stöße in regelmäßigem zeitlichem Abstand auftreten, kommt es zu Schwingungen – das Werkzeug vibriert. Diese Vibrationen beeinträchtigen die Oberflächengüte der zu bearbeitenden Oberfläche. Zur Vermeidung von Vibrationen verteilt man bei den meisten Fräsköpfen die Schneiden in gering unterschiedlichen Abständen auf dem Fräserumfang. Man spricht von einer **Differentialteilung**.

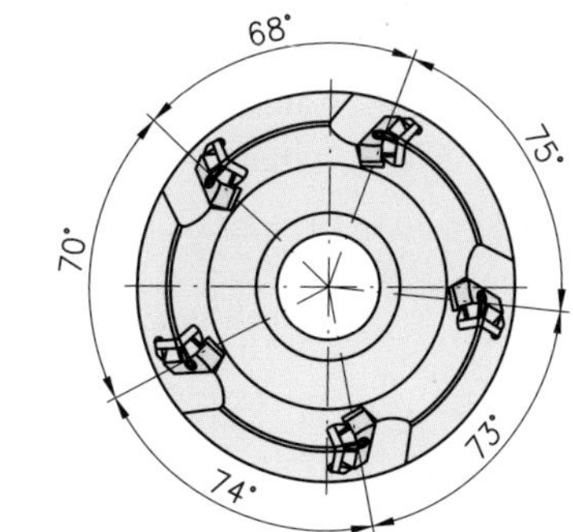

Differentialteilung

Plan- und Eckfräsköpfe mit weiten Teilungen erlauben große Schnitttiefen.
Plan- und Eckfräsköpfe mit engen Teilungen erlauben höhere Vorschübe.
Durch Differentialteilung vermeidet man Vibrationen des Fräswerkzeugs.

Übungsaufgaben B-139; B-140

Beim **Stirnplanfräsen** entsteht immer Gleich- und Gegenlauffräsen. Bei Spanungsbeginn ist die Drehrichtung der Vorschubrichtung des Werkstücks entgegengesetzt, es liegt Gegenlauffräsen vor. Ab Werkstükkmitte wandelt sich dies und es herrschen Gleichlaufbedingungen. Dadurch werden Schnittkraftschwankungen ausgeglichen und die Schneiden weniger belastet. Wird die Fräsermitte so versetzt, dass der Gegenlaufanteil verringert wird, steigt entsprechend der Gleichlaufanteil. Dadurch wird der Schnittverlauf ruhiger. Mit dieser Einstellung kann die Schnittleistung gesteigert werden.

Beispiel für Gleich- und Gegenlaufanteile beim Stirnplanfräsen mit einem Messerkopf

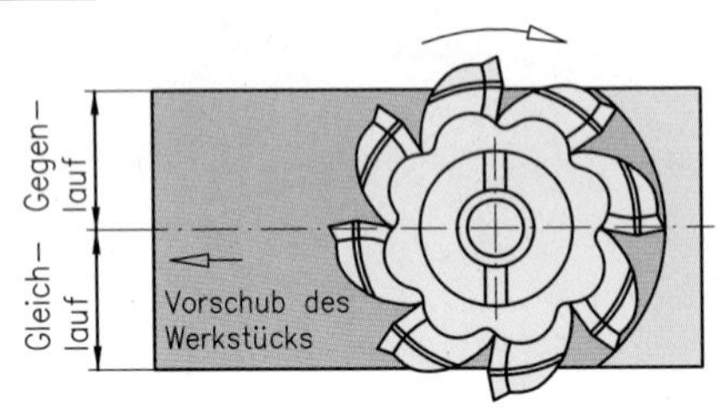

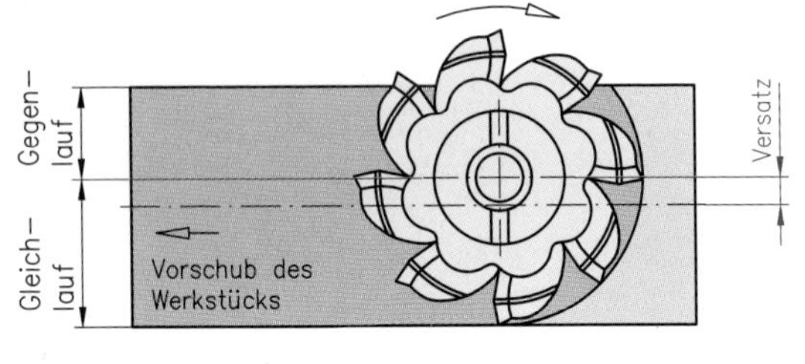

Gute Oberflächenqualität und hohe Maßgenauigkeit erreicht man bei Einhaltung der folgenden Regeln für das Stirnplanfräsen mit Messerköpfen:

- Beim Fräsen schmaler Werkstücke sollte der Fräserdurchmesser d etwa 25 % größer sein als die Werkstückbreite a_e.

$$D \approx 1{,}25 \cdot a_e$$

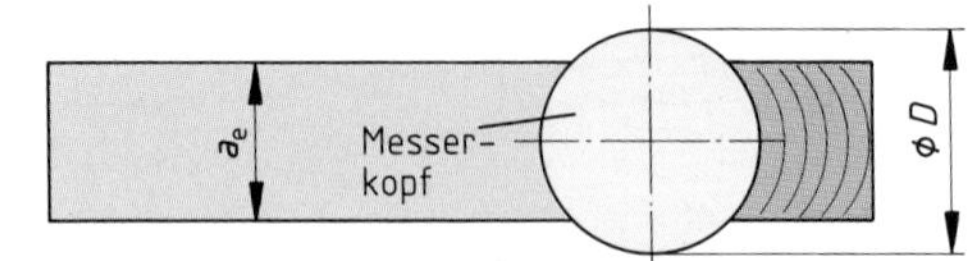

Fräsen eines schmalen Werkstücks mit einem Messerkopf

- Beim Zeilenfräsen soll die Fräsbreite a_e etwa 80 % des Fräserdurchmessers betragen.

$$a_e \approx 0{,}8 \cdot D$$

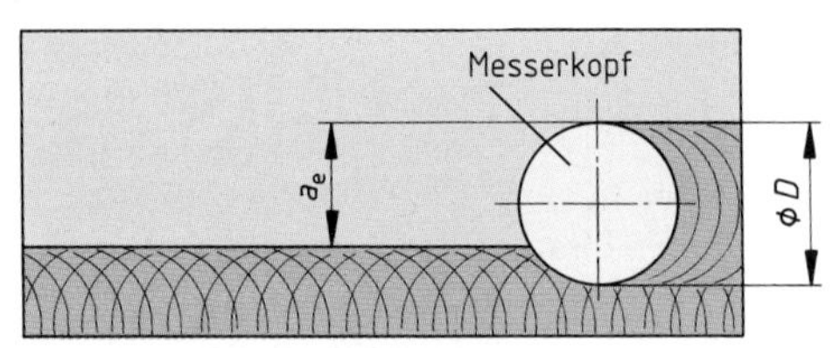

Zeilenfräsen mit einem Messerkopf

Beim Planfräsen mit Messerköpfen soll der Fräser nur zu etwa 70 bis 80 % im Eingriff sein. Der Gleichlaufanteil soll größer als der Gegenlaufanteil sein.

Plan- und Eckfräsköpfe können auf einer ebenen Fläche nur höchstens um den kleinen Betrag, um den die Schneiden in axialer Richtung aus dem Werkzeugträger herausragen, eintauchen. Um tiefer einzutauchen, z.B. um eine Tasche zu fräsen, wird das Werkzeug radial mit sehr kleinem Vorschub weiterbewegt, sodass es allmählich auf einer Schrägen eintaucht. Man spricht auch vom Eintauchen über eine Rampe. Je größer der Fräserdurchmesser ist und je kleiner der Anteil der Nebenschneidenlänge am Fräserdurchmesser ist, desto kleiner wird der Winkel des Eintauchens und entsprechend länger die Schräge um den Fräser auf eine bestimmte Tiefe zu bringen.

Beispiel für axiales Eintauchen eines Eckfräskopfes

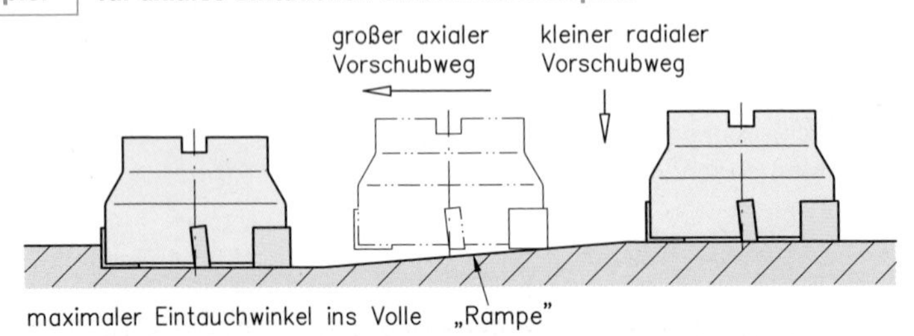

Mit Plan- und Eckfräsköpfen ist axiales Eintauchen ins Volle kaum möglich.
Eintauchen, z.B. zum Taschenfräsen, geschieht schräg über eine sogenannte Rampe.

Übungsaufgabe B-141

3.3.3 Scheibenfräser

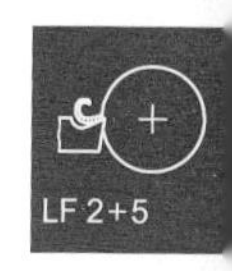

Scheibenfräser dienen zur Herstellung von Nuten, Schlitzen und zum genauen Ablängen. Die Fräser sind dreiseitig schneidend. Die Schneiden auf dem Umfang können achsparallel oder abwechselnd schräg zueinander angeordnet sein. Bei schräger Anordnung der Schneiden spricht man von Kreuzverzahnung.

Scheibenfräser werden aus Vollmaterial, z.B. HSS-Stahl oder als wendeplattenbestückte Fräser hergestellt. Die Schneidplatten werden bei schmalen Fräsern geklemmt, bei breiteren Scheibenfräsern werden sie geschraubt oder mit Kassetten eingesetzt.

Scheibenfräser

Beispiel für einen Scheibenfräser mit geklemmten Schneidplatten

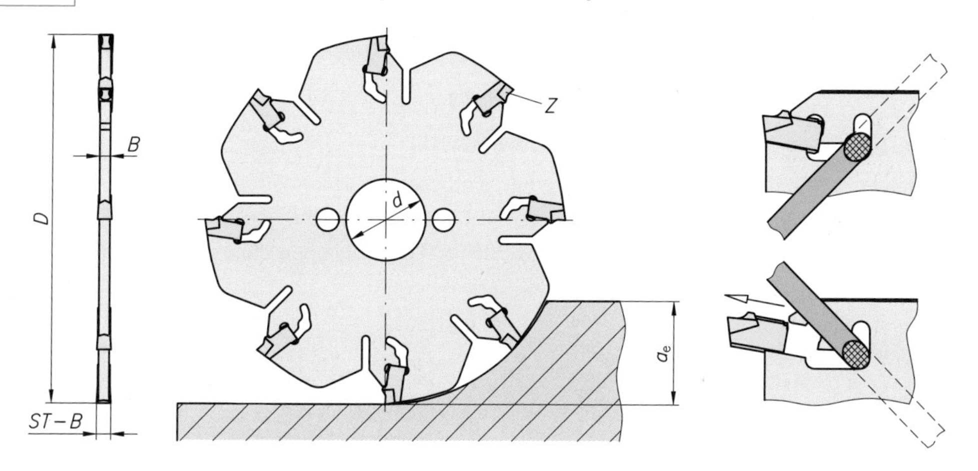

Mit Scheibenfräsern wird bevorzugt im Gleichlauf gefräst. Der Vorschub ist so zu wählen, dass mindestens ein Zahn stets im Eingriff ist. Andernfalls treten infolge der Schnittunterbrechungen Vibrationen auf, die das Arbeitsergebnis verschlechtern.

Beispiel für Bearbeitungen mit Scheibenfräsern

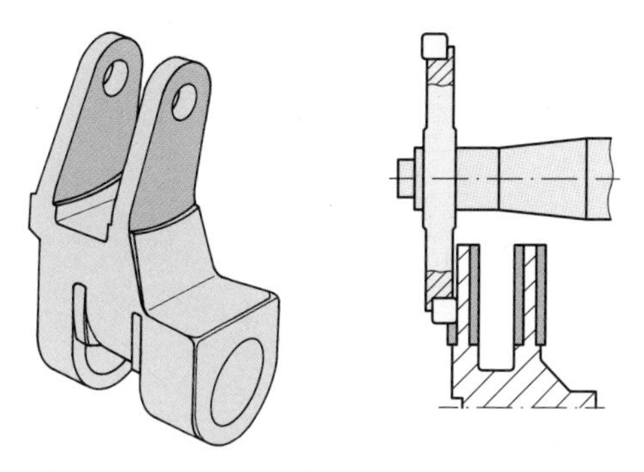

Fräsen schmaler Seitenflächen an einem Gussstück

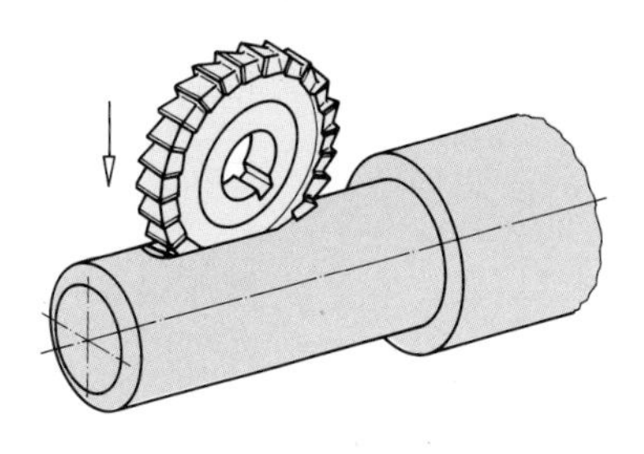

Fräsen einer Nut für eine Scheibenfeder

Scheibenfräser dienen zur Herstellung von Nuten, Schlitzen und zum genauen Ablängen.
Mit Scheibenfräsern wird bevorzugt im Gleichlauf gefräst, wobei mindestens ein Zahn im Eingriff sein muss.

3.3.4 Schaftfräser

Schaftfräser werden vorwiegend zur Bearbeitung kleiner Flächen, Nuten, Langlöcher und kleinerer Taschen verwendet. Diese Fräser haben entweder zylindrische Schäfte zur Aufnahme im Spannfutter oder sie haben einen kegeligen Schaft, der in den Innenkegel der Fräsmaschine eingesetzt wird. Es gibt Fräser mit Schruppverzahnung oder Schlichtverzahnung.

Beispiele für Schrupp- und Schlichtverzahnung an Schaftfräsern

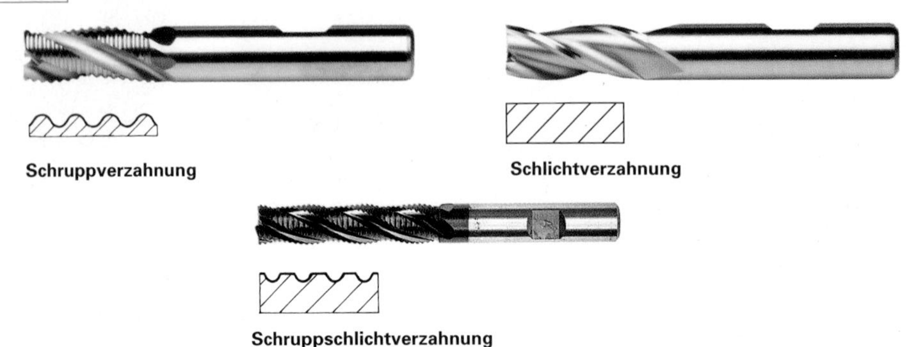

Schaftfräser zum Nut-, Langloch- und Taschenfräsen können unterschiedliche Zahlen von Schneiden haben:

Einschneider haben einen großen Spanraum und sind deshalb besonders zum Fräsen in weichen Werkstoffen (z.B. Aluminium und Kunststoffe) geeignet.

Mehrschneider mit zwei und mehr Schneiden werden zu Fräsarbeiten in Stahl eingesetzt.

Schaftfräser werden auch nach der Lage der Schneiden unterschieden:
Schaftfräser ohne Zentrumsschnitt haben keine über die Mitte reichende Schneide. Sie eignen sich zur Bearbeitung kleiner Flächen, die im Randbereich der Werkstücke liegen. Die Zustellung der Frästiefe erfolgt vor der Bearbeitung.

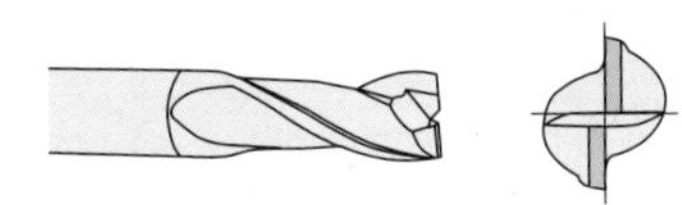

Fräser ohne Zentrumsschnitt

Schaftfräser mit Zentrumsschnitt haben mindestens eine über die Mitte reichende Schneide. Darum ist mit ihnen ein senkrechtes Eintauchen in das Werkstück möglich. Sie eignen sich zu Bohrarbeiten an schräg liegenden Flächen oder Drehteilen.

Beispiele für Fräsarbeiten mit Fräsern mit Zentrumsschnitt

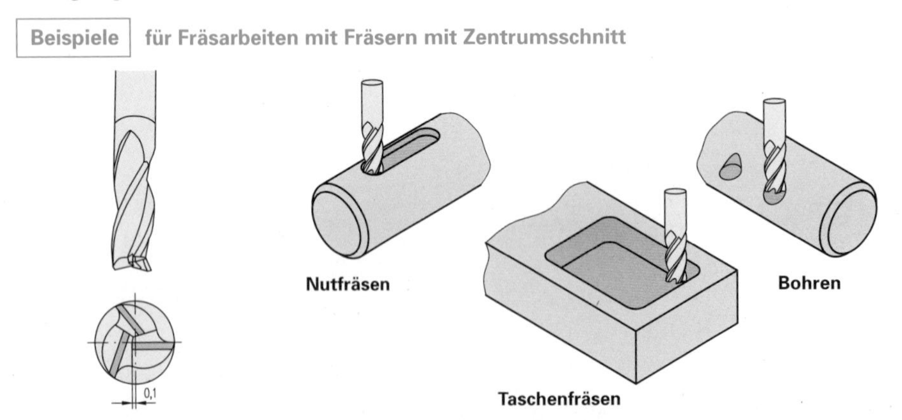

Schaftfräser zum Nut-, Langloch- und Taschenfräsen unterscheidet man nach
- der Verzahnung in Schrupp- und Schlichtfräser,
- der Zahl der Schneiden in Ein- und Mehrschneider und
- der Schneidenlage in Fräser mit und ohne Zentrumschnitt.

Übungsaufgaben B-146 bis B-148

3.3.5 Profilfräser

- **Radienfräser**

Bei Profilfräsern entspricht der Schneidenverlauf einem Teil der zu erzeugenden Werkstückkontur. Profilfräser stehen als Massivwerkzeuge aus Schnellarbeitsstahl oder mit Hartmetall bestückt zur Verfügung. Sie werden zum Fräsen von Radien, Hohlkehlen, Führungsnuten und speziellen Konturen eingesetzt. Profilfräser werden als Aufsteckfräser und als Schaftfräser hergestellt.

Beispiele für die Erzeugung von Radien durch Aufsteckfräser aus Schnellarbeitsstahl

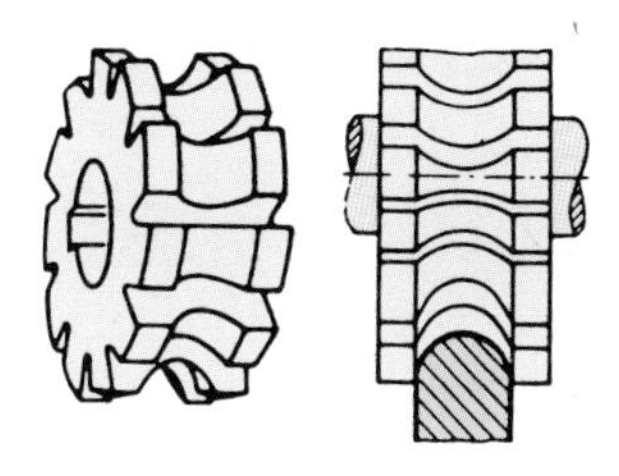
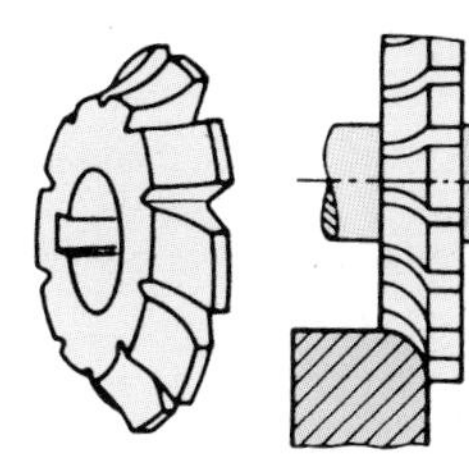
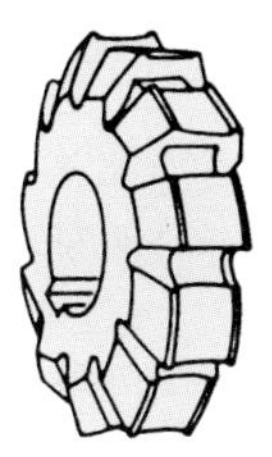
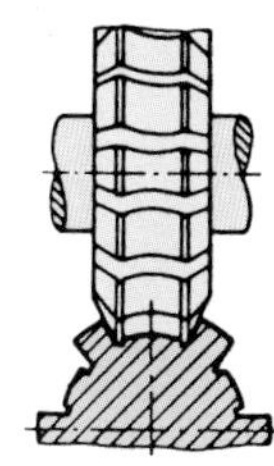

- **Winkelfräser**

Die Führungen sind oft aus einfachen Profilen zusammengesetzt. Daher werden bei der Fertigung der Führungsbahnen meist mehrere Fräser nacheinander eingesetzt. So wird z. B. eine vorgefräste Nut durch einen Winkelfräser erweitert.

Beispiele für die Bearbeitung von Führungen mit Profilfräsern

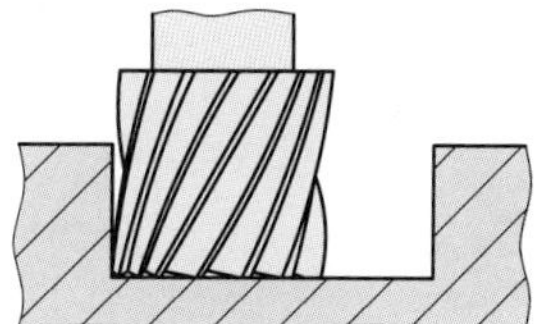

1. Vorarbeiten der Nut

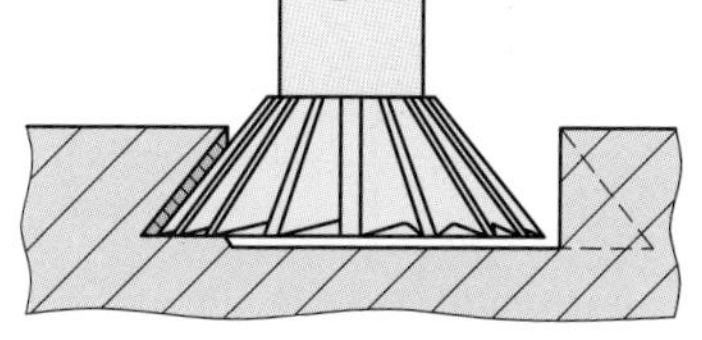

2. Fräsen der ersten Schräge

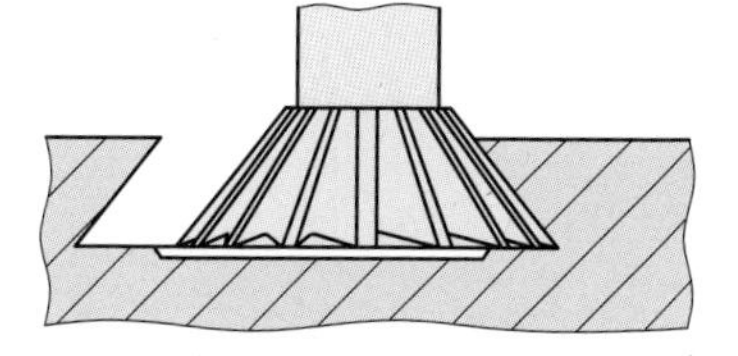

3. Fräsen der zweiten Schräge

- **Satzfräser**

Zur Erzeugung von Profilen, die aus mehreren einfachen Konturen zusammengesetzt sind, werden zur wirtschaftlichen Fertigung häufig Satzfräser verwendet. Dabei werden die einzelnen Fräser so zusammengestellt, dass das gewünschte Profil ohne Fräserwechsel und Umspannen in einem Arbeitsgang erzeugt werden kann.

Beispiele für das Fräsen einer Führung mit einem Satzfräser

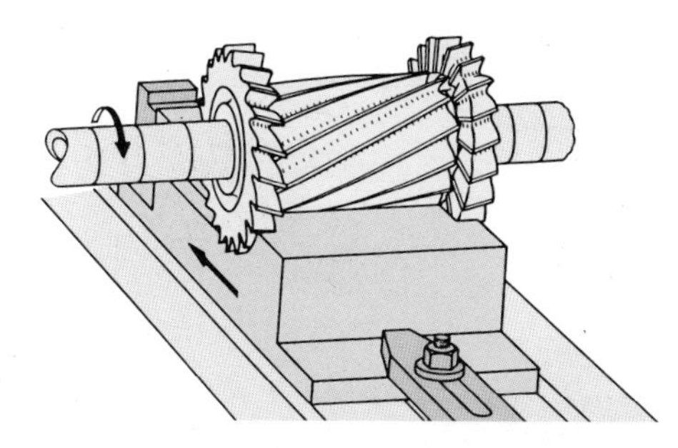

Mit Profilfräsern werden an langen Werkstücken Radien, T-Nuten, Führungen u.a. gefräst.
Mit Satzfräsern lassen sich auf Fräsmaschinen komplizierte Profile in einem Arbeitsgang fertigen.

Übungsaufgaben B-149 bis B-151

3.3.6 Zahnradfräser

- **Profilfräser zum Zahnradfräsen**

Im Rahmen der Elnzelteil- oder Ersatzteilfertigung werden Zahnräder auf Fräsmaschinen gefertigt. Dazu werden Profilfräser mit dem Profil der Zahnlücke eingesetzt. Je nach Modul und Zähnezahl haben die Zähne jedoch unterschiedliche Flanken. Darum gibt es für jeden Modul einen Fräsersatz für einen Zähnebereich. Mit dem für die Zähnezahl vorgesehenen Fräser werden mit hinreichender Genauigkeit die Lücken gefräst.

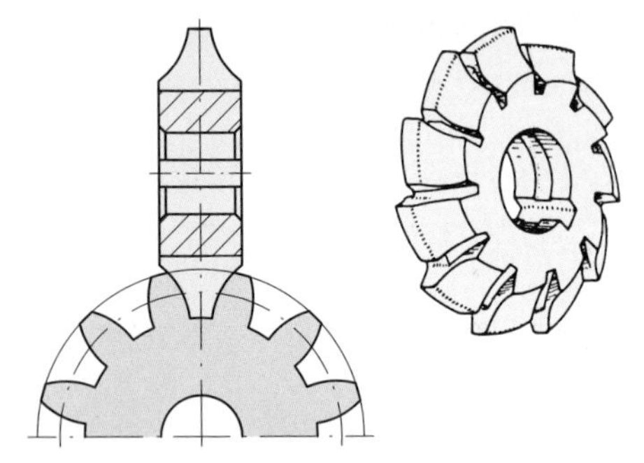

Zahnradfräsen mit Profilfräser

Zum Profilfräsen von Zahnrädern muss der Fräser nach Modul und Zähnezahl ausgewählt werden.

- **Wälzfräser zum Zahnradfräsen**

In der Serienfertigung werden Zahnräder auf speziellen Zahnradwälzfräsmaschinen hergestellt. Als Werkzeug dient ein Wälzfräser mit Wendelung, der im Wirkquerschnitt einer Zahnstange entspricht, die mit dem zu fertigenden Zahnrad im Eingriff sein könnte.

Zum Herstellen eines geradverzahnten Rades wird der Fräser um den Steigungswinkel der Wendelung schräg gestellt, an den Zahnradrohling herangeführt und auf volle Tiefe zugestellt. Bei einer Umdrehung des Fräsers dreht sich der Zahnradrohling um einen Zahnabstand weiter. Nach einer Umdrehung des Zahnradrohlings sind so alle Zähne angeschnitten. Der Fräser macht gleichzeitig eine kontinuierliche Vorschubbewegung in Achsrichtung des Rohlings, bis das Zahnrad vollständig gefräst ist.
Für Zahnräder mit gleichem Modul kann der gleiche Fräser unabhängig von der Zähnezahl eingesetzt werden.

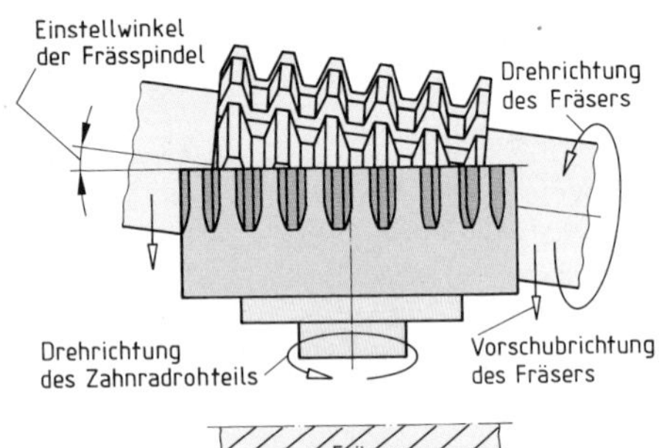

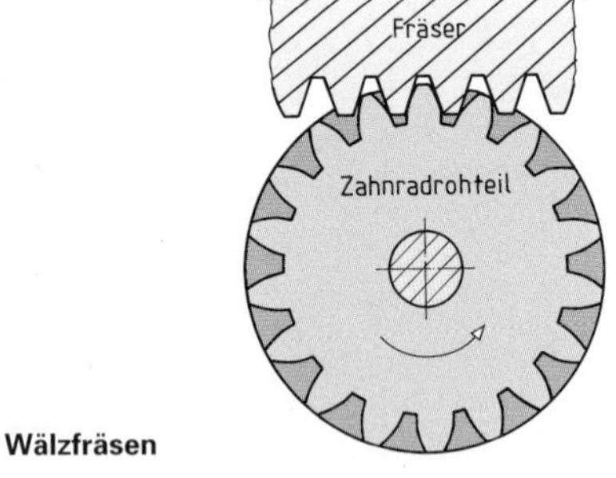

Wälzfräsen

Beispiel für das Wälzfräsen von Zahnrädern

Wälzfräsen von Zahnrädern erfolgt mit einem wendelförmigen Abwälzfräser, der bei Drehbewegung des Zahnrohlings kontinuierlich parallel zur Achse des Zahnradrohlings vorgeschoben wird.

Übungsaufgaben B-152; B-153

3.3.7 Bohrwerkzeuge

Auf Fräsmaschinen werden Bohrungen hergestellt, wenn das Werkstück in einer Aufspannung bearbeitet werden soll.
In der Einzelfertigung und zur Herstellung kleiner Bohrungen verwendet man die bereits beschriebenen Bohrwerkzeuge.
In der Serienfertigung werden meist mit Schneidplatten bestückte Bohrer zum Bohren ins Volle (Vollbohren), Aufbohren und Feinbohren eingesetzt. Feinbohren dient zur Erzeugung sehr genauer Bohrungen (bis ca. ± 0,005 mm) mit einem verstellbaren einschnittigen Werkzeug.

Beispiele für Bohrverfahren

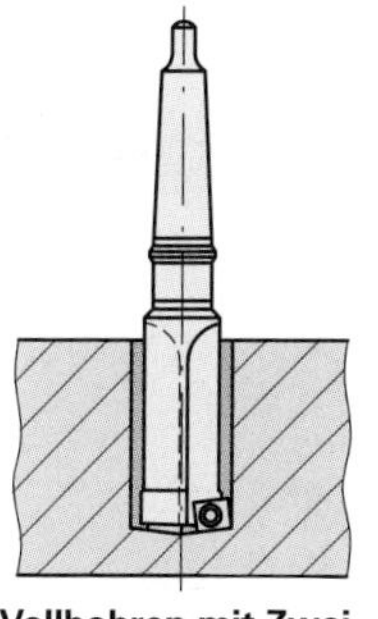

Vollbohren mit Zweischneider-Bohrwerkzeug

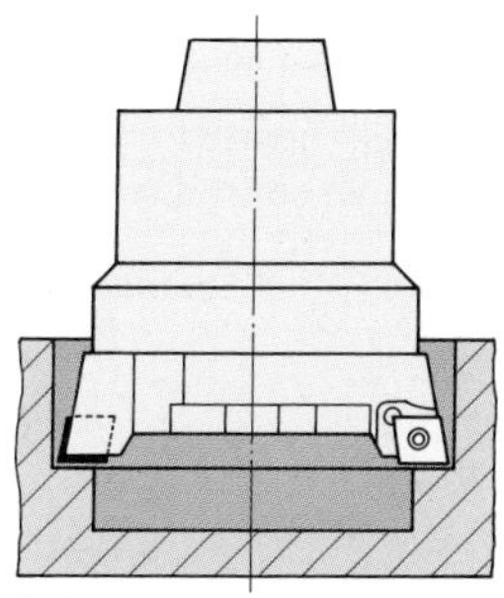

Aufbohren mit Zweischneider-Bohrwerkzeug

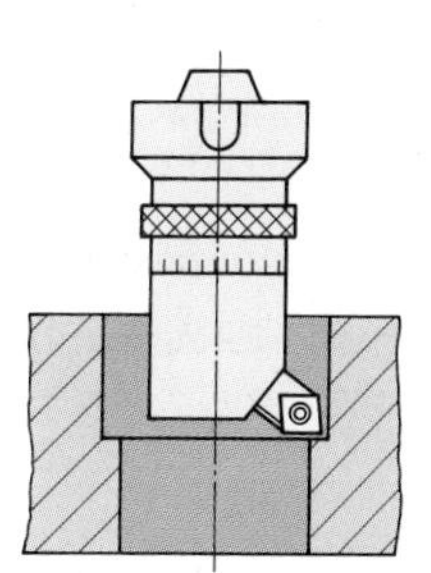

Feinbohren mit Einschneider-Feinbohrwerkzeug

Bohrverfahren, die auf Fräsmaschinen angewendet werden, sind Vollbohren, Ausbohren und Feinbohren.

Bohrer mit Wendeschneidplatten werden ab etwa 15 mm Durchmesser und Bohrlängen bis zum 5-fachen Durchmesser eingesetzt.
Im Gegensatz zu Spiralbohrern sind die einzelnen Schneiden von Wendeplattenbohrern auf beiden Seiten des Bohrers so versetzt, dass eine Schneide, die **Zentrumschneide**, den mittleren Bereich zerspant, und die andere Schneide, die **Peripherieschneide**, den äußeren Bereich der Bohrung spant. Beide Schneiden sollten zudem einen Winkel gegeneinander bilden, damit infolge der unterschiedlichen Wirkradien der Schneiden nur eine sehr geringe, radial nach außen gerichtete Kraft entstehen kann, denn eine solche Kraft kann das Verlaufen des Bohrers verursachen.
Da die Schnittgeschwindigkeit im Zentrum des Bohrers fast Null ist, werden die Zentrumplatten aus besonders zähen Hartmetallen gefertigt und mit einer großen Schutzfase an den Ecken versehen. Die Peripherieplatten hingegen werden mit besonders engen Toleranzen gefertigt, da sie den Durchmesser der Bohrung bestimmen.

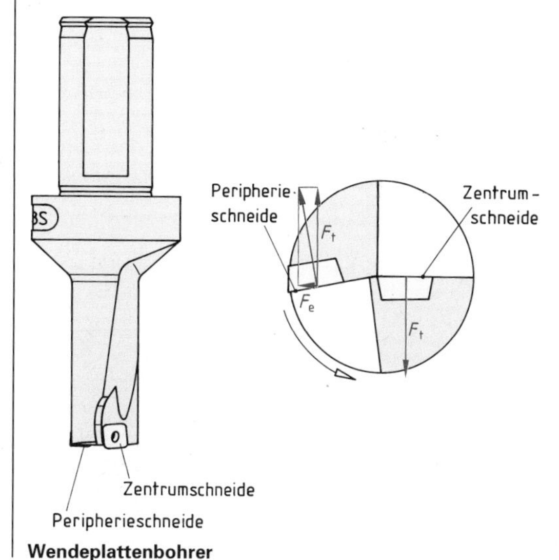

Wendeplattenbohrer

Da Wendeplattenbohrer mit ihren Schneiden auf unterschiedlichen Radien arbeiten, entstehen genaue Bohrungen nur, wenn beide Schneiden etwa gleichmäßig belastet sind.

Bei Wendeplattenbohrern soll die Schneidenbelastung möglichst gleichmäßig sein. Bei ungleichmäßiger Belastung ist der Vorschub zu verringern.

Übungsaufgaben B-154 bis B-157

3.3.8 Tieflochbohrwerkzeuge

Für Bohrtiefen, die mehr als die 10-fache Länge des Bohrungsdurchmessers betragen, werden spezielle Tieflochbohrwerkzeuge eingesetzt. Mit diesen Werkzeugen werden Bohrungen mit hoher Geradheit, sehr geringen Durchmesserabweichungen und hoher Oberflächengüte hergestellt.
Tieflochbohrer sind zum selbstzentrierten Anbohren nicht geeignet. Darum muss der Bohrer zu Beginn der Bearbeitung entweder durch eine herkömmlich vorgebohrte Pilotbohrung oder eine Bohrbuchse geführt werden.
In allen Verfahren des Tieflochbohrens wird Kühlschmiermittel unter hohem Druck (bis ca. 60 bar) in die Bohrung zur Schneide gepresst und die Späne werden mit dem zurückströmenden Kühlschmiermittel (KSS) aus der Bohrung entfernt.

- **Tieflochbohrer für herkömmliche Maschinen**

Auf Bohr-, Dreh- und Fräsmaschinen wird das Kühlschmiermittel mit einer Hochdruckpumpe durch den Bohrer gepresst und die Späne über eine Ausnehmung an der Außenseite des Bohrers abgeführt.

Beispiel für Tieflochbohren an einer herkömmlichen Fräsmaschine

1. Arbeitsgang – Pilotbohrung

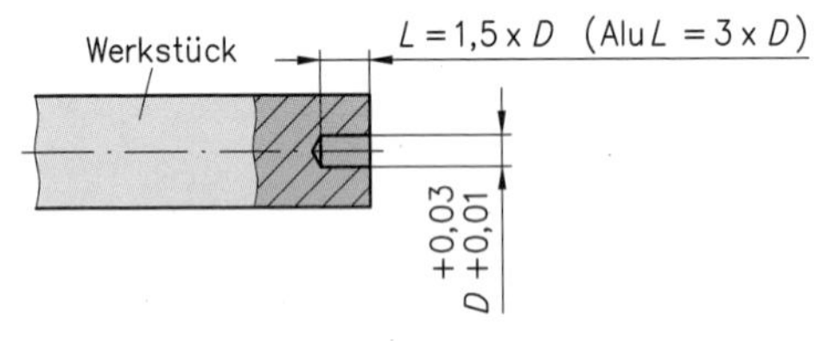

2. Arbeitsgang – Tieflochbohrung

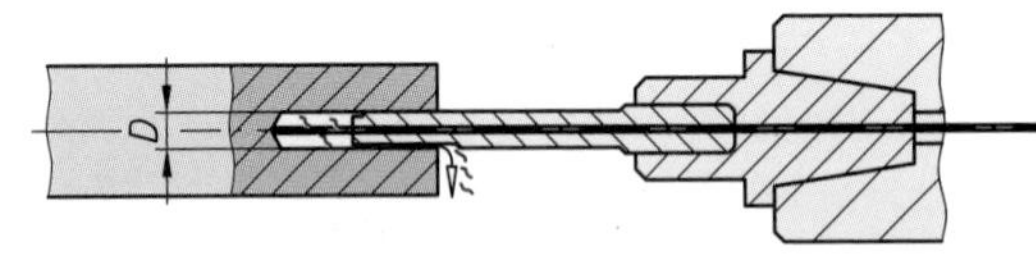

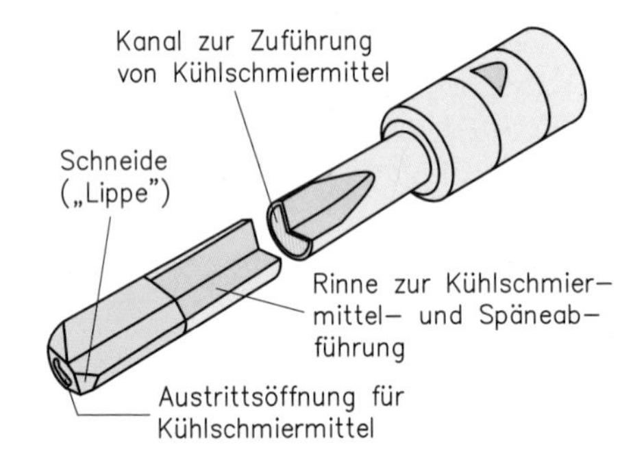

Einlippenbohrer

- **Tieflochbohrer für spezielle Tieflochbohrmaschinen**

Auf speziellen Tieflochbohrmaschinen wird das Kühlschmiermittel außen am Bohrer vorbei in die Bohrung gepresst und die Späne werden durch den Bohrer nach außen geführt, sodass die Bohrungswand nicht durch Späne beschädigt wird. Die Zuführung des Kühlschmiermittels von außen erfordert einen speziellen Zuführapparat und eine Abdichtung zum Werkstück.

Beispiel für Tieflochbohren an einer speziellen Tieflochbohrmaschine (BTA-Verfahren)

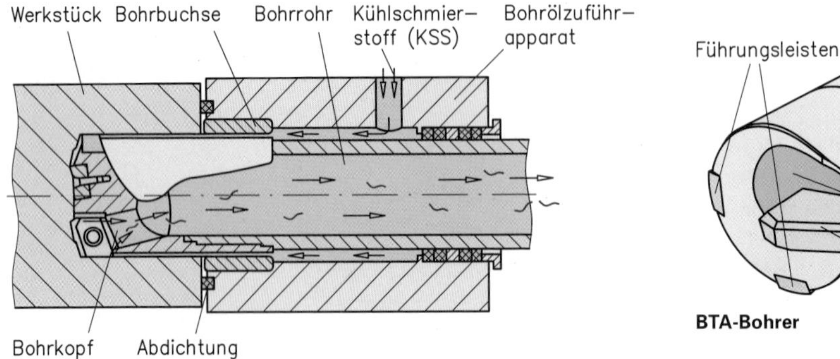

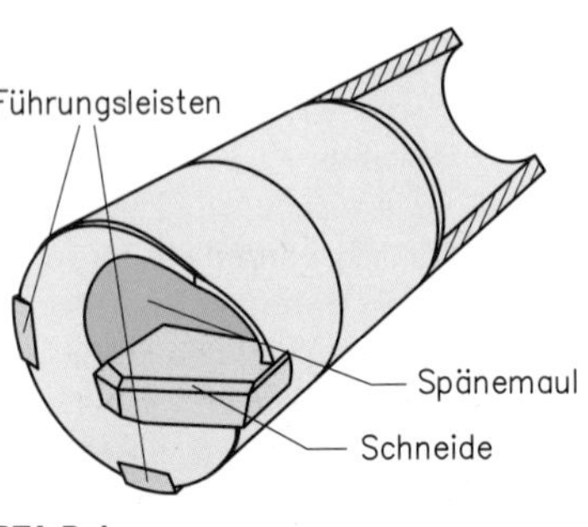

BTA-Bohrer

Tieflochbohren erfolgt mit speziellen Bohrern ab einer Bohrtiefe von etwa 10-fachem Bohrdurchmesser. Die Kühlschmiermittelzufuhr erfolgt
- bei herkömmlichen Bohr-, Dreh- und Fräsmaschinen durch den Tieflochbohrer und
- bei speziellen Tieflochbohrmaschinen außen um den Tieflochbohrer herum.

Übungsaufgaben B-158; B-159

3.3.9 Maschinenreibahlen

Mit Maschinenreibahlen werden Bohrungen mit kleinem Untermaß fein bearbeitet, sodass formgenaue Bohrung im Grundtoleranzbereich IT 7 mit hoher Oberflächengüte entstehen. Kühlschmiermittel werden durch integrierte Bohrungen in den Schnittbereich geführt.

LF 2+5

- **Anschnittgestaltung von Maschinenreibahlen**

Der schneidende Teil einer Reibahle ist der Anschnitt. Maschinenreibahlen haben im Gegensatz zu Handreibahlen einen kurzen Anschnitt.

Die Länge des Anschnitts richtet sich nach dem zu bearbeitenden Werkstoff und nach der Art der Bohrung.

Für gut spanbare Werkstoffe, z.B. Automatenstahl, genügt ein normaler kurzer Anschnitt.

Für die Stahlbearbeitung wählt man einen normalen Anschnitt, der in einen weiteren schlanken und kegeligen Anschnitt übergeht.

Für Gusswerkstoffe ist der zweite kegelige Anschnitt steiler gestaltet.

Reiben einer Bohrung mit einer Mehrschneidenreibahle (Mapal)

Beispiel für die Gestaltung der Anschnitte für Maschinenreibahlen

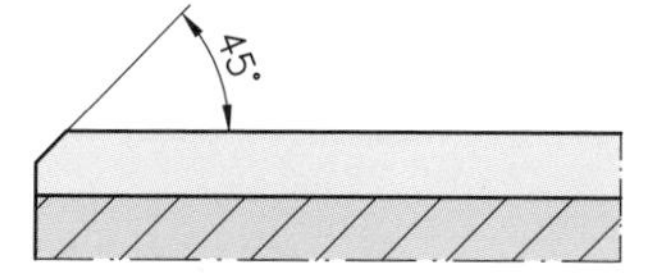

normaler Anschnitt

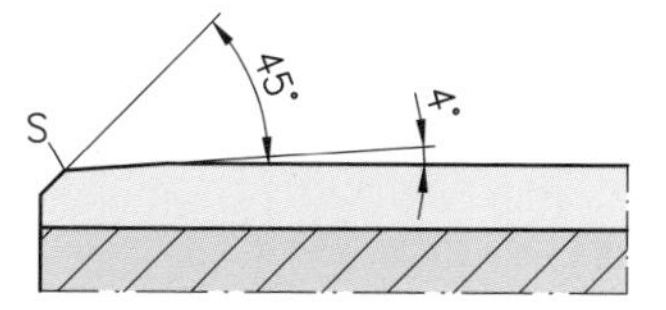

doppelter Anschnitt für Stahlbearbeitung

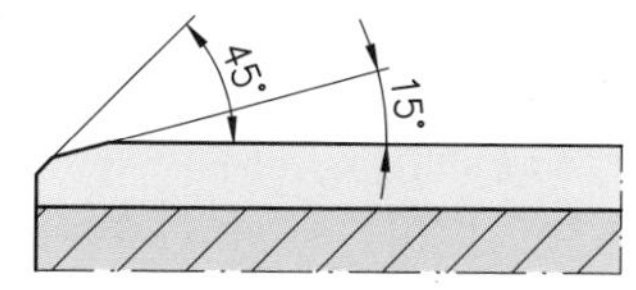

doppelter Anschnitt für Gussbearbeitung

- **Reibahlen für kleinere Durchmesser**

Reibahlen mit kleineren Durchmessern bestehen ganz aus dem Werkstoff HSS oder aus Hartmetall. Nach der Geometrie des Schneidteils der Reibahlen unterscheidet man:

- **Gerade genutete Reibahlen** für Grundlochbohrungen und nicht unterbrochenen Schnitt. Späne müssen von der Spannut aufgenommen werden.
- **Drallgenutete Reibahlen** mit Linkdrall von 7° für Durchgangsbohrungen und Bohrungen mit Unterbrechungen. Durch den Linksdrall der Spannut werden Späne nach unten aus der Bohrung transportiert.
- **Drallgenutete Schälreibahlen** mit 45° Linksdrall für Aluminium und andere weiche Werkstoffe. Die Späne werden in der großen Spannut mit Linksdrall nach unten transportiert.
- **Kegelreibahle mit Kegel 1 : 50** und einem Linksdrall von 45° zum Reiben von Bohrungen für Kegelstifte.

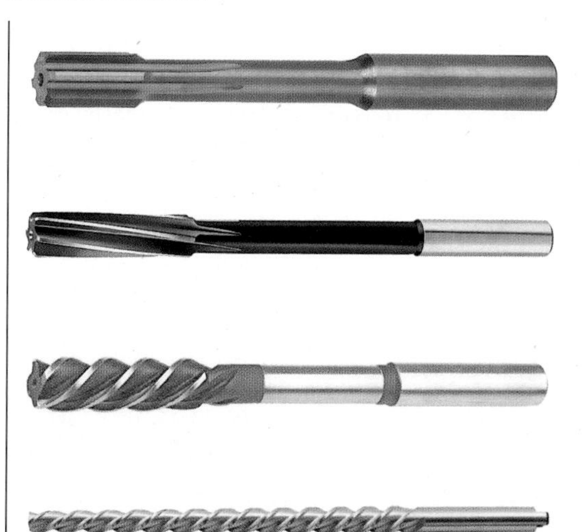

Übungsaufgaben B-160; B-161

- **Verstellbare Reibahlen**

Spreizbare Reibahlen werden für Korrektur- und Einpassarbeiten eingesetzt. Bei ihnen wird eine geringe Durchmesserzunahme über einen Schraubmechanismus mit Kegel erzeugt.

Verstellbare Reibahlen haben eingesetzte Messer, die in einem Grenzbereich nachstellbar sind, daher sind sie auch nachschleifbar. Diese Reibahlen werden für Passarbeiten eingesetzt, bei denen größere Durchmesseränderungen notwendig sind.

Verstellbare Reibahlen

- **Reibahlen für größere Durchmesser**

Reibahlen mit größeren Durchmessern sind meist mit Werkzeugschneiden aus HSS oder Hartmetall bestückt. Sie werden unterschieden in:

- **Einschneiden-Reibahlen** mit eingesetzter Schneide und Führungsleiste aus Hartmetall. Sie werden wegen ihrer hohen Schnittleistung zur Bearbeitung von Großserien eingesetzt. Die Schneide wird mit geringem Anstieg, etwa 10 µm auf 10 mm, von der Spitze der Schneide eingestellt. Die Bohrung erreicht erst nach dem Durchlauf des Schneidteils ihr Fertigmaß.
- **Aufsteckreibahlen** für Bohrungen mit großem Durchmesser. Sie werden ganz aus HSS-Stahl oder mit auswechselbaren Schneiden aus HSS bzw. Hartmetall gefertigt.

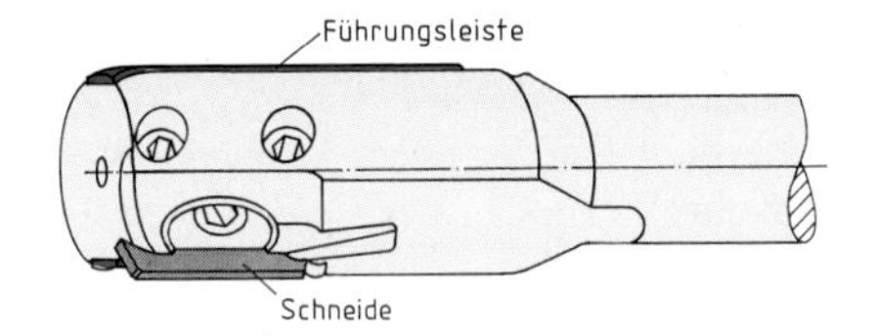

Einschneiden-Reibahle

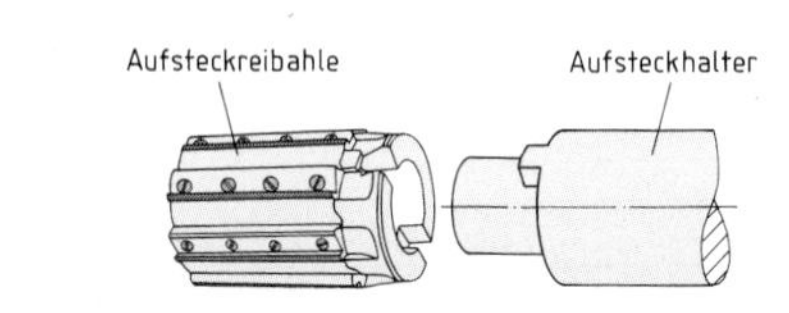

Aufsteckreibahle

Maschinenreibahlen werden zum Aufreiben von passgenauen Grundloch- und Durchgangsbohrungen eingesetzt.
Maschinenreibahlen werden aus HSS-Stahl oder Hartmetall gefertigt oder mit Schneiden aus HSS-Stahl bzw. Hartmetall bestückt.

- **Untermaße der vorgebohrten Löcher zum Reiben**

Das Aufmaß, das beim Bohren eingehalten werden soll, unterscheidet sich bei den einzelnen Werkstoffen kaum. Jedoch muss der Durchmesser der Reibahle um das Untermaß größer sein, damit sie zum Schnitt kommt und nicht nur eine elastische oder plastische Verformung der Bohrungswandung erfolgt.

Richtwerte für Untermaße der vorgebohrten Löcher in mm

Durchmesser	bis ∅ 5 mm	bis ∅ 10 mm	bis ∅ 20 mm	bis ∅ 30 mm	über ∅ 30 mm
Untermaß	0,1 – 0,2	0,2	0,2 – 0,3	0,3 – 0,4	0,4 – 0,5

- **Kühlen und Schmieren beim Reiben**

Kühlschmiermittel sind auf den zu bearbeitenden Werkstoff abzustimmen. Die folgende tabellarische Übersicht gibt eine grobe Empfehlung der Kühlschmiermittel vor.

Werkstoffe	Stahl mit R_m < 900 N/mm², Cu- und Al-Legierungen, Thermoplaste	Stahl mit R_m > 900 N/mm², Hochlegierte Stähle	Gusswerkstoffe, Mg-Legierungen, Duroplaste	Weiche Al-Legierungen
Kühlschmiermittel	10- bis 20%-ige Emulsionen	Schneidöl	Trocken oder Druckluft	Petroleum

Übungsaufgabe B-162

3.3.10 Arbeiten mit Plan- und Ausdrehköpfen

Mithilfe von Plan- und Ausdrehköpfen können auf Fräsmaschinen mit stehendem Werkstück und sich drehendem Werkzeug die gleichen Arbeiten durchgeführt werden, die auf Drehmaschinen mit rotierendem Werkstück und stehendem Werkzeug ausgeführt werden. Auf Fräsmaschinen werden diese Arbeiten jedoch mit erheblich niedrigerer Schnittgeschwindigkeit und geringerem Vorschub ausgeführt, sodass die Bearbeitungszeit zur Erzeugung der gleichen Kontur höher ist als beim Drehen auf einer Drehmaschine. Aus diesem Grund verwendet man für solche Arbeiten auf Fräsmaschinen auch den Begriff „Drehen" und bezeichnet Werkzeuge und Verfahren entsprechend. Der auf Fräsmaschinen eingesetzte Werkzeugträger ist der **Ausdrehkopf**. Er kann zur Erzeugung runder Innen- und Außenkonturen sowie zur Erzeugung ebener Flächen eingesetzt werden.

Einsatz eines Plan- und Ausdrehkopfes

Ausdrehköpfe bestehen aus dem Grundkörper mit dem Aufnahmekegel und einem darin verschiebbaren Schlitten mit der Aufnahme für das Werkzeug. Der Schlitten ist über eine Spindel verschiebbar. Universal-Plan- und Ausdrehköpfe haben zusätzlich selbsttätigen Vorschub, der bei Erreichen eines zuvor eingestellten Maßes ausgelöst werden kann.

Beispiele für Ausdrehköpfe mit Planvorschub

Öler
Mikrometerschraube
Einrückknopf
Auslösehebel
einstellbarer Anschlag

Anschlagstange
gerändelter Transportring
Feststellschraube
Klemmschrauben
Werkzeugaufnahmen

Die in den Ausdrehkopf einzuspannenden Werkzeuge werden nach der zu erzeugenden Kontur ausgewählt. Sie entsprechen vom Schneidenwerkstoff und den Schneidenwinkeln her den Meißeln, die zu entsprechenden Arbeiten auf Drehmaschinen eingesetzt werden.

Beispiele von Drehwerkzeugen für Ausdrehköpfe

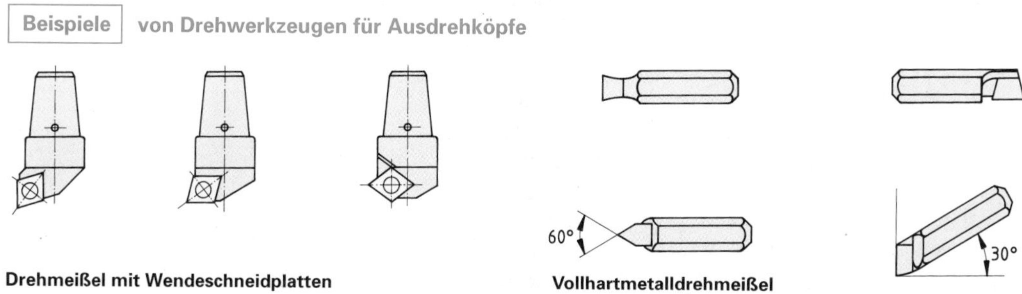

Drehmeißel mit Wendeschneidplatten

Vollhartmetalldrehmeißel

Übungsaufgaben B-163; B-164

Beispiele für Einsatzmöglichkeiten von Ausdrehköpfen

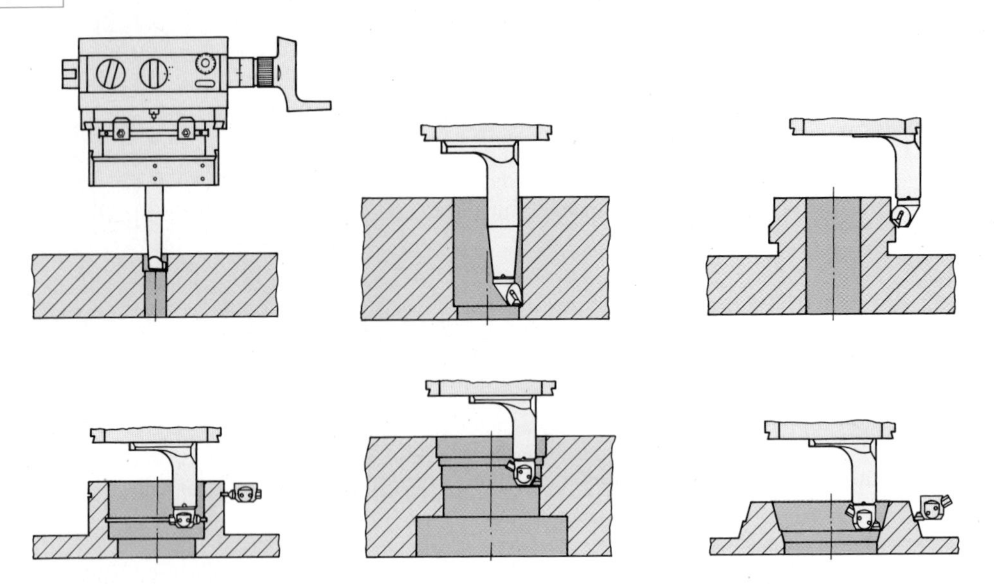

Mit Ausdrehköpfen können auf Fräsmaschinen ähnliche Arbeiten wie auf Drehmaschinen ausgeführt werden. Die Bearbeitungszeit ist wegen der niedrigeren Schnittgeschwindigkeit und dem kleineren Vorschub jedoch höher als beim Drehen.

3.3.11 Arbeiten mit dem Rundtisch

- **Mechanisch betätigte Rundtische**

Kreisbögen werden mit hoher Genauigkeit auf dem Rundtisch gefräst. Der Rundtisch wird auf dem Aufspanntisch der Fräsmaschine befestigt. Horizontal-Vertikal-Rundtische können in waagerechter und senkrechter Stellung ggf. mit einem Reitstock zur Werkstückstützung verwendet werden.
Rundtische bestehen aus einem Grundkörper, auf dem sich durch eine Schneckenwelle angetrieben der runde Aufspanntisch spielfrei drehen kann. Der Antrieb erfolgt von Hand.
Durch die hohe Übersetzung des Schneckenantriebes sind sehr kleine Winkelbewegungen des Rundtisches möglich. Das Einstellen und Ablesen der Winkeleinstellungen erfolgt über die Gradeinteilung am Umfang des Drehtisches und einen Nonius, ähnlich dem Nonius am Universalwinkelmesser, am Schneckenantrieb.

Beispiele für Arbeiten mit dem Rundtisch

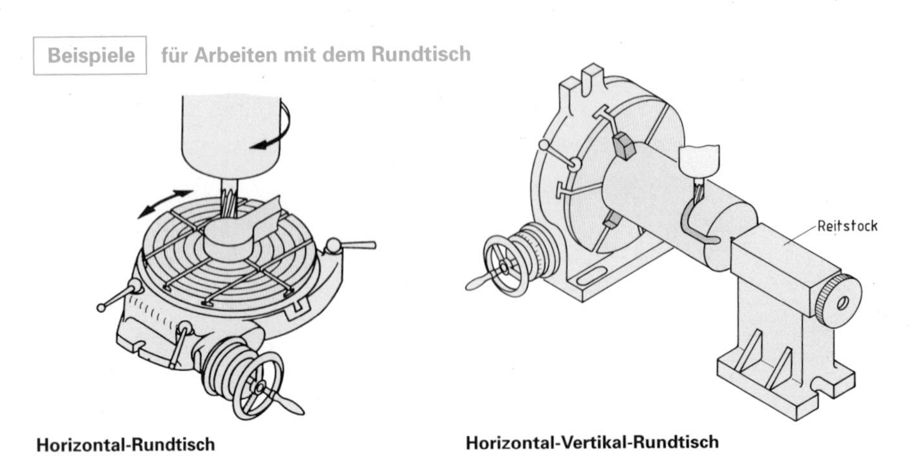

Horizontal-Rundtisch **Horizontal-Vertikal-Rundtisch**

Übungsaufgabe B-165

Beim Einsatz eines Rundtisches sind zu beachten:

- Die Schnecke soll bei einem Bearbeitungsvorgang möglichst vom Beginn bis zum Ende des zu bearbeitenden Bogens nur in einer Richtung gedreht werden. So kommt evtl. im Spindelantrieb vorhandenes Spiel nicht zur Auswirkung.
- Zur Nutzung der Positionsanzeige des Fräsmaschinentisches zur Einstellung der zu fräsenden Radien müssen Spindelmitte und Mitte des Rundtisches auf einer Achse liegen.
- Rundtische sind zur Herstellung genauer Bohrungen und Zapfen weniger geeignet. Hier liefern Ausdrehwerkzeuge erheblich höhere Genauigkeit.

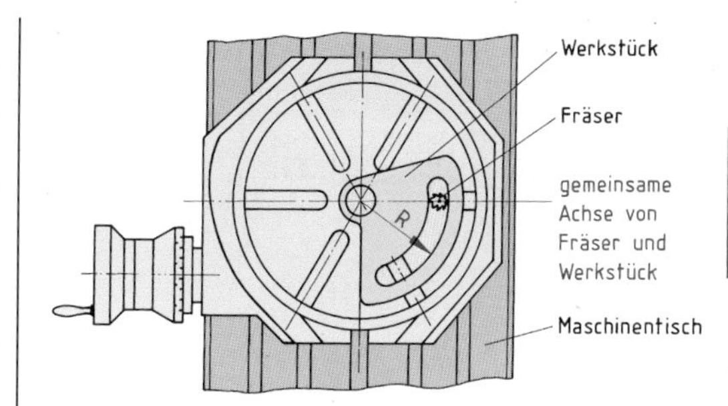

Richtige Stellung von Fräser- und Rundtischmitte zur Nutzung der Positionsanzeige

LF 2+5

- **NC-Rundtische**

NC-Rundtische führen CNC-gesteuert Teilungs- und Drehbewegungen aus. Die Rundtische können entweder von der Steuerung der CNC-Maschine, auf der sie montiert sind, oder von einer separaten CNC-Steuerung angesteuert werden. Mit einer separaten CNC-Steuerung sind sie auch auf herkömmlichen Maschinen einsetzbar.

NC-Rundtische werden durch Getriebemotoren mit Schneckengetrieben angetrieben.

NC-Rundtisch

Mit Rundtischen bzw. NC-Rundtischen sind Werkstückkonturen mit Radien und Teilungen mit hoher Genauigkeit auf Fräsmaschinen zu bearbeiten.

3.3.12 Arbeiten mit dem Universalteilapparat

Bei der Weiterbearbeitung zylindrischer Werkstücke sind vielfach am Umfang bzw. an der Stirnseite in regelmäßigen Abständen Einfräsungen vorzunehmen. Die Anzahl der gleichen Abstände nennt man Teilung. Zum Einstellen solcher Teilungen verwendet man Teilapparate. Teilapparate dienen der Werkstückspannung und ermöglichen eine Drehung des Werkstückes um einen bestimmten Teilungswinkel. Der Teilungswinkel wird über die Anzahl der Teilungen am Werkstückumfang ermittelt.

Universalteilapparate ermöglichen es, Teilungen nach dem direkten und nach dem indirekten Teilverfahren durchzuführen. Teilapparate besitzen eine drehbare Teilspindel mit einer Aufnahme für Werkstückspannvorrichtungen. Als Spannvorrichtungen dienen z. B. Spannfutter und Zentrierspitzen mit Mitnahmevorrichtungen. Somit wird das Werkstück stets direkt auf der Teilspindel gespannt.

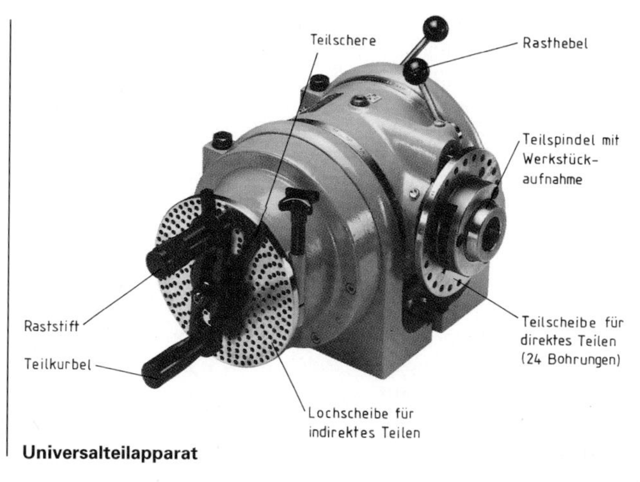

Universalteilapparat

Übungsaufgabe B-166

Beispiele für Werkstücke mit regelmäßigen Teilungen

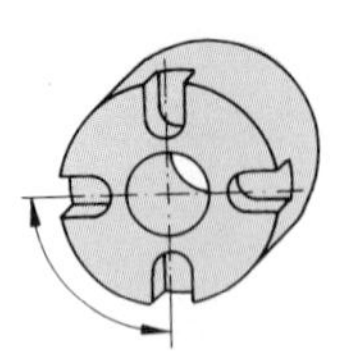
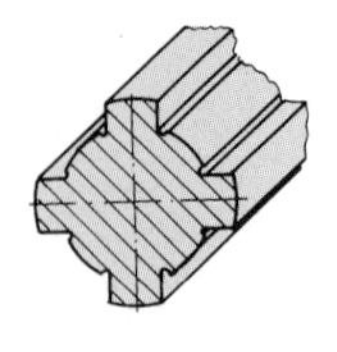
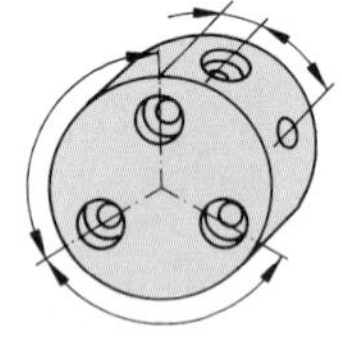
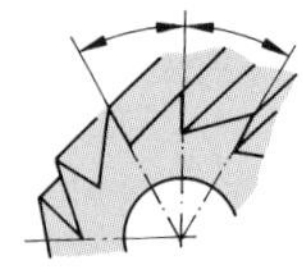
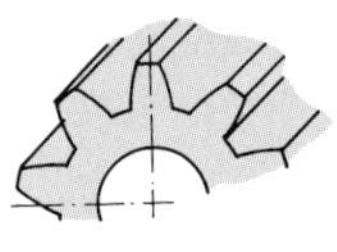

- **Direktes Teilen**

Zum direkten Teilen ist eine Teilscheibe mit z.B. 24 Bohrungen direkt auf der Teilspindel befestigt. Teilspindel mit Teilscheibe werden von Hand gedreht und mit einem Raststift festgestellt, der durch einen Rasthebel betätigt wird. Durch direktes Teilen kann man alle Teilungen herstellen, die als Teiler in 24 enthalten sind. Direktes Teilen kann auch mit einfachen Teilapparaten durchgeführt werden.

Teilungen beim direkten Teilen

Anzahl der Rasten	:	Anzahl der Teilungen	=	Anzahl der zu verstellenden Rasten
24	:	2	=	12
24	:	3	=	8
24	:	4	=	6
24	:	6	=	4
24	:	8	=	3
24	:	12	=	2
24	:	24	=	1

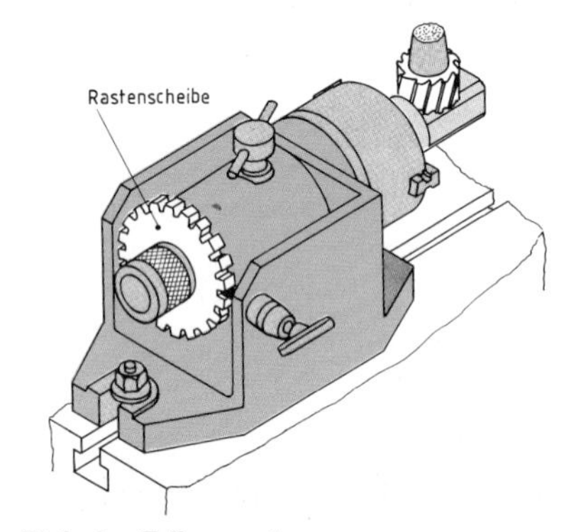

Einfacher Teilapparat

Beim direkten Teilen wird die Werkstückteilung unmittelbar auf der Teilscheibe der Teilspindel eingestellt.

- **Indirektes Teilen**

Werkstückbearbeitungen, die durch direktes Teilen nicht durchgeführt werden können, werden mit dem indirekten Teilverfahren vorgenommen. Dazu wird der Universalteilapparat genutzt. Beim indirekten Teilen wird die Teilspindel über ein Schneckengetriebe gedreht.

Auf der Schneckenwelle werden auswechselbare Lochscheiben drehbar aufgesteckt und mit einem rückwärtigen Raststift fest mit dem Gehäuse verbunden. Die Teilkurbel wird mittels vorderem Raststift in der Lochscheibe festgestellt.

Das Getriebe besteht meist aus einer eingängigen Schnecke und einem Schneckenrad mit 40 Zähnen. Es hat ein **Übersetzungsverhältnis** von **40:1.** Damit sind durch ganze Umdrehungen der Teilkurbel alle Teilungen möglich, die selbst als Teiler in 40 enthalten sind.

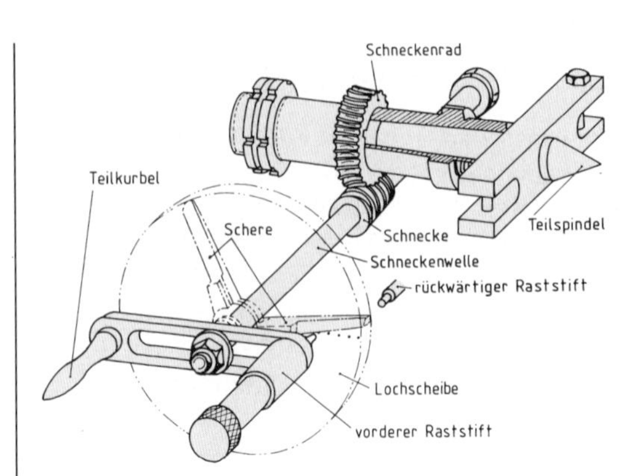

Universalteilapparat (Schema)

Übungsaufgabe B-167

Als auswechselbare Lochscheiben stehen meist drei Typen mit einer großen Anzahl von Teilungen zur Verfügung. Auf jedem Lochkreis ist eine bestimmte Anzahl von Bohrungen mit gleichen Abständen angeordnet.

Für Teilungen, die nicht durch ganze Umdrehungen der Teilkurbel einstellbar sind, errechnet man aus dem Übersetzungsverhältnis 40:1 und der Zahl der gewünschten Teilungen die Anzahl der Teilkurbelumdrehungen nach der folgenden Beziehung:

Anzahl der Teilkurbelumdrehungen	$N_k = \frac{40}{\text{Zahl der Teilungen}}$

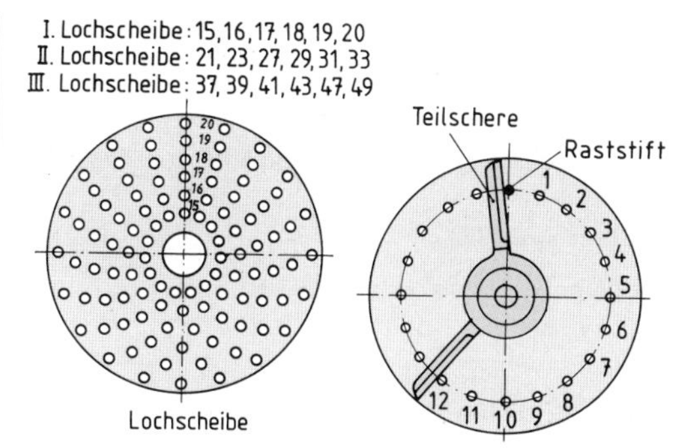

Auswechselbare Lochscheiben mit Teilschere

Falls die Berechnung keine ganze Zahl ergibt, so ist ein Lochkreis auszuwählen, in dem der Nenner des Bruches als Vielfaches enthalten ist. Zur Erleichterung des Abzählens der von einer vollen Kurbelumdrehung abweichenden Lochabstände verwendet man eine Teilschere.

Beim indirekten Teilen wird die Werkstückteilung über ein Schneckengetriebe mit dem Übersetzungsverhältnis 40:1 und mithilfe von Lochscheiben eingestellt.

Beispiel **für die Berechnung von N_k und die Wahl der Lochscheibe**

Aufgabe: Ein Zahnrad mit 25 Zähnen ist zu fertigen. Die Zahl der Teilkurbelumdrehungen ist zu berechnen und ein Lochkreis auszuwählen.

Lösung: Anzahl der Umdrehungen der Teilkurbel $N_k = \frac{40}{25}$; $N_k = 1\frac{3}{5}$

Es ist eine Lochscheibe zu wählen, die einen durch 5 teilbaren Lochkreis besitzt. Es wird die Lochscheibe I mit 20 Bohrungen ausgewählt, weil sich mit dieser $\frac{3}{5}$ Umdrehungen einstellen lassen.

$\frac{3}{5} = \frac{12}{20} \Rightarrow$ 12 Lochabstände $N_k = 1$ Umdrehung $+ \frac{12}{20}$ Umdrehung

3.4 Spannzeuge für Werkzeuge auf Fräsmaschinen

Bei kleinen Fräsmaschinen wird das Fräswerkzeug häufig unmittelbar mit dem Morsekonus in die Maschinenspindel eingesetzt.

Bei größeren Maschinen nehmen Spannzeuge die Schneidwerkzeuge auf. Die Spannzeuge mit dem Werkzeug werden ihrerseits in die Arbeitsspindel der Werkzeugmaschine eingespannt.

Beispiel **für ein Spannzeug zwischen Maschine und Werkzeug**

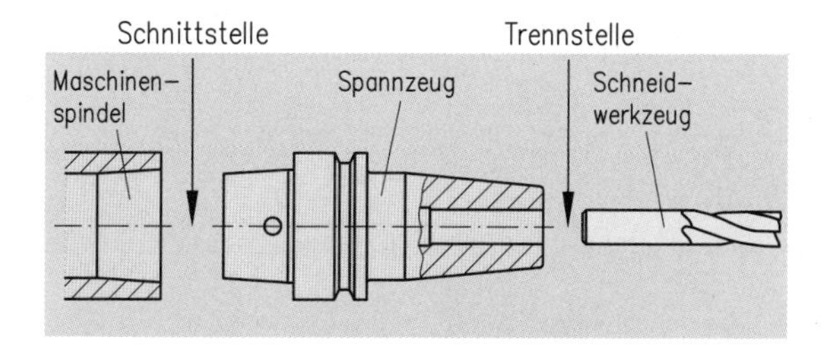

Übungsaufgabe B-168

3.4.1 Gestaltung der Schnittstelle zwischen Spannzeug und Arbeitsspindel

Für den automatischen Werkzeugwechsel in die Arbeitsspindel werden Systeme verwendet, die selbsttätig in die kegelige Bohrung der Arbeitsspindel eingezogen werden können. Hierzu eignen sich Spannzeuge mit **Steilkegel (SK)** und **Hohlschaftkurzkegel (HSK)**.

- **Steilkegel (SK)**

Steilkegel (SK) haben einen großen Kegelwinkel und sind nicht selbsthemmend.
Die Spannzeuge werden mit einer eingeschraubten Zugstange oder durch ein Greifersystem in die Maschinenspindel eingezogen und gehalten. Bei Werkzeugwechsel wird das Spannzeug freigegeben. Die Kraftübertragung erfolgt weitgehend formschlüssig über Mitnehmer, die in entsprechende Nuten am Bund des Steilkegels eingreifen.

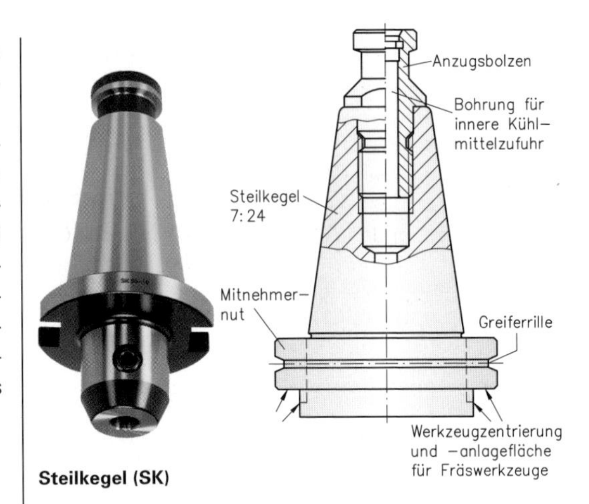

Steilkegel (SK)

- **Hohlschaftkurzkegel (HSK)**

Hohlschaftkurzkegel (HSK) zeichnen sich durch eine kurze Baulänge mit geringem Gewicht aus. Sie werden durch ein Greifersystem innen gefasst und in die Spindel eingezogen. Dabei wird der Kurzkegel elastisch verformt und fest an die kegelige Bohrung der Maschinenspindel angelegt und der Bund wird gegen die Planfläche gezogen. Dadurch wird eine sehr hohe Positionsgenauigkeit des Spannzeugs in der Maschinenspindel erzielt.

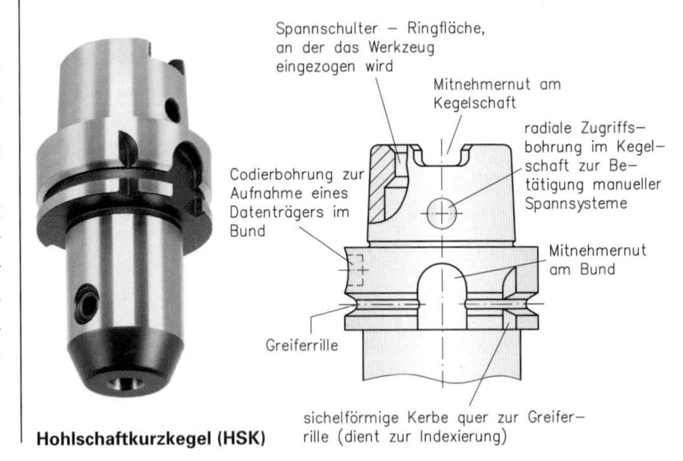

Hohlschaftkurzkegel (HSK)

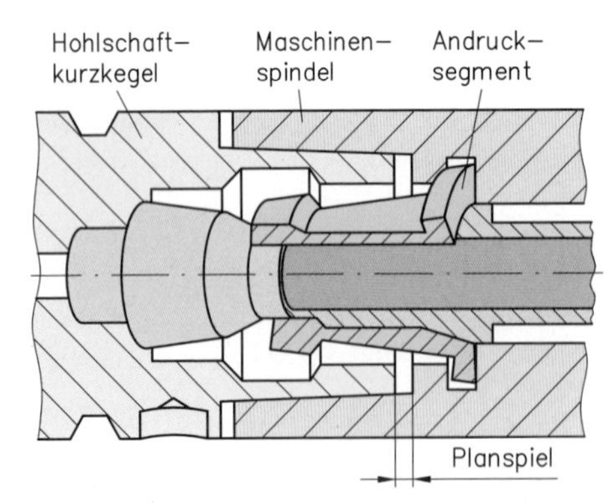

Hohlschaftkurzkegel vor Einzug in die Maschinenspindel

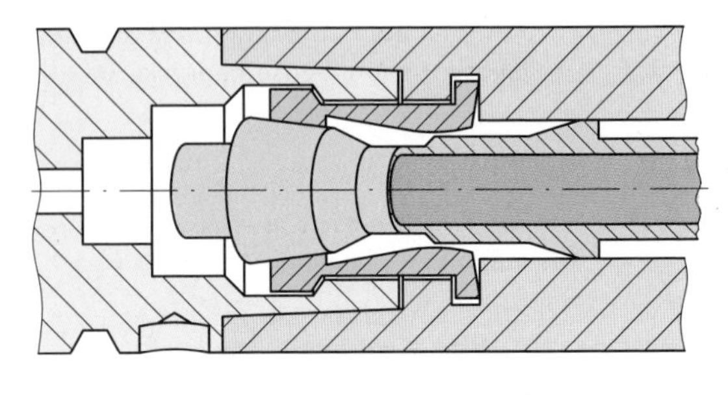

Hohlschaftkurzkegel in die Maschinenspindel eingezogen

Spannsystem des Hohlschaftkurzkegels

Übungsaufgabe B-169

3.4.2 Gestaltung der Trennstelle zwischen Spannzeug und Fräswerkzeug

Werkzeuge werden nach unterschiedlichen Verfahren in die Spannzeuge eingespannt. Zu Verfahren durch die Werkzeuge schnell, sicher und genau positioniert werden können, zählt das Spannen im:

- **Spannzangenfutter** – Spannen durch mechanisches Verformen einer geschlitzten Hülse.
- **Schrumpffutter** – Spannen durch Wärmschrumpfung der Werkzeugaufnahme,
- **Hydrodehnspannfutter** – Spannen durch hydraulisches Dehnen einer Spannhülse.
- **Polygonspannfutter** – Spannen durch mechanisches Verformen einer polygonförmigen Aufnahme.

LF 2+5

Spannzangenfutter

Fräswerkzeuge mit zylindrischem Schaft werden in Spannzangenfuttern eingespannt. Spannzangenfutter bestehen aus einem Grundkörper mit aufschraubbarer Druckhülse. In den Grundkörper werden je nach Fräserdurchmesser Spannzangen mit unterschiedlichen Innendurchmessern eingewechselt. Spannzangen haben einen Außenkegel. Beim Anziehen der Druckhülse werden die konischen Spannzangen zusammengedrückt und erzeugen so die Spannkraft zum Spannen des Fräswerkzeugs.

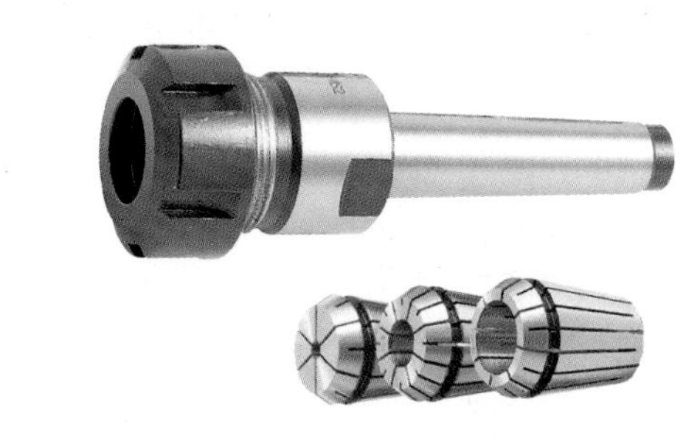

Spannzangenfutter

Schrumpffutter

Bei der Werkzeugeinspannung durch die Wärmeschrumpftechnik wird das Spannzeug im Bereich der Werkzeugaufnahme durch hochfrequente Induktionsströme erwärmt. Die Erwärmungszeit beträgt wenige Sekunden. Die Werkzeugaufnahme weitet sich etwas aus und das kalte Schneidwerkzeug kann in die Aufnahme geschoben werden.

Beim Erkalten der Werkzeugaufnahme wird das Werkzeug durch Wärmeschrumpfung zentrisch gespannt.

Zum Wechsel des Werkzeugs wird die Werkzeugaufnahme ebenfalls durch Induktionsstrom nur in der Nähe des Werkzeugschafts erhitzt.

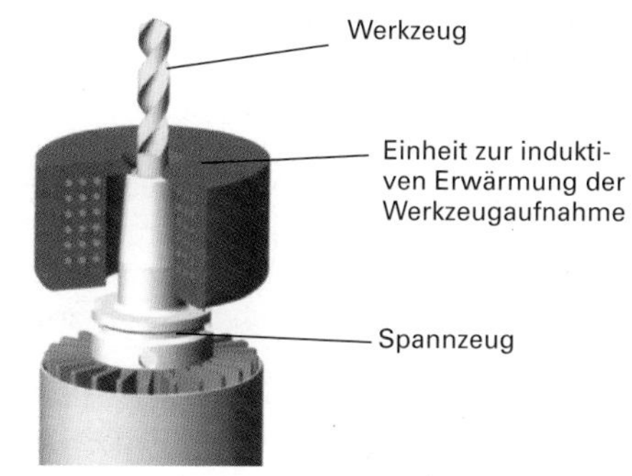

Werkzeugeinspannung durch Wärmeschrumpfung

Dehnspannfutter

Bei der Werkzeugeinspannung durch die Hydrodehntechnik wird durch eine Betätigungsschraube Hydrauliköl gegen die Spannbüchse gedrückt. Dadurch dehnt sich dieses Spannelement aus und spannt das Werkzeug und den Fasenring. Das Werkzeug wird spielfrei und konzentrisch gespannt. Durch eine Verstellschraube erhält das eingeführte Werkzeug einen Längenanschlag, sodass eine Einstellung der Bohrtiefe möglich ist.

Eine Fase kann nach dem Bohren sofort mit der eingespannten Fasenschneidplatte eingebracht werden. Mit dem verstellbaren Fasenring kann die Bohrtiefe ebenfalls abgeändert werden.

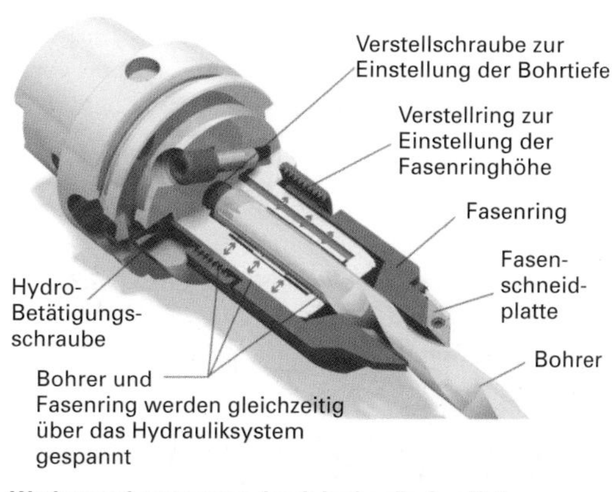

Werkzeugeinspannung durch hydraulisches Dehnen

Übungsaufgaben B-170 bis B-173

Polygonspannfutter

Bei der **Polygonspanntechnik** wird die Werkzeugaufnahme mit polygonartiger Bohrung durch ein Presssystem an der Spannstelle so deformiert, dass die Bohrung rund wird und das Werkzeug eingeführt werden kann. Nach Entlasten des Presssystems ist das Werkzeug gespannt.

Ablauf des Polygonspannens

ohne Werkzeug	nach Einleiten der Kraft	beim Einfügen des Werkz.	gespanntes Werkzeug
Spann-ø polygonähnlich Kunststoffeinlage	Spann-ø wird rund Kraft Force Kraft Force Kraft Force	Schaft fügen Kraft Force Kraft Force Kraft Force	Spann-ø schrumpft Kraft Force Kraft Force Kraft Force

Durch den Einsatz moderner Spannzeuge wird die Fertigungsqualität gesteigert und die Fertigungszeit minimiert. Wegen der höheren Standzeiten verringern sich die Werkzeugkosten.

3.4.3 Werkzeugführungen

Bohrbuchsen werden als Werkzeugführungen eingesetzt, wenn Bohrer durch eine Bohrvorrichtung geführt werden müssen. Sie sind innen und außen auf ein Passmaß geschliffen, um einen genauen Einbau in Vorrichtungen und eine gute Führung der Bohrer zu garantieren. Zum leichten Einbau sind Bohrbuchsen mit einer Fase versehen und auf der Einlaufseite des Bohrers mit einem Radius. Bohrbuchsen sind gehärtet, um einen schnellen Verschleiß zu vermeiden:

Der Abstand zwischen Bohrbuchse und Werkstück hängt von der Toleranz der Bohrung, der Qualität der anzubohrenden Oberfläche und dem Winkel zwischen Bohrerachse und Oberfläche ab.

Bei sehr genau vorgearbeiteten Oberflächen kann die Bohrbuchse bis fast auf die Werkstückoberfläche reichen.

Bei Guss- und Schmiedestücken wird wegen der Oberflächenwelligkeit ein Abstand von 0,5 d bis 1 d gelassen, damit die Späne ablaufen können.

An schrägen Flächen wird die Bohrbuchse nahezu aufgesetzt, damit der Bohrer besonders in der Anbohrphase optimal geführt wird.

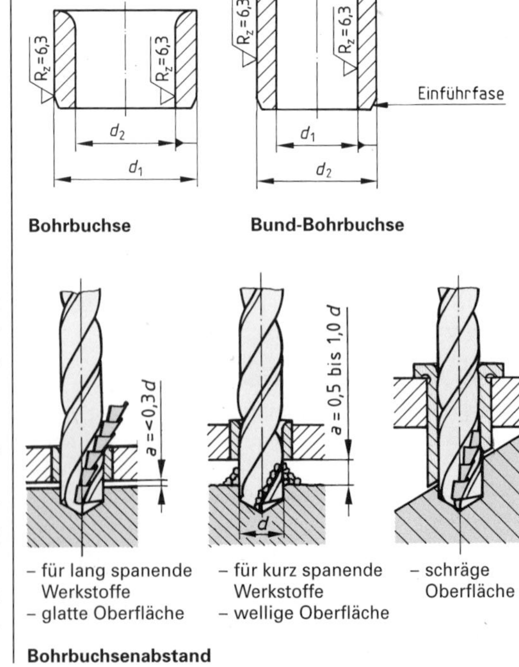

Bohrbuchse **Bund-Bohrbuchse**

- für lang spanende Werkstoffe
- glatte Oberfläche

- für kurz spanende Werkstoffe
- wellige Oberfläche

- schräge Oberfläche

Bohrbuchsenabstand

Der Einsatz von Werkzeugführungselementen verhindert das Verlaufen des Werkzeugs und erhöht dadurch die Bearbeitungsgenauigkeit. Durch das Führen der Werkzeuge verringert sich der Werkzeugverschleiß und die Vorrichtung wird geschont.

3.5 Spannsysteme für Werkstücke auf Fräsmaschinen

Alle Werkstückspannmöglichkeiten haben die folgenden Anforderungen zu erfüllen:

- Die Art der Werkstückspannung muss in Form und Abmessungen dem Werkstück und der vorgesehenen Bearbeitung angepasst sein.
- Ein möglichst einfacher Aufbau mit sicherer und schneller Handhabung soll eine hinreichend gute Wiederholgenauigkeit erbringen.
- Die Werkstücke müssen bei der Spanabnahme so fixiert sein, dass sie unter der Wirkung der Schnittkräfte ihre Lage nicht ändern und sich möglichst wenig verformen.

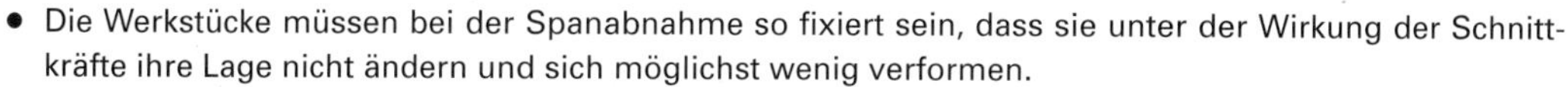

3.5.1 Positionieren von Werkstücken

Werkstücke müssen zur Bearbeitung auf dem Maschinentisch in eine bestimmte Lage gebracht werden, dies nennt man Positionieren. Je nach Bearbeitungsaufgabe muss die Position von Werkstücken in einer, zwei oder drei Ebenen festgelegt sein. Dazu ist es nötig, Anschläge so anzubringen, dass das Werkstück in diesen Ebenen positioniert wird.
Dies gilt nicht für die Werkstücke an sich, sondern auch für Maschinenschraubstöcke, Vorrichtungen, Teilapparate u. Ä., die auf Maschinentische aufgespannt werden und die Werkstücke aufnehmen.

Beispiele für notwendige Positionierungen eines quaderförmigen Werkstücks

Positionieren in einer Ebene	Positionieren in zwei Ebenen	Positionieren in drei Ebenen
a	b, a	b, c, a
notwendig bei • Fräsen von Flächen	notwendig z.B. bei • Fräsen von Nuten	notwendig z.B. bei • Fräsen von Taschen • Fräsen von Bahnen

Positionieren heißt, ein Bauteil in der Lage so festlegen, dass diese jederzeit entsprechend wiederholbar ist.

Werden Werkstücke nach *mehr* als drei Ebenen positioniert, so sind sie **überpositioniert**. Überpositionierungen müssen vermieden werden, da sie infolge der Toleranzen der Werkstücke zu Maßfehlern führen können.

Werden Werkstücke in einer Ebene zweifach positioniert, so sind sie **überpositioniert**. Überpositionierungen sind zu vermeiden, sie erfordern unnötig hohen Aufwand und können infolge der Werkstücktoleranzen zu Maßfehlern führen. In dem nebenstehenden Beispiel wird deutlich, dass das Werkstück nicht gleichzeitig an den Positionierelementen 1 und 2 genau anliegen kann.

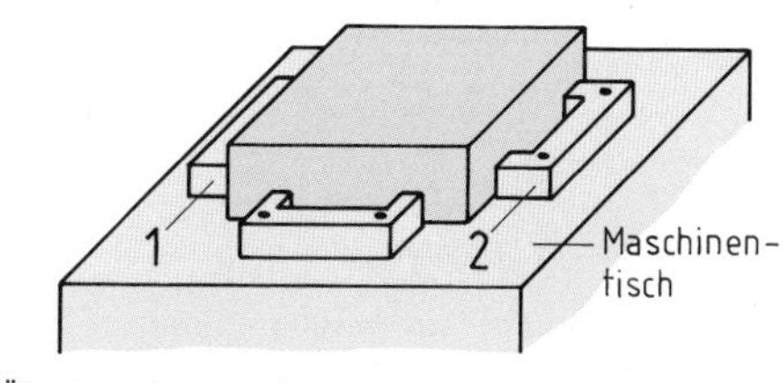

Überpositionierung

Übungsaufgaben B-175; B-176

- **Positionieren an zylinderförmigen und drehsymmetrischen Werkstückkonturen**

Zur Positionierung von zylinderförmigen Werkstücken von außen verwendet man Spitzen, Ringaufnahmen und Prismen.

Spannzangen und Futter, die ebenfalls für das Außenpositionieren verwendet werden, spannen gleichzeitig. Zum Positionieren von Bohrungen werden Bolzen eingesetzt. Spreizhülsen kombinieren das Positionieren und das Spannen.

Beispiel für das Positionieren eines Werkstücks an zylinderförmigen Konturen

Der dargestellte Hebel aus Gusseisen wurde in der vorgegossenen Bohrung gebohrt. Zum Bohren der kleineren Bohrungen wird er in einer Vorrichtung mit einem Dorn zentriert und an der abgerundeten Kante mit einem beweglichen Prisma positioniert.

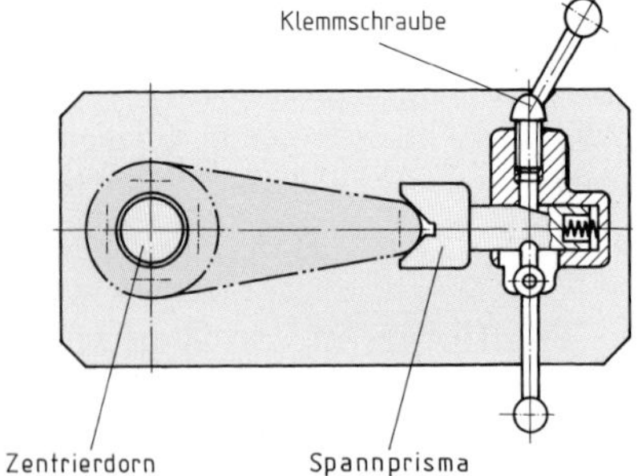

Zum Positionieren an zylinderförmigen Konturen werden besonders häufig Prismen eingesetzt. Beim Positionieren mit einem Prisma geht jedoch nur die Achse, welche die Winkelhalbierende des Prismas bildet, exakt durch den Mittelpunkt des Werkstücks. Dadurch ergeben sich zwischen Werkstücken mit Höchst- und Mindestmaß erhebliche Abweichungen in der zum Prisma längs verlaufenden Achse. Als Folge können bei der Bearbeitung von Werkstückserien im gleichen Prisma erhebliche Maßunterschiede auftreten. Man nennt den zwischen Höchst- und Mindestmaß auftretenden Unterschied in der Lage der Mittelachse die Exzentrizität *e*.

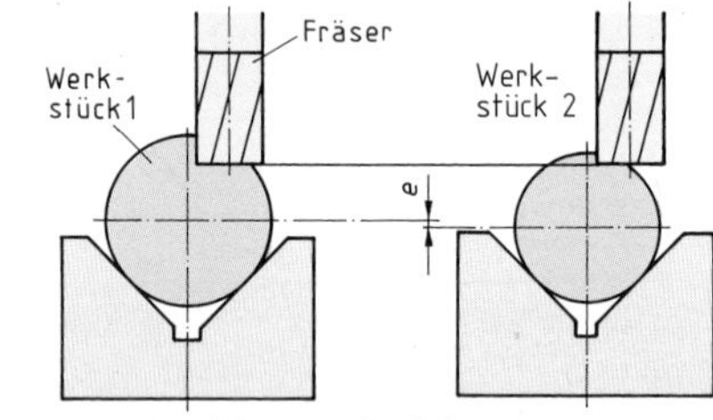

Positionierabweichungen im Prisma

Beim Positionieren im Prisma entsteht in der waagerechten Achse bei Werkstücken mit unterschiedlichen Durchmessern eine Exzentrizität.
Je größer der Prismenwinkel und je kleiner die Maßtoleranz des Werkstücks, desto kleiner ist die auftretende Exzentrizität.

- **Positionieren zum Ausführen von Teilvorgängen**

Die Fertigung von Konturen, die sich wiederholen, geschieht in Teilvorrichtungen. In diesen Vorrichtungen wird das Werkstück unmittelbar oder mit dem Werkstückträger verschoben oder geschwenkt.

Bei Vorrichtungen zum Kreisteilen wird meist der Werkstückträger geschwenkt. Das Positionieren kann mit hinreichender Genauigkeit durch Druckstücke als Rastelemente erfolgen.

Bei höherer Genauigkeit für die Teilung wählt man spezielle Feststellelemente.

Zum schnellen Auffinden der Position kombiniert man Druckstück und Feststellelement.

Beispiel für eine Teilscheibe mit einem Druckstück zum Vorrasten und einem Riegelfeststellelement

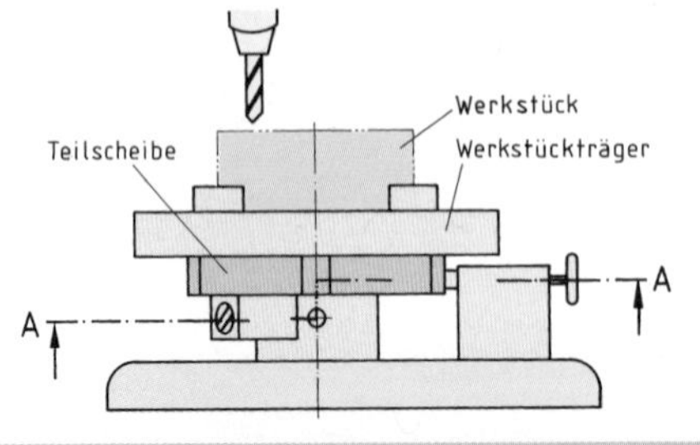

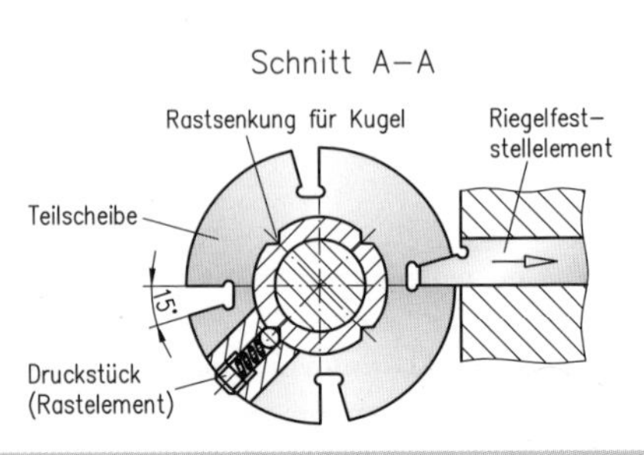

Mehrfachpositionieren geschieht durch schrittweises Verschieben oder Schwenken von Werkstück oder Werkstückträger gegen ein Positionierelement.

Übungsaufgaben B-177; B-178

• Positionieren von Werkstücken auf Maschinentischen

Wenn ein Werkstück auf dem Maschinentisch gespannt werden soll, muss es zunächst entsprechend den Maschinenachsen ausgerichtet (positioniert) werden. Bei Werkstücken, die eine gerade Kante besitzen, welche zu einer Maschinenachse parallel liegt, wird diese Kante zunächst nach den Spannnuten des Maschinentisches grob ausgerichtet. Nach leichtem Anziehen der Spannelemente wird eine Lagekontrolle mithilfe der Messuhr durchgeführt und die Lage des Werkstücks entsprechend korrigiert.

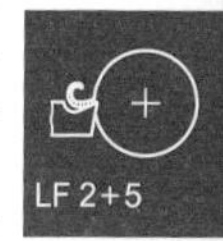

Bei Werkstücken, die keine gerade Kante besitzen und die nach Anriss aufgespannt werden müssen, setzt man eine Zentrierspitze statt des Fräsers in die Spindel und kontrolliert durch Verfahren in der angerissenen Achse die Ausrichtung des Werkstücks.

Beispiel für das Ausrichten von Werkstücken auf dem Maschinentisch

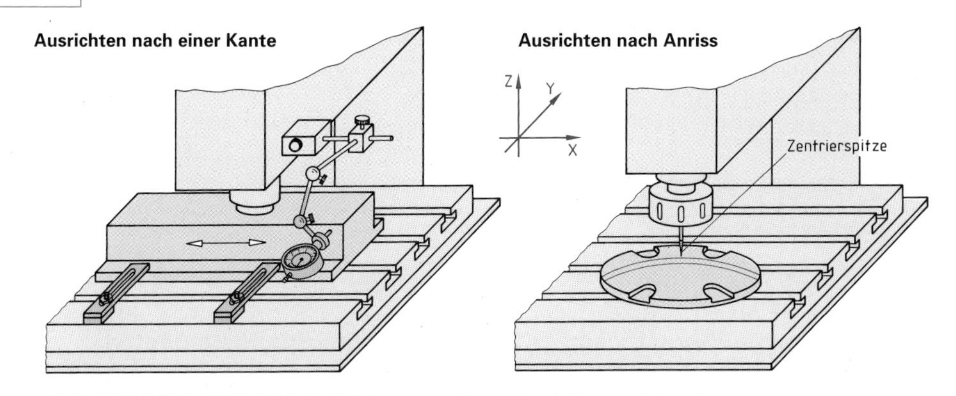

Werkstücke müssen auf dem Maschinentisch zu den Maschinenachsen ausgerichtet werden. Die Kontrolle der Ausrichtung erfolgt durch Messuhr oder durch Abtasten des Anrisses.

• Positionieren von Werkstückträgern und Spannmitteln auf dem Maschinentisch

Bei der Verwendung von Spannmitteln müssen diese mit den Anlageflächen für das Werkstück auf dem Maschinentisch positioniert werden, bzw. ihre Position muss überprüft werden. Dies geschieht durch Verfahren des Maschinentisches und Abtasten der Anlagefläche mit einer Messuhr. Die Messuhr muss in ihrer Lage zur Hauptspindel fest positioniert sein.

Beispiel für das Positionieren und die Kontrolle der Anlageflächen eines Maschinenschraubstocks

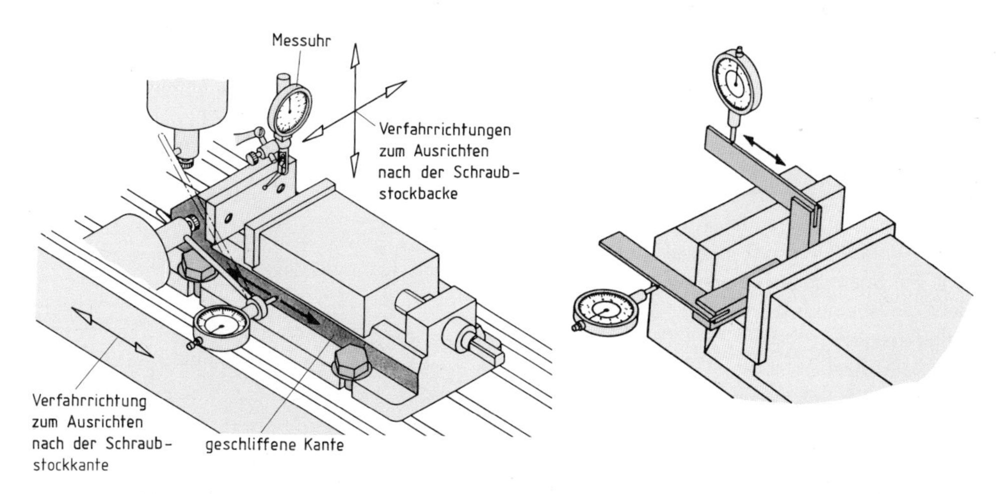

Anlageflächen von Spannmitteln werden mithilfe der Messuhr durch Verfahren des Maschinentisches kontrolliert und ausgerichtet.

Übungsaufgaben B-179 bis B-181

Da die Spannnuten der Frästische genau entsprechend einer Achse der Maschine verlaufen, nutzt man diese Nuten häufig zum Positionieren von Vorrichtungen und Maschinenschraubstöcken. In die Unterseite dieser Spannmittel setzt man in solchen Fällen Nutensteine ein, die genau in die Nuten der Maschinentische eingreifen.

Beispiele für das Positionieren einer Vorrichtung mithilfe der T-Nuten des Maschinentisches

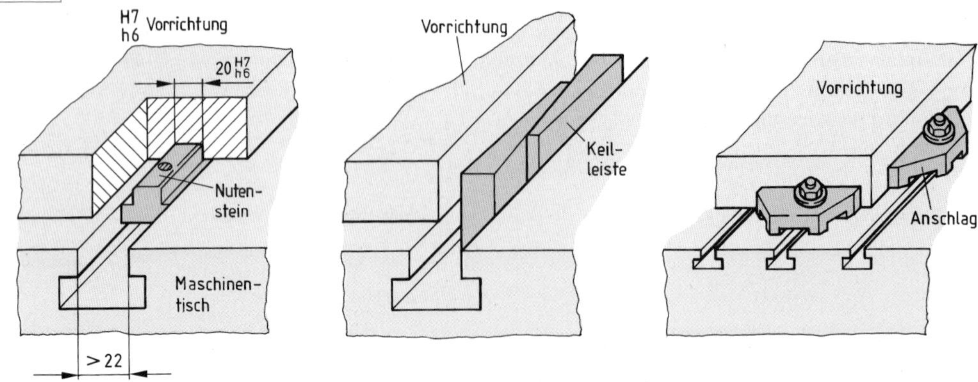

Positionierung durch Nutensteine **Positionierung durch Keilleisten** **Positionierung durch Anschläge**

Das Positionieren von Vorrichtungen auf dem Maschinentisch geschieht mithilfe der T-Nuten.

3.5.2 Spannen von Werkstücken mit kraftbetätigten Spannelementen

Da die nutzbare Muskelkraft des Menschen als Betätigungskraft auf 200 N begrenzt ist, werden zur Erzeugung der erforderlichen Spannkraft verschiedene Möglichkeiten zur Krafterhöhung genutzt. Eine wichtige Form zur Erzeugung der Spannkraft ist die Anwendung des Keiles. Je nach Anforderung kann er als einfacher Keil oder als aufgewickelter Keil bei der Schraube, dem Exzenter oder der Spirale ausgebildet sein.

Keil	Schraube	Kreisexzenter	Spannspirale

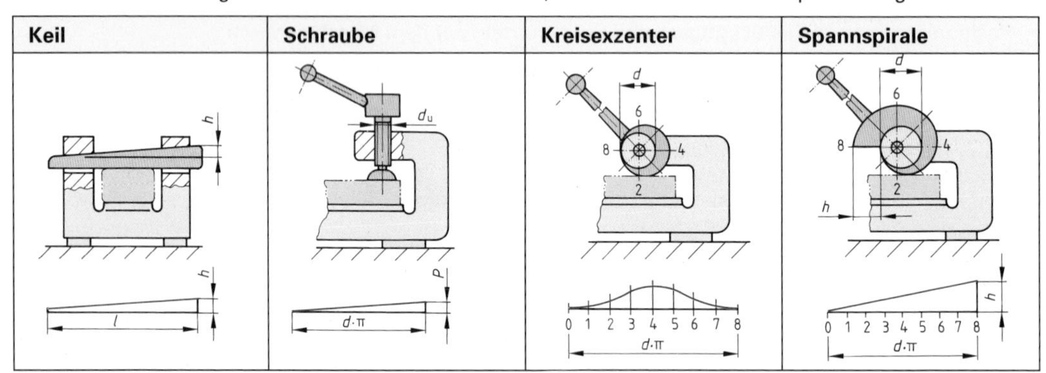

- **Spannen durch Keil**

Im Vorrichtungsbau werden überwiegend einseitig geneigte Keile verwendet. Am Keil wird die eingeleitete Betätigungskraft in zwei Wangenkräfte zerlegt. Bei Spannkeilen ist der Keilwinkel so gewählt, dass die Spannkraft erheblich höher ist als die Betätigungskraft.

Der Keilwinkel muss beim Spannkeil so gewählt werden, dass Selbsthemmung eintritt. Dies ist bei Stahl auf Stahl in geschmiertem Zustand bei einem Keilwinkel unter 11° der Fall.

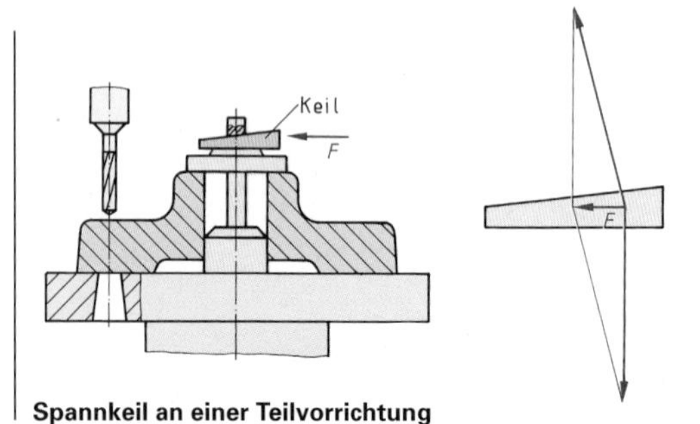

Spannkeil an einer Teilvorrichtung

Bei der Spannkrafterzeugung durch Keile muss auf Selbsthemmung des Keiles geachtet werden. Selbsthemmung tritt bei Stahl auf Stahl unterhalb von 11° ein.

 Übungsaufgabe B-182

- **Spannen mit Kniehebel**

Am Kniehebel wird eine Kraft auf das Mittelgelenk in sehr große Seitenkräfte zerlegt.
Zum Spannen bringt man den Kniehebel zunächst in eine Position kurz vor der Totpunktstellung. Er übt nun hohe Seitenkräfte aus. Bei weiterem Durchdrücken bringt man ihn in die Totpunktstellung. In dieser Stellung liegen alle drei Gelenke auf einer Achse. Die Spannkraft hat jetzt ihren Höchstwert erreicht, der Kniehebel ist aber im labilen Gleichgewicht, er kann jederzeit aus dieser Spannstellung herausspringen. Darum drückt man den Kniehebel etwas über den Totpunkt hinaus und hält ihn dort.

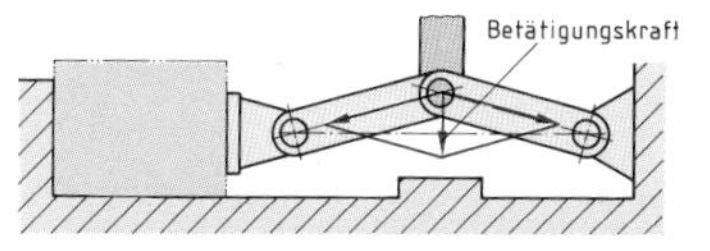

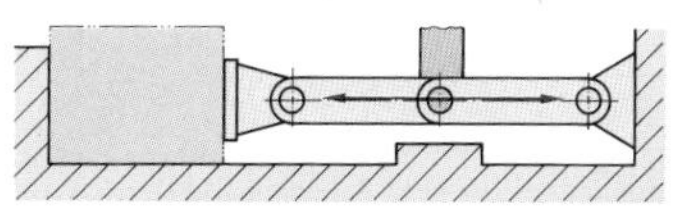
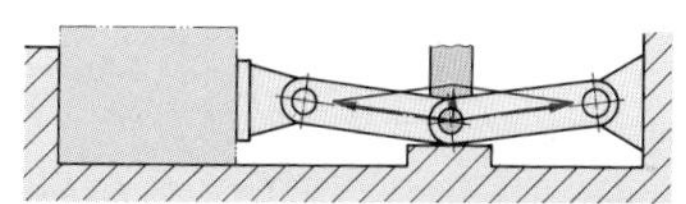

Kniehebelprinzip Vortotpunktstellung — Totpunktstellung — Übertotpunktstellung → Spannstellung

Der Kniehebel formt kleine Kräfte auf das Mittelgelenk in große Seitenkräfte um. Zur Erreichung einer stabilen Spannstellung bringt man den Kniehebel in die Übertotpunktstellung.

Der Kniehebel kann in unterschiedlicher Weise verwirklicht werden. In den meisten Anwendungsfällen setzt man Kniehebel ein, die als Normalien geliefert werden.

Beispiele für Kniehebelspanner

Waagerechtspanner — **Schubstangenspanner** — **Pneumatischer Kniehebelspanner**

- **Spannen auf dem Maschinentisch**

Größere Werkstücke werden unmittelbar auf den Maschinentisch der Fräsmaschine gespannt. Die Spannkraft muss dabei senkrecht auf den Maschinentisch wirken, damit das Werkstück durch Reibung daran gehindert wird, seine Position unter Einfluss der Zerspankraft zu ändern.

Die meist verwendeten Spanneinrichtungen bestehen aus Spannpratzen, Spannschraube mit Scheibe und Mutter sowie einem Gegenlager aus Stützelementen. Durch Anziehen der Spannschraube wird eine Kraft auf die Spannpratzen ausgeübt. Dieser wirkt als Hebel und verteilt die Kraft auf das Werkstück und das Gegenlager. Damit ein möglichst hoher Anteil der Zugkraft als Spannkraft genutzt werden kann, muss die Spannschraube dicht am Werkstück ansetzen.

Beispiel für die Kraftwirkungen am Spannpratzen

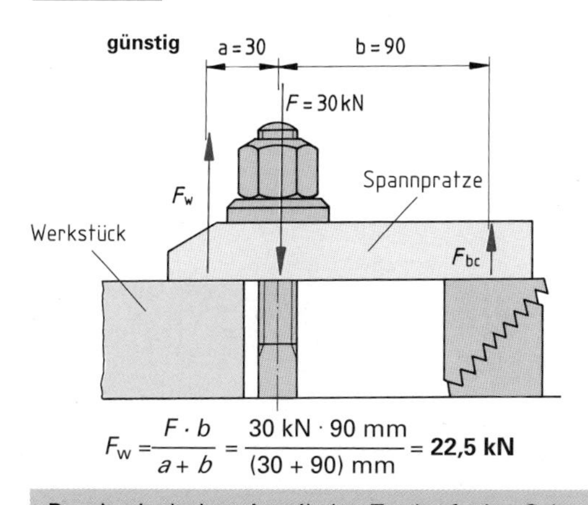

$$F_w = \frac{F \cdot b}{a + b} = \frac{30 \text{ kN} \cdot 90 \text{ mm}}{(30 + 90) \text{ mm}} = \mathbf{22{,}5 \text{ kN}}$$

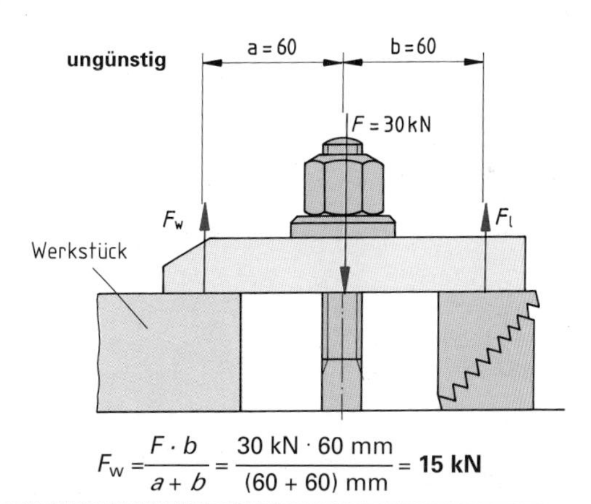

$$F_w = \frac{F \cdot b}{a + b} = \frac{30 \text{ kN} \cdot 60 \text{ mm}}{(60 + 60) \text{ mm}} = \mathbf{15 \text{ kN}}$$

Damit ein hoher Anteil der Zugkraft der Schraube als Spannkraft wirkt, ist der Abstand zwischen Schraube und Werkstück kleiner zu halten als der Abstand zwischen Schraube und Gegenlager.

Übungsaufgaben B-183 bis B-186

Je nach Werkstückform, Spannmöglichkeit u. a. können diese Elemente unterschiedlich gestaltet sein. Als Werkstoffe für Spannpratzen verwendet man Stahl oder hochfeste Aluminiumlegierungen, da sie die Oberflächen der Werkstücke mehr schonen.

Beispiele für Ausführungsformen der Elemente einer Spannvorrichtung

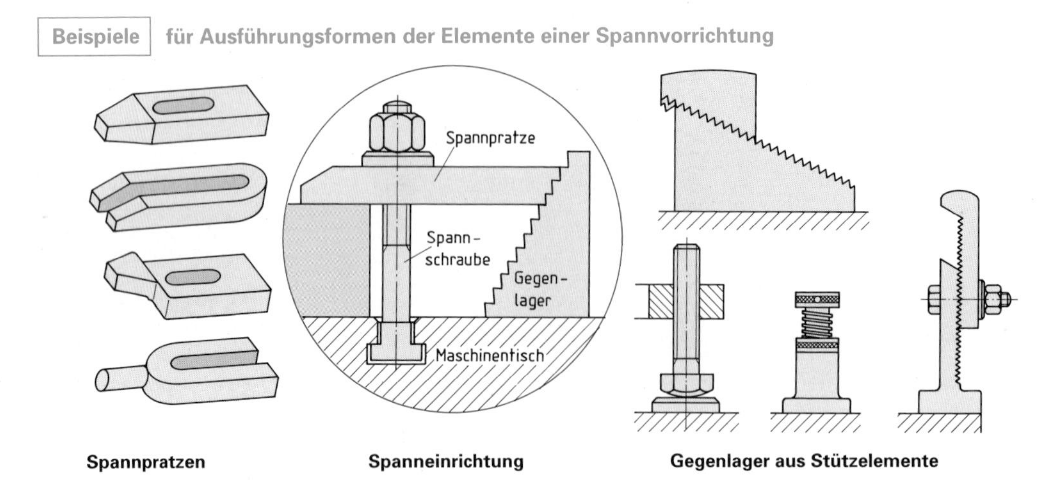

Spannpratzen **Spanneinrichtung** **Gegenlager aus Stützelemente**

- **Stützen von Werkstücken**

Das Stützen von Werkstücken ist erforderlich, wenn die Gefahr besteht, dass das Werkstück unter seinem Eigengewicht, durch Spannkräfte oder durch die bei der Bearbeitung auftretenden Kräfte verformt wird. Stützelemente müssen variabel, stufenlos verstellbar und in ihrer Lage auf einfache Weise fixierbar sein.

Die Anlageflächen von Stützelementen befinden sich im Gegensatz zu Positionierelementen in der Vorrichtung nicht in einer festen Lage. Sie werden erst *nach* Einlegen und Positionieren des Werkstückes ohne Kraftaufwand an das Werkstück angelegt und gesichert. Nach der Bearbeitung werden die Stützen wieder zurückgenommen. Stützelemente sind aus diesem Grund leicht verstellbar und auf einfache Weise in ihrer Lage fixierbar.

Austauschbare Einsätze

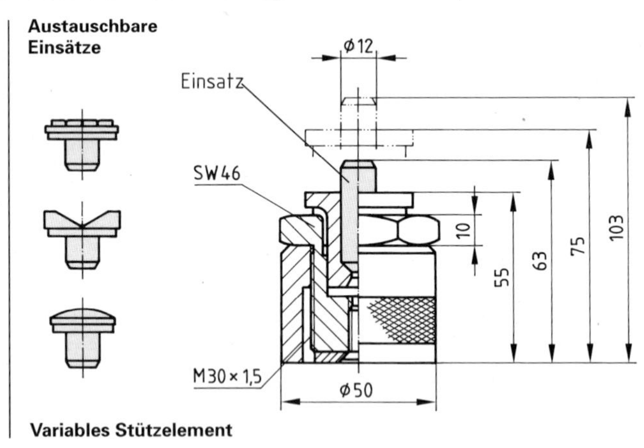

Variables Stützelement

Beispiele für den Einsatz von Stützen

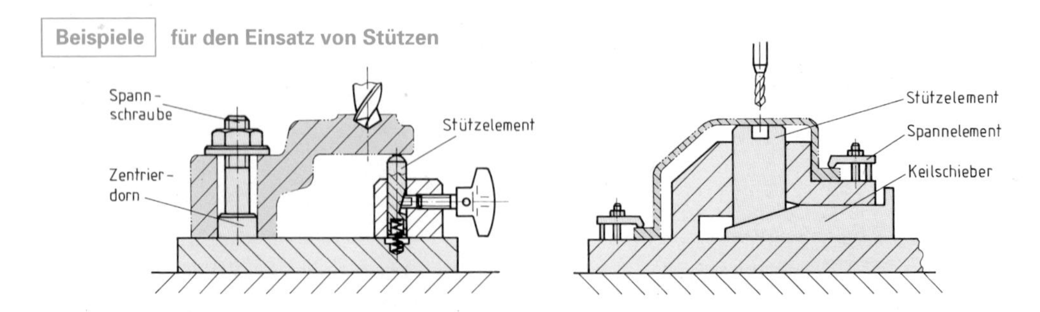

Stützelemente sind keine Positionierelemente. Sie werden erst nach dem Positionieren möglichst kraftfrei an das Werkstück herangeführt und in dieser Lage gesichert.

Übungsaufgaben B-187; B-188

- **Spannen im Maschinenschraubstock**

Zum Spannen *kleinerer Werkstücke* verwendet man meist den Maschinenschraubstock. Zum Einspannen unterschiedlich geformter Werkstücke benutzt man Spannbacken und Hilfsmittel, wie zum Beispiel Unterlagen, die entsprechend der Werkstückform gestaltet sind.

Beim Einsatz eines Maschinenschraubstocks muss darauf geachtet werden, dass die Schnittkraft möglichst nicht auf die bewegliche Schraubstockbacke gerichtet ist.

Bei Maschinenschraubstöcken mit Niederzug bleibt beim Spannen die Parallelität der Spannbacken erhalten. Beim Spannvorgang wird die Kraft an der beweglichen Spannbacke in zwei Komponenten zerlegt.
Die waagerecht gerichtete Kraft presst das Werkstück gegen die feste Backe. Die senkrecht gerichtete Kraft zieht Spannbacke und Werkstück nach unten.

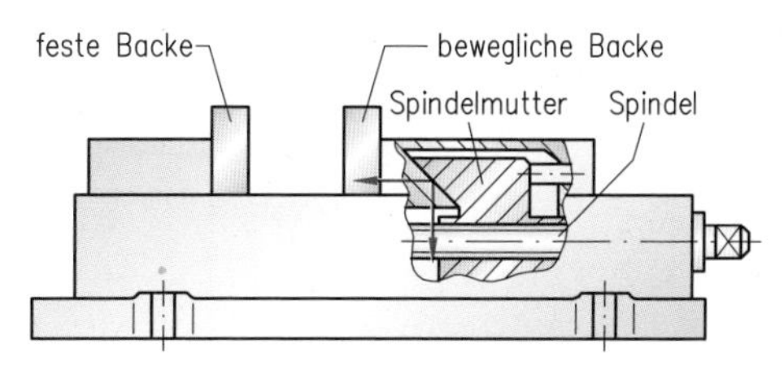

Niederzugschraubstock

Zylindrische Werkstücke werden ohne Exzentrizität positioniert, wenn eine Doppelprismen-Anordnung gewählt wird. Dieses mittige Positionieren mit anschließendem Spannen ist dann von großer Wichtigkeit, wenn die Werkstück-Mittellinien als Bezugsebenen für das Positionieren dienen. Bei der Positionierung in Doppelprismen sind die beiden Prismen formschlüssig über eine Gewindespindel mit Rechts- und Linksgewinde verbunden.

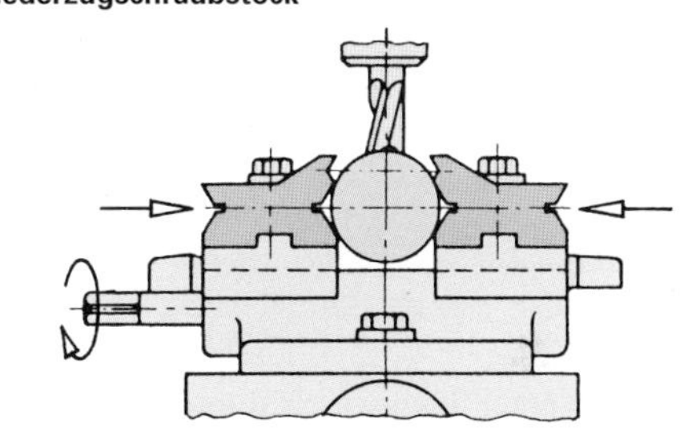
Positionierung im Doppelprisma

Zum Fräsen verschiedener Schrägen an Werkstücken können Maschinenschraubstöcke mithilfe von Drehplatten mit Winkeleinteilung erweitert werden. Zur gleichzeitigen Erzeugung einer Dreh- und Schwenkbewegung kommen Aufspannwinkel zum Einsatz, welche zweidimensionale Verstellmöglichkeiten bieten.

Präzisions-Sinus-Spanner

- **Spannen in Formspannsystemen**

Formspannsysteme arbeiten mit axial wirkenden Stößeln, die sich der Werkstückkontur anpassen. Die mit Federkraft beaufschlagten Stößel ergeben in ihrer dichtesten Anordnung ein Feld, in das das Werkstück einfach eingedrückt wird. Ein Klemmhebel fixiert die entsprechend der Werkstückkontur abgeformten Stößel in ihrer Position.

In diese Formaufnahme legt der Anwender nun die folgenden gleichen Werkstücke ein. Die eigentliche Spannung erfolgt über eine Schraube an der beweglichen Backe des Formspannsystems.

Formspannsystem

Kleinere Werkstücke werden problemlos in Maschinenschraubstöcken gespannt. Spannbacken werden nach der WErkstückform ausgewählt

Übungsaufgaben B-189; B-190

3.5.3 Aufbau modularer Spannsysteme

Mit modularen Rasterspannsystemen werden Werkstücke außerhalb von Werkzeugmaschinen auf Grundplatten positioniert und fixiert. Dadurch werden die Nebenzeiten für die Maschine verringert.

Beispiel für Bauteile aus einem Rasterspannsystem

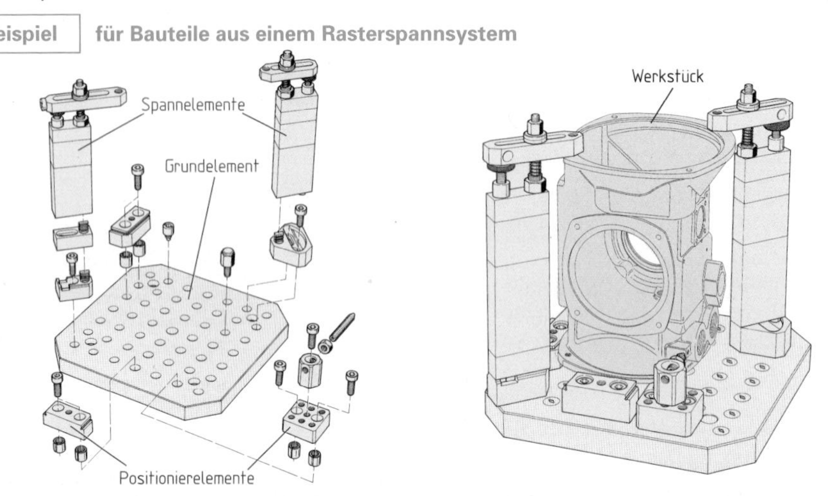

Aus Rasterspannsystemen können nach dem Baukastenprinzip Spannvorrichtungen geplant und aufgebaut werden. Rastersysteme bestehen aus Grund-, Positionier- und Spannelementen.

- **Einrichten einer Spannvorrichtung**

In Einrichteblättern werden entsprechend der Planung alle notwendigen Angaben zusammengestellt. Dies sind insbesondere die **Stückliste** der benötigten Bauelemente, **Aufbau und Anordnung** in zeichnerischer Darstellung und **Nullpunktkoordinaten** für die Bearbeitung.

Beispiel für ein Einrichteblatt einer Spannvorrichtung

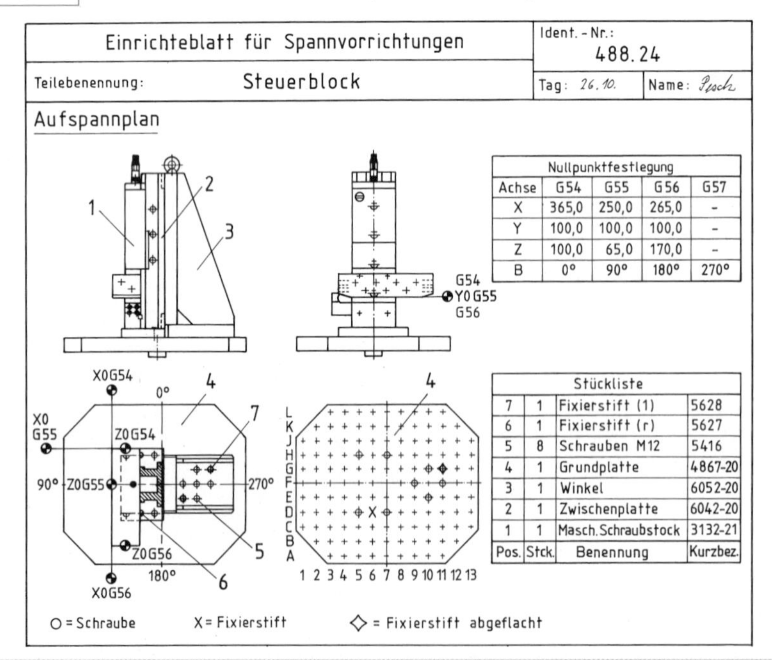

Einrichteblatt für Spannvorrichtungen — Ident.-Nr.: 488.24

Teilebenennung: Steuerblock — Tag: 26.10. — Name: Pesch

Aufspannplan

Nullpunktfestlegung				
Achse	G54	G55	G56	G57
X	365,0	250,0	265,0	-
Y	100,0	100,0	100,0	-
Z	100,0	65,0	170,0	-
B	0°	90°	180°	270°

Stückliste			
7	1	Fixierstift (l)	5628
6	1	Fixierstift (r)	5627
5	8	Schrauben M12	5416
4	1	Grundplatte	4867-20
3	1	Winkel	6052-20
2	1	Zwischenplatte	6042-20
1	1	Masch. Schraubstock	3132-21
Pos.	Stck.	Benennung	Kurzbez.

Einrichteblätter für Werkstückaufspannungen enthalten Angaben über:
- Konstruktion der Aufspannung, • Lage der Werkstücknullpunkte innerhalb der Aufspannung.

Übungsaufgaben B-191; B-192

3.6 Bestimmen von Arbeitsgrößen beim Fräsen

3.6.1 Bewegungen bei der Spanabnahme

Zur Vereinfachung und Vereinheitlichung der Betrachtungsweise der Bewegungen beim Fräsen sind folgende Vereinbarungen genormt:

- *Der Fräser führt theoretisch alle Bewegungen aus, das Werkstück steht still.*
- *Die Drehrichtung des Fräsers, Rechts- oder Linkslauf, wird von der Antriebsseite aus beurteilt.*

Die Spanabnahme beim Fräsen erfolgt durch die kreisförmige **Schnittbewegung** und die gleichzeitig ablaufende **Vorschubbewegung**. Beide Bewegungen zusammen ergeben die tatsächliche Bewegung eines Schneidenpunktes. Man nennt diese die **Wirkbewegung**.

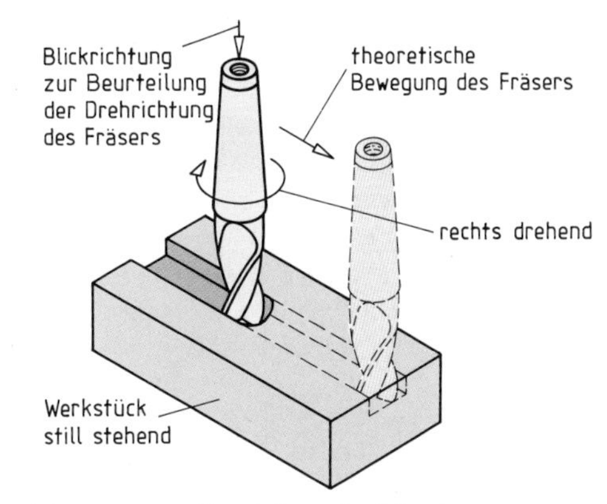

Vereinbarungen zur Beurteilung der Fräserbewegungen

LF 2+5

- **Schnittgeschwindigkeit**

Die **Schnittbewegung** ist durch die Schnittrichtung und die **Schnittgeschwindigkeit** gekennzeichnet. Die Schnittgeschwindigkeit ist die Geschwindigkeit eines Schneidenpunktes am Außenumfang des Fräsers.

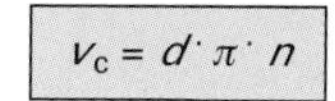

$$v_c = d \cdot \pi \cdot n$$

v_c Schnittgeschwindigkeit
d Fräserdurchmesser
n Umdrehungsfrequenz

Die Schnittgeschwindigkeit für eine Bearbeitungsaufgabe kann entsprechend dem zu bearbeitenden Werkstoff, dem Schneidstoff und den Bearbeitungsbedingungen aus Tabellen entnommen werden.
Aus der Schnittgeschwindigkeit wird die für eine Fräsaufgabe einzustellende Umdrehungsfrequenz errechnet.

- **Vorschubgeschwindigkeit**

Die **Vorschubbewegung** ist durch die Vorschubrichtung und die **Vorschubgeschwindigkeit** v_f gekennzeichnet. Mit der Vorschubgeschwindigkeit wird die Achse des Fräsers bei der Bearbeitung in Vorschubrichtung voranbewegt. Für Schaftfräser mit wenigen Zähnen wird die von Werkzeugherstellern empfohlene Vorschubgeschwindigkeit in Tabellen angegeben. Meist muss jedoch die Vorschubgeschwindigkeit aus dem **Zahnvorschub** f_z, der Zähnezahl z und der Umdrehungsfrequenz n errechnet werden.

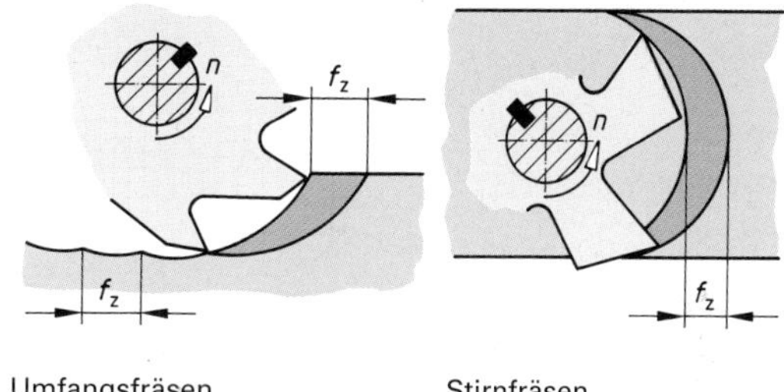

Zahnvorschub

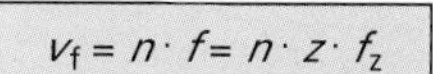

$$v_f = n \cdot f = n \cdot z \cdot f_z$$

v_f Vorschubgeschwindigkeit
f Vorschub
f_z Zahnvorschub
z Zähnezahl
n Umdrehungsfrequenz

- **Wirkgeschwindigkeit**

Die tatsächliche Geschwindigkeit der Spanabnahme erfolgt mit der Wirkgeschwindigkeit. Diese ist die Resultierende aus der großen Schnittgeschwindigkeit und der viel kleineren Vorschubgeschwindigkeit und damit nur wenig höher als die Schnittgeschwindigkeit. Sie wird darum für Berechnungen von Schnittwerten nicht herangezogen.

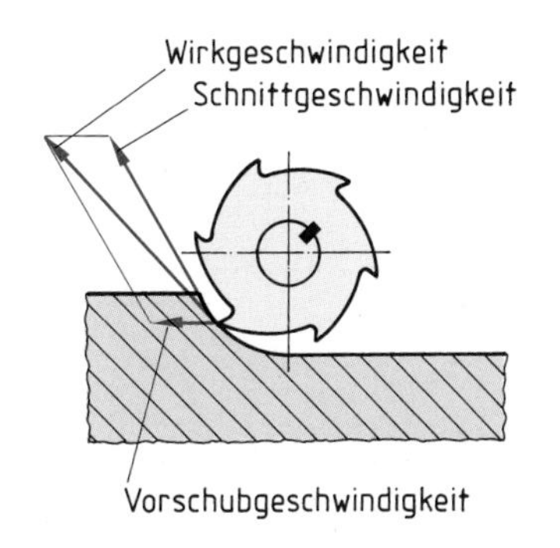

Übungsaufgaben B-193

- **An- und Zustellbewegung**

Neben Schnitt- und Vorschubbewegung, die unmittelbar an der Spanabnahme beteiligt sind, muss der Fräser noch Zustell- und Anstellbewegungen durchführen.

Durch die **Zustellbewegung** wird der Fräser so bewegt, dass er im Eingriff eine bestimmte Schichtdicke abtrennen kann.

Durch die **Anstellbewegung** wird der Fräser an das Werkstück herangeführt. Die Wahl der Geschwindigkeit der Anstellbewegung geschieht nach folgenden Gesichtspunkten:

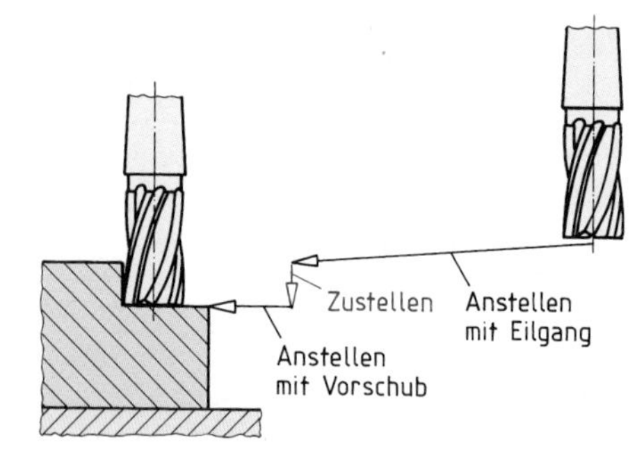

Anstell- und Zustellbewegung

Die Zustellbewegung bestimmt die abzutrennende Schichtdicke.
Durch die Anstellbewegung wird der Fräser an das Werkstück herangeführt.

3.6.2 Schnitttiefe und Eingriffsgrößen

Die **Schnitttiefe** a_p ist die Tiefe, über welche die Hauptschneide im Eingriff ist. Sie entspricht bei Umfangsfräsern der Schnittbreite.

Die **Eingriffsgröße** a_e ist die Projektion der Strecke, über welche die Schneide im Eingriff ist. Sie wird senkrecht zur Vorschubrichtung gemessen.

Beispiele für Schnitttiefe und Eingriffgröße

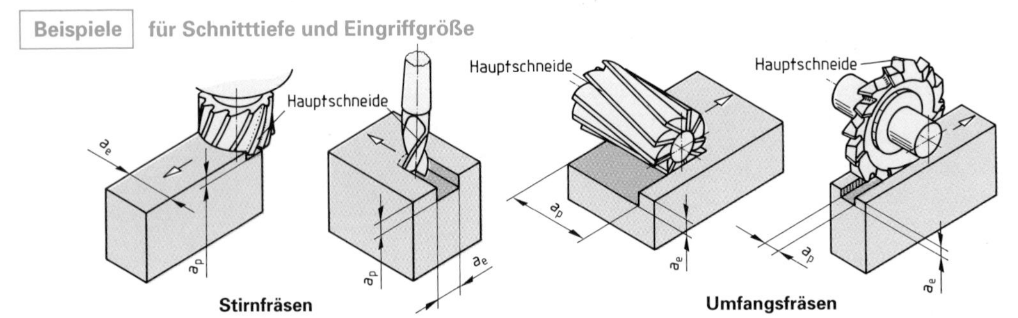

Stirnfräsen **Umfangsfräsen**

Die Höchstwerte der Schnitttiefe werden von den Werkzeugherstellern in ihren Unterlagen angegeben. Bei Werkzeugen mit Wendeschneidplatten ergeben sich die maximalen Schnitttiefen aus der Form der Wendeschneidplatten.

Beispiel für eine Schnittdatentabelle

Schnittgeschwindigkeit, Vorschub, Eingriffsgrößen für Fräser aus HSS

Werkstück-werkstoff	Zugfestigkeit R_m N/mm²	Walzenfräser				Walzenstirnfräser				Schaftfräser			
			Eingriffsgröße a_e mm				Schnitttiefe a_p mm			Durchmesser d mm bis 20		mm über 20	
			1	4	8		1	4	8				
		f_z mm/Zahn	v_c m/min			f_z mm/Zahn	v_c m/min			f_z mm/Zahn	v_c m/min	f_z mm/Zahn	v_c m/min
allgemeiner Baustahl	<500	0,25 0,10	28 36	22 30	20 25	0,20 0,10	26 34	22 30	20 27	0,05 0,05	25 30	0,08 0,05	19 23
	500 ... 700	0,16 0,08	22 30	18 22	15 20	0,15 0,08	20 26	18 23	16 21	0,03 0,01	20 25	0,05 0,03	15 18
Vergütungs-stahl	700	0,18 0,10	28 36	22 30	19 25	0,16 0,08	26 34	22 30	21 27	0,03 0,01	22 27	0,05 0,03	18 20

Übungsaufgaben B-194

3.6.3 Auswahl von Arbeitsgrößen für einen Fräsauftrag

Auftrag:

In die gefertigten 200 Führungsschienen aus C 45 entsprechend der Skizze muss eine Ausnehmung von $b \times h$ = 35 mm x 15 mm nachgearbeitet werden.
In der Firma stehen sowohl konventionelle Waagerecht-Fräsmaschinen, wie auch Senkrecht-Fräsmaschinen für diese Arbeit zur Verfügung.
Wählen Sie für die Bearbeitung einen geeigneten Fräser aus. Bestimmen Sie dann die notwendigen Schnittdaten.

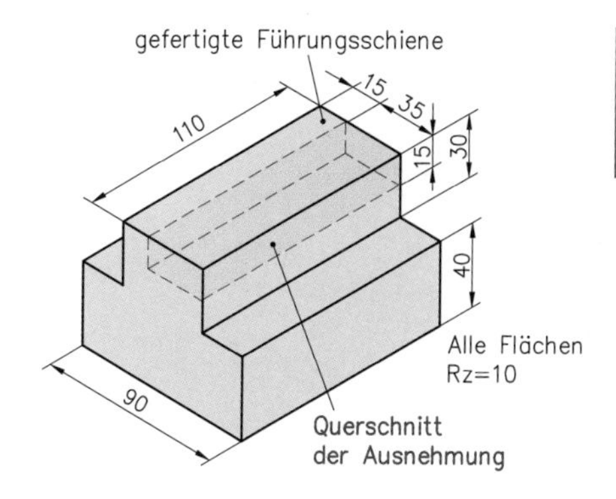

Zweckmäßige Vorgehensweise:

1. Schritt: Analyse der Bearbeitungsaufgabe laut Arbeitsauftrag

- *Abhängig von der Werkstückkontur* (Form, Lage und Größe der Bearbeitungsfläche)

Getroffene Entscheidung:
Die rechteckige Fläche (35 mm x 15 mm) soll auf der gesamten Länge von 110 mm gefräst werden. Es bietet sich eine *Bearbeitung durch Stirn-Umfangsfräsen* an.

2. Schritt: Auswahl der Fräsmaschine

- *Abhängig von*
  dem Fräsverfahren
  der Werkstückkontur
  der Verfügbarkeit

Getroffene Entscheidung:
Ausgewählt wird die zur Verfügung stehende eine *Senkrecht-Fräsmaschine*. Das Verfahren, Stirnumfangsfräsen, ist durchführbar.

3. Schritt: Fräserauswahl

- *Abhängig von*
  dem Fräsverfahren
  der Werkstückkontur
  der Fräsmaschine
  der Werkzeugaufnahme

Getroffene Entscheidungen:
Die gewählte Fräserform ist ein Walzenstirnfräser nach DIN 1880 mit einem Durchmesser von 63 mm (Herstellerkatalog); das Spannen erfolgt durch einen Spanndorn.

Herstellerempfehlung:

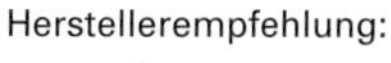
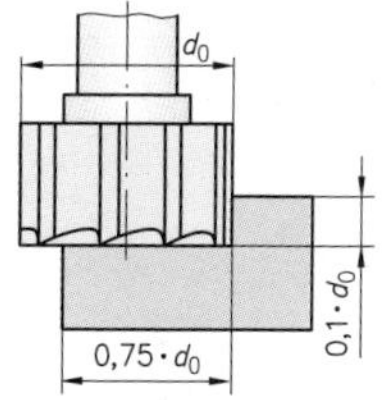

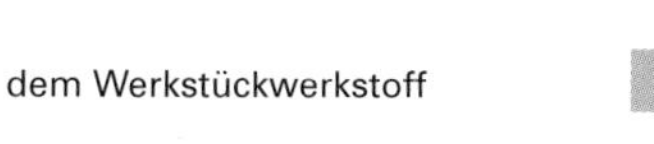

dem Werkstückwerkstoff

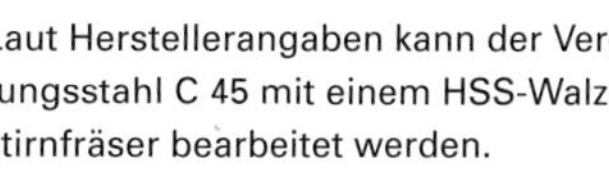

Laut Herstellerangaben kann der Vergütungsstahl C 45 mit einem HSS-Walzenstirnfräser bearbeitet werden.

Walzenstirnfräser:

dem Zerspanungsergebnis (Zeitspanvolumen, Oberflächenqualität)

Die Angabe Rz = 10 in der Skizze bedeutet, dass die Oberflächen geschlichtet sein müssen. Der gewählte Fräser hat deshalb wendelförmig angeordnete und durchgehende Zähne (10 Zähne) haben (häufige Zähnezahl 10, 12, 14).

4. Schritt: Berechnungen

- *Abhängig von*
  dem Fräsverfahren
  der Werkstückkontur
  dem Werkstückwerkstoff
  dem Werkzeugwerkstoff
  der Bearbeitungsart
  der Zähnezahl

Berechnungen:
Einzustellende Umdrehungsfrequenz für das Schlichten (v_c = 32 m/min lt. Tabelle oder Herstellerangabe für die Bearbeitung des unlegierten Stahls mit einem HSS-Walzenstirnfräser)

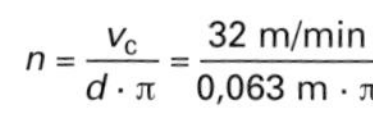

$$n = \frac{v_c}{d \cdot \pi} = \frac{32 \text{ m/min}}{0{,}063 \text{ m} \cdot \pi}$$

$$\underline{\underline{n = 162 \text{ 1/min}}}$$

Neben der Umdrehungsfrequenz ist noch die Vorschubgeschwindigkeit zu berechnen. Der Vorschub je Zahn ist wiederum der Tabelle zu entnehmen. Gewählter Vorschub je Zahn f_z = 0,08 mm (Schlichten).

$$v_f = f_z \cdot z \cdot n$$

$$v_f = 0{,}08 \text{ mm} \cdot 10 \cdot 162 \text{ 1/min}$$

$$\underline{\underline{v_f = 130 \text{ mm/min}}}$$

3.6.4 Berechnen der Hauptnutzungszeit

Die reine Nutzungszeit der Fräsmaschine, also die Zeit, in der die Maschine mit Vorschubgeschwindigkeit tätig sein muss, ist die **Hauptnutzungszeit**. Sie hängt vom Fräserweg und der Vorschubgeschwindigkeit ab. Der Fräserweg ergibt sich aus dem Vorschubweg, den der Fräser bei einem Schnitt zurücklegt und der Zahl der Schnitte.

$$t_h = \frac{L \cdot i}{v_f} = \frac{(l + l_a + l_ü) \cdot i}{v_f}$$

t_h Hauptnutzungszeit
L Vorschubweg
i Anzahl der Schnitte
v_f Vorschubgeschwindigkeit
l Werkstücklänge
l_a Anlaufweg
$l_ü$ Überlaufweg

Der Vorschubweg des Fräsers ist nicht nur der Weg, auf dem der Fräser zur Erzeugung der Kontur im Eingriff ist, sondern auch der Anlaufweg l_a und der Überlaufweg $l_ü$, die jeweils etwa 2 mm betragen sollen. Ferner ist zu berücksichtigen, dass abhängig vom Fräserdurchmesser und der Eingriffsgröße ein Anschnitt- bzw. Austrittsweg l_s nötig ist.

Dieser **Anschnitt- bzw. Austrittsweg** l_s kann mithilfe des Satzes des Pythagoras errechnet werden:

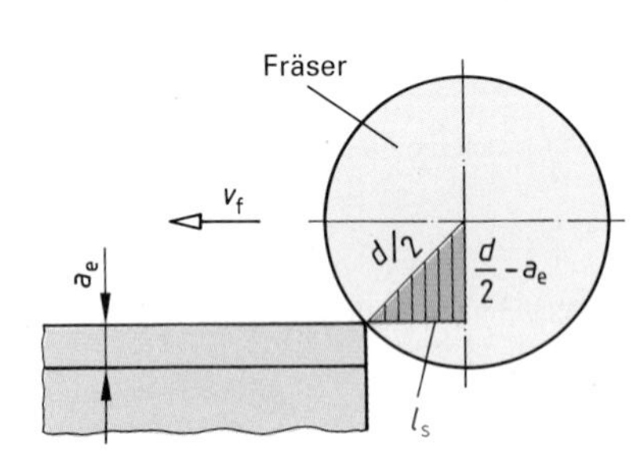

$$l_s^2 = \left(\frac{d}{2}\right)^2 - \left(\frac{d}{2} - a_e\right)^2$$

$$l_s^2 = \frac{d^2}{4} - \frac{d^2}{4} + 2 \cdot \frac{d}{2} \cdot a_e - a_e^2$$

$$l_s^2 = d \cdot a_e - a_e^2$$

$$l_s = \sqrt{d \cdot a_e - a_e^2}$$

Anschnitt- bzw. Austrittsweg $l_s = \sqrt{d \cdot a_e - a_e^2}$

Der **Vorschubweg beim Umfangsplanfräsen** beginnt mit dem Anlaufweg und endet, wenn die Fräsermitte um den Überlaufweg hinter dem Werkstück steht.

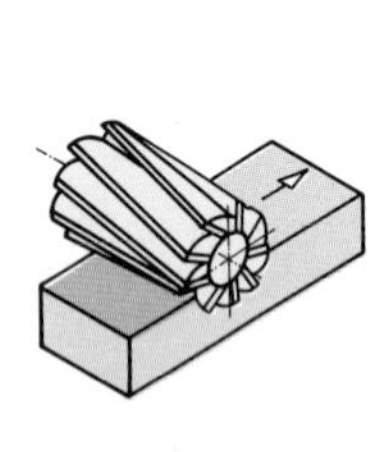

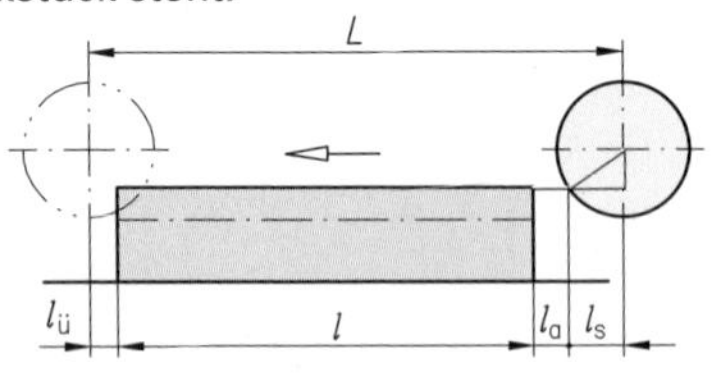

Vorschubweg $L = l_s + l_a + l + l_ü$

Der **Vorschubweg beim Stirnplanfräsen** mit Planfräsern beginnt mit dem Anschnittweg.

Beim *Schruppen* endet der Vorschubweg, wenn die letzte im Eingriff befindliche Schneide um den Überlaufweg über das Werkstück hinaus ist.

Beim *Schlichten* soll zur Erzeugung eines gleichmäßigen Oberflächenbildes der Fräser in gleicher Weise über die gesamte Fläche vorgeschoben werden. Darum muss hier der Vorschubweg um den Fräserradius größer sein als beim Schruppen.

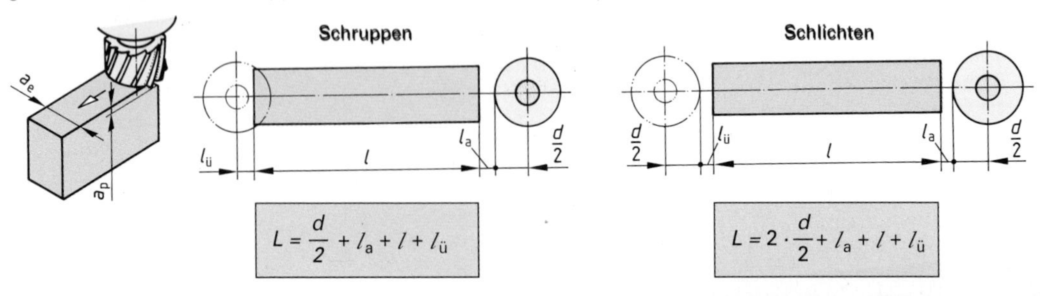

Schruppen: $L = \frac{d}{2} + l_a + l + l_ü$

Schlichten: $L = 2 \cdot \frac{d}{2} + l_a + l + l_ü$

Übungsaufgabe B-195

Der **Vorschub beim Stirnumfangsfräsen** beginnt mit dem Anschnittweg.

Beim *Schruppen* endet der Vorschubweg, wenn die letzte im Eingriff befindliche Schneide um den Überlaufweg über das Werkstück hinaus ist.

Nach dem *Schlichten* soll der Fräser voll aus dem Werkstück herausfahren. Darum muss er um den Austrittsweg l_s und den Überlaufweg $l_ü$ über das Werkstück hinaus vorgeschoben werden.

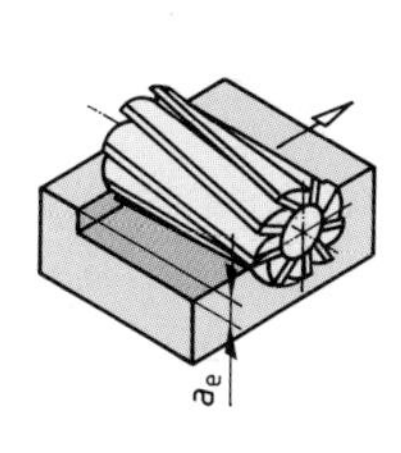

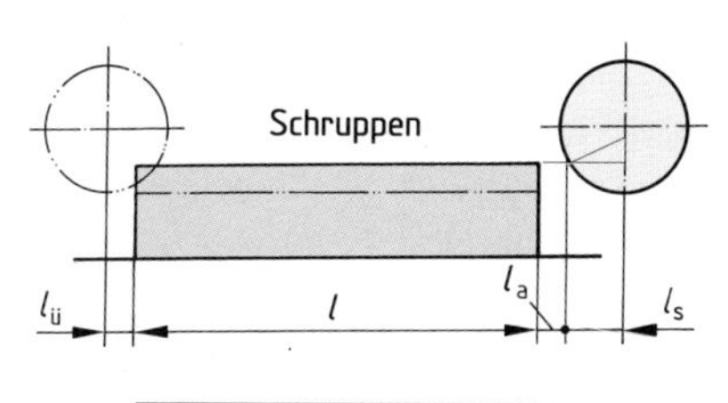

$$L = l_s + l_a + l + l_ü$$

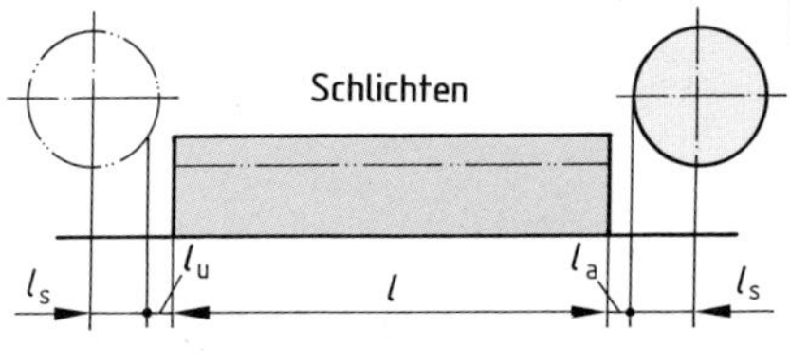

$$L = l_s + l_a + l + l_ü + l_s$$

Beispiel zur Berechnung der Hauptnutzungszeit

Aufgabe

Eine Platte von 600 mm Länge und einer Breite von 210 mm soll mit einem Stirnplanfräser von 100 mm Durchmesser bearbeitet werden. Die Vorschubgeschwindigkeit für das Schruppen soll 400 mm/min, für das Schlichten soll sie 250 mm/min betragen.

Es ist die Hauptnutzungszeit für das Schruppen und das Schlichten zu berechnen.

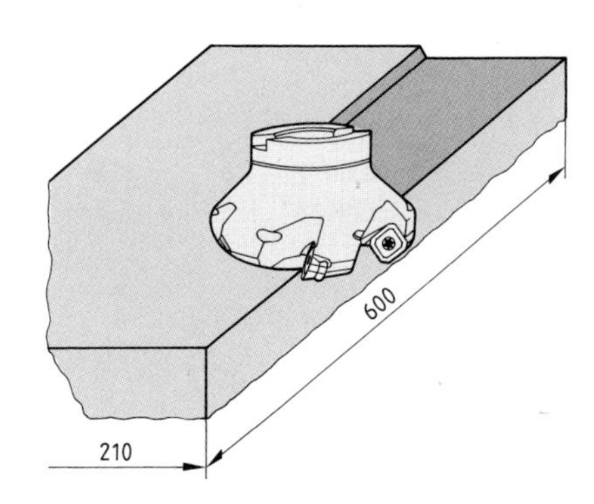

Lösung: **Schruppen** (3 Schnitte)

$$L = \frac{d}{2} + l_a + l + l_ü$$

$$L = \frac{100}{2} \text{ mm} + 2 \text{ mm} + 600 \text{ mm} + 2 \text{ mm} = 654 \text{ mm}$$

$$t_h = \frac{L \cdot i}{v_f} \quad i = 3 \text{ Schnitte}$$

$$t_h = \frac{654 \text{ mm} \cdot 3 \text{ min}}{250 \text{ mm}} = \mathbf{7{,}8\ min}$$

Schlichten (3 Schnitte)

$$L = d + l_a + l + l_ü$$

$$L = 100 \text{ mm} + 2 \text{ mm} + 600 \text{ mm} + 2 \text{ mm} = 704 \text{ mm}$$

$$t_h = \frac{L \cdot i}{v_c}$$

$$t_h = \frac{704 \text{ mm} \cdot 3 \text{ min}}{400 \text{ mm}} = \mathbf{5{,}3\ min}$$

Übungsaufgaben B-196; B-197

3.6.5 Arbeitsplanung einer Einzelanfertigung auf einer Fräsmaschine

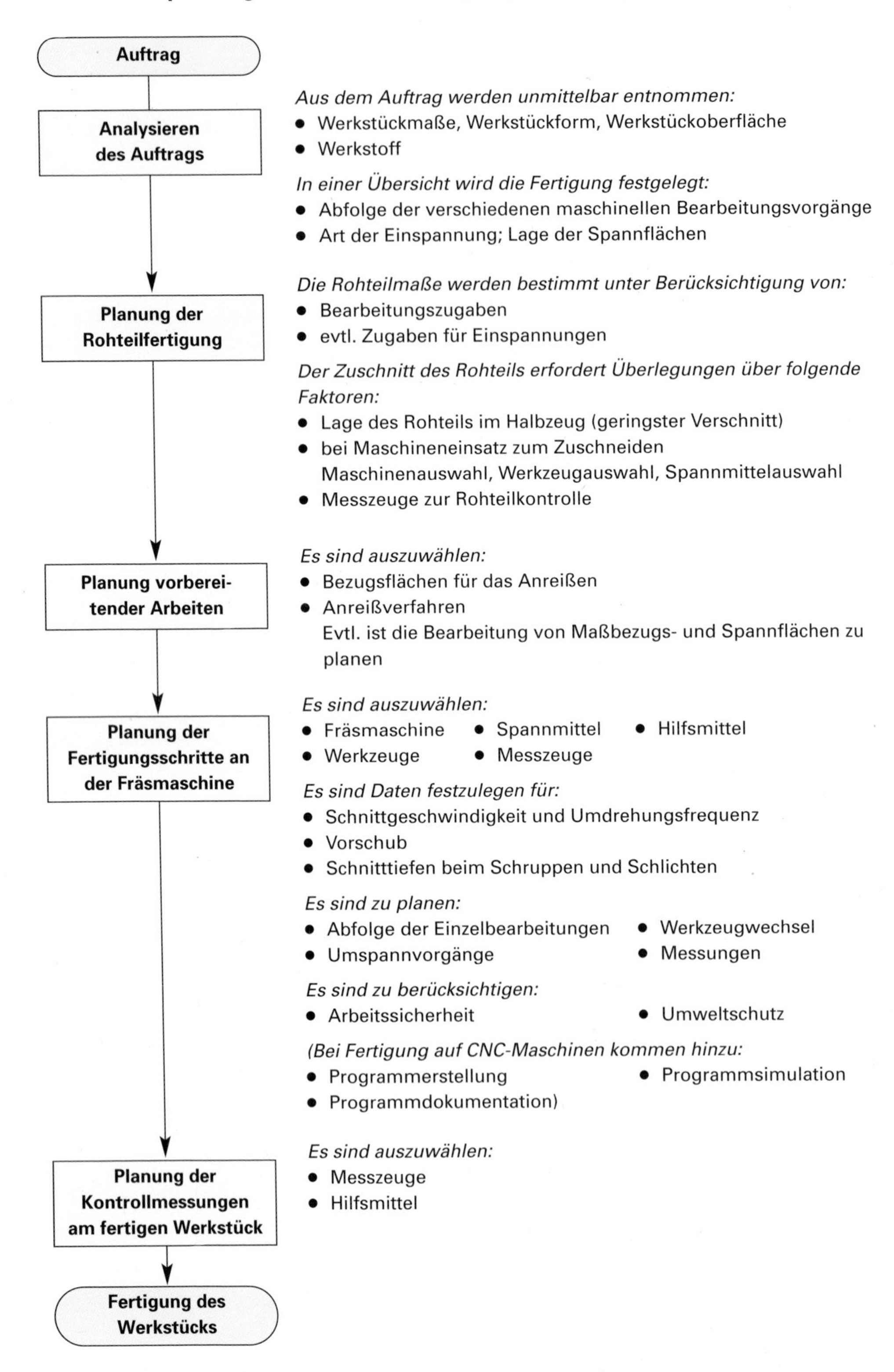

Beispiel für die Fertigung auf einer Fräsmaschine

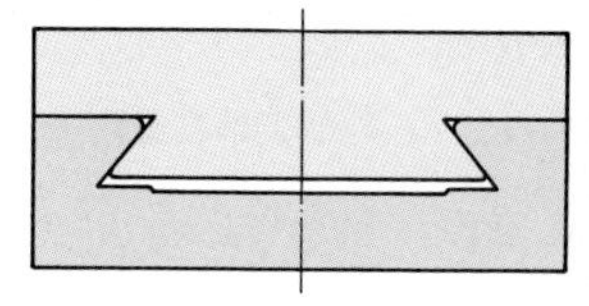

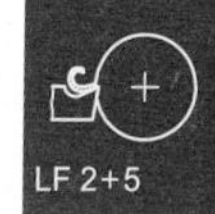

Auftrag: Es ist eine 120 mm lange Schwalbenschwanzführung mit 50° Flankenwinkel zu fräsen. Der Werkstoff ist Messing (CuZn 40 Pb2).
Als Rohlinge liegen vorgefräste Platten 120 mm x 90 mm x 26 mm vor. Zur Bearbeitung steht eine Senkrechtfräsmaschine zur Verfügung.

Zur Fertigung liegt eine bereits aufbereitete Zeichnung mit Kontrollmaßen vor. Diese sind mit Messdornen von 8 mm Durchmesser zu prüfen.

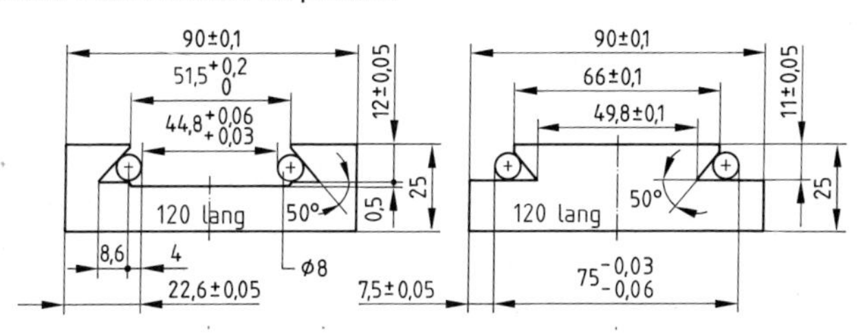

Arbeitsplan für Fräsarbeiten

Teilenummer: 42-77-628.3
Bezeichnung: Führungsunterteil
Zeichnungsnr.: 42-77-632.2
Werkstoff: CuZn 40 Pb 2
Rohteilmaße: 120 x 90 x 26
Datum: 18.04.2013 Unterschrift: Meier

Einspannung (Skizze bzw. Nr. des Spannplans)

90
ca.15
Maschinenschraubstock
Parallelunterlagen

Nr.	Bezeichnung des Arbeitsschritts	Werkzeug/ Hilfsmittel	Schnittdaten	Bemerkungen
1	Einspannung prüfen	Messuhr		
2	Oberfläche fräsen (25)	Walzenstirnfräser ∅ 60 8 Schneiden	v_c = 150 m/min n = 800 1/min f = 1,6 mm	
3	Nut fräsen (51,5 $^{-0,2}_{-0}$; 12,5)	HSS-Schaftfräser ∅ 16	v_c = 150 m/min n = 3000 1/min f = 0,4 mm 3 Schnitte	
4	Winkelfräsen (① ②; 12±0,05)	HSS-Winkel-Stirnfräser 14 Schneiden ∅ 40, 50° Messdorne ∅ 8 Messschraube	**Schruppen:** v_c = 120 m/min n = 1000 1/min f = 2 mm 2 Schnitte **Schlichten:** n = 1000 1/min f = 1 mm	Prüfen der Parallelität der Schwalbenschwanzkante zur Außenkante: Kontrollmaß 22,6 ± 0,05 mit Messdorn ∅ 8 und Messschraube prüfen Prüfen der Schwalbenschwanzbreite: Kontrollmaß 44,8 $^{+0,06}_{+0,03}$ mit zwei Messdornen und Messschraube. Prüfen jeweils letzter Schnitt mit ca. 0,3 mm Zustellung zum Schlichten

4 Kühlschmierstoffe

4.1 Bedeutung von Kühlung und Schmierung beim Zerspanen

4.1.1 Wärmeentwicklung und Verschleiß beim Zerspanen

Beim Zerspanen wird die aufgewendete Energie fast ausschließlich in Wärme umgewandelt. Man unterscheidet an der Werkzeugschneide drei Bereiche, in denen Wärme entsteht:

- **Kontaktbereich der Spanfläche** mit dem Span. Hier entsteht durch Reibung zwischen abgleitendem Span und der Spanfläche des Werkstücks eine große Wärmemenge, welche die Werkzeugschneide erheblich belastet und damit die Standzeit senkt.
- **Scherzone**
  Hier entsteht die Wärme durch Abscheren des Spanes. Sie geht vor allem in den Span und wird nur gering auf das Werkzeug übertragen.
- **Kontaktbereich der Freifläche** mit dem Werkstück. Hier entsteht infolge geringer elastischer Verformungen von Werkstück und Werkzeugschneide eine schmale Gleitfläche, die erhebliche Reibungswärme verursachen kann. Die entstehende Wärme geht teilweise ins Werkstück und belastet auch die Werkzeugschneide.

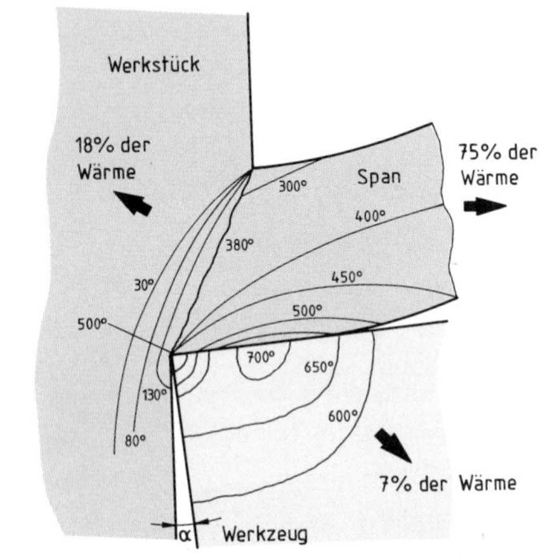

Temperaturverteilung beim Drehen von Vergütungsstahl mit Hartmetallwerkzeug

Beim Zerspanen entsteht Wärme durch Reibung an Span- und Freifläche sowie durch Umformung in der Scherzone des Spanes.

Bei der Gleitung des Spanes über die Spanfläche des Werkzeugs werden Werkstoffteilchen aus der Randschicht des Werkzeugs herausgeschabt. Man nennt dies **abrasiven Verschleiß**. Er tritt vorwiegend an der Freifläche auf.

Ferner kommen bei der Spanbildung immer wieder völlig reine Metalloberflächen von Werkstück und Werkzeug so eng in Kontakt, dass sie miteinander verschweißen können. Bei weiterer Bewegung können dann Teilchen aus der Oberfläche herausgerissen werden. Man bezeichnet diesen Verschleiß durch Anhaften als **Adhäsionsverschleiß**.

Abrasiver Verschleiß und Adhäsionsverschleiß führen zur Änderung der Schneidkante und zu **Kolkverschleiß**.

Beim Zerspanen der Werkstoffe kann durch den Werkstoffübergang vom Werkstück auf die Werkzeugschneide die **Aufbauschneide** entstehen. Sie stellt eine Veränderung der Winkel an der Werkzeugschneide dar. Dadurch kommt es zu Maßungenauigkeiten und Verringerung der Oberflächenbeschaffenheit des Werkstücks.

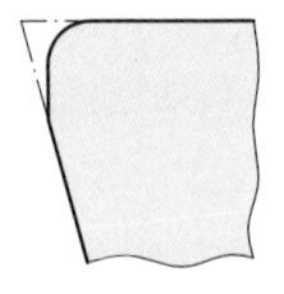

Span- und Freiflächenverschleiß

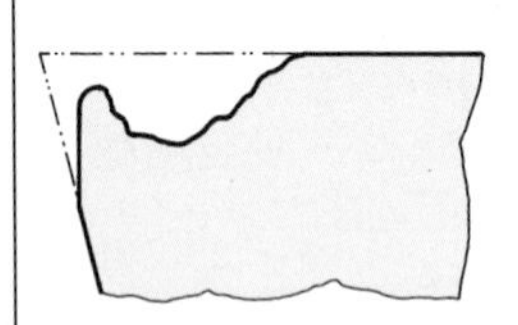
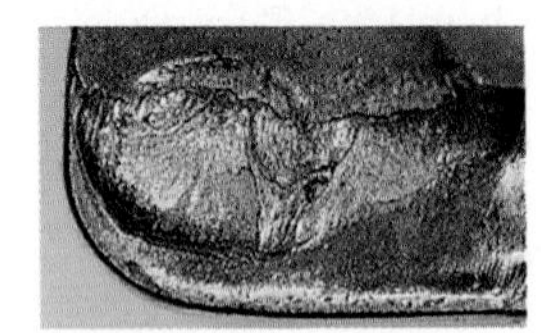

Starker Kolk- und Freiflächenverschleiß

Starke Aufbauschneidenbildung

Beim Zerspanen entsteht Verschleiß an der Werkzeugschneide durch Adhäsionsverschleiß und durch Bildung von Aufbauschneiden.

Übungsaufgaben B-198; B-199

4.1.2 Kühlen

Die Kühlwirkung eines Kühlschmierstoffes hängt von zwei Eigenschaften dieses Stoffes ab:

- von der **spezifischen Wärmekapazität**, d. h., welche Wärmemenge ein Kilogramm eines Stoffes aufnimmt, bevor er um 1° erwärmt wird;
- von der **Wärmeleitfähigkeit**, die angibt, wie gut ein Werkstoff die Wärme weiterleitet.

LF 2+5

Je höher die spezifische Wärmekapazität und die Wärmeleitfähigkeit sind, desto besser ist die Kühlwirkung eines Stoffes.

Wasser ist als Kühlschmierstoff dem Mineralöl sehr weit überlegen, denn

- Wasser hat mehr als die doppelte spezifische Wärmekapazität,
- Wasser leitet viermal besser die Wärme ab.

Wasser ist das beste Mittel zum Kühlen. Es kann doppelt so viel Wärme aufnehmen wie die gleiche Menge Mineralöl und leitet die Wärme viermal schneller weiter.

4.1.3 Schmieren

Bei der Zerspanung gleiten Oberflächen immer in so engem Kontakt aufeinander, dass kein durchgehender und trennender Schmierfilm entstehen kann. Solche trennenden Schmierfilme bilden sich bei der Schmierung von Gleitlagern. Schmiermittel zur Zerspanung müssen im Gegensatz zu Schmiermitteln für Gleitlager mit Zusätzen (**Additiven**) versehen werden, welche sehr starke Haftung auf den sich berührenden Oberflächen erzeugen.

Man unterscheidet unter den Additiven zwei Gruppen, die polaren und die chemischen Zusätze. In Kühlschmierstoffen sind meist beide Gruppen miteinander vermischt.

Polare Zusätze sind tierische und pflanzliche Fettstoffe. Deren Moleküle sind so aufgebaut, dass sie eine Seite haben, mit der sie auf metallischen Oberflächen haften. Sie werden unter dem Sammelbegriff „Fettölprodukte“ gehandelt. Wegen ihrer guten biologischen Abbaubarkeit werden sie häufiger sowohl als Schmierstoffe, wie auch als Zusätze zu Kühlschmierstoffen eingesetzt.

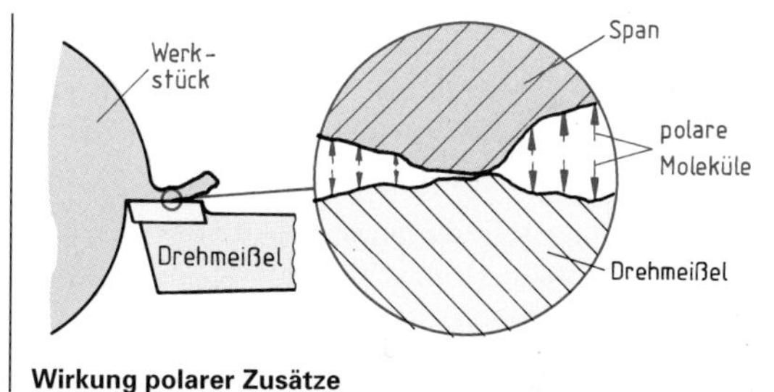

Wirkung polarer Zusätze

Zusätze von Fettölprodukten verbessern die Schmierung und sind relativ umweltverträglich.

Chemische Zusätze sind Chlor-, Schwefel- und Phosphorverbindungen, welche mit den aufeinander gleitenden Oberflächen sehr schnell reagieren können und so trennende Schichten bilden. Sie sind darum meist wirksamer als Zusätze von Fettstoffen. Chlorverbindungen führen z. B. auf Stahl zur Bildung hoch belastbarer und Verschleiß mindernder Eisenchloridschichten.

Man bezeichnet diese chemischen Zusätze als **EP-Zusätze** (extreme pressure).

Chemische Zusätze sind häufig wenig umweltverträglich.

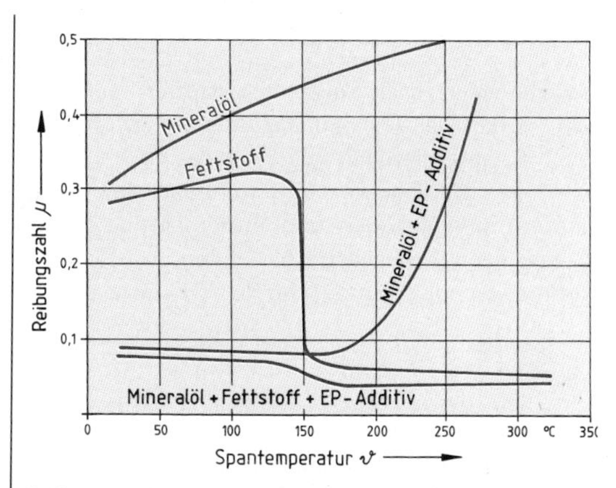

Reibungsverhalten von Kühlschmierstoffen.

Chemische Zusätze (EP-Zusätze) verbessern die Schmierung stark durch Bildung von Verbindungen auf den Gleitflächen. Die chemischen Zusätze sind meist wenig umweltverträglich.

Übungsaufgaben B-200; B-201

4.2 Anforderungen an Kühlschmierstoffe

Kühlschmierstoffe sollen durch Schmierung die Entstehung von Prozesswärme vermindern und durch Kühlung die entstandene Wärme abführen. Dies ist notwendig, um

- *wirtschaftlich zu produzieren*, denn nur so sind hohe Schnittgeschwindigkeiten, Vorschübe und Zustellungen möglich,
- *Werkzeugstandzeiten zu erhöhen,*
- *Oberflächenbeschaffenheiten der Werkstücke zu verbessern,*
- *maßhaltige Werkstücke zu erzeugen.*

Kühlschmierstoffe kommen aber nicht nur mit dem Werkzeug und dem Werkstück in Berührung, sondern auch mit dem Maschinenbediener, der Maschine und der sonstigen Umwelt. Darum müssen Kühlschmierstoffe zusätzliche Anforderungen erfüllen:

- **Kühlschmierstoffe müssen ungiftig sein.**
  Fein versprühte Kühlschmierstoffe dürfen weder giftige Stoffe in die Luft abgeben, die beim Einatmen zu Krankheiten führen, noch Hautausschläge und Allergien verursachen. Die Entsorgung von Kühlschmierstoffen darf nicht zu Umweltbelastungen führen.
- **Kühlschmierstoffe dürfen keine Korrosion an Werkstücken und Maschinenteilen verursachen.**
  Sie dürfen auch nicht zu Verfärbungen von Werkstückoberflächen führen, wie z. B. schwefelhaltige Kühlschmiermittel dies bei Kupfer und hoch kupferhaltigen Werkstoffen bewirken. Kühlschmierstoffe sollen möglichst die Werkstücke nach der Bearbeitung mit einem dünnen, vor Korrosion schützenden Film überziehen.
- **Kühlschmierstoffe dürfen keinen Schaum bilden.**
  Dieser stört die Beobachtung des Bearbeitungsvorganges, behindert den Zutritt des Kühlschmierstoffes zur Bearbeitungsstelle und stört beim Umpumpen und Filtern.
- **Kühlschmierstoffe dürfen Kunststoffe und Gummi nicht angreifen.**
  Die Anstriche von Maschinen und Dichtungen zwischen Bauteilen dürfen nicht durch Kühlschmierstoffe angegriffen werden.
- **Kühlschmierstoffe dürfen sich nicht zersetzen, entmischen oder Nährböden für Bakterien und Pilze bilden.**
  Da wasserhaltige Kühlschmierstoffe immer Gemische mit hohen Anteilen an Kohlenwasserstoffen sind, müssen sie besonders dagegen geschützt werden. Bakterienkolonien und Pilze, die sich auf ungeschützten Kühlschmierstoffen bilden können, sind auch gesundheitsschädlich.
- **Kühlschmierstoffe müssen sich von Spänen leicht trennen lassen und dürfen Späne und Werkstücke nicht verkleben.**
  Nur so können hohe Anteile an Kühlschmierstoffen wieder zurückgewonnen und Störungen im Prozessablauf vermieden werden.

Die Hersteller von Kühlschmierstoffen bemühen sich, durch die Auswahl der Ausgangsstoffe und durch Einsatz spezieller Zusätze diese Bedingungen zu erfüllen. Da aber viele Eigenschaften gegenläufig sind, z.B. sind bakterien- und pilzhemmende Zusätze meist gesundheitsschädlich, stellen Kühlschmierstoffe meist nur bestmögliche Kompromisse dar.

Einsatz von Kühlschmierstoffen an einer CNC-Fräsmaschine

Übungsaufgaben B-202; B-203

4.3 Arten von Kühlschmierstoffen

Bei Zerspanungsvorgängen entsteht an der Schnittstelle Wärme. Sie wird verursacht durch die Umformung der Werkstoffteilchen und durch die Reibung. Die Wärme muss von der Schneide abgeführt werden, da sonst ihre Härte erheblich gemindert wird. Dies wird mit Kühlschmierstoffen erreicht.

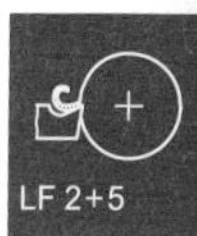

Anwendung von Kühlschmierstoffen

Zerspanungsart	bevorzugter Kühlschmierstoff wassermischbar	bevorzugter Kühlschmierstoff nicht wassermischbar
Drehen	x	○
Bohren	x	○
Tieflochbohren	(x)	x
Fräsen	x	○
Räumen	x	x
Automatenarbeiten	(x)	x
Zahnradfräsen, -stoßen, -hobeln, -schaben	○	

Zerspanungsart	bevorzugter Kühlschmierstoff wassermischbar	bevorzugter Kühlschmierstoff nicht wassermischbar
Rund- und Flachschleifen	x	○
Formschleifen mit profilierter Scheibe	○	x
Spitzenloses Außenrundschleifen	x	○
Hochgeschwindigkeitsschleifen	(x)	x
Honen, Läppen	(x)	x

x häufige Anwendung (x) weniger häufige Anwendung ○ seltene Anwendung

Es werden entsprechend der Norm zwei Gruppen von Kühlschmierstoffen unterschieden:

- **nicht wassermischbare Kühlschmierstoffe** und
- **wassermischbare Kühlschmierstoffe.**

Die Auswahl für einen bestimmten Fertigungsprozess hängt davon ab, ob Kühlen oder Schmieren im Vordergrund steht. Weitere Gesichtspunkte, welche die Auswahl betreffen, sind:
- die *Wirtschaftlichkeit,* hier sind wassermischbare Kühlschmierstoffe erheblich preisgünstiger,
- der *Pflegeaufwand* und die *Entsorgung,* nicht wassermischbare Kühlschmierstoffe sind leichter zu pflegen und brauchen nur selten entsorgt zu werden.

4.3.1 Nicht wassermischbare Kühlschmierstoffe

Nicht wassermischbare Kühlschmierstoffe werden häufig auch als Metallbearbeitungsöle (Schneidöl, Honöl u.a.) bezeichnet. Sie bestehen aus Mineralöl mit Zusätzen und werden eingesetzt, wenn die Schmierung bei der Metallbearbeitung im Vordergrund steht. Ferner finden sie Verwendung auf Automaten, die mit einem **Einheitsöl** arbeiten, das gleichzeitig für die Hydraulik, die Maschinenschmierung und die Zerspanung eingesetzt wird.

Die wichtigste Eigenschaft von nicht wassermischbaren Kühlschmierstoffen ist die Viskosität. Je höher die Viskosität, desto zähflüssiger ist ein Öl. Für den Zerspanungsbereich liegt die Viskosität der Öle bei 40 °C etwa zwischen 2 mm^2/s (Honöle) bis 45 mm^2/s (für schwerste Zerspanungsarbeiten). Am häufigsten werden Öle im Viskositätsbereich von 20 bis 35 mm^2/s angewendet.

Die Erhöhung der Viskosität eines Kühlschmierstoffs ergibt folgende Eigenschaftsänderungen:
- Die Wärmeleitfähigkeit wird geringer.
- Die Nebelbildung beim Zerspanen nimmt ab.
- Der Austrag von Kühlschmierstoffen mit den Spänen nimmt zu.
- Der Spantransport wird durch Verkleben der Späne erschwert.
- Die Entflammbarkeit nimmt ab.

Man verwendet deshalb Kühlschmierstoffe mit hoher Viskosität
- bei großen Bauteilen,
- beim Zerspanen mit niedrigen Schnittgeschwindigkeiten,
- bei großen Spanquerschnitten,
- bei unterbrochenem Schnitt.

Übungsaufgaben B-204 bis B-206

4.3.2 Wassermischbare Kühlschmierstoffe

Wassermischbare Kühlschmierstoffe werden wegen der guten Kühlwirkung und vor allem wegen des günstigen Preises am häufigsten eingesetzt. Sie werden vom Hersteller als Konzentrat geliefert und vom Anwender mit Wasser entsprechend den Herstellerangaben verdünnt. Die meisten dieser wassermischbaren Kühlschmierstoffe sind Gemische von Öl, einem Emulgator, bakterien- und pilztötenden Zusätzen u.a., die als Konzentrat geliefert werden, und Ansetzwasser. Im fertigen Zustand enthalten Kühlschmierstoffe 2 % bis 10 % Konzentrat.

- **Emulgatoren**

Wichtigster Bestandteil der Konzentrate sind Stoffe, die dafür sorgen, dass die öligen Bestandteile in feinster Verteilung im Wasser gehalten werden können. Man nennt solche Stoffe **Emulgatoren.** Dies sind seifenartige chemische Verbindungen, die aus kettenförmigen Molekülen bestehen. Diese Moleküle weisen ein „fettliebendes" und ein „wasserliebendes" Ende auf. Im wassermischbaren Kühlschmierstoff lagern sich die Emulgatormoleküle um die Öltröpfchen und verhindern so eine Vereinigung der Tröpfchen zu größeren Öltropfen, die im Wasser aufsteigen und damit den Kühlschmierstoff entmischen können.

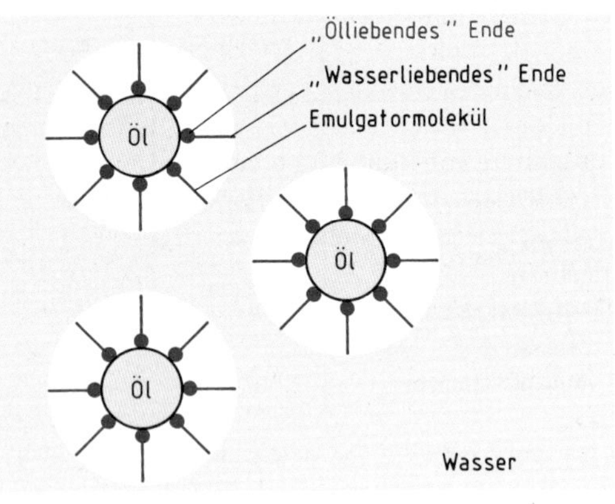

Wirkung des Emulgators

Öltröpfchendurchmesser und Aussehen der Lösung

Öltröpfchen	0,001 µm	0,01 µm	0,1 µm	1 µm
Aussehen der Lösung	wasserhell	trüb	undurchsichtig	milchig

Die Art des Emulgators bestimmt entscheidend, wie stabil das Gemisch bleibt und welche Menge an Fremdöl, z.B. aus der Schmierung von Maschinenbetten, der wassermischbare Kühlschmierstoff aufnehmen kann. Weitere Zusätze in Konzentraten für wassermischbare Kühlschmierstoffe sind korrosionshemmende Stoffe, Hochdruckzusätze (EP-Zusätze), Antischaummittel sowie bakterien- und pilztötende Zusätze (Biozide).

Wassermischbare Kühlschmierstoffe enthalten 2 % bis 10 % ölhaltiges Konzentrat und 90 % bis 98 % Wasser. Der Emulgator bestimmt besonders die Eigenschaften des Kühlschmierstoffes.

- **Ansetzwasser**

Beim Anwender des Kühlschmierstoffs wird zum Konzentrat Ansetzwasser gegeben. Die Qualität des Ansetzwassers kann die Eigenschaften des Kühlschmierstoffes beeinflussen. Ansetzwasser muss keimfrei und möglichst salzarm sein. Darum sind Brunnenwasser und Oberflächenwasser, z.B. aus Regenauffangbecken oder Bächen, meist ungeeignet. Mit dem Ansetzwasser eingetragene Bakterien- und Pilzstämme können den Kühlschmierstoff verderben und ihn gesundheitsschädlich werden lassen.
Beim Zerspanen verdampft im wassermischbaren Kühlschmierstoff ein Teil des Wassers, während die Salze zurückbleiben. Bei jeder Ergänzung des Wassers reichern sich darum die Salze im Kühlschmierstoff an. In der Praxis erreicht der Salzgehalt im Gebrauch das 4- bis 5-Fache des Anfangsgehaltes. Durch chemische Reaktionen der Salze mit dem Emulgator werden Kühlschmierstoffe nach einiger Zeit ebenfalls unbrauchbar. Der Gehalt an Calcium- und Magnesiumsalzen in Wasser wird durch den Härtegrad angegeben. Je geringer die Wasserhärte ist, desto kleiner ist der Gehalt an diesen Salzen und desto besser ist das Wasser als Ansetzwasser geeignet. Wasser mit weniger als 13° deutscher Härte (13° dH) gilt als weich, bei über 16° deutscher Härte spricht man von hartem Wasser. Ansetzwasser soll höchstens 16° dH aufweisen und Trinkwasserqualität besitzen.

Ansetzwasser soll möglichst weich und keimfrei sein. Es ist mindestens Trinkwasserqualität gefordert.

Übungsaufgabe B-207

4.4 Umgang mit Kühlschmierstoffen

Bei nicht wassermischbaren Kühlschmierstoffen reicht meist eine gute Filterung zur Pflege aus. Wassermischbare Kühlschmierstoffe benötigen dagegen eine erhebliche Pflege. Darum bezieht sich das folgende Kapitel weitgehend auf diese.

LF 2+5

- **Lagerung**

Wassermischbare Kühlschmierstoffe sind Gemische aus Stoffen sehr unterschiedlicher Dichte. Darum steigt mit der Lagerzeit die Gefahr des Entmischens. Längere Lagerzeiten (meist über 1/2 Jahr) von Konzentraten müssen darum vermieden werden.
Wegen des hohen Wasseranteiles können diese Kühlschmierstoffe bei Frost gefrieren. Andererseits können bei Fässern, die starker Sonnenbestrahlung ausgesetzt sind, Temperaturen bei 60 °C zu Entmischungen führen. Darum sollten wassermischbare Kühlschmierstoffe bei Raumtemperatur gelagert werden.
Konzentrate von Kühlschmierstoffen sind grundwassergefährdend. Fässer mit Konzentrat werden darum am sichersten in Auffangwannen abgestellt.

Wassermischbare Kühlschmierstoffe werden am besten bei Raumtemperatur gelagert. Für Lagerung und Transport sind die Vorschriften zum Umgang mit wassergefährdenden Stoffen zu beachten.

- **Austausch von Kühlschmierstoffen**

Bei einer Umstellung auf ein anderes Kühlschmierstoff-System und beim Wechseln infolge Zerstörung durch Bakterien o. Ä. sind Maschinen, Pumpen und Leitungen gründlich mit speziell angebotenen Systemreinigern zu spülen. Alte Späne und Schlämme sind aus allen Ecken zu entfernen, denn nur bei gründlicher Reinigung können alle Keime vernichtet werden.
Reinigungsmittel und alter Kühlschmierstoff müssen fachgerecht entsorgt werden.

Vor dem Austausch von Kühlschmierstoffen ist die gesamte Anlage mit speziellen Reinigern zu desinfizieren.

- **Ansetzen von frischem Kühlschmierstoff**

Das Konzentrat zum Ansetzen frischer Kühlschmierstoffe wird stets in Wasser gegeben – am besten in einen Wasserstrahl. Spezielle Mischgeräte erlauben präzise Durchmischung und Konzentrationseinstellung.
Die Konzentration richtet sich nach der geplanten Bearbeitung, darf aber die Untergrenze, die ab der Korrosion auftritt, nicht unterschreiten. Normal sind folgende Konzentrationen:

Konzentration	2 bis 3 %	3 bis 6 %	8 bis 12 %
Bearbeitung	Schleifen	allgemeine Zerspanung	Feinstbearbeitung

Beim Ansatz muss stets Kühlschmierstoff in strömendes Wasser gegeben werden.
Die Konzentration wird entsprechend der geplanten Bearbeitung eingestellt.

- **Schutz des Kühlschmierstoffes vor Bakterien und Pilzen**

Bakterien und Pilze zerstören den Emulgator in Kühlschmierstoffen. Sie bilden Säuren und fördern damit die Korrosion. Aus Schwefelverbindungen können sie Schwefelwasserstoff bilden, der außerordentlich unangenehm riecht. In Leitungen und an Filtern können Bakterien und Pilze schleimartige Massen bilden, welche die Anlagen verstopfen. Schließlich sind bei der Zerspanung fein versprühte Bakterien- und Pilzkolonien gesundheitsgefährdend. Aus diesen Gründen müssen Kühlschmierstoff und Anlagen gepflegt werden.
Da Bakterien vor allem unter Sauerstoffabschluss vermehrt wachsen, muss Sorge getragen werden, dass Luft immer guten Zutritt hat und keine Abfälle, die Nahrung für Bakterien bilden können, wie Zigarettenkippen oder Nahrungsreste, in den Kühlschmierstoff gelangen.
Guten Zutritt der Luft zur Oberfläche des Kühlschmierstoffes erreicht man durch großflächige und offene Behälter ohne toten Ecken. Ferner muss aufschwimmendes Fremdöl aus Schmierung u. a. von der Oberfläche der Kühlschmierstoffe abgezogen werden. In Stillstandzeiten sollte der Kühlschmierstoff belüftet wer-

Übungsaufgabe B-208

den. Ferner sollte die Menge an Kühlschmierstoff möglichst groß gehalten werden, damit er sich im Betrieb nicht auf die für die Bakterienvermehrung ideale Temperatur von etwa 35 °C einstellt.
Wenn all diese Möglichkeiten nicht helfen, müssen Bakterien- und Pilzgifte (Mikrobiozide) eingesetzt werden.

Kühlschmierstoffe müssen möglichst gut belüftet und kühl gehalten werden, damit sich Bakterien und Pilze nicht übermäßig vermehren.

- **Reinigung von Kühlschmierstoffen**

Metallspäne, Werkzeugabrieb besonders von Schleifscheiben, Grafit von Gussteilen, Fremdöl u. a. verunreinigen den Kühlschmierstoff und mindern seine Gebrauchseigenschaften. Die Reinigung des Kühlschmierstoffs von Teilchen geschieht durch Absetzen, Filtrieren, Zentrifugieren oder Magnettrennung. Fremdöl kann von der Oberfläche abgezogen oder durch Zentrifugieren abgetrennt werden.
Durch Zusätze spezieller Emulgatoren kann auch ein Teil des Fremdöls vom Kühlschmierstoff aufgenommen werden, dabei verschlechtern sich aber auf Dauer die Gebrauchseigenschaften.
Moderne Systeme zur Reinigung von Kühlschmiermitteln umfassen gleichzeitig den Spänetransprt innerhalb und außerhalb der Maschine, die Absaugung von Öl- und KS-Nebeln sowie die Reinigung des Arbeitsraumes der Maschine.

Beispiel für das Konzept einer umfassenden Spänetransport- und KS-Reinigungsanlage

Mit Genehmigung durch Nedermann GmbH

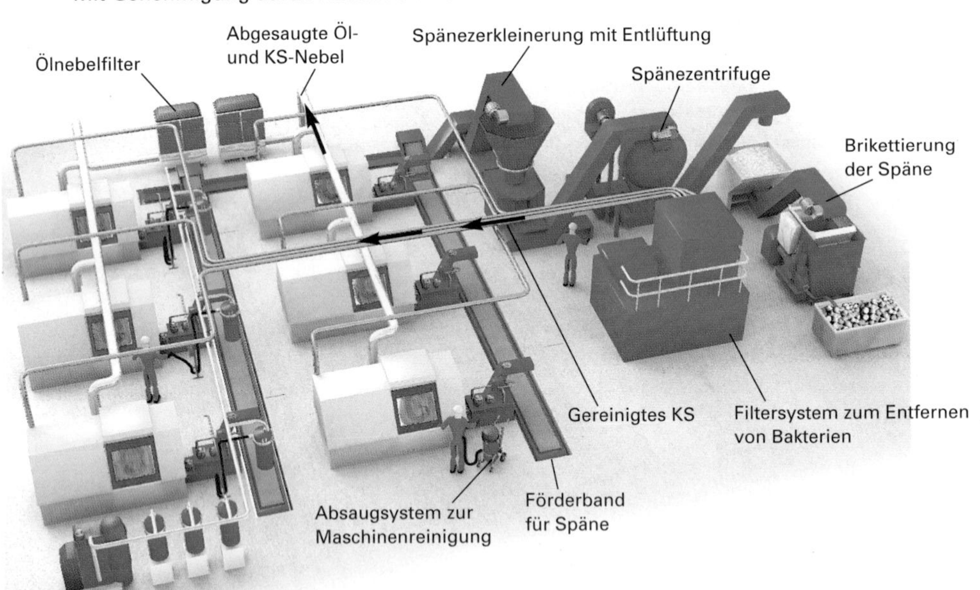

- **Entsorgung verbrauchter Kühlschmierstoffe**

Sobald der Gehalt an Salzen, der Fremdölanteil oder der Anteil an feinstverteilten Feststoffen so hoch geworden ist, dass der Kühlschmierstoff seine Aufgabe nicht mehr erfüllen kann, muss er ausgetauscht und entsorgt werden.
Nicht wassermischbare Kühlschmierstoffe werden meist vom Händler zurückgenommen und aufbereitet. Wassermischbare Kühlschmierstoffe werden von Spezialfirmen entsorgt. Um die Entsorgungskosten zu senken, versucht man z. T. schon beim Benutzer des Kühlschmierstoffes einen Teil des Wassers abzutrennen. Dies geschieht durch Zugabe von Chemikalien, durch Eindampfen oder durch Zentrifugieren. Da außer beim Eindampfen leicht verunreinigtes Wasser übrig bleibt, das nicht in allen Fällen ins Abwasser gelangen darf, werden diese Entsorgungsmöglichkeiten seltener benutzt.

Kühlschmierstoff darf nicht ins Grundwasser und ins Abwasser gelangen. Darum ist die Entsorgung von Spezialfirmen durchzuführen.

Übungsaufgaben B-209 bis B-212

Für den Umgang mit Kühlschmierstoff gilt darum
- Hände nicht in Kühlschmierstoff waschen, auch wenn diese gute Reinigungswirkung haben,
- mit Kühlschmierstoff verschmutzte Kleidung wechseln,
- keine Handreiniger mit Sand als Scheuermittel benutzen, da dadurch die Oberhaut schon leicht angerissen wird. Reiniger mit Holzmehl als Scheuermittel wirken ebenso, ohne die Haut zu beschädigen,
- vor Beginn der Arbeit und nach Arbeitspausen Handschutzcreme auftragen.

Die Schutzmaßnahmen werden als Betriebsanweisung in den Firmen ausgehängt.

LF 2+5

Beispiel für eine Betriebsanweisung

Maschinenbau GmbH 40210 Düsseldorf	BETRIEBSANWEISUNG GEM. § 20 GEFSTOFFV	D10 2/10
ARBEITSBEREICH: Dreherei	ARBEITSPLATZ: Drehautomat MAK 6 TÄTIGKEIT: Bedienen des Drehautomaten	

GEFAHRSTOFFBEZEICHNUNG

BG-Neutral 750
Wassergemischter Kühlschmierstoff

GEFAHREN FÜR MENSCH UND UMWELT

- Längerer Hautkontakt führt zu Entfettung, Erweichung und Erkrankung der Haut.
- Eingeatmet können Kühlschmierstoffnebel zu Schleimhautreizungen führen.
- Emulsion darf nicht ins Erdreich, Grundwasser oder in die Kanalisation gelangen.

SCHUTZMASSNAHMEN UND VERHALTENSREGELN

- Emulsion darf nicht in die Augen gelangen.
- Hautkontakt weitgehend vermeiden.
- Durchnässte Arbeitskleidung ablegen und im Magazin gegen saubere austauschen.
- Am Arbeitsplatz nicht essen, trinken, rauchen, keine Lebensmittel aufbewahren.
- Statt Putzlappen Einweg-Papiertücher verwenden.
- In dem KSS-Kreislauf keine Abfälle, z. B. Zigarettenkippen, werfen.
- Für die Werkstück- und Maschinenreinigung keine Druckluft benutzen.

Hautschutz:
- Vor Arbeitsaufnahme und nach Pausen: Hautschutzcreme „X" auftragen Mat.-Nr. 11.36
- Vor Pausen und nach Arbeitsende: Hautreinigungsmittel „Y" verwenden Mat.-Nr. 11.07
- Nach Arbeitsende und Reinigung: Hautpflegecreme „Z" auftragen Mat.-Nr. 11.27

Hautschutz- und Reinigungsmittel sind im Magazin erhältlich.

VERHALTEN IM GEFAHRFALL

- Nach Verschütten oder Auslaufen der Emulsion mit Bindemittel (Mat.-Nr. 14.21) aufnehmen, dabei Schutzhandschuhe (Mat.-Nr. 14.15) tragen.
- Bei Störungen oder auffälligen KSS-Veränderungen (Geruch, Aussehen) Schichtmeister informieren.

ERSTE HILFE

- Verletzungen, auch geringen Umfangs, mit Hinweis auf KSS-Kontakt versorgen lassen.
- Nach Augenkontakt: Mehrere Minuten bei geöffnetem Lidspalt unter fließendem Wasser spülen. Gegebenfalls Facharzt aufsuchen.
- Bei Hautrötungen oder verdächtigen Hautreizungen Vorgesetzten informieren und Arbeitsmediziner aufsuchen.

Unfalltelefon: 333 Ersthelfer: Herr Schmitz

SACHGERECHTE ENTSORGUNG

- Benutzte Putztücher in Behälter 14 (blau) ablegen.
- Benutzte Ölbindemittel in Abfallbehälter 16 (rot) geben.

Übungsaufgaben B-213; B-214

4.5 Einsparen von Kühlschmiermittel

Kühlschmiermittel verursachen in der Metallverarbeitung durch Beschaffung, Pflege und Aufbereitung sowie die fachgerechte Entsorgung erhebliche Kosten.

Ein weitgehender Verzicht auf Kühlschmiermittel bedeutet:
- geringere Entsorgungskosten für Kühlschmiermittel,
- geringere Kosten für Wartung und Überwachung des Kühlschmiersystems,
- geringere Kosten für Säuberung der bearbeiteten Werkstücke von Kühlschmiermittelresten und
- höherer Verkaufswert der Späne, da diese weitgehend frei von Ölen u.a. sind.

Darum ist man bemüht, den Verbrauch an Kühlschmiermittel durch verbesserte Ausnutzung, durch Minimalmengenschmierung oder Trockenbearbeitung zu senken bzw. zu vermeiden.

4.5.1 Mindermengenschmierung (MKS)

Bei einer Zerspanung unter einem Schwall von Kühlschmiermittel (äußere Kühlschmiermittel-Zufuhr) gelangt nur ein kleiner Teil des Kühlschmiermittels unmittelbar an die Bearbeitungsstelle und kann dort seine Kühl- und Schmierwirkung entfalten.
Durch den Einsatz des Kühlschmiermittels unmittelbar an der Bearbeitungsstelle können seine Kühl-Schmierwirkung und seine Spülwirkung voll ausgenutzt und Kühlschmiermittel eingespart werden. Wenn durch spezielle Gestaltung des Werkzeuges oder der Zufuhr des Kühlschmiermittels an der einzelnen Bearbeitungsstelle erheblich weniger Kühlschmiermittel eingesetzt werden können, spricht man von Mindermengenschmierung (MKS). Ein Grenzwert für die Mindermengenschmierung liegt nicht fest.

Beispiel für Mindermengenschmierung durch verbesserte Zuführung von Kühlschmiermittel

Vor dem Einsatz der Schuhdüse beim Schleifen wurden mehr als etwa 10 Liter Kühlschmiermittel je Minute und Millimeter Schleifscheibenbreite benötigt.
Durch den Einsatz einer Schuhdüse sank die Menge auf 2 Liter je Minute und Millimeter Schleifscheibenbreite.

Die Schuhdüse umschließt örtlich die Schleifscheibe und hält so Luftverwirbelungen ab, die durch die rotierende Schleifscheibe verursacht werden. Dadurch kann das Kühlschmiermittel unmittelbar mit geringem Druck an die Schleifscheibe gesprüht werden.

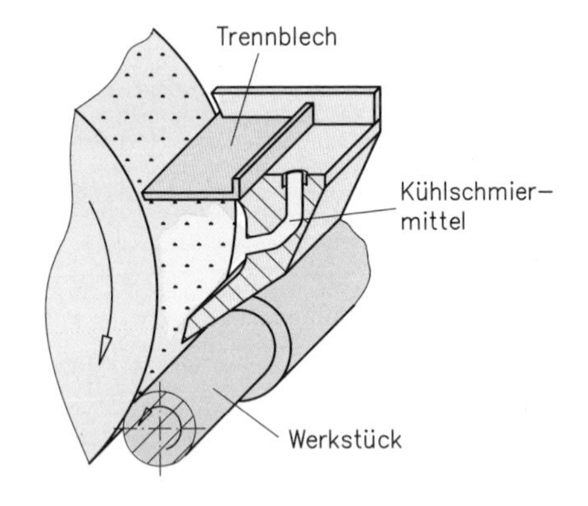

Durch den Einsatz spezieller Werkzeuge, z. B. mit innerer Kühlschmiermittelzuführung oder durch stark veränderte Gestaltung der Zuführung des Kühlschmiermittels, können Kühlschmiermittel eingespart und die Spülwirkung verbessert werden.

4.5.2 Minimalmengenschmierung (MMS)

Von Minimalmengenschmierung spricht man, wenn weniger als 50 Milliliter je Stunde an der einzelnen Bearbeitungsstelle eingesetzt werden.
Die Minimalmengenschmierung ist mit herkömmlichen Kühlschmiermitteln nur bedingt möglich. Schmiermittel für Minimalmengenschmierung werden beim Einsatz nahezu vollständig verbraucht. Sie müssen wegen der höheren Erwärmung folgende Bedingungen erfüllen:
- hohe Temperaturbeständigkeit (über 150 °C),
- keine Bildung giftiger Dämpfe,
- keine Verharzung,
- nicht brennbar.

 Übungsaufgabe B-215

Die Minimalmengenschmierung erfolgt mit Aerosolen. Dies sind mit Druckluft fein zerstäubte Kühlschmiermittelnebel. Sie werden entweder außerhalb der Maschine in einem Zusatzaggregat erzeugt und zur inneren Kühlung eingesetzt oder unmittelbar an der Zuführstelle in einer Spezialdüse erzeugt. Das Kühlschmiermittel im Aerosol verdampft beim Einsatz infolge der Zerspanungswärme und muss abgesaugt werden.

Für die Minimalmengenschmierung haben sich als Kühlschmierstoffe bewährt:

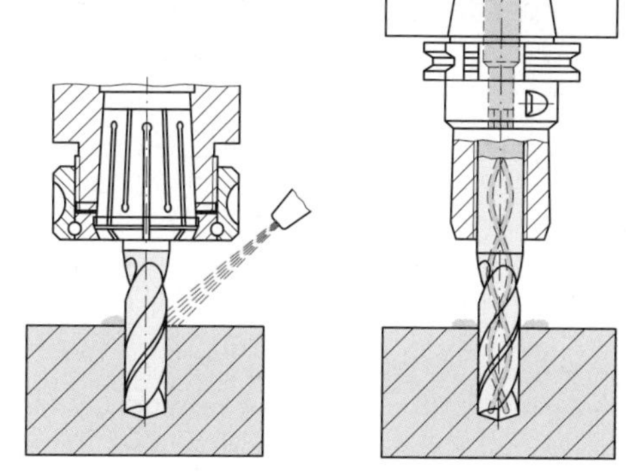

Äußere und innere Schmierstoffzuführung

Esteröle

Sie haben geringe Viskosität, verdampfen nur wenig und sind biologisch abbaubar. Schwerpunkt ihrer Anwendung sind das Bohren, das Reiben, das Senken und das Gewindeschneiden.

Fettalkohole

Fettalkohole verdampfen leichter als Esteröle, haben aber geringere Kühlwirkung. Sie werden vorwiegend zur Minimalmengenschmierung bei spanenden Bearbeitungen mit niedriger Schnittgeschwindigkeit eingesetzt.

Polyalphaolefine

Sie haben optimale Eigenschaften für eine Minimalmengenschmierung, indem sie niedrig viskos sind, einen hohen Flammpunkt besitzen und biologisch abbaubar sind.
Sie werden vorwiegend bei Arbeiten an Dreh- und Fräsmaschinen eingesetzt.

Minimalmengenschmierung erfolgt mit in Druckluft zerstäubten Kühlschmiermitteln.
Die Wahl des Kühlschmiermittels hängt von dem Bearbeitungsverfahren ab.

4.5.3 Trockenzerspanung

Verfahren mit geometrisch unbestimmter Schneide wie Läppen, Honen und Schleifen sind für den Einsatz der Trockenbearbeitung weniger geeignet, da besonders die fehlende Kühlung zur Überbeanspruchung der Werkzeuge und zu Beschädigungen der Randzonen der Werkstücke führt.

Trockenzerspanung ist bei Werkstoffen durchführbar, die nicht zum Verkleben mit der Werkzeugschneide neigen. Ferner müssen die Werkstoffe kurze Späne bilden, die leicht von der Bearbeitungsstelle abgeführt werden können.
Aus diesen Gründen ist die Trockenzerspanung gut einsetzbar z. B. bei

- Automatenmessing,
- Aluminium-Silizium-Gusslegierungen,
- Gusseisen.

Bei der Trockenzerspanung entstehen neben den Spänen auch Feinstäube, die gesundheitsschädlich sein können. Darum sollten diese möglichst an der Maschine abgesaugt und ausgefiltert werden.

Trockenbearbeitung einer Grundplatte durch Fräsen

Trockenzerspanung kann vorwiegend in Zerspanungsverfahren mit geometrisch bestimmten Schneiden durchgeführt werden. Besonders geeignet sind Werkstoffe, die kurze Späne bilden.

Übungsaufgaben B-216 bis B-219

5 Arbeitssicherheit, Unfallschutz und Umweltschutz

5.1 Unfallschutz durch Betriebsanweisungen

Um das Unfallrisiko beim Gebrauch von Geräten und Maschinen klein zu halten, fügt der Hersteller den Produkten stets eine Gebrauchsanleitung bei, in der der Benutzer zu einem sachgemäßen Gebrauch angeleitet wird. Bei der gewerblichen Nutzung technischer Anlagen verfasst der Betreiber nach Vorgaben der Berufsgenossenschaften für solche Anlagen eine Betriebsanweisung, in der auf spezielle Gefahren hingewiesen und Verhaltensvorschriften aufgestellt werden.

Beispiele für Arbeitsbereiche an Maschinen und Montageplätzen

Arbeit an einer konventionellen Drehmaschine

Montagearbeiten an einem Großgetriebe

Heute sind die Maschinen selbst sicher konstruiert und mit zwangsläufig wirkenden Sicherheitseinrichtungen, wie z. B. Schutzabdeckungen, Sichtfenstern, Lichtschranken u. ä., ausgestattet. Das für den Menschen verbleibende Risiko soll durch Betriebsanweisungen weiter verringert werden.

Beispiel für die Inhalte von Betriebsanweisungen (BA)

Geltungsbereich:

Diese BA gilt für das Arbeiten (Bedienen), Einrichten sowie Beseitigen von Störungen an Fräsmaschinen. (Sie gilt nicht für das Freigeben der Maschinen!)

Gefahrenhinweise:

Beim Einrichten, Bedienen und bei der Behebung von Störungen besteht besondere Gefahr von Verletzungen durch scharfkantige Fräser und durch deren Drehbewegungen sowie durch elektrische, hydraulische und pneumatische Bauteile der Maschine und deren Zusatzeinrichtungen. Ferner besteht eine Gefährdung beim Handhaben und Transportieren von Werkzeugen und Spannelementen. Späne können Verletzungen hervorrufen. Der Hautkontakt mit Kühlschmierstoffen kann Hautkrankheiten verursachen ...

Schutzmaßnahmen:

Der Probelauf eines neuen Programms ist mit verringerter Vorschubgeschwindigkeit oder im Einzelschritt durchzuführen. Bei Störungen im Antriebsbereich ist der Not-Aus-Schalter zu betätigen. Zum Einsetzen der Werkzeuge sind Schutzhandschuhe zu tragen. Vor Beginn der Arbeiten ist eine Hautschutzcreme aufzutragen, nach Arbeitsende geeignete Reinigungslotion zu verwenden ...

5.2 Schutzmaßnahmen beim Umgang mit Gefahrstoffen

LF 2+5

- **Kühlschmierstoffe**

Hautschäden im Zusammenhang mit Schmierstoffkontakt gehören zu den häufigsten Berufskrankheiten in der Metall verarbeitenden Industrie. Neben dem Einatmen der entstehenden Dämpfe birgt der Hautkontakt mit Kühlschmierstoffen eine Reihe von Gefahren:

- Die Haut wird bei ständiger Berührung entfettet, verliert ihre Schutzschicht, wird rissig und anfällig gegenüber Krankheiten, z. B. Entzündungen, Akne und Ekzeme. Nicht selten treten diese Erkrankungen an Körperteilen auf, an denen ölverschmutzte Kleidung eng anliegt.
- Die in den Kühlschmierstoffen mitgeführten Fremdkörper wie kleine Metallspäne u. a. verursachen winzige Verletzungen, die ebenfalls zu Hautschäden führen können.

Einsatz von Kühlschmierstoffen beim Fräsen

Den beschriebenen Gefahren kann mit einer Reihe von **Schutzmaßnahmen** begegnet werden:
- Kontakt mit Kühlschmierstoffen möglichst vermeiden.
- Vor der Arbeit eine schützende Hautcreme auftragen.
- Nach dem Kontakt mit Kühlschmierstoffen die Hände mit **geeigneten** Mitteln, z. B. Emulsionsreinigern, waschen. Auf keinen Fall die reinigende Wirkung der Kühlschmierstoffe selbst ausnutzen.
- Öldurchnässte Arbeitskleidung **sofort** wechseln und nicht auf der Haut trocknen lassen.
- Neben der Haut sind auch die Augen durch spritzenden Kühlschmierstoff gefährdet. Gelangt ein Spritzer ins Auge, so ist als erste Hilfe **sofort** mit dem Ausspülen zu beginnen. Anschließend ist **in jedem Fall** ein Augenarzt aufzusuchen.

- **Gefahrstoffe**

Gefahrstoffe weisen für den Menschen gefährdende Eigenschaften auf, wie z. B. giftig, ätzend, reizend, Brand fördernd, entzündlich, explosionsgefährlich oder Krebs erzeugend. Für den Umgang mit Gefahrstoffen hat der Arbeitgeber eine Betriebsanleitung zu erstellen, in der die Gefahr für Mensch und Umwelt beschrieben sowie Schutzmaßnahmen, Verhaltensregeln und Entsorgungsmaßnahmen festgelegt sind. Gefährliche Arbeitsstoffe sind auf der Verpackung gekennzeichnet durch die Angaben:

- Stoffbezeichnung,
- Hinweis auf besondere Gefahren,
- Sicherheitsratschläge,
- Hersteller oder Lieferant,
- Warnzeichen,
- ggf. die Aufschrift „Kann Krebs erzeugen".

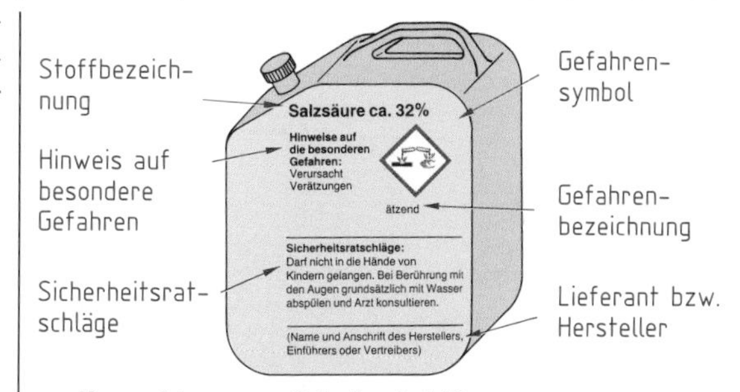

Kennzeichnung an Salzsäurebehältern

5.3 Maßnahmen bei Unfällen

Trotz Sicherheitseinrichtungen und sicherheitsbewusstem Verhalten kommt es zu Arbeitsunfällen. Damit in solchen Fällen zielgerichtet und schnell geholfen werden kann, ist es die Pflicht eines jeden Betriebsangehörigen, über die in seinem Betrieb vorhandenen Hilfs- und Meldeeinrichtungen informiert zu sein.

Sofortmaßnahmen nach einem Unfall:
- Maschinen und Geräte im unmittelbaren Gefahrenbereich abschalten.
- Verunglückte Personen aus dem Gefahrenbereich bergen.
- Verunglückte Personen sicher lagern.
- Hilfe herbeirufen.
- Verunglückten möglichst nicht allein lassen.
- Meldung des Unfalls nach betrieblichem Alarmplan.
- Soweit möglich erste Hilfe leisten.

Jeder Unfall ist sofort zu melden

Übungsaufgaben B-220 bis B-224

5.4 Umweltschutz

- **Entsorgung von Schmier- und Kühlschmierstoffen**

Schmier- und Kühlschmierstoffe werden nach einer bestimmten Einsatzdauer unbrauchbar.
Da Öle und Emulsionen zu den wassergefährdenden Stoffen zählen, dürfen sie nicht in den Boden, in Gewässer oder eine übliche Kläranlage geleitet werden. Die Entsorgung regeln Verordnungen, die aufgrund des Bundesabfallgesetzes erlassen wurden. So dürfen z.B. nur Unternehmen mit entsprechenden Genehmigungen die Entsorgung von Sonderabfällen (z.B. Kühlschmierstoffe usw.) vornehmen.

Entsorgungspflichtig ist in jedem Fall der Erzeuger von Sonderabfällen.

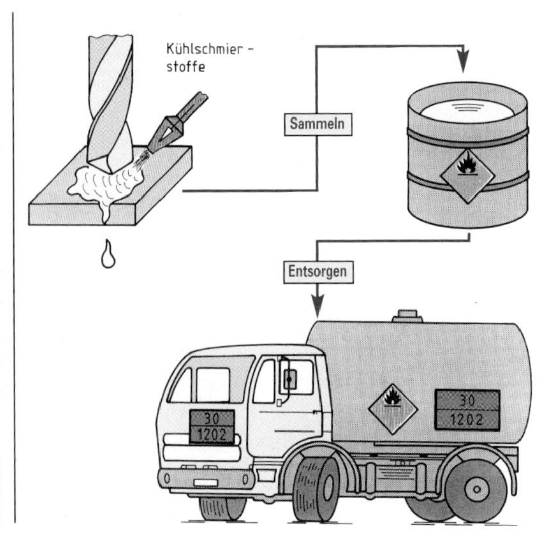

- **Umweltbelastungen**

Jedes Produkt und auch das damit verbundene Herstellungsverfahren stellen einen Eingriff in die Umwelt dar. Inwieweit diese Eingriffe von einer Gemeinschaft getragen werden können, muss diese Gemeinschaft unter sich entscheiden. Beurteilungskriterien für solche Entscheidungen unter den Gesichtspunkten der Umwelt- und der Sozialverträglichkeit kann die folgende Übersicht geben.

Umweltverträglichkeit	– **Luftverträglichkeit** (Schutz der Atmosphäre durch emissionsarme Produktion, Nutzung und Entsorgung) – **Wasserverträglichkeit** (Gewässerreinhaltung) – **Bodenverträglichkeit** (Bodenschutz) – **Pflanzenverträglichkeit** (Schutz der Artenvielfalt)
Ressourcenschonung[1])	– Schonung der **Energiereserven** (Öl, Erdgas, Kohle, Uran) – Schonung mineralischer **Rohstoffe** (Erze usw.) – Schonung der **Waldbestände** – Schonung der **Wasserreserven,** insbes. des Trinkwassers – Schonung der **Bodenflächen** (nur unbedingt nötiger Wohnungsbau, Straßenbau, Bahntrassenbau usw.) – Schonung des **Bodens** (z. B. kein Treibstoff aus Zuckerrohr, kein Mais für Schweinezucht)
Abfallvermeidung und Abfallverwertung	– Regenerierbarkeit – Wiederverwendbarkeit – Verpackungsaufwand
Gesundheitsverträglichkeit	– keine gesundheitlichen Gefährdungen und Belastungen für Menschen und Tiere durch **Schadstoff-Freiheit, Sicherheitstauglichkeit** und **Lärmarmut** der Produkte
Gebrauchstauglichkeit	– **Funktionstüchtigkeit** – **Verschleißarmut/Langlebigkeit** – **Bedienungs-** und **Reparaturfreundlichkeit** – **Gebrauchsintensität** (Wie intensiv kann bzw. muss das Produkt genutzt werden? Blockiert es die Nutzung anderer Produkte?) – **Fehlerfreundlichkeit** (Fähigkeit eines Produkts, Fehler, z. B. Material- und Bedienungsfehler, zu tolerieren)
Sozialverträglichkeit	– Die Produkte sollen den Menschen und die Gesellschaft bereichern im Hinblick auf soziale Werte wie **Kommunikation, Kooperation, Qualifikation, Kreativität.** – Sie sollen den Besitzer nicht privilegieren, d.h. ihm keine **Prestige-** und **Machtvorteile** verschaffen (Kann das Produkt massenhaft verwendet werden?). – Sie sollen nicht unter unzumutbaren **Arbeits-** und **Produktionsbedingungen** hergestellt worden sein (z. B. durch extreme Arbeitsteilung, Monotonie, Stress, psychische und physische Belastungen).

[1]) Ressource (franz.) = Hilfsmittel, Geldmittel

Übungsaufgaben B-225; B-226

Herstellen von einfachen Baugruppen LF 3

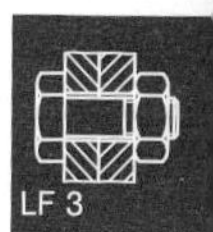

Handlungsfeld: Baugruppen montieren

Problemstellung

Auftrag:

Lochstanze montieren bis...

Mdg

Zeichnung **Stückliste**

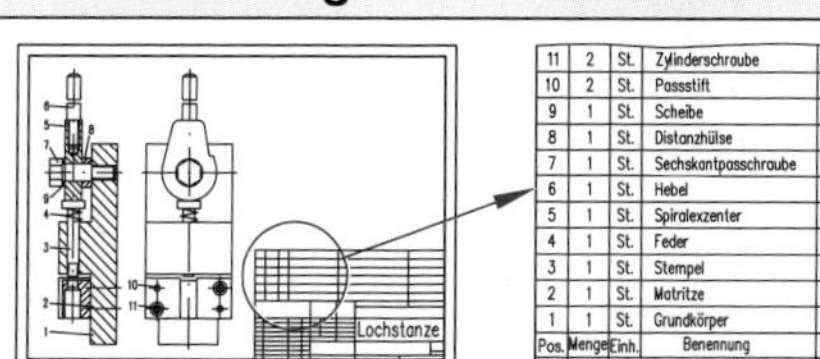

Pos.	Menge	Einh.	Benennung
11	2	St.	Zylinderschraube
10	2	St.	Passstift
9	1	St.	Scheibe
8	1	St.	Distanzhülse
7	1	St.	Sechskantpassschraube
6	1	St.	Hebel
5	1	St.	Spiralexzenter
4	1	St.	Feder
3	1	St.	Stempel
2	1	St.	Matritze
1	1	St.	Grundkörper
1	2	3	4

Einzelteile:

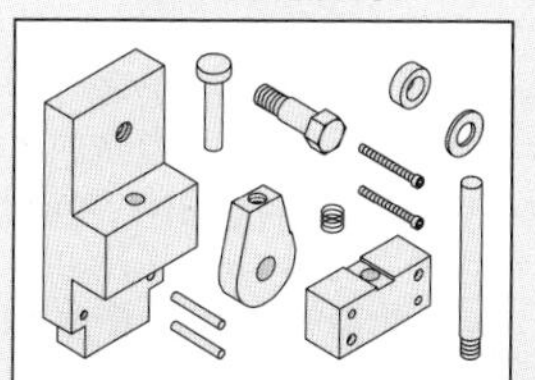

Analysieren

Vorgaben:
- Auftrag mit Termin
- Zeichnung mit Stückliste
- Herstellerliste (Eigenteile, Zukaufteile, Normteile)
- Grobzuordnung zu Baugruppen

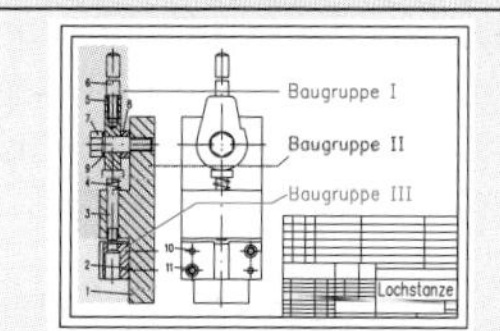

Ergebnisse:
- Gliederung in Baugruppen
- Kenntnisse über Funktion
- Montagefolge
- Besondere Anforderungen, z. B. Einpassarbeiten, Justage, Zwischenprüfungen

Planen

Planungsgrundlagen:
- Informationen aus Zeichnung u. Auftrag
- Spezielle Anforderungen
- Sicherheitshinweise

Montageplan zur Montage der Lochstanze

Nr.	Schritt	Tätigkeit	Werkzeug	Bemerkung
1	Hebelstange ⑤ a mit Spiralexenter	verschrauben	Montagestift	
2	Stempel ③ mit Feder ④ in Grundkörper ①	einführen und fixieren	Montageklam	
3	Passschraube ⑦, Scheibe ⑧, Spiralexzenter ⑤ und Distanzhülse ⑥ mit Grundkörper ①	verschrauben		
4	Montageklammer entfernen,			

Ergebnisse:
- Montageplan und -anweisungen mit
  - Unterbaugruppen
  - Montageabfolge
  - Werkzeug- u. Hilfsmittelliste
  - spezielle Hinweise
- Prüfplan

Montieren

Vorgaben:
- Montageplan und -anweisung
- Einzelteile, Hilfsstoffe
- Werkzeuge
- Sicherheitshinweise

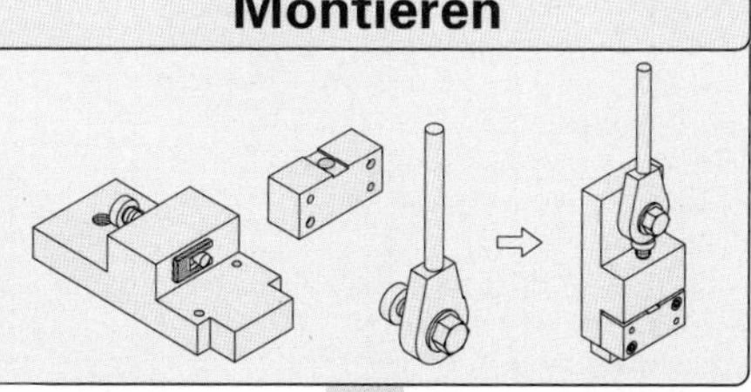

Ergebnis:
- montierte Baugruppe

Kontrollieren/Bewerten

Vorgaben:
- montierte Baugruppe
- Prüfplan

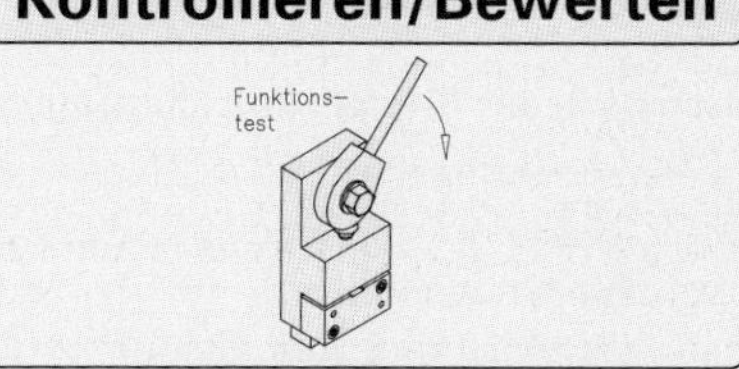

Ergebnis:
- Dokumentation der Prüfung

1 Fügen von Baugruppen

Durch die Fertigungsverfahren des Urformens, Umformens und Trennens werden Werkstücke als Einzelteile hergestellt. Fertigungsverfahren, die dazu dienen, zusammengesetzte Baugruppen, vollständige Geräte und Maschinen herzustellen, ordnet man nach DIN 8580 den Verfahren des Fügens zu.

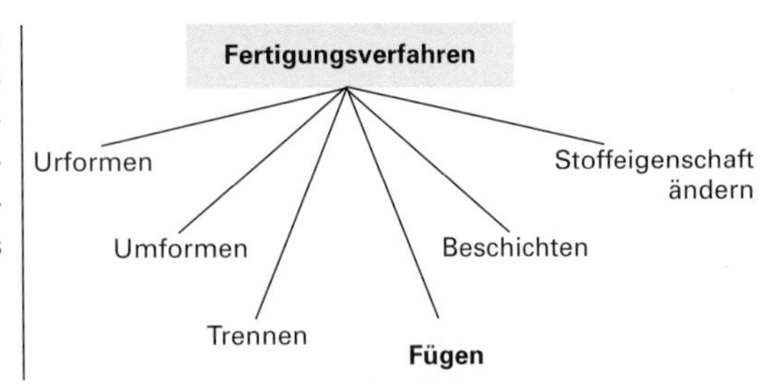

1.1 Grundbegriffe

1.1.1 Einteilung der Fügeverfahren

- **Unterscheidung nach dem Schaffen des Zusammenhalts**

Entsprechend der DIN-Norm werden die Fügeverfahren nach der Art und Weise, in der ein Zusammenhalt geschaffen wird, in Gruppen unterteilt.
Wichtige Fügeverfahren sind

- **Fügen durch Zusammensetzen,** z.B. durch Einlegen einer Feder,
- **Fügen durch An- und Einpressen,** z.B. durch Anpressen mit Schrauben,
- **Fügen durch Stoffvereinigen,** z.B. durch Schweißen oder Kleben,
- **Fügen durch Umformen,** z.B. durch Falzen,
- **Fürgen durch Urformen,** z.B. durch Eingießen.

Beispiele für Fügeverfahren bei der Montage eines Fußpedals

Einzelteile	Fügeverfahren	Baugruppe
	Stoffvereinigen (Klebenaht, Schweißnaht)	
	Zusammensetzen (Feder)	Fußpedal
	An- und Einpressen (Schraube)	

- **Unterscheidung der Fügeverfahren nach der Art der Kraftübertragung**

Beim Fügen von Werkstücken kann der Zusammenhalt geschaffen werden durch:

Kraftschluss – **Reibungskräfte** – (Schrumpfen, Verkeilen, Verklemmen, Verschrauben)
Formschluss – **Scherkräfte** – (Verbinden durch Stifte oder Federn)
Stoffschluss – **Kohäsionskräfte** **Adhäsionskräfte** – (Schweißen, Löten, Kleben)

Übungsaufgaben C-1 bis C-3

1.1.2 Reibung

- **Reibungskraft**

Versucht man aufeinander gepresste Flächen gegeneinander zu bewegen, so entsteht ein Widerstand gegen diese Verschiebung. Dieser Widerstand ist die **Reibungskraft** F_R. Reibungskräfte sind unerwünscht, wenn Bauteile aufeinander gleiten sollen.
Reibungskräfte sind aber überall dort erwünscht, wo Bauteile durch Kraftschluss gefügt werden sollen.

Die Größe der Reibungskraft ist abhängig von
- der **Normalkraft** F_N. Diese ist die Kraft, welche senkrecht auf die Reibungsflächen wirkt.
- der Werkstoffkombination und der Beschaffenheit der aufeinander gepressten Werkstückoberflächen.

Die Werkstoffkombination und die Beschaffenheit der Oberflächen werden mit der **Reibungszahl** μ erfasst.

Die Reibungskraft ist von der Größe der Reibungsflächen unabhängig.
Die Reibungskraft wirkt immer der angestrebten Bewegung entgegen.
Mit steigender Normalkraft wächst im gleichen Verhältnis die Reibungskraft. Es gilt somit:

$$F_R = \mu \cdot F_N$$

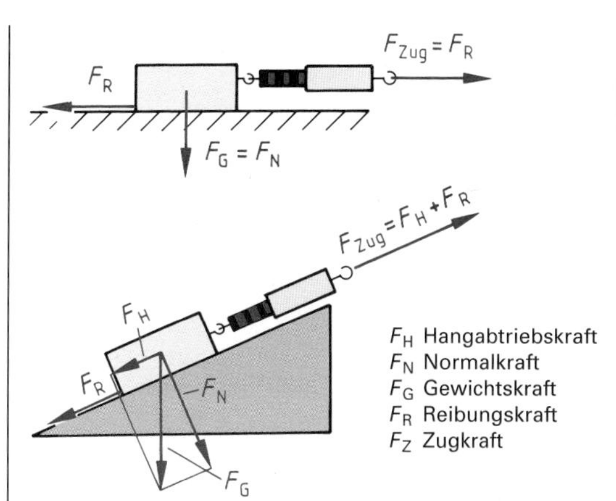

Reibungskraft an der geneigten Ebene

Die Reibungskraft ist von der Normalkraft und der Reibungszahl abhängig.
Die Reibungskraft wirkt einer entstehenden oder vorhandenen Bewegung immer entgegen.

- **Reibungsarten**

Haftreibung muss überwunden werden, wenn ein Bauteil aus dem Ruhezustand in Bewegung gesetzt werden soll.
Gleitreibung muss überwunden werden, um ein Bauteil in gleichförmiger Bewegung zu halten. Gleitreibung ist immer kleiner als Haftreibung.
Rollreibung tritt zwischen aufeinander rollenden Bauteilen auf. Sie ist erheblich kleiner als Gleitreibung.

Reibungskräfte können durch Schmierung verringert werden.

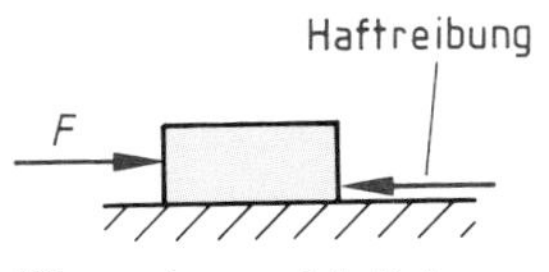

Körper eben noch in Ruhe

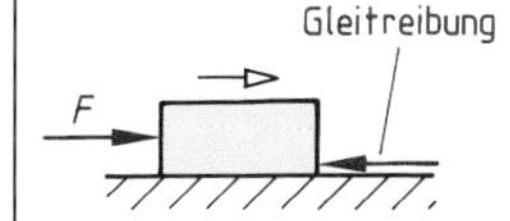

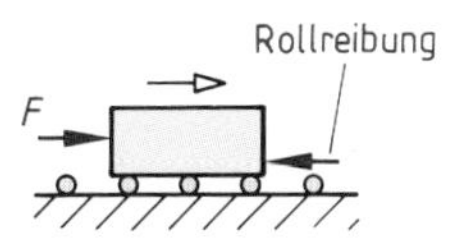

Körper in gleichförmiger Bewegung

- **Richtwerte für Reibungszahlen**

Werkstoffpaarung (Glatte Oberflächen)	Beispiel	Haftreibungszahl μ_0 trocken	Haftreibungszahl μ_0 geschmiert	Gleitreibungszahl μ trocken	Gleitreibungszahl μ geschmiert
Stahl/Stahl	Schraubstockführung	0,18	0,1	0,13	0,05
Gummi/Gusseisen	Riemen auf Riemenscheibe	0,55	0,3	0,4	0,2
Bremsbelag/Stahl	Scheibenbremse	–	–	0,3 ... 0,5	0,15 ... 0,3
		Rollreibungszahl μ_r			
Stahl/Stahl	Wälzlager	je nach Bauart 0,0005 ... 0,001,			
Gummi/Asphalt	Reifen auf Straße	je nach Größe 0,015 ... 0,025, 0,03 ... 0,04			

Reibung siehe auch *„Maschinen- und Gerätetechnik,* Kapitel *Lager"*

Übungsaufgaben C-4 bis C-6

1.2 Fügen mit Gewinden

1.2.1 Gewinde

- **Einsatz von Gewinden**

Bei Schrauben und Spindeln nutzt man Gewinde zum Fügen.

Schrauben mit **Befestigungsgewinde** setzt man dann ein, wenn
- die Verbindung häufiger gelöst werden muss, z.B. zur Befestigung von Radfelgen.
- genaue Anpresskräfte gefordert werden, z.B. zum Aufpressen des Zylinderkopfes auf einen Motorblock.
- die Montage erleichtert werden soll, z.B. Verschrauben vorgefertigter Teile von Gittermasten.

Befestigungsgewinde sind meist Spitzgewinde.

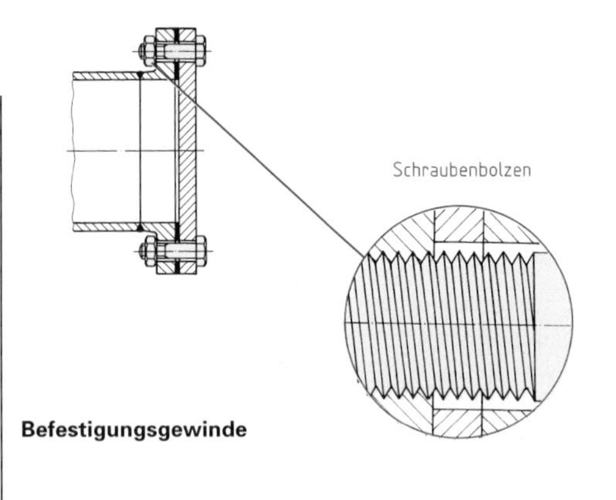

Befestigungsgewinde

Spindeln mit **Bewegungsgewinde** werden eingesetzt, wenn
- große Längsbewegungen aus einer Drehbewegung erzeugt werden sollen, z.B. Leitspindel an der Drehmaschine.
- große Längskräfte aus einer Drehbewegung erzeugt werden müssen, z.B. Spindel am Schraubstock.

Bewegungsgewinde sind meist Trapezgewinde.

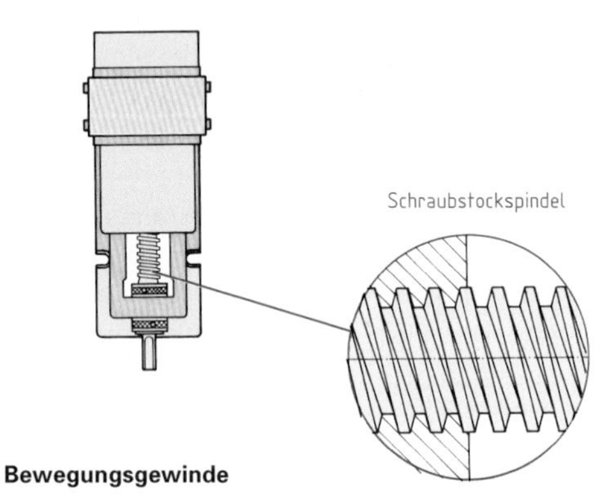

Bewegungsgewinde

- **Kraftverstärkung durch den Gewindegang**

Befestigungsschrauben werden mit bestimmten Drehmomenten angezogen. Spindeln mit Bewegungsgewinde werden mit bestimmten Drehmomenten gedreht.

Aus dem wirksamen Drehmoment lässt sich die Umfangskraft am Flankendurchmesser des Gewindes errechnen:

$$F_u = \frac{M_d}{0{,}5 \cdot d_2}$$

F_u Umfangskraft
d_2 Flankendurchmesser
M_d Drehmoment

Um die weitere Untersuchung über die Kräfte in einer Schraubenverbindung zu vereinfachen, wird ein einzelner Gewindegang eines Flachgewindes abgewickelt.

Schrauben haben ein Gewinde, dessen Gänge sich mit der **Steigung *P*** um einen zylindrischen Kern winden. Wickelt man einen Gang am Flankendurchmesser d_2 ab, so ergibt sich ein rechtwinkliges Dreieck mit der Höhe P der Länge $d_2 \cdot \pi$. Es hat den Steigerungswinkel φ.

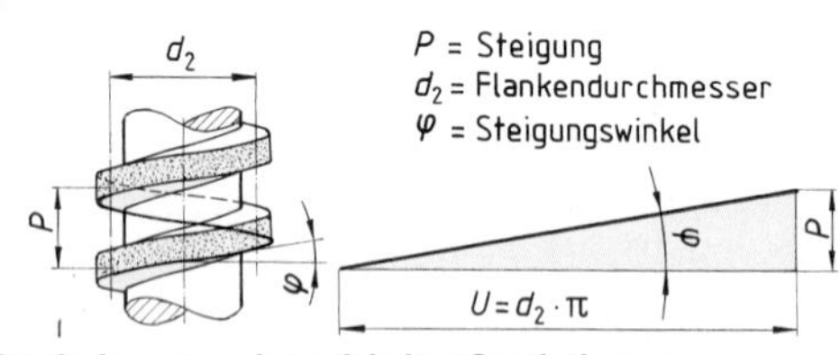

Gewindegang – abgewickelter Gewindegang

Eine Schraubenverbindung kann in ihrer Wirkung auf die Bauelemente mit einer Keilverbindung verglichen werden. Dabei muss der Keil in seinen Maßen einem abgewickelten Gewindegang der Mutter entsprechen. Der Keil wird mit der Umfangskraft F_u in die Nut des Bolzens getrieben. Dadurch wird der Bolzen in der Nut und am Kopf durch äußere Kräfte beansprucht. Diese Kräfte sind aus der Umfangskraft entstanden.

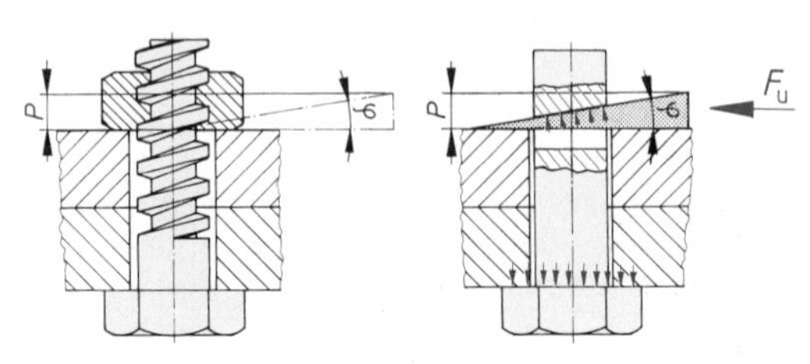

Vergleich zwischen Schraube und Keil

Übungsaufgaben C-7 bis C-9

Die Umfangskraft wird durch das Gewinde in eine größere Kraft in Längsrichtung umgesetzt.
Die Verhältnisse der Kräfte am Gewinde und an einem Keil mit gleichem Steigungswinkel sind gleich. Darum können Kräfte im Gewinde über die Kräftezerlegung am Keil einfach ermittelt werden.
Die **Spannkraft** ist dabei die Längskraft in der Schraube oder Spindel. Bei gleicher Umfangskraft sinkt die Spannkraft mit wachsendem Steigungswinkel.
Die Normalkraft, welche Reibung an den Gewindeflanken verursacht, ändert sich in gleicher Weise.

Beispiele für Kräfte am Gewinde

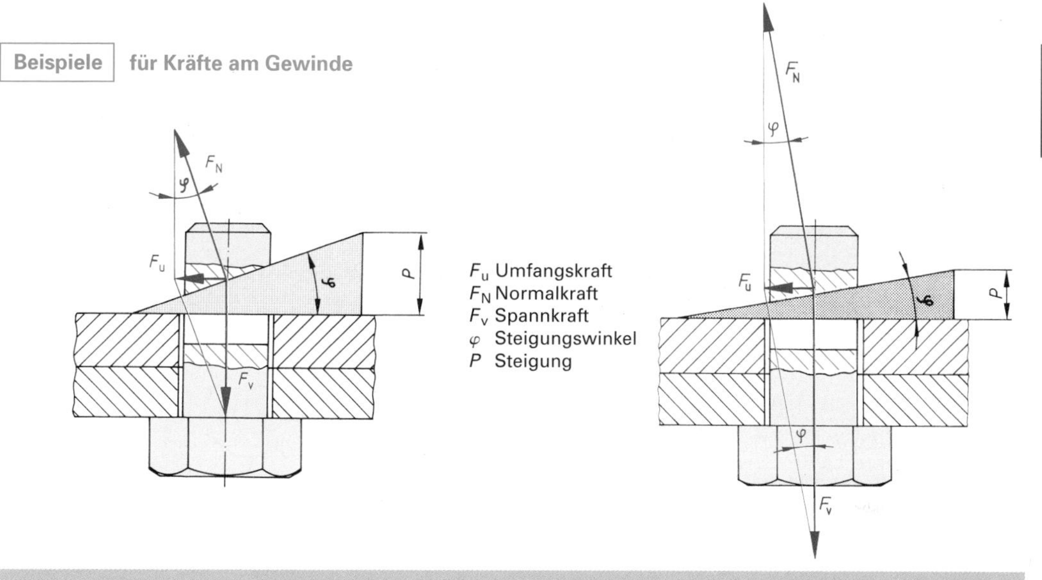

Die Längskraft in einem Gewinde steigt bei wachsender Umfangskraft und kleinerem Steigungswinkel.

- **Selbsthemmung im Gewinde**

Legt man das Keilmodell zugrunde, so erkennt man, dass bei einem großen Steigungswinkel der Keil nicht mehr festklemmt, sondern bei Nachlassen der Kraft F_u sich selbst löst, er ist nicht mehr selbsthemmend. Der gleiche Effekt tritt im Gewinde auf. Bei Stahlschraube und Stahlmutter liegt der Grenzwinkel bei etwa 6°. Für Befestigungsgewinde und Bewegungsgewinde in Spannzeugen usw. verwendet man deshalb Gewinde mit kleinem Steigungswinkel.
Für Bewegungsgewinde *ohne* Selbsthemmung, z. B. in Spindelpressen, werden große Steigungswinkel verwendet.

Selbsthemmung erfordert kleine Steigungswinkel.

- **Ein- und mehrgängige Gewinde**

Es gibt ein- und mehrgängige Gewinde. Bei eingängigen Gewinden ist der Abstand von Gewindeflanke zu Gewindeflanke gleich der Steigung. Bei mehrgängigen Gewinden wird dieser Abstand Teilung genannt. Die Steigung entspricht einem Mehrfachen der Teilung.
Mehrgängige Gewinde werden dort verwendet, wo man bei geringen Drehbewegungen große Längsbewegungen verlangt. Spindeln von Pressen und Schnecken von Getrieben sind daher oft mit mehrgängigen Gewinden ausgerüstet.

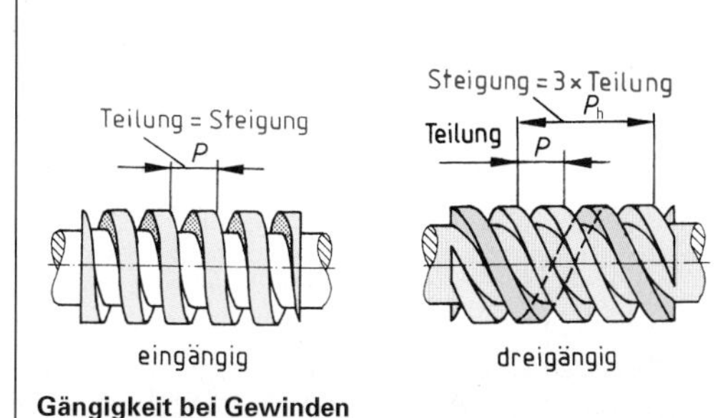

Gängigkeit bei Gewinden

Mehrgängige Gewinde werden bei großen Gewindesteigungen eingesetzt.

Übungsaufgaben C-10 bis C-14

1.2.2 Gewindearten

- **Ausführungsformen von Gewinden**

Befestigungsgewinde

Als Befestigungsgewinde benutzt man vor allem Spitzgewinde.

Spitzgewinde lassen sich mit geringen Steigungswinkeln bei genügend großer Gewindetiefe herstellen. Geringe Steigungswinkel führen zu großen Normalkräften und zur Selbsthemmung.

Spitzgewinde haben große Flankenwinkel. An den stark geneigten Gewindeflanken tritt durch die Kraftzerlegung eine zusätzliche Verstärkung der Normalkraft auf. Dadurch wächst die Selbsthemmung.

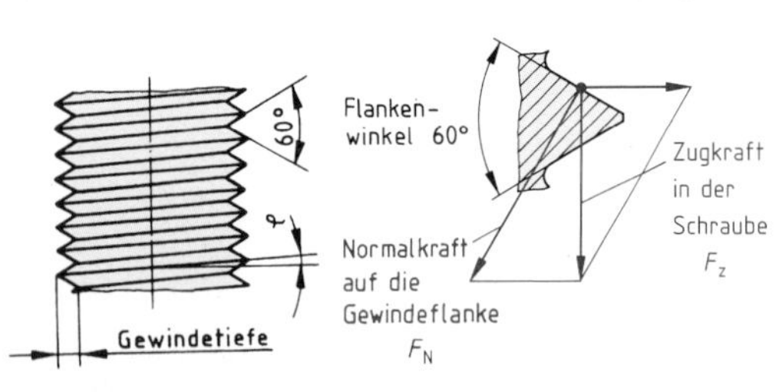

Spitzgewinde als Befestigungsgewinde

In Spitzgewinden treten wegen der kleinen Steigungswinkel und der großen Flankenwinkel große Reibungskräfte auf; Spitzgewinde sind daher als Befestigungsgewinde besonders geeignet.

Bewegungsgewinde

Für Befestigungs- und Bewegungsgewinde sind unterschiedliche Gewindeprofile gebräuchlich. Übliche Gewindeprofile für Bewegungsgewinde sind das Trapezgewinde, das Sägengewinde und das Rundgewinde.

Bewegungsgewinde sollen möglichst geringe Reibung aufweisen. Darum muss die Normalkraft F_N, die wesentlich die Reibungskraft an den Zahnflanken bestimmt, klein sein. Am günstigsten wären Flachgewinde, bei denen die Normalkraft gleich der Last F_Z auf der Gewindeflanke ist. Flachgewinde sind aber schwer zu fertigen. Darum stellt man für Bewegungen, die nur in einer Richtung unter Last erfolgen, Sägegewinde mit einem Flankenwinkel von 3,5° und für Bewegungen in beiden Richtungen Trapezgewinde mit einem Flankenwinkel von 15° her.

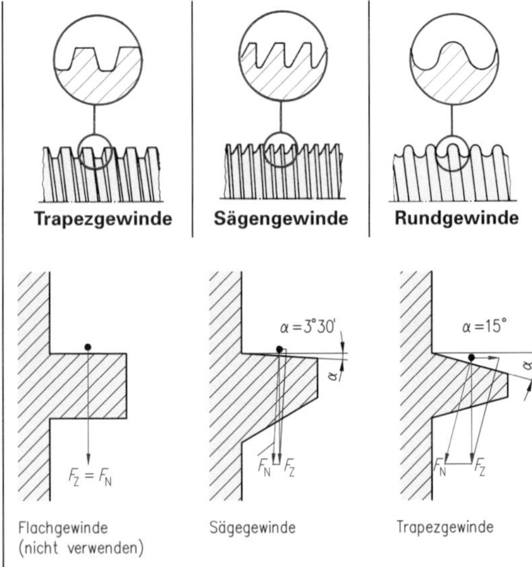

Normalkraft F_N bei Bewegungsgewinden

Spindeln mit **Bewegungsgewinde** werden eingesetzt, wenn

- große Längsbewegungen aus einer Drehbewegung erzeugt werden sollen, z.B. Leitspindel an der Drehmaschine,
- große Längskräfte aus einer Drehbewegung erzeugt werden müssen, z.B. Spindel am Schraubstock.

Bewegungsgewinde sind meist Trapezgewinde.

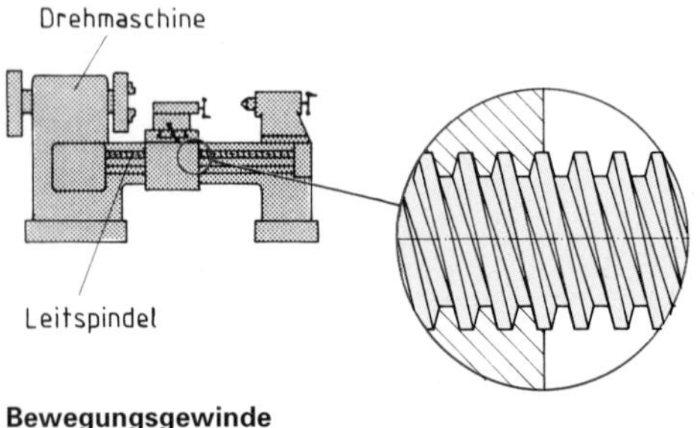

Bewegungsgewinde

Bewegungsgewinde haben geringe Flankenwinkel, damit die Reibung im Gewinde möglichst gering ist. Aus fertigungstechnischen Gründen wählt man für den Gewindequerschnitt Trapez- oder Sägeform.

Übungsaufgaben C-15 bis C-17

1.2.3 Normangaben bei Gewinden

Bewegungsgewinde sollen möglichst wenig Reibung aufweisen. Am günstigsten wären Flachgewinde. Da diese jedoch schwer herstellbar sind, fertigt man Bewegungsgewinde mit geringen Flankenwinkeln.

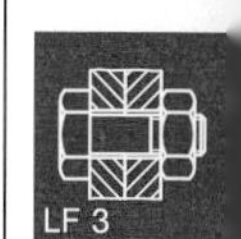

Gewindeprofil	Benennung des Gewindes	Beispiel für Maßangabe	Verwendung
	Metrisches ISO-Trapez-gewinde (DIN 103)	**Tr 32 × 6** Tr – Zeichen für Trapezgewinde 32 – Gewindenenndurchmesser „*d*" in mm 6 – Steigung „*P*" in mm	**Bewegungsgewinde** bei Spindeln für beidseitige Kraftübertragung
	Sägengewinde (DIN 513)	**S 30 × 6** S – Zeichen für Sägengewinde 30 – Gewindenenndurchmesser „*d*" in mm 6 – Steigung „*P*" in mm	**Bewegungsgewinde** für einseitig axiale Übertragung großer Kräfte, z.B. bei Spindelpressen und Spannzangen
	Rundgewinde (DIN 405)	**Rd 30 × 1/8** Rd – Zeichen für Rundgewinde 30 – Gewindenenndurchmesser „*d*" in mm 1/8 – Steigung „*P*" in Zoll; entspricht 8 Gewindegänge je ein Zoll Bolzenlänge	**Bewegungsgewinde** bei Verbindungen, die starken Verschmutzungen unterliegen, z.B. Waggonverbindungen, Kupplungen; Spindeln für Ventile; in seltenen Fällen auch als Befestigungsgewinde

Normangaben über zusätzliche Eigenschaften der Bewegungsgewinde (DIN ISO 965)

Zusätzliche Eigenschaft	Zusätzliche Angabe hinter der Maßangabe	Beispiel für Maßangabe	Hinweise
Gewindetoleranzen der nach Norm festgelegten Güteklasse	f = fein m = mittel c = grob	Tr 32 x 6f	
Mehrgängige Gewinde	hinter dem Kurzzeichen und dem Gewindedurchmesser folgt die Steigung und die Teilung	Tr 60 x Ph 14 P7 Tr 60 x Ph 14 P7-8e Tr 32 x Ph 9 P3-LH	Die Teilung wird mit dem Buchstaben P hinter die Steigung P_h gesetzt. $\text{Gangzahl} = \frac{\text{Steigung}}{\text{Teilung}} = \frac{P_h}{P}$

1.2.4 Befestigungsschrauben

- **Kräfte in Schraubenverbindungen**

Das Schrauben ist ein Fügeverfahren, bei dem die Bauelemente stark gegeneinander gepresst werden. Dadurch wirken zwischen den Bauelementen große Reibungskräfte, und es entsteht eine kraftschlüssige Vebindung.

In Schraubenverbindungen erreicht man die zum Kraftschluss erforderlichen großen Kräfte:

- durch die Hebelübersetzung der Handkraft an einem Schraubenschlüssel und
- durch die Kraftverstärkung im Gewindegang.

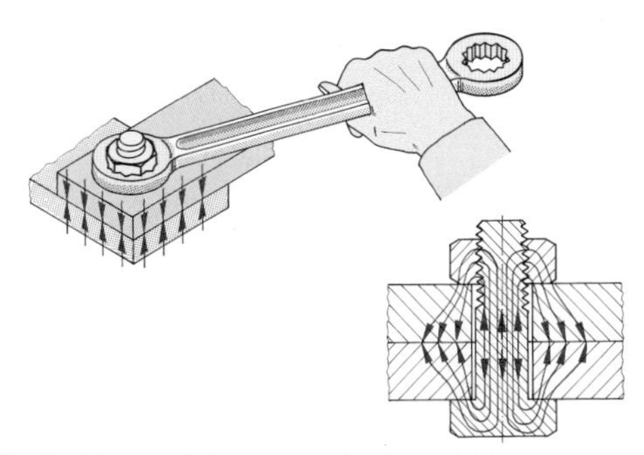

Kraftschluss in Schraubenverbindung

- **Befestigungsgewinde**

In Spitzgewinden treten wegen der kleinen Steigungswinkel und der großen Flankenwinkel große Reibungskräfte auf; Spitzgewinde sind daher als Befestigungsgewinde besonders geeignet.

Gewindeprofil	Benennung des Gewindes	Beispiel für Maßangabe	Verwendung
	Metrisches ISO-Regelgewinde (DIN 13)	**M 30** M – Zeichen für metrisches Gewinde 30 – Gewindenenndurchmesser „d" in mm	**Befestigungsgewinde** für Schrauben und andere Bauteile
	Metrisches ISO-Feingewinde (DIN 13)	**M 30 × 1,5** M – Zeichen für metrisches Gewinde 30 – Gewindenenndurchmesser „d" in mm 1,5 – Steigung „P" in mm	**Befestigungsgewinde** bei kurzen Einschraublängen, großen Nenndurchmessern, dünnwandigen Bauteilen. Stellgewinde bei Messschrauben
	Whitworth Rohrgewinde	**G 3/4** G – Zeichen für zylindrisches Rohrgewinde 3/4 – Bezeichnung der Gewindegröße entspricht der Nennweite des benutzten Rohres in Zoll	**Befestigungsgewinde** für Rohre und Fittings im Installationsbau, nicht dichtend

Befestigungsschrauben erhalten Spitzgewinde.

- **Rechts- und linksgängige Gewinde**

Die Normalausführung bei Gewinden ist rechtsgängig. Rechtsgängig ist ein Gewinde dann, wenn der Einschraubvorgang im Uhrzeigersinn erfolgt. Die Einschraubrichtung bei Linksgewinden ist dem Uhrzeigersinn entgegengesetzt. Eine Mutter mit Linksgewinde hat entweder einer Rille am Umfang oder ein großes L auf einer der Auflageflächen.

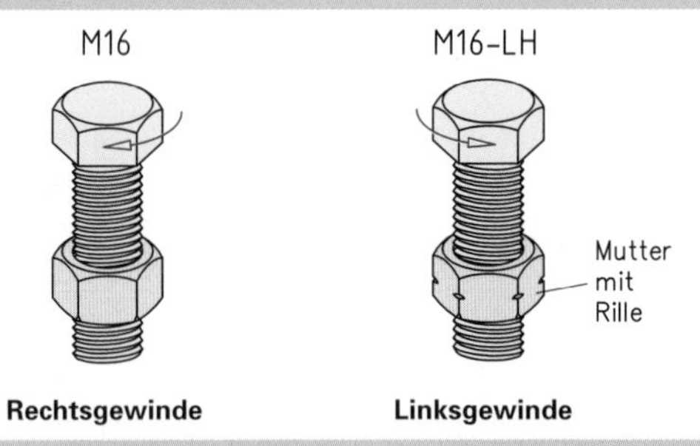

Rechtsgewinde **Linksgewinde**

Linksgewinde werden in der Normbezeichnung durch Anhängen der Buchstaben LH gekennzeichnet (LH kommt von Left Hand).

1.2.5 Festigkeit von Schrauben und Muttern

- **Schraubenfestigkeit**

Die Festigkeitsklassen für Schrauben und Muttern aus Stahl sind genormt. Die Schrauben sind am Kopf meist durch zwei Zahlen, z.B. 12.9, gekennzeichnet, die durch einen Punkt getrennt sind. Diese Zahlenangabe wird Festigkeitskennzahl genannt. Aus dieser lassen sich Festigkeitskennwerte des Werkstoffs ermitteln.

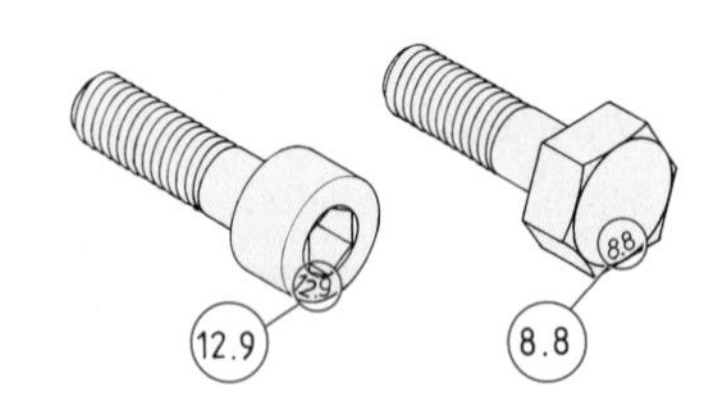

Festigkeitskennzahl bei Schrauben

Die erste Zahl ist die Kennzahl für die Zugfestigkeit R_m des Werkstoffes der Schraube. Zur Ermittlung der Zugfestigkeit aus der Kennzahl wird die erste Zahl mit 100 multipliziert. Man erhält die Zugfestigkeit in N/mm^2. Die Streckgrenze des Schraubenwerkstoffes lässt sich mithilfe der ersten und der zweiten Kennzahl ermitteln. Die erste Zahl mit dem 10-fachen der zweiten Zahl multipliziert, ergibt die Streckgrenze R_{eH} in N/mm^2.

Festigkeitskennzahlen bei Schrauben:

3.6	4.6	4.8	5.6	5.8	6.6	6.8	6.9	8.8	10.9	12.9	14.9

Übungsaufgaben C-20 bis C-23

- **Mutternfestigkeit**

Auch Muttern werden meist mit einer Festigkeitskennzahl versehen. Zulässig sind auch Markierungen durch Striche, die bestimmten Festigkeitskennzahlen zuzuordnen sind. Beim Fügen sollen Schrauben und Muttern die gleiche Festigkeitskennzahl aufweisen.

Festigkeitskennzahlen bei Muttern

Festigkeitskennzahl	**6**	**8**	**10**	**12**	**14**
bevorzugte Markierung		8	10	12	14

Beispiel für die Ermittlung der Festigkeitskennwerte aus der Festigkeitskennzahl

Aufgabe:
Es sind Zugfestigkeit R_m und Streckgrenze R_{eH} einer Schraube mit der Kennzeichnung 12.9 zu ermitteln.

Lösung: Zugfestigkeit: $R_m = 12 \cdot 100 \frac{N}{mm^2} = \mathbf{1200} \, \frac{\mathbf{N}}{\mathbf{mm^2}}$

Streckgrenze: $R_{eH} = 12 \cdot 9 \cdot 10 \frac{N}{mm^2} = \mathbf{1080} \, \frac{\mathbf{N}}{\mathbf{mm^2}}$

Die Zugfestigkeit R_m in $\frac{N}{mm^2}$ des Schrauben- und Mutternwerkstoffes wird errechnet aus der Multiplikation der Festigkeitskennzahl mit 100.

1.2.6 Sicherungen von Schraubenverbindungen

Schwingungen, Temperaturschwankungen und Lastwechsel können ein selbsttätiges Lösen von Schraubenverbindungen bewirken. Deswegen werden in solchen Fällen Schraubensicherungen verwendet. Man kann Schraubensicherungen nach Kraftschluss, Formschluss und Stoffschluss unterscheiden:

Kraftschlüssige Schraubensicherungen

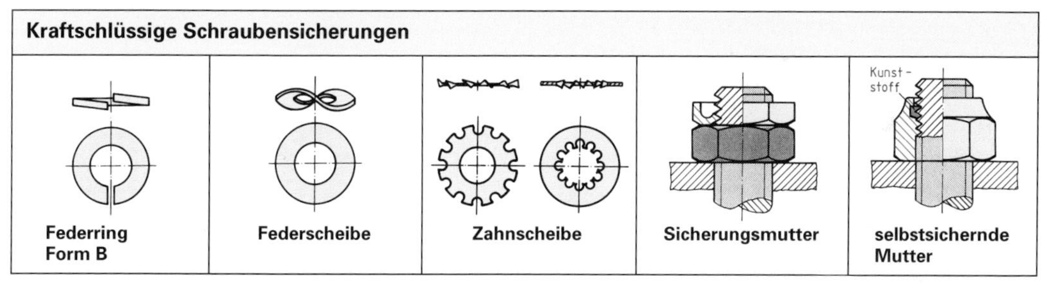

Federring Form B | **Federscheibe** | **Zahnscheibe** | **Sicherungsmutter** | **selbstsichernde Mutter**

Formschlüssige Schraubensicherungen

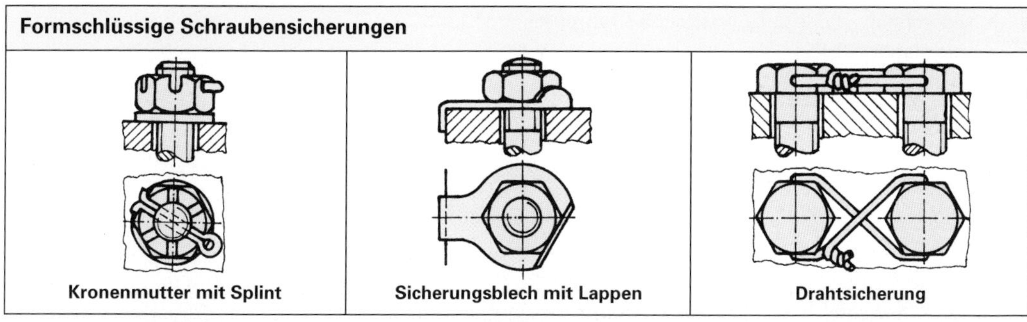

Kronenmutter mit Splint | **Sicherungsblech mit Lappen** | **Drahtsicherung**

Schraubenverbindungen sollen durch richtiges Anziehen der Schraube gegen Lösen gesichert sein. Schraubensicherungen gewähren einen zusätzlichen Schutz.

Übungsaufgaben C-24 bis C-26

1.2.7 Berechnung des Drehmomentes zum Anziehen von Schrauben

Die Funktionsfähigkeit einer Schraubenverbindung ist häufig abhängig von der Kraft, mit der die Schraube beim Anziehen vorgespannt wird. So müssen z.B. die Schrauben des Deckels eines Druckbehälters so angezogen werden, dass sie auch bei Betrieb des Behälters die Dichtungen noch andrücken.

Man erreicht die notwendige Vorspannkraft in der Schraube dadurch, dass man die Drehwirkung beim Anziehen genau beschreibt. Die Drehwirkung drückt man durch das **Drehmoment** aus. Das Drehmoment M_d beim Anziehen der Schraube ist das Produkt aus der Handkraft F_H und dem Hebelarm l des Schraubenschlüssels.

$$M_d = F_H \cdot l$$

Zum genauen Anziehen einer Schraube verwendet man **Drehmomentschlüssel.**

Drehmoment beim Anziehen einer Schraube

Durch das Drehmoment beim Anziehen der Schraube wird in der Schraube eine Spannkraft F_v bewirkt. Da die Spannkraft auch von der Steigung P des Gewindes und dem Wirkungsgrad der Schraubenverbindung abhängig ist, ergibt sich folgende Formel zu Bestimmung des aufzubringenden Drehmomentes:

Zugeführte Arbeit mit Berücksichtigung von Reibungsverlusten	=	Umgesetzte Arbeit im Gewindegang

$$F_H \cdot l \cdot 2 \cdot \pi \cdot \eta = F_V \cdot P$$

daraus folgt:

$$M_d = \frac{F_V \cdot P}{2 \cdot \pi \cdot \eta}$$

F_H = Handkraft
l = Hebelarm (wirksame Schlüssellänge)
M_d = Drehmoment
F_V = Spannkraft
P = Steigung des Gewindes
η = Wirkungsgrad (bei metrischem Spitzgewinde $\eta = 0{,}13$)

Beispiel für die Berechnung von Drehmoment M_d und Handkraft F_H

Aufgabe

Mit der dargestellten Schraubwinde soll ein Werkstück mit der Gewichtskraft von 28 kN angehoben werden. Der Hebel ist 500 mm lang, die Spindel hat ein Trapezgewinde Tr 52 × 8. Der Wirkungsgrad beträgt 0,35. Zu berechnen ist das aufzubringende Drehmoment M_d und die Handkraft F_H.

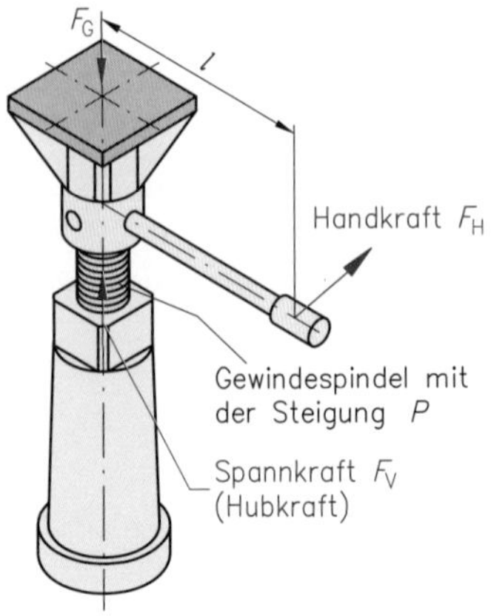

Gegeben: $F_G = 28$ kN; $l = 500$ mm; $P = 8$ mm; $\eta = 0{,}35$
Gesucht: F_v; M_d; F_H

F_G
l
Handkraft F_H
Gewindespindel mit der Steigung P
Spannkraft F_V (Hubkraft)

Lösung

Die Gewichtskraft F_G ist gleich der Spannkraft $F_v = 28$ kN.

$$M_d = \frac{F_v \cdot P}{2 \cdot \pi \cdot \eta} \qquad M_d = \frac{28\,000 \text{ N} \cdot 0{,}008 \text{ m}}{2 \cdot \pi \cdot 0{,}35} \qquad M_d = \mathbf{102\ Nm}$$

$$F_H = \frac{M_d}{l} \qquad F_H = \frac{102 \text{ Nm}}{0{,}5 \text{ m}} \qquad F_H = \mathbf{204\ N}$$

Übungsaufgaben C-27 bis C-31

1.3 Fügen mit Stiften und Bolzen

1.3.1 Fügen mit Stiften

Stifte dienen zum lösbaren Fügen von Bauelementen. Durch Stifte werden Kräfte vor allem durch Formschluss übertragen.

- **Verwendung von Stiften**

Nach der jeweiligen *Verwendung* werden Passstifte, Befestigungsstifte, Sicherungsstifte und Abscherstifte unterschieden.

Passstifte

Werden Stifte vor allem zur Lagesicherung von Teilen eingesetzt, so kennzeichnet man die benutzten Stifte als Passstifte. Durch Passstifte lässt sich die Montage von Bauelementen erleichtern und die genaue Lage von zusammengeschraubten Teilen sichern.

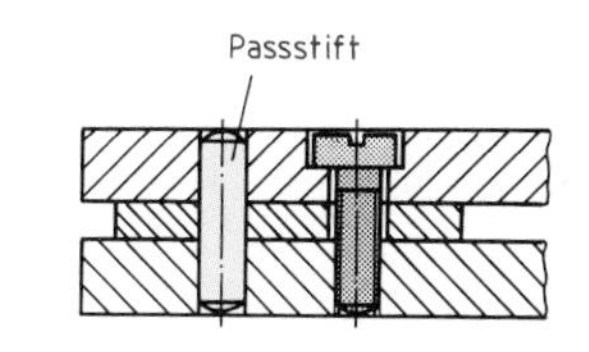

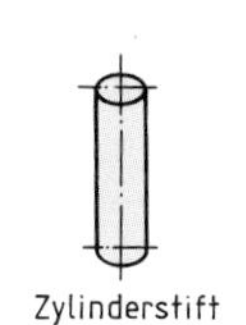

Lagesicherung von Bauteilen durch Passstifte

Befestigungsstifte

Dienen Stifte in einer Verbindung von Bauelementen vor allem zur Befestigung, so bezeichnet man die benutzten Stifte als Befestigungsstifte. Mit Befestigungsstiften lassen sich auf einfache Art bewegliche und feste Verbindungen herstellen.

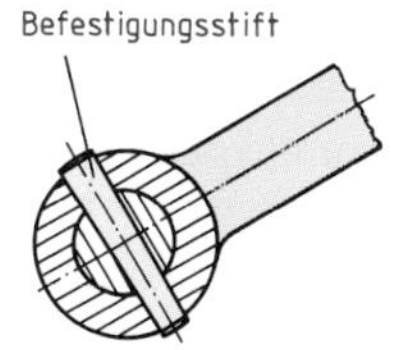

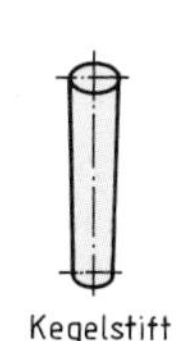

Befestigen von Bauteilen

Sicherungsstifte

Sollen Stifte das selbstständige Lösen gefügter Bauelemente verhindern, so dienen sie zur Sicherung. Sicherungsstifte können gleichzeitig die Aufgabe von Befestigungs- oder Passstiften übernehmen.

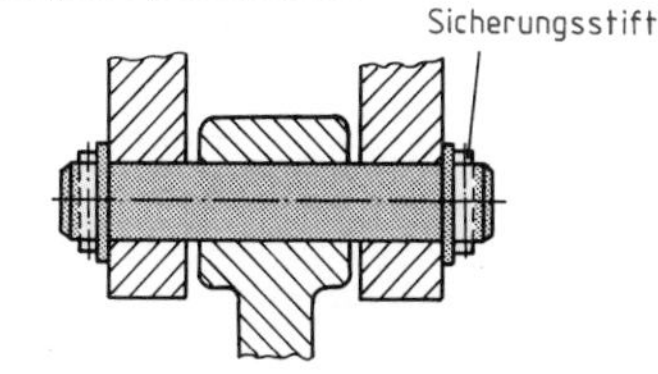

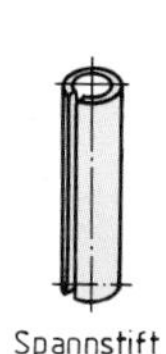

Sichern einer Bolzenverbindung

Abscherstifte

Soll an einer Maschine ein bestimmter Bereich vor Überlastung geschützt werden, so kann man zwischen der treibenden Spindel und dem angetriebenen Bauelement, z.B. Zahnrad auf einer Welle, einen Stift einbauen, der die Kräfte weiterleitet und bei Überbelastung abschert. Der Abscherstift wird nach der Beseitigung der Störung durch einen neuen ersetzt.

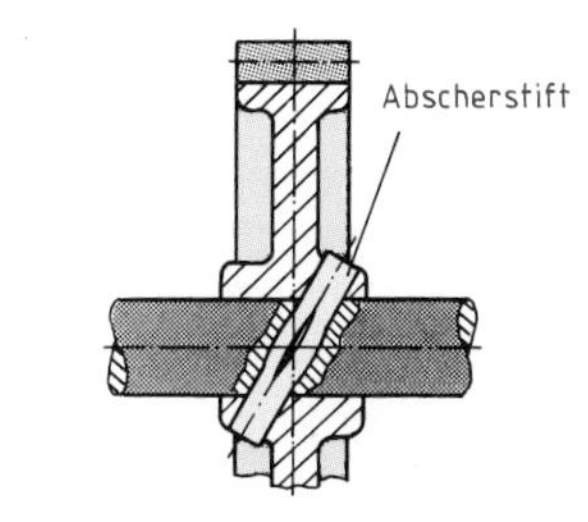

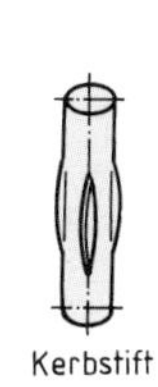

Überlastsicherung durch Abscherstift

- **Stiftformen**

Je nach *Form* der Stifte unterscheidet man:
Zylinderstifte, Kegelstifte, Kerbstifte und Spannstifte.

Zylinderstifte

Ungehärtete Zylinderstifte nach DIN EN ISO 2338 werden im Durchmesserbereich von 0,6 bis 50 mm mit den Toleranzen m6 und h8 angeboten. Die Norm erlaubt unterschiedliche Ausführungen der Stiftenden und weitere Toleranzen. So sind z. B. abgerundete Fasen und Einsenkungen möglich.
Die Oberflächengüte ist von der Toleranz abhängig, sie beträgt bei m6 R_a ″ 0,8 µm, bei h8 R_a ″ 1,6 µm.

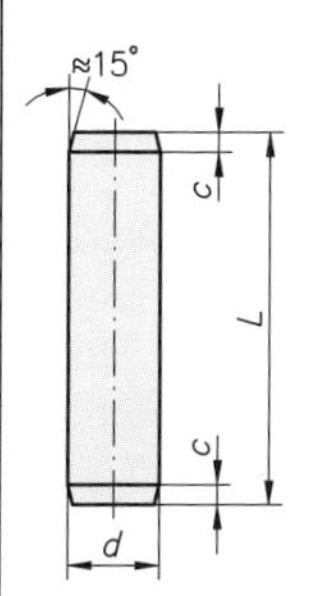

Beispiel für Abmessungen

d (mm)	3	8
c (mm)	0,5	1,6
l (mm)	8 – 30	12 – 80

Zylinderstifte (ungehärtet)

Kerbstifte

Kerbstifte tragen im Gegensatz zu den Zylinder- oder Kegelstiften auf ihrem Umfang in Längsrichtung drei Kerben mit wulstartigen Rändern. Beim Einschlagen des Kerbstiftes in die Bohrung sitzt er aufgrund der Verformung sehr fest.

Bohrungen für Kerbstifte brauchen nur mit dem Spiralbohrer hergestellt zu werden, ein Aufreiben entfällt.

Kerbstifte werden als Befestigungs- und Sicherungsstifte verwendet. Auch als Lager- oder Gelenkbolzen können sie eingesetzt werden.

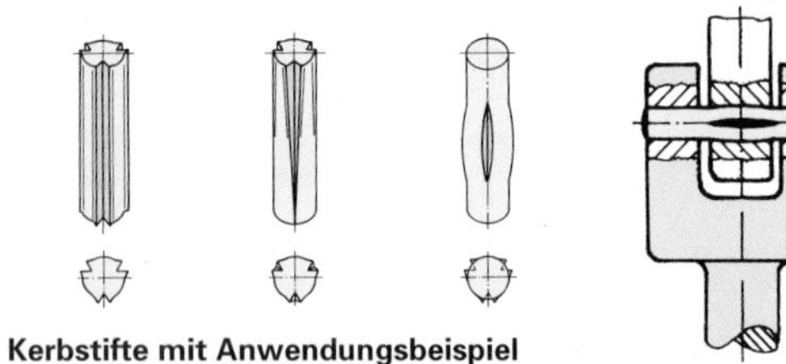

Kerbstifte mit Anwendungsbeispiel

> Verbindungen durch Kerbstifte sind leicht herzustellen. Kerbstifte sollen nur einmal verwendet werden.

Spannstifte

Spannstifte sind in Längsrichtung offene Hülsen aus Federstahl. Sie haben gegenüber dem Nenndurchmesser je nach Größe ein Übermaß von 0,2 mm bis 0,5 mm. Ein kegeliges Ende an den Spannstiften erleichtert ihr Eintreiben in Bohrungen. Die Bohrungen werden nicht aufgerieben, weil die Spannung der zusammengedrückten Stifte die erforderliche Anpressung gewährleistet.

Spannstifte dienen wie die Kerbstifte als Befestigungs- und Sicherungselemente. Müssen in Schraubenverbindungen Scherkräfte aufgenommen werden, so kann man Spannstifte als Schraubenhülsen einsetzen.

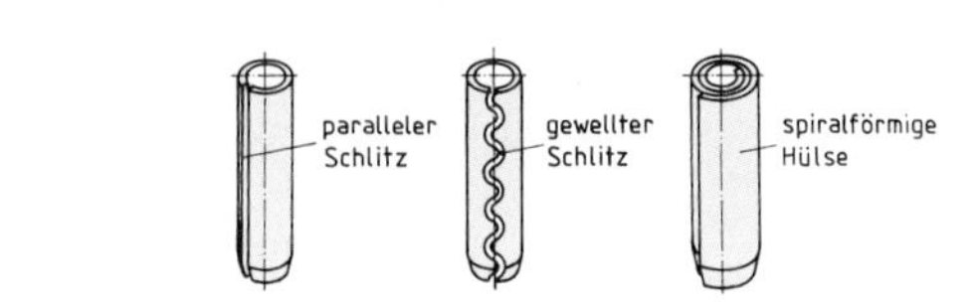

Ausführungsformen von Spannstiften

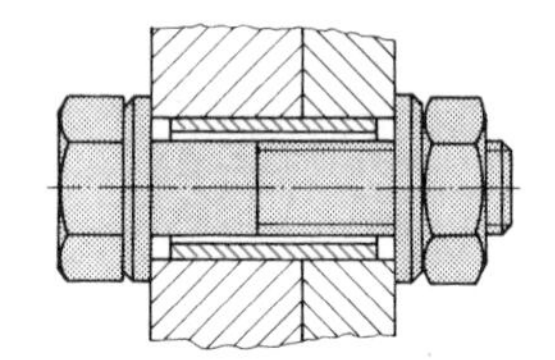

Spannstift als Schraubenhülse

> Verbindungen mit Spannstiften sind preiswert. Spannstifte lassen sich ohne Beschädigung wieder austreiben und erneut verwenden.

1.3.2 Fügen mit Bolzen

Bolzen sind zylindrische Bauteile mit und ohne Kopf. Bolzen haben meist das Toleranzfeld h11 und werden vor allem als Gelenkbolzen wie z.B. in Stangenverbindungen oder Laschenketten eingesetzt. Als Verbindungselement in beweglichen Verbindungen müssen Bolzen durch Sicherungselemente wie Sicherungsringe oder Splinte gegen Verschieben gesichert werden.

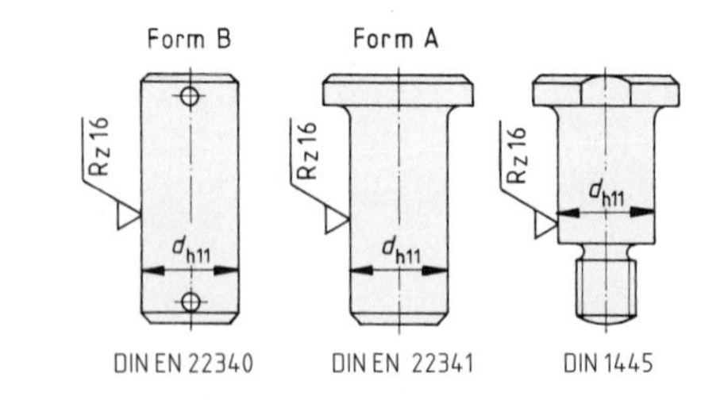

Genormte Bolzenformen

> Bolzen werden zum Fügen von Gelenkverbindungen verwendet. Sie werden dabei vorwiegend auf Scherung beansprucht.

1.4 Fügen mit Passfedern und Profilformen

Achsen, Zapfen und Wellen lassen sich mit den Naben von Rollen, Rädern und Hebeln auf unterschiedliche Art fügen. Durch **Einlegeteile** oder **Profilformen** wird dabei eine Mitnehmerverbindung zwischen Nabe und Welle geschaffen.

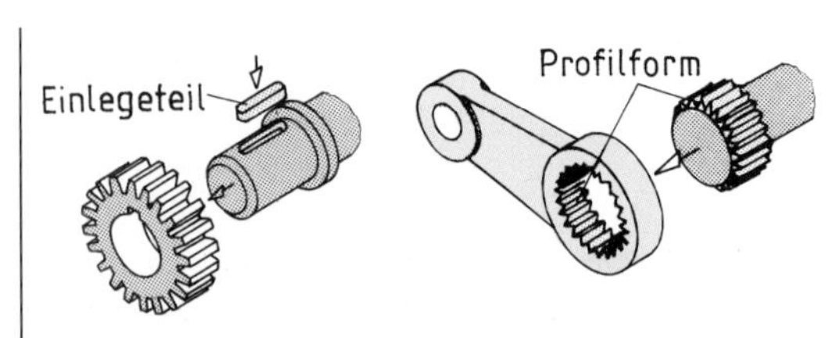

Fügen durch Einlegeteil oder Profilform

Übungsaufgaben C-34 bis C-38

1.4.1 Fügen mit Passfedern

Die Passfederverbindung ist eine häufig angewendete Verbindung zum Fügen von Nabe und Welle. Die Passfeder liegt in Naben- und Wellennut. Die Kraftübertragung erfolgt formschlüssig über die Seitenflächen der Passfeder. Somit werden Passfedern auf Abscheren beansprucht. In der Höhe besteht zwischen Passfeder und Nabe Spiel.

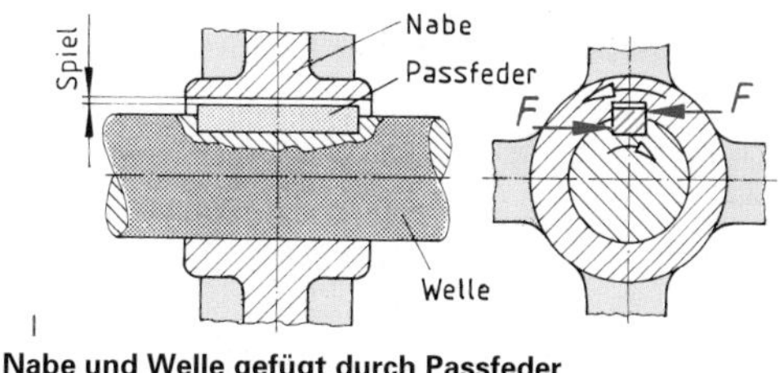

Nabe und Welle gefügt durch Passfeder

Passfedern übertragen Kräfte durch Formschluss über ihre Seitenflächen.

Je nach konstruktiven Anforderungen werden unterschiedliche Passfederformen verwendet. Meist benutzt man rundstirnige Passfedern. Sie werden in entsprechend gefräste Wellennuten eingelegt. Flachstirnige Passfedern müssen gegen axiales Verrutschen gesichert werden.

Für Naben von Verschieberädern benutzt man Passfedern mit entsprechenden Toleranzen als **Gleitfedern.** Die Feder ist in der Wellennut befestigt, das Verschieberad kann in axialer Richtung über die Feder gleiten.

Zapfenfedern haben einen einseitigen oder mittigen Zapfen. Sie sitzen mit diesem Zapfen fest in der Nabe. So hat z.B. das Antriebsrad für die Vorschubbewegung an der Drehmaschine eine Zapfenfeder. Die Feder gleitet in der Längsnut der Zugspindel und überträgt die Kräfte und Drehbewegungen.

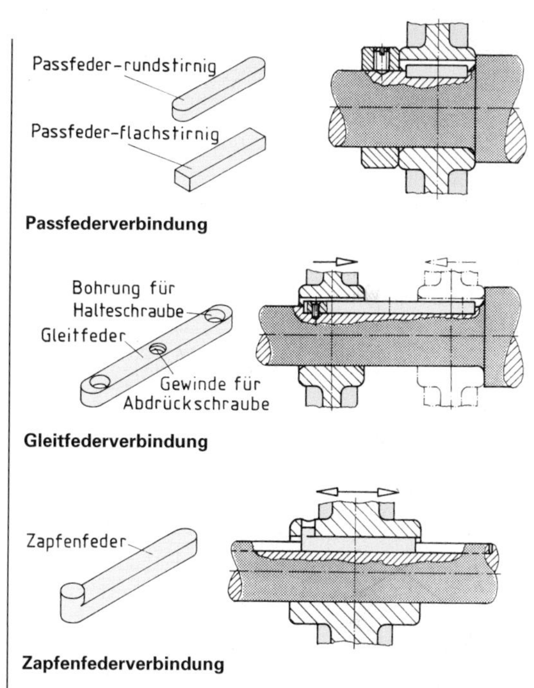

Passfederverbindung

Gleitfederverbindung

Zapfenfederverbindung

Verbindungen mit **Scheibenfedern** sind eine Sonderform der Federverbindungen. Sie sichern Kegelverbindungen, die durch Kraftschluss Drehmomente übertragen, zusätzlich formschlüssig. Wegen ihrer Bogenform ist die Wellennut einfach herstellbar und die Feder stellt sich der Neigung entsprechend selbst ein.

Scheibenfeder

Scheibenfederverbindung

1.4.2 Fügen mit Profilformen

Werden Welle und Nabe mit einem besonderen Profil versehen, dann ist ebenfalls eine Verbindung beider Teile durch Formschluss gewährleistet. Die wichtigsten Profilformen sind das Keilwellenprofil, die Kerbverzahnung und das Polygonwellenprofil.

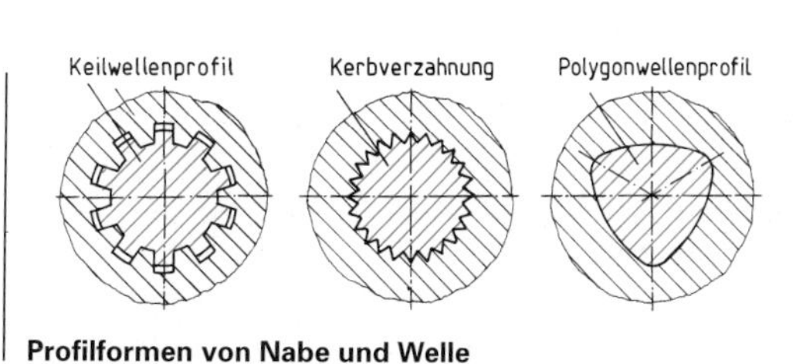

Profilformen von Nabe und Welle

Übungsaufgaben C-39 bis C-42

1.5 Fügen durch Löten

1.5.1 Anwendung des Lötens

Das Löten ist ein Fügeverfahren, bei dem metallische Bauteile unlösbar miteinander verbunden werden. Zwischen die zu fügenden Bauteile wird ein flüssiges Zusatzmetall, dass sogenannte **Lot**, eingebracht. Nach dem Erstarren des Lotes ist die Verbindung fest.

Der Schmelzpunkt des Lotes liegt immer unter den Schmelzpunkten der Fügeteile. Die Bauelemente können aus unterschiedlichen Metallen bestehen. So kann z.B. Stahl mit Hartmetall durch Löten verbunden werden.

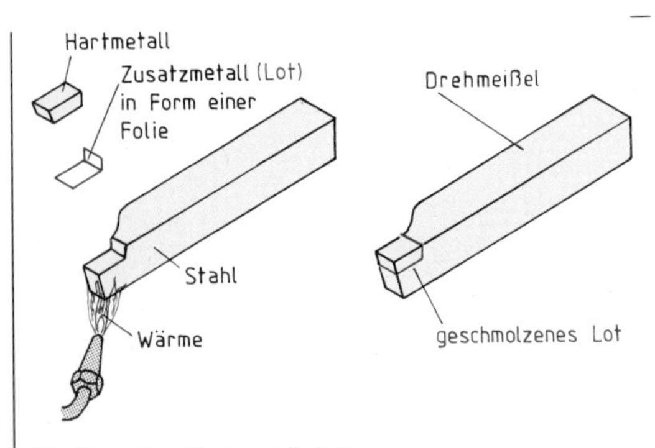

Einlöten einer Hartmetallplatte

Löten ist ein unlösbares Fügen metallischer Bauelemente durch ein geschmolzenes Zusatzmetall, das Lot. Die Schmelztemperatur des Lotes ist niedriger als die der gefügten Metalle.

Löten findet vorwiegend Anwendung:

- im Rohrleitungsbau, da sich dichte Verbindungen einfach herstellen lassen,
- in der Elektrotechnik, da Lötverbindungen elektrisch gut leiten,
- bei Blecharbeiten im Baugewerbe, da sich die dort verarbeiteten Werkstoffe Kupfer und Zink vor Ort sehr einfach löten lassen,
- im Leichtbau, da sich hochfeste Werkstoffe ohne Gefahr von Gefügeänderungen und Verzug bei verhältnismäßig niedrigen Temperaturen verbinden lassen.

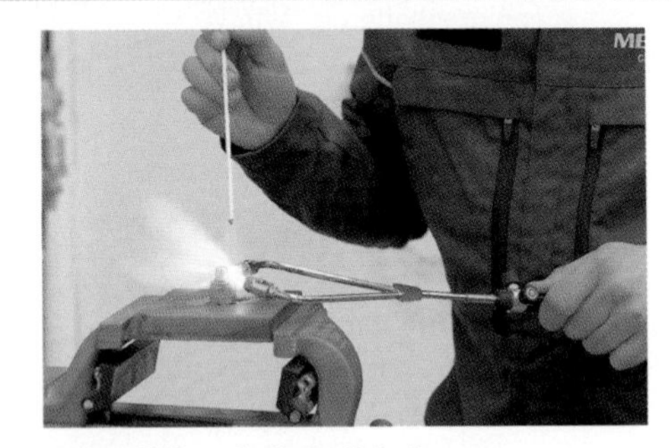

Löten einer Hülse mit einem Gabelbrenner (MINITHERM-Brenner

Nachteilig ist die meist geringe Festigkeit der Lote im Vergleich zur Festigkeit der zu verbindenden Werkstoffe. Darum sollten Lötverbindungen stets überlappt werden – was höheren Materialaufwand bedeutet. Bei Loten auf der Basis von Blei-Zinn besteht die Gefahr des Kriechens unter Belastung. Lote können in aggressiven Medien korrodieren.

Durch Löten können unterschiedliche Metalle gefügt werden. In den Lötverbindungen treten kaum Gefügeänderungen und nur ein geringer Verzug auf. Sie sind dicht gegenüber Gasen und Flüssigkeiten. Die Fügestelle ist elektrisch gut leitend.

1.5.2 Vorgänge beim Löten

- **Legierungsbildung**

Beim Lötvorgang werden die Werkstücke erwärmt und das Lot zum Schmelzen gebracht. Dabei wandern Atome des Lotes in die Randschichten der zu verbindenden Bauelemente. Umgekehrt wandern auch Atome aus den Grenzflächen der Bauelemente in das Lot. So entsteht an den Grenzen zwischen Lot und Bauelement eine **Legierung**. Durch die Legierungsbildung ergibt sich an der Lötstelle eine dichte, feste und unlösbare Verbindung. Eine gelötete Verbindung überträgt Kräfte durch **Stoffschluss**.

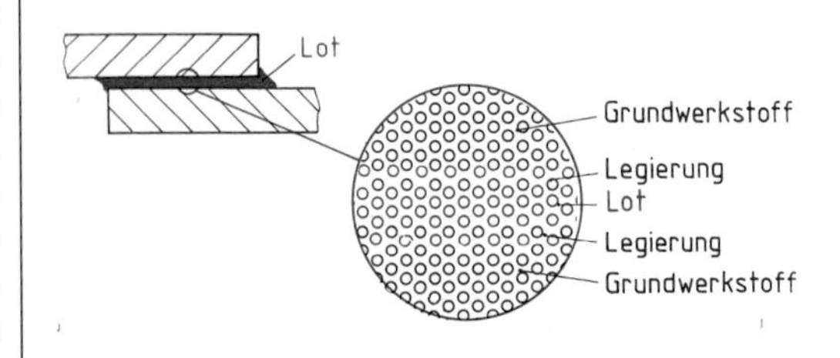

Legierungsbildung in der Lötstelle

Beim Löten legieren sich in den Randschichten die Werkstoffe von Lot und Bauelementen.

Übungsaufgaben C-43; C-44

- **Vorbereitung der Oberflächen zum Löten**

Die Legierungsbildung beim Löten ist nur möglich, wenn die Werkstückoberflächen an der Lötstelle sauber und metallisch blank sind. Metalloxide werden darum vor dem Löten von der Oberfläche abgetragen. Starke Oxidschichten – etwa Rost – entfernt man zunächst mechanisch. Restliche Oxide werden durch chemische Reaktionen mit sogenannten **Flussmitteln** in Verbindungen überführt, welche bei der Löttemperatur dünnflüssig und leichter als das Lot sind. Dadurch erhöht sich die Benetzbarkeit der Lötstelle mit dem Lot.
Während des Lötens schwimmen die Verbindungen von Oxiden und Flussmitteln auf dem Lot und verhindern eine neue Oxidbildung. Sie werden durch das Lot aus der Lötstelle gedrängt.
Der Temperaturbereich, in dem ein Flussmittel voll seine Wirkung entfaltet, wird Wirktemperaturbereich genannt. Der Schmelztemperaturbereich des Lotes muss innerhalb des Wirktemperaturbereichs des Flussmittels liegen.
Reste des Flussmittels müssen nach dem Löten entfernt werden, da sie korrodierend wirken.

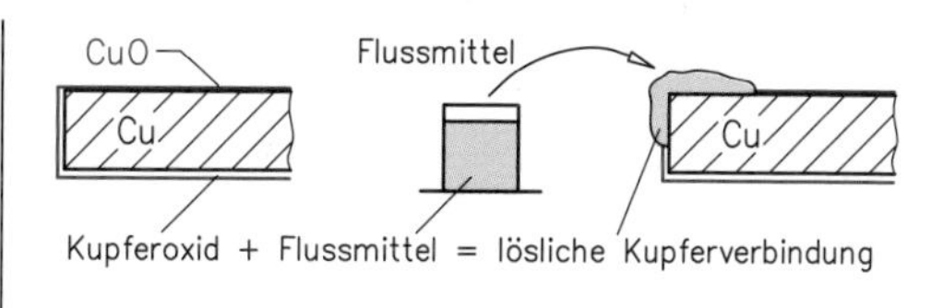

Flussmittel beseitigt Oxidschicht

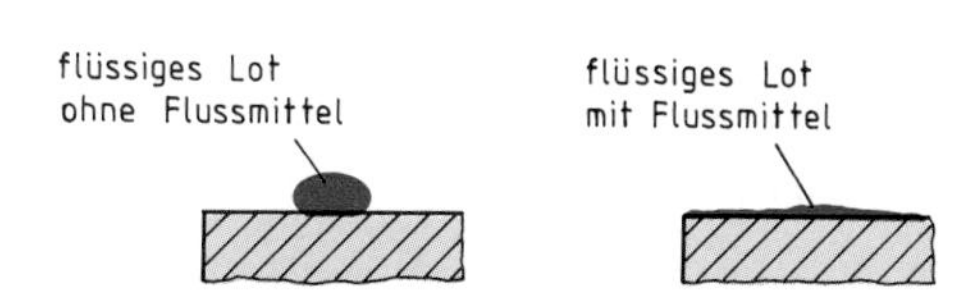

Flussmittel erhöht Benetzbarkeit

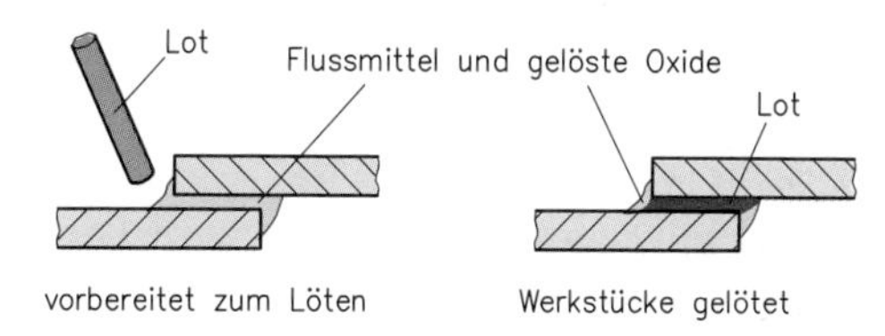

Lot verdrängt Flussmittel und Oxide

Werkstückflächen müssen zum Löten metallisch blank sein.
Flussmittel haben folgende Aufgaben:
- sie entfernen Metalloxide durch chemische Reaktionen,
- sie verhindern die Bildung neuer Metalloxide,
- sie erhöhen die Benetzbarkeit der Lötstelle mit Lot.

- **Einbringen des Lotes**

Zur Erzeugung einer sicheren Lötung müssen Lötstelle und Lot auf die zur Legierungsbildung notwendige Temperatur gebracht werden.

Das Lot kann auf unterschiedliche Art an die Lötstelle gebracht werden.

- Als flüssiger Lottropfen kann das Lot vom Lötkolben unmittelbar an die Lötstelle herangeführt werden, wenn die zu verbindenden Werkstücke sehr dünn sind, wie z.B. bei Lötfahnen und Drähten in der Elektroindustrie. Der flüssige Lottropfen heizt dabei die Lötstelle auf und verbindet die Bauteile.
- Als Draht oder Stange kann Lot von außen an die erwärmte Lötstelle herangeführt werden. Es schmilzt dort ab. Diese Technik wird meist im Rohrleitungs- und Behälterbau angewendet.
- Als angepasste Formteile kann Lot in die kalte Lötstelle eingelegt und mit dieser zusammen erwärmt werden. Dieses Verfahren wird häufig in der Serienfertigung eingesetzt.

Damit das Lot an die Lötstelle gelangen kann, muss der Spalt zwischen den Bauelementen möglichst eng sein. Je enger der Lötspalt ist, desto leichter und weiter saugt sich das Lot in den Spalt. Diese Sogwirkung nennt man **Kapillarwirkung.** Sie tritt in dünnen Rohren und engen Spalten auf.

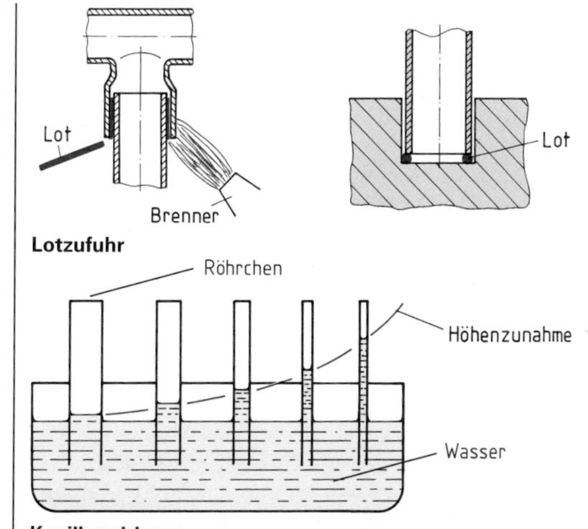

Kapillarwirkung

Übungsaufgaben C-45; C-46

Wegen der Kapillarwirkung hat sich für Lötverbindungen ein paralleler **Lötspalt** von 0,05 mm bis 0,2 mm als günstig erwiesen. Bei zu kleinem Spalt zwischen dem Bauelementen füllt das Lot wegen seiner Dickflüssigkeit den Lötspalt nicht voll aus. Ist er dagegen zu breit, tritt die Kapillarwirkung nur sehr schwach auf.
Außerdem vermindern sich bei zu breitem Lötspalt die Festigkeitseigenschaften der Lötstelle. Im zu breiten Lötspalt verbleibt nämlich in der Lötstelle zwischen den Bauelementen eine Schicht aus reinem Lot. Diese Schicht hat eine geringere Festigkeit als Legierung und Grundwerkstoff.

0,05 bis 0,2

Lot geflossen

Lot geflossen

Zu breiter Lötspalt

Richtiger Lötspalt

Kapillarwirkung im Lötspalt

Beim Löten soll das geschmolzene Lot durch die Kapillarwirkung in den Lötspalt gesaugt werden. Ein optimaler Lötspalt soll eine Breite von 0,05 – 0,2 mm haben.

- **Wahl der Löttemperatur**

Lote sind Legierungen, die Kristallgemenge bilden. Deshalb schmelzen und erstarren sie in einem Temperaturbereich. Lediglich eutektische Legierungen und reine Metalle, die als Lote verwendet werden, haben einen Schmelzpunkt. Siehe auch *„Werkstofftechnik"*, Kapitel *„Legierungen"*.

Die niedrigste Temperatur, bei der das Lot fließt und sich mit dem Grundwerkstoff verbindet, wird **Arbeitstemperatur** genannt. Sie liegt im Schmelzbereich des Lotes oder geringfügig darüber.
Bei der höchstzulässigen Löttemperatur darf noch keine Schädigung der beteiligten Werkstoffe erfolgen.
Nach dem Fließen des Lotes soll die Löttemperatur etwa 15 bis 60 Sekunden gehalten werden, damit der Legierungsvorgang stattfindet.

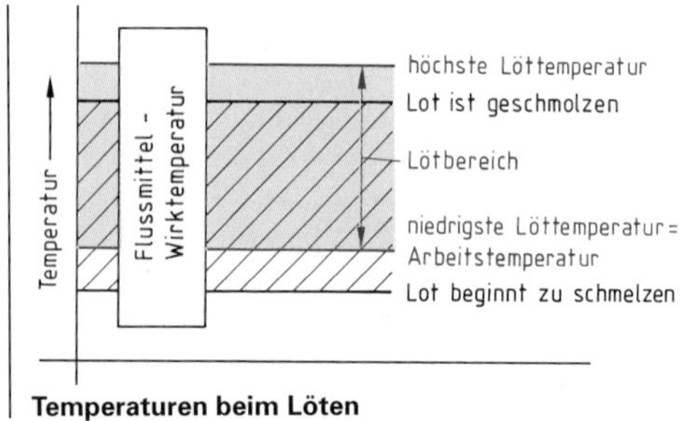

Temperaturen beim Löten

Die niedrigste Löttemperatur wird Arbeitstemperatur genannt. Der Lötvorgang muss im Temperaturbereich zwischen der Arbeitstemperatur und der höchsten Löttemperatur stattfinden.
Der Wirktemperaturbereich des Flussmittels muss größer sein als der Schmelztemperaturbereich des Lotes.

1.5.3 Lötverfahren

- **Einteilung der Lötverfahren**

Die Lötverfahren werden meist nach der Schmelztemperatur der Lote in Weich-, Hart- und Hochtemperaturlöten unterteilt. Für jedes Verfahren sind spezielle Lote und Flussmittel typisch.

Weichlöten	Hartlöten	Hochtemperaturlöten
– Schmelztemperatur der Lote **unter 450 °C** – Lote auf Blei-Zinn-Basis	– Schmelztemperatur der Lote **zwischen 450 °C und 900 °C** – Kupferbasislote oder silberhaltige Lote	– Schmelztemperatur der Lote **über 900 °C** – Nickelbasislote
– Flussmittel mit geeignetem Wirktemperaturbereich	– Flussmittel mit geeignetem Wirktemperaturbereich	– Flussmittelfrei im Vakuum oder unter Schutzgas

Die größte Bedeutung haben Weich- und Hartlöten. Das Hochtemperaturlöten findet hauptsächlich in der automatisierten Serienfertigung statt.

- **Wärmequellen**

Beim **Weichlöten** kann die Lötstelle wegen der niedrigen Temperaturen mit:

- Lötkolben,
- Lötbrenner,
- Lötlampe

erwärmt werden.

Die zum **Hartlöten** erforderlichen Temperaturen können mit folgenden Geräten erreicht werden:

- Schweißbrenner, betrieben mit Acetylen-Sauerstoff-Gemisch,
- Hartlötbrenner, betrieben mit Acetylen-Luft-Gemisch.

Übungsaufgaben C-47 bis C-50

1.5.4 Gestaltung von Lötverbindungen

Bei der Gestaltung von Lötverbindungen ist Folgendes zu berücksichtigen:

- Lote haben meist geringere Festigkeit als die zu verbindenden Werkstoffe.
- Das Lot sollte möglichst nicht auf Zug und keinesfalls auf Schälung beansprucht werden.

Lötverbindungen sollen als Überlappung gestaltet werden, weil dort eine Scherbeanspruchung vorliegt und die Lötfläche groß genug gestaltet werden kann. Sie soll das drei bis fünffache der Wanddicke des dünneren Fügeteils betragen. Lediglich beim Hartlöten und beim Hochtemperaturlöten können wenig belastete Bauteile durch Stumpfnähte verbunden werden.

Die Form der Überlappung richtet sich vornehmlich nach der Funktion der Bauteile. Es kann zwischen Einfachlasche, Doppellasche, Überplattung und Schäftung gewählt werden.

Besonders bei Weichlötungen ist es günstig, die Überlappung durch eine zusätzliche formschlüssige Verbindung zu sichern.

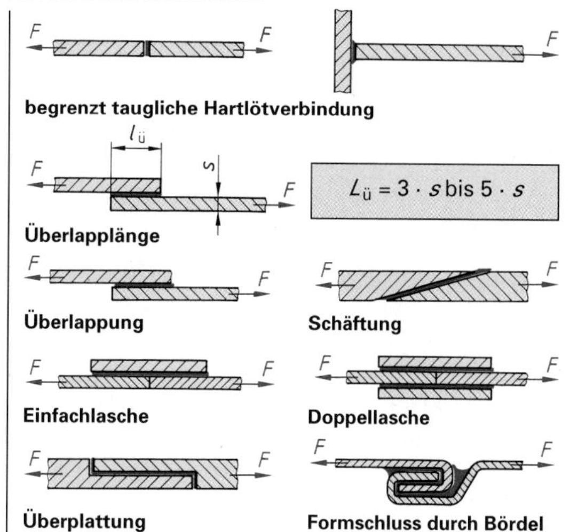

Bei allen maßlichen Festlegungen ist die Breite des Lötspaltes zu berücksichtigen. Sie soll bei Stahl 0,1 mm betragen. Bearbeitungsriefen quer zur Flussrichtung des Lotes sind zu vermeiden. Die gemittelte Rautiefe R_z in Flussrichtung soll kleiner als 0,02 mm sein.

Lötverbindungen sollen als Überlappungen gestaltet werden. Schälbeanspruchung ist zu vermeiden.

1.5.5 Lote und Flussmittel

- **Lote**

Lote unterteilt man wie die Lötverfahren nach der Schmelztemperatur.

Weichlote sind hauptsächlich Legierungen aus Zinn (Sn) und Blei (Pb) in verschiedenen Mischungsverhältnissen. Zur Steigerung der Härte und Festigkeit der Lötstelle ist diesen Loten vielfach Antimon (Sb), Kupfer (Cu) oder Silber (Ag) in geringen Mengen zugegeben.

Hartlote sind in der Regel Kupfer-Zink-Legierungen (Kupferbasislote) oder silberhaltige Legierungen mit Silberanteilen von 2 % bis 85 %.

Durch die Auswahl der geeigneten Lote lassen sich alle Schwermetalle und deren Legierungen löten. Zum Weich- und Hartlöten von Aluminiumwerkstoffen sind besondere Lote entwickelt worden.

Nach DIN EN 29453 werden Weichlote mit dem Buchstaben S gekennzeichnet. Hinter jedem Legierungsbestandteil wird der jeweilige Prozentanteil angegeben.

Beispiel für die Bezeichnung eines Weichlots

S-Pb74Sn25Sb1

Weichlot — S
74% Blei — Pb74
25% Zinn — Sn25
1% Antimon — Sb1

- **Flussmittel**

Die wesentlichen Eigenschaften eines Flussmittels zum Weichlöten werden nach DIN EN 29454 gekennzeichnet.

Beispiel für die Bezeichnung eines Flussmittels

Weichlötflussmittel 1. 1. 3. A

Harz (Typ) — 1.
Kolophonium (Basis) — 1.
ohne Halogene, z.B. Cl, aktiviert (Aktivator) — 3.
flüssig (Zustand) — A

Übungsaufgaben C-51; C-52

1.6 Fügen durch Schweißen

Durch Schweißen werden nicht lösbare Verbindungen hergestellt. Dabei werden die zu verbindenden Bauteile durch Wärme oder durch Druck und Wärme stoffschlüssig gefügt. Vielfach geschieht dies unter Zugabe eines Schweißzusatzwerkstoffes.

Schweißen ist häufig das wirtschaftlichste und technisch günstigste Fügeverfahren, weil

- der Fertigungsaufwand bei Einzelfertigung gering ist,
  z.B. keine Modellherstellung wie beim Gießen,
- der Materialeinsatz gering ist,
  z.B. keine Überlappung und keine Hilfsfügeteile wie beim Fügen durch Nieten oder Schrauben,
- die Fügestelle nahezu die gleiche Festigkeit und Temperaturbeständigkeit wie die zu fügenden Grundwerkstoffe erreicht,
  z.B. keine großen Fügeflächen und Temperaturbegrenzung wie beim Löten und Kleben,
- das Schweißen mechanisierbar ist und automatisiert werden kann und so einfach in den Fertigungsprozess eingegliedert werden kann.

Schweißroboter beim Lichtbogenschmelzschweißen

Nachteile des Schweißens sind die starke Erwärmung an der Schweißsstelle, die zu Gefügeänderungen und Wärmespannungen führt. Ferner ist zu beachten, dass nur gleiche oder ähnliche Werkstoffe durch Schweißen gefügt werden können.

> Durch Schweißen werden meist gleichartige Werkstoffe im flüssigen oder plastischen Zustand zu einem gemeinsamen Gefüge vereinigt. Schweißen ist ein unlösbares Fügen durch Stoffschluss.

1.6.1 Einteilung der Schweißverfahren

Die Schweißverfahren können unter verschiedenen Gesichtspunkten gegliedert werden.

Einteilung der Schweißverfahren

Nach der Art des Energieträgers	Nach der Art des Grundwerkstoffes	Nach dem Zweck des Schweißens	Nach dem Ablauf des Schweißens	Nach der Art der Fertigung
Beispiel: Gasschmelzschweißen, Lichtbogenschmelzschweißen	**Beispiel:** Metallschweißen, Kunststoffschweißen	**Beispiel:** Verbindungsschweißen, Auftragschweißen	**Beispiel:** Schmelzschweißen, Pressschweißen	**Beispiel:** Handschweißen, Automatisches Schweißen

Europaweit sind wichtige Schweißverfahren nach DIN EN ISO 4063 mit **Kennziffern** belegt worden, damit leichter internationale Vereinbarungen im Bereich Auftragsabwicklung eingehalten werden können.

Beispiele für Schweißverfahren

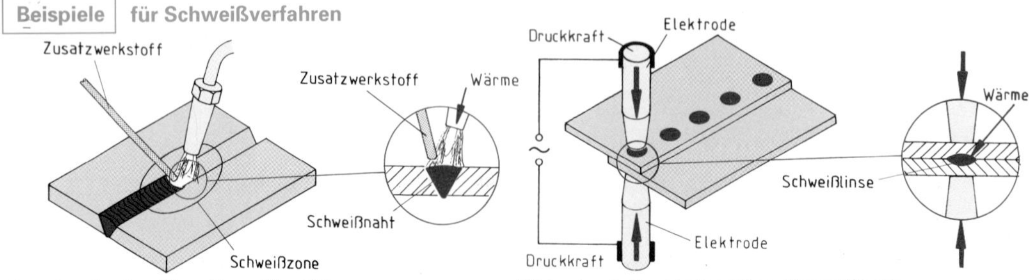

Gasschmelzschweißen, Kennziffer 311 **Widerstands-Punktschweißen, Kennziffer 21**

1.6.2 Lichtbogenschmelzschweißen

1.6.2.1 Metalllichtbogenschweißen

Das Metalllichtbogenschweißen wird im Maschinen-, Stahl- und Behälterbau hauptsächlich zum Verschweißen von unlegierten und niedriglegierten Stählen eingesetzt. Die üblichen Blechdicken betragen dabei 1 mm bis 20 mm. Die Nahtbildung erfolgt bei zunehmender Blechdicke in mehreren Lagen.

Beim **Lichtbogenschweißen** wird die zum Aufschmelzen des Grundwerkstoffs und zum Abschmelzen des Schweißzusatzwerkstoffs notwendige Wärmeenergie von einem Lichtbogen geliefert, der zwischen der Elektrode und dem Werkstück brennt. Dabei bilden die Spannungsquelle, die Elektrode, der Lichtbogen und das Werkstück einen geschlossenen Stromkreis.

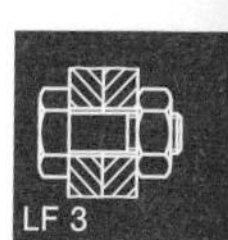

Im Lichtbogen werden die Moleküle der Luft zum Teil in Atome aufgespalten. Den Atomen werden Elektronen entrissen und es entstehen positiv geladene Ionen neben den freigesetzten Elektronen. Die positiv geladenen Ionen bewegen sich in Richtung der Elektrode, die meist am Minuspol der Spannungsquelle angeschlossen wird, und die negativen Elektronen bewegen sich in Richtung des Werkstüks. Die beim Aufprall der Ionen und der Elektronen frei werdende Energie führt zu einer starken Temperaturerhöhung in den Randschichten der Elektrode und des Werkstücks. Der Werkstückwerkstoff schmilzt auf und bildet mit dem Zusatzwerkstoff, der tropfenförmig abschmilzt, eine gemeinsame Schmelze.

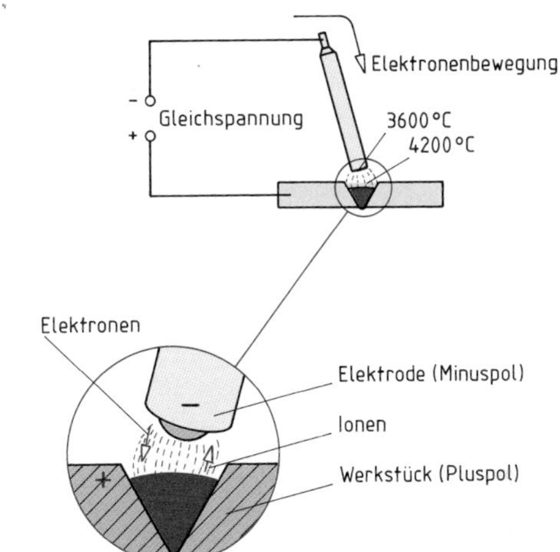

Lichtbogenhandschweißen (Funktionsprinzip)

> Beim Metalllichtbogenschweißen wird die zum Aufschmelzen des Werkstückwerkstoffs und zum Abschmelzen des Zusatzwerkstoffs notwendige Wärmeenergie von einem Lichtbogen geliefert, der zwischen dem Werkstück und der Elektrode brennt. Das Abschmelzen des Zusatzwerkstoffs vollzieht sich tropfenförmig.

1.6.2.2 Schutzgasschweißen

Beim Schutzgasschweißen wird die Schweißstelle durch Schutzgase vor schädlichem Luftzutritt abgeschirmt. Deshalb können mit diesem Verfahren auch Werkstoffe geschweißt werden, die z. B. durch das Metalllichtbogenschweißen nicht oder nur mit erheblichem Aufwand gefügt werden können. Zu diesen Werkstoffen gehören z. B. Aluminium und Aluminium-Legierungen, Kupfer und Kupfer-Legierungen sowie hochlegierte Stähle. Das Schutzgasschweißen wird vielfach auch zum Verschweißen von unlegierten und niedriglegierten Stählen wirtschaftlich eingesetzt, weil sich z. B. gegenüber dem Metalllichtbogenschweißen trotz der zusätzlichen Kosten für das Schutzgas folgende Vorteile ergeben:

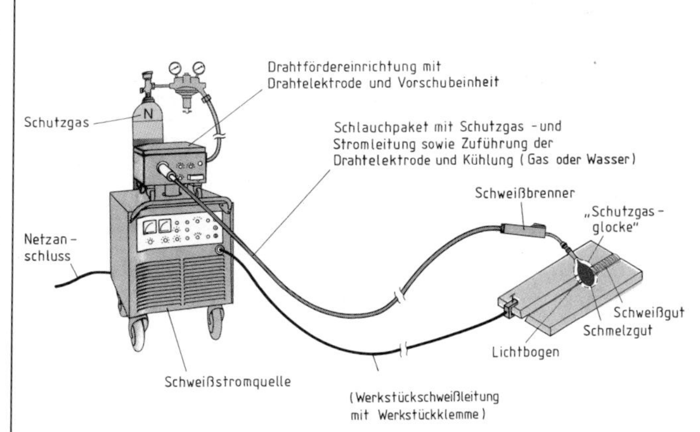

Metall-Schutzgasschweißanlage

- Erzielung glatter Schweißnähte,
- Schweißen von dünnen Blechen,
- Schweißen in schwierigen Positionen,
- schnelles Abschmelzen der Elektrode.

Als **Schutzgase** werden einerseits Edelgase, z. B. Argon und Helium, verwendet. Diese Gase sind als Schutzgase besonders geeignet, weil sie keine chemischen Verbindungen mit dem Schweißgut eingehen. Diese chemisch nicht reagierenden Gase werden als „**inerte**" Gase bezeichnet.
Zum anderen werden Kohlendioxid, Wasserstoff, Stickstoff und Gemische dieser Gase mit Edelgasen verwendet. Diese Gase können chemisch mit anderen Stoffen reagieren. Man bezeichnet sie deshalb als „**aktive**" Gase.

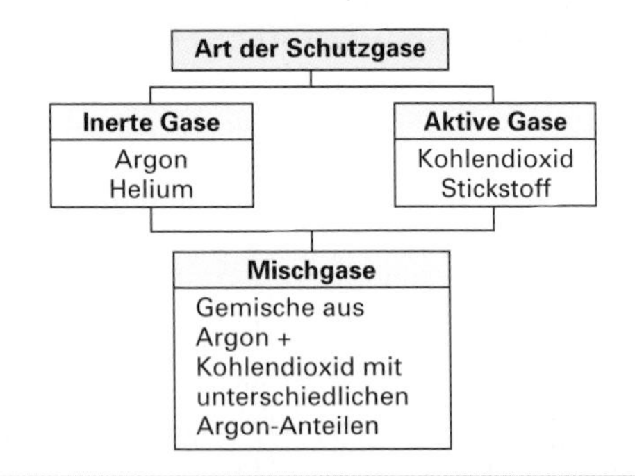

Schutzgase schirmen die Schweißstelle vor Luftzutritt ab.
Als Schutzgase verwendet man inerte Gase und aktive Gase.

Ein wichtiges Verfahren des Schutzgasschweißens ist das **Metall-Schutzgasschweißen**, bei dem der Schweißzusatzwerkstoff von einer Rolle kontinuierlich zugeführt wird. Das Metall-Schutzgasschweißen eignet sich deshalb besonders für die automatisierte Fertigung. Nach der Art des Schutzgases wird unterschieden zwischen MIG-Schweißen und MAG-Schweißen. Die Auswahl der Verfahren richtet sich nach dem zu verschweißenden Werkstoff.

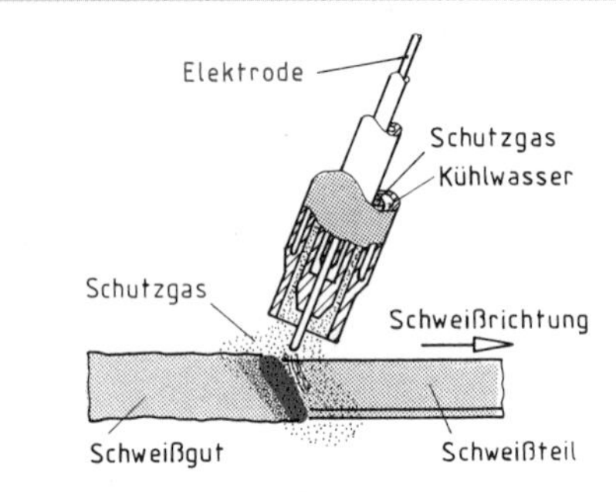

Metall-Schutzgasschweißen

MIG-Schweißen (Metall-Inertgas-Schweißen)	MAG-Schweißen (Metall-Aktivgas-Schweißen)
unlegierte, niedriglegierte und hochlegierte Stähle Aluminium und Aluminium-Legierungen Kupfer und Kupfer-Legierungen	unlegierte und niedriglegierte Stähle

Durch das Metall-Schutzgasschweißen lassen sich Werkstoffe wie: Kupfer, Aluminium und Stahl sowie deren Legierungen auch in schwierigen Positionen und bei dünnen Blechstärken gut schweißen. Dabei wird je nach dem verwendeten Schutzgas zwischen MIG und MAG-Schweißen unterschieden. Die Auswahl des Verfahrens richtet sich nach dem zu verschweißenden Werkstoff.

1.6.3 Ausführung von Schweißverbindungen

Schweißnahtarten bei Stumpfstößen

Benennung	**V-Naht** (eine Lage)	**V-Naht** (mehrere Lagen)	**Doppel-V-Naht** (X-Naht)	**U-Naht**	**I-Naht**	**Bördelnaht**
Naht-querschnitt						
Symbol	V	V	X	Y	ll	JL

Schweißnahtarten bei T-Stößen

Benennung	**Kehlnaht** (eine Lage)	**Kehlnaht** (mehrere Lagen)	**Doppelkehlnaht**
Naht-querschnitt			
Symbol	◺	◺	△

Übungsaufgaben C-55 bis C-57

1.6.4 Überblick über die Schweißverfahren zum Metallschweißen

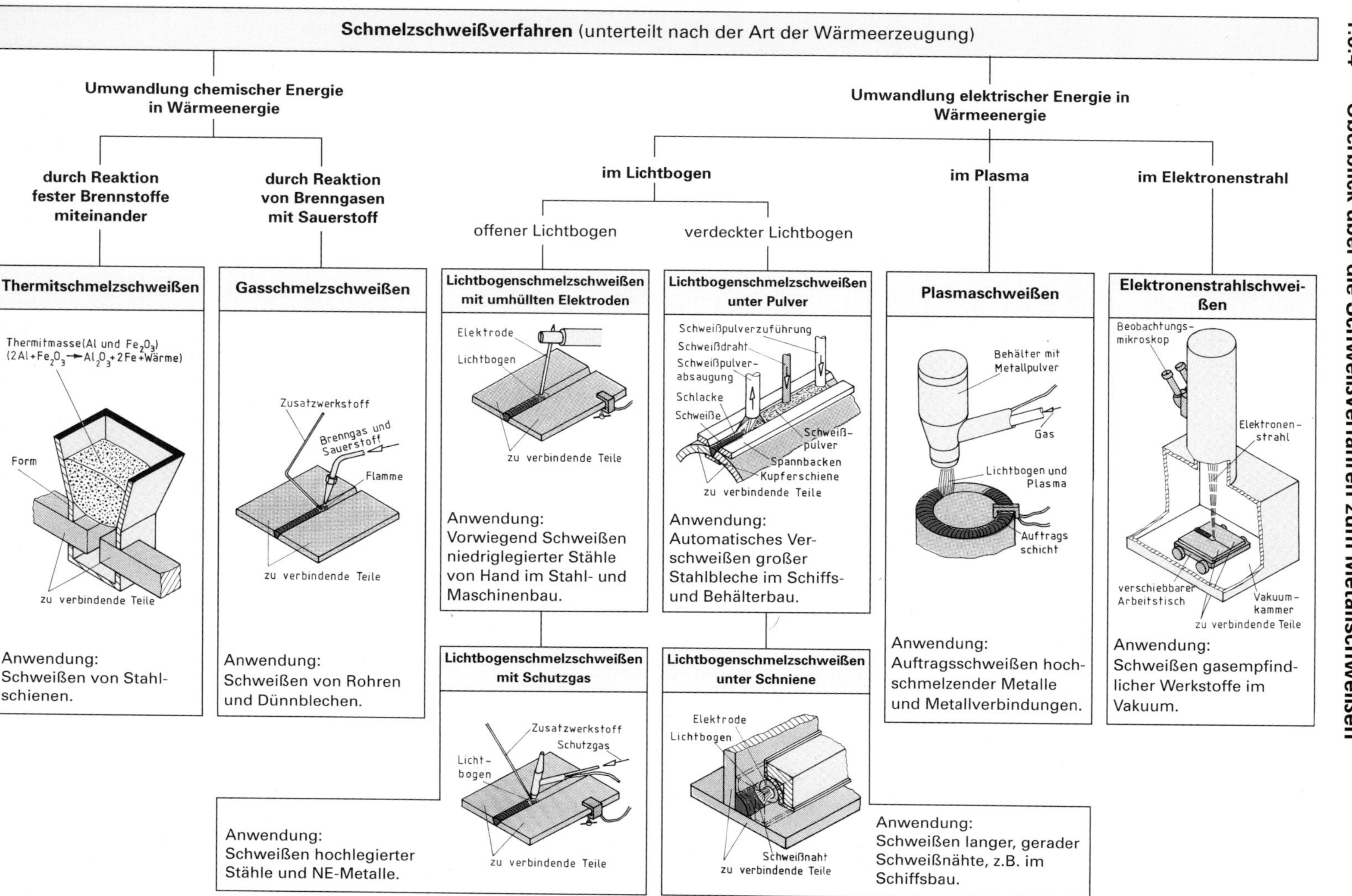

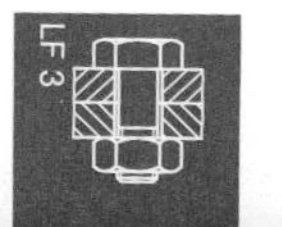

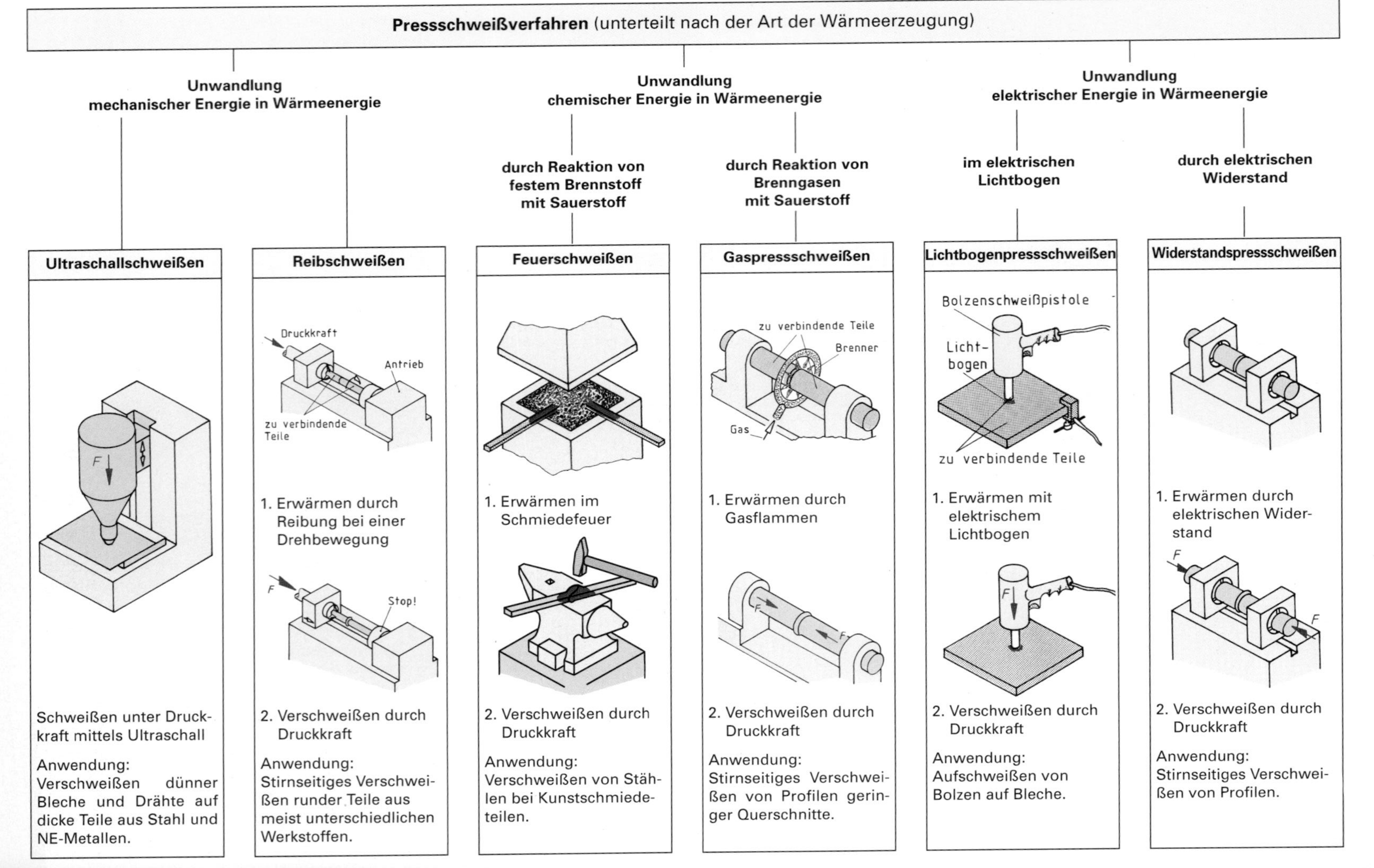

Pressschweißverfahren (unterteilt nach der Art der Wärmeerzeugung)
Unwandlung mechanischer Energie in Wärmeenergie
Unwandlung chemischer Energie in Wärmeenergie
Unwandlung elektrischer Energie in Wärmeenergie
durch Reaktion von festem Brennstoff mit Sauerstoff
durch Reaktion von Brenngasen mit Sauerstoff
im elektrischen Lichtbogen
durch elektrischen Widerstand
Ultraschallschweißen
F
Schweißen unter Druckkraft mittels Ultraschall
Anwendung: Verschweißen dünner Bleche und Drähte auf dicke Teile aus Stahl und NE-Metallen.
Reibschweißen
Druckkraft
Antrieb
zu verbindende Teile
1. Erwärmen durch Reibung bei einer Drehbewegung
F
Stop!
2. Verschweißen durch Druckkraft
Anwendung: Stirnseitiges Verschweißen runder Teile aus meist unterschiedlichen Werkstoffen.
Feuerschweißen
1. Erwärmen im Schmiedefeuer
2. Verschweißen durch Druckkraft
Anwendung: Verschweißen von Stählen bei Kunstschmiedeteilen.
Gaspressschweißen
zu verbindende Teile
Brenner
Gas
1. Erwärmen durch Gasflammen
F
F
2. Verschweißen durch Druckkraft
Anwendung: Stirnseitiges Verschweißen von Profilen geringer Querschnitte.
Lichtbogenpressschweißen
Bolzenschweißpistole
Licht-bogen
zu verbindende Teile
1. Erwärmen mit elektrischem Lichtbogen
F
2. Verschweißen durch Druckkraft
Anwendung: Aufschweißen von Bolzen auf Bleche.
Widerstandspressschweißen
1. Erwärmen durch elektrischen Widerstand
F
F
2. Verschweißen durch Druckkraft
Anwendung: Stirnseitiges Verschweißen von Profilen.

1.7 Fügen durch Kleben

Metallische bzw. nicht metallische Werkstoffe können mithilfe von Klebstoffen gefügt werden. Da die Verbindung durch den Zusatzwerkstoff – den Klebstoff – zustande kommt, ist Kleben ein stoffschlüssiges Fügen. Eine Klebeverbindung kann nur durch Zerstören der Kleberschicht oder der Bauteile gelöst werden, daher ist Kleben ein unlösbares Fügen.

1.7.1 Vor- und Nachteile von Klebeverbindungen

- **Vorteile von Klebeverbindungen**

Bis auf einige wenige Werkstoffe, wie z.B. Polyethylen (PE) und Silikon, lassen sich alle Werkstoffe in beliebiger Kombination miteinander verkleben. Beim Kleben werden die Bauteile bis maximal 180 °C erwärmt. Daher treten keine Gefügeänderungen, kein Verzug der Bauteile und keine Wärmespannungen auf.

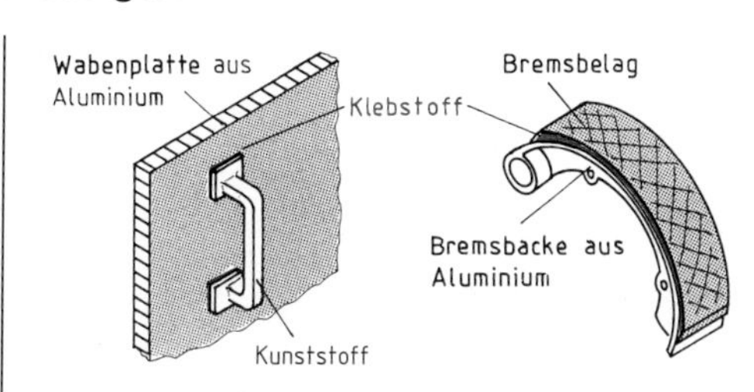

Kleben unterschiedlicher Werkstoffe

Bei Niet- und Schweißverbindungen treten an der Fügestelle unterschiedliche Spannungen auf. Geklebte Bauelemente dagegen haben an der Fügestelle eine gleichmäßige Spannungsverteilung. Durch Kleben gefügte Behälter sind dicht gegen den Austritt von Flüssigkeiten und Gasen.

Beispiele für Spannungsverlauf bei gefügten Bauteilen

genietet

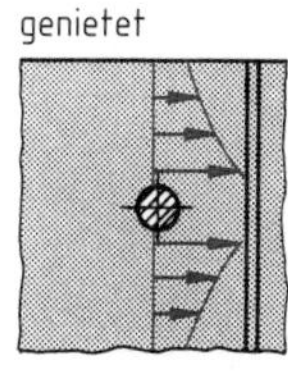

geschweißt

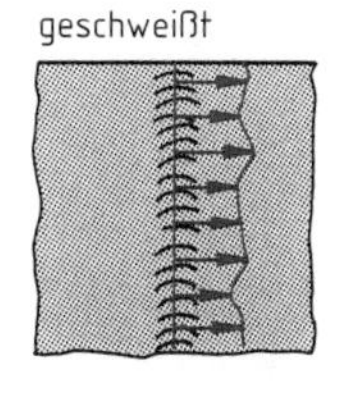

geklebt

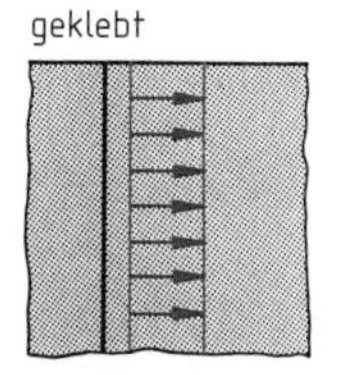

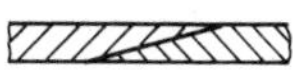

Klebstoffe leiten den elektrischen Strom nicht. Wegen ihrer Isolierfähigkeit werden sie in der Elektroindustrie als Fügestoffe eingesetzt. Weiterhin wird durch die isolierende Kleberschicht die Kontaktkorrosion verhindert, die sonst bei Verbindungen unterschiedlicher Metalle auftritt.

Durch Kleben können sowohl verhältnismäßig dünne als auch sehr unterschiedlich dicke Bauelemente gefügt werden. Konstruktionen mit Klebeverbindungen können daher gewichts- und werkstoffsparend gestaltet werden. So wird in der Luft- und Raumfahrtindustrie das Metallkleben besonders häufig eingesetzt.

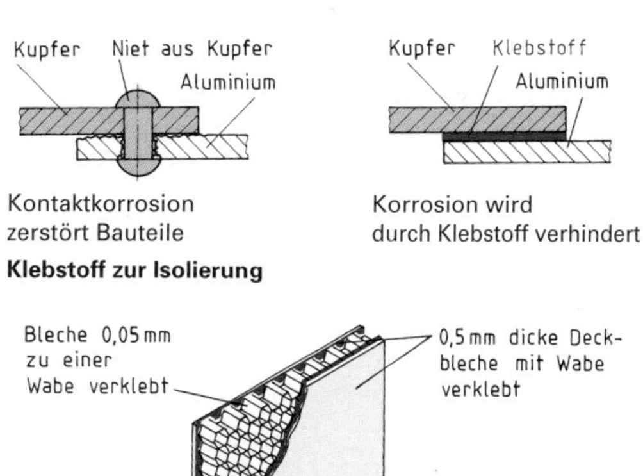

Kontaktkorrosion zerstört Bauteile

Korrosion wird durch Klebstoff verhindert

Klebstoff zur Isolierung

Geklebte Leichtbauplatte

Kleben ist ein stoffschlüssiges Fügen von gleichen oder verschiedenartigen Werkstoffen.
Durch Kleben treten keine Gefügeänderungen und kein Verzug der Bauteile auf.
Klebestoffe wirken isolierend und verhindern Kontaktkorrosion bei unterschiedlichen Metallen.
Kleben ermöglicht Leichtbauweise.

Übungsaufgaben C-58; C-59

- **Nachteile von Klebeverbindungen**

Klebstoffe weisen eine geringere Festigkeit auf als die Werkstoffe, die gefügt werden sollen. Daher sind Klebeverbindungen nicht so stark belastbar wie Löt- und Schweißverbindungen gleicher Abmessung.

Bei den meisten Klebstoffen beginnt im Bereich von 55 °C bis ca. 120 °C ein Absinken der Festigkeit. Die Temperatur, bei der die Festigkeit erheblich abnimmt, nennt man die Grenztemperatur des Klebers. Die Betriebstemperatur des Klebers muss stets unter der Grenztemperatur liegen.

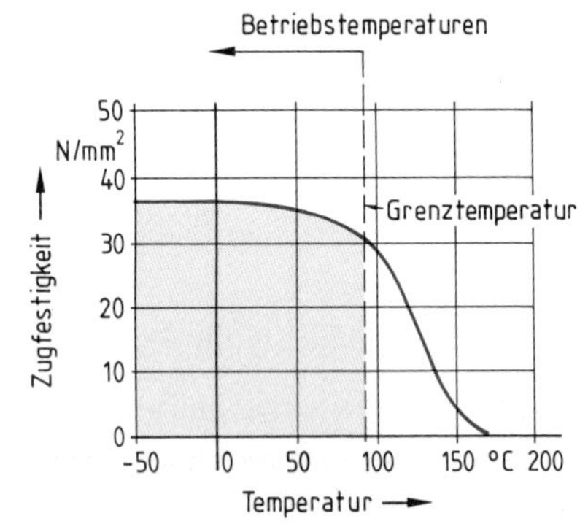

Wärmebeständigkeit eines Epoxidharzes

Klebstoffe haben meist eine geringere Festigkeit und Wärmebeständigkeit als die zu verbindenden Werkstoffe. Diese Nachteile müssen bei der Auswahl des Klebers und der Gestaltung der Klebeverbindung berücksichtigt werden.

1.7.2 Vorgänge beim Kleben

Die Festigkeit von Klebeverbindungen hängt im Wesentlichen von der Größe der Adhäsionskräfte zwischen dem Klebstoff und den Oberflächen der zu verklebenden Werkstücke ab. Diese Adhäsionskräfte sind um so größer, je enger der Kontakt zwischen Klebstoff und Werkstückoberfläche ist. Schon kleinste Mengen an Verunreinigungen senken die Festigkeit einer Klebeverbindung. Darum müssen Klebestellen sehr sorgfältig gereinigt werden.

Zudem hängt die Festigkeit der Klebeverbindung von den Kohäsionskräften zwischen den Klebstoffmolekülen ab. Da die Festigkeit der Klebstoffe nicht sehr hoch ist, sollten dünne Kleberschichten angestrebt werden.

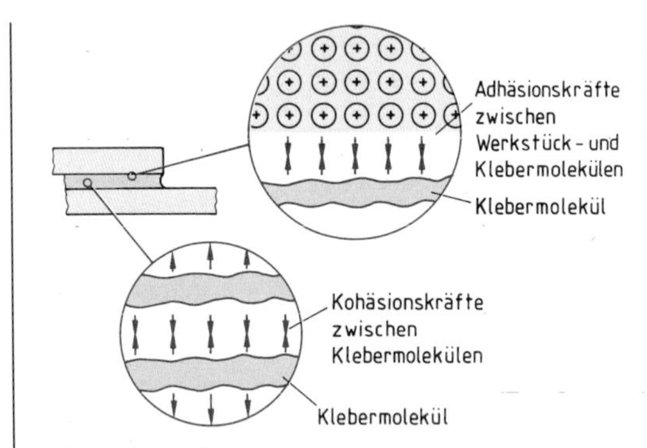

Kräfte in einer Klebeverbindung

Die Tragfähigkeit einer Klebeverbindung wird entscheidend durch die Sauberkeit der Klebeflächen bestimmt.

Klebstoffe erhärten nach unterschiedlichen Abbindemechanismen.

- **Physikalische Abbindemechanismen**

- Bei **Nassklebern** verdunstet das Lösungsmittel des Klebers, wenn es durch einen der zu verklebenden Werkstoffe diffundieren kann. Der Klebstoff haftet durch Adhäsion bzw. durch Verklammern mit der Oberfläche.
- Bei **Kontaktklebern** wird auf die Oberflächen der zu fügenden Bauteile getrennt eine Kleberschicht aufgetragen, die zunächst antrocknet. Nur die Oberfläche bleibt noch haftfähig. Nach Zusammendrücken der Bauteile entsteht zwischen den Kleberoberflächen eine feste Verbindung.
- Bei **Aktivierklebern** wird ein fester Kleber meist durch Wärme aktiviert, z.B. geschmolzen. Nach dem Verfestigen verbindet er die Werkstücke.

- **Chemische Abbindemechanismen**

Reaktionskleber härten durch chemische Reaktionen aus. Die meisten Metallkleber sind Reaktionskleber. Bei der Aushärtung können je nach Klebertyp entweder aus Vorprodukten Kunststoffmoleküle gebildet werden oder vorhandene Kunststoffmoleküle vernetzt werden.

Übungsaufgaben C-60; C-61

Reaktionskleber unterscheidet man nach der Zahl der Komponenten aus denen der Kleber gebildet wird.

- Bei **Einkomponentenklebern** erfolgt die Reaktion im Kleber durch Reaktion mit dem Luftsauerstoff, mit Luftfeuchtigkeit oder durch Wärme. Einige Einkomponentenkleber härten nur unter Druck von 10 bis 80 N/cm^2 aus.
- Bei **Zweikomponentenklebern** wird die Reaktion durch Vermischen der beiden Komponenten Binder und Härter unmittelbar eingeleitet.

Nach der Aushärtetemperatur unterscheidet man Kalt- und Warmkleber.

- **Kaltkleber** härten bei Raumtemperatur. Sie sind meist Zweikomponentenkleber.
- **Warmkleber** härten bei Temperaturen zwischen 120 und 180 °C aus. Die Temperatur muss über einen Zeitraum von 15 bis 120 min gehalten werden. Nach dieser Zeit ist die Verbindung fest, aber der Kleber härtet auch in der Folgezeit noch nach. Die Festigkeit von Warmklebern ist höher als die von Kaltklebern.

1.7.3 Gestaltung von Klebeverbindungen

Bei der Gestaltung sind folgende Gesichtspunkte zu berücksichtigen:

- Da die vom Kleber aufzubringenden Adhäsionskräfte meist geringer sind als die Festigkeit der zu verklebenden Werkstoffe, ist eine *große Fügefläche* anzustreben, die häufig nur durch eine Überlappung zu erreichen ist. Die Überlappungslänge sollte etwa das 20-Fache bis 30-Fache der dünnsten Werkstückdicke der zu verklebenden Bauteile sein.

  Überlappungslänge $l_ü = 20 \text{ bis } 30 \cdot s_{min}$

  Einfachlaschen, Doppellaschen und besonders die Schäftung sind als Überlappungen geeignet. Bei Bauteilen aus Hohlprofilen wird die Überlappung meist durch Einlagen hergestellt.
- Die geringe Festigkeit des Klebers erfordert dünne Klebeflächen von etwa 0,1 bis 0,15 mm.
- Biegebeanspruchung, die bei einfachen Überlappungen dünnwandiger Werkstücke auftritt, und besonders Schälbeanspruchung müssen vermieden werden.
- Da Kleber bei dauernder statischer Belastung zum Kriechen neigen, sollte eine formschlüssige Sicherung in Verbindung mit der Verklebung vorgesehen werden.

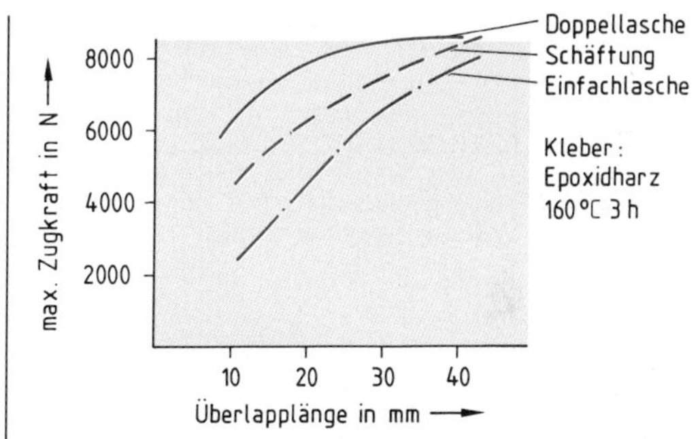

Max. Zugkraft bei verklebten Al-Blechen 12 × 2 mm

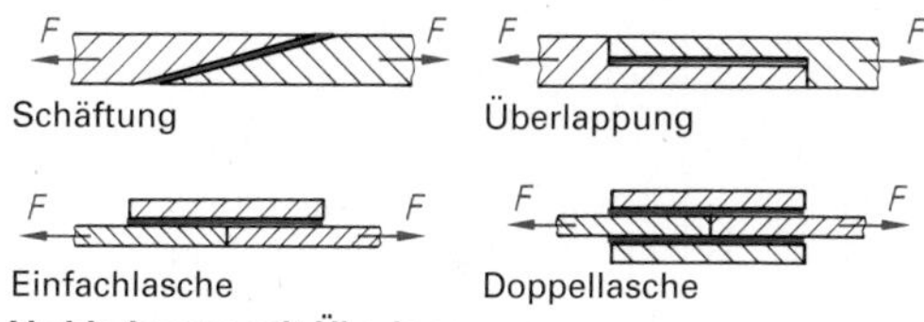

Verbindungen mit Überlappungen

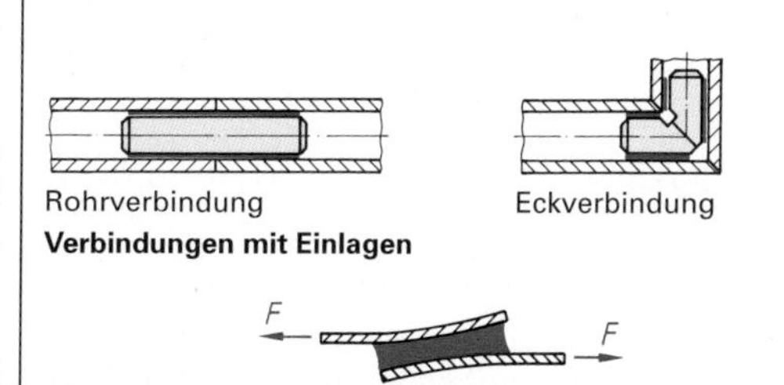

Verbindungen mit Einlagen

Biegung bei einfacher Überlappung

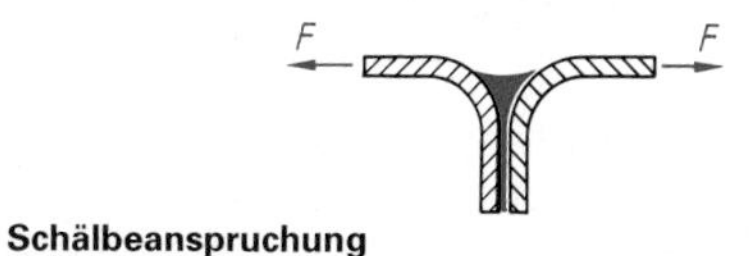

Schälbeanspruchung

Gestaltungsregeln für Klebenähte:

- Zug- und Schälbeanspruchung vermeiden,
- dünne Klebeschichten anstreben,
- großflächig verkleben, $l_ü = 20 \text{ bis } 30 \cdot s_{min}$.

Übungsaufgaben C-62; C-63

1.7.4 Schutzmaßnahmen beim Kleben

Lösungsmittel zum Entfetten, Beizbäder und Klebstoffe im ungehärteten Zustand können gesundheitsschädliche Dämpfe verursachen. Auch ein Kontakt mit der Haut ist zu vermeiden, da manche Klebstoffe Hautverletzungen hervorrufen. Nachdrücklich sei auf die Feuergefährlichkeit von Lösungsmitteln und Lösungsmittelklebstoffen hingewiesen. Beim Kleben darf nicht mit offenen Flammen umgegangen werden, auch Rauchen ist verboten.

Beim Umgang mit Klebern und Lösungsmitteln sind zu beachten:
- Dämpfe nicht einatmen,
- Hautkontakt vermeiden,
- offenes Feuer fernhalten,
- Herstellerhinweise einhalten.

1.7.5 Übersicht über Klebstoffe

- **Kleben mit physikalisch abbindenden Klebstoffen**

Kleberart	Zusammensetzung	zu verklebende Werkstoffe	Abbindemechanismus	Beispiele
Nasskleber	Kunststoff in feinster Verteilung in Wasser z.B. Vinylacetat-Kunststoffe	• poröse Werkstoffe untereinander, z.B. Holz-Hartschaum • poröse Werkstoffe mit dichtem nicht metallischem Werkstoff, z.B. Holz mit Phenolharz-Hartpapier	das Dispersionsmittel Wasser verdunstet, der Kunststoff haftet an den Bauteilen (Dispersionskleber)	Ponal® Bindulin® EM-Holz®
	Kunststoffe in organischem Lösungsmittel gelöst, z.B. PVC in Methylenchlorid, Zelluloseacetat in Aceton	• anlösbare Kunststoffe untereinander z.B. PVC mit PVC • anlösbare Kunststoffe mit porösen, nicht lösbaren Werkstoffen, z.B. PVC mit PU-Schaum	zu verklebende Flächen werden angelöst, der Kunststoff im Kleber überbrückt kleine Fugen, das Lösungsmittel verdampft (Lösungsmittelkleber)	Tangit® für PVC Gummilösung
Kontaktkleber	gummiartige Kunststoffe in organischen Lösungsmitteln gelöst	• poröse, nicht anlösbare plattenförmige Werkstoffe miteinander • poröse, nicht anlösbare plattenförmige Werkstoffe mit dichtem Werkstoff	zu verklebende Flächen werden beidseitig eingestrichen und nach einer Ablüftzeit werden die scheinbar trockenen Klebeflächen unter Druck vereinigt	Pattex®
Aktivierkleber	thermoplastischer Kunststoff, z.B. Polyamid	alle verklebbaren Werkstoffe einschließlich Metalle (nach guter Vorwärmung)	Erstarren des Klebers beim Abkühlen (Schmelzkleber)	

- **Kleben mit chemisch abbindenden Klebstoffen (Reaktionskleber)**

Kleberart	Zusammensetzung	zu verklebende Werkstoffe	Abbindemechanismus	Beispiele
Polymerisationskleber	Polyesterharze + Härter (Peroxide)	Metalle, Duroplaste, Keramik, Holz, Glas, keine weichelastischen Werkstoffe, wie z.B. PVC, Gummi	Vernetzen des Polyesters	Stabilit®
Polyadditionskleber	Epoxidharze + Härter		Kettenbildung und Vernetzung des Klebers	Araldit® Redux® UHU-plus®
	Polyurethanharze + Härter			Desmocol®

®eingetragenes Markenzeichen

Übungsaufgaben C-64 bis C-67

2 Funktionseinheiten technischer Teilsysteme

2.1 Funktionselemente

Maschinen und Anlagen bestehen aus festen und beweglichen Elementen. Durch das Zusammenwirken der Elemente führen Maschinen vorbestimmte, regelmäßig wiederkehrende Bewegungen aus.
Es gibt Maschinen für die verschiedensten Aufgaben. In ihnen werden unabhängig von der Gesamtaufgabe gleiche Bauelemente für gleiche Einzelaufgaben verwendet. Darum sind diese Bauelemente zumeist in Abmessungen und im Werkstoff genormt. Die Normung führt zur Vereinfachung in Konstruktion und Montage und ermöglicht das Austauschen.

Beispiele für Funktionselemente und Bauelemente in einer elektrischen Bohrmaschine

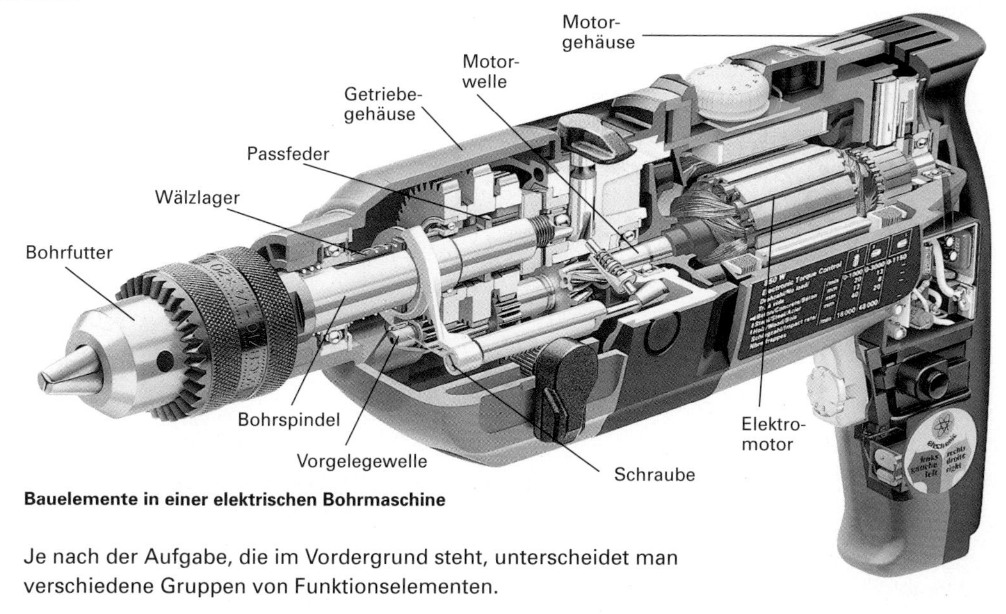

Bauelemente in einer elektrischen Bohrmaschine

Je nach der Aufgabe, die im Vordergrund steht, unterscheidet man verschiedene Gruppen von Funktionselementen.

Funktionselemente	Bauelemente	Funktion
Verbindungselemente	**Schraube** **Passfeder**	verbindet Elemente des Verschiebemechanismus verbindet Zahnrad mit Bohrspindel
Stützelemente	**Gehäuse** **Wälzlager**	trägt Lager und nimmt feststehende Bauteile auf trägt Bohrspindel, Motorwelle und Vorgelegewelle
Leitungselemente für mechanische Energie	**Vorgelegewelle** **Bohrspindel**	überträgt Energie auf Zahnräder überträgt Energie vom Zahnradgetriebe
Elemente zum Formen von Bewegungen	**Zahnräder**	übertragen Drehmoment vom Motor auf die Bohrspindel und ändern Umdrehungsfrequenzen

2.2 Funktionseinheiten zum Stützen und Tragen

Alle Einheiten zum Abstützen beweglicher Baueinheiten gehören zu den Gruppen Lager und Führungen. Lager tragen Bauteile, die Drehbewegungen ausführen, z.B. Wellen und Achsen. Geradführungen tragen Baueinheiten, die geradlinige Bewegungen ausführen, z.B. Schlitten und Maschinentische.

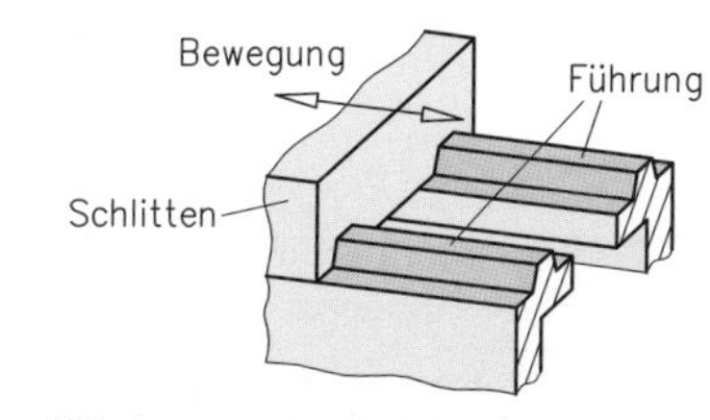

Geradführung

Übungsaufgabe C-68

2.2.1 Lager

Nach der Richtung der *Lagerbelastung* unterteilt man die Lager in zwei Gruppen:

- **Radiallager:** Die zu tragende Kraft wirkt in Richtung des Radius.
- **Axial- oder Längslager:** Die zu tragende Kraft wirkt in Richtung der Längsachse.

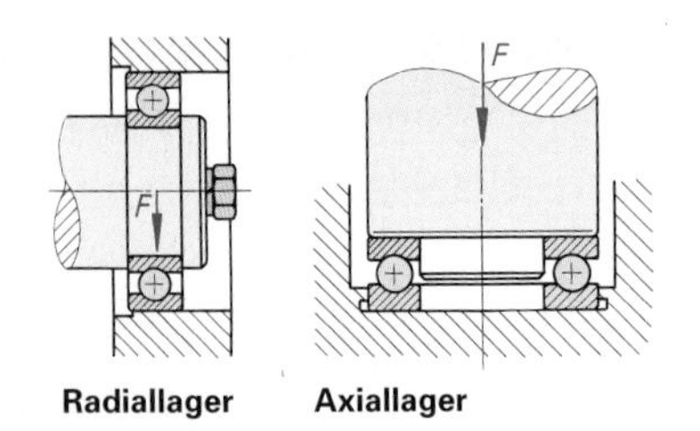

Radiallager **Axiallager**

Nach der Richtung der Belastung unterscheidet man:
- Radiallager: Belastung in Richtung des Radius,
- Axiallager: Belastung in Längsrichtung der Achse.

Weiterhin unterscheidet man die Lager nach der Art der *Reibung* im Lager:

- **Gleitlager:** Der Wellenzapfen gleitet über die Lagerfläche, es entsteht *Gleitreibung.*
- **Wälzlager:** Im Lager sind zur Verringerung der Reibung Kugeln, Nadeln o.Ä. eingebaut, es entsteht *Rollreibung.*

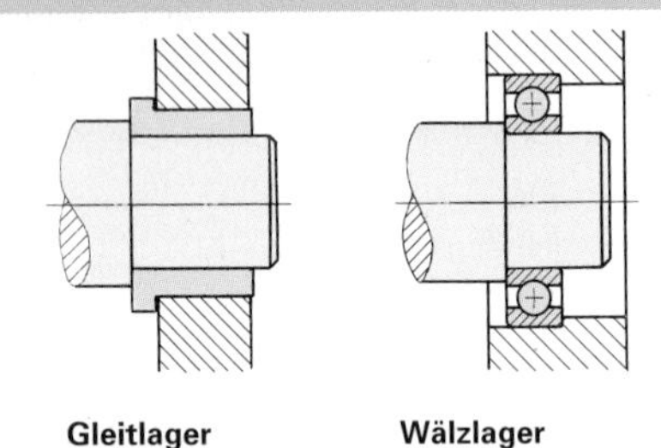
Gleitlager **Wälzlager**

Nach der Art der Reibung unterscheidet man:
- Gleitlager bei Gleitreibung
- Wälzlager bei Rollreibung

2.2.1.1 Gleitlager

Ein Gleitlager besteht meist aus
- Lagergehäuse,
- Lagerbuchse oder Lagerschalen,
- Schmiereinrichtung.

Lagergehäuse werden als genormte Bauelemente in Maschinen eingebaut. Sie sind meist gegossen oder geschmiedet. Um die Montage zu ermöglichen, bzw. zu erleichtern, sind die Lagergehäuse meist geteilt.

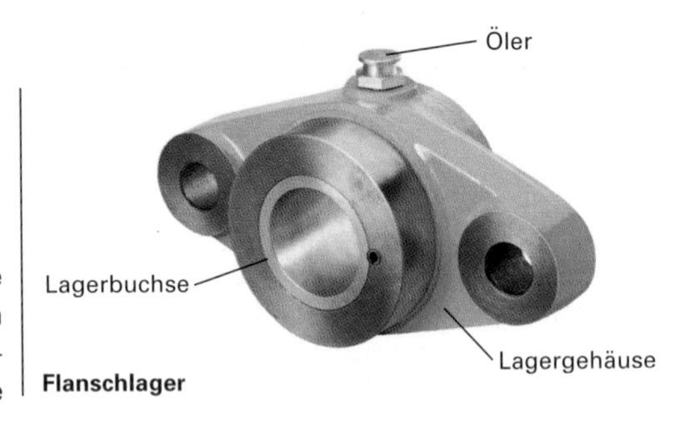

Flanschlager

In vielen Fällen, besonders bei Großmaschinen und Getrieben, sind die Lagergehäuse keine gesonderten Bauelemente, sondern fester Bestandteil der Maschinengehäuse.

Lagergehäuse sind genormte Bauelemente oder feste Bestandteile der Maschine.

- **Lagerwerkstoffe**

Lagerwerkstoffe können in verschiedener Weise in das Lagergehäuse eingebracht werden:

- als geteilte Buchse,
- als geteilte Schale,
- als gegossene Auflage auf Stützschalen,
- als geschlossene Buchse.

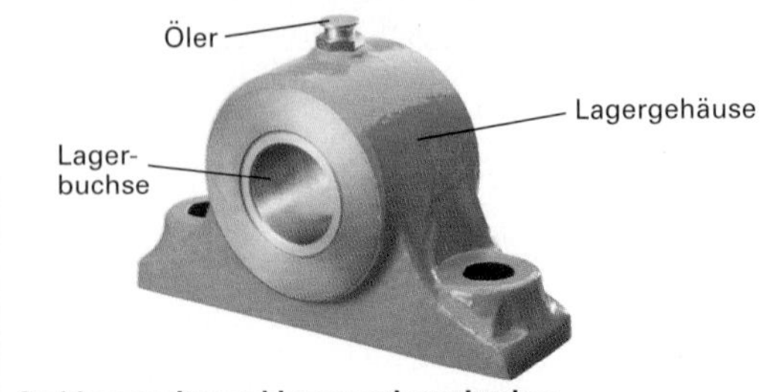

Stehlager mit geschlossener Lagerbuchse

Je nach Werkstoff des Lagers und Qualität der Ausführung wird das Lager eingepasst oder der Lagerwerkstoff eingegossen. Eingegossene Lager werden spanend nachgearbeitet. Die Gleitfläche des Lagers muss eine hohe Oberflächengüte aufweisen. Die Rautiefe darf jedoch $R_z \approx 1$ µm nicht unterschreiten, da Flächen mit geringerer Rautiefe zum Ausreißen neigen.

Übungsaufgabe C-69

Eigenschaften wichtiger Lagerwerkstoffe

notwendige Eigenschaft	Gusseisen	Sintermetalle	Bronzen und Pb-Sn-Legierungen		Kunststoff PA; PTFE
Gleiteigenschaft	befriedigend	befriedigend	gut		sehr gut
Notlaufeigenschaft	befriedigend	sehr gut	gut		sehr gut
Verschleißfestigkeit	sehr gut	befriedigend	gut		befriedigend
Tragfähigkeit	sehr gut	befriedigend	Bronze gut	Pb-Sn ausreichend	mäßig
Wärmeleitfähigkeit	befriedigend	befriedigend	befriedigend		mangelhaft
geringe Wärmedehnung	sehr gut	sehr gut	gut		mangelhaft
Anwendungsbeispiel	GJL-200, für wenig belastete und billige Lager	Sint-B10 und Sint-B51, für Kleinmaschinen	G-CuPb10Sn, für hochwertige Lager an Motoren		Polyamid, für kleine und schwingungsfreie Lager

- **Lagerreibung**

Man unterscheidet bei Gleitlagern folgende Fälle der Reibung:

Trockenreibung

Es ist kein Schmiermittel vorhanden. Die Gleitflächen von Welle und Lager gleiten unmittelbar aufeinander. Trockenreibung führt zur starken Erwärmung und zur schnellen Zerstörung des Lagers.

Mischreibung

Zwischen den Gleitflächen von Lager und Welle ist kein zusammenhängender Schmierfilm vorhanden. Teilweise tritt Trockenreibung auf.

Flüssigkeitsreibung

Ein zusammenhängender Schmierfilm trennt die Gleitflächen voneinander. Dabei findet die Reibung im Schmiermittel statt. Es tritt kein Verschleiß auf, die Erwärmung bleibt niedrig.

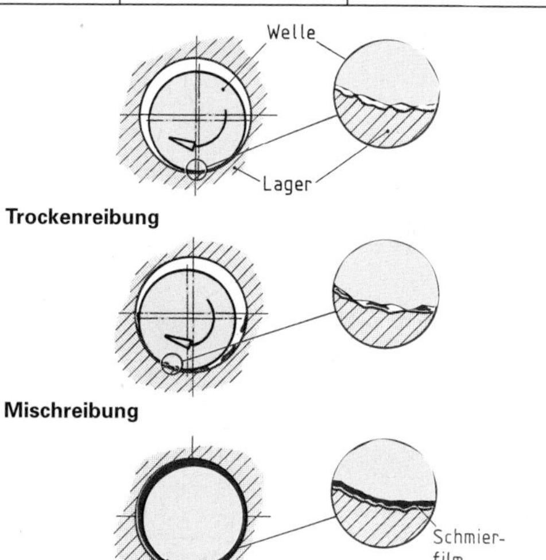

Trockenreibung

Mischreibung

Flüssigkeitsreibung

In Maschinen und Geräten, die stets nur kurzzeitig in Betrieb gesetzt werden, tritt bei jedem Anlauf Misch- bzw. Trockenreibung auf. Deshalb ist bei diesen Maschinen und Geräten der Verschleiß höher als bei Maschinen im Dauerbetrieb.

Bei Gleitführungen an Werkzeugmaschinen tritt während der Bewegung Mischreibung auf.

Bei Flüssigkeitsreibung wird der Zapfen im Lager geringfügig angehoben, und es entsteht bei genügend großer Umdrehungsfrequenz ein zusammenhängender Schmierfilm, also Flüssigkeitsreibung. Dies ist die **hydrodynamische Schmierung.**

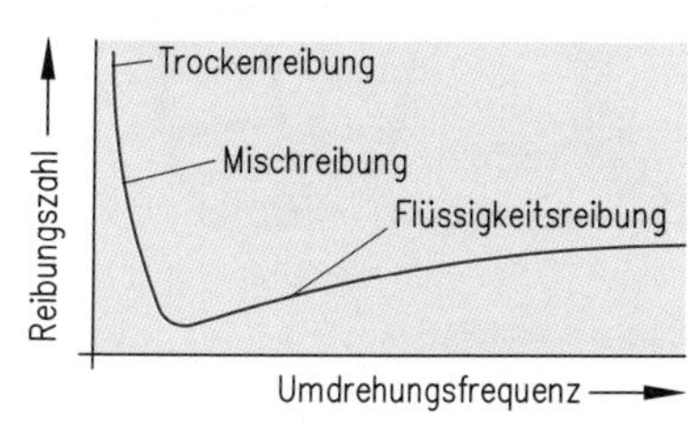

Abhängigkeit der Reibungszahl von der Umdrehungsfrequenz

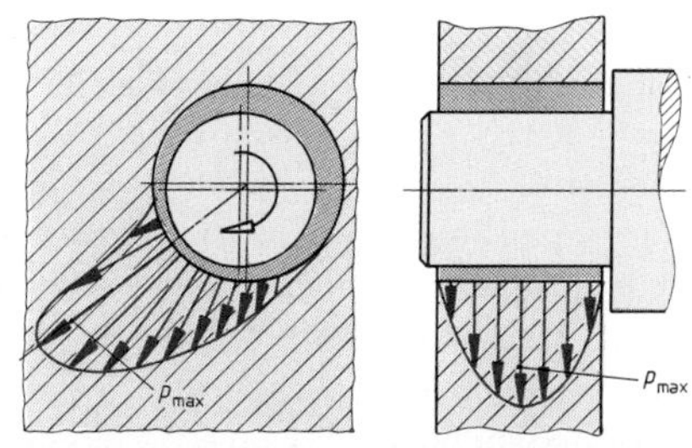

Druckverteilung bei hydrodynamischer Schmierung

Man unterscheidet hinsichtlich der Reibung bei Lagern
- Trockenreibung
- Mischreibung
- Flüssigkeitsreibung

Übungsaufgaben C-70 bis C-74

2.2.1.2 Wälzlager

In Wälzlagern rollen zwischen der inneren und der äußeren Lauffläche Wälzkörper ab. Dabei entsteht **Rollreibung.** Sie ist wesentlich geringer als Gleitreibung.

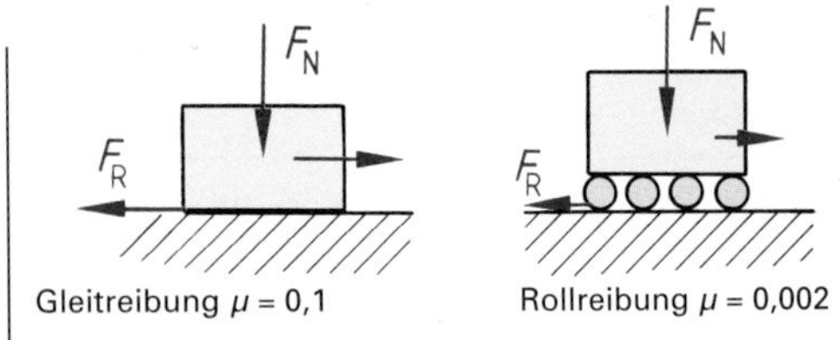

Gleitreibung μ = 0,1 Rollreibung μ = 0,002
Gleit- und Rollreibung (Stahl auf Stahl, ungeschmiert)

In Wälzlagern rollen Wälzkörper auf Laufflächen ab. Die dabei entstehende Rollreibung ist wesentlich geringer als die Gleitreibung.

Wälzlager werden bevorzugt eingesetzt bei

- *wartungsfreien Lagern mit normaler Beanspruchung,* z.B. Getriebe, Motoren, Fördereinrichtungen,
- *Lagern mit kleinen Drehzahlen und hohen Belastungen,* z.B. Kranhaken und Drehgestellen,
- *Lagern, in denen Bewegungen „ruckfrei" ausgeführt werden müssen,* z.B. Werkzeugmaschinen.

- **Aufbau**

Wälzlager bestehen aus den Laufringen und den zwischenliegenden Wälzkörpern, die in Käfigen geführt werden.
Die Wälzkörper werden aus gehärtetem Chrom- oder Chrom-Nickel-Stahl gefertigt.
Ihre Oberfläche ist geschliffen und poliert.

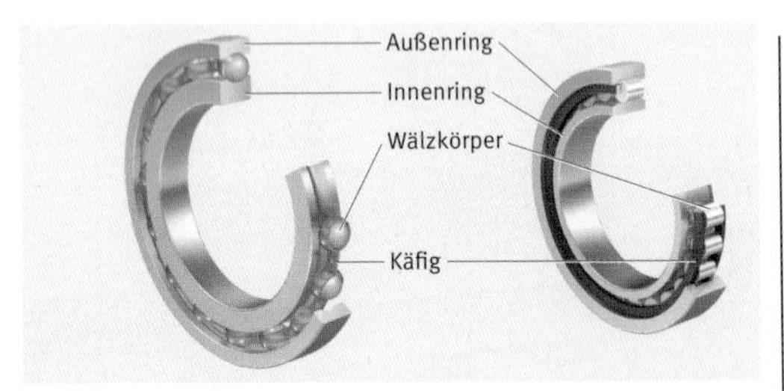

Teile eines Wälzlagers

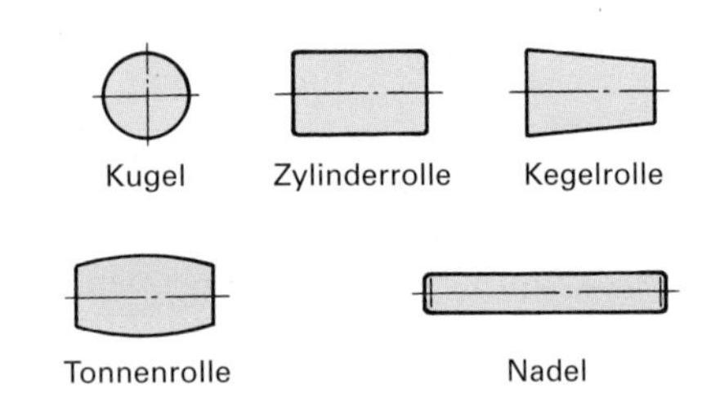

Bauformen von Wälzkörpern

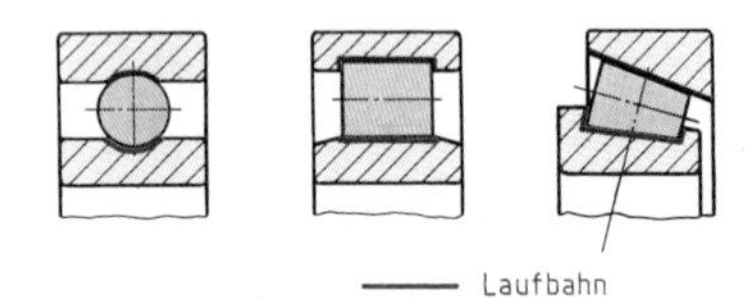

Wälzlagerquerschnitte

In die **Laufringe** sind Bahnen eingearbeitet, auf denen die Wälzkörper abrollen. Die Laufringe werden ebenfalls aus gehärtetem Chrom- oder Chrom-Nickel-Stahl hergestellt. Die Laufbahnen sind geschliffen und poliert.

Die Wälzkörper werden meist in Käfige eingebaut. Wälzkörperkäfige haben folgende Aufgaben:

- Sie verteilen die Wälzkörper gleichmäßig auf dem Umfang des Lagers.
- Sie verhindern beim Lauf des Lagers die direkte Berührung der Wälzkörper untereinander. Damit werden Reibung, Erwärmung und Geräusche vermindert.

Die Wälzkörperkäfige sind aus Stahlblech, Leichtmetall, Kunststoff oder bei großen Lagern aus Messing.

für Rillenkugellager für Kegelrollenlager
Wälzkörperkäfige aus Stahlblech

Falls der Lagerdurchmesser sehr klein werden muss, verwendet man käfiglose **Nadellager** ohne Innen- und ohne Außenring und lässt die Wälzkörper unmittelbar zwischen Gehäuse und Welle rollen.

Ein Wälzlager besteht meist aus Außenring, Innenring, Wälzkörpern und Wälzkörperkäfig. Als Wälzkörper werden Kugeln, Zylinder, Kegelstümpfe, Tonnen oder Nadeln verwendet.

Übungsaufgaben C-75 bis C-77

- **Ausführungsformen von Wälzlagern**

Wälzlager werden in verschiedenen Ausführungen für den jeweiligen Verwendungszweck hergestellt.

Nach der Hauptbelastungsrichtung unterscheidet man **Radiallager und Axiallager.**

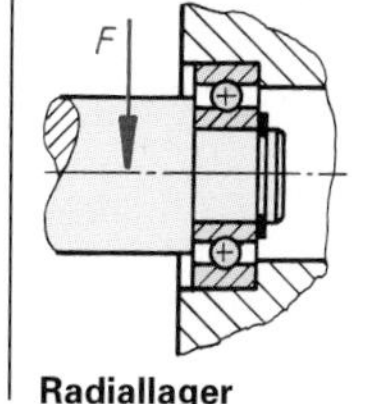

Radiallager

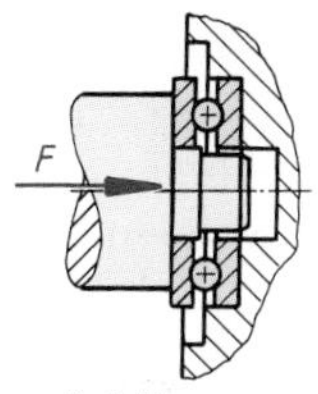

Axiallager

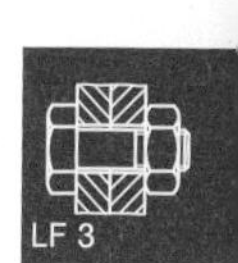

Übersicht über wichtige Bauformen von Kugellagern

Bezeichnung der Bauform	**Radiallager** Rillen-kugellager	Schrägkugellager einreihig	Schrägkugellager zweireihig	Vierpunkt-lager	Pendel-kugellager	**Axiallager, Axialrillenkugellager**
Belastungs-richtung						

Von den Kugellagern werden bevorzugt Rillenkugellager verwendet, weil sie gut in axialer und radialer Richtung belastbar sind. Darüber hinaus sind diese Lager preiswert.

Übersicht über wichtige Ausführungsformen von Rollen- und Nadellagern

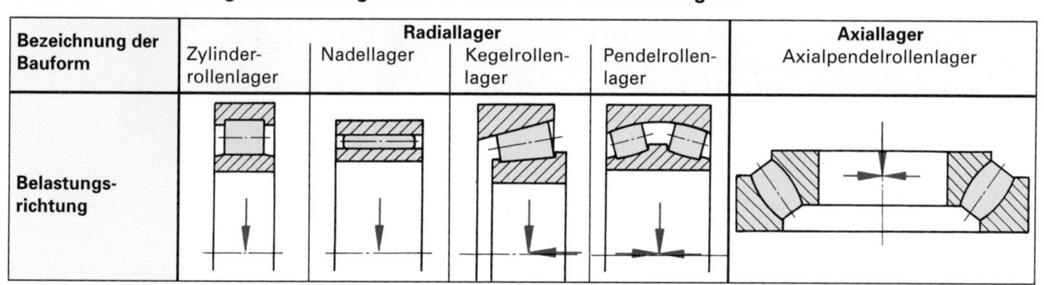

Bezeichnung der Bauform	**Radiallager** Zylinder-rollenlager	Nadellager	Kegelrollen-lager	Pendelrollen-lager	**Axiallager** Axialpendelrollenlager
Belastungs-richtung					

- **Fest- und Loslager**

Wärmedehnung und Einbautoleranzen der Wellen verlangen den Einbau von einem Festlager, das Kräfte in axialer Richtung aufnehmen kann und einem oder mehreren Loslagern, welche geringe Verschiebungen in der Längsachse zulassen.

Festlager sind mit beiden Lagerringen beidseitig in Längsrichtung festgelegt. Die Wälzkörper können sich nicht auf der Lauffläche verschieben.

Loslager können auf zwei verschiedene Arten gestaltet werden:

- durch entsprechende Auswahl von Wälzlagern, z.B. Nadellager oder Zylinderrollenlager mit einem bordlosen Ring, oder
- durch entsprechende Gestaltung der Aufnahmestelle für das Wälzlager – dabei ist entweder der Außenring oder der Innenring des Wälzlagers verschiebbar.

> Wälzlager unterscheidet man
> - nach der Hauptbelastungsrichtung in Axial- und Radiallager,
> - nach der Form der Wälzkörper in Kugel-, Rollen- und Nadellager,
> - nach der Beweglichkeit in starre Lager und Pendellager.

Übungsaufgabe C-78

Beispiele für Fest- und Loslager

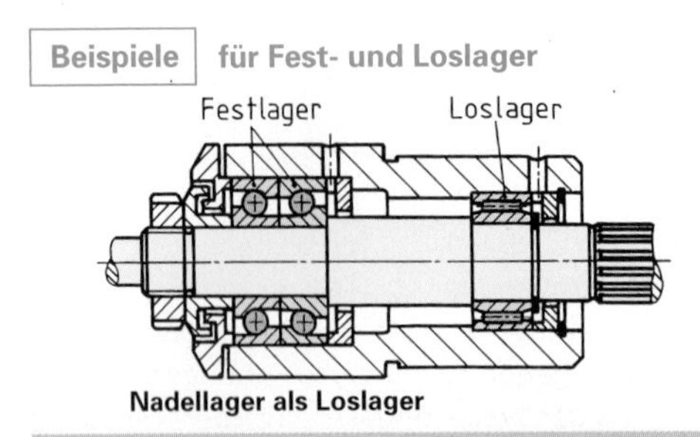

Nadellager als Loslager

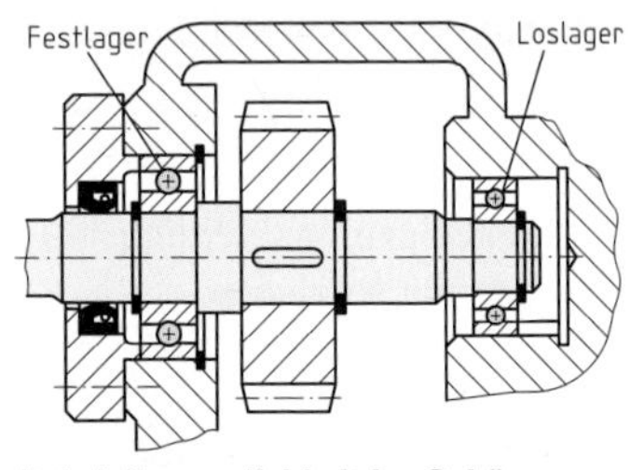

Loslager mit Axialbeweglichkeit im Gehäuse

Festlager nehmen Kräfte in axialer und radialer Richtung auf.
Loslager nehmen nur Kräfte in radialer Richtung auf.

- **Lebensdauer von Wälzlagern**

Da in einem Wälzlager die Wälzkörper auf den Laufflächen nur mit sehr kleinen Flächen abrollen, unterliegen Wälzlager auch bei bester Schmierung dem Verschleiß. Darum ist die Lebensdauer von Wälzlagern stets begrenzt. Wenn Kugel- oder Rollenlager unter Belastung umlaufen, stellt sich nach gewisser Zeit an irgendeiner Stelle eine Ermüdung des Werkstoffes ein. Sie beginnt im Allgemeinen mit feinen Rissen unter der Oberfläche, die im weiteren Verlauf zur Schälung führen und dadurch früher oder später einen Lagerwechsel erforderlich machen. Bei den ersten Anzeichen einer Schälung hat das Lager seine Lebensdauer erreicht.
Hohe Lebensdauer von Wälzlagern wird darum durch niedrige Auflast, die sich auf viele Walzkörper verteilt, sowie geringe Drehzahl, niedrige Lagertemperatur und gute Schmierung erreicht.

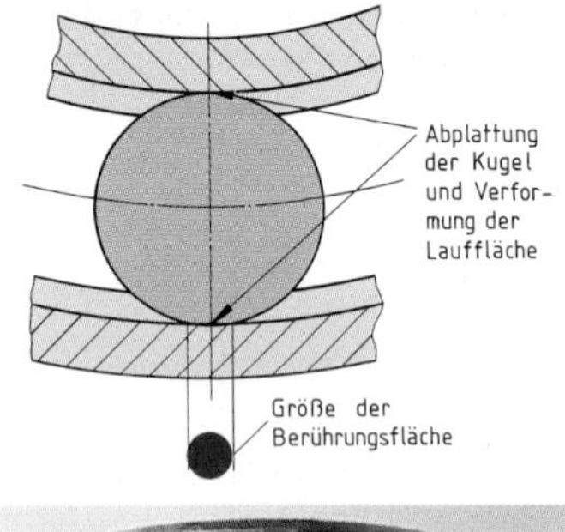

Innenring eines Rillenkugellagers mit fortgeschrittener Schälung

Die Lebensdauer von Wälzlagern ist begrenzt. Sie hängt ab von
- Größe der Lagerbelastung,
- Zahl der Umläufe,
- Lagertemperatur,
- Schmierung.

2.2.1.3 Gegenüberstellung von Gleit- und Wälzlagern

	Gleitlager	Wälzlager
Reibung beim Anlauf	groß bei Trockenreibung, gering bei Flüssigkeitsreibung	gering
Empfindlichkeit gegen Stöße	unempfindlich, Stöße werden gedämpft	empfindlich, Stöße werden nicht gedämpft
Laufgeräusch	gering	höher
Umdrehungsfrequenz	unbegrenzt hoch, bei hydrodynamisch geschmierten Lagern nach unten begrenzt	nach unten unbegrenzt, nach oben begrenzt
Lebensdauer	bei ständiger Flüssigkeitsreibung unbegrenzt	begrenzt durch Materialermüdung
Schmierstoffverbrauch	hoch	gering
Wartung	ständige Wartung nötig	geringe Wartung
Abdichtung gegen Verunreinigung	gut	weniger gut
Austauschbau	aufwendig	einfach

Übungsaufgaben C-79 bis C-81

2.2.2 Befestigung von Bauteilen auf Wellen und Achsen

Auf Wellen und Achsen müssen die Naben von Rädern, Hebeln u.a. gegen Verschieben in axialer Richtung gesichert werden. Zur Übertragung des Drehmomentes müssen Wellen und Naben durch Verbindungselemente u.a. fest verbunden werden.

Sicherungen von Wellen und Achsen gegen axiales Verschieben

Wenn in axialer Richtung nur geringe Kräfte an der Nabe wirken, genügen einfache Sicherungselemente wie Stifte, Splinte, Federstecker und Sicherungsringe zur Sicherung gegen axiale Verschiebungen.
Bei Wellen dürfen diese Sicherungselemente nur in den Bereichen der Welle eingesetzt werden, die nicht durch Dreh- oder Biegemoment beansprucht werden, weil die entsprechenden Aussparungen in der Welle hohe Kerbwirkung verursachen. Besonders hoch ist die Kerbwirkung der schmalen scharfkantigen Nuten für Sicherungsringe.
Bei Wellen verwendet man darum meist angedrehte Schultern und Distanzhülsen zur Sicherung gegen Verschiebungen im Bereich der Beanspruchung durch Dreh- und Biegemomente.

Beispiele für Sicherungen gegen axiales Verschieben

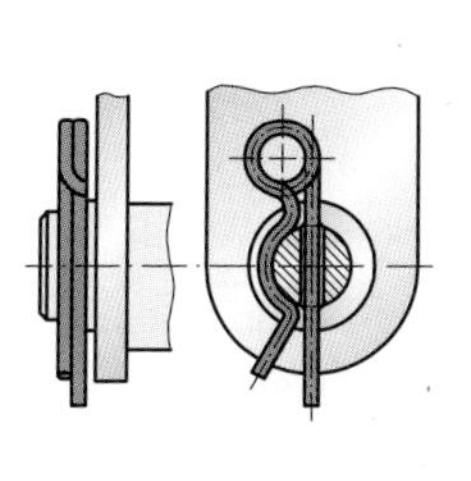

Federstecker

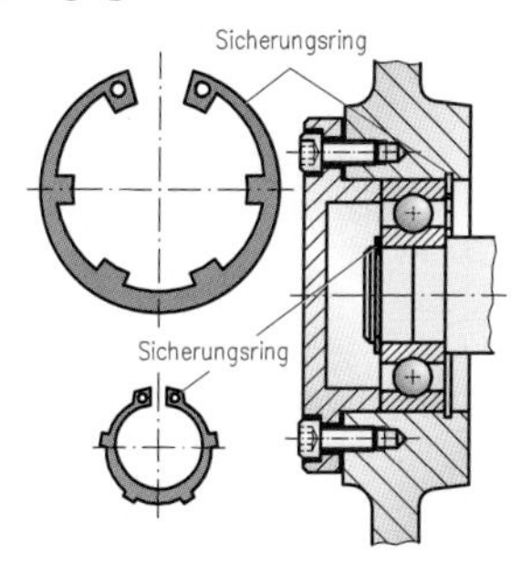

Sicherungsringe

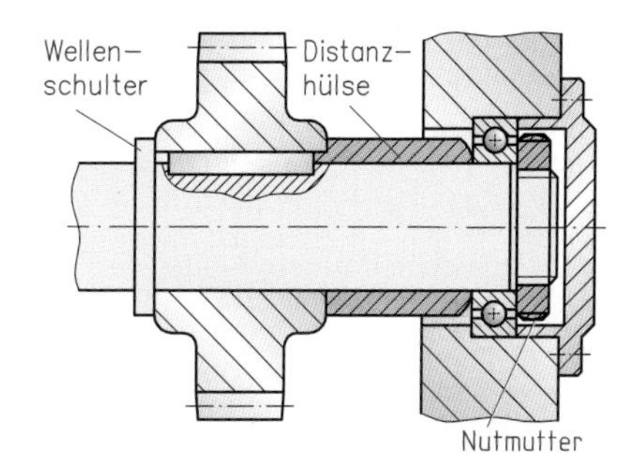

Sicherung durch Wellenschulter, Distanzhülse und Nutmutter

Verbindungen von Wellen und Nabe zur Übertragung eines Drehmoments

Siehe 6.4 Fügen mit Passfedern, Keilen und Profilformen

- **Sonderformen von Wellen**

Gelenkwellen dienen zur Übertragung von Drehmomenten, wenn Höhenunterschiede und seitlicher Versatz von An- und Abtrieb zu überbrücken sind. Zum gleichförmigen Bewegungsablauf müssen An- und Abtrieb achsparallel liegen. Gelenkwellen bestehen darum aus beidseitigen Gelenken und einem zwischenliegenden Mittelteil mit Längsverschiebung. Bevorzugt werden Gelenkwellen in Kfz, Schienenfahrzeugen und Antrieben im Maschinenbau eingesetzt.
Gelenkwellen gleichen Höhenunterschiede und Versätze aus. Bedingung für gleichförmigen Lauf sind achsparalleler An- und Abtrieb.

Biegsame Wellen werden zum Übertragen kleiner Drehmomente eingesetzt. Man verwendet sie zum Weiterleiten mechanischer Energie bei Handfräsen, Tachometern u.a.
Biegsame Wellen bestehen aus gewundenen Drähten, die in Metallschläuchen geführt werden.

Gelenke

Gelenkwelle

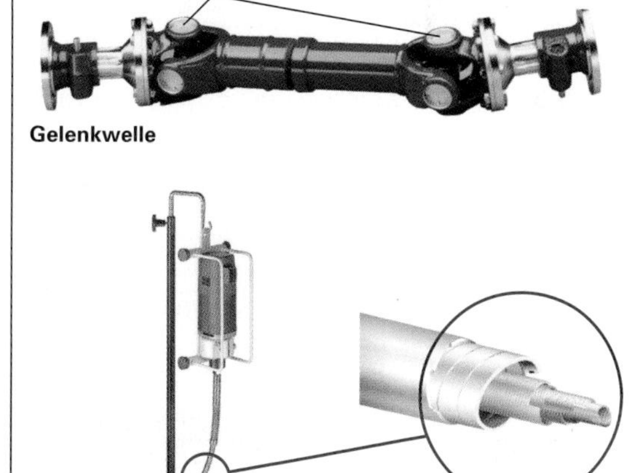

Wicklung der biegsamen Welle

Biegsame Welle mit Antrieb

Übungsaufgaben C-82 bis C84

2.2.3 Geradführungen

Bauelemente, welche geradlinig zu bewegende Maschinenteile, wie z.B. Tische und Schlitten, tragen und zwangsläufig führen, nennt man Geradführungen.

Nach der Art der Reibung in der Führung unterscheidet man
- **Gleitführungen** mit *Gleitreibung* und
- **Wälzführungen** mit *Rollreibung.*

2.2.3.1 Gleitführungen

Bei Gleitführungen bewegen sich die Gleitflächen der Baueinheiten aufeinander. Zur Verringerung der Reibung und zur genaueren Führung werden die Gleitflächen geschliffen oder geschabt. Gute Schmierung gewährleistet Flüssigkeitsreibung und vermindert den Verschleiß. Häufig sind die Gleitflächen gehärtet, wodurch der Verschleiß ebenfalls verringert wird.

Nach dem Querschnitt unterscheidet man folgende Grundformen von Gleitführungen:
- **Flachführungen**
  für schwere Maschinen
- **Schwalbenschwanzführungen**
  für mittelgroße Maschinen
- **V- und Dachführungen**
  für kleine bis mittelgroße Maschinen
- **Zylindrische Führungen**
  für Bohrspindeln, Säulenführungen, Zahnradführungen u.a.

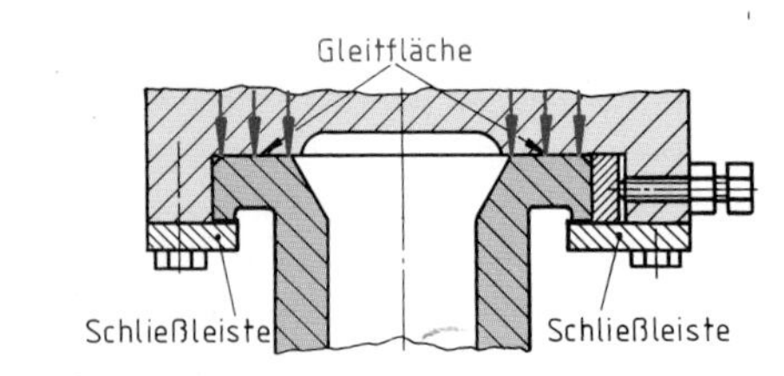

Flachführung

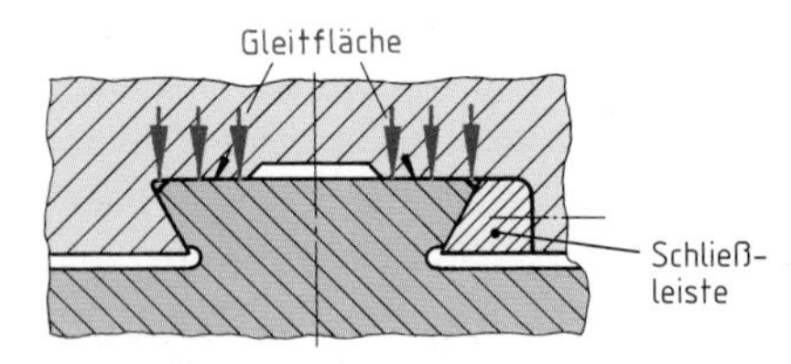

Schwalbenschwanzführung

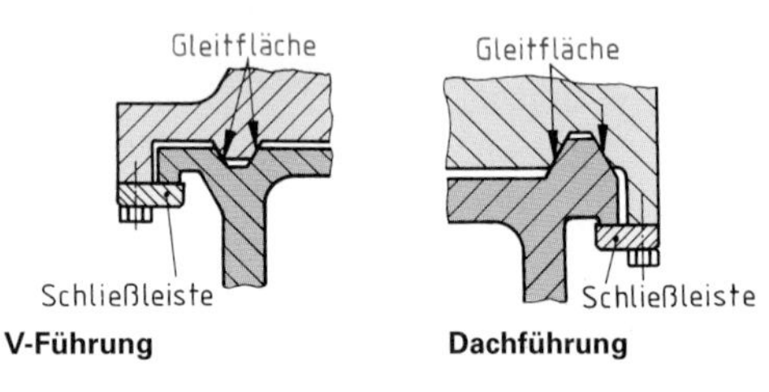

V-Führung **Dachführung**

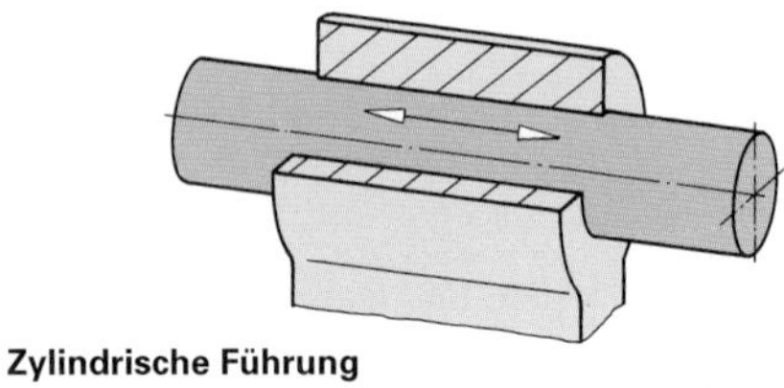
Zylindrische Führung

Grundformen von Gleitführungen sind:
- Flachführungen,
- Schwalbenschwanzführungen,
- V-Führungen und Dachführungen,
- zylindrische Führungen.

Gleitführungen sind leicht herzustellen und gut belastbar. Deshalb werden sie im Maschinenbau, Werkzeugbau und in vielen anderen Bereichen verwendet.

Gleitführungen haben jedoch folgende Nachteile:
- *unterschiedlicher Kraftbedarf:* Hoher Kraftaufwand beim Anfahren durch Haftreibung, geringerer Kraftaufwand beim Gleiten durch Gleitreibung. Die Folge ist ein nicht ruckfreies Anfahren des gleitenden Bauteils, Stick-Slip-Effekt genannt.
- *hoher Schmiermittelverbrauch:* Eine laufende Wartung ist erforderlich.
- *Verschleiß:* Eine ständige Flüssigkeitsreibung kann nicht aufrecht erhalten werden.
- *schwieriger Austauschbau:* Die Teile der Führung müssen meist zueinander passend gefertigt werden.
- *Auftreten von Spiel:* Verschleiß führt zu Spiel. Die Folge ist ein ungenaues Führen. Deshalb müssen Gleitführungen von Zeit zu Zeit nachgestellt werden.

Vor- und Nachteile von Gleitführungen:
- einfache Herstellung,
- hohe Belastbarkeit,
- hoher Schmierstoffverbrauch,
- Verschleiß.
- Stick-Slip-Effekt,

Übungsaufgaben C-85; C-86

2.2.3.2 Wälzführungen

In Wälzführungen rollen wie bei den Wälzlagern zwischen zwei Laufflächen Wälzkörper ab. Dabei entsteht Rollreibung, die wesentlich geringer ist als Gleitreibung. Wälzführungen sind im Gegensatz zu Gleitführungen Bauelemente, die komplett geliefert werden, wie dies auch bei den Wälzlagern der Fall ist. Insgesamt haben Wälzführungen gegenüber Gleitführungen folgende Vorteile:

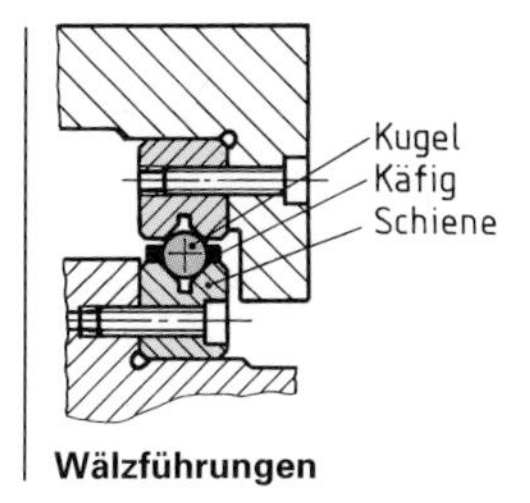

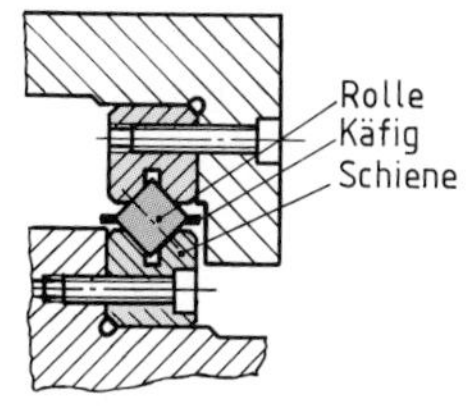

Wälzführungen

- *geringe Reibung,*
- *leichtes und spielfreies Führen,*
- *leichter Austauschbau,*
- *kein Stick-Slip-Effekt,*
- *geringer Schmiermittelverbrauch.*

- **Grundformen**

Man unterscheidet Wälzführungen meist nach der Form der Laufflächen.

Flache Laufflächen	V-förmige Laufflächen	Zylinderförmige Laufflächen

- **Hublängen**

Bei Wälzführungen mit *unbegrenztem Hub* müssen die durchgelaufenen Wälzkörper wieder an den Anfang der Führung zurückgeführt werden. Dies geschieht durch entsprechende Nuten in den Bauelementen oder durch kettenförmige Wälzkörperkäfige.

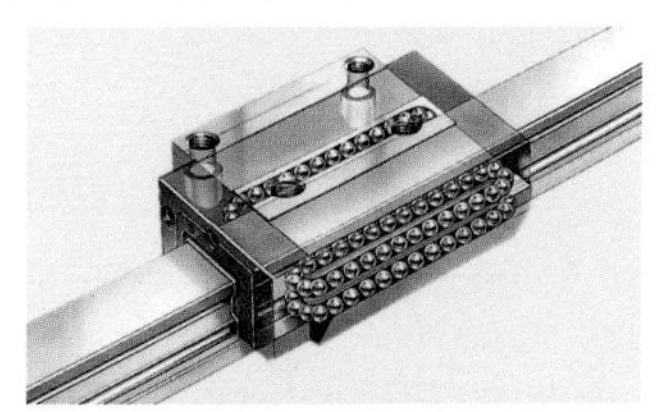

Längsführung mit unbegrenztem Hub

In Längsführungen mit unbegrenztem Hub müssen Wälzkörper zum Anfang des Gleitstücks zurückgeführt werden.

In Wälzführungen nehmen die Wälzkörper infolge des Kraftschlusses mit den Führungsschienen zwangsläufig an der Bewegung teil. Aus diesem Grunde bewegen sich Wälzkörperkäfig und Wälzkörper mit halber Geschwindigkeit gegenüber der Führung weiter. Der Hub des Wälzkörperkäfigs ist daher stets nur halb so groß wie der Hub der Führung.

Bei Wälzführungen, die nur einen begrenzten Hub ausführen, müssen die Käfige mit den Wälzkörpern um die Länge des *halben* Hubes gegenüber der Führungsschiene überstehen. Damit rollt die Führungsschiene stets auf der ganzen Länge auf Wälzkörpern.

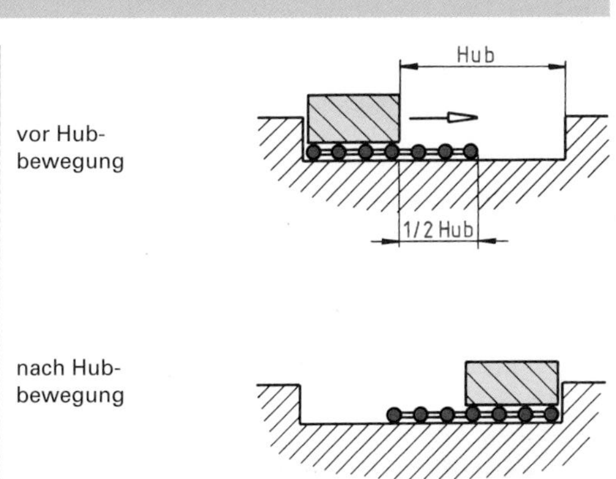

Bewegung von Führung und Käfig bei begrenztem Hub

Der Käfig von Wälzführungen mit begrenztem Hub muss um den halben Hub gegenüber der Führungsschiene vorstehen.

Übungsaufgaben C-87 bis C-90

2.2.4 Achsen

Achsen tragen und stützen sich drehende Baueinheiten. Achsen werden in der Hauptsache auf Biegung und nie auf Verdrehen beansprucht. Man unterscheidet feststehende Achsen und umlaufende Achsen. Kurze Achsen, welche feststehen, nennt man auch Bolzen. Achsen werden hauptsächlich auf Biegung und nie auf Verdrehung beansprucht.

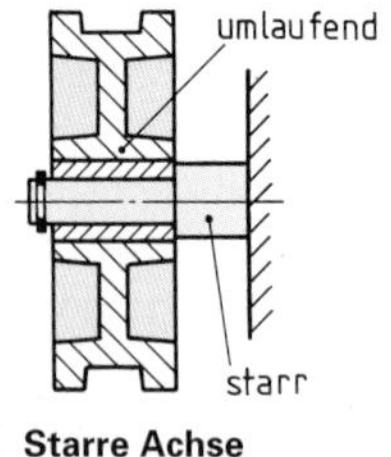

Starre Achse

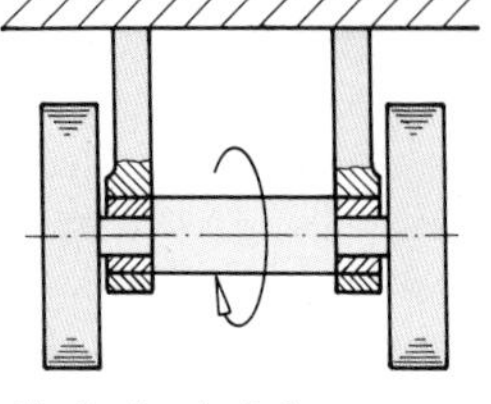
Umlaufende Achse

- **Biegebeanspruchung**

Die Biegebeanspruchung bei Achsen entsteht dadurch, dass die Lagerung der Achse und der Kraftangriff der abgestützten Baueinheit an verschiedenen Stellen der Achse erfolgen.

Damit die Beanspruchung der Achse durch die zu stützende Baueinheit anschaulicher wird, zeichnet man die Achse als Strecke und trägt Größe und Richtung der angreifenden Biegekräfte als Pfeile entsprechend an. Nimmt die Biegekraft zu, so wächst im gleichen Verhältnis die Biegebeanspruchung.

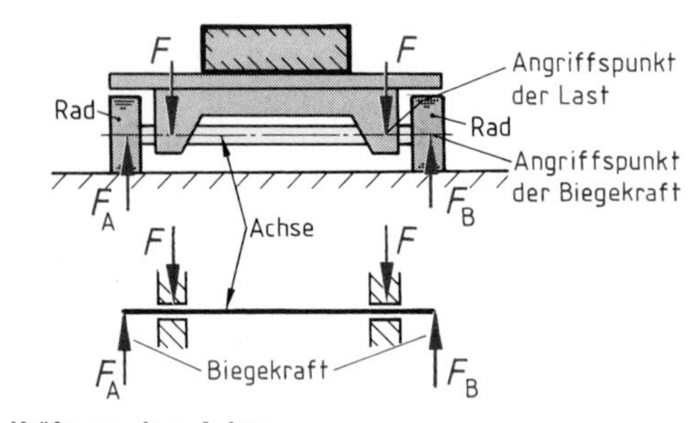

Kräfte an einer Achse

Die Biegewirkung für jede Stelle der Achse hängt ab:

- von der *Größe* der aufgebrachten Kraft,
- von dem *Abstand* zwischen Kraftangriff und Achslagerung.

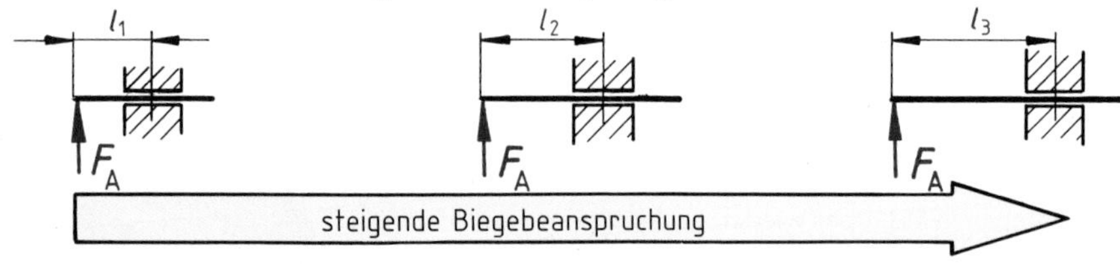

Die größte Biegewirkung tritt bei der skizzierten Achse an der Lagerstelle auf. Sie wird als Produkt aus Kraft und Abstand zwischen Kraftangriff und Lagerstelle berechnet und als **Biegemoment** bezeichnet. Das Biegemoment ist ein Maß für die Biegebeanspruchung.

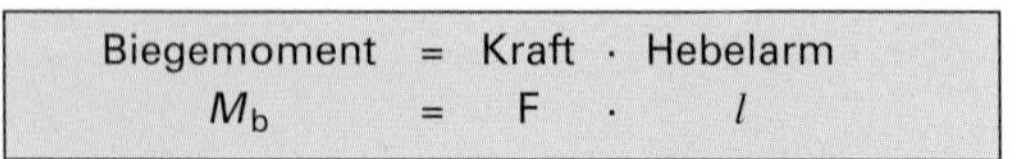

Biegemoment = Kraft · Hebelarm

$$M_b = F \cdot l$$

Beispiel zur Bestimmung eines Biegemoments

Aufgabe

Es ist das Biegemoment an der Lagerstelle zu ermitteln.

Der Anstieg des Biegemoments vom Kraftangriff zur Lagerstelle ist in einem Diagramm darzustellen.

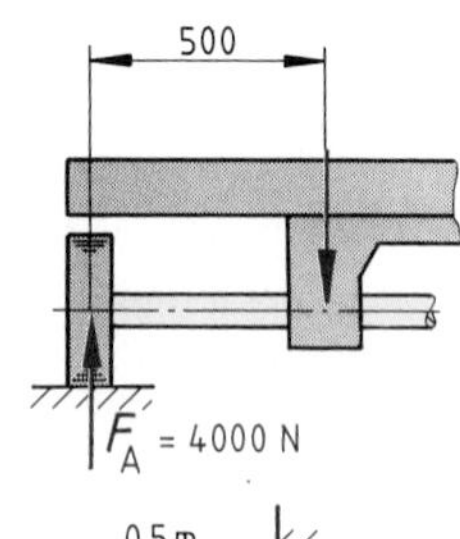

Lösung

$M_b = F_A \cdot l$

$M_b = 4\,000\ \text{Nm} \cdot 0{,}5\ \text{m}$

$M_b =$ **2 000 Nm**

(Das Biegemoment wächst stetig vom Angriffspunkt der Kraft bis zur Lagerstelle.)

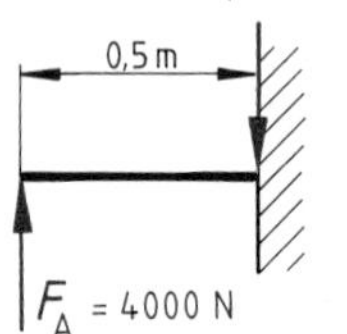

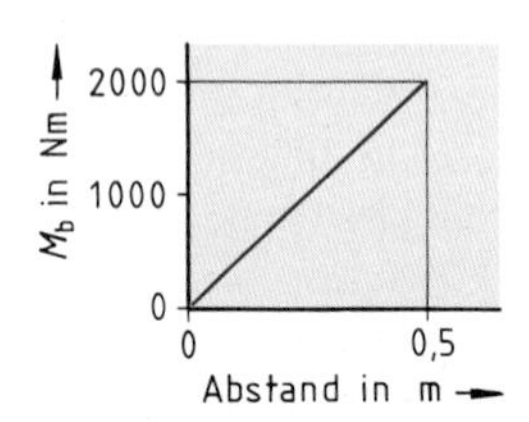

Das Biegemoment M_b ist das Produkt aus Kraft und Abstand zwischen Kraftangriff und Lagerstelle. Das Biegemoment ist ein Maß für die Biegebeanspruchung.

2.3 Elemente und Gruppen zur Energieübertragung

2.3.1 Wellen

Wellen haben die Aufgabe, mechanische Energie von der Antriebseinheit zum Antriebsort zu leiten. Sie laufen dabei um und übertragen Drehbewegungen. Diese werden durch Zahnräder, Kupplungen, Hebel u.a. in die Welle eingeleitet und auch wieder abgeleitet. Dadurch sind *Wellen auf Verdrehung* beansprucht. Gleichzeitig können Wellen durch Kräfte, die senkrecht zur Wellenachse wirken, auf Biegung beansprucht werden.

Weiterleiten mechanischer Energie über Wellen

- **Drehmoment**

Beim Einleiten der Drehbewegung in eine Welle wirkt eine Kraft an einem Hebelarm, z.B. am Teilkreis eines Zahnrades. Dabei ist der Hebelarm der Abstand zwischen Angriffspunkt der Kraft und Drehpunkt.
Das Drehbestreben, welches eine Kraft an einem Hebel ausübt, nennt man Drehmoment (M_d). Das Drehmoment ist das Produkt aus Umfangskraft und Hebelarm. Eine Welle kann ein eingegebenes Drehmoment nur in gleicher Größe weiterleiten.

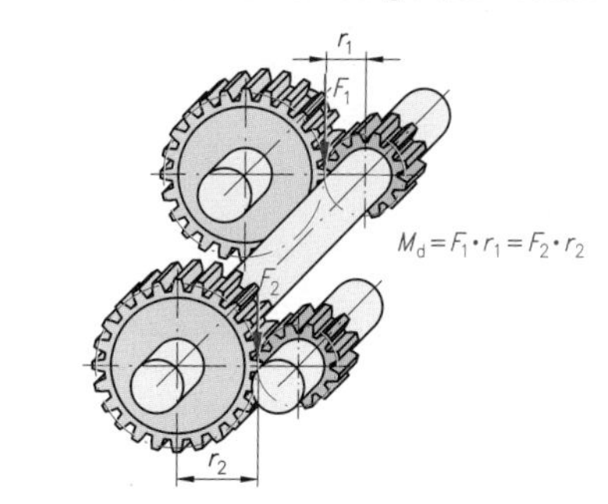

Drehmoment an einer Welle

Wellen übertragen Drehmomente. Ein Drehmoment ist das Produkt aus Umfangskraft und Hebelarm.

- **Torsionsspannung**

Durch das Drehmoment wird auf die Welle eine Verdrehbeanspruchung ausgeübt.
Dadurch entstehen im Werkstoff der Welle Torsionsspannungen (Verdrehspannungen). Die größten Spannungen entstehen außen am Wellenumfang. Sie nehmen stetig nach innen hin ab. In der Mittellinie der Welle sind sie gleich Null.

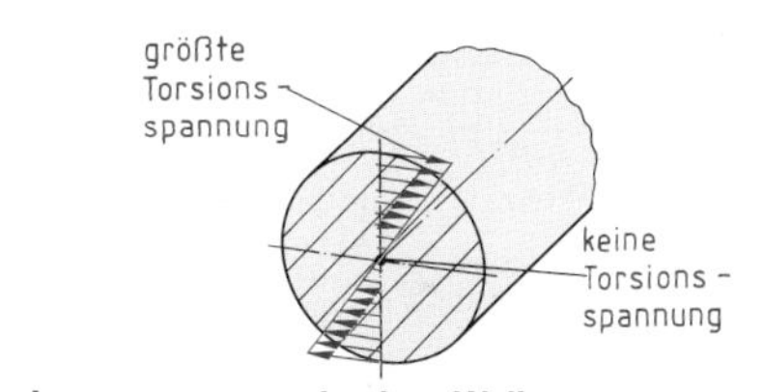

Torsionsspannungen in einer Welle

Das Drehmoment verursacht in der Welle Torsionsspannungen. Diese Torsionsspannungen sind am Umfang der Welle am größten und nehmen zur Mittellinie stetig ab.

2.3.2 Lagerzapfen

Achsen und Wellen müssen abgestützt werden. Zur Abstützung benutzt man Lager. Die Stützstelle an den Wellen und Achsen bezeichnet man als **Lagerzapfen.** Je nach Richtung der auftretenden Lagerkräfte unterscheidet man Tragzapfen und Stützzapfen. **Stützzapfen** nehmen Kräfte in *axialer* Richtung auf.
Tragzapfen nehmen Kräfte in *radialer* Richtung auf.

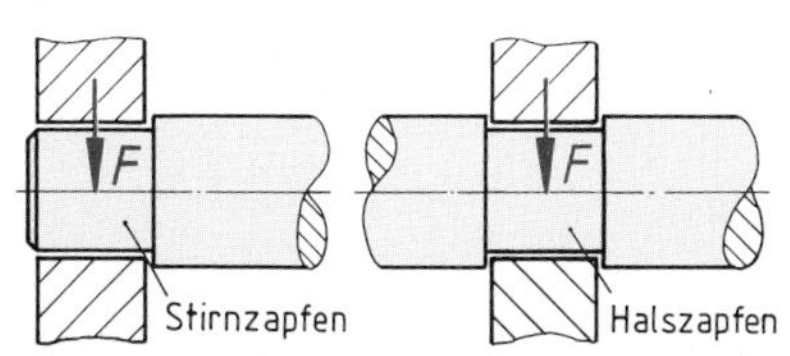

Tragzapfen

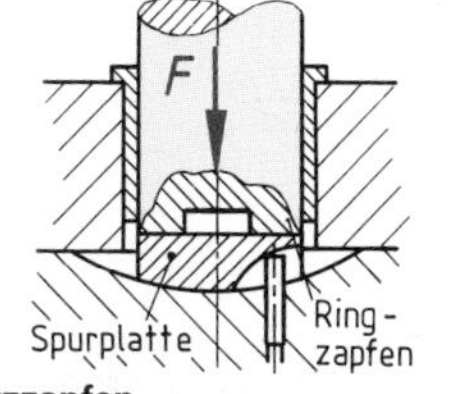

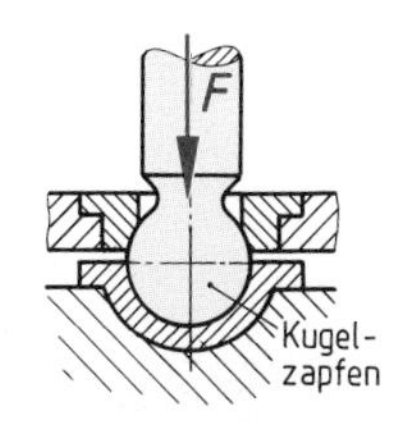

Stützzapfen

Achsen und Wellen werden an Zapfen in Lagern abgestützt.
Tragzapfen werden in radialer Richtung und Stützzapfen in axialer Richtung belastet.

Übungsaufgaben C-92 bis C-96

2.3.3 Kupplungen

Kupplungen sind Funktionseinheiten, die zur Übertragung von Drehmomenten von einer Welle auf die andere dienen. Sie bestehen darum aus zwei Hälften, die auf unterschiedliche Weise verbunden sind.

- **Nicht schaltbare Kupplungen**

Starre, nicht schaltbare Kupplungen

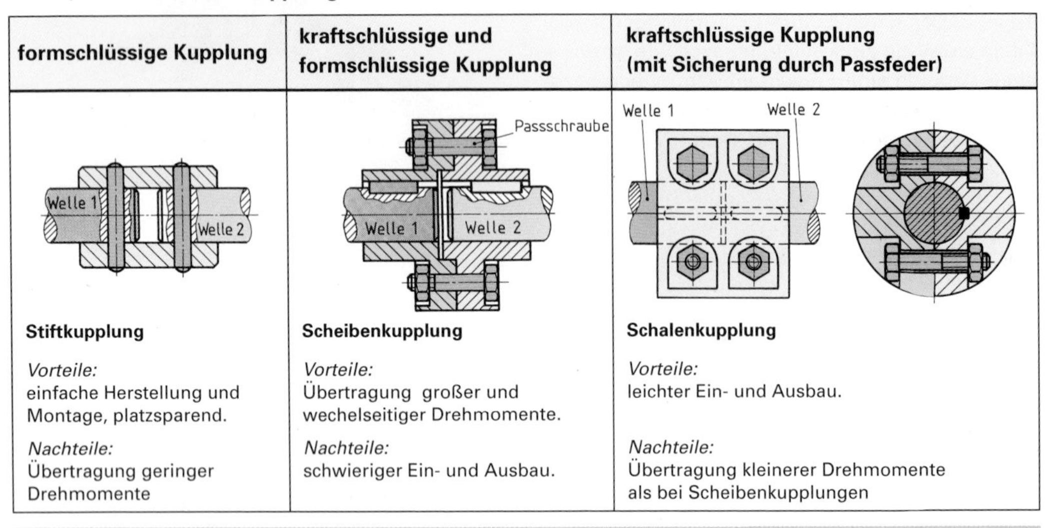

formschlüssige Kupplung	kraftschlüssige und formschlüssige Kupplung	kraftschlüssige Kupplung (mit Sicherung durch Passfeder)
Stiftkupplung	**Scheibenkupplung**	**Schalenkupplung**
Vorteile: einfache Herstellung und Montage, platzsparend.	*Vorteile:* Übertragung großer und wechelseitiger Drehmomente.	*Vorteile:* leichter Ein- und Ausbau.
Nachteile: Übertragung geringer Drehmomente	*Nachteile:* schwieriger Ein- und Ausbau.	*Nachteile:* Übertragung kleinerer Drehmomente als bei Scheibenkupplungen

Starre nicht schaltbare Kupplungen verbinden Wellen dreh- und biegefest, so als bestünden die Wellen aus einem Stück. Abweichungen zwischen Wellen können nicht ausgeglichen werden.

Nachgiebige, nicht schaltbare Kupplungen

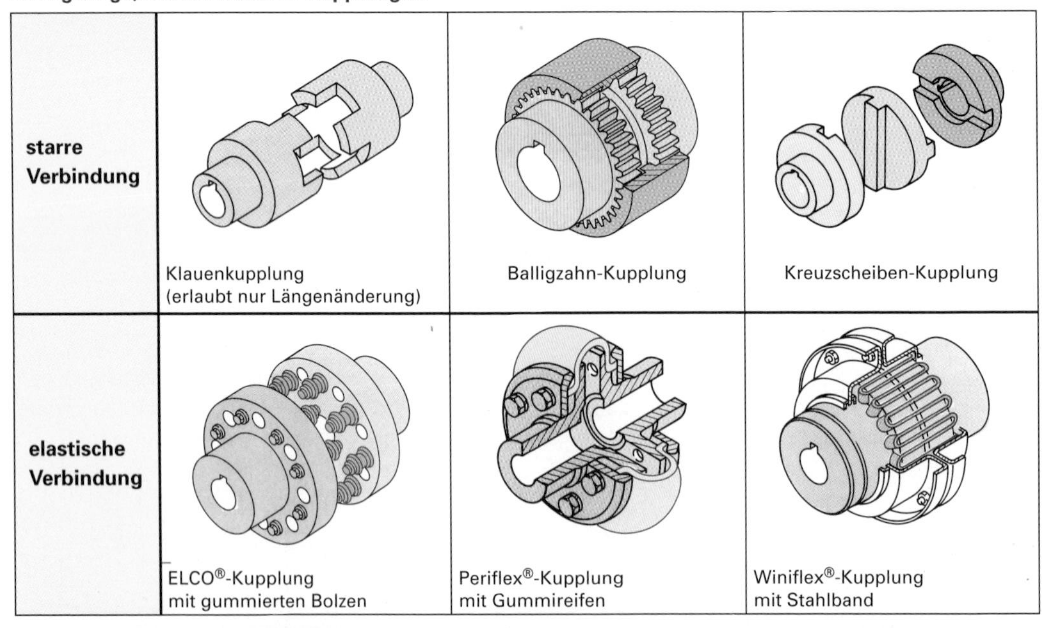

starre Verbindung	Klauenkupplung (erlaubt nur Längenänderung)	Balligzahn-Kupplung	Kreuzscheiben-Kupplung
elastische Verbindung	ELCO®-Kupplung mit gummierten Bolzen	Periflex®-Kupplung mit Gummireifen	Winiflex®-Kupplung mit Stahlband

Nachgiebige, nicht schaltbare Kupplungen verbinden Wellen stoßdämpfend miteinander. Die Verbindungsglieder bestehen aus Gummi, Federstahl, Leder, Textilgewebe u.ä. Diese Verbindungsteile lassen folgende Verlagerungen zwischen den Wellen zu:

- Längenänderung
- Winkelbeugung
- Querverlagerung

Übungsaufgaben C-97; C-98

- **Schaltbare Kupplungen**

Schaltbare Kupplungen erlauben es, die Verbindung zwischen treibenden und getriebenen Baueinheiten einer Maschine zu unterbrechen.

Im Stillstand schaltbare Kupplungen

Nur im Stillstand (oder bei Gleichlauf) schaltbare Kupplungen sind in der Regel formschlüssige Kupplungen. Sie sind während des Betriebes bedingt ausrückbar. Bei formschlüssigen Schaltkupplungen muss eine Hälfte der Kupplung auf der Welle axial verschiebbar sein. Dadurch können die Verbindungselemente (Klauen, Zähne, Bolzen usw.) bei Schaltung ineinander gefügt werden. Die Verbindung zwischen dem beweglichen Teil der Kupplung und der Welle erfolgt durch Gleitfederverbindungen oder durch Profilwellen.

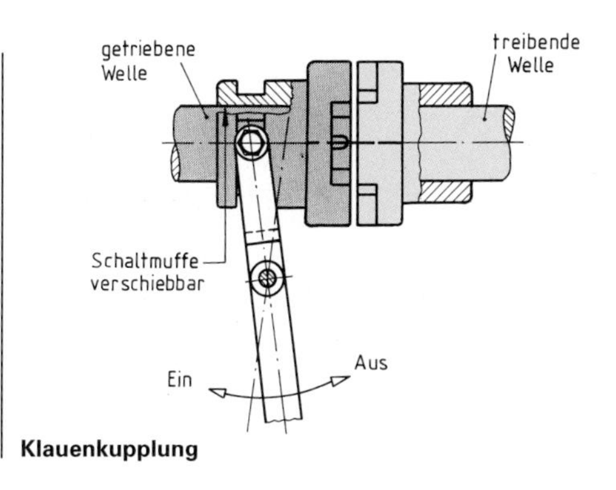

Klauenkupplung

Formschlüssige Schaltkupplungen sind nur im Stillstand (oder bei Gleichlauf) schaltbar.

Während des Betriebes schaltbare Kupplungen

Diese Kupplungen übertragen die Drehmomente durch Kraftschluss. Dabei werden die Reibflächen der beiden Kupplungshälften durch eine Kraft gegeneinander gepresst. Die Reibflächen können als Scheiben, Kegel oder als Backen konstruiert sein. Im Maschinenbau und Kraftfahrzeugbau verwendet man meist Scheibenkupplungen.

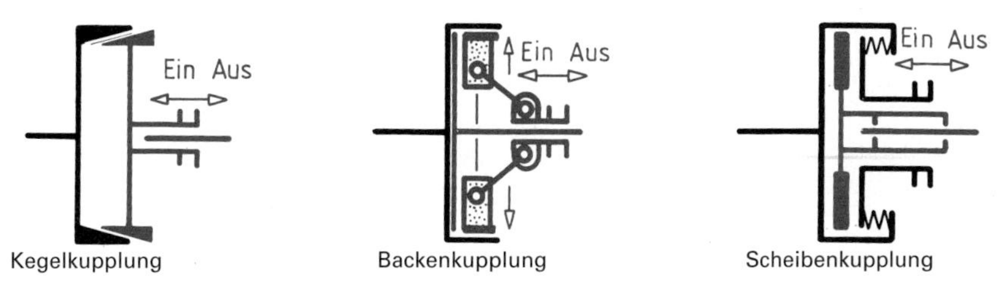

Wirkprinzipien kraftschlüssiger Schaltkupplung

Scheibenkupplungen

Scheibenkupplungen werden als Einscheibenkupplungen und Mehrscheibenkupplungen (Lamellenkupplungen) hergestellt.

Bei **Einscheibenkupplungen** wird durch Federkraft eine Druckplatte gegen eine axial verschiebbare Scheibe, die sich auf der getriebenen Welle befindet, gepresst. Die Kupplungsscheibe drückt dadurch gegen das Kupplungsgehäuse auf der Antriebswelle. Die Kupplungsscheibe ist auf beiden Seiten mit einem besonderen Reibbelag versehen. Zum Entkuppeln wird die Druckplatte mithilfe von Ausrückhebeln gegen die Federkraft zurückgezogen.

Einscheibenkupplungen werden meist in Kraftfahrzeugen verwendet.

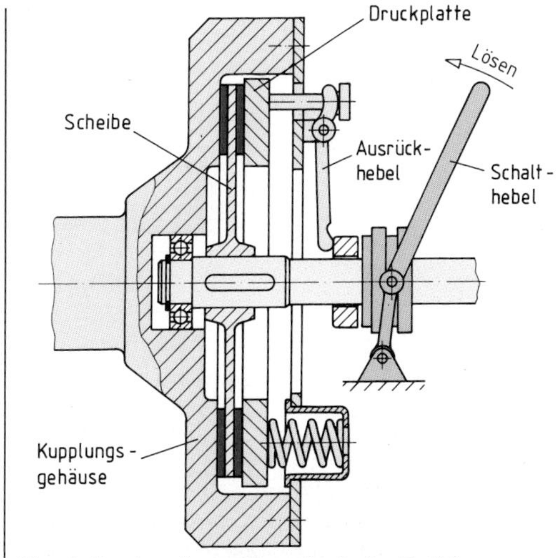

Einscheibenkupplung mit mechanischer Betätigung

Übungsaufgabe C-99

Mehrscheibenkupplungen, Lamellenkupplungen genannt, haben mehrere Scheiben bzw. Lamellen. Mit der Anzahl der Lamellen und der Anpresskraft erhöht sich das übertragbare Drehmoment. Dabei unterscheidet man Außen- und Innenlamellen, die abwechselnd angeordnet sind. Die Außenlamellen werden vom Kupplungsgehäuse, die Innenlamellen von der getriebenen Welle in Nuten mitgenommen. Beim Einschalten der Kupplung werden die Lamellen durch Hebel gegeneinander gepresst.
Mehrscheibenkupplungen verwendet man in Werkzeugmaschinen und Getrieben.

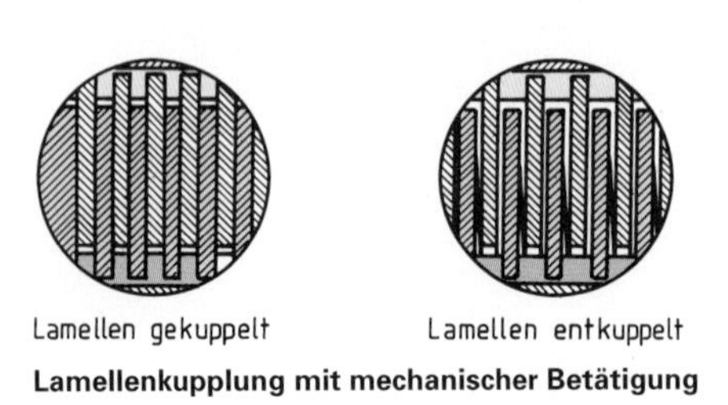

Lamellenkupplung mit mechanischer Betätigung

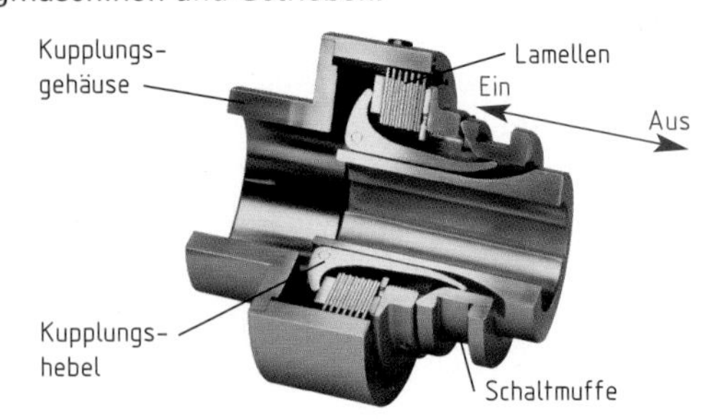

Zur **Ausführung der Schaltbewegung** bei Kupplungen benötigt man einen Schaltmechanismus. Dieser Schaltmechanismus kann auf verschiedene Weise betätigt werden:

- *mechanisch,*
- *hydraulisch bzw. pneumatisch,*
- *magnetisch.*

Verschiedene Arten der Schaltung einer Lamellenkupplung

mechanisch geschaltet		*besondere Merkmale:* feinfühliges Schalten, geringe Schaltgenauigkeit, ungeeignet für Fernbedienung und Programmsteuerung. *Einbaubeispiele:* Werkzeugmaschinen, Bootsgetriebe, Verladegeräte
hydraulisch geschaltet		*besondere Merkmale:* sehr kleine und robuste Bauart, Übertragung großer Drehmomente, größere Schaltgenauigkeit als mechanische Schaltung, weitgehende Wartungsfreiheit. *Einbaubeispiele:* Maschinen mit eigener Hydraulik, z.B. Bagger, Baumaschinen, Werkzeugmaschinen
elektrisch geschaltet	bleibender Luftspalt; Magnetspule (festmontiert)	*besondere Merkmale:* sehr hohe Schaltgenauigkeit, sehr gut geeignet für Fernbedienung und Programmsteuerung. *Einbaubeispiele:* fernbediente Förderanlagen, programmgesteuerte Maschinen.

Die **Auswahl der Schaltung,** ob mechanisch, hydraulisch, pneumatisch oder elektromagnetisch, richtet sich nach folgenden Gesichtspunkten:

- *Größe der zu übertragenden Drehmomente,*
- *Größe der Schaltkraft,*
- *geforderte Schaltzeit und Schaltgenauigkeit,*
- *Entfernung der Schaltstelle von der Kupplung,*
- *Baugröße,*
- *Medium, das an der Maschine vorliegt.*

Kraftschlüssige Kupplungen sind im Stillstand und in Betrieb schaltbar.
Der Schaltvorgang kann mechanisch, hydraulisch, pneumatisch oder elektromagnetisch erfolgen.

Übungsaufgaben C-100 bis C-103

2.3.4 Getriebe

Getriebe sind Baueinheiten zwischen Antriebs- und Arbeitseinheit. Sie können die Funktionen haben:

- Bewegungsenergie weiterzuleiten,
- Drehzahlen zu ändern,
- Drehrichtung umzukehren,
- Bewegungsart umzuformen.

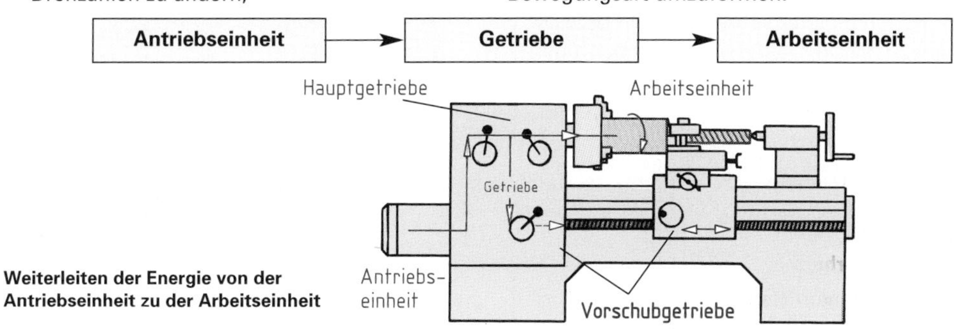

Weiterleiten der Energie von der Antriebseinheit zu der Arbeitseinheit

2.3.4.1 Einteilung der Getriebe

Entsprechend dem mechanischen Prinzip der Umformung lassen sich verschiedene Getriebearten unterscheiden.

Übersicht über mechanische Getriebe

	Zugmittelgetriebe	Zahnradgetriebe	Schraubengetriebe
Aufgabe	Übertragung einer Drehbewegung von einer Welle auf eine andere, bei einem großen Achsabstand, meist verbunden mit Änderung der Drehzahl.	Übertragung der Drehbewegung von einer Welle auf eine andere, verknüpft mit der Umkehrung der Drehrichtung, meist angewendet zur Änderung der Drehzahl.	Umwandlung einer Drehbewegung in eine geradlinige Bewegung, wobei die geradlinige Bewegung der Drehbewegung jederzeit proportional ist.
Beispiel	Zugmittel Übertragen der Drehbewegung der Pedalbewegung auf das Hinterrad eines Fahrrads.	Zahnräder Umformung der Drehzahl und Drehrichtung von der Antriebseinheit auf die Arbeitseinheit in einem Drehmaschinengetriebe.	Mutter am Schlitten Spindel Schlittenbewegung an der Drehmaschine. Umformung der Drehbewegung in geradlinige Bewegung.
	Gelenkgetriebe	**Kurvengetriebe**	**Sperrgetriebe**
Aufgabe	Umwandlung einer Drehbewegung in eine geradlinige Hin- und Herbewegung oder umgekehrt.	Umwandlung einer Drehbewegung in eine andere Bewegung nach bestimmter Gesetzmäßigkeit.	Sperren und Freigeben einer Bewegung in bestimmten Abständen.
Beispiel	Kurbelstange Gelenke Umwandlung der geradlinigen Kolbenbewegung eines Verbrennungsmotors in die Drehbewegung der Kurbelwelle.	Ventilstößel Kurvenscheibe Umwandlung der Drehbewegung der Nockenwelle in geradlinige Hubbewegung der Ventilsteuerung im Kraftfahrzeug.	Sperrklinke Zahnrad Sperrung der Drehbewegung des Uhrengetriebes in regelmäßigen Zeitabständen.

Übungsaufgabe C-104

2.3.4.2 Berechnungsgrundlagen für Getriebe

- **Umdrehungsfrequenz und Umfangsgeschwindigkeit**

Die Zahl der Umdrehungen, die ein Rad eines Getriebes in einer Zeiteinheit (min oder s) ausführt, wird als Umdrehungsfrequenz (Drehzahl) bezeichnet. Meist wird die Drehzahl n mit der Einheit 1/min verwendet. Die Umfangsgeschwindigkeit für die kreisförmige Bewegung wird aus dem Durchmesser und der Drehzahl berechnet:

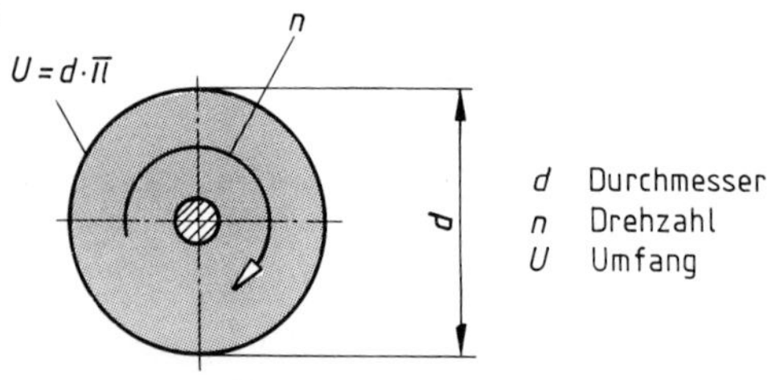

Umfangsgeschwindigkeit = Durchmesser · π · Umdrehungsfrequenz

$$v = d \cdot \pi \cdot n$$

- **Übersetzungsverhältnis**

Treibt ein Rad in einem Getriebe ein anderes Rad, ohne dass die Oberflächen aufeinander rutschen, so haben beide Räder die gleiche Umfangsgeschwindigkeit v, auch wenn die Räder unterschiedliche Durchmesser haben.
Es gilt dann die Beziehung:

$$v_1 = v_2$$

$$d_1 \cdot \pi \cdot n_1 = d_2 \cdot \pi \cdot n_2$$

Aus dieser Gleichung ergibt sich durch Umstellen und Kürzen von π das Verhältnis der Drehzahlen.

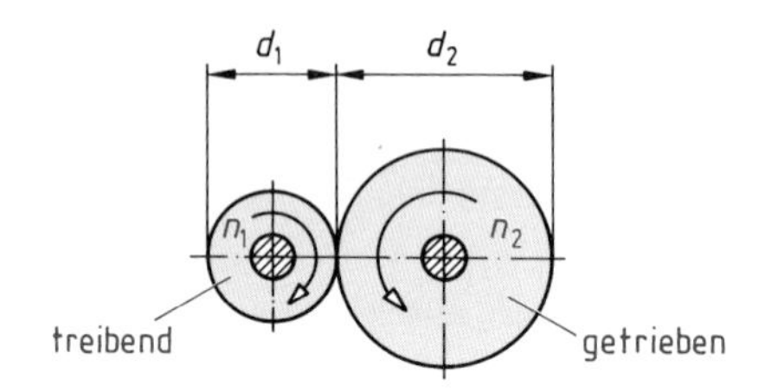

Einstufiges Getriebe

Das Verhältnis der Drehzahl des treibenden Rades zur Drehzahl des getriebenen Rades ist das **Übersetzungsverhältnis** i. Das Übersetzungsverhältnis wird als Bruch angegeben, z.B. $i = 1:5$.

$$\text{Übersetzungsverhältnis } i = \frac{\text{Drehzahl des treibenden Rades } n_1}{\text{Drehzahl des getriebenen Rades } n_2} = \frac{\text{Durchmesser des getriebenen Rades } d_2}{\text{Durchmesser des treibenden Rades } d_1}$$

$$i = \frac{n_1}{n_2} = \frac{d_2}{d_1}$$

Will man die Drehzahl noch weiter verändern, bringt man auf die Welle des getriebenen Rades ein weiteres Rad, das ein viertes Rad auf einer dritten Welle treibt. Man hat nun ein zweistufiges Getriebe.
Kennzeichnung von Durchmessern und Drehzahlen:
– *treibende Räder ungerade Kennzahlen (d_1; d_3; n_1...)*
– *getriebene Räder geradzahlige Kennzahlen (d_2; n_2;...)*
Das Übersetzungsverhältnis eines Getriebes insgesamt (i_{ges}) ist das Verhältnis der Drehzahlen vom ersten treibenden zum letzten getriebenen Rad.

$$i_{ges} = \frac{n_A}{n_E}$$

n_A Drehzahl des ersten treibenden Rades
n_E Drehzahl des letzten getriebenen Rades

d_1, n_1 · d_2, n_2 · d_3, n_3 · d_4, n_4

$$i_1 = \frac{n_1}{n_2} \qquad i_2 = \frac{n_3}{n_4}$$

$$n_2 = n_3$$

$$i_{ges} = \frac{n_1}{n_4} = \frac{n_A}{n_E}$$

Zweistufiges Getriebe

Das gesamte Übersetzungsverhältnis kann auch aus dem Produkt der Übersetzungsverhältnisse der einzelnen Stufen berechnet werden, $i_{ges} = i_1 \cdot i_2 \cdot ...$

Bei mehrstufigen Getrieben ist das Gesamtübersetzungsverhältnis das Produkt der Übersetzungsverhältnisse jeder Stufe. Das Gesamtübersetzungsverhältnis lässt sich auch aus dem Verhältnis der Drehzahl des ersten Rades n_A zur Drehzahl des letztes Rades n_E berechnen.

$$i_{ges} = i_1 \cdot i_2 \cdot ... \quad \text{oder} \quad i_{ges} = \frac{n_A}{n_E}$$

Übungsaufgaben C-105 bis C-107

Beispiel für die Berechnung von Übersetzungen und Drehzahlen eines zweistufigen Getriebes (Schema siehe Vorseite)

Gegeben:	*Gesucht:*	**Lösung:**	
$d_1 = 80$ mm	i_1	$i_1 = \frac{d_2}{d_1} = \frac{200\text{ mm}}{80\text{ mm}} = \mathbf{2{,}5 : 1}$	$n_2 = \frac{n_1}{i_1} = \frac{200 \cdot 1}{2{,}5 \cdot \text{min}} = \mathbf{80\frac{1}{min}}$
$d_2 = 200$ mm	i_2		
$d_3 = 60$ mm	i_{ges}	$i_2 = \frac{d_4}{d_3} = \frac{240\text{ mm}}{60\text{ mm}} = \mathbf{4 : 1}$	$n_3 = n_2 = \mathbf{80\frac{1}{min}}$
$d_4 = 240$ mm	n_2		
$n_1 = 200\frac{1}{\text{min}}$	n_3		
	n_4	$i_{ges} = i_1 \cdot i_2 = 2{,}5 \cdot 4 = \mathbf{10 : 1}$	$n_4 = \frac{n_3}{i_2} = \frac{80 \cdot 1}{4 \cdot \text{min}} = \mathbf{20\frac{1}{min}}$

- **Drehmoment**

Ein Drehmoment M_d an einer Welle oder einem Rad ist das Produkt aus Umfangskraft F und Radius r.

$$M_d = F \cdot r$$

Nach der Drehrichtung unterscheidet man rechts drehende Momente M_r und links drehende Momente M_l.

Gleichgewicht herrscht an einem Bauelement, wenn die Summe der rechts drehenden Momente gleich der Summe der links drehenden Momente ist (Hebelgesetz).

Zur Berechnung der Drehmomente in Getrieben fasst man die Radien von Rädern und Wellen als Hebel auf, deren Drehpunkt die Drehachse ist.

Die Bestimmung der Kräfte und Momente erfolgt über das Gleichgewicht am Hebel.

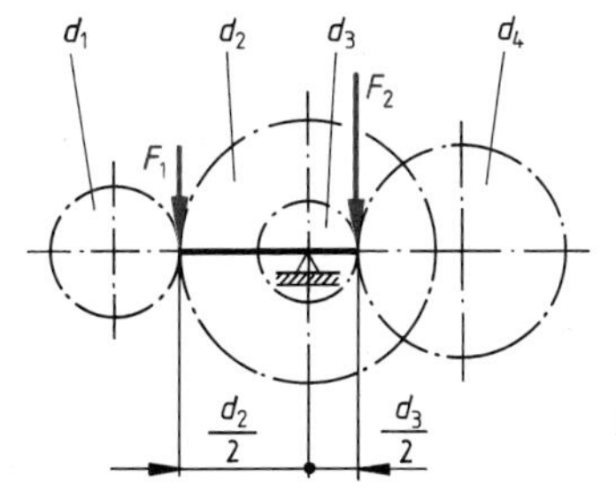

Hebelwirkung am Zahnrad

$$M_l = M_r$$

$$F_1 \cdot \frac{d_2}{2} = F_2 \cdot \frac{d_3}{2}$$

> Gleichgewicht am Hebel:
> Summe der rechts drehenden Momente = Summe der links drehenden Momente

Beispiel für die Berechnung der Handkraft an einem Wellrad

Aufgabe

Mit dem skizzierten Wellrad wird eine Last von 800 N gehoben.

Es ist die Handkraft zu berechnen.

Gegeben

$F_G = 800$ N; $l = 400$ mm

$r = 60$ mm

Gesucht

F_H in N

Lösung

$M_r = M_l$

$F_G \cdot r = F_H \cdot l$

$$F_H = \frac{F_G \cdot r}{l}$$

$$F_H = \frac{800\text{ N} \cdot 60\text{ mm}}{400\text{ mm}} = \mathbf{120\ N}$$

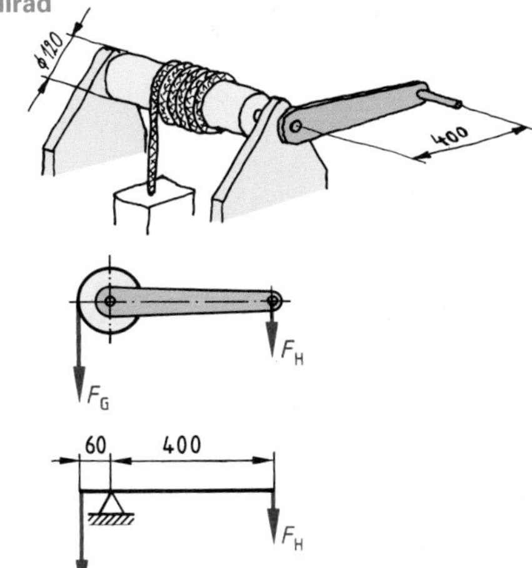

Bei Getriebewellen ist meist die Umfangskraft, welche an den Rädern angreift, nicht gegeben. Bekannt sind dagegen die zu übertragende Leistung und die Drehzahl. Aus diesen Größen kann das Drehmoment berechnet werden.

$P = F \cdot v$

$P = F \cdot 2r \cdot \pi \cdot n$

$M_d = F \cdot r$

$$M_d = \frac{P}{2\pi \cdot n}$$

M_d Drehmoment
P Leistung
n Drehzahl
v Umfanggeschwindigkeit

Übungsaufgaben C-108 bis C-111

2.3.4.3 Zugmittelgetriebe

Bei Zugmittelgetrieben werden die Drehbewegungen vom Antriebsrad durch Riemen oder Ketten als Zugmittel auf das getriebene Rad übertragen.

- **Kraftschlüssige Riemengetriebe**

In Riemengetrieben dient ein elastischer Riemen als Zugmittel zur Übertragung der Drehbewegung. Dabei besteht *Kraftschluss* zwischen Riemen und Riemenscheibe. Die Größe der übertragbaren Kraft hängt von der Reibungskraft ab, die zwischen Riemen und Riemenscheibe wirkt.
Große Bedeutung als kraftschlüssiger Riementrieb hat der Keilriementrieb.

Keilriemen werden aus Gummi hergestellt. Sie werden wegen ihrer Höhe im Wesentlichen auf der Oberseite auf Zug beansprucht und sind dort durch Gewebe verstärkt.
Keilriemen liegen an den Flanken der keilförmig ausgearbeiteten Riemenscheibe an. Dadurch wird die Kraft im Riemen in große Normalkräfte zerlegt, welche auf die Flanken wirken. Daher müssen Keilriemen den gleichen Flankenwinkel wie die Riemenscheiben haben und dürfen am Scheibengrund nicht aufliegen. Wegen der hohen Normalkräfte können große Umfangskräfte übertragen werden.

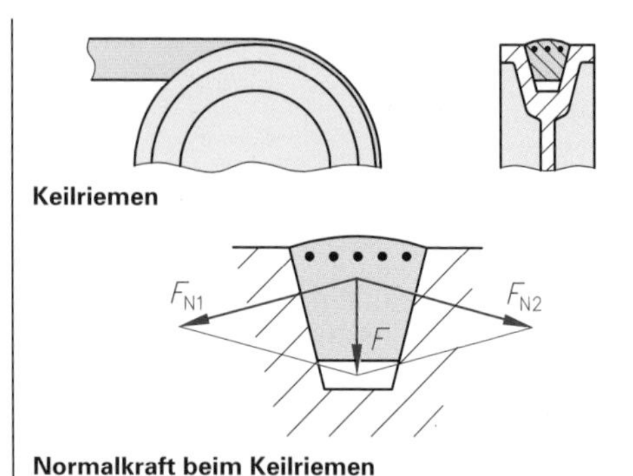

Keilriemen

Normalkraft beim Keilriemen

Keilriemen haben Kraftschluss an den Flanken der Riemenscheiben.

- **Formschlüssige Riemengetriebe**

Zahnriemen werden aus Gummi oder Kunststoff hergestellt. Durch das Zahnprofil wird zwischen Riemen und Scheibe Formschluss erzeugt. Dadurch ist eine schlupffreie Übertragung der Drehbewegung möglich.
Zahnriemen werden eingesetzt, wenn die Vorteile der Riemengetriebe, z.B. großer Wellenabstand und Stoßminderung, genutzt werden sollen, und der Nachteil, der Schlupf, aber keinesfalls auftreten darf.

Zahnriemengetriebe

Zahnriemen übertragen die Drehbewegung durch Formschluss zwischen Riemen und Scheibe.

- **Kettengetriebe**

In Kettengetrieben dienen Stahlketten als Zugmittel zur Übertragung der Bewegung. Die Bewegung wird *formschlüssig* übertragen. Es entsteht daher kein Schlupf. Im Maschinenbau verwendet man am häufigsten die Rollenkette.
Rollenketten werden als Einfach- oder als Mehrfachketten mit bis zu zehn Rollen nebeneinander gefertigt.

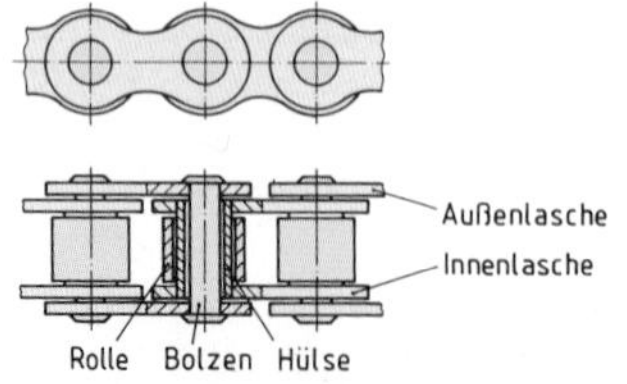

Kettengetriebe

Rollenketten übertragen die Drehbewegung durch Formschluss. Sie übertragen bei geringerer Baubreite größere Kräfte als Riemengetriebe.

Übungsaufgaben C-112 bis C-115

2.3.4.4 Zahnradgetriebe

Mithilfe von Zahnrädern werden Drehbewegungen von einer Welle auf eine andere durch Formschluss und damit ohne Schlupf übertragen. Zahnradgetriebe eignen sich je nach Ausführung zur Übertragung von sehr niedrigen Leistungen, wie z.B. in der Uhrentechnik, bis zu sehr großen Leistungen, wie z.B. bei Walzenantrieben. Neben der Übertragung der Drehbewegung werden mit Zahnradgetrieben meist Drehzahl, Drehmoment oder auch Drehrichtung geändert.

Zahnrad-
getriebe

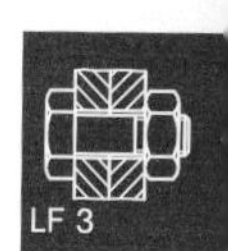

- **Zahnradmaße und ihre Berechnung**

Als **Teilkreis** bezeichnet man die gedachte Linie auf dem Zahnrad, auf welcher der Abstand von Zahn zu Zahn bestimmt wird. Den Teilkreisdurchmesser bezeichnet man mit d.

Teilung nennt man den Abstand zweier Zähne auf dem Teilkreis. Die Teilung hat das Kurzzeichen p.

Die **Zähnezahl** hat das Kurzzeichen z.

Die Zahnteilung lässt sich aus Umfang des Teilkreises ($U = d \cdot \pi$) und der Zähnezahl berechnen:

$$p = \frac{d \cdot \pi}{z}$$

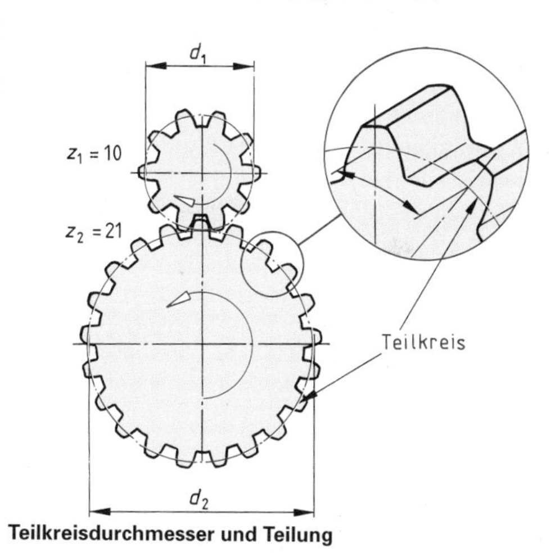

Teilkreisdurchmesser und Teilung

Die Zahnteilung p ist das Maß des Bogens von Zahnmitte zu Zahnmitte auf dem Teilkreis.

Als **Modul** m bezeichnet man das Verhältnis von Teilkreisdurchmesser d zur Zähnezahl z.

Damit ergibt sich für den Modul: $m = \frac{d}{z}$

Für die Teilung gilt dann: $p = m \cdot \pi$

Durch den Modul werden die meisten Maße eines Zahnrades bestimmt. Zahnräder mit gleichem Modul haben gleiche Zahnteilung und können darum bei gleicher Zahnform miteinander in Eingriff gebracht werden. Die Module sind genormt und in DIN 780 festgelegt, sie werden in mm angegeben, z.B. 0,4 mm, 1 mm.

Der Modul ist das Verhältnis von Teilkreisdurchmesser zu Zähnezahl. Er bestimmt die wichtigen Maße eines Zahnrades.

Geht man davon aus, dass sich bei einem Zahnradeingriff die beiden Teilkreise berühren, dann gilt

für den **Achsabstand** a: $a = \frac{d_1}{2} + \frac{d_2}{2}$

daraus folgt: $a = \frac{m \cdot (z_1 + z_2)}{2}$

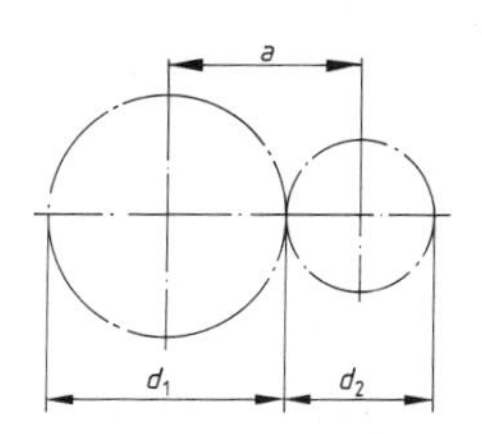

Achsabstand

Die **Kopfhöhe** h_a ist der Abstand vom Teilkreis bis zum Außendurchmesser. Die Kopfhöhe ist genau so groß wie der Modul. Damit ist der Außendurchmesser $d_a = d + 2 \cdot m$.

Der Außendurchmesser wird auch als Kopfkreisdurchmesser bezeichnet.

Die **Fußhöhe** h_f des Zahnes ist der Abstand vom Teilkreis bis zum Zahngrund. Die Fußhöhe beträgt $h_f = 1{,}2 \cdot m$.

Damit ergibt sich für den Fußkreisdurchmesser eines Zahnrades die Beziehung $d_f = d - 2{,}4 \cdot m$.

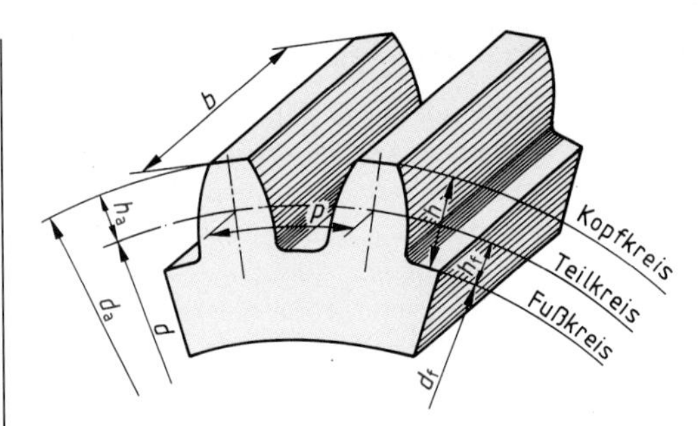

Abmessungen an Geradstirnrädern

Für den Kopfkreisdurchmesser gilt: $d_a = d + 2 \cdot m$, $\quad d_a = m \cdot (z + 2)$
Für den Fußkreisdurchmesser gilt: $d_f = d - 2{,}4 \cdot m$, $\quad d_f = m \cdot (z - 2{,}4)$

- **Zahnflankenformen**

Die Übertragung der Drehbewegung durch Zahnräder soll gleichförmig, d.h. ruckfrei und kontinuierlich sowie reibungsarm erfolgen. Fertigungstechnisch müssen Zahnformen verwendet werden, die in Massenfertigung herzustellen sind. Bei der Montage auftretende geringe Achsabstandsfehler dürfen im Betrieb nicht zu Beschädigungen führen.

Evolventenverzahnung

Zähne, deren Zahnflanken als Evolventenkurve gestaltet sind, erfüllen die an eine Zahnflankenform gerichteten Bedingungen in bestmöglicher Weise.

Eine Evolvente entsteht als Bahnkurve, wenn ein Faden von einem Zylinder abgewickelt wird.

Von dieser Evolventenkurve wird lediglich der Beginn der Abwicklung als Bestandteil für die Zahnflanken verwendet.
Die Evolventenkurve wird im Maschinenbau und im Kfz-Bau als Zahnflankenform verwendet.

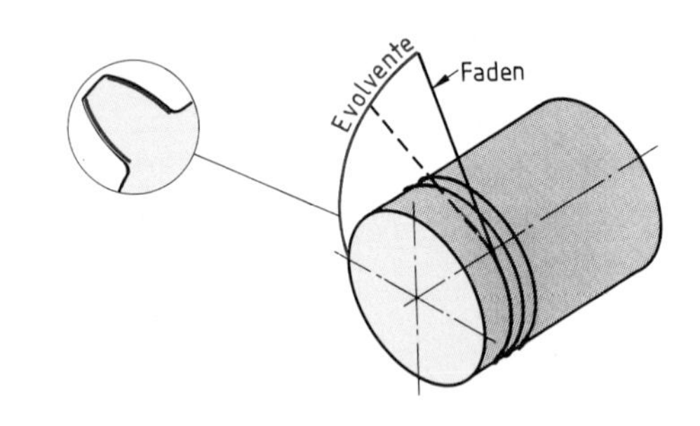

Entstehung einer Evolvente

Im Maschinenbau und im Kfz-Gewerbe verwendet man Zahnräder mit Evolventenverzahnung.

Zykloidenverzahnung

In der Feinwerktechnik, insbesondere in mechanischen Uhren, verwendet man die Zykloidenform als Zahnflankenform. Man spricht von Zykloidenverzahnung.

Eine **Zykloide** entsteht, wenn der Weg eines Punktes auf einer rollenden Scheibe betrachtet wird. Zahnräder mit Zykloidenverzahnungen weisen gutes Abrollverhalten auf und unterliegen deshalb einem geringen Verschleiß der Zahnflanken. Zykloidenverzahnungen sind jedoch schwieriger herzustellen als Evolventenverzahnungen.

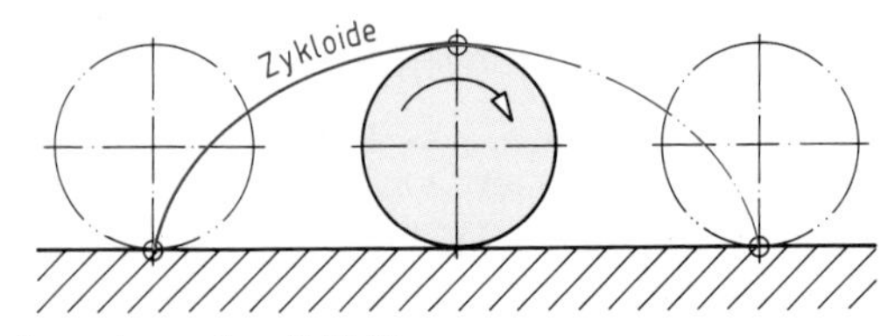

Entstehung einer Zykloide

Zahnräder mit Zykloidenverzahnung werden im Feinwerksbau eingesetzt.

Übungsaufgaben C-118 bis C-124

- **Formen von Zahnradgetrieben**

Man unterscheidet nach der Lage der Wellen verschiedene Grundformen von Zahnradgetrieben.

Wellen liegen parallel zueinander	Wellen schneiden sich	Wellen kreuzen sich
Stirnradtrieb	Kegelradtrieb	Schneckentrieb

Stirnradgetriebe

Stirnradgetriebe werden zur Übertragung von Drehmomenten von einer Welle auf eine parallel dazu liegende andere Welle verwendet. Nach der Lage der Zähne zur Drehachse spricht man bei Stirnradgetrieben von Rädern mit Geradverzahnung und Schrägverzahnung.

Bei schräg verzahnten Stirnrädern sind stets mehrere Zähne im Eingriff. Dadurch laufen diese Getriebe ruhiger. Infolge der schrägen Verzahnung treten aber Kräfte in Achsrichtung auf, die von den Lagern aufgenommen werden müssen.

Stirnradgetriebe mit Schrägverzahnung

Geradstirnräder gerade verzahnt	Schrägstirnräder schräg verzahnt	Schrägstirnräder pfeilverzahnt	Schrägstirnräder doppelt schräg verzahnt
F_u	F_u	F_u	F_u
– geringe Reibungsverluste – hohe Geräuschentwicklung – empfindlich gegen Zahnformfehler	– höhere Laufruhe – bessere Eignung für hohe Drehzahlen – geringere Empfindlichkeit gegen Zahnformfehler – Axialkraft, wird durch Pfeil- oder Doppelschrägverzahnung kompensiert		

Schrägverzahnte Stirnräder haben gegenüber geradverzahnten Stirnrädern:

- höhere Laufruhe,
- bessere Eignung für hohe Drehzahlen,
- geringe Empfindlichkeit gegen Zahnformfehler,
- geringeren Wirkungsgrad,
- Schubkraft in Axialrichtung (kann durch Doppelschräg- und Pfeilverzahnung aufgehoben werden).

Neben der normalen Ausführung mit Außenverzahnung verwendet man Stirnradgetriebe mit Innenverzahnung. Durch die Innenverzahnung des großen Rades verringert sich der Achsabstand so, dass kleine Abmessungen erreicht werden. Der Drehsinn der Räder bleibt im Gegensatz zur Außenverzahnung gleich.

Übungsaufgaben C-125 bis C-127

Kegelradgetriebe

Kegelradgetriebe dienen zur Übertragung von Drehmomenten von einer Welle auf eine andere Welle, die im rechten Winkel dazu steht. Nach der Lage der Zähne zur Kegelspitze unterscheidet man gerade, schräg und bogenverzahnte Kegelräder.

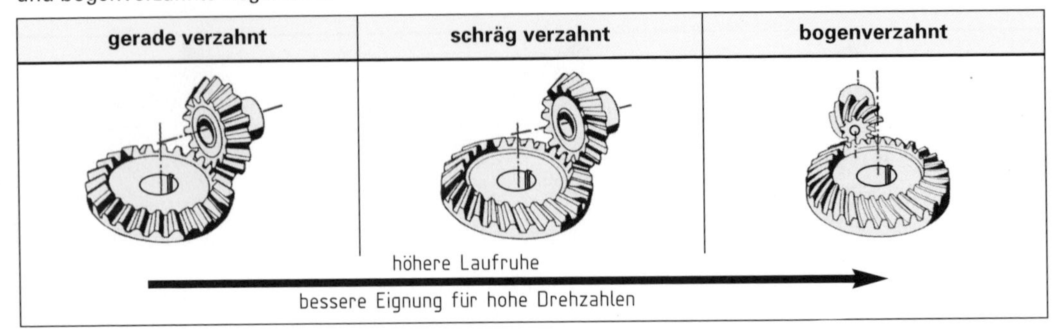

Kegelräder mit Bogenverzahnung erlauben eine geringe Verschiebung der Wellen, sodass auch zwischen Wellen, die nicht genau in einer Ebene liegen, die Drehbewegung übertragen werden kann.

Kegelradgetriebe dienen zur Übertragung von Drehbewegungen bei sich schneidenden Wellen. Man unterscheidet gerad, schräg und bogenverzahnte Kegelräder.

Schraubenradgetriebe

Bringt man Schrägstirnräder mit verschiedenen Schrägungswinkeln zusammen, so kreuzen sich die Wellen. Dadurch schieben sich die Zähne wie bei einem Schraubengewinde aneinander vorbei und übertragen so die Drehbewegung. Wegen der geringen Berührungsfläche der Zähne und der starken Gleitreibung können diese Schraubenradgetriebe nur geringe Drehmomente übertragen und weisen hohen Verschleiß auf.

Schraubenradgetriebe

Schraubenradgetriebe dienen zur Übertragung von Drehbewegungen bei sich kreuzenden Wellen. Punktförmige Berührung der Zahnflanken hat zur Folge, dass nur geringe Drehmomente übertragen werden können.

Schneckengetriebe

Wird bei einem Schraubenradgetriebe der Schrägungswinkel der Zähne so groß, dass nur ein Zahn auf dem Radzylinder umläuft, erhält man ein Schneckengetriebe. Dabei bewegt die Schnecke – gleich einem Bewegungsgewinde – bei einer Umdrehung das Schneckenrad um den Betrag der Steigung weiter. Dadurch sind extreme Übersetzungen bis max. 100:1 möglich.

Man unterscheidet (wie bei Schrauben) bei den Schnecken rechts und links gängige sowie ein- und mehrgängige Schnecken. Eingängige Schnecken besitzen kleinere Steigungswinkel als mehrgängige. Sie haben dadurch eine höhere Reibung und einen geringeren Wirkungsgrad als mehrgängige Schnecken. Bei kleiner werdendem Steigungswinkel des Schneckenganges tritt bei etwa 5° infolge der Reibung Selbsthemmung ein. Der Schneckentrieb kann dann nur noch von der Schneckenseite angetrieben werden.

Schneckengetriebe laufen geräuscharm und können große Leistungen übertragen. Sie haben aber wegen der Gleitbewegung der Zahnflanken aufeinander einen hohen Verschleiß. Nachteilig sind ferner die hohen Axialkräfte, die in der Schnecke auftreten und von den Lagern aufgenommen werden müssen.

Schneckengetriebe

Schneckengetriebe dienen zur Übertragung von Drehbewegungen bei sich kreuzenden Wellen. Mit Schneckengetrieben sind extreme Übersetzungen möglich.

 Übungsaufgaben C-128; C-129

2.3.4.5 Verstellbare Getriebe

- **Verstellbare Zahnradstufengetriebe**

In verstellbaren Zahnradstufengetrieben sind mehrere Rädergetriebe vereinigt. Mit ihnen lassen sich unterschiedliche Umdrehungsfrequenzen, Drehmomente und Drehrichtungen einstellen.

Schieberadgetriebe

In Schieberadgetrieben werden gerade verzahnte Zahnradpaare, Stirnradsätze oder Schiebeblöcke durch axiales Verschieben zum Eingriff gebracht. Die Schiebeblöcke werden meist auf Keilwellen geführt und durch Schaltgabeln in die jeweilige Eingriffsposition geschoben.

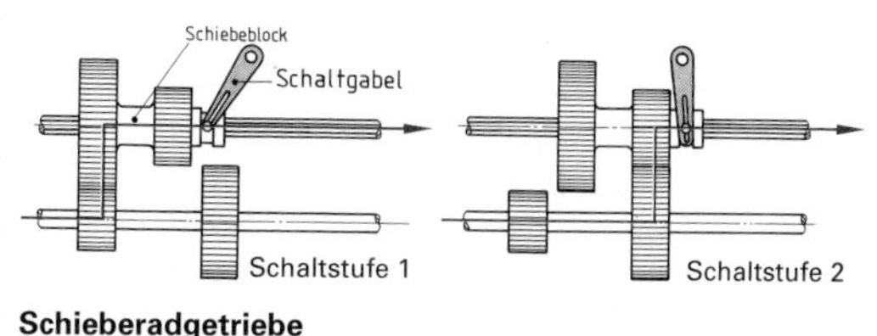

Schieberadgetriebe

Kupplungsgetriebe

Bei Kupplungsgetrieben sind stets alle Zahnräder im Eingriff. Die getriebenen Räder werden jedoch hier mit der Antriebswelle durch eine elektrisch oder mechanisch betätigte Kupplung verbunden. Müssen große Leistungen übertragen werden, verwendet man Lamellenkupplungen.

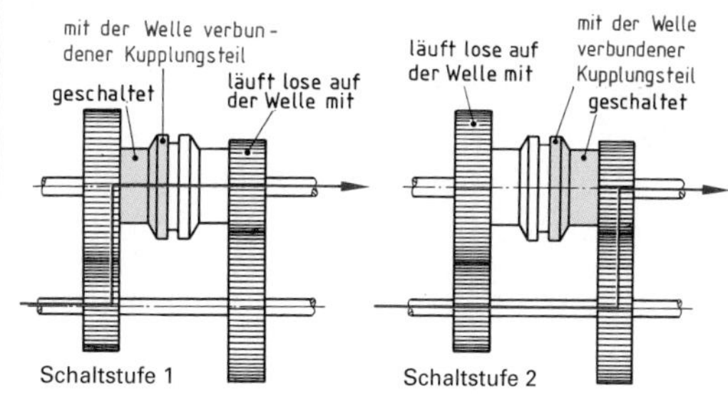

Kupplungsgetriebe (vereinfacht)

- **Umschlingungsgetriebe**

Unter den mechanischen, stufenlos verstellbaren Getrieben sind die Umschlingungsgetriebe besonders im mittleren und oberen Leistungsbereich bis etwa 150 kW am stärksten vertreten.

Der Aufbau ist bei allen Umschlingungsgetrieben mit stufenloser Einstellbarkeit der Drehzahl grundsätzlich gleich. Zwei keglige Scheibenpaare lassen sich auf ihren Wellen axial so verschieben, dass die dadurch entstehenden Keilrillen mehr oder weniger geöffnet bzw. geschlossen werden können. Die so entstehenden unterschiedlichen Laufradien für das Zugmittel bewirken die Drehzahländerung. Diese Getriebe sind meist unter **PIV-Getriebe** bekannt.

Der Wirkungsgrad des Getriebes wird bestimmt von der Festigkeit des Zugstranges, von der Größe der Reibung zwischen Zugstrang und Scheibe sowie von der Anpresskraft der Scheibe gegen den Zugstrang.

Die Anpresskraft der Kegelscheibe gegen den Zugstrang wird durch mechanische oder hydraulische Stelleinrichtungen der zu übertragenden Leistung angepasst. Die Drehzahländerung kann bei kraftschlüssigen Ausführungsformen im Stillstand und während des Laufs erfolgen. Bei formschlüssigen Ausführungsformen kann die Drehzahländerung nur während des Laufs vorgenommen werden.

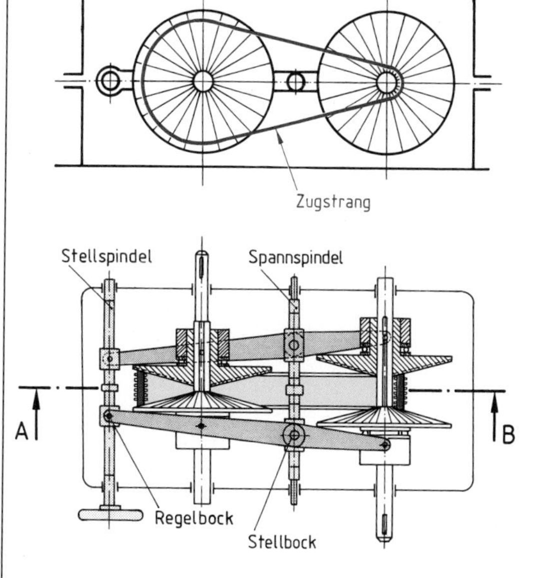

Stufenlos einstellbares Umschlingungsgetriebe mit Lamellenkette

> Umschlingungsgetriebe arbeiten mit keilförmigen Zugmitteln, die auf unterschiedlich einstellbaren Durchmessern von Antriebs- und Abtriebsscheibe laufen können.

Übungsaufgaben C-130; C-131

3 Festigkeitsberechnungen von Bauelementen

3.1 Grundlagen zur Festigkeitsberechnung

3.1.1 Beanspruchungsarten und Belastungsfälle

Jedes Werkstück wird beim Gebrauch durch Kräfte beansprucht. Die Beanspruchung der Werkstücke unterscheidet man nach Beanspruchungsarten: z. B. Zug-, Druck-, Biegebeanspruchung. Tritt an einem Bauelement nur eine dieser Beanspruchungsarten auf, so spricht man von einer *einfachen* Beanspruchung. Treten dagegen mehrere Beanspruchungsarten gleichzeitig auf, spricht man von einer *zusammengesetzten* Beanspruchung. Eine Welle kann z.B. gleichzeitig auf Biegung und Verdrehung beansprucht werden.

- **Einfache Beanspruchungsarten**

Beanspruchungsarten	Zug	Druck	Abscherung	Biegung	Verdrehung	Knickung
	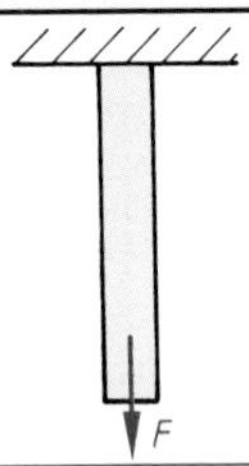 F	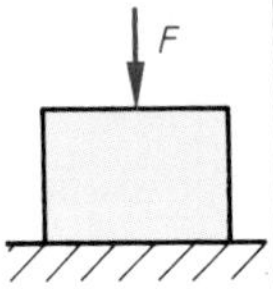 F	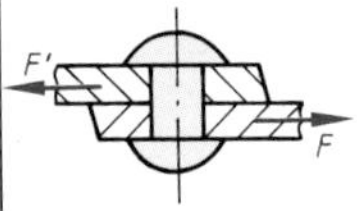 F', F	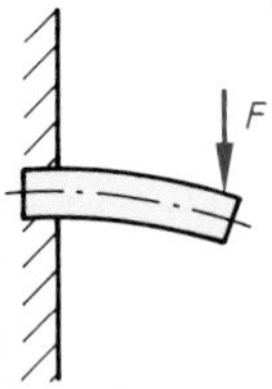 F	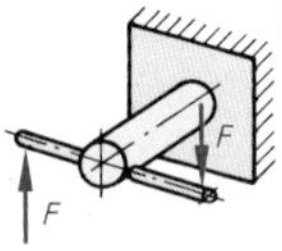 F, F	 F
Beispiele	Kranseil Kette	Säule Maschinenständer	Niet Bolzen	Träger Achse	Welle Torsionsfederstab	Schubstange Gerüststange

Bei Beanspruchungsarten unterscheidet man einfache und zusammengesetzte Beanspruchung.
Einfache Beanspruchungsarten sind:
- Zug,
- Druck,
- Abscherung,
- Biegung,
- Verdrehung,
- Knickung.

Nach dem zeitlichen Verlauf der Belastung unterscheidet man ruhende, schwellende und wechselnde Belastung. Ruhende Belastung herrscht, wenn die Last in der gesamten Nutzungszeit gleich bleibt. Diese beansprucht einen Werkstoff am wenigsten. Eine Last, die laufend zwischen einem positiven und einem negativen Höchstwert, z.B. zwischen hohen Zug- und Druckspannungen, wechselt, beansprucht dagegen den Werkstoff am stärksten.

- **Belastungsfälle**

Belastung	**statisch**	**dynamisch**	
	ruhend	**schwellend**	**wechselnd**
Zeitlicher Verlauf der Belastung	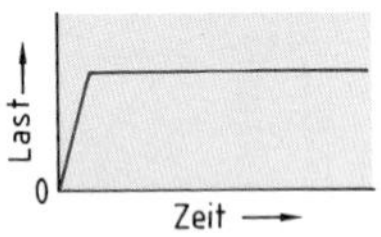 Last, 0, Zeit Last bleibt nach Aufbringen konstant	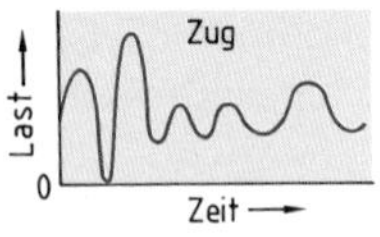 Last, 0, Zug, Zeit Last schwillt im Bereich zwischen Null und dem Höchstwert	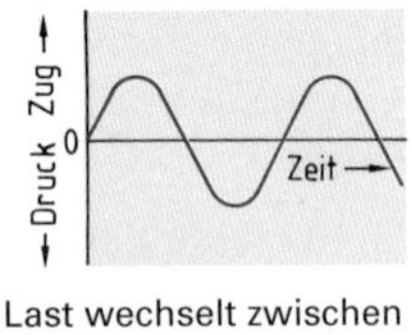 Druck, Zug, 0, Zeit Last wechselt zwischen positivem und negativem Höchstwert
Belastungsfall	I	II	III
Beispiele	Säule, Gebäudefundament	Kranseil, feststehende Achse	Schraubendreher, umlaufende Achse

Nach dem zeitlichen Verlauf einer Belastung unterscheidet man
- ruhende Belastung – Belastungsfall I
- schwellende Belastung – Belastungsfall II
- wechselnde Belastung – Belastungsfall III

Übungsaufgaben C-132; C-133

3.1.2 Zugbeanspruchung

Wird ein Stab durch eine Zugkraft F beansprucht, so ruft diese Kraft im Inneren des Stabes, d. h. im Querschnitt S, Zugspannungen hervor, die senkrecht zum beanspruchten Querschnitt wirken. Sie werden auch als Normalspannungen bezeichnet.

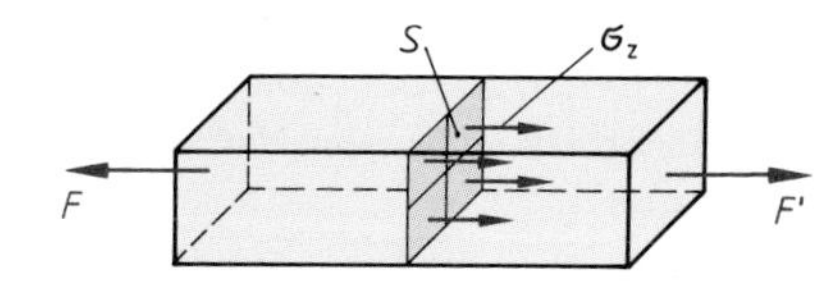

Zugspannungen im Zugstab

Aus der Bedingung, dass sich innere und äußere Kräfte das Gleichgewicht halten müssen, ergibt sich:

$$F = \sigma_z \cdot S$$

σ_z Zugspannung
F Zugkraft
S beanspruchter Querschnitt

Diese Zugspannung darf den Wert der zulässigen Spannung $\sigma_{z\,zul}$ nicht überschreiten. Es gilt also die Forderung: σ_z " $\sigma_{z\,zul}$

Die zulässige Zugspannung von **spröden Werkstoffen**, wie z. B. Gusseisen und Glas, berechnet man aus der Zugfestigkeit.

Da **plastisch verformbare Werkstoffe**, z. B. weicher Stahl und Aluminium, bereits bei Auftreten bleibender Verformungen zerstört sind, berechnet man die zulässige Spannung von diesen Werkstoffen aus der Streckgrenze.
Damit die zulässige Spannung unter der Zugfestigkeit bzw. der Streckgrenze bleibt, führt man eine Sicherheitszahl ν (nü) ein.

Dabei gilt für

– spröde Werkstoffe

$$\sigma_{z\,zul} = \frac{R_m}{\nu}$$

– plastisch verformbare Werkstoffe

$$\sigma_{z\,zul} = \frac{R_{eh}}{\nu}$$

$\sigma_{z\,zul}$ zulässige Zugspannung
R_m Zugfestigkeit
R_{eh} Streckgrenze
ν Sicherheitszahl

Die Sicherheitszahl ν liegt je nach Anwendung zwischen 1,5 und 3.
In den meisten Fällen greift man zur Wahl der zulässigen Spannungen auf Tabellenwerte zurück, in denen bereits die Sicherheit enthalten ist.

Zulässige Zugspannungen für Werkstoffe bei verschiedenen Belastungsfällen

Werkstoffe		S235	E295	E360	GS-45	25CrMo4	G-AlSi 12	AlCuMg	Messing
zulässige Spannung $\sigma_{z\,zul}$ in N/mm^2	ruhend I	125	175	260	125	325	40	135	150
	schwellend II	80	110	170	80	220	22	60	90
	wechselnd III	55	80	115	55	145	17	45	50

Die zulässige Spannung für Werkstoffe errechnet man entweder aus der Grenzspannung und der verlangten Sicherheit oder man benutzt Tabellenwerte.
Für spröde Werkstoffe ist die Zugfestigkeit die Grenzspannung. Für plastisch verformbare Werkstoffe ist die Streckgrenze die Grenzspannung.

Berechnung des erforderlichen Querschnitts:

$$S_{erf} = \frac{F_{max}}{\sigma_{z\,zul}} \quad \text{in } mm^2$$

S_{erf} erforderlicher Querschnitt
F_{max} Höchstkraft
$\sigma_{z\,zul}$ zulässige Zugspannung

Beispiel **für die Berechnung eines zugbeanspruchten Querschnittes**

Aufgabe
Eine runde Stange aus E 295 (St 50) wird schwellend durch eine Zugkraft von max. 120 000 N belastet.
Der Durchmesser der Stange ist zu berechnen, $\sigma_{z\,zul}$ siehe Tabelle.

Lösung

$S_{erf} = \frac{F_{max}}{\sigma_{z\,zul}}$ $\quad S_{erf} = \frac{120\,000\ N \cdot mm^2}{110\ N} = 1090{,}9\ mm^2$ $\quad d = 37{,}2\ mm$ $\quad d_{gewählt} = \mathbf{38\ mm}$

Übungsaufgaben C-134 bis C-138

3.1.3 Druckbeanspruchung

Eine Druckkraft ruft im *Inneren* eines Werkstoffes bei einem beanspruchten Bauelement als Reaktion **Druckspannungen** σ_d hervor.

Die in der *Grenzfläche* zu einem anderen Werkstoff infolge Druck entstehenden Spannungen bezeichnet man als **Flächenpressung** p.

Entsprechend der Gleichgewichtsbedingung gilt für das Werkstoffinnere $F = \sigma_d \cdot S$, für die Grenzfläche $F = p \cdot A$.

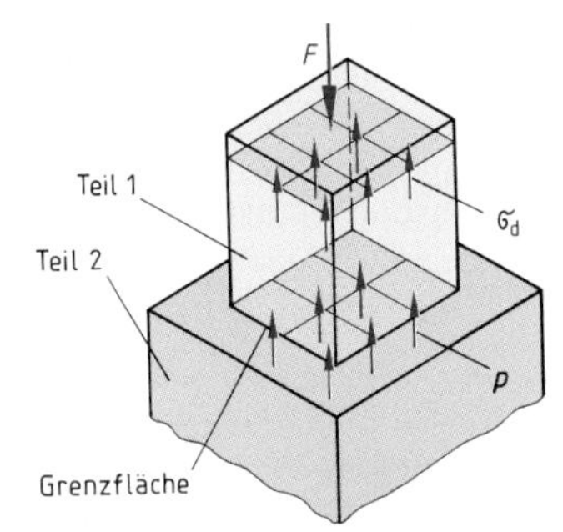

Druckspannungen und Flächenpressung

$$F = \sigma_d \cdot S \quad \text{bzw.} \quad F = p \cdot A$$

S Querschnittsfläche
A Berührungsfläche
σ_d Druckspannung
p Flächenpressung

Häufig sind die gepressten Flächen nicht eben, wie zum Beispiel bei Wellen im Lager, bei Gewindegängen und bei Prismenführungen. Die gepresste Fläche ist in solchen Fällen als Projektion der Berührungsfläche auf eine senkrecht zur Kraftrichtung liegende Ebene aufzufassen. Man spricht von *projizierter* Berührungsfläche.

Beispiele für projizierte Berührungsflächen

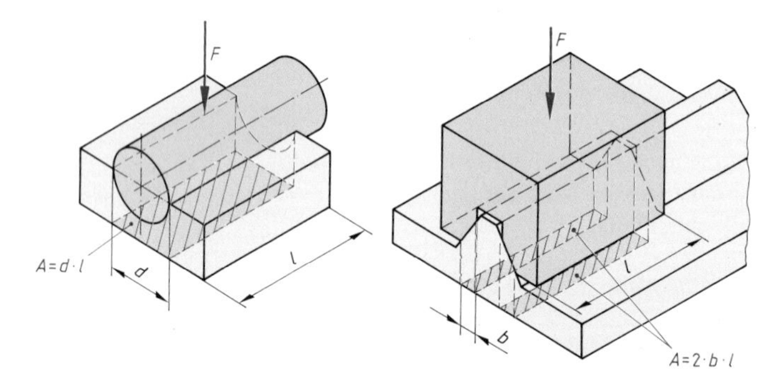

Die durch Flächenpressung beanspruchte Fläche wird in Berechnungen als Projektion der Berührungsflächen eingesetzt bzw. ermittelt.

Für die Berechnung der erforderlichen Querschnitte gilt demnach:

$$S_{erf} = \frac{F_{max}}{\sigma_{d\,zul}} \quad \text{bzw.} \quad A_{erf} = \frac{F_{max}}{p_{zul}}$$

$\sigma_{d\,zul}$ zulässige Druckspannung
p_{zul} zulässige Flächenpressung des schwächsten Werkstoffs

Bei der Flächenpressung ist darauf zu achten, dass die zulässige Flächenpressung des *schwächsten* Werkstoffes nicht überschritten werden darf.
Die zulässige Druckspannung entspricht bei Stählen und NE-Metallen der zulässigen Zugspannung. Bei sehr ungleichmäßig aufgebauten Werkstoffen, z. B. Gusseisen, ist die zulässige Druckspannung höher als die zulässige Zugspannung.

Zulässige Flächenpressung für Werkstoffe bei verschiedenen Belastungsfällen

Werkstoffe		S235	E 295	E 360	GS-45	25CrMo4
zulässige Flächenpressung p_{zul} in N/mm²	ruhend I	80	120	180	100	210
	schwellend II	50	70	90	70	105

Übungsaufgaben C-139 bis C-142

Beispiel für die Berechnung eines druckbeanspruchten Bauelementes

Aufgabe

Es werden im Fließpressverfahren Hülsen aus Al 99,5 hergestellt. Die Presskraft beträgt nach Berechnungen 500 kN.

a) Welche Druckspannung tritt im engsten Querschnitt des Stempelschafts auf?

b) Kann der als Stempelwerkstoff vorgesehene Werkzeugstahl X165CrMo12 mit einer Sicherheit von 2 gegen das Erreichen seiner Streckgrenze von 1900 N/mm² den Anforderungen genügen?

c) Welchen Durchmesser sollte der Stempelkopf erhalten, damit die zulässige Flächenpressung von 400 N/mm² auf die Druckplatte nicht überschritten wird?

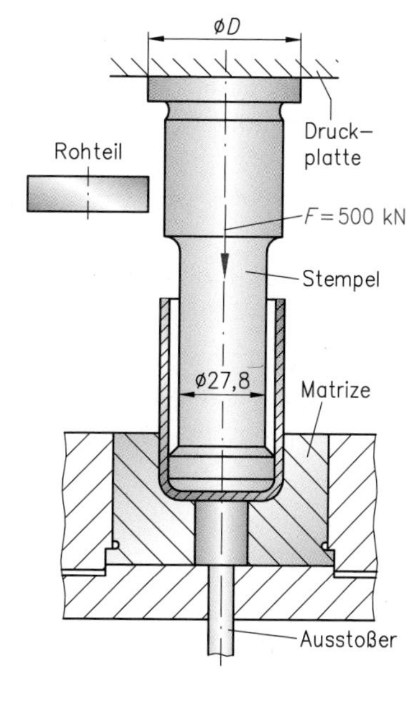

Gegeben

$F = 500\ \text{kN}$

$d_1 = 27{,}8\ \text{mm}$

$R_e = 1900\ \dfrac{\text{N}}{\text{mm}^2}$

$\nu = 2$

$P_{zul} = 400\ \dfrac{\text{N}}{\text{mm}^2}$

Gesucht

σ_d

$\sigma_d < \sigma_{dzul}$

D

Lösung

a)
$$S = \frac{d^2 \cdot \pi}{4}$$
$$S = \frac{27{,}8^2\ \text{mm}^2 \cdot \pi}{4};\quad S = 606{,}7\ \text{mm}^2$$
$$\sigma_d = \frac{F}{S}$$
$$\sigma_d = \frac{500\,000\ \text{N}}{606{,}7\ \text{mm}^2};\quad \sigma_d = \mathbf{824\ \frac{N}{mm^2}}$$

b)
$$\sigma_{d\,zul} = \frac{R_e}{\nu}$$
$$\sigma_{d\,zul} = \frac{1900\ \text{N}}{2\ \text{mm}^2};\quad \sigma_{d\,zul} = \mathbf{850\ \frac{N}{mm^2}}$$

c)
$$A_{erf} = \frac{F_{max}}{P_{zul}}$$
$$A_{erf} = \frac{500\,000\ \text{N mm}^2}{400\ \text{N}}$$
$$A_{erf} = 1\,250\ \text{mm}^2$$
$$D = \sqrt{\frac{4 \cdot 7}{\pi}}$$
$$D = \sqrt{\frac{4 \cdot 1\,250\ \text{mm}^2}{\pi}}$$
$$D = 39{,}9\ \text{mm}$$
$$D_{gewählt} = \mathbf{40\ mm}$$

$\sigma_{d\,vorhanden} = 824\ \dfrac{\text{N}}{\text{mm}^2}$ ist kleiner als $\sigma_{d\,zul} = 850\ \dfrac{\text{N}}{\text{mm}^2}$, damit ist die Verwendung von X165CrMo12 **zulässig.**

3.1.4 Scherbeanspruchung

Im Gegensatz zu den Zug- und Druckspannungen, die als Normalspannungen senkrecht zum beanspruchten Querschnitt stehen, wirken Scherspannungen *im* beanspruchten Querschnitt.
Wird ein Werkstück durch eine Scherkraft beansprucht, so ruft diese Kraft im Inneren des Werkstoffes in der Scherfläche Scherspannungen τ_s hervor.

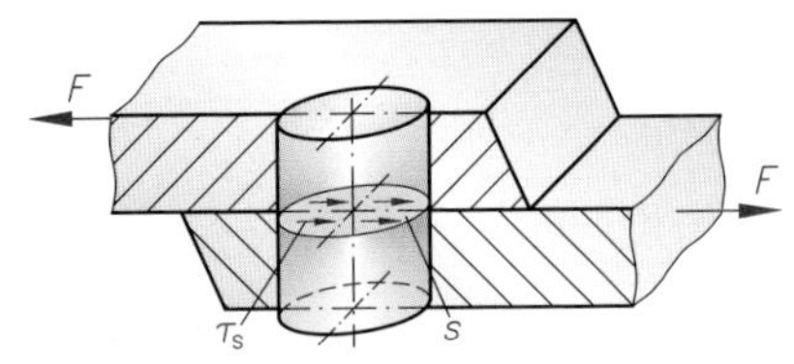

Scherspannungen

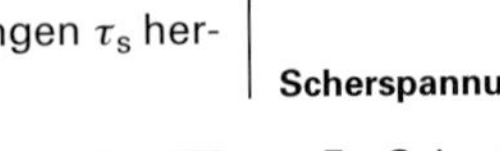

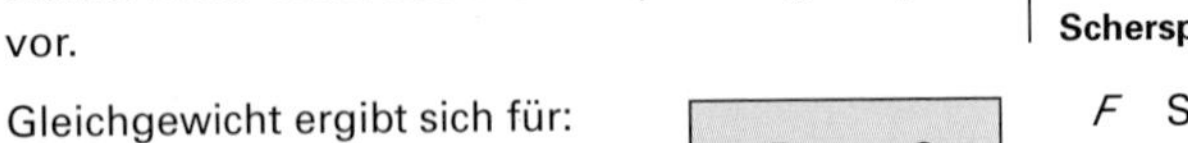

Gleichgewicht ergibt sich für:

$$F = \tau_s \cdot S$$

F Scherkraft
τ_s Scherspannung
S beanspruchter Querschnitt

Häufig wird bei der Beanspruchung auf Scherung ein Bauelement in *mehreren* Querschnitten gleichzeitig beansprucht.

Beispiel für die Zahl der Scherquerschnitte

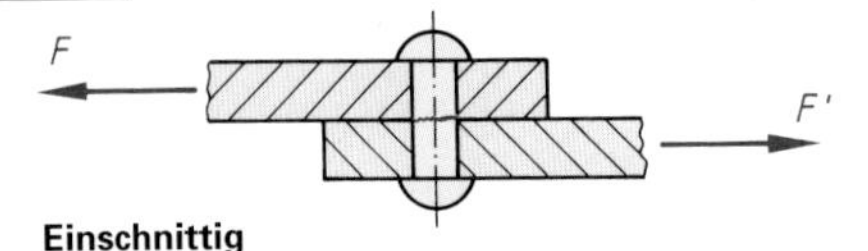

Einschnittig

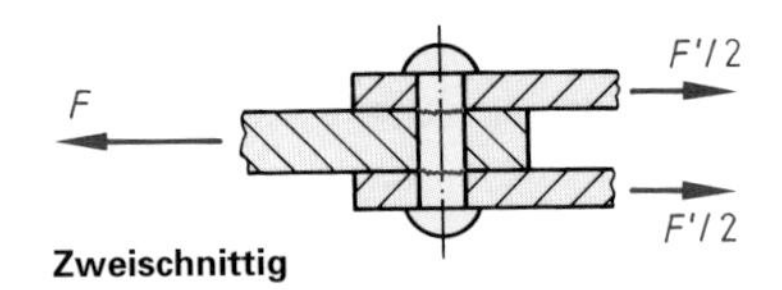

Zweischnittig

Für die Berechnung des erforderlichen Querschnitts unter Berücksichtigung der Zahl der Scherquerschnitte ergibt sich somit die Gleichung:

$$S_{erf} = \frac{F_{max}}{N \cdot \tau_{s\,zul}}$$

S_{erf} erforderlicher Querschnitt
F_{max} Höchstkraft
N Zahl der beanspruchten Scherquerschnitte
$\tau_{s\,zul}$ zulässige Scherspannung

Der Wert der zulässigen Scherspannung ist bei einer Scherbeanspruchung etwa $0{,}8 \cdot \sigma_{z\,zul}$ für Baustahl und etwa $1{,}1 \cdot \sigma_{z\,zul}$ für Gusseisen.

Beispiel für die Berechnung eines durch Scherkräfte beanspruchten Bauelementes

Aufgabe
Das dargestellte Gelenk soll eine Zugkraft von 40 000 N übertragen:
Es ist der Bolzendurchmesser zu berechnen. Die zulässige Scherspannung ist aus der Zugfestigkeit des Bolzenwerkstoffes E 295 zu ermitteln.

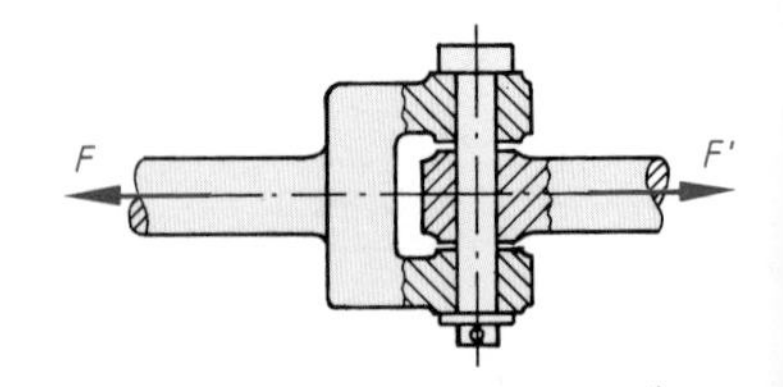

Gegeben
$F = 40\,000$ N
$\nu = 2$
E 295; $\sigma_{z\,zul}$ nach Tabelle 110 $\frac{N}{mm^2}$

Gesucht
d in mm

Lösung

$\tau_{s\,zul} = \sigma_{z\,zul} \cdot 0{,}8$

$\tau_{s\,zul} = 110 \frac{N}{mm^2} \cdot 0{,}8$

$\tau_{s\,zul} = \mathbf{88 \frac{N}{mm^2}}$

$S_{erf} = \frac{F_{max}}{N \cdot \tau_{s\,zul}}$

$S_{erf} = \frac{40\,000\ N \cdot mm^2}{2 \cdot 88\ N}$

$S_{erf} = \mathbf{227{,}2\ mm^2}$

$d = \sqrt{\frac{4 \cdot S_{erf}}{\pi}}$

$d = \sqrt{\frac{4 \cdot 227{,}2\ mm^2}{3{,}14}}$

$d = \mathbf{17\ mm}$

Übungsaufgaben C-143 bis C-145

3.2 Berechnungen von Bauelementen und Verbindungen

3.2.1 Berechnung von Schrauben

- **Berechnung von Schrauben ohne Vorlast**

Wird eine Schraube nur durch *eine* Kraft, z. B. die angehängte Last oder nur durch die Spannkraft infolge des Anziehens belastet, so spricht man von Schrauben ohne Vorlast. Schrauben ohne Vorlast sind z. B. die Schrauben in Spannschlössern.

Die zulässige Spannung $\sigma_{z\,zul}$ errechnet man aus der Streckgrenze des Schraubenwerkstoffs R_{eH} und der Sicherheitszahl ν, die für Schrauben ohne Vorlast mit 2 angenommen wird.
Aus der Betriebskraft F_B und der zulässigen Spannung $\sigma_{z\,zul}$ berechnet man den Spannungsquerschnitt S_s der Schraube.

$$S_s = \frac{F_B}{\sigma_{z\,zul}}$$

$$\sigma_{z\,zul} = \frac{R_{eH}}{\nu}$$

F_B Betriebskraft
S_S Spannungsquerschnitt
$\sigma_{z\,zul}$ zulässige Spannung
R_{eH} Streckgrenze
ν Sicherheitszahl

Mit dem errechneten Spannungsquerschnitt wählt man aus Gewindetabellen den erforderlichen Gewindedurchmesser.

Beispiel für die Berechnung eines Gewindes

Aufgabe

Eine Schraube aus 5.6 soll eine Betriebskraft von 10 kN aufnehmen. $\nu = 2$
Das Gewinde der Schraube ist zu ermitteln.

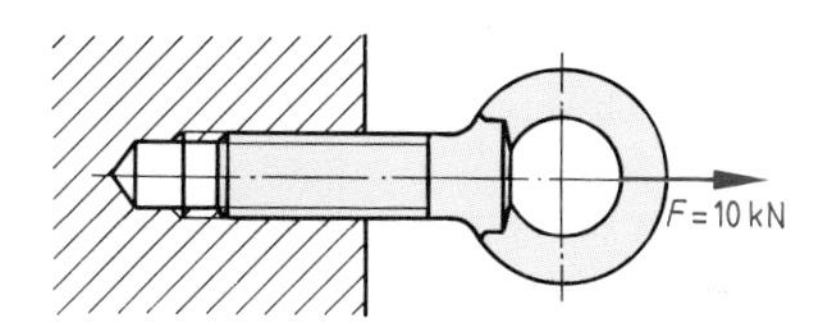

Gegeben

$R_{eH} = 300 \frac{N}{mm^2}$ (aus 5.6 ermittelt)

$F = 10\,000 N$

Gesucht

Gewindedurchmesser d

Lösungshilfe

Abmessungen metrischer ISO-Gewinde nach DIN 13 (Auszug)

d mm	*P* mm	d_2 mm	d_3 mm	S_s mm^2	H_1 mm
10	1,5	9,026	8,160	58,0	0,812
12	1,75	10,863	9,853	84,3	0,947
16	2,0	14,701	13,546	157	1,083

Lösung

$$\sigma_{z\,zul} = \frac{R_{eH}}{\nu}$$

$$\sigma_{z\,zul} = \frac{300\ N}{mm^2 \cdot 2}$$

$$\sigma_{z\,zul} = 150\ \frac{N}{mm^2}$$

$$S_s = \frac{F_B}{\sigma_{z\,zul}}$$

$$S_s = \frac{10\,000\ N \cdot mm^2}{150\ N}$$

S_s = **66,6 mm²**
Gewählt **M 12** ($S_s = 84{,}3\ mm^2$)

- **Berechnung von Schrauben mit Vorlast**

Werden Schrauben angezogen, so erhalten sie dadurch eine Vorlast. Bei anschließender Belastung durch die Betriebskraft F_B erhöht sich die Belastung der Schraube. Die Gesamtbelastung F_{max} ist in diesem Fall die Summe aus Vorlast und Betriebslast.
In Überschlagsrechnungen berücksichtigt man die Vorlast, indem man als Gesamtbelastung das 1,7-Fache der Betriebslast annimmt.

$$F_{max} = 1{,}7 \cdot F_B$$

Übungsaufgabe C-146

3.2.2 Berechnung von Stiften

Stiftverbindungen sind lösbare Verbindungen, die ausschließlich Scherkräfte aufnehmen können. Die Berechnung der Stifte erfolgt auf Abscheren.
Die zulässige Scherspannung errechnet man aus der zulässigen Zugspannung und einem werkstoffabhängigen Faktor. Für Verbindungsstifte aus Stahl beträgt die zulässige Scherspannung $\tau_{s\,zul} = 0{,}8 \cdot \sigma_{z\,zul}$.

Beispiel **für die Berechnung eines Verbindungsstiftes**

Aufgabe
Das dargestellte Gelenk einer Zugstange wird durch einen Knebelkerbstift zusammengehalten. Welchen Durchmesser muss ein Stift aus E 295 haben, wenn eine schwellende Last von 45 000 N übertragen wird?

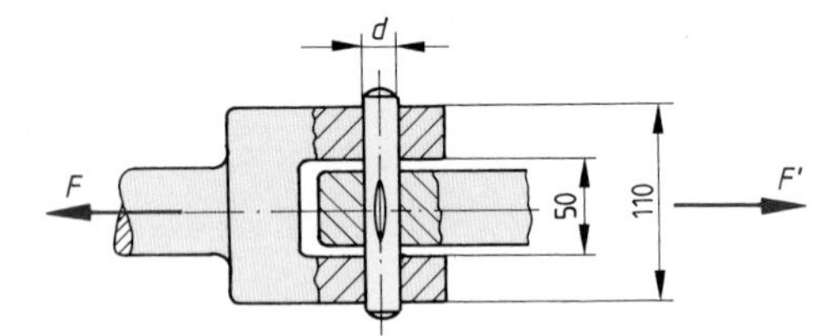

Gegeben
$F = 45\,000$ N　　$N = 2$

E 295 $\Rightarrow \sigma_{z\,zul} = 110\ \frac{\text{N}}{\text{mm}^2}$

Gesucht
d in mm

Lösung

$\tau_{s\,zul} = 0{,}8 \cdot \sigma_{z\,zul}$

$\tau_{s\,zul} = 0{,}8 \cdot 110\ \frac{\text{N}}{\text{mm}^2}$

$\tau_{s\,zul} = \mathbf{88\ \frac{N}{mm^2}}$

$S_{erf} = \frac{F_{max}}{N \cdot \tau_{s\,zul}}$

$S_{erf} = \frac{45\,000\ \text{N} \cdot \text{mm}^2}{2 \cdot 88\ \text{N}}$

$S_{erf} = \mathbf{255{,}6\ mm^2}$

$S = \frac{d^2 \cdot \pi}{4}$

$d = \sqrt{\frac{4 \cdot S}{\pi}}$

$d = \sqrt{\frac{4 \cdot 255{,}6\ \text{mm}^2}{3{,}14}}$

$d = \mathbf{18{,}0\ mm}$

Bei Stiftverbindungen tritt in den Grenzflächen zwischen Bohrung und Stift auch Flächenpressung auf. Es ist zu überprüfen, ob in den Lagerstellen die zulässige Flächenpressung nicht überschritten wird.

Beispiel **für die Überprüfung der Abmessungen einer Stiftverbindung auf zulässige Flächenpressung**

Aufgabe
Die Abmessungen der im vorherigen Beispiel dargestellten Gabel aus S 235 sind auf Flächenpressung zu überprüfen.

Gegeben
$F = 45\,000$ N
S 235 $\Rightarrow p_{z\,zul} = 50\ \frac{\text{N}}{\text{mm}^2}$

$d = 18$ mm (aus vorherigem Beispiel)
$l = 110\ \text{mm} - 50\ \text{mm} = 60\ \text{mm}$ (aus Skizze)

Gesucht
p

Lösung

$p = \frac{F}{A}$　　$A = d \cdot l$

$p = \frac{45\,000\ \text{N}}{18\ \text{mm} \cdot 60\ \text{mm}}$

$p = \mathbf{41{,}6\ \frac{N}{mm^2}}$

Da p_{zul} für S 235 = $50\ \frac{\text{N}}{\text{mm}^2}$ beträgt, sind die Abmessungen ausreichend.

Übungsaufgaben C-147; C-148

3.2.3 Berechnung von Passfedern

Passfedern werden auf Abscheren und Flächenpressung beansprucht. Die Berechnung erfolgt jedoch nur auf Flächenpressung, da die Normmaße für Passfedern so gewählt sind, dass die zulässige Scherbeanspruchung nicht überschritten wird, wenn die zulässige Flächenpressung eingehalten wird. Für Passfedern sind die Maße *b* und *h* in Abhängigkeit vom Wellendurchmesser genormt.

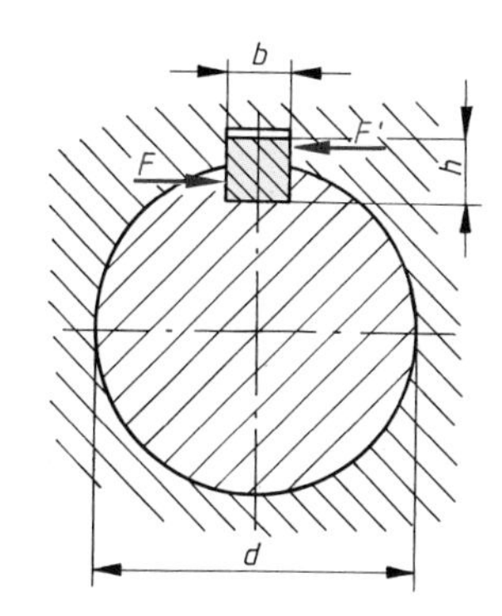

Beanspruchung einer Passfeder

$$M_d = F \cdot \frac{d}{2}$$

F Umfangskraft
b Breite der Passfedern
h Höhe der Passfedern
d Durchmesser der Welle
M_d Drehmoment

Aus der Forderung $p \leq p_{zul}$ des schwächsten Werkstoffs ergibt sich für die Länge l_{erf} der Passfedern:

bei geradstirnigen Passfedern

$$l_{erf} = \frac{4\ M_d}{d \cdot h \cdot p_{zul}}$$

bei rundstirnigen Passfedern

$$l_{erf} = \frac{4\ M_d}{d \cdot h \cdot p_{zul}} + b$$

Beispiel **für eine Federberechnung**

Aufgabe

Eine Welle soll ein Drehmoment von 90 Nm übertragen. Welle und Nabe werden mit einer Passfeder der Form A verbunden. p_{zul} des schwächsten Werkstoffes ist 70 N/mm². Der Wellendurchmesser beträgt 25 mm. Die Maße der Feder sind zu ermitteln.

Gegeben
d = 25 mm

Gesucht
l in mm

Lösungshilfe

Abmessung für Passfedern nach DIN 6885 (Auszug)

<table>
<tr><td>Wellendurchmesser d</td><td>10 bis 12</td><td>12 bis 17</td><td>17 bis 22</td><td>22 bis 30</td><td>30 bis 38</td><td>38 bis 44</td><td>44 bis 50</td><td>50 bis 58</td><td>58 bis 65</td><td>65 bis 75</td></tr>
<tr><td>Breite der Feder b</td><td>4</td><td>5</td><td>6</td><td>8</td><td>10</td><td>12</td><td>14</td><td>16</td><td>18</td><td>20</td></tr>
<tr><td>Höhe der Feder h</td><td>4</td><td>5</td><td>6</td><td>7</td><td>8</td><td>8</td><td>9</td><td>10</td><td>11</td><td>12</td></tr>
<tr><td>Passfederlängen l</td><td colspan="10">6 8 10 12 14 16 18 20 22 25 28 32 36 40
45 50 56 63 70 80 90 100 110 125 140 160 180 200</td></tr>
</table>

Lösung

Feder A 8 x 7 (nach Tabelle)

$$l_{erf} = \frac{4 \cdot M_d}{d \cdot h \cdot p_{zul}} + b; \quad l_{erf} = \frac{4 \cdot 90\,000 \text{ Nmm} \cdot \text{mm}^2}{25 \text{ mm} \cdot 7 \text{ mm} \cdot 70 \text{ N}} + 8 \text{ mm}; \quad l_{erf} = 37{,}3 \text{ mm}$$

l_{gew} = **40 mm**

Übungsaufgaben C-149; C-150

3.2.4 Berechnung von Klebeverbindungen

Klebeverbindungen sollen ausschließlich auf Scherung beansprucht werden. Fachgerechte Klebeverbindungen werden daher als Überlappungen oder Schäftungen ausgeführt. Die notwendige Klebefläche S (Überlappungsfläche) wird aus der zulässigen Scherspannung des Klebers errechnet.

$$S = \frac{F}{\tau_{s\,zul}}$$

Die zulässige Scherspannung der Kleber kann aus den Verarbeitungsrichtlinien der Kleberhersteller entnommen werden. Für überschlägige Berechnungen kann man als zulässige Scherspannung annehmen:

- für Kaltkleber $\tau_{s\,zul}$ = 6 bis 12 N/mm²
- für Warmkleber $\tau_{s\,zul}$ = 10 bis 20 N/mm²

Die Überlappungslänge ergibt sich aus:

$$l_ü = \frac{F}{\tau_{s\,zul} \cdot b}$$

$l_ü$ Überlappungslänge
F Belastung
b Breite der Klebeverbindung
$\tau_{s\,zul}$ zulässige Scherspannung

Die Überlappungslänge soll das 15-Fache der Dicke des schwächsten zu verbindenden Teils nicht überschreiten.

Beispiel für die Berechnung einer Klebeverbindung

Aufgabe
An ein 1,5 mm dickes Aluminiumblech soll eine 4 mm dicke und 40 mm breite Lasche aus einer Phenolharz-Schichtplatte geklebt werden. Der Kleber hat lt. Herstellerangabe eine zulässige Scherfestigkeit von 12 N/mm² bei einer vorherigen Reinigung der Flächen mit Aceton.
Die Verbindung soll mit 8000 N belastet werden.
Berechnen Sie die mindest erforderliche Überlappungslänge $l_ü$.

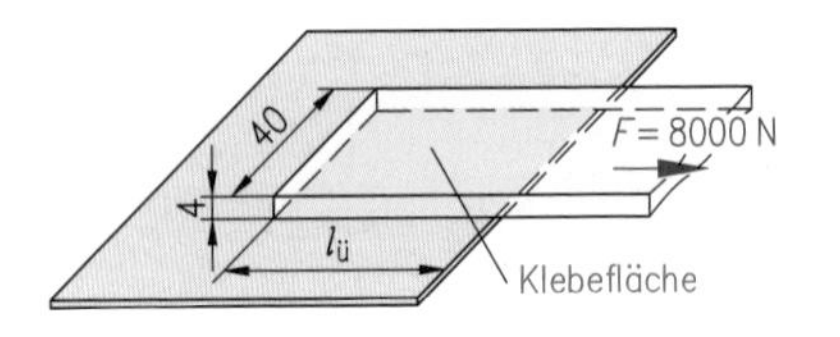

Gegeben
F = 8 000 N
b = 40 mm
$\tau_{s\,zul} = 12 \frac{N}{mm^2}$

Gesucht
$l_ü$ in mm

Lösung

$$l_ü = \frac{F}{\tau_{s\,zul} \cdot b}$$

$$l_ü = \frac{8\,000\ N \cdot mm^2}{12\ N \cdot 40\ mm}$$

$l_ü$ = **16,6 mm**

3.2.5 Berechnung von Lötverbindungen

Lötverbindungen sollen ebenso wie Klebeverbindungen ausschließlich auf Scherung beansprucht werden. Entsprechend sind auch Lötverbindungen als Überlappungen oder Schäftungen auszuführen.
Die zulässige Scherspannung für Lote beträgt etwa:

- für Hartlote $\tau_{s\,zul}$ = 70 N/mm²
- für Weichlote $\tau_{s\,zul}$ = 20 N/mm²

Die zulässige Scherspannung der Weichlote ist stark von der Temperatur der Lötstelle abhängig, bei der das gelötete Werkstück benutzt wird.

Die Überlappungslänge ergibt sich aus:

$$l_ü = \frac{F}{\tau_{s\,zul} \cdot b}$$

$l_ü$ Überlappungslänge
F Belastung
b Breite der Lötverbindung
$\tau_{s\,zul}$ zulässige Scherspannung

Übungsaufgaben C-151 bis C-153

Handlungsfeld: Instandhaltungsmaßnahmen durchführen

Problemstellung

Wartungsauftrag:

Für neue LZ-Drehmaschine Wartungsplan erstellen
Maschine warten

zu wartendes Objekt:

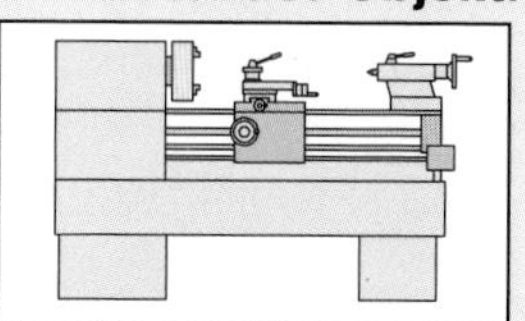

Analysieren

Vorgaben:
- Auftrag
- zu wartendendes Objekt
- Betriebsanleitung

ausgewählte Informationen:
- Instandhaltungsanleitung
- Beschreibung des Sollzustandes
- Ersatzteilliste

Planen

Vorgaben:
- Instandhaltungsanleitung
- Ersatzteilliste
- Sicherheits- und Umweltbestimmungen

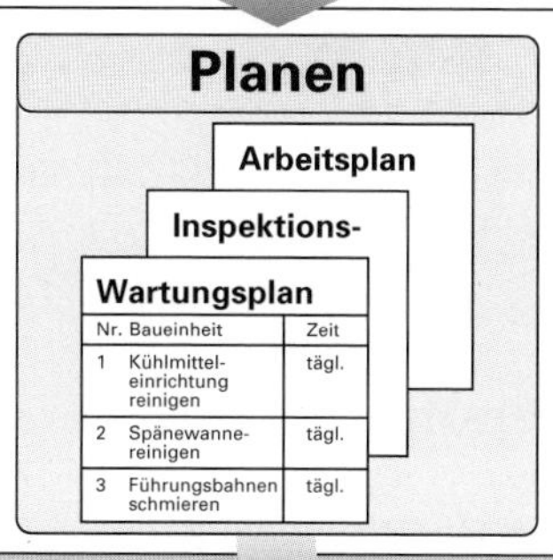

Wartungsplan

Nr.	Baueinheit	Zeit
1	Kühlmittel-einrichtung reinigen	tägl.
2	Spänewanne-reinigen	tägl.
3	Führungsbahnen schmieren	tägl.

Ergebnisse:
- Wartungsplan mit Angaben zu Inspizieren, Konservieren, Schmieren u.a. (Was?)
- Zeitplan (Wann?)
- Personalplan (Wer?)
- Materialliste
- Entsorgungsmaßnahmen

Warten

Vorgaben:
- Wartungsplan u.a.
- Ersatzteile, Hilfsstoffe u.a.
- Werkzeuge
- Messgeräte

Ergebnisse:
- gewartetes Objekt
- verbrauchte Hilfsstoffe
- verschlissene Bauteile

Kontrollieren/Dokumentieren

Vorgaben:
- gewartetes Objekt
- Prüfdaten (Soll – Ist)

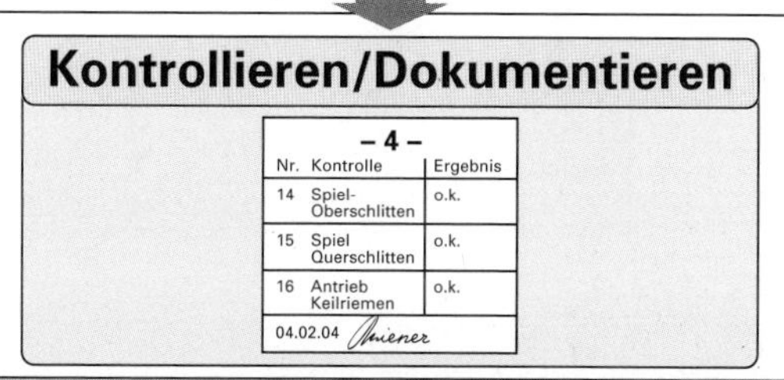

– 4 –

Nr.	Kontrolle	Ergebnis
14	Spiel-Oberschlitten	o.k.
15	Spiel Querschlitten	o.k.
16	Antrieb Keilriemen	o.k.

04.02.04 Wiener

Ergebnisse:
- Dokumentation der Wartung
- Beschreibung des Objektzustands

1 Grundlagen der Instandhaltung

1.1 Aufgaben der Instandhaltung

Instandhaltung hat die Aufgabe, eine störungsfreie und sichere Benutzung von Maschinen, Anlagen und Gebrauchsgegenständen zu gewährleisten. Denn der Ausfall oder die Beeinträchtigung der Funktion von solchen Systemen kann wirtschaftlichen Schaden, Qualitätsminderung von Produkten, Gefährdung von Personen und Umweltschäden verursachen.
Maschinen und Anlagen von hoher Qualität können viele Jahrzehnte lang ihre Aufgaben erfüllen, wenn sie gut instand gehalten werden und man sie dabei stets entsprechend dem Stand der Technik aufrüstet.

Beispiel für den Werterhalt einer Maschine durch gute Instandhaltung

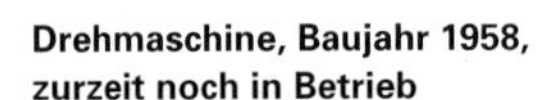

Drehmaschine, Baujahr 1958, zurzeit noch in Betrieb

Drehdurchmesser max. 5 m
Drehlänge max. 22 m

Werkbild Rheinstahl Wagner Maschinenfabrik GmbH

Instandhaltung dient dazu, technische Systeme in funktionsfähigem Zustand zu halten oder bei Störungen die Funktionsfähigkeit wiederherzustellen.

1.2 Abnutzung und Abnutzungsvorrat

Anlagen, Maschinen, Geräte und Teile, die bestim-mungsgemäß gebraucht werden, nutzen sich mit der Zeit ab. Die Abnutzung ist unvermeidbar und wird durch chemische und/oder physikalische Vorgänge verursacht. Weil die Abnutzung jedoch vorhersehbar ist, plant man sie ein, indem man bei der Konstruktion einen **Abnutzungsvorrat** schafft. Dieser Abnutzungsvorrat kann im Betrieb bis zu einer vereinbarten oder festgelegten **Abnutzungsgrenze** aufgebraucht werden.

Beispiel für Abnutzungsvorrat und Abnutzungsgrenze an einer Bremsanlage

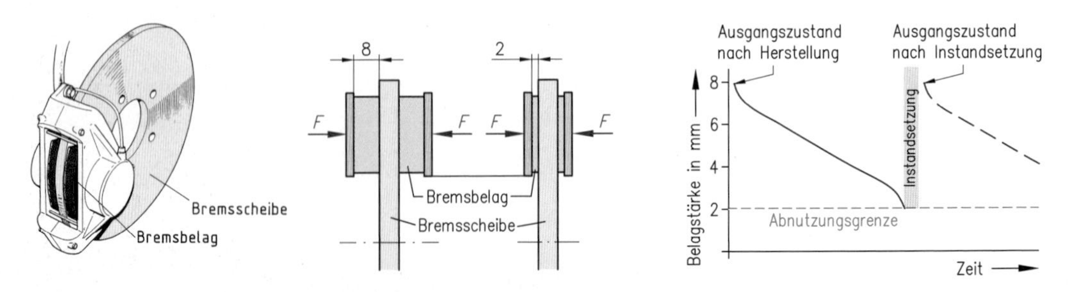

Durch Maßnahmen der Instandhaltung wird der Abnutzungsvorrat einer Einheit so wiederhergestellt, dass die Einheit ihre Funktion wieder erfüllen kann.

Übungsaufgaben D-1; D-2

1.3 Verschleißursachen und Verschleißminderung

Gleiten Oberflächen aufeinander, so werden vor allem wegen der Unebenheiten der Oberflächen laufend Teilchen aus ihnen herausgetrennt – man spricht von **Verschleiß.** Er tritt z.B. in Lagern, an Führungen, in Fördereinrichtungen, Getrieben, Düsen u.a. auf. Verschleiß ist eine der Hauptursachen für Bauteilschädigung und den damit verbundenen Ausfall von Maschinen und Geräten. Die Verringerung von Verschleiß ist darum eine wesentliche Möglichkeit, die Lebensdauer von Maschinen und Geräten zu erhöhen und damit Kosten und Rohstoffe einzusparen.
Man nennt die Wissenschaft und Technik, die sich mit Reibung und Verschleiß befasst, **Tribologie.**

Die Höhe des Verschleißes wird von vielen Faktoren bestimmt:

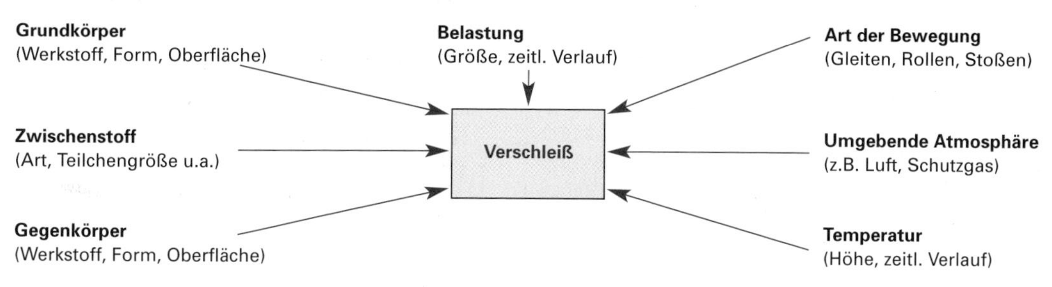

Beispiele für Einflussgrößen auf Verschleiß an einer Schleifmaschine

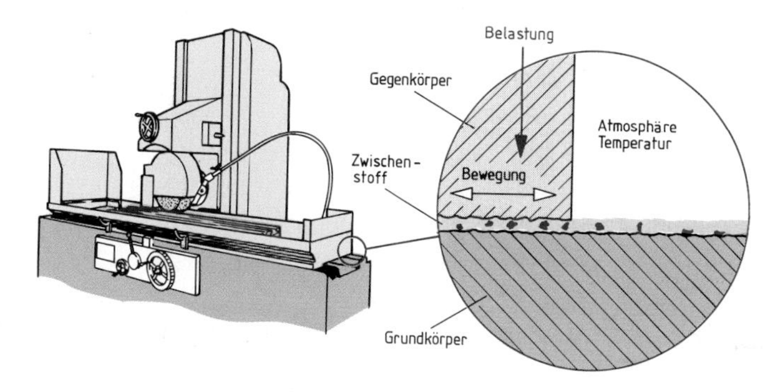

1.3.1 Verschleißmechanismen

Verschleiß wird hauptsächlich durch vier unterschiedliche Verschleißmechanismen bestimmt.

- adhäsiver Verschleiß,
- abrasiver Verschleiß,
- Oberflächenzerrüttung,
- Reaktionsverschleiß.

- **Adhäsiver Verschleiß**

Liegen sich berührende Bauteile fest aufeinander, so haften die Berührungsflächen infolge Adhäsion aneinander. Beim Gleiten werden dann Teilchen abgeschert. Es entstehen so Löcher und schuppenartige Materialteilchen, die oft an der Gleitfläche des härteren Partners haften bleiben. Diesen Verschleißmechanismus bezeichnet man als **adhäsiven Verschleiß** oder Haftverschleiß. Adhäsiver Verschleiß tritt bei mangelnder Schmierung auf.

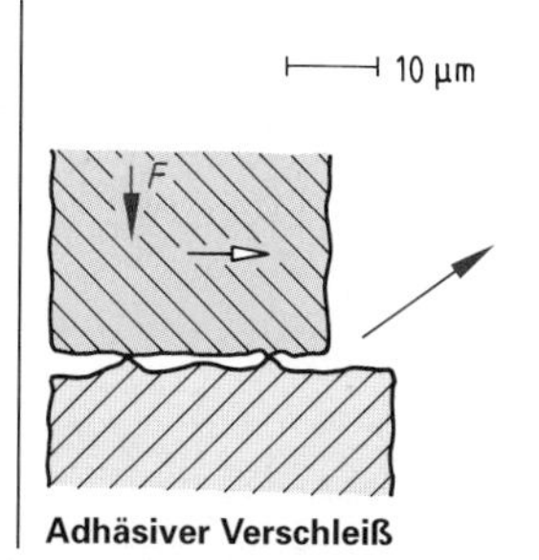

Adhäsiver Verschleiß

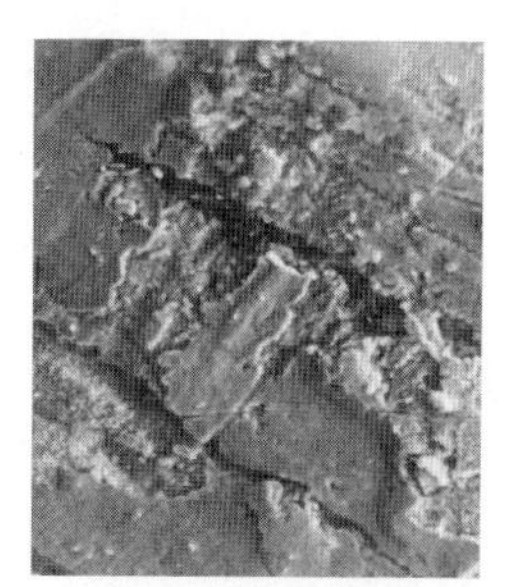

Adhäsiver Verschleiß entsteht, wenn Bauteile ohne Zwischenstoff gegeneinander bewegt werden.
Bei adhäsivem Verschleiß werden Randschichtteilchen abgeschert.

Übungsaufgabe D-3

- **Abrasiver Verschleiß**

Wenn harte Teilchen oder Spitzen eines der Reibungspartner, z.B. Teilchen von Schleifmitteln, in die Randschicht eindringen, so entstehen Furchen, Kratzer und Mulden. Man bezeichnet diesen Verschleiß als **abrasiven Verschleiß** oder **Furchverschleiß.**
Furchverschleiß tritt durch Fremdkörper wie zum Beispiel Späne, Schleifmittelreste auf.

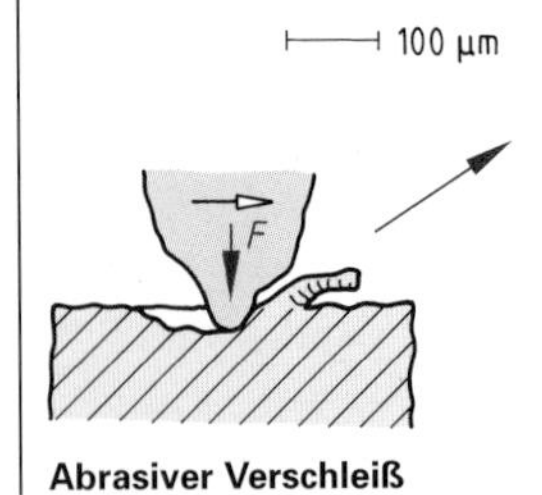

Abrasiver Verschleiß

Abrasiver Verschleiß ist eine Zerspanung im Mikrobereich.

- **Oberflächenzerrüttung**

Wenn ein Bauteil ständig durch Stöße auf seine Oberfläche beansprucht wird, tritt eine Zerrüttung der Randschicht auf. So entstehen in der Randschicht Risse und Grübchen. Diesen Verschleiß bezeichnet man als **Oberflächenzerrüttung.** Oberflächenzerrüttung tritt zum Beispiel in Wälzlagern durch das ständige Überrollen auf.

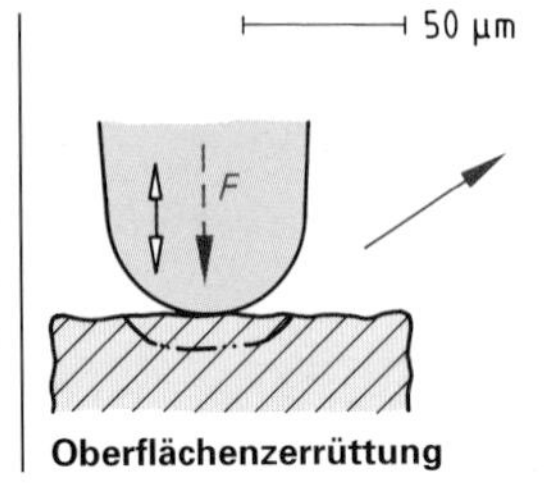

Oberflächenzerrüttung

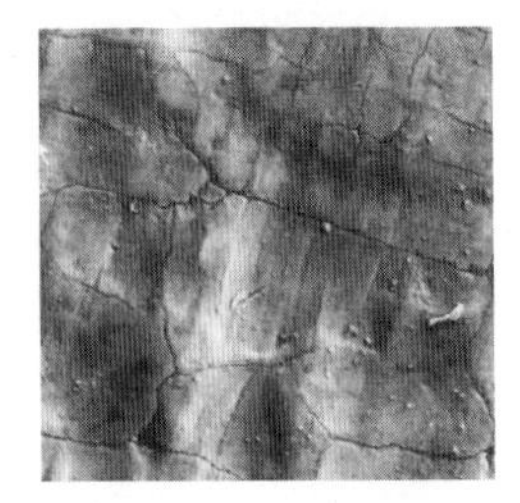

Oberflächenzerrüttung ist ein Verschleißmechanismus, der durch ständige stoßartige Beanspruchung entsteht.

1.3.2 Verschleißarten

Je nach Wechselwirkung zwischen der Beanspruchung von Bauteilen und den auftretenden Verschleißmechanismen unterscheidet man verschiedene Verschleißarten.

Übersicht über wichtige Verschleißarten

Verschleißsystem	Beanspruchung	Verschleißart	wirkende Verschleißmechanismen			
			Adhäsion	Abrasion	Oberflächenzerrüttung	Reaktionsschichtverschleiß
Festkörper mit Festkörper	Gleiten	**Gleitverschleiß**	x			(x)
	Rollen	**Rollverschleiß (Wälzverschleiß)**			x	(x)
Festkörper + Festkörperpartikel	Gleiten	**Gleitverschleiß (mit Zwischenstoff)**		x	(x)	
Festkörper + Partikel + Trägergas oder Trägerflüssigkeit	Anströmen	**Strahlverschleiß Hydroabrasiver Verschleiß**		x	x	
Festkörper + Flüssigkeit	Strömen	**Kaviationserosion**			x	

Übungsaufgaben D-4; D-5

1.3.3 Verschleiß beim Gleiten, Rollen und Wälzen

- **Gleitverschleiß**

Wenn feste Körper aufeinander gleiten, so entsteht Verschleiß. Bei Trockenlauf trennt kein schützender Schmierfilm Grund- und Gegenkörper, wie zum Beispiel Gleitlager und Welle. Infolge hoher Belastung können an geringen Unebenheiten, die aufeinander liegen, so hohe Drücke entstehen, dass beide Körper im Ruhezustand fest aneinander haften und örtlich sogar *„kaltschweißen"*. Bei Gegeneinanderbewegen der Teile werden dann diese Bindungen getrennt, oder es werden Teilchen aus der Oberfläche des weniger festen Werkstoffes gerissen, die zunächst an der Oberfläche des widerstandsfähigeren Werkstoffes hängen bleiben. Später lösen sie sich meist und bleiben als feinste Teilchen zwischen den Gleitflächen. Dort können sie zu erheblicher Abrasion führen.

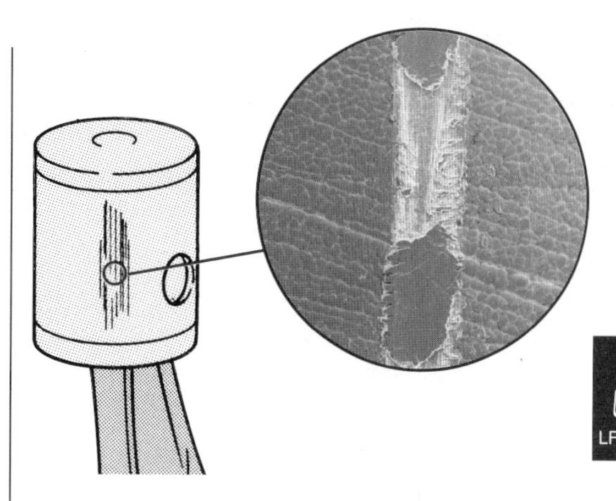

Gleitverschleiß durch Adhäsion und Abrasion an einem vernickelten Pumpenkolben

Gleitverschleiß entsteht durch adhäsiven und abrasiven Verschleiß.

Ohne Oxidhäute neigen alle Metalle zu starker Adhäsion und damit bei Reibung zu starkem **adhäsivem Verschleiß.** Die Oxidschichten auf den Metallen weisen aber, auch dann, wenn sie nur sehr dünn sind, unterschiedliche Adhäsionsneigung auf. Darum unterscheiden sich Metalle erheblich in ihrer Neigung zu **Gleitverschleiß.**

1.3.4 Verschleißminderung

Maßnahmen zur Verschleißverminderung bei Gleitverschleiß liegen in erster Linie in der Wahl der Werkstoffe von Grund- und Gegenkörper.

Lagerwerkstoff	Bemerkung
Weißmetall (Legierung aus Zn, Pb, Bi, Si)	Betriebstemperatur maximal 120 °C, da die Schmelztemperatur 300 °C beträgt; gute Notlaufeigenschaften
Rotguss, Bronze	Betriebstemperatur bis 200 °C, darüber nur dann, wenn die hohe Wärmedehnung des Lagerwerkstoffes maßgeblich berücksichtigt wurde
Kunststoffe	
– Polyamid (PA)	Reibungszahl (μ) etwa 0,2; PA nimmt Wasser auf, es entstehen maßliche Veränderungen
– Polytetrafluorethylen (PTFE)	Reibungszahl (μ) etwa 0,07 bis 0,15; Verwendung auch für Gleitlacke bei Schichtdicken von 5 bis 10 μm

Wesentliche Verschleißminderung kann durch Wahl eines geegneten Schmiermittels erreicht werden.

Gleitgeschwindigkeit in m/s	Schmiermittel
bis 0,7	Festschmierstoffe, z.B. Grafit, Molybdänsulfid, oder als Zusätze in Öl oder Fett
0,4 bis 2,0	Molybdänsulfid oder Schmierfett mit Zusätzen
0,5 bis 10,0	Motoren- und Maschinenöle
10 bis 30	Turbinen- oder Spindelöle
über 30	Spindelöle, Wasser oder Luft

abnehmende Zähigkeit des Schmiermittels

Bei sehr niedrigen Gleitgeschwindigkeiten setzt man Festschmierstoffe ein.
Mit steigender Gleitgeschwindigkeit werden Schmierstoffe mit geringerer Zähigkeit verwendet.

LF 4+6

Übungsaufgaben D-6 bis D-8

1.4 Grundmaßnahmen der Instandhaltung

Die Instandhaltung umfasst die Grundmaßnahmen Wartung, Inspektion, Instandsetzung und Verbesserung. Durch gut geplante Arbeiten in diesen Bereichen der Instandhaltung wird sichergestellt, dass geforderte Qualitätsmerkmale in der Produktion über die gesamte Fertigung erhalten bleiben und dass bei Gebrauchsgütern Nutzung und Sicherheit gewährleistet sind.

Unter **Wartung** versteht man alle Maßnahmen, die dazu dienen, den Sollzustand an einem System zu bewahren.
Bei der **Inspektion** werden alle Maßnahmen ergriffen, die zur Feststellung und Beurteilung des Istzustandes an einem System notwendig sind.
Die **Instandsetzung** umfasst alle Maßnahmen, welche dazu dienen, den Sollzustand in einem System wiederherzustellen.
Unter **Verbesserung** versteht man alle technischen und organisatorischen Maßnahmen zur Steigerung der Funktionstüchtigkeit eines Systems ohne die bisherige Funktion zu ändern.

Instandhaltung

Wartung, z. B.
- Reinigen
- Konservieren
- Schmieren
- Nachstellen

Inspektion, z. B.
- Diagnostizieren
- Prüfen

Instandsetzung, z. B.
- Reparieren
- Austauschen

Verbesserung, z. B.
- Austausch eines Bauteils
- Schutzmaßnahmen umsetzen
- Verschleißfestigkeit erhöhen

Bereiche der Instandhaltung

Beispiele für Instandhaltungen im Kfz-Bereich

Wartung	Inspektion	Instandsetzung	Verbesserung
	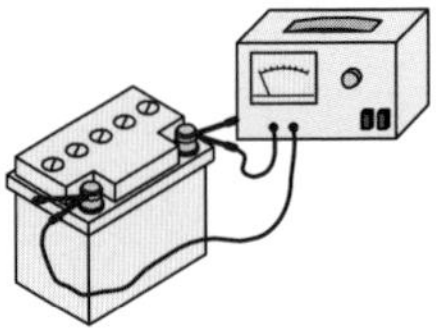		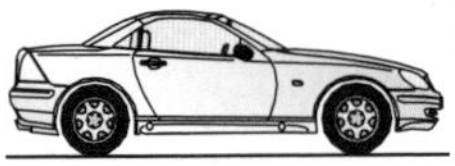
Karosserie säubern und wachsen	Ladezustand der Batterie prüfen	Bremsbeläge ausbauen und erneuern	Reifen der Jahreszeit anpasen, z. B. Winterreifen

Beispiele für Instandhaltungen im Metallbereich

Wartung	Inspektion	Instandsetzung	Verbesserung

Maschine in den vorgegebenen Intervallen schmieren	Bauteile demontieren, prüfen und Maßnahmen beschließen; z. B. Austausch oder Nacharbeit	Bauteil einer Maschine ausbessern	Konstruktive Maßnahmen zur Reduktion von Maschinenschwingungen plangen

Instandhaltung umfasst die Grundmaßnahmen:
- Wartung, • Inspektion, • Instandsetzung, • Verbesserung.

Übungsaufgaben D-9; D-10

1.5 Vorgehen bei Instandhaltungsmaßnahman

Instandhaltung diente lange Zeit nur dazu, plötzliche Ausfälle durch Verschleiß oder Bruch zu beheben. Man bezeichnet diese Art des Vorgehens als **Crash-Methode**. Heute vermeidet man störungsbedingte Ausfälle durch planmäßige und vorbeugende Instandhaltung.

Bei der Fertigung auf Großanlagen und bei der Nutzung von gekoppelten Maschinensystemen führen Störungen zu erheblichen Produktionsausfällen. Ein „Bandabriss" in der Automobilproduktion kann je nach Dauer mehrstellige Millionenbeträge kosten.

Zur vorbeugenden Instandhaltung nutzt man auch computergesteuerte Überwachungssysteme. Man erhält zuverlässige Störanalysen und Warnmeldungen bereits vor einer Störung. Beispielsweise zeigen Verschleißüberwachungseinrichtungen das Stumpfwerden von Schneidwerkzeugen an und veranlassen den notwendigen Werkzeugwechsel rechtzeitig.

Beispiel für den Vorteil einer vorausbestimmten Instandhaltung

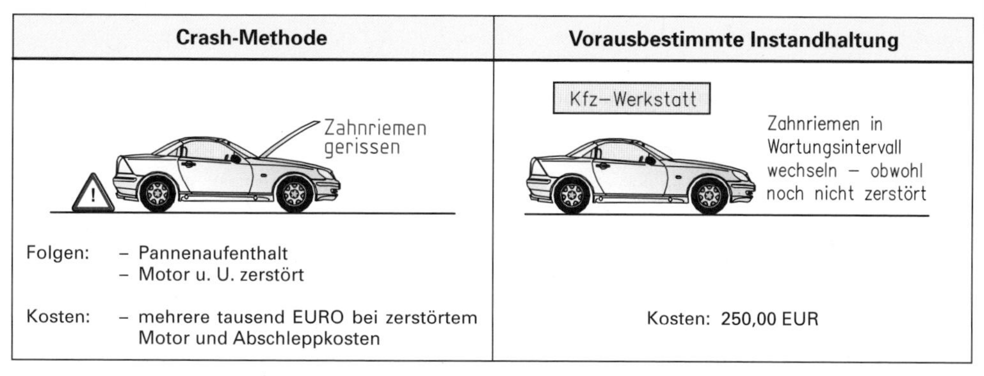

Crash-Methode	Vorausbestimmte Instandhaltung
Zahnriemen gerissen	Kfz-Werkstatt Zahnriemen in Wartungsintervall wechseln – obwohl noch nicht zerstört
Folgen: – Pannenaufenthalt – Motor u. U. zerstört	
Kosten: – mehrere tausend EURO bei zerstörtem Motor und Abschleppkosten	Kosten: 250,00 EUR

1.5.1 Präventive Instandhaltung

Eine vorbeugende Instandhaltung wird in festgelegten Abständen oder nach vorgeschriebenen Kriterien durchgeführt. Diese sogenannte **präventive Instandhaltung** soll den Ausfall oder die eingeschränkte Funktion einer Einheit verhindern. Bei der präventiven Instandhaltung unterscheidet man die vorausbestimmte Instandhaltung und die zustandsorientierte Instandhaltung.

- **Vorausbestimmte Instandhaltung**

An Maschinen und Anlagen mit hoher Produktivität, langen Laufzeiten und geringem zeitlichen Spielraum, z. B. an Druckerpressen in Zeitungsverlagen oder an Produktionsanlagen der Automobilindustrie, wechselt man in bestimmten Zeitintervallen störungsgefährdete Bauelemente aus, ohne dass sich ein Schaden ereignet hat. Diese Art des Vorgehens bezeichnet man als vorausbestimmte Instandhaltung. Dabei erzielt man ein hohes Maß an Zuverlässigkeit, jedoch zu dem Preis von vorschnellem Bauteilaustausch.

Maschinenausfall absehbar

Bei vorausbestimmter Instandhaltung können Art, Umfang und der Zeitpunkt der Durchführung im Voraus geplant werden.

Übungsaufgaben D-11 bis D-13

- **Zustandsorientierte Instandhaltung**

Ausfallbedingte Unterbrechungen von Maschinen und Anlagen lassen sich weitgehend vermeiden, wenn man den Zustand verschleißanfälliger Bauelemente kontinuierlich überwacht. Man leitet die Instandhaltungsmaßnahmen ein, bevor die Abnutzungsgrenze eines Bauteiles erreicht ist. Über Änderungen im Verhalten des Bauteiles, z.B. am Temperaturanstieg eines Wälzlagers oder an Veränderungen der Lagergeräusche, lassen sich drohende Schäden vorherbestimmen. Meist bleibt genügend Zeit zur Ersatzteilbeschaffung und zur Vorbereitung der Instandsetzungsmaßnahmen.

Maschinenausfall vermeidbar

Zustandsorientierte Instandhaltung ist bis auf den Zeitpunkt nach Art und Umfang planbar.

1.5.2 Korrektive Instandhaltung

Kann eine Anlage, eine Maschine oder eine sonstige Einheit ihre Aufgabe nicht mehr erfüllen, so spricht man von einem **Ausfall**. Hat man den oder die Fehler, die zu dem Ausfall führten, erkannt, so wird man entsprechende Instandhaltungsmaßnahmen einleiten, damit die Einheit wieder funktionsfähig ist. Eine solche Art der Instandhaltung wird **korrektive Instandhaltung** genannt.
Die korrektive Instandhaltung wurde früher auch als schadensbedingte oder störungsbedingte Instandhaltung bezeichnet. Sie kann je nach Erfordernissen sofort ausgeführt werden **(sofortige korrektive Instandhaltung)** oder entsprechend vorgegebener Instandhaltungsregeln zurückgestellt werden **(aufgeschobene korrektive Instandhaltung)**.
Unvorhergesehene Schäden und Ausfälle an Maschinen und Anlagen zwingen zu Instandhaltungsmaßnahmen, durch die der Fehler lokalisiert und der Schaden korrigiert wird. Platzt z.B. der Hydraulikschlauch an einer Maschine oder fällt ein Getriebe aus, so muss entschieden werden, ob die Instandhaltung sofort aufgenommen wird oder ob man die Maßnahme zurückstellt.
Weil die Ausmaße und der Zeitpunkt solcher Ausfälle nicht bekannt sind, verursachen sie besondere organisatorische Probleme mit längeren Produktionsausfällen durch Fehlersuche und Ersatzteilbeschaffung.

Maschinenausfall durch Bruch

Korrektive Instandhaltung erfolgt nach dem Ausfall einer Einheit. Ausfälle erzwingen oft längere Unterbrechungen der Produktion wegen Fehlersuche und Ersatzteilbeschaffung.

1.5.3 Instandhaltung – Strukturübersicht

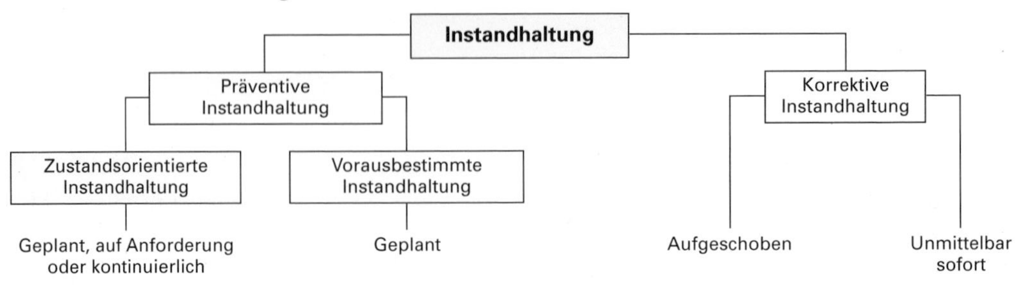

2 Instandhaltung durch Wartung

2.1 Übersicht über Wartungsarbeiten

Durch Wartung sollen Maschinen, Anlagen und Geräte möglichst in ihrem Sollzustand erhalten bleiben. Zumindest aber möchte man den unvermeidlichen Abnutzungsprozess verlangsamen und weiterhin einen sicheren Umgang gewährleisten. Arbeiten im Rahmen von Wartung sind ihrer Art nach Erhaltungsmaßnahmen und lassen sich in mehrere Aufgabenbereiche unterteilen.

Wartungsarbeiten	vorzunehmende Tätigkeiten
Reinigen	Fremdstoffe oder belastete Hilfsstoffe entfernen
Konservieren	Systeme gegen Fremdeinflüsse durch Schutzmaßnahmen haltbar machen
Schmieren	Reibstellen im System Schmierstoffe zuführen, um die Gleitfähigkeit zu erhöhen
Nachstellen	Mithilfe von Korrektureinrichtungen beseitigt man Abweichungen von einem Sollzustand
Ergänzen	System wird mit erforderlichen Hilfsstoffen aufgefüllt

Beispiele für Wartungsarbeiten am Fahrrad

Reinigen

- Putzen des Rahmens, der Schutzbleche, Räder, Pedalen und des Lenkers mit Schwamm und Wasser
- Reinigen der Kette und der Kettenräder mit Pinsel und Waschbenzin

Nachstellen

- Neueinstellen des Bremszuges der Handbremse nach Verschleiß der Bremsklötze
- Korrektur der Schaltwege der Gangschaltung
- Einstellen des Rundlaufs der Felgen durch Nachstellen der Speichenspannung

Konservieren

- Einreiben und Polieren der verchromten Teile wie Lenker, Pedalen, Felgen u.a. mit einem Chrompflegemittel

Schmieren

- Auftragen von Kettenfett auf die Fahrradkette und die Verzahnung und mit einem Pinsel verteilen

Ergänzen

- Den Hilfsstoff „Luft" in den Reifen mithilfe einer Luftpumpe ergänzen

Wartungsarbeiten dienen der Erhaltung des Sollzustands und somit der Bewahrung der Funktionsfähigkeit und der Werterhaltung von technischen Systemen.
Wartung erfolgt durch Reinigen, Konservieren, Schmieren, Ergänzen und Nachstellen.

Übungsaufgaben D-17; D-18

2.2 Wartung durch Reinigen und Konservieren

- **Reinigen**

Verschmutzungen an Maschinen und Geräten lassen diese nicht nur unschön aussehen, sondern führen auch zu höherem Verschleiß bewegter Teile, zu erhöhter Reibung und damit zu einer Leistungsminderung. Deshalb müssen je nach Verschmutzungsgrad und Benutzungshäufigkeit Schmutzteilchen, Späne und Abriebteilchen sowie verschmutzte Fette, Öle und Hilfsstoffe in bestimmten Zeitintervallen entfernt werden.

Wichtige Reinigungsarbeiten im Fertigungsbetrieb:

- Das Entfernen von Spänen und losen Partikeln von Maschinen sollte täglich durchgeführt werden.
- Das Säubern von Sieben und Filtern in Kühlschmiereinrichtungen muss abhängig vom Verschmutzungsgrad erfolgen. Die anfallenden Abfallstoffe sind fachgerecht zu entsorgen.
- Bei Instandsetzungen von Maschinen sind vielfach Bauteile auszubauen. Sie sind zur näheren Untersuchung zunächst von Ölen und Fetten zu reinigen. Nur so kann festgestellt werden, ob eine Wiederverwendung oder ein Auswechseln erforderlich ist. Vor der anschließenden Montage müssen auch die Aufnahmebereiche für neue Teile gereinigt werden. Dazu verwendet man chemische Reinigungsmittel, wie z.B. Aceton, Waschbenzin oder Verdünnung.

Reinigen eines ausgebauten Wälzlagers

Durch Reinigungsmaßnahmen entfernt man schädliche Verschmutzungen aus dem Fertigungsprozess.

- **Konservieren**

Durch Konservieren mit Beschichtungsstoffen schützt man die Oberflächen von Bauteilen vor schädlichen Umwelteinflüssen, die zur Korrosion führen. Als Beschichtungsstoffe verwendet man Öle, Fette, Wachse und Anstriche.

- Blanke Maschinenteile, wie z.B. die Säule oder der Arbeitstisch einer Bohrmaschine sowie Gleitbahnen und Bettführungen von Werkzeugmaschinen, werden zum kurzzeitigen Korrosionsschutz gefettet.
- Mess- und Prüfzeuge sowie Anreißplatten werden zum kurzzeitigen Schutz gereinigt und anschließend geölt oder gefettet.
- Blanke Maschinenteile aus Stahl werden für längere Versandwege mit Wachs oder einem Schutzlack beschichtet. Auch ein Verpacken solcher Teile mit ölhaltigem Papier ist üblich.
- Verzinkte Bauteile, an denen eine Beschädigung der Schutzbeschichtung eingetreten ist, werden mit Zinkspray nachverzinkt, um wieder einen ausreichenden Schutz herzustellen.

Hilfsstoffe mit konservierender Wirkung

Konservierende Maßnahmen werden durchgeführt, um die Oberflächen von Bauteilen vor schädlichen Umwelteinflüssen (Korrosion) zu schützen.

Übungsaufgaben D-19; D-20

- **Sicherheitshinweise zum Umgang mit Reinigungs- und Konservierungsmitteln**

Beim Reinigen mit chemischen Reinigungsmitteln und der Benutzung von Konservierungsmitteln müssen die Sicherheits- und Gesundheitsschutzhinweise beachtet werden. Diese Hinweise müssen sich auf den Verpackungen oder Behältern befinden. Es ist die Gefahrenklasse deklariert. Gut sichtbare Kennzeichen, die sogenannten Piktogramme, werden durch Sicherheits- bzw. Gefahrenhinweise und ggf. Produktinformationen ergänzt.

Sicherheitskennzeichen

Sicherheitskennzeichen machen auf Gefahren am Arbeitsplatz aufmerksam und geben Hinweise für einen sicheren Umgang mit den Materialien und Stoffen. Durch eine Kombination aus geometrischer Form, Farbe und Bildzeichen unterscheiden man u.a. Verbotszeichen, Warnzeichen, Gebotszeichen und Rettungszeichen.

Beispiele für Sicherheitskennzeichen

Verbotszeichen

Warnzeichen

Gebotszeichen

Rettungszeichen

Bei Reinigungs- und Konservierungsmitteln beziehen sich die Sicherheits- und Gesundheitsschutzhinweise u. a. auf:

- Ätzende Reinigungsmittel sind haut- und augenschädlich.
- Dämpfe von Reinigungsmitteln sollen nicht eingeatmet werden. Reinigungsarbeiten sind daher in gut durchlüfteten Räumen oder im Freien durchzuführen.
- Hautkontakte mit solchen Mitteln sind zu vermeiden, weil die Haut durch Reinigungsmittel entfettet wird.
- Reinigungsmittel dürfen nicht in die Augen gelangen. Bei Unfällen müssen die Augen sofort mit viel Wasser ausgewaschen werden. Meist muss auch der Augenarzt aufgesucht werden.
- Sprühstäube von Sprays dürfen nicht eingeatmet werden.
- Konservierungsstoffe enthalten auch Anteile von Lösungsmitteln und Zusätzen, die nicht Kennzeichnung mit Lebensmitteln in Berühung kommen dürfen.

Kennzeichnung gefährlicher Stoffe

Die Kennzeichnung gefährlicher Stoffe erfolgt auf der Grundlage eines international harmonisierten Einstufungs- und Kennzeichnungssystems, dem **GHS** (**G**lobally **H**armonised **S**ystem of Classification and Labelling of Chemicals). Für Europa gilt dann die CLP-Verordnung (Classification, Labelling and Packing). Alle Chemikalien in Form von Reinstoffen und Gemischen unterliegen der Einstufungs- und Kennzeichnungspflicht.

Durch die neue Verordnung haben sich die Gefahrenpiktogramme gegenüber den bis-her gebräuchlichen zum Teil geändert (vgl. auch www.umweltbundesamt.de).

Neues Kennzeichen	Bedeutung	Altes Kennzeichen
	Flamme; brandfördernd, organische Peroxide/verschiedene Typen	Brandfördernd
	Akute Toxizität (Giftigkeit) oder hautreizend, augenreizend, Reizung der Atemwege	
	Sensibilisierung der Atemwege oder Sensibilisierung der Haut	

Der Fachmann hat die Pflicht alle Maßnahmen zur Verhütung von Arbeitsunfällen, Berufskrankheiten und arbeitsbedingten Gesundheitsgefahren zu ergreifen. Bei Reinigungs- und Konservierungsarbeiten sind somit die Sicherheits- und Gesundheitsschutzhinweise auf den Verpackungen zu beachten.

Beispiel für die Kennzeichnung eines Stoffes

2.3 Wartung durch Schmieren

- **Aufgaben des Schmierens**

Durch Schmieren von Maschinen, Geräten und Anlagen erreicht man Folgendes:

- Energieverluste infolge von Reibungsvorgängen werden vermindert.
- Verschleißvorgänge an Bauteilen, die sich gegeneinaner bewegen, werden verringert.
- Oberflächen können vor schädlichen Umwelteinflüssen geschützt werden.

Besonders wichtig ist die Schmierung von Lagern und Führungen. Die Schmierstoffe verhindern, dass sich die aufeinander gleitenden oder abrollenden Bauteilflächen direkt berühren.
Schmierung verringert die Beanspruchung der Oberflächen und verlängert die Einsatzzeit von Bauteilen, wie z.B. Kugellagern.

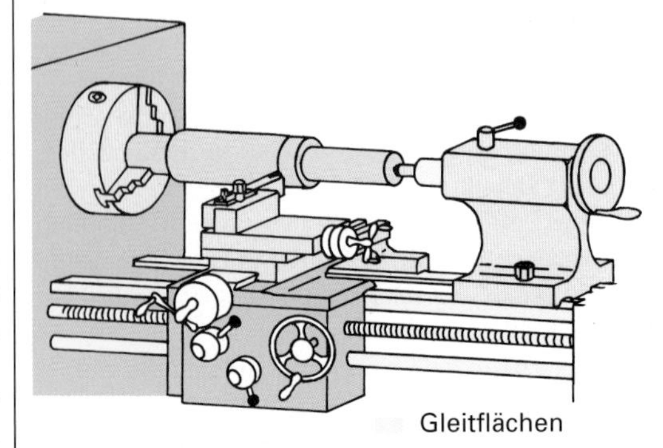

Gleitflächen an einem Drehmaschinenbett

Durch Schmieren vermindert man in technischen Systemen Energieverluste, verringert Verschleißvorgänge und schützt Oberflächen vor Korrosion.

- **Schmieranweisungen**

Schmieren erfolgt nach festen Vorgaben des Herstellers einer Maschine, eines Gerätes oder einer Anlage. Die Vorgaben berücksichtigen vor allem die Einsatzbedingungen der Maschinen bzw. Anlagen im Produktionsprozess.
Die Schmieranweisung muss gemäß Normvorgaben Folgendes enthalten:

- eine **Schmierstoffübersicht** mit den empfohlenen Schmierstoffen und ihren genormten Bezeichnungen,
- einen **Schmierstellenplan**, in dem die einzelnen Schmierstellen und die vorgesehenen Schmierintervalle eingetragen sind,
- die Angaben über die jeweiligen **Schmierstoffmengen**,
- die Art des jeweiligen **Schmierverfahrens**, mit dem der Schmierstoff einzubringen ist.

- **Schmierplan**

Im Betrieb werden die Anweisungen des Herstellers in den Instandhaltungsplan eingebracht. Es wird ein entsprechender Schmierplan aufgestellt, nach welchem der Fachmann die Schmierung vorzunehmen und zu bestätigen hat. Der Schmierplan enthält:

- die Bezeichnung der Schmierstellen in sinnvoller Reihenfolge
  (wo?),
- die eindeutige Bezeichnung der zuzuführenden Schmierstoffe
  (was?),
- die Menge des beim jeweiligen Schmiervorgang einzubringenden Schmierstoffes
  (wie viel?),
- die Beschreibung der notwendigen Arbeitsmittel
  (womit?),
- das Intervall, nach dem jeder der beschriebenen Arbeitsgänge regelmäßig auszuführen ist. Das Intervall kann in Zeitabständen, Stückzahlen o.a. gemessen sein
  (wann?),
- die Arbeitszeitvorgabe
  (wie lange?),
- die Hinweise zur Koordinierung der Arbeiten mit dem Betriebsablauf, z.B. *„in Betrieb"* oder *„bei Stillstand auszuführen"*
  (wobei?).

Zur anschaulichen Darstellung der Schmieranweisungen werden Pläne mit den folgenden Symbolen erstellt.

Symbole für Schmieranleitungen

Symbol	Erklärung	Symbol	Erklärung	Symbol	Erklärung
	Ölstand prüfen		Schmierung allgemein mit Ölkanne oder Spraydose	h	Angabe der Schmierintervalle in Betriebsstunden
	Ölstand überwachen, falls erforderlich auffüllen		Automatische Zentralschmiereinrichtung für Öl		
	Behälter entleeren		Fettschmierung mit Fettpresse		Ergänzende Erläuterungen in der Betriebsanleitung nachlesen
2,5 l	Behälterinhalt austauschen, Angabe der Füllmenge in l		Filter auswechseln, Filtergehäuse reinigen		

Beispiel für einen Schmierplan

Schmieranweisung

Präzisions-Drehmaschine

Hersteller:
WEILER WERKZEUGMASCHINEN

Bauart: Primus VC
Praktikant VC

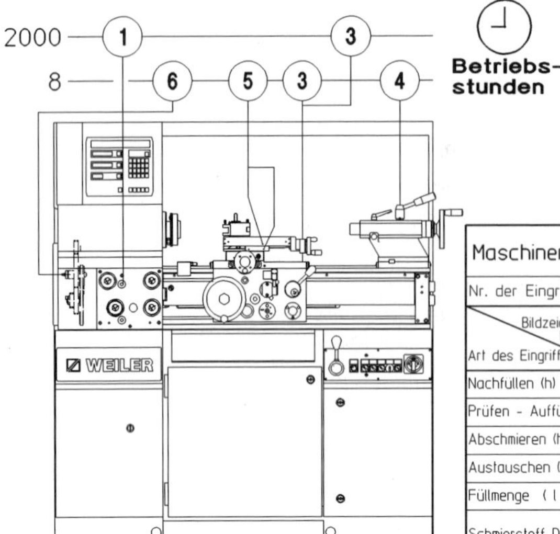

Achtung ! Vor der Schmierung alle Eingriffstellen reinigen !

Maschinenteile	Vorschubgetriebe	Schloßkasten		Reitstock	Obersupport	Wechselradgetriebe
Nr. der Eingriffstelle	**1**	**3**		**4**	**5**	**6**
Bildzeichen des Eingriffes / Art des Eingriffes						
Nachfüllen (h)						
Prüfen - Auffüllen (h)		8				
Abschmieren (h)				8		
Austauschen (h)	2000		2000			
Füllmenge (l)	1.2	0.5	1.0	3 Hübe		
Schmierstoff DIN/ISO	DIN 51517 - CLP46					DIN 51825 -KL 2 K

© WEILER Werkzeugmaschinen GmbH

Der Schmierplan ist vom Fachmann aus folgenden Gründen genau einzuhalten:

- Viele Schmierstoffe vertragen sich nicht untereinander, deswegen darf man keine eigenmächtigen Änderungen hinsichtlich der *Art des Schmierstoffes* vornehmen.
- Übervolle Fettfüllungen in Lagern führen zu erhöhter Lagerreibung und damit zur Verflüssigung des Fettes und zu Schmierstoffverlust, deswegen muss die *Schmierstoffmenge* eingehalten werden.
- Oft muss das Schmiermittel beim Einbringen durch Kanäle gepresst werden, die verfestigten Schmierstoff und Abriebteilchen enthalten. Das *Arbeitsmittel* zum Einbringen des Schmiermittels ist daher festgelegt, damit der notwendige Einpressdruck aufgebracht werden kann.

Genaue Angaben über die Schmierung einer Maschine oder Anlage sind dem Schmierplan zu entnehmen.

- **Einbringen von Schmierstoffen**

Im Betrieb werden zum Schmieren von Hand meist Öl- und Fettpressen verwendet. Maschinen werden heute jedoch nur noch an wenigen Stellen von Hand geschmiert, weil größere Systeme mit einer automatisch arbeitenden Zentralschmiereinrichtung ausgerüstet sind.
Anders ist es bei der Montage, dort werden die Bauteile vor dem Einbau meist von Hand geschmiert.

Einfetten der Wälzlager von Hand

Unsachgemäßes Schmieren kann zu erheblichen Schäden in Maschinenteilen und Anlagenbereichen führen. Schmierpläne müssen eingehalten werden.

Übungsaufgaben D-26; D-27

2.4 Schmierstoffe und ihre Eigenschaften

Schmierstoffe sollen Energieverluste, die durch Reibung auftreten, und Verschleiß an Maschinen und Geräten mindern. Jährlich müssen zur Zeit in Deutschland einige Mrd. EUR für zusätzliche Energie- und Materialkosten, die durch Reibung und Verschleiß verursacht werden, aufgewendet werden.

Befindet sich Schmiermittel in genügender Menge zwischen Gleitflächen, so werden diese durch die Schmiermittelschicht voneinander getrennt. Diese Schmiermittelschicht bezeichnet man als **Schmierfilm.** Der Schmierfilm haftet fest an den Gleitflächen. Werden die Bauelemente gegeneinander bewegt, verschieben sich kleinste Schmiermittelteilchen innerhalb des Schmierfilms. Der Schmierfilm bleibt dabei erhalten, sodass sich die Bauelemente selbst nicht berühren. Reibung und Verschleiß sind sehr gering.

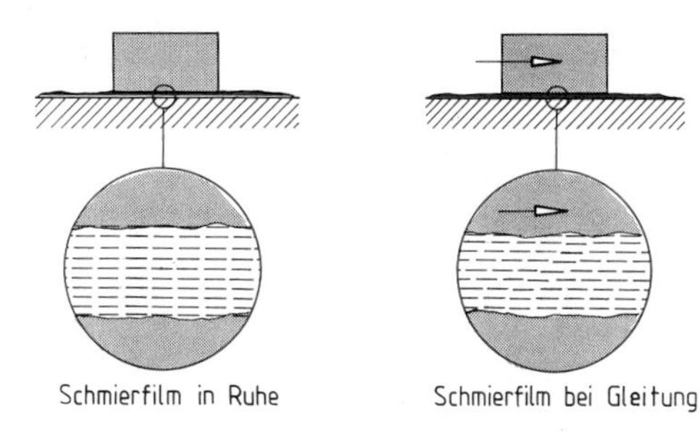

Wirkungsweise der Schmierung

2.4.1 Schmieröle

- **Schmieröleigenschaften**

Viskosität

Der wichtigste Kennwert eines Schmieröles ist seine Viskosität. Ein Öl mit niedriger Viskosität ist dünnflüssig, ein Öl mit hoher Viskosität ist zähflüssig. Die Viskosität beeinflusst zum Beispiel die Schmierfilmdicke in Lagern, die Leckverluste in Hydraulikanlagen, die Reibungsverluste in Schmierölleitungen.

Beim Messen im Kapillarviskosimeter lässt man eine bestimmte Ölmenge bei Prüftemperatur durch ein langes dünnes Rohr, die Kapillare, laufen. Aus der Auslaufzeit ermittelt man die kinematische Viskosität. Wasser hat bei 20 °C eine kinematische Viskosität von etwa 1 mm²/s.

Industrieöle werden nach ISO in 18 Klassen unterteilt. Die ISO-Klassifikation wird in Viskositätsgraden (ISO-VG) angegeben. Sie ist zahlenmäßig an der Viskosität bei 40 °C orientiert.

Beispiel für die Klassifikation eines Öles

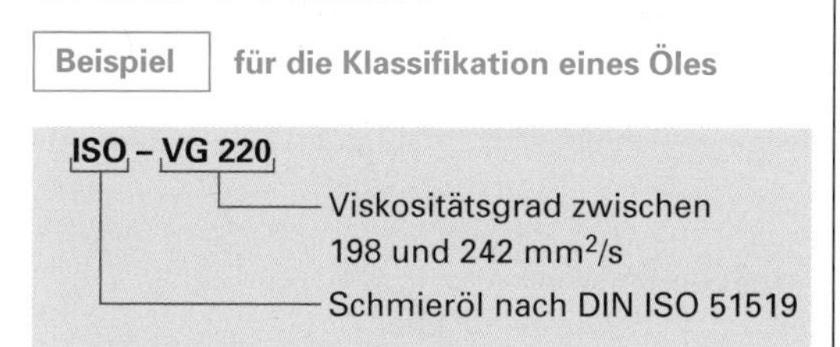

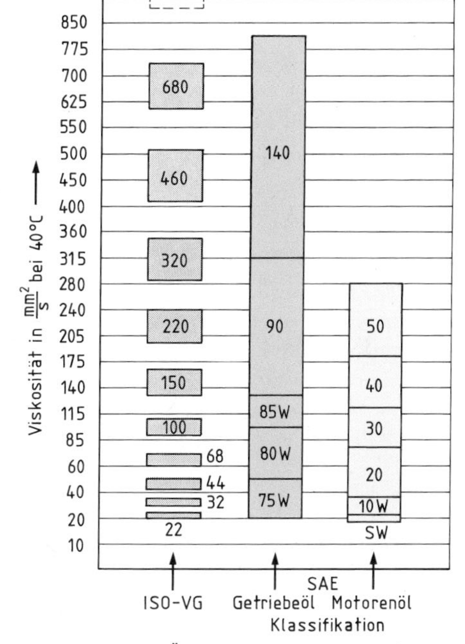

Vergleich wichtiger Ölklassen

Kfz-Öle werden gemäß der amerikanischen Society of Automative Engineers (SAE) gekennzeichnet. Die Kennzeichnung stimmt nicht mit der Einteilung nach DIN ISO überein. Auch die Bezugstemperatur ist unterschiedlich, die SAE-Klassen haben je nach Klasse unterschiedliche Bezugstemperaturen.

Die für eine bestimmte Aufgabe notwendige Viskosität wird zum Teil nach *Erfahrungswerten* gewählt.

Kfz-Öle werden nach ISO in 18 Klassen gegliedert.
Die Klassifikationsnummer bezieht sich auf die kinematische Viskosität in mm²/s, bei 40 °C.

Die Viskosität ist stark von der Temperatur abhängig. Mit steigender Temperatur sinkt die Viskosität. Da Maschinen häufig bei unterschiedlichen Temperaturen beansprucht werden, ist das Viskositäts-Temperatur-Verhalten von Schmierstoffen von großer Bedeutung. Am günstigsten sind Öle, die bei niedrigen Temperaturen noch so dünnflüssig sind, dass Maschinen leicht anfahren, und bei der Betriebstemperatur noch eine ausreichend hohe Viskosität besitzen, damit der Schmierfilm bei Belastung nicht abreißt. Die Temperaturabhängigkeit der Viskosität lässt sich durch Zusätze verbessern. Die zugesetzten Stoffe enthalten fadenförmige Großmoleküle, die sich mit steigender Temperatur entknäulen und so den Viskositätsabfall verringern.

Die Viskosität eines Öles sinkt mit steigender Temperatur.

Flammpunkt, Pourpoint

Der Flammpunkt eines Öles gibt die Temperatur an, bei der über der Ölfläche brennbare Gase entstehen. Die Kenntnis dieses Punktes ist wichtig für die Einordnung eines Öles entsprechend der **Gefahrenklasse**. Bei Flammpunkten über 100 °C sind keine besonderen Vorschriften – außer im Bergbau – zu beachten. Für die Schmiertechnik ist dieser Punkt ohne Bedeutung.

Der Pourpoint (früher Stockpunkt genannt) gibt an, bei welcher Temperatur das Öl eben noch fließt.

Der Pourpoint wird beeinflusst durch
- Zunahme der Viskosität mit sinkender Temperatur,
- Paraffinausscheidung mit sinkender Temperatur.

Pourpointerniedriger wirken nur der Paraffinausscheidung entgegen.

Der Flammpunkt bestimmt die Einordnung eines Öles in eine Gefahrenklasse.
Der Pourpoint gibt an, bei welcher Temperatur ein Öl eben noch fließt.

Schaumverhalten und Luftabgabevermögen

Durch bewegte Teile werden Öle stark mit Luft durchmischt und können schäumen. Schäume, die von der Ölpumpe angesaugt werden, können zu schweren Störungen in der Schmierstoffversorgung führen, z. B. Luftblasen in Ölleitungen.

Das Luftabgabevermögen (LAV) eines Öles gibt nach DIN 51381 die Zeit an, in der eine von Luft durchströmte Ölprobe nach dem Abschalten der Luft nur noch 0,2 % Luft enthält.

Durch geringe Zusätze, zum Beispiel an Silikonölen, kann das Schaumverhalten verbessert werden. Bei Hydraulikanlagen hat das Luftabgabeverhalten eines Öles besondere Bedeutung, da mit steigendem Luftanteil die Kompressibilität steigt.

Zur Aufrechterhaltung eines festen Schmierfilmes muss Öl ein hohes Luftabgabevermögen besitzen.

Alterungsneigung

Durch Verunreinigungen, zum Beispiel Abrieb, verschlechtern sich die Öleigenschaften. Ein weiteres Absinken der Eigenschaften tritt ein durch Bildung von
- Säuren infolge Oxidation,
- harz- und asphaltartigen Produkten infolge Bildung größerer Moleküle.

Dieses sind Vorgänge, wie sie in kurzer Zeit auch im Speiseöl in Friteusen ablaufen.
Den größten Einfluss auf die Alterung von Ölen hat die Temperatur. Nur 10 Kelvin Temperaturerhöhung verkürzen die Zeit zum Altern auf die Hälfte.
Metalle können die Alterungsreaktionen beschleunigen. Hier fördert Kupfer den Alterungsprozess besonders stark. Aus diesem Grunde sollen Schmierölleitungen möglichst *nicht* aus Kupfer hergestellt werden.
Durch Zusätze von Alterungsschutzadditiven (Antioxidantien, Oxidationsinhibitoren) wird ein gewisser Alterungsschutz erreicht.

Öle altern besonders bei höheren Temperaturen und bei Anwesenheit von kupferhaltigen Werkstoffen im Ölkreislauf.

Übungsaufgaben D-35 bis D-37

• Erzeugung und Aufbau von Schmierölen

Mineralöle

In Erdölraffinerien werden aus dem Erdöl verschiedene Produkte wie Benzin, Heizöl, Schmieröl, Bitumen gewonnen. Dies geschieht, indem das Erdöl zunächst vergast wird. Die verschiedenen Kohlenstoff-Wasserstoff-Verbindungen des Gases verflüssigen sich wieder bei unterschiedlichen Temperaturen. Zu den Produkten, die man dabei gewinnt, gehören neben den verschiedenen Kraftstoffen die Mineralöle. Den Gesamtvorgang bezeichnet man als **Destillation.** In einem anschließenden Reinigungsverfahren entfernt man alle schädlichen Bestandteile aus dem Mineralöl. Diese Verunreinigungen können bei Gebrauch der Mineralöle Harze oder Säuren bilden und vermindern die Einsatzdauer der Schmiermittel.

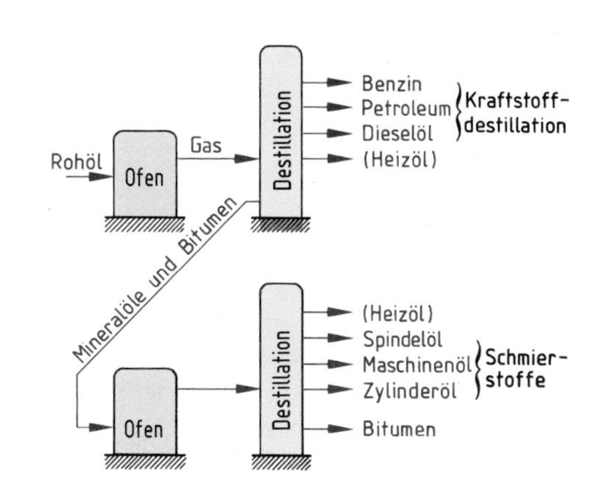

Vom Rohöl zu Kraft- und Schmierstoffen

Hochwertigen Mineralölen setzt man besondere Wirkstoffe zu. So verbessert man z.B. durch Zusätze die Tragfähigkeit des Schmierfilms oder erweitert die Wirksamkeit eines Schmieröls auf einen größeren Temperaturbereich.

Mineralöle gewinnt man aus Erdöl durch Destillation und anschließende Reinigung.

Synthetische Flüssigschmierstoffe

Synthetische Flüssigschmierstoffe werden aus einfachen einheitlichen Kohlenstoff-Wasserstoff-Verbindungen oder Silizium-Verbindungen durch chemische Synthese aufgebaut. Deshalb sind diese Flüssigschmierstoffe in ihrem chemischen Aufbau besonders einheitlich und völlig frei von schädlichen Beimengungen. Synthetische Flüssigschmierstoffe zeichnen sich durch eine nahezu gleich bleibende Viskosität in einem großen Temperaturbereich aus. Darüber hinaus sind sie schwer entflammbar und beständig gegen Säuren und Laugen. Man verwendet sie außer zur Schmierung auch als hochwertige Hydrauliköle.

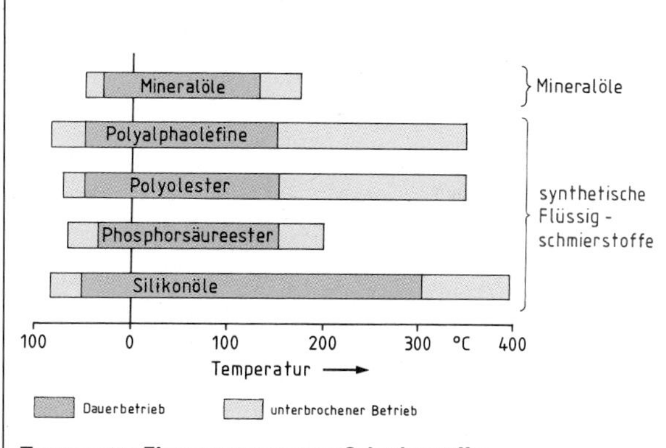

Temperatur-Einsatzgrenzen von Schmierstoffen

Neben den Flüssigschmierstoffen aus reinen Kohlenwasserstoffen werden auch phosphorhaltige Kohlenwasserstoffe und Silikone als synthetische Schmierstoffe verwendet.
Synthetische Flüssigschmierstoffe und Mineralöle dürfen nicht miteinander vermischt werden.

Synthetische Flüssigschmierstoffe werden aus einfachen Verbindungen synthetisch aufgebaut. Sie sind einheitlich im Aufbau und frei von schädlichen Beimengungen, aber teurer als Mineralöle.

Zweitraffinate

Aus gebrauchten Schmierölen werden durch mehrstufige Aufbereitungsprozesse sogenannte Zweitraffinate gewonnen. Diese unterscheiden sich qualitativ kaum von den Mineralölen aus der Erstdestillation.

Übungsaufgaben D-38 bis D-41

2.4.2 Schmierfette

Für viele Anwendungsfälle sind flüssige Schmiermittel wenig geeignet, weil sie von der Schmierstelle wegfließen, z.B. bei frei stehenden Lagern. Hier werden Schmierfette verwendet. Sie haften an der Schmierstelle und gewähren den geschmierten Lagerstellen guten Schutz gegen das Eindringen von Wasser und Verunreinigungen.
Der Verbrauch von Schmierfetten ist in der Bundesrepublik wegen verbesserter Ölschmiereinrichtungen erheblich zurückgegangen. Er beträgt nur etwa 2% des Mineralölverbrauchs.

- **Aufbau von Schmierfetten**

Schmierfette bestehen aus einem Eindickmittel, in das Mineralöle und Zusätze (Additive) eingemischt sind. Als Eindickmittel werden Metallsalze von Fettsäuren, Metallseifen genannt, verwendet. Die Metallseifen bilden ein Gerüst, in dem das Öl sehr fein verteilt wird. Man bezeichnet das Fett nach der Art des Eindickmittels.
Mehr als die Hälfte der verwendeten Schmierfette sind mit Lithiumsalzen von Fettsäuren eingedickt – man nennt diese Schmierfette lithiumverseifte Fette. Für Sonderfälle gibt es ein metallfreies Endikmittel, ein Gel.

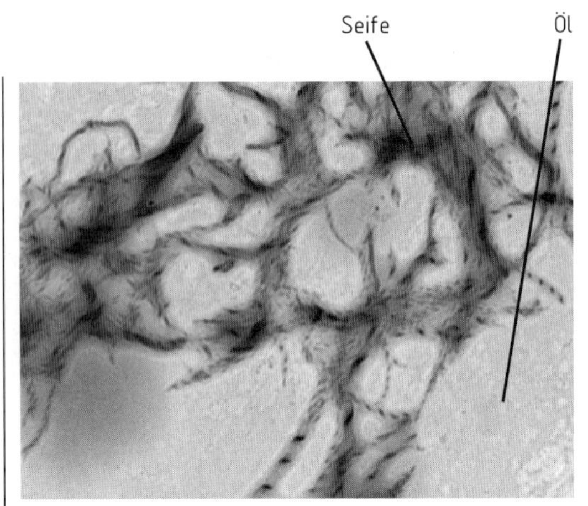

Elektronenmikroskopische Aufnahme eines Schmierfettes

- **Klassifizierung**

Klassifizierung von Schmierfetten nach dem Eindickmittel

Eindickmittel	Gebrauchstemperaturbereich in °C	Verhalten gegenüber Wasser
Lithiumseife	– 30 bis + 140	beständig
Calciumseife	– 30 bis + 60	abweisend
Natriumseife	– 30 bis + 100	nicht beständig
Lithiumkomplexseife	– 30 bis + 160	beständig
Gel	– 20 bis + 160	beständig

Schmierfette bestehen aus Mineralöl und einem Eindickmittel sowie Additiven.
Das Eindickmittel bestimmt stark das Verhalten des Fettes gegenüber Wasser.

Klassifizierung der Schmierfette nach der Konsistenz

Fette zeigen je nach Gehalt an Eindickmitteln und Temperatur unterschiedlich starken Zusammenhalt beim Verschmieren (Konsistenz), sie reicht von einem Verhalten wie dickes Öl über salbenartig bis zu fast wachsartig.
Am häufigsten werden Schmierfette der Konsistenzklasse 2 verwendet.

Konsistenzklassen	Konsistenz	Verwendung
000 00 0	ähnlich sehr dickem Öl halb fließend sehr weich	Getriebefette
2 3 4	salbenartig beinahe fest fest	Wälzlagerfette Gleitlagerfette Gleitlagerfette
5 6	sehr fest sehr fest	Blockfette

Schmierfette werden nach ihrer Konsistenz in Klassen von 000 bis 6 eingeteilt. Mit steigender Nummer wächst die Konsistenz.

Übungsaufgaben D-42 bis D-45

2.4.3 Festschmierstoffe

Trockene Schmiermittel sind pulverförmige Stoffe, die aus besonders feinen Plättchen bestehen. Zu diesen Schmiermitteln gehört z.B. Grafit. Die Schmierwirkung trockener Schmiermittel entsteht dadurch, dass die sehr feinen Plättchen des Schmierstoffes im Schmierspalt wie Karten eines Kartenspiels aufeinander gleiten. Wichtige Trockenschmiermittel im Maschinenbau sind Grafit und Molybdänsulfid.

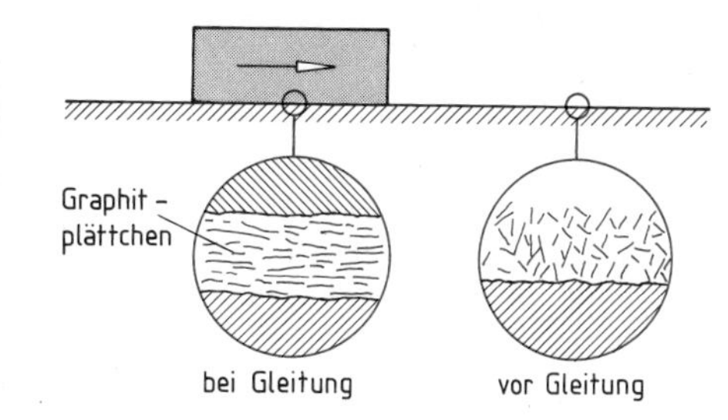

Trockenschmierung mit Grafit

Eigenschaften von Grafit und Molybdänsulfid

Eigenschaften	Grafit	MoS_2
Dichte in g/cm³	2,4	4,8
Härte nach Mohs	0,5 bis 1,0	1,0 bis 1,5
Reibwert bei trockenem Stahl auf Stahl	0,1 bis 0,2	0,04 bis 0,08
Temperaturgrenzen an Luft in °C	– 180 bis + 450	– 180 bis + 450
Zersetzungsprodukt	CO_2-Gas	MoO_3-Teilchen
Schmierfähigkeit im Vakuum	versagt	gut

Wenn MoS_2 als einziger Schmierstoff dienen soll, wird Paste mit 60 bis 70% MoS_2 verwendet. Diese Pasten sind zur Schmierung von Wälzlagern nicht geeignet, da nach dem Verdunsten des Öles *Klümpchenbildung* einsetzen kann.
MoS_2-Ölzusätze sind meist Konzentrate, mit denen Öle auf 2 bis 5 % MoS_2-Gehalt eingestellt werden. Probleme entstehen hier eventuell infolge Unverträglichkeit der „Aufschlämmöle" mit den zu versetzenden Ölen.

Festschmierstoffe werden dann eingesetzt, wenn aufgrund der Bedingungen an der Schmierstelle keine Flüssigkeitsreibung erreicht werden kann.

2.4.4 Entsorgung von Schmier- und Kühlschmierstoffen

Schmier- und Kühlschmierstoffe werden nach einer bestimmten Einsatzdauer unbrauchbar. Entweder kommt es zu Verunreinigungen oder zur Oxidation, wobei das Schmiermittel seine Schmierfähigkeit verliert. Der Schmierstoff muss also entsorgt werden. Da Öle und Emulsionen zu den wassergefährdenden Stoffen zählen, dürfen sie nicht in den Boden, in ein Gewässer oder eine übliche Kläranlage eingeleitet werden.
Die Entsorgung regeln Verordnungen, die aufgrund des Bundesabfallgesetzes erlassen wurden. So dürfen z.B. nur Unternehmen mit entsprechenden Genehmigungen die Entsorgung von Sonderabfällen wie Öl und Kühlschmierstoffe vornehmen.

Sammeln und Entsorgen von Schmier- und Kühlschmierstoffen

Für Sonderabfälle ist in jedem Fall der Erzeuger der Abfälle entsorgungspflichtig. Die ordnungsgemäße Beseitigung von Sonderabfällen wird von Behörden überwacht. Einige Besonderheiten bei der Entsorgung von Ölen oder Emulsionen sind zu beachten.

- Öle sind durch Reinigungsprozesse teilweise wieder regenerierbar und können für untergeordnete Zwecke weiter verwendet werden.
- Emulsionen sind nicht unmittelbar weiter zu verwenden, sie müssen in kostspieligen Trennverfahren aufbereitet werden.

Übungsaufgaben D-46 bis D-51

2.5 Wartung durch Ergänzen und Nachstellen

- **Wartung durch Ergänzen**

Warten durch Ergänzen bezieht sich vorwiegend auf das Nachfüllen von Hilfsstoffen wie Öle, Fette, Kühlschmiermittel und Kühlwasser.
Dabei ist jedoch zu beachten, dass die so ergänzten Stoffe nicht mehr die Qualität erreichen, die sie zu Beginn ihres Einsatzes hatten. Es tritt also eine stete Verschlechterung ein. Deshalb müssen nach einer festgelegten Zahl von Ergänzungen die Stoffe komplett ausgetauscht werden.
Auch das Aufladen von Akkumulatoren und das Aufpumpen von Luftreifen sind Beispele für Warten durch Ergänzen.

Warten durch Ergänzen von Motoröl

Warten durch Ergänzen ist vorwiegend das Auffüllen von Hilfsstoffen.

- **Wartung durch Nachstellen**

Im Betrieb können sich die Maße und die Lage von Bauteilen verändern. Verursacht werden diese Veränderungen durch die Höhe der Belastung, durch Verschleiß und durch bleibende Dehnungen der Bauteile. So dehnen sich z.B. Riemen und Ketten im Laufe des Betriebes und Führungen bekommen durch Verschleiß Spiel.
Durch Nachstelleinrichtungen, die heute meist schon in den Maschinen eingebaut sind, lassen sich die Veränderungen ausgleichen oder wieder rückgängig machen. So wird der ursprüngliche Sollzustand des Systems wieder erreicht.

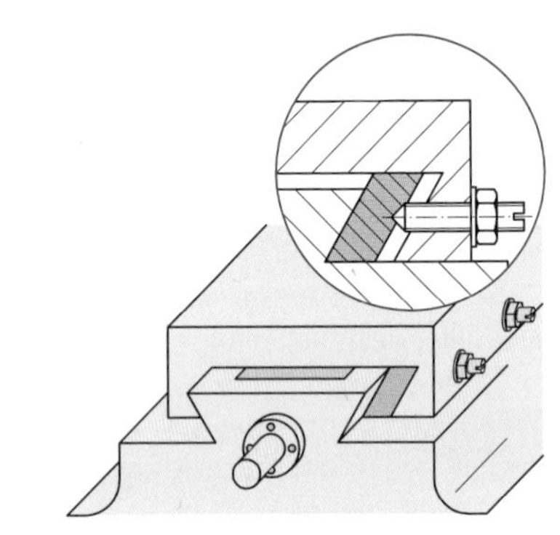

Nachstellbare Führung an einer Maschine

Bei Messgeräten bezeichnet man das Nachstellen wegen festgestellter Maßabweichung des Messgerätes als **Justieren**.
Bei Bügelmessschrauben mit einem bei Null beginnenden Messbereich ist der Wert Null das Normal. Wenn eine Bügelmessschraube nach dem Anziehen mit der Gefühlsratsche z. B. nicht genau den Wert Null anzeigt, so tritt bei jeder Messung ein systematischer Fehler um den abweichenden Betrag auf. An der Bügelmessschraube kann durch Drehen der Skalenhülse der Wert Null wieder eingestellt werden. Damit ist die Messschraube wieder justiert.
Ebenso kann das Gewindespiel bei Messschrauben nachgestellt werden, wenn es durch häufige Beanspruchung zu groß geworden ist.

Beispiele **für Justieren und Nachstellen des Spindelspiels von Bügelmessschrauben**

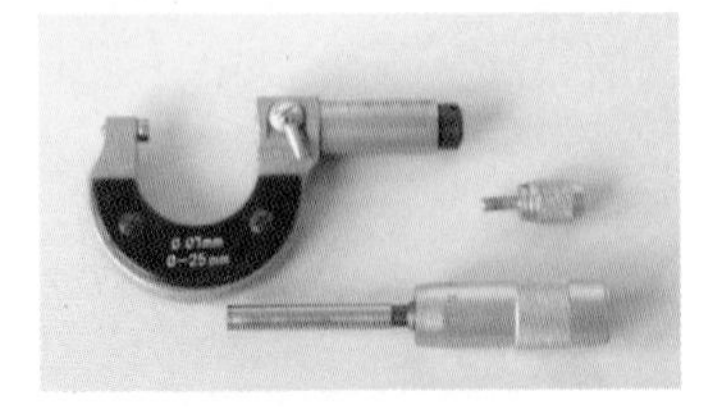

Messschraube demontiert

Gewindemutter nachstellen

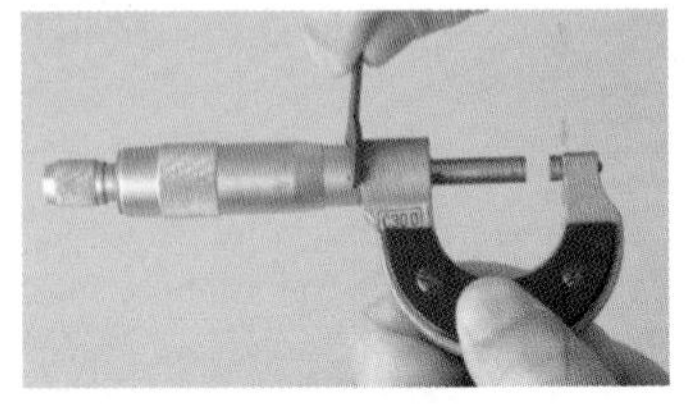

Messschraube justieren

Durch Nachstellen korrigiert man Abweichungen vom Sollzustand, verbessert die Funktion des Produktionsablaufes, erhöht die Qualität der Produkte und beugt Störungen vor.

Übungsaufgaben D-52; D-53

2.6 Wartungshinweise für handgeführte Werkzeuge

- Werkzeuge und Messzeuge getrennt am Arbeitsplatz, im Schrank bzw. im Werkzeugkasten aufbewahren. Übereinander liegende Werkzeuge und Messzeuge werden beschädigt und ein zügiges Arbeiten wird behindert.
- Nach Abschluss der Arbeiten Werkzeuge und Arbeitsplatz von Schmutz und Spänen reinigen.

Beispiel für die Ordnung am Arbeitsplatz

So nicht!

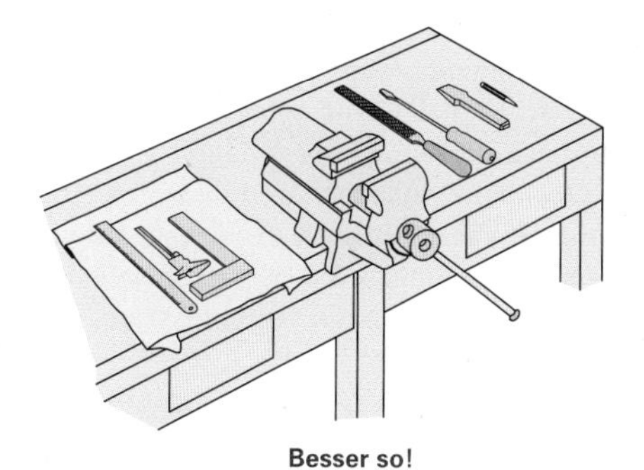

Besser so!

- In Schlichtfeilen setzen sich Späne fest, die auf der Werkstückoberfläche störende Riefen erzeugen. Die Feile ist mit einer Feilenbürste zu reinigen, wobei die Feilenbürste in Richtung des Oberhiebs bewegt wird.
- Stumpfe Werkzeuge, wie Sägeblätter, Feilen u.a. austauschen; andere, wie Bohrer, Meißel, Körner, Reißnadeln, zum Schärfen geben oder selbst schärfen.
- Werkzeuge, wie Hämmer, Meißel, Körner und Feilen, überprüfen, ob eine Unfallgefährdung vorliegt, z.B. Hammer sitzt nicht fest auf dem Stiel, Meißel hat einen Bart, Feile sitzt locker im Feilenheft. Unfallgefährdung durch sachgerechtes Befestigen von Hammer und Feile und Abarbeiten des Meißelbartes beseitigen.

Beispiele für das Warten der Handwerkzeuge

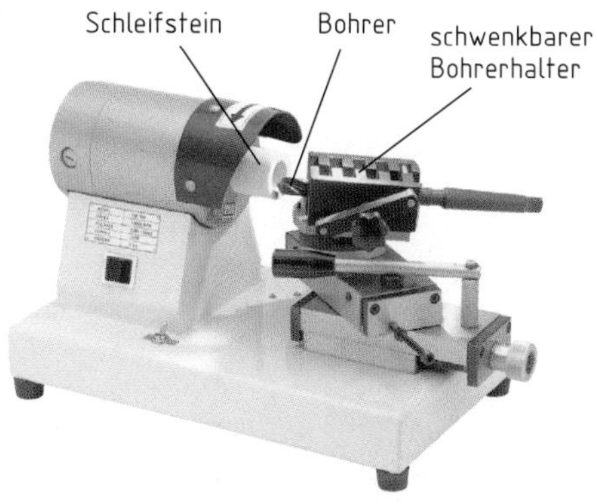

Schleifvorrichtung für Spiralbohrer

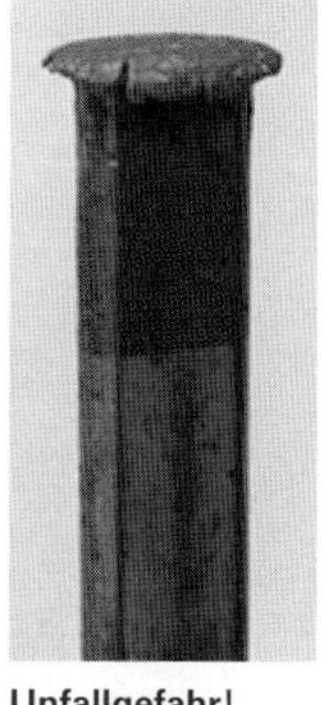

Unfallgefahr! Meißel mit Grat

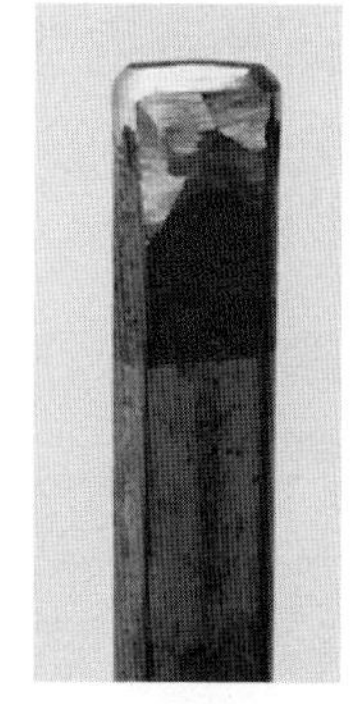

Meißelkopf richtig geschliffen

- Am Ende einer Arbeitswoche:
  - den Schraubstock gründlich reinigen, die Spindel und die Führungen leicht einfetten, um den Schraubstock leicht gängig zu halten,
  - die Bohrmaschine und evtl. die Säge gründlich reinigen und blanke Stahlflächen mit Öl leicht einfetten, um Korrosion zu verhindern.

Übungsaufgabe D-54

2.7 Wartungsanleitungen

Der Hersteller einer Anlage händigt dem Betreiber stets bei Übergabe eine Wartungsanleitung aus. Er erstellt die Wartungspläne, da er den Aufbau seiner Anlagen kennt und um die Notwendigkeit bestimmter Pflegemaßnahmen weiß.
Wartungspläne – meist in Tabellenform oder übersichtlichen Listen – enthalten für die Baugruppen einer Anlage die erforderlichen Wartungsarbeiten mit den zugehörigen zeitlichen Intervallen. Die Ausführung der Arbeiten zu den vorgegebenen Zeitpunkten ist Voraussetzung dafür, dass die Herstellergarantie nicht verloren geht.
Die Auflistung der Wartungsarbeiten in den Plänen kann nach verschiedenen Gesichtspunkten gegliedert werden. Man ordnet die Wartungsschritte nach:

- den **Wartungsintervallen** – diese werden meist steigend in Betriebsstunden angegeben, zum Beispiel: nach 8, nach 50, nach 200 Betriebsstunden usw.,
- oder den **Baugruppen der Anlage,** zum Beispiel: Gehäuse, Führungsbahnen, Bedienpult, Kühlmitteleinrichtung usw.,
- oder der **Zweckmäßigkeit des Arbeitsablaufes** der Gesamtmaßnahme, zum Beispiel: Stellen Sie den Hauptschalter auf AUS und schalten die Zuleitung zur Maschine spannungsfrei, öffnen Sie die Verschlussklappe zum ..., usw.

Beispiel für den Wartungsplan einer Baugruppe:

Wartungsanweisung zum Sonderbestücker Blatt 5

Arbeitsunterlage für Instandhaltungspersonal

Pneumatikverschraubungen auf Dichtheit prüfen	wöchentlich	Geräuschprüfung
Kugelgewindespindel Achsen fetten	monatlich	Auftragen eines dünnen Fettfilms auf die Spindel
Zahnriemen auf Risse, Ausfransungen und Zahnausbrüche prüfen	monatlich	Sichtprüfung für den gesamten Riemen durchführen

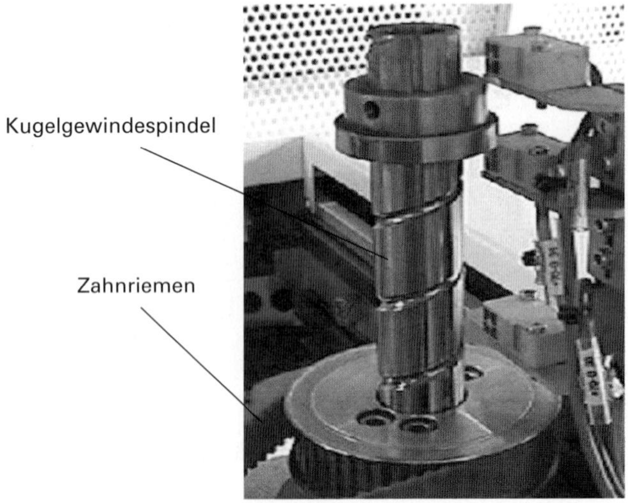

Übungsaufgabe D-55

Beispiel für den Wartungsplan einer Fräsmaschine (nur Auszüge!)

Die Nummern geben die laufende Nummer im Wartungsplan an.

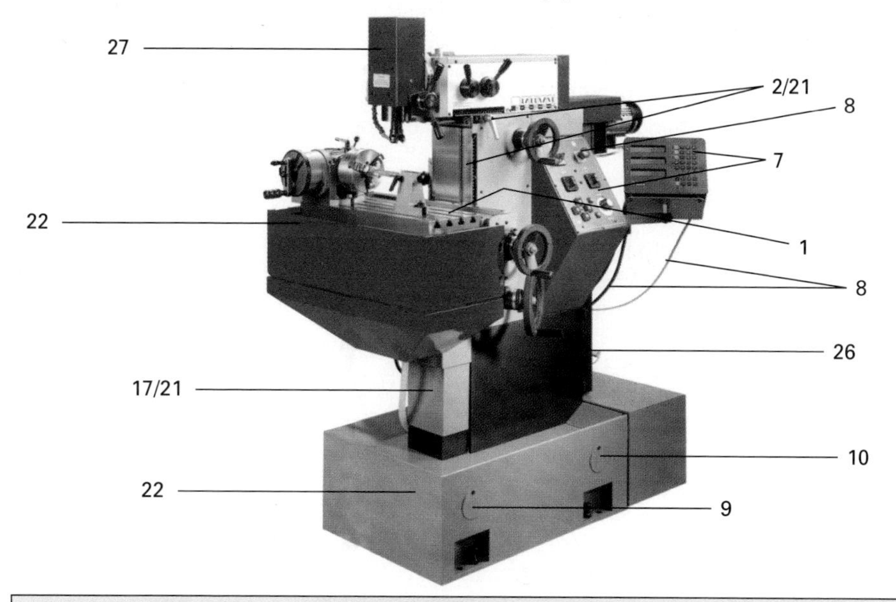

Lfd. Nr.	Wartungs-/Inspektionsmaßnahme	Intervall in Betriebs-Std.	Bemerkungen
1	**Frästisch** reinigen, auf Beschädigungen kontrollieren und leicht fetten	8	Nur Pinsel und Putzlappen verwenden
2	Alle **Schlittenführungen** reinigen	8	Keine Pressluft einsetzen!
7	**Maschinengehäuse, Steuerung** und **Bedienpult** reinigen	40	
8	**Elektrozuleitungen** und **Schalter** auf Beschädigugen sorgfältig kontrollieren	40	Alle Schäden sofort melden!
9	**Füllmenge** der Kühlschmiereinrichtung prüfen und bei Bedarf auffüllen	40	Kühlschmierstoff E 8 %
10	**Füllmenge** der Zentralschmiereinrichtung prüfen und bei Bedarf auffüllen	40	Ölsorte: CL 68
17	**Abstreifer** an **Führungsbahnen** reinigen und bei Bedarf auswechseln	80	
21	**Stellleisten** der **Schlittenführungen** prüfen und eventuell nachstellen	160	
22	**Siebe** und **Filter** der Kühlschmiereinrichtung reinigen	160	
26	Spannung u. Verschleiß des **Keilriemens** vom Hauptantrieb sowie des **Zahnriemens** vom Vorschubantrieb prüfen, evtl. nachstellen	1000	
27	Lagerspiel der **Frässpindel** prüfen und bei Toleranzüberschreitung nachstellen	5000	Zul. Rundlauf-abweichung Max. t = 0,03 mm

2.8 Wartung von pneumatischen Anlagen

Steuerungsanlagen müssen in vorgeschriebenen Zeitintervallen systematisch gewartet werden, damit lange Betriebszeiten gewährleistet sind und die Anlage wirtschaftlich arbeitet. Die systematische Wartung und Kontrolle einer Steuerung wird erleichtert, indem man die Anlage so unterteilt, dass einzelne Teilbereiche unter besonderen Wartungsgesichtspunkten betrachtet werden können. Bei der Wartung kann man die Teilbereiche Druckversorgung, Leitungssystem und Bauelemente unterscheiden.

- **Wartung im Bereich der Druckversorgung**

Für Druckluft gilt, dass sie möglichst wasser-, staub- und schmutzfrei ist. Die Wartungseinheiten sind regelmäßig zu kontrollieren. Angesammeltes Kondensat muss abgelassen werden.
Die Filter in der Wartungseinheit halten Staubteilchen und Kondensat zurück. Deshalb müssen sie in bestimmten Zeitabständen gesäubert oder ausgewechselt werden.
Bei stark beanspruchten Anlagen soll die Druckluft nach Bedienungsvorschrift mit Öl angereichert werden. Branchenspezifische Vorschriften sind dabei zu beachten (z.B. die Hygienevorschriften in der Lebensmittelindustrie).

Wartungseinheit

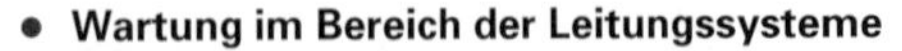

- **Wartung im Bereich der Leitungssysteme**

Vorbeugende Maßnahmen verhindern Störungen in der Versorgung der Anlagen mit Druckluft. Hierzu gehört vor allem die richtige Verlegung des Rohrleitungsnetzes. Insbesondere ist darauf zu achten, dass Abzweigungen von der Hauptleitung zur Luftentnahme *nach oben* erfolgen und dass die Abzweigungen für die Kondensatenleerung nach unten angebracht werden.
Bei der Montage von Leitungen oder Anschlüssen ist unbedingt darauf zu achten, dass in den Rohren oder Schläuchen keine Schmutzteilchen oder Späne zurückbleiben.

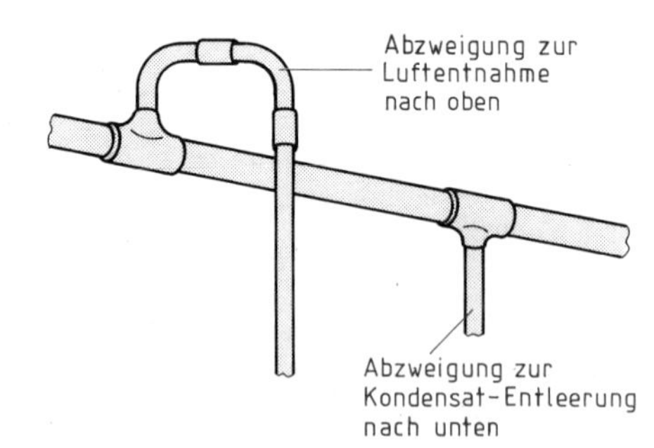

Montage von Druckluftleitungen

Während des Betriebes müssen die Druckluftleitungen und die Anschlüsse regelmäßig auf Dichtigkeit überprüft werden. Schadhafte Leitungen und undichte Anschlüsse in einer Anlage können Verluste von mehreren tausend Euro verursachen.

Beispiel für Betriebskosten durch Leckverluste

Leckgröße in mm	Luftverbrauch bei 6 bar in l/s	Verlustleistung in kW	Kosten bei 8 000 Betriebsstunden in EUR
$d = 1$	1,3	0,32	250
$d = 5$	30,9	8,3	6 900

Übungsaufgaben D-57; D-58

• Wartung von Bauelementen in Steuerungen

Die Wartung von fluidischen Bauelementen erfolgt zunächst dadurch, dass Verschleißteile beobachtet und im Bedarfsfall ausgewechselt werden.
Verschleißerscheinungen von Dichtungen an Zylindern lassen sich durch den Abrieb an den Kolbenstangen beobachten. Bei Zylindern sind zusätzliche Abdeckungen einzubauen, wenn sehr hoher Schmutz- bzw. Staubanfall vorliegt.
Insbesondere in der Einlaufphase einer Anlage können Schmutzpartikel und Späne die Funktionen beeinträchtigen. Hydraulikanlagen müssen entlüftet werden.
Verschleiß in Ventilen ist nicht vorbeugend zu erkennen. Verschleißerscheinungen in Ventilen werden erst deutlich, wenn Störungen im Steuerungsablauf auftreten.
Die Befestigungen der Bauteile müssen regelmäßig überprüft werden, weil sich durch Erschütterungen die Bauteile lockern und lösen können.
Ein wirkungsvolles Mittel zur vorbeugenden Schadensbekämpfung ist die systematische Erfassung von aufgetretenen Fehlern und Störungen in einer Anlage. Dazu benutzt man ein Protokollbuch mit entsprechenden Schadenslisten.

Beispiel für Verschleißteile an einem Pneumatikzylinder

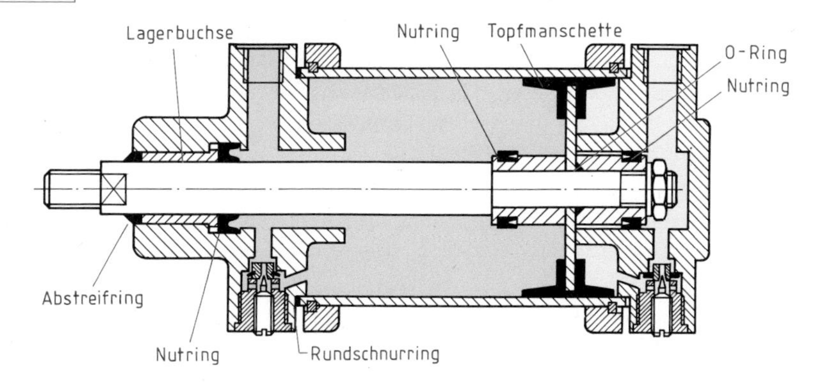

- Die dauerhaft sichere Funktion von Steuerungsanlagen erreicht man durch vorbeugende Wartungen des Druckmediums, indem es sorgfältig gefiltert wird.
- In Pneumatikanlagen muss das Kondensat regelmäßig entfernt werden.
- Bauteile in Steuerungen sind regelmäßig auf Verschleiß und auf festen Sitz zu überprüfen.

Für die verschiedenen Wartungsarbeiten sind bei Steuerungen unterschiedlich große Wartungsintervalle vorgeschrieben. Diese Zeitabstände richten sich nach der Betriebszeit der Anlage und den Einsatzbedingungen.

Beispiel für wichtige regelmäßige Wartungsarbeiten an pneumatischen Anlagen

Wartungsintervall	Maßnahmen
Täglich	Kondensat ablassen (bei nicht automatischen Geräten). Öler in der Wartungseinheit kontrollieren.
Wöchentlich	Funktion der Signalglieder überprüfen. Druckmesser nachprüfen. Ölmenge im Öler prüfen.
Vierteljährlich	Leitungen und Anschlüsse auf Dichtigkeit prüfen. Filterpatronen reinigen. Funktionsprüfungen am automatischen Kondensatablass. Befestigungen der Bauteile überprüfen.
Halbjährlich	Kolbenstangenführungen auf Verschleiß untersuchen. Abstreifringe und Dichtungen gegebenenfalls erneuern.

Übungsaufgaben D-59 bis D-61

2.9 Wartung von hydraulischen Anlagen

Hydraulische Anlagen müssen mit sauberem Öl gefahren werden. Durch vorausbestimmte Instandhaltung kann die Zahl hydraulikbedingter Ausfälle in einer Anlage erheblich gesenkt werden. Die Lebensdauer der Hydraulikkomponenten und die Betriebssicherheit werden durch die Qualität des Druckmediums entscheidend beeinflusst.

Filterwechsel nach der Einlaufphase sind für einen einwandfreien Betrieb notwendig. Je nach Belastung ist auch das Öl in der Einlaufphase auszutauschen.

Filterelemente in einer Hydraulikanlage sammeln den Schmutz aus dem Druckmedium. Mit zunehmender Verschmutzung des Filters steigt die Druckdifferenz im Filter. Wartungsanzeigen optischer oder elektrischer Art, die diese Druckdifferenz auswerten, weisen auf den Verschmutzungsgrad des Filterelementes hin.

Eine langfristige Sicherheit für den Betrieb von hochwertigen Hydraulikanlagen, wie sie z. B. in Werkzeugmaschinen zu finden sind, erreicht man durch regelmäßige Aufzeichnungen über den Zeitpunkt des Wechsels der Filterelemente und durch Ölanalysen.

Ölprobenentnahme

Nur besonders geschultes Fachpersonal darf die Inbetriebnahme von hydropneumatischen Speichern durchführen. Ebenso dürfen Wartungsarbeiten an solchen Speichern nur von diesem Personenkreis vorgenommen werden. Folgende Wartungsarbeiten sind für hydropneumatische Speicher vorgesehen:

- Gasfülldruck prüfen,
- Sicherheitseinrichtungen, Armaturen prüfen,
- Leitungsanschlüsse prüfen,
- Speicherbefestigung prüfen.

Beispiel **für Wartungsarbeiten an einem hydropneumatischen Speicher (Auszug aus einem Firmenmerkblatt)**

Prüfintervalle

Nach der Inbetriebnahme des Speichers ist der Fülldruck in der ersten Woche mindestens einmal zu prüfen. Wird kein Gasverlust festgestellt, ist eine zweite Prüfung nach drei Monaten durchzuführen. Ist erneut keine Druckänderung eingetreten, kann auf jährliche Prüfungen übergegangen werden.

Messen auf der Flüssigkeitsseite

Nachdem das Manometer (3) an den Speicher angeschlossen ist, muss wie folgt vorgegangen werden:

- *Druckflüssigkeit in den Speicher füllen,*
- *Absperreinrichtung (5) schließen,*
- *durch Öffnen des Entlastungsventils (2) Druckflüssigkeit langsam abfließen lassen (Temperaturausgleich),*
- *während des Entleerungsvorganges Manometer (3) beobachten. Sobald der Fülldruck im Speicher erreicht ist, fällt der Zeiger schlagartig auf Null ab.*

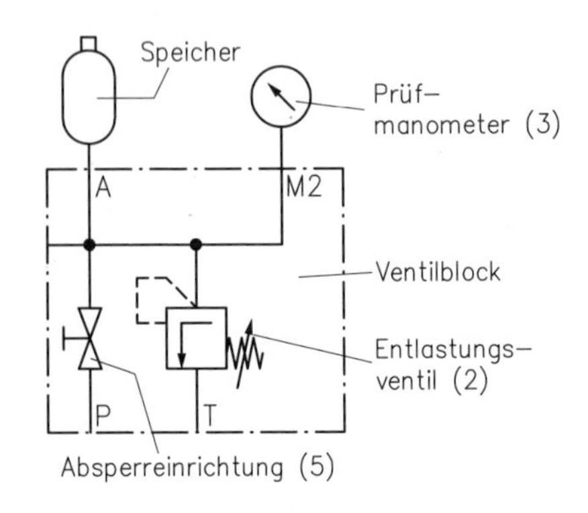

Werden Abweichungen von diesem Verhalten gemessen, ist zunächst zu prüfen, ob die Rohrleitungen und Armaturen dicht sind, oder ob die Abweichungen auf unterschiedliche Umgebungs- oder Gastemperaturen zurückzuführen sind. Erst wenn hier kein Fehler festgestellt werden kann, ist eine Überprüfung des Speichers erforderlich.

Übungsaufgaben D-62; D-63

3 Instandhaltung durch Inspektion

Durch die Inspektion wird der Istzustand von Anlagen, Maschinen, Geräten und anderen Einheiten festgestellt und beurteilt. Darüber hinaus werden die Ursachen der Abnutzung bestimmt und die notwendigen Konsequenzen für eine weitere Nutzung abgeleitet.

3.1 Fehlerdiagnose

Ein wichtiges Hilfsmittel für die Inspektion ist die Fehlerdiagnose. Als Fehlerdiagnose bezeichnet man alle Maßnahmen, die zur Fehlererkennung, zur Fehlerortung und zur Feststellung der Fehlerursachen dienen. Ist der Fehler in einer Einheit gefunden, so muss entschieden werden, ob eine Reparatur oder der Austausch von Bauteilen technisch möglich und wirtschaftlich vertretbar ist.

Beispiel für eine Fehlerdiagnose

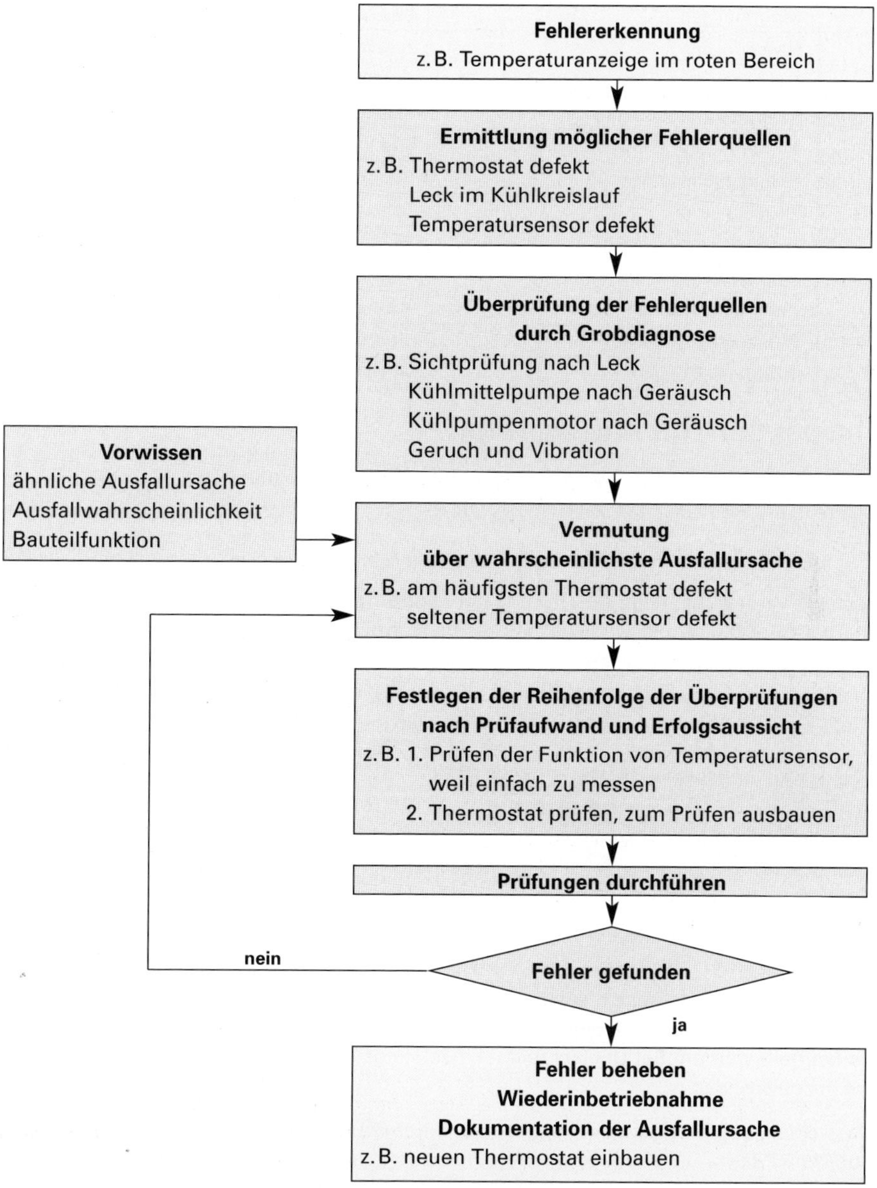

Fehlererkennung
z. B. Temperaturanzeige im roten Bereich

↓

Ermittlung möglicher Fehlerquellen
z. B. Thermostat defekt
Leck im Kühlkreislauf
Temperatursensor defekt

↓

Überprüfung der Fehlerquellen durch Grobdiagnose
z. B. Sichtprüfung nach Leck
Kühlmittelpumpe nach Geräusch
Kühlpumpenmotor nach Geräusch
Geruch und Vibration

↓

Vorwissen (→ Vermutung)
ähnliche Ausfallursache
Ausfallwahrscheinlichkeit
Bauteilfunktion

Vermutung über wahrscheinlichste Ausfallursache
z. B. am häufigsten Thermostat defekt
seltener Temperatursensor defekt

↓

Festlegen der Reihenfolge der Überprüfungen nach Prüfaufwand und Erfolgsaussicht
z. B. 1. Prüfen der Funktion von Temperatursensor, weil einfach zu messen
2. Thermostat prüfen, zum Prüfen ausbauen

↓

Prüfungen durchführen

↓

Fehler gefunden — nein: zurück zu „Vermutung“; ja:

↓

Fehler beheben
Wiederinbetriebnahme
Dokumentation der Ausfallursache
z. B. neuen Thermostat einbauen

Übungsaufgabe D-64

3.2 Inspektion durch Sinneswahrnehmung

Bei Inspektionen werden Eigenschaften oder Zustände von Systemen beurteilt. Manchmal können wir schon mit unseren Sinnen Eigenschaften oder Zustände von Systemen – vor allem wenn sie von Normalzuständen abweichen – erfassen.
Von einem im Normalzustand arbeitenden Gerät oder einer im störungsfreien Betrieb arbeitenden Anlage haben wir bestimmte Sinneseindrücke. Wir hören ein uns vertrautes Geräusch in gewohnter Lautstärke; wir sehen Bauteile und deren Bewegungen im gewohnten Lauf; wir fühlen Vibrationen und Temperaturen, wie sie schon immer waren. Vielleicht ist auch der Geruch eines Gerätes oder der Anlage typisch. Abweichungen von diesem uns vertrauten Zustand nehmen wir unmittelbar wahr. Unsere Sinne machen uns auf Störungen im Betrieb von Geräten und Anlagen aufmerksam.

Sinn	Wahrnehmung	Beispiele für Fehlerquellen
Sehen	Beschädigungen	Risse, Poren
	Verformungen	Verbiegungen, lose Teile, lockerer Riemen
	Bewegungen	ruckartiger Lauf, Verrutschen von Teilen
	Aussehen	farbliche Änderungen, Glanzänderungen, Dampf
Hören	Hohe Töne	Quietschen wegen Reibung
	Unregelmäßige Schwingungen	Unrundlauf
	Frequenzänderungen	Spannungen in Drahtseilen
	Pfeifgeräusche	Leck in Leitungen
Fühlen	Temperaturunterschiede	Heißlaufen von Lagern
	Kraftunterschiede	Lockerung eines Bauteiles
	Oberflächenänderung	Rauheitsänderungen, Klebrigkeit
Riechen	Verbrennungsgeruch	Überhitzung, Verdampfen von Flüssigkeiten
	Geruch nach Chemikalien	Auslaufen von Chemikalien

3.3 Inspektion mit Messgeräten

Inspektionen mit Messgeräten sind meist aussagefähiger als Inspektionen durch Sinneswahrnehmungen, denn zu beurteilende Eigenschaften werden objektiv erfasst und können entsprechend bewertet werden.

Beispiel **für die Inspektion von Wälzlagern durch Messen:**

Verschleiß verursacht in den Abrollzonen der Lagerringe eine Welligkeit, die beim Lauf Stoßimpulse hervorruft. Diese Impulse werden mit einem Mikrofon aufgenommen, in einem Rechner ausgewertet und angezeigt. Die Stärke der Stoßimpulse ermöglicht Rückschlüsse auf den Lagerzustand.

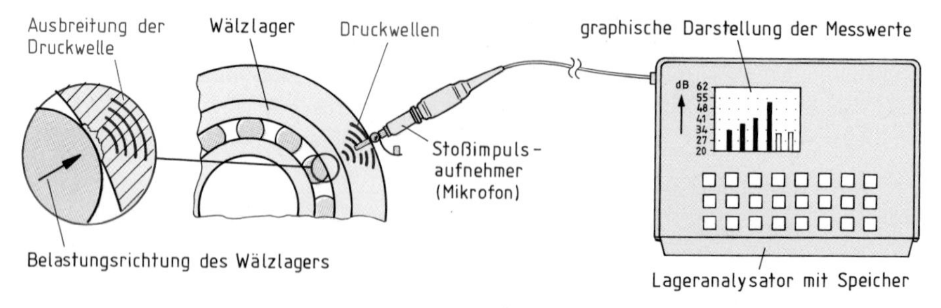

Das jeweils charakteristische Schwingungsverhalten einer unbeschädigten Lagerart ist im Rechner als Sollwert gespeichert. In einem Soll-Istwert-Vergleich kann der Verschleißzustand eines Wälzlagers beurteilt werden. Bei Überschreiten eines festgelegten Grenzwertes wird das Lager vorbeugend ausgewechselt.

Bei der Inspektion werden die zu untersuchenden Eigenschaften mit Sinnen subjektiv oder mit Messgeräten objektiv erfasst. Die Beurteilung erfolgt nach den Vorgaben der Inspektionsanweisung.

Übungsaufgaben D-65 bis D-67

3.4 Inspektionsintervalle

Inspektionen sind nach vorgeschriebenen Zeitabständen durchzuführen. Die Zeitabstände zwischen den jeweiligen Inspektionen richten sich nach der Belastung:

- Bei Fahrzeugen wird meist die gefahrene Strecke zugrunde gelegt; z.B. für Pkw alle 15 000 km.
- Für kontinuierlich arbeitende Maschinen, Pumpen, Produktionsanlagen wird die Betriebszeit als Basis gewählt; z. B. alle 500 Betriebsstunden.
- Produzieren Maschinen ständig den gleichen Artikel, so wird häufig nach einer bestimmten Produktionszahl eine Inspektion vorgenommen; z.B. nach 10 000 Stück.

Inspektionsart	Einsatzdauer	Werftliegezeit	Arbeiten
A-Check	350 Flugstunden	über Nacht (100 Mannstunden)	Kabinen-Inspektion System-Check
B-Check	1000 Flugstunden	1 Tag (800 Mannstunden)	Inspektion der Struktur System-Check
C-Check	alle 18 Monate	mehrere Tage (1400 Mannstunden)	Inspektion der Struktur nach Abnahme aller Verkleidungen großer System-Check

Vorgeschriebene Checks an einem Flugzeug

Inspektionen werden in festgelegten Intervallen durchgeführt. Die Intervalle richten sich nach der Belastung des jeweiligen Sytems.

3.5 Kontinuierliche Inspektion

Zwischen den Inspektionen unterliegen Maschinen, Anlagen und Geräte weiterhin dem Verschleiß und es besteht die Gefahr von Betriebsstörungen. Intervallmäßige Inspektionen erfodern auch störende Unterbrechungen der Nutzung. Deshalb wird versucht, die Inspektionen während des Betriebes kontinuierlich durchzuführen und Meldung geben zu lassen, wenn Teile der Maschine oder Anlage in einen kritischen Zustand kommen, z. B. wenn Lager zu heiß werden, wenn Werkzeuge abstumpfen oder Motoren überhitzen. Kontinuierliche Inspektion verlängert die Zeit zwischen zwei Instandsetzungen, weil erst bei drohendem Betriebsausfall eingeschritten werden muss.

Beispiel für eine Einrichtung zur kontinuierlichen Inspektion

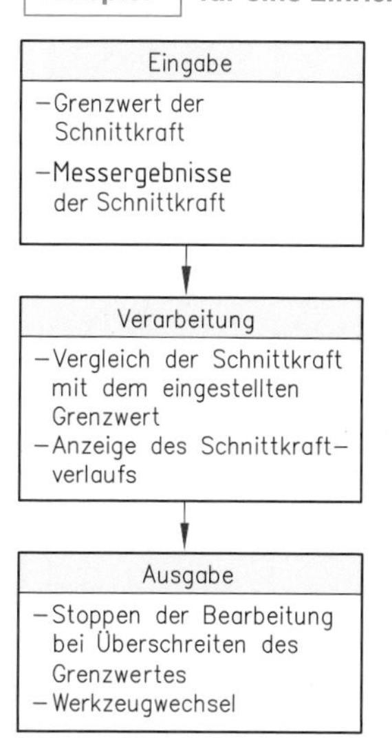

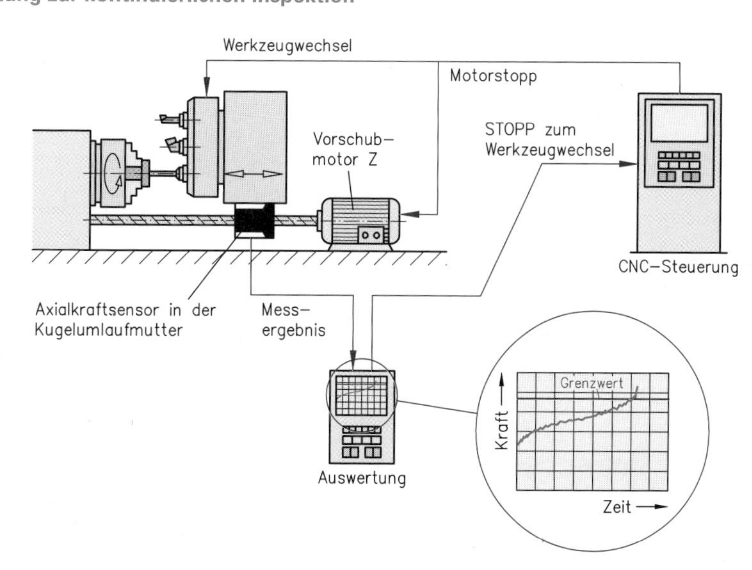

Durch kontinuierliche Inspektion, also ständige Überwachung, werden unnötige Betriebsunterbrechungen vermieden.

4 Instandhaltung durch Instandsetzung

4.1 Instandsetzung und Instandsetzungspersonal

Unter Instandsetzung versteht man alle Maßnahmen, die ausgeführt werden, um eine fehlerhafte Einheit so wieder herzustellen, dass sie ihre Funktion erfüllt. Für Instandsetzungsaufgaben muss das Personal entsprechend ausgebildet sein. Je komplexer die Anlage ist, die instand gesetzt werden soll, desto höhere Anforderungen werden an die Personen gestellt, welche die Instandsetzung ausführen.

- Die Instandsetzung eines lockeren Hammers erfordert z.B. einfache Maßnahmen und kann durch den Benutzer des Werkzeuges ausgeführt werden.
- Die Instandsetzung der Bremsen an einem Pkw kann und darf nur durch einen besonders ausgebildeten Fachmann vorgenommen werden.
- Die Instandsetzung größerer Anlagen setzt umfangreiches und meist mehrjähriges Spezialwissen voraus und ist entsprechend geschultem und erfahrenem Personal vorbehalten.

Die Instandsetzung erfordert Fachpersonal. Je komplexer die fehlerhafte Einheit ist, desto qualifizierter muss das Instandsetzungspersonal sein.

4.2 Fehlerdiagnose – Instandsetzung – Inbetriebnahme

Die Grundvoraussetzung für die Fehlersuche in komplexen Anlagen und die daraus folgende Instandsetzung ist das Verständnis für das vorgegebene technische System. Der Fachmann muss den Soll-Zustand einer Einheit kennen und mit dem Ist-Zustand vergleichen können.

Mithilfe der Fehlerdiagnose sucht man den Fehler, der den Ausfall der Anlage verursacht hat. Ist die Instandsetzung entsprechend ausgeführt, so muss die Wiederinbetriebnahme sorgfältig erfolgen.

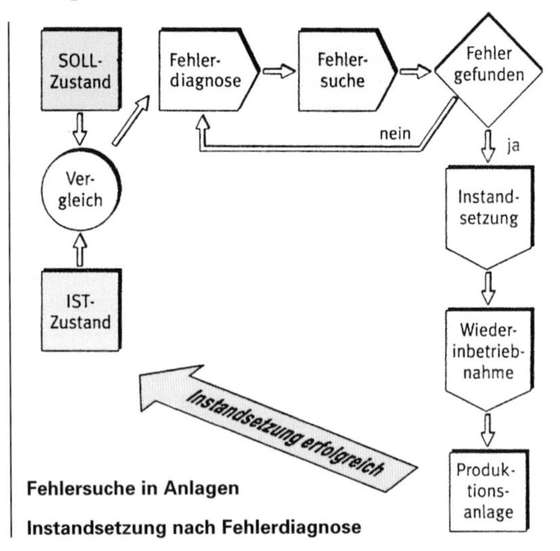

Fehlersuche in Anlagen

Instandsetzung nach Fehlerdiagnose

Die Instandsetzung von Anlagen, Maschinen und Steuerungen setzt eine sorgfältige Fehlerdiagnose voraus. Nach der Instandsetzung solcher Einheiten ist die Inbetriebnahme unter besonderen Sicherheitsgesichtspunkten vorzunehmen.

4.3 Instandsetzung von pneumatischen und hydraulischen Steuerungen

In größeren Systemen, wie z.B. pneumatischen oder hydraulischen Steuerungen, können unterschiedliche Fehler auftreten, die zum Ausfall der Anlage führen. Es ist daher nicht möglich, für jeden denkbaren Fehler konkrete Hinweise zu geben. Aus bisherigen Erfahrungen können jedoch bestimmte Maßnahmen genannt werden, die sowohl die Fehlersuche als auch die Instandsetzung und die Inbetriebnahme unterstützen.

 Übungsaufgaben D-70 bis D-73

4.3.1 Maßnahmen zur Vereinfachung der Instandsetzung

- **Übersichtliche Planungsunterlagen**
  - Schaltpläne, Funktionspläne und Funktionsdiagramme müssen nach einheitlichen Gesichtspunkten aufgebaut sein.
  - Bauteile, Rohrleitungen und Anschlüsse sollen sowohl in den Konstruktionsunterlagen als auch in der Anlage eindeutig und gleich gekennzeichnet sein.

- **Zweckmäßige Auswahl der Bauteile**
  - Bei elektrischen Bauteilen solche bevorzugen, die ihre Signalzustände durch Leuchtdioden anzeigen (LED-Anzeige).
  - Pneumatische bzw. hydraulische Ventile mit Druckanzeigen auswählen, sodass die jeweilige Schaltstellung von außen ersichtlich ist.
  - Bei größeren Anlagen Anzeigegeräte zur zentralen Überwachung von Prozessdaten und Prozesszuständen auf Schalttafeln vorsehen.

- **Übersichtliche Anordnung der Bauelemente**
  - Geräte mit gleichen Funktionen sind möglichst nach dem gleichen Aufbauschema anzuordnen.
  - Leitungen mit der gleichen Funktion kennzeichnet man durch gleiche Farbgebung.
  - Bauteile und ihre Anschlüsse werden möglichst so montiert, dass eine Demontage mit normalen Werkzeugen ohne großen Aufwand erfolgen kann.

4.3.2 Fehlerdiagnose und Instandsetzung mithilfe von Tabellen

Mithilfe von Fehlerursachen-Tabellen können mögliche Fehler in einer Anlage eingegrenzt werden. Man vergleicht die beschriebene Art der Störung mit den Beobachtungen im Ist-Zustand. Die Hinweise zur Fehlerbehebung führen zu entsprechenden Instandsetzungsarbeiten.

Beispiel für eine Fehlerursachen-Tabelle bei einer elektropneumatischen Anlage

Art der Störung	Fehlerursache	Fehlerfolge	Hinweise zur Behebung
Luftversorgung ist nicht ausreichend	Anlage ist zu klein ausgelegt, Querschnittsverringerung durch Schmutz, Luftverlust durch Undichtigkeiten in der Anlage	In der Taktfolge der Zylinder treten Störungen auf. Kräfte an den Arbeitselementen reichen zeitweise nicht aus	Ist die Anlage erweitert worden? Leckstellen aufsuchen, Filter überprüfen, korrodierte Leitungen austauschen
Hoher Kondensatanfall oder feuchte Druckluft	Trockner arbeitet nicht, Kondensat ist nicht entfernt worden, automatischer Kondensatablass ist defekt, Anschlussleitungen sind falsch verlegt	Schaltfunktionen sind beeinträchtigt, Ventilteile sitzen fest, Korrosionsschäden treten auf, Schmierstoffe in der Anlage emulgieren und verharzen	Tägliche Kontrolle der Wartungseinheiten, Filter austauschen
Zylinder führt vorgesehene Bewegungen nicht aus	Rückschlagventil ist undicht, Ringdüse am Stromregelventil ist verklebt, Stellglieder steuern nicht um, Rückstellfeder im Zylinder gebrochen	Kolbengeschwindigkeit lässt sich nicht mehr regeln, Kolben fährt nicht mehr ein oder aus, Kolben fährt ruckartig	Verschleißteile oder Federn in den Bauteilen auswechseln, elektrischen Anlagenteil auf Spannung überprüfen
Ventile führen vorgesehene Funktionen nicht aus	Ventil ist verschmutzt, Feder im Ventil ist gebrochen, Dichtsitze in den Ventilen sind beschädigt, Dichtringe sind gequollen, Entlüftungsbohrungen sind verstopft, Magnetspule ist durchgebrannt	Taktfolge in der Anlage ist gestört, Kolben fahren nicht mehr ein oder aus, elektrischer Anlagenteil ist ohne Spannung, an Ventilen treten Leckverluste auf	Verschleißteile oder Federn in den Bauteilen auswechseln, elektrischen Anlagenteil auf Spannung überprüfen, Ventile komplett austauschen

Übungsaufgaben D-74 bis D-77

4.3.3 Fehlersuche und Instandsetzung mithilfe von Ablaufplänen

Mithilfe von Ablaufplänen können ebenfalls mögliche Fehler in einer Anlage eingegrenzt werden. Diese Art der Fehlersuche ist vorteilhaft bei größeren Anlagen und bei Anlagen mit geschlossenen Kreisläufen, wie sie vor allem in der Hydraulik vorliegen.

Man vergleicht auch hier den Ist-Zustand mit dem Soll-Zustand. Falls erforderlich, versucht man über geeignete Messverfahren den Fehler einzugrenzen. Ist der Fehler lokalisiert und die Fehlerursache erkannt, so führen die Hinweise zur Fehlerbehebung aus der Betriebsanleitung zu entsprechenden Instandsetzungsarbeiten.

Beispiel **für einen Ablaufplan zur Fehlersuche bei einer hydraulischen Anlage**

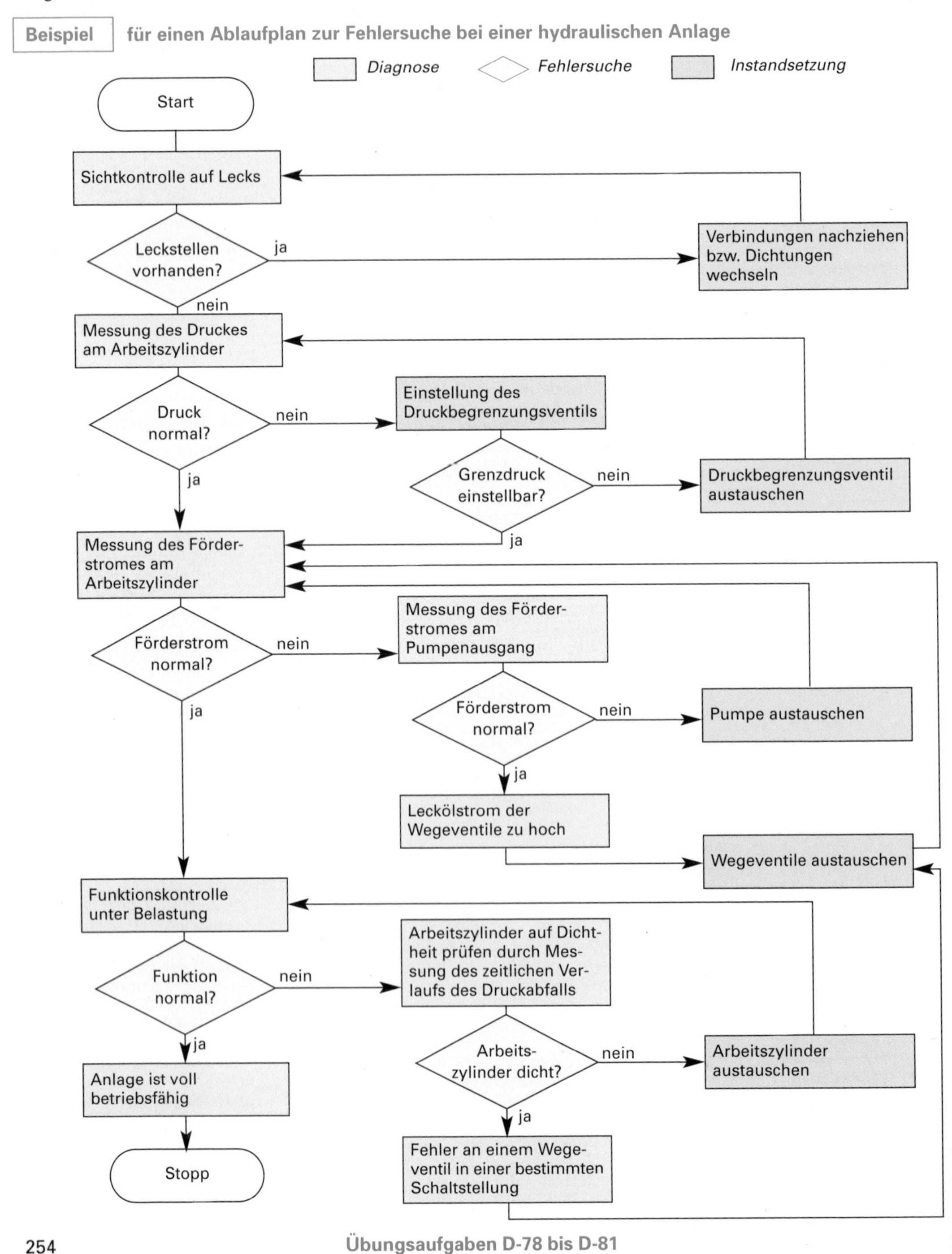

Übungsaufgaben D-78 bis D-81

4.3.4 Inbetriebnahme von Steuerungen

Bei der Inbetriebnahme einer instandgesetzten Anlage ist nicht auszuschließen, dass ein Arbeitsglied eine unvorhergesehene Bewegung ausführt. Dies kann zu Verletzungen führen oder die Zerstörung von Bauteilen und Werkzeugen zur Folge haben. Es ist daher wichtig, bei der Inbetriebnahme von Steuerungen besondere Sicherheitsmaßnahmen einzuhalten und in einer bestimmten Reihenfolge vorzugehen.

- **Sicherheitsmaßnahmen (Personenschutz) bei Inbetriebnahme**
  - Im Hubbereich von Zylinderbewegungen die Betätigungen von Sensoren nur mit Hilfsmitteln vornehmen.
  - Druckleitungen nur lösen, wenn die Anlage drucklos ist.
  - Leitungsenden beim Lösen festhalten – Restdruck.
  - Änderungen im elektrischen Teil der Anlage nur im Niederspannungsbereich und nur im spannungslosen Zustand durchführen.
  - Für sonstige Aufgaben im elektrischen Anlagenteil autorisiertes Fachpersonal anfordern.

- **Reihenfolge der Schritte zur Inbetriebnahme**

1. Schritt: Anlage in Grundeinstellung bringen
- Anlage drucklos und spannungslos schalten.
- Aktoren in Grundstellung bringen.
- Ventile in Ausgangsstellung setzen.
- Drosselventile schließen.
- Sicherheitsventile auf niedrigst zulässigen Betriebsdruck einstellen.

2. Schritt: Anlage anfahren
- Spannung anlegen und Arbeitsdruck langsam erhöhen.
- Leckstellen und Undichtigkeiten in der Anlage beheben.
- Ventile mit Speicherverhalten – eventuell über Handhilfsbetätigungen – einstellen.
- Funktion der Anlage in Schritten prüfen und dabei Drosselventile nacheinander langsam öffnen.
- Probelauf ohne Werkzeug und Werkstück durchführen.

3. Schritt: Anlage hochfahren
- Probelauf mit Werkzeug und Werkstück vornehmen.
- Druckeinstellungen und Geschwindigkeiten optimieren.
- Testlauf mit allen geforderten Daten durchführen.

Bei der Inbetriebnahme von Steuerungen treten erhöhte Gefährdungen auf. Die einschlägigen Vorschriften für den Personenschutz und die Schrittfolge der Inbetriebnahme sind einzuhalten.

Übungsaufgaben D-82; D-83

5 Instandhaltung durch Verbesserung

Alle Maßnahmen, welche die Zuverlässigkeit von Maschinen und Anlagen erhöhen, die Funktion eines Systems optimieren oder die Arbeitssicherheit steigern, nennt man Verbesserungen in der Instandhaltung. Wenn man die Funktion der Maschine oder Anlage wesentlich verändert, dann spricht man jedoch nicht mehr von einer Verbesserung, sondern von einer Neukonstruktion.

5.1 Erhöhung der Zuverlässigkeit

Die Zuverlässigkeit von Maschinen und Anlagen kann man dadurch steigern, dass man höherwertige Bauteile und Baugruppen gegen nicht so zuverlässige austauscht oder bessere Hilfsstoffe einsetzt. Zu solchen Maßnahmen gehören z.B.:

- der Austausch von Bauteilen gegen solche aus verschleißfesterem Werkstoff;
- das Aufbringen von Verschleißschichten durch Auftragschweißen;
- der Austausch einfacher Schmierstoffe gegen Schmierstoffe mit Molybdändisulfid;
- die Überwachung der Standzeiten;
- die Einhaltung von Temperatur- oder Drehzahlengrenzwerten.

Erhöhung der Zuverlässigkeit von Turbinenschaufeln durch Auftragschweißung

Durch die Verbesserung von Bauteilen und Baugruppen oder durch den Austausch von höherwertigen Hilfsstoffen wird die Zuverlässigkeit technischer Systeme erhöht.

5.2 Verbesserung von Dokumentation und Ersatzteilplanung

Voraussetzungen für eine Optimierung der Instandhaltung ist eine systematische Kontrolle und Dokumentation des Betriebszustandes einer Anlage oder Maschine. Dazu gehören:

- eine systematische Schwachstellenermittlung,
- die Beschreibung von Ausfällen,
- die Feststellung der Fehlerursachen,
- die Dokumentation der Maßnahmen zur Fehlerbeseitigung.

Hat man die Ausfallwahrscheinlichkeit von Bauteilen dokumentiert, so kann man im richtigen Zeitrahmen eingreifen. Zu den Vorbereitungsmaßnahmen einer optimalen Durchführung von Instandhaltungsmaßnahmen gehören auch personelle Vorbereitungen. Fachkundiges Personal muss mit den Termin- und Arbeitsplänen vertraut sein. Die Vorschriften für die Wartungs-, Inspektions- und Instandsetzungsmaßnahmen sollen neben den fachlichen Anweisungen auch die Maßnahmen zu Arbeitssicherheit umfassen.

Die optimale Ersatzteilplanung richtet sich nach der Ausfallwahrscheinlichkeit von Bauteilen. Eine angepasste Lagerhaltung von Ersatzteilen und Hilfsstoffen trägt wesentlich zur Verringerung der Kosten der Instandhaltung bei.
Bei Ersatzteilen sollte man besonderen Augenmerk darauf richten, dass man Originalteile vorhält. Der Einbau von gefälschten Wälzlagern oder Bremsbelägen kann z.B. zu einem vorschnellen und bedrohlichen Ausfall von Systemen führen.

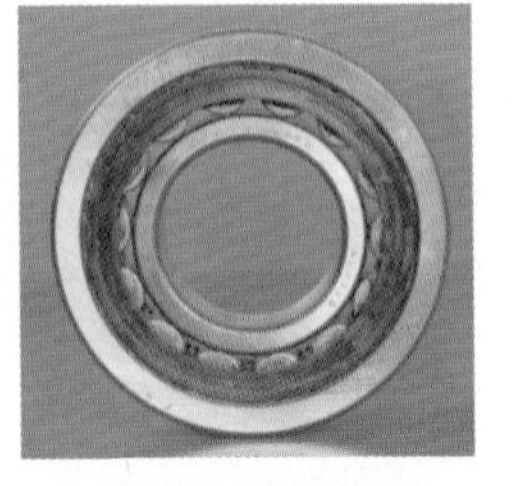

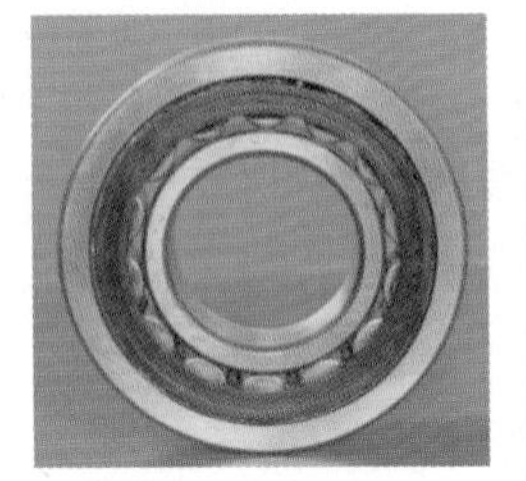

Original und Fälschung fast nicht zu unterscheiden

Die Instandhaltung lässt sich verbessern, wenn Ausfälle und Fehler sowie die Maßnahmen zu ihrer Beseitigung sorgfältig dokumentiert werden. Auch die Ersatzteilplanung und die Lagerhaltung von Ersatzteilen und Hilfsstoffen hat Einfluss auf den Instandhaltungsaufwand.

Übungsaufgabe D-84

5.3 Verbesserung des Arbeitsplatzes und der Arbeitssicherheit

Eine Verbesserung der Gestaltung des Arbeitsplatzes erhöht nicht nur das Wohlbefinden und die Arbeitssicherheit der dort tätigen Menschen, sondern sie fördert auch Produktivität und Produktqualität.

Wichtige Maßnahmen zur Verbesserung des Arbeitsplatzes und seiner Umgebung sind:

- die ergonomische Gestaltung der Arbeitsplatzes, z.B. Arbeitstischhöhe und Sitzgelegenheit;
- die Verringerung des Kraftaufwandes durch Einrichtungen, wie z.B. Hebehilfen;
- die Verbesserungen des Arbeitsplatzumfeldes, z.B. durch angemessene Beleuchtung, Belüftung oder Lärmschutz.

Die Arbeitssicherheit kann erhöht werden durch:

- das Anbringen von Abdeckungen oder Verkleidungen;
- den Austausch von Einhandschaltungen gegen sichere Zweihandschaltungen;
- das Markieren von Verkehrswegen;
- den Gebrauch von Sicherheitsausrüstungen.

Gut beleuchteter Arbeitsplatz

Verbesserungen bei der Arbeitssicherheit und bei der Gestaltung des Arbeitsplatzes führen zu besseren Arbeitsbedingung und zur Steigerung von Produktivität und Produktqualität.

5.4 Verbesserung durch Verringerung der Umweltbelastung

Die Umwelt kann durch umweltschädliche Werk- und Hilfsstoffe, die man in der Produktion benötigt, belastet werden. Weiterhin kann es vorkommen, dass sich durch den Produktionsprozess Hilfsstoffe so verändern, dass sie giftig werden oder noch stärker belastend sind als vorher. Reinigungsmittel können nach der Nutzung in Metallbetrieben giftige Schwermetalle enthalten.

Im Bereich der Zerspanungstechnik kann man z.B. durch den Einsatz anderer Werkstoffe oder anderer Produktionsmethoden die Umweltbelastung durch Schadstoffe verringern.

Möglichkeiten zur Verringerung der Umweltbelastung im Zerspanungsprozess bieten:

- die Umstellung von Schwallkühlschmierung auf Minimalmengenschmierung oder Trockenschnitt;
- die Verwendung besserer Wendeschneidplatten;
- die Verbesserung der Aufbereitung von Kühlschmiermitteln.

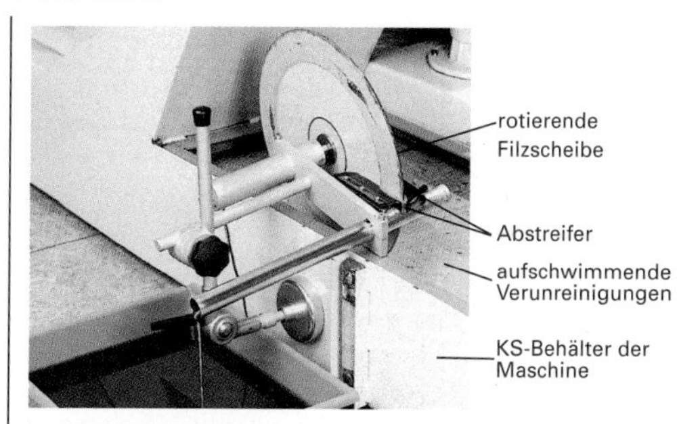

Reinigung von Kühlschmiermittel mit einem Scheibenskimmer

Die Reduzierung des Energieverbrauches in Anlagen und Maschinen senkt nicht nur die Umweltbelastung, sondern sie erhöht auch das positive Betriebsergebnis.

Möglichkeiten für die Verbesserung der Energie-Effizienz sind:

- der Einsatz energiesparender Maschinen, z.B. drehzahlgeregelter Pumpen;
- die Reduzierung des Betriebsdrucks pneumatische Anlagen auf nur wenig mehr als den Mindestdruck;
- die Nutzung von Abwärme.

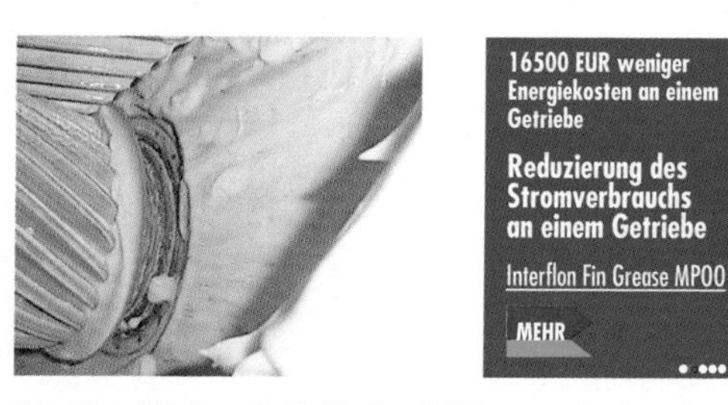

Aus einer Werbeschrift für Spezialöle

Verbesserungen im Bereich des Energieeinsatzes vermindern die Umweltbelastung erheblich.

Handlungsfeld: Entwickeln von Steuerungen

Problemstellung

Auftrag

Auftrag
Lagerbuchsen in Laufrollen einpressen
Schaltung für die Presse entwickeln.

Anlage

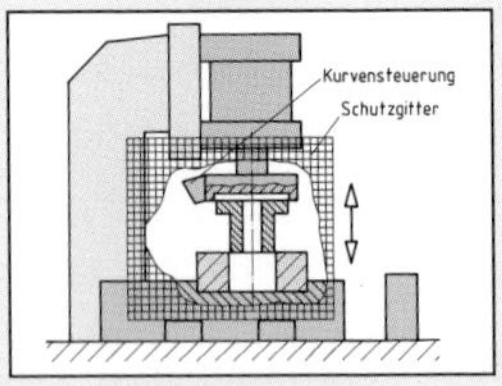

Kurvensteuerung
Schutzgitter

Technische Anforderungen:

- Art des Arbeitselements (z.B. Motor, Zylinder ...)
- Größe des zu steuernden Energie- oder Massestroms
- Länge der Zuleitungen
- Schrittfolgen
- Sicherheitsanforderungen (z.B. explosionssicher, NOT-AUS ...)

Analysieren

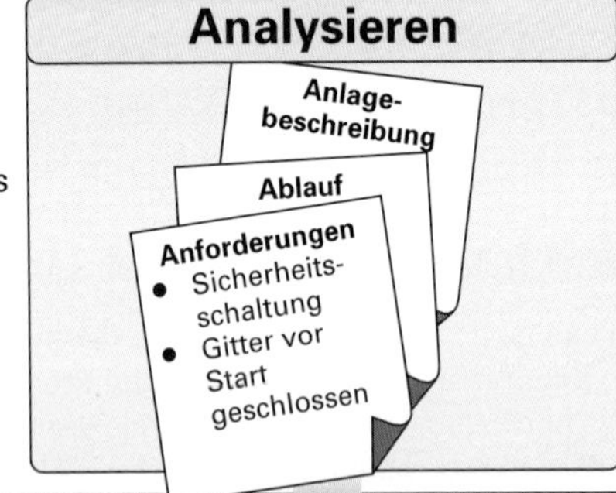

Ergebnisse:

- Anforderungskatalog
- Daten für Planungsentscheidung
- Ablaufbeschreibung
- Lagepläne

Entscheidung über:

- Art der Steuerung (z.B. pneumatisch, SPS ...)
- Ablauf
- Schaltung
- Einbau
- Bauelemente

Planen

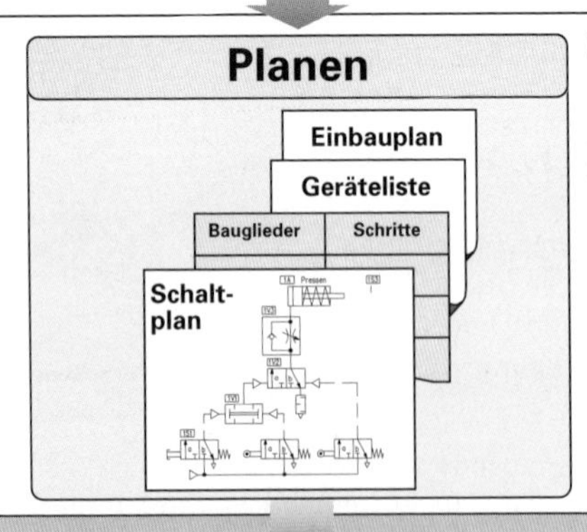

Ergebnisse:

1. Technologieschema
2. Funktionsplan
3. Schaltplan
4. Geräteliste
5. Einbaupläne

Realisieren (Aufbauen)

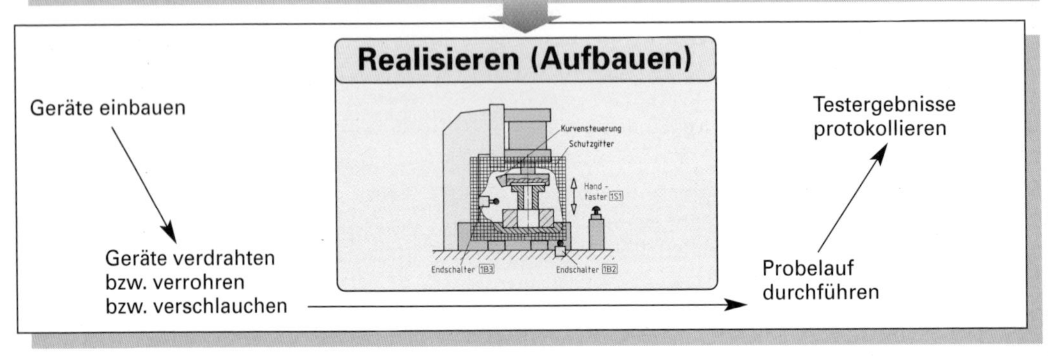

1 Grundlagen der Steuerungstechnik

Gesteuerte Maschinen, Anlagen und Vorrichtungen zeichnen sich durch den Einsatz unterschiedlicher Technologien aus. Die Kombination von mechanischen und elektronischen Bauteilen mit pneumatischen oder hydraulischen Systemen schafft die Voraussetzung für die Automatisierung.
Durch eine Steuerung werden in einem technischen System Signale, Bewegungen und Kräfte in einer gewünschten zeitlichen Abfolge ausgeführt.

Beispiel für Messungen an einer elektro-pneumatischen Steuerung

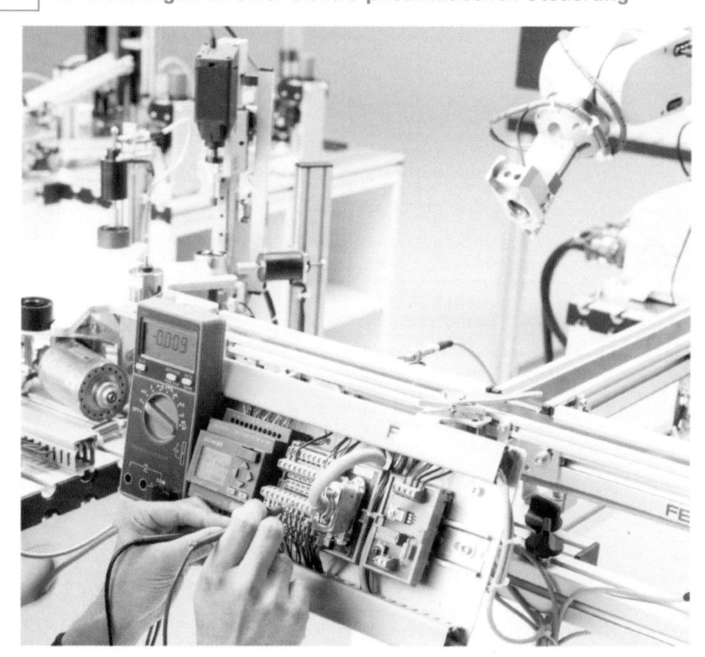

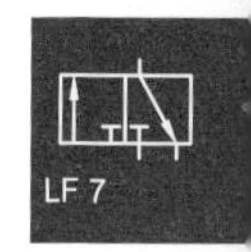

Die Technologien, die sich mit der Umformung, Übertragung und Steuerung von Kräften und Bewegungen befassen, nennt man nach den jeweiligen Informations- und Energieträgern:
- Elektrotechnik/Elektronik (Elektronen), • Pneumatik (Luft), • Hydraulik (Flüssigkeit).

Die Pneumatik und die Hydraulik werden auch unter dem Begriff „Fluidtechnik" zusammengefasst.

1.1 Steuerungs- und Leistungsteil gesteuerter Anlagen

Gesteuerte Anlagen bestehen aus mehreren Teilsystemen. Im einfachsten Fall kann man einen Steuerungsteil und einen Leistungsteil in der Anlage unterscheiden. Im Steuerungsteil werden die Bedingungen überprüft, bei deren Erfüllung an den Leistungsteil die Anweisung zur Arbeit gegeben wird. Der Leistungsteil muss sodann die Arbeit verrichten.

Im Steuerungsteil wird nur wenig Energie zum Betrieb benötigt. Hier arbeitet man wegen des geringen Energiebedarfs meist elektrisch, elektronisch oder pneumatisch.
Im Leistungsteil wendet man elektrisch höhere Spannungen und Stromstärken an oder man arbeitet pneumatisch bzw. hydraulisch.

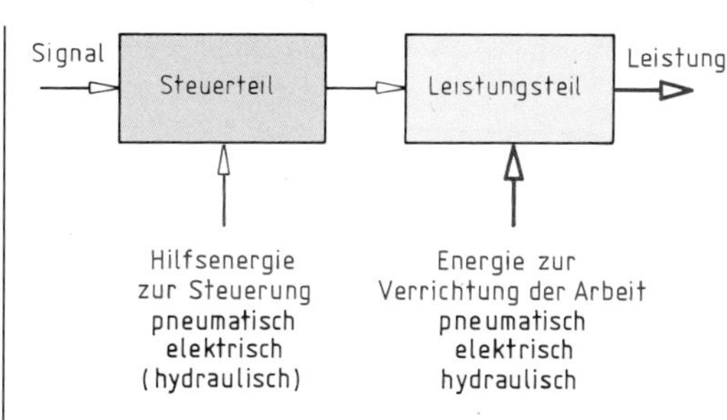

Teilsysteme gesteuerter Anlagen

Zum Steuerungsteil einer Anlage gehören die Bauteile und Baugruppen, die Signale empfangen, verarbeiten und weiterleiten. Der Leistungsteil einer Anlage besteht aus den Arbeitsgliedern und den Bauteilen, welche die Energiezufuhr zum Arbeitsglied bewirken.

Beispiel **für Steuerungs- und Leistungsteil in einer gesteuerten Einrichtung (Zuführeinrichtung einer Bohrvorrichtung)**

In der dargestellten Anlage werden nach Drücken des Auslösetasters Werkstücke aus einem Fallmagazin durch einen Pneumatikzylinder in die Bohrvorrichtung geschoben. Der Vorschub darf jedoch nur erfolgen, wenn die Bohrvorrichtung frei ist und noch ein Werkstück im Magazin liegt.

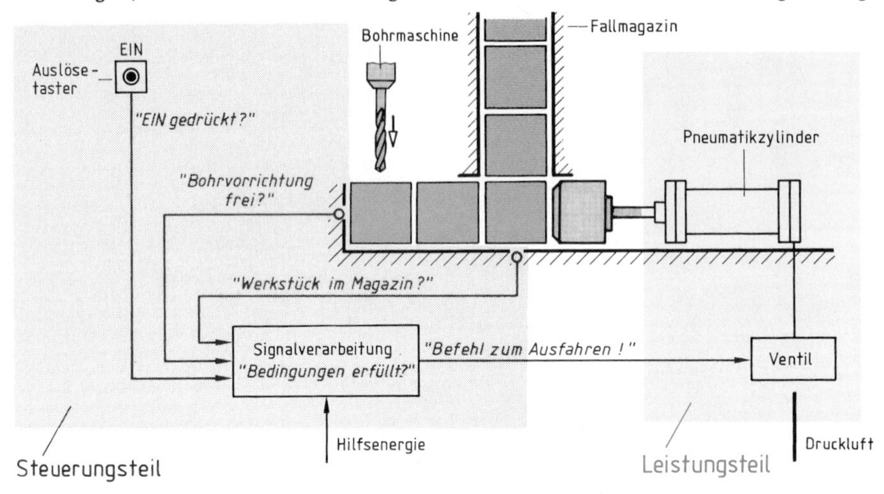

Gesteuerte Einrichtungen bestehen aus einem Steuerungsteil und einem Leistungsteil.

Zum Betrieb des Steuerungsteils und des Leistungsteils von Maschinen, Anlagen und Vorrichtungen haben sich je nach Aufgabenstellung unterschiedliche Kombinationen von Informations- und Energieträgern bewährt.

Steuerungsteil	Leistungsteil	Anwendung bei ...
pneumatisch	**pneumatisch**	– einfachen Steuerungen mit kurzen Verbindungsleitungen und mäßigem Kraftaufwand im Leistungsteil, geradlinigen Bewegungen, z.B. bei Spannvorrichtungen.
elektrisch elektronisch	**pneumatisch**	– aufwendigen Steuerungen mit mäßigem Kraftaufwand im Leistungsteil, langen Verbindungswegen, geradlinigen Bewegungen und einer Vielzahl von zu verarbeitenden Informationen, z.B. bei ferngesteuerten Transporteinrichtungen.
	hydraulisch	– Steuerungen für Anlagen mit hohen Kräften im Leistungsteil, langen Leitungswegen, geradliniger Bewegung, z.B. Schleusentore.
	elektrisch	– Steuerung von Anlagen, in denen vornehmlich Drehbewegungen ausgeführt werden oder elektrisch erwärmt wird, z.B. Krananlagen, Elektroöfen.
hydraulisch	**hydraulisch**	– einfachen Steuerungen mit kurzen Verbindungsleitungen und hohem Kraftbedarf im Leistungsteil, geradlinigen Bewegungen, z.B. Bagger.

In gesteuerten Systemen können der Steuerungsteil und der Leistungsteil mit unterschiedlichen Energieträgern betrieben werden.

Übungsaufgabe E-4

1.2 Logikpläne von Steuerungen

Für die Funktion einer Steuerung ist es unerheblich, mit welcher Energieart das System betrieben wird. Die Entscheidung darüber wird unter wirtschaftlichen und wartungstechnischen Gesichtspunkten gefällt. Unabhängig von der eingesetzten Energie kann man Steuerungen auf ihre wesentlichen Zusammenhänge zwischen Eingangsgrößen und Ausgangsgrößen – auf ihre Logik – untersuchen.

Beispiel **für den logischen Zusammenhang zwischen Eingangs- und Ausgangsgrößen einer Steuerung (Darstellung mit Schaltzeichen aus der Elektrotechnik)**

In der dargestellten Vorrichtung sollen Werkstücke nur dann unter den Bohrer geschoben werden, wenn Schalter S 1 UND S 2 gedrückt sind, und S 3 NICHT durch ein Werkstück gedrückt ist.

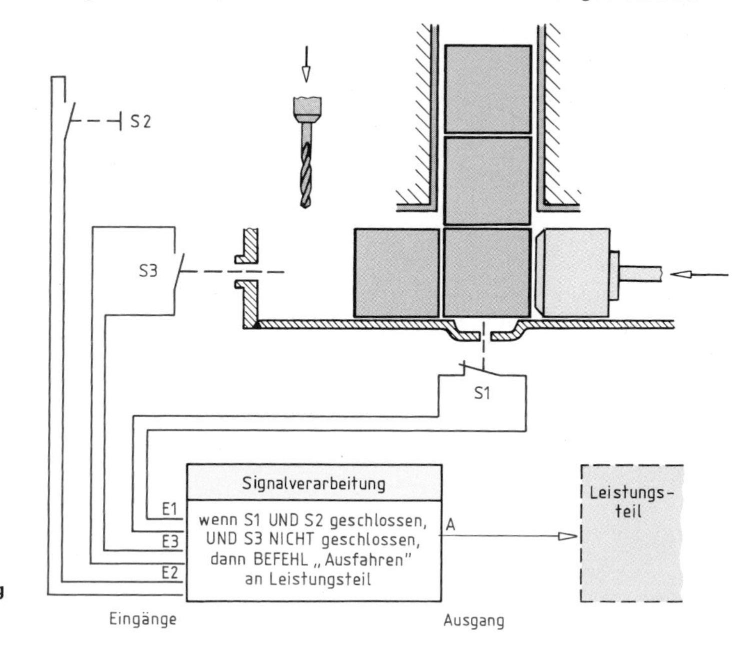

Zuführeinrichtung einer Bohrvorrichtung

In der Steuerung dieser Vorrichtung sind die logischen Funktionen UND sowie NICHT enthalten.

Im Steuerungsteil von Systemen werden Informationen logisch miteinander verknüpft.

- **Logische Grundfunktionen**

Zu den logischen Grundfunktionen, mit denen **alle** Verknüpfungsschaltungen aufgebaut werden können, gehören:

- die UND-Verknüpfung,
- die ODER-Verknüpfung,
- die NICHT-Verknüpfung.

Eine logische Funktion wird dargestellt durch ein Rechteck mit einem Zeichen für die Art der Verknüpfung. Der Buchstabe **E** kennzeichnet die Eingänge, der Buchstabe **A** den Ausgang des Logiksymbols.

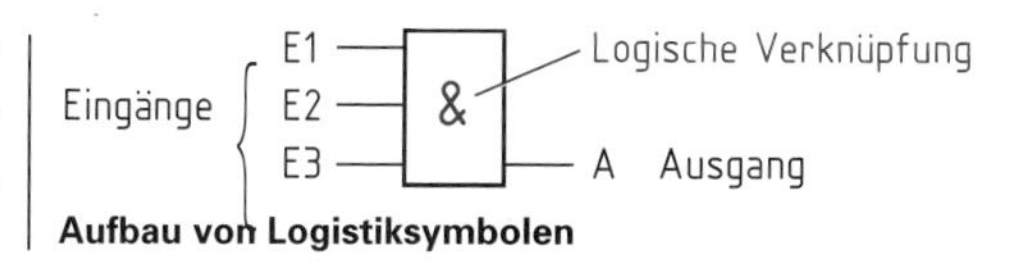

Aufbau von Logistiksymbolen

Für die Funktionsweise der einzelnen Schaltungen gilt folgende Festlegung:

- **0-Signal** → „Keine Spannung vorhanden",
- **1-Signal** → „Spannung vorhanden".

In der Funktionstabelle werden die Ausgangszustände in Abhängigkeit der Eingänge dargestellt.

- **UND-Verknüpfung**

Die UND-Verknüpfung ist vergleichbar mit der Reihenschaltung von Schaltern. Der Ausgang hat nur dann Signal – die Lampe ist dann eingeschaltet –, wenn die in Reihe geschalteten Schalter gleichzeitig geschlossen sind. Der Ausgang einer UND-Verknüpfung führt nur dann 1-Signal, wenn alle Eingänge 1-Signal führen. In allen anderen Fällen führt der Ausgang 0-Signal.

Beispiel für eine UND-Verknüpfung

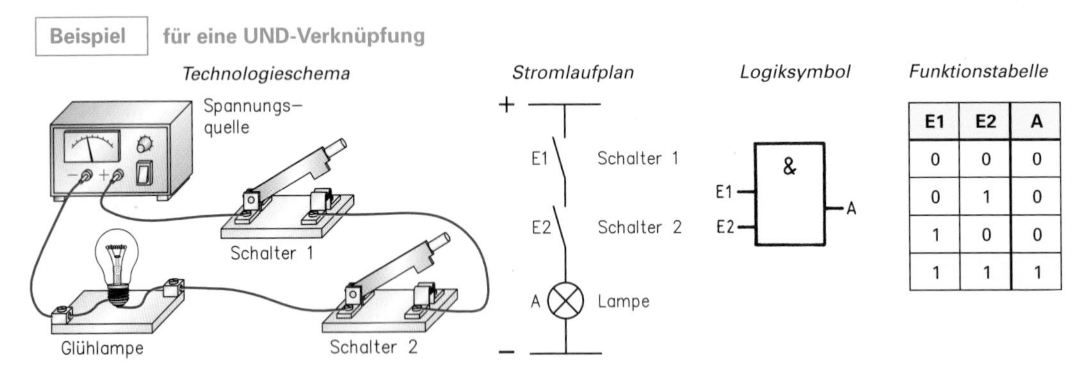

E1	E2	A
0	0	0
0	1	0
1	0	0
1	1	1

- **ODER-Verknüpfung**

Die ODER-Verknüpfung ist vergleichbar mit der Parallelschaltung von Schaltern. Der Ausgang hat nur dann Signal – die Lampe ist dann eingeschaltet –, wenn mindestens einer der beiden parallel geschalteten Schalter geschlossen ist. Signal ist auch dann vorhanden, wenn beide Eingänge Signal führen. Der Ausgang einer ODER-Verknüpfung führt nur dann 1-Signal, wenn mindestens ein Eingang 1-Signal führt. Nur wenn alle Eingänge 0-Signal führen, führt auch der Ausgang 0-Signal.

Beispiel für eine ODER-Verknüpfung

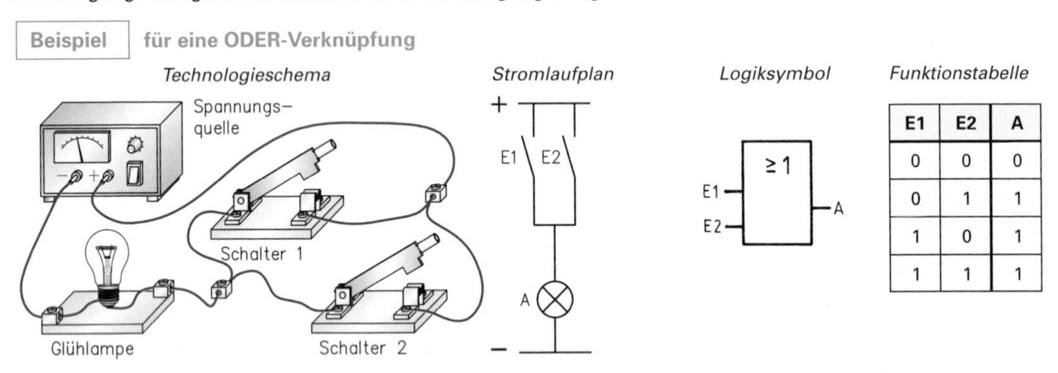

E1	E2	A
0	0	0
0	1	1
1	0	1
1	1	1

- **NICHT-Verknüpfung**

Die NICHT-Verknüpfung ist vergleichbar mit einem Schalter, der bei Betätigung öffnet. Der Ausgang hat dann Signal – die Lampe ist dann eingeschaltet –, wenn der Schalter nicht betätigt wurde. Der Ausgang einer NICHT-Verknüpfung führt dann 1-Signal, wenn der Eingang 0-Signal führt.

Beispiel für eine NICHT-Verknüpfung

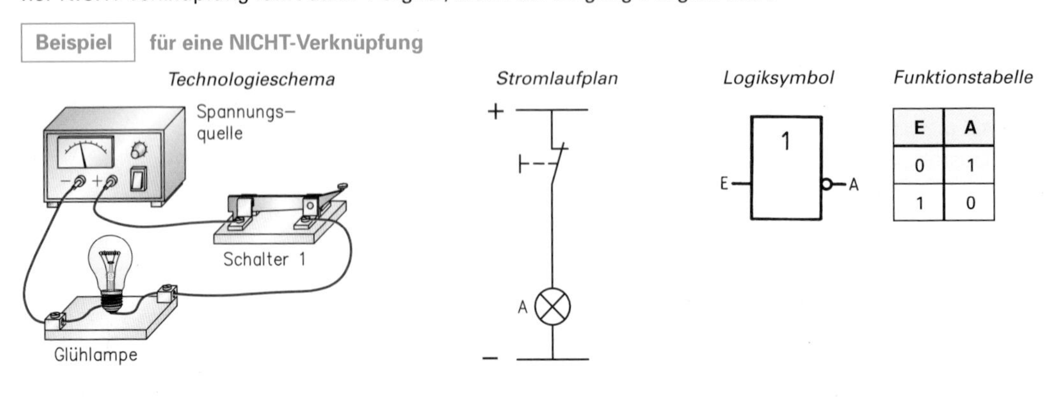

E	A
0	1
1	0

Übungsaufgaben E-5; E-6

2 Grundlagen für pneumatische Steuerungen

2.1 Druck

Übt man über einen Kolben eine Kraft auf ein Gas oder eine Flüssigkeit aus, entsteht ein Druck. Der Druck p ist das Verhältnis der Kraft F zur Fläche A.

$$\text{Druck} = \frac{\text{Kraft}}{\text{Fläche}} \quad \text{bzw.} \quad p = \frac{F}{A}$$

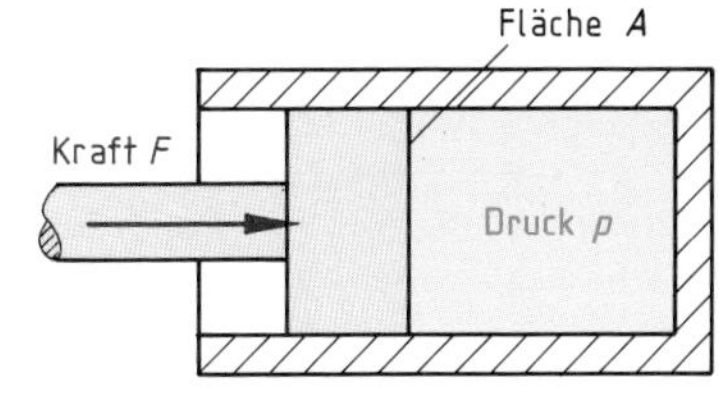

Druck, Kraft und Fläche

- **Einheit des Druckes**

Im internationalen Einheitensystem (SI-Einheiten) ist die Einheit des Druckes Newton je Quadratmeter. Ein Newton je Quadratmeter ist ein Pascal (Einheitenzeichen: Pa). Die Einheit Pa ist für Angaben in der Pneumatik und in der Hydraulik zu klein. Deshalb wurde die Druckeinheit Bar (Einheitenzeichen: bar) eingeführt.

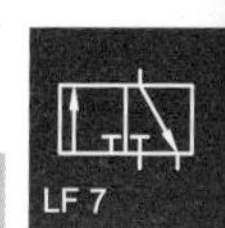

Im internationalen Einheitensystem sind als Druckeinheiten das Pascal und das Bar festgelegt.

$$1\ \text{Pa} = 1\frac{\text{N}}{\text{m}^2} \qquad 1\ \text{bar} = 100\,000\ \text{Pa} \qquad 1\ \text{bar} = 10\ \frac{\text{N}}{\text{cm}^2}$$

- **Atmosphärischer Druck**

Die Lufthülle der Erde erzeugt aufgrund ihres Eigengewichtes einen atmosphärischen Druck (Formelzeichen: p_{amb}). Der atmosphärische Druck ändert sich mit der Höhe der Luftsäule. Als mittlerer atmosphärischer Jahresdruck wurden p_{amb} = 1,013 bar gemessen und festgelegt.

Als mittlerer atmosphärischer Jahresdruck wurden p_{amb} = 1,013 bar gemessen und festgelegt.

Schließt man z.B. einen Zylinder an eine Druckerzeugungsanlage an, so kann der absolute Druck der Druckluft technisch nicht voll genutzt werden. Der atmosphärische Druck (p_{amb}) wirkt am Arbeitskolben gegen den absoluten Druck. Daher ist nur der Druckunterschied wirksam, den man als Überdruck bezeichnet (Formelzeichen: p_e).

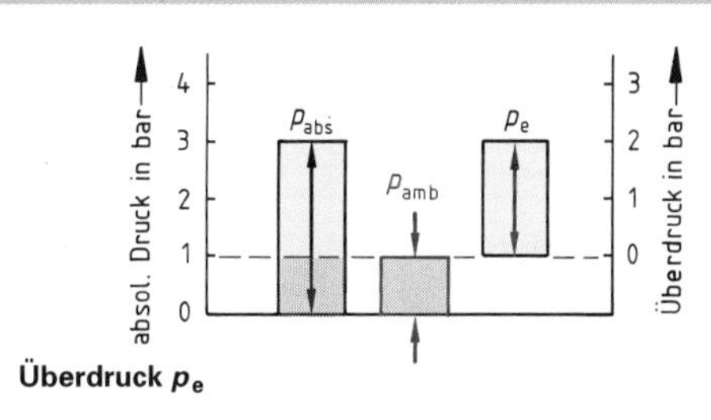

Überdruck p_e

Der Überdruck p_e ist der Druckunterschied zwischen dem absoluten Druck p_{abs} und dem atmosphärischen Druck p_{amb}. Messgeräte für die Fluidtechnik zeigen den Überdruck an.

$$p_e = p_{abs} - p_{amb}$$

- **Druckausbreitung**

Wirkt in einem Gerät auf einen Kolben mit der Fläche A_1 die Kraft F_1, so entsteht in der Flüssigkeit der Überdruck p_e. Dieser Überdruck wirkt über ein Verbindungsrohr auf einen größeren Kolben mit der Fläche A_2. Angeschlossene Messgeräte zeigen überall den gleichen Druck an. Wegen der größeren Fläche am großen Kolben wirkt dort auf ihn eine größere Kraft F_2 als auf den kleineren Kolben.

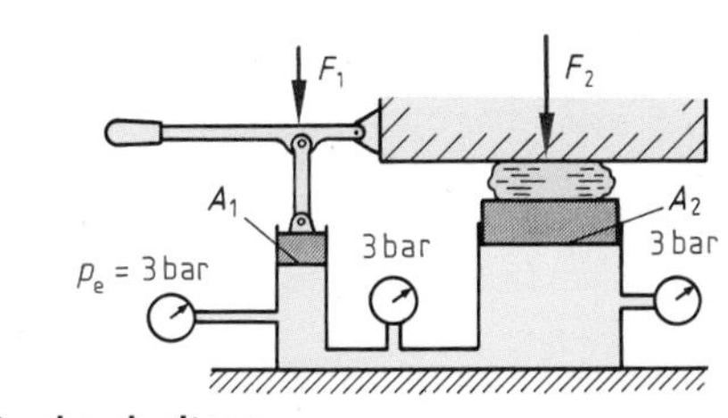

Druckausbreitung

Der Überdruck ist innerhalb eines geschlossenen Systems in allen Richtungen wirksam und überall gleich groß.

2.2 Einheiten zur Bereitstellung der Druckluft

Mithilfe der Pneumatik werden vor allem Steuerungen im Bereich des Leichtmaschinenbaues, des Vorrichtungsbaues und der Montagetechnik verwirklicht. Jede pneumatische Anlage besteht aus folgenden drei Teilsystemen:

- System zur Druckluftbereitstellung.
- System zur Steuerung,
- System zur Arbeitsverrichtung.

Beispiel **für die Teilsysteme einer Pneumatikanlage** (Schema)

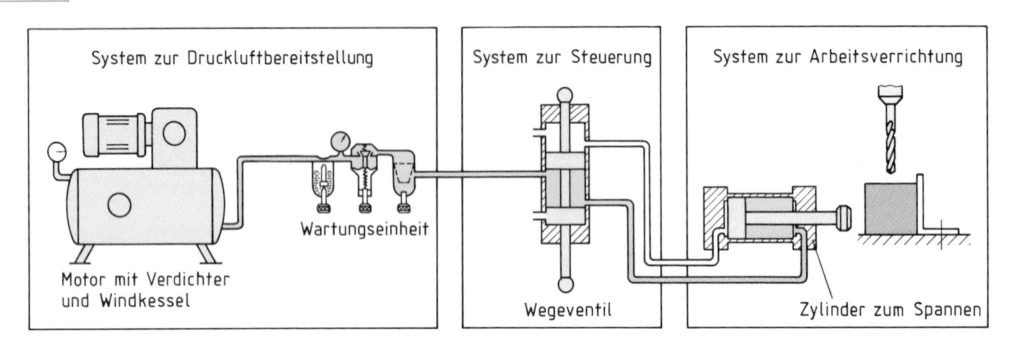

2.2.1 Verdichter (Kompressoren)

- **Grundlagen**

Drückt man Luft zusammen, so spricht man von Verdichten bzw. Komprimieren. Entsprechende Geräte heißen Verdichter oder Kompressoren. Bei Verdichtungsvorgängen wird ein vorhandenes Ansaugvolumen V_1 mit dem Eingangsdruck p_1 zu einem kleineren Volumen V_2 zusammengepresst. In dem kleineren Volumen V_2 herrscht ein erhöhter Druck p_2.
Für Verdichtungsvorgänge gilt bei konstant bleibender Temperatur das Boyle-Mariottesche Gesetz. Bei der Anwendung dieses Gesetzes ist darauf zu achten, dass p_1 und p_2 **absolute Drücke** sind.

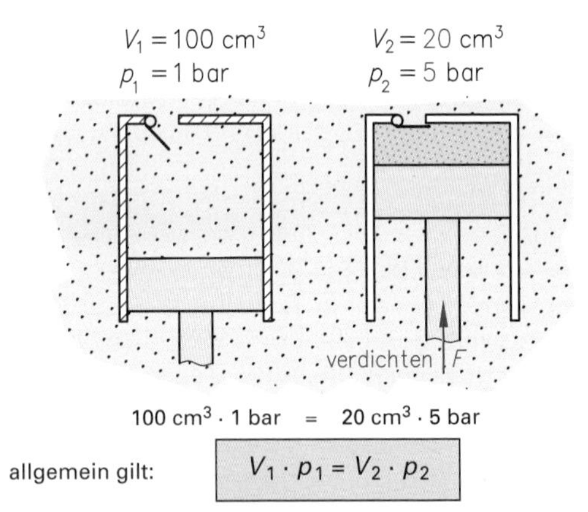

$100\ cm^3 \cdot 1\ bar = 20\ cm^3 \cdot 5\ bar$

allgemein gilt: $V_1 \cdot p_1 = V_2 \cdot p_2$

Gesetz von Boyle-Mariotte

Alle Druckangaben bei pneumatischen Anlagen beziehen sich jedoch auf den Überdruck p_e gegenüber dem atmosphärischen Druck. Andernfalls werden Druckangaben besonders gekennzeichnet.

Beispiel **für eine Druckberechnung**

Aufgabe

Ein Verdichter saugt je Hub 200 cm³ Luft an, die einen Druck von 1 bar hat. Er verdichtet auf ein Volumen von 50 cm³.

a) Auf welchen absoluten Druck wird die Luft verdichtet?

b) Welchen Druck zeigt das Messgerät in der Druckleitung an?

Lösung

a) Druck im Verdichter

$$p_2 = \frac{p_1 \cdot V_1}{V_2} = \frac{1\ bar \cdot 200\ cm^3}{50\ cm^3}$$

$p_2 =$ **4 bar** (absoluter Druck im Verdichter)

b) $p_e =$ **3 bar** (angezeigter Druck vom Messgerät)

Druckangaben in der Pneumatik beziehen sich auf Überdruck.
Druckmessgeräte in der Pneumatik sind auf Überdruck eingestellt.

Übungsaufgaben E-14 bis E-16

- **Bauformen von Verdichtern**

Verdichter unterscheidet man nach der Art der Drucklufterzeugung. Werden in einem Verdichter die Luftteilchen, z.B. durch einen Kolben, verdrängt und wird dabei das Luftvolumen verkleinert, so benutzt man das Verdrängungsprinzip zur Erzeugung der Druckluft. Im Hinblick auf den erreichbaren Druck und die gewünschte Liefermenge haben sich in der Pneumatik Verdichter nach dem Verdrängungsprinzip durchgesetzt.

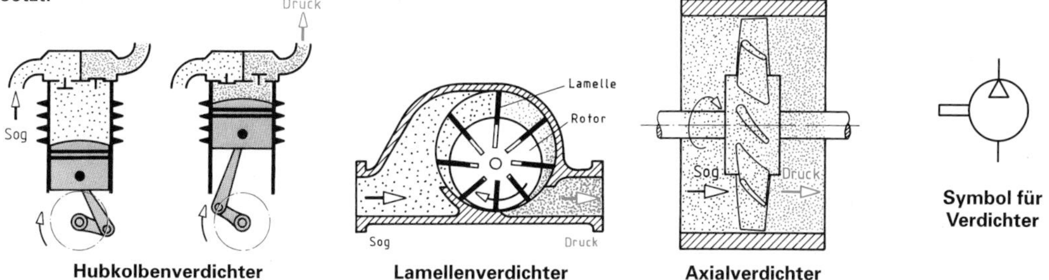

Hubkolbenverdichter **Lamellenverdichter** **Axialverdichter** **Symbol für Verdichter**

Hubkolbenverdichter und Lamellenverdichter arbeiten nach dem Verdrängerprinzip.
Axialverdichter arbeiten nach dem Strömungsprinzip.

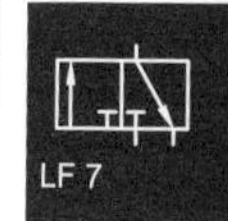

- **Liefermenge und Betriebsdruck**

Zur Kennzeichnung eines Verdichters dienen der erreichbare Druck und die Liefermenge. Die Liefermenge wird bei kleinen Anlagen in l/min, sonst in m^3/min angegeben.
Pneumatische Anlagen arbeiten in der Regel mit einem Druck von 6 bar; als untere Grenze werden 3 bar und als obere 15 bar angesehen.

2.2.2 Druckluftverteilung

Windkessel

In Druckluftverteilungsanlagen wird die Luft aus dem Verdichter zunächst in einen Behälter geleitet, den man Windkessel nennt.
In Anlagen für den Betrieb pneumatischer Steuerungen werden nach dem Verdichter ein Nachkühler mit Wasserabscheider und danach ein Windkessel eingebaut. In kleineren Anlagen ist dem Verdichter der Windkessel direkt nachgeschaltet.

Die Aufgaben des Windkessels sind:
- *Ausgleich* der Druckstöße vom Verdichter,
- *Speicherung* von Druckluft,
- *Abkühlung* der Druckluft mit Kondensatausscheidung.

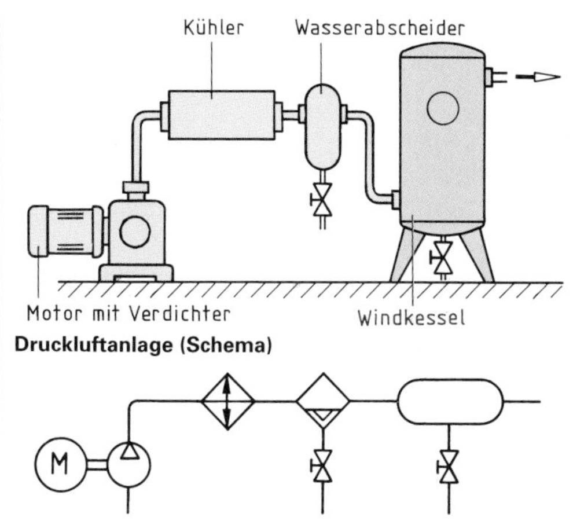

Druckluftanlage (Schema)

Druckluftanlage (symbolische Darstellung)

2.2.3 Aufbereitung der Druckluft

Aufgabe der Wartungseinheit

Die Druckluft aus dem Rohrleitungsnetz darf nicht unmittelbar den Pneumatikelementen zugeführt werden. Sie wird wie folgt aufbereitet:
- *Reinigen* und *Abscheiden* von Kondensat in einem Filter mit Abscheider,
- *Regeln* durch ein Druckreduzierventil mit Überdruckmessgerät,
- *Anreichern mit Ölnebel* in einem Öler (in seltenen Fällen).

Diese drei Aufbereitungsvorgänge werden in einem kombinierten Gerät – der Wartungseinheit – durchgeführt.

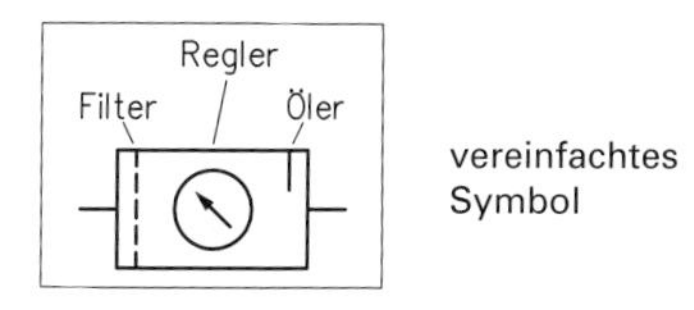

Symbol für Wartungseinheit (vereinfacht)

2.3 Einheiten zum Steuern der Druckluft

In einer pneumatischen Anlage benötigt man Bauteile, welche die Druckluft steuern. Solche Bauteile nennt man Ventile. Die Ventile unterteilt man nach ihrer Funktion wie folgt:

2.3.1 Übersicht über pneumatische Ventile

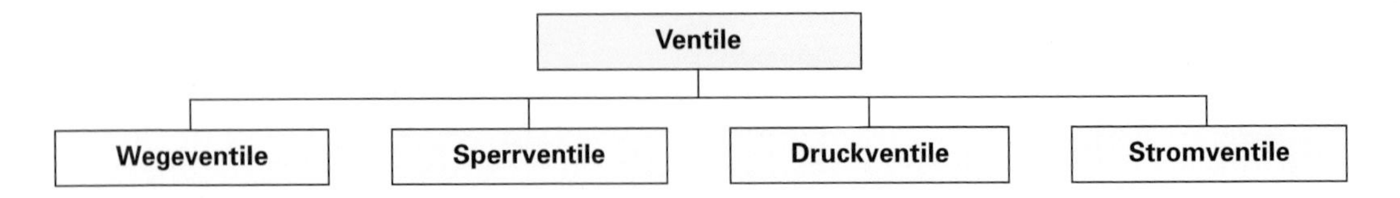

2.3.2 Bauformen pneumatischer Ventile

- **Wegeventile**

Wegeventile öffnen und schließen Durchflusswege des Luftstromes. Bei den Wegeventilen unterscheidet man Sitz- und Schieberventile. Sitzventile dichten durch Kugeln oder Teller, Schieberventile durch Kolben.
Sitzventile haben eine kurze Ansprechzeit, sind unempfindlich gegen Schmutz, haben wenig Verschleißteile, erfordern jedoch eine große Betätigungskraft.

- **Sperrventile**

Ventile, die den Durchfluss der Druckluft richtungsmäßig beeinflussen, bezeichnet man als Sperrventile. Als Sperrventile werden das Rückschlagventil, das Wechselventil (ODER-Element) und das Zweidruckventil (UND-Element) eingesetzt.

- **Druckventile**

Druckventile regeln den Druck in einer Anlage oder werden durch einen vorgegebenen Druck betätigt. Als Druckventile werden das Druckbegrenzungsventil und das Druckregelventil eingesetzt.
Das Druckregelventil hält den Sekundärdruck unabhängig vom Primärdruck und dem Verbrauch konstant.

- **Stromventile**

Stromventile beeinflussen die Durchflussmenge der Druckluft. Als Stromventile werden hauptsächlich das Drosselrückschlagventil, das Verzögerungsventil und das Schnellentlüftungsventil eingesetzt.

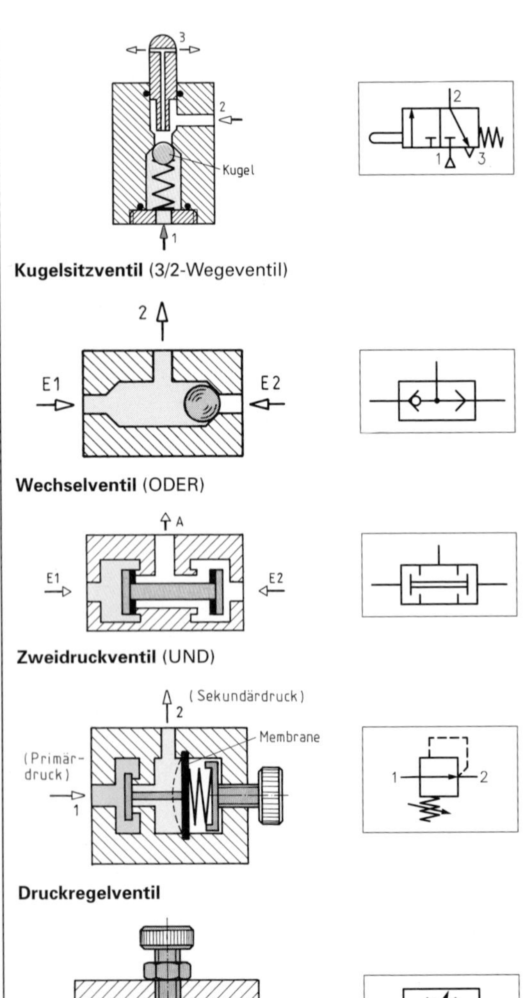

Kugelsitzventil (3/2-Wegeventil)

Wechselventil (ODER)

Zweidruckventil (UND)

Druckregelventil

Drosselrückschlagventil

2.3.3 Vereinbarungen bei Wegeventilen

- **Grafische Symbole für Wegeventile**

Zeichnerisch werden die Wegeventile durch Quadrate dargestellt. Pfeile in den Quadraten kennzeichnen die Durchflusswege. Die Sperrung wird durch „T"-Zeichen gekennzeichnet. Bei Wegeventilen wird jede Schaltstellung durch ein eigenes Quadrat dargestellt. Die Schaltstellung kennzeichnet man durch Buchstaben oder Zahlen. Die Anzahl der Quadrate entspricht somit der Anzahl der Schaltstellungen. Die Rohranschlüsse zeichnet man nur an das Quadrat des Symbols, welches die Ausgangsstellung zeigt. Den Anschluss ins Freie symbolisiert man durch ein Dreieck. Rechts und links trägt man an die Quadrate die Symbole für die Betätigung an.
Die einzelnen Schaltstellungen stellt man sich durch Verschieben der Quadrate vor. Die Rohranschlüsse werden dabei nicht verschoben.

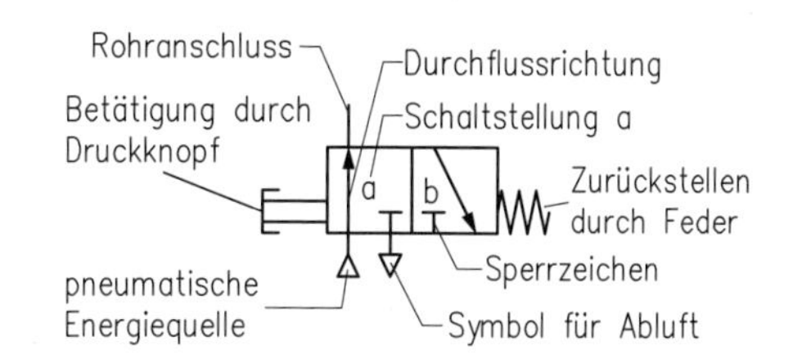

3/2-Wegeventil (Pneumatik)

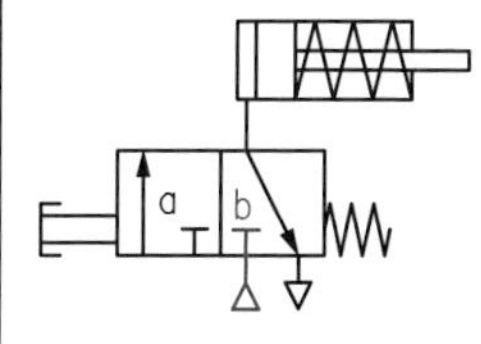

Ventil in Schaltstellung b (Ausgangsstellung)

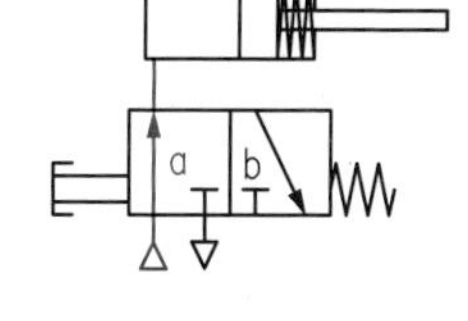

Ventil in Schaltstellung a (Verschoben)

LF 7

Grafische Symbole von Wegeventilen enthalten u.a.:
- für jede Schaltstellung ein Quadrat mit zugeordneten Betätigungen,
- Zeichen für die Anschlüsse an der Ausgangsstellung des Ventils,
- Kennzeichen für Durchflusswege und Sperrstellung.

- **Benennung von Wegeventilen**

Man bezeichnet ein Ventil nach der Anzahl der Anschlüsse und der Zahl der möglichen Schaltstellungen. So hat z.B. ein 4/3-Wegeventil 4 Anschlüsse und 3 Schaltstellungen (1; 0; 2).

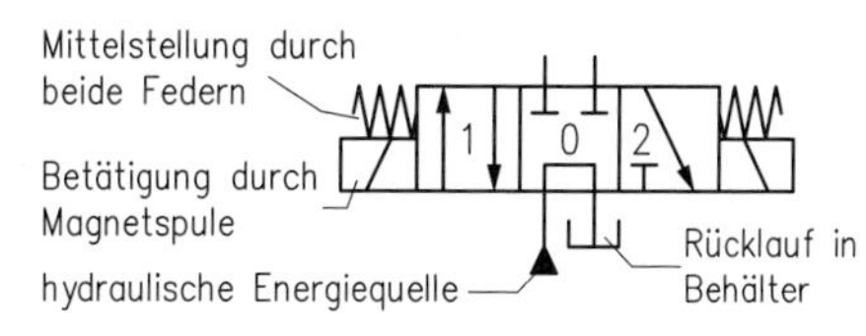

4/3-Wegeventil (Hydraulik)

Wegeventile werden nach Anschlusszahl und Zahl der Schaltstellungen benannt.

- **Kennzeichnung der Anschlüsse von Ventilen**

Die Anschlüsse an Ventilen in der Pneumatik können durch Buchstaben oder durch Zahlen gekennzeichnet sein. Viele Ventile tragen noch die Kennzeichen durch Buchstaben, die gemäß DIN ISO 5559 in der Pneumatik durch Zahlen ersetzt werden können. Da noch über längere Zeit ältere Ventile im Einsatz sind, müssen beide Bezeichnungsarten bekannt sein.

Beispiele für die Kennzeichnung von Anschlüssen in der Pneumatik

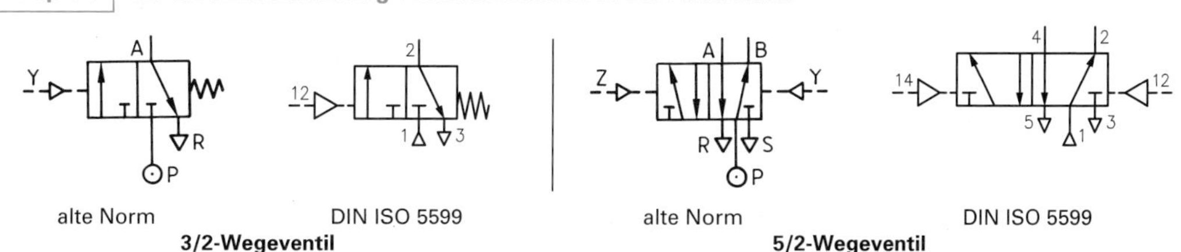

alte Norm DIN ISO 5599
3/2-Wegeventil

alte Norm DIN ISO 5599
5/2-Wegeventil

Erklärung der Kennzeichnung nach DIN ISO 5599
Der in Ausgangsstellung versorgte Arbeitsanschluss bei 4/2- und 5/2-Wegeventilen erhält die Ziffer 2.
Signal an Steueranschluss 12 bedeutet: Druckleitung 1 wird mit Arbeitsleitung 2 verbunden.
Signal an Steueranschluss 14 bedeutet: Druckleitung 1 wird mit Arbeitsleitung 4 verbunden.

2.3.4 Betätigungsarten von Ventilen

Für Ventile gibt es verschiedene Betätigungsarten. Das Symbol für die Betätigung wird bei Wegeventilen an das Schaltfeld gekennzeichnet, für welches diese Betätigung gilt. Betätigungen können auch parallel oder hintereinander kombiniert werden.

Betätigungsarten (Auswahl)

Muskelkraftbetätigung	mechanische Betätigung	sonstige Betätigung
– allgemein	– durch Stößel	– durch Druckbeaufschlagung
– durch Drücken	– durch Feder	– 2-stufige Betätigung durch pneumatisch-hydraulische Vorsteuerstufe
– durch Hebel	– durch Rolle	– durch Elektromagnet mit 1 Wicklung
– allgemein, mit Raste	– durch Rolle, nur in einer Richtung arbeitend	– pneumatischer Näherungsschalter

Im Ausgangszustand gedrückte Ventile kennzeichnet man durch das Betätigungsglied mit angesetztem Symbol für die Steuerschiene.

Beispiel für die parallele Betätigung von Wegeventilen

Beispiel für ein Ventil, das im Ausgangszustand betätigt ist

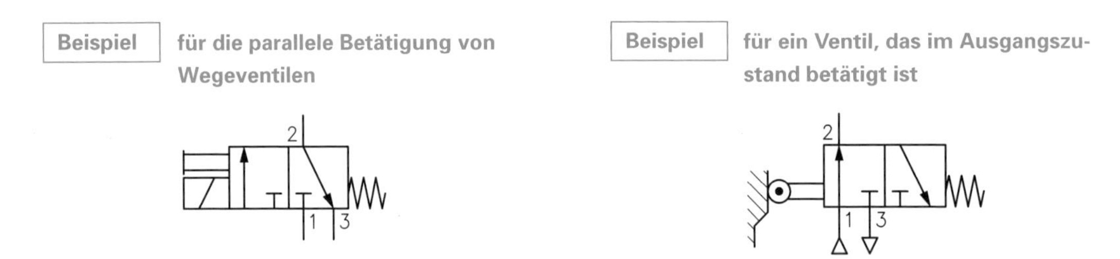

2.4 Arbeitseinheiten in der Pneumatik

2.4.1 Aufbau von Zylindern

Einfach wirkende Zylinder benötigen nur für eine Bewegungsrichtung Druckluft. Sie können Kräfte nur in einer Richtung übertragen und haben begrenzte Baulängen.
Doppelt wirkende Zylinder benötigen für zwei Bewegungsrichtungen Druckluft. Sie übertragen Kräfte in beide Richtungen. Ihre Baulänge kann den gestellten Anforderungen weitgehend angepasst werden.

Beispiele für Pneumatikzylinder

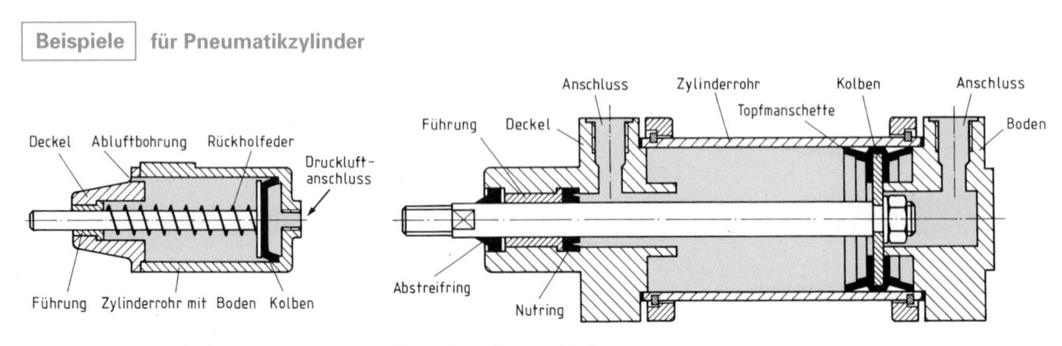

Einfach wirkender Zylinder

Doppelt wirkender Zylinder

2.4.2 Kolbenkraft

Die Druckluft oder das Drucköl erzeugen im Zylinder auf den Kolben eine Kraft. Sie wird auch Kolbenkraft F genannt. Die Kolbenkraft ist abhängig von dem herrschenden Arbeitsdruck p_e und der Größe der beaufschlagten Kolbenfläche A.
Die rechnerisch ermittelte Kolbenkraft kann nicht voll wirksam werden. Vor allem Reibungsverluste vermindern diese Kraft.

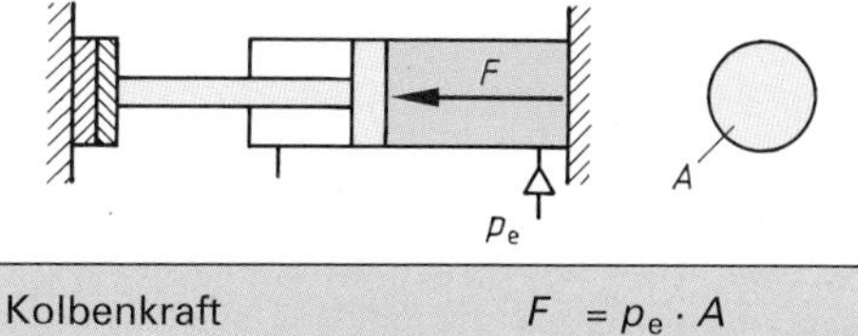

Kolbenkraft	$F = p_e \cdot A$
Wirksame Kolbenkraft	$F_w = F - F_{Verlust}$

Kolbenkraft

Die wirksame Kolbenkraft F_w ist stets kleiner als die theoretische Kolbenkraft F.

- **Kolbenkraft am einfach wirkenden Zylinder**

Bei einfach wirkenden Zylindern wird beim Vorhub die gesamte Kolbenfläche mit Druck beaufschlagt. Der Vorhub erfolgt gegen die Kraft der eingebauten Feder. Die wirksame Kolbenkraft F_w – auch effektive Kolbenkraft genannt – ergibt sich dann aus der Druckkraft, vermindert um die Reibungsverluste F_v und die Federkraft F_F. Für Überschlagsrechnungen können die Verluste durch Reibungs- und Federkraft bei Druckluftzylindern mit etwa 25 % angesetzt werden.

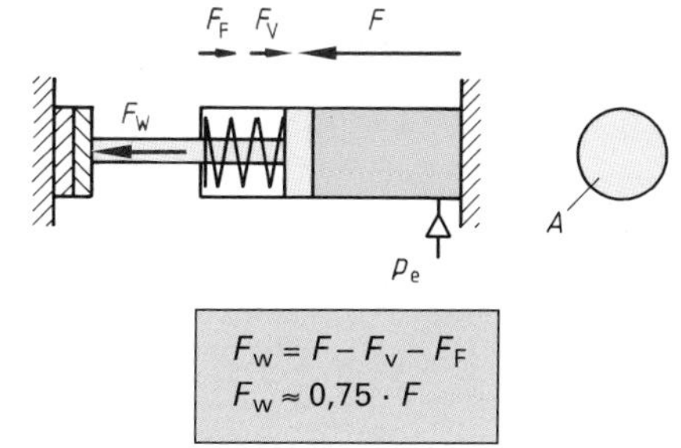

$$F_w = F - F_v - F_F$$
$$F_w \approx 0{,}75 \cdot F$$

Wirksame (effektive) Kolbenkraft

Beispiel für die Berechnung der wirksamen Kolbenkraft

Aufgabe

In einem einfach wirkenden Zylinder mit Federrückstellung herrscht ein Arbeitsdruck von 6 bar. Der Kolbendurchmesser beträgt 80 mm. Wie groß ist die Druckkraft F_w an der Kolbenstange bei Berüksichtigung von 25% Verlust?

Lösung

$$F_w \approx 0{,}75 \cdot F$$

$$F_w \approx 0{,}75 \cdot p_e \cdot \frac{d^2 \cdot \pi}{4}$$

$$F_w \approx \frac{0{,}75 \cdot 60\ \text{N} \cdot (8\ \text{cm})^2 \cdot 3{,}14}{\text{cm}^2 \cdot 4}$$

$F_w \approx$ **2,3 kN** (wirksame Kraft)

Die Kolbenkraft wird bei einfach wirkenden Zylindern durch die Reibungskraft und die Federkraft vermindert.

- **Kolbenkraft am dopppelt wirkenden Zylinder**

Kolbenkraft im Vorhub

Beim Ausfahren der Kolbenstange wird die volle Kolbenfläche von der Druckluft beaufschlagt. Die wirksame Kolbenkraft im Vorhub F_{vor} ergibt sich nach Abzug der Reibungskraft. Für Überschlagsrechnungen können die Reibungsverluste mit etwa 20 % angesetzt werden.

Kolbenkraft im Rückhub

Beim Einfahren der Kolbenstange wird nun eine geringere Fläche mit Druckluft beaufschlagt. Denn diese Kolbenfläche ist um den Querschnitt der Kolbenstange kleiner. Für Berechnungen kann man daher nur die verbleibende Ringfläche berücksichtigen.

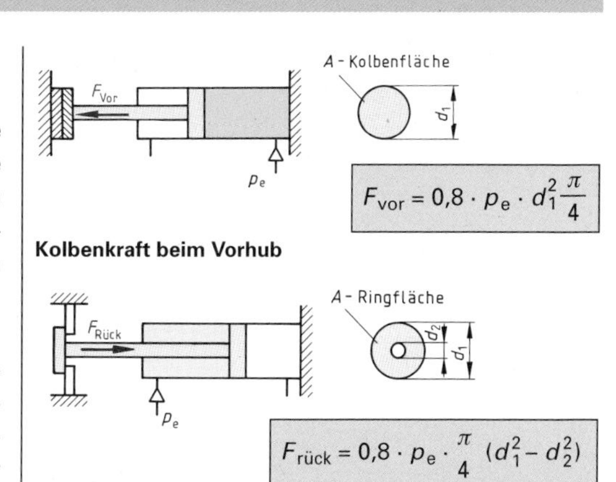

$$F_{vor} = 0{,}8 \cdot p_e \cdot d_1^2 \frac{\pi}{4}$$

Kolbenkraft beim Vorhub

$$F_{rück} = 0{,}8 \cdot p_e \cdot \frac{\pi}{4}\ (d_1^2 - d_2^2)$$

Kolbenkraft im Rückhub

Wegen der unterschiedlichen Kolbenflächen ist beim doppelt wirkenden Zylinder die Kolbenkraft im Vorhub größer als im Rückhub.

Übungsaufgaben E-41 bis E-46

2.4.3 Dämpfung

Bewegt sich der Kolben in einem Druckluftzylinder mit hoher Geschwindigkeit, so trifft er mit großer Wucht auf den Deckel oder Boden des Zylinders auf. Damit bei größeren Massen keine Beschädigungen auftreten und die Geschwindigkeit des Kolbens allmählich abgebaut wird, haben Zylinder vielfach eine eingebaute Abbremsvorrichtung, die man als Dämpfung bezeichnet. Die Dämpfung kann konstant sein oder verändert werden.

Die einstellbare Dämpfung beruht darauf, dass das schnelle Ausströmen der Luft aus dem Zylinder in dem Augenblick behindert wird, in dem sich der Kolben kurz vor Erreichen einer Endlage befindet. Diese Drosselung der Abluft bewirkt man dadurch, dass der Kolben kurz vor Erreichen der Endlage mit einem Zapfen in eine Bohrung des Deckels bzw. des Bodens eintaucht und den Ausströmquerschnitt verringert. Vor dem Kolben baut sich dann ein Luftpolster auf und bremst den Kolben ab. Über ein verstellbares Drosselventil wird die Luft abgelassen, bis der Kolben die Endlage erreicht.

Soll der Kolben wieder in Gegenrichtung anfahren, so kann die zuströmende Druckluft die gesamte Kolbenfläche sofort beaufschlagen, weil ein Rückschlagventil durch die Druckluft geöffnet wird.

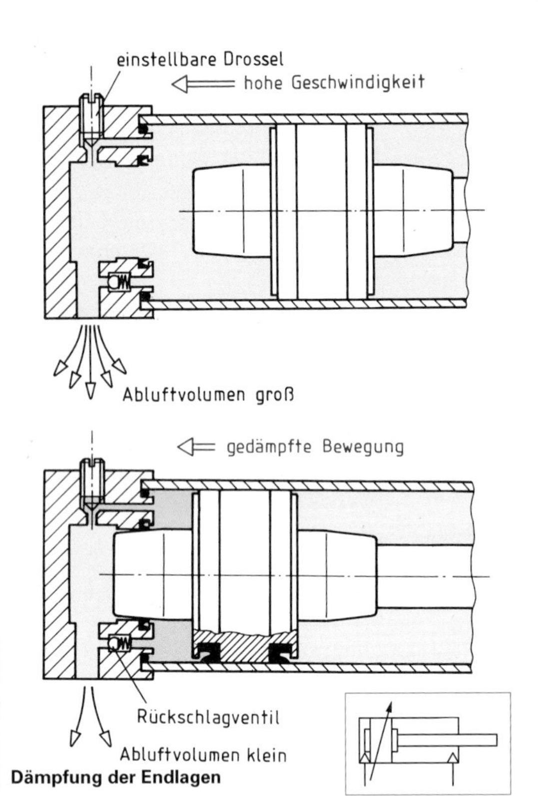

Dämpfung der Endlagen

3 Schaltpläne in der Pneumatik

3.1 Aufbau

Die pneumatischen bzw. hydraulischen Symbole werden im Schaltplan in Wirkrichtung von unten nach oben und von links nach rechts in folgender Reihenfolge angeordnet:

- Energiequellen: unten links,
- Steuerungselemente: aufwärts und von links nach rechts,
- Antriebe: oben und von links nach rechts.

Im Schaltplan müssen die Symbole für die Bauteile in der Ausgangsstellung der Anlage dargestellt werden. Unter Ausgangsstellung versteht man in der Pneumatik den Schaltzustand in der Anlage, der bei Druckbeaufschlagung vor Betätigung des Startsignales vorliegt.

3.2 Kennzeichnungsschlüssel

Die Kennzeichnung der Bauteile erfolgt auf dem Schaltplan in der Nähe des jeweiligen Symboles nach einem besonderen Kennzeichnungsschlüssel. Dieser Schlüssel wird mit einem Rahmen versehen und besteht aus mehreren Elementen

Beispiel für die Kennzeichnung von Bauteilen in der Fluidtechnik

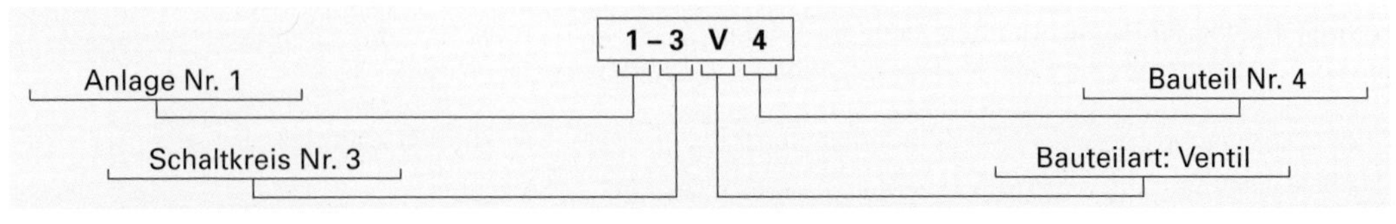

Anlagen-Nummer	Schaltkreis-Nummer	Bauteilart-Bezeichnung	Bauteil-Nummer
Diese Kennzeichnung besteht aus Ziffern, beginnend mit 1. Die Anlagenummer muss angewendet werden, wenn der gesamte Schaltkreis aus mehr als einer Anlage besteht.	Diese Kennzeichnung besteht aus Ziffern. Die 0 ist vorgesehen für alle Zubehörteile, die zur Druckversorgung gehören. Für die verschiedenen Fluid-Schaltkreise werden fortlaufende Ziffern vergeben.	Jeder Bauteilart wird ein Buchstabe zugeordnet: – Pumpen und Kompressoren P – Antriebe A – Antriebsmotor, Betätigungsspule M – Sensoren allgemein, Positionsschalter u.a. B – Signalgeber, manuell S – Ventile V – andere Bauteile Z	Diese Kennzeichnung besteht aus Ziffern, beginnend mit 1. Jedes Bauteil in dem betrachteten Schaltkreis wird fortlaufend nummeriert.

3.3 Beispiel für einen Pneumatikschaltplan

In einer Bohrvorrichtung sollen Werkstücke pneumatisch gespannt werden. Der Spannvorgang muss durch Knopfdruck von zwei verschiedenen Stellen ausgelöst werden können. Das Lösen soll über einen Fußschalter vorgenommen werden. Aus Sicherheitsgründen muss gewährleistet sein, dass die Spannvorrichtung nur gelöst wird, wenn die Bohrspindel zurückgefahren ist.

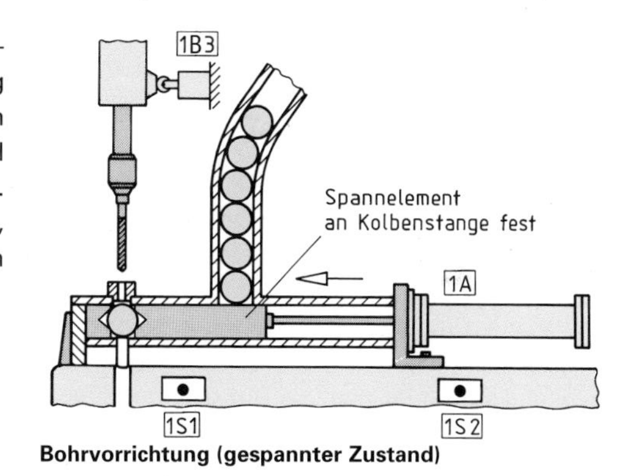

Bohrvorrichtung (gespannter Zustand)

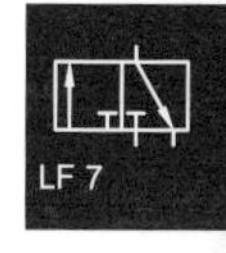

Lösung

Steuerkette

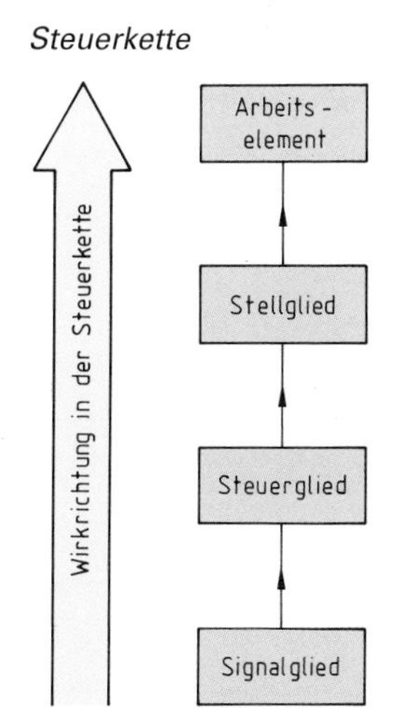

Schaltplan

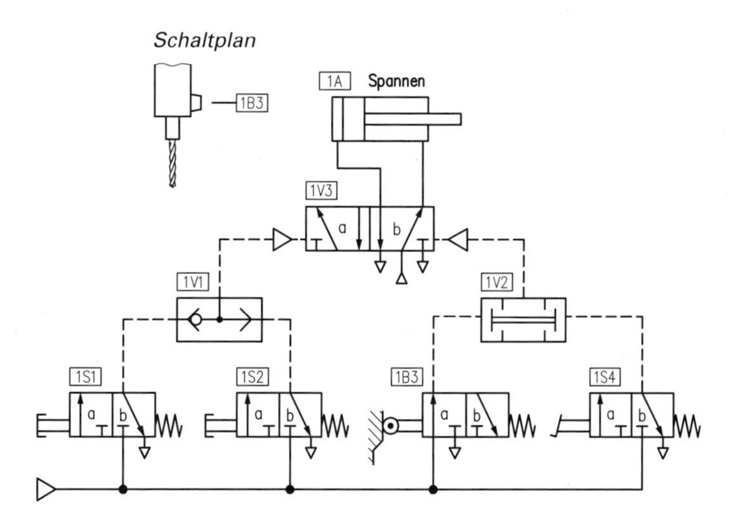

Funktionsbeschreibung

- Der Spannvorgang wird eingeleitet durch Bedienung von Handtaster 1S1 oder Handtaster 1S2.
- Über das Wechselventil 1V1 wird das Signal zum Umsteuern des Wegeventils 1V3 weitergeleitet.
- Die Kolbenstange von Zylinder 1A fährt in ihre Spannstellung vor.
- Der Spannvorgang wird gelöst durch Betätigung von Endschalter 1B3 und Fußschalter 1S4.
- Über das Zweidruckventil 1V2 wird das Signal zum Umsteuern des Wegeventils 1V2 weitergeleitet.
- Die Kolbenstange von Zylinder 1A fährt in ihre Ausgangslage zurück.

3.4 Funktionsdiagramme

Die zeitlichen und funktionellen Abläufe in Steuerungen verdeutlicht man in Funktionsdiagrammen. Die Grundlage für den Aufbau der Diagramme bildet die Gliederung des zeitlichen Ablaufes der Steuerung in einzelne Schritte. Für die Untersuchung des Bewegungsablaufes der Antriebsglieder kennt man **Weg-Zeit-Diagramme** bzw. **Weg-Schritt-Diagramme.** Soll das Zusammenwirken zwischen den Antriebsgliedern und Schaltelementen einer Steuerung dargestellt werden, so zeichnet man **Zustands-Schritt-Diagramme.**

- **Weg-Zeit-Diagramm**

Im Weg-Zeit-Diagramm wird der Bewegungsablauf von Antriebsgliedern in Abhängigkeit von Weg und Zeit dargestellt. An dem Beispiel einer pneumatischen Bohrvorrichtung wird diese Darstellungsweise gezeigt.

1. Schritt: Zylinder 1A fährt aus
– Spannen des Werkstückes

2. Schritt: Zylinder 2A fährt schnell aus
– Eilzustellung des Bohrers

3. Schritt: Zylinder 2A fährt langsam aus
– Bohrvorschub

4. Schritt: Zylinder 2A fährt schnell ein
– Eilrückstellung des Bohrers

5. Schritt: Zylinder 1A fährt ein
– Lösen des Werkstückes

Im Diagramm trägt man auf der senkrechten Achse den Weg auf, dabei kann auf eine maßstäbliche Darstellung verzichtet werden. Auf der waagerechten Achse wird die zeitliche Zuordnung der Schritte vorgenommen.

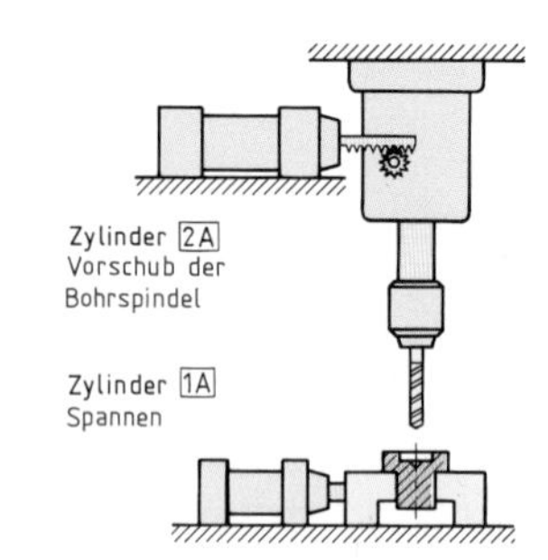

Technologieschema für eine Bohrvorrichtung

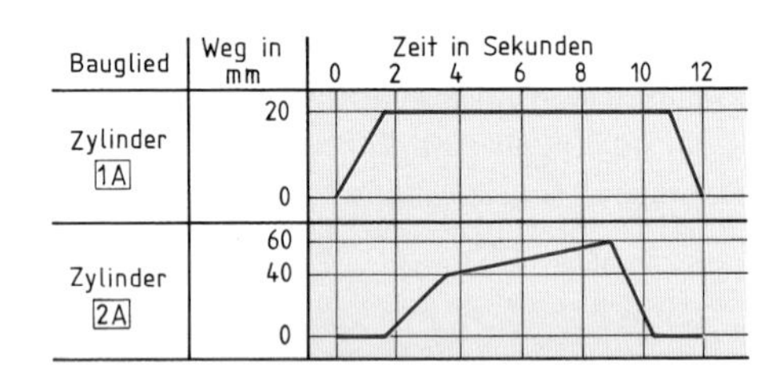

Weg-Zeit-Diagramm

Weg-Zeit-Diagramme dienen zur Untersuchung der Bewegungsabläufe von Antriebsgliedern.

- **Weg-Schritt-Diagramm**

Übersichtlicher und unabhängig von der Zeiteinteilung ist ein Weg-Schritt-Diagramm. In ihm werden auf der waagerechten Achse die Schaltschritte in zeitlicher Reihenfolge eingetragen. Für jeden Schaltschritt wird der gleiche Abstand gewählt. Will man in einem solchen Diagramm Zeiten kennzeichnen, so können diese Angaben zwischen den jeweiligen Schritten zusätzlich eingetragen werden. Auf der senkrechten Achse wird der Weg aufgetragen. Auch hier kann auf maßstäbliche Darstellung verzichtet werden.

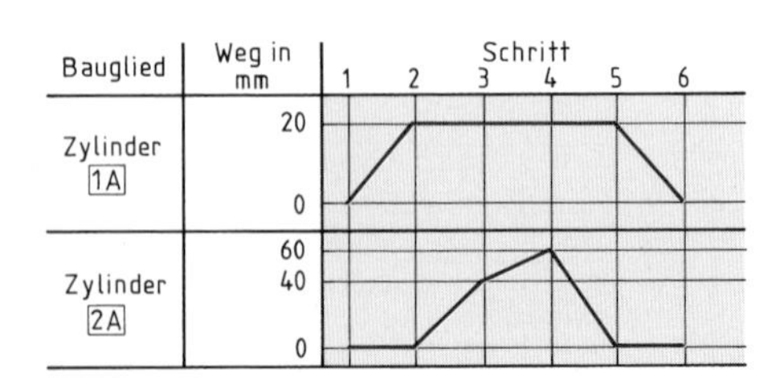

Weg-Schritt-Diagramm

Bei einfachen Steuerungen bilden Weg-Schritt-Diagramme in Verbindung mit den jeweiligen Schaltplänen die Grundlage für die Wartung und die Instandsetzung pneumatischer Steuerungen.

- **Zustands-Schritt-Diagramm**

Das Zusammenwirken zwischen den Antriebsgliedern und den Schaltelementen einer Steuerung kann am zweckmäßigsten im Zustands-Schritt-Diagramm erfasst werden. Auch in diesem Funktionsdiagramm wird die Steuerung in ihren einzelnen aufeinander folgenden Schritten dargestellt. Auf der senkrechten Achse werden statt der Wege die Zustände der Elemente gekennzeichnet. Bei Zylindern kann man die beiden Zustände „eingefahren" und „ausgefahren" unterscheiden.

Den Steuer- und Stellgliedern ordnet man den jeweiligen Schaltzustand durch die Buchstaben **a, b** und **0** zu. Bei Ventilen mit zwei Schaltstellungen bedeutet **b** Ruhestellung und **a** Schaltstellung. Bei Ventilen mit drei Schaltstellungen bedeutet **0** Ruhestellung; **a** und **b** sind dann Schaltstellungen.

- **Signallinien**

Eine zusätzliche Orientierungshilfe im Zustands-Schritt-Diagramm können **Signallinien** sein. Sie verdeutlichen, welche zeitliche und logische Verbindung zwischen den einzelnen Gliedern einer Steuerung besteht. Die Signallinien gehen von dem Element aus, von dem der Schaltschritt ausgelöst wird. Sie weisen mit ihrem Pfeil auf das Element, welches betätigt wird.

Beispiel für ein Zustands-Schritt-Diagramm mit Signallinien

Aufgabenstellung

Ein Rüttler soll das Sieb in Schwingungen halten, damit das Schüttgut durch das Sieb fällt. Der Rüttelvorgang soll so lange anhalten, wie das Ventil 0 V betätigt ist.

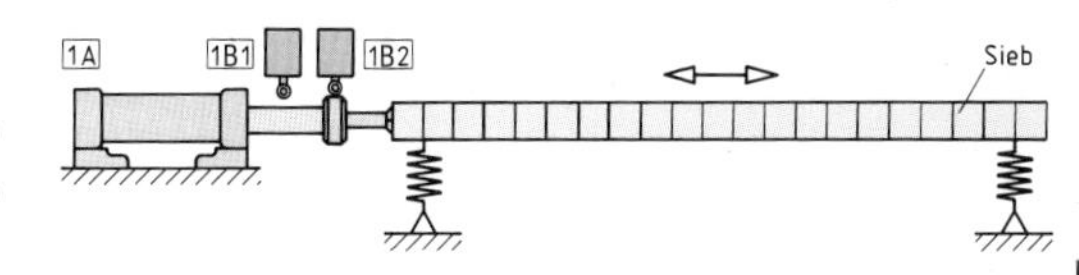

Technologieschema Rüttler

Lösung

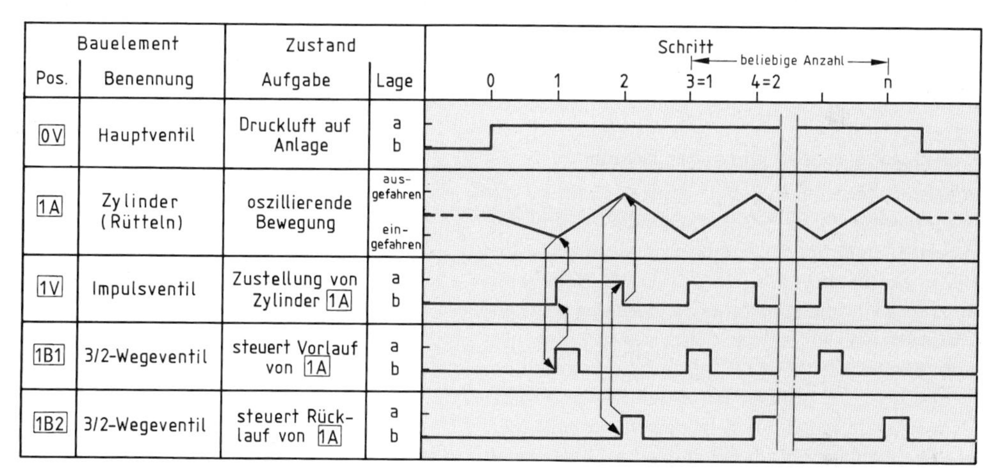

Zustands-Schritt-Diagramm

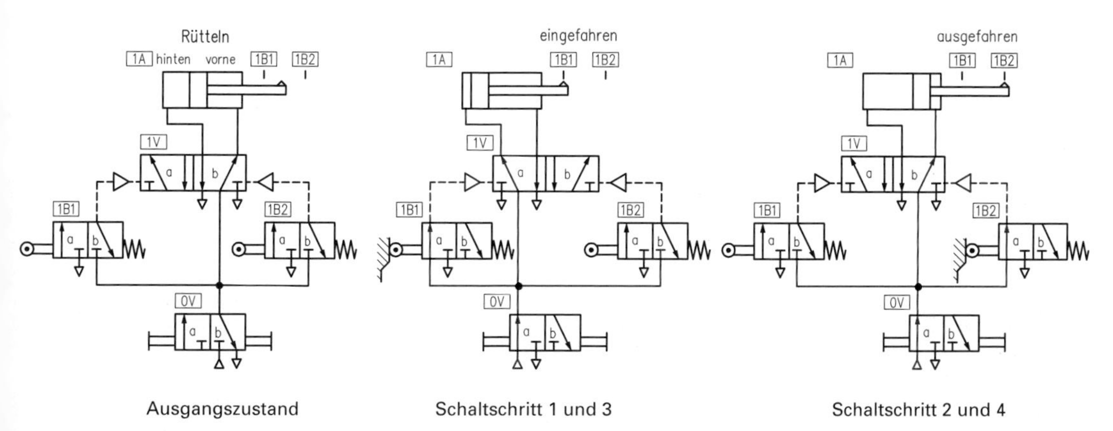

Ausgangszustand

Schaltschritt 1 und 3

Schaltschritt 2 und 4

Schaltzustände

Übungsaufgabe E-51

4 Pneumatische Steuerungen

4.1 Grundschaltungen

Jede noch so umfangreiche und aufwändige pneumatische Steuerung setzt sich aus einzelnen Grundschaltungen zusammen, für die es nur wenige Veränderungsmöglichkeiten gibt.

- **Steuerung einfach wirkender Zylinder**

Einfach wirkende Zylinder werden unabhängig von der Betätigungsart und dem Umfang der Steuerung durchweg mit einem 3/2-Wegeventil als Stellglied kombiniert.

Zur Ansteuerung eines großvolumigen Zylinders benutzt man ein Stellglied mit großer Nennweite, das möglichst nahe am Zylinder montiert ist. Das Stellglied kann dann von einem Ventil mit kleiner Nennweite von einem entfernteren Betätigungsort bedient werden. Mit dieser Anordnung können Energiekosten verringert werden, da lange und großvolumige Steuerleitungen entfallen.

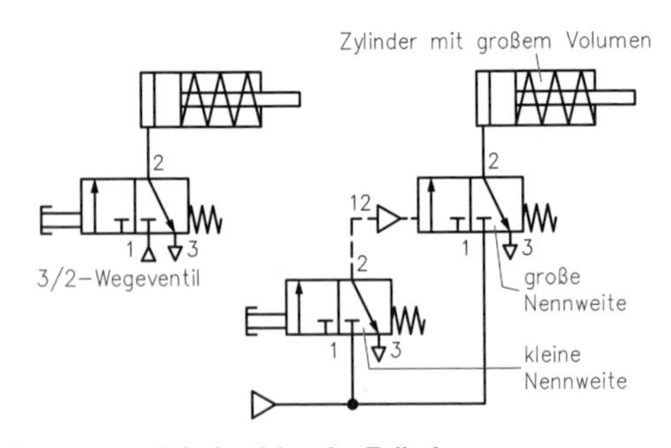

Steuerung einfach wirkender Zylinder

Ein einfach wirkender Zylinder wird meist über ein 3/2-Wegeventil als Stellglied gesteuert.

- **Steuerung doppelt wirkender Zylinder**

Doppelt wirkende Zylinder steuert man in der Pneumatik häufig mit 5/2-Wegeventilen. In umfangreichen Schaltungen werden diese Ventile fast immer impulsbetätigt ausgeführt. Mit 4/3-Wegeventilen können doppelt wirkende Zylinder ebenfalls angesteuert werden. In der Mittelstellung des hier gezeigten Ventiles sind z.B. beide Zylinderanschlüsse entlüftet, der Kolben ist daher frei beweglich (Schwimmstellung). Auch bei einem doppelt wirkenden Zylinder wird das Stellglied möglichst nah an dem Zylinder montiert.

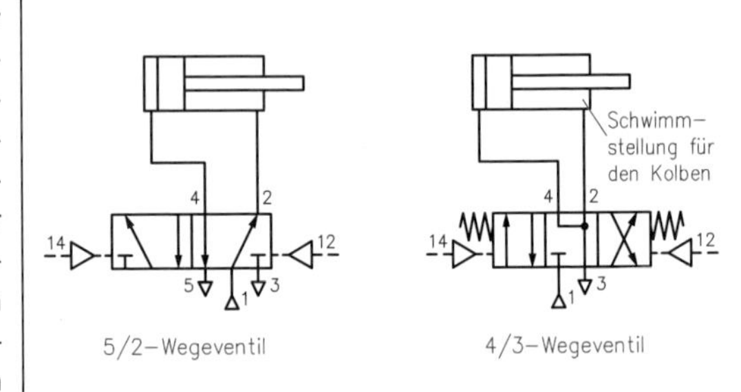

Steuerung doppelt wirkender Zylinder

Ein doppelt wirkender Zylinder wird meist über ein Wegeventil gesteuert, das mindestens zwei Schaltstellungen hat.

- **Steuerung der Kolbengeschwindigkeit**

Sehr oft ist es notwendig, die Kolbengeschwindigkeit zu beeinflussen. Soll die Geschwindigkeit ins Langsame gesteuert werden, so setzt man Drosselrückschlagventile ein. Möglich ist dabei die Drosselung der Zuluft oder der Abluft. Die Drosselung der Abluft ist günstiger, weil der Kolben zwischen zwei Luftpolstern gespannt ist und dadurch eine gleichmäßigere Bewegung erzielt werden kann.

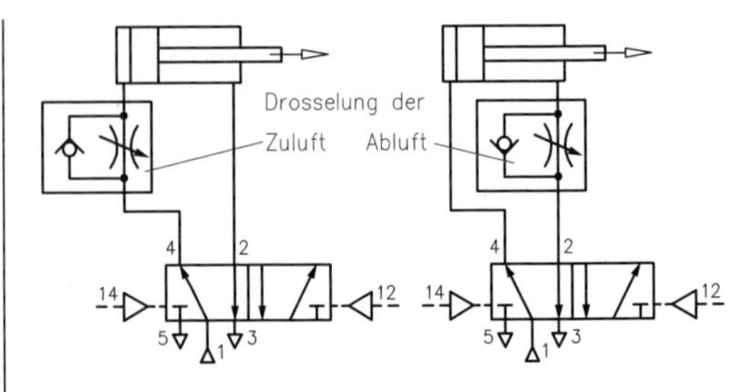

Steuerung der Kolbengeschwindigkeit beim Ausfahren

Die Kolbengeschwindigkeit wird meist am günstigsten durch die Abluftdrosselung gesteuert.

Übungsaufgaben E-52 bis E-54

Soll die Kolbengeschwindigkeit in beiden Richtungen ins Langsame beeinflusst werden, so kann die Steuerung mithilfe von zwei Drosselrückschlagventilen verwirklicht werden. Auch hier verwendet man am besten die Abluftdrosselung. Eine Beeinflussung ins Langsame beim Vorlauf und ins Schnelle beim Rücklauf ist ebenfalls möglich. Den Vorlauf steuert man über ein Drosselrückschlagventil in der Abluft, den Rücklauf über ein Schnellentlüftungsventil.
Bei Druckluftmotoren kann man mit Drosselventilen die Drehfrequenz steuern.

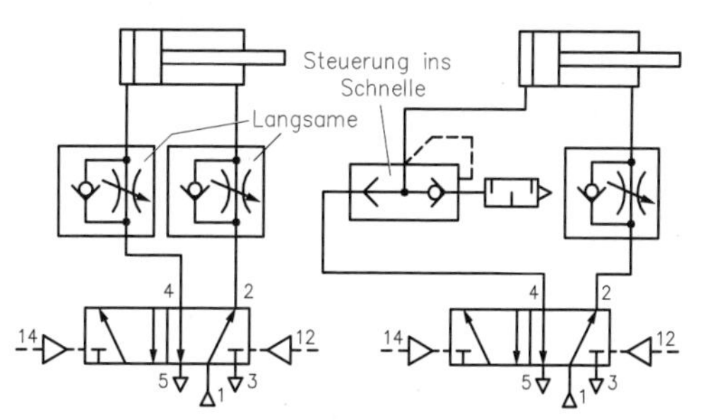

Steuerung der Kolbengeschwindigkeit bei Vor- und Rücklauf

Die Kolbengeschwindigkeit ins Langsame wird mit Drosselrückschlagventilen gesteuert.
Die Kolbengeschwindigkeit ins Schnelle wird mit Schnellentlüftungsventilen gesteuert.
Durch Drosselventile wird bei Druckluftmotoren die Drehfrequenz (Drehzahl) beeinflusst.

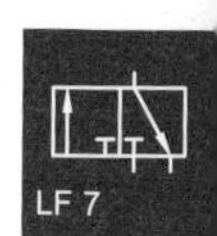

4.2 Grundsteuerungen

Der Steuerungsteil einer Anlage muss mit dem Arbeitsteil so verknüpft sein, dass alle Arbeitsschritte in der vorgesehenen Art und Abfolge ausgeführt werden. Der Steuerungsteil und der Arbeitsteil werden daher einander logisch zugeordnet. Entsprechend der logischen Verknüpfung kann man folgende Grundsteuerungen unterschieden:

- willensabhängige Steuerungen,
- wegabhängige Steuerungen,
- zeitabhängige Steuerungen,
- kombinierte Steuerungen.

- **Willensabhängige Steuerungen**

Bei willensabhängigen Steuerungen werden alle Start- und Steuersignale von der Bedienungsperson eingegeben. Dabei wird der Vor- und Rücklauf der Zylinder bzw. der Rechts- und Linkslauf der Motoren einzeln angesteuert. Soll das Antriebsglied nur so lange angesteuert werden, wie das Signalglied betätigt wird, verwendet man als Stellglieder Ventile mit Federrückstellung; in diesen Ventilen wird das Signal nicht gespeichert.

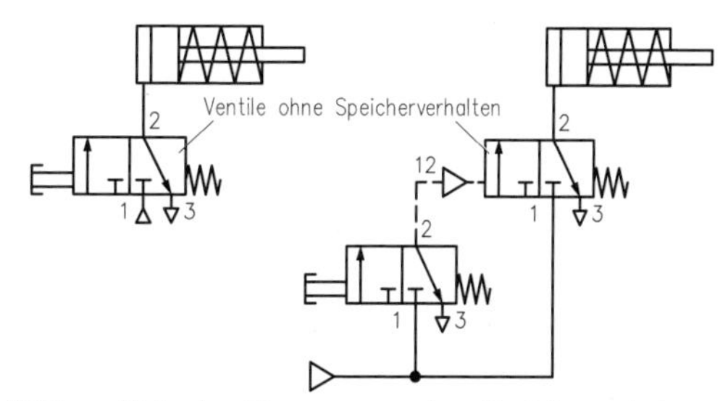

Willensabhängige Steuerungen ohne Speicherverhalten

Soll das Antriebsglied dagegen so lange angesteuert bleiben, bis es durch ein entgegengesetztes Signal wieder die Ausgangsstellung einnimmt, so verwendet man als Stellglieder Ventile ohne Federrückstellung. Üblich sind hierbei entweder handgesteuerte 3-Stellungsventile oder über Impuls angesteuerte 2-Stellungsventile; in diesen Ventilen wird das Signal gespeichert.

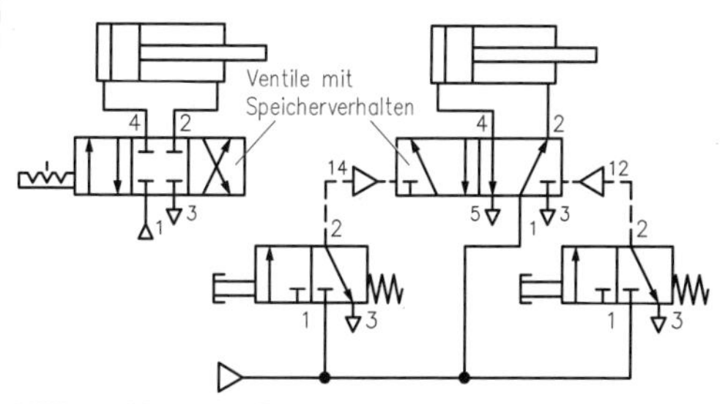

Willensabhängige Steuerungen mit Speicherverhalten

Willensabhängige Steuerungen sind nur für sehr einfache Aufgaben – etwa Spannvorgänge – geeignet. Bei umfangreichen pneumatischen Steuerungen ist die willensabhängige Steuerung jedoch insoweit notwendig, als sie zum ersten Einleiten jeder Maschinensteuerung erforderlich ist oder als Notbetätigung bei automatisierten Steuerungen unbedingt vorhanden sein muss.

Willensabhängige Steuerungen sind vom Menschen als Bedienungsperson abhängig.

Übungsaufgaben E-55 bis E-58

- **Wegabhängige Steuerungen**

Bei wegabhängigen Steuerungen werden die Signalglieder von dem Antriebsglied betätigt. Signalglieder mit Rollen können beispielsweise von einem Nocken an der Kolbenstange in Abhängigkeit vom zurückgelegten Weg betätigt werden. Verwendet man pneumatische oder elektrische Näherungsschalter als Signalglieder, so lassen sich diese z.B. über einen Dauermagneten im Kolben des jeweiligen Zylinders ansteuern.

Signalglieder geben die Signale weiter, wenn die Ventile erreicht oder überfahren werden. Bei Tastrollen mit Leerrücklauf wird das Signal nur in einer Anfahrrichtung wirksam.

Im Schaltplan wird die Lage von wegabhängig betätigten Ventilen jeweils durch einen Markierungsstrich beim zugehörigen Arbeitsglied gekennzeichnet. Über diesen Markierungsstrich steht die Kennzeichnung des entsprechenden Signalgliedes in einem kleinen Rechteck.

Die Kennzeichnung des Signalgliedes ordnet man der Kennzeichnung des entsprechenden Arbeitsgliedes zu. Das Signalglied erhält die gleiche Schaltkreisnummer wie das Arbeitsglied. Weiterhin ist vereinbart, dass das Ventil, welches den eingefahrenen Zustand abfragt, die Bauteilnummer „1" erhält. Das Ventil, welches den ausgefahrenen Zustand abfragt, erhält die Bauteilnummer „2". Diese so festgelegten Kennzeichnungen, werden im Pneumatikschaltplan übernommen.

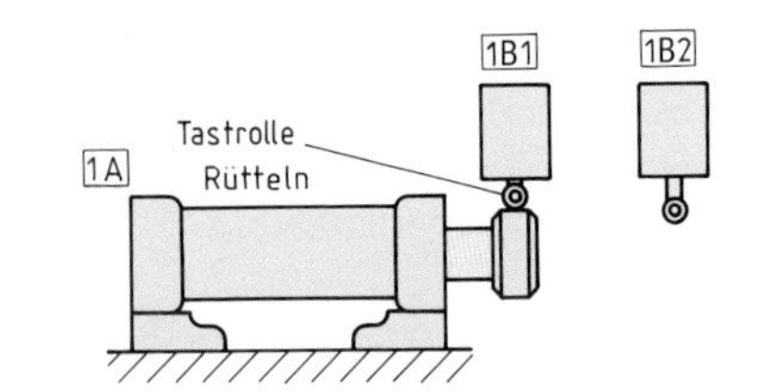

Einbaulage der 3/2-Wegeventile 1B1 und 1B2

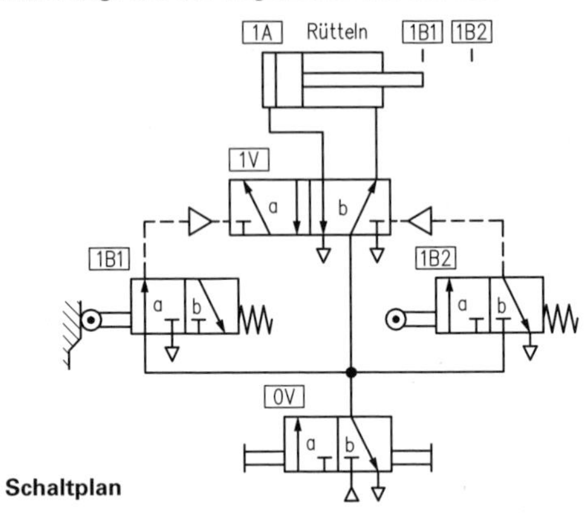

Schaltplan

Wegabhängige Steuerungen werden durch die Bewegungen des Kolbens gesteuert.

- **Zeitabhängige Steuerungen**

In der Pneumatik kann man zeitabhängige Steuerungen mit Verzögerungsventilen verwirklichen. Die Verzögerungszeit zwischen dem Signaleingang und dem Auslösen der Steuerung (Signalausgang) kann über eine Drossel stufenlos eingestellt werden.

Durch den nachgeschalteten Speicher dauert es eine gewisse Zeit, bis sich der notwendige Schaltdruck für das 3/2-Wegeventil aufgebaut hat. Mit Drossel und Speicher lassen sich Verzögerungszeiten von mehreren Minuten erreichen.

Zeitverzögerte Druckversorgung

Nach Betätigung des Zeitgliedes durch das Eingangssignal erfolgt die *Druckversorgung* am Ausgang (Ausgangssignal) nach einer bestimmten einstellbaren Zeit.

Zeitverzögerte Druckabschaltung

Nach Betätigung des Zeitgliedes durch das Eingangssignal erfolgt die *Druckabschaltung* am Ausgang (Ausgangssignal) nach einer bestimmten einstellbaren Zeit.

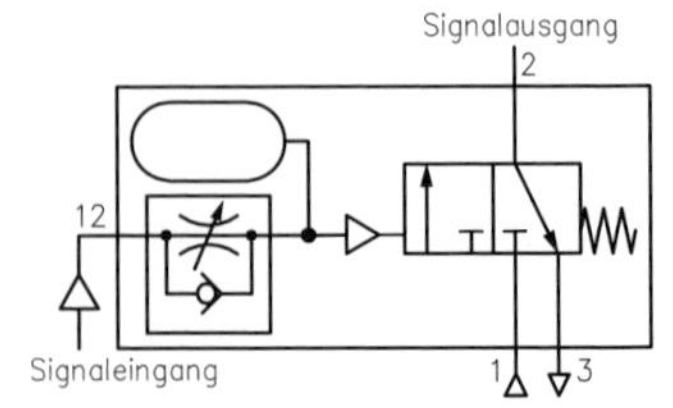

Zeitverzögerte Druckversorgung

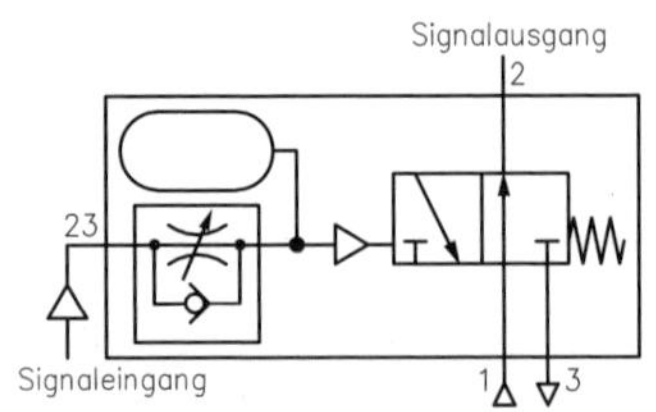

Zeitverzögerte Druckabschaltung

Für zeitabhängige Steuerungen verwendet man Verzögerungsventile.
Die Verzögerungszeit wird über eine Drossel eingestellt.

4.3 Beispiele von pneumatischen Steuerungen

4.3.1 Steuerung mit einfach wirkendem Zylinder

In einer Presse werden Lagerbuchsen in Laufrollen eingepresst. Die Laufrollen und die Lagerbuchsen werden von Hand in die Pressvorrichtung eingelegt. Der Pressvorgang soll in folgenden Schritten ablaufen:

Schritt	Beschreibung des Ablaufes	Kurzzeichen
1	Pressen; Zylinder fährt aus	1A +
2	Lösen; Zylinder fährt ein	1A –

Zusatzbedingungen:

- Der Presszylinder soll dann ausfahren und ausgefahren bleiben, wenn das Schutzgitter über dem Endschalter 1B3 geschlossen ist und der Handtaster 1S1 betätigt wird.
- Im ausgefahrenen Zustand betätigt der Zylinder den Endschalter 1B2, dieser soll das Stellglied so umschalten, dass der Zylinder einfährt.

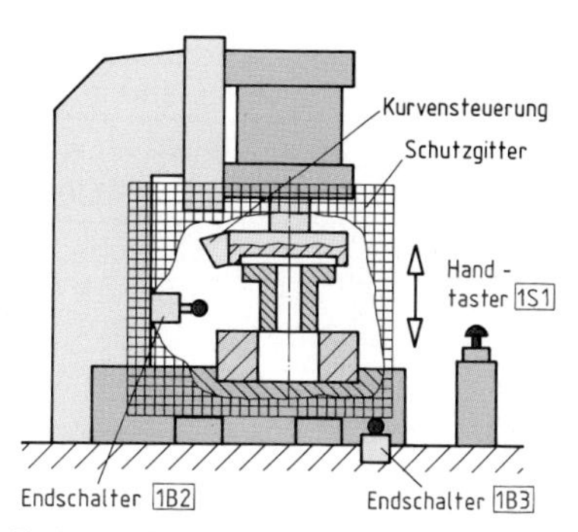

Technologieschema Presse

Zuordnungsliste

Eingang	Handtaster 1S 1 betätigt:	**E1 = 1**
	Endschalter 1B2 betätigt:	**E2 = 1**
	Endschalter 1B3 betätigt:	**E3 = 1**
Ausgang	Zylinder 1A +; somit Stellglied 1V 2 in a:	**A1 = 1**
	Zylinder 1A –; somit Stellglied 1V 2 in b:	**A2 = 1**

Logikplan für das Ausfahren des Zylinders

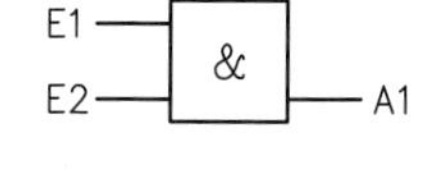

Logikplan für das Einfahren des Zylinders

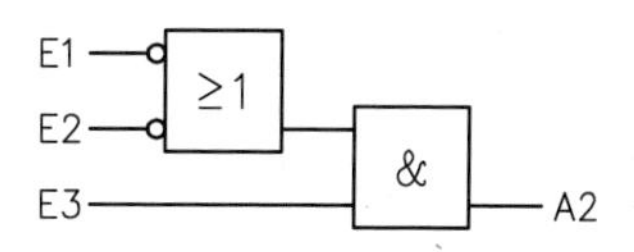

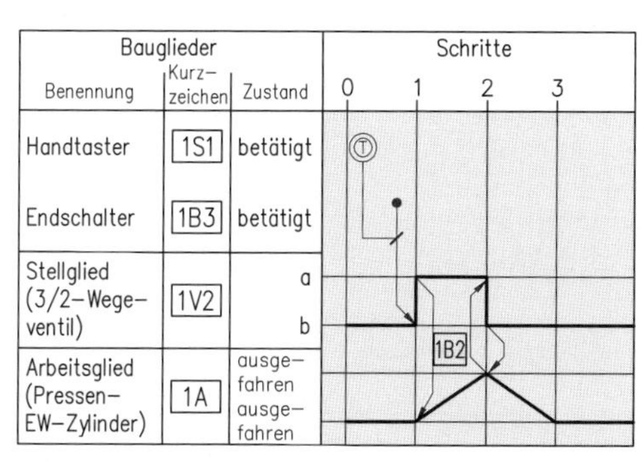

Funktionsdiagramm

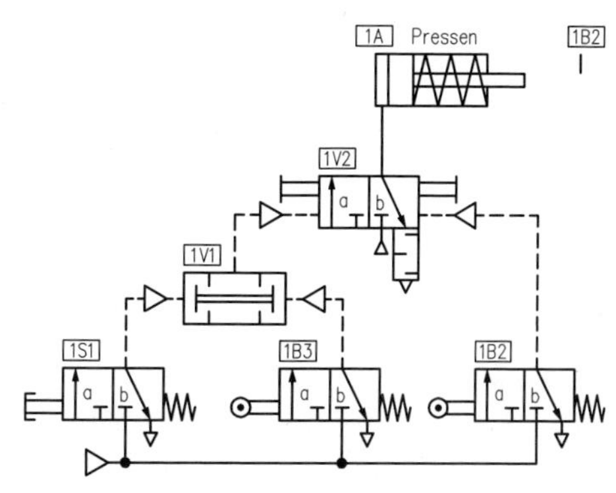

Pneumatikschaltplan

4.3.2 Steuerung mit doppelt wirkendem Zylinder

In einer Klebepresse werden zwei Bauteile aufeinander gepresst. Die Bauteile werden von Hand in die Presse gelegt und justiert. Der Pressvorgang soll in folgenden Schritten ablaufen:

Schritt	Beschreibung des Ablaufes	Kurzzeichen
1	Pressen; Zylinder fährt aus	1A +
2	Pressvorgang dauert an, Endschalter 1B3 gibt kein Signal	**E3 = 0**
3	Lösen; Zylinder fährt ein	1A –

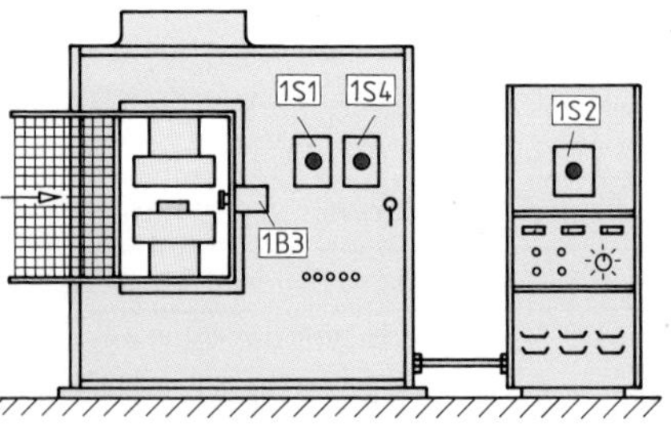

Technologieschema Klebepresse

Zusatzbedingungen:

- Der Pressvorgang soll nur dann möglich sein, wenn das Schutzgitter geschlossen ist.
- Der Pressvorgang wird entweder über die Handtaster 1S1 und 1S4 an der Maschine eingeleitet oder über den etwas entfernt liegenden Taster 1S2 an der Steuersäule.
- Der Presszylinder fährt immer dann ein, wenn das Schutzgitter geöffnet wird.

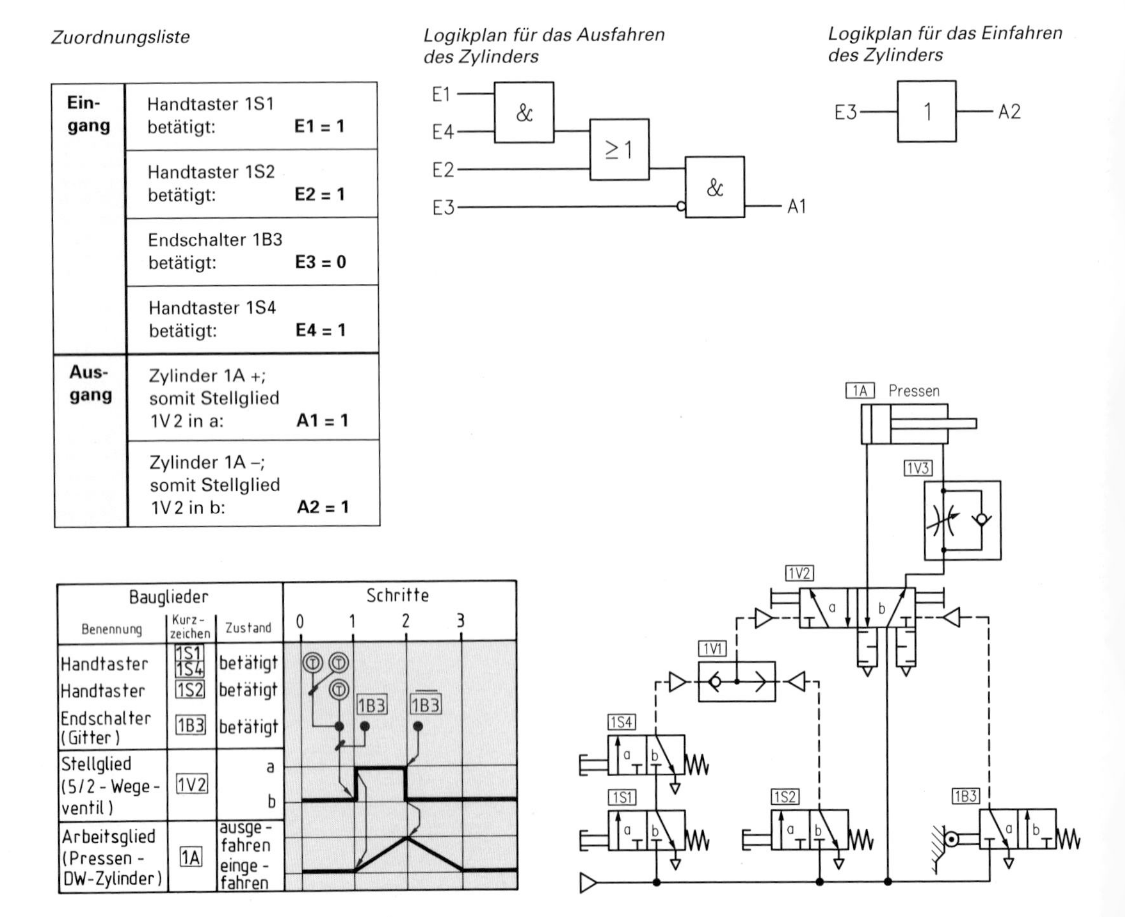

Zuordnungsliste

Eingang	Handtaster 1S1 betätigt:	**E1 = 1**
	Handtaster 1S2 betätigt:	**E2 = 1**
	Endschalter 1B3 betätigt:	**E3 = 0**
	Handtaster 1S4 betätigt:	**E4 = 1**
Ausgang	Zylinder 1A +; somit Stellglied 1V2 in a:	**A1 = 1**
	Zylinder 1A –; somit Stellglied 1V2 in b:	**A2 = 1**

Funktionsdiagramm

Pneumatikschaltplan

4.3.3 Steuerung mit Zweihand-Betätigung

Beispiel für eine Steuerung mit verschiedenen Steuergliedern (Zweihand-Betätigung)

Aufgabenstellung

In einer Vorrichtung sollen Lagerbuchsen in Laufrollen eingepresst werden. Die Laufrollen werden von Hand eingelegt und gespannt. Der Arbeitshub der Pressmaschine darf aus Sicherheitsgründen nur durch die gleichzeitige Betätigung von zwei Handtastern eingeleitet werden. Nach dem Pressvorgang soll der Pressenstößel selbsttätig in die Ausgangslage zurückfahren. Die Geschwindigkeit für den Arbeitshub soll einstellbar sein.

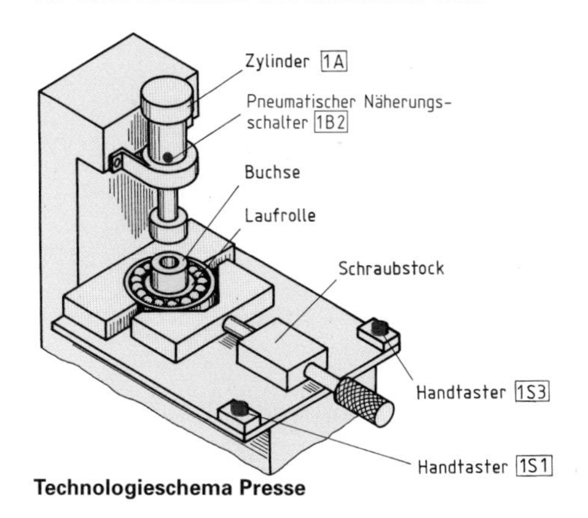

Technologieschema Presse

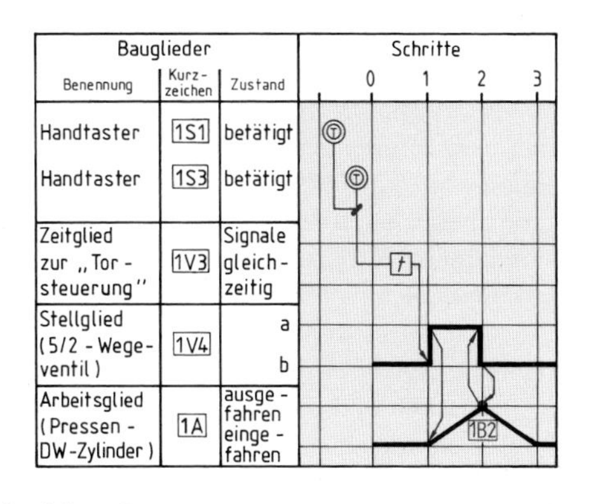

Funktionsdiagramm

Anmerkungen:

- Die Vorrichtung wird über eine Zweihand-Schaltung abgesichert. Nur durch das fast gleichzeitige Drücken der Handtaster 1S1 und 1S3 beginnt der Pressvorgang.
- Werden beide Handtaster nicht innerhalb einer kurzen Zeit gedrückt, so schaltet das Zeitglied 1V3 die Steuerleitung zum Stellglied 1V4 ab.
- Eine Manipulation der Handtaster ist durch die Schaltung unterbunden.
- Der Zylinder fährt ein, sobald der pneumatische Näherungsschalter 1B2 betätigt wurde.

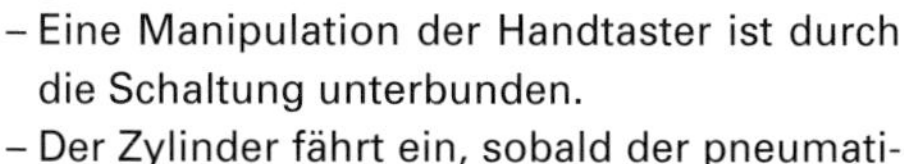

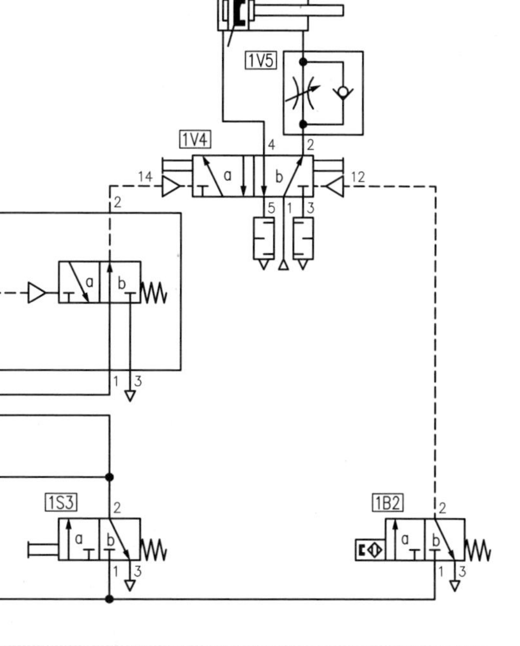

Pneumatikschaltplan

Eine Zweihand-Sicherheitsschaltung kann man durch die Kombination von UND-, ODER- und Verzögerungsventilen erreichen.

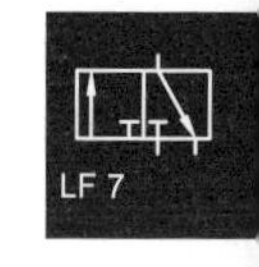

5 Elektropneumatik

In der Elektropneumatik steuern elektrische Signale den Energiefluss in pneumatischen Systemen. Im Steuerteil wird elektrische Energie benutzt. Im Leistungsteil setzt man Druckluft als Energieträger ein. Durch geeignete Bauteile werden die beiden Energiekreise verknüpft.

5.1 Bauteile in elektropneumatischen Anlagen

5.1.1 Magnetventil

- **Wirkungsweise**

Die elektromagnetische Betätigung eines Ventils über ein elektrisches Signal stellt die Verknüpfung zwischen dem Stromkreis und dem Druckluftkreis dar. Magnetventile nennt man auch **EP-Wandler.**
Schaltet man den Strom ein, wird die Magnetspule erregt und der Anker in die Spule hineingezogen. Dadurch öffnet sich das Ventil und Druckluft kann von 1 (P) nach 2 (A) strömen.
Schaltet man den Strom ab, ist die magnetische Wirkung erloschen und die Federkraft schließt das Ventil. Die Abluft kann dann von 2 (A) über 3 (R) ausströmen.
Elektromagnetische Ventile können direkt angesteuert oder als vorgesteuerte Ventile betätigt werden.

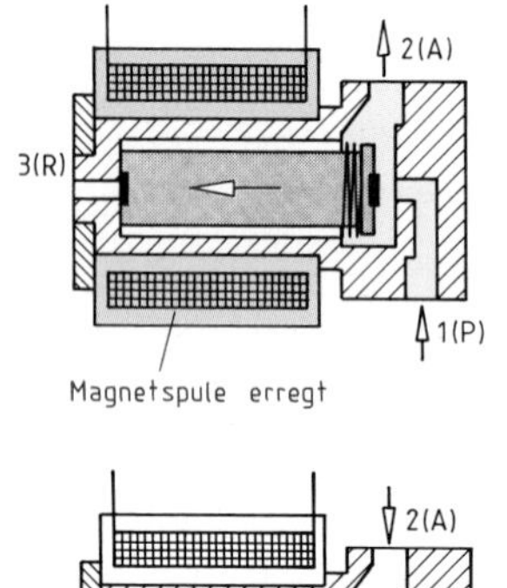

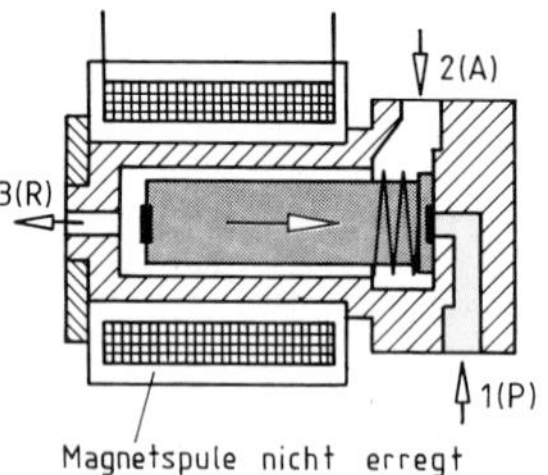

Elektropneumatisches Magnetventil

- **Symbole für Ventile**

Das elektromagnetische Betätigungselement wird im Pneumatikschaltplan und im Stromlaufplan mit einem ähnlichen Symbol dargestellt. In beiden Plänen erhält es die gleiche Ordnungsnummer (z. B. 2M1; früher Y1).
Das Symbol für das Ventil selbst wird in beiden Plänen unterschiedlich dargestellt. Für den Elektroschaltplan gelten DIN EN 60617 und DIN EN 61346-2 als Grundlage, für den Pneumatikschaltplan ist DIN ISO 1219-1 anzuwenden.

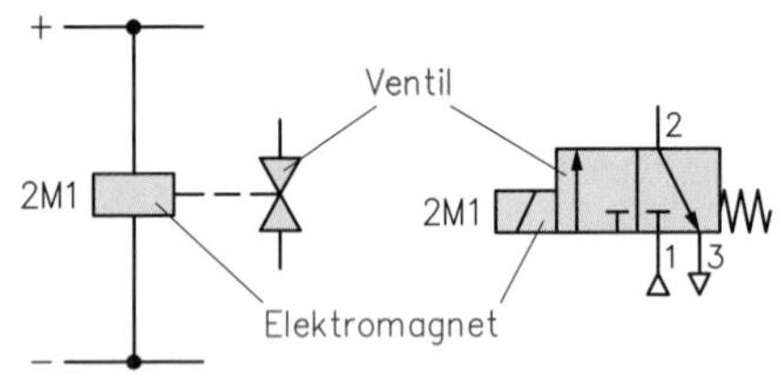

Symbole für Schaltpläne der Elektropneumatik

- **Vorsteuerung und Handhilfsbetätigung von Magnetventilen**

Wird an die Magnetspule eines Magnetventils ein elektrisches Signal angelegt, so entsteht ein Magnetfeld. In diesem Feld wird auf einen Stößel eine Magnetkraft ausgeübt. Die Magnetkraft öffnet das Ventil gegen eine Federkraft und gibt den Durchfluss für die Druckluft frei. Aus der erforderlichen Magnetkraft ergibt sich die Leistung der Magnetspule.

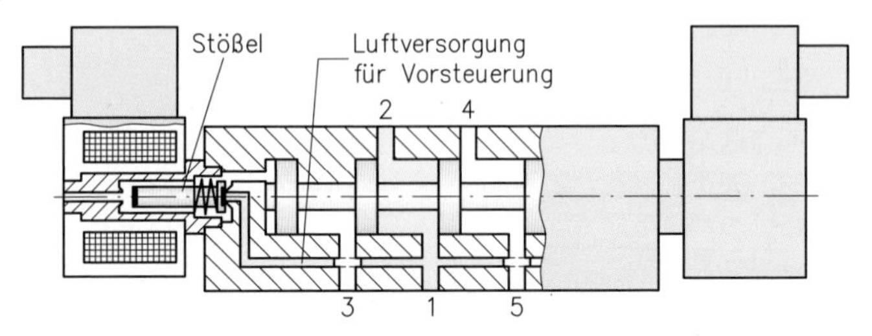

Magnetventil mit Vorsteuerung

Übungsaufgaben E-70; E-71

Das Bestreben nach niedrigen Leistungsdaten für Magnetspulen hat zum Vorsteuerprinzip bei diesen Ventilen geführt. So haben auch Ventile mit großen Nennweiten eine geringe Leistungsaufnahme. Es können beispielsweise Ventile mit 14 mm Nennweite und einem Normal-Nenndurchfluss von 4000 l/min mit Leistungen von unter 5 W geschaltet werden.

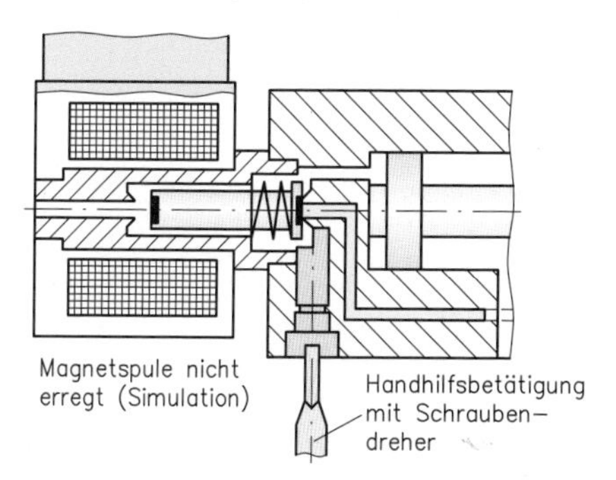

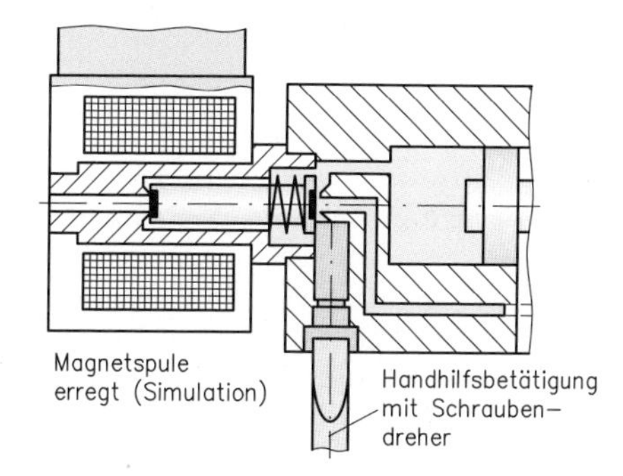

Magnetventil mit Handhilfsbetätigung

Auch bei Magnetventilen sind Handhilfsbetätigungen üblich. Die Handhilfsbetätigung dient zur Funktionskontrolle des Ventiles und zum Einrichten der Anlage.

LF 7

Die elektromagnetische Betätigung im Magnetventil stellt das Verbindungsglied zwischen dem Stromkreis und dem Druckluftkreis dar.
In dieser Schnittstelle findet die Signalumwandlung von der Elektrik zur Pneumatik statt, deswegen nennt man Magnetventile auch **EP-Wandler**.

5.1.2 Druckschalter

Müssen in elektropneumatischen Steuerungen pneumatische Signale in elektrische Signale umgewandelt werden, so benutzt man **pneumatische Druckschalter,** die auf einen elektrischen Mikroschalter wirken.
Steigt der Druck in der Steuerleitung des Druckschalters, so wird über eine Membrane ein kleiner Stößel gegen eine Federkraft betätigt. Bei genügend großem Betätigungsdruck schaltet dieser Stößel über einen Hebel den angebauten elektrischen Schalter.
Sinkt der Steuerdruck unter den eingestellten Wert, so drückt die Feder den Stößel mit dem Hebel zurück und das elektrische Signal wird umgeschaltet.
In dieser *Schnittstelle* findet die Signalumwandlung von der Pneumatik zur Elektrik statt. Aus diesem Grunde nennt man pneumatisch-elektrische Druckschalter auch **PE-Wandler**.

Je nach Kontaktanordnung ist der elektrische Schalter ein Öffner, Schließer oder Wechsler. Für die Auswahl der elektrischen Kenngrößen von Druckschaltern sind die Hinweise, die bei den Magnetventilen gemacht werden, zu beachten.

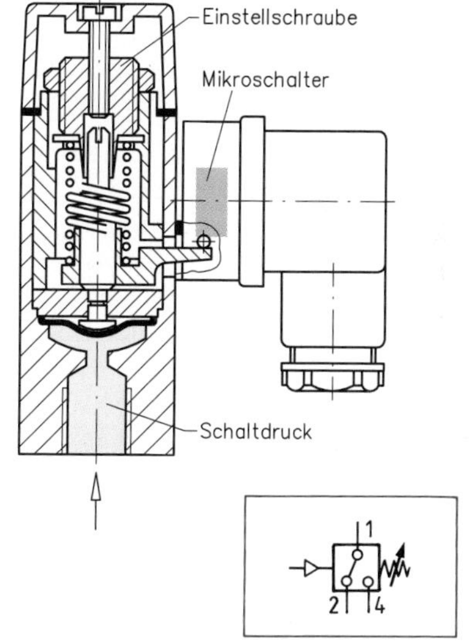

Druckschalter

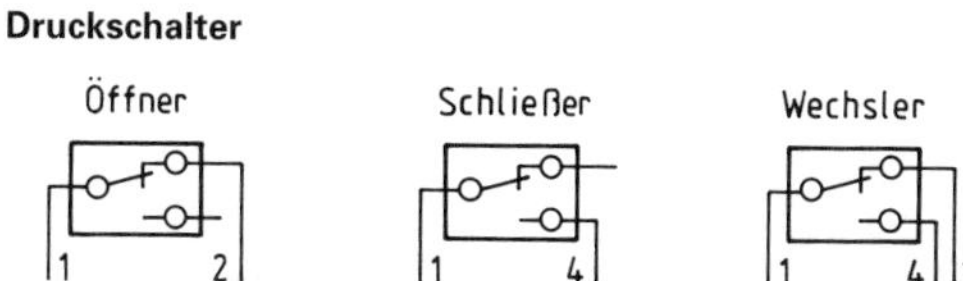

Mögliche Kontaktanordnungen eines Druckschalters

Der Druckschalter stellt ein Verbindungsglied zwischen dem Druckluftkreis und dem Stromkreis dar. Pneumatisch-elektrische Druckschalter sind PE-Wandler.

Übungsaufgaben E-72 bis E-75

5.1.3 Schutzbeschaltung

Beim Abschalten einer Magnetspule bricht das bestehende Magnetfeld schlagartig zusammen. Ein sich änderndes Magnetfeld erzeugt durch Induktion eine Spannung. Diese Induktionsspannung ist wegen des kurzen Abschaltaugenblickes besonders hoch. Es entstehen somit Gefahren für den Bediener, und der Verschleiß der Kontakte wird erheblich erhöht.

Beispiel für Schutzbeschaltung eines Magnetventiles

Die einfachste Schutzmaßnahme ist die Parallelschaltung eines Kondensators, auch **C-Glied** genannt, zum Schalter. Um zu vermeiden, dass sich die Kondensatorladung beim erneuten Einschalten voll über die Kontakte entlädt, ist ein Widerstand, auch **R-Glied** genannt, erforderlich. Dieser Widerstand wird in Reihe geschaltet und hält den Entladestrom klein. Die Kombination von Kondensator und Widerstand wird auch als **RC-Glied** bezeichnet.

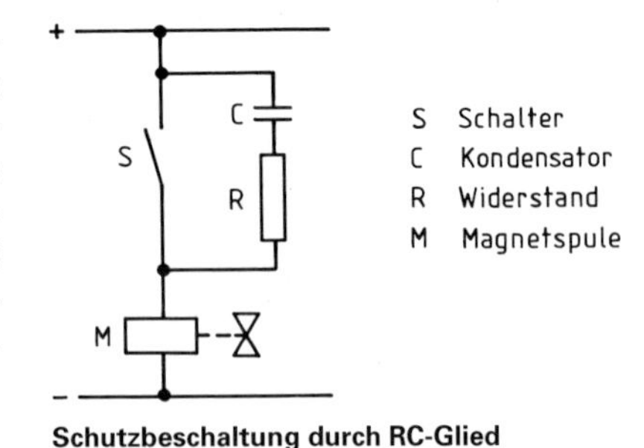

Schutzbeschaltung durch RC-Glied

5.1.4 Schutzarten

Magnetspulen sind elektrische Betriebsmittel, die wie alle elektrischen Betriebsmittel in Schutzarten eingeteilt werden. Dadurch werden dem Anwender die Einsatzmöglichkeiten und Einsatzgrenzen aufgezeigt. Die Norm DIN VDE 0470 umfasst unter anderem den Schutz für:

- **Personen,**
- **Betriebsmittel.**

Die Schutzarten werden durch ein Kurzzeichen angegeben, das sich aus den zwei stets gleich bleibenden Kennbuchstaben IP und zwei Kennziffern für den Schutzgrad zusammensetzt. Die **Kennbuchstaben IP** kommen von **I**nternational **P**rotection und weisen so auf übernationale Vereinbarungen im Bereich der Schutzarten hin.

Die *erste Kennziffer* zwischen **0** und **6** kennzeichnet die Schutzgrade gegen Berühren und gegen Eindringen von Fremdkörpern. Damit wird der Schutz von Personen gegen Berühren von Teilen, die unter Spannung stehen, oder von Teilen, die sich bewegen, beschrieben. Zusätzlich beschreibt man den Schutz des Betriebsmittels gegen das Eindringen von festen Fremdkörpern.

Die *zweite Kennziffer* zwischen **0** und **8** bezeichnet die Schutzgerade gegen das Eindringen von Wasser in das Betriebsmittel.

Schutzart IP ... nach DIN VDE 0470

erste Ziffer: Schutz gegen das Eindringen von festen Körpern		**zweite Ziffer:** Schutz gegen das Eindringen von Wasser	
0	nicht vorhanden	**0**	nicht vorhanden
1	größer 30 mm Durchmesser	**1**	Tropfwasser senkrecht
2	größer 12 mm Durchmesser	**2**	Tropfwasser 15° schräg
3	größer 2,5 mm Durchmesser	**3**	Sprühwasser 60° schräg
4	größer 1 mm Durchmesser	**4**	Spritzwasser von überall
5	gegen Staubablagerungen	**5**	Strahlwasser von überall
6	absolut staubdicht	**6**	starkes Strahlwasser
	–	**7**	kurzzeitiges Druckwasser
	–	**8**	dauerndes Druckwasser

Beispiel für Schutzart an Magnetventilen

IP 65 in nassen Räumen verwendbar, geschützt gegen Strahlwasser aus allen Richtungen, absolut staubdicht (**übliche Schutzart für Magnetventile**)

Übungsaufgaben E-76 bis E-78

5.1.5 Auswahlkriterien für Magnetventile

Bei dem Einsatz von Magnetventilen muss man pneumatische und elektrische Gesichtspunkte beachten. Der Leistungsteil der Anlage bestimmt die Auswahlkriterien für die Wegeventile in Bezug auf Bauart und Nennweite. Die Auswahlkriterien für die elektrischen Elemente werden wesentlich vom Einsatzbereich her festgelegt. Neben den Schutzarten sind noch weitere Gesichtspunkte zu beachten.

Kriterien	Beschreibung	Hinweise
Einschaltdauer	Die Zeit, die ein Gerät eingeschaltet ist, bezeichnet man als Einschaltdauer. Die heute übliche Einschaltdauer beträgt 100 % und wird mit **ED 100 %** angegeben. Dies bedeutet, das Gerät darf dauernd eingeschaltet sein.	Umgebungstemperatur für Magnetventile nach Europa-Norm bei ED 100 % beträgt max. 50 °C
Stromart	Magnetventile gibt es sowohl für Gleichstrom als auch für Wechselstrom.	Anlagen über 24 V dürfen nur von autorisiertem Fachpersonal montiert werden VDO 0113
Spannung	Übliche Spannungen sind 24 V Gleich- oder Wechselspannung bzw. 230 V Wechselspannung.	
Frequenz	Die übliche Frequenz beträgt 50 Hz, in Sonderfällen auch 60 Hz.	
Explosionsgefahr	Für besonders explosionsgefährdete Räume gibt man nach VDE den Schutz durch die Buchstaben Eex, Kurzzeichen der verwendeten Zündschutzart, Betriebsmittelgruppe und Temperaturklasse an.	DIN VDE 0165

5.1.6 Grenztaster

Mit Grenztastern werden Hubkolben, Werkzeugschlitten und andere Maschinenteile beim Erreichen von Endlagen ein- bzw. ausgeschaltet. Dabei ist das genaue Einhalten der Position auch nach mehrmaligem Schalten sehr wichtig. In der Elektropneumatik stehen neben Grenzschaltern auch berührungslose Grenztaster zur Verfügung, die nach verschiedenen physikalischen Prinzipien arbeiten. In der Übersicht sind die im Handel erhältlichen Grenztaster aufgeführt.

Name des Grenztasters und Art des Kontaktes	Erklärung der Funktion	Schaltzeichen
Magnet-Grenztaster mit Reedkontakt magnetisch geschaltet	Ein Permanentmagnet fährt mit der Hubbewegung über die Kontakte und öffnet bzw. schließt so den Stromkreis berührungslos über das Magnetfeld. Vorteilhaft ist, dass der Schaltmagnet in den Zylinder selbst eingebaut werden kann.	+ –
Fotoelektronische Grenztaster geschaltet über Lichtschranke	Bei fotoelektronischen Grenztastern ist der Stromkreis über eine Lichtschranke zwischen Sender und Empfänger geschlossen. Fährt der Hubkolben in seine Endlage, wird die Lichtschranke durchfahren und der Stromkreis ist unterbrochen.	+ –
Näherungsschalter als Grenztaster induktiv geschaltet	Beim induktiven Näherungsschalter wird durch den Metallstößel des Hubkolbens ein elektromagnetisches Wechselstromfeld gestört und so der Schaltvorgang ausgelöst.	+ –
kapazitiv geschaltet	Beim kapazitiven Näherungsschalter wird durch die Hubbewegung die elektrische Kapazität von Kondensatoren gestört und dadurch ein Schaltvorgang ausgelöst. Kapazitive Näherungsschalter können durch jeden beliebigen Werkstoff geschaltet werden.	+ –

Übungsaufgaben E-79 bis E-81

5.1.7 Schütz und Relais

Schütze und Relais sind Tastschalter, die durch Fernbetätigung elektromagnetisch schalten.
Wird z. B. eine Schützspule erregt, d.h. eingeschaltet, so wird der Anker mit den Kontakten in die Spule gezogen und die Kontakte werden geschaltet. Schütze und Relais schalten in der Regel mehrere Kontakte gleichzeitig. Der Unterschied zwischen Schütz und Relais liegt in der Schaltleistung.

- Schütze haben eine Schaltleistung von 1 bis 500 kW.
- Relais liegen mit der Schaltleistung wesentlich darunter – wenige mW bis 1 kW.

Zeitrelais schalten zeitverzögert. Ein ansprechverzögertes Zeitrelais schaltet verzögert ein, während ein rückfallverzögertes Zeitrelais verzögert ausschaltet.

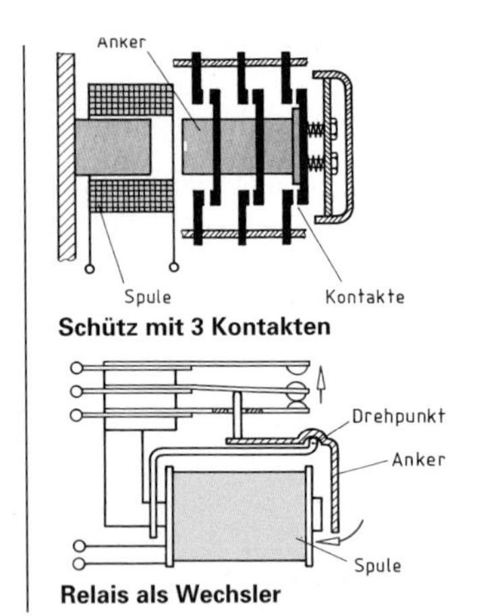

Schütz mit 3 Kontakten

Relais als Wechsler

Schütz und Relais sind Schaltglieder, in denen durch die Magnetkräfte des Steuerstromes Kontakte im Laststromkreis betätigt werden.

5.1.8 Anschlusskennzeichen an Relais

Anschlüsse an Relais und Schütze werden durch zweistellige Zahlen- bzw. Buchstabenkombinationen gekennzeichnet. Die Plusseite der Spule wird mit A1 und die Minusseite mit A2 gekennzeichnet. Für die Kontakte gilt Folgendes: Die erste Ziffer kennzeichnet die Kontaktbahn, die zweite Ziffer kennzeichnet die Schalterart. Dabei steht 1–2 für Öffnerkontakte und 3–4 für Schließerkontakte.

Beispiel für Anschlusskennzeichen am Relais

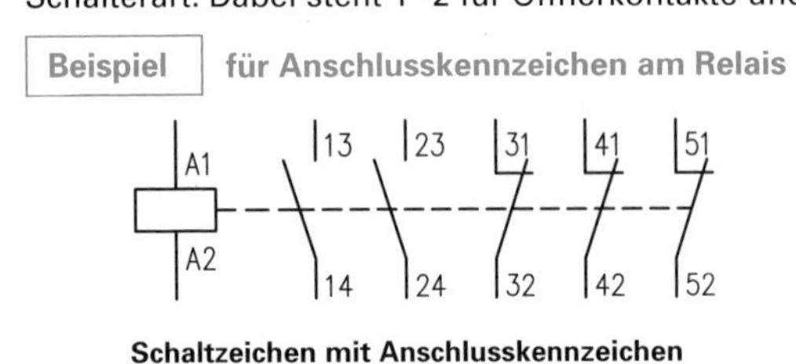

Schaltzeichen mit Anschlusskennzeichen

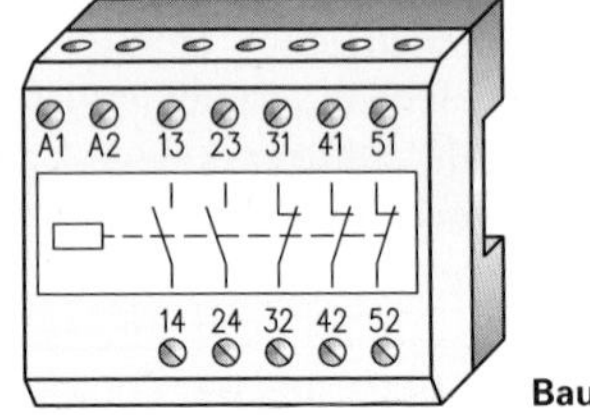

Bauteil

5.1.9 Schaltzeichen für elektrische Bauteile

Schaltzeichen für wichtige elektrische Bauteile in elektropneumatischen Anlagen (Beispiele)

elektrisches Bauteil (Funktion)	Erklärung	Schaltzeichen nach DIN EN 60617
Grenztaster (Wechsler)	Die Betätigung erfolgt über Kolbenhub mechanisch durch eine Rolle.	
Zeitrelais (Schließer)	Nach Betätigung erfolgt der Schaltvorgang mit einstellbarer Verzögerung – hier Ansprechverzögerung.	
Zeitrelais (Öffner)	Nach Betätigung erfolgt der Schaltvorgang mit verstellbarer Verzögerung – hier Rückfallverzögerung.	
Schütz bzw. Relais (2 Schließer, 1 Öffner)	Die Betätigung mehrerer Schalter erfolgt elektromagnetisch, Fernbedienung und unterschiedliche Kombination von Schaltern sind möglich.	
Elektromagnet (Ansprechverzögerung)	Nach Betätigung erfolgt der Schaltvorgang erst nach einer bestimmten einstellbaren Zeit. Über einen Widerstand und einen Kondensator wird die Schaltspannung zeitverzögert erreicht.	
Elektromagnet (Rückfallverzögerung)	Wird das Eingangssignal gelöscht, d.h. ausgeschaltet, bleibt für eine einstellbare Zeit der Elektromagnet angezogen bzw. eingeschaltet.	

5.2 Elektropneumatische Steuerungen

5.2.1 Pneumatikschaltplan und Stromlaufplan

In der Industrie hat sich zunehmend eine Verknüpfung von Pneumatik und Elektrik durchgesetzt. Dabei übernimmt die Elektrik die Signalgebung und Signalweiterleitung – **Signalfluss** –, während die Pneumatik die Druckluft als Energie für Maschinen und Vorrichtungen bereitstellt – **Energiefluss** –. In der zeichnerischen Darstellung elektropneumatischer Anlagen werden der Signalfluss durch Stromlaufpläne und der Energiefluss durch Pneumatikschaltpläne getrennt dargestellt.

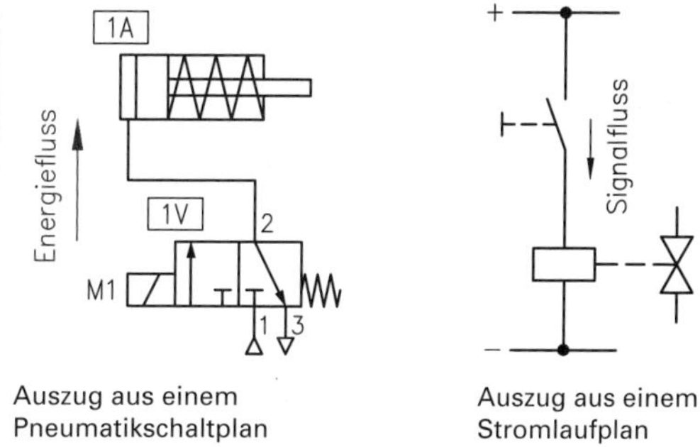

Auszug aus einem Pneumatikschaltplan

Auszug aus einem Stromlaufplan

Schaltpläne in der Elektropneumatik

Der Stromfluss wird im **Stromlaufplan** von oben (+) nach unten (–) angenommen. Die Bauteile sind durch genormte Schaltzeichen dargestellt und in der Reihenfolge des Stromdurchganges angeordnet. Die tatsächliche Lage der Bauteile in der Anlage oder in der Maschine ist aus dem Stromlaufplan nicht ersichtlich.

LF 7

> In der Elektropneumatik werden pneumatisch angetriebene Systeme durch elektrische Signale gesteuert. Als Schaltpläne dienen der Pneumatikschaltplan und der Stromlaufplan.

- **Kennzeichnung der Betriebsmittel**

Weil in der Elektropneumatik verschiedene Technologien ineinander greifen, hat man aus jedem Teilgebiet die entsprechenden Normen zu beachten. Für die Darstellung des pneumatischen Teils ist vor allem die Norm DIN ISO 1219 anzuwenden, während für die Kennzeichnung elektrischer Betriebsmittel auch im Pneumatikschaltplan die DIN EN 61346-2 berücksichtigt werden muss. Die Kennzeichnung der Betriebsmittel muss im Pneumatikschaltplan und im Stromlaufplan einheitlich sein.
Im Pneumatikschaltplan werden die Arbeitselemente mit den zugehörigen Stellgliedern dargestellt. Die lagemäßige Zuordnung der Sensoren zu den Arbeitselementen wird hier ebenfalls erfasst. Durch entsprechende Betätigungssymbole kennzeichnet man die elektromagnetische Betätigung der Stellglieder.

Kennbuchstabe	Art des Betriebsmittels (Beispiele)
B	Sensoren allgemein, Positionsschalter, Näherungsschalter usw.
F	Sicherungen, Schutzeinrichtungen, Druckwächter
H	Signalhorn, Lichthupe
K	Relais
Q	Schütz (für Last)
M	Antriebe (Stellantrieb, Betätigungsspule, Elektromotor, Linearmotor)
R	Widerstand
S	Signalgeber manuell, Tastschalter, Wahlschalter usw.
A	Zylinder
A+	ausfahrende Zylinder
A–	einfahrende Zylinder

- **Schaltgliedertabelle**

Weil in umfangreichen Steuerungen ein Schütz mehrere Schließer und Öffner in verschiedenen Strompfaden betätigt, erleichtert eine **Schaltgliedertabelle** die Übersicht. Schaltgliedertabellen zeichnet man unterhalb des Strompfades, in dem das entsprechende Schütz ist. Vereinbarungsgemäß stehen unter dem Buchstaben S die Pfadnummern, in denen sich Schließer befinden, und unter dem Buchstaben Ö die Pfadnummern mit Öffner.

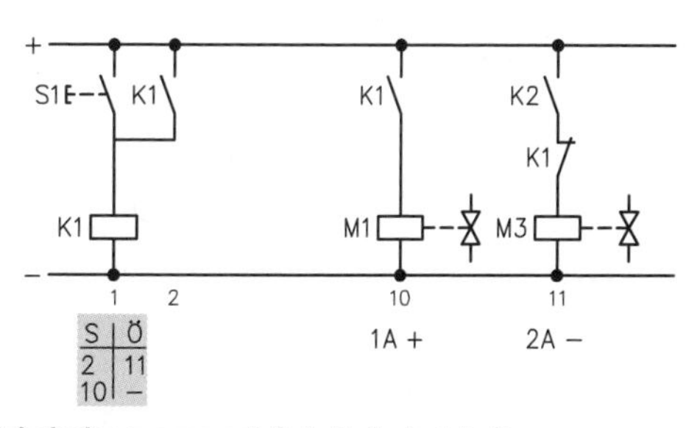

Schaltplanauszug mit Schaltgliedertabelle

> Die Schaltgliedertabelle gibt darüber Aufschluss, in welchen Strompfaden sich Schließer bzw. Öffner des über der Tabelle gezeichneten Schützes befinden.

Übungsaufgaben E-84; E-85

5.2.2 Reihen- und Parallelschaltung

Für die Ansteuerung von Ventilen können unterschiedliche Bedingungen gefordert sein. Einmal kann es nötig sein, ein Ventil von verschiedenen Stellen aus zu schalten; es kann aber auch erforderlich sein, dass erst mehrere Schalter bedient werden müssen, um ein Ventil zu betätigen. Im Hinblick auf die Ansteuerung unterscheidet man zwei Arten von Schaltungen.

Die **Reihenschaltung** ist eine **UND**-Schaltung. Ein Spannzylinder soll beispielsweise erst spannen, wenn das Werkstück eingelegt worden ist und die Schutzvorrichtung geschlossen wurde. Erst wenn **beide Bedingungen** erfüllt sind, darf das Magnetventil für den Spannzylinder betätigt werden. Schalter S1 und Schalter S2 sind also in Reihe geschaltet. In umfangreichen Schaltplänen wird die Darstellung durch Logikzeichen bevorzugt.

Die **Parallelschaltung** ist eine **ODER**-Schaltung. Mit einer solchen Schaltung kann man z.B. ein Ventil von verschiedenen Stellen aus schalten. **Entweder** wird der Stromkreis für die Ventilbetätigung über den Schalter S1 **oder** den Schalter S2 geschlossen. Die Schalter sind also parallel angeordnet.

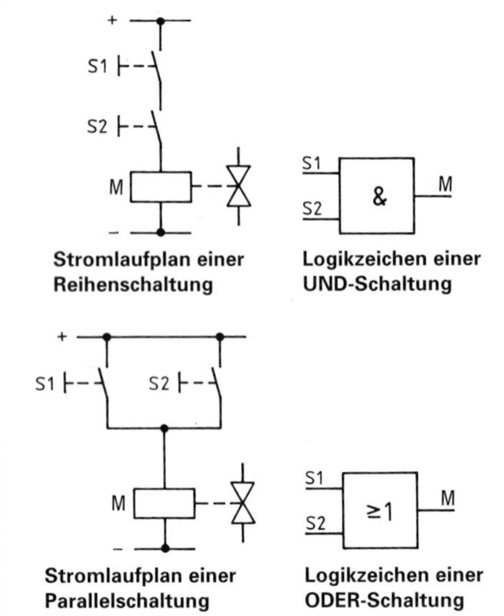

Stromlaufplan einer Reihenschaltung | **Logikzeichen einer UND-Schaltung**

Stromlaufplan einer Parallelschaltung | **Logikzeichen einer ODER-Schaltung**

Elektropneumatische Ventile können angesteuert werden durch:
- Reihenschaltung (UND-Schaltung),
- Parallelschaltung (ODER-Schaltung).

5.2.3 Ansteuerung von Wegeventilen

- **Ventil mit Speicherverhalten durch Permanentmagnete**

Ist z. B. ein 5/2-Wegeventil von beiden Seiten ansteuerbar, so bleibt die geschaltete Stellung erhalten, bis das Gegensignal erfolgt, denn in den Endlagen des Ventils sind Permanentmagnete eingebaut, die die jeweilige Lage der Ventilstellung sichern. Wird das Ventil beispielsweise zum Ansteuern eines Spannzylinders eingesetzt, so bleibt das Werkstück nach dem Spannvorgang so lange gespannt, bis der elektrische Taster zum Lösen betätigt wird.
Vorgesteuerte 5/2-Wegeventile lassen sich mit geringer elektrischer Energie schalten.

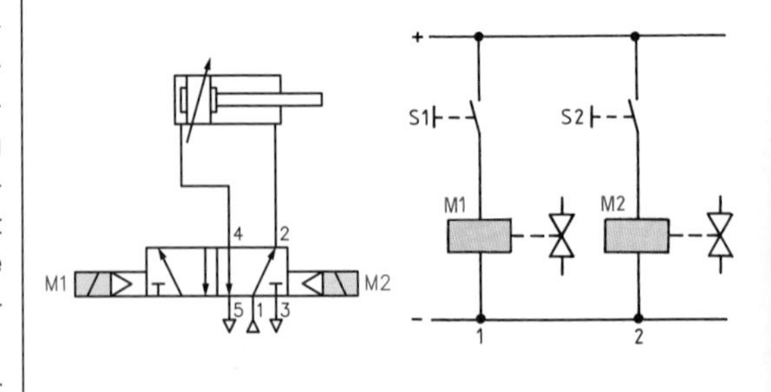

Pneumatikschaltplan **Stromlaufplan**

Impulssignale bewirken in elektropneumatischen Wegeventilen mit Speicherverhalten eine andauernde Umschaltung des Ventiles.

- **Ventil mit Speicherverhalten durch Selbsthaltung im Relais**

Schütze und Relais sind fernbetätigte elektromagnetische Schalter, die als Schließer, Öffner oder Wechsler entsprechend der Gesamtaufgabe ausgebildet sind.
Die Ansteuerung eines Wegeventiles mithilfe eines Relais erlaubt eine Daueransteuerung des Ventiles, obwohl das Signalglied nur angetippt zu werden braucht (Taster).

 Übungsaufgaben E-86; E-87

Ein solches Speicherverhalten in der Steuerung kann man durch eine besondere elektrische Schaltung erreichen.
Von dem Relais wird eine Kontaktbahn genutzt, damit das Relais eingeschaltet bleibt. Man spricht von Selbsthaltung. Erst wenn über einen zusätzlichen Schalter der Steuerkreis unterbrochen wird, kann die Selbsthaltung des Relais aufgehoben werden.

Beispiel für ein schützgesteuertes Ventil mit Selbsthaltung im Relais

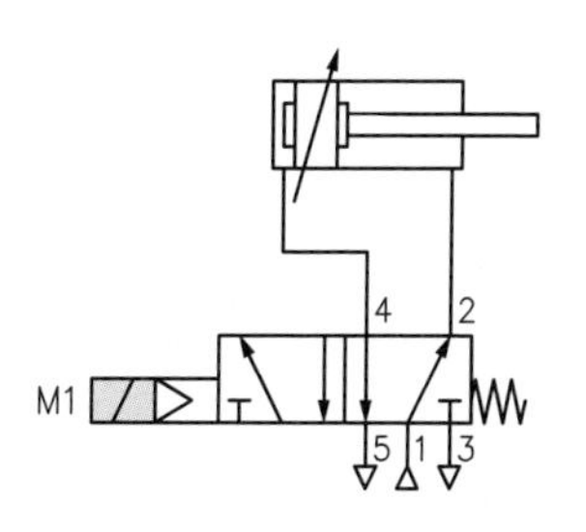

Pneumatikschaltplan

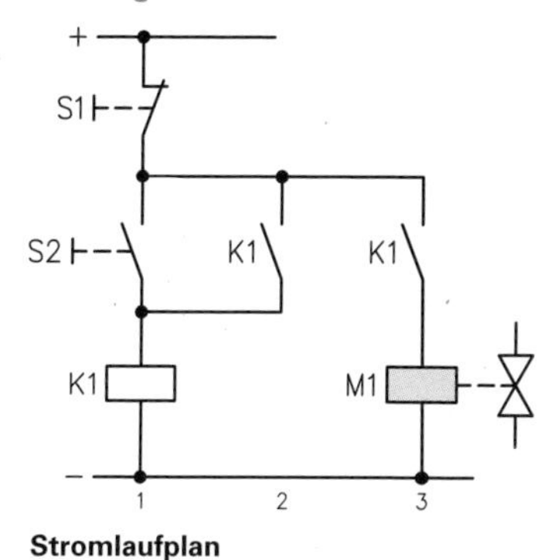

Stromlaufplan

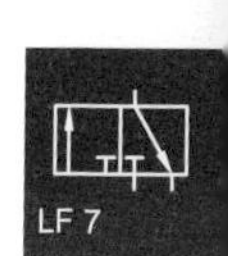

Funktionsbeschreibung
Durch die Betätigung des Schließers S2 wird das Schütz an den Stromkreis geschlossen und schaltet seinerseits elektromagnetisch gleichzeitig zwei Schließer des Schützes K1 in den Strompfaden 2 und 3. Wird S2 durch Loslassen des Tasters wieder geöffnet, so bleibt das Schütz jedoch über K1 im Strompfad 2 an den Stromkreis angeschlossen. Das Schütz K1 fällt also nicht ab, sondern hält sich selbst **(Selbsthaltung eines Schützes)**.
Der geschlossene Kontakt K1 im Strompfad 3 bewirkt die elektromagnetische Betätigung des 5/2-Wegeventiles. Das Ventil schaltet durch und die Kolbenstange fährt aus. Die Selbsthaltung des Schützes hat zur Folge, dass die Kolbenstange ausgefahren bleibt. Wird der Taster S1 betätigt, so ist der gesamte Stromkreis unterbrochen. Das Schütz fällt ab und seine Kontakte K1 öffnen sich. Dadurch wird die Magnetspule M1 stromlos und das Ventil stellt sich durch die Feder in die Ausgangsstellung zurück. Der Weg von 1 nach 2 im Ventil öffnet sich und die Kolbenstange fährt ein.

Impulssignale lassen sich mithilfe von Schützschaltungen in Dauersignale umwandeln. Wegeventile werden dadurch so lange angesteuert, bis die Spannung abgeschaltet wird.

5.2.4 Wegabhängige Steuerungen

In wegabhängigen Steuerungen werden die Bauelemente in Abhängigkeit vom zurückgelegten Kolbenweg geschaltet. Mit Grenztastern und Schützsteuerungen lassen sich solche Schaltungen elektropneumatisch einfach verwirklichen. Grenztaster können Sensoren oder Endschalter sein.

Beispiel für eine wegabhängige Steuerung

Aufgabenstellung
Ein doppelt wirkender Zylinder soll aus einem Magazin Bauteile zur weiteren Bearbeitung bereitstellen. Ist das Bauteil verschoben, so soll die ausgefahrene Kolbenstange einen Grenztaster betätigen, der das Einfahren bewirkt.

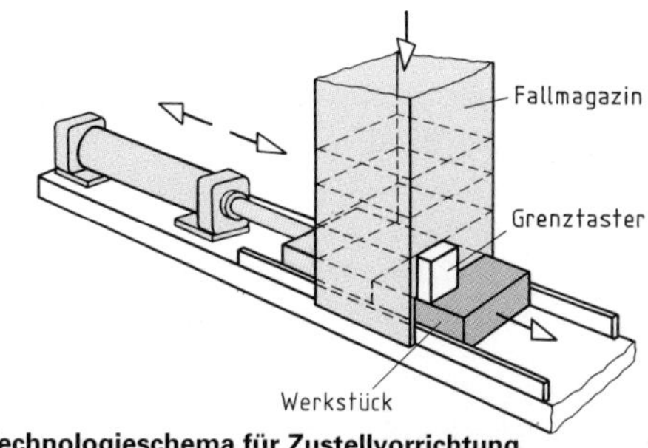

Technologieschema für Zustellvorrichtung

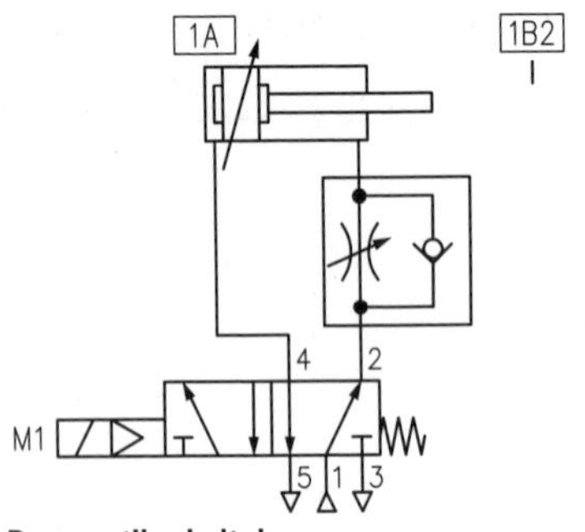

Pneumatikschaltplan

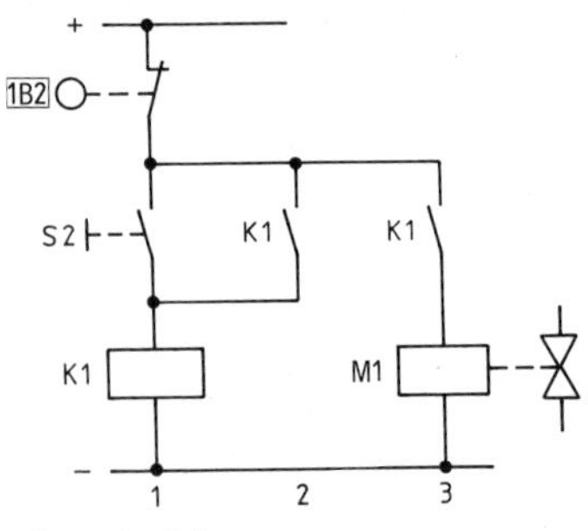

Stromlaufplan

Funktionsbeschreibung
Einschalttaster S2 gibt Strom auf Schütz K1; daraus folgt Selbsthaltung von K1 und Spannung auf Magnetspule M1. Die Kolbenstange fährt aus und betätigt in der Endlage Taster 1B2. Schütz K1 und dadurch Spule M1 werden spannungsfrei, das Ventil schaltet in die Ausgangsstellung, die Kolbenstange fährt ein.

Wegabhängige Steuerungen verwirklicht man in der Elektropneumatik vor allem über Grenztaster (Sensoren, Endschalter) mit Schützsteuerungen.

5.2.5 Weg- und zeitabhängige Steuerungen

Zeitabhängige Steuerungen können in der Elektropneumatik mit Hilfe von Zeitrelais verwirklicht werden. Im Zeitrelais wird über einen verstellbaren Widerstand ein Kondensator aufgeladen. Erst wenn der Kondensator aufgeladen ist, erfolgt der Schaltkontakt.
In einer Klebevorrichtung soll beispielsweise der Spannvorgang für eine bestimmte Zeit aufrechterhalten werden.

Beispiel für eine weg- und zeitabhängige Steuerung

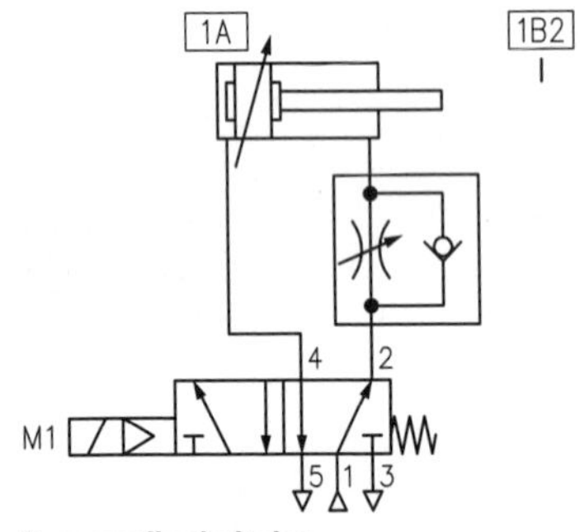

Pneumatikschaltplan

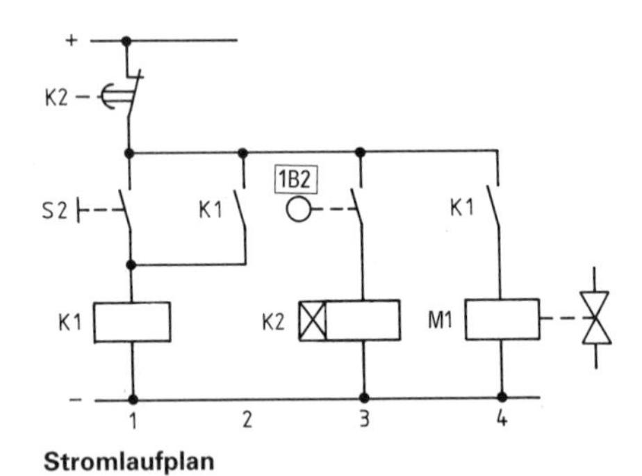

Stromlaufplan

Funktionsbeschreibung
Nach Betätigung von Taster S2 schaltet das Schütz die Kontakte K1 in den Strompfaden 2 und 4 und schließt den Stromkreis. Das Schütz K1 hält sich selbst. Das Ventil wird betätigt, und die Kolbenstange des Zylinders fährt aus. In der Endlage der Kolbenstange betätigt diese den Grenztaster 1B2, wodurch für das Schütz K2 der Stromkreis geschlossen wird. Dieses Schütz schaltet jedoch ansprechverzögert. Der Spannvorgang bleibt aufrechterhalten. Nach der eingestellten Zeitspanne öffnet Schütz K2 den Kontakt K2 im Strompfad 1. Alle Schütze in der Anlage werden stromlos, und die Magnetspule M1 ist spannungsfrei. Die Feder schaltet das Ventil zurück, die Kolbenstange fährt ein.

Zeitabhängige Steuerungen verwirklicht man in der Elektropneumatik vor allem über Zeitrelais, die Signale ansprech- oder rückfallverzögert weitergeben.

Übungsaufgaben E-89; E-90

6 Hydraulik

6.1 Leistungsumwandlung und Leistungsübertragung in der Hydraulik

Die Hydraulik ist ein sowohl ein Teilgebiet der Antriebstechnik als auch der Steuerungstechnik. In der Antriebstechnik werden Kräfte und Wege in gewünschter Weise an den dafür vorgesehenen Funktionseinheiten einer Maschine wirksam.

Hydraulische Maschinenantriebe sind in erster Linie Funktionseinheiten für die Leistungsumwandlung und Leistungsübertragung.

In der Zerspanungstechnik werden hydraulische Funktionseinheiten zum Spannen und Handhaben von Werkstücken eingesetzt.

Beispiel für eine hydraulische Spannvorrichtung für ein Bearbeitungszentrum

In der Spannvorrichtung können vier Hebel gleichzeitig gespannt und nacheinander an den Augen und Bohrungen bearbeitet werden. Im vorliegenden Foto ist zur Verdeutlichung nur ein Hebel aufgelegt.
Zur Nutzung der hydraulischen Spannvorrichtung sind zusätzlich eine Hydraulikpumpe und eine Steuerung zur Übertragung der hydraulischen Leistung notwendig.

Die Leistungsumwandlung und Übertragung bei hydraulischen Antrieben erfolgt in drei Teilsystemen.

- Von außen wird der Maschine oder Anlage Leistung zugeführt. Diese Leistung wird z. B. über die Koppelung von Elektromotor und Hydraulikpumpe in hydraulische Leistung umgewandelt.
- Über Leitungen und Ventile überträgt man diese hydraulische Leistung in die Hydraulikzylinder und Rotationsmotoren.
- In den Zylindern und Rotationsmotoren wird die hydraulische Leistung in die gewünschte mechanische Leistung der Maschine oder Anlage umgewandelt.

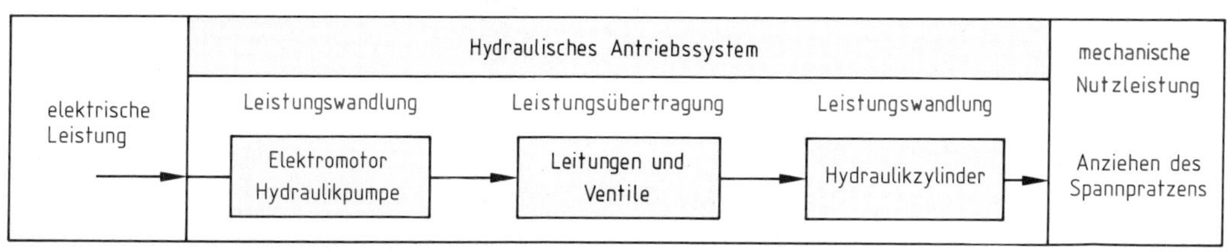

Hydraulisches Antriebssystem in einem hydraulischen Spannsystem

Fluidtechnische Systeme eignen sich besonders dafür, elektrische Signale aufzunehmen und so zu verarbeiten, dass die mechanische Leistung der Maschine in gewünschter Weise erreicht wird. Diese Signalverarbeitung wird mithilfe der Steuerungstechnik durchgeführt.

Übungsaufgaben E-91; E-92

6.2 Physikalische Grundlagen

6.2.1 Druck

Wird der geförderten Flüssigkeit in einer Hydraulikanlage kein Widerstand entgegengebracht, so arbeitet die Pumpe fast drucklos. In der Anlage entsteht nur dann ein Druck, wenn der geförderten Flüssigkeit ein Widerstand entgegengesetzt wird. Der Druck steigt so lange an, bis der Widerstand überwunden ist.
Druck p ist das Verhältnis der Kraft F zur Kolbenfläche A.

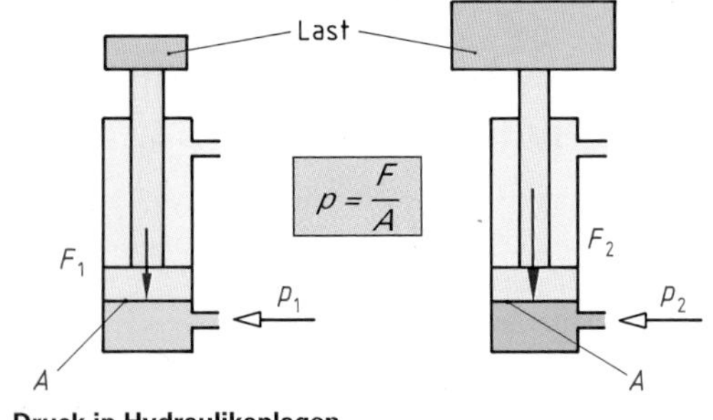

Druck in Hydraulikanlagen

In einer Hydraulikanlage entsteht ein Flüssigkeitsdruck dadurch, dass der geförderten Flüssigkeit ein Widerstand entgegengesetzt wird.

6.2.2 Volumenstrom

In einer Hydraulikanlage fördert die Pumpe die Flüssigkeit aus einem Vorratsbehälter in die Druckleitung der Anlage. Das durchfließende Volumen V errechnet man aus dem gefüllten Querschnitt A der Druckleitung und dem Weg s, den die Flüssigkeit in der Leitung zurücklegt.
Das Volumen, das in einer bestimmten Zeit t durch einen Querschnitt A fließt, bezeichnet man als den Volumenstrom q_V. Der Volumenstrom wird meist in Liter pro Minute angegeben.

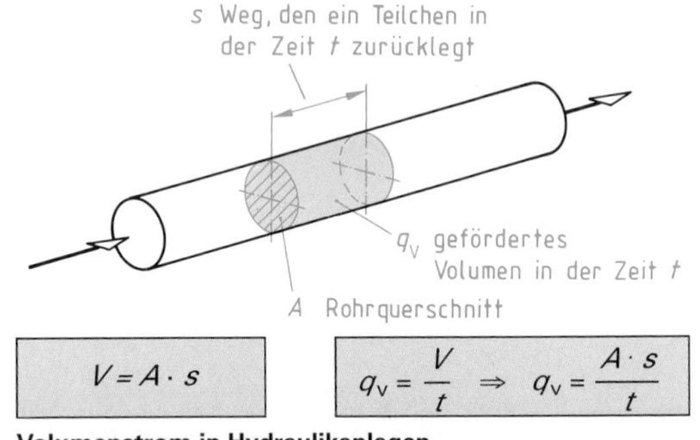

Volumenstrom in Hydraulikanlagen

Der Volumenstrom ist das Volumen der Druckflüssigkeit, das je Zeiteinheit durch einen Leitungsquerschnitt fließt.

6.2.3 Durchflussgesetz

Die Flüssigkeit in einer Hydraulikanlage durchströmt Rohre und Ventile mit unterschiedlichen Querschnitten. In gleichen Zeitabständen müssen gleiche Volumenströme durch diese unterschiedlichen Querschnitte der Anlage fließen. Daher muss der Volumenstrom vor einer Engstelle, in einer Engstelle und danach gleich groß sein. Der Volumenstrom passt sich durch unterschiedliche Strömungsgeschwindigkeiten den Querschnitten an. Je kleiner der Querschnitt ist, desto größer ist die Strömungsgeschwindigkeit.

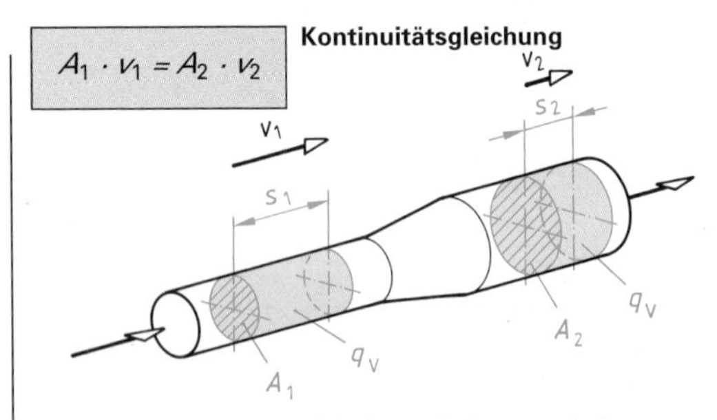

Volumenstrom an verschiedenen Rohrquerschnitten

In hydraulischen Leitungen und Ventilen ist der Volumenstrom unabhängig vom Querschnitt an allen Stellen gleich groß. Die Strömungsgeschwindigkeit ist in kleineren Querschnitten höher als in größeren Querschnitten.

6.2.4 Hydraulische Leistung

Bei der mechanischen Leistung P wird eine Last F in einer bestimmten Zeit t um eine Strecke s angehoben. Diese mechanische Leistung wird in einem Hydrauliksystem von der Hydraulikpumpe aufgebracht. Die Leistung im Hydraulikkreislauf wird von dem vorhandenen Druck p und dem Volumenstrom q_V bestimmt.

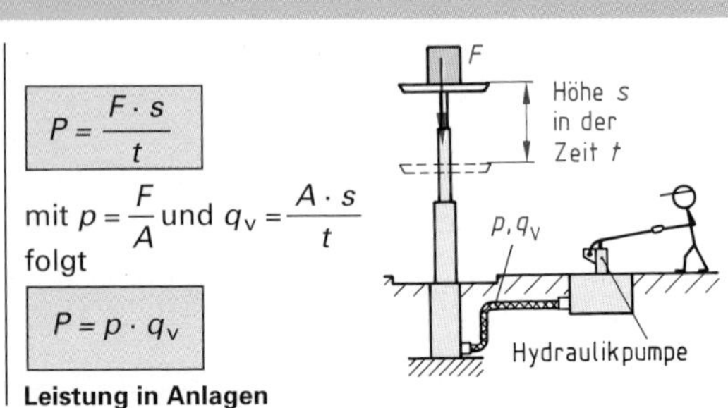

Leistung in Anlagen

Übungsaufgaben E-93 bis E-97

6.3 Aufbau und Wirkungsweise einer Hydraulikanlage

6.3.1 Aufbau einer Hydraulikanlage

An einem einfachen Hydraulikantrieb sollen grundlegende Bauelemente einer hydraulischen Anlage dargestellt werden. Der Hydraulikantrieb ist als schematischer Halbschnitt und als Schaltplan nach DIN ISO 1219 gezeichnet.

Beispiel für Hydraulikantrieb

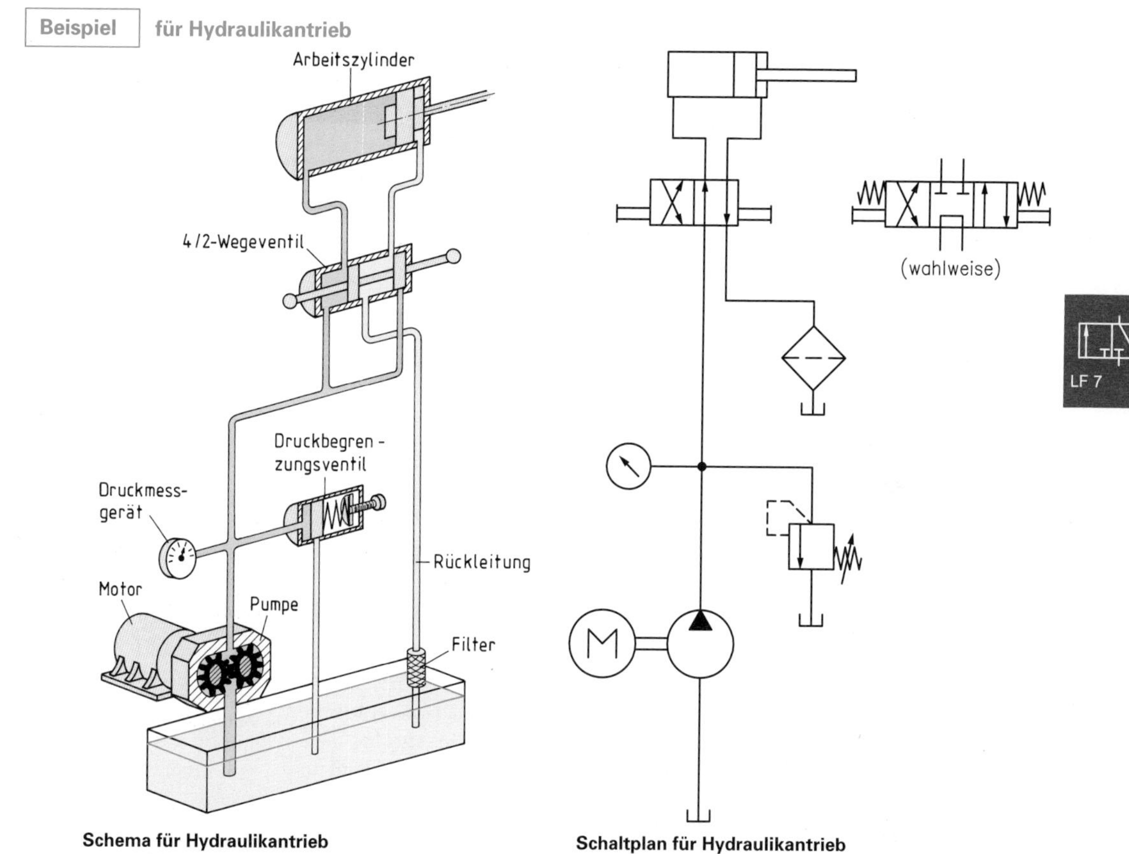

Schema für Hydraulikantrieb **Schaltplan für Hydraulikantrieb**

LF 7

Funktionsbeschreibung

Die Hydraulikpumpe wird von einem Elektromotor angetrieben. Sie saugt aus einem Behälter die Betriebsflüssigkeit an und fördert sie durch Leitungen über ein 4/2-Wegeventil zum Hydraulik-Linearmotor (Zylinder). In der dargestellten Schaltstellung ist die Kolbenstange des Zylinders ausgefahren. Man sagt auch: „Der Zylinder hat die Bewegungsrichtung Ausfahren".

Nach dem Umschalten des Wegeventiles fährt die Kolbenstange des Zylinders ein. Man sagt: „Der Zylinder hat die Bewegungsrichtung Einfahren".

Wenn der Zylinder ohne Last fährt, baut sich erst in den jeweiligen Endlagen der Kolbenstange ein Druck auf. Dieser Druck nimmt dann den Maximaldruck an, den man am Druckbegrenzungsventil eingestellt hat. Die Pumpe fördert den gesamten Volumenstrom gegen den Maximaldruck über das Druckbegrenzungsventil in den Behälter.

Die zugeführte Leistung setzt sich dabei in Wärme um. Um solche Verluste zu vermeiden, wird oft ein 4/3-Wegeventil gewählt, das bei Mittelstellung einen freien Umlauf des Volumenstromes ermöglicht. Ein Filter im Rücklauf hält die Verschmutzung der Hydraulikflüssigkeit weitgehend zurück.

Die Pläne für Hydraulik- und Pneumatikanlagen werden nach ISO 1219 gezeichnet. Hydraulikanlagen sind geschlossene Kreisläufe, während Pneumatikanlagen offene Systeme darstellen. Die Hydraulik wird wegen ihrer hohen Leistungsdichte vor allem in der Antriebstechnik eingesetzt.

Übungsaufgaben E-98; E-99

6.3.2 Vergleich zwischen Pneumatik- und Hydraulikanlagen

Hydraulische Anlagen sind ähnlich wie pneumatische Anlagen aufgebaut. Man muss jedoch beachten, dass bei der Hydraulik nur mit geschlossenen Kreisläufen gearbeitet werden kann, weil die Flüssigkeit wieder in den Vorratsbehälter zurückgeführt werden muss.
Ein weiterer Unterschied liegt darin, dass in der Hydraulik wesentlich höhere Drücke und damit auch höhere Leistungen genutzt werden als in der Pneumatik.
Die Bildzeichen in der Hydraulik entsprechen weitgehend denen in der Pneumatik. In beiden Fluid-Technologien gilt die Norm DIN ISO 1219. Das Zeichen für die Art des Druckmittels wird anders dargestellt. Die Druckluft wird durch ein offenes Dreieck (△) symbolisiert. Für Flüssigkeiten gilt ein ausgefüllte Dreieck (▲).
Die Pläne für hydraulische Anlagen enthalten außerdem Bildzeichen für Bauteile, die in pneumatischen Anlagen nicht vorkommen. Solche Bauteile sind z.B. Behälter, Rückleitungen und Leckleitungen.

Beispiel für die Ähnlichkeit von pneumatischen und hydraulischen Schaltplänen

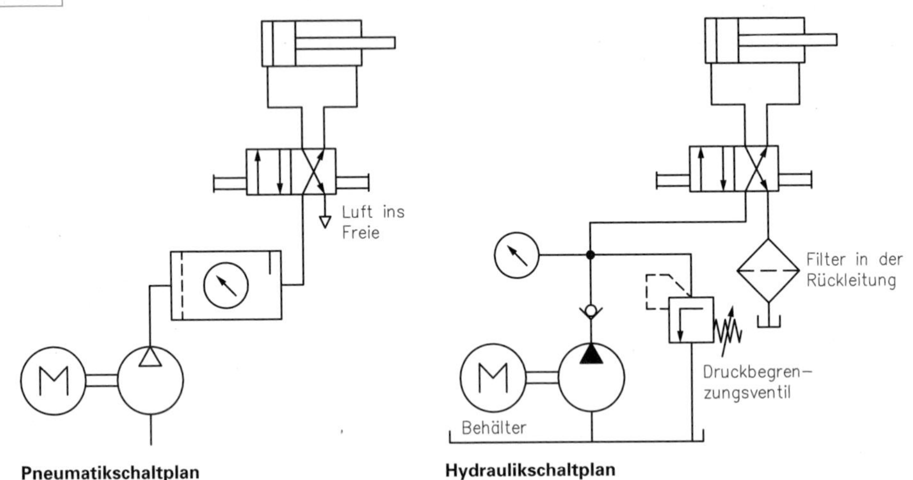

Pneumatikschaltplan **Hydraulikschaltplan**

Ein besonders wichtiges Bauteil in Hydraulikanlagen ist das Druckbegrenzungsventil, das als Sicherheitsventil unbedingt notwendig ist. Ohne Druckbegrenzungsventil würden unzulässig hohe Drücke auftreten, die zu Schäden in der Anlage führen würden. Das Druckbegrenzungsventil wird unmittelbar nach der Pumpe eingebaut.

6.4 Teilsystem zur Leistungsbereitstellung (Antriebsaggregat)

6.4.1 Hydropumpen

In Hydropumpen wird die von außen zugeführte Leistung eines Elektromotors oder Verbrennungsmotors in hydraulische Leistung umgewandelt und für die Anlage bereitgestellt. Hydropumpen fördern einen Volumenstrom. Der Druck in der Anlage entsteht, wenn dem Volumenstrom ein Widerstand entgegengesetzt wird. Hydropumpen unterteilt man nach ihrem Aufbau in Zahnradpumpen, Flügelzellenpumpen und Kolbenpumpen. Weiterhin unterscheidet man sie nach der Arbeitsweise in Konstantpumpen und Verstellpumpen.

- **Konstantpumpen**

In Konstantpumpen ist das Fördervolumen je Umdrehung, das sogenannte **spezifische Fördervolumen**, konstant. Laufen sie mit konstanter Drehzahl, so ist auch der Volumenstrom konstant. Wird in Arbeitspausen keine Druckflüssigkeit benötigt, so kann über das 4/3-Wegeventil mit freiem Umlauf die Flüssigkeit fast drucklos in den Tank zurückgepumpt werden.

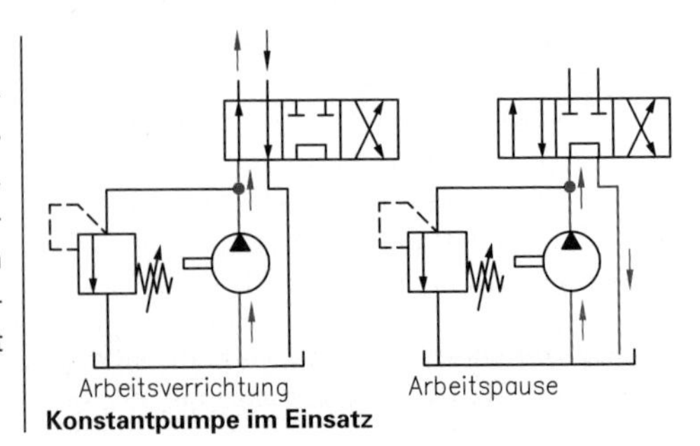

Konstantpumpe im Einsatz

 Übungsaufgaben E-100; E-101

- **Verstellpumpen**

An Verstellpumpen kann das Fördervolumen je Umdrehung verändert werden. Somit lässt sich der Volumenstrom in der Anlage beeinflussen. Über einen angeschlossenen Regler lassen sich Verstellpumpen so einrichten, dass die Geschwindigkeit des Arbeitshubes an Zylindern bzw. die Drehzahl an Rotationsmotoren den gewünschten Wert annimmt. Ebenso ist es möglich, die Pumpe so zu beeinflussen, dass der Druck konstant bleibt, ohne dass Drukkflüssigkeit verlustreich über das Druckbegrenzungsventil in den Tank zurückgepumpt wird.

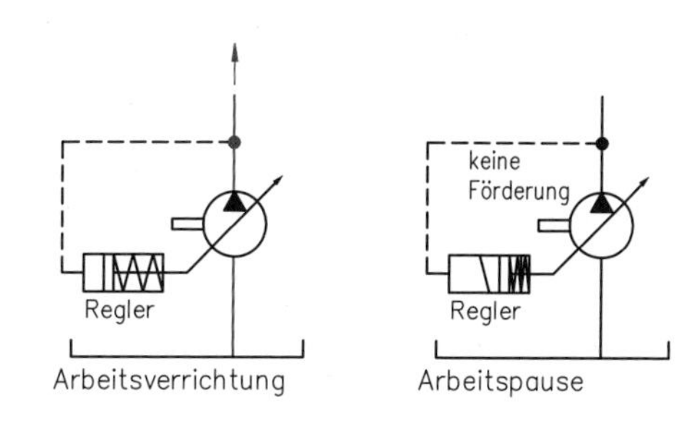

Verstellpumpe als Regelpumpe

In Konstantpumpen ist das spezifische Fördervolumen konstant. In Verstellpumpen kann das spezifische Fördervolumen verändert werden. Geregelte Verstellpumpen liefern gegebenenfalls nur so viel Druckflüssigkeit wie nötig ist, oder sie halten den Druck ohne Förderung konstant.

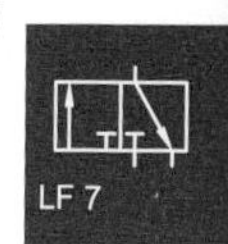

- **Zahnradpumpen**

Auf der Saugseite der Zahnradpumpe wird die Flüssigkeit aus dem Vorratsbehälter angesaugt und in den Zahnlücken auf der Außenseite der Zahnräder zur Druckseite transportiert. Durch die sich kämmenden Zahnräder wird die Flüssigkeit aus den Zahnlükken verdrängt und in die Druckleitung gefördert.
Beim Ansaugen der Flüssigkeit nutzt man den atmosphärischen Druck aus (maximal 1 bar). Dreht nun die Pumpe schneller als Flüssigkeit nachfließen kann, so werden die Zahnlücken nicht mehr vollständig gefüllt. Es treten Kavitationsschäden auf und zerstören die Pumpe.

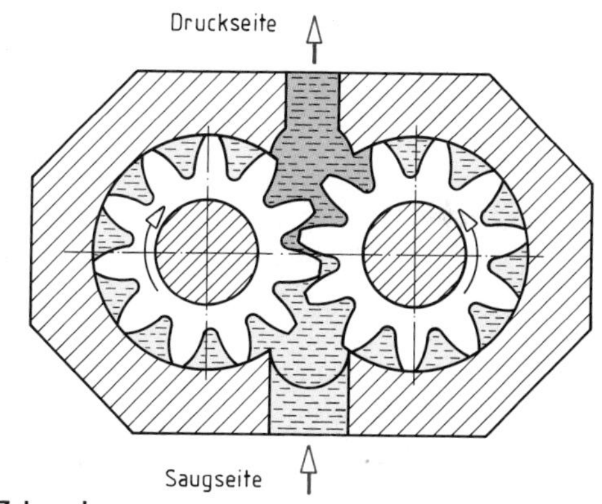

Zahnradpumpe

Zahnradpumpen fördern den Volumenstrom über Zahnlücken von der Saugseite zur Druckseite. In falsch installierten Pumpen, z. B. bei zu kleinen Saugquerschnitten, treten Kavitationsschäden auf.

Die Zahnradpumpe liefert einen nahezu konstanten Volumenstrom, der sich aus dem Verdrängungsvolumen je Umdrehung und der Antriebsfreqeunz errechnet. Zahnradpumpen sind aufgrund ihrer Konstruktion Konstantpumpen.
Da die beweglichen Teile der Pumpe Spiel aufweisen, ist der tatsächlich geförderte Volumenstrom geringer als der theoretisch mögliche Volumenstrom. Es treten Leckverluste auf, weil Flüssigkeit von der Hochdruckseite zur Niederdruckseite fließt. Bei höherem Druck nimmt der Volumenstrom etwas ab, weil mehr Flüssigkeit zwischen den beweglichen Teilen der Pumpe zurückgequetscht wird. Die Abhängigkeit des Volumenstromes vom Druck ist eine kennzeichnende Eigenschaft jeder Hydropumpe. Sie wird als **Pumpenkennlinie** dargestellt.

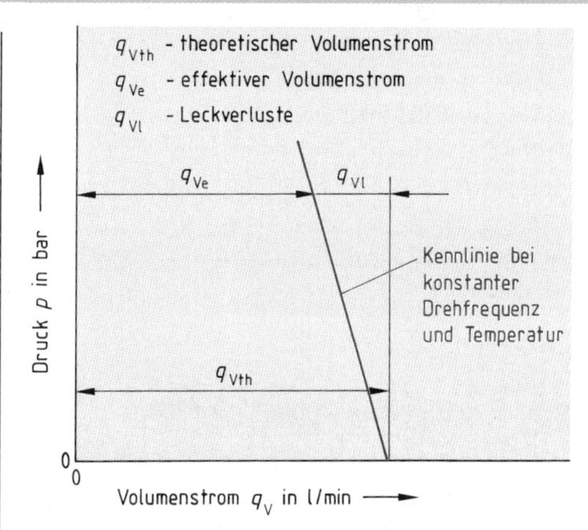

Pumpenkennlinie

Die Pumpenkennlinie zeigt die Abhängigkeit des Volumenstromes vom Druck. Verschleiß in der Pumpe kann durch entsprechende Messungen festgestellt werden.

Übungsaufgaben E-102 bis E-105

6.4.2 Druckbegrenzungsventil

Das Druckbegrenzungsventil hat die Aufgabe, den Maximaldruck in einer Anlage auf einen bestimmten Wert zu begrenzen, um Bauteile und Leitungen vor Überlastung und Beschädigung zu schützen. Deshalb muss das Druckbegrenzungsventil in der Nähe der Pumpe und parallel zu ihr eingebaut werden. Druckbegrenzungsventile können direkt gesteuert oder vorgesteuert sein.

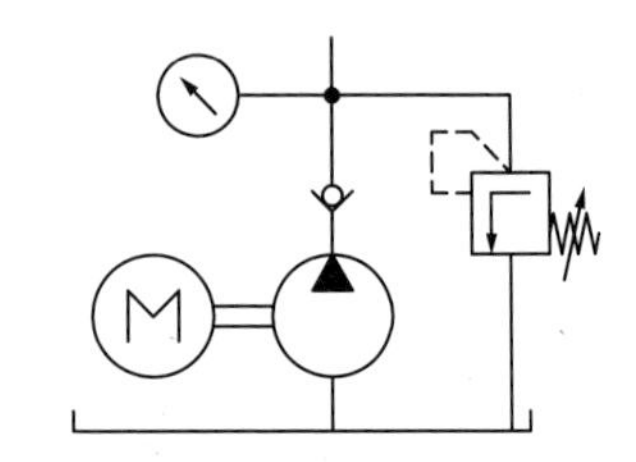

Druckbegrenzungsventil – Einbau

Beim direkt gesteuerten Druckbegrenzungsventil wirkt der Druck p aus der Anlage auf die Fläche A des Ventilkörpers. Die entstehende Druckkraft $F = p \cdot A$ wirkt der Federkraft entgegen, die mit einer Stellschraube verändert werden kann. Steigt der Druck in der Anlage so hoch an, dass die Druckkraft größer als die Federkraft ist, so öffnet das Ventil. Dieser Offenhaltedruck ist vom durchfließenden Volumenstrom abhängig.

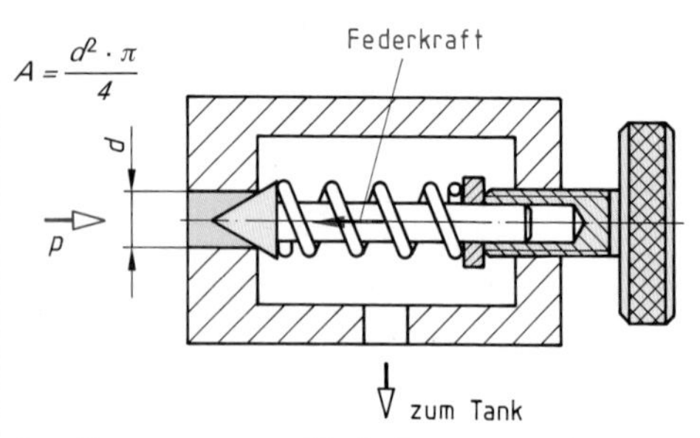

Druckbegrenzungsventil – Aufbau

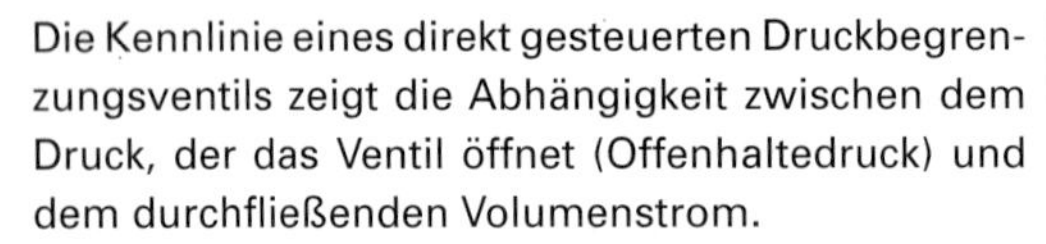

Die Kennlinie eines direkt gesteuerten Druckbegrenzungsventils zeigt die Abhängigkeit zwischen dem Druck, der das Ventil öffnet (Offenhaltedruck) und dem durchfließenden Volumenstrom.

Im Idealfall sollte der Offenhaltedruck unabhängig vom durchfließenden Volumenstrom sein. Tatsächlich steigt jedoch der Offenhaltedruck an, wenn der Volumenstrom größer wird.

Erklären kann man sich diesen Zusammenhang wie folgt:

Ein größerer Volumenstrom öffnet das Druckbegrenzungsventil weiter. Dadurch wird die Feder im Ventil mehr zusammengedrückt und die Federkraft erhöht sich. Durch die Erhöhung der Federkraft baut sich ein höherer Druck auf.

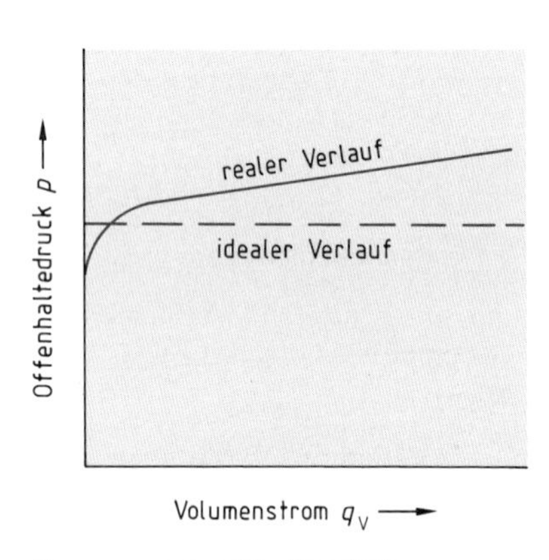

Druckbegrenzungsventil – Kennlinie

Es ist also notwendig, das Druckbegrenzungsventil bei maximalem Volumenstrom einzustellen. Wird der Maximaldruck bei kleinem Volumenstrom, z. B. im unteren Bereich einer Verstellpumpe eingestellt, so erfüllt das Druckbegrenzungsventil seine Aufgabe nicht mehr in der gewünschten Weise. In der Anlage entstehen dann bei größeren Volumenströmen unzulässig große Drücke.

Der Maximaldruck am Druckbegrenzungsventil muss stets bei maximalem Volumenstrom eingestellt werden.

6.4.3 Druckflüssigkeitsbehälter

Jede Hydraulikanlage hat einen eigenen Druckflüssigkeitsbehälter. Die Flüssigkeit wird im Kreislauf durch die Anlage in den Tank zurückgeführt; auch die Leckflüssigkeit leitet man in den Tank.

Im Antriebsaggregat bilden der Druckflüssigkeitsbehälter, die Pumpe und der Motor eine Einheit. Die Pumpe wird möglichst tief eingebaut, damit die Flüssigkeit nicht zusätzlich nach oben angesaugt werden muss. Man montiert die Pumpe möglichst seitlich in den Behälter oder setzt sie direkt in den Behälter unter dem Flüssigkeitsspiegel. Mit einer Flüssigkeitsanzeige lässt sich der Flüssigkeitsstand überwachen.

6.4.4 Druckflüssigkeiten

Die Druckflüssigkeit hat die Aufgabe, Kräfte und Bewegungen und somit Leistung zu übertragen. Darüber hinaus soll die Flüssigkeit für die Schmierung und Korrosionsschutz sorgen. Durch die Reibung in den Bauteilen der Anlage entsteht Wärme, die von der Flüssigkeit abgeführt werden muss.

Die Druckflüssigkeit muss daher entsprechende Eigenschaften haben:

- möglichst geringe Änderung der Viskosität über einen größeren Temperaturbereich,
- gute Schmierwirkung und damit Schutz vor Reibung und Verschleiß,
- guter Korrosionsschutz gegenüber Bauelementen aus unterschiedlichen Metallen,
- Verträglichkeit gegenüber Dichtungen und anderen Kunststoffelementen,
- alterungsbeständig, d.h. geringe Neigung zur Verharzung bzw. Säurebildung,
- gutes Luftabscheidevermögen und geringe Neigung zur Schaumbildung.

Für Hydraulikflüssigkeiten setzt man vor allem Drukkflüssigkeiten auf Mineralölbasis und schwer entflammbare Druckflüssigkeiten ein.

Mineralöle sind die am meisten verwendeten Druckflüssigkeiten. Sie werden mit entsprechenden Wirkstoffen vermischt, damit die gewünschten Eigenschaften erreicht werden.

Schwer entflammbare Druckflüssigkeiten weisen eine erheblich höhere Zündtemperatur als Mineralöle auf. Sie haben jedoch im Vergleich zu den Mineralölen geringere Schmierfähigkeit, schlechteres Korrosionsverhalten und niedrigere Viskosität.

Auswahl von Druckflüssigkeiten

Art	Einsatz
	Mineralöle
HL	Industriehydraulik; Druckbereich bis 250 bar
HLP	Industriehydraulik; Druckbereich über 250 bar
	schwer entflammbare Flüssigkeiten
HFC	in feuergefährdeten Anlagen; mäßige Drücke (Lösung mit 35 bis 55 % Wasser)
HFD	in feuergefährdeten Anlagen; hohe Drücke (synthetische wasserfreie Flüssigkeit)

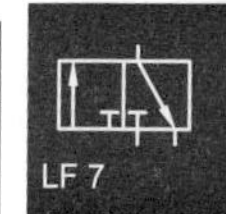

6.4.5 Filter

Schmutzteilchen verursachen Störungen in der Hydraulikanlage. Staub, Späne oder Schweißrückstände, die bei der Montage der Anlage nicht entfernt worden sind, gelangen in die Hydraulikflüssigkeit. Durch den Verschleiß bewegter Teile bzw. durch Rostpartikel wird die Flüssigkeit ebenfalls verschmutzt. Auch durch den Fertigungsprozess dringen Verunreinigungen, wie Schleifstaub oder Gusssand, in die Hydraulikflüssigkeit ein. Die Schmutzteilchen selbst verursachen auch wieder Verschleiß oder sie verstopfen Ventilbohrungen bzw. verklemmen Kolben. Man setzt deshalb in Hydraulikanlagen Filter ein, um möglichst alle Fremdstoffe zurückzuhalten. Filter werden je nach Anforderungen an die Druckflüssigkeit in die Saugleitung, in die Hochdruckseite, in den Rücklauf oder in einem gesonderten Kreislauf eingebaut.

Rücklauffilter werden am häufigsten verwendet.

Hochdruckfilter baut man in hochwertige Anlagen zum Schutz für Proportional- bzw. Servoventile ein.

Saugfilter sind grobmaschig und dienen dazu, beim Pumpeneinlauf größere Verunreinigungen zurückzuhalten, sie ersetzen aber keinesfalls den Rücklauffilter.

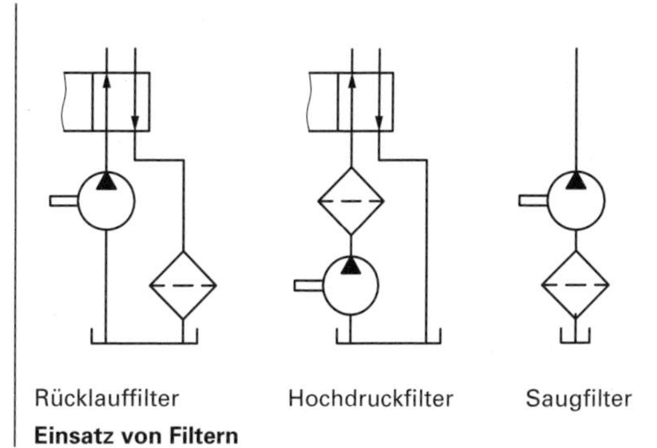

Einsatz von Filtern

Filter sind für die Funktion einer Hydraulikanlage notwendig, sie verringern die Störanfälligkeit und verlängern die Lebensdauer der Bauteile in der Anlage.

Die Feinheit des Filters (Porenweite) wird in Mikrometer angegeben. In der Mobil- und Industriehydraulik verwendet man z. B. Filter mit einer Porenweite zwischen 10 µm und 60 µm. In der Servohydraulik dagegen beträgt die Porenweite etwa 5 µm.
Je nach der Filterwirkung unterscheidet man Oberflächenfilter und Tiefenfilter.

Oberflächenfilter halten die Schmutzteilchen nur an der Oberfläche des Filters zurück. Sie haben kleine Baugrößen, können leicht gereinigt werden, verschmutzen jedoch verhältnismäßig schnell.

Tiefenfilter filtern über den gesamten Querschnitt, sie können mehr Schmutz aufnehmen, lassen sich jedoch schlechter reinigen.

Filter bewirken in der Hydraulikanlage einen Druckabfall. Der Druckabfall ist vom Verschmutzungsgrad des Filters abhängig und wird messtechnisch zur Filterüberwachung genutzt.
Damit bei zugesetztem Filter die Anlage nicht überlastet wird, baut man eine Umgehungsleitung ein. Diese Leitung öffnet sich bei zugesetztem Filter über ein federbelastetes Rückschlagventil (Bypassventil).

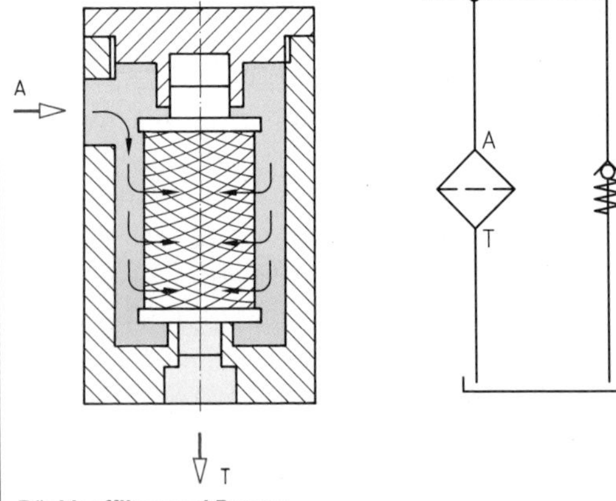

Rücklauffilter und Bypass

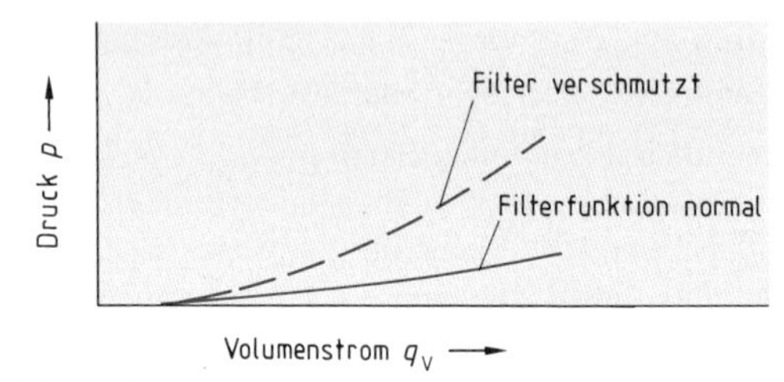

Filter – Kennlinie

Der Verschmutzungsgrad eines Filters wird in der Betriebspraxis meist durch eine am Filter angebrachte Druckmesseinrichtung angezeigt.

6.4.6 Hydrospeicher

In Hydraulikanlagen kann Druckflüssigkeit in begrenztem Maße in Behältern unter Druck gespeichert werden. Diese Behälter bezeichnet man als Hydrospeicher. Am häufigsten wird der gasbelastete Blasenspeicher eingesetzt. Ein **Blasenspeicher** besteht aus einem hochfesten Stahlbehälter, in den eine elastische Kunststoff- oder Gummiblase eingebaut ist. Diese Blase kann über ein Ventil mit Druckgas – meist Stickstoff – gefüllt werden. Leitet man von unten Druckflüssigkeit in den Behälter, so wird je nach Flüssigkeitsvolumen die Gasblase mehr oder weniger zusammengedrückt. Die gespeicherte Druckflüssigkeit kann bei Bedarf an die Anlage abgegeben werden.
Neben dem Blasenspeicher setzt man noch den Membranspeicher und den Kolbenspeicher ein.

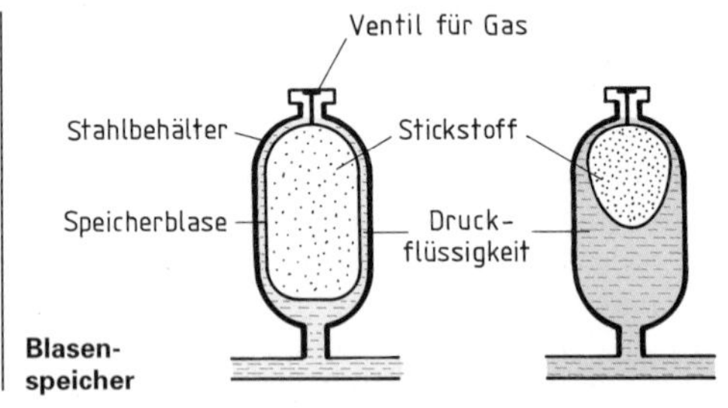

Blasenspeicher

Sicherheitsmaßnahmen
Da gasbelastete Hydrospeicher mit hohem Gasdruck beaufschlagt sind, ist bei ihnen erhöhte Sorgfalt geboten:
- *Füllung mit Sauerstoff* ist wegen der Explosionsgefahr (Öl und Sauerstoff) *verboten*.
- An *Speicherflaschen* dürfen *keine Nacharbeiten* vorgenommen werden. Weder Schweißen, Löten noch mechanische Nacharbeitung sind zulässig.
- Ein Speicher kann eine Hydraulikanlage lange unter Druck halten. *Vor Eingriff* in die Anlage muss sie *druckfrei* gemacht werden, um zu verhindern, dass bei abgeschalteter Pumpe noch Bewegungen ausgeführt werden.

Übungsaufgaben E-111 bis E-116

6.5 Teilsystem zur Leistungsübertragung

6.5.1 Leitungen und Verbindungen

Durch Rohrleitungen, Schläuche und Verbindungen werden die hydraulischen Bauelemente zu einem geschlossenen System gefügt. Als Rohrleitungen verwendet man fast ausschließlich nahtlose Präzisionsrohre aus Stahl bzw. aus nicht rostendem Stahl. Die Leitungen sind nach Möglichkeit gerade, bzw. in großen Radien zu verlegen. Dadurch werden die Strömungsverluste gering gehalten. Der Rohrquerschnitt ist so groß zu wählen, dass die maximalen Strömungsgeschwindigkeiten die Richtwerte nicht überschreiten.

Richtwerte für Strömungsgeschwindigkeiten:
- Saugleitungen : 0,5 bis 1,5 m/s
- Druckleitungen : 1,5 bis 7 m/s
- Rücklaufleitungen : 2 bis 4 m/s

Als Verbindung hat sich die **Schneidringverschraubung** bewährt. Bei der Schneidringverschraubung wird eine Überwurfmutter angezogen. Dadurch wird der Schneidring durch den Innenkegel verjüngt und der Ring schneidet sich in das Rohr ein. Am Rohr entsteht ein sichtbarer Bund. Die Verschraubung bleibt auch nach mehrmaligem Lösen und Fügen dicht.

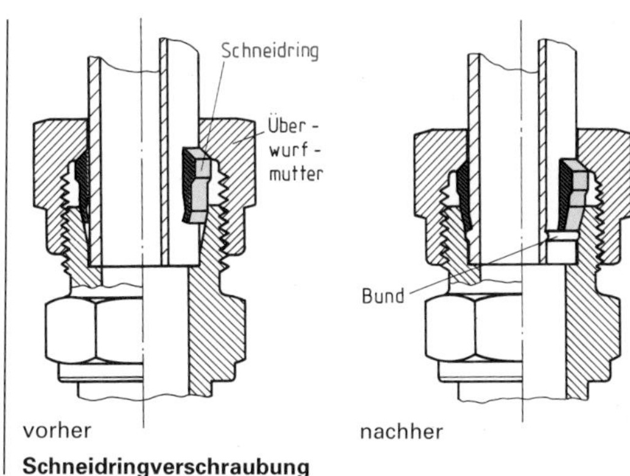

Schneidringverschraubung

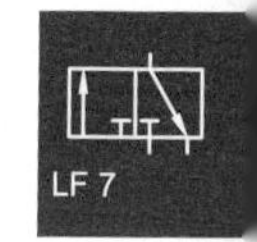

Rohrleitungen verbinden die fest stehenden Bauteile in einer Hydraulikanlage. Schneidringverschraubungen benutzt man häufig als Verbindungselement zwischen den Geräten und Rohren.

Über **Schläuche** wird die Druckflüssigkeit beweglichen Arbeitsgliedern zugeführt. Schläuche verwendet man auch, wenn hydraulische Antriebssysteme wiederholt gewechselt werden müssen.

Schläuche werden außerdem dann eingesetzt, wenn in einer Anlage störender Körperschall auftritt und seine Weiterleitung vermieden werden soll.

Schlauchleitungen bestehen aus ölfesten Kunststoffen, die mit Textil- und Metallgeflechten verstärkt sind. Ihr Einsatz ist zeitlich begrenzt, da sie altern. Scharfe Biegungen, Impulsbelastungen und Torsionsbeanspruchungen verringern ebenfalls die Lebensdauer. Besonders sorgfältig muss der Einbau der Schläuche geplant und durchgeführt werden. Grundsätzlich ist darauf zu achten, dass die Schläuche genügend Bewegungsfreiheit haben.

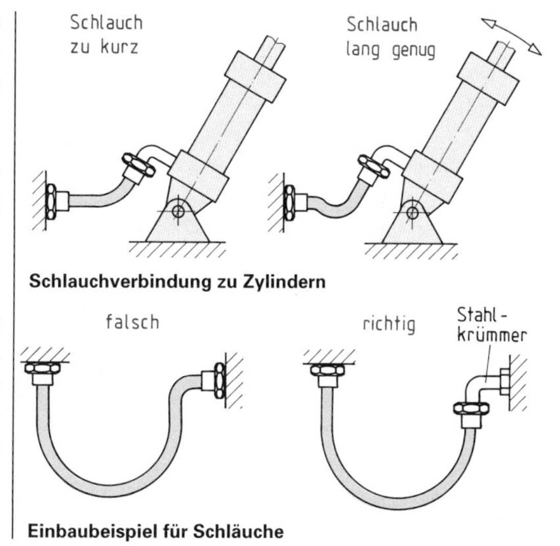

Einbaubeispiel für Schläuche

Schnelltrennkupplungen erlauben in drucklosem Zustand einen einfachen Wechsel von Einzelgeräten bzw. ganzen Baugruppen, wenn man sie mit Schlauchleitungen kombiniert. In Schnelltrennkupplungen tritt jedoch während des Betriebes ein zusätzlicher Druckabfall auf; weiterhin haben sie den Nachteil, dass sie beim Entkuppeln Restöl verlieren.

Schlauchleitungen verbinden bewegliche Bauteile in einer Hydraulikanlage. Werden Antriebssysteme häufig gewechselt, so schließt man die Schläuche mit Schnelltrennkupplungen an die Geräte an.

Übungsaufgaben E-117; E-118

6.5.2 Wegeventile

Wegeventile sind für die Hydraulik in Bezug auf Bauformen und Funktionen in großer Vielfalt entwickelt worden. Vorwiegend werden Kolbenschieberventile – meist 4/3-Wegeventile – eingesetzt.

Als Beispiel wird der Aufbau und die Funktion eines vorgesteuerten 4/3-Wegeventiles beschrieben.

Die Längsbohrung für den Kolben im Hauptventil hat fünf Ringkanäle. Diese sind mit den Anschlüssen P, A, B und T verbunden. Dem Anschluss T ist über eine Zusatzbohrung ein zweiter Ringkanal zugeordnet, damit das Rücköl in beiden Arbeitsstellungen zum Tank geführt werden kann. Das Vorsteuerventil wird über das Hauptventil mit Druckflüssigkeit versorgt. Die Arbeitsleitungen des Vorsteuerventils führen auf die Steuerseiten des Hauptkolbens. Eingebaute Druckfedern halten die Kolben in beiden Ventilen in Nullstellung (Mittellage).

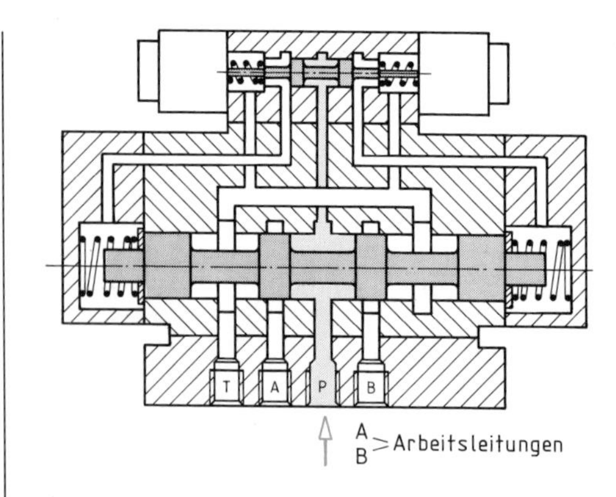

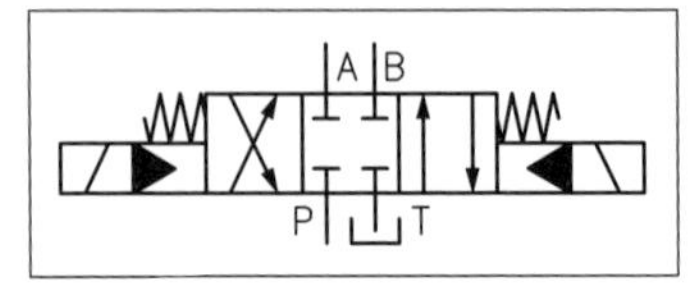

4/3-Wegeventil – Nullstellung

Wird das Vorsteuerventil beispielsweise auf der rechten Seite elektromagnetisch betätigt, so verschiebt sich der Vorsteuerkolben nach rechts und verbindet die rechte Arbeitsleitung des Vorsteuerventils mit dem Druckanschluss. Somit wirkt auf die rechte Seite des Hauptventils die Druckflüssigkeit. Der Hauptkolben wird nach links umgeschaltet und versorgt die Arbeitsleitung A mit Arbeitsdruck. Die Rückleitung B öffnet sich gleichzeitig zum Tank hin.

Soll dagegen die Leitung B mit Arbeitsdruck versorgt werden, so muss der Elektromagnet auf der linken Seite des Vorsteuerventils betätigt werden.

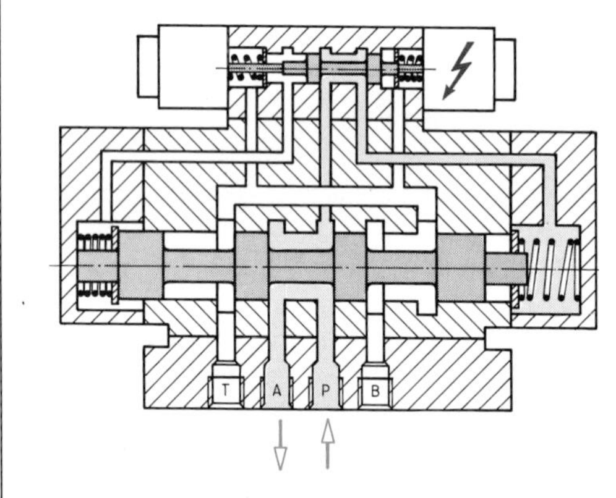

4/3-Wegeventil – Arbeitsstellung

Wegeventile haben in erster Linie die Aufgabe, die Richtung des Volumenstromes zu steuern. Je nach Ventilausführung haben Wegeventile auch die Aufgabe, den Volumenstrom abzusperren.

6.5.3 Druckventile

Hydraulische Druckventile benutzt man entweder als Druckbegrenzungsventile (siehe Kapitel *„Druckbegrenzungsventil"*) oder als Druckminderventile.

Druckminderventile werden eingesetzt, wenn in einem Teil der Hydraulikanlage ein geringerer, aber konstanter Druck herrschen soll als in der Gesamtanlage. Die Wirkung des Druckminderventils beruht auf dem Vergleich der einstellbaren Federkraft zur Druckkraft aus dem gewünschten Druck p_2.

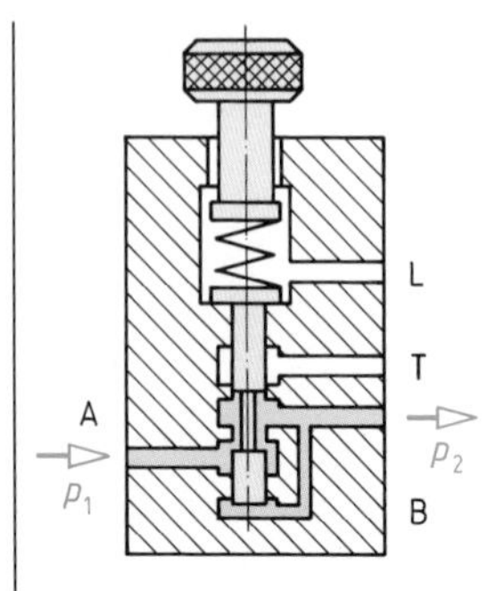

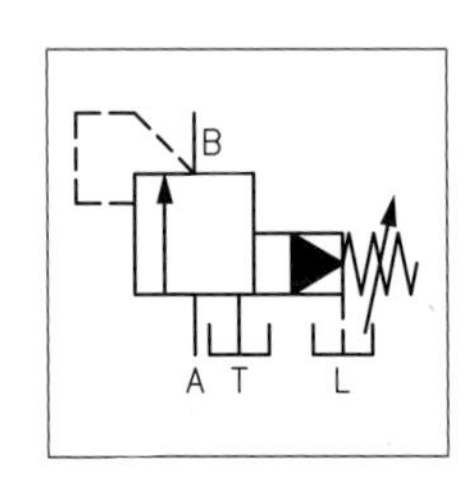

Übungsaufgaben E-119 bis E-122

6.5.4 Stromventile

Will man den durchfließenden Volumenstrom in einer Hydraulikanlage beeinflussen, so können Stromventile eingesetzt werden. Durch die richtige Anordnung der Stromventile lässt sich die Geschwindigkeit von Zylindern bzw. die Drehfrequenz von Hydromotoren verändern.

- **Drosselventil**

In einem verstellbaren Drosselventil wird z.B. ein kegeliger Bolzen in den Strömungsquerschnitt geschraubt. Fördert die Pumpe einen Volumenstrom durch das Drosselventil, so steigt der Druck vor der Drosselstelle (dem Widerstand) an. Der gesamte Volumenstrom fließt jedoch durch das Drosselventil. Erst wenn der Widerstand am Drosselventil so groß wird, dass der Druck vor der Drosselstelle den Öffnungsdruck des parallel geschalteten Druckbegrenzungsventils erreicht, teilt sich der Volumenstrom auf. Ein Teil des Volumenstroms fließt durch die Drosselstelle, während der Reststrom über das Druckbegrenzungsventil abfließt. Die Wirkung des Drosselventils setzt also erst dann ein, wenn das Druckbegrenzungsventil öffnet und eine *Stromaufteilung* möglich ist.

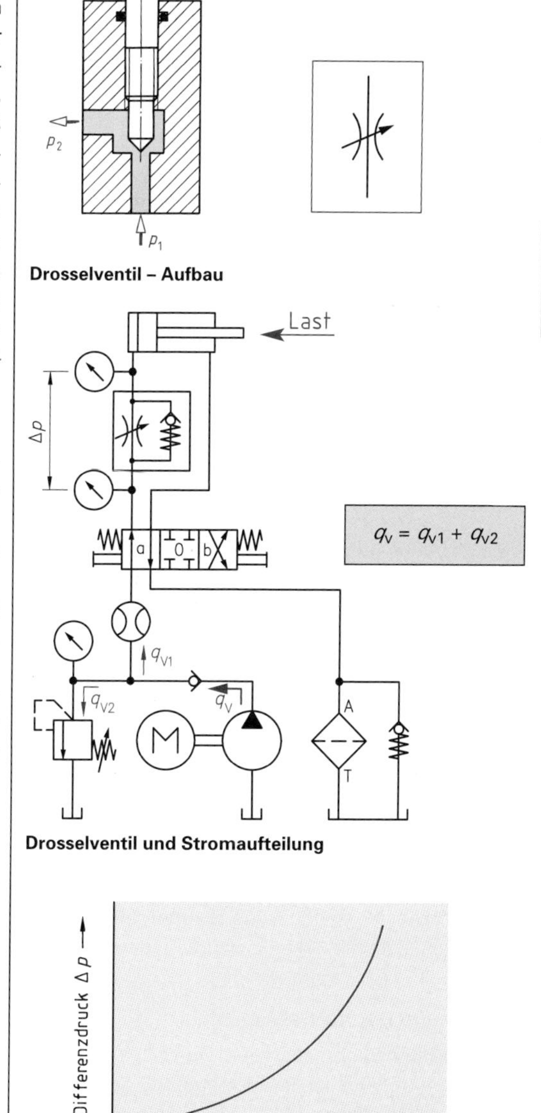

Drosselventil – Aufbau

Drosselventil und Stromaufteilung

Drosselventil – Kennlinie

Der Volumenstrom, der durch eine Drosselstelle fließen kann, ist abhängig von dem Druck vor der Drossel (p_1) und dem Druck nach der Drossel (p_2).
Man bezeichnet den Unterschied zwischen diesen Drücken als Druckdifferenz ($\Delta p = p_1 - p_2$).
Je kleiner die Druckdifferenz ist, desto geringer ist der Volumenstrom, der durch die Drossel fließt, wenn eine Stromaufteilung vorliegt.
Verändern sich die Betriebsbedingungen in einer Anlage, wie z.B. durch Lasterhöhung, so nimmt der Druck nach der Drosselstelle zu. Die Druckdifferenz in der Drossel wird geringer und es verringert sich der Volumenstrom, der durch die Drossel fließt.

Wegen der Stromaufteilung fließt jetzt ein größerer Anteil des Volumenstroms über das Druckbegrenzungsventil ab.
Lastschwankungen verursachen daher auch Geschwindigkeitsschwankungen der Arbeitsglieder.
Drosselventile werden deswegen nur dann eingesetzt, wenn kein genauer Volumenstrom notwendig ist, wie z.B. bei Hebebühnen und Spannvorrichtungen.

Das Drosselventil ist ein hydraulischer Widerstand, vor dem sich ein Druck aufbaut. Die Stromaufteilung und damit die Wirkung des Drosselventiles tritt erst dann auf, wenn sich das parallel geschaltete Druckbegrenzungsventil öffnet.

Übungsaufgaben E-123 bis E-125

- **Stromregelventile**

Benötigt man an einem Arbeitsglied eine konstante Geschwindigkeit, z. B. bei einer Vorschubbewegung die unabhängig von der auftretenden Last sein muss, so setzt man Stromregelventile ein. Man unterscheidet Zweiwege-Stromregelventile und Dreiwege-Stromregelventile.

Zweiwege-Stromregelventil

Durch das Zweiwege-Stromregelventil fließt unabhängig von Druckschwankungen in der Anlage ein weitgehend konstanter Volumenstrom. Eine Stromaufteilung ist notwendig und erfolgt meist über das Druckbegrenzungsventil.
Über eine verstellbare Drossel wird der Querschnitt und somit die Größe des durchfließenden Volumenstromes eingestellt. Vor der Drossel herrscht der höhere Druck p_2, dahinter der kleinere Druck p_3. Nur die Druckdifferenz Δp zwischen p_2 und p_3 ist für die Größe des durchfließenden Volumenstromes maßgebend. Durch die vorgeschaltete Druckwaage wird die Druckdifferenz auch bei Druckänderung konstant gehalten. Wird z.B. an der Arbeitsseite der Druck p_3 verringert, so verringert sich gleichzeitig der Druck auf der linken Kolbenfläche der Waage. Der Kolben wandert etwas nach links; dadurch ändert sich der Einströmquerschnitt und somit auch der Druck p_2 vor der Drossel. Hierdurch wird die ursprüngliche Druckdifferenz zwischen p_2 und p_3 beibehalten.

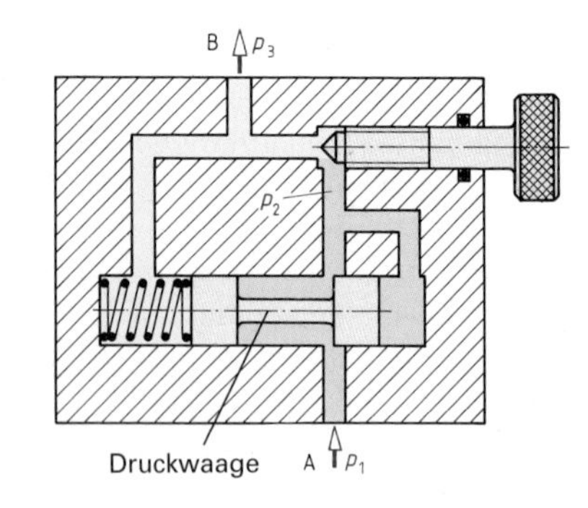

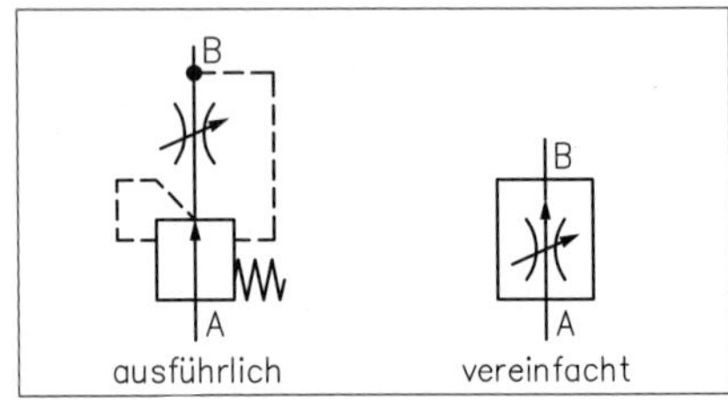

Zweiwege-Stromregelventil

6.5.5 Sperrventile

Sperrventile haben die Aufgabe, den Volumenstrom in einer Richtung zu sperren und in der anderen Richtung freien Durchfluss zu gestatten. In der Hydraulik werden vor allem das Rückschlagventil und das entsperrbare Rückschlagventil eingesetzt.

- **Rückschlagventil**

Das Rückschlagventil ist ein Sitzventil, dessen Abschlusselement als Kegel oder Kugel ausgeführt sein kann. Normalerweise wird das Abschlusselement durch eine schwache Feder in den Ventilsitz gedrückt. Die Feder hat den Vorteil, dass das Ventil in beliebiger Einbaulage montiert werden kann und dass es in seiner Ruhestellung geschlossen ist.
Der Öffnungsdruck eines Rückschlagventils hängt von der gewählten Feder ab und ist gegenüber den übrigen Widerständen in einem Hydrauliksystem meist vernachlässigbar klein.

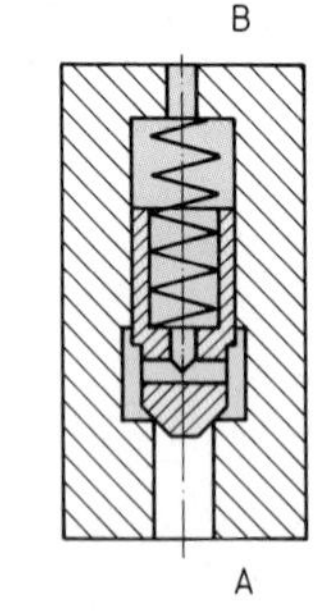

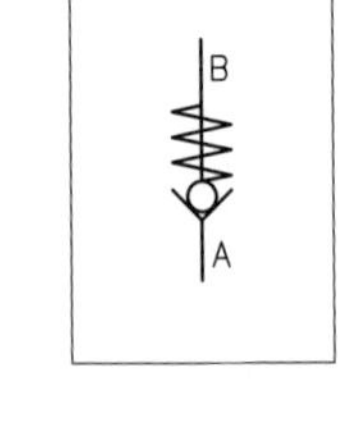

Rückschlagventil

- **Entsperrbares Rückschlagventil**

Wird in einem Rückschlagventil Durchfluss unter bestimmten Bedingungen auch in Sperrstellung gefordert, so steuert man das Rückschlagventil entsprechend an. Die Ansteuerung erfolgt hydraulisch über einen zusätzlichen Kolben, der bei Druckbeaufschlagung den Ventilsitz entgegen der Schließkraft aus seiner Schließstellung hoch hebt.
Eingesetzt wird das entsperrbare Rückschlagventil in Verbindung mit einem Wegeventil in Kolbenschieberausführung, wenn eine schwere Last gegen unerwünschtes Absinken über längere Zeit sicher gehalten werden muss.

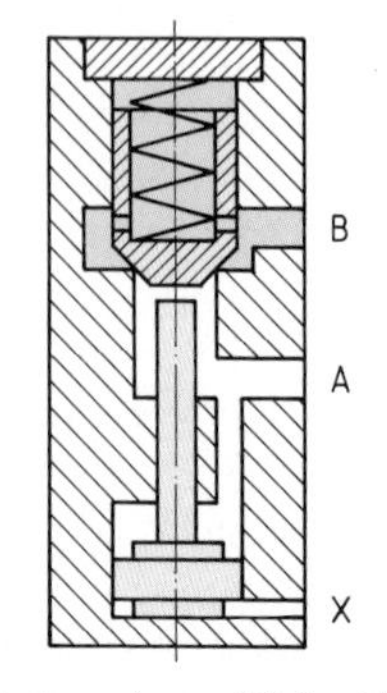

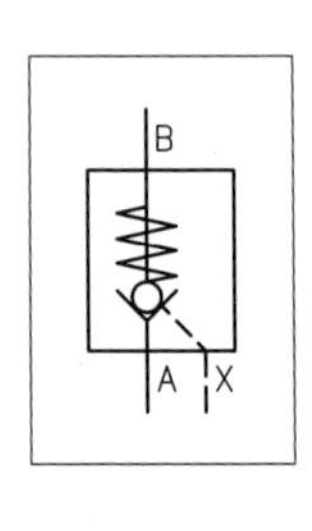

Entsperrbares Rückschlagventil

Übungsaufgaben E-126 bis E-131

6.6 Teilsystem zur Leistungswandlung (Motorgruppe)

Die hydraulische Leistung wird mit Arbeitselementen in mechanische Leistung umgewandelt. Je nach Art der Umwandlung unterscheidet man Hydraulikzylinder und Hydraulikmotoren.

6.6.1 Hydraulikzylinder

Hydraulikzylinder, die auch Linearmotore genannt werden, dienen dazu, in Achsrichtung wirkende Kräfte auszuüben. Der Vorteil der Hydraulikzylinder besteht darin, dass sie für sehr große Kräfte verwendet werden können, ohne dass man mechanische Übersetzungssysteme benötigt.

- **Aufbau**

Ein Hydraulikzylinder besteht grundsätzlich aus einem Zylinderrohr, einem Kolben mit Kolbenstange, den Zylinderdeckeln und den Dichtungen und Schmutzabstreifern. Entlüftungs- und Prüfanschlüsse sollten möglichst nah am Zylinder angebracht sein. Die Maße der Zylinder, die Anschlüsse und die verwendeten Druckbereiche sind genormt.

Beispiel für Maße am Zylinder

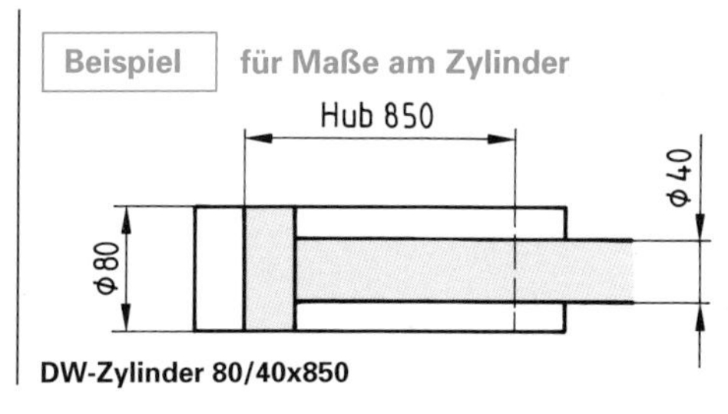

DW-Zylinder 80/40x850

Beispiel für den Aufbau eines doppelt wirkenden Hydraulikzylinders

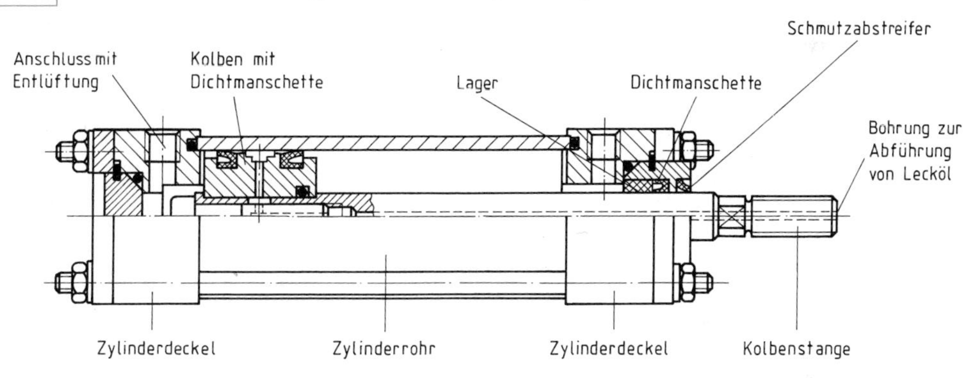

Hinweise:
Bei dem dargestellten Hochdruckzylinder ist der Raum zwischen den Dichtungen am Kolben mit einer Leckölleitung verbunden, die durch die Kolbenstange führt. Je nach Einbaulage sieht man für den Zylinder an der höchstgelegenen Stelle Entlüftungsanschlüsse vor.

- **Wirkungsgrad bei Hydraulikzylindern**

In Hydraulikzylindern mit elastischen Dichtungen sind die Leckverluste vernachlässigbar klein. Bei einwandfreien Dichtungen beträgt der volumetrische Wirkungsgrad nahezu 100 %. Durch die gute Dichtwirkung ergeben sich an den Zylindern jedoch erhöhte Reibungskräfte, die den hydraulisch mechanischen Wirkungsgrad vermindern. Lufteinschlüsse sind schädlich, weil es durch die zusammengepressten Luftbläschen zu Zerstörungen an den Dichtungen kommt. Deshalb müssen die Zylinder sorgfältig entlüftet werden.

6.6.2 Hydraulikmotor

Hydraulikmotoren als Rotationsmotoren dienen dazu, die hydraulische Leistung in Drehmomente und Drehbewegungen umzuwandeln. Hydraulische Rotationsmotoren lassen meist in beide Richtungen eine stufenlose Änderung der Drehfrequenz zu. Gegenüber den Elektromotoren haben sie folgende Vorteile: sehr kleine Baugröße, Überlastschutz und große Drehmomentenübertragung auch bei kleinen Drehfrequenzen. Die hydraulischen Rotationsmotoren unterscheidet man nach ihrem Aufbau in Axialkolbenmotoren, Radialkolbenmotoren, Rollflügelmotoren und Zahnradmotoren.

Übungsaufgaben E-132 bis E-136

6.7 Grundsteuerungen in der Hydraulik

In den Schaltplan für Hydraulikanlagen wird meist das Teilsystem der Leistungswandlung und Leistungsbereitstellung mit eingezeichnet. Zu diesem Teilsystem gehören u.a. Pumpe mit Motor (Elektromotor oder Verbrennungsmotor), Druckbegrenzungsventil, Filter mit Bypass, Druckmessgerät, Temperaturmessgerät und Prüfanschlüsse für Druck- und Volumenstrommessungen.
Da dieser Teil der Anlage in allen hydraulischen Steuerungen durchweg gleich ist, wird er in den folgenden Steuerungsbeispielen nicht mehr gezeichnet.

Beispiel für Schaltplanausschnitt (Leistungswandlung und Leistungsbereitstellung)

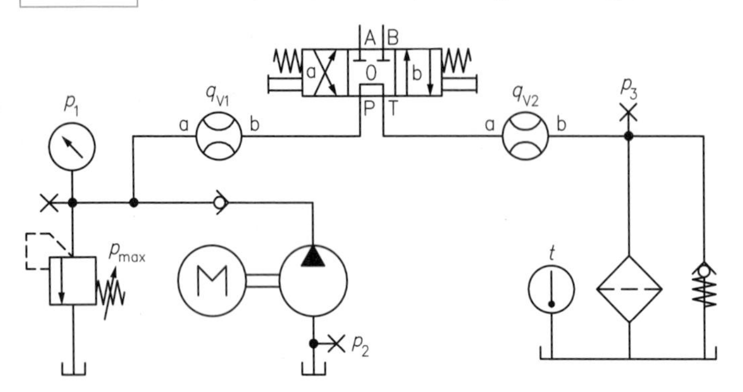

Messanschlüsse für Druckmessungen

Messstelle	Erklärung
p_1	Fest eingebautes Druckmessgerät für die Einstellung des Maximaldruckes mit zusätzlichem Anschluss für ein Prüfmanometer
p_2	Prüfanschluss für die Unterdruckmessung an der Pumpensaugleitung
p_3	Prüfanschluss am Rücklauffilter
q_{V1}	Volumenstrom-Messgerät im Zulauf des Hydraulikkreislaufes
t	Fest eingebautes Temperaturmessgerät zur Messung der Öltemperatur

Steuerungen in der Hydraulik haben meist ein eigenes Antriebsaggregat. Jede Anlage in der Hydraulik muss über ein Druckbegrenzungsventil abgesichert sein.

6.7.1 Richtungssteuerung durch Wegeventile

- **Steuerung mit 4/2-Wegeventil**

Ein doppelt wirkender Zylinder kann mit einem 4/2-Wegeventil angesteuert werden. Die Druckflüssigkeit wird dabei wahlweise auf die eine oder andere Seite des Kolbens gegeben und bewirkt ein Aus- bzw. Einfahren des Kolbens. In beliebigen Zwischenstellungen kann der Kolben nicht gehalten werden, da stets auf einer Seite der Volumenstrom wirkt. Nach dem Aufbau des am Druckbegrenzungsventil eingestellten Druckes öffnet dies, und die Flüssigkeit fließt in den Tank. Der Maximaldruck wird erreicht, wenn die Kolbenstange in die Endlage fährt oder wenn die Last zu groß ist.
Rotationsmotoren lassen sich ebenfalls mit 4/2-Wegeventilen steuern. Beim Umschalten ist nur eine unmittelbar gegenläufige Drehung möglich.

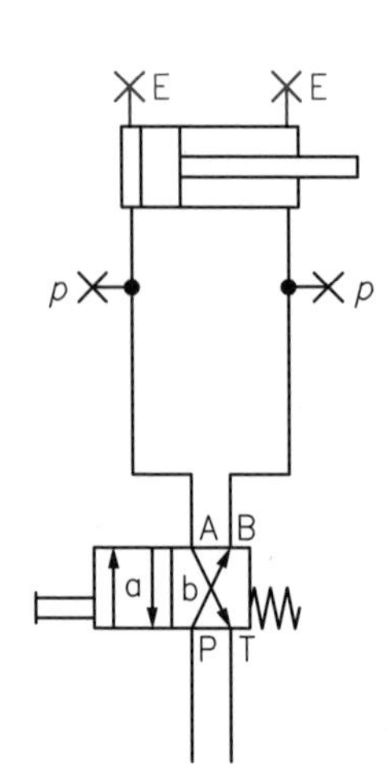

X Entlüftungsstelle (E)
X Messanschluss, Druck (p)

Richtungssteuerung durch ein 4/2-Wegeventil

4/2-Wegeventile dienen zur Richtungsänderung von Volumenströmen und damit auch zur Steuerung der Bewegungen von Hydraulikmotoren.

Übungsaufgaben E-137; E-138

- **Steuerung mit 4/3-Wegeventil**

4/3-Wegeventile dienen zur Sperrung oder zur Richtungsänderung von Volumenströmen. Doppelt wirkende Zylinder oder Rotationsmotoren können somit auch über 4/3-Wegeventile angesteuert werden. Das 4/3-Wegeventil hat eine Mittelstellung (0), die unterschiedliche Funktionen haben kann.
Bei der *Umlaufmittelstellung* wird die Hydraulikflüssigkeit mit freiem Umlauf in den Tank zurückgepumpt. Der Hydraulikzylinder bleibt bei der Mittelstellung des 4/3-Wegeventiles in der Position stehen, die er beim Umschalten hat. Wirkt jedoch auf den Zylinder eine äußere Last, so verändert die Kolbenstange durch Lecköl am Kolbenschieber des Wegeventils langsam ihre Stellung.
Das genaue Festhalten des Zylinders unter Belastung in jeder Position wird beispielsweise durch den Einsatz eines Rückschlagventils erreicht. Damit die Kolbenstange einfahren kann, wird das Rückschlagventil entsperrt.

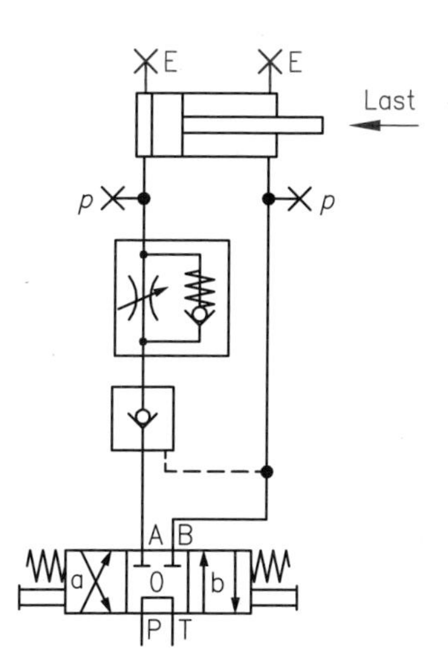

Richtungssteuerung durch ein 4/3-Wegeventil

Durch die unterschiedliche Gestaltung der Mittelstellung bei 4/3-Wegeventilen können unterschiedliche Funktionen im Hydraulikkreislauf verwirklicht werden.

Beispiele für Gestaltung von Mittelstellungen in 4/3-Wegeventilen

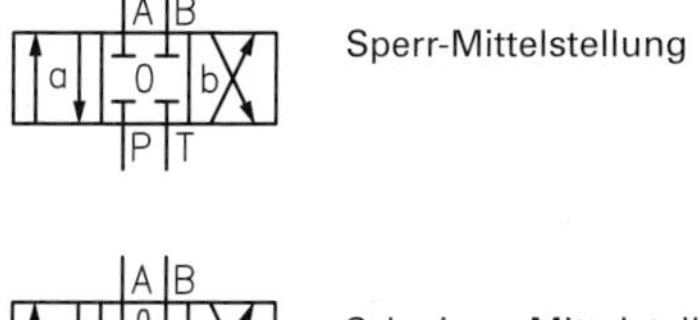

Sperr-Mittelstellung

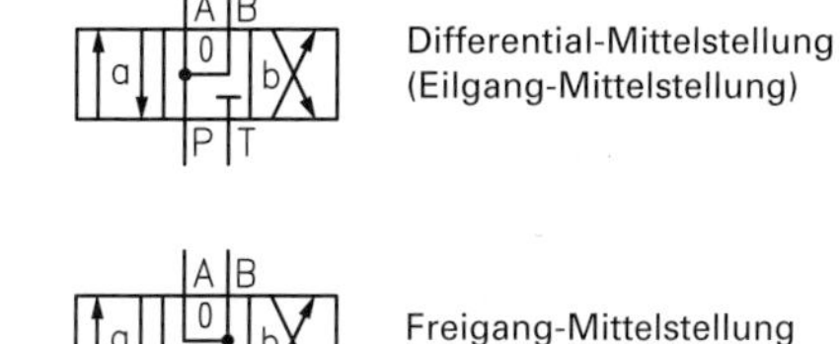

Differential-Mittelstellung
(Eilgang-Mittelstellung)

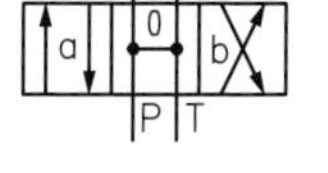

Schwimm-Mittelstellung

Freigang-Mittelstellung
(Schwimm-Ruhestellung)

6.7.2 Geschwindigkeitssteuerung

- **Geschwindigkeitssteuerung im Zulauf**

Die Geschwindigkeitssteuerung im Zulauf ist nur dann möglich, wenn eine Stromaufteilung erfolgt. Erst wenn der Druck in der Anlage den Öffnungsdruck am Druckbegrenzungsventil erreicht, tritt diese Stromaufteilung ein. Bleibt der Druck in der Anlage niedriger als der Druck, der am Druckbegrenzungsventil eingestellt wurde, so wird die Ausfahrgeschwindigkeit des Zylinders nur vom Pumpenförderstrom bestimmt. Sobald das Druckbegrenzungsventil öffnet, wird bei weiterem Anstieg der Last die Abhängigkeit der Steuerung von der Last sichtbar.
Für die praktische Anwendung bedeutet diese Art der Geschwindigkeitssteuerung über Drosselventile eine Abnahme der Geschwindigkeit bei Lastzunahme bzw. eine Zunahme der Ausfahrgeschwindigkeit bei Lastabnahme.

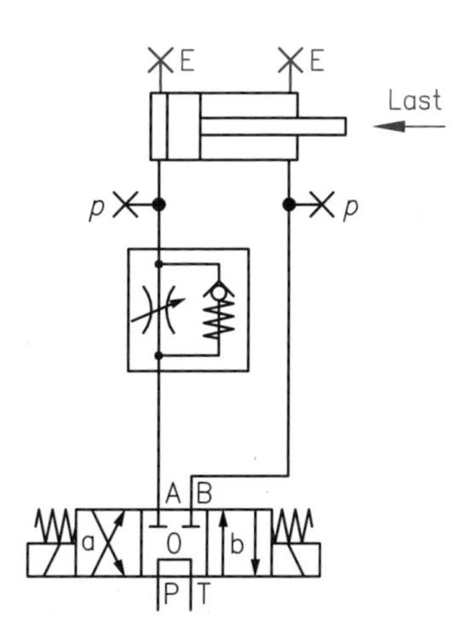

Geschwindigkeitssteuerung im Zulauf

Übungsaufgabe E-139

- **Geschwindigkeitssteuerung im Ablauf**

Die Geschwindigkeitssteuerung im Ablauf ist ebenfalls nur möglich, wenn eine Stromaufteilung erfolgt. Der Druck im Kolbenringraum kann jedoch durch die Druckübersetzung unzulässig hoch ansteigen. Die Druckübersetzung entsteht wegen der unterschiedlichen Flächen auf der Kolbenseite und der Kolbenringseite. Deshalb muss bei der Einstellung des Druckbegrenzungsventiles dieser Zusammenhang berücksichtigt werden.
Die Geschwindigkeitssteuerung im Ablauf mit Drosselventilen ist ebenfalls lastabhängig. Die Geschwindigkeit nimmt bei Lastzunahme ab, bei Lastabnahme erhöht sich die Geschwindigkeit. Im Gegensatz zur Geschwindigkeitssteuerung im Zulauf erlaubt der Einbau der Drossel im Ablauf auch eine kontrollierte Bewegung, wenn Lastrichtung und Bewegungsrichtung übereinstimmen.

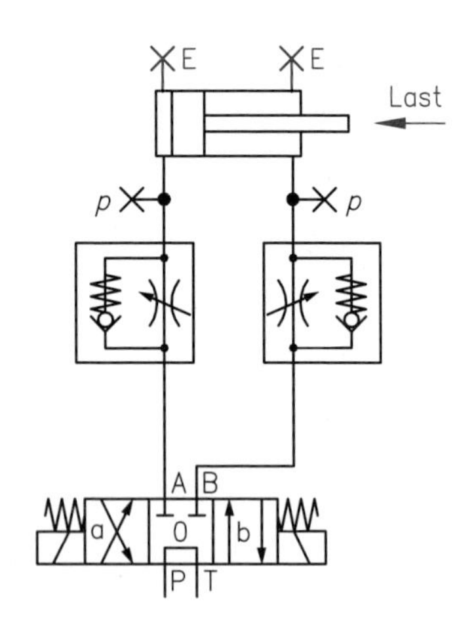

Geschwindigkeitssteuerung im Ablauf

6.7.3 Eilgang-Vorschub-Steuerung

Eine typische Anwendung der Hydraulik in der Fertigungstechnik ist die Eilgang-Vorschub-Steuerung von Werkzeugschlitten. Dabei führt die Hydraulik folgende Bewegungen aus:

- Das Werkzeug wird im Eilgang an das Werkstück herangefahren.
- Der Spanungsvorgang wird mit einem einstellbaren Vorschub durchgeführt.
- Nach dem Spanen wird das Werkzeug mit dem Werkzeugschlitten im Eilrücklauf in die Ausgangsstellung zurückgefahren.

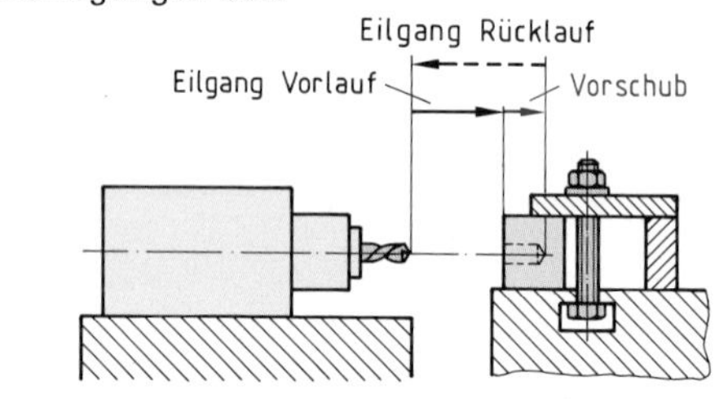

Bewegungen eines Werkzeugschlittens

Aufbau der vereinfachten Steuerung

Vom Antriebsaggregat wird die Anlage mit Druckflüssigkeit versorgt. In der Ausgangsstellung ist der Zylinder eingefahren. Die Anlage ist über das Druckbegrenzungsventil abgesichert. Schaltet man das 4/3-Wegeventil in Schaltstellung a, so fährt der Kolben des Zylinders im Eilgang aus, da das Rücköl über das geöffnete 2/2-Wegeventil ungedrosselt zum Tank abfließen kann. Sobald die Kolbenstange den induktiven Sensor erreicht, wird über ein elektrisches Signal das 2/2-Wegeventil in die Stellung b geschaltet. Das Rücköl kann deshalb nur über das Zweiwege-Stromregelventil in den Tank zurückfließen. Diese ablaufseitige Regelung des Volumenstromes ermöglicht eine einstellbare langsame Vorschubbewegung. Die notwendige Stromaufteilung erfolgt über das Dreiwege-Stromregelventil im Zulauf. Ist der Spanungsvorgang beendet, wird das 4/3-Wegeventil in die Schaltstellung b umgeschaltet; die Kolbenstange fährt schnell ein.

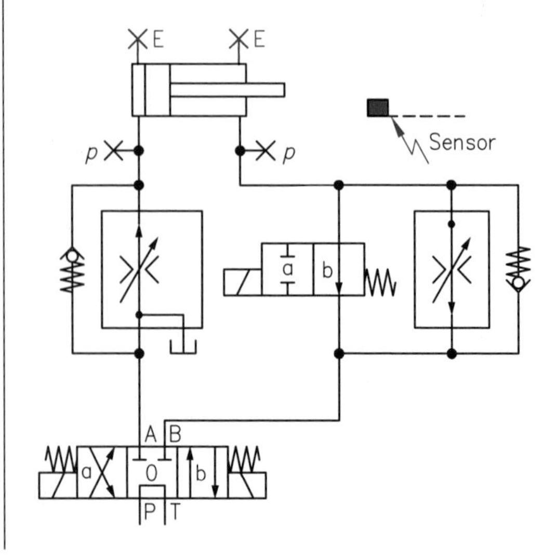

7 Inbetriebnahme, Wartung und Fehlersuche bei Steuerungen

Siehe Kap. „Instandhaltung" im Lernfeld 4 und 6 in diesem Buch.

Fertigen mit Computerunterstützung LF 8 + LF 11

Handlungsfeld: Fertigung von Werkstücken auf CNC-Maschinen vorbereiten

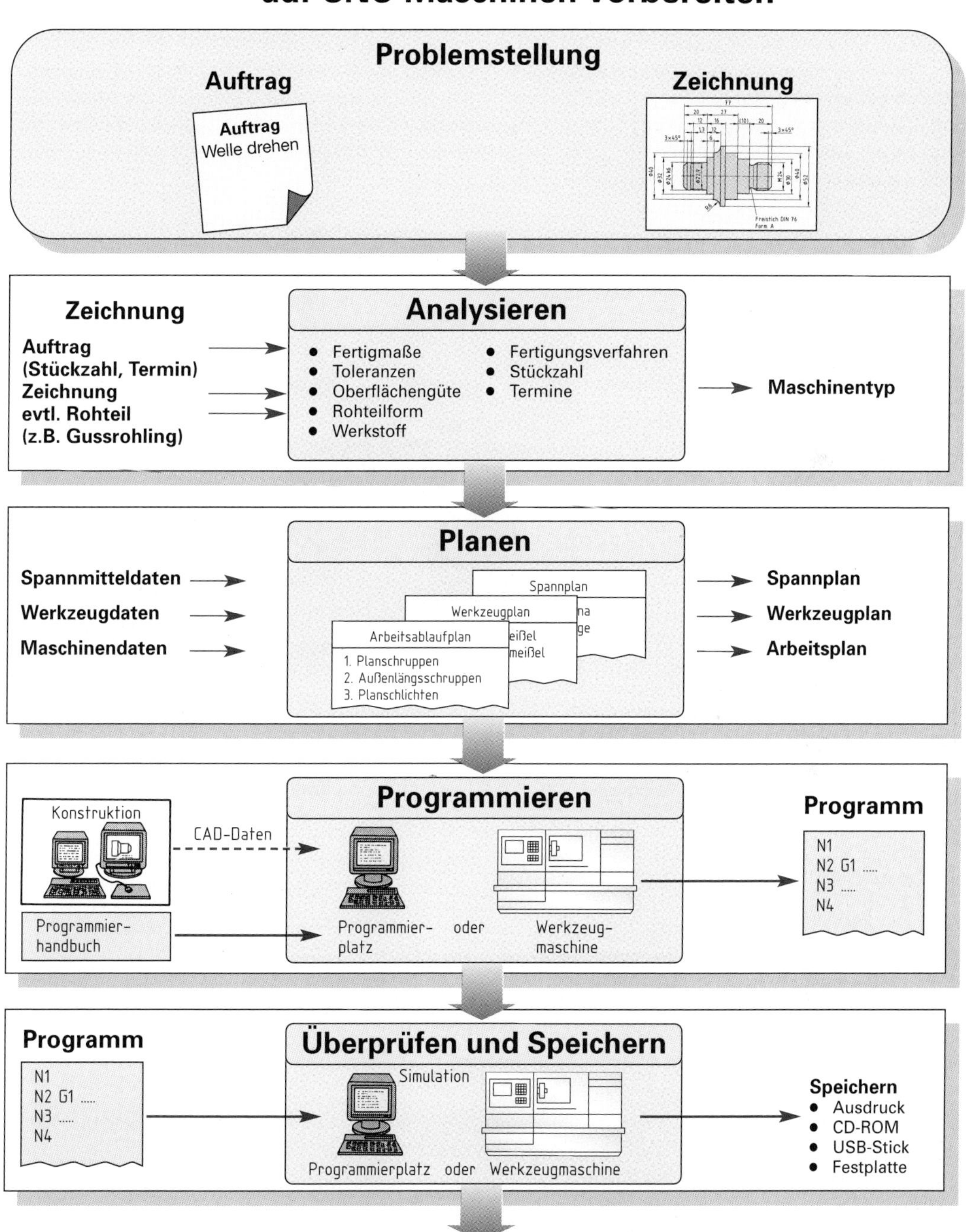

LF 8+11

1 CNC-Werkzeugmaschinen

1.1 Datenfluss in CNC-Maschinen

Bei der Bearbeitung von Werkstücken auf Werkzeugmaschinen müssen der Werkstückrohling und das Werkzeug so geführt werden, dass ein Werkstück in der vorgegebenen Form entsteht.

In der herkömmlichen Fertigung werden vom Maschinenbediener die Wege gesteuert, Bewegungen (z.B. Vorschub, Umdrehungsfrequenz) geschaltet und der Ablauf überwacht. In modernen Werkzeugmaschinen werden all diese Informationen als Programm, bestehend aus Buchstaben und Zahlen, eingegeben. Ein Computer verarbeitet dieses und gibt entsprechende Stellbefehle an die Steuerung der Maschinenantriebe. Gleichzeitig überwacht der Computer die Ausführung der Befehle. Man bezeichnet darum Maschinen mit solchen Steuerungen als „computerüberwacht und zahlenwertgesteuert" – engl. **c**omputerized **n**umerical **c**ontrol – als CNC-Maschinen.

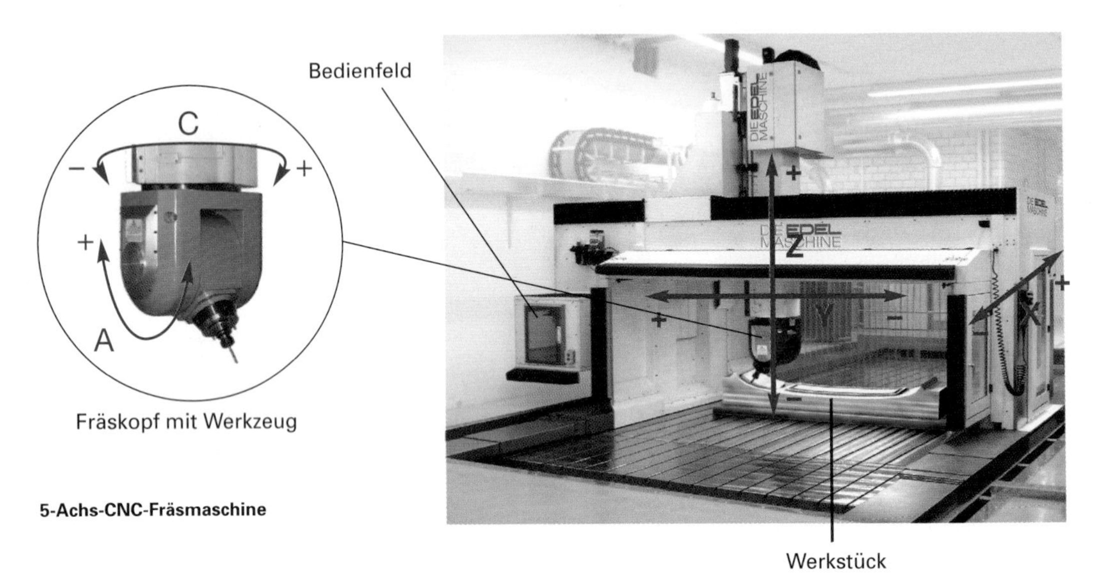

5-Achs-CNC-Fräsmaschine

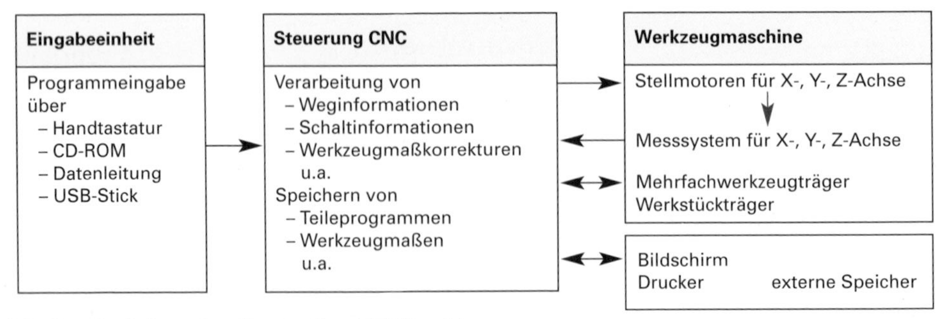

Übersicht über den Informationsfluss an einer CNC-Maschine

CNC-Maschinen sind Fertigungsmaschinen, die mit einer computergeführten Steuerung ausgestattet sind. Sie führen entsprechend einem aus Zahlen und Buchstaben bestehenden Programm einen selbstständigen Fertigungsablauf durch.

Eine CNC-Maschine besteht aus der eigentlichen Werkzeugmaschine und der Steuerung. Die Steuerung erhält Informationen über Eingabeeinheiten und von dem Messsystem der Maschine. Sie kann Befehle an die Werkzeugmaschine und Informationen an Anzeige- und Dokumentationseinrichtungen weitergeben.

1.2 Lageregelung an CNC-Maschinen

- **Lageregelkreis**

Die programmgemäße Bewegung von Werkstück und Werkzeug wird in einem **Lageregelkreis** geregelt. Dabei misst das zu einer Bearbeitungsrichtung gehörende Messsystem in jedem Augenblick den Istwert der Lage des Werkzeugs zum Werkstückträger. Eine elektronische Regeleinrichtung vergleicht ihn mit dem Sollwert und gibt einen entsprechenden Stellbefehl an den Stellmotor. Dies wird so lange fortgeführt, bis der Istwert – innerhalb festgesetzter Grenzen – mit dem Sollwert übereinstimmt.

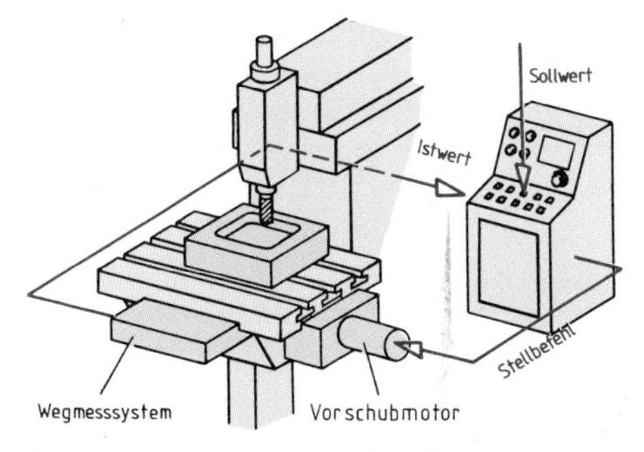

Lageregelung an einer CNC-Maschine

- **Messverfahren zur Lageregelung**

Inkrementales Messen geschieht, wenn man einen neuen Standort jeweils vom letzten Standort aus bestimmt, z.B. 30 mm nach rechts, von dort 20 mm zurück nach links, dann von dort 40 mm nach links. Man verwendet an Werkzeug-Maschinen zum inkrementalen Messen in 0,001 mm geteilte Glaslineale, die von einer Lichtquelle beleuchtet werden. Eine Fotozelle zählt die bei einer Bewegung auftretenden Lichtreflexe und meldet ihre Zahl an den Rechner der Maschine. Dieser ermittelt dann aus dieser Zahl die Positionsänderung gegenüber dem letzten Standort.

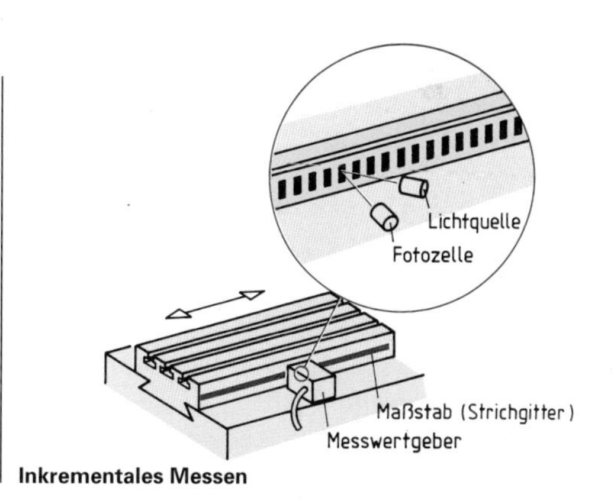

Inkrementales Messen

Inkrementale Messverfahren erfassen den Messwert in Schritten von einem wählbaren Nullpunkt aus.

Absolutes Messen liegt vor, wenn man alle Standorte von einem festen Nullpunkt aus misst, z.B. nach rechts auf 120 mm vom Nullpunkt, zurück auf 80 mm vom Nullpunkt, wieder nach links auf 200 mm vom Nullpunkt.

Man verwendet zum absoluten Messen in 0,001 mm geteilte Code-Lineale, auf denen jeder Punkt ein ganz bestimmtes Hell-Dunkel-Muster aufweist.

Zur genauen Bestimmung der Maschinentischposition wird dieses Muster von Fotozellen aufgenommen und an den Rechner der Maschine weitergeleitet. Daraus ermittelt der Rechner die genaue Position auf dem Maschinentisch.

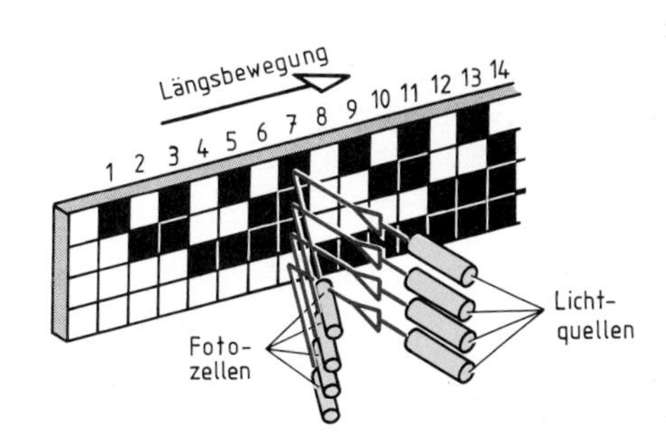

Direktes absolutes Messen mit Code-Lineal

Bei absoluten Messverfahren kann jeder Punkt auf der Messstrecke sofort zahlenmäßig bestimmt werden, weil er ein für die Messstrecke nur einmal auftretendes Signal liefert.

Übungsaufgaben F-2; F-3

1.3 Bahnsteuerungen an CNC-Maschinen

Mit einer Bahnsteuerung können in einer Ebene oder im Raum beliebige Schrägen oder Kurven gesteuert werden, das Werkzeug ist während der Bewegung im Eingriff. Beliebige Umrisse erreicht man durch das gleichzeitige Zusammenwirken von zwei oder mehreren Vorschubmotoren.

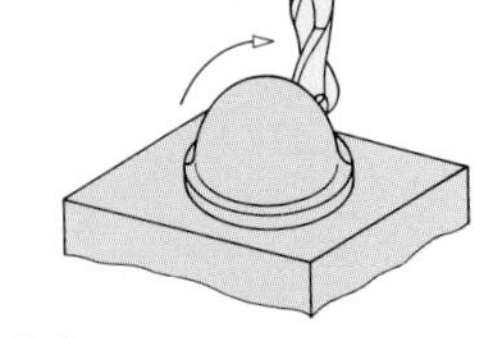

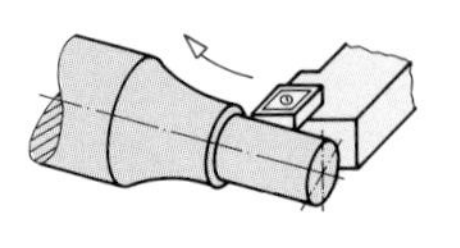

Bahnsteuerung

Bei Bahnsteuerungen erfolgt die Bearbeitung auf räumlichen Geraden oder Kurven, bei denen mehrere Achsen gleichzeitig mit voneinander unabhängigen Geschwindigkeiten gesteuert werden.

- **2D-Bahnsteuerung**

Die Steuerung einer Senkrechtfräsmaschine, mit der nur in der X-Y-Ebene Geraden, Kreisbögen und beliebige Kurven gefahren werden, nennt man eine 2D-Bahnsteuerung. Dabei müssen Zustellbewegungen in Z-Richtung von Hand vorgenommen werden. Bei einer 2D-Bahnsteuerung werden nur die Bewegungen in X- und Y-Richtung programmiert.

An Fräsmaschinen werden 2D-Bahnsteuerungen nur an Maschinen zur Schriftgravur eingesetzt.

Bei Drehmaschinen können in der X-Z-Ebene Geraden, Kreisbögen und Kurven gefahren werden.

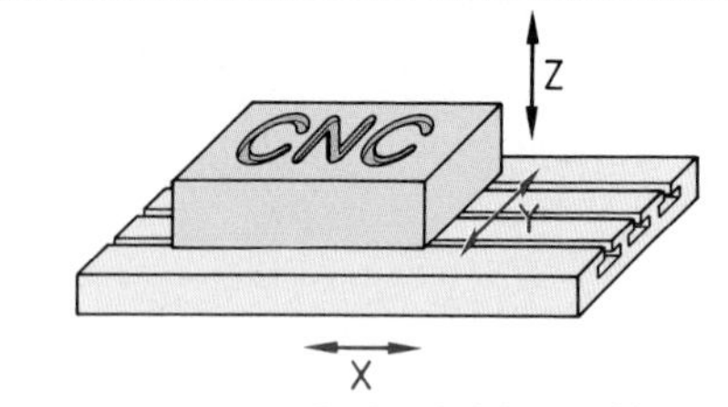

2D-Bahnsteuerung an Senkrechtfräsmaschine

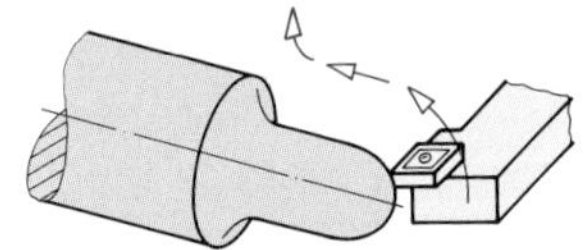

2D-Bahnsteuerung an Drehmaschine

Bei einer 2D-Bahnsteuerung erfolgt eine Steuerung in zwei Achsrichtungen. Alle Drehmaschinen sind mit einer 2D-Bahnsteuerung ausgestattet.

- **2 1/2 D-Bahnsteuerung**

Eine Steuerung, die zwar in jeder beliebigen Ebene Geraden, Kreisbögen und Kurven fahren kann, jedoch gleichzeitig immer nur in zwei Achsrichtungen, nennt man eine $2\frac{1}{2}$D-Bahnsteuerung. Die beiden steuerbaren Achsrichtungen sind in allen Ebenen möglich.

Eine $2\frac{1}{2}$D-Bahnsteuerung kann in einem Satz nur in zwei Achsrichtungen programmiert werden, z. B. in der X-Y-Ebene oder der X-Z-Ebene oder der Y-Z-Ebene.

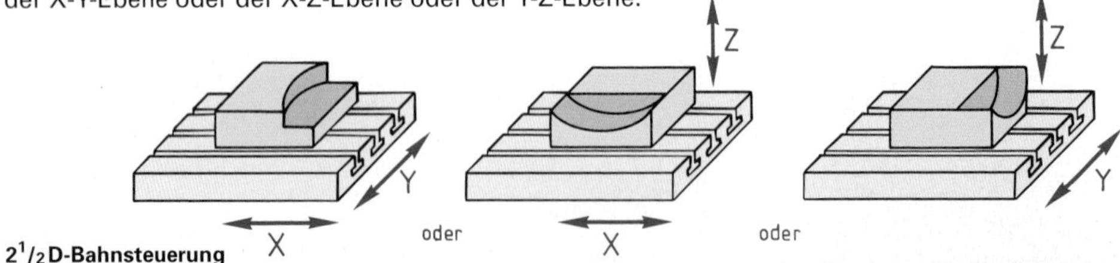

2 1/2 D-Bahnsteuerung

Bei einer $2\frac{1}{2}$D-Bahnsteuerung sind die drei Achsen steuerbar, gleichzeitig können jedoch stets nur zwei Achsen gesteuert werden.

- **3D-Bahnsteuerung**

Die Steuerung einer Werkzeugmaschine, bei der alle drei Achsen gleichzeitig vom Computer aus steuerbar sind, nennt man eine 3D-Bahnsteuerung.

Bei einer 3D-Bahnsteuerung können in einem Satz gesteuerte Bewegungen in X-, Y- und Z-Richtung programmiert werden, d. h. es können beliebige räumliche Bewegungen ausgeführt werden.

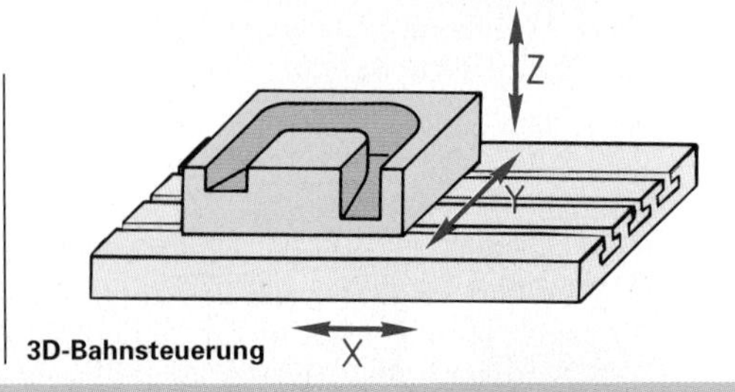

3D-Bahnsteuerung

Bei einer 3D-Bahnsteuerung können alle drei Achsen gleichzeitig gesteuert werden.

Übungsaufgaben F-4; F-5

1.4 Bedienfeld von CNC-Maschinen

1.4.1 Aufbau des Bedienfeldes

Alle außerhalb der Maschine erstellten Programme werden mit Datenträgern oder Datenleitung in die CNC-Maschine eingegeben. Zudem können fertige Programme manuell über das Bedienfeld eingegeben werden.

Beim Programmieren in der Werkstatt werden Programme am Bedienfeld erstellt.
Die Fertigungssteuerung erfolgt in allen Fällen vom Bedienfeld der Maschine aus. Dazu kann der Bediener verschiedene Betriebsarten aufrufen:
- Simulation der Fertigung auf dem Bildschirm,
- Probefertigung mit verminderter Vorschubgeschwindigkeit bzw. im Einzelsatzbetrieb,
- Fertigung im Automatikbetrieb.

Zudem können zur Optimierung der Bearbeitung über das Bedienfeld Programmteile, Werkzeug- und Schnittdaten verändert werden.

Beispiel für die Gestaltung der Bedientafel und des Bildschirmes einer CNC-Steuerung

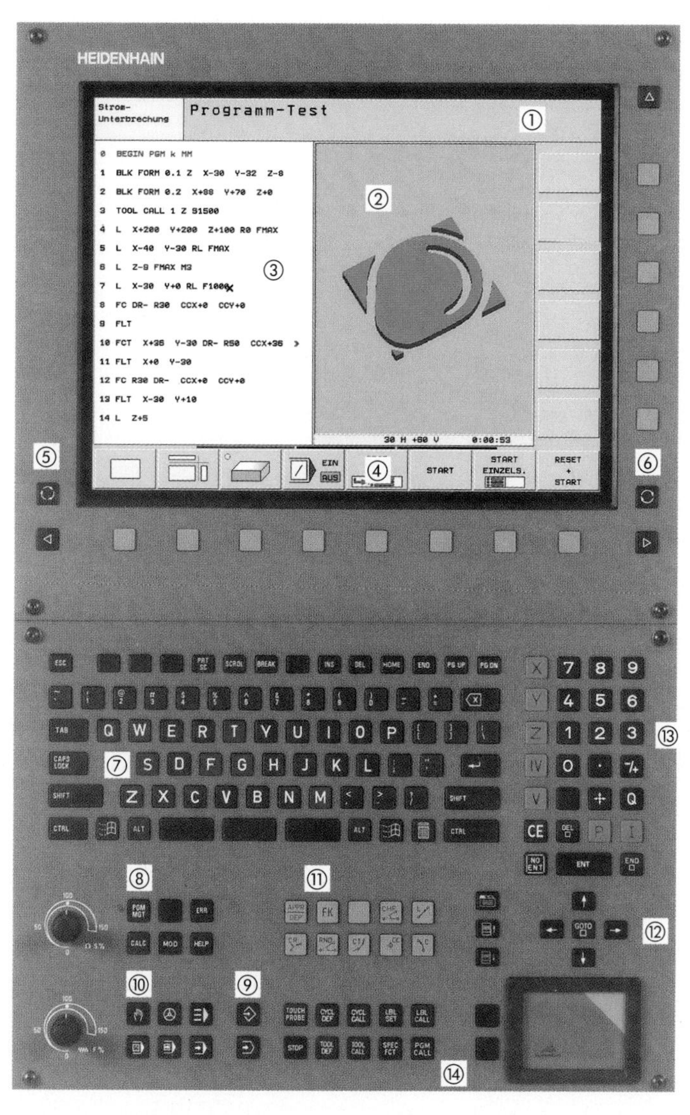

① Kopfzeile, zeigt Betriebsarten, Dialoge und Meldetexte
② Programmiergrafik
③ Programm
④ Fußzeile mit Softkeys und Umschalttasten
⑤ Wahl des Bildschirminhalts, z. B. *Programm und Programmiergrafik zeigen*
⑥ Umschalten des Bildschirms zwischen Programmierbetriebsart und Maschinenbetriebsart
⑦ Tastatur für Texteingabe, z. B. *Dateiname eingeben*
⑧ Dateiverwaltung, z. B. *Programm wählen*
⑨ Programmierbetriebsarten, z. B. *Programm einspeichern, Programm testen*
⑩ Maschinenbetriebsarten, z. B. *Manueller Betrieb*
⑪ Eröffnung der Programmierdialoge, z. B. *Kreisbewegung zu bestimmtem Zielpunkt*
⑫ Pfeiltasten, Zahleneingabe und Achswahl
⑬ ENTER-, Löschtaste
⑭ Zyklen, Unterprogramme

1.4.2 Bildzeichen für CNC-Maschinen

Viele Bildzeichen an numerisch gesteuerten Werkzeugmaschinen werden aus mehreren Grundbildzeichen zusammengesetzt. Der Pfeil nimmt unter den Bildzeichen eine Sonderstellung ein. Er erscheint selten allein und wird benutzt, um einem Bildzeichen eine ergänzende Aussage zu geben.

Grundbildzeichen

Richtungspfeil	Funktionspfeil für Maschinenfunktion	 Datenträger	 Programm ohne Maschinenfunktion	 Programm mit Maschinenfunktion

 Bezugspunkt	 Korrektur oder Verschiebung	Satz	 Speicher	 Wechsel

Bildzeichen für CNC-Werkzeugmaschinen (Auswahl)

Bildzeichen (Symbol)	**Bezeichnung und Anmerkungen**
	Programmanfang
	Handeingabe
	Dateneingabe extern
	Satzweises Einlesen ohne Maschinenfunktion, Auslösung durch Handbetätigung
	Programm einlesen mit Maschinenfunktionen
	Hauptsatz-Suche rückwärts
	Satznummern-Suche vorwärts
	Satzunterdrückung
	Rücklauf Datenträger (ohne Einlesen, ohne Maschinenfunktionen)
	Programmende; Datenträgerrücklauf zum Programmanfang (ohne Maschinenfunktionen)

Bildzeichen (Symbol)	**Bezeichnung und Anmerkungen**
	Dateneingabe in Speicher
	Daten im Speicher verändern
	Speicherinhalt löschen
	Absolute Maßangaben
	Relative (inkrementale) Maßangaben
	Verschiebung des Nullpunktes
	Korrektur der Werkzeuglänge
	Korrektur des Werkzeugradius
	Werkzeug-Korrektur
	Kompensation des Schneidenradius

2 Grundlagen zur manuellen Programmierung

2.1 Arbeitsablauf beim manuellen Programmieren

Alle Tätigkeiten, die ein Fachmann an einer herkömmlichen Werkzeugmaschine aufgrund seiner Erfahrung ausführt, müssen bei einer Fertigung auf CNC-Maschinen sorgfältig vorgeplant und als Befehle der Maschine eingegeben werden. Diese Befehle sind in Form von Buchstaben, Zahlen und Zeichen verschlüsselt; man bezeichnet sie als alphanumerische Zeichen. Die Auflistung der Befehle zur Fertigung eines Werkstücks nennt man das **Programm**.

2.2 Koordinatensysteme

Jeder Punkt eines Werkstücks, der bei der Bearbeitung auf einer Maschine angefahren wird, muss eindeutig festgelegt sein. Diese Festlegung geschieht im Sprachgebrauch z. B. durch die Angabe von Länge, Breite und Höhe. Für eine Bearbeitung auf CNC-Maschinen ist diese Angabe zu unpräzise, darum stellt man sich jedes Werkstück in einem rechtwinkligen Koordinatensystem vor und gibt die Abstände der Bearbeitungspunkte in X-, Y- und Z-Richtung an. Die Lage dieser Achsen zueinander ist in DIN 66217 festgelegt und wird durch die **„Rechte-Hand-Regel“** anschaulich gemacht.

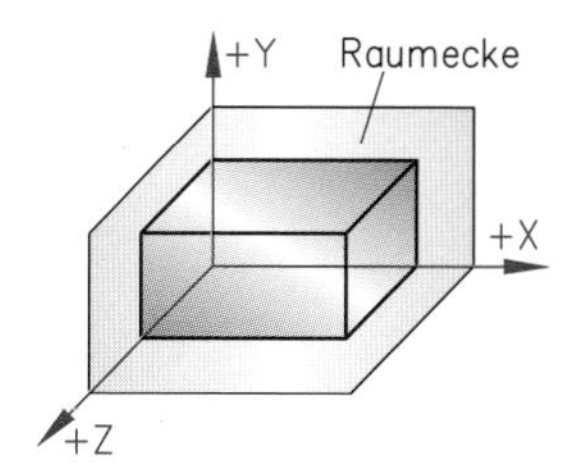

Dreiachsiges Koordinatensystem

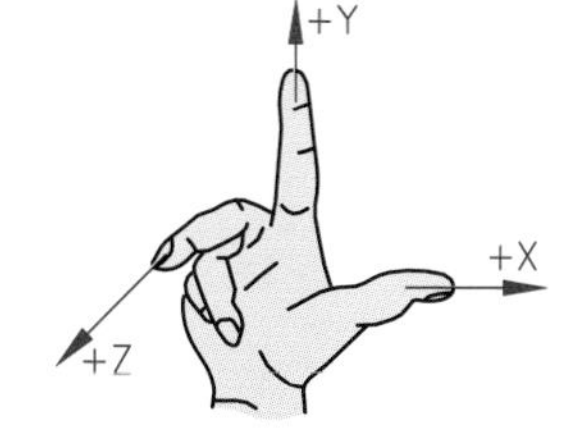

Rechte-Hand-Regel

Daumen in + **X**-Richtung
Zeigefinger in + **Y**-Richtung
Mittelfinger in + **Z**-Richtung

In einem X-, Y-, Z-Koordinatensystem ist die Lage jedes Punktes im Raum eindeutig bestimmt.
Für die Lage der Achsen zueinander gilt die „Rechte-Hand-Regel“.

Die richtige Lage des Koordinatensystems am Werkstück richtet sich nach dem Bearbeitungsvorgang und ist für jeden Werkzeugmaschinentyp genormt.

Beispiele für die Achsrichtungen bei Werkzeugmaschinen nach DIN 66217

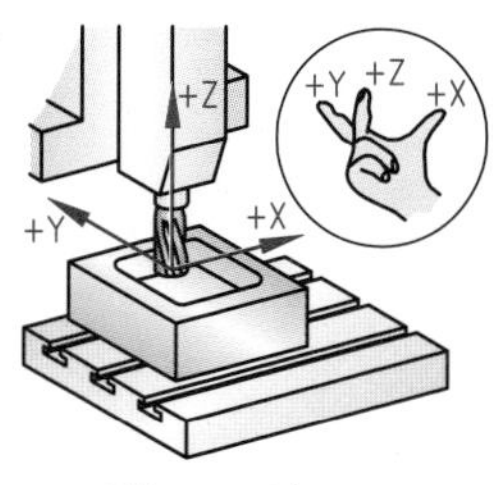

Fräsmaschine

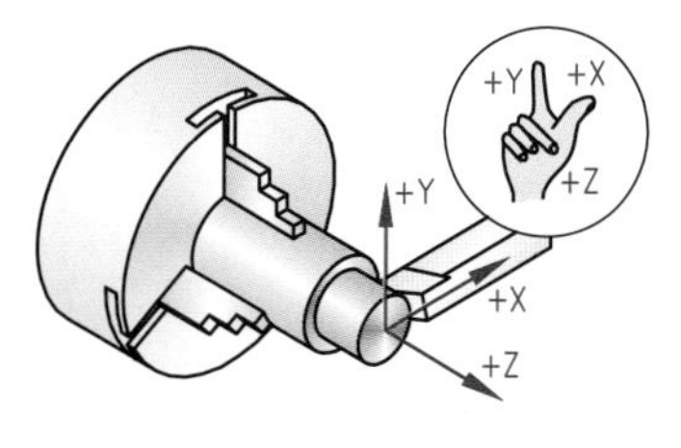

Meißel hinter der Drehmitte

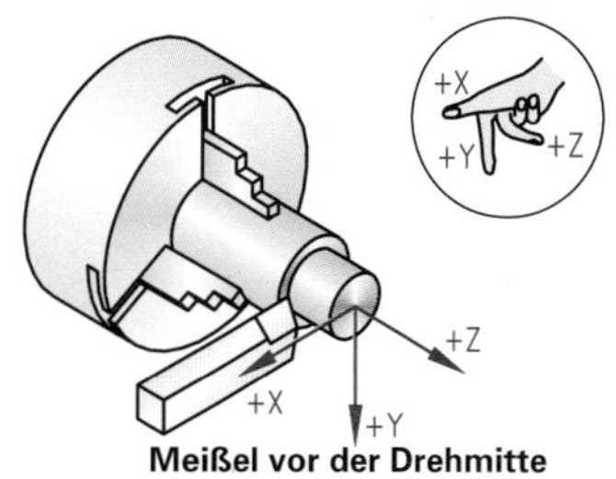

Meißel vor der Drehmitte

Die Festlegung der Achsrichtungen erfolgt immer parallel zu den Führungsbahnen der Maschine.
Die Z-Richtung liegt immer parallel zur Arbeitsspindel. Ihre positive Richtung ist so festgelegt, dass mit zunehmendem Z-Wert der Abstand zwischen Werkzeug und Werkstück größer wird.

Die Achsrichtungen einer Werkzeugmaschine ergeben sich aus der Lage von Führungsbahnen und Werkzeugbewegung.
Die Achsrichtungen sind im Handbuch der jeweiligen Werkzeugmaschine angegeben.

Übungsaufgabe F-6

2.3 Wahl des Werkstücknullpunktes

Bei der Programmierung werden die Werkstückabmessungen als Koordinaten erfasst, um die erforderlichen Wegbeschreibungen programmieren zu können. Daher bezieht man das Koordinatensystem immer auf das Werkstück; als Nullpunkt des Systems wählt man einen charakteristischen Punkt des Werkstücks.

Diesen frei gewählten Bezugspunkt bezeichnet man als Werkstücknullpunkt. In den Zeichnungen trägt man den Werkstücknullpunkt durch das abgebildete Symbol ein.

Bei *flachen unsymmetrischen Werkstücken* legt man den Werkstücknullpunkt an eine Ecke des Werkstücks.

Bei *flachen symmetrischen Werkstücken* wird der Werkstücknullpunkt in den Mittelpunkt bzw. auf die Symmetrieachse gelegt.

Bei Werkstücken mit dreidimensionaler Ausdehnung muss die Nullpunktfestlegung sich auf alle drei Achsen erstrecken.

Symbol für Werkstücknullpunkt

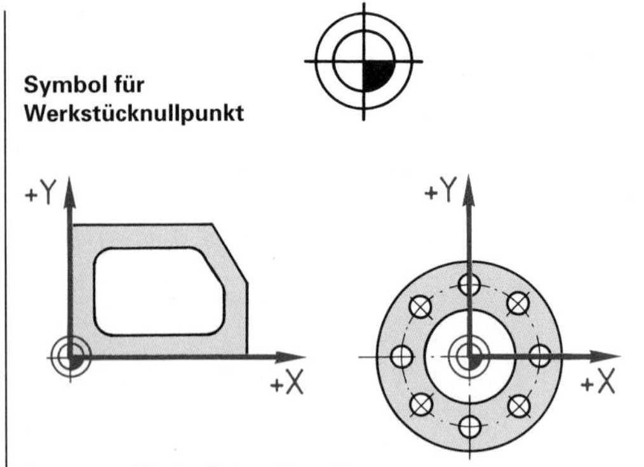

Lage von Werkstücknullpunkten

Als Ursprung des Koordinatensystems wählt man einen sinnvollen Punkt des Werkstücks als Werkstücknullpunkt. Der Werkstücknullpunkt wird in der Zeichnung durch ein Symbol angegeben.

2.4 Bemaßungsarten für die Programmierung

2.4.1 Absolutbemaßung

In den meisten Fällen gibt man der Steuerung von CNC-Maschinen alle Maße so ein, dass sie sich auf den Werkstücknullpunkt beziehen. Die Maßangaben sind in einem solchen Falle Absolutmaße. Da der Werkstücknullpunkt jedoch nicht immer einem Eckpunkt entspricht, können sich Werkstückbereiche nach allen Seiten vom Nullpunkt aus erstrecken.

Beispiel für eine Konturbeschreibung durch Absolutmaße

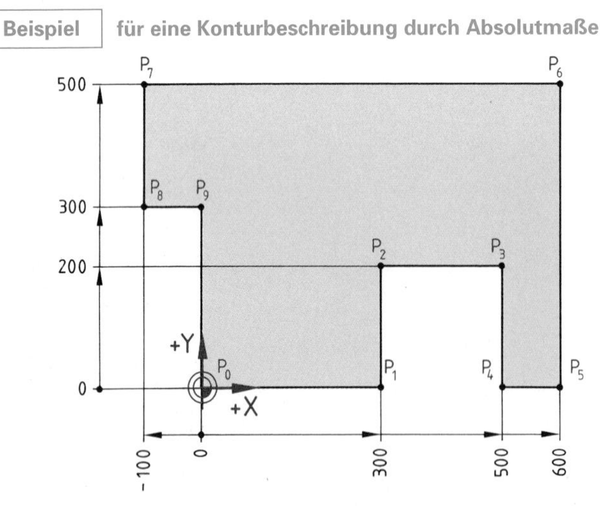

	G90	
	X	Y
P_0	X 0	Y 0
→ P_1	X + 300	Y 0
→ P_2	X + 300	Y + 200
→ P_3	X + 500	Y + 200
→ P_4	X + 500	Y 0
→ P_5	X + 600	Y 0
→ P_6	X + 600	Y + 500
→ P_7	X – 100	Y + 500
→ P_8	X – 100	Y + 300
→ P_9	X 0	Y + 300
→ P_0	X 0	Y 0

Normalerweise befinden sich CNC-Maschinen nach dem Einschalten in der **Absolutmaßprogrammierung,** sodass kein zusätzlicher Befehl eingegeben werden muss. Wenn jedoch innerhalb eines Programmes von einer anderen Art der Maßangabe, z.B. von der Inkrementalmaßprogrammierung, in die Absolutmaßprogrammierung umgeschaltet werden soll, ist **G90** einzugeben.

Die Absolutmaßprogrammierung wird der Steuerung durch G90 eingegeben.
Absolutmaße sind die tatsächlichen Abstände zum Werkstücknullpunkt.

Übungsaufgaben F-7; F-8

2.4.2 Inkrementalbemaßung

Bei der Inkrementalbemaßung wird jeder Punkt als Bezugspunkt für den nachfolgenden Punkt angesehen. Die Lage des folgenden Punktes wird durch die Abstände in X-, Y- und Z-Richtung mit entsprechendem Vorzeichen angegeben. Das Pluszeichen kann entfallen.
Der Steuerung wird eine Wegprogrammierung mit Inkrementalmaßen durch **G91** eingegeben.

Beispiel für eine Konturbeschreibung durch Inkrementalmaße

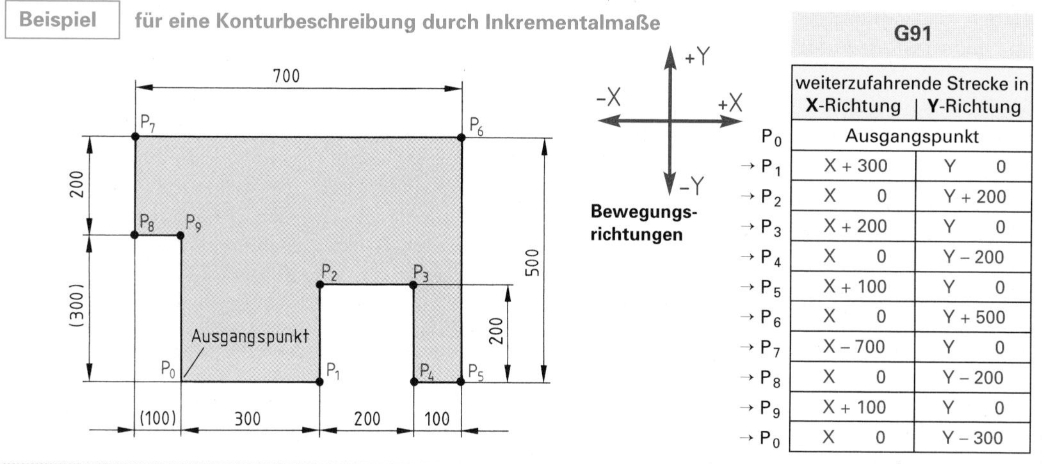

G91	weiterzufahrende Strecke in X-Richtung	Y-Richtung
P_0	Ausgangspunkt	
→ P_1	X + 300	Y 0
→ P_2	X 0	Y + 200
→ P_3	X + 200	Y 0
→ P_4	X 0	Y – 200
→ P_5	X + 100	Y 0
→ P_6	X 0	Y + 500
→ P_7	X – 700	Y 0
→ P_8	X 0	Y – 200
→ P_9	X + 100	Y 0
→ P_0	X 0	Y – 300

Der Steuerung wird eine Wegprogrammierung mit Inkrementalmaßen durch G91 eingegeben. Bei Inkrementalmaßprogrammierung gibt man die Entfernungen vom letzten bis zum nächsten Punkt an.

2.4.3 Polarkoordinatenbemaßung

Die Lage eines jeden Punktes in einem festgelegten Koordinatensystem kann durch die Länge des Leitstrahles (auch Zeiger oder Radius genannt) und den Winkel unter dem der Leitstrahl den Punkt trifft, beschrieben werden. Der Winkel wird von der positiven X-Achse aus gegen den Uhrzeigersinn gemessen.

Bei der Programmierung
- wird die Lage des Koordinatenschnittpunktes (Pol) mit den Koordinaten **IA** und **JA** angegeben und
- werden die Länge des Leitstrahles mit **R** und der Winkel mit **A** gekennzeichnet.

Polarkoordinatenbemaßung wird hauptsächlich zur Bemaßung von Bohrbildern und regelmäßigen Vielecken eingesetzt.

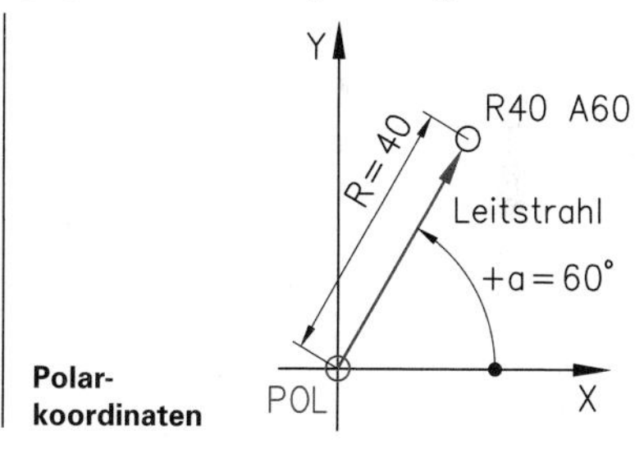

Polarkoordinaten

Beispiele für Bemaßung mit Polarkoordinaten

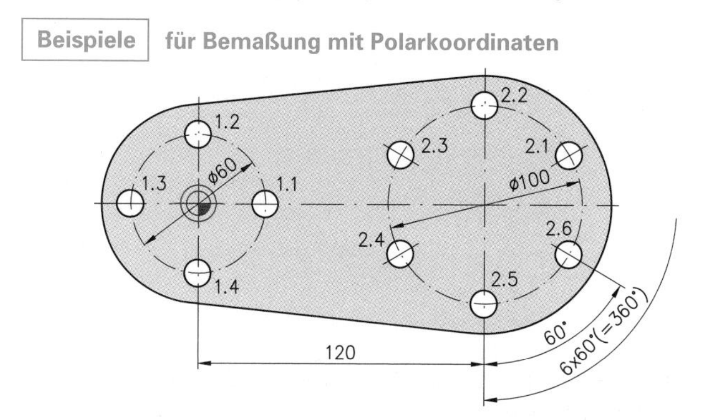

	Pol	Polarkoordinaten
1.1	IAO JAO	R30 A0
1.2	IAO JAO	R30 A90
1.3	IA0 JA0	R30 A180
1.4	IA0 JA0	R30 A270
2.1	IA120 JA0	R50 A30
2.2	IA120 JA0	R50 A90
2.3	IA120 JA0	R50 A150
2.4	IA120 JA0	R50 A210
2.5	IA120 JA0	R50 A270
2.6	IA120 JA0	R50 A330

Polarkoordinaten werden durch den Leitstrahl R und den Polarwinkel A angegeben.
Der Winkel wird positiv gegen den Uhrzeigersinn oder negativ im Uhrzeigersinn angegeben.

Übungsaufgaben F-9 bis F-11

2.5 Programmierung von Bahnbewegungen

2.5.1 Bearbeitungsrichtung

Bei der Fertigung können die Anfahr- und Bearbeitungswege vom Werkzeugträger oder vom Werkstückträger ausgeführt werden. Die Bearbeitungsrichtung ändert sich jedoch dadurch nicht. Man hat man deshalb vereinbart, bei der Programmierung so vorzugehen, als stünde das Werkstück fest und es würde nur das Werkzeug bewegt.

Vereinbarte Bearbeitungsrichtung beim Programmieren

2.5.2 Bewegungen im Eilgang

Wenn ein Werkzeug, das nicht im Eingriff ist, von einem Punkt zu einem anderen verfahren werden soll, erwartet man, dass diese Bewegung möglichst schnell ausgeführt wird. Die Vorschubmotoren werden dann in jeder Achse den Werkzeug- oder Werkstückträger im Eilgang bewegen. Sobald das Werkzeug in die Nähe des anzufahrenden Punktes kommt, wird es abgebremst und am Zielpunkt genau gestoppt. Der Zielpunkt wird auf einer unbestimmten Bahn angefahren. Der Maschinensteuerung gibt man den Befehl, einen Punkt im Eilgang anzusteuern, durch **G00** (vereinfacht G0) und die Koordinaten des Zielpunktes.

Beispiel für die Beschreibung einer Eilgangbewegung bei Absolutmaßprogrammierung

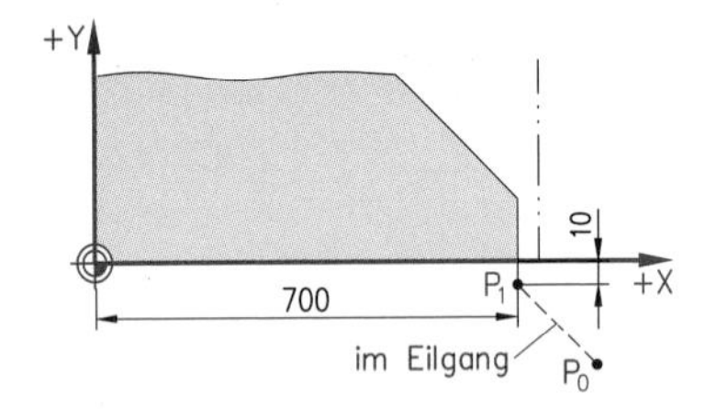

G00

	Wegbedingung	X	Y
	G 90		
→ P1	G 00	X 700	Y – 10

Das exakte Ansteuern eines Punktes im Eilgang auf nicht vorgegebener Bahn wird durch G00 (auch G0) eingegeben.

2.5.3 Geradlinige Arbeitsbewegungen

Soll die Steuerung von einem bestimmten Anfangspunkt aus eine geradlinige Arbeitsbewegung zu einem Endpunkt hin ausführen, so ist dazu **G01** (vereinfacht G1) erforderlich. Es ist gleichgültig, ob die Bewegungsrichtung achsparallel oder schräg verläuft. Hat man den Befehl zur geradlinigen Bewegung und die Koordinaten des Bewegungsendpunktes eingegeben, dann ermittelt der Rechner die erforderliche Bahn.

Beispiel für die Beschreibung geradliniger Arbeitsbewegungen bei Absolutmaßprogrammierung

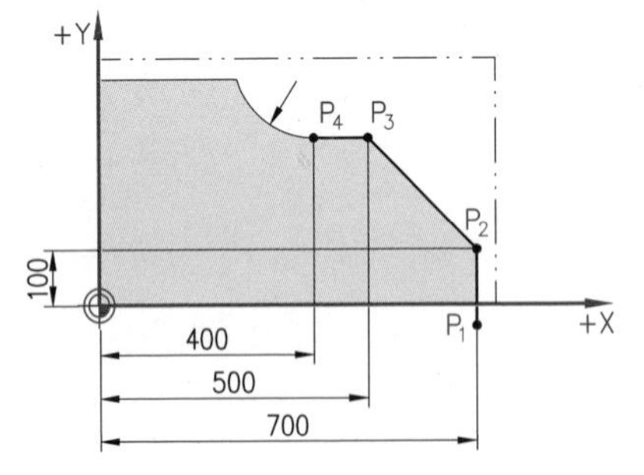

G01

	Wegbedingung	X	Y
	G 90		
→ P1	G 00	X 700	Y – 10
→ P2	G 01	X 700	Y 100
→ P3	G 01	X 500	Y 300
→ P4	G 01	X 400	Y 300

Der Wegbefehl G01 bleibt in der Steuerung so lange wirksam, bis er durch einen anderen Wegbefehl aufgehoben wird.

Geradlinige Arbeitsbewegungen mit vorgegebenem Vorschub werden auf G01 hin ausgeführt.

Übungsaufgaben F-12; F-13

2.5.4 Kreisförmige Arbeitsbewegungen

Zur eindeutigen Durchführung einer kreisförmigen Arbeitsbewegung sind neben den Zielkoordinaten auch Angaben zur Bewegungsrichtung und zur Lage des Kreismittelpunktes erforderlich.

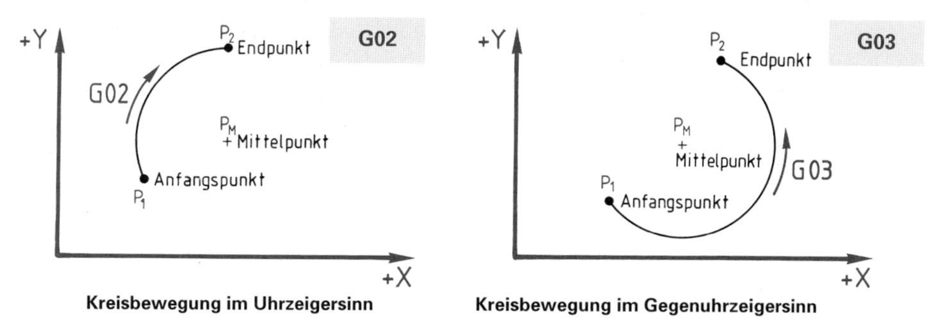

Kreisbewegung im Uhrzeigersinn **Kreisbewegung im Gegenuhrzeigersinn**

Kreisförmige Arbeitsbewegungen im Uhrzeigersinn werden auf den Befehl G02 hin ausgeführt, kreisförmige Arbeitsbewegungen im Gegenuhrzeigersinn erfolgen auf den Befehl G03.

Bei einer Bahnbeschreibung ist der Kreismittelpunkt im Gegensatz zum Anfangs- und Endpunkt ein Punkt, der außerhalb der Bewegungsbahn liegt; er dient der Steuerung lediglich als Information über Lage und Größe des Kreises. Daher gibt man die Koordination des Kreismittelpunkts – meist auch bei Absolutmaßprogrammierung – inkremental als Abstand vom Anfangspunkt in das Programm. Nähere Angaben findet man im Handbuch der entsprechenden Steuerung.

Die Kreismittelpunktkoordinaten bekommen die Adressbuchstaben:

I für den Abstand vom Anfangspunkt auf der **X-Achse,**
J für den Abstand vom Anfangspunkt auf der **Y-Achse,**
K für den Abstand vom Anfangspunkt auf der **Z-Achse.**

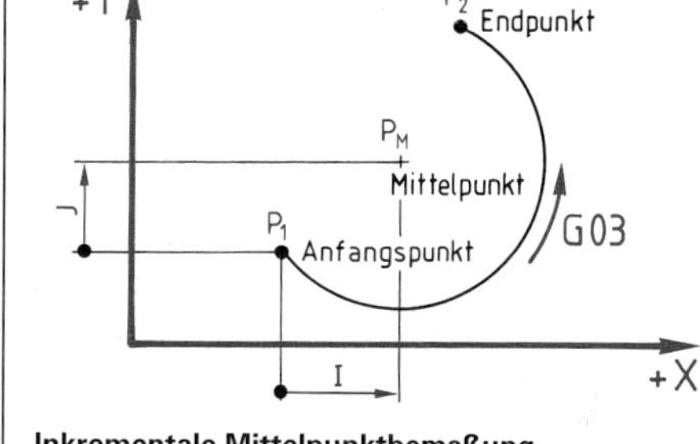

Inkrementale Mittelpunktbemaßung

Beispiel für die Beschreibung einer Kontur mit kreisförmiger Bewegung bei Absolutmaßprogrammierung

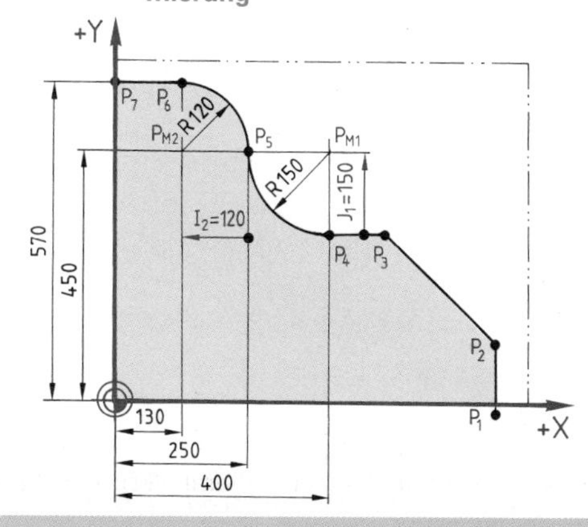

	Wegbedingung	X	Y	I	J
	G 90				
→ P_1	G 00	X 700	Y – 10		
→ P_2	G 01	X 700	Y 100		
→ P_3	G 01	X 500	Y 300		
→ P_4	G 01	X 400	Y 300		
→ P_5	G 02	X 250	Y 450	I - 0	J 150
→ P_6	G 03	X 130	Y 570	I - 120	J 0
→ P_7	G 01	X 000	Y 570		

Bei einer kreisförmigen Arbeitsbewegung werden die Koordinaten des Kreismittelpunkts häufig inkremental vom Anfangspunkt des Kreisbogens programmiert.

- **Programmierung von Bahnbewegungen in Inkrementalmaßprogrammierung**

Im Normalfall ist mit der Eröffnung der Programmierung die Absolutmaßprogrammierung eingeschaltet. Der Befehl G90 braucht darum zu Beginn der Programmierung nicht eingegeben zu werden.
Bei einer Programmierung mit Inkrementalmaßen muss zunächst die Inkrementalmaßprogrammierung mit G91 eingeschaltet werden. Die Inkrementalmaßprogrammierung bleibt so lange wirksam, bis mit G90 wieder auf die Absolutmaßprogrammierung umgeschaltet wird.

Beispiel für die Beschreibung von Bahnbewegungen mit Inkrementalmaßen

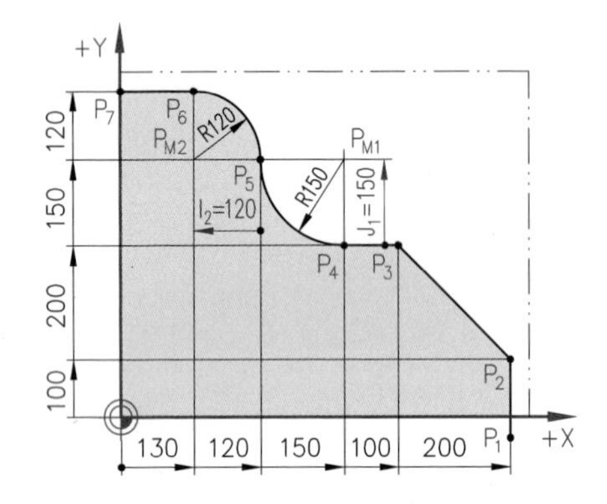

	Wegbedingung	X	Y	I	J
→ P_1	G 90	700	0		
	G 91	Inkrementalprogrammierung ein			
→ P_2	G 01	0	100		
→ P_3	G 01	-200	200		
→ P_4	G 01	-100	0		
→ P_5	G 02	-150	150	0	150
→ P_6	G 03	-120	120	-120	0
→ P_7	G 01	-130	0		
	G 90 Absolutprogrammierung ein				

Einschaltzustand ist die Absolutmaßprogrammierung. Inkrementalprogrammierung wird mit G91 eingeschaltet und wird durch G90 abgeschaltet.

- **Vereinfachte Programmierung von Übergangsradien und Fasen**

Viele Programmiersysteme vereinfachen die Programmierung von Übergangsradien und Fasen so, dass die Startpunkte von Radien und Fasen nicht mehr berechnet und programmiert werden müssen. Die Arbeitswege werden dann so beschrieben, als sei das Werkstück scharfkantig. Der Übergangsradius oder die Fase wird z. B. bei PAL mit dem Befehlszusatz RN und der Maßangabe des Radius bzw. der Fase angehängt. Positives RN erzeugt einen Radius, negatives eine Fase.

Beispiel für die vereinfachte Beschreibung einer Kontur mit Übergangsradien und Fasen (PAL)

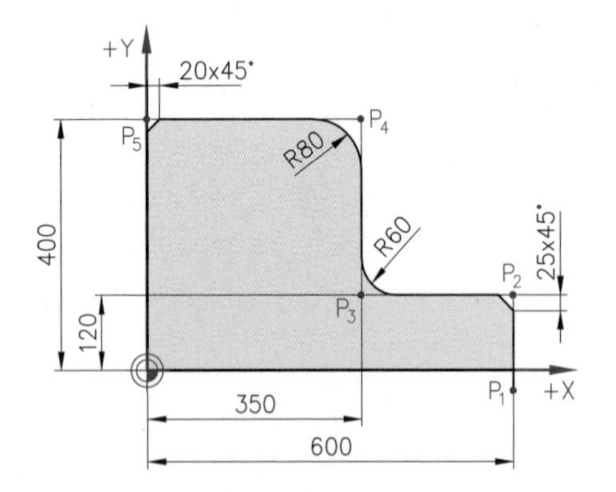

	Wegbedingung	X	Y	RN
→ P_1	G 01	600	0	
→ P_2	G 01	600	120	–25
→ P_3	G 01	350	120	+60
→ P_4	G 01	350	400	+80
→ P_5	G 01	0	400	–20
→ P_6	G 01	X 0	Y 0	

Übergangsradien und Fasen können vereinfacht programmiert werden, indem das Werkstück scharfkantig beschrieben wird und die Übergänge mit einem entsprechenden Zusatz gekennzeichnet werden.

Nach PAL: + RN ... Übergangsradius; – RN ... Fase.

2.6 Programmierung von Schaltinformationen

2.6.1 Programmierung von Technologiedaten

- **Schaltinformationen für die Vorschubbewegung**

Die Vorschubbewegung kann nach dem Adressbuchstaben **F** als Vorschub in mm (je Umdrehung) oder als Vorschubgeschwindigkeit in mm/min eingegeben werden.

Vorschubbewegung	Befehl	Beispiel
in mm/min	G94	G94 F100 bedeutet v_f = 100 mm/min
in mm	G95	G95 F0,25 bedeutet f = 0,25 mm (je Umdrehung)

- **Schaltinformationen für die Schnittbewegung**

Die Schnittbewegung kann beim Drehen entweder mit konstanter Schnittgeschwindigkeit oder konstanter Umdrehungsfrequenz mit dem Adressbuchstaben **S** eingegeben werden.
Beim Fräsen wird nur mit konstanter Umdrehungsfrequenz gearbeitet.

Schnittbewegung	Befehl	Beispiel
konstante Schnittgeschwindigkeit	G96	G96 S40 bedeutet v_c = 40 m/min
konstante Umdrehungsfrequenz	G97	G97 S900 bedeutet n = 900 1/min

Beim Drehen ist bei den meisten Maschinen eine konstante Schnittgeschwindigkeit programmierbar. Die Steuerung stellt entsprechend dem programmierten Durchmesser die Umdrehungsfrequenz ein. Damit beim Plandrehen in Nähe der Werkstückmitte nicht extreme Drehzahlen auftreten, kann ein Höchstwert eingegeben werden, z. B. bedeutet bei PAL der Befehl G 92 S2000 höchste Drehzahl 2000 $^1/_{min}$.

2.6.2 Programmierung von Werkzeugeinsatz und Zusatzfunktionen

- **Schaltinformationen für den Werkzeugeinsatz**

Die benötigten Werkzeuge sind in einem Mehrfach-Werkzeugträger oder Magazin abgelegt und durch Nummerierung gekennzeichnet. Durch den Adressbuchstaben **T** werden die Schaltbefehle zum Werkzeugeinsatz erteilt. Das **T-Wort** enthält als Zahlenwert die Nummer des verlangten Werkzeugs.

T03 Einsatzbefehl für Werkzeug Nr. 3

Bei vielen Steuerungen löst allein der Buchstabe **T** einen Werkzeugwechsel aus. Aus Kollisionsgründen muss *vor* jedem Werkzeugwechsel eine sichere Werkzeugwechselposition angefahren werden.

- **Schaltinformationen für Zusatzfunktionen**

Zusatzfunktionen werden durch M-Wörter eingegeben.

M 0 Programmierter Halt
M 3 Spindel EIN, Rechtslauf
M 4 Spindel EIN, Linkslauf
M 6 Werkzeugwechsel
M 8 Kühlmittel EIN
M 9 Kühlmittel AUS
M 17 Unterprogrammende
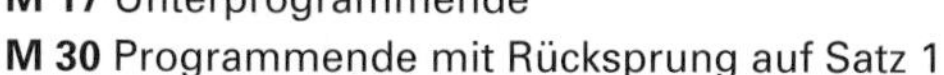
M 30 Programmende mit Rücksprung auf Satz 1

Werkzeugmagazin

Die **Spindeldrehrichtung** wird folgendermaßen beschrieben:

- Bei Drehmaschinen blickt man von der Antriebsseite auf die Werkstückeinspannung.
- Bei Fräsmaschinen blickt man von der Arbeitsspindel auf die Werkstückeinspannung.

Dreht sich die Spindel im Uhrzeigersinn, so ist das ein Rechtslauf, der mit M03 zu programmieren ist. Dreht sich die Spindel im Gegenuhrzeigersinn, so ist das ein Linkslauf mit dem Befehl M04.

2.6.3 Einwechseln der Werkzeuge

Zum Werkzeugwechsel muss der Werkzeugträger in die Werkzeugwechselposition fahren. Diese Position ist ein Punkt,

- der bei einem Wechsel des am weitesten in den Arbeitsraum reichenden Werkzeugs noch einen genügenden Sicherheitsabstand zum Werkstück gibt,
- der die einfache Handhabung des Werkzeugwechsels ermöglicht,
- der nach jeder Teilbearbeitung einfach angefahren werden kann und
- der kurze Anfahrwege zum nächsten Bearbeitungsschritt ermöglicht.

Auf den Befehl **G14** hin wird nach PAL der Werkzeugwechselpunkt im Eilgang angefahren. Das Wegfahren von der letzten Position geschieht normalerweise durch schräges Fahren. Mit dem Zusatz **H1** kann Wegfahren zunächst in X-Richtung festgelegt werden, mit dem Zusatz **H2** erfolgt Wegfahren zunächst in Z-Richtung.

Eine Koordinatenangabe für den Werkzeugwechselpunkt ist nicht notwendig, wenn dieser durch die Konstruktion der Maschine festliegt. Nach Erreichen des Werkzeugwechselpunktes löst die Programmierung den Werkzeugwechsel aus.

Beispiel für das Wegfahren von der Kontur zum Werkzeugwechselpunkt

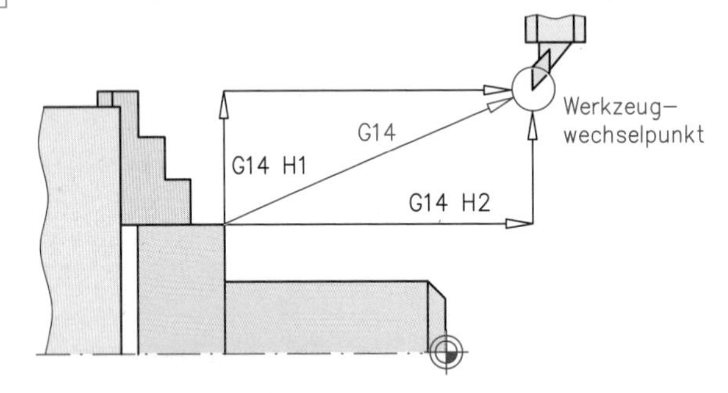

Der Werkzeugwechselpunkt wird auf den Befehl G14 hin angefahren und der Werkzeugwechsel eingeleitet.

2.6.4 Zufuhr von Kühlschmiermitteln

Kühlschmiermittel kann durch

- biegsame Leitungen von außen,
- fest im Revolver installierte Düsen oder
- Bohrungen im Werkzeug zugeführt werden.

Der Befehl **M8** schaltet die Kühlschmiermittelzufuhr ein, der Befehl **M9** schaltet sie aus.

Kühlschmiermittelzufuhr durch Düsen

Fräser mit KS-Zuführung durch Schlitze in den Schneidplatten

M08 (M8) schaltet die Kühlschmiermittelzuführung ein.
M09 (M9) schaltet die Kühlschmiermittelzuführung ab.

2.7 Zusammenstellung von Programmdaten zu Sätzen

In das Programm werden alle Daten eingegeben, welche die Steuerung benötigt, um am Werkstück einen Arbeitsschritt ausführen zu können. Dabei werden zusammengehörige Befehle zu Sätzen zusammengefasst. Die Sätze nummeriert man nach der Abfolge der Arbeitsschritte in Einer- oder Zehnerstufen.

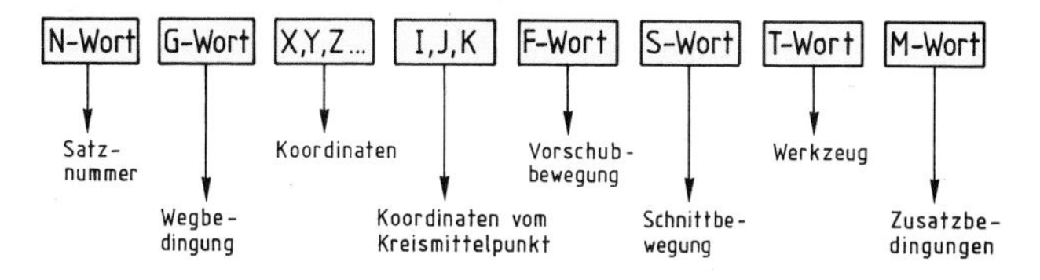

In einem Satz können Befehle und Wegangaben entfallen, die für den jeweiligen Arbeitsablauf nicht notwendig oder bereits wirksam sind. Man nennt solche Programmworte **modal** wirksam oder **selbst haltend.**

Beispiel für die Programmierung eines ebenen Werkstücks (nach PAL)

Aufgabe: Die unten bemaßte Nut soll in einem Schnitt durch Schruppen gefräst werden. Der Werkstückwerkstoff ist aus S 235. Der Fräser ist aus HSS und hat zwei Zähne.

Zeichnung

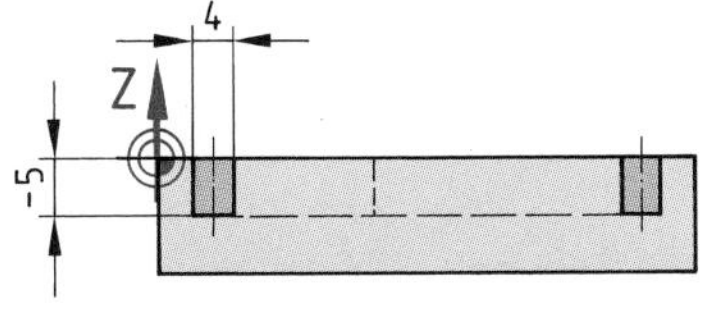

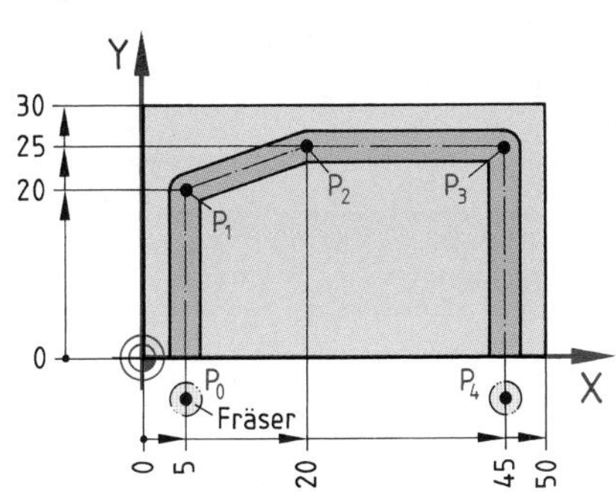

Programm

(mit Eintragung modal wirksamer Programmwerte)

N	G	X	Y	Z	F	S	T	M
N010	G90							
N020	G94				F540			
N030						S2700		M03
N040							T0100	M08
N050	G00	X5	Y-10					
N060	G00	(X5)	(Y-10)	Z2				
N070	G01	(X5)	(Y-10)	Z-5				
N080	(G01)	(X5)	Y20					
N090	(G01)	X20	Y25					
N100	(G01)	X45	(Y25)					
N110	(G01)	(X45)	Y-10					
N120	G00	(X45)	(Y-10)	Z50				M09
N130	G00	X-50	Y-20					M30

Die Werte in Klammern sind modal wirksam.
Sie werden normalerweise wegen Gefahr der Falscheingabe und zur Verbesserung der Übersichtlichkeit fortgelassen.

Erklärung

N010 Absolutmaße gelten bis auf Widerruf für alle Sätze
N020 Vorschub wird in mm/min angegeben, vorgesehen werden 540 mm/min
N030 Spindel soll im Uhrzeigersinn drehen, Umdrehungsfrequenz 2700 1/min
N040 Werkzeug T0100 einwechseln, Kühlschmiermittel einschalten
N050 Im Eilgang auf X5, Y-10 fahren
N060 Im Eilgang auf Z2 fahren
N070 Mit Vorschubgeschwindigkeit (540 mm/min) geradlinig auf Z-5 herunterfahren
N080 Mit Vorschubgeschwindigkeit geradlinig bis Y20 fräsen
N090 Mit Vorschubgeschwindigkeit geradeaus bis X20 Y25 fräsen
N100 Mit Vorschubgeschwindigkeit geradeaus bis X45 (Y25) fräsen
N110 Mit Vorschubgeschwindigkeit geradeaus bis (X45) Y-10 fräsen
N120 Im Eilgang auf Z50 fahren, Kühlschmiermittel ausschalten
N130 Im Eilgang auf X-50, Y-20 fahren, Ende des Programms

Übungsaufgaben F-19; F-20

3 Programmieren zur Fertigung von Drehteilen

3.1 Programmieren von Weginformationen beim Drehen

3.1.1 Koordinatensysteme an CNC-Drehmaschinen

Drehmaschinen werden mit Werkzeugträgern gebaut, bei denen das Werkzeug von vorne gesehen vor oder hinter der Drehmitte angeordnet ist. Im Gegensatz zu herkömmlichen Drehmaschinen werden CNC-Maschinen bevorzugt mit Werkzeugträgern ausgerüstet, die sich hinter dem Werkstück befinden. Daher muss je nach Bauform der Maschine zum Programmieren eine andere Lage des Koordinatensystems berücksichtigt werden. In beiden Fällen entspricht die Werkstückachse der Z-Achse.
Die positive X-Achse weist immer vom Drehteil aus in radialer Richtung auf das Werkzeug. Damit ergibt sich für beide Werkzeuganordnungen, dass größere Z-Werte eine größere Werkstücklänge und größere X-Werte einen größeren Werkstückdurchmesser zur Folge haben.

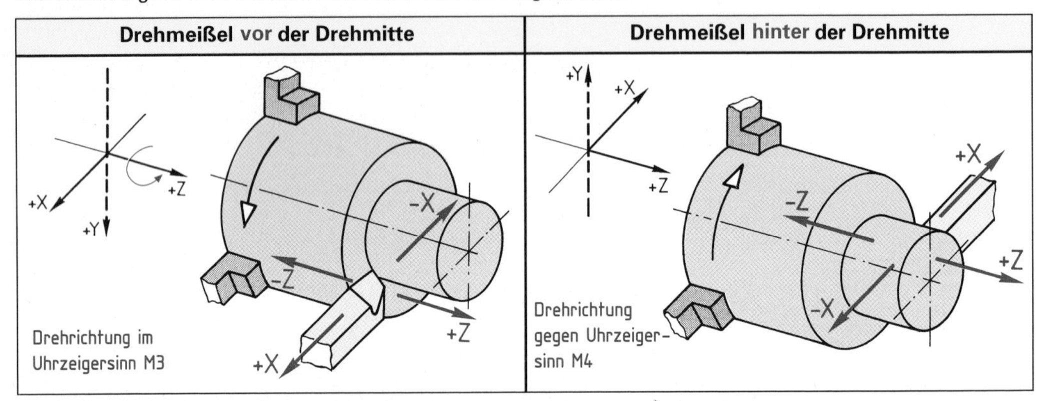

Die Z-Achse ist immer Drehachse des Werkstücks. Größerer Z-Wert bedeutet größere Werkstücklänge. Die X-Achse verläuft rechtwinklig zur Z-Achse auf das Drehwerkzeug zu. Größerer X-Wert bedeutet größerer Werkstückdurchmesser.

3.1.2 Nullpunkte und Bezugspunkte

- **Maschinennullpunkt, Referenzpunkt und Werkstücknullpunkt**

Nullpunkte legen für die Bearbeitung auf CNC-Maschinen das Koordinatensystem fest. Dabei unterscheidet man einen Maschinennullpunkt und einen Werkstücknullpunkt. Bezugspunkte – auch Referenzpunkte genannt – sind genau festgelegte Punkte, welche die Programmierung und das Bedienen der Maschine erleichtern.

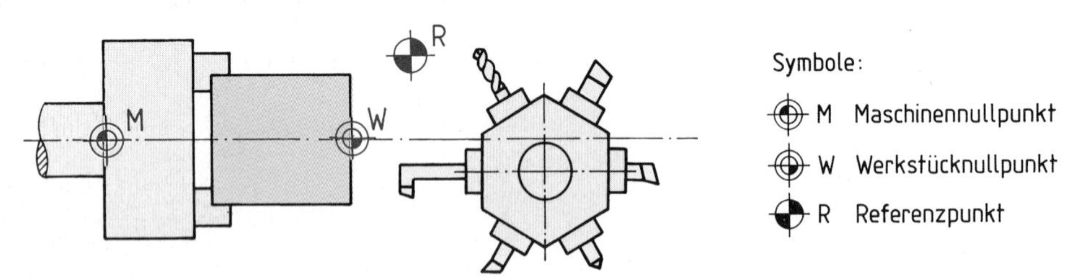

Nullpunkte und Bezugspunkte an einer Drehmaschine

Der **Maschinennullpunkt** ist der Ursprung des Maschinenkoordinatensystems. Er liegt bei CNC-Drehmaschinen im Schnittpunkt der Arbeitsspindelachse mit dem Werkstückträger.

Der **Referenzpunkt** ist ein festgelegter Punkt im Arbeitsbereich inkremental messender CNC-Drehmaschinen, welcher einen genau bestimmten Abstand zum Maschinennullpunkt hat. Der Referenzpunkt wird zum Nullsetzen des Messsystems angefahren, da der Maschinennullpunkt meist nicht angefahren werden kann.

 Übungsaufgabe F-21

- **Werkstücknullpunkte**

Der Werkstücknullpunkt ist vom Programmierer frei wählbar. Meist legt man ihn auf die rechte Planseite des Werkstücks. Weniger üblich ist es, ihn auf die linke Planseite festzulegen.

Beispiele für mögliche Lagen von Werkstücknullpunkten

Werkstücknullpunkt auf rechter Planseite

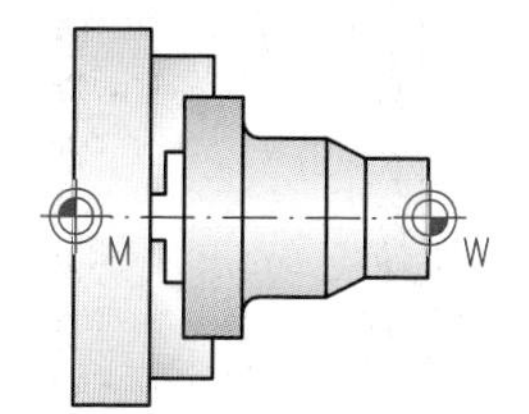

Werkstücknullpunkt auf linker Planseite

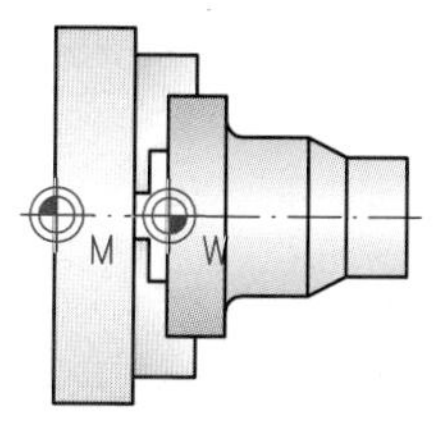

Ist zunächst eine Werkstückaußenbearbeitung an der rechten Planseite und danach eine Innenbearbeitung an der linken Planseite erforderlich, muss das Werkstück umgespannt werden. In solchen Fällen legt man zwei Nullpunkte fest.

Beispiel für Umspannvorgang und Werkstücknullpunktlage

1. Aufspannung

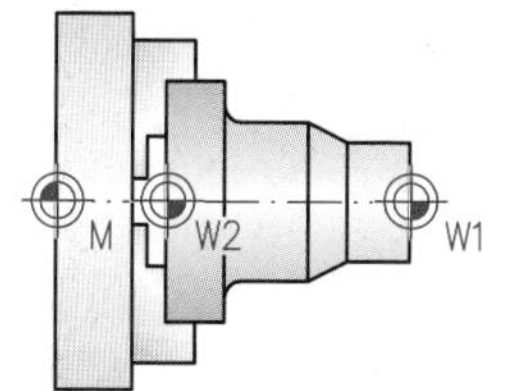

2. Aufspannung

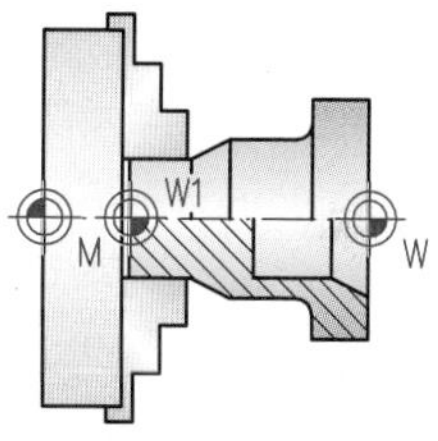

Der Programmierer legt den Werkstücknullpunkt entsprechend der Bearbeitungsaufgabe an der linken oder rechten Planseite fest. Bei Werkstücken, für die ein **Umspannvorgang** benötigt wird, werden zwei Werkstücknullpunkte angegeben.

3.1.3 Drehteile mit geradliniger Kontur

Geradlinige Drehteilkonturen werden mit dem Wegbefehl G01 programmiert. Der anzufahrende Endpunkt wird in X-Richtung nicht mit dem Radius, sondern mit dem Durchmesser programmiert. Abstände in Z-Richtung werden auf den Werkstücknullpunkt bezogen.

Beispiel für die Konturbeschreibung eines Drehteils

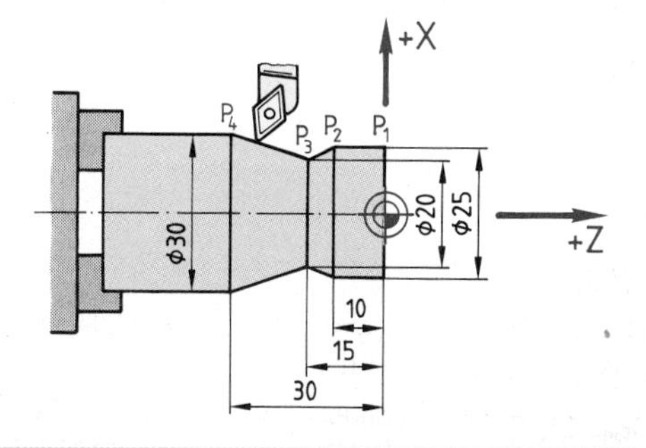

	Wegbedingung	X	Y
→ P_1	G 90		
→ P_2	G 01	X 25	Z – 10
→ P_3	(G 01)	X 20	Z – 15
→ P_4	(G 01)	X 30	Z – 30

Bei Drehteilen werden in X-Richtung Durchmesser und in Z-Richtung Längen programmiert.

Übungsaufgabe F-22

3.1.4 Drehteile mit kreisförmigen Konturanteilen

Zur Festlegung des Richtungssinns von kreisförmigen Bewegungen muss ein Betrachter immer in Richtung der negativen Y-Achse auf die X-Z-Ebene blicken. Soll sich – aus dieser Sicht – der Meißel in Vorschubrichtung im Uhrzeigersinn bewegen, so ist das durch einen G02-Befehl zu programmieren, soll er sich im Gegenuhrzeigersinn bewegen, so ist ein G03-Befehl zu programmieren.

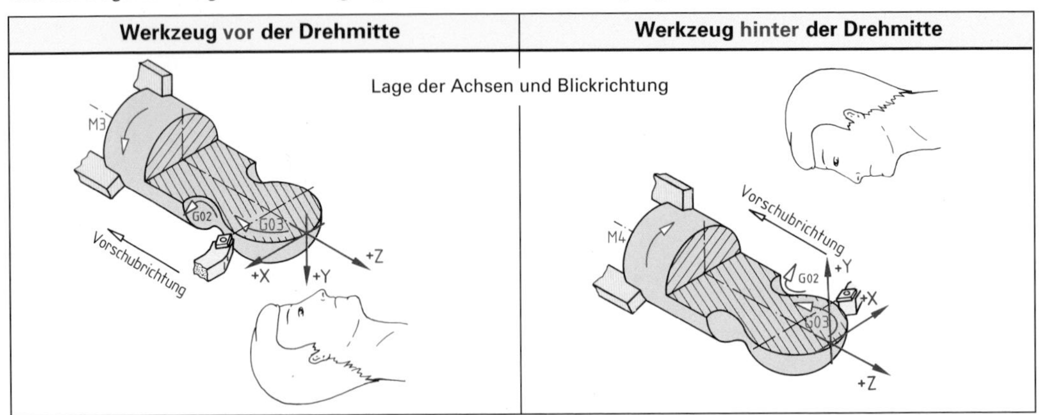

Sowohl für den Werkzeugeinsatz „Drehmeißel vor der Drehmitte" als auch für den Werkzeugeinsatz „Drehmeißel hinter der Drehmitte" sind die Programme gleich.

Zur Beurteilung des Richtungssinns für die Wegbedingungen G02 und G03 blickt man bei einer Stellung des Drehmeißels **vor** der Drehmitte **von unten** auf das Werkstück,
bei Stellung des Drehmeißels **hinter** der Drehmitte **von oben** auf das Werkstück.

- **Kreisprogrammierung mit Angabe der Mittelpunktkoordinaten**

Bei der Programmierung kreisförmiger Bahnbewegungen des Werkzeuges in der X-Z-Ebene werden die Koordinaten des Endpunktes und die Mittelpunktkoordinaten angegeben. Die Mittelpunktkoordinaten werden immer inkremental auf den Anfangspunkt der kreisförmigen Arbeitsbewegung des Werkzeuges bezogen. Der Abstand des Mittelpunktes in X-Richtung hat dabei den Adressbuchstaben **I** und der Abstand in Z-Richtung den Adressbuchstaben **K.**

Beispiele für die Programmierung von Radien mit Mittelpunktkoordinaten

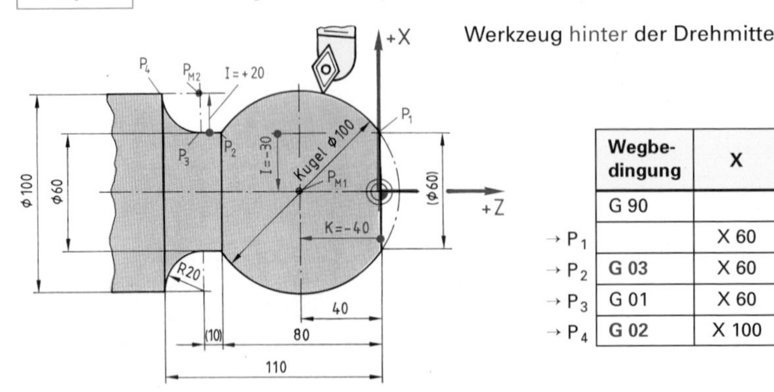

Werkzeug hinter der Drehmitte

	Wegbedingung	X	Z	I	K
	G 90				
→ P_1		X 60	Z 0		
→ P_2	G 03	X 60	Z – 80	I – 30	K – 40
→ P_3	G 01	X 60	Z – 90		
→ P_4	G 02	X 100	Z 110	I + 20	K 0

Angaben bei kreisförmiger Arbeitsbewegung mit Mittelpunktkoordinaten:
- Richtungssinn mit G02 im Uhrzeigersinn oder G03 im Gegenuhrzeigersinn
- Endpunktkoordinaten der Kreisbewegung mit X und Z
- Mittelpunktkoordinaten der Kreisbewegung mit I und K inkremental
  I für den Abstand vom Anfangspunkt auf der X-Achse
  K für den Abstand vom Anfangspunkt auf der Z-Achse

Übungsaufgaben F-23; F-24

3.2 Programmierhilfen beim Drehen

3.2.1 Zyklen beim Drehen

Bei der Bearbeitung von Drehteilen sind häufig sich wiederholende, gleichartige Arbeiten in Teilbereichen durchzuführen, die aufwendig zu programmieren sind. Solche Arbeitsabläufe fasst man in Unterprogrammen zusammen, die bereits in der Steuerung der CNC-Drehmaschinen als Zyklen vorhanden sind. Diese Zyklen vereinfachen die Programmierung erheblich.

Beispiele **für wichtige Drehzyklen** (PAL):

- Gewindezyklus **(G31)**
- Gewindebohrzyklus **(G32)**
- Längsschruppkonturzyklus **(G81)**
- Planschruppkonturzyklus **(G82)**
- Bohrzyklus **(G84)**
- Freistichzyklus **(G85)**
- Stechzyklus radial **(G86)**
- Stechzyklus axial **(G88)**

- Zyklen, die mit einer freistehenden Kontur verknüpft sind, z. B. Bohrzyklen, bestehen nur aus einem Satz. Dieser beginnt mit dem **G-Wort**. Es folgen die notwendigen Angaben zur Bearbeitung.
- Zyklen, die mit unterschiedichen Konturen verknüpft sein können, beginnen mit dem **G-Wort** zum Aufruf des Zyklus. Es folgen auf das G-Wort die notwendigen Angaben zur Technologie der Bearbeitung. In den folgenden Sätzen wird die Kontur beschrieben. Diese Beschreibung kann auch durch den Aufruf eines Unterprogramms, das die Konturbeschreibung enthält, erfolgen. Die Konturbeschreibung endet mit einem Satz, in dem **G80** den Zyklus abschließt.

- **Konturschruppzyklen**

Man unterscheidet je nach Zustellung beim Drehen einen Längs- und einen Planschruppkonturzyklus. Mit beiden Zyklen wird zunächst der Werkstoff entweder parallel zur Drehachse bzw. senkrecht zur Drehachse mit einer Bearbeitungszugabe abgearbeitet. Anschließend erfolgt eine Schlichtbearbeitung parallel zur Kontur.

Nach Aufruf eines Schruppzyklus mit **G-Wort** sowie Zustellung, Eintauchvorschub und Bearbeitungsart folgt die Fertigkonturbeschreibung mit Angabe der Schneidenradiuskorrektur. Das Zyklusende wird mit **G80** in das Programm eingegeben.

Beispiele **für Konturschruppzyklen** (PAL-Codierung)

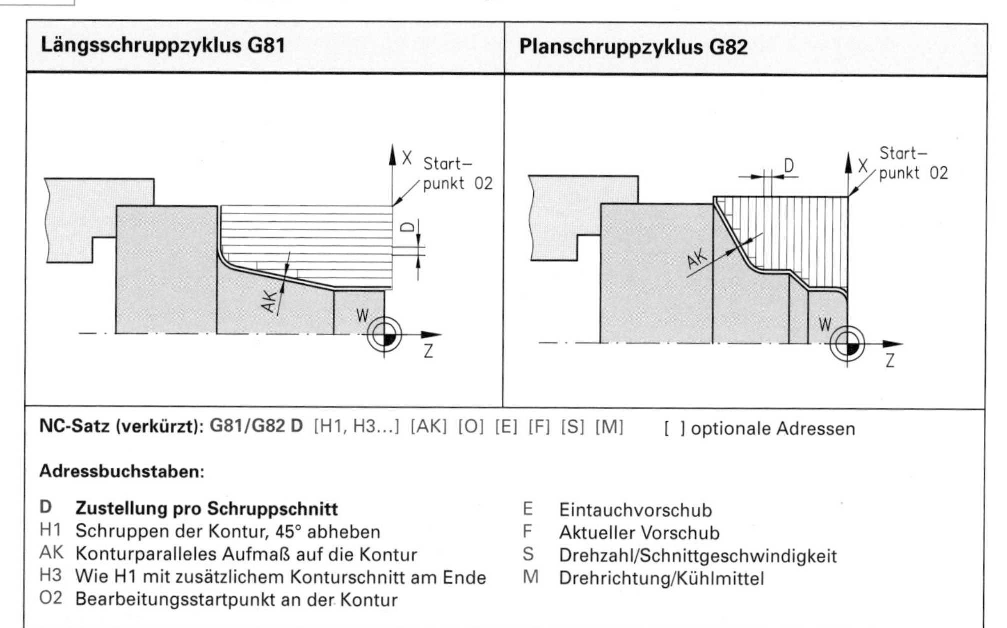

NC-Satz (verkürzt): G81/G82 D [H1, H3...] [AK] [O] [E] [F] [S] [M] [ ] optionale Adressen

Adressbuchstaben:

D	**Zustellung pro Schruppschnitt**	E	Eintauchvorschub
H1	Schruppen der Kontur, 45° abheben	F	Aktueller Vorschub
AK	Konturparalleles Aufmaß auf die Kontur	S	Drehzahl/Schnittgeschwindigkeit
H3	Wie H1 mit zusätzlichem Konturschnitt am Ende	M	Drehrichtung/Kühlmittel
O2	Bearbeitungsstartpunkt an der Kontur		

Beispiel für die Programmierung einer Drehbearbeitung mit dem Schruppzyklus G81

Aufgabe: Es soll die Außenkontur mithilfe der automatischen Schnittaufteilung des Konturzyklus G81 und einer maximalen Schnitttiefe von 2 mm gedreht werden.

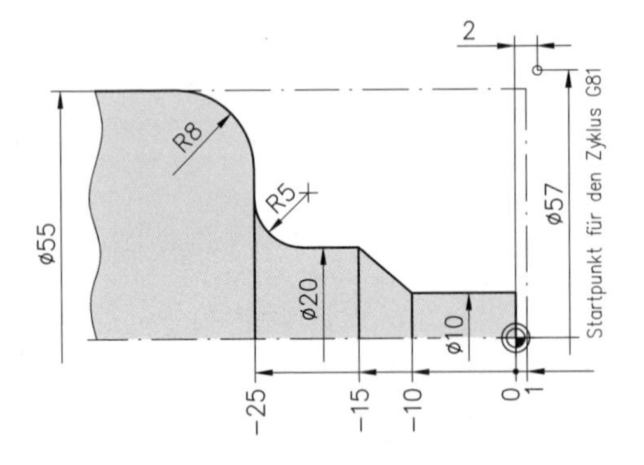

Rohteil:	Ø 55 mm x 70 mm
Werkstoff:	S275JR
Werkzeug:	Schrupp und Schlicht-Drehmeißel (T3)
Schneidplatte:	DCMT11-P20
Schnittwerte:	f = 0,1 mm v_c = 300 m/min

Programm	Bemerkungen
N10 G96 S300	Konstante Schnittgeschwindigkeit v_c = 300 m/min
N20 T3 M6	Aufruf von Werkzeug T3
N30 F0.1 M4	Vorschub mit f = 0,1 mm festlegen, Spindel EIN, Linkslauf
N40 G0 X57 Z0	Anfahren zum Plandrehen
N50 G1 X-0.2	Plandrehen
N60 G0 Z2	Wegfahren von der Kontur
N70 X57	Anfahren des Startpunktes für den Zyklus G81
N80 G81 D2 H3	**Aufruf des Zyklus G81, Schruppbearbeitung mit maximaler Schnitttiefe von 2 mm und anschließendem Konturschnitt**
N90 G1 G42 X10 Z0	Beginn der Beschreibung der Kontur, Werkzeubahnkorrektur, rechts
N100 Z-10	Geradlinige Vorschubbewegung
N110 X20 Z-15	Geradlinige Vorschubbewegung
N120 Z-20	Geradlinige Vorschubbewegung
N130 G2 X30 Z-25 I5 K0	Kreisförmige Bewegung im Uhrzeigersinn, Ende der Beschreibung der Fertigkontur
N140 G1 X39	Geradlinige Vorschubbewegung
N150 G3 X55 Z-33 I0 K8	Kreisförmige Bewegung im Gegenuhrzeigersinn
N160 G40	Schneidenradiuskorrektur aufheben
N170 G80	**Ende des Konturzyklus**
N180 G0 X80 Z50 **N190 M30**	Wegfahren des Werkzeuges im Eilgang, Programmende mit Rücksetzen

Mit dem Längsschruppzyklus G81 wird eine Kontur parallel zur Drehachse und mit einem Planschruppzyklus G82 senkrecht zur Drehachse geschruppt und dann konturparallel geschlichtet.

- **Freistichzyklus**

Damit Werkzeuge bei abgesetzten Wellen und Gewindezapfen freien Auslauf haben, werden an den Übergängen vom kleineren zum größeren Durchmesser Freistiche eingearbeitet. Zur Minderung der Kerbwirkung sind die Übergänge gerundet.
Gewindefreistiche sind in DIN 76 und Freistiche an Wellenzapfen in DIN 509 genormt.

Beispiele für Freistichzyklen (nach PAL)

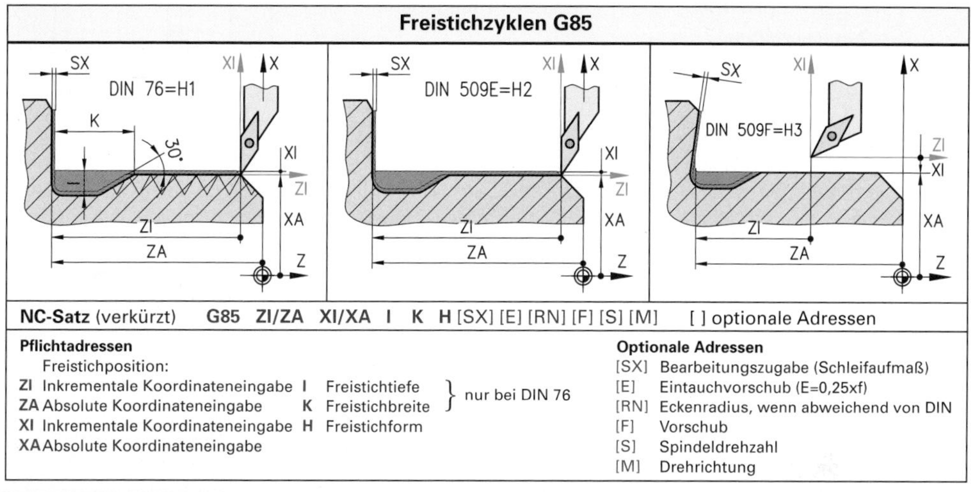

Freistiche werden mit G85 H... aufgerufen. H1 gilt für Gewindefreistiche, H2 und H3 gelten für Freistiche an Wellenzapfen.

- **Gewindezyklus**

Der Gewindezyklus wird zum Drehen beliebiger Gewinde mit speziellen Drehmeißeln eingesetzt. Durch das Werkzeug wird festgelegt, ob ein **Innen-** oder **Außengewinde** geschnitten wird. Die Drehrichtung der Spindel im Zusammenhang mit der Vorschubrichtung bestimmt, ob **Rechts-** oder **Linksgewinde** entstehen.

Beispiel für einen Gewindezyklus (nach PAL)

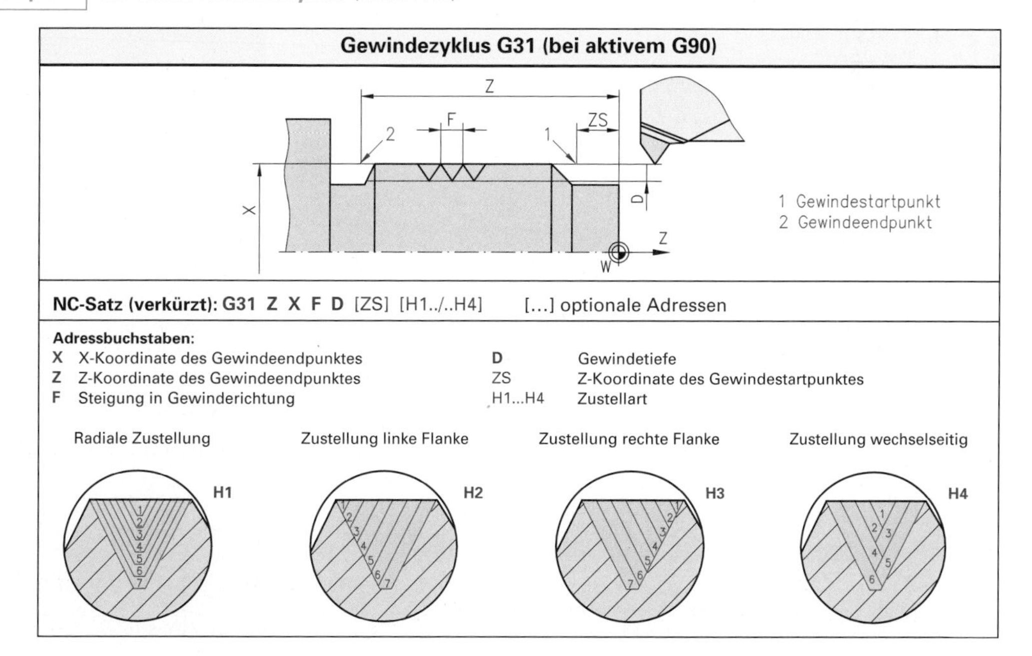

Übungsaufgabe F-27

Beispiel für die Anwendung von Drehzyklen
(Abbildungen aus Simulation mit MTS-Topturn)

Auftrag:
In der ersten Aufspannung soll die rechte Seite einer Welle bearbeitet werden.
Das Rohteil hat einen Durchmesser von 50 mm.
Es ist das Programm zur Bearbeitung der angegebenen Seite zu schreiben.

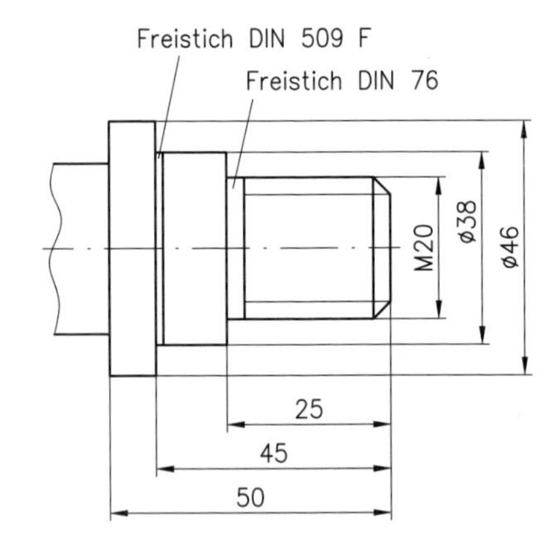

Lösung: (Als Video auch in BPW und auf der DVD im Aufgabenband 55310)

```
N10 G54
N15 T1 M4 G97 S2000 G95 F0.4
N20 G0 X45 Z1
N25 M8
N30 G82 D1.5 H2 AZ0.2                 Planschruppzyklus
  N35 G1 X40 Z0
  N40 G1 X-1
  N45 G1 Z4
  N50 G80
N55 G81 D3 H2 AZ0.2 AX0.5             Längsschruppzyklus
  N60 G0 X12 Z2
  N65 G1 X20 Z-2
  N70 G1 Z-25
  N75 G1 X30
  N80 G1 Z-20
  N85 G1 X38
  N90 G1 Z-50
  N95 G80
N100 M9
N100 G14
N105 T4 M4 S2000 F0.1 M8
N110 G0 X20 Z0
N115 G1 X-1
N120 G0 X12 Z2
N125 G1 X20 Z-2
N130 G85 XA20 ZA-25 I1.8 K6.3 H1      Gewindefreistichzyklus
N135 G1 X30
N140 G85 XA30 ZA-45 H3                Freistichzyklus an
N145 G1 X38                           Wellenzapfen
N150 G1 Z-50 M9
N155 G14
N160 T3 M3 M8 G97 S400
N165 G0 X22 Z2
N170 G31 ZA-21 XA20 F2.5 D1.53 H4     Gewindezyklus
N171 M9
N175 G14
N180 M30
```

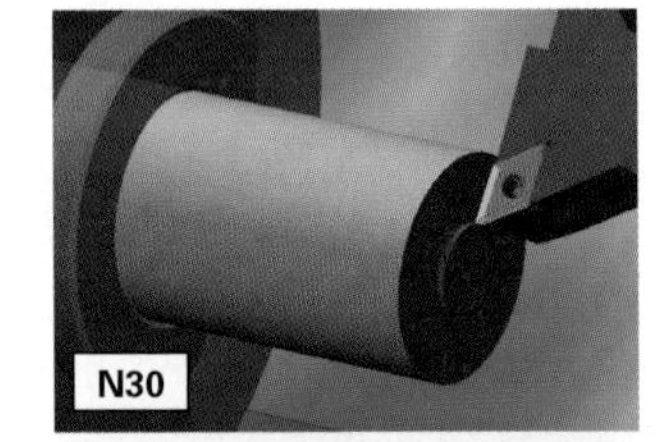

3.2.2 Programmabschnittwiederholungen

Mit dem Befehl **G23** können ausgewählte Teile eines Programms mehrfach wiederholt werden. Dies spart Programmierarbeit und kann in vielen Fällen die Arbeit mit Unterprogrammen ersetzen.

NC-Satz:

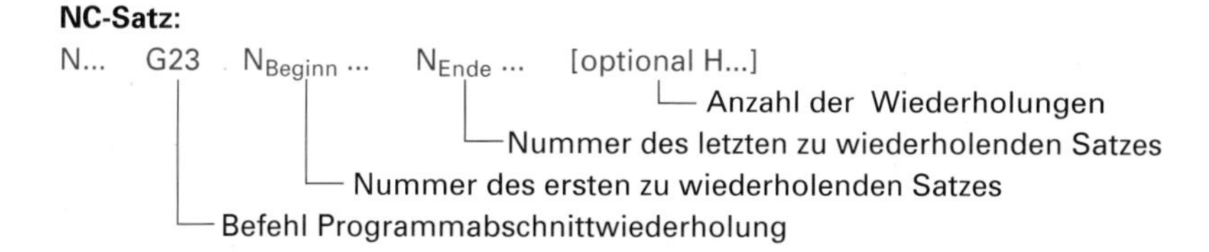

Wiederholungen eines Programmabschnitts werden mit G23 und den Satznummern des Start- und Endsatzes programmiert.

3.2.3 Unterprogramme

- **Unterprogramme Mit festen Zahlenwerten**

Für gleiche Bearbeitungsabläufe werden Unterprogramme erstellt. Diese Unterprogramme können an jeder beliebigen Stelle von Hauptprogrammen eingesetzt werden. Sie werden meist inkremental programmiert. Ein Unterprogramm beginnt mit **L** sowie der **Unterprogrammnummer** und endet im letzten Satz mit **M17**. Die Zahl der Wiederholungen an aufeinander folgenden Stellen wird mit H... angegeben.

Beispiel **für ein Unterprogramm mit festen Zahlenwerten** (nach PAL)

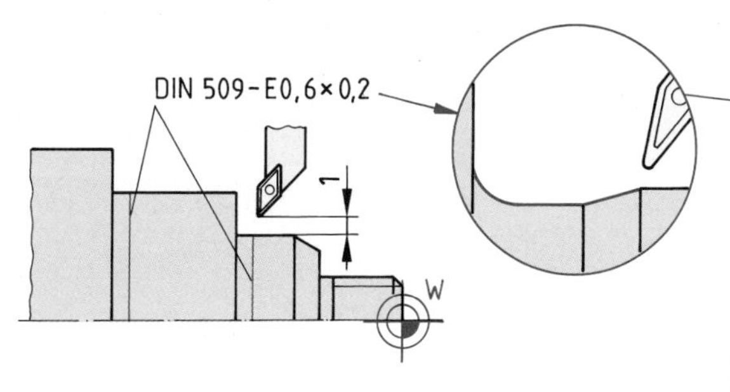

Unterprogramm Freistich
L 22

N	G	X	Z	I	K	M
N1	G91					
N2	G01	−1				
N3	G42					
N4	G01	−0.18	−0.671			
N5	G02	−0.02	−0.154	0.58	−0.154	
N6	G01		−0.575			
N7	G02	0.6	−0.6	0.6	0	
N8	G40					
N9	G01	0.2	2			
N10	G90					
N11						M17

Erklärungen:

L 22 H1
- H1 – Zahl der Durchläufe: 1
- 22 – Unterprogrammnummer: 22
- L – Unterprogrammaufruf

M17 Unterprogrammende

Hinweis zum Programm: Das Werkzeug wird im Hauptprogramm jeweils 1 mm vor den Durchmessern platziert. Darum wird hier im 2. Satz X-1 programmiert.

Für gleiche Bearbeitungsabläufe, die an unterschiedlichen Stellen aufgerufen werden, erstellt man Unterprogramme. Diese werden bevorzugt inkremental programmiert. Unterprogramme sind durch den Buchstaben **L** vor der **Unterprogrammnummer** gekennzeichnet. Das Unterprogrammende wird im letzten Satz mit **M17** angegeben.

Übungsaufgaben F-29 bis F-31

- **Unterprogramme mit Parametertechnik**

Für Bearbeitungsvorgänge, bei denen ähnliche Formen mit unterschiedlichen Maßen vorkommen, werden statt der Maße Parameter programmiert. Parameter werden von den Steuerungsherstellern unabhängig von Normen mit unterschiedlichen Buchstaben benannt – zum Beispiel **R**.

Beispiel für ein Unterprogramm mit Parametertechnik (steuerungsabhängiges Beispiel)

Werkstück Nr. 1

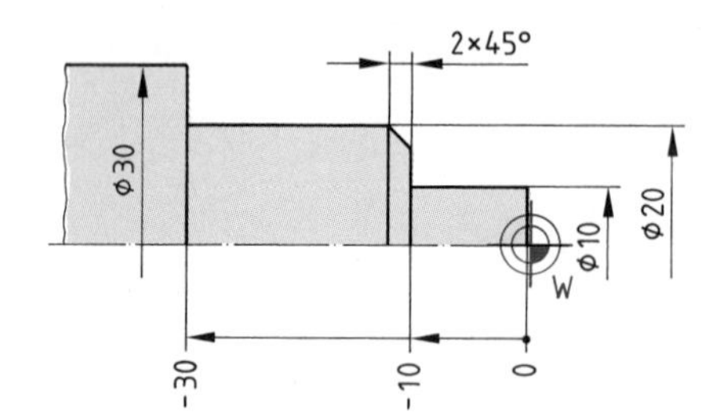

Werkstück Nr. 2

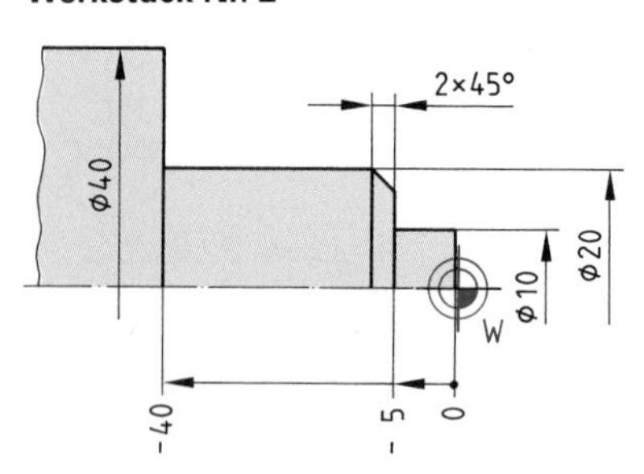

Werkstück Nr. 1 und Nr. 2 unterscheiden sich in der Länge ihrer zylindrischen Ansätze und im Wert des letzten Durchmessers. Es soll trotzdem ein gemeinsames Programm geschrieben werden. Dies geschieht dadurch, dass die unterschiedlichen Werte mit den Parametern R1, R2 und R3 belegt werden. Soll Werkstück Nr. 1 gefertigt werden, müssen *vor* Programmbeginn die Parameter mit den Werten von Werkstück Nr. 1 belegt werden; entsprechend wird bei Werkstück Nr. 2 vorgegangen:

Parameter von Werkstück Nr. 1
R1 = –10 (Länge des 1. Zylinders)
R2 = –30 (Länge des 2. Zylinders)
R3 = 30 (∅ des 3. Zylinders)

Parameter von Werkstück Nr. 2
R1 = –5 (Länge des 1. Zylinders)
R2 = –40 (Länge des 2. Zylinders)
R3 = 40 (∅ des 3. Zylinders)

N	G	X	Z	I	K
N1		R1=....			
N2		R2=....			
N3		R3=....			
N4					
N5	G90				
N6	G00	X0	Z0		
N7	G42				
N8	G01	X10			
N9	(G01)		Z=R1		
N10	(G01)	X20			
N11	(G01)		Z=R2		
N12	(G01)	X=R3			
N13	G40				

Bei Teilefamilien benötigt man mit Parametertechnik *ein* Programm. Unterschiedliche Werte werden unmittelbar vor dem Programm festgelegt.

3.2.4 Einsatz von Unterprogrammen

Zur Verringerung des Programmieraufwandes versucht man möglichst Zyklen und Unterprogramme einzusetzen. Die Unterprogramme werden mir **G22** und der Unterprogrammnummer **L...** aufgerufen. Mit **H...** kann die Zahl der Wiederholungen eingegeben werden.

NC-Satz: G22 L... [H...] [ ] optional

Beispiel **für den Einsatz von Zyklen und Unterprogrammen in einem Hauptprogramm**

Die vorgearbeitete und umgespannte Folienwalze soll vier gleiche Erhebungen erhalten. Ein entsprechendes Programm ist zu schreiben.

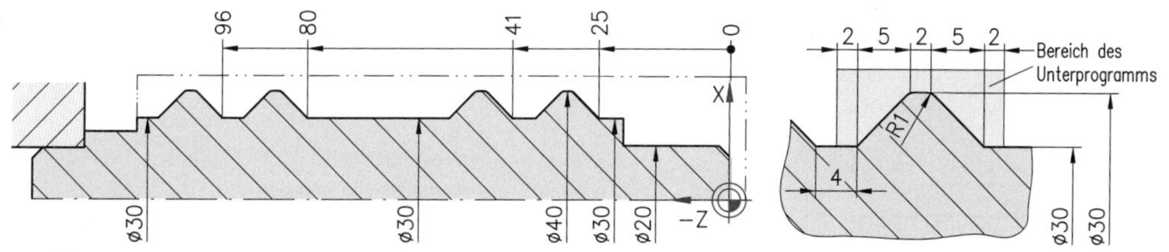

Lösung: (Als Video auch in BPW und auf der DVD im Aufgabenband 55310)

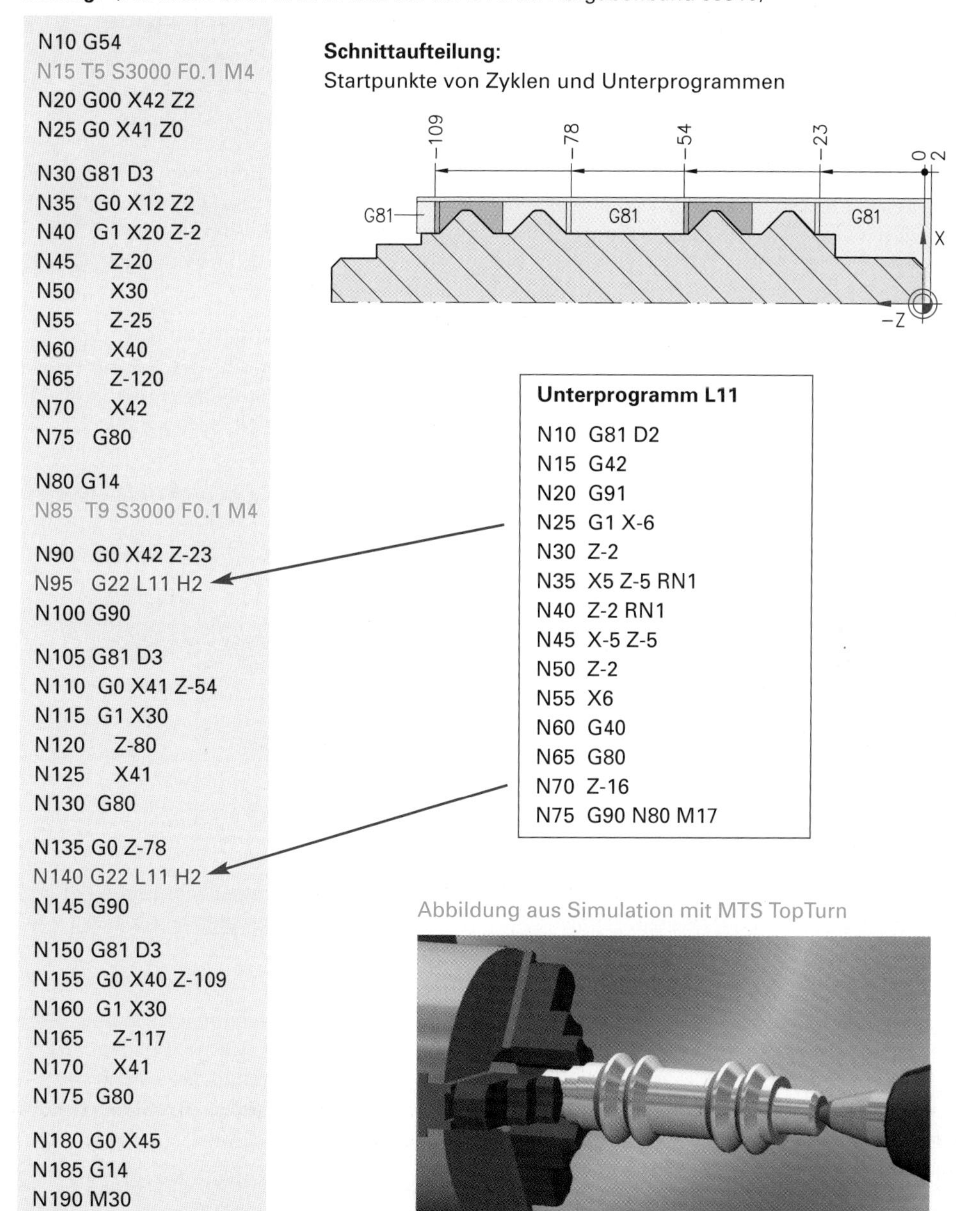

```
N10 G54
N15 T5 S3000 F0.1 M4
N20 G00 X42 Z2
N25 G0 X41 Z0

N30 G81 D3
N35   G0 X12 Z2
N40   G1 X20 Z-2
N45      Z-20
N50      X30
N55      Z-25
N60      X40
N65      Z-120
N70      X42
N75   G80

N80 G14
N85  T9 S3000 F0.1 M4

N90   G0 X42 Z-23
N95   G22 L11 H2
N100 G90

N105 G81 D3
N110  G0 X41 Z-54
N115  G1 X30
N120     Z-80
N125     X41
N130  G80

N135 G0 Z-78
N140 G22 L11 H2
N145 G90

N150 G81 D3
N155  G0 X40 Z-109
N160  G1 X30
N165     Z-117
N170     X41
N175  G80

N180 G0 X45
N185 G14
N190 M30
```

Schnittaufteilung:
Startpunkte von Zyklen und Unterprogrammen

Unterprogramm L11

```
N10  G81 D2
N15  G42
N20  G91
N25  G1 X-6
N30  Z-2
N35  X5 Z-5 RN1
N40  Z-2 RN1
N45  X-5 Z-5
N50  Z-2
N55  X6
N60  G40
N65  G80
N70  Z-16
N75  G90 N80 M17
```

Abbildung aus Simulation mit MTS TopTurn

LF 8+11

3.3 Werkzeuge und Werkzeugmaße beim Drehen

3.3.1 Aufbau von Drehwerkzeugen

Auf CNC-Drehmaschinen setzt man ausschließlich Drehmeißel mit auswechselbaren Wendeschneidplatten ein. Der Drehmeißel wird in den Werkzeughalter eingesetzt. Werkzeughalter sind meist mit genormten Schäften nach DIN 69880 ausgestattet, mit denen sie in entsprechend gestaltete Mehrfachwerkzeugträger (Werkzeugrevolver) eingesetzt werden.

Beispiel für einen Werkzeughalter mit Schaft und einen Werkzeugrevolver einer CNC-Drehmaschine

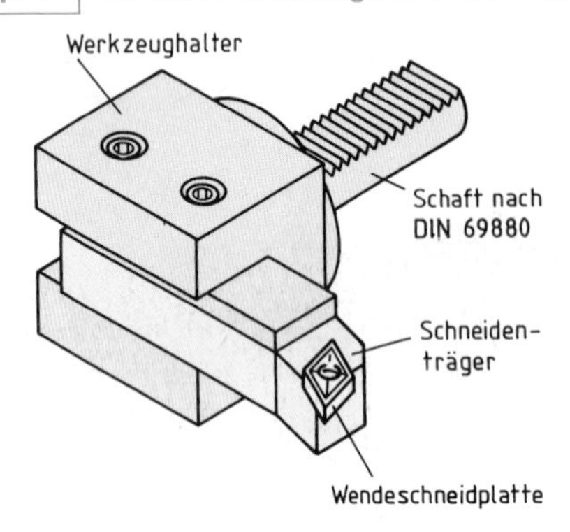

3.3.2 Werkzeugmaße

Der Steuerung müssen die Maße der eingesetzten Werkzeuge eingegeben werden. Das zur Programmierung benutzte CAM-System benötigt diese Maße ebenfalls zur sicheren Simulation, damit die Gefahren von zu großer Spanabnahme und Kollisionen sicher erkannt werden können. Bezugspunkt für die Ermittlung der Werkzeugmaße ist der sogenannte **Werkzeugeinstellpunkt.**

Der Werkzeugeinstellpunkt ist ein der Steuerung bekannter Punkt, der bei allen Werkzeugpositionen an der dem Futter zugewandten Seite des Revolvers liegt.

Zur Eingabe in den Werkzeugspeicher der Steuerung benötigt man folgende Daten des Werkzeugs:

- **Werkzeuglänge *L***
  Dies ist der Abstand der Schneidenspitze vom Werkzeugeinstellpunkt in Z-Richtung.
- **Querlage *Q***
  Dies ist der Abstand der Schneidenspitze vom Werkzeugeinstellpunkt in X-Richtung.
- **Schneidenradius *R***
  Dies ist die Rundung der Werkzeugschneide.

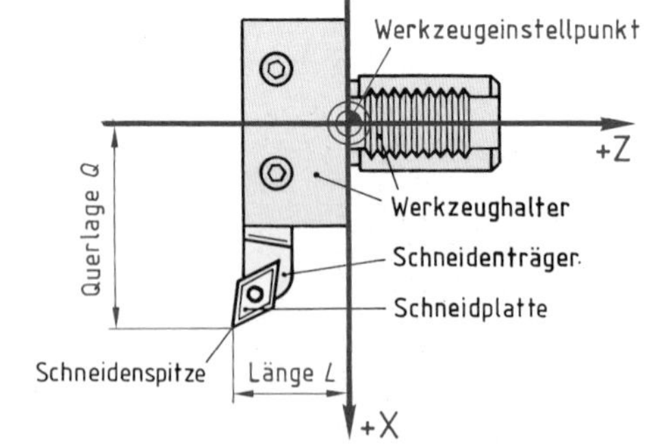

Für den Einsatz der Werkzeuge werden folgende Daten in den Werkzeugspeicher eingegeben:
- die Länge *L*,
- die Querlage *Q*,
- der Schneidenradius *R*.

- **Manuelle Ermittlung von Werkzeugmaßen an der Maschine**

Zuerst wird ein beliebiger Durchmesser angedreht und in Z-Richtung freigefahren. Nach dem Messen des Zylinderdurchmessers wird dieser Wert in die Steuerung eingegeben. Sie errechnet sich daraus die Querlage *Q*. Anschließend wird eine Planfläche angedreht und in X-Richtung freigefahren. Nach dem Ausmessen der Werkstücklänge wird dieser Wert ebenfalls der Steuerung eingegeben. Die Steuerung errechnet daraus die Werkzeuglänge *L*.

Aus der Eingabe des angedrehten Werkstückdurchmessers und der Werkstücklänge errechnet sich die Steuerung die Querlage *Q* und die Länge *L*.

 Übungsaufgaben F-32; F-33

- **Optische Ermittlung der Korrekturmaße an Werkstückrevolvern**

An Werkzeugrevolvern können die Durchmesser- und Längenunterschiede der einzelnen Werkzeuge im Vergleich mit dem „Nullwerkzeug" optisch ermittelt werden.

Zu diesem Zweck wird eine Lupe, die ein Fadenkreuz enthält, an der Maschine angebracht. Mit dem „Nullwerkzeug" im Schnittpunkt des Fadenkreuzes werden die Durchmesser- und Längenkorrekturwerte für dieses Werkzeug auf Null gesetzt.
Anschließend werden die einzelnen Werkzeuge, die im Werkzeugrevolver eingespannt sind, unter die Lupe gefahren. Dabei werden vom Messsystem die Abweichungen in X- und Z-Richtung vom „Nullwerkzeug" angezeigt. Mittels eines Kreismusters auf der Lupe kann gleichzeitig der Schneidenradius bestimmt werden. Diese Werte werden in den Werkzeugdatenspeicher der Maschine eingegeben.

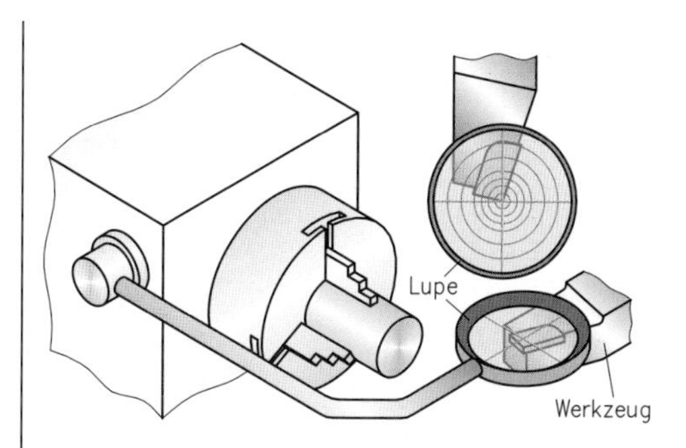

Optische Ermittlung von Korrekturwerten an einem Werkzeugrevolver (Schema)

- **Ermittlung der Werkzeugdaten mit Einstell- und Messgeräten**

Mithilfe von Einstell- und Messgeräten werden Zerspanungswerkzeuge vor deren Einsatz in der Fertigungsmaschine vermessen, um die Istwerte zu ermitteln wie z. B. Schneidenlänge, Durchmesser, Radius, Schneidenwinkel und zahlreiche weitere Parameter je nach Werkzeugtyp. Zusätzlich können Werkzeuge auf Sollmaß eingestellt werden und auf Schneidenqualität geprüft werden. Mithilfe eines Bildverarbeitungssystems und Software werden die Parameter bedienerunabhängig, berührungslos und µ-genau ermittelt.

Die Istwerte können
- direkt am Gerät abgelesen,
- unmittelbar an die Maschine ausgegeben,
- in Listen ausgedruckt oder
- automatisch auf Datenträgern gespeichert werden.

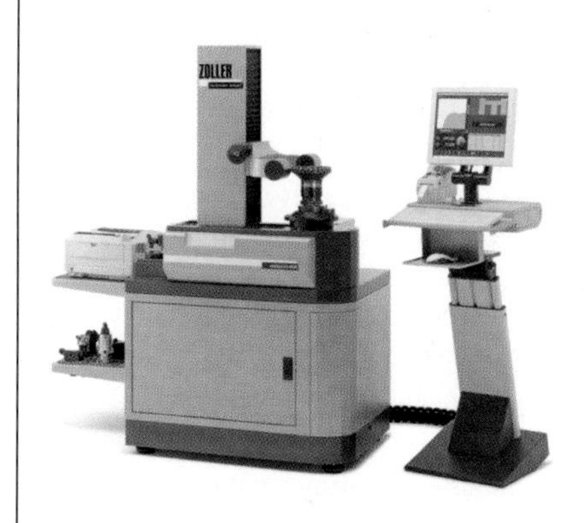

Werkzeug-Voreinstellgerät

LF 8+11

- **Verwaltung der Werkzeugdaten**

Voraussetzung für eine Verwaltung der Werkzeuge ist eine Nummerierung jedes einzelnen Werkzeugs. Die Nummer kann dem Werkzeug durch Codierringe an der Werkzeugaufnahme, durch Stichcodes oder einen Chip mitgegeben werden. Die zugehörigen Daten können dann in einem zentralen Rechner abgelegt werden, aus dem sie bei Bedarf vom Voreinstellsystem, von der CNC-Maschine und dem CAM-System abgerufen werden können. Dieser Rechner verwaltet auch
- die vorgegebene Nutzungszeit,
- die Vorwarnzeit bei Standzeitende,
- die Nummern der Schwesternwerkzeuge,
- im Einsatz vorgenommene Maßkorrekturen wegen Verschleiß u. A.

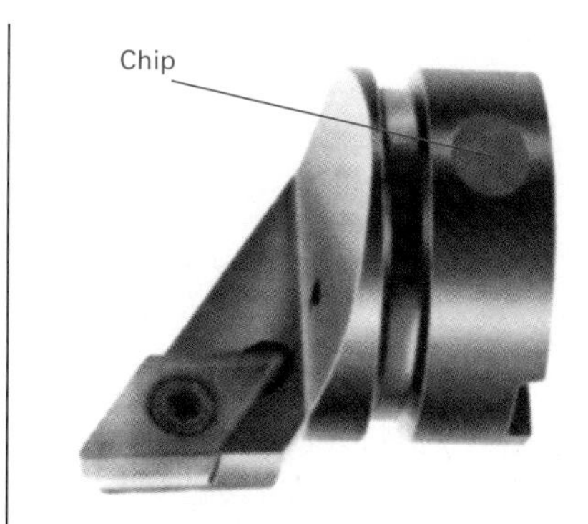

Werkzeug mit Datenträger

Beim Einsatz von Chips, aus denen nicht nur Daten gelesen, sondern auch beschrieben werden können, führt jedes Werkzeug seine Daten und alle Änderungen mit, sodass jederzeit die Daten an Schreib-Lese-Einrichtungen gelesen und aktualisiert werden können.

3.3.3 Schneidenradiuskompensation

Die Schneide eines Drehmeißels endet nie in einer punktförmigen Schneidenspitze, sondern ist stets mit einem kleinen Radius versehen. Dadurch erhöht sich die Standzeit des Werkzeugs und die Oberflächenqualität des Werkstücks verbessert sich. Die Schneidenradien betragen etwa 0,2 bis 2 mm. Beim Drehen zylindrischer Werkstücke verursacht ein Schneidenradius keinen Fehler. Beim Drehen konischer Werkstücke und beim Drehen größerer Radien muss der Schneidenradius berücksichtigt werden. Dabei ist der Weg, den ein Meißel mit *punktförmiger* Schneidenspitze zur Erzeugung der programmierten Kontur zurücklegen würde, nicht gleich dem Weg einer *gerundeten* Schneidenecke. In der Praxis würde das gefertigte Werkstück nicht die vorbestimmte Form haben, sondern eine Formabweichung aufweisen.

Beispiele für die Entstehung von Konturfehlern durch einen Schneidenradius

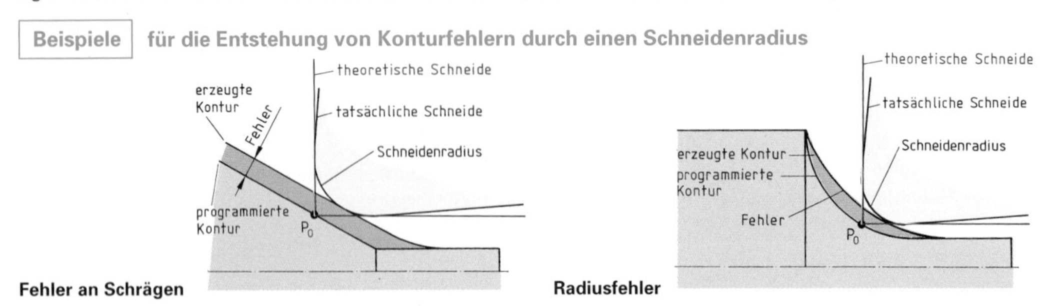

Fehler an Schrägen **Radiusfehler**

Beim Drehen mit Meißeln mit gerundeter Schneidenecke entstehen an Schrägen und in großen Radien Konturfehler, falls keine Korrekturen vorgenommen werden.

Um eine Schneidenradiuskompensation zutreffend ausführen zu können, benötigt die Steuerung folgende Angaben:

- Lage der Schneide zur Werkstückkontur in Vorschubrichtung und
- Schneidenradius und Stellung der Schneide zum Werkstück.

- **Lage der Schneide zur Werkstückkontur in Vorschubrichtung**

Bei dem Befehl **G41** erfolgt die Korrektur für ein Werkzeug, das links von der Kontur arbeitet – *betrachtet in Vorschubrichtung.*

Bei dem Befehl **G42** erfolgt die Korrektur für ein Werkzeug, das rechts von der Kontur arbeitet – *betrachtet in Vorschubrichtung.*

Die Schneidenradiuskompensation bleibt so lange wirksam, bis mit dem Befehl **G40** die vorherige Anweisung zur Werkzeugkorrektur aufgehoben wird.

Beispiele für die G-Funktionen zur Schneidenradiuskompensation bei Drehteilen

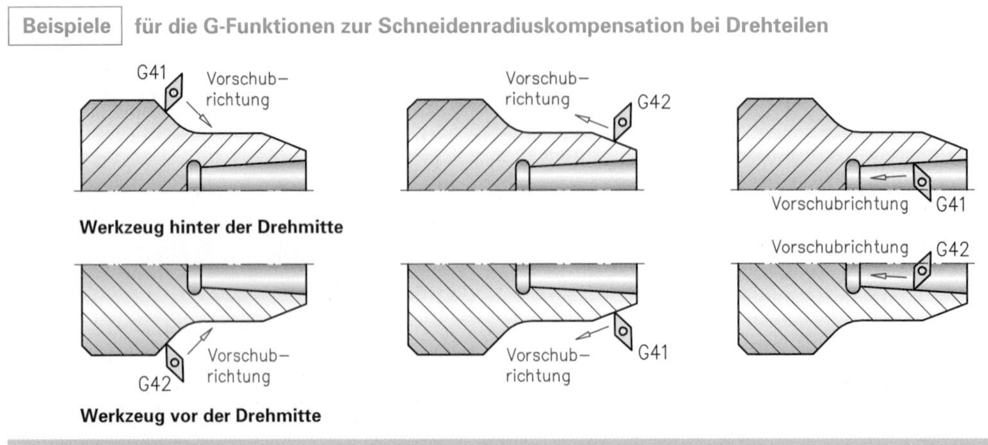

Werkzeug hinter der Drehmitte

Werkzeug vor der Drehmitte

Schneidenradiuskompensation: G41 Werkzeug in Vorschubrichtung links von der Kontur,
G42 Werkzeug in Vorschubrichtung rechts von der Kontur,
G40 für das Aufheben der Schneidenradiuskompensation.

Übungsaufgabe F-34

- **Schneidenradius und Stellung der Schneide zum Werkstück**

Bei der Schneidenradiuskompensation muss der Schneidenradius und die Lage der theoretischen Schneidenspitze zum Werkstück eingegeben werden, damit die Steuerung die Korrektur in der richtigen Weise berechnen kann.

Häufig wird hierzu der sogenannte „Werkzeugquadrant" für die Festlegung der Schneidenlage verwendet. Hierbei soll das weiße Quadrat in der Mitte des Bildes das Werkstück darstellen. Je nachdem wie die Schneidenlage zum Werkstück (weißes Quadrat) gerichtet ist, kann die der Lage zugeordnete Zahl entnommen werden. Diese wird dann im Werkzeugspeicher unter einer Adresse angegeben.

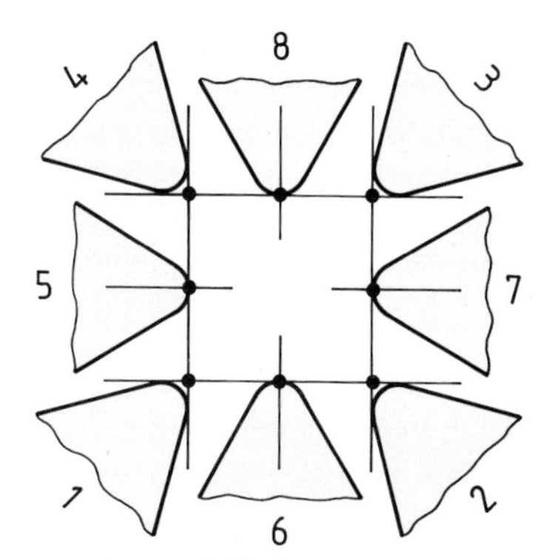

Werkzeugquadranten 1 bis 8 (steuerungsabhängig, hier Sinumerik)

Beispiele | für die Festlegung der Schneidenlage (steuerungsabhängig, hier: Sinumerik)

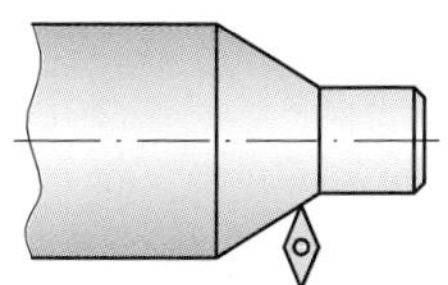

Schneidenanlage 6

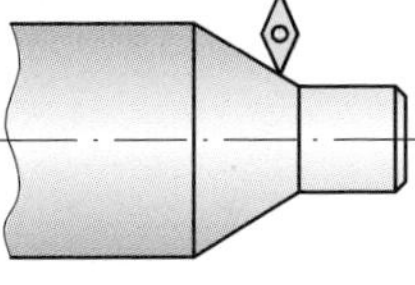

Schneidenanlage 8

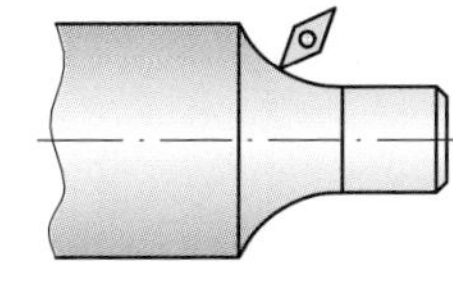

Schneidenanlage 3

Schneidenanlage 2

- **Eingaben von Schneidenradius und Stellung der Schneide in Programm und Werkzeugspeicher**

Zur Berücksichtigung des Schneidenradius bei der Fertigung sind folgende Daten einzugeben:

- Ins Programm werden Werkzeugnummer und Nummer der Werkzeugkorrektur eingegeben.
- In den Werkzeugspeicher werden unter der Werkzeugnummer die Maße, die Korrekturen, der Schneidenradius und seine Lage im Werkzeugquadranten angegeben.

Beispiele | für Eingaben in den Werkzeugspeicher (steuerungsabhängig)

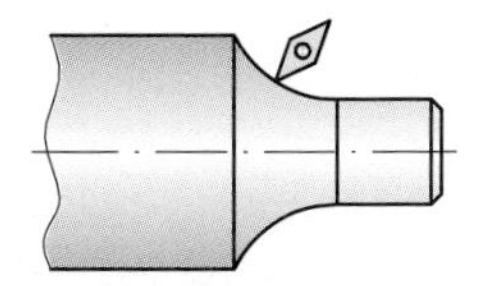

Werkzeugnummer: **T0101**
Schneidenlage (Werkzeugtyp): **3**
Radius: **0,8**

Werkzeugnummer: **T0707**
Schneidenlage (Werkzeugtyp): **2**
Radius: **0,4**

Schneidenradius und die Schneidenlage zum Werkstück müssen im Werkzeugspeicher angegeben werden.

3.3.4 Spannsysteme für Werkzeuge auf Drehmaschinen

In Drehmaschinen werden die Bearbeitungswerkzeuge mit entsprechenden Werkzeugaufnahmen in Mehrfachwerkzeugträgern gespannt. Mit den Spannsystemen können Werkzeuge, wie z. B. Drehmeißel, gespannt an die Bearbeitungsstelle herangefahren werden. Angetriebene Werkzeuge, wie z. B. Fräser, führen über das Spannsystem eine eigene Schnittbewegung aus.
Meist erfolgt die Einspannung der Werkzeuge über Hohlschaftkurzkegel (HSK) im Werkzeugträger. Mithilfe dieser Spannsysteme erreicht man eine sehr genaue Positionierung der voreingestellten Werkzeuge, eine gute Rundlaufgenauigkeit und schnelle Werkzeugwechsel.

Beispiel für ein System von Drehwerkzeugen mit Mehrfachwerkzeugträger

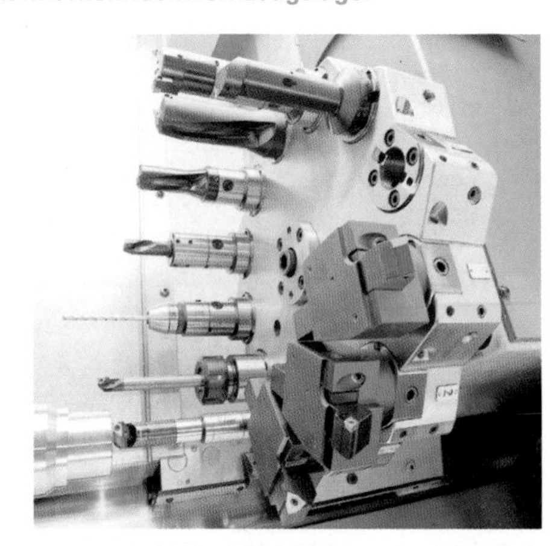

Bei Drehmaschinen kommen Bearbeitungswerkzeuge in Mehrfachwerkzeugträgern zum Einsatz. Eine Erweiterung der Bearbeitung erfolgt durch angetriebene Werkzeuge.

- **Mehrfachwerkzeugträger**

Zur Verringerung der unproduktiven Nebenzeiten sind CNC-Drehmaschinen mit Mehrfachwerkzeugträgern (Revolver) ausgerüstet. Bei den Werkzeugrevolvern unterscheidet man zwischen Stern- und Trommelrevolvern.

Sternrevolver

Trommelrevolver

Der durch das NC-Programm gesteuerte Werkzeugwechsel bewirkt, dass sich der Revolver so lange dreht, bis das gewünschte Werkzeug in Arbeitsstellung ist. Revolver mit Richtungslogik verkürzen die Wechselzeit, indem sie automatisch immer den kürzesten Drehweg wählen.

Bei CNC-Drehmaschinen unterscheidet man Stern- und Trommelrevolver mit und ohne Richtungslogik.

Übungsaufgabe F-36

3.4 Schutzmaßnahmen an CNC-Drehmaschinen

- **Programmieren von Schutzzonen**

Durch Festlegung von Schutzzonen kann die Kollisionsgefahr zwischen Werkzeug, Futter bzw. Reitstock verhindert werden.

Die Form der Schutzzonen um Futter, Reitstock und andere feststehende Teile wird in den Speicher der Maschine eingegeben. Stellt die Steuerung bei Aufruf eines Teileprogramms fest, dass diese Programmierung eine Schutzzone verletzt, gibt sie eine Fehlermeldung aus und stoppt die Bearbeitung.

Beispiele für Schutzzonen um Futter und Reitstock

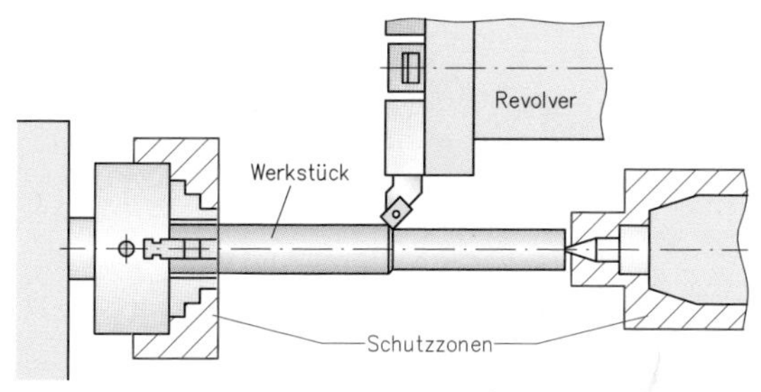

Zur Verminderung der Kollisionsgefahr können Schutzzonen programmiert werden.

- **Spanndruckerhöhung an Werkstücken bei hohen Umdrehungsfrequenzen**

Bei hohen Umdrehungsfrequenzen lässt der Spanndruck für das eingespannte Werkstück wegen der hohen Fliehkräfte nach. Der Spanndruck kann jedoch *vor* der Bearbeitung wegen der möglichen Verformung der Werkstücke nicht beliebig erhöht werden. Aus diesem Grund werden häufig Futter mit Fliehkraftausgleich eingesetzt. Diese sind in der Lage, die Spannkraft an den Backen auch bei hohen Umdrehungsfrequenzen konstant zu halten.

Futter mit Fliehkraftausgleich verhindern das Nachlassen der Werkstückspannkraft bei hohen Umdrehungsfrequenzen.

3.5 Rohteilzuführung

Zur automatisierten Zuführung von Rohteilen verwendet man Stangenlader zur Zuführung von Profilmaterial und Greifersysteme zur Zuführung einzelner Rohteile.

3.5.1 Stangenlader

Stangenladermagazine dienen dem Speichern von Stangenmaterial und dem automatischen Zuführen in den Arbeitsraum von Werkzeugmaschinen. Das Stangenmaterial hat zumeist einen runden Querschnitt, aber es werden auch Sechskant- bzw. Vierkantprofile zugeführt.

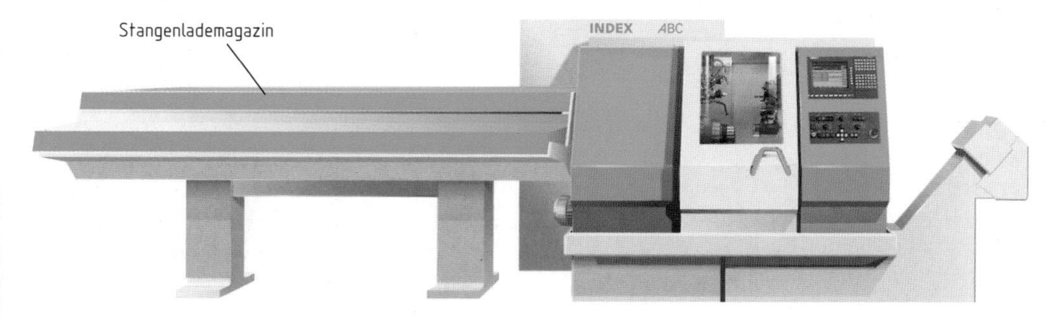

Stangenlademagazin an CNC-Drehmaschine

Übungsaufgabe F-37

Bei Drehmaschinen haben Stangenlader die Aufgabe:
- die Profilstangen zu vereinzeln,
- die Stange gezielt durch die hohle Arbeitsspindel in den Bearbeitungsraum einzuführen,
- die Stange bei der Bearbeitung vibrationsfrei zu führen,
- nach der Bearbeitung eines Werkstücks die Stange weiterzuschieben,
- am Ende der gesamten Bearbeitung das Reststück der Stange durch Greifersysteme herauszuziehen und abzulegen.

Beispiel für Funktionen eines Stangenladers und seine Stangenführung

Beladen

Materialstangen werden auf der seitlichen Auflage abgelegt.

Vereinzeln

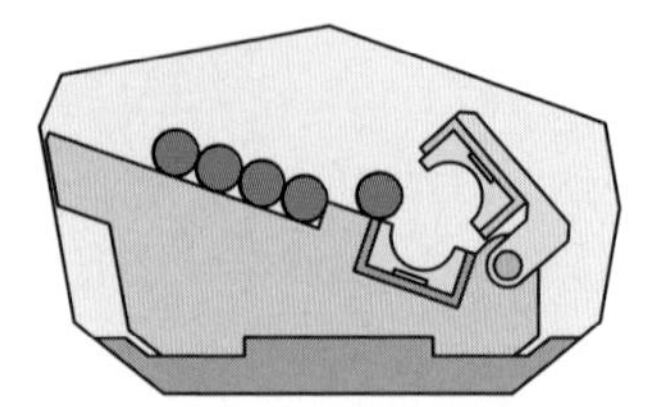

Materialstange wird von der Bevorratungsfläche in den Zuführungskanal vereinzelt.

Führen

Materialstange wird im ölgefluteten Zuführkanal geführt.

Stangenführungsprinzip

Von einem Pumpenaggregat wird das Führungsrohr mit Öl gefüllt. Die durch die rotiernde Materialstange in Turbulenz versetzte Ölfüllung lässt die Stange aufschwimmen. Eine direkte Berührung mit dem Führungsrohr wird vermieden. Bei dünnen Stangen und hohen Umdrehungsfrequenzen entsteht ein Wirbel, in dessen Zentrum die Materialstange Führung findet.
Bei stärkeren Materialstangen, die sich in den Durchmessern dem maximalen Durchlass nähern, tritt hydrodynamische Lagerwirkung auf.

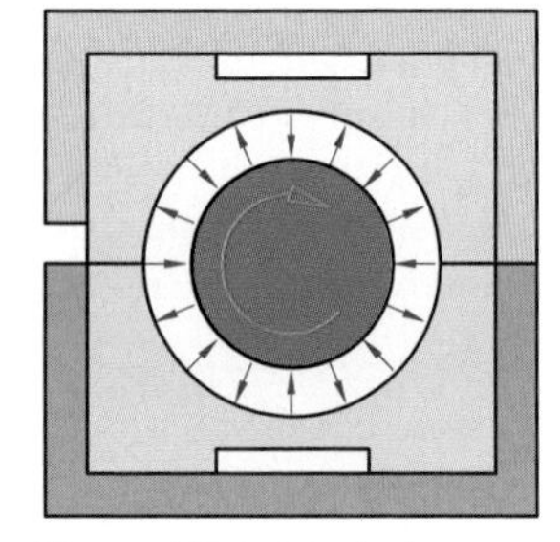

Stangenführungsprinzip

3.5.2 Portallader

Portallader sollen den CNC-Drehmaschinen Rohteile zuführen, halbfertige Teile wenden oder fertig bearbeitete Werkstükke entnehmen. Eine automatisierte Bearbeitung wird damit ohne Eingreifen des Anlagebedieners möglich. Das Portalladersystem wird als Komplettgruppe an der linken oder rechten Maschinenseite montiert. Der Beladearm holt aus dem Speicher ein Rohteil und führt es horizontal in den Arbeitsraum der Maschine ein. Der Beladearm und sein Greifer erreichen sowohl die Haupt- wie auch die Gegenspindel. Die fertig bearbeiteten Werkstücke werden ebenfalls mit dem Portallader entweder am Außendurchmesser mit einer Spannhülse oder am Innendurchmesser mit einem Innenspanndorn aus dem Futter entnommen und abgelegt.

CNC-Drehmaschine mit Portallader

4 Programmieren zur Fertigung von Frästeilen

4.1 Programmieren von Weginformationen beim Fräsen

4.1.1 Achsrichtungen bei Fräsarbeiten

Bei Fräsmaschinen unterscheidet man nach der Lage der Arbeitsspindel Senkrechtfräsmaschinen und Waagerechtfräsmaschinen. Vorwiegend werden Senkrechtfräsmaschinen eingesetzt.

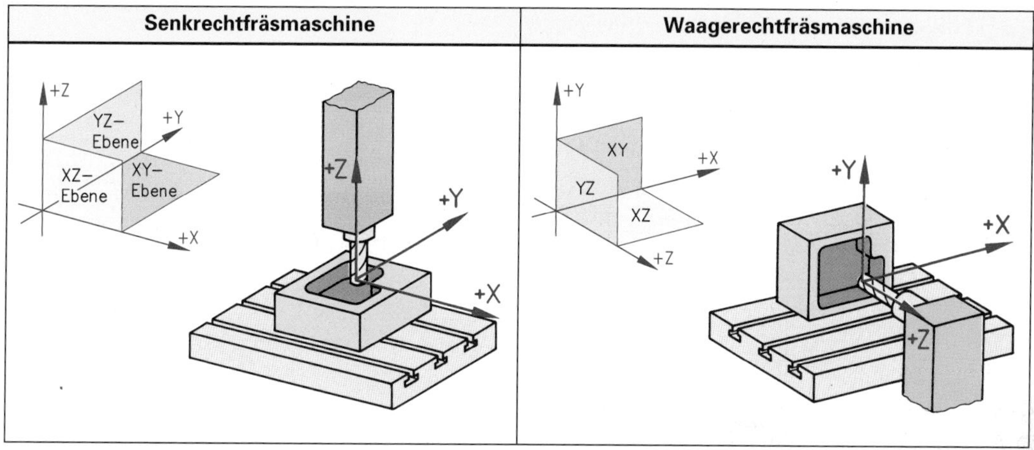

Zur Fertigung komplizierter Werkstücke müssen Fräsmaschinen über zusätzliche Bewegungsrichtungen verfügen. Solche Maschinen bezeichnet man als Bearbeitungszentren.

Zum Programmieren der Schwenkbewegungen um die drei Achsen sind Adressbuchstaben festgelegt, die durch Winkelangaben ergänzt werden.

Dabei bezeichnet der Buchstabe

A eine Schwenkbewegung um die **X-Achse,**
B eine Schwenkbewegung um die **Y-Achse,**
C eine Schwenkbewegung um die **Z-Achse.**

Die Bewegungen sind dann positiv, wenn sie in Richtung der positiven Achse gesehen im *Uhrzeigersinn* erfolgen.

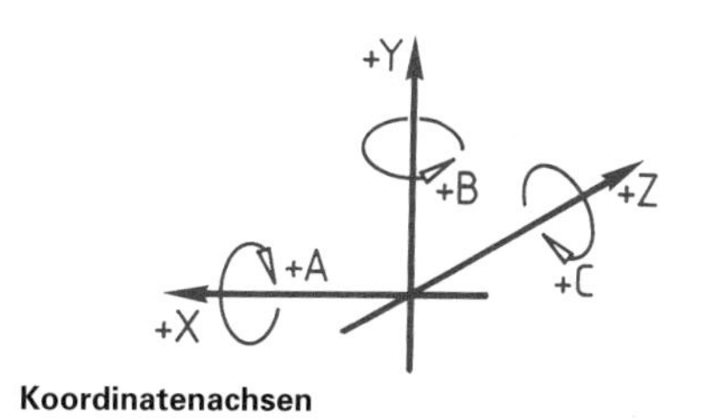

Koordinatenachsen

Beispiele für Achsen an CNC-Fräsmaschinen

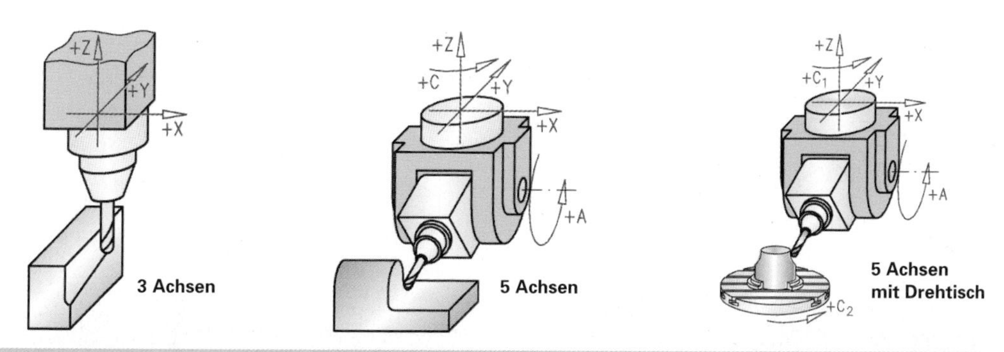

Programmgesteuerte Schwenkbewegungen um die X-, Y- und Z-Achse werden mit A, B und C bezeichnet. Die Bewegungen sind positiv, wenn sie sich in Richtung der positiven Achse gesehen im Uhrzeigersinn drehen.

Übungsaufgabe F-39

4.1.2 Maschinennullpunkt und Referenzpunkt

Der Maschinennullpunkt ist der Ursprung des Koordinatensystems. Er liegt bei CNC-Fräsmaschinen an der Grenze des Arbeitsbereiches. Bei Fräsmaschinen mit inkrementalen Messsystemen muss beim Einschalten der Maschine ein Nullpunkt angefahren, und die Messsysteme müssen dort in allen Achsrichtungen Null gesetzt werden. Einen solchen Punkt bezeichnet man als Referenzpunkt. An Fräsmaschinen sind der Referenzpunkt und der Maschinennullpunkt vielfach identisch. Zum Anfahren des Referenzpunktes sind auf allen Maßstäben der Bewegungsachsen Markierungen (Referenzmarken) vorhanden.
Kann bei einer Fräsmaschine der Maschinennullpunkt nicht angefahren werden, so wird ein Referenzpunkt ersatzweise an anderer Stelle im Arbeitsbereich festgelegt.

Beispiel für die Lage von Maschinennullpunkt und Referenzpunkt an Fräsmaschinen

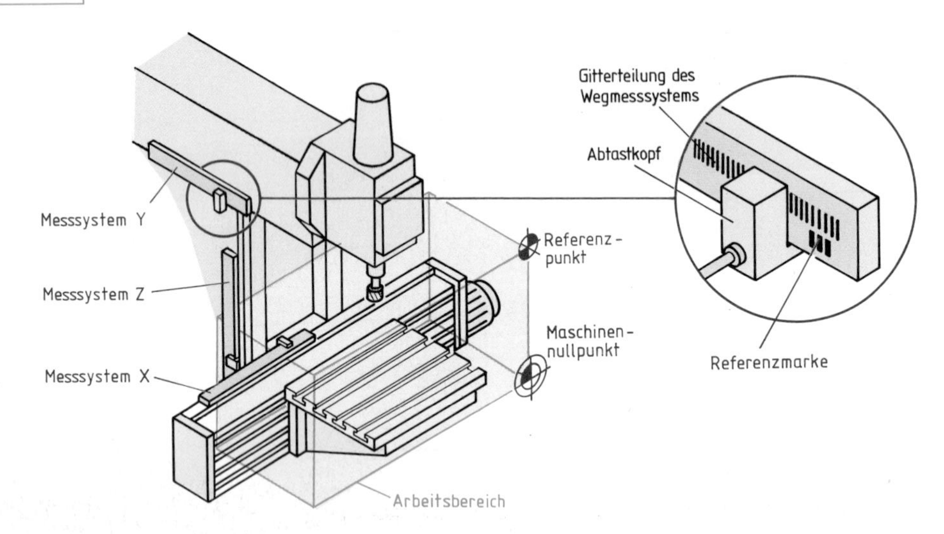

4.1.3 Werkstücknullpunkte

- **Wahl des Werkstücknullpunktes**

Der Werkstücknullpunkt wird vom Programmierer frei gewählt. Die Festlegung erfolgt jedoch so, dass alle Werkstückmaße leicht auf den Nullpunkt zurückgerechnet werden können. Ferner muss nach dem Aufspannen des Werkstückes eine einfache Lagebestimmung des Nullpunktes möglich sein. Zweckmäßig wählt man bei einfachen Frästeilen den Nullpunkt an einer Werkstückecke.
Bei symmetrischen Werkstücken legt man den Werkstücknullpunkt auf die Symmetrieachse, bei radialen Anordnungen in den Kreismittelpunkt.

Beispiele für Nullpunktslagen an einfachen Frästeilen

Werkstücknullpunkt an einem Werkstückeckpunkt

Werkstücknullpunkt in der Symmetrieachse

Den Werkstücknullpunkt legt man bei einfachen Werkstücken an einen Werkstückeckpunkt, bei symmetrischen Werkstücken auf die Symmetrieachse.

Übungsaufgabe F-40

- **Verschiebung des Werkstücknullpunktes**

Für die Bearbeitung auf CNC-Maschinen kann es vorteilhaft sein, den Werkstücknullpunkt innerhalb eines längeren Fertigungsprozesses zu verlegen. Dies geschieht mit dem Befehl **G59.** Der Befehl **G53** hebt die Verschiebung wieder auf.

Beispiel **für eine Nullpunktverschiebung mit dem Befehl G59** (nach PAL)

Eine programmierte Grundkontur kann mithilfe einer Nullpunktverschiebung an die gewünschte Stelle übertragen werden. Die Verschiebung wird mit dem Befehl G59 aufgerufen und durch die Angabe der Absolutmaße für die Nullpunktverschiebung programmiert. Weitere Verschiebungen können mit der Absolutbemaßung auf den neuen Nullpunkt programmiert werden.

N... G59 X120 Y100

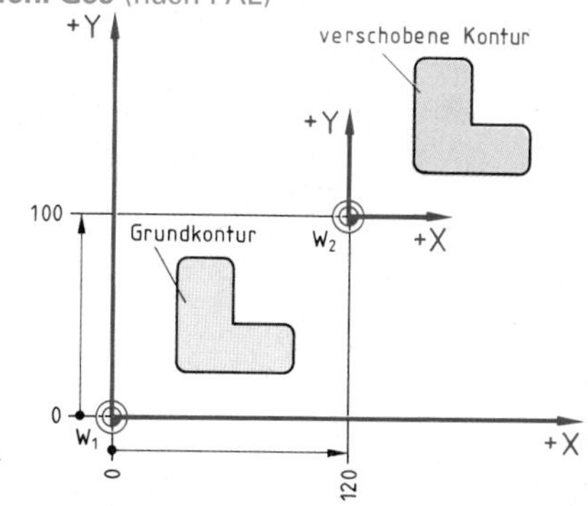

Für die Bearbeitung komplizierter Werkstücke können nacheinander mehrere Werkstücknullpunkte gesetzt werden. Die Verschiebung des Werkstücknullpunktes wird mit dem Befehl G59 programmiert. G53 hebt die Verschiebung wieder auf.

4.1.4 Werkzeugbahnkorrekturen

Die erforderliche Werkzeugbewegung für eine Fräsarbeit entspricht theoretisch der Bahn des Fräsermittelpunktes parallel zur zu fertigenden Werkstückkontur. Je nach Durchmesser des eingesetzten Fräsers muss die Bahn des Werkzeugmittelpunktes entlang der Werkstückkontur nach links oder rechts verlegt werden.

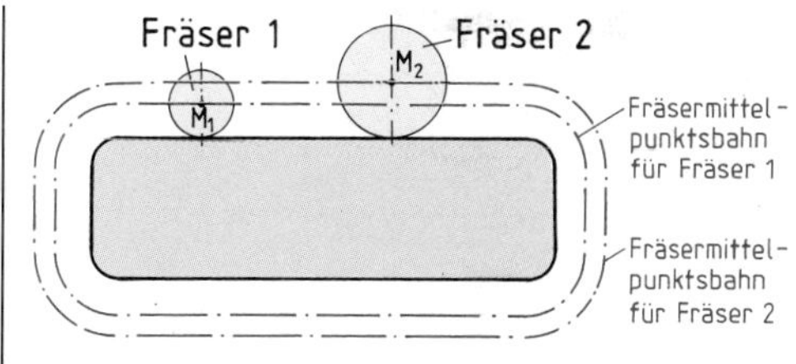

Lage der Fräsermittelpunktsbahn

Soll das Werkzeug in Vorschubrichtung links von der gewünschten Kontur arbeiten, dann ruft man die Korrektur durch den Wegbefehl **G41** auf.
Soll das Werkzeug in Vorschubrichtung rechts von der gewünschten Kontur arbeiten, dann ruft man die Korrektur durch den Wegbefehl **G42** auf.
Der Befehl **G40** hebt die Bahnkorrektur wieder auf.

Beispiele **zu Werkzeugbahnkorrekturen mit den Befehlen G41 und G42**

Fräser rechts der Kontur G42

G42

Vorschub

Fräser links der Kontur G41

G41

Vorschub

G41 korrigiert bei der Stellung des Werkzeugs in Vorschubrichtung links von der Kontur.
G42 korrigiert bei der Stellung des Werkzeugs in Vorschubrichtung rechts von der Kontur.
G40 hebt Korrekturen wieder auf.

Bei Fräsern mit der Schnittrichtung rechts führt G42 immer zu Gegenlauffräsen und G41 zu Gleichlauffräsen.

Übungsaufgaben F-41; F-42

4.2 Programmierhilfen beim Fräsen

4.2.1 Zyklen beim Fräsen

Häufig sind bei Arbeiten auf Fräsmaschinen sich wiederholende, gleichartige Bearbeitungen durchzuführen, die in vielen Einzelschritten programmiert werden müssen. Man fasst diese Arbeiten in Zyklen zusammen, die in einem Satz programmiert werden.
Wichtige Zyklen für die Fräsbearbeitung sind:

- *Bohrzyklen:* Durchbohren, Tiefbohren, Gewindebohren, Lochmusterbohren
- *Konturzyklen:* Taschenfräsen, Zapfenfräsen, Fasenfräsen, Eckenrunden
- *An- und Ausfahrzyklen:* Sanftes Anfahren an die Kontur

Beispiele für Vorgänge, die mit Zyklen zu programmieren sind

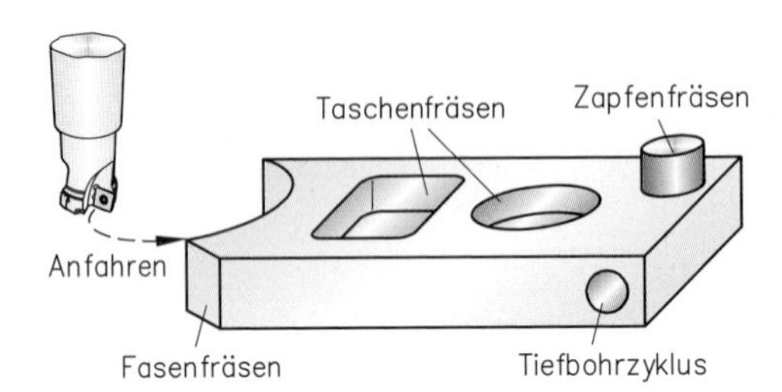

- **Tiefbohrzyklus mit Spänebrechen G82**

Zum Bohren tiefer Bohrungen wird der Zyklus G82 verwendet. Die Vorschubbewegung des Bohrers wird nach Erreichen der programmierten Zwischenbohrtiefe angehalten, anschließend wird das Werkzeug um einen bestimmten Betrag angehoben, um die Späne zu brechen.

Beispiel für einen Tiefbohrzyklus

Tiefbohrzyklus mit Spänebrechen G82 (PAL-Codierung)

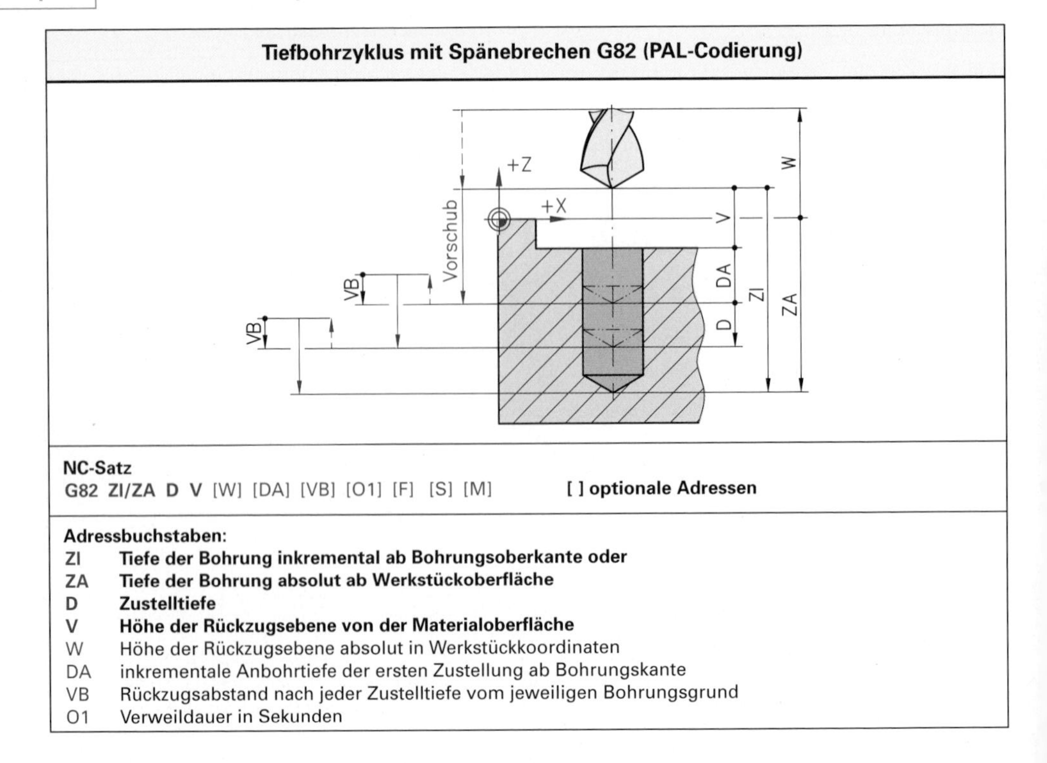

NC-Satz
G82 ZI/ZA D V [W] [DA] [VB] [O1] [F] [S] [M] **[ ] optionale Adressen**

Adressbuchstaben:
ZI **Tiefe der Bohrung inkremental ab Bohrungsoberkante oder**
ZA **Tiefe der Bohrung absolut ab Werkstückoberfläche**
D **Zustelltiefe**
V **Höhe der Rückzugsebene von der Materialoberfläche**
W Höhe der Rückzugsebene absolut in Werkstückkoordinaten
DA inkrementale Anbohrtiefe der ersten Zustellung ab Bohrungskante
VB Rückzugsabstand nach jeder Zustelltiefe vom jeweiligen Bohrungsgrund
O1 Verweildauer in Sekunden

 Übungsaufgabe F-43

- **Rechtecktaschenfräszyklus G72**

Zum Fräsen von Rechtecktaschen wird der Zyklus G72 verwendet. Der Startpunkt für das Werkzeug liegt oberhalb des Taschenmittelpunkts. Die Tasche wird konturparallel vom Mittelpunkt her ausgeräumt.
Als Pflichtparameter sind die Länge, die Breite und die Tiefe der Rechtecktasche einzugeben, außerdem die maximale Zustelltiefe und der Sicherheitsabstand des Fräsers von der Taschenoberkante. Für die Schlichtbearbeitung können Bearbeitungsaufmaße für Taschenwandung und Taschenboden programmiert werden.

Beispiel für einen Rechtecktaschenfräszyklus

Rechtecktaschenfräszyklus G72 (PAL-Codierung)

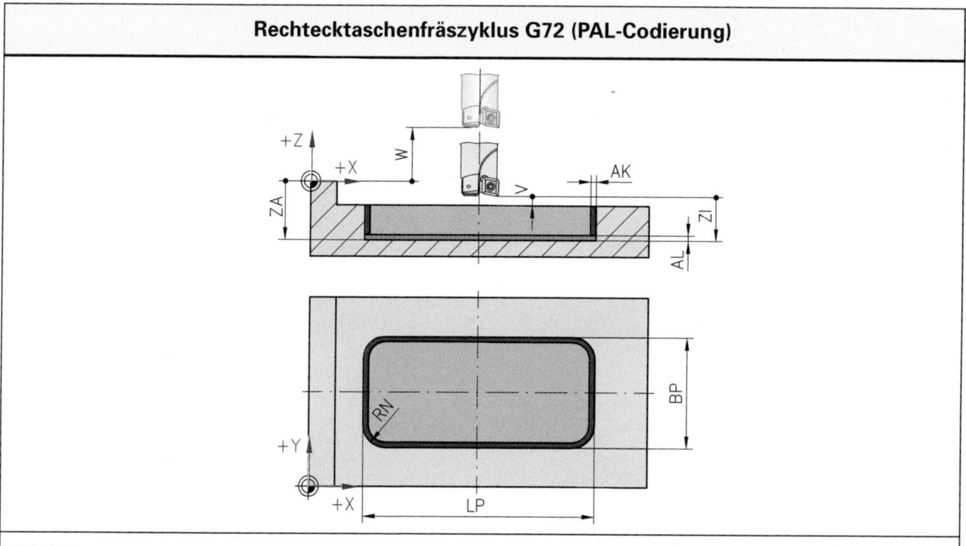

NC-Satz
G72 LP BP ZI/ZA D V [W] [RN] [AK] [AL] [F] [S] [M]   **[ ] optionale Adressen**

Adressbuchstaben:

LP	**Länge der Rechtecktasche in X-Richtung**
BP	**Breite der Rechtecktasche in Y-Richtung**
ZI	**Tiefe der Rechtecktasche inkremental ab Taschenoberkante oder**
ZA	**Tiefe der Rechtecktasche absolut ab Werkstückoberfläche**
D	**Maximale Zustelltiefe**
V	**Abstand der Sicherheitsebene von der Taschenoberfläche**
W	Höhe der Rückzugsebene absolut in Werkstückkoordinaten
RN	Eckenradius (Voreinstellung RN0, damit ist der erzeugte Eckenradius gleich dem Werkzeugradius)
AK	Aufmaß auf die Berandung
AL	Aufmaß auf den Taschenboden

Beispiel für den Einsatz eines Rechtecktaschenfräszyklus (nach PAL)

Mit einem Schaftfräser von 20 mm Durchmesser ist die dargestellte Rechtecktasche zu fräsen.
Es ist der Programmteil zum Fräsen der Tasche zu schreiben.

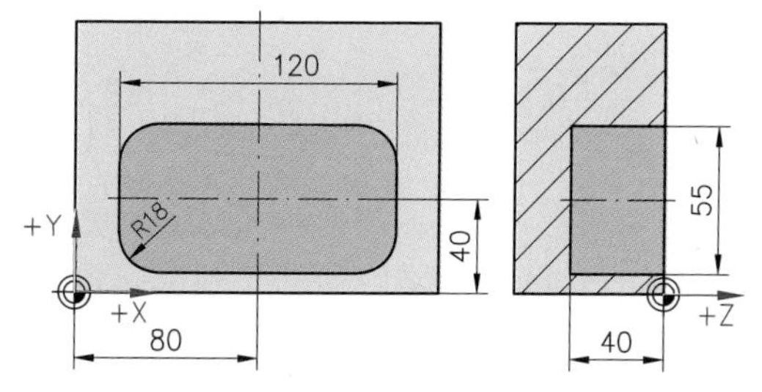

Lösung:

```
N70 G72 LP120 BP56 Zi-40 D4 V3 RN18
N80 G79 XA80 YA40
```

Beschreibung der Tasche, die mit zuvor programmierten Schnittdaten auszuräumen ist.
Auf Setzpunkt fahren, Tasche ausräumen

Übungsaufgabe F-44

- **Kreistaschen- und Zapfenfräszyklus G73**

Kreistaschen oder Zapfen werden mit dem Fräszyklus G73 in gleicher Weise programmiert. Der Zyklus steuert eine kreisförmige Bewegung des Fräsers, sodass Kreistaschen, Kreistaschen mit Zapfen und frei stehende Zapfen gefräst werden können.

Beispiel für einen Kreistaschen- und Zapfenfräszyklus

Im Zyklus G73 wird mit demselben Fräser zunächst die Schruppbearbeitung und anschließend die Schlichtbearbeitung durchgeführt.
Startpunkt (Setzpunkt) der Bearbeitung ist in jedem Fall der Kreismittelpunkt.

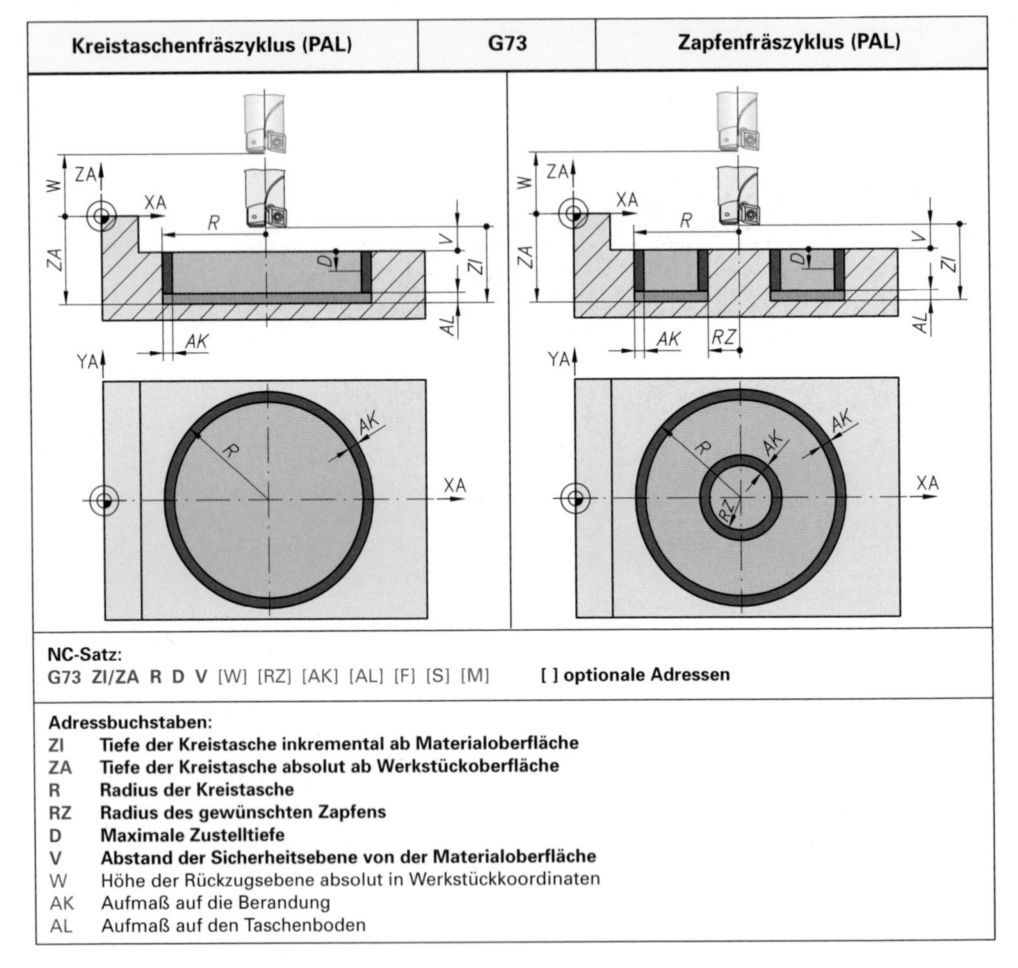

Kreistaschenfräszyklus (PAL)	G73	Zapfenfräszyklus (PAL)

NC-Satz:
G73 ZI/ZA R D V [W] [RZ] [AK] [AL] [F] [S] [M]   **[ ] optionale Adressen**

Adressbuchstaben:
ZI **Tiefe der Kreistasche inkremental ab Materialoberfläche**
ZA **Tiefe der Kreistasche absolut ab Werkstückoberfläche**
R **Radius der Kreistasche**
RZ **Radius des gewünschten Zapfens**
D **Maximale Zustelltiefe**
V **Abstand der Sicherheitsebene von der Materialoberfläche**
W Höhe der Rückzugsebene absolut in Werkstückkoordinaten
AK Aufmaß auf die Berandung
AL Aufmaß auf den Taschenboden

Beispiel für den Einsatz eines Zapfenfräszyklus

Ein Hebel wurde so weit vorgearbeitet, dass aus einem Vierkantzapfen von 32 mm ein Zapfen von 20 mm Durchmesser ausgefräst werden kann.
Es ist der Programmteil zum Fräsen des Zapfens zu schreiben.

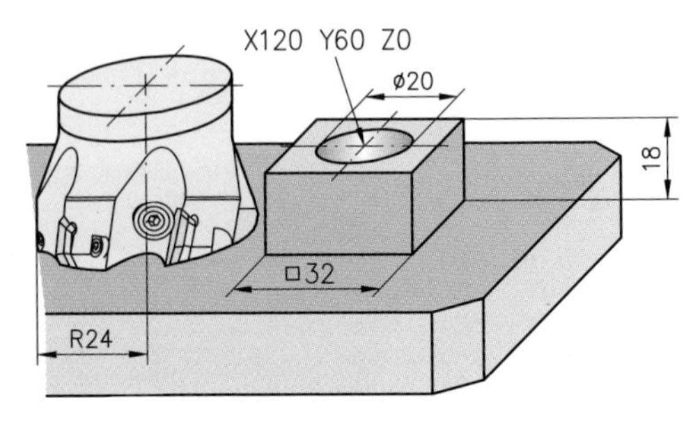

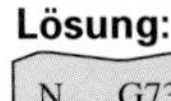

Lösung:

`N... G73 ZA-18 R64 D5 V2 RZ10` Zapfenfräszyklus

`N... G79 XA120 YA60 Z0` Aufruf des Zyklus am Setzpunkt

Übungsaufgabe F-45

- **Gewindefräszyklen G88 und G89**

Mit Gewindefräsern können Innen- und Außengewinde gefertigt werden. Das Gewindeprofil der Fräser muss auf das zu fräsende Gewinde abgestimmt sein. Während eines Umlaufs des Werkzeugs wird der Fräser kontinuierlich um die Steigung des Gewindes in Achsrichtung zugestellt. Links- oder Rechtsgewinde entstehen je nach Vorschubrichtung der Werkzeuge und Umlaufrichtungen der Werkzeugbahnen.

Beispiel für Fräsen von Innen- und Außengewinde mit einer zirkularen Vorschubbewegung

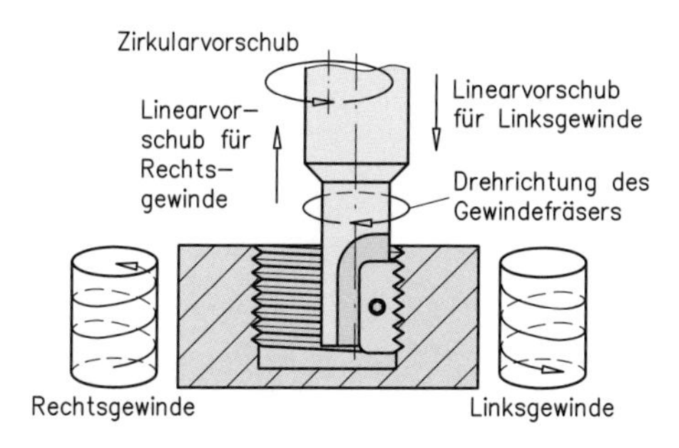

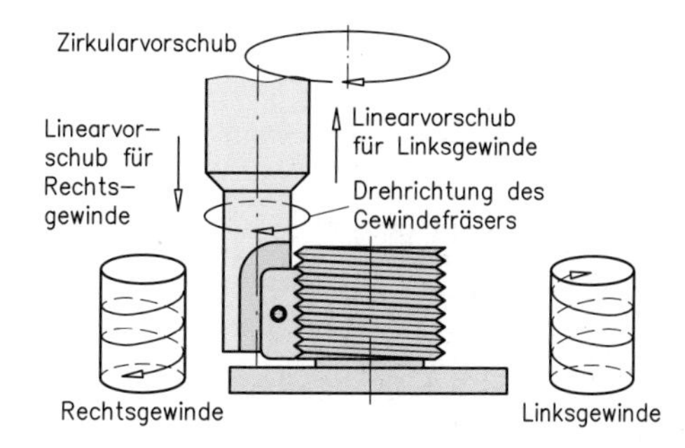

Links- oder Rechtsgewinde entstehen je nach der Lage des Startpunktes und den Richtungen des achsialen und zirkularen Vorschubs.

Beispiele für Gewindefräszyklen

Innengewindefräszyklus (PAL) G88	Außengewindefräszyklus (PAL) G89

NC-Satz:
GG88/G89 ZA/ZI DN D Q [W] [BG] **[ ] optionale Adressen**

Adressbuchstaben:
ZI/ZA Gewindetiefe
DN Nenndurchmesser bei Innengewinde, Kerndurchmesser bei Außengewinde
D Gewindesteigung P
Q Gewinderillenzahl des Fräsers
W Abstand der Rückzugebene
V Sicherheitsabstand
BG Bearbeitungsrichtung (BG2 – im Uhrzeigersinn, BG3 – gegen Uhrzeigersinn)

Übungsaufgabe F-46

Beispiel **für den Einsatz von Gewindefräszyklen in einem Programm** (Abbildungen aus Simulation mit MTS-TopMill)

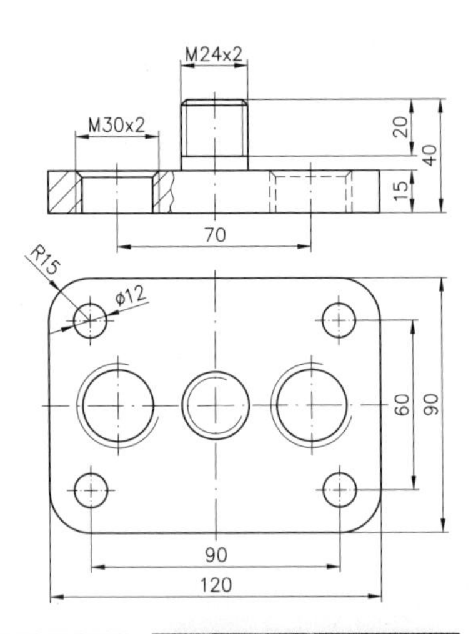

Das dargestellte Werkstück soll gefertigt werden. Der Rohling, 120 x 94 x 42 mm, ist bereits im Bereich der Bohrungen und der Eckenradien vorgearbeitet:

- Die Bohrungen mit dem Durchmesser 12 mm sind 20 mm tief gebohrt und
- die Radien an den Ecken sind 20 mm tief ausgearbeitet.

Lösung: (Als Video auch in BPW und auf der DVD im Aufgabenband 55310)

```
N10 G54
N15 T4 G95 F0.6 S800 M3
N20 G0 X0 Y0 Z2
N25 G72 LP130 BP120 ZA-1 D4 V2              ; Planfräsen
N30 G79 X0 Y0

N35 G73 ZA-25 R100 RZ12 D4 V2               ; Zapfen fräsen
N40 G79 X0 Y0 Z0

N45 T9 G95 F0.5 S1500 M3
N50 G0 X-30 Z2
N55 G1 ZI-22
N60 G73 ZA-42 R13.105 D4 V2 W2              ; Kernbohrungen für
N65 G79 X-35 Y0 Z-22                          Gewinde fräsen
N70 G79 X35 Y0 Z-22

N75 T19 G95 F0.2 S800 M3
N80 G0 X12  Y10 Z-3
N85 G1 Y0
N90 G3 X12 Y0 IA0 JA0                       ; Fase an Zapfen fräsen

N95 G0 X-35 Z2
N100 G0 Z-28.15
N105 G1 X-48 Y0
N110 G3 X-48 Y0 IA-35 JA0                   ; Fase an Bohrung
N115 G0 Z2                                    fräsen
N120 G0 X35 Y0 Z2
N125 G0 Z-28.15
N130 G1 X48 Y0
N135 G3 X48 Y0  IA35 JA0                    ; Fase an Bohrung
N140 G0 Z5                                    fräsen

N145 T17 G95 F0.08 S1500 M3
N150 G89 ZI-20 DN21.55 D2 Q8 W2 V2 BG2      ; Außengewinde
N155 G79 X0 Y0 Z0                             fräsen

N160 G0 Z-22
N165 G88 ZI-25 DN30 D-2 Q8 V2 W2 BG2        ; Innengewinde
N170 G79 X-35 Y0 Z-22                         fräsen
N175 G79 X35 Y0 Z-22
N180 M30
```

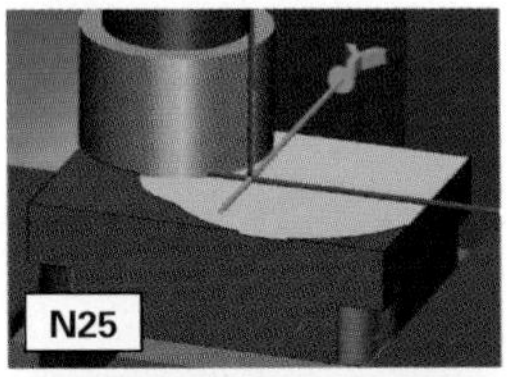

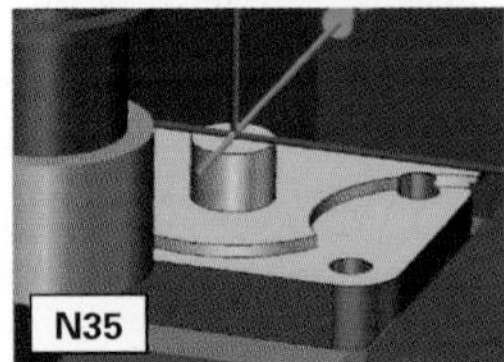
N35

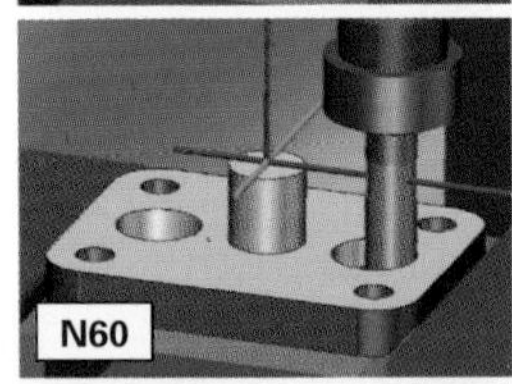
N60

N135

N150

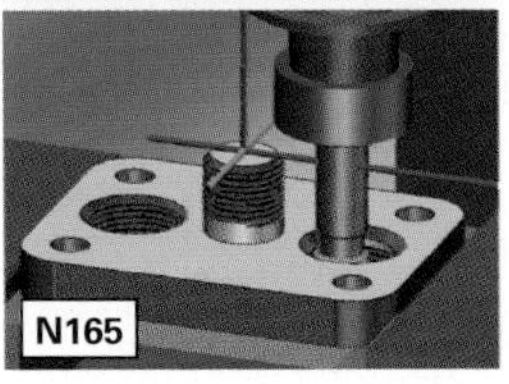
N165

4.2.2 Zyklenaufrufe auf verschiedenen Startpositionen

Zyklenaufrufe dienen bei mehrfacher Wiederholung eines Zyklus, z. B. einer Abfolge von Bohrungen, zum Positionieren des Werkzeugs an den aufeinander folgenden Startpositionen.

Beispiele für Zyklusaufrufe

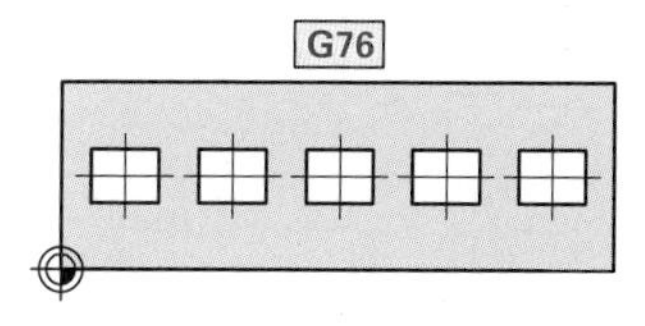

Zyklusaufruf auf einer Linie

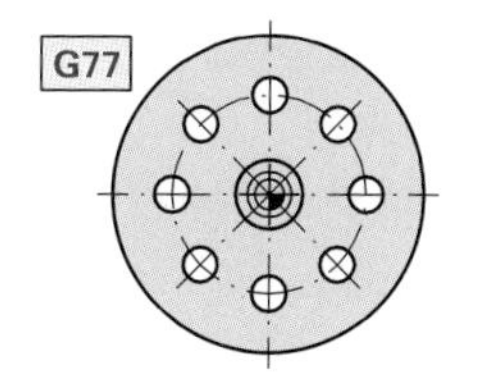

Zyklusaufruf auf einem Lochkreis

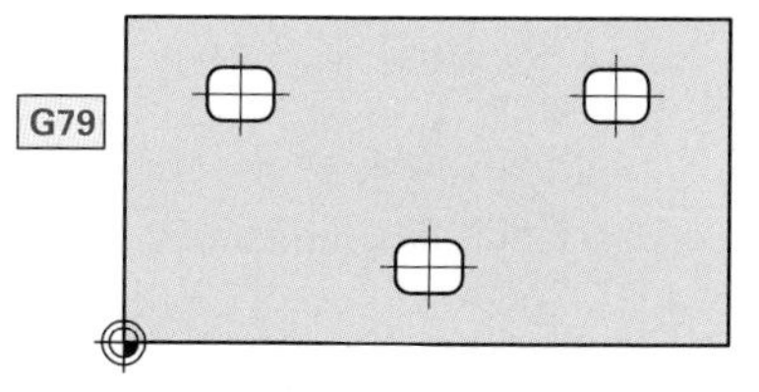

Zyklusaufruf an einem Punkt

An den programmierten Aufrufpunkten (Setzpunkten) wird der aktive Bohr- oder Fräszyklus automatisch abgearbeitet. Die Parameter für den Bearbeitungszyklus müssen vorher festgelegt werden. Die Bearbeitung des Zyklus endet auf der Rückzugsebene über dem zuletzt bearbeiteten Objekt. Im Programm nach PAL steht der Zyklusaufruf mit der Angabe der anzufahrenden Startpositionen hinter dem Satz, in dem die Parameter des Zyklus angegeben werden.

- **Zyklusaufruf auf einer Linie G76**

Der Zyklusaufruf G76 wird zum Positionieren des Werkzeugs und damit des aktuell aktiven Fräszyklus, z. B. des Taschenfräszyklus, verwendet. Mit diesem Zyklusaufruf kann die zu fräsende Kontur um einen Winkel zur positiven X-Achse gedreht werden oder mehrfach auf einer Linie in einem bestimmten Abstand gefräst werden.

Beispiel für einen Zyklusaufruf auf einer Linie

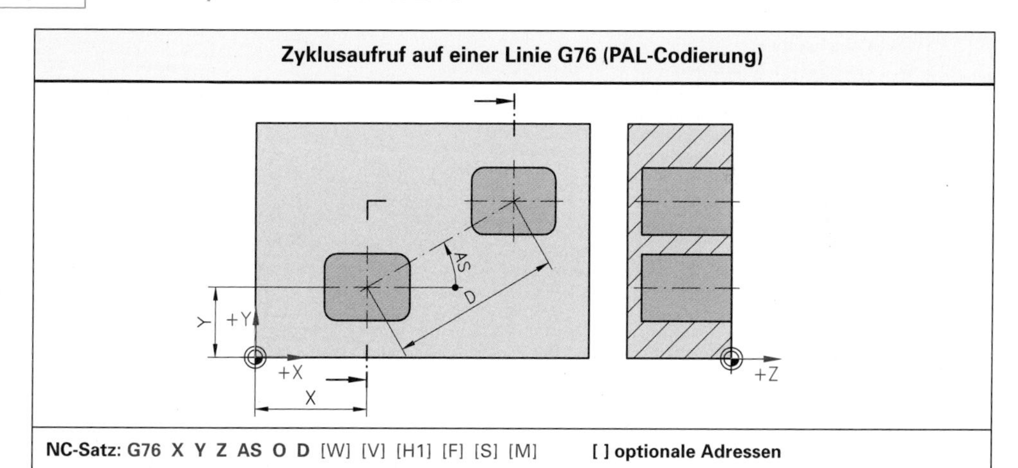

Adressbuchstaben:

X **absolute X-Koordinate des ersten Linienpunktes**
Y **absolute Y-Koordinate des ersten Linienpunktes**
Z **Absolute Z-Koordinate des Zielpunktes**
AS **Winkel der Linie bezogen auf die positive X-Achse**
+ entgegen dem Uhrzeigersinn
– im Uhrzeigersinn
O **Anzahl der zu bearbeitenden Objekte**
D **Abstände der Objekte auf der Linie** (inkremental, d. h. ohne Vorzeichen)
AR Drehwinkel des zu bearbeitenden Objektes bezogen auf die positive X-Achse
W Höhe der Rückzugsebene absolut in Werkstückkoordinaten
V Höhe der Sicherheitsebene absolut in Werkstückkoordinaten
H1 nach der Bearbeitung eines Objekts wird die Sicherheitsebene V angefahren und nach dem letzten die Sicherheitsebene W

Übungsaufgabe F-47

- **Zyklusaufruf auf einem Teilkreis G77**

Der Zyklusaufruf G77 wird zum Positionieren des Werkzeuges und damit des aktuellen aktiven Fräszyklus für die zu bearbeitenden Objekte verwendet, die auf einem Teilkreis mit konstantem Mittelpunktswinkel liegen. Die Mittelpunktskoordinaten des Teilkreises werden absolut programmiert. In der folgenden Zeichnung werden Bohrungen mit einem Bohrzyklus angeordnet.

Beispiel für einen Zyklusaufruf auf einem Teilkreis

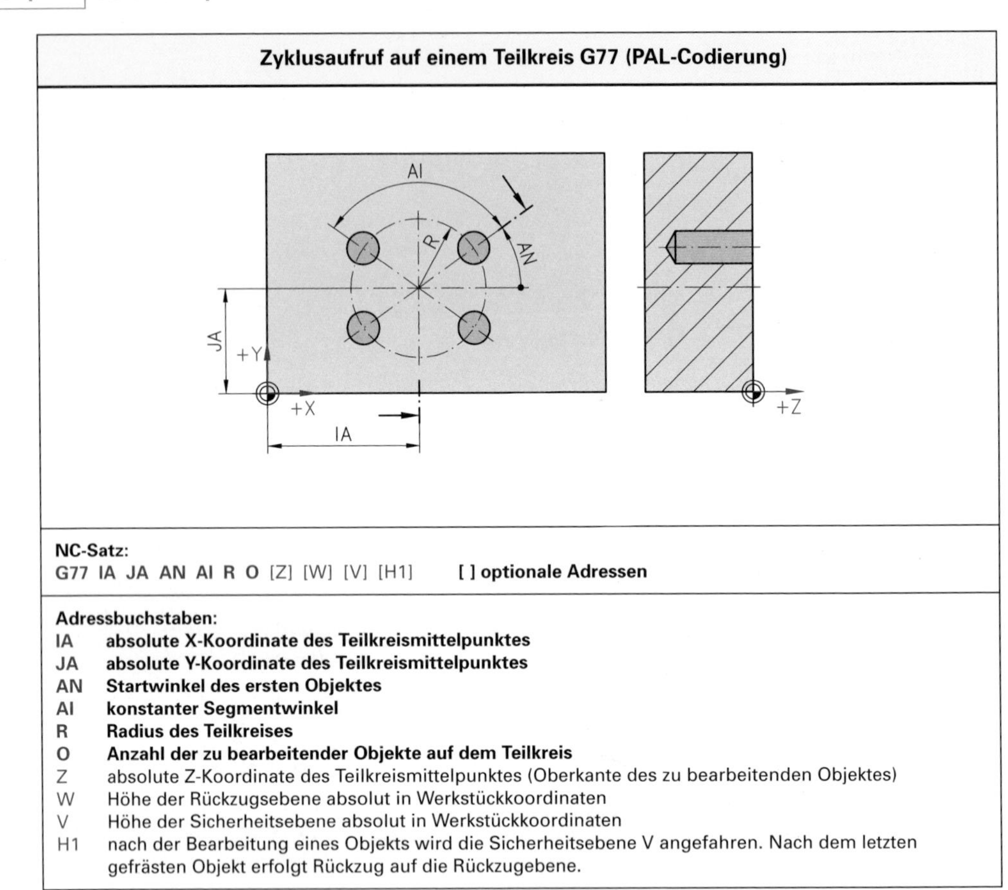

Zyklusaufruf auf einem Teilkreis G77 (PAL-Codierung)

NC-Satz:
G77 IA JA AN AI R O [Z] [W] [V] [H1] **[ ] optionale Adressen**

Adressbuchstaben:

IA	**absolute X-Koordinate des Teilkreismittelpunktes**
JA	**absolute Y-Koordinate des Teilkreismittelpunktes**
AN	**Startwinkel des ersten Objektes**
AI	**konstanter Segmentwinkel**
R	**Radius des Teilkreises**
O	**Anzahl der zu bearbeitender Objekte auf dem Teilkreis**
Z	absolute Z-Koordinate des Teilkreismittelpunktes (Oberkante des zu bearbeitenden Objektes)
W	Höhe der Rückzugsebene absolut in Werkstückkoordinaten
V	Höhe der Sicherheitsebene absolut in Werkstückkoordinaten
H1	nach der Bearbeitung eines Objekts wird die Sicherheitsebene V angefahren. Nach dem letzten gefrästen Objekt erfolgt Rückzug auf die Rückzugebene.

Beispiel für einen Zyklusaufruf auf einem Teilkreis

In 8 mm dicke Scheiben aus S235 sollen Gewindebohrungen von 8 mm Durchmesser gebohrt werden. Die Zyklen und die Zyklenaufrufe sollen geschrieben werden.

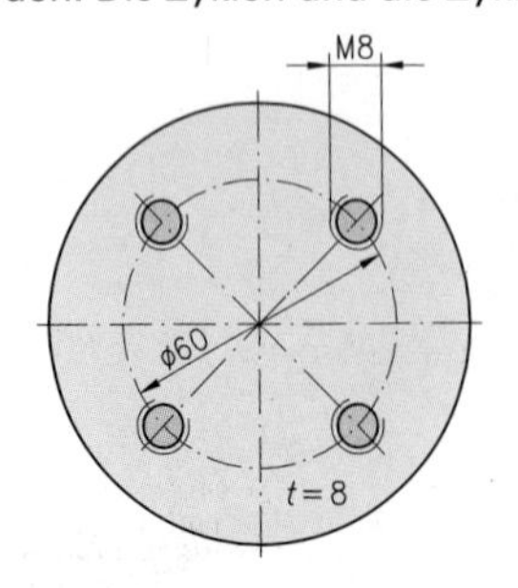

Lösung:

N... G81 Z-16 V2	Bohrzyklus
N... G77 I0 J0 AN45 AI90 R30 O4	Zyklusaufruf
N...	
.	
.	
N... G84 ZA-16 F1,25 M3 V2 S200	Gewindebohrzyklus
N... G77 I0 J0 AN45 AI90 R30 O4	Zyklusaufruf

4.2.3 Manipulation von Programmteilen

Der Programmieraufwand kann erheblich vermindert werden, wenn eine Grundkontur mithilfe von Befehlen in ihrer Lage, Form und Größe verändert werden kann. Vorgänge, mit denen solche Veränderungen wie *Verschieben*, *Drehen* und *Spiegeln* o. Ä. bewirkt werden, nennt man **Manipulationen.** Die Verschlüsselung von Manipulationen sind nicht genormt und daher steuerungsabhängig.

Beispiel **für eine programmierbare Nullpunktverschiebung und -drehung mit Polarkoordinaten** (nach PAL)

Eine in einem Unterprogramm programmierte Kontur kann mit dem Befehl G58 zu einem neuen Nullpunkt im Abstand von RP verschoben und gleichzeitig mit z. B. AP20 um einen Winkel von 20° gedreht werden.
Die Winkelangabe wird in Gegenuhrzeigerrichtung mit *positiven* und in Uhrzeigerrichtung mit *negativen* Vorzeichen versehen. Der Winkel 0° liegt auf der positiven waagerechten Achse des ursprünglichen Koordinatensystems.

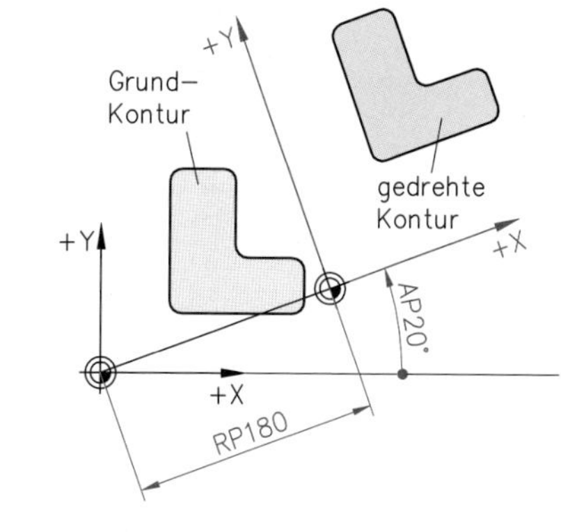

Programmierung:

N... G58 RP1 80 AP20

LF 8+11

Beispiele **für Spiegelungen einer Grundkontur** (nach PAL)

Eine in einem Unterprogramm programmierte Kontur kann mit einem festgelegten Befehl, z. B. mit G66 und Angabe der Spiegelachse gespiegelt werden. Die Spiegelung ist um eine Achse oder um zwei Achsen möglich. G66 ohne Achsangabe hebt die Spiegelung auf.

Programmierung:

N... G22 L35 H1	Fräsen in I
N... G66 Y	Spiegeln in II
N... G22 L35 H1	Fräsen in II
N... G66	Spiegeln aufheben
N... G66 XY	Spiegeln I auf III
N... G22 L35 H1	Fräsen in III

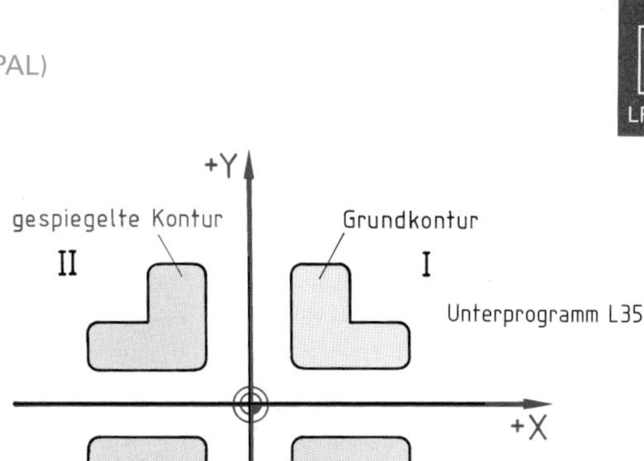

Beispiele **für Vergrößerung einer Grundkontur** (nach PAL)

Die Abmessungen einer Kontur, die in einem Unterprogramm programmiert ist, können mit dem Befehl G67 vergrößert oder verkleinert werden. Die Umwandlung der Längen wird mit SK programmiert und die Größenveränderung mit einem Faktor angegeben. So wird eine Längenänderung auf 150 % mit SK1.5 programmiert.

Programmierung:

N... G67 Sk1.5

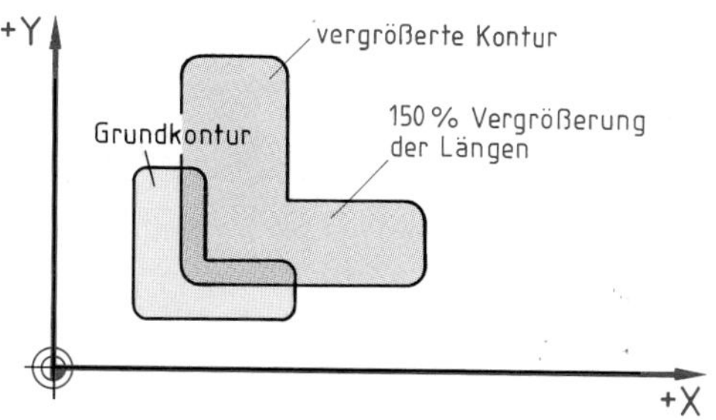

G67 Befehl zum Vergrößern einer Kontur
SK Angabe des Vergrößerungsfaktors

Eine in einem Unterprogramm programmierte Grundkontur kann mit kurzen Befehlen vielfach manipuliert werden. Häufige Manipulationen sind Verschiebung, Drehung, Spiegelung und Größenveränderung von Grundkonturen.

Übungsaufgaben F-49 bis F-50

4.2.4 Unterprogramme

- **Unterprogramme mit festen Zahlenwerten**

Gleiche Bearbeitungsabläufe, die in der Fertigung an unterschiedlichen Stellen eingesetzt werden, werden als Unterprogramm geschrieben. Diese Unterprogramme können an jeder beliebigen Stelle eines Hauptprogramms aufgerufen werden.

Beispiel **für ein Unterprogramm mit festen Zahlenwerten** (nach PAL)

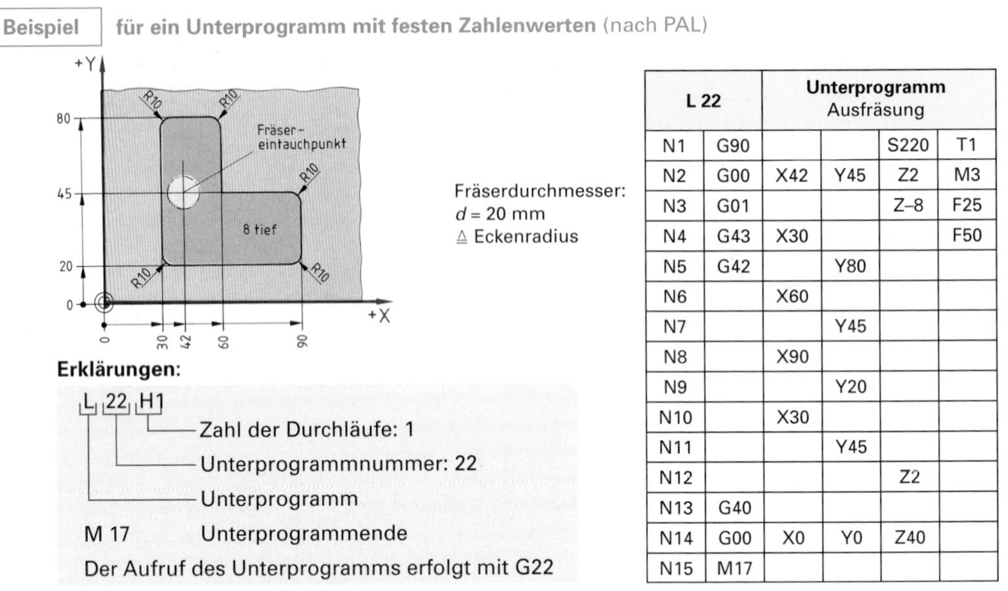

Erklärungen:

L 22 H1
- Zahl der Durchläufe: 1
- Unterprogrammnummer: 22
- Unterprogramm

M 17 Unterprogrammende

Der Aufruf des Unterprogramms erfolgt mit G22

L 22		**Unterprogramm** Ausfräsung			
N1	G90			S220	T1
N2	G00	X42	Y45	Z2	M3
N3	G01			Z–8	F25
N4	G43	X30			F50
N5	G42		Y80		
N6		X60			
N7			Y45		
N8		X90			
N9			Y20		
N10		X30			
N11			Y45		
N12				Z2	
N13	G40				
N14	G00	X0	Y0	Z40	
N15	M17				

- **Unterprogramme mit Parametertechnik**

Für Bearbeitungsvorgänge, bei denen zwar ähnliche Formen mit unterschiedlichen Maßen vorkommen, werden statt der Maße Parameter programmiert. Parameter werden von den Steuerungsherstellern mit unterschiedlichen Buchstaben benannt, zum Beispiel **R.** Die Arbeitsweise mit Unterprogrammen in Parametertechnik für Fräsarbeiten entspricht der bei Dreharbeiten.

4.2.5 Einbau von Unterprogrammen und Zyklen in Hauptprogramme

In Hauptprogramme versucht man zur Verringerung des Programmieraufwandes möglichst viele Zyklen oder bereits vorhandene Unterprogramme einzubauen. Im Verlauf des Hauptprogramms werden dem Fertigungsablauf entsprechend Unterprogramme mit Unterprogrammnummern, z.B. L350, und Zyklen mit G-Worten, z.B. G81, aus dem Programmspeicher aufgerufen. Es ist möglich, eingearbeitete Unterprogramme und Zyklen mehrfach in einem Hauptprogramm zu verwenden.

Beispiel **für einen geschachtelten Aufbau eines Hauptprogramms** (PAL-Simulation)

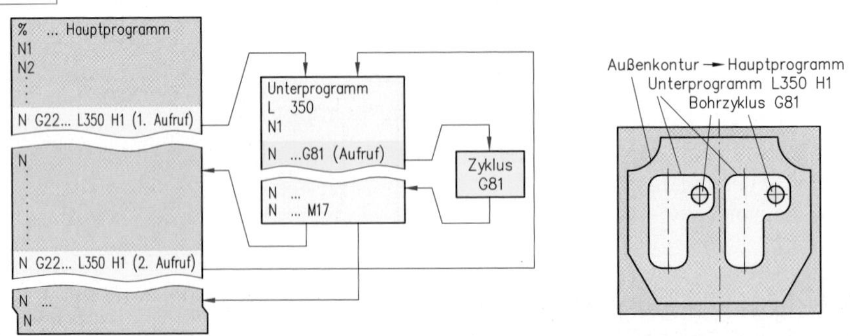

In Hauptprogrammen werden zur Verringerung des Programmieraufwands häufig Unterprogramme und Zyklen direkt oder geschachtelt eingearbeitet.

 Übungsaufgabe F-51

4.3 Werkzeugdaten

4.3.1 Werkzeugmaße

Die Bezugsebene für die Ermittlung der Werkzeuglängen ist die Planflächenebene der Frässpindel. In dieser Ebene legt man den Werkzeugeinstellpunkt auf die Drehachse der Spindel.

Als Abmessungen der Fräswerkzeuge werden Fräserdurchmesser, Fräserlänge und evtl. weitere Maße, z.B. bei Formfräsern, erfasst. Die Werkzeugabmessungen werden unter der Werkzeugadresse im Werkzeugspeicher abgelegt.

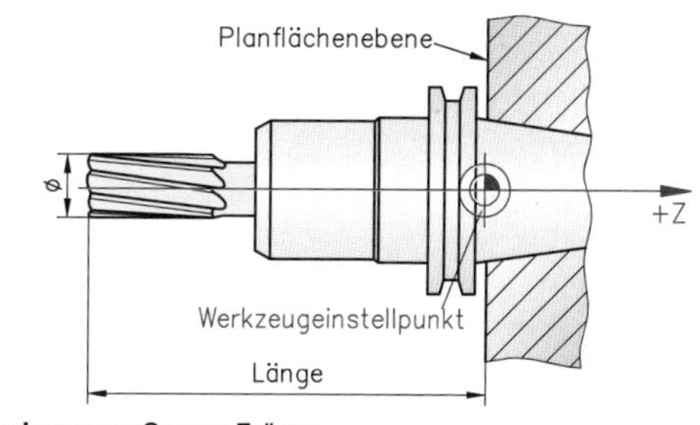

Werkzeugmaße am Fräser

Die Übermittlung der Daten kann auf verschiedene Weise erfolgen:

- Die Daten werden manuell aufgenommen und übertragen.
- Die Daten codiert man auf Etiketten, die dann dem jeweiligen Werkzeugsystem zugeordnet werden.
- Das Messgerät überträgt die Daten online aus der Steuerung auf die CNC-Maschine.
- An jedem Werkzeugträger ist ein Chip mit den übertragenen Daten, sodas sie an der CNC-Maschine eingelesen werden können.

Vor der CNC-Bearbeitung müssen die Werkzeugdaten in den Werkzeugspeicher der Steuerung eingegeben werden. Die wichtigsten Werkzeugmaße von Fräswerkzeugen sind Durchmesser und Länge. Bezugspunkt für die Länge ist der Werkzeugeinstellpunkt.

4.3.2 Werkzeugmaßkorrekturen

Als Folge von Werkzeugabnutzung im Laufe der Standzeit, durch Nachschleifen der Schneiden oder durch Wechsel der Wendeschneidplatten können geringfügige Maßabweichungen gegenüber den im Werkzeugspeicher abgelegten Maßen auftreten.
Mithilfe von Tastsystemen können diese Abweichungen am stehenden oder rotierendem Werkzeug (Rotation gegen die Schneidrichtung) ermittelt werden.
Festgestellte Maßabweichungen werden in den Werkzeugkorrekturspeicher eingegeben, damit die Steuerung sie bei der weiteren Verwendung des Werkzeugs ausgleicht.

3-D-Tastsystem zum Vermessen von Werkzeugen

Außer den Standarddaten zu Länge und Durchmesser können weitere Daten, die mit der Nutzung zusammenhängen, in den Werkzeugspeicher eingegeben werden. Diese Daten werden von der Steuerung unmittelbar genutzt oder geben dem Programmierer und dem Maschinenbediener Hinweise beim geplanten Einsatz.

Wichtige Daten dieser Art sind
- maximale Eintauchwinkel beim Eintauchen ins Volle,
- maximale Standzeit,
- verfügbare Standzeit,
- Standarddaten zu Länge, Durchmesser und Nummer des Schwesternwerkzeugs.

Durch Werkzeugmaßkorrekturen werden Maßabweichungen der Werkzeuge von ihren Nennmaßen bei der Fertigung berücksichtigt.

Übungsaufgabe F-52

4.3.3 Werkzeugcodierung

Zur Unterscheidung der verschiedenen Werkzeuge durch die Steuerung muss jedes Werkzeug eine eigene Kennzeichnung besitzen, man spricht von Codierung. Die Codes sind von der Steuerung lesbare Zahlen.

Man unterscheidet zwei Codiersysteme:

- Bei der **Platzcodierung** erhält ein Werkzeug im Werkzeugmagazin der Maschine einen festen Platz, auf den es nach jeder Benutzung wieder abgelegt wird. Der Platz wird durch seinen Code aufgerufen.
- Bei der **Werkzeugcodierung** erhält jedes Werkzeug selbst eine eigene Kennzeichnung z.B. durch einen Speicherbaustein, in dem neben der Werkzeugadresse alle Werkzeugdaten gespeichert sind.

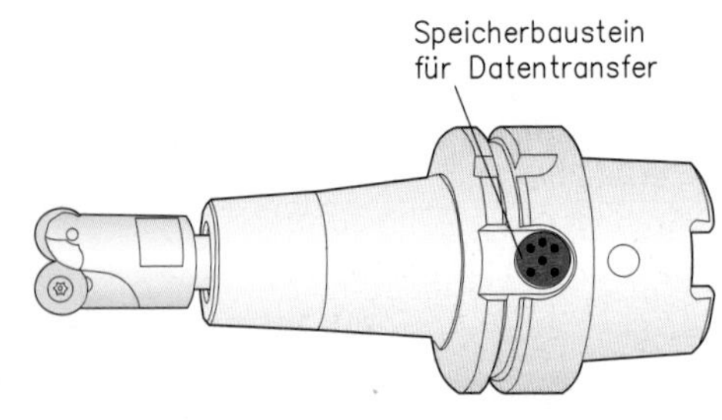

Werkzeugcodierung

Für den Einsatz in automatischen Werkzeugwechselsystemen werden Werkzeuge codiert.
Bei der Platzcodierung sind die Werkzeugdaten dem Magazinplatz zugeordnet.
Bei der Werkzeugcodierung trägt das Werkzeug die Informationen mit sich.

4.3.4 Werkzeugüberwachungssysteme

Bei der Zerspanung bewirken die auftretenden Schnittkräfte an den Bauteilen der Werkzeugmaschine sehr geringe, aber messbare, elastische Verformungen. Diese können durch Sensoren erfasst werden, die an geeigneten Stellen der Maschine angebracht sind. Die derartig gewonnenen Signale werden sorgfältig ausgewertet und zur Überwachung herangezogen.
Für eine optimale Nutzung von CNC-Maschinen ist ein frühzeitiges Erkennen von Störungen im Arbeitsablauf erforderlich. Dadurch können Folgeschäden an Werkzeugmaschinen und Produktionsausfallzeiten vermindert oder verhindert werden. Vollautomatische Überwachungssysteme entlasten außerdem das Bedienungspersonal. Diese Systeme dienen zur Vermeidung von großen Schäden durch Kollisionen und Werkzeugbruch.

Beispiel für die Wirkungsweise eines Werkzeugüberwachungssystems

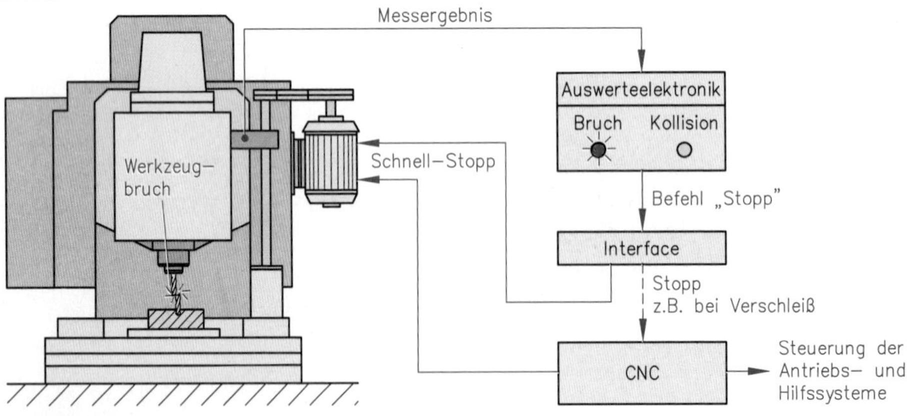

Funktionsablauf

- Ein Messwertaufnehmer (Sensor) nimmt während der Spanabnahme ständig Signale auf.
- Die aufgenommenen Signale werden im Mikrocomputer der Auswertelektronik mit vorher festgelegten Grenzwerten verglichen.
- Bei *geringen* Abweichungen von den Grenzwerten wird von der Auswerteelektronik innerhalb weniger Millisekunden ein Befehl zum Vorschubstopp erteilt.
- Bei *starken* Abweichungen von den Grenzwerten wird von der Auswerteelektronik ein Stoppbefehl über das Interface unter Umgehung der Maschinensteuerung direkt an den Vorschubantrieb weitergeleitet.

Ein Werkzeugschaden ist eindeutig von einer charakteristischen Veränderung der Schnittkraft innerhalb eines kurzen Zeitintervalls begleitet. Die Abweichung vom Verlauf normaler Zerspanungsvorgänge wird registriert und führt zum Abschalten der Maschine.

Im Kraft-Zeit-Diagramm wird der Kraftanstieg bei einer Kollision in Schnittrichtung oder bei Werkzeugbruch erkennbar. Bei Erreichen des vorher festgelegten Grenzwertes wird von dem Werkzeugüberwachungssystem der Vorschubantrieb gestoppt.

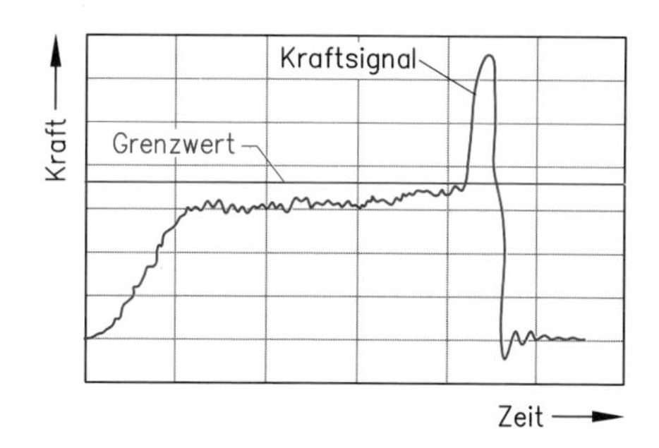

Kraftverlauf bei Kollision und Schneidenbruch

Werkzeugüberwachungssysteme nehmen Signale auf und vergleichen diese mit festgelegten Grenzwerten. Beim Überschreiten der Grenzwerte wird der Vorschubantrieb abgeschaltet. Mit einem Werkzeugüberwachungssystem werden bei einem Werkzeugausfall größere Schäden an der CNC-Maschine verhindert.

4.4 Programmierung von Schaltinformationen

- **Schaltinformationen für die Vorschubbewegung**

Die Vorschubbewegung kann nach dem Adressbuchstaben F als Vorschub in mm (je Umdrehung) oder als Vorschubgeschwindigkeit in mm/min eingegeben werden.

LF 8+11

Vorschubbewegung	Befehl	Beispiel
in mm/min	G94	G94 F100 bedeutet v_f = 100 mm/min
in mm	G95	G95 F0,25 bedeutet f = 0,25 mm (je Umdrehung)

- **Schaltinformationen für die Schnittbewegung**

Die Schnittbewegung kann beim Drehen entweder mit konstanter Schnittgeschwindigkeit oder konstanter Umdrehungsfrequenz mit dem Adressbuchstaben **S** eingegeben werden.

Schnittbewegung	Befehl	Beispiel
konstante Schnittgeschwindigkeit	G96	G96 S40 bedeutet v_c = 40 mm/min
konstante Umdrehungsfrequenz	G97	G97 S900 bedeutet n = 900 1/min

Beim Fräsen wird nur mit konstanter Umdrehungsfrequenz gearbeitet.

Beispiel für die Ermittlung und Programmierung der technologischen Daten

Aufgabe

Ein Werkstück aus E 295 (früher St 50) soll mit einem Messerkopf mit Hartmetallschneiden P 30 bearbeitet werden. Der Fräser hat einen Durchmesser von 80 mm und 6 Schneiden.
Es sind die unter F und S zu programmierenden Daten zu ermitteln.

Lösung

Werkstoffe E 295 (normal zerspanbar), Schneidstoff P 30 } Schnitttiefe a_p = 5 mm, Zahnvorschub f_z = 0,2 mm } Schnittgeschwindigkeit v_c = 145 m/min

Berechnung der Umdrehungsfrequenz: $n = \frac{v_c}{d \cdot \pi}$ $\quad n = \frac{145 \frac{\text{m}}{\text{min}}}{0{,}08\ \text{m} \cdot 3{,}14} = \mathbf{577\ \frac{1}{min}}$ → **S577**

Berechnung der Vorschubgeschwindigkeit: $v_f = f_z \cdot z \cdot n$ $\quad v_f = 0{,}2\ \text{mm} \cdot 6 \cdot 577\ \frac{1}{\text{min}} = \mathbf{692\ \frac{mm}{min}}$ → **F692**

Übungsaufgabe F-53

5 Programmieren von Komplettbearbeitungen

5.1 CNC-Drehen mit angetriebenen Werkzeugen

5.1.1 Komplettbearbeitung

Werkstücke können auf Drehmaschinen mit angetriebenen Bohr- und Fräswerkzeugen und einer Gegenspindel komplett bearbeitet werden. Die Übergabe der Werkstücke von der Spindel zur Gegenspindel und umgekehrt erfolgt programmgesteuert.
Durch die möglichst vollständige Bearbeitung auf einer Maschine

- werden Maschinen eingespart und die Auslastung von Maschinen wird erhöht,
- wird die Qualität verbessert, weil vorwiegend in einer oder zwei Aufspannungen gearbeitet wird,
- wird die Arbeitsplanung vereinfacht, weil Planung und Programmierung nur für eine Maschine durchzuführen sind,
- wird die Fertigungszeit reduziert, weil Transport- und Umspannvorgänge weitgehend entfallen.

In einer Aufspannung gefertigtes Werkstück

5.1.2 Ebenen und Achsen an Drehmaschinen mit angetriebenen Werkzeugen

Grundvoraussetzung für die Durchführung von Bohr- und Fräsarbeiten auf einer Drehmaschine ist, dass die Spindel als C-Achse steuerbar ist. Dies bedeutet, dass die Spindel in programmierten Positionen geklemmt und auch kontinuierlich gesteuert werden kann. Die Spindel mit dem Werkstückträger, z.B. dem Drehmaschinenfutter, erfüllt damit eine Funktion ähnlich der Funktion eines Rundtisches an einer Fräsmaschine.

Die Bohr- und Fräsarbeiten am Werkstück können in verschiedenen Ebenen durchgeführt werden.
Entsprechend dem XYZ-Koordinatensystem unterscheidet man bei der Drehbearbeitung mit angetriebenen Werkzeugen folgende Ebenen:

- die **Drehebene G18**
  1. Geometrieachse Z
  2. Geometrieachse X
- die **Stirnbearbeitungsebene G17**
  1. Geometrieachse X
  2. Geometrieachse Y
- die **Mantel- und Sehnenbearbeitungsebene G19**
  1. Geometrieachse Y
  2. Geometrieachse Z

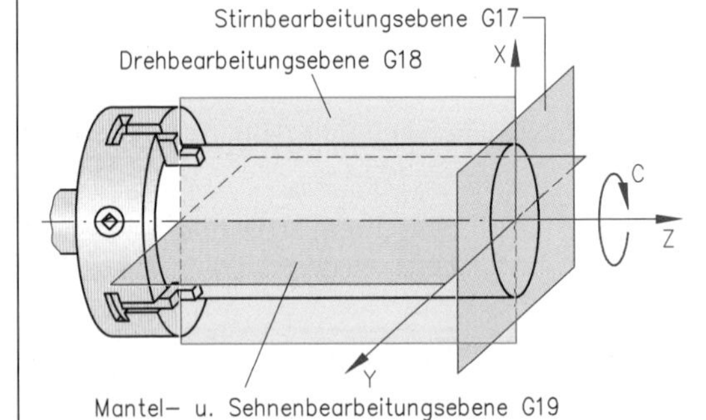

Bearbeitungsebenen auf Drehmaschinen mit angetriebenen Werkzeugen

> Eine steuerbare C-Achse ist Voraussetzung für den Einsatz angetriebener Werkzeuge.
> Drehbearbeitungsebene ist die Ebene G18.
> Bohr- und Fräsarbeiten können mit angetriebenen Werkzeugen in den Ebenen G17 und G19 durchgeführt werden.

5.1.3 Maschinenaufbau und Fertigungsmöglichkeiten

Die Fertigungsmöglichkeiten auf Maschinen mit angetriebenen Werkzeugen richten sich nach der Zahl der gesteuerten Achsen.
Auf Maschinen, bei denen lediglich die X-, Z- und C-Achse steuerbar sind, können nur radial gerichtete Bohrungen und Nute erzeugt werden.
Durch eine zusätzlich gesteuert Y-Achse werden die Fertigungsmöglichkeiten der Maschinen erheblich erweitert, sodass nahezu alle Bohr- und Fräsarbeiten in den Standardebenen des Koordinatensystems möglich sind.

Übungsaufgabe F-54

Die Y-Achse an Drehmaschinen mit angetriebenen Werkzeugen ist je nach Maschinenaufbau unterschiedlich verwirklicht:

- Maschinen mit **realer Y-Achse** können durch rechtwinklig zur X-Achse gerichtete Führungen das Werkzeug in Y-Richtung bewegen und damit alle Standardebenen erreichen.
- Maschinen mit **virtueller Y-Achse** erzeugen die Bewegung in Y-Richtung durch Vorschub in X-Richtung und gleichzeitiges Drehen um die Z-Achse (C).

Beispiel für das Erzeugen einer Vorschubbewegung in Y-Richtung mit virtueller Y-Achse (Schema)

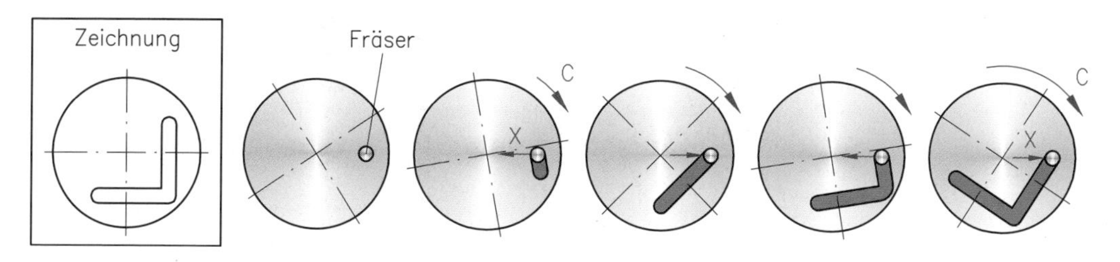

Weil Maschinen mit virtueller Y-Achse die C-Achse zur Erzeugung von Bewegungen in Y-Richtung benötigen, kann bei diesen Maschinen die C-Achse nicht gleichzeitig mit Bewegungen in Y-Richtung programmiert werden.
Bei der Programmierung muss also immer die Art, in der die Y-Achse realisiert ist, berücksichtigt werden. Für die Gegenspindel gilt Entsprechendes.

Beispiel für den Arbeitsraum einer CNC-Drehmaschine mit realer Y-Achse, B-Achse und Gegenspindel (Monforts UniCen 504)

Maschinen mit realer Y-Achse können das Werkzeug in Y-Richtung verfahren.
Bei Maschinen mit virtueller Y-Achse werden Bewegungen in Y-Richtung durch Zusammenwirken von C-Achse und X-Achse erzeugt.

Übungsaufgabe F-55

5.1.4 Stirnseitenbearbeitung

Die Stirnseitenbearbeitung erfolgt mit waagerecht liegendem Werkzeug in der Ebene **G17**. Je nach Maschinenaufbau sind unterschiedliche Bearbeitungen programmierbar.

- Maschinen mit **realer Y-Achse** erlauben alle Bohr- und Fräsarbeiten, die auch an Fräsmaschinen in der Standardebene G17 durchführbar sind. Die Bearbeitung mit realer Y-Achse wird bei PAL-Programmierung mit G17 Y aufgerufen. Maschinen mit realer Y-Achse gestatten gleichzeitig die Programmierung der C-Achse, wenn diese im Aufruf der Ebene mit **G17 Y C** angegeben wird.
- Maschinen mit **virtueller Y-Achse** benötigen die C-Achse zusammen mit der X-Achse zur Erzeugung einer Bearbeitung in Y-Richtung. Darum kann die C-Achse bei ihnen nicht programmiert werden. Die Bearbeitung mit virtueller Y-Achse wird nur mit **G17** aufgerufen.
  Wenn auf Maschinen mit virtueller Y-Achse die Werkstückbearbeitung eine Positionierung der C-Achse erfordert, z.B. um stirnseitig Bohrungen in festgelegten Winkelabständen zu bohren, kann bei PAL-Programmierung mit dem Befehl **G17 C** die **virtuelle Y-Achse abgeschaltet** werden, sodass die C-Achse programmierbar ist.

Falls eine Stirnseitenbearbeitung auf der Gegenspindel durchgeführt werden soll, muss der Befehl zum Aufruf der Ebene mit dem Zusatz GSU versehen werden, z.B. **G17 C GSU**.
Mit dem Befehl G18 wird die Drehbearbeitungsebene aufgerufen und damit die Stirnseitenbearbeitung abgeschlossen.

Übersicht über die Ebenenaufrufe für die Stirnseitenbearbeitung (Standardebene G17)

Ebenenaufruf	**G17 C**	**G17**	**G17 Y [C]**
Y-Achse	Keine Y-Achse	Virtuelle Y-Achse	Reale Y-Achse
Programmierbare Achsen	Z-, X-, C-Achse	X-, Y-, Z-Achse Keine C-Achse	X-, Y-, Z-Achse C-Achse
Programmierung	Polarkoordinaten	X-, Y-, Z-Koordinaten	X-, Y-, Z-Koordinaten Polarkoordinaten
Eignung	Bohrzyklen Kreisbogennute Spiralen	Bohr- und Fräszyklen für die Standardebene G17	Alle Bohr- und Fräszyklen für die Standardebene G17

Beispiel **für die Programmierung einer Stirnseitenbearbeitung auf einer Drehmaschine mit virtueller Y-Achse** (PAL-Programmierung, Abbildung aus Simulation mit MTS TopTurn)

Auf einer Drehmaschine mit virtueller Y-Achse ist die Bearbeitung der Stirnfläche durchzuführen. Der Startwinkel ist durch Anbohren im Radius 30 zu markieren.

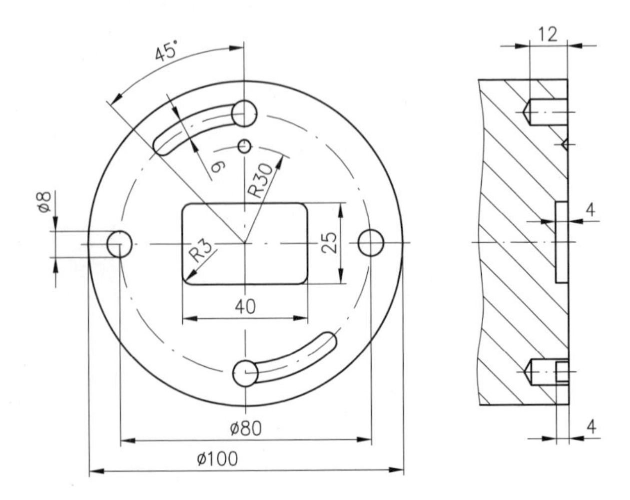

Übungsaufgabe F-56

Lösung: (Als Video auch in BPW und auf der DVD im Aufgabenband 55310)

N15 T1 M4 S800 N20 G95 F0.2 N25 G0 X104 Z2 N30 G1 Z0 N35 G1 X-1.2 N40 G1 Z2 N45 G14	*Plandrehen*
N50 G17 C	*Ebenenaufruf*
N55 T4 M3 S600 F0.2 ... ... N130 G14	*Anbohren*
N135 T8 M3 S600 F0.5 N140 G0 C0 N145 G0 X40 Z2 N150 G1 Z-12 N155 G1 Z2 N160 G0 C90 N165 G23 N150 N155 N170 G0 C180 N175 G23 N150 N155 N180 G0 C270 N185 G23 N150 N155 N190 G14 N195 G0 C0	*Bohren*
N200 T12 M3 S800 N205 G95 F0.2 N210 G0 X40 Z2 N215 G1 Z-4 N220 G1 C45 N225 G1 Z2 N230 G1 C180 N235 G1 Z-4 N240 G1 C225 N245 G1 Z2 N250 G0 C0	*Nut fräsen*

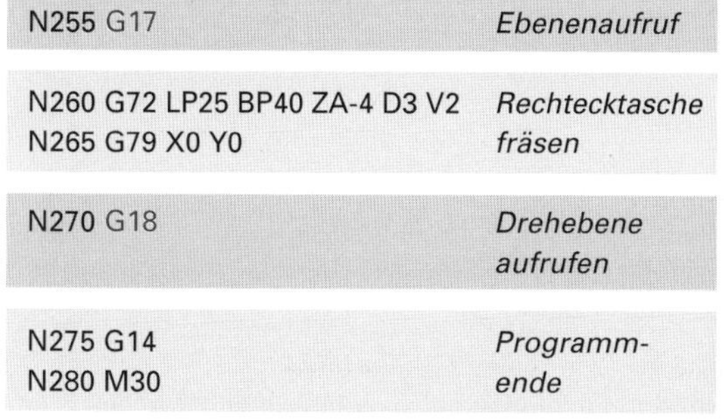

N255 G17	*Ebenenaufruf*
N260 G72 LP25 BP40 ZA-4 D3 V2 N265 G79 X0 Y0	*Rechtecktasche fräsen*
N270 G18	*Drehebene aufrufen*
N275 G14 N280 M30	*Programm-ende*

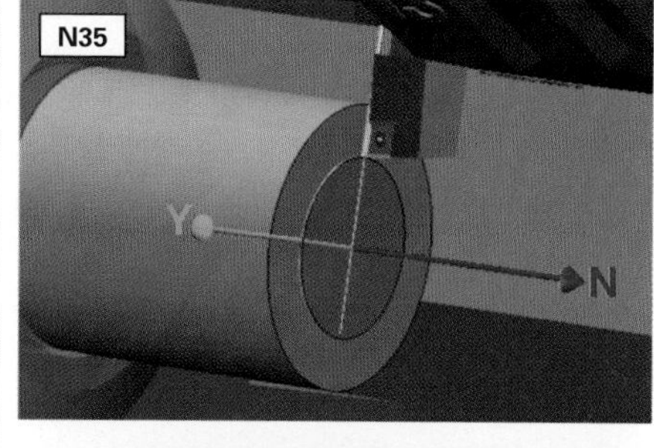

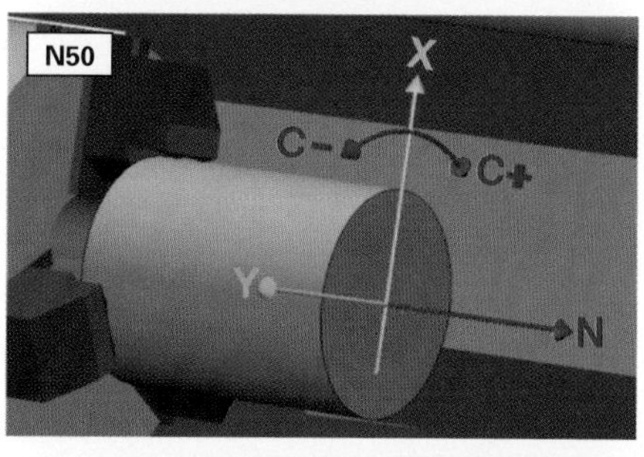

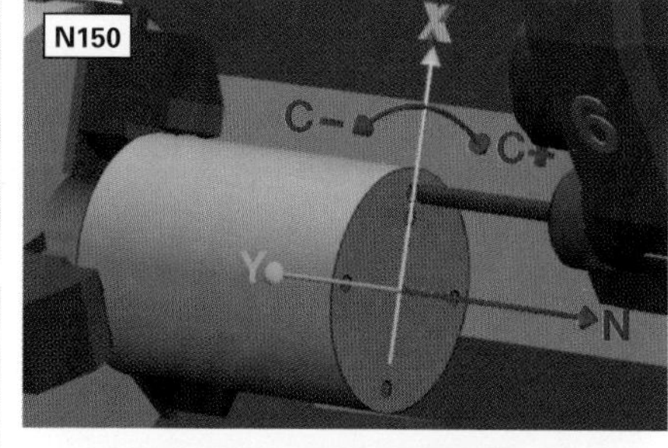

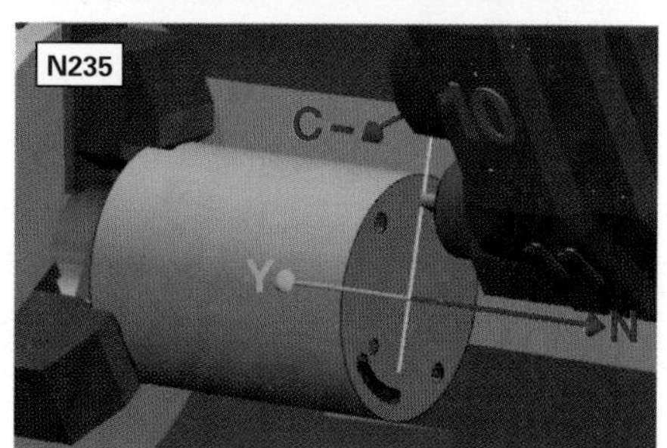

5.1.5 Mantel- und Sehnenflächenbearbeitung

Die **Mantelfläche** eines Zylinders ist die gekrümmte Außenfläche. Fräsarbeiten auf der Mantelfläche erzeugen bei Zustellung in X-Richtung Teilflächen eines Zylindermantels mit kleinerem Radius.

Eine **Sehnenfläche** ist eine ebene Fläche in rechtem Winkel zur Stirnfläche.

Eine **geneigte Sehnenfläche** bildet mit der Z-Achse des Werkstückes einen Neigungswinkel.

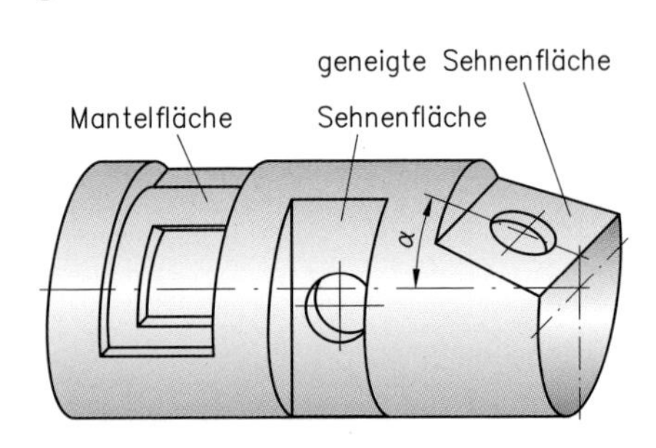

Mantel- und Sehnenflächen an einem zylindrischen Werkstück

Mantel- und Sehnenflächenbearbeitung werden mit dem Befehl G19 und einem Hinweis auf die Achsen, die für die Bearbeitung in dieser Ebene wichtig sind, eingeleitet.
Bei Bearbeitung auf der Gegenspindel ist der Zusatz GSU erforderlich.
Der Befehl **G18** schaltet von der Mantel- und Sehnenflächenbearbeitung wieder um auf Drehbearbeitung.

- **G19 C – Bearbeitung auf der Mantelfläche mit Zylinderkoordinaten (PAL)**
  Nach dem Aufruf G19 C sind die drei Achsen Z, X und C linear mit G0 und G1 verfahrbar.
  Die gleichzeitige Programmierung von C und Z erzeugt eine Wendelnut.
  G19 C eignet sich zum Programmieren radial gerichteter Bohrungen und Nute.

- **G19 X.. – Bearbeitung der Mantelfläche mit virtueller Y-Achse (PAL)**
  Mit **G19 X..** wird die Bearbeitung der Mantelfläche mit virtueller Y-Achse aufgerufen. Die Y-Achse wird durch Interpolation von Bewegungen von Z- und C-Achse erzeugt, darum kann C in diesem Modus nicht programmiert werden.
  Zur Erzeugung der gewünschten Kontur wird diese als Abwicklung der Mantelfläche, die sich mit dem Durchmesser **X..** ergibt, projiziert und entsprechend programmiert.

Beispiel für die Abwicklung einer mit G19 X.. zu programmierenden Rechtecktasche

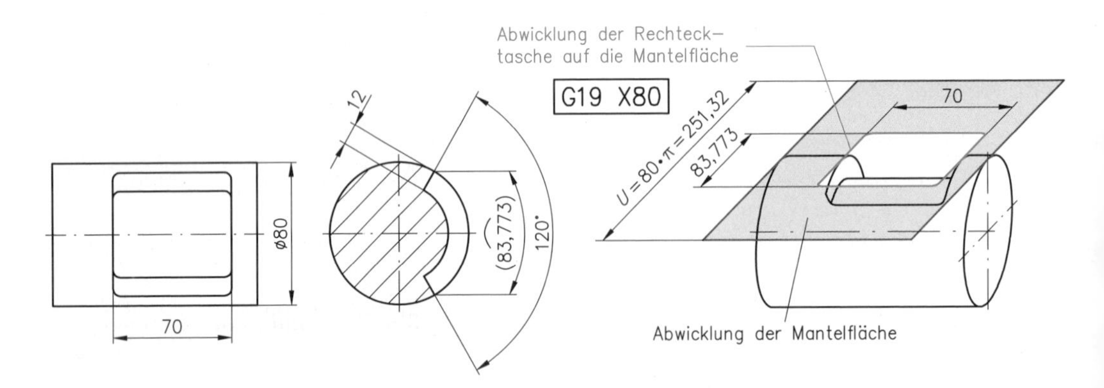

- **G19 Y [C] – Bearbeitung der Sehnenfläche mit realer Y-Achse (PAL)**
  Mit **G19 Y** können für eine Maschine mit realer Y-Achse alle Bohr- und Fräsarbeiten auf der Sehnenfläche ausgeführt werden. Durch Zufügen des Achswinkels C wird die C-Achse in dieser Winkelstellung geklemmt. Ohne Angabe des Achswinkels erfolgt die Klemmung in 0°.

- **G19 Y B [C] – Bearbeitung geneigter Sehnenflächen mit realer Y-Achse (PAL)**
  Maschinen mit realer Y-Achse und der Möglichkeit, Sehnenflächen in einen Neigungswinkel B zur Z-Achse einzustellen, werden mit **G19 Y B** programmiert. Durch Zufügen des Achswinkels C wird die C-Achse in dieser Winkelstellung geklemmt. Ohne Angabe des Achswinkels erfolgt die Klemmung in 0°.

Übungsaufgabe F-57

Beispiel **für die Programmierung einer Bearbeitung von Mantel- und Sehnenfläche**
(PAL, Abbildungen aus Simulation mit MTS TopTurn)

Auf einer Drehmaschine mit realer Y-Achse ist das dargestellte Werkstück zu bearbeiten. Das Werkstück wurde bereits auf den Durchmesser 100 gedreht.

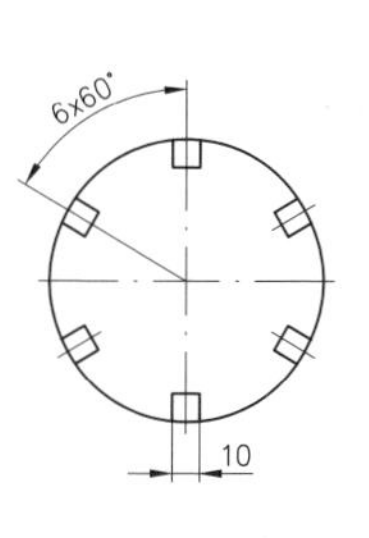

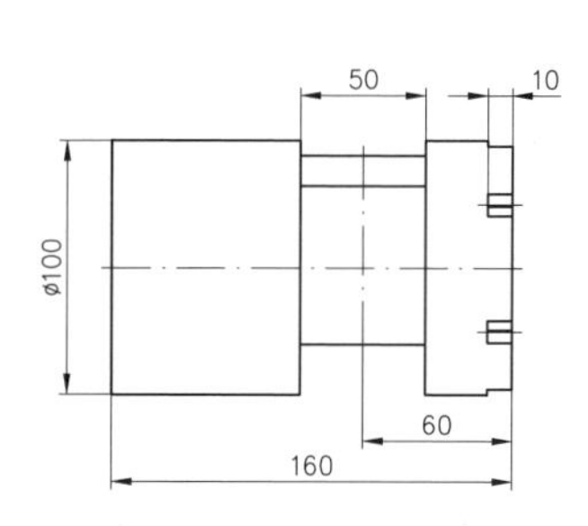

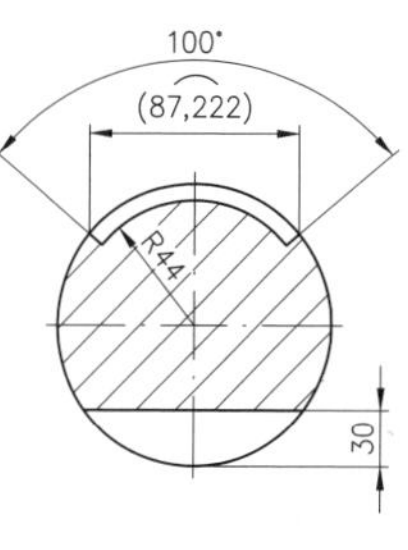

Lösung: (Als Video auch in BPW und auf der DVD im Aufgabenband 55310)

N10 G54 N15 T6 S800 M04 G96 N20 G92 S3500 N25 G95 F0.2 N30 G0 X102 Z-1 N35 G1 X-1.5 N40 G14	*Plandrehen*
N45 G19 X100	*Ebenenaufruf*
N50 T1 S800 G94 F250 M3 N55 G0 X52 Z-60 N60 **G72 XA44 LP87,222 BP50 D3 V2** N65 G79 XA50 ZA-60 N70 G1 XI3 N75 G14	*Mantelfläche fräsen*
N80 G19 C	*Ebenenaufruf*
N85 G0 C0 N90 G0 Z5 N95 G1 X44 N100 G1 Z-10 N105 G1 X51 N110 G0 C60 N115 G23 N90 N105 N120 G0 C120 N125 G23 N90 N105 N130 G0 C180 N135 G23 N90 N105 N140 G0 C240 N145 G23 N90 N105 N150 G0 C300 N155 G23 N90 N105	*Nute fräsen*
N160 G19 Y C180	*Ebenenaufruf*
N165 G0 X52 Z-60 N170 G72 XA30 LP85 BP50 D3 V2 N175 G79 XA50 ZA-60 N180 G1 XI3 N185 G14	*Sehnenfläche fräsen*
N190 G18	*Ebenenaufruf*
N195 M30	*Programmende*

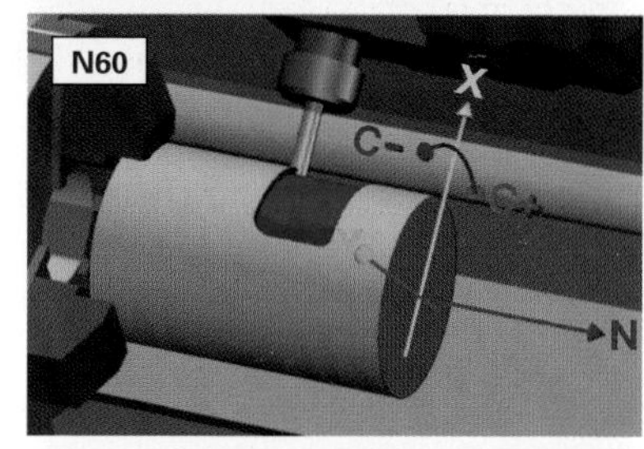

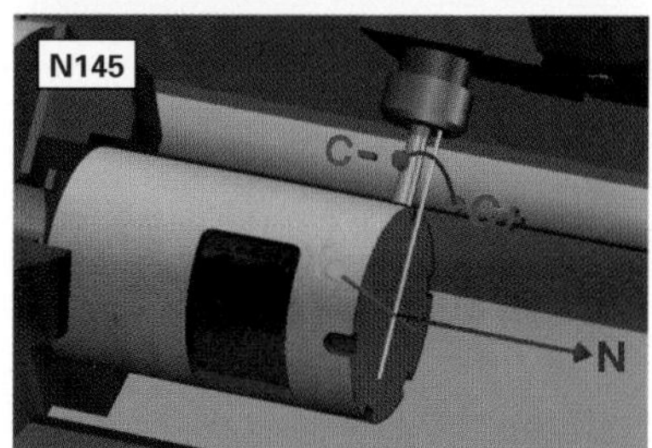

5.2 Mehrseitenbearbeitung auf Fräsmaschinen

5.2.1 Einführung

Durch Mehrseitenbearbeitung können Werkstücke auf Fräsmaschinen ohne Umspannen an den frei zugänglichen Seiten bearbeitet werden.
Bei einer **$2\frac{1}{2}$-D-Bearbeitung** geschieht die Mehrseitenbearbeitung, indem die zu bearbeitende Fläche so im Arbeitsraum der Fräsmaschine positioniert wird, dass sie dort mit dem senkrecht zur Bearbeitungsebene zugestellten Werkzeug bearbeitet werden kann.

Der Zugang des Werkzeuges zu den einzelnen Bearbeitungsflächen hängt vom Aufbau und von der Ausrüstung der Maschine ab. Bei sehr vielen Maschinen wird das Werkstück zum Zweck einer $2\frac{1}{2}$-D-Bearbeitung mithilfe eines zusätzlich angebauten Dreh- und Schwenktisches in die Bearbeitungsposition gebracht.

Beispiel **für eine Fräsmaschine mit Schwenk- und Drehtisch (Hedelius RS 505)**

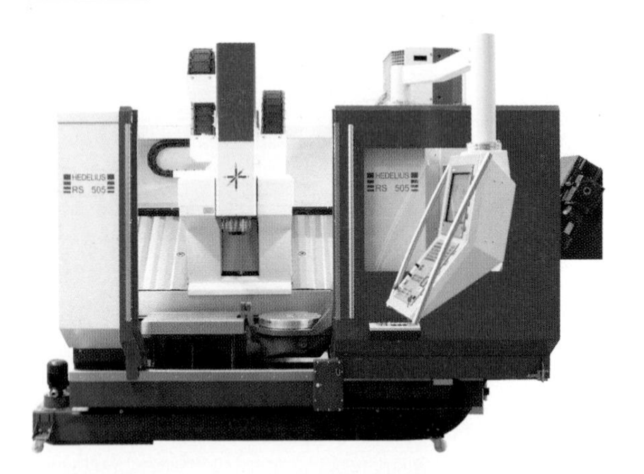

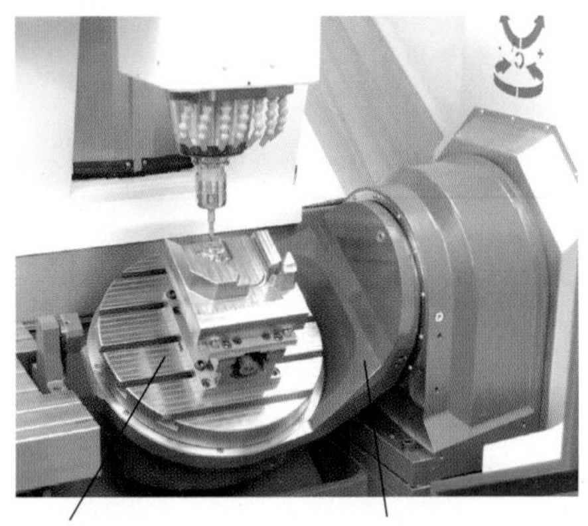

Drehtisch Schwenktisch

Auf Fräsmaschinen mit Schwenk- und Drehtisch erfolgt die Drehung des Werkstückes um die Z-Achse mittels des Drehtisches. Diese Drehung um die Z-Achse wird mit dem Programmwort C beschrieben.
Der Schwenktisch kann je nach seiner Ausrichtung in der Maschine das Werkstück um die X-Achse **(A)** oder um die Y-Achse **(B)** schwenken.

Maschinen mit der Schwenkmöglichkeit um die X-Achse und Drehen um die Z-Achse sind **AC-Maschinen**. Bei ihnen geschieht das Schwenken des Werkstückes um die Y-Achse durch gleichzeitiges Schwenken um die X-Achse und Drehen um die Z-Achse.

BC-Maschinen können das Werkstück um die Y-Achse schwenken und um die Z-Achse drehen. Das Schwenken um die X-Achse geschieht bei ihnen durch gleichzeitiges Schwenken um Y und Drehen um Z.

Beispiel **für Schwenken und Drehen eines Werkstückes um die Achsen einer AC-Maschine**

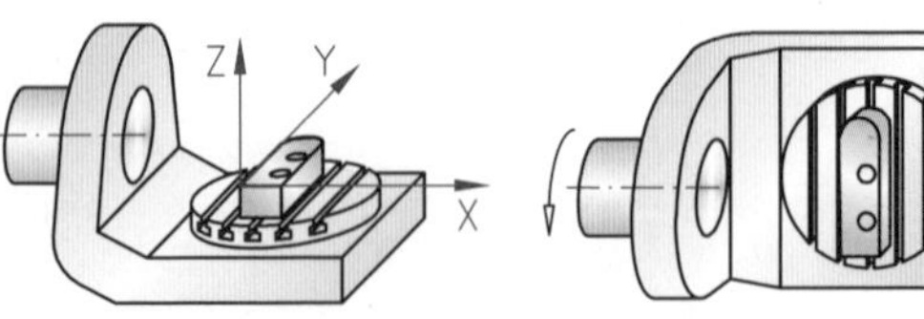

Ausgangslage

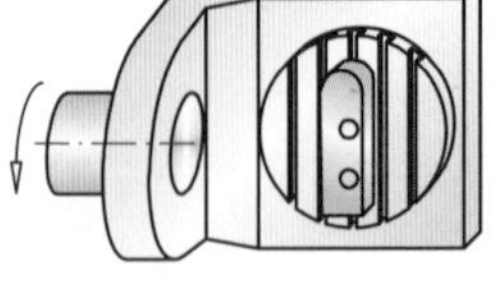

Schwenken um X

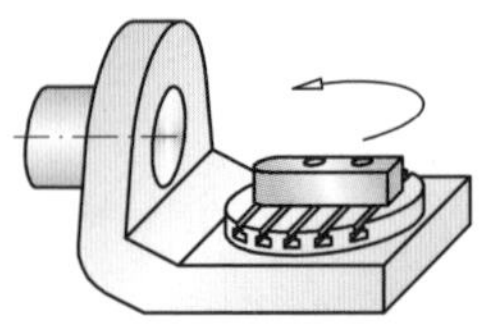

Drehen um Z

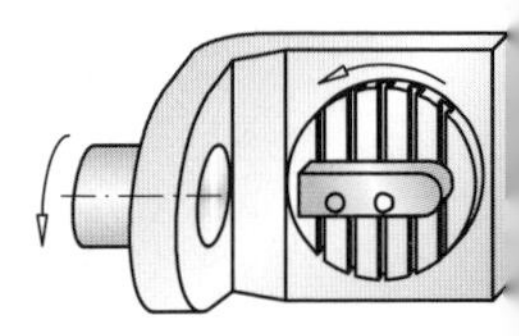

Schwenken um Y
(Drehen um Z + Schwenken um X)

> $2\frac{1}{2}$-D-Mehrseitenbearbeitung erfolgt häufig auf Maschinen mit Schwenk- und Drehtisch.
> AC-Maschinen schwenken das Werkstück um die X-Achse und drehen es um die Z-Achse.
> BC-Maschinen schwenken das Werkstück um die Y-Achse und drehen es um die Z-Achse.

Übungsaufgabe F-58

5.2.2 Standardebenen G17, G18 und G19

Bei der 2½-D-Bearbeitung ist immer eine Ebene die **Standardebene**. In ihr werden Kreisbögen, Taschen u.a. gefräst. Senkrecht zur Standardebene erfolgt die Zustellung des Werkzeuges.

Entsprechend dem YXZ-Koordinatensystem kennzeichnet man die Standardebenen mit **G17**, **G18** oder **G19** und programmiert sie entsprechend. In jeder dieser Ebenen sind eine erste und eine zweite Geometrieachse festgelegt. Die dritte Achse ist die Zustellachse. Von diesen Ebenen wird die Ebene G17 mit Zustellrichtung in Richtung der negativen Z-Achse bevorzugt und voreingestellt.

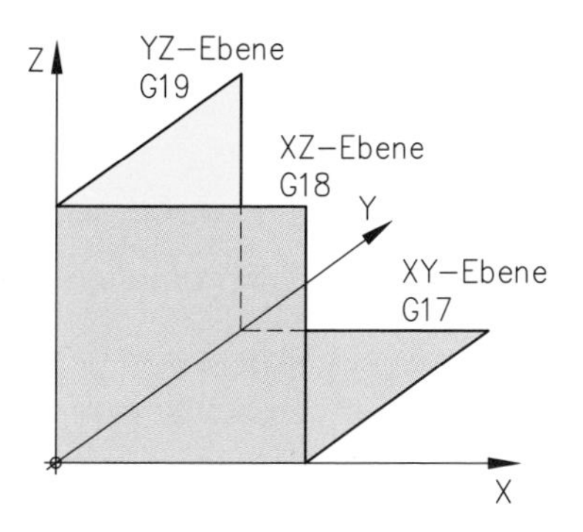

Ebene	1. Geometrie-achse	2. Geometrie-achse	Zustell-achse
G17	X	Y	Z
G18	Z	X	Y
G19	Y	Z	X

LF 8+11

Kreismittelpunkte und Pole in den Standardebenen werden inkremental programmiert, und zwar
- in X-Richtung mit **I**,
- in Y-Richtung mit **J** und
- in Z-Richtung mit **K**.

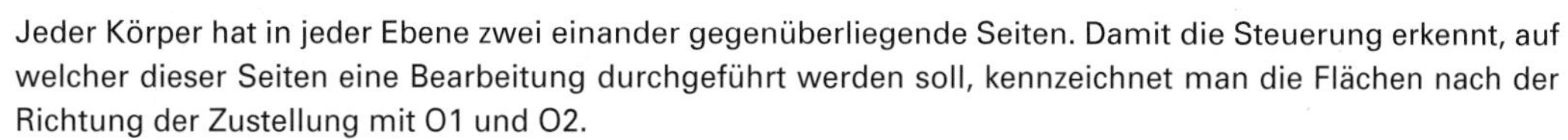

Jeder Körper hat in jeder Ebene zwei einander gegenüberliegende Seiten. Damit die Steuerung erkennt, auf welcher dieser Seiten eine Bearbeitung durchgeführt werden soll, kennzeichnet man die Flächen nach der Richtung der Zustellung mit O1 und O2.

O1 kennzeichnet Flächen mit einer Zustellrichtung in **negativer** Achsrichtung,
O2 kennzeichnet Flächen mit einer Zustellrichtung in **positiver** Achsrichtung.
O1 ist normalerweise für alle Ebenen voreingestellt und muss deshalb nicht programmiert werden.

Beispiel **für die Lage der Ebenen G18 O1 und G18 O2 an einer BC-Maschine**
(Abbildungen aus Simulation mit MTS TopMill)

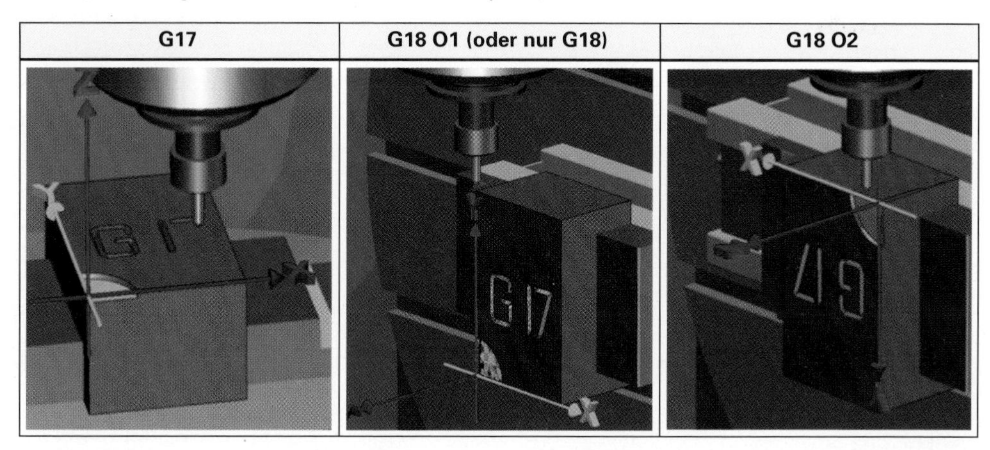

Farbkennzeichnung: —— Zustellachse
—— 1. Geometrieachse
—— 2. Geometrieachse

Übungsaufgabe F-59

5.2.3 Wechsel der Standardebenen bei einer $2^1/_2$-D-Bearbeitung

Zum Wechsel von einer Standardebene in eine andere genügt der Aufruf mit dem G-Wort der Ebene.
Die Schwenkbefehle **G17, G18** und **G19** *können* um weitere Angaben ergänzt werden (PAL-Programmierung):

H beschreibt das Einschwenkverhalten. Der Normalfall **H1** ist voreingestellt.

O1 und **O2** erlauben die Unterscheidung der einander gegenüberliegenden Seiten der Standardebene. Die Seite O1 mit der Zustellung in negativer Richtung ist voreingestellt.

Falls nach dem Einschwenken der zu bearbeitenden Ebene der Nullpunkt nicht mehr in dieser Ebene liegt, lässt man auf den Schwenkbefehl meist eine Nullpunktverschiebung folgen, um die Programmierung der Verfahrwege zahlenmäßig zu vereinfachen.

Beispiel **für ein Programm mit einem Wechsel der Ebene G17 zu den Ebenen G18 O1 und G19 O2**
(Abbildungen aus Simulation mit MTS TopMill)

In ein rechteckiges Werkstück mit den Maßen 100 x 160 x 80 sind in der Ebene G17 der Schriftzug G17 zu fräsen und der Nullpunkt mit einem Viertelkreis zu kennzeichnen.
In die Ebenen G18 und G19 O2 sind zur Markierung Kreisbögen und Geraden zu fräsen.

Programm:

```
N5 G17

N10 G54
N15 T2 M3 G97 S2000
N20 G94 F400
N25 G0 X20 Y20 Z2              ; Nullpunkt markieren,
...                            Schriftzug G17 fräsen
N140      Z2
N145 G0 X200 Y200 Z200

N150 G18                       ; Einschwenken; O1 voreingestellt

N155 G59 XA0 YA160 ZA0         ; Nullpunkt verschieben
N160 G0 Z-10 X20 Y2
N165 G1 Y-5                    ; Eintauchen in –Y-Richtung
N170      Z-20
N175 G2 X80  Z-20 I30 K0       ; Kreismittelpunkt mit I und K
N180 G1 Z-10
N185      Y5
N190 G54                       ; Nullpunktverschiebung aufheben
N195 G0 X200 Y200 Z200

N200 G19 O2                    ; Einschwenken G19 O2, Zustellung
                               in positiver Achsrichtung

N205 G0 X-5 Y140 Z-10
N210 G1 X5                     ; Eintauchen in +X-Richtung
N215      Z-20
N220 G3 Y20 Z-20 J-60 K80      ; Kreismitten mit J und K
N225 G1 Z-10
N230      X-5

N235  G17                      ; Zurückschwenken in G17-Ebene

N235 T2
N240  M30
```

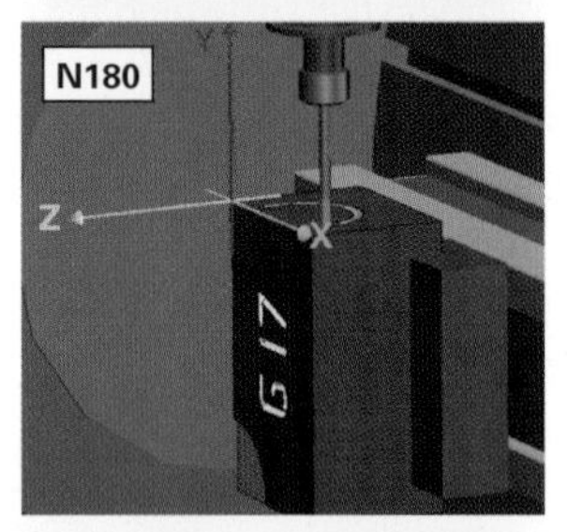

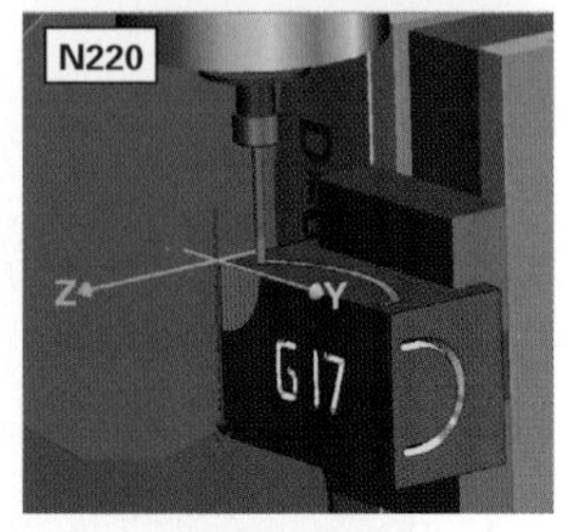

Farbkennzeichnung:
—— Zustellachse
—— 1. Geometrieachse
—— 2. Geometrieachse

Der Wechsel der Standardebene wird mit dem G-Wort der einzuwechselnden Ebene programmiert.

5.2.4 Festlegen von Bearbeitungsebenen über maschinenfeste Raumwinkel

5.2.4.1 Schwenken um eine Achse

Durch Schwenken um eine Achse kann eine schräg zu einer Standardebene liegende Fläche in die Bearbeitungsebene gebracht werden. Dabei bleibt das Koordinatensystem maschinenfest in seinem Ursprung. Diese Funktion erlaubt es, Werkstücke so einzuschwenken, dass die zu bearbeitende schräge Fläche in der Bearbeitungsebene liegt.

Beispiel für Bearbeitungen auf eingeschwenkten schrägen Flächen

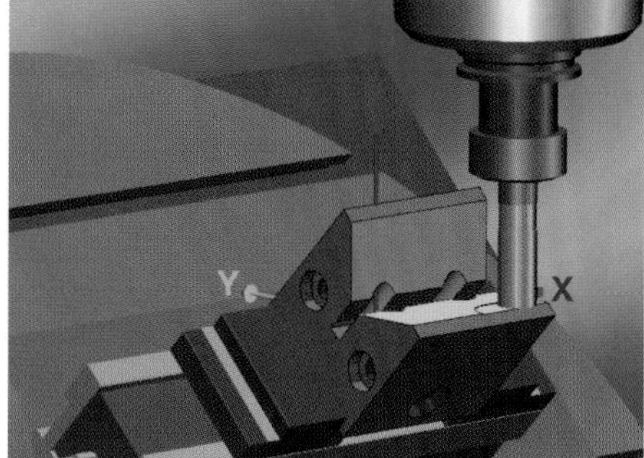

Im Schwenkbefehl zum Einschwenken einer Ebene in die Bearbeitungsebene werden angegeben

- die Ebene, aus der das Schwenken erfolgt, z.B. G17,
- die Achse, um die geschwenkt werden soll, **AM** um X-Achse, **BM** um Y-Achse, **CM** um Z-Achse,
- die Größe des Schwenkwinkels.

Der Schwenkwinkel wird mit Blickrichtung in **positiver Richtung der Schwenkachse** gesehen.

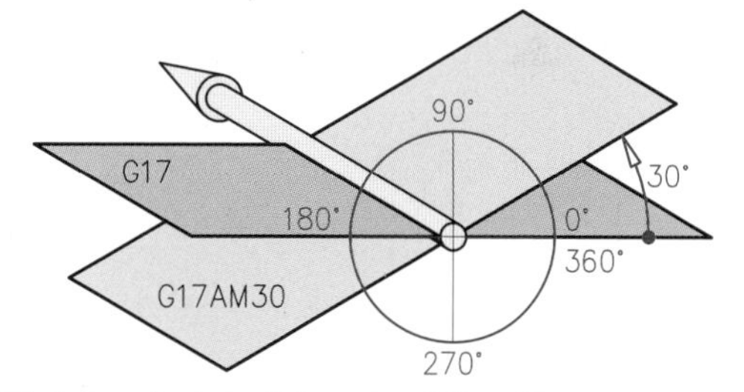

Winkelangabe beim Schwenken 30° um X

Der Schwenkwinkel ist

- positiv, wenn die Schwenkbewegung gegen den Uhrzeigersinn gerichtet ist und
- negativ, wenn das Schwenken im Uhrzeigersinn geschieht.

Beispiel für die Programmierung von Schwenkbewegungen in der Ebene G17 um die X-Achse (PAL-Programmierung, Abbildungen aus Simulation mit MTS TopMill)

G17 AM30	G17 AM90	G17 AM-30

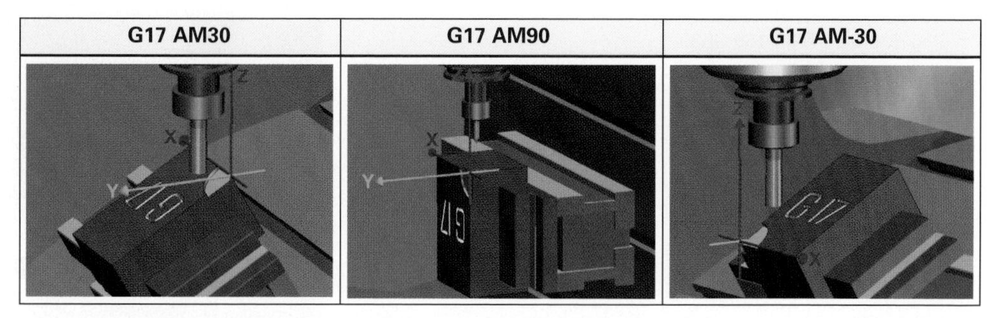

(Beachten Sie: Bei Eingabe G17 AM-30 wurde das Werkstück so geschwenkt, dass die X-Achse auf den Betrachter hinzeigt. Sie sehen also das Werkstück aus der negativen Achsrichtung.)

Der Schwenkbefehl besteht aus Angabe der Standardebene, aus der das Schwenken erfolgt (**G17** oder **G18** oder **G19**), der Kennzeichnung der Schwenkachse (**AM** oder **BM** oder **CM**) und dem Zahlenwert des Schwenkwinkels.

Zur Vereinfachung der Programmierung ist es sinnvoll, den Nullpunkt so zu verschieben, dass die Schwenkachse im Schnittpunkt der Standardebene und der herzustellenden Schräge liegt.

Beispiel **für die Programmierung der Bearbeitung einer Abschrägung** (PAL-Programmierung, Abbildungen aus Simulation mit MTS TopMill)

Das dargestellte Einlegestück ist herzustellen.
An die Oberfläche werden keine besonderen Anforderungen gestellt.
Das Rohteil ist Flachstahl 70 x 40 x 16 mm.

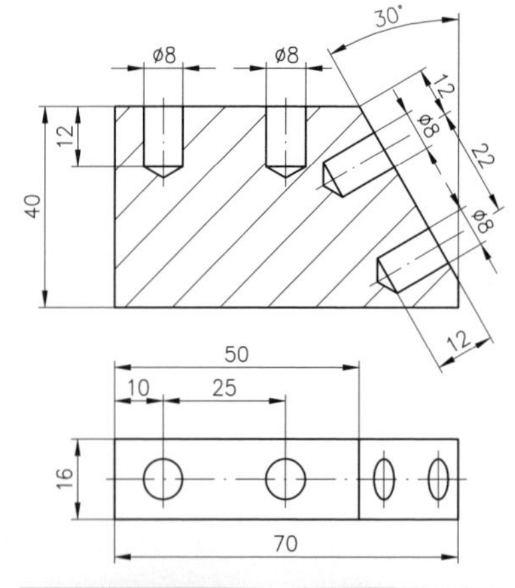

Lösung (Maschine BC): (Als Video auch in BPW und auf der DVD im Aufgabenband 55310)

N5 G17	
N20 G54	*; Nullpunkt setzen*
N25 T2 M3 F150 S500 **N30 G81 ZA-4 V2** N35 G79 X10 Y8 Z0 N40 G79 X35 Y8 Z0 N45 T3 G94 F150 S1000 M3 N50 G0 X10 Y8 Z3 **N55 G81 ZA-12 V2** N60 G79 X10 Y8 N65 G79 X35 Y8 N70 G0 Z200	 *; Anbohren* *; Bohren*
N75 G59 XA50 YA0 ZA0	*; Nullpunkt verschieben*
N80 G17 BM60	*; Schwenken um Y-Achse 60°*
N85 T1 G94 F200 S600 M3 N90 G0 X0 Y0 Z22 N95 **G72 ZA0 LP55 BP20 D4 EP0 Q3 H2 V2** N100 G79 X0 Y8 Z18	 *; Planfräsen*
N110 T2 M3 F150 S500 N115 **G81 ZA-4 V2** N120 G79 X12 Y 8 Z0 N125 G79 X34 Y8 Z0 N130 T3 G94 F150 S1000 M3 N135 G0 X12 Y8 Z3 N140 **G81 ZA-12 V2** N145 G79 X12 Y8 N150 G79 X34 Y8 N155 G59 XA50 YA0 ZA0 N160 G0 Z200	 *; Anbohren* *; Bohren*
N165 G17	*; zurück schwenken*
N170 G54	*; Nullpunkt zurück setzen*
N175 M30	

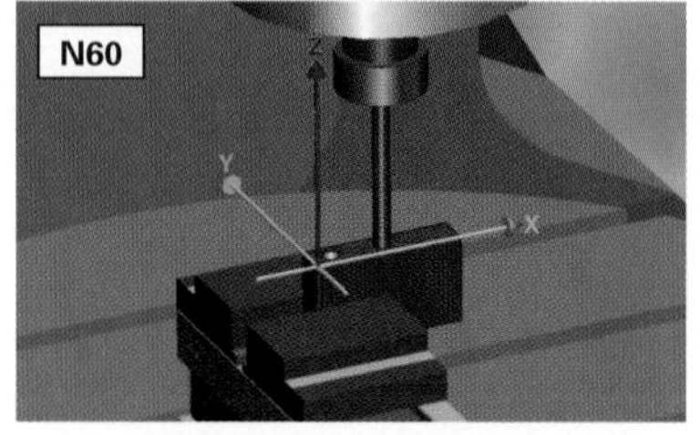

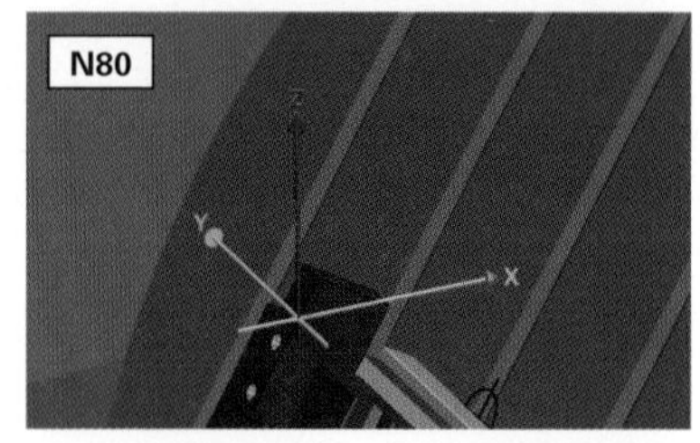

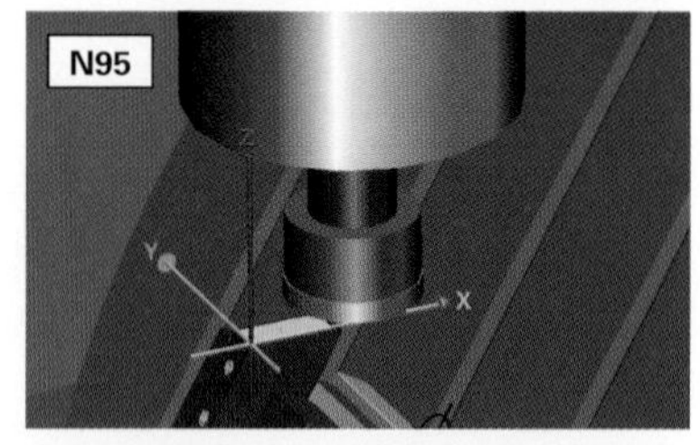

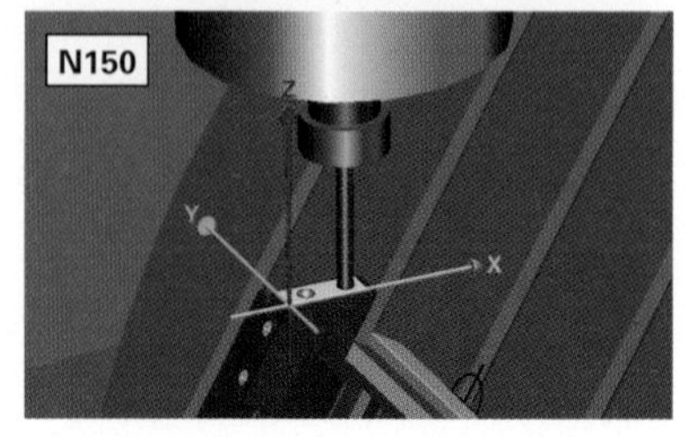

5.2.4.2 Schwenken um zwei Achsen

Jede beliebige Ebene des Werkstücks kann durch Drehung um zwei Achsen in die Arbeitsebene der Maschine gebracht werden. Wichtig ist dabei die Reihenfolge, in der die Dreh- und Schwenkbewegungen durchgeführt werden.

Im NC-Satz für das Einschwenken und Eindrehen einer beliebigen Ebene in die Arbeitsebene der Maschine werden angegeben:
- die Standardebene, aus der die Anwahl der zu bearbeitenden Ebene erfolgt (G17, G18 oder G19),
- die Reihenfolge der Drehwinkel und Drehwinkelangabe

  AM Drehwinkel um die X-Achse
  BM Drehwinkel um die Y-Achse
  CM Drehwinkel um die Z-Achse

Es können optional noch spezielle Angabe zum Einschwenkverhalten u.A. programmiert werden. In den meisten Fällen genügen aber die voreingestellten Lösungen.

Beispiel **für die Programmierung der Bearbeitung einer Abschrägung**
(PAL-Programmierung, Abbildungen aus Simulation mit MTS TopMill)

Auftrag:
An ein vorgefertigtes quaderförmiges Werkstück soll eine Schräge angefräst werden und es sollen vier Bohrungen von 12 mm Durchmesser gebohrt werden.

Es ist ein Einrichtblatt nach PAL zu erstellen und die Bearbeitung ist zu programmieren.

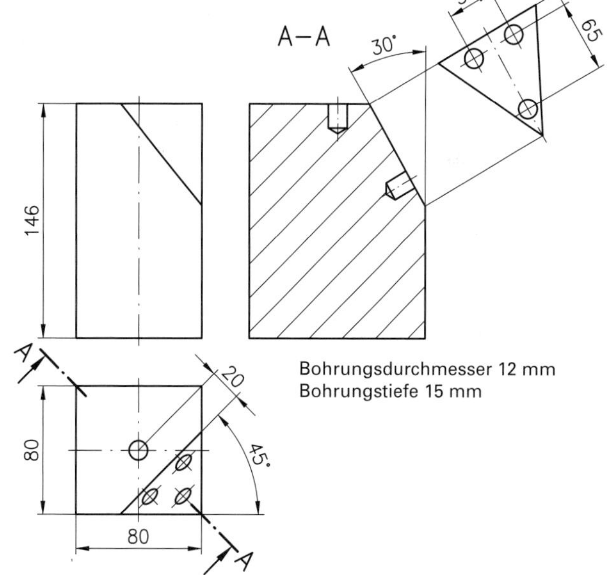

Einrichtblatt
Maschine: "PAL-G17-5-Achs-BAZ"
Steuerung: "PAL2007-Mill-BC"

Werkstück
Quader: QX80 QY80 QZ146
Werkstoff: C45

Werkstück-Einspannung
Spannmittel: "T-Nut-A14H8\NC-HDS\HDS-ZS 125x350x110"
Spannmittelaufsatz: "HDSB 125\HDS-AufsatzB\HDSB B125xL70_40xH40_20"
Spannmittel-Ausrichtung: X-
Spannungsart: außenstufige Backen
Einspanntiefe: ET40
Werkstückposition: XMT0 YMT0 ZMT110

Werkzeugsystem
Werkzeugliste
T01: "SK40\SchruppF VHM\SRF VHM 20x38(104) R_SZF-40 ER32x70"
T02: "SK40\NC-AnBo\NCABO-120 10x25(170) R_SZF-40 ER25x60"
T03: "SK40\SpiralBo HSS I\SPIBO HSS-I 12x134(205) R_SZF-40 ER25x60"

Werkzeugkorrekturwertliste
T01 TC1: KL+134.100 KR010.000
T02 TC1: KL+195.172 KR005.000
T03 TC1: KL+197.000 KR006.000

Nullpunktregister
Nullpunkt G54: XPO YPO ZP146 NT5

Lösung: (Als Video auch in BPW und auf der DVD im Aufgabenband 55310)

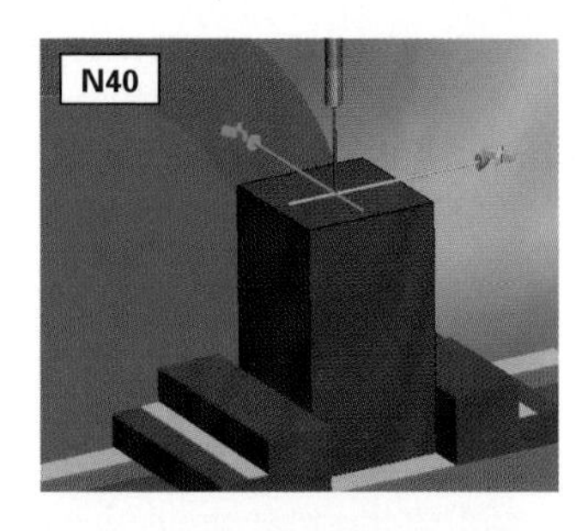


```
N10  G54

N15  G17

N20  T2 M3 S800 F200
N25  G0 X0 Y0 Z5
N30  G1 Z-5                      ; Anbohren
N35     Z5
N40  T3 M3 S800 F500
N45  G0 X0 Y0 Z2
N50  G1 Z-15                     ; Bohren
N55     Z2
N60  T1 M3 S600 F300

N65  G17 CM45 BM60               ; Einschwenken

N70  G0 X0 Y0 Z50

N75  G72 LP130 BP90 ZA10.392 D4 V2
N80  G79 XA40 YA0                ; Planfräsen

N85  G59 ZA10.93 XA6             ; Nullpunkt
                                   verschieben
N90  T2 M3 S800 F200
N95  G0 X9 Y30 Z2
N100 G1 Z-4                      ; Anbohren
N105    Z2
N110 G0 Y-30 Z9
N115 G23 N100 N105
N120 G0 X65 Y0
N125 G23 N100 N105
N130 T3 S800 M3 F500
N135 G0 X9 Y30 Z2
N140 G1 Z-12                     ; Bohren
N145    Z14
N150 G0 Y-30 Z9
N155 G23 N140 N145
N160 G0 X65 Y0
N165 G23 N140 N145
N170 T1

N175 G17                         ;Zurückschwenken

N180 M30
```

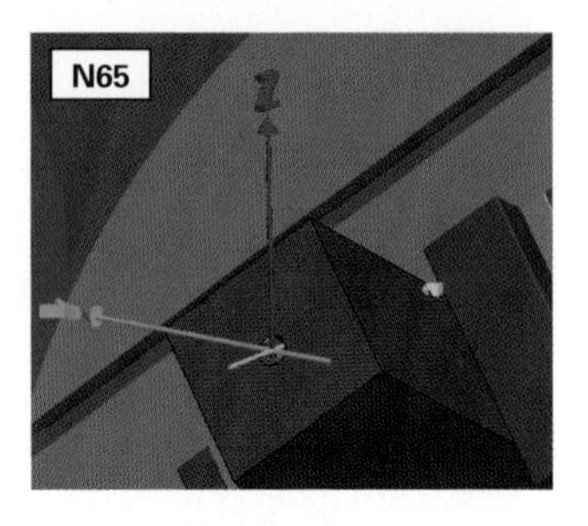

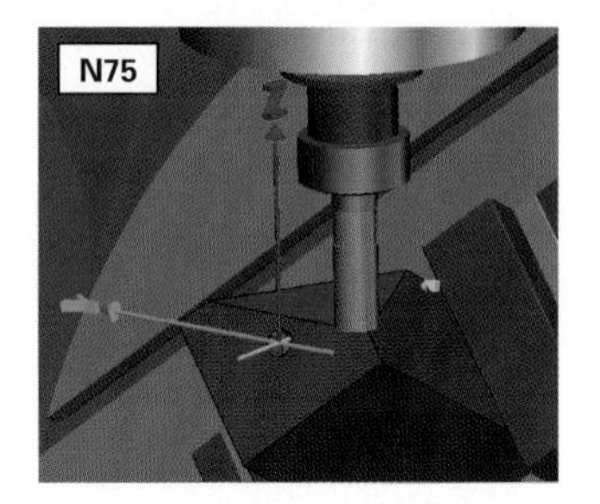

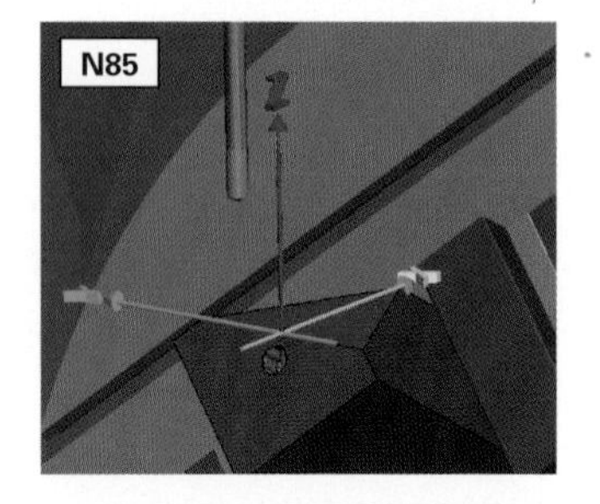

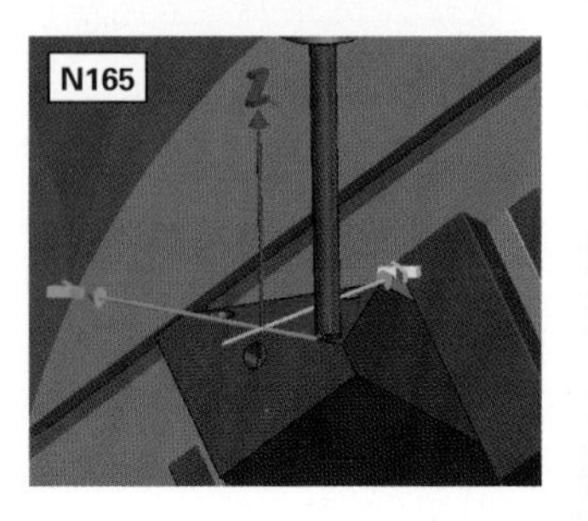

5.2.5 Weitere Möglichkeiten zur Ebenenanwahl

- **Ebenenanwahl mit relativen Raumwinkeln**

Von einer beliebigen Ebene ausgehend kann eine neue Bearbeitungsebene durch relative (inkrementale) Raumwinkel angewählt werden. Diese Funktion wird nur in wenigen Fällen benötigt, z. B. beim Fräsen von Fasen an schrägen Flächen.

Im NC-Satz für das Einschwenken und Eindrehen einer durch relative Raumwinkel bestimmten Ebene in die Arbeitsebene der Maschine werden angegeben (PAL-Programmierung):

- Standardebene, aus der die Anwahl der zu bearbeitenden Ebene erfolgt **(G17, G18 oder G19)**,
- Reihenfolge der Drehwinkel und Drehwinkelangabe
  AR relativer (inkrementeller) Drehwinkel um die X-Achse des **aktuellen** Werkstückkoordinatensystems
  BR relativer (inkrementeller) Drehwinkel um die Y-Achse des **aktuellen** Werkstückkoordinatensystems
  CR relativer (inkrementeller) Drehwinkel um die Z-Achse des **aktuellen** Werkstückkoordinatensystems

- **Ebenenanwahl mit Schnittwinkeln**

Bei dieser Möglichkeit der Ebenenanwahl werden die Winkel, die eine zu bearbeitende Fläche in Schnittebenen parallel zu den Standardebenen zeigt, zur Ebenenanwahl herangezogen. Falls die Ansichten eines Werkstückes parallel zu den Standardebenen liegen, erscheinen die Schnittwinkel auf den Außenflächen des Werkstücks.

Beispiele für Schnittwinkel

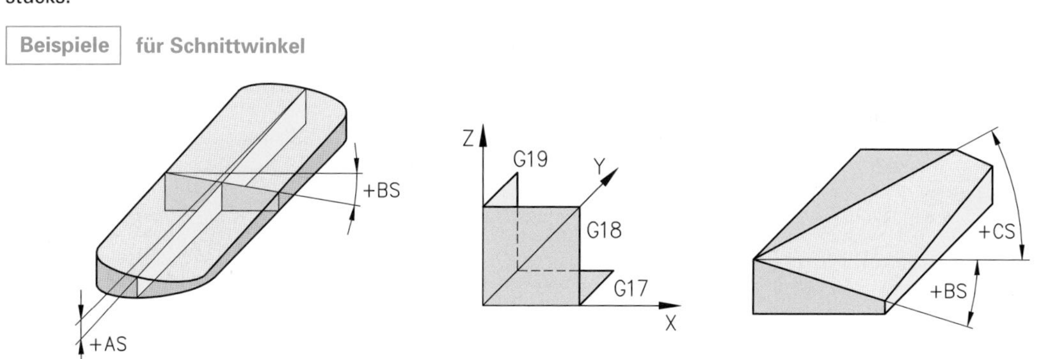

Im NC-Satz für das Einschwenken und Eindrehen einer Ebene in die Arbeitsebene der Maschine auf der Basis der Schnittwinkel werden angegeben (PAL-Programmierung):

- Standardebene, aus der die Anwahl der zu bearbeitenden Ebene erfolgt **(G17, G18 oder G19)**,
- Schnittwinkel
  AS Schnittwinkel in G19 Schnittfläche
  BS Schnittwinkel in G18 Schnittfläche
  CS Schnittwinkel in G17 Schnittfläche

  Es genügt die Angabe von zwei Schnittwinkeln zur Bestimmung der Lage der Ebene.

- **Ebenenanwahl über drei Punkte in der Bearbeitungsebene**

Eine Ebene ist durch drei Punkte, die nicht auf einer Gerade liegen, eindeutig festgelegt. Im NC-Satz zur Anwahl einer Ebene über drei Punkte werden in einem Satz angegeben (PAL-Programmierung):

- Standardebene, aus der die Anwahl der zu bearbeitenden Ebene erfolgt **(G17, G18 oder G19)**,
- Koordinaten der Punkte in folgender Reihenfolge
  XD, YD und **ZD** Koordinaten des ersten Punktes,
  XE, YE und **ZE** Koordinaten des zweiten Punktes,
  XF, YF und **ZF** Koordinaten des dritten Punktes.

6 Werkstattorientierte Programmierung (WOP)

Unter **w**erkstatt**o**rientierter **P**rogrammierung (WOP) versteht man den Einsatz grafisch unterstützter und dialoggeführter Programmiersysteme, die an der CNC-Maschine oder an einem Computer mit Simulationsgrafik eingesetzt werden.

Die Software der WOP ist so gestaltet, dass
- am Bildschirm das Fertigteil konstruiert wird und nicht wie herkömmlich Werkzeugwege beschrieben werden,
- im Dialog die Art der Konturelemente und die aus der Zeichnung zu entnehmenden Maße jedes einzelnen Konturelements abgefragt werden,
- Übergangspunkte zwischen einzelnen Konturelementen automatisch aus den Konturdaten errechnet werden,
- jedes Konturelement nach seiner Beschreibung am Bildschirm dargestellt wird. Bei mehrdeutigen Lösungen der Kontur wählt der Programmierer die richtige aus.

Beispiel für eine Computersimulation für die WOP-Programmierung (MTS TopTurn)

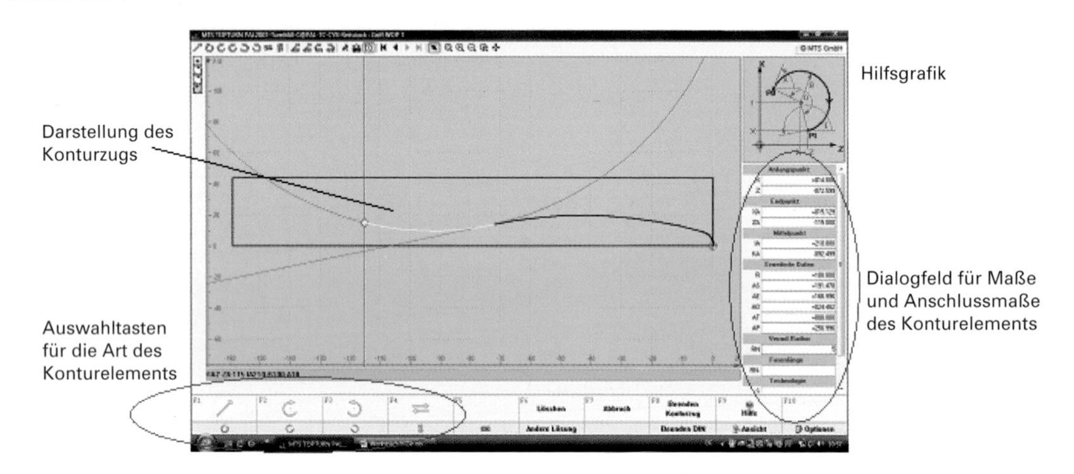

Die Technologiedaten und evtl. notwendige Programmergänzungen können vor oder nach der Erstellung der Kontur eingegeben werden, sodass ein komplettes Bearbeitungsprogramm entsteht.

Beispiel für die Programmierung mithilfe eines WOP-Systems (MTS TopTurn)

Das Programm zum Drehen des dargestellten Griffes ist mithilfe einer WOP-Simulation zu programmieren. Das Abstechen nach dem Drehen der Kontur erfolgt in einem getrennten Arbeitsgang.

2x45° R5 R5 ⌀40 ⌀20 R100 R150 8 70 98 Griff

Lösungsschritte:

1. **Programm einrichten**
   Programmname: Griff
2. **Einrichtdaten eingeben**

Rohteil:	Durchmesser 42 mm, mind. 150 mm lang
Werkstoff:	AlMg1
Einspannung:	Kraftspannfutter, außengestufte Backen, Auskraglänge 120 mm
Nullpunktlage:	rechte Außenseite des Rohteils
Werkzeuge:	linker Eckdrehmeißel

3. **Eingabe der Technologiedaten und Anfahren an den Beginn des Konturzuges**

```
N10 G54
N15 T1 M3 S2000 F0.2
N20 G0 X51 Z2
N25 G1 Z0
N30 G1 X-1
N35 G0 X45 Z2
N40 G81 D2 H3 V1
N45 G42
N50 G0 X0 Z0
```

4. **Grafische Programmierung des Konturzuges in WOP**

Konturzug	Eingabedaten		Bildschirmanzeige	NC-Satz
Kreisbogen gegen Uhrzeigersinn	Mittelpunkt Radius	IA 0 KA-5 R5		N55 G63 KA-5 R5
Kreisbogen gegen Uhrzeigersinn tangential angeschlossen	Mittelpunkt Radius	IA-240 R130		N60 G63 IA-240 R130 AT0
Kreisbogen im Uhrzeigersinn tangential angeschlossen	Mittelpunkt Endpunkt Radius Übergangs-radius	KA-70 ZA-90 R100 RN 5		N65 G62 KA-70 ZA-90 R100 RN5 AT0
Gerade in X-Richtung	Gerade in X zu Übergangsfase	XA40 RN-2		N70 G61 XA40 ZA-90 RN-2
Gerade in Z-Richtung	Gerade in Z zu	ZA-110		N75 G61 XA40 ZA-110
Gerade in X-Richtung	Gerade in X zu	XA46		N80 G61 XA46 ZA-110

Linienfarben: schwarz = eindeutig bestimmter Konturzug
gelb = erst durch Folgeelement bestimmter Konturzug

Abbildungen aus Simulation mit MTS TopTurn

5. **Vervollständigen des Programms**

```
N85 G40
N90 G80
N95 G14
N100 M30
```

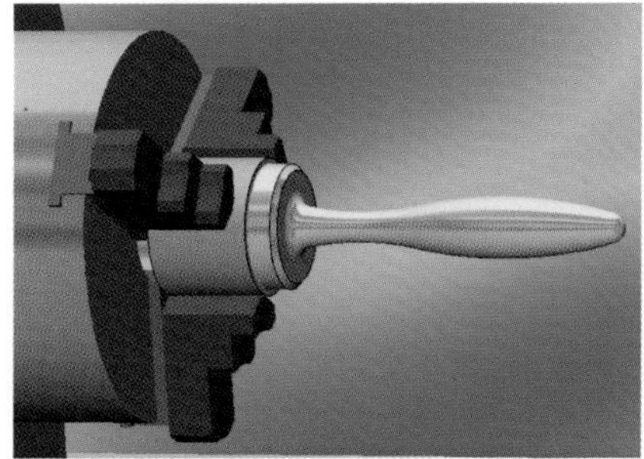

Werkstück in der Simulation vor dem Stechdrehen

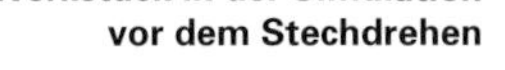

7 Programmerstellung aus CAD-Daten

CAD (**C**omputer **A**ided **D**esign) steht für computergestütztes Zeichnen und Konstruieren. Durch die Übernahme der Geometriedaten aus CAD-Konstruktionen kann die Erzeugung von CNC-Programmen erheblich vereinfacht und die Gefahr von Eingabefehlern deutlich verringert werden. Programmiersysteme im Verbund von CAD und CAM (**C**omputer **A**ided **M**anufactoring) nennt man kurz CAD/CAM-Systeme.

7.1 Rechnerinterne Darstellung von Bauteilgeometrien

Je nach CAD-System wird die eingegebene Bauteilgeometrie rechnerintern als Kanten-, Flächen- oder Volumenmodelle gespeichert.

- **Kantenmodelle**

In Kantenmodellen ist das Objekt durch die begrenzenden Kanten dargestellt.
Bei einer 2D-Darstellung, wie sie einer Zeichnung in mehreren Ansichten entspricht, sind es die in die Ebene projizierten Kanten.
Bei einer 2½D-Darstellung sind es die in einer Achsrichtung durch Verschiebung der Eckpunkte oder durch Rotation eines Linienzuges entstehenden Begrenzungen.
Bei einer 3D-Darstellung ist das Kantenmodell mit einem Drahtgittermodell vergleichbar.

Beispiele für die Darstellung von Objekten durch Kantenmodelle

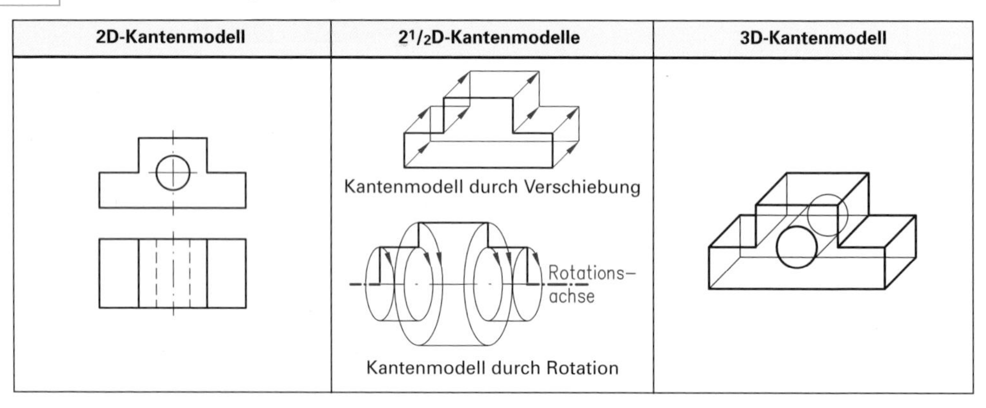

- **Flächenmodelle**

In Flächenmodellen wird das Objekt durch seine Begrenzungsflächen dargestellt. Dies ist etwa vergleichbar mit dem Bau eines Modells aus einem Papierausschneidebogen.

Beispiel für die Darstellung eines Objektes als Flächenmodell

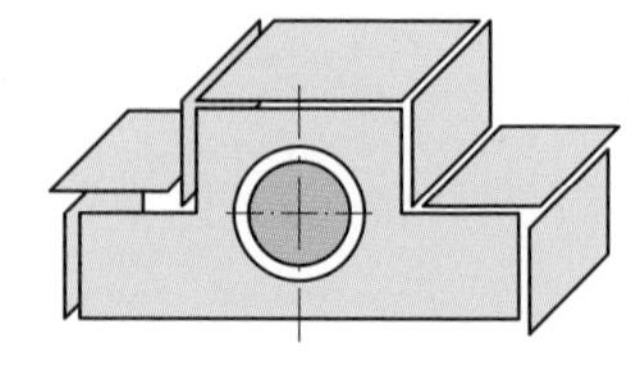

- **Volumenmodelle**

Volumenmodelle entstehen durch Addition und Subtraktion einzelner Teilvolumen, werden im Rechner entsprechend gespeichert und am Bildschirm dargestellt. Sie sind, bis auf Ausnehmungen, vergleichbar mit Modellen, die aus Bausteinen eines Baukastens erzeugt wurden.

Beispiel für die Darstellung eines Objekts als Volumenmodell

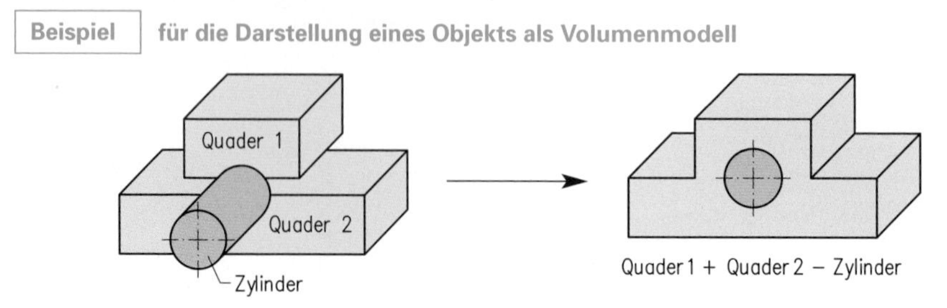

Übungsaufgaben F-65 bis F-68

Jede dieser rechnerinternen Darstellungen eines Bauteils kann zur Erzeugung eines NC-Programms herangezogen werden. 3D-Volumenmodelle bieten dabei die optimalen Möglichkeiten, um Programme zur Erzeugung komplizierter Oberflächen, wie z.B. Übergänge zwischen einzelnen Grundkörpern, herzustellen.
Aber auch die Geometriedaten aus einfachen 2D-CAD-Darstellungen eignen sich zur Übernahme in NC-Programme.

7.2 Erzeugung von NC-Programmen aus 2D-CAD-Daten

Die Erzeugung eines NC-Programms unter Nutzung der Daten aus einem 2D-CAD-System geschieht in zwei Schritten:

Im **ersten Schritt** wird im Programmiersystem ein Rohteil in der später zu bearbeitenden Ebene (meist G17-Ebene) erzeugt und die Nullpunktlage in dieser Ebene bestimmt. Danach wird aus der CAD-Darstellung die entsprechende Ansicht auf das Rohteil übertragen.

Im **zweiten Schritt** werden für jeden Konturzug die einzelnen Programmteile erstellt. Dazu wird zunächst der einzelne zu bearbeitende Konturzug gekennzeichnet. Sodann werden die dafür zu verwendenden Werkzeuge und die technologischen Daten bestimmt. Aus der Konturbeschreibung mittels der CAD-Daten und den technologischen Daten baut das Programm entsprechend CNC-Programmsätze zur Bearbeitung des jeweiligen Konturzuges auf.

Beispiel **für die Erzeugung eines Fräsprogramms aus 2D-CAD-Daten**
(Abbildungen aus Simulation mit EXSL-WIN der Firma SL)

Der dargestellte Lagerdeckel ist zu fräsen. Die in der Zeichnung dargestellte Draufsicht ist die Ebene G17.

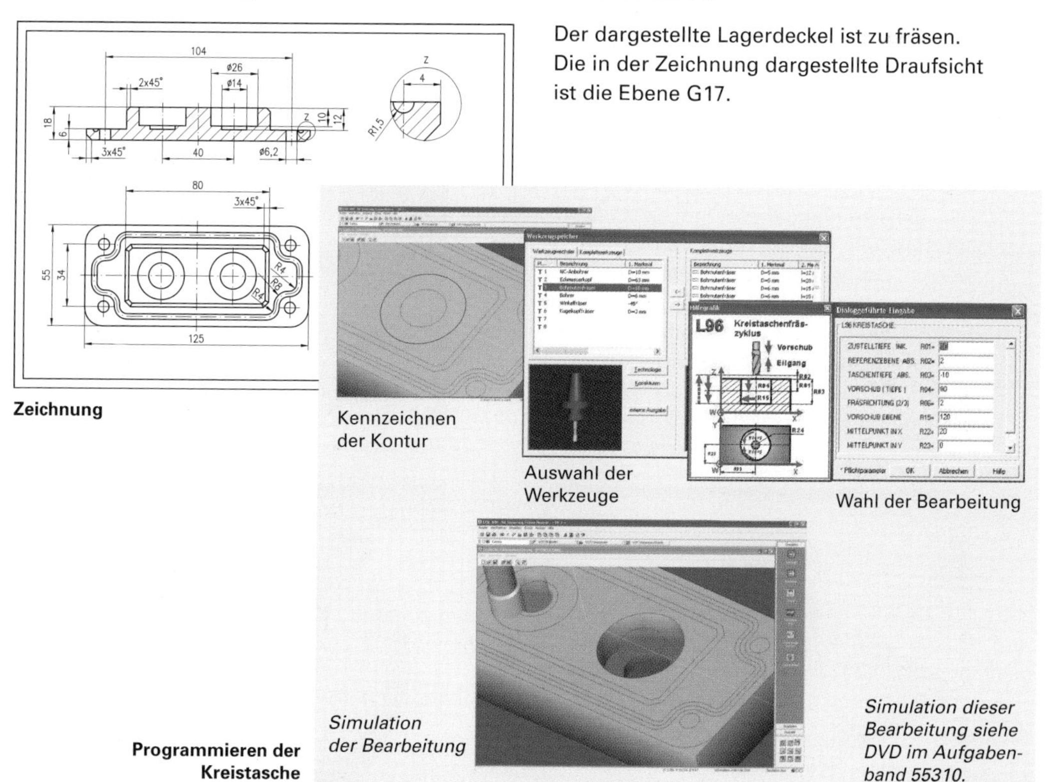

Zeichnung

Kennzeichnen der Kontur

Auswahl der Werkzeuge

Wahl der Bearbeitung

Programmieren der Kreistasche

Simulation der Bearbeitung

Simulation dieser Bearbeitung siehe DVD im Aufgabenband 55310.

Das so erzeugte Programm ist für eine virtuelle Maschine erstellt. Es muss durch ein weiteres Programm, das Postprozessor genannt wird, an die Steuerung der zu verwendenden Werkzeugmaschine angepasst werden.

7.3 Erstellung von CNC-Programmen mit CAD-CAM Systemen

Spezielle CAD/CAM-Programme betrachten das zu fertigende Bauteil als Gesamtheit: Das Rohteil stellt den Istzustand dar, der durch die Bearbeitung in den Sollzustand überführt werden soll. Das zwischen Ist- und Sollzustand liegende Material ist durch die Bearbeitung abzutrennen.
Damit die Entfernung von Material ohne unnötige „Luftschnitte" geschieht, müssen die genauen Abmessungen des Rohteils dem System eingegeben werden. Ebenso muss das System alle Zwischenabmessungen, die durch die Bearbeitung erzeugt werden, speichern und bei der Berechnung der Werkzeugwege berücksichtigen.
Bei der Planung der Bearbeitung eines Werkstücks nimmt der Programmierer nicht wie bei der Übertragung von 2D-Daten das einzelne Geometrieelement in den Blick, sondern den gesamten Bereich der Oberfläche, der in einem Arbeitsgang zu bearbeiten ist. Schwerpunkt seiner Überlegungen ist dabei der Einsatz geeigneter Strategien zur Schrupp- und Schlichtbearbeitung.

- **Strategien zur Schrupp- und Schlichtbearbeitung beim Fräsen**

Der Programmierer wählt zum Erstellen des Fräsprogramms zunächst das Rohteil aus. Dann bestimmt er für die einzelnen Teile der Kontur die zu verwendenden Werkzeuge in Zusammenhang mit einer geeigneten Schruppstrategie. Die **Schruppstrategie** ergibt sich aus Überlegungen zum wirtschaftlichen Fräsen der groben Kontur. Mit der Schruppstrategie bestimmt der Programmierer auch die Bearbeitungsrichtung, Rückzugsbewegungen, An- und Abfahrtsbewegungen sowie Schnittdaten.

Beispiele für Schruppstrategien

Das **Tauchfräsen** ist eine sehr effektive Strategie für Teile, bei denen ein großes Volumen zerspant werden muss. Die Bearbeitung erfolgt stechend und niemals im Vollen. Es werden Spzialfräser mit einer großen Anzahl von Wendeschneidplatten eingesetzt.
Die meisten Tauchfräser müssen nach jedem Tauchgang in einem Winkel von 45° frei gefahren werden, um beim Rückzug einen Bruch der Wendeschneidplatten oder eine Beschädigung der bearbeiteten Seitenwand zu verhindern. Um eine sichere Späneabfuhr aus dem Schnittbereich zu gewährleisten, sind alle Fräswerkzeuge mit einer inneren Kühlmittelzufuhr ausgestattet.

Schruppen durch Tauchfräsen

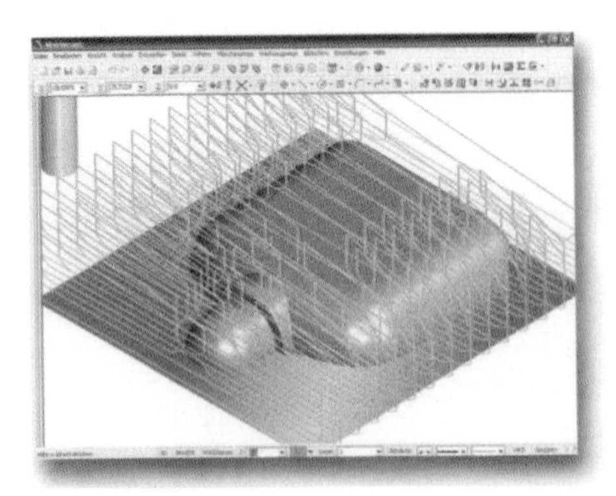

3D-Parallelschruppen
Schruppen mit parallelen Verfahrwegen und Kontrolle der Eintauchbewegung in Z-Richtung.

3D-Taschenschruppen
Z-konstantes Taschenschruppen mit spiralförmiger Abarbeitung der Konturen.

Für das nachfolgende Schlichten bestimmt der Programmierer neben Werkzeugen und Schnittdaten die optimale **Schlichtstrategie**. Die kann z. B., je nach Kontur, ein konturparalleles Schlichten oder ein Arbeiten auf gleichen Höhenschichten (Z-konstant) sein.

Beispiele für Werkzeugweg – Typen zur Schlichtbearbeitung

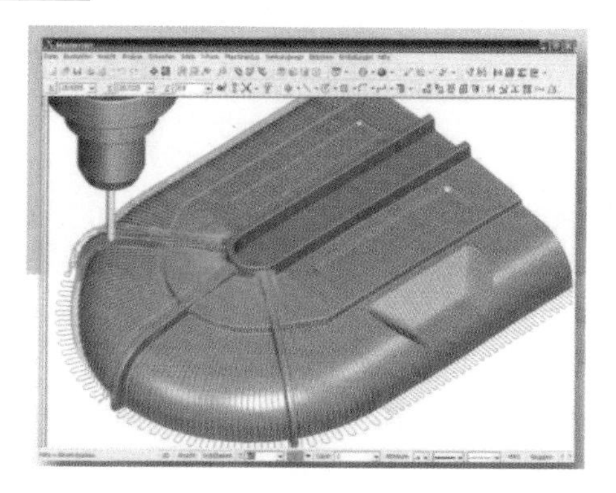

3D-Parallel- und Radialschlichten
Radialschlichten erzeugt Werkzeugwege, die von einem gewähltem Punkt aus strahlenförmig nach außen verlaufen.

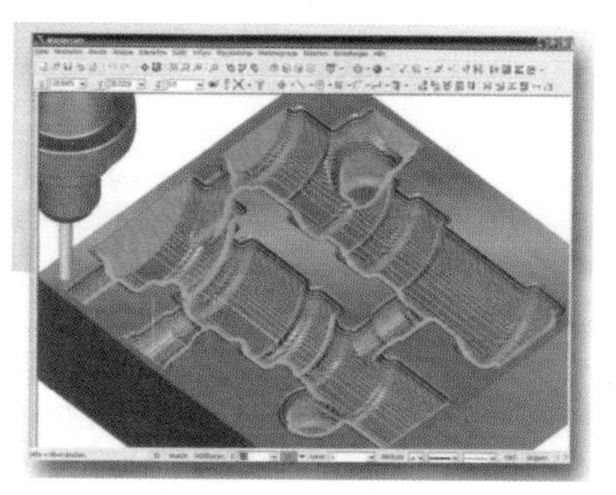

3D-Z-konstantes Konturschlichten
Z-Konstante Restmaterialbearbeitung identifiziert und bearbeitet Bereiche, die mit kleinerem Werkzeug gefertigt werden müssen.

An Hohlkehlen (Flächenverschneidungen) kann aufgrund der Kontur des Fräsers Restmaterial stehen bleiben, welches mit einem kleinerem Werkzeug (Radien- oder Kugelfräser) entfernt werden muss. Auch hier bietet das CAM-System bei der Wahl der Werkzeugwege Unterstützung.

Beispiele für Werkzeugweg – Typen zur Restmaterialbearbeitung

Hohlkehlschlichten
Restmaterial wird entfernt, indem die gesamte Kontur des Bauteils in logische Segmente unterteilt und abgearbeitet wird.

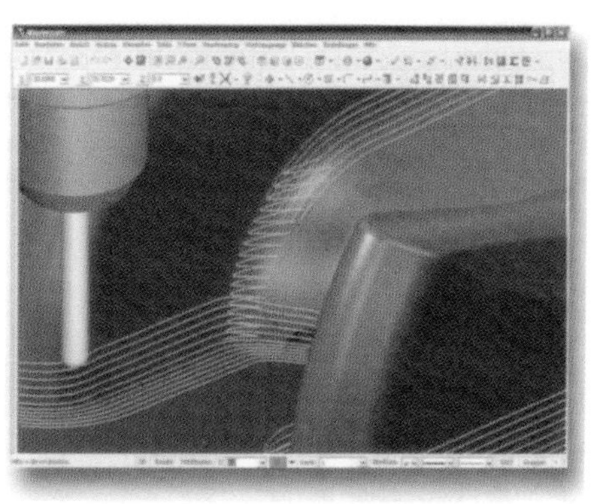

Hybridschlichten
Säuberung schwer zugänglicher Bereiche durch Abfahren der Flächenverschneidungen.
Bei der Restmaterialbearbeitung wechselt je nach Bauteilkontur die Strategie der Werkzeugwahl.

CAD-CAM-Systeme unterstützen den Programmierer bei der Erstellung des NC-Programms, indem die CAD-Daten des Werkstücks in die Programmierumgebung übernommen werden und vom CAM-System als Fräskontur erkannt werden.

8 Einrichten von CNC-Maschinen

8.1 Ausrichten der Werkstücke

- **Bedeutung des Ausrichtens**

Werkstücke müssen auf der Fräsmaschine zunächst so positioniert werden, dass das Werkzeugbezugssystem achsparallel zum Maschinenbezugssystem ausgerichtet ist. Dies hat besondere Bedeutung, wenn die Werkstücke bereits in Teilen vorgearbeitet sind.
In den meisten Fällen liegen die Werkstücke mit einer Fläche parallel zur X-Y-Fläche (G17-Ebene) auf dem Maschinentisch auf. Damit sind die Werkstücke in der Z-Richtung eindeutig positioniert.
Das Positionieren der Werkstücke auf dem Maschinentisch bezieht sich damit vorwiegend auf die Ausrichtung parallel zur X- und Y-Achse der CNC-Maschine.

Beispiele für Positionieren

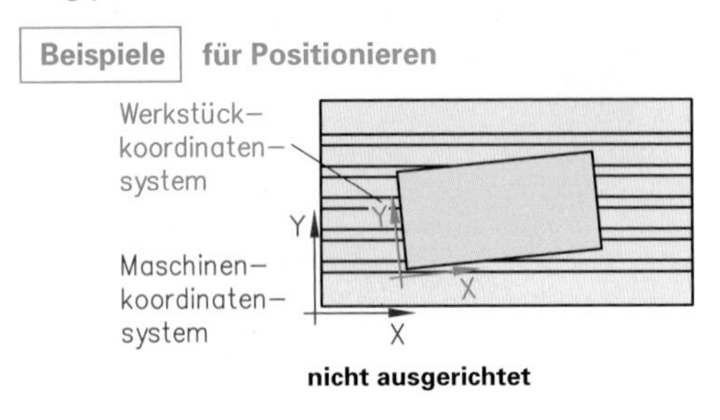

nicht ausgerichtet

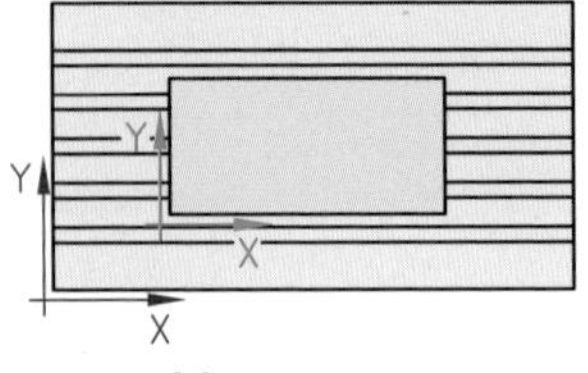

ausgerichtet

Bezug zu den Achsen können achsparallele Flächen, achsparallel liegende Bohrungen oder auch nur ein achsparalleler Anriss sein. In den meisten Fällen werden achsparallele Flächen zur Positionierung herangezogen.
Als Hilfsmittel zum genauen Ausrichten verwendet man je nach Verfahrensweise Messuhren oder Tastsysteme.
3D-Tastsysteme bestehen aus dem Spannschaft für die Aufnahme in die Spindel der CNC-Maschine, dem darunter liegenden Schaltsystem und dem Taststift mit dem Tastkörper, meist einer Kugel.
Das Schaltsystem ist so eingerichtet, dass es bei Auslenkungen um wenige Tausendstel Millimeter in beliebiger Richtung des Raumes einen Schaltimpuls abgibt, der an der Maschine angezeigt wird.

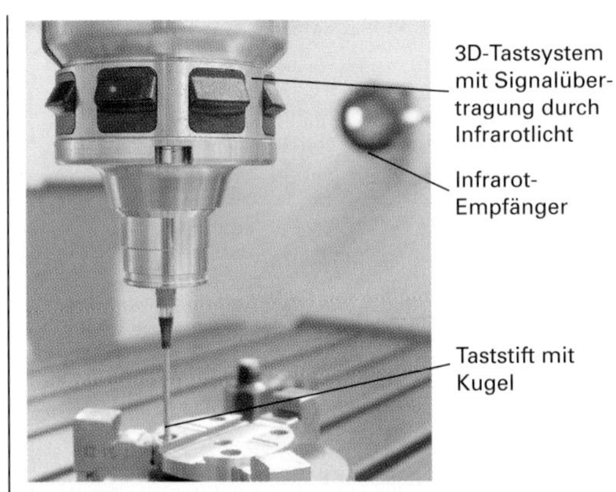

Ausrichten durch Antasten einer Nut mit einem 3D-Tastsystem, © HEIDENHAIN

- **Ausrichten durch Antasten oder Abfahren mit der Messuhr**

Durch Antasten zweier Punkte auf einer Fläche, die senkrecht zur X-Y-Ebene steht, oder durch Abfahren mit einer Messuhr können die Abweichungen von der Achslage der Maschine bestimmt und entsprechende Korrekturen vorgenommen werden.

Beispiele für Antasten und Abfahren einer Kontur mit einer Messuhr zum Zweck des Positionierens in X-Richtung

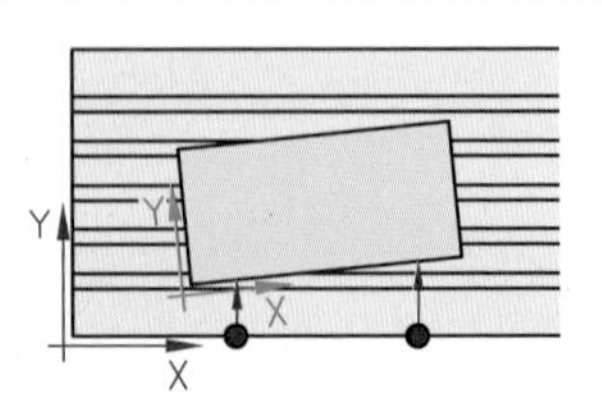

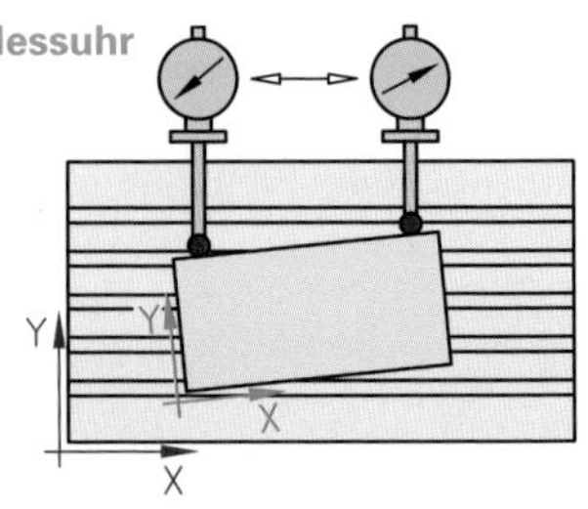

Das Positionieren durch Antasten oder Abfahren der Kontur erfordert meist mehrfaches Antasten bzw. Abfahren zur Kontrolle und muss nach dem endgültigen Spannen noch kontrolliert und ggf. korrigiert werden.

- **Ausrichten mit 3D-Tastsytemen und Spannen auf dem Rundtisch**

3D-Tastsysteme mit entsprechender Kompensationseinrichtung bieten die Möglichkeit, aus zwei Antastungen den Winkel zu bestimmen, um den das auf einem Rundtisch festgespannte Werkstück gedreht werden muss, damit es achsparallel liegt. Durch Drehung des Rundtisches wird das Werkstück so gedreht, dass es achsparallel positioniert ist.

Beispiele **für Positionieren in X-Richtung durch Drehen des Rundtisches**

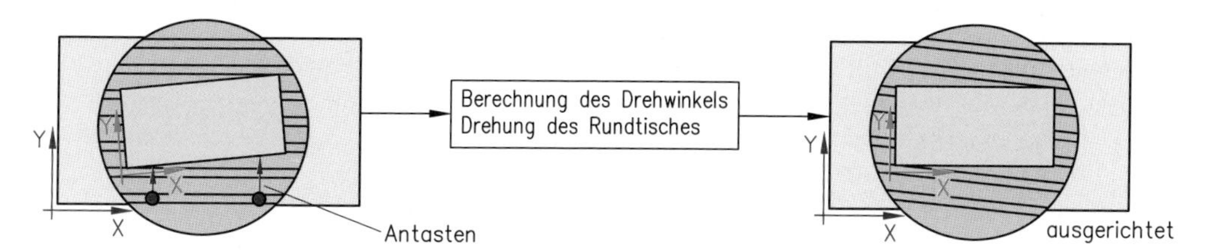

- **Ausrichten durch rechnerische Drehung des Koordinatensystems**

Das festgespannte Werkstück wird an einer Fläche, die parallel zu einer Achse des Werkstückkordinatensystems liegt, angetastet. Die CNC-Steuerung errechnet über eine spezielle Antastfunktion den Winkel der Abweichung und dreht virtuell das Koordinatensystem der Maschine so, dass es mit dem Werkstückkordinatensystem übereinstimmt.

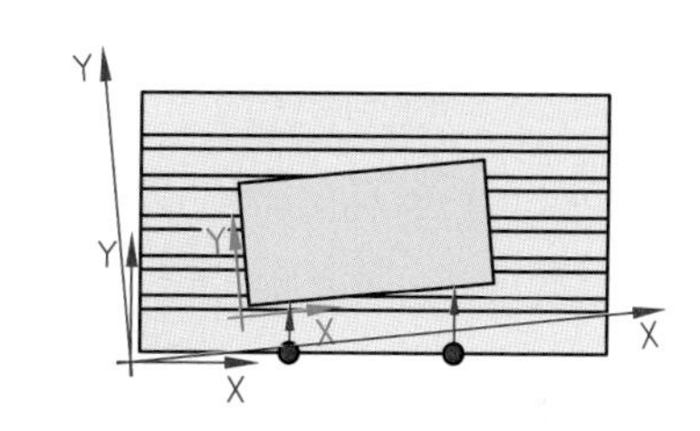

Ausrichten durch rechnerische Drehung des Koordinatensystems

Durch Ausrichten werden Werkstücke so positioniert, dass das Werkstückkoordinatensystem parallel zum Maschinenkoordinatensystem ausgerichtet ist.

8.2 Werkstücknullpunkt bestimmen

Damit der Rechner der CNC-Steuerung die im Programm angegebenen Maße auf den Werkstücknullpunkt und nicht auf den Maschinennullpunkt bezieht, muss der Steuerung der Abstand zwischen den beiden Punkten für jede Achse bekannt sein.

Durch Ankratzen mit dem Werkzeug kann die Lage des Werkstücknullpunktes in jeweils einer Achse bestimmt werden:

- Nach Anfahren des Referenzpunktes wird das Werkzeug so gegen das Werkstück gefahren, dass es eben ankratzt. Auf der Positionsanzeige erscheinen die augenblicklichen Abstände zum Referenzpunkt.
- Durch Eingabe von *G54 mit der gegenwärtigen Position der Werkzeugmitte zum Werkstücknullpunkt* wird für die angekratzte Achsrichtung der Nullpunkt festgelegt und der Achswert angezeigt.
- Im Nullpunktspeicher wird gleichzeitig für diese Achse der Abstand zwischen Werkstücknullpunkt und Referenzpunkt abgelegt.

Beispiel **für die Bestimmung des Nullpunktes in X-Richtung durch Ankratzen mit dem Werkzeug**

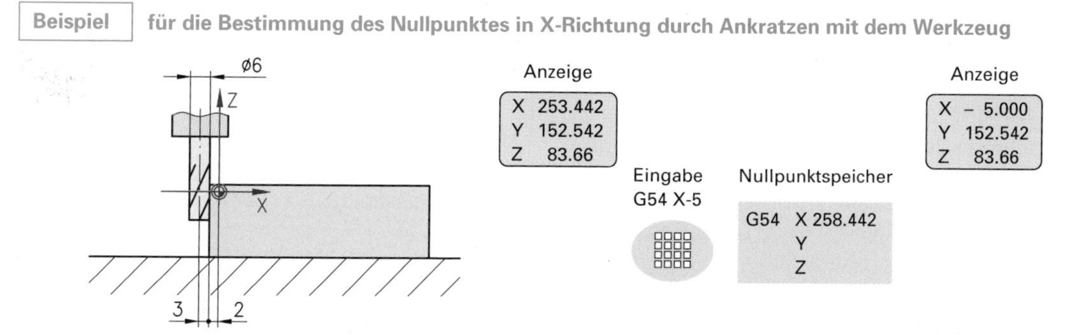

8.3 Werkstück-Spannsysteme auf CNC-Fräsmaschinen

8.3.1 Paletten als Spannsystemträger

An Bearbeitungszentren werden vielfach Aufspanntische mit aufmontierter Spannvorrichtung eingesetzt, welche mit den Werkstücken schnell in die Maschine eingewechselt werden. Diese Aufspanntische werden **Paletten** genannt. Palettenwechsler befördern auf einen programmierten Befehl hin die Palette automatisch zur Werkzeugmaschine, fixieren sie dort und transportieren sie nach der Bearbeitung weiter.

Beispiel für den Palettenwechsel an einem Bearbeitungszentrum

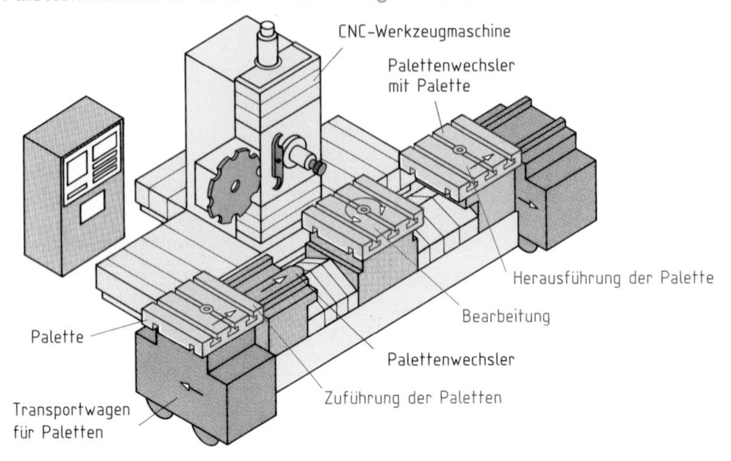

8.3.2 Nullpunkt-Spannsystem mit Paletten

Bei einem Nullpunkt-Spannsystem mit Paletten handelt es sich um ein modulartiges System aus Palettenträgern und Paletten, das immer die exakt gleiche Mittelpunktslage und Ausrichtung auf allen Maschinen hat, die mit diesem System ausgerüstet sind. Zwischen Träger und Palette besteht eine hochgenaue Schnittstelle, die ein schnelles Ein- und Auswechseln der Palette ermöglicht. Mithilfe eines Referenzelements legt man auf allen Bearbeitungsmaschinen den gleichen Mittelpunkt des Nullpunkt-Spannsystems fest.

Der große Vorteil eines solchen Palettensystems ist, dass ein Werkstück nur einmal aufgespannt werden muss und dann mit dem Palettenträger auf unterschiedlichen Maschinen bearbeitet werden kann. Die Wiederholgenauigkeit beim Aufspannen, die z. B. bei ±0,002 mm liegt, erlaubt auch Präzisionsbearbeitung wie sie u. a. bei Erodiermaschinen gefordert wird.

Die Schnellwechselsysteme sind unterhalb der Wechselpalette angebracht und greifen in entsprechende Gegenstücke auf der Oberseite des Palettenträgers ein. Die Fixierung erfolgt über Spannzapfen, Keile oder Kugelmechanismen.

In dem jeweiligen Spannsystem sind Federpakete angeordnet, die auf die Arretierelemente wirken. Wird Druckluft auf das System gegeben, so entspannt sich die Arretierung und der Palettenträger kann abgehoben werden.

Zum Spannen wird die Palette aufgesetzt und die Druckluft abgeschaltet. Die Federpakete entspannen sich und drücken die Arretierelemente nach außen in die Spannbuchse des Palettenträgers.

Nullpunkt-Spannsystem an Paletten

Die erforderliche Spannkraft kann dadurch angepasst werden, dass man Wechselpalette und Palettenträger mit einer geeigneten Anzahl von Zentrier- und Klemmeinheiten ausstattet. Für eine Spanneinheit werden z. B. Haltkräfte von bis zu 22 kN angegeben.

Paletten mit einem Nullpunkt-Spannsystem dienen in der Fertigung:
- zum Spannen und zum Transport der Werkstückrohteile außerhalb der Bearbeitungsstation,
- als Werkstückträger während des Bearbeitungsablaufs.

Handlungsfeld: Flächen durch Honen feinbearbeiten

Problemstellung

Auftrag

Auftrag:
Bohrung
ø25 honen
Rz 3µ

Werkstück

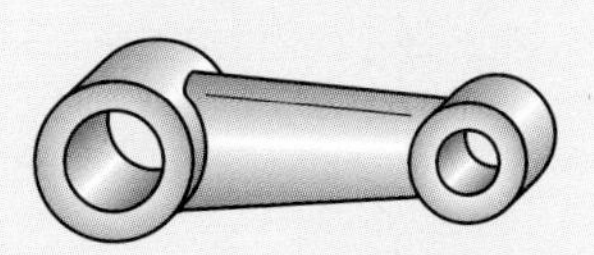

Zeichnung

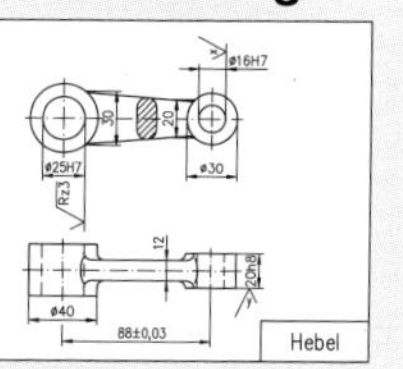

Analysieren

Vorgaben:
- Auftrag
- Werkstück
- Werkstoff
- Stückzahl
- Termine
- Maschinenausstattung

Ergebnisse:
- Maschinenauswahl
- Verfahrensauswahl
- Qualitätsanforderungen
- Oberflächengüte des Rohteils

Planen

Vorgaben:
- Oberflächengüte des Rohteils
- Qualitätsanforderungen
- Maschine
- Verfahren

Arbeitsplan:
Schleifmittel SiC
Honöl Petroleum
Korngrößen
Vorhonen
Fertighonen
Schnittgeschwin-digkeiten
Vorhonen 0,8 m/s
Fertighonen 0,5 m/s

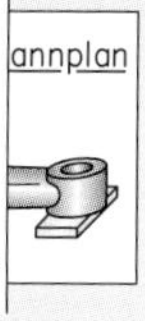

annplan

Ergebnisse:
- Arbeitsplan
  - Arbeitsfolge
  - Einstelldaten
  - Spannmittel
- Schleifmittel
  - Art
  - Körnung
- Kühlschmiermittel
- Hinweise zu Arbeitssicherheit

Fertigen

Tätigkeiten:
- Einstellen:
  - Hub
  - Drehzahl
  - Kühlschmiermittelmenge
  - Bearbeitungszeit

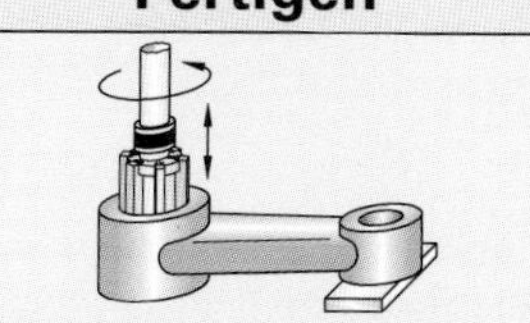

- Fertigung starten und überwachen
- Zwischenkontrollen durchführen
- Sicherheitshinweise beachten

Kontrollieren/Bewerten

Bewertung des Arbeitsprozesses:
- Güte der Planung
- Arbeitszeit
- Materialverbrauch
- Kosten

Bewertung des Arbeitsprodukts:
- Oberflächengüte
- Formgenauigkeit

1 Schleifen

1.1 Schleifmaschinen

Für verschiedene Schleifaufgaben sind unterschiedliche Schleifmaschinen entwickelt worden. Aus der Vielzahl der Schleifmaschinen werden eine Flach- und Profilschleifmaschine, eine Rundschleifmaschine und Werkzeugschleifmaschine vorgestellt.

1.1.1 Flach- und Profilschleifmaschinen

Mit diesen Maschinen können sowohl Plan- und Profilschleifaufgaben durchgeführt werden. Ebene Werkstücke werden mit geraden Schleifscheiben im Umfangsschleifen bearbeitet. Werkstücke mit Längsprofilen werden mit profilierten Scheiben geschliffen, wobei das Schleifscheibenprofil teilweise der Gegenkontur des Werkstückprofils entspricht.
Dies kann sowohl mit dem herkömmlichen Pendelschleifverfahren als auch mit dem Tiefschleifverfahren erfolgen.
Beim **Pendelschleifen** wird durch eine hin- und hergehende Tischbewegung die gesamte Werkstückoberfläche mit geringer Eingriffsdicke und allmählicher Querverstellung bearbeitet.
Beim **Tiefschleifen** wird mit großer Eingriffsdicke und sehr niedriger Vorschubgeschwindigkeit ein großes Spanvolumen in einem Überlauf abgetragen.

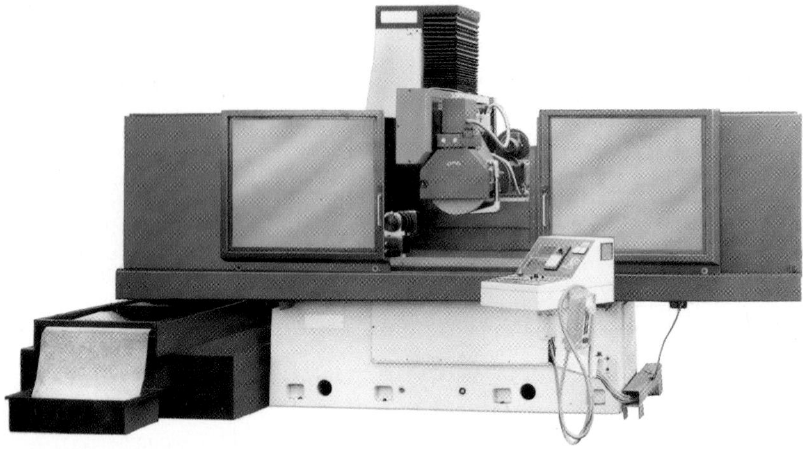

Flach- und Profilschleifmaschine

An numerisch gesteuerten Schleifmaschinen wird von eingebauten Schärfabrichtsystemen durch Diamantabrichtrollen in regelmäßigen Abständen die Schleifscheibe geschärft und abgerichtet. Die CNC-Steuerung berücksichtigt bei der Zustellung die Durchmesserabnahme der Schleifscheibe.

1.1.2 Rundschleifmaschinen

Mit Rundschleifmaschinen werden **Außenrundschleifaufgaben** im Pendelschleifen oder Einstechschleifen ausgeführt. Das Rundteil ist zwischen Zentrierspitzen gespannt und erhält vom Werkstückspindelstock eine Drehbewegung. Beim Pendelschleifen führt das Werkstück mit dem Maschinentisch eine Querverstellung entlang der geraden Schleifscheibe aus. Beim Einstechschleifen erfolgt die Zustellung der geraden oder profilierten Schleifscheibe ohne Querverstellung.
Zum **Innenrundschleifen** sind die Maschinen mit einem zusätzlichen Spindelstock für die Innenrund-Schleifscheiben ausgestattet. Die Schleifspindel mit der Innenrund-Schleifscheibe ragt einseitig aus dem Spindelstock. Da das herausragende Ende wegen möglicher Verformungen nur eine geringe Länge haben darf, können lediglich kurze Innenbearbeitungen vorgenommen werden. Die Werkstücke werden einseitig im Werkstückspindelstock gespannt und führen eine Drehbewegung aus. Beim Einstechschleifen erfolgt nur eine radiale Vorschubbewegung durch die Schleifscheibe. Beim Pendelschleifen wird zusätzlich ein axialer Vorschub ausgeführt.

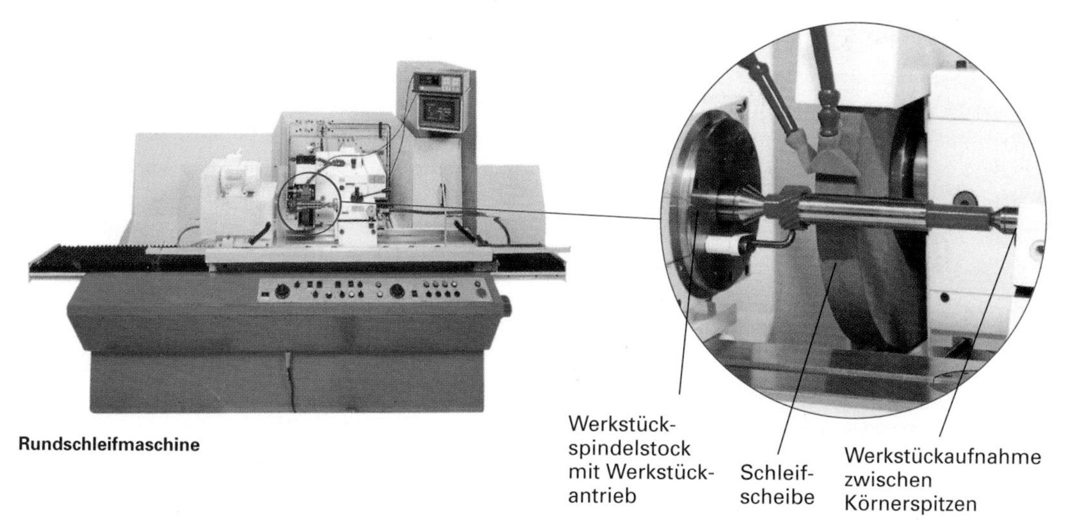

Rundschleifmaschine

1.1.3 Universalschleifmaschinen

Mit Universalschleifmaschinen werden vielfältige Schleifaufgaben, vor allem in der Werkzeugfertigung, bearbeitet. Je nach Ausstattung der Maschinen können komplizierte Werkstückformen, wie z.B. Wendelnuten, Gewindeprofile, Schneckenprofile und Fräserschneiden verschiedener Formen, geschliffen werden. In der Werkzeugfertigung erhalten die Werkzeuge durch das Schleifen ihre Endform. Bei Wartungsarbeiten schärft man abgenutzte Werkzeuge auf Universalschleifmaschinen.

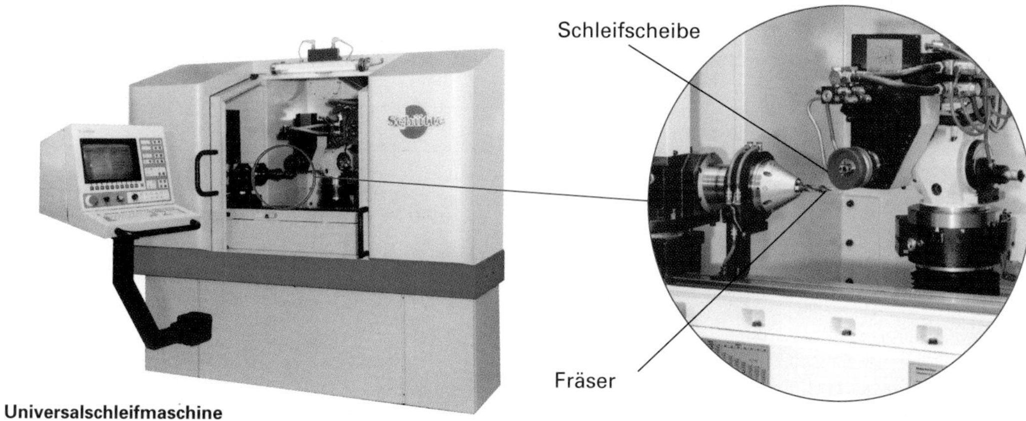

Universalschleifmaschine

LF 9

Der Computer der Werkzeug- und Universalschleifmaschinen steuert zur Konturerzeugung sowohl die Werkzeugbewegung als auch die Werkstückbewegung.

Beispiele für Werkzeuge, die in einer Aufspannung komplett geschliffen wurden

1.2 Arbeitsverfahren auf Schleifmaschinen

Von den Schleifverfahren sind **Plan-, Rund-** und **Profilschleifverfahren** von besonderer Bedeutung. Spant bei diesen Verfahren die Schleifscheibe mit ihrem Umfang, so bezeichnet man das Verfahren als *Umfangsschleifen.* Wird die Seitenfläche zum Spanen eingesetzt, nennt man das Verfahren *Seitenschleifen.*

- **Planschleifen als Pendelschleifverfahren**

Werden *ebene Werkstückflächen* durch Schleifen bearbeitet, bezeichnet man dies als Planschleifen.

Umfangs-Planschleifen	Seiten-Planschleifen

- Auf *Langtischen* erfolgt die hin- und hergehende Längsbewegung mit schrittweisem Quervorschub.

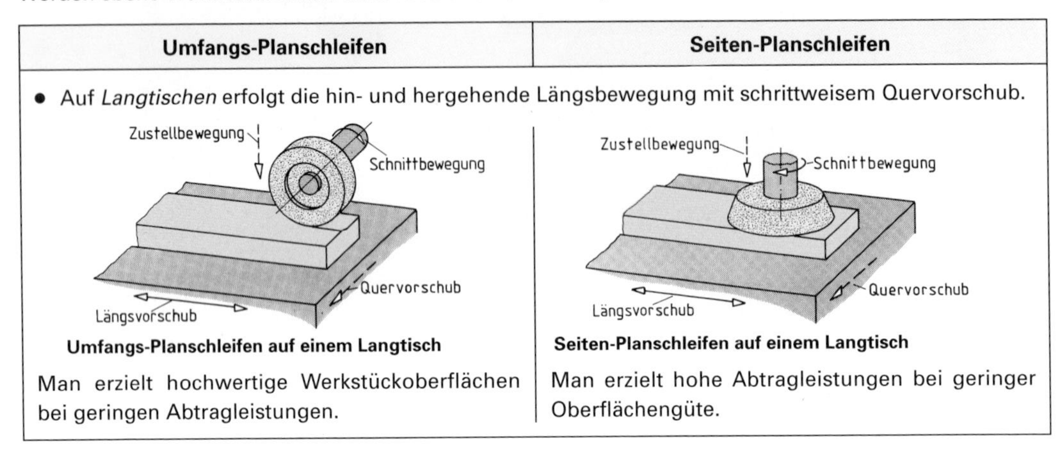

Umfangs-Planschleifen auf einem Langtisch	**Seiten-Planschleifen auf einem Langtisch**
Man erzielt hochwertige Werkstückoberflächen bei geringen Abtragleistungen.	Man erzielt hohe Abtragleistungen bei geringer Oberflächengüte.

- **Rundschleifen als Pendelschleifverfahren**

Mit dem Verfahren des Rundschleifens werden zylindrische Außenflächen oder Innenflächen bearbeitet.

Außen-Rundschleifen	Innen-Rundschleifen

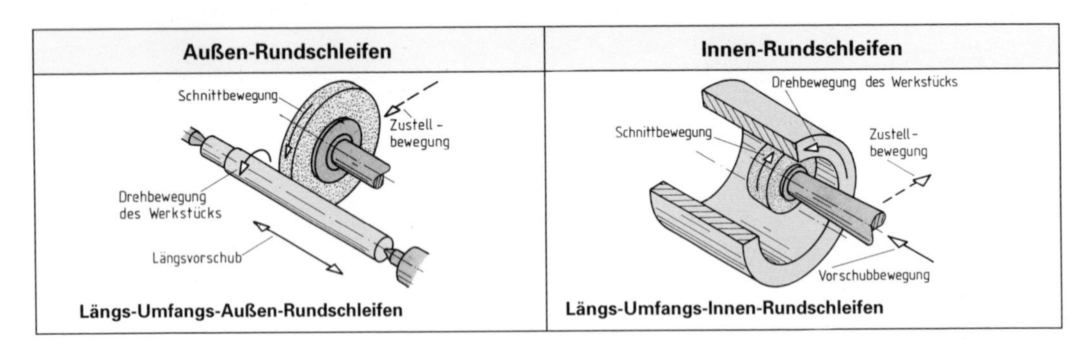

Längs-Umfangs-Außen-Rundschleifen	**Längs-Umfangs-Innen-Rundschleifen**

- **Profilschleifen als Einstechschleifverfahren**

Profilschleifen ist gekennzeichnet durch den Einsatz von Schleifscheiben mit eingearbeiteten Profilen.

Außen-Profilschleifen	Innen-Profilschleifen

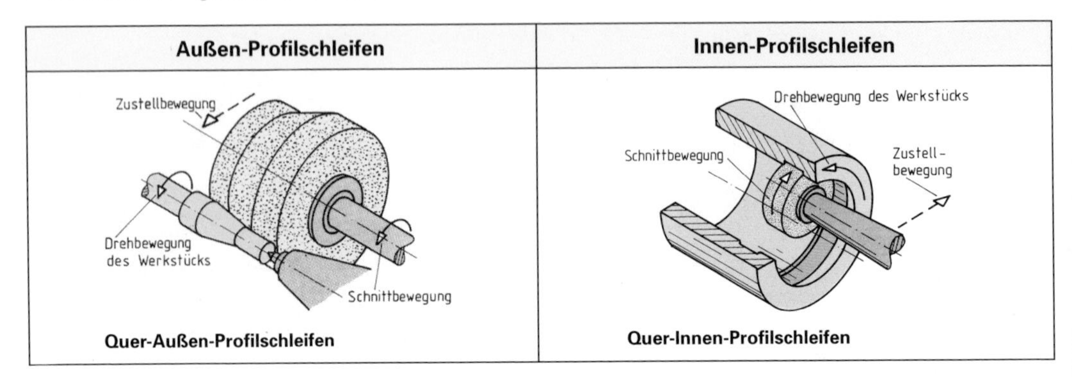

Quer-Außen-Profilschleifen	**Quer-Innen-Profilschleifen**

Übungsaufgaben G-2 bis G-4

- **Spitzenloses Außenrundschleifen**

Kleinere zylindrische Werkstücke mit gleich bleibendem Außendurchmesser werden in der Massenfertigung durch **spitzenloses Außenrundschleifen** bearbeitet.
Die kleinere weichere Regelscheibe läuft mit viel geringerer Geschwindigkeit als die Schleifscheibe. Sie bremst die Drehbewegung des Werkstücks und erteilt dem Werkstück durch ihre Neigung eine Vorschubbewegung, sodass jedes Werkstück die komplette Fläche der Schleifscheibe durchläuft. Daher spricht man auch vom Durchgangsschleifen.

Spitzenloses Außenrundschleifen als Durchgangsschleifen

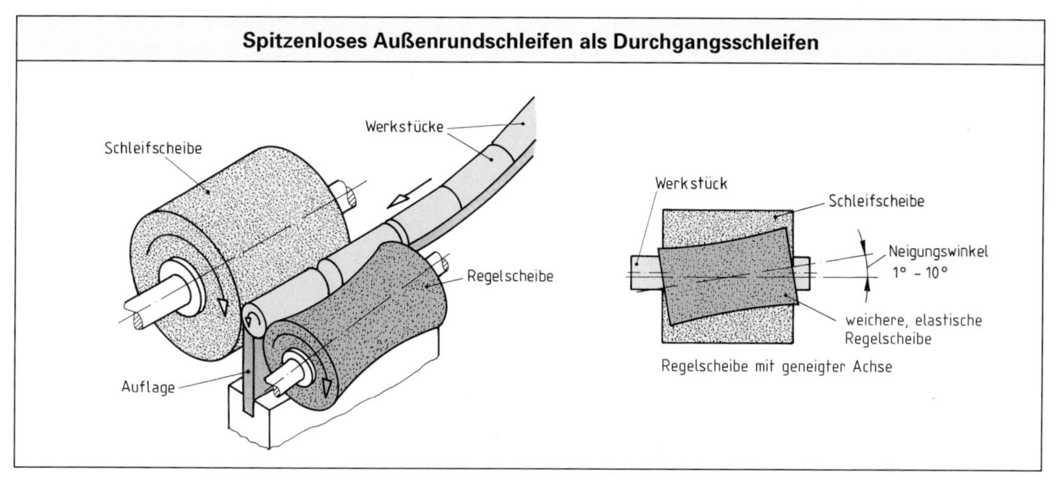

Mit dem Durchgangsschleifen werden kleinere zylindrische Werkstücke mit gleich bleibenden Durchmessern in der Massenfertigung auf Maß geschliffen.

- **Gewindeschleifen**

Bei der Gewindefertigung werden vorgefertigte Gewinde durch Schleifen fertig bearbeitet. Bei kleineren Gewinden können die Gewindegänge aus dem vollen Material durch Schleifen herausgearbeitet werden. Gewinde werden mit einprofiligen oder mehrprofiligen Schleifscheiben im Gegenlauf bearbeitet.
Mit Einprofilschleifscheiben erzeugt man in einem Gewindegang einen einzelnen Gewindegang. Während einer Werkstückumdrehung führt das Werkstück einen axialen Weg zurück, welcher der Steigung des Gewindes entspricht. Die gewünschte Gewindetiefe wird in mehreren Durchgängen mit zunehmender radialer Zustellung geschliffen. Auch mehrgängige Gewinde können so geschliffen werden. Beim Gewindeeinstechschleifen wird mit einer Mehrprofilschleifscheibe in nur einer radialen Zustellung die gesamte Gewindelänge erzeugt. Die Breite der Schleifscheibe entspricht der zu schleifenden Gewindelänge. Die Schleifscheibe führt sowohl die Schnitt- als auch die Vorschubbewegung aus. Auch mehrgängige Gewinde werden so geschliffen.

Gewindeschleifen mit

Einprofilscheiben	Mehrprofilscheiben

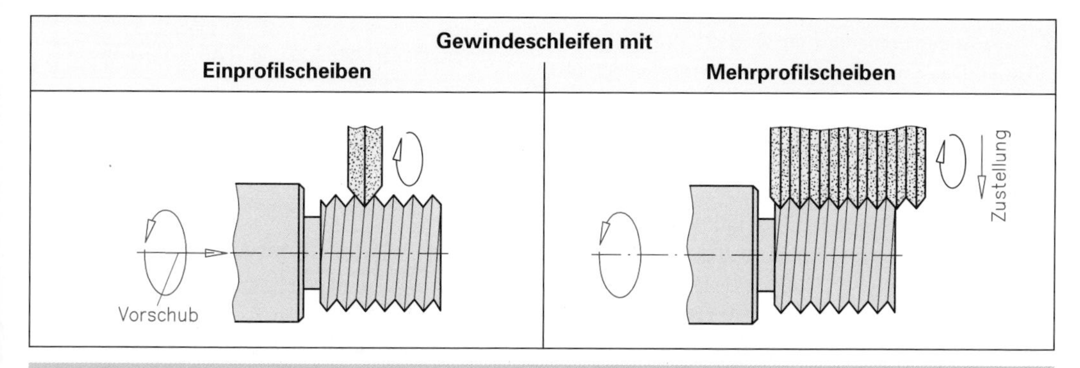

Ein- und mehrgängige Gewinde können sowohl mit Einprofil- als auch mit Mehrprofilschleifscheiben mit hoher Maßgenauigkeit und hoher Oberflächengüte gefertigt werden.

1.3 Schleifwerkzeuge

1.3.1 Aufbau und Eigenschaften der Schleifwerkzeuge

An der Oberfläche der Schleifwerkzeuge bilden die Schleifkörner, welche durch ein Bindemittel zusammengehalten werden, eine große Anzahl von keilförmigen Schneiden. Die Form und die Lage der Schleifkörner ist zufällig und daher unbestimmt. Darum bezeichnet man die Schleifwerkzeuge als **vielschnittige Werkzeuge mit geometrisch unbestimmten Schneiden.**

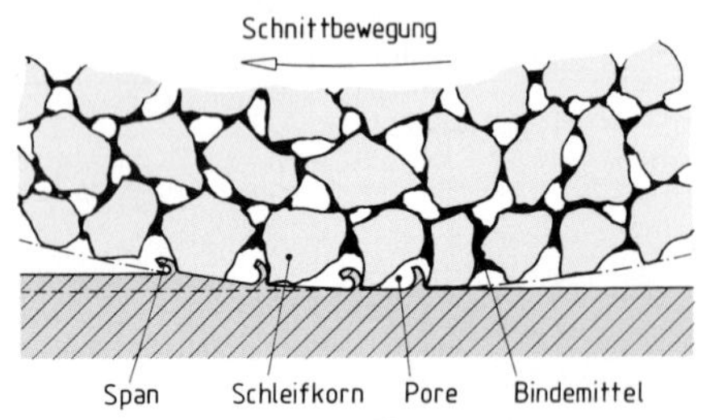

Spanabnahme beim Schleifen

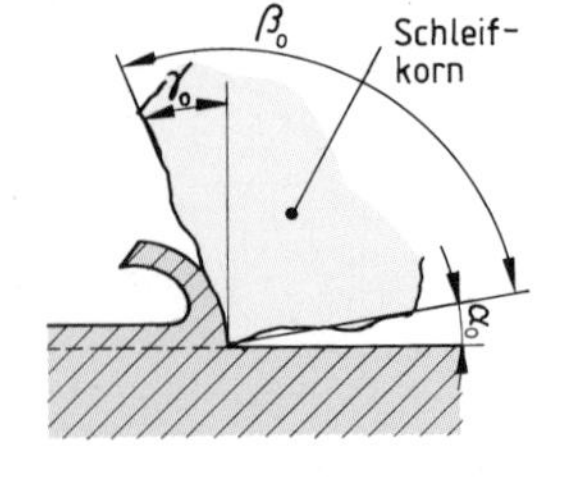

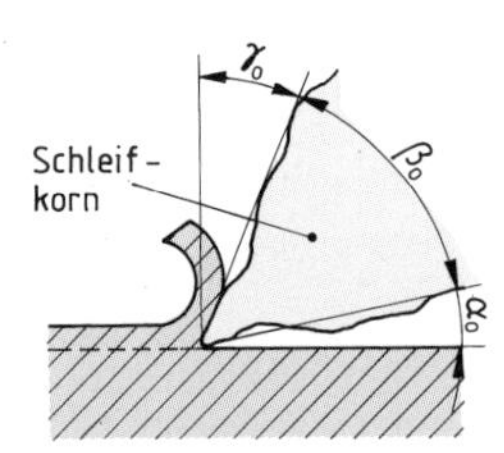

Winkel beim Schleifen

Schleifen ist ein spanendes Fertigungsverfahren, bei dem kleine Späne durch ein vielschnittiges Werkzeug mit geometrisch unbestimmten Schneiden abgetrennt werden.

- **Schleifmittel**

Schleifmittel der nachfolgend aufgeführten Arten bilden die unbestimmten Schneiden der Schleifkörper. Sie müssen stets härter als der zu bearbeitende Werkstoff sein.

Schleifmittel	Normbuchstabe (DIN ISO 525)	Farbe des Schleifmittels	Eigenschaften	zu bearbeitende Werkstoffe
Elektrokorund (im E-Ofen erschmolzenes Al_2O_3)	A	weiß oder rot	Ansteigende Härte und Sprödigkeit ↓	Baustähle, legierte Stähle, gehärtete Stähle, Titan
Siliziumkarbid (Karborundum SiC)	C	grün oder schwarz		Gusseisen, Hartguss, Messing, Bronze, Aluminium, keramische Werkstoffe, Hartmetalle
Bornitrid (BN)	B	schwarz		HSS-Stahl, Werkzeugstähle
Diamant	D	gelb		Hartmetalle, Keramik, Glas

Als Schleifmittel zur Bearbeitung verschleißfester Stähle und zum Hochleistungsschleifen wird zunehmend das extrem verschleißfeste kubisch kristalline Bornitrid (CBN) eingesetzt.

- **Körnung**

Die Größe der Schleifkörner wird als Körnung bezeichnet. Das Sortieren der Schleifkörner wird mithilfe von Sieben verschiedener Maschenweite durchgeführt. Daher kennzeichnet man die Körnung durch eine Zahl, die der Anzahl der Siebmaschen auf 1 Zoll Länge (25,4 mm) entspricht.

Für Diamant und Bornitrid als Schleifmittel wird die Körnung direkt durch die Dicke der Schleifkörner in Mikrometer angegeben. Diamantkörner werden in der Dicke von 0,5 µm bis 300 µm verwendet.

Körnungsnummer	Bezeichnung	Art der Bearbeitung
F4 bis F24	**grob**	Schruppschleifen
F30 bis F60	**mittel**	Schruppschleifen
F70 bis F220	**fein**	Feinschleifen
F230 bis F1200	**sehr fein**	Feinstschleifen

Korngröße	Bezeichnung
0,5 µm ... 300 µm	D 0,5 ... D 300

Die Körnung richtet sich nach der Art der Schleifarbeit.
- Grobe Körnung erzielt ein großes Spanvolumen mit geringer Oberflächengüte.
- Feine Körnung erzielt ein kleines Spanvolumen mit hoher Oberflächengüte.

Übungsaufgaben G-6; G-7

- **Bindung**

Die Schleifkörper werden durch ein Bindemittel zusammengehalten. Durch unterschiedliche Bindungen werden die Eigenschaften von Schleifwerkzeugen stark beeinflusst.

Bindungsart	Zeichen	Eigenschaften	Anwendung
Keramik	V	unelastisch, porös, unempfindlich gegen Wärme, Wasser und Öl, empfindlich gegen Schlag und Druck	gebräuchliche Bindung bei maschinellen Schleifverfahren, für alle Werkstoffe geeignet
Kunstharz	B	sehr elastische Bindung, von hoher Festigkeit, geringe Empfindlichkeit gegen Stöße	Bindung für dünnere Schleifscheiben zum Feinstschleifen harter Werkstoffe
Kunstharz-faserverstärkt	BF	hohe Elastizität und hohe Zähigkeit	Bindung für Trennscheiben
Metall	M	sehr hohe Festigkeit, stoßunempfindlich, hohe Standzeit	Bindung für Diamantscheiben zum Schleifen von Hartmetallen

Die Bindung beeinflusst die Festigkeit, Elastizität und Wärmeempfindlichkeit von Schleifwerkzeugen.

- **Härte**

Die Widerstandskraft, welche die Bindung dem Ausbrechen der Schleifkörner entgegensetzt, bezeichnet man als Härte.

Kennbuchstabe	A bis D	E bis K	L bis O	P bis Z
Eigenschaft des Schleifwerkzeugs	äußerst weich	sehr weich bis weich	mittel	hart bis äußerst hart

Bei *harten Werkstoffen* werden die Schleifkörner schnell stumpf. Die Härte des Schleifwerkzeugs muss daher gering sein, damit die stumpfen Körner schnell ausbrechen.
Bei *weichen Werkstoffen* werden die Schleifkörner langsam stumpf, und daher kann die Härte des Schleifwerkzeugs groß gewählt werden.

Härte nennt man bei Schleifscheiben den Widerstand des Bindemittels gegen das Ausbrechen der Körner.
- Harte Werkstoffe bearbeitet man mit weichen Schleifwerkzeugen.
- Weiche Werkstoffe bearbeitet man mit harten Schleifwerkzeugen.

- **Gefüge**

Der innere Aufbau des Schleifwerkzeugs ist von dem Anteil der Schleifkörner, des Bindemittels und der Poren abhängig. Er wird Gefüge genannt. Die Poren haben die Aufgabe, das Kühlschmiermittel in die Schleifzone zu befördern und die anfallenden Späne aufzunehmen und abzutransportieren. Daher muss der Porenanteil größer als die zu erwartende Spanmenge sein.

Ein Gefüge mit kleinen Poren wird als *dicht* bezeichnet. **Dichtes Gefüge** wählt man
- zum Schlichten,
- zum Schleifen kurzspaniger Werkstoffe.

Ein Gefüge mit hohem Porenanteil wird als *offen* bezeichnet. **Offenes Gefüge** wählt man
- zum Schruppen,
- zum Bearbeiten langspaniger Werkstoffe.

Das Gefüge wird durch eine Ziffer gekennzeichnet.

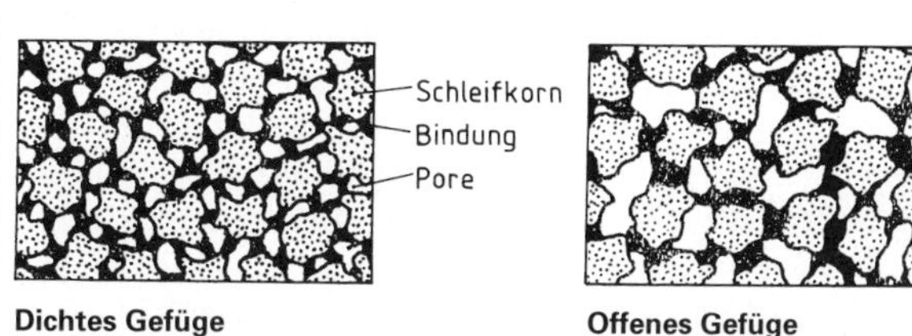

Dichtes Gefüge **Offenes Gefüge**

Kennziffer	0 – 4	5 – 8	9 – 11	12 – 14
Gefüge	dicht	mittel	offen	sehr offen

Übungsaufgaben G-8; G-9

1.3.2 Form und Verwendungszweck von Schleifwerkzeugen

Die Auswahl des Schleifwerkzeuges hinsichtlich Form und Abmessung erfolgt nach der Werkstückform, dem Schleifverfahren und der Schleifmaschine.

Benennung	Schleifkörperform	Verwendungszweck
gerade Schleifscheibe		Diese vielseitigen Schleifscheiben werden zum Planschleifen, Rundschleifen, Schleifen auf Schleifböcken, Werkzeugschärfen und Trennschleifen eingesetzt.
Segmentschleifscheibe		Schleifsegmentscheiben werden zur Bearbeitung großer Flächen mit hoher Abtragsleistung eingesetzt.
Topfschleifscheiben und Schleifteller		Diese Schleifscheiben werden zum Scharfschleifen von Trennwerkzeugen auf Universalschleifmaschinen verwendet. Sie sind in der Form den zu schleifenden Flächen an Bohrern, Senkern, Fräsern, Reibahlen angepasst.
Schleifstifte		Schleifstifte werden im Werkzeug- und Formenbau verwendet. Sie werden mit dem zylindrischen Schaft meist in Handschleifmaschinen eingespannt. Mit ihnen werden vorgearbeitete Konturen fertig bearbeitet.

- **Zulässige Umfangsgeschwindigkeiten von Schleifscheiben**

Bei Schleifarbeiten zur Oberflächenverbesserung und zum Schärfen von Werkzeugen werden Schleifscheiben eingesetzt, die mit Schnittgeschwindigkeiten bis 40 m/s arbeiten.
Bei Sonderschleifverfahren, wie z. B. Trennschleifen und Hochleistungsschleifen, werden in Abhängigkeit von der Bindung wesentlich höhere Schnittgeschwindigkeiten gefahren.

Richtwerte für Umfangsgeschwindigkeiten

Werkstoff	Planschleifen	Rundschleifen	Trennschleifen
Stahl, Gusseisen	25–35 m/s	25–40 m/s	45–100 m/s
Hartmetall	10 m/s	8 m/s	–
Messing	25–30 m/s	20–35 m/s	–
Leichtmetall	15–20 m/s	15–20 m/s	–

Bei allen Schleifverfahren treten hohe Umfangsgeschwindigkeiten an der Schleifscheibe auf, die bei Überschreitung der zulässigen Umfangsgeschwindigkeit infolge der Fliehkräfte die Schleifscheibe zum Zerspringen bringen. Schwere Unfälle können die Folge sein. Schleifscheiben und Schutzvorrichtungen müssen den Vorschriften des **Deutschen Schleifscheibenausschusses** entsprechen. Auf Schleifscheiben wird ab 50 m/s die höchst zulässige Umfangsgeschwindigkeit durch Farbstreifen über den gesamten Durchmesser gekennzeichnet.

Umfangsgeschwindigkeit	Etikett/Farbbalken
< 50 m/s	kein
50 m/s	blau
63 m/s	gelb
80 m/s	rot
100 m/s	grün
125 m/s	grün + gelb

Farbkennzeichnung bei Schleifkörpern

Die zulässige Umfangsgeschwindigkeit wird auf Schleifscheiben durch Farbstreifen gekennzeichnet.

Übungsaufgaben G-10 bis G-13

- **Bezeichnung genormter Schleifscheiben**

Eine wirtschaftliche Bearbeitung durch Schleifen kann nur erfolgen, wenn das geeignete Schleifwerkzeug ausgewählt wird. Die Bezeichnung von Schleifkörpern aus gebundenen Schleifmitteln sind genormt und durch Maßangaben, Kennbuchstaben bzw. Kennzahlen verschlüsselt.
Eine vollständige Bezeichnung enthält Informationen zu folgenden Größen: Bezeichnung des Schleifwerkzeuges, Verweis auf die benutzte Norm, Form des Werkzeuges, Maße, Werkstoff, Arbeitshöchstgeschwindigkeit.

Beispiel für die Bezeichnung von Schleifscheiben

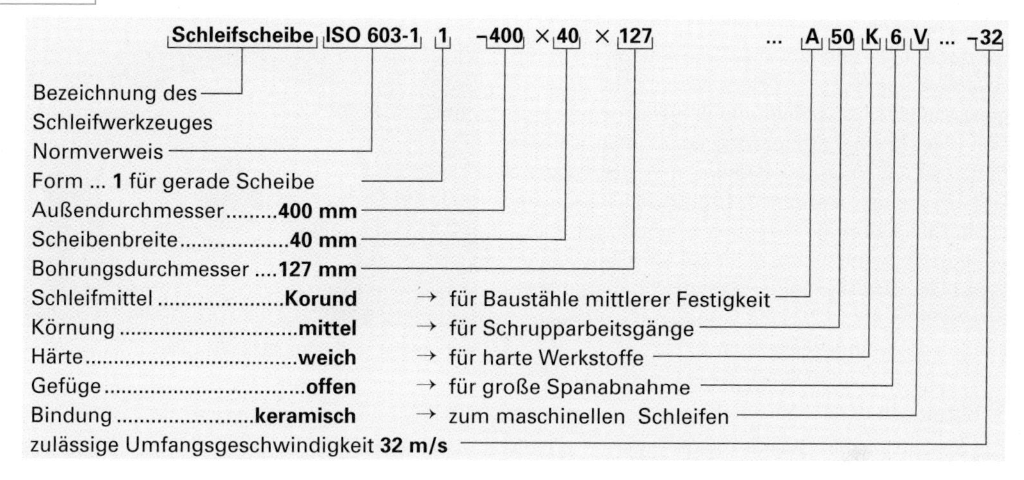

- **Schleifwerkzeuge mit Diamant oder CBN beschichtet**

Schleifwerkzeuge, die mit den Hochleistungsschleifmitteln Diamant oder CBN (CBN = kubisch kristallines Bornitrid) beschichtet wurden, sind sehr teuer. Diese Werkzeuge verwendet man daher nur dann, wenn sich normale Schleifkörper zu sehr abnutzen.

Diamant wird aufgrund seiner Härte und seiner Verschleißfestigkeit zum Schleifen von harten, spröden und kurzspanigen Werkstoffen, wie z. B. Hartmetall, Glas, Keramik, Quarz oder Grafit, eingesetzt.

Bornitrid verwendet man vorteilhaft bei Stählen mit großer Härte und bei hoch legierten Chromstählen.

Schleifwerkzeuge mit Diamantbelag

Aufbau beschichteter Schleifkörper

Schleifscheiben mit Diamant- oder Bornitridbeschichtung bestehen aus einem Grundkörper und dem Schleifbelag. Der Grundkörper besteht aus Aluminium, Stahl, Kunstharz oder Keramik. Der Werkstoff des Grundkörpers bestimmt vor allem das Schwingungsverhalten der Schleifscheibe und die Wärmeableitung.

Der Schleifbelag setzt sich zusammen aus den Schleifkörnern und der Bindung. Das Ausgangsmaterial für die Bindung ist pulverförmig. Es wird mit den Schleifkörnern vermischt. Man presst diese Mischung auf den Grundkörper und sintert bei höheren Temperaturen.

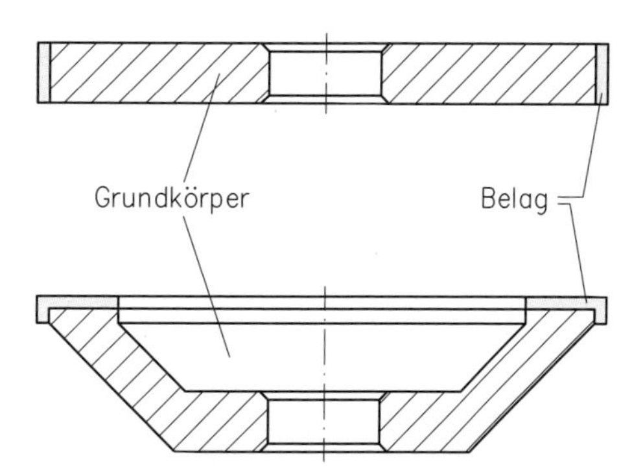

Aufbau von Schleifwerkzeugen mit Diamant- oder CBN-Belag

Schleifscheiben mit Diamant oder Bornitrid bestehen aus einem Grundkörper und dem aufgesinterten Schleifbelag. Solche Scheiben eignen sich zum Schleifen besonders harter Werkstoffe.

Übungsaufgaben G-14; G-15

1.4 Aufspannen, Auswuchten und Abrichten von Schleifkörpern

Schleifkörper sind spröde und arbeiten mit sehr hohen Drehfrequenzen. Daher stellen vor allem Schleifscheiben eine große Unfallgefahr dar. Aus diesem Grund müssen Schleifscheiben sorgfältig kontrolliert, aufgespannt und ausgewuchtet werden. Das Aufspannen von Schleifkörpern ist nur durch fachkundige Personen durchzuführen.

1.4.1 Aufspannen von Schleifscheiben

- **Klangprobe**

Bei der Anlieferung, bzw. vor dem Aufspannen werden die Schleifscheiben einer Klangprobe unterzogen. Man kann so schadhafte Schleifscheiben aussortieren. Für die Klangprobe steckt man kleinere Scheiben auf einen Dorn oder den Finger, schwere Schleifscheiben werden dazu auf den Boden gestellt. Man klopft die Scheiben an mehreren Punkten vorsichtig mit einem nicht metallischen Gegenstand ab. Unbeschädigte Schleifscheiben haben einen klaren Klang, beschädigte Scheiben dagegen klingen dumpf oder scheppernd.

Klangprobe an großen Schleifkörpern

- **Befestigen der Schleifscheiben**

Die Schleifscheibe darf nur mit geringem Kraftaufwand auf die Welle oder den Aufnahmekörper geschoben werden und dabei nicht klemmen.
Spannflansche haben die Aufgabe, die Antriebskräfte kraftschlüssig auf die Schleifscheibe zu übertragen.

Elastische Zwischenlagen sollen Formabweichungen zwischen Spannflanschen und Schleifscheiben ausgleichen und die Reibungswerte vergrößern. Als Werkstoffe für Zwischenlagen benutzt man Kunststoff, Gummi, Pappe oder Leder.

Die Durchmesser der Spannflansche müssen auf beiden Seiten gleich groß sein. Bei Scheiben über 200 mm Durchmesser sollen die Flansche mindestens 1/3 des Scheibendurchmessers betragen. Die Flansche sind auf der Scheibenseite ausgedreht, damit die Spannkräfte möglichst weit außen wirksam werden.

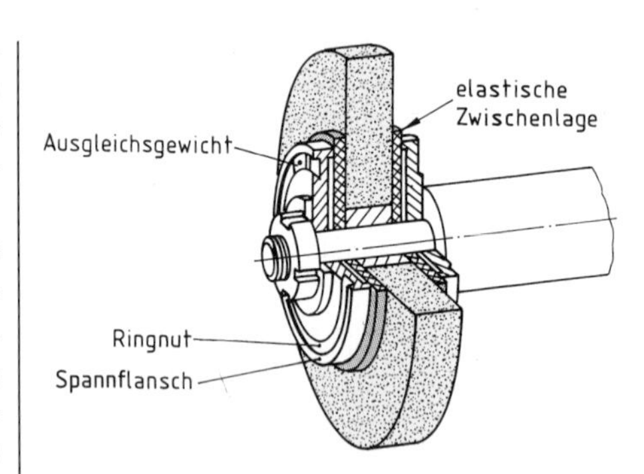

Aufspannen der Schleifscheibe

> Schleifscheiben werden wegen ihrer hohen Umfangsgeschwindigkeit vor dem Einsatz durch eine Klangprobe auf Risse überprüft; sie sind sorgfältig und fachkundig aufzuspannen.

1.4.2 Auswuchten von Schleifscheiben

Schleifscheiben müssen ausgewuchtet werden, da durch die hohen Umdrehungsfrequenzen schon bei geringen Schwerpunktabweichungen von der Drehachse Unwuchten wirken. Diese Unwuchten verursachen Schwingungen, dadurch vermindern sich die Oberflächengüte und die Formgenauigkeit des Schliffes. Außerdem erhöhen Unwuchten den Verschleiß und die Bruchgefahr an der Schleifscheibe.

Unwuchten entstehen durch geometrische Abweichungen der Scheibe von der Idealform, durch Aufspannfehler und durch Unregelmäßigkeiten im Aufbau des Schleifscheibengefüges.

- **Auswuchten bei stehender Schleifscheibe**

Zum Auswuchten bei stehender Schleifscheibe wird die Auswuchtwaage eingesetzt. Sie besteht aus einem Ständer mit einem frei beweglichen Wiegerahmen. Dieser Rahmen ist in seiner Drehachse mit einer Auflage für die auf einem Dorn gespannte Schleifscheibe versehen.

Die eingelegte Schleifscheibe bringt mit ihrer Unwucht den Rahmen aus dem Gleichgewicht. Durch ein Ausgleichsgewicht kann er wieder ins Gleichgewicht gebracht werden. Aus der Masse des Ausgleichgewichtes und dem Abstand zum Drehpunkt ergibt sich die Größe der auszugleichenden Unwucht.

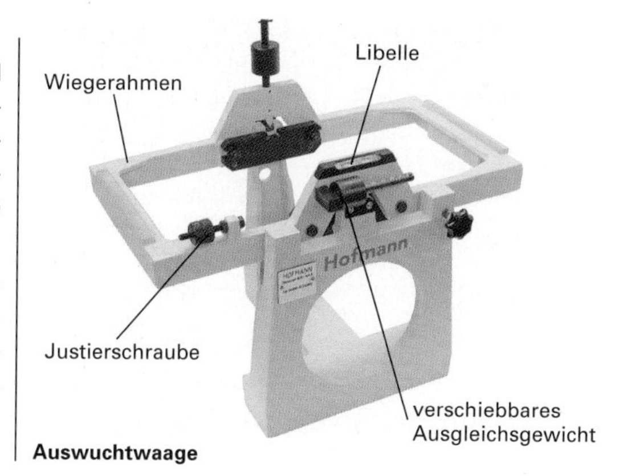

Auswuchtwaage

Der Ausgleich der Unwucht geschieht durch Verschieben von Segmentsteinen (Ausgleichsmassen) in der Ringnut der Schleifscheibenaufspannung

Ablauf des Auswuchtens mit der Auswuchtwaage

1. Schleifscheibe auflegen und drehen bis Wiegerahmen im Gleichgewicht ist.
   Schwerpunkt liegt dann genau ober- oder unterhalb der Drehachse.

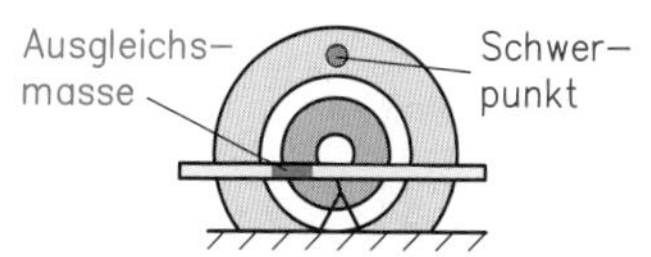

2. Schleifscheibe um genau 90° drehen.
   Ausgleichsmasse des Wiegerahmens so verschieben, dass der Wiegerahmen wieder im Gleichgewicht ist.

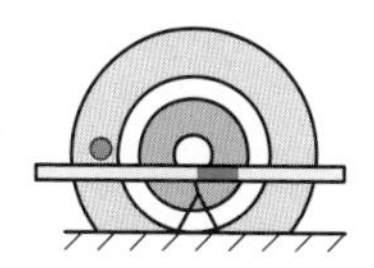

3. Die Unwucht in cmg aus der Größe der Ausgleichsmasse und ihrer Verschiebung berechnen.
   Im Diagramm den Wirkabstand der Ausgleichmasse aus Segmentsteinen ablesen.

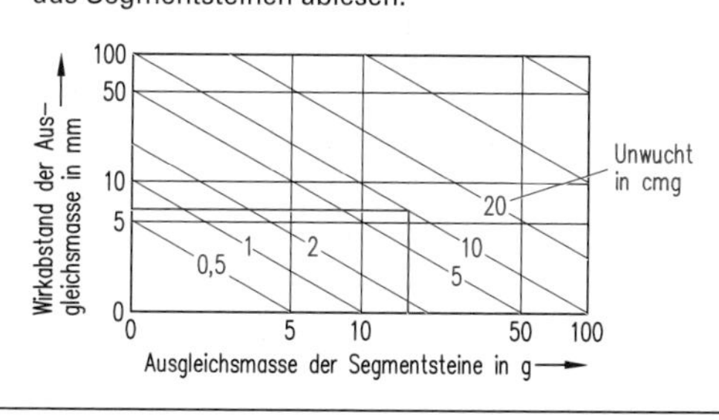

4. Ausgleichsmasse aus Segmentsteinen einstellen und Gleichgewicht kontrollieren.

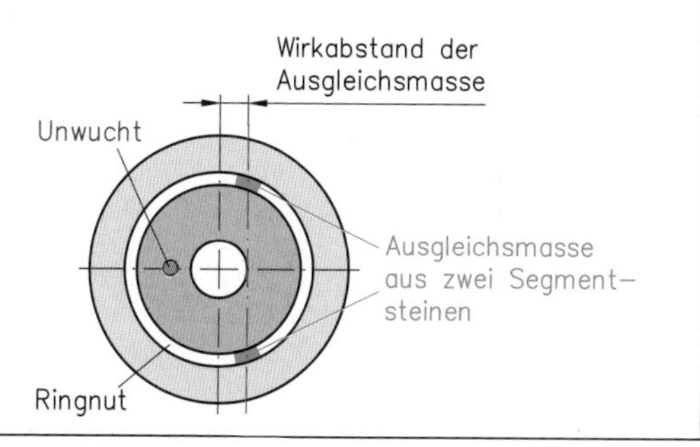

- **Auswuchten bei drehender Schleifscheibe**

Beim elektromechanischen Auswuchten ist das Auswuchtsystem in die Schleifspindel eingebaut. Der Sensor auf dem Schleifspindelgehäuse nimmt die Schwingungen auf, die durch die Unwucht der Schleifscheibe hervorgerufen werden. Die aufgenommenen Signale werden elektronisch verarbeitet und von einem Sender kontaktlos auf einen Empfänger übertragen. Dieser Empfänger betätigt seinerseits einen Stellmotor, der die Ausgleichsgewichte in der Spindel entsprechend verschiebt. Dieser vollautomatische Unwuchtausgleich erfolgt während des gesamten Schleifvorganges.

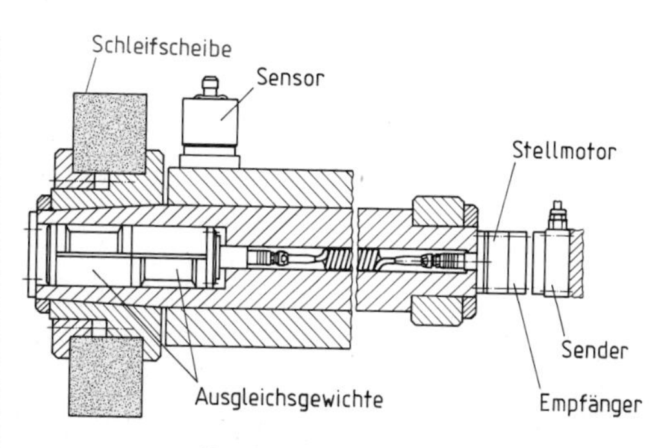

Auswuchten bei drehender Schleifscheibe

Übungsaufgaben G-16; G-17

- **Probelauf**

Jede wieder aufgespannte und ausgewuchtete Schleifscheibe muss bei voller Umfangsgeschwindigkeit aus Sicherheitsgründen probelaufen. Nach den „Europäischen Sicherheitsregeln für den richtigen Gebrauch von Schleifkörpern" gelten folgende Mindestzeiten für den Probelauf:

- bei Handschleifmaschinen 30 Sekunden,
- bei anderen Schleifmaschinen 1 Minute,
- bei Schleifmaschinen mit Scheiben ab 1000 mm Durchmesser 60 Minuten.

Schleifscheiben müssen vor ihrem Einsatz ausgewuchtet werden und nach jedem Aufspannen probelaufen.

1.4.3 Abrichten von Schleifkörpern

Schleifkörper nutzen beim Schleifen unregelmäßig ab und werden unrund. Außerdem werden die einzelnen Schleifkörner stumpf und es setzen sich die Poren in den Schleifkörpern mit Spänchen zu. Daher ist es notwendig, die Schleifkörper mit entsprechenden Abrichtgeräten zu warten.

Die ungleichmäßig abgenutzte Schicht wird abgetragen, bis die Schleiffläche wieder formgenau ist und überall scharfe Schleifkörner freigelegt sind. Diesen Vorgang bezeichnet man als **Abrichten**.

Unter Abrichten versteht man auch das Herstellen einer gewünschten Profilform des Schleifkörpers durch mechanischen Abtrag.

Beim Abrichten von Hand werden als Abrichtgeräte gezahnte oder gewellte Stahlrädchen verwendet. Für genaues Abrichten von Schleifkörpern benutzt man Einzeldiamanten oder diamantbestückte Rollen.

Beim maschinellen Abrichten ist die Abrichtvorrichtung in die Maschine eingebaut. Für das Abrichten beim Flach- und Profilschleifen sind Abrichtgeräte oberhalb der Schleifscheibe auf dem Spindelkasten oder unterhalb auf dem Arbeitstisch montiert. Durchweg benutzt man mit Diamant bestückte Abrichtwerkzeuge.

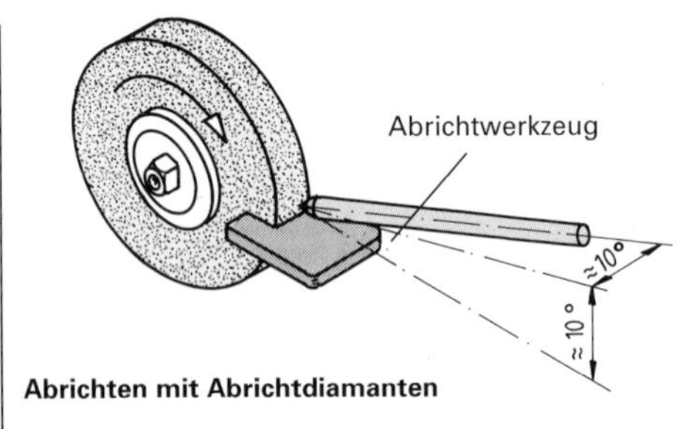

Abrichten mit Abrichtdiamanten

Schleifscheiben für das Profilschleifen oder Zahnflankenschleifen erfordern eine hohe Formgenauigkeit der Schleifscheibe; sie werden daher entsprechend oft abgerichtet.

Während bei Schleifscheiben aus Korund oder Siliziumkarbid das Abrichten mit einem Diamantwerkzeug in nur einem Arbeitsgang durchgeführt wird, ist es für Diamant- und Bornitridschleifscheiben meist erforderlich, dafür verschiedene Werkzeuge und Arbeitsgänge zu benutzen.

Beispiele für das Abrichten mit diamantbestückten Werkzeugen

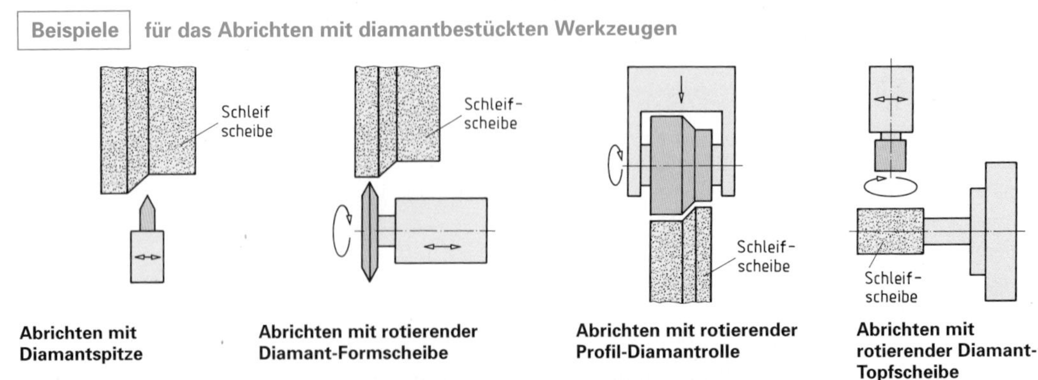

Abrichten mit Diamantspitze | **Abrichten mit rotierender Diamant-Formscheibe** | **Abrichten mit rotierender Profil-Diamantrolle** | **Abrichten mit rotierender Diamant-Topfscheibe**

Schleifkörper werden abgerichtet, wenn sie stumpf oder nicht mehr formgenau geworden sind. Durch das Abrichten wird der Schleifkörper im Eingriffbereich geschärft und profiliert.

Übungsaufgaben G-18 bis G-22

1.5 Kenngrößen des Schleifprozesses

1.5.1 Einflüsse auf das Arbeitsergebnis beim Schleifen

Schleifen ist meistens ein Feinbearbeitungsverfahren und steht oft am Ende einer spanenden Bearbeitung. Deshalb ist beim Schleifen die Qualität der gefertigten Oberfläche der Werkstücke von Bedeutung. Die Qualität der Oberfläche wird gekennzeichnet durch ihre Maß- und Formgenauigkeit, durch die Rautiefe und durch evtl. veränderte Werkstoffeigenschaften in der Randzone.

Beispiele für geschliffene Werkstücke von hoher Oberflächenqualität

Die Bewertung des Schleifens richtet sich neben der Werkstückqualität auch nach wirtschaftlichen Gesichtspunkten. Ein Vergleichsmaß zwischen den Fertigungsverfahren ist das zerspante Material pro Zeiteinheit, das sogenannte **Zeitspanvolumen**. Im Schleifprozess wird das Zeitspanvolumen Q in mm^3/min oder in cm^3/min angegeben.

Das Zeitspanvolumen ist ein Maß für die Wirtschaftlichkeit des Fertigungsprozesses. Mit Schleifverfahren erzielt man das geringste Zeitspanvolumen gegenüber dem Hochgeschwindigkeitsdrehen und der konventionellen Drehbearbeitung. Die zu erzielenden Maßgenauigkeiten und Oberflächengüten sind beim konventionellen Drehen niedriger als beim Hochgeschwindigkeitsdrehen und Schleifen. Die Vorzüge der Hochgeschwindigkeitsbearbeitung haben zur Folge, dass dadurch die Schleifbearbeitung in Zukunft an Bedeutung verliert.

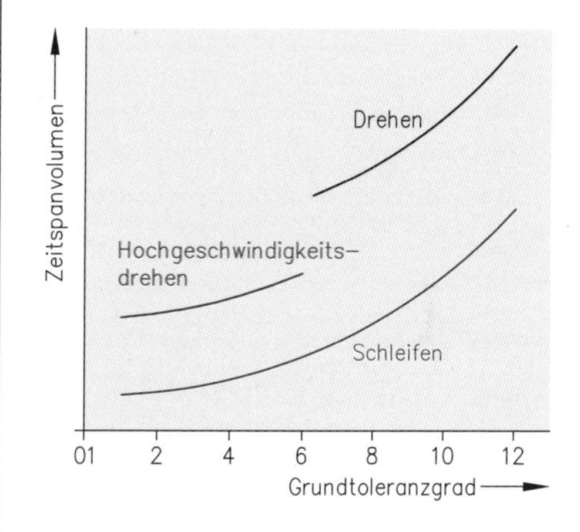

Entwicklung der Fertigungsfelder Schleifen und Drehen

Mit Schleifverfahren erzielt man Werkstücke mit hoher Form- und Maßgenauigkeit sowie hoher Oberflächengüte. Das Zeitspanvolumen ist jedoch niedrig.
Mit der modernen Hochgeschwindigkeitsbearbeitung erreicht man vergleichbare Werkstückqualitäten mit höherem Zeitspanvolumen.

1.5.2 Zerspangrößen im Schleifprozess

Die Zerspangrößen Schnittgeschwindigkeit, Vorschubgeschwindikgeit und Zustellung richten sich nach dem Schleifkörper und beeinflussen stark die Qualität der geschliffenen Oberfläche. Diese Zerspangrößen selbst sind abhängig von dem angewandten Schleifverfahren, dem Werkstoff der Werkstücke und der Kühlschmierung.

Übungsaufgabe G-23

- **Schnittgeschwindigkeit v_c**

Beim Schleifen ist die Schnittgeschwindigkeit v_c immer gleich der Umfangsgeschwindigkeit des Schleifkörpers, sie wird in m/s angegeben. Sie liegt im Bereich von 20 m/s bis 80 m/s und richtet sich hauptsächlich nach der Bindungsart der Schleifkörper. Härtere Schleifkörper erlauben höhere Schnittgeschwindigkeiten.
Neben der Schnittgeschwindigkeit bestimmen die Vorschubgeschwindigkeit v_f, sowie die Eingriffsbreite a_p und die Eingriffsdicke a_e das Schleifergebnis.

- **Werkstückgeschwindigkeit v_w**

Beim **Planschleifen** ergibt sich die Werkstückgeschwindigkeit als mittlere Geschwindigkeit aus der hin- und hergehenden Tischbewegung.
Beim **Rundschleifen** entspricht die Werkstückgeschwindigkeit der Umfangsgeschwindigkeit des sich drehenden Werkstücks.
In beiden Verfahren wird in Abhängigkeit vom zu bearbeitenden Werkstoff die Werkstückgeschwindigkeit in einem Bereich von 10 m/min bis 35 m/min gewählt.

v_c Schnittgeschwindigkeit
v_f Vorschubgeschwindigkeit
b_s Schleifscheibenbreite
a_p Eingriffsbreite
a_e Eingriffsdicke

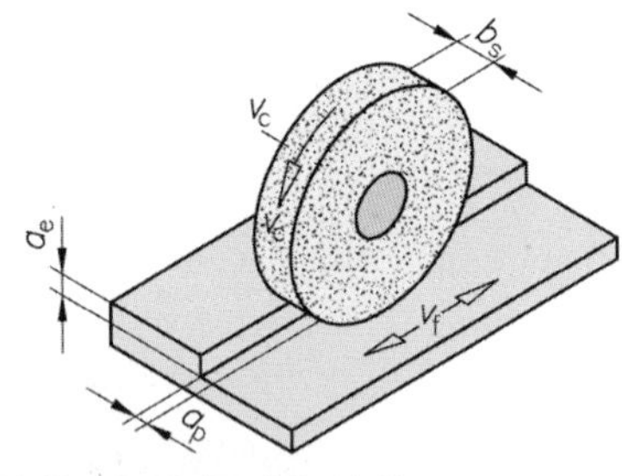

Planschleifen durch Pendelschleifen

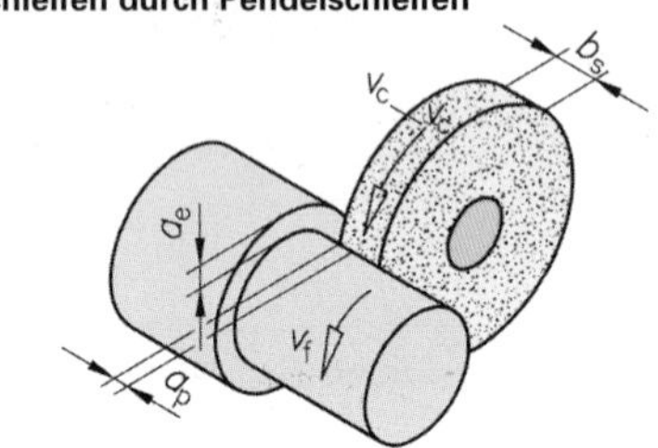

Längsrundschleifen

- **Geschwindigkeitsverhältnis q**

Das Verhältnis zwischen Schnittgeschwindigkeit v_c und der Werkstückgeschwindigkeit v_w bezeichnet man als Geschwindigkeitsverhältnis q. Anhand dieser Kenngröße q erfolgt eine Steuerung des Schleifprozesses, so bedeutet z. B. $q = 60$, dass als Werkstückgeschwindigkeit 1/60 der Schnittgeschwindigkeit eingestellt wird.

$$\textbf{Geschwindigkeitsverhältnis } q = \frac{\textbf{Schnittgeschwindigkeit } v_c}{\textbf{Werkstückgeschwindigkeit } v_w}$$

Richtwerte für Schnittgeschwindigkeit, Werkstückgeschwindigkeit und Geschwindigkeitsverhältnis

Werkstoff	Planschleifen		Längsrundschleifen			
			Außenrundschleifen		Innenrundschleifen	
	v_c m/s	q	v_c m/s	q	v_c m/s	q
Stahl, Gusseisen	30	50–180	30	180	25	65–80
NE-Legierungen	20	30–80	25	90–180	20	30–50

- **Eingriffsbreite a_p**

Die Eingriffsbreite ist die Querverschiebung a_p der Schleifscheibe in mm, die in Relation zur Scheibenbreite festgelegt wird.

Nach der Art des Schleifvorgangs werden unterschiedliche Eingriffsbreiten gewählt:
- Schruppen: a_p = (2/3 bis 3/4) der Schleifscheibenbreite,
- Schlichten: a_p = (1/4 bis 1/3) der Schleifscheibenbreite,
- Feinschlichten: a_p = (1/10 bis 1/5) der Schleifscheibenbreite.

Die Verstellung um die Eingriffsbreite wird ausgeführt:
- beim Planschleifen nach einem Doppelhub des Tisches,
- beim Rundschleifen während einer Werkstückumdrehung.

Übungsaufgaben G-24 bis G-26

- **Eingriffsdicke a_e**

Die Schnitttiefe wird beim Schleifen als Eingriffsdicke a_e bezeichnet. Diese ist auf den zu schleifenden Werkstoff und die Art der Bearbeitung – Schruppen oder Schlichten – abzustimmen.

Beim **Planschleifen** durch **Pendelschliff** werden geringe Eingriffsdicken zwischen a_e = 0,005 und 0,2 mm eingestellt. Pendelschleifen wird für leicht schleifbare Werkstoffe und geringe Materialabträge auf einfachen Schleifmaschinen eingesetzt.
Nachteilig ist, dass bei jeder Pendelbewegung die Schleifscheibe mit der Werkstückkante kollidiert und dabei stärker abnutzt. Ein häufiges Abrichten ist erforderlich.

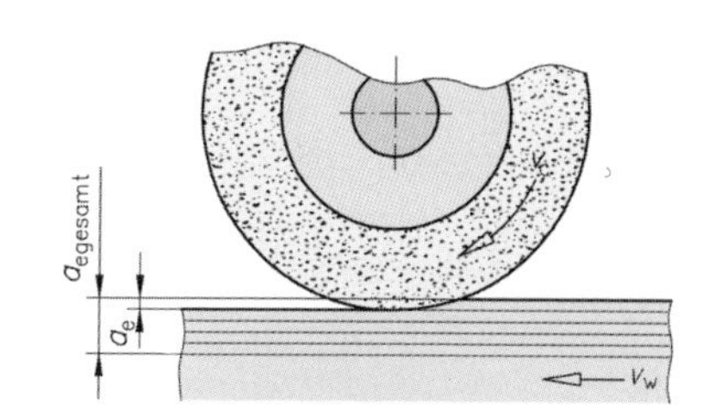

Pendelschleifen von Planflächen

Werden Planflächen durch **Tiefschleifen** bearbeitet, wird ein Mehrfaches der Eingriffsdicke a_e des Pendelschleifens und eine sehr geringe Werkstückgeschwindigkeit v_f eingestellt.
Bei geringem Schleifscheibenverschleiß wird ein großes Zeitspanvolumen abgetragen. Die Oberflächengüte ist höher als beim Pendelschleifen.
Das Tiefschleifen wird zur Endbearbeitung genauer Profile, wie z. B. von Führungbahnen, eingesetzt.
Ein offenporiges Gefüge der Schleifscheibe muss die anfallende Spanmenge und die notwendige Kühlschmiermenge aufnehmen. Eine stabile Maschine mit hoher Antriebsleistung ist erforderlich.

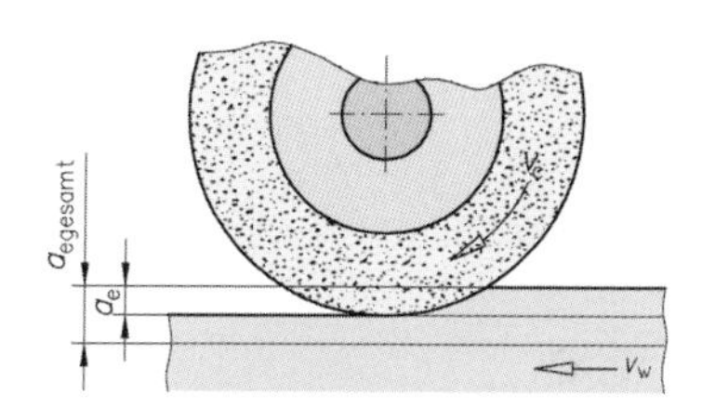

Tiefschleifen von Planflächen

LF 9

Das **Außenrundschleifen** kann wie beim Planschleifen als Pendel- oder Tiefschleifen ausgeführt werden. Beim Außenrundschleifen durch Pendelschliff werden beim Schruppen Eingriffsdicken zwischen a_e = 0,02 bis 0,08 mm eingestellt, beim Schlichten Werte zwischen a_e = 0,002 bis 0,02 mm.
Innenrundschleifen führt man stets mit a_e = 0,01 bis 0,06 mm beim Schruppen und mit a_e = 0,002 bis 0,01 mm beim Schlichten aus.

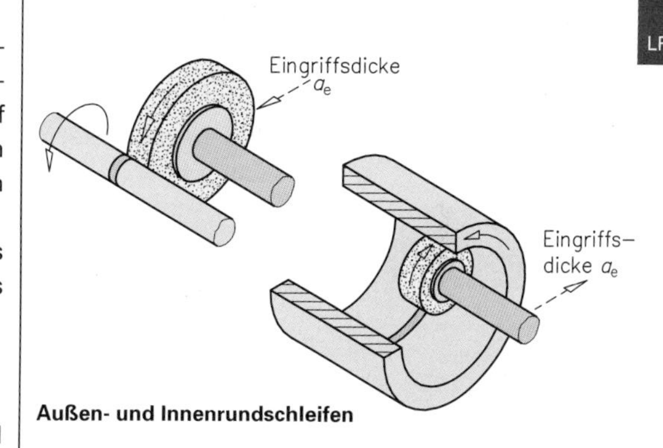

Außen- und Innenrundschleifen

- **Einsatz von Kühlschmierstoffen**

Beim Schleifen berühren sich Schleifwerkzeug und Werkstück nur in einem schmalen Bereich, der **Kontaktzone**. In diesem Bereich treten kurzzeitig hohe Temperaturen auf, die das Gefüge in der Randzone verändern. Es entsteht die sogenannte **„Weichhaut"**. Die durch Wärme beeinflusste Kontaktzone wird beim Gleichlaufschleifen nahezu vollständig weggeschliffen, beim Gegenlaufschleifen bleibt sie teilweise erhalten. Die entstehende Wärme kann durch Kühlschmierstoffe abgeführt werden.
Schleifverfahren, bei denen Kühlschmierstoffe verwendet werden, bezeichnet man als **Nassschleifen**; schleift man ohne Kühlschmierstoffe, so liegt **Trockenschleifen** vor.

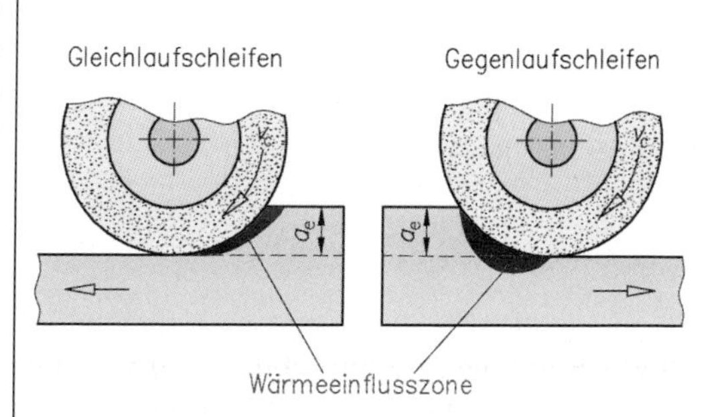

Wärmewirkung in der Kontaktzone

Kühlschmierstoffe haben im Einzelnen folgende Aufgaben:

- Verringerung der Reibung zwischen dem Schleifkörper und dem Werkstück,
- Kühlung der Werkstückoberfläche,
- Reinigung der Poren des Schleifkörpers, damit die Schneidfähigkeit der Körner erhalten bleibt.
- Transport der Späne und des Schleifkörperabriebs von der Schleifstelle.

Zum Nassschleifen verwendet man als Kühlschmierstoffe Emulsionen oder Schneidöle (siehe auch Kap. Werkstofftechnik). Emulsionen setzt man ein, wenn die Kühlwirkung wie beim Präzisionsschleifen im Vordergrund steht. Schneidöle kommen zum Einsatz, wenn gute Schmierung erforderlich ist.

Bei steigendem Zeitspanvolumen zeigen Schneidöle folgende Vorteile gegenüber Emulsionen:

- geringere Zerspanungskräfte,
- geringere Randzonenbeeinflussung,
- geringere Oberflächenrauheit am Werkstück,
- weniger Verschleiß der Schleifscheibe.

Den hohen Schleiftemperaturen muss mit entsprechenden Kühlschmieranlagen entgegengewirkt werden, dabei sind der Volumenstrom, der Druck und die Form und Position der Düse von Bedeutung. Der Kühlschmierstoff sollte annähernd die gleiche Austrittsgeschwindigkeit (v_{KS}) wie die Schleifscheibe auf ihrem Umfang (v_c) aufweisen. Dadurch wird sichergestellt, dass die Schleifscheibe den Kühlschmierstoff in die Schleifzone transportiert und dort die Späne und den Schleifscheibenabrieb wegspült.

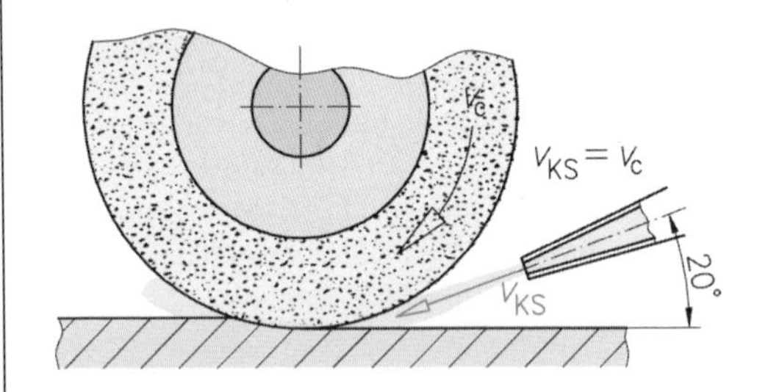

Optimale Kühlmittelzuführung

Für einen störungsfreien Ablauf des Nassschleifens ist eine dauernde Reinigung der Kühlschmierflüssigkeit notwendig. In der Regel ist die Anlage zur Reinigung Bestandteil der Maschine und verteuert diese. Durch die Verdunstung der Flüssigkeit während des Schleifprozesses treten gesundheitsgefährdende Dämpfe auf, die durch zusätzliche Einrichtungen abgesaugt und gesammelt werden.

Zusätzliche Kosten entstehen durch verbrauchte Kühlschmierstoffe, die man sorgfältig entsorgen muss.

Der Einsatz von Kühlschmierstoffen erlaubt höhere Schnittleistungen und verbessert die Oberflächenqualitäten, er führt jedoch zu Problemen bei der Entsorgung und Reinigung. Außerdem können Kühlschmierstoffe gesundheitsgefährdend wirken.

1.5.3 Vermeidung von Schleiffehlern

Beim Schleifprozess werden aus vorgearbeiteten Werkstücken Fertigteile mit gleichmäßiger Oberfläche und seidigem Glanz hergestellt. Dabei sollen die geforderte Maß- und Formgenauigkeit, die Oberflächenrauheit und das geforderte Randzonengefüge eingehalten werden.
Beim Außenrundschleifen kann die Qualität jedoch durch nicht fachgerechte Wahl oder fehlerhafte Schleifscheiben, falsche Einstellwerte, falsche Kühlmittelwahl bzw. -zuführung oder Fehler an der Schleifmaschine beeinträchtigt werden.

- Es kann zu optischen **Schleiffehlern** kommen, die man mit bloßem Auge erkennen kann, wie z. B. Schliff mit Vorschubspuren, Schliff mit Rattermarken, Schliff mit Brandflecken.
- **Geometrische Schleiffehler** lassen sich meist nur durch aufwendige Messverfahren nachweisen, wie z. B. Messfehler im Durchmesser, Rundheits- oder andere Formfehler.

Übungsaufgaben G-33; G-34

- **Sichtbare Schleiffehler**

Schliff mit Vorschubspuren

Der Schliff ist gekennzeichnet durch den scheinbaren Abdruck eines Gewindes auf der Werkstückoberfläche.
Die Steigung des Abdrucks entspricht dem Tischvorschub.
Ursache des Fehlers: Die Mantellinie der Schleifscheibe ist nicht parallel zur Längsschlittenbewegung. Gründe können Spiel an der Spindel, thermische Beeinflussung oder Abnutzung des Abrichtwerkzeugs sein.
Abhilfe: Überprüfung des Spindelspiels sowie Überwachung des Abrichtwerkzeugs und der thermischen Verhältnisse.

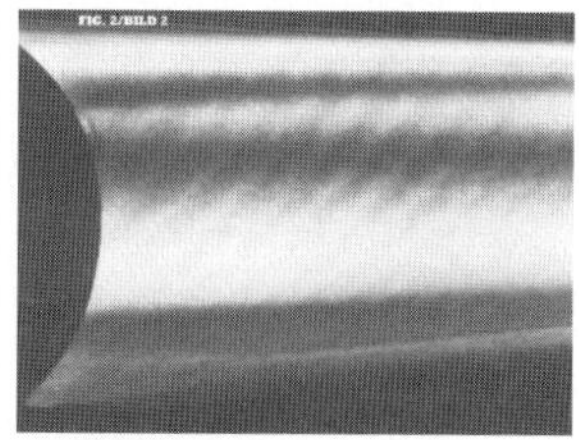

Schliff mit Vorschubspuren

Schliff mit Rattermarken

Der Schliff weist parallel zur Drehachse des Werkstücks Rattermarken auf.
Ursache des Fehlers: Grund hierfür können eine Unwucht der Schleifscheibe, Schwingungen von Werkstück oder Maschine sowie ein Geschwindigkeitsverhältnis q von Schleifscheibe zu Werkstück von weniger als 60 sein.
Abhilfe: Überprüfung der Werkstückaufnahme sowie der Schleifscheibe auf Unwucht. Möglicherweise empfiehlt sich die Verwendung eines Setzstockes. Ferner nie eine stehende Schleifscheibe mit Kühlschmiermittel tränken.

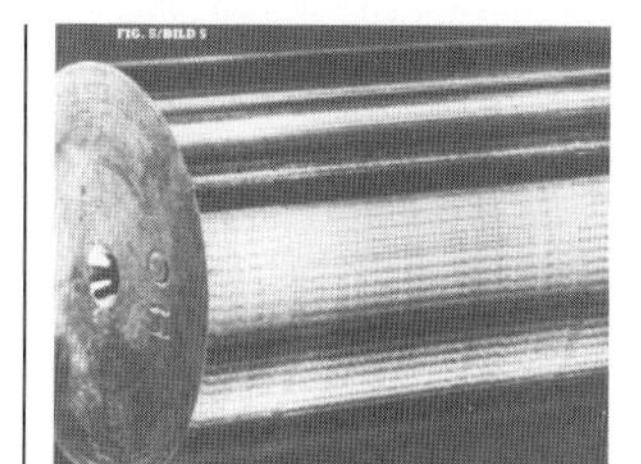

Schliff mit Rattermarken

Schliff mit Brandflecken

Der Schiff ist durch spiralförmig oder örtlich gelbe oder braune Verfärbungen der Oberfläche erkennbar. Dieser gefährliche Fehler kann örtliche Gefügeveränderungen und Rissbildungen hervorrufen.
Ursache des Fehlers: Dies spricht für eine Überhitzung im Schleifprozess. Möglicherweise ist die Kühlschmierstoffzuführung ungenügend, die Schleifscheibe zu fein abgerichtet oder zu hart. Eine weitere Ursache kann ein zu hohes Geschwindigkeitsverhältnis q sein, das unter einem Wert von 120 liegen sollte.
Abhilfe: Bessere Kühlung durch Vergrößern der Kühlschmiermittelzuführung oder den Einsatz eines Kühlschmiermittels mit höherem Mineralölanteil. Empfehlenswert sind die Verwendung einer weicheren Schleifscheibe und die Wahl einer offenen Struktur. Auch könnte die abgetrennte Spanmenge pro Zeiteinheit verringert werden.

Schliff mit Brandspuren

- **Geometrische Schleiffehler**

Fehlerart	Ursache	Abhilfe
Maßfehler im Durchmesser	Große Schleifscheibenabnutzung Stumpfe Schleifscheibe	Härtere Schleifscheibe wählen Abrichtwerkzeug kontrollieren
Rundheitsfehler	Unrunde Werkstückzentrierung Nicht fluchtende Werkstückzentrierungen Instabile Aufspannung Thermisches Wachsen des Abrichtwerkzeugs	Werkstückzentrierung nachschleifen Aufspannung anpassen Abrichtwerkzeug besser kühlen
Formfehler	Ungenügendes Ausfunken Große Scheibenabnutzung Falsche Körnung	Ausfunkzeit erhöhen Härtere Schleifscheibe wählen Feinere Körnung wählen

2 Polieren

Das Polieren ist ein dem Läppen verwandtes Feinbearbeitungsverfahren, das dazu dient, ebene oder gewölbte Werkstückoberflächen in ihrer Oberflächengüte weiter zu verbessern. Zweck des Polierens ist es, hochglänzende Oberflächen mit extrem geringer Rauheit zu erzeugen. Besonders im Formenbau werden Formhohlräume mit ebenen oder gewölbten Begrenzungsflächen und Konturübergänge poliert. Dabei ist das erste Ziel die Verbesserung der Oberflächengüte. Von untergeordneter Bedeutung ist eine Verbesserung der Formgenauigkeit.

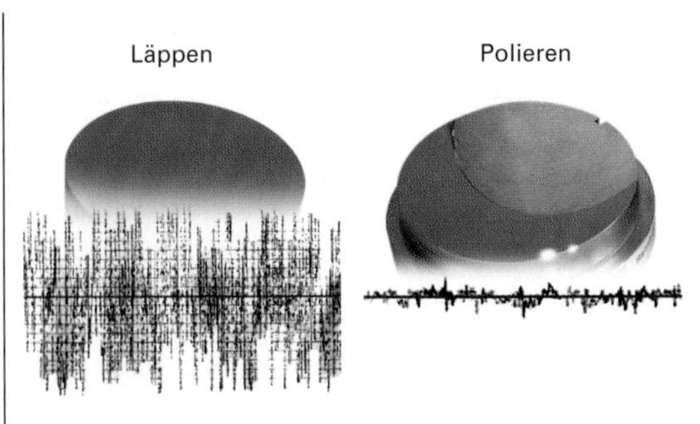

Oberflächengüten durch Feinbearbeitung

2.1 Poliervorgang

Zum Polieren wirken sehr feine Schleifmittel in einem elastischen Trägerkörper, z. B. aus Filz, auf die Werkstückoberfläche ein. Ähnlich wie beim Läppen befinden sich die Schleifkörner in einem flüssigen bzw. pastenförmigen Trägermedium, das auf den Trägerkörper aufgetragen ist. Die erforderlichen Arbeitsbewegungen werden von Hand oder maschinell aufgebracht.

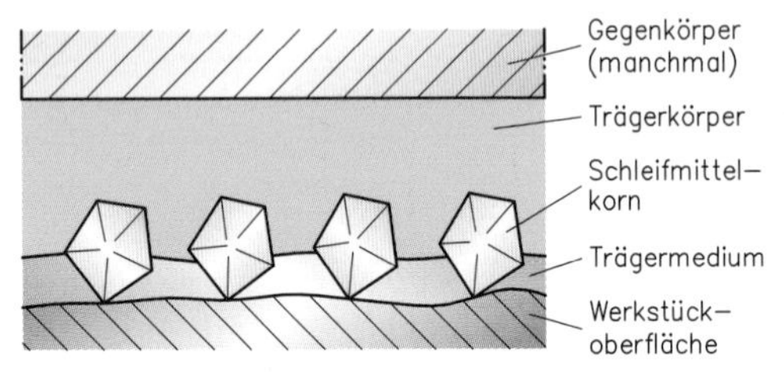

Prinzip des Poliervorgangs

Als Poliermaschinen dienen meist kleine Handgeräte, die mit Elektroantrieb oder Druckluft betrieben werden. Sie führen Rotationsbewegungen oder oszillierende Bewegungen aus, wobei der Bediener das Polierwerkzeug mit dem erforderlichen Druck an der Werkstückoberfläche entlang bewegt.

Polieren ist ein Feinbearbeitungsverfahren, in dem durch sehr feinkörnige Schleifmittel in elastischen Trägerkörpern ebene oder gewölbte Oberflächen mit extrem hoher Oberflächenqualität erzeugt werden.

2.2 Poliermittel und Poliermittelträger

Poliermittel in Form von Lösungen oder Pasten werden gleichmäßig auf einen Poliermittelträger aufgetragen. Die Poliermittel haften locker auf dem Trägerkörper. Durch die Arbeitsbewegungen vom Trägerkörper mit dem Poliermittel wird der Werkstoffabtrag erreicht. Der Trägerkörper unterstützt den Vorgang, indem er als elastischer, stabiler Gegenkörper das Poliermittel auf die Werkstückoberfläche drückt und sich der Werkstückform anpasst.
Es kommen weiche, elastische Poliermittelträger, wie Filzmatten oder Filzstifte, zum Einsatz, und härtere Poliermittelträger aus harten Filzen oder Hart- bzw. Weichholz. Teilweise werden Poliermittelträger durch formstabile Grundkörper unterstützt, z. B. Polierscheiben.
Harte, formstabile Politurträger werden zur Vorpolitur eingesetzt, wenn großer Werkstoffabtrag erreicht werden soll. Weiche werden mit geeigneter Paste zur Hochglanzpolitur verwendet.

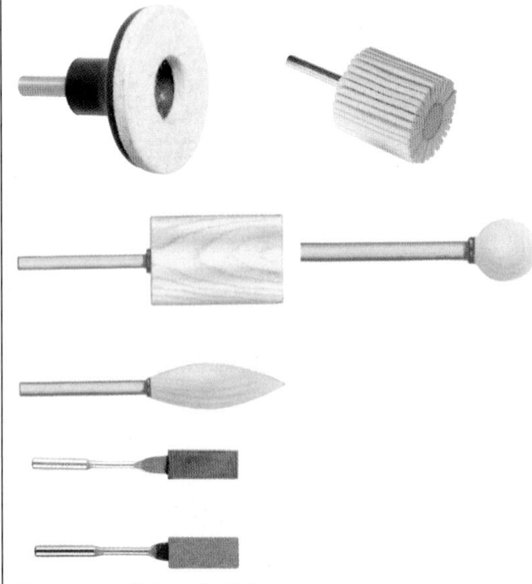
Formen von Poliermittelträgern

- **Poliermittel**

Poliermittel kommen meist in einem Trägermedium als Paste, Gel oder Polierflüssigkeit zum Einsatz. Zum Polieren von Stahlformen werden vor allem Naturdiamant- von synthetische Diamantkörner in den Korngrößen von 1 bis 50 µm verwendet, für sehr feine Polituren auch bis zu 0,1 µm. Synthetische Diamantkörner werden wegen ihrer Vielschneidigkeit und langen Schneidhaltigkeit bevorzugt. Die Qualität der polierten Oberfläche hängt im Wesentlichen davon ab, dass Körnungen in gleicher Größe im Einsatz sind.
Neben Diamanten kommen in der Metallbearbeitung auch weitere Poliermittel, wie Tonerde, Aluminiumoxid, Chromoxid und Siliziumoxid, zum Einsatz.
Diamantpasten haben einen breiten Einsatzbereich. Dieser reicht von weichem Aluminium über alle Stahlsorten bis zu Hartmetallen und Keramik.
Die Abtragsmenge und die Polierqualität ergeben sich vor allem über die gewählte Korngröße.

- **Trägermedien**

Das Trägermedium hat die Aufgaben, die Poliermittel gleichmäßig auf die Werkstückoberfläche zu übertragen und zu verteilen. Ferner soll die Neigung zum Anhaften des Poliermittels am Werkstück verringert werden. Als Trägermedium werden Fette und Öle, sowie Emulsionen verwendet. Polierpasten und Gele haben als Trägermedien Öle und Fette. Polierflüssigkeiten enthalten Zusätze von Wasser.
Je nach Einsatzbedingungen muss die Konsistenz des Trägermediums angepasst werden. Polierpasten müssen vielfach durch eine Zugabe von Öl oder anderen Flüssigkeiten eine gebrauchsfähige Konsistenz erhalten.

Größe und Anwendung von Diamantpoliermitteln (Auswahl)

Korngröße in µm	Anwendung	Kennfarbe
0,1	Sehr feine Politur	Nur Hersteller-angaben
1	Endpolitur	
8	Läppvorpolieren	
45	Hohe Abtragleistung	

Arten von Poliermittel	
Metallische Werkstoffe	Tonerde Aluminiumoxid Chromoxid Siliziumoxid Diamant
Harte und spröde Metalle	Siliziumoxid Diamant

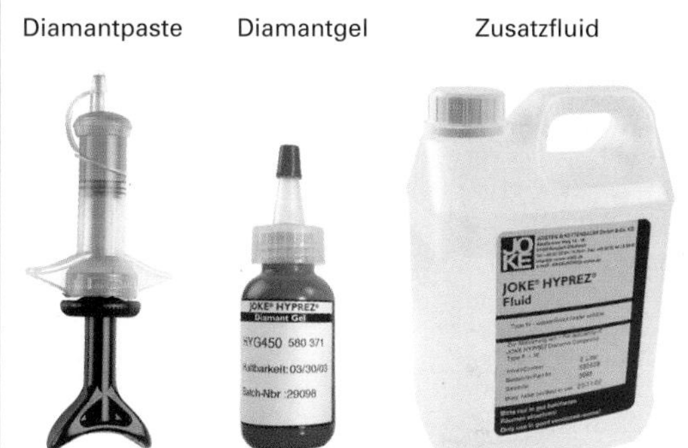

Poliermittel und Trägermedien – Gebinde

LF 9

Beispiel für polierte Metallformen

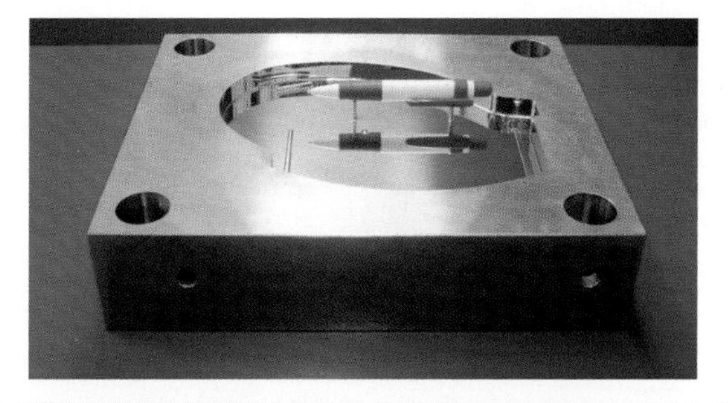

Als Poliermittel für die Metallbearbeitung dienen hauptsächlich Diamantpasten. Sie bestehen meist aus synthetischen Diamantkörnern einer bestimmten Größe, die in einem öl- oder fetthaltigen Trägermedium eingebettet sind.

Übungsaufgabe G-38

3 Honen

Das Honen ist ein spanendes Feinbearbeitungsverfahren.
Durch Honen werden Werkstückoberflächen endbearbeitet, die durch Drehen oder Bohren vorgearbeitet sind. Ziel ist es, die Oberflächengüte, die Maß- und Formgenauigkeit und im geringen Maße die Lagegenauigkeit zu verbessern. Bei Sinterteilen kann durch Honen der Endzustand ohne weitere spanende Vorbearbeitung erreicht werden.

Honbearbeitung setzt man ein, um
- Energieeinsparungen im Motorenbereich,
- Lebensdauererhöhung bei Lagern,
- exakte Steuerung bei Bauteilen für Einspritzpumpen sowie Hydraulik- und Pneumatikanlagen sowie
- Lärmreduzierung in Getrieben zu erreichen.

3.1 Honverfahren

Die Werkstoffabtragung erfolgt durch Honsteine. Sie bestehen aus einer großen Anzahl feiner Schleifkörner, die durch Bindemittel zusammengehalten werden. Während des Honvorgangs befinden sich die Honsteine im ständigen Kontakt mit der zu bearbeitenden Werkstückfläche.

Nach der Lage der zu bearbeitenden Flächen am Werkstück unterscheidet man *Innenhonen* und *Außenhonen*. Nach der Art der Arbeitsbewegungen und der Länge des ausgeführten Arbeitshubes wird das Innenhonen als Langhubhonen und das Außenhonen als Kurzhubhonen ausgeführt.

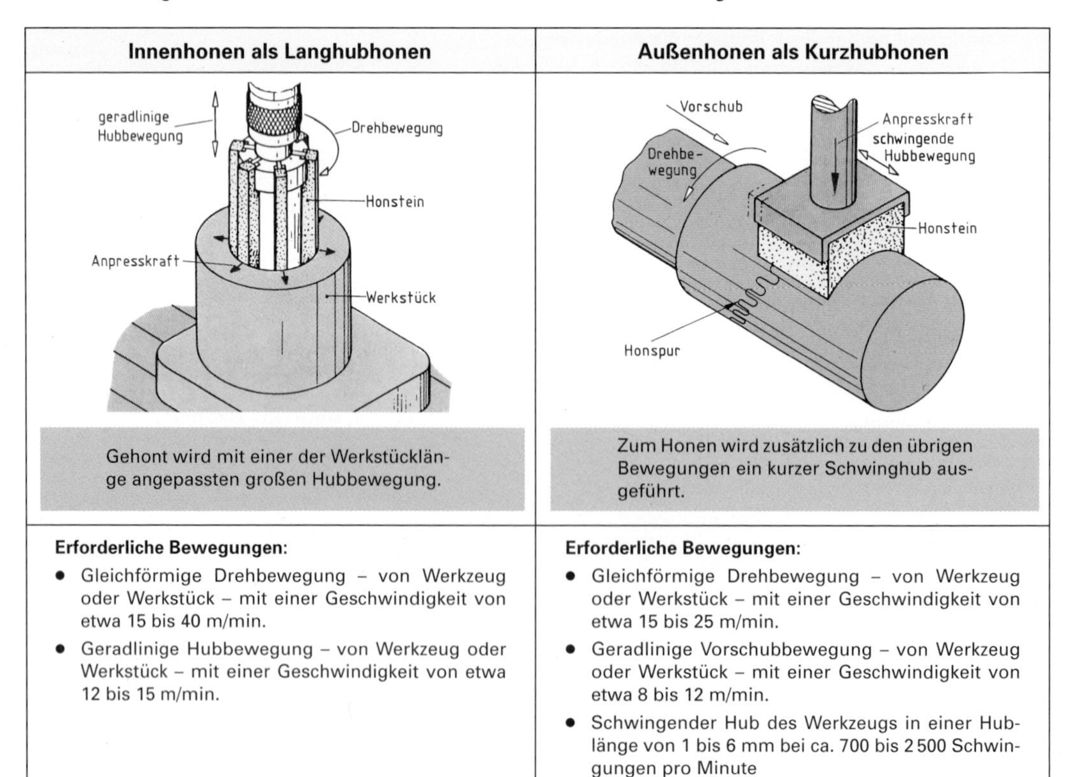

Innenhonen als Langhubhonen	Außenhonen als Kurzhubhonen
Gehont wird mit einer der Werkstücklänge angepassten großen Hubbewegung.	Zum Honen wird zusätzlich zu den übrigen Bewegungen ein kurzer Schwinghub ausgeführt.
Erforderliche Bewegungen: • Gleichförmige Drehbewegung – von Werkzeug oder Werkstück – mit einer Geschwindigkeit von etwa 15 bis 40 m/min. • Geradlinige Hubbewegung – von Werkzeug oder Werkstück – mit einer Geschwindigkeit von etwa 12 bis 15 m/min.	**Erforderliche Bewegungen:** • Gleichförmige Drehbewegung – von Werkzeug oder Werkstück – mit einer Geschwindigkeit von etwa 15 bis 25 m/min. • Geradlinige Vorschubbewegung – von Werkzeug oder Werkstück – mit einer Geschwindigkeit von etwa 8 bis 12 m/min. • Schwingender Hub des Werkzeugs in einer Hublänge von 1 bis 6 mm bei ca. 700 bis 2 500 Schwingungen pro Minute

Der Zerspanvorgang kommt durch die Überlagerung von zwei oder drei Bewegungen zustande. Dabei sind die Honsteine gleichzeitig im Eingriff, sie werden mit einem Anpressdruck von 20 bis 200 N/cm^2 gegen die Werkstückoberfläche gedrückt. Die abgetragenen Werkstoffteilchen und die stumpfen, ausgebrochenen Schleifkörner werden durch eine Spülflüssigkeit, das Honöl, weggeschwemmt.

Übungsaufgaben G-39; G-40

Weitere Honverfahren

Spitzenloses Einstechhonen	Durchlaufhonen
Verfahrensmerkmale: • Werkstückaufnahme durch 2 parallele Tragwalzen • Werkstückzentrierung nicht erforderlich • Axialpositionierung durch einen Längsanschlag • schrittweise Werkstückzufuhr • nur eine Honleiste je Bearbeitungsfläche im Einsatz • für automatisierte Fertigung in Kleinserien	**Verfahrensmerkmale:** • Werkstückaufnahme durch die Trag- und Vorschubwalzen • Längsvorschub durch Walzenschrägstsellung • kontinuierliches Arbeiten im Durchlaufverfahren • mehrere Honleisten können gleichzeitig im Einsatz sein • nur für Großserien geeignet
Erforderliche Bewegungen: • Kurzhub • Werkzuführung einzeln gegen den Anschlag • gleichförmige Drehbewegung der Werkstücke durch die Drehung der Tragwalzen • schwingender Längshub der Honleiste • Werkstückentnahme nach der Bearbeitung	**Erforderliche Bewegungen:** • Kurzhub • kontinuierliche Werkstückzuführung • gleichförmige Drehbewegung der Werkstücke durch die Drehung der Trag- und Vorschubwalzen • schwingender Längshub aller Honleisten • geradliniger Längsvorschub als Durchlauf
Anwendungen: • kurze Wellen, Bundwellen, Nockenwellen u. Ä.	**Anwendungen:** • längere Wellen, Führungssäulen, Kolbenstangen u. Ä.

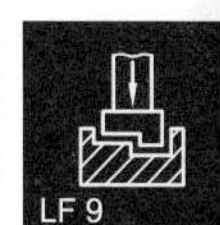

3.2 Honwerkzeuge

- **Schleifmittel**

Honleisten bestehen wie die Schleifsteine aus einem Schleifmittel, das durch ein geeignetes Bindemittel zu einem Schleifkörper geformt ist. Sie werden für die Kleinserienfertigung aus keramischen Schleifmitteln, wie Korund und Siliziumkarbid, oder für die moderne Großserienfertigung aus kubischem Bornitrid (CBN) oder mit Diamantbelag hergestellt.

Schleifmittel	Werkstoff der Werkstücke
Normalkorund	unlegierte Stähle, Werkstoffe mit niedriger Festigkeit
Edelkorund	legierte oder gehärtete Stähle, Hartchrom, Werkstoffe mit hoher Festigkeit
Siliziumkarbid	nitrierte Stähle, Gusswerkstoffe
Bornitrid (CBN)	hoch legierte Stähle, gehärtete Stähle
Diamant	unlegierte oder niedrig legierte Stähle, Gusswerkstoffe

Die Schleifmittel Korund und Siliziumkarbid werden in Keramik- oder Kunststoffbindung gefasst. Bornitrid und Diamantschleifmittel werden mit metallischer Bindung gefertigt.

Die Auswahl der Bindemittel erfolgt nach den gleichen Kriterien wie bei Schleifkörpern.

Übungsaufgaben G-41; G-42

Bornitrid und Diamant werden in metallische Bindemittel eingebettet, da die sehr hohe Härte der Schleifmittel mit ihrer geringen Abnutzung ein festes Bindemittel erfordert. Damit erfüllen diese Honsteine wegen ihrer langen Standzeit eine gute Voraussetzung, um in Fertigungsprozessen mit hohem Automatisierungsgrad eingesetzt zu werden.

Diamantkörner in metallischem Bindemitel

Von der Korngröße der Schleifmittel sind die Rautiefe der gehonten Flächen und die Zerspanleistung des Honsteines abhängig. Je größer das Korn, desto höher ist die Rautiefe und desto größer die Zerspanleistung. Wird in mehreren Arbeitsgängen gehont, wählt man beim Vorhonen „grobe" Körner, um eine hohe Zerspanleistung zu erzielen und beim Fertighonen kommen „feine" Körner zum Einsatz, um gezielt geringe Rautiefen zu erreichen.
Das nebenstehende Diagramm zeigt den Zusammenhang zwischen Korngröße und Rautiefe.

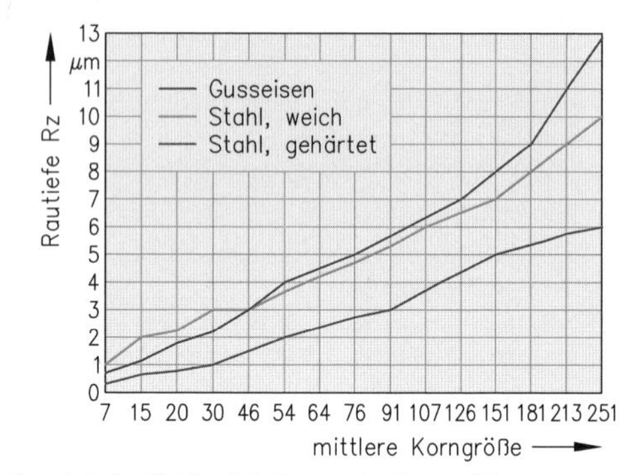

Rautiefe in Abhängigkeit von der Korngröße

Beispiele für vorgehonte und fertig gehonte Oberflächen

Bohrung – ausgedreht mit Oberflächengüte von Rz = 25 µm

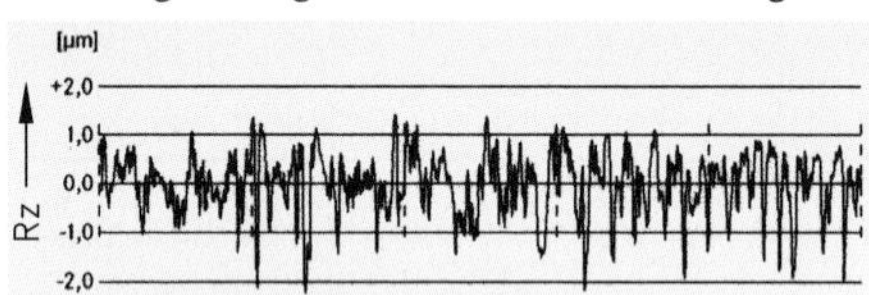

Oberflächengüte Rz = 3,05 µm
nach Vorhonen mit Korngrößenzahl 107

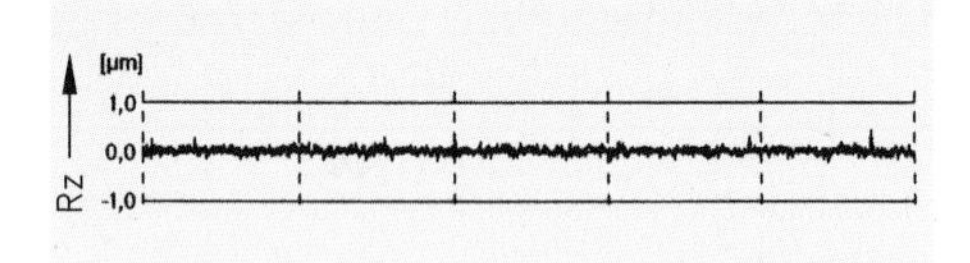

Oberflächengüte Rz = 0,05 µm
nach Fertighonen mit Korngrößenzahl 015

- **Honwerkzeuge**

Honleisten

Die Abmessungen der Honleisten sind auf die Anforderungen der Honwerkzeuge abgestimmt. Es werden kleine Leisten mit Querschnitten im Millimeterbereich und Längen bis etwa 10 mm und große Leisten bis zu Querschnitten von 20 mm x 20 mm und Längen bis zu 150 mm geliefert.
Meist befindet sich der Schneidenteil einer Honleiste auf einem Stahlfuß, der zum direkten Einbau in den Werkzeugkörper geeignet ist.
Im Anlieferzustand haben Honleisten eine ebene Arbeitsfläche, die vor dem Einsatz auf die Werkstückkrümmung vorgearbeitet wird.

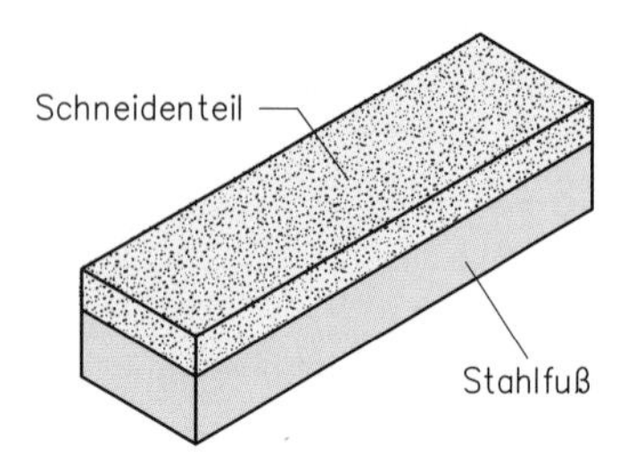

Honleiste auf Stahlfuß

Honleisten werden in Trägerwerkzeuge eingebaut. Dabei unterscheidet man Einstein-Honwerkzeuge und Mehrstein-Honwerkzeuge. Die Arbeitsbewegungen werden vom Maschinenantrieb auf das Honwerkzeug übertragen.

Einleisten-Honwerkzeuge

Die Werkzeuge enthalten nur eine schneidende Honleiste, die einstellbar ist. Sie wird auf der gesamten Länge durch eine keilförmige Auflage unterstützt. Dadurch weist das Werkzeug eine hohe Stabilität auf. Die Führung bzw. Abstützung des Werkzeugs erfolgt über asymmetrisch angeordnete Diamant- oder Hartmetallleisten oder – bei kleinen Durchmessern – durch verschleißfeste Flächenanteile am Werkzeugrücken. Bei höchsten Anforderungen an die Geradheit von Bohrungen werden Einleisten-Honwerkzeuge eingesetzt.

Beispiel für den Aufbau eines Einleisten-Honwerkzeugs

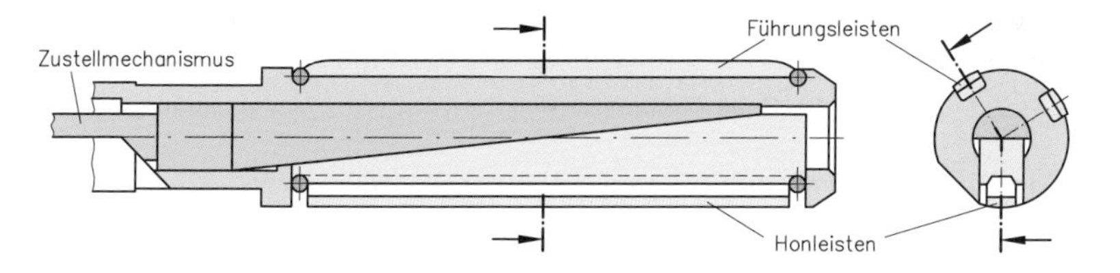

Mehrleisten-Honwerkzeuge

Bei Mehrleisten-Honwerkzeugen werden die radial angeordneten Honleisten durch einen im Werkzeuginnern befindlichen Zustellmechanismus voreingestellt. Die Kompensation des Werkzeugverschleißes erfolgt automatisch während des Arbeitsprozesses. Gesteuert wird das Nachstellen durch eine pneumatische Messeinrichtung mit den im Honwerkzeug integrierten Messdüsen.

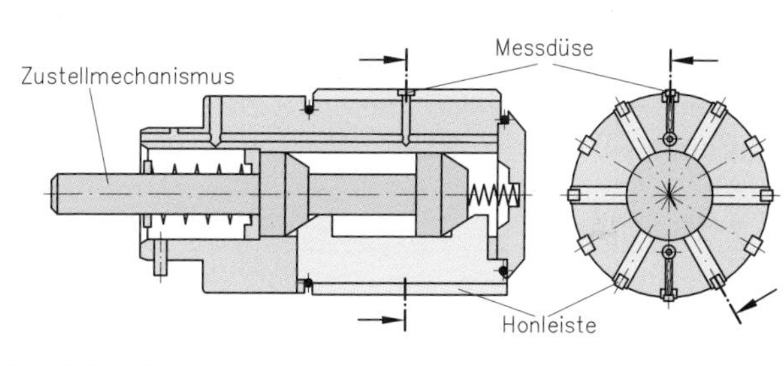

Mehrleistenhonwerkzeug

Mehrleisten-Honwerkzeuge werden zur Bearbeitung von Durchgangsbohrungen und Sacklochbohrungen in unterschiedlicher Ausführung eingesetzt. Für Grundlochbohrungen schließen die Honsteinkanten mit der Werkzeugunterkante ab.

Beispiel für den Einsatz von Mehrleistenhonwerkzeugen

- **Anpassen und Schärfen von Honwerkzeugen**

Honwerkzeuge stehen mit eingesetzten, zustellbaren Leisten oder auch mit Vollmantel- und Segmentschneidenteil zur Verfügung. Auch solche auf das Fertigmaß einer Bohrung fest eingestellte, sogenannte Reibhonwerkzeuge gewinnen an Bedeutung. Mit diesen werden Bohrungen mit der sonst üblichen Umfangsgeschwindigkeit, aber sehr niedriger Vorschubgeschwindigkeit in ein bis drei Hüben bearbeitet.

Übungsaufgaben G-44; G-45

Honleisten aus Korund oder Siliziumkarbid müssen vor dem Einsatz meist durch mechanischen Abtrag der Werkstückkrümmung angepasst und geschärft werden. Dies ist bei breiten Honleisten und kleinen Bohrungen immer erforderlich. Der Profiliervorgang erfolgt in Egalisierhülsen aus gehärtetem Stahl.

Danach müssen sie nachgeschärft werden. Dazu kann man kurzzeitig den Anpressdruck erhöhen oder die schwingende Hubgeschwindigkeit steigern. Durch Verschleiß abgestumpfte Honleisten werden in gleicher Weise geschärft, wenn die Selbstschärfung im weiteren Einsatz nicht ausreicht.

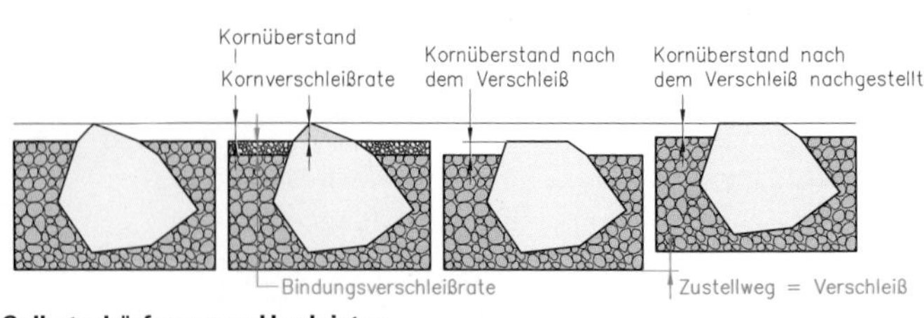

Selbstschärfung von Honleisten

Honleisten aus Bornitrid- oder Diamantschleifmittel müssen immer der Werkstückform angepasst werden. Das erfolgt durch Schleifen mit Siliziumkarbid- oder Edelkorundscheiben. Danach müsssen diese Honwerkzeuge duch einen Läppvorgang mit losen Schleifkörnern in feuchtem Zustand schneidfähig gemacht werden.

- **Honöle**

Honöle haben hauptsächlich die Aufgabe, den abgetrennten Werkstoffteilchen und den Werkzeugabrieb aus dem Bearbeitungsbereich zu spülen. Darüber hinaus wirken sie kühlend und schmierend. Das Honöl muss daher dünnflüssig und in hohem Maße spülfähig sein. Außerdem muss es leicht zu reinigen sein.

Honöle	Werkstoffe
Petroleum (dünnflüssig)	harte, kurzspanende Werkstoffe
Petroleum-Hydrauliköl	Baustähle, Vergütungsstähle, Gusseisen
Hydrauliköl (höhere Viskosität)	zähe, langspanende Werkstoffe wie Aluminium, Kupfer, austenitische Stähle

3.3 Einstellwerte für den Honprozess

Die durch Honen erzielbaren Ergebnisse ergeben sich – wie bei allen Fertigungsprozessen – nur durch Eingabe optimaler Einstellwerte in die Anlage.

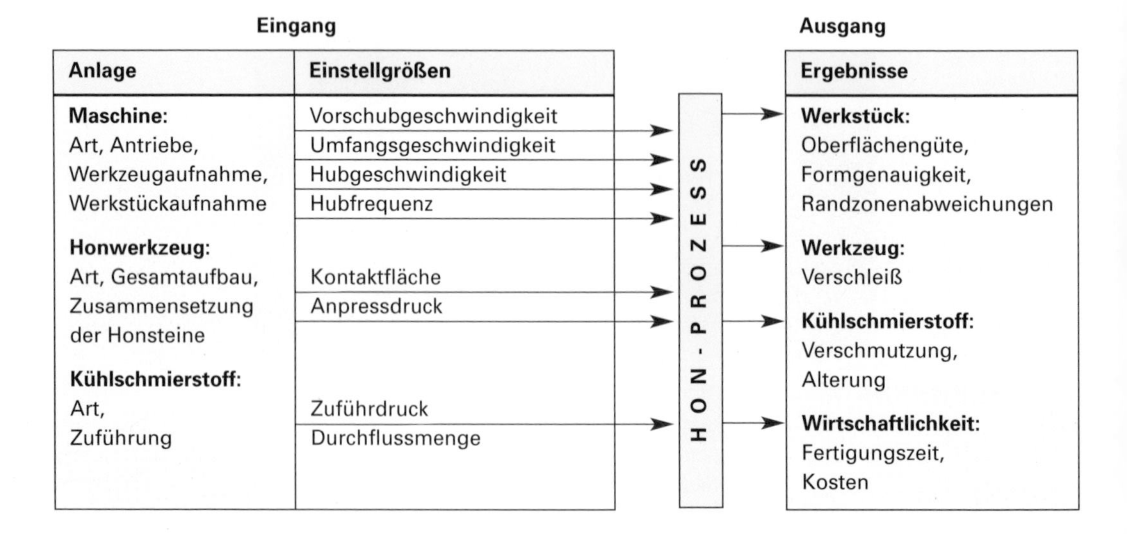

- **Geschwindigkeiten beim Honprozess**

Die wirksame Schnittgeschwindigkeit ergibt sich beim Langhubhonen aus der Überlagerung der Drehbewegung von Werkzeug oder Werkstück und der axialen Vorschubgeschwindigkeit. Beim Kurzhubhonen beeinflussen zusätzlich Hublänge und Hubfrequenz die Geschwindigkeit der Spanabnahme.

Wegen der ständigen Richtungsänderungen unterliegen die einezelnen Schleifkörner einer Wechselbeanspruchung.
Je höher die Schnittgeschwindigkeit gewählt wird, dest größer ist das in einer Zeiteinheit abgetragene Spanvolumen.
Bei Honleisten aus Korund und Siliziumkarbid erfolgt durch höhere Schnittgeschwindigkeiten ein wirksames Nachschärfen und damit der Erhalt eines hohen Zeitspanvolumens.
Daher wählt man beim Vorhonen wegen der hohen Zerspanleistung höhere Schnittgeschwindigkeiten.

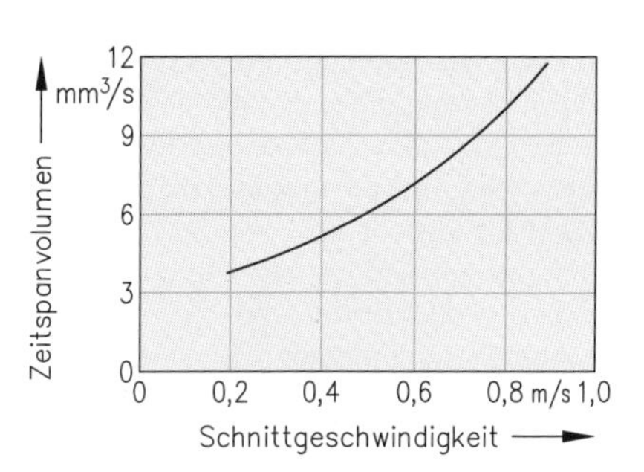

Einfluss der Schnittgeschwindigkeit

- **Anpressdruck der Honleisten**

Der Anpressdruck wird meist durch einen kraftschlüssigen Zustellmechanismus aufgebracht. Die Druckeinstellung orientiert sich weniger an Zahlenwerten, sondern am Honleistenverschleiß bei bestimmten Schnittbedingungen. Dieser wird bei verschiedenen Geschwindigkeiten in Probeläufen ermittelt.

Anpressdruck:

Diamanthonleisten	300–600 N/cm²
kubisch kristalline Bornitridleisten	200–350 N/cm²
keramisch gebundene Honleisten	30–200 N/cm²

Je größer der Anpressdruck gewählt wird, desto größer werden das Zerspanvolumen, der Werkzeugverschleiß und die Rautiefe der gehonten Fläche. Auch Formfehler am Werkstück können bei höherem Anpressdruck zunehmen. Daher sind zur Erzielung geringer Rautiefen beim Fertighonen niedrige Anpressdrücke zu wählen.

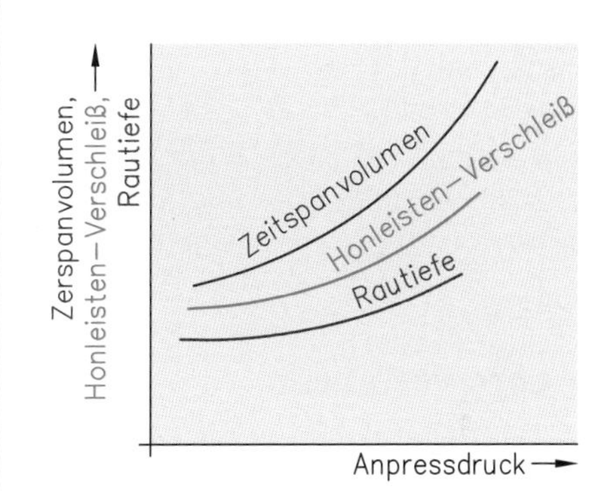

Einflüsse durch Änderungen des Anpressdruckes

- **Hublänge und Überlauf**

Die Festlegung der Honleistenlänge für einen bestimmten Honvorgang erfolgt in Abhängigkeit von der Werkstücklänge. Schlecht bemessene Hublängen und ungünstige Honsteinlängen haben meist Formfehler am Werkstück zur Folge. Die Einstellung der Hublänge wird beim Langhubhonen so vorgenommen, dass an den Umkehrpunkten des Hubes ein angemessener Überlauf $l_ü$ der Honleisten stattfindet.

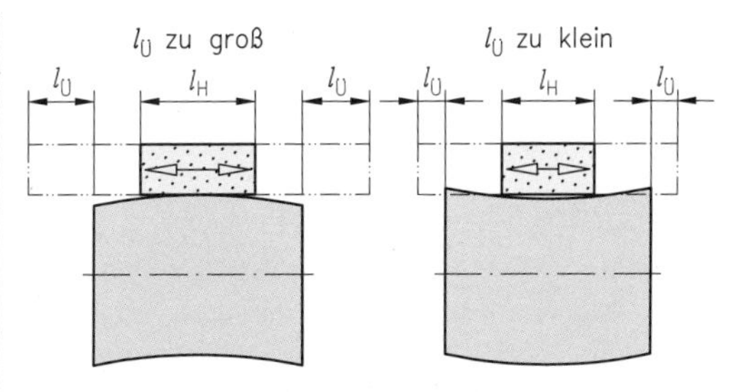

Formfehler an einer zylindrischen Außenform

Mit hohen Schnittgeschwindigkeiten erzielt man beim Vorhonen große Zerspanleistungen. Geringe Rautiefen erreicht man beim Fertighonen durch niedrige Anpressdrücke. Durch günstig gewählte Überlaufwege am Hubende vermeidet man Formfehler am Werkstück.

Übungsaufgabe G-47

4 Läppen

Das Läppen ist ein Feinbearbeitungsverfahren an vorgearbeiteten Werkstücken zur Verbesserung der Ebenheit, der Maßhaltigkeit und der Oberflächengüte. Eine größere Anzahl paralleler, gleich hoher Werkstücke wird gleichzeitig auf einer Läppmaschine bearbeitet.

Die Werkstücke werden in mehrere Aufnahmeringe gelegt, die sich auf einer waagerechten runden Läppscheibe bewegen. Zum Läppen werden lose feinkörnige Schleifmittel eingesetzt, die in einer Trägerflüssigkeit verteilt sind. Aufgrund der Rotation der Läppscheibe findet eine Relativbewegung zwischen den Werkstücken und der Läppscheibe statt. Die Abtragung kleinster Werkstoffpartikel erfolgt bei leichtem Anpressdruck durch die Läppkörner.

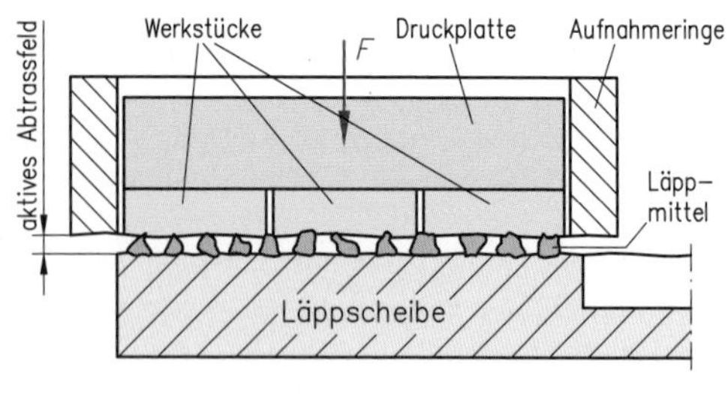

Aufbau einer Läppanlage

- **Läppvorgang**

Das Läppgemisch wird auf die Läppscheibe aufgetragen oder aufgespült und gelangt beim Läppvorgang zwischen Läppscheibe und Werkstück. Der eigentliche Abtrag wird durch eine vielfach überlagerte Roll- und Gleitbewegung der unzähligen Läppkörner erreicht.
Die Oberflächenbearbeitung erfolgt auf zweifache Weise. Einerseits dringen während der Rollbewegung Kornspitzen der Läppkörner in die Werkstückoberfläche ein. Dabei werden kleinste Werkstoffteilchen eingeebnet oder teilweise abgetragen. Andererseits kommt es zum Festsetzen anderer Läppkörner in der porigen Läppscheibe. Diese fixierten Körner trennen, ähnlich wie beim Schleifen, Werkstoffpartikel aus der Oberfläche ab.

Das Läppen ist ein spanabhebendes Fertigungsverfahren, bei dem durch ein feinkörniges Schleifmittel kleinste Werkstoffpartikel von der Werkstückoberfläche abgetragen werden. Die ungebundenen Schleifkörner kommen in einer Trägerflüssigkeit zum Einsatz.

4.1 Läppverfahren

Als **Planläppen** bezeichnet man das Verfahren, bei dem Werkstücke einseitig auf einer Läppscheibe bearbeitet werden. Es erfolgt auf **Einscheiben-Läppmaschinen**. Werden die Werkstücke zwischen zwei Läppscheiben gleichzeitig auf zwei Seiten planparallel bearbeitet, so bezeichnet man das als **Planparallelläppen**. Dazu sind **Zweischeiben-Läppmaschinen** erforderlich.

- **Planläppen**

Auf Einscheiben-Läppmaschinen werden meist kleinere Werkstücke einseitig bearbeitet. Bei gängigen Läppmaschinen hat die Läppscheibe einen Durchmesser von 500 mm. Die Werkstücke werden meist in drei Aufbewahrungsringen eingelegt. Jeder Ring wird mit so vielen Werkstücken beschickt, dass die Fläche nahezu ausgefüllt ist, jedoch eine ausreichende Bewegung der Teile gewährleistet ist.

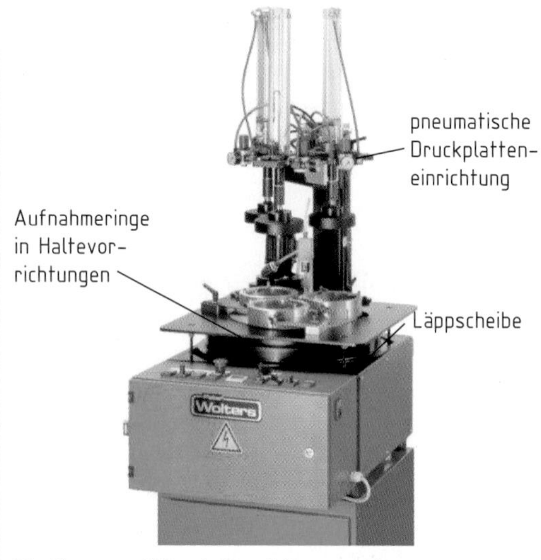

Planläppen auf Einscheiben-Läppmaschine

Während des Läppvorgangs werden die Aufbewahrungsringe durch Vorrichtungen an ihren Plätzen gehalten, wobei sie jedoch eine Drehbewegung ausführen können. Damit verändern die Werkstücke ständig ihre Lage. Gleichzeitig wird die Läppscheibe fortwährend abgerichtet.

Übungsaufgaben G-48; G-49

Der zum Läppen notwendige Anpressdruck wird bei größeren Teilen durch ihr Eigengewicht aufgebracht, bei kleineren Teilen durch zusätzliche Belastungsgewichte oder durch Anpresseinrichtungen. Es werden Anpressdrücke bis zu 30 N/cm^2 aufgebracht. Die Höhe des Anpressdruckes beeinflusst die erzielbare Oberflächengüte. Je höher die Oberflächengüte sein soll, desto geringer wird der Anpressdruck gewählt.
Die Drehzahl der Läppscheibe ist verhältnismäßig niedrig, da sonst das Läppmittel durch Fliehkräfte aus der Wirkzone an den Scheibenrand gedrängt würde.

Beim Planläppen werden Werkstücke von einer Läppscheibe einseitig in nicht angetriebenen Aufbewahrungsringen bearbeitet.

- **Planparallelläppen**

Mit Zweischeiben-Läppmaschinen werden gleichzeitig zwei gegenüberliegende Planflächen der Werkstücke planparallel bearbeitet. Die Werkstücke werden in Läuferscheiben eingelegt, die durch eine Verstiftung bzw. Verzahnung geführt werden. Die Läuferscheiben haben eine geringere Höhe als die Werkstücke und bewegen sich wie umlaufende Räder eines Planetengetriebes zwischen dem angetriebenen inneren und dem stillstehenden äußeren Stiftkranz. Die Werkstücke führen dadurch zyklische Bewegungen aus und werden vor gegenseitiger Beschädigung geschützt.
Die oberen und unteren Läppscheiben bewegen sich gegenläufig. Der Anpressdruck wird über die obere Läppscheibe erzeugt, über die auch das Läppmittel kontinuierlich zugeführt wird.

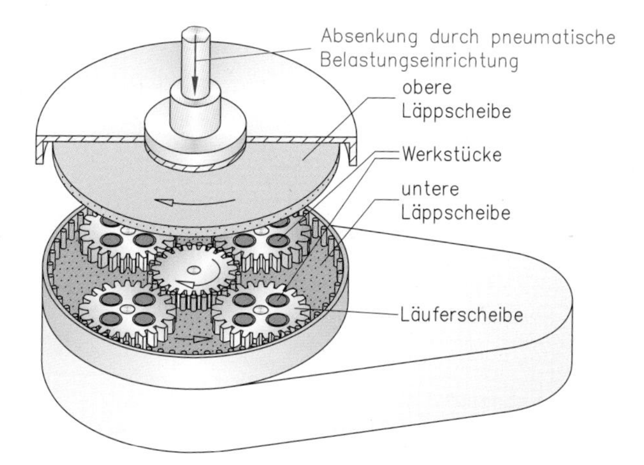

Planparallelläppen in einer Zweischeiben-Läppmaschine

Beim Planparallelläppen werden gleich dicke Werkstücke in angetriebenen Läuferscheiben zwischen zwei Läppscheiben gleichzeitig auf parallelen Seiten bearbeitet.

4.2 Arbeitselemente und Hilfsmittel beim Läppen

- **Läppmittel**

Die Läppmittel bestehen aus Gemischen von Läpppulver und Trägerflüssigkeiten. Als **Trägerflüssigkeiten** kommen wässrige Lösungen mit chemischen Zusätzen zur Steigerung der Benetzbarkeit und der Tragfähigkeit oder ölige Lösungen aus Gemischen von Öl, Paraffin, Vaseline und Petroleum zur Erhöhung des Rostschutzes zum Einsatz.
Die Auswahl eines **Läpppulvers** trifft man nach der Werkstoffart und der Härte der Werkstücke. Nach der verlangten Oberflächengüte werden die Korngröße, die Gleichmäßigkeit der Körner und die Art und Anzahl der Kornschneiden ausgewählt.
Läpppulver und Trägerflüssigkeiten werden in unterschiedlichen Konzentrationen gemischt. Zum **Schruppläppen** mischt man etwa 80 bis 100 g Läpppulver in 1 l Flüssigkeit und beim **Feinstläppen** etwa 65 bis 80 g Läpppulver in Läppöl. Bei der Verwendung von Trägerflüssigkeiten auf Wasserbasis muss die Menge des Läpppulvers beim Feinstläppen um das Drei- bis Vierfache erhöht werden.

Übungsaufgaben G-50; G-51

Für das Läppen unterschiedlicher Werkstoffe nutzt man entsprechende Läpppulver.

Läpppulver	Werkstückwerkstoff
Korund	weiche Stähle, Leicht- und Buntmetalle, Grafit, Kunststoffe, Halbleitermaterialien
Siliziumkarbid	vergütete bzw. legierte Stähle, Gusseisen, Gläser, Porzellane
Bornitrid	Hartmetalle, Keramiken
Diamant	Edelsteine

Ein großer Nachteil des Läppens ergibt sich daraus, dass aufgrund der Normalbelastung durch die obere Läppscheibe die Läppkörner in der Kontaktzone zersplittern. Dadurch liegt bereits nach einmaligem Durchlauf eine ungleiche Korngröße des Läppmittels vor. Um durch die größeren Körner die Werkstückoberfläche nicht zu schädigen, muss das Läppmittel kontinuierlich ersetzt werden. In Deutschland sind jährlich große Mengen von Läppmitteln (bis zu 10 000 t) als Sondermüll zu entsorgen.

Läppmittel bestehen aus feinen Schleifkörnern gleicher Größe in einer Trägerflüssigkeit. Beide Bestandteile werden in unterschiedlichen Zusammensetzungen und Konzentrationen auf den Läppvorgang abgestimmt.

- **Läppscheiben**

Die Läppscheiben bestehen meist aus feinkörnigem, perlitischem Gusseisen oder aus einer gehärteten Stahllegierung. Es werden aber auch Läppscheiben aus Kupfer, Aluminium, Zinn und Sintermetallen eingesetzt. Für das Polieren verwendet man Scheiben aus Kunststoff und Textilien.

Eine geringe Scheibenhärte begünstigt das Festsetzen von Läppkörnern in der Scheibenoberfläche und führt eher zu einem Abtrennen kleinster Spänchen. Härtere Scheiben haben zur Folge, dass die Läppkörner abrollen und damit eher die Oberfläche einebnen und durch Mikrorisse zum Ausbruch von Partikeln führen.
Die Oberfläche der Läppscheiben ist eben oder radial genutet. Von den Nuten wird das abgetragene Material aufgenommen und mit der Läppflüssigkeit abgeleitet.

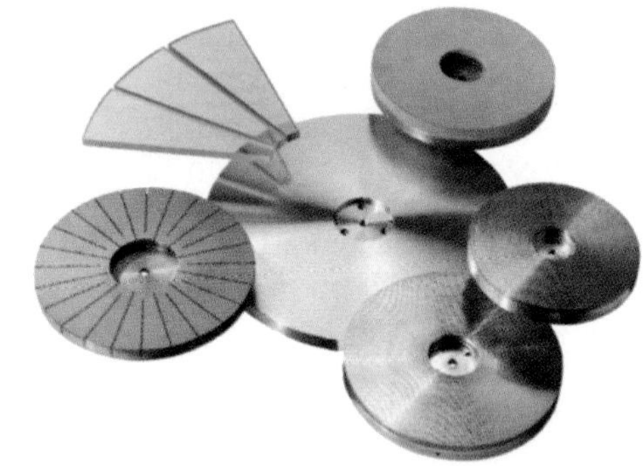

Läppscheiben

- **Läuferscheiben**

Eine Anlage zum Planparallelläppen mit angetriebenen Läuferscheiben erfordert für jede Werkstückform und -größe einen passenden Satz von 3 bis 7 dieser Läuferscheiben, die auf die Dimensionen der Läppmaschine abgestimmt sein müssen. Sie haben eine geringere Höhe als die Werkstücke. Während des Bearbeitungsprozesses werden die Werkstücke lose in den Läuferscheiben gehalten und deshalb spannungsfrei bearbeitet.
Beim Planparallelläppen drehen sich die obere und untere Läppscheibe gegenläufig. Um den Verschleiß der Läppscheiben gleichmäßig zu halten, wird die Laufrichtung der Läuferscheiben immer wieder gewechselt. Die Läuferscheiben bewegen sich wie die umlaufenden Räder eines Planetengetriebes, wodurch die Werkstücke eine zykloide Bewegung zwischen den Läppscheiben ausführen.

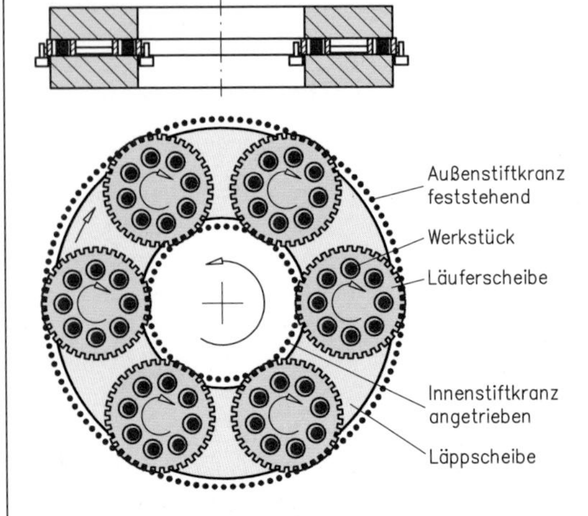

Anordnung von Läuferscheiben

Übungsaufgabe G-52

4.3 Einflussgrößen auf den Läppvorgang

In der folgenden Übersicht werden Einflussgrößen aufgeführt, die das Läppergebnis beeinflussen. Von diesen ist die Auswahl der Läppscheibe und des Läppmittels sowie die Festlegung der Einstellgrößen an der Läppmaschine auf den jeweiligen Arbeitsprozess abzustimmen.

Läppscheibe	Bewegungsvorgänge	Läppmittel	Läppmaschine	Werkstück
Werkstoff, Ebenheit, Nutenanordnung	Umdrehungsfrequenz der Läppscheibe, Bewegungsrichtung und Umlaufgeschwindigkeit der Läuferscheiben	Läppmittelwerkstoff, Korngrößen, Trägerflüssigkeit, Mischungsverhältnis	Antriebsleistung, Stabilität gegen Schwingungen und Temperaturerhöhung, Anpressdruck, Volumenstrom	Werkstoff, Geometrie, Werkstückdicke, Ausgangsoberflächengüte, Qualität

Das Messen der Werkstückdicke erfolgt meist direkt auf den Läppmaschinen durch einen eingebauten Messtaster während des Arbeitsprozesses. Toleranzen für die Dicke, die Ebenheit und die Parallelität sind im Bereich von 1 µm wirtschaftlich erreichbar. Die Oberflächenqualitäten von Ra = 0,4 µm bis zu Ra = 0,07 µm werden mit zunehmender Läppzeit erreicht.

4.4 Kontrolle und Wartung der Läppscheiben

- **Ebenheitsmessung der Läppscheiben**

Die Oberflächenform der Läppscheiben lässt sich mit Kontrolllinealen überprüfen. Dabei stellt man fest, ob sie eben, konkav oder konvex abgenutzt sind.
Mithilfe von Präzisionslinealen, die mit Messuhren ausgestattet sind, kann die Abweichung der Oberflächenform ermittelt werden. Dazu sind mehrere Messungen erforderlich. Die Messungen müssen in radialer Richtung und auf den Umfang verteilt vorgenommen werden.

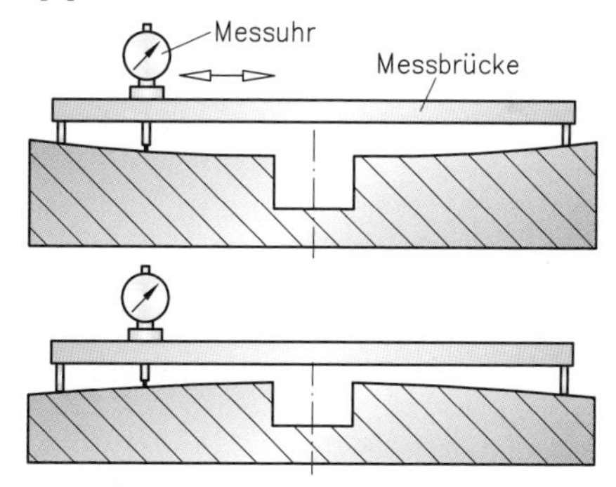

Prüfen der Ebenheit von Läppscheiben

- **Abrichten von Läppscheiben**

Häufiges Abrichten verkürzt die Bearbeitungszeiten und erhöht die Lebensdauer der Läppscheiben bei optimaler Nutzung. Ein Abrichten in kurzen Zeitabständen ist besonders erforderlich, wenn die zu läppenden Werkstücke eine sehr enge Ebenheitstoleranz mit hoher Oberflächengüte erreichen sollen.
Das Abrichten der Läppscheiben erfolgt während des Arbeitsprozesses:

- durch die auf der Läppscheibe aufliegenden Aufbewahrungsringe beim Planläppen,
- durch die auf der unteren Läppscheibe aufliegenden Läuferscheiben beim Planparallelläppen.

Ein gesondertes Abrichten der Läppscheibe erfolgt außerhalb des Arbeitsprozesses:

- durch in Aufbewahrungsringen bzw. Läuferscheiben eingelegte Schleifkörper,
- durch Plandrehen oder Planschleifen.

4.5 Bearbeitungsbeispiele

Es können Werkstücke aus nahezu allen metallischen Werkstoffen geläppt werden. Die geläppte Werkstoffoberfläche erhält ein typisches, matt glänzendes Aussehen. Bei Beanspruchung zeichnen sich geläppte Flächen durch einen geringen Verschleiß aus.

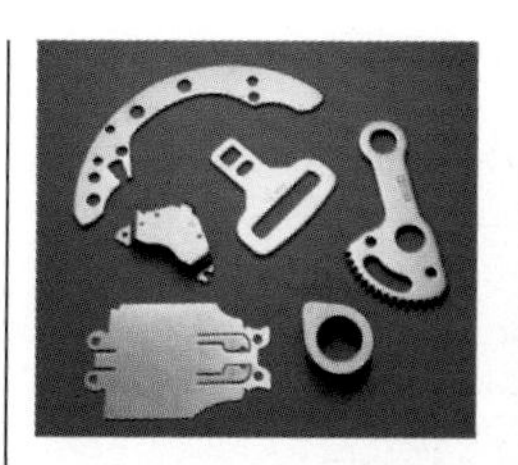

Geläppte Bauteile

Übungsaufgabe G-53

5 Flachschleifen (Feinschleifen) mit Planetenkinematik

Bauteile mit planparallelen Flächen werden durch Flach- oder Feinschleifen in kurzen Bearbeitungszeiten mit hoher Qualität gefertigt. Die verwendeten Maschinen nutzen eine Planetenkinematik, die aus der Doppelseitenbearbeitung mit Zweischeiben-Läppmaschinen bekannt ist. Anstelle der herkömmlichen Läppscheiben und der Verwendung von losem Läppkorn werden auf Zweischeiben-Feinschleifmaschinen Arbeitsscheiben mit gebundenem Diamant- oder CBN-Kom eingesetzt. Die Werkstücke werden lose in sogenannte Läuferscheiben eingelegt, was eine Eigenrotation innerhalb der Ausnehmung zulässt und somit höchste Ebenheiten bei der Schleifbearbeitung ermöglicht. Als Kühlschmiermittel werden wässrige Lösungen und Mineralöle eingesetzt, die durch Filteranlagen gereinigt in dem Fertigungskreislauf verbleiben. Dadurch lassen sich die Reinigungs- und Entsorgungskosten reduzieren.

Beispiel für eine Doppelseiten-Feinschleifmaschine mit Planetenkinematik

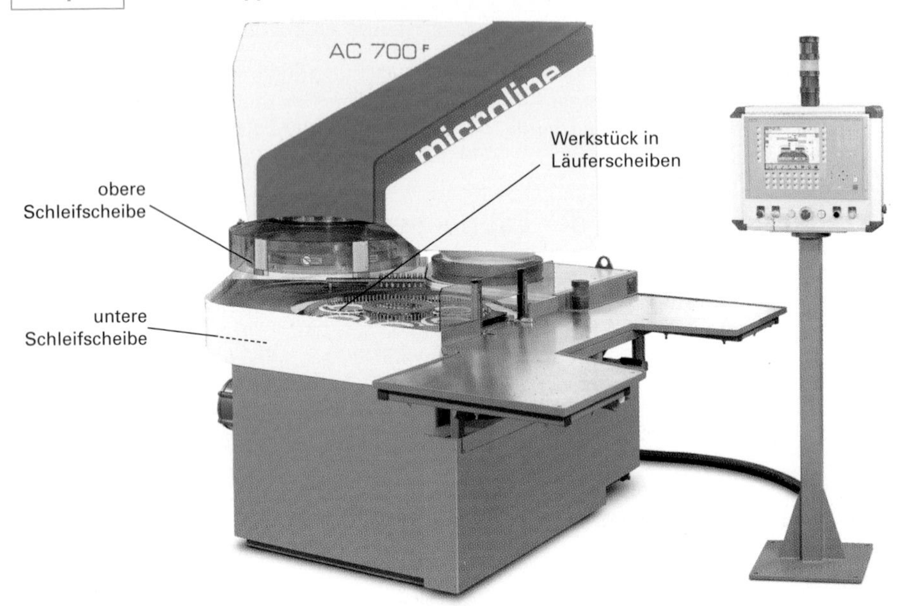

Die Schleifkörner liegen gebunden in kreisrunden Schleifscheiben vor, welche mit hoher Parallelität zur Werkstückaufnahme geführt werden. Die Werkstücke führen in den Läuferscheiben zwischen den Schleifscheiben planetenartige Bewegungen aus. Die feingeschliffenen Oberflächen sind von hoher Qualität und durch sich kreuzende Bearbeitungsspuren gekennzeichnet. Die Maßtoleranzen liegen im Bereich von < 1 µm, in der Ebenheit bei < 0,3 bis 0,6 µm, in der Parallelität bei < 0,5 bis 1 µm und in der Oberflächengüte bis *Ra* 0,025 µm.

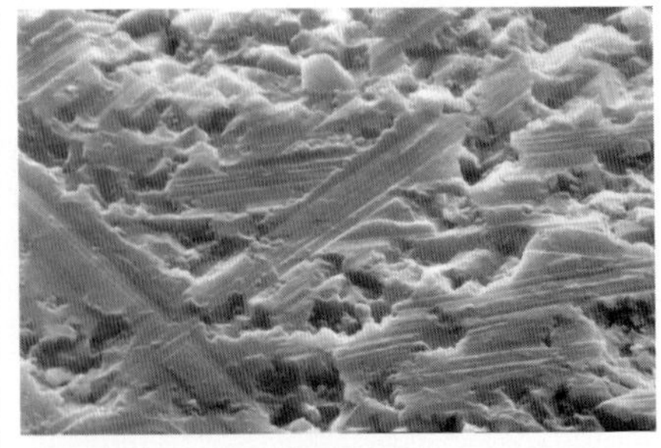

Oberfläche eines flach geschliffenen Bauteils aus Al_2O_3 in ca. 28 000-facher Vergrößerung

Die Hauptvorteile des Flachschleifens mit Planetenkinematik liegen in der hohen Abtragsrate mit entsprechend kurzen Bearbeitungszeiten.
Durch Flachschleifen lassen sich nahezu alle Werkstoffe bearbeiten, z. B. Metalle, Sintermetalle, Hartmetalle, Kunststoffe, Keramiken, Edelsteine, Gläser und Halbleiterwerkstoffe wie Silizium.

Beim Flachschleifen mit Planetenkinematik erfolgt ein Werkstoffabtrag durch in Schleifscheiben gebundene Schleifkörner. Er werden planparallele Werkstücke aus unterschiedlichen Werkstoffen in kurzen Bearbeitungszeiten mit hoher Oberflächengüte, hoher Maß- und Formgenauigkeit bearbeitet.

Übungsaufgabe G-54

6 Präzisions-Hartdrehen

Das Hartdrehen wird zur spanenden Bearbeitung von harten oder gehärteten Bauteilen (Härte bis zu 70 HRC) mit einem Drehwerkzeug eingesetzt. Zur Bearbeitung von Hartmetall wird das **Hochpräzisions-Hartdrehen** als eine wirtschaftliche Alternative zum Schleifen und zur Funkenerosion für die Herstellung rotationssymetrischer Bauteile aus Hartmetall eingesetzt.

An die Hartdrehmaschinen werden hinsichtlich der Steifigkeit, Dämpfungseigenschaften und der Thermostabilität höchste Anforderungen gestellt. Der Spindelausschlag muss weniger als 0,1 µm betragen. Die notwendige Rund- und Planlaufgenauigkeit ist nur mit hydrostatisch gelagerten Arbeitsspindeln und Schlittenführungen zu erreichen. Umdrehungsfrequenzen von bis zu 10 000 min^{-1} ermöglichen Zeitspanvolumina von 150 mm^3/min (Schlichten) bis zu 1 500 mm^3/min (Schruppen).

Bearbeitung durch Hartdrehen

Für das Hartdrehen werden Schneidstoffe aus Mischkeramik (Aluminiumoxid/Titankarbid/Titannitrid) oder polykristallines Bornitrid für harte Werkstoffe eingesetzt. Es werden Bauteile bearbeitet, wie z. B. Wälzlagerringe, Ventile für Hydraulik- oder Pneumatikanlagen und Einspritzdüsen in Verbrennungsmotoren.

Für das Drehen und Fräsen von Hartmetallrohlingen (Grünlingen) kommen mit Diamant beschichtete Hartmetalle zum Einsatz, da sonst der Werkzeugverschleiß die Bauteilqualität erheblich vermindern würde. Zum Drehen fertig gesinterter Hartmetalle, wie sie z. B. für Werkzeuge in der Umformtechnik verwendet werden, werden in erster Linie Werkzeuge aus kubischem Bornitrid (CBN) verwendet. Anschließend werden diese Bauteile mit Diamantschleifscheiben geschliffen.

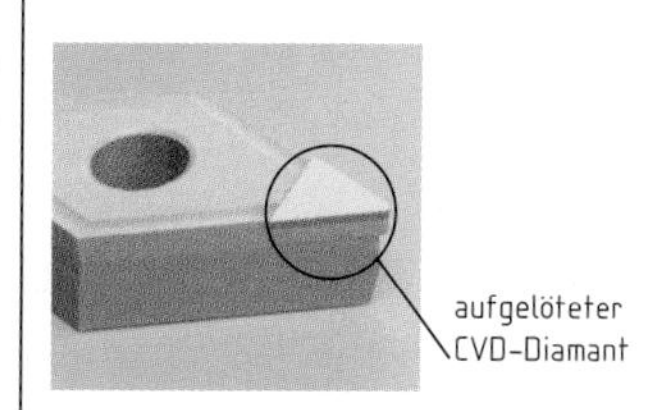

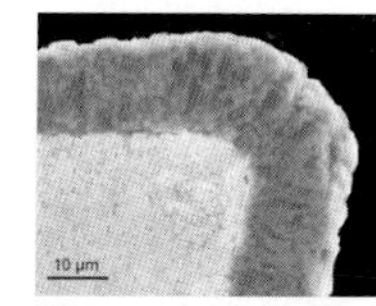

Diamantbeschichtete Wendeschneidplatte (Bruchfläche)

Wendeschneidplatte mit Diamant-Schneideinsatz, © Fraunhofer IST

LF 9

Mit dem Hochpräzisions-Hartdrehen lassen sich in kürzeren Zeiten gleichmäßigere Oberflächengüten erzielen, die bei dem nachfolgenden Polieren zur Erlangung des Rauheitswertes R_z = 0,03 µm nochmals deutlich kürzere Bearbeitungszeiten erfordern.

Vergleich der Oberflächengüten von geschliffenen und hartgedrehten Oberflächen

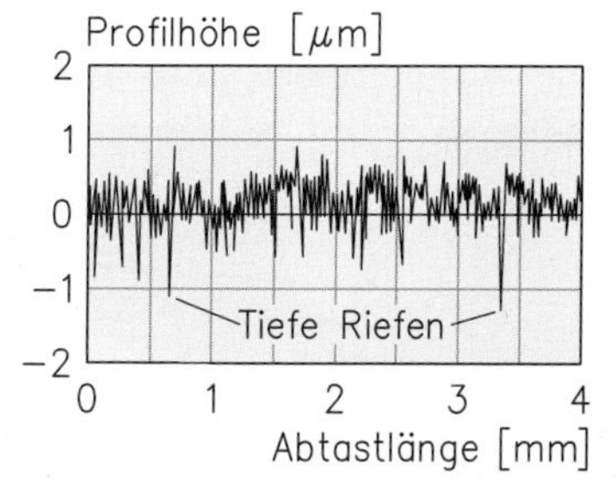

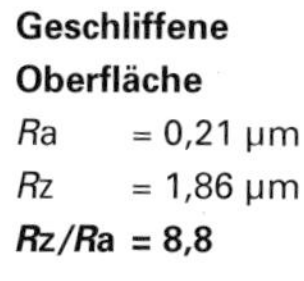

Geschliffene Oberfläche
Ra = 0,21 µm
Rz = 1,86 µm
***Rz/Ra* = 8,8**

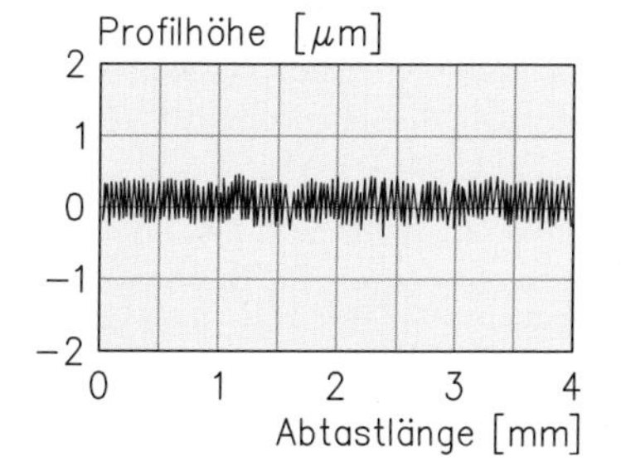

Hartgedrehte Oberfläche
Ra = 0,22 µm
Rz = 1,06 µm
***Rz/Ra* = 4,8**

Gehärtete Bauteile werden durch Hartdrehen, Hartmetalle durch Hochpräzisions-Hartdrehen bearbeitet. Gegenüber der Schleifbearbeitung ist die Oberflächenqualität besser und die Fertigungszeit erheblich kürzer.

Übungsaufgaben G-55 bis G-57

7 Hochgeschwindigkeitsfräsen

Hochgeschwindigkeitsbearbeitung (high-speed-cutting) wird dort eingesetzt, wo hohe Zerspanleistung im Zerspanungsprozess bei gleichzeitig hoher Oberflächenqualität des Produkts erwartet werden. Im Werkzeug- und Formenbau wird vorwiegend das Hochgeschwindigkeitsfräsen (HSC-Fräsen) eingesetzt.

7.1 Prinzip der Hochgeschwindigkeitsbearbeitung

Bei herkömmlichen Zerspanungsverfahren steigen mit wachsender Schnittgeschwindigkeit die Temperaturen am Werkstück, an der Werkzeugschneide und in den Spänen. Als Folge der Temperaturerhöhung sinkt die Standzeit der Werkzeuge.

Erhöht man aber Vorschub- und Schnittgeschwindigkeit der Werkzeugschneide auf das 5- bis 10-Fache der üblichen Werte, so ist die Geschwindigkeit an der Schneide der Werkzeuge höher als die Geschwindigkeit, mit der sich die Wärme im Werkstück ausbreitet.

Beispiel für die Wärmeausbreitung bei herkömmlichem Fräsen und beim HSC-Fräsen (Schema)

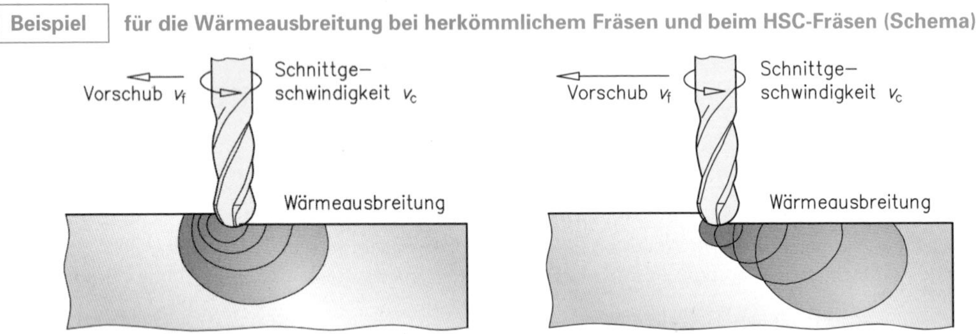

Herkömmliches Fräsen **Hochgeschwindigkeitsfräsen**

Die in der Kontaktzone der Werkzeugschneide beim Zerspanen durch Reibung entstehende Wärme geht wegen der hohen Geschwindigkeiten von v_f und v_c weitgehend in den Span über und senkt den Widerstand der abgetrennten Werkstoffteilchen gegen die Verformung. Dadurch fließt der Span leichter über die Spanfläche ab und krümmt sich sehr stark. Weil nur ein kleiner Teil der entstehenden Wärme in das Werkzeug fließt, bleibt die Werkzeugschneide länger schneidhaltig.

Bei der Hochgeschwindigkeitsbearbeitung (HSC) ist die Geschwindigkeit der Spanabnahme höher als die Ausbreitungsgeschwindigkeit der Wärme. Deshalb geht die Zerspannungswärme weitgehend an den Span über.

7.2 Vorteile des Hochgeschwindigkeitsfräsens

Der Einsatz des Hochgeschwindigkeitsfräsens (HSC-Fräsen) im Werkzeug und Formenbau bringt gegenüber dem herkömmlichen Fräsen erhebliche Vorteile:

- Infolge der hohen Schnitt- und Vorschubgeschwindigkeit steigt die Zerspanleistung um bis zu 50 % gegenüber dem herkömmlichen Fräsen. Dies verkürzt die Bearbeitungszeiten erheblich.
- Die Schnittkräfte sind gegenüber der herkömmlichen Bearbeitung erheblich geringer. Darum sind sehr dünne Stege auch in spröden Werkstoffen, z. B. Grafit, problemlos zu fräsen.
- Die geringen Schnittkräfte erlauben den wirtschaftlichen Einsatz von Fräsern mit kleinem Durchmesser. Dadurch sind feine Konturen sauber und schnell auszuarbeiten. Die stabilisierende Wirkung der hohen Umdrehungsfrequenzen erlaubt auch die Verwendung langer Fräser mit geringem Durchmesser.

HSC-Fräsen feiner Konturen
(Quelle: Fraunhofer IPT)

Übungsaufgabe G-58

- Die schnelle Wärmeabfuhr, die fast ausschließlich über den Span erfolgt, ermöglicht mit beschichteten Fräsern das Bearbeiten von Werkstoffen mit Härten bis etwa 68 HRC. Damit können Wärmebehandlungen vor die Zerspanung gelegt werden und damit evtl. Verzug und Nacharbeit vermieden werden.
- Durch geringe Zustellung und hohe Schnittgeschwindigkeit werden sehr gute Oberflächen erzielt und damit Kosten für Nacharbeit, z. B. Polieren, erheblich gesenkt.

Vorteile des HSC-Fräsens:
- Bearbeitung feiner Konturen auch in spröden Werkstoffen,
- Erzielung hoher Oberflächenqualität,
- hohe Zerspanleistung,
- Bearbeitung harter Werkstoffe.

7.3 HSC-Fräsmaschinen und Fräswerkzeuge

- **HSC-Fräsmaschinen**

HSC-Fräsmaschinen arbeiten mit sehr hohen Umdrehungsfrequenzen bis ca. 80 000 1/min und sehr hohen Vorschubgeschwindigkeiten.

Beispiel für eine 5-Achs-HSC-Fräsmaschine

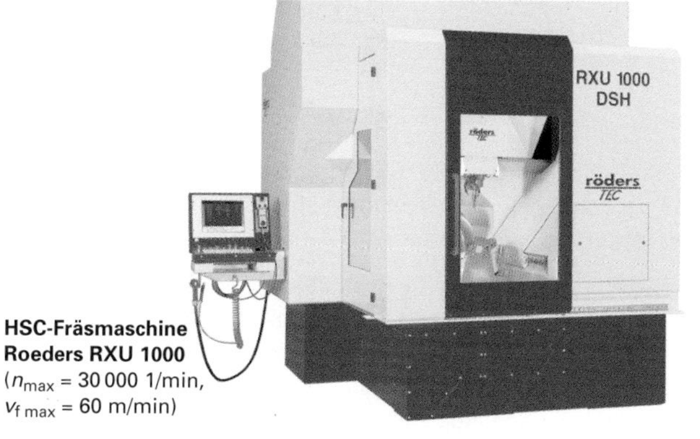

HSC-Fräsmaschine Roeders RXU 1000
(n_{max} = 30 000 1/min,
$v_{f\,max}$ = 60 m/min)

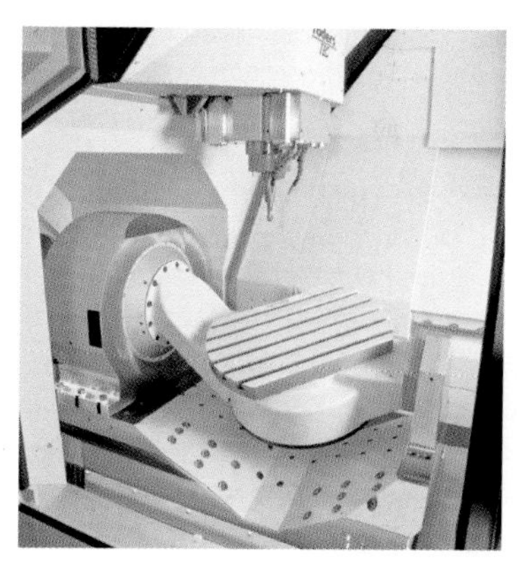

Die hohen Vorschubgeschwindigkeiten verursachen bei Geschwindigkeits- und Richtungsänderungen hohe Beschleunigungs- bzw. Bremskräfte. Die hohen Umdrehungsfrequenzen haben hohe Fliehkräfte zur Folge. Diese Arbeitsbedingungen stellen an die Konstruktion der Maschine besondere Anforderungen.

Die Maschinen besitzen
- hohe Steifigkeit und Schwingungsdämpfung. Es werden gegossene und zum Teil auch mit Mineralguss gefüllte Grundgestelle eingesetzt;
- geringe Massen von Spindelantrieben. Es werden mit Hochfrequenz arbeitende Motoren ohne Zwischengetriebe verwendet;
- geringe Massen für Vorschubantriebe. Bevorzugt werden Linearmotoren als Vorschubantriebe benutzt;
- gekapselte Arbeitsbereiche, da die Späne hohe Temperaturen besitzen und fast die Geschwindigkeit eines Geschosses haben können;
- Staubabsaugung, um feine Spanartikel und Stäube (z. B. Grafitstaub) von Führungen und den Werkstückoberflächen fern zu halten.

HSC-Fräsmaschinen haben
- hohe Steifigkeit und Schwingungsdämpfung,
- geringe Massen in beweglichen Baugruppen,
- hohe Massen in feststehenden Baugruppen,
- gekapselte Arbeitsbereiche,
- Absaugeinrichtungen.

Übungsaufgaben G-59; G-60

- **Steuerung der HSC-Fräsmaschine**

HSC-Fräsmaschinen verfügen über mindestens 5 unabhängig voneinander gesteuerte Achsen. Zur Steuerung der Maschine sind darum hohe Datenmengen zu verarbeiten. Die hohe Vorschubgeschwindigkeit in jeder Achsrichtung erfordert für die Bearbeitung dieser Datenmengen hohe Rechengeschwindigkeiten:

- Zum Einlesen der Programmdaten und dem Berechnen der Verschiebungswege jeder einzelnen Achse zur Erreichung des nächsten Bahnpunktes stehen extrem kurze Zeiten zur Verfügung. Für eine in allen Raumrichtungen verlaufende Bahnkurve sind oft mehr als 100 NC-Sätze in nur einer Millisekunde zu verarbeiten.
- Die Steuerung muss vorausschauend die Fräserbahn berechnen, damit vor scharfen Änderungen der Bahn rechtzeitig der Vorschub verringert und anschließend wieder hochgefahren wird. Man nennt diese vorausschauende Berechnung **„Look-ahead-Funktion"**. Durch sie werden auch Schleppfehler weitgehend vermieden.
- Die Steuerung soll möglichst eine dynamische Kollisionsüberwachung durchführen, damit bei der Bearbeitung kein Zusammenstoß zwischen einzelnen Teilen der Maschine eintritt. Bei den hohen Verfahrgeschwindigkeiten – bei 60 m/min ist dies 1 Meter in 1 Sekunde – und den unvorhersehbaren Bahnbewegungen kann kein Überwachungspersonal die Maschine vor dem Crash schützen (Die Kollisionskontrolle mit dem Werkstück geschieht bei der Programmierung.).

Steuerungen von HSC-Fräsmaschinen benötigen hohe Rechenleistung. Sie müssen weit vorausschauend Bahnpunkte berechnen (**„Look-ahead-Funktion"**). Zur Absicherung der Maschine ist eine dynamische Kollisionsüberwachung zweckmäßig.

- **Fräswerkzeuge und Spannmittel**

Für das HSC-Fräsen werden spezielle Fräser eingesetzt. Bis etwa 20 mm Durchmesser werden die Fräser komplett aus Feinstkornhartmetall (Korngröße ≤ 0,5 µm) gefertigt. Die Fräser sind ausnahmslos beschichtet. Der am häufigsen verwendete Beschichtungsstoff ist Titan-Aluminium-Nitrid (TiAIN).

- Da nur ein relativ kleines Spanvolumen in einem Schnitt abgetrennt wird, haben Vollhartmetallfräser für das HSC-Fräsen kleinere Spannuten und damit einem größeren Kerndurchmesser als herkömmliche Fräser und sind entsprechend stabiler.
- Durch spezielle Schneidengeometrie und Formung von Spanleitstufen an Wendeschneidplatten sind die Fräser an die zu bearbeitenden Werkstoffe angepasst. Die Schneiden der Werkzeuge werden feinst bearbeitet.
- Um möglichst glatte Oberflächen auch an Schrägen und Radien zu erzeugen, werden im Werkzeugbau häufig Kugelfräser oder torische Fräser eingesetzt.

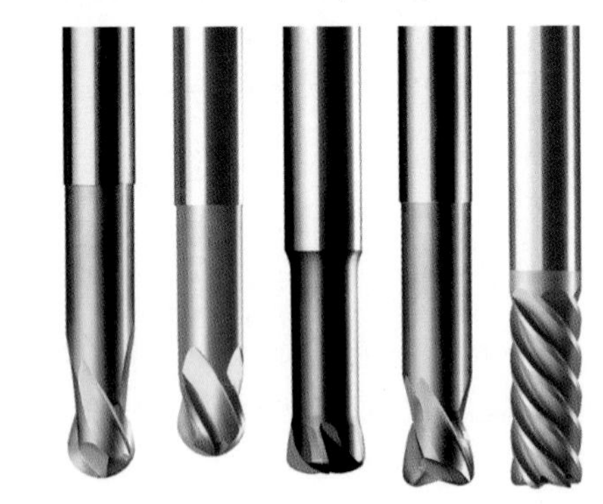

HSC-Fräser
(Quelle: Hartmetall-Werkzeugfabrik Paul Horn GmbH)

- Da kleinste Unwuchten zu ungleichmäßiger Schneidenbelastung und damit zu höherem Werkzeugverschleiß und schlechterer Oberflächenqualität führen, müssen HSC-Fräser mit größtmöglicher Rundlaufgenauigkeit gefertigt und dynamisch ausgewuchtet sein.
- Die Werkzeugaufnahmen müssen minimale Unwucht, hohes übertragbares Drehmoment, hohe Rundlaufgenauigkeit, hohe Wiederholgenauigkeit beim Wechseln, hohe Steifigkeit und Sicherheit bei hohen Umdrehungsfrequenzen aufweisen.

HSC-Fräser sind aus beschichtetem Feinstkornhartmetall. Sie haben hochgenauen Werkzeugrundlauf und meist auf den zu zerspanenden Werkstoff abgestimmte Schneidengeometrie.

Übungsaufgabe G-61

7.4 Auswuchten von Fräswerkzeugen

7.4.1 Ursachen und Auswirkungen einer Unwucht

Wenn der Schwerpunkt eines rotierenden Bauteils, z.B. eines Fräswerkzeuges, nicht genau in der Rotationsachse liegt, entsteht eine Unwucht. Die Unwucht bewirkt bei der Rotation einer Werkzeugaufnahme mit einem eingespannten Fräser, dass eine Fliehkraft umläuft und Schwingungen erzeugt. Diese Schwingungen werden umso heftiger, je höher die Umdrehungsfrequenz wird, denn die Fliehkraft wächst quadratisch mit der Umdrehungsfrequenz. Das bedeutet, bei doppelter Umdrehungsfrequenz ist die Fliehkraft viermal so hoch.

Die **Fliehkraft** und die durch sie erzeugten Schwingungen können

- die Spindel und die Spindellager zu stark belasten und u.U. auch zerstören,
- die Standzeiten der Werkzeuge erheblich senken,
- die Maß- und Formgenauigkeit der zu erzeugenden Werkstücke verringern und
- die Oberflächengüte der Bauteile verschlechtern.

Exzentizität e

Schwerpunkt von Futter und Werkzeug

Rotations-achse

Unwucht durch Schwerpunktversatz

Aus diesen Gründen liefern die Hersteller gut ausgewuchtete Werkzeugaufnahmen und Werkzeuge und geben für eine bestimmte Umdrehungsfrequenz eine **Wuchtgüte** an.
Trotz des Auswuchtens beim Hersteller ist für die HSC-Bearbeitung ein Feinwuchten notwendig, denn mit dem Einsetzen des Werkzeuges in die Aufnahme und evtl. Anziehen von Anzugbolzen entsteht eine veränderte Gesamtunwucht. Ziel des Auswuchtens ist es, eine Restunwucht zu erreichen, die der geforderten Wuchtgüte entspricht.

7.4.2 Grundlagen des Auswuchtens

Man unterscheidet zwei Arten der Unwucht, die statische und die dynamische Unwucht. Eine **statische Unwucht** führt zu einer Verlagerung der Schwerpunktachse parallel zur Drehachse und damit zu einer Schüttelbewegung. Bei einer **dynamischen Unwucht** liegt die Schwerpunktachse schräg zur Drehachse und dies führt zu einer Taumelbewegung.

Beispiele für statische und dynamische Unwucht

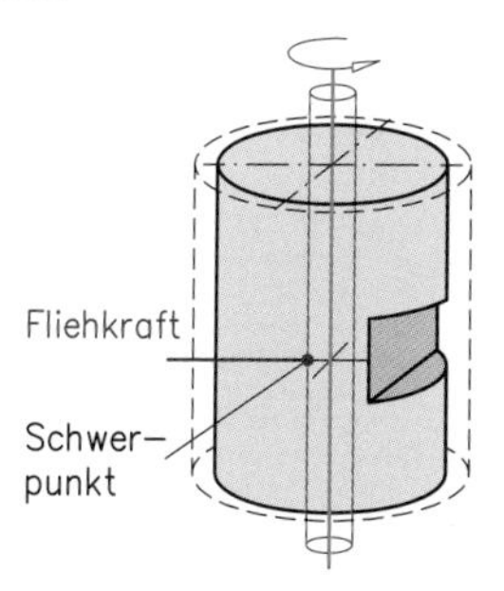

Statische Unwucht

Fliehkraft

Schwerpunkt des oberen Teils

Schwerpunkt des unteren Teils

Fliehkraft

Dynamische Unwucht

Werkzeugaufnahmen mit Werkzeugen sind relativ kurz. Darum werden in den meisten Fällen die Werkzeuge nur statisch ausgewuchtet.
Die Größe der Unwucht eines rotierenden Körpers ergibt sich aus seiner Masse m und der Verlagerung des Schwerpunktes aus der Drehachse, der Exzentrizität e. Sie entspricht damit auch einer kleinen Masse, die auf einem größeren Radius wirkend, die gleiche Unwucht hervorrufen würde.

$$U = m_{\text{Bauteil}} \cdot e = m_{\text{Zu}} \cdot r$$

U	Unwucht in gmm	m_{Zu}	Zusatzmasse in g
m_{Bauteil}	Masse des rotierenden Bauteils in g	r	Radius in mm
e	Exzentrizität in mm		

Übungsaufgaben G-62; G-63

Für rotierende Bauteile sind nach DIN ISO 1940 Wuchtgüten definiert. Die **Wuchtgüte** wird durch den Buchstaben *G* und einen Zahlenwert beschrieben. Dieser Zahlenwert wurde aus einem Zusammenhang zwischen Exzentrizität und Umdrehungsfrequenz gebildet.

$$G = \frac{U}{m_{\text{Bauteil}}} \cdot 2 \cdot \pi \cdot n$$

G	Wuchtgüte
U	Unwucht in gmm
m_{Bauteil}	Masse des rotierenden Bauteils in g
n	Umdrehungsfrequenz in 1/s

Je kleiner der Zahlenwert *G* ist, desto höher ist die Wuchtgüte. Mit der Wuchtgüte verbessert sich der Lauf der Spindel und des Werkzeuges.
Der Zusammenhang zwischen der Exzentrizität, der Umdrehungsfrequenz und der Wuchtgüte wird im **Auswuchtgütediagramm** dargestellt.
Für Fräswerkzeuge zum HSC-Fräsen werden vorwiegend die Wuchtgüten G16, G6,3 und G2,5 verlangt.

Mit dem Auswuchtgütediagramm kann für eine geforderte Wuchtgüte die zulässige Exzentrizität bei einer vorgegebenen Umdrehungsfrequenz ermittelt werden.

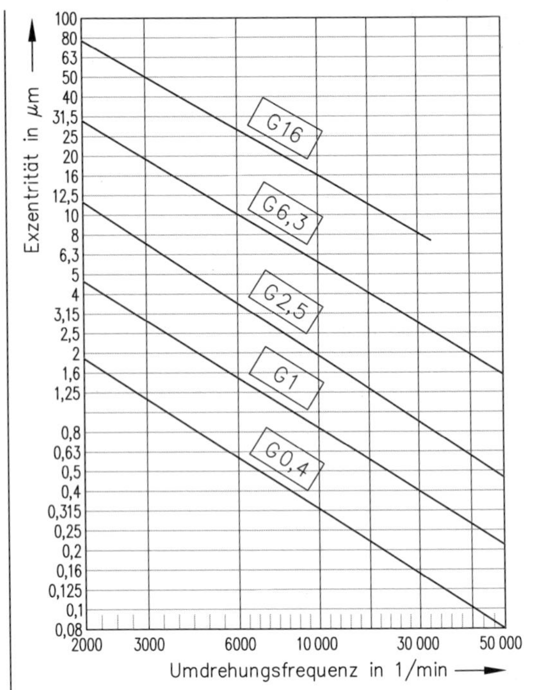

Auswuchtgütediagramm

Beispiel für die Berechnung der zulässigen Unwucht

Aufgabe: Ein Fräswerkzeug hat eine Masse von 800 g. Es soll bei einer Umdrehungsfrequenz von 15 000 1/min eingesetzt werden. Der Hersteller der Werkzeugspindel verlangt für die eingesetzten Werkzeuge eine Wuchtgüte von 2,5.
Welche Restunwucht ist nach dem Auswuchten zulässig?

Lösung: Im Auswuchtgüte-Diagramm wird für die Umdrehungsfrequenz von 15 000 1/min an der Linie G2,5 eine zulässige Exzentrizität von etwa 1,7 µm abgelesen.
Daraus ergibt sich eine zulässige Unwucht von

$U_{\text{zul}} = m_{\text{Zu}} \cdot r = 800\ \text{g} \cdot 1{,}7\ \mu\text{m} = 1\,360\ \text{g}\mu\text{m} = 1{,}36\ \text{gmm}$

Die Wuchtgüte wird durch *G* und einen Zahlenwert ausgedrückt. Je kleiner der Zahlenwert, desto höher ist die Wuchtgüte.
Im Auswuchtgütediagramm wird der Zusammenhang zwischen Exzentrizität *e*, Umdrehungsfrequenz *n* und Wuchtgüte *G* dargestellt.

Auswuchten bedeutet, die Unwucht so zu verringern, dass sie unterhalb der zulässigen Unwucht liegt.

- Eine **statische Unwucht** kann vermindert werden, indem man entweder auf der Seite der Unwucht Material durch Bohren, Schleifen oder Fräsen abspant oder indem man auf der Gegenseite der Unwucht eine Ausgleichsmasse anbringt.
- Die Reduzierung einer **dynamischen Unwucht** erfordert das Entfernen von Material bzw. das Hinzufügen von Ausgleichsmassen in zwei Ebenen, die möglichst weit voneinander entfernt sein müssen.

Eine vollständige Beseitigung der Unwucht ist nicht möglich.

Übungsaufgabe G-64

7.4.3 Ermittlung der Unwucht

Das Auswuchten von Werkzeugaufnahmen mit Fräswerkzeugen geschieht auf Auswuchtmaschinen. Diese haben Spindeln, in welche die Werkzeugaufnahmen wie in der Werkzeugmaschine eingezogen werden.
Zur Messung der Unwucht wird die Spindel auf die geforderte Umdrehungsfrequenz gebracht. Mittels Kraftsensoren werden die auftretenden Fliehkräfte gemessen und aus ihnen die Unwucht berechnet.
Je nach geplantem Ausgleich der Unwucht, ob Material abgetragen werden soll oder Ausgleichsmassen angebracht werden sollen, zeigt die Maschine die Größe und den Winkel an, unter dem die Maßnahme durchzuführen ist.

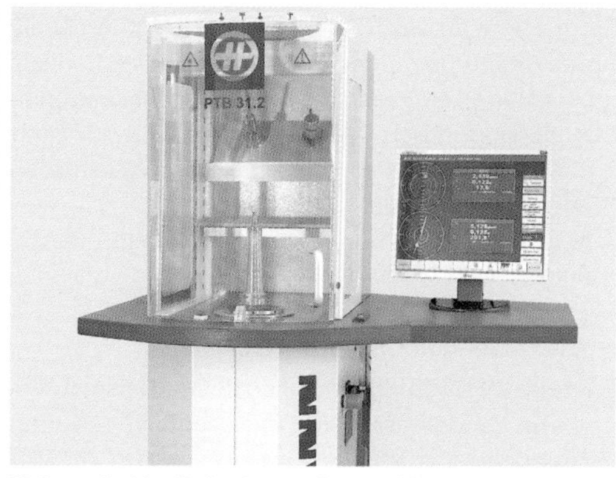

Universal – Vertikal – Auswuchtmaschine

7.4.4 Unwuchtausgleich an Fräswerkzeugen

Der Ausgleich von Unwuchten durch Abtragen von Material wird vorwiegend beim Hersteller von Werkzeugaufnahmen durchgeführt.
Beim Anwender der Werkzeuge wird der Unwuchtausgleich vorwiegend durch Masseergänzungen durchgeführt, da dann die Werkzeugaufnahmen in ihrer Originalform auch für andere Anwendungen erhalten bleiben.
Die Masseergänzung erfolgt vielfach durch Madenschrauben, die in vorbereitete Bohrungen in die Werkzeugaufnahme eingedreht werden.
Zum Feinwuchten von Werkzeugaufnahmen mit zylindrischen Außendurchmessern können als Ausgleichsmassen auch **Auswuchtringe** aufgebracht werden. Die Auswuchtringe tragen selbst eine genau definierte Unwucht. Sie werden so gedreht und durch eine Klemmschraube gesichert, dass die Unwucht der Werkzeugaufnahme ausgeglichen wird. Es werden immer zwei Ringe pro Auswuchtebene benötigt.

Beispiele für Möglichkeiten zum Ausgleich einer statischen Unwucht an Fräswerkzeugen

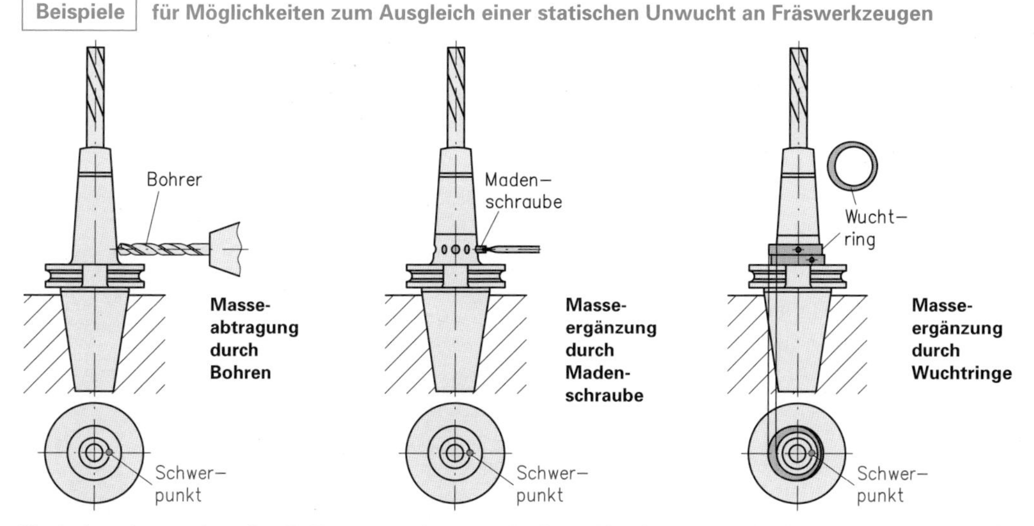

Nach dem Auswuchten ist die Restunwucht zu ermitteln und im Auswuchtgütediagramm oder durch Rechnung zu überprüfen, ob mit der durchgeführten Maßnahme die geforderte Wuchtgüte bei der vorgeschriebenen Umdrehungsfrequenz erreicht wird.

Auswuchten bedeutet, die Unwucht so zu verringern, dass sie unterhalb der zulässigen Unwucht liegt. Eine Unwucht kann vermindert werden, indem man entweder auf der Seite der Unwucht Material durch Bohren, Schleifen oder Fräsen abspant oder indem man auf der Gegenseite der Unwucht eine Ausgleichsmasse anbringt.

Übungsaufgabe G-65

7.5 Programmierung von HSC-Fräsmaschinen

Programme für das HSC-Fräsen werden ausschließlich mit CAM-Systemen erzeugt. Diese Systeme bieten für das Schruppen, das Vorschlichten, das Schlichten und die Bearbeitung des Restmaterials Strategien an, die das HSC-Fräsen möglichst optimal begünstigen.
Ebenso sind in den CAM-Systemen oft auch Strategien zur Fertigung komplizierter Bauteile enthalten, z. B. Strategien für das Fräsen von Grafitelektroden mit Folgen von Taschen, zwischen denen sehr dünne Stege stehen bleiben.
Alle CAM-Systeme erlauben die Simulation der Bearbeitung und die Kollisionskontrolle zwischen Werkzeug und Werkstück.

- **Gleichlauf und Gegenlauffräsen**

Beim HSC-Fräsen von Metallen sollte Gleichlauffräsen eingesetzt werden. Gegenüber dem Gegenlauffräsen und Pendelfräsen wird eine deutlich bessere Oberfläche erzeugt und der Werkzeugverschleiß wird vermindert.
Für die Bearbeitung von Modellwerkstoffen und Grafit wird vorteilhaft das Gegenlauffräsen eingesetzt.

Beim HSC-Fräsen werden Metalle vorwiegend im Gleichlauf gefräst. Für Kunststoffmodellwerkstoffe und Graphit wird Gegenlauf eingesetzt.

- **Schruppstrategien**

Durch Schruppen soll in möglichst kurzer Zeit eine konturnahe Oberfläche erzeugt werden. Der Schwerpunkt der Schruppbearbeitung liegt damit auf hoher Zerspanleistung und weniger auf präziser Abbildung der Kontur. Strategien für den Werkzeugweg beim Schruppen sind:

- Die Werkzeugschneide soll möglichst stetig im Eingriff sein und das spezifische Spanvolumen, also das Spanvolumen je Zeiteinheit, soll konstant bleiben.
- Die Werkzeugbahn soll gerundete Kurven und keine abrupten Richtungsänderungen aufweisen.
- Scharfe Ecken werden durch „Loopings" erzeugt.
- Vollschnitte, bei denen der Fräser über seinen gesamten Durchmesser schneidet, müssen ebenso vermieden werden wie enge Nuten, die kaum den Fräserdurchmesser überschreiten.
- Falls Schnitte unterbrochen werden, ist vorsichtiges, bogenförmiges Anfahren an die Kontur zu gewährleisten. Durch kreisförmige Bewegungen des Werkzeugs, die teilweise im Material und teilweise außerhalb des Materials verlaufen – nach der Bahnkurve **trochoidales Fräsen** genannt – kann dabei die Schneidenbelastung verringert werden.

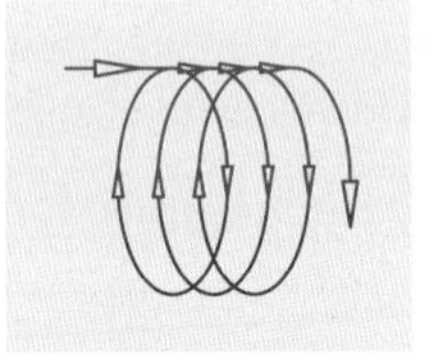
Trochoidales Fräsen

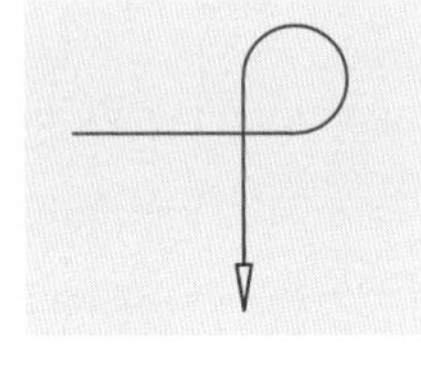
„Looping"

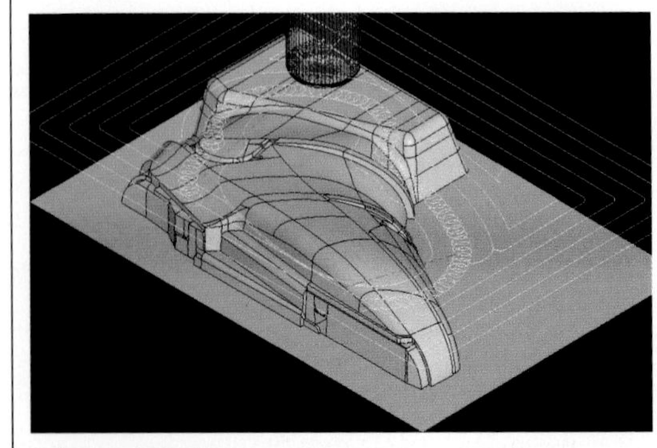
Schruppstrategien

Um den späteren Aufwand zum Schlichten gering zu halten, werden meist nach dem Schruppen mit großem Werkzeugdurchmesser Nacharbeiten mit kleineren Schruppwerkzeugen durchgeführt.

Durch spezielle HSC-Schruppstrategien wird die Werkzeugschneide möglichst gleichmäßig belastet. Die Vermeidung abrupter Richtungsänderungen hat dabei besondere Bedeutung.

- **Schlichtstrategien**

Durch Schlichten sollen hohe Oberflächenqualität und hohe Maßgenauigkeit erzielt werden. Aus diesem Grund sind Schlichtstrategien weitgehend an der Kontur orientiert.

Beispiele für verschiedene Schlichtstrategien und Restmaterialbearbeitung (Sescoi WorkNC)

Paralleles Schlichten (Kopieren)

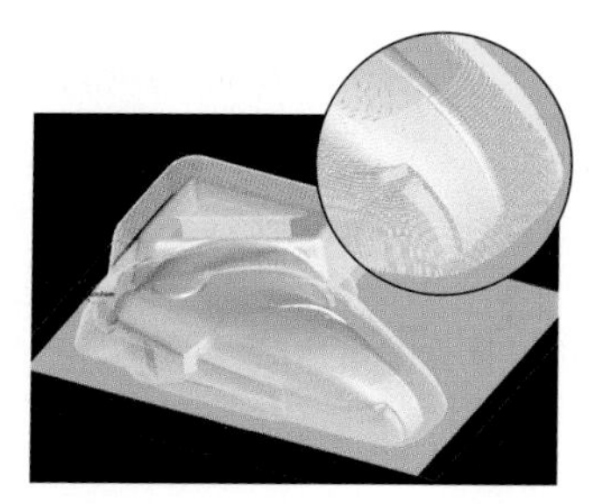

Schlichten entlang einer Führungskurve

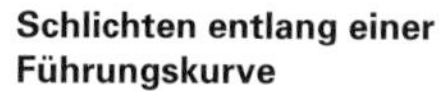

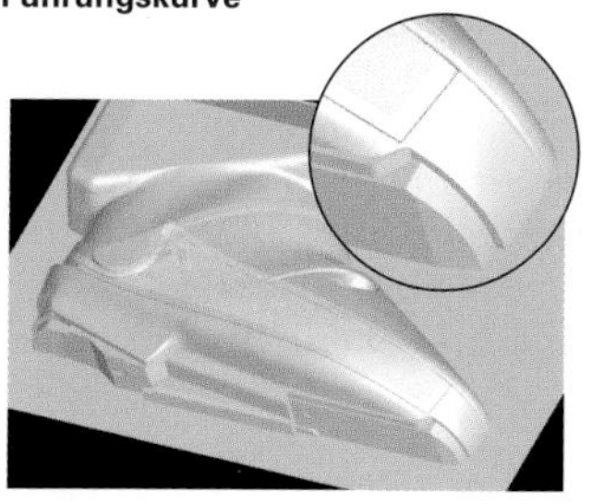

Restmaterialbearbeitung

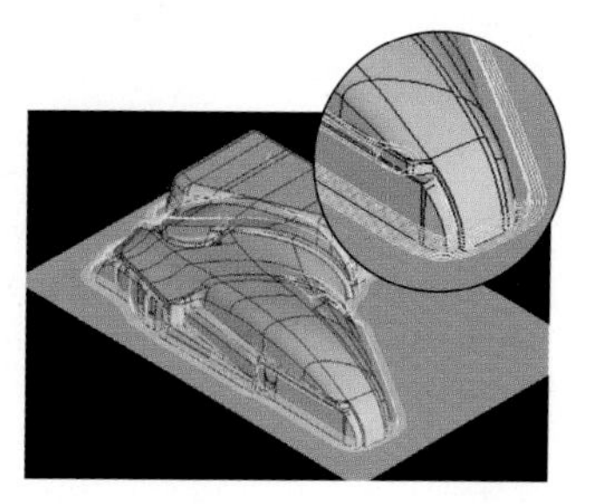

Beim **parallelen Schlichten** nähert sich der Fräser der Kontur auf Bahnen, die parallel zu einer Ebene liegen, z. B. zur X-Y-Ebene.
Beim Schlichten **entlang einer Führungskurve** verläuft die Fräserbahn stets parallel zu einer vorgegebenen Kurve, z. B. zur Kontur der Draufsicht.
Abwärtsschlichten ist eine Strategie zur Erzeugung guter Oberflächen an hohen senkrechten oder nahezu senkrechten Wänden.
Bei der **Restmaterialbearbeitung** werden mit kleinem Fräserdurchmesser Hohlkehlen und andere feine Konturen präzise ausgearbeitet.

- **Auswahl von Werkzeugen und Schnittwerten**

Die Hersteller von Fräswerkzeugen für das HSC-Fräsen geben in ihren Datenblättern die Schnittdaten an, unter denen die Werkzeuge eingesetzt werden sollen. Diese Werte wurden in umfangreichen Versuchen ermittelt und sollten auf jeden Fall beachtet werden. Andernfalls arbeiten die Werkzeuge nicht im optimalen Bereich und verschleißen entsprechend schneller.

Beispiel für die Auswahl von Werkzeugen für eine HSC-Fräsbearbeitung

Auftrag:
Es ist für eine Demonstration auf einer Messe ein Modell von Skischuhen aus dem Werkzeugstahl 1.2312 (40 CrMnMoS 8-6) zu fräsen.
Es sind Werkzeuge und Schnittdaten zu wählen.

Schruppbearbeitung
KIENINGER
Premium-Kopierfräser
Kat.-Bez. ECC R12.035TH40-04-I

d_1 = 35 mm, z = 4
Ident No. 9082892
Wendeplatte: RDKX12T3MO-TT
Hartmetallsorte: LC280TT
Ident No. 1055738

Schnittwerte
v_c = 260 m/min
n = 2 400 min^{-1}
f_z = 0,5 mm
v_f = 4 800 mm/min
a_e = 15 mm
a_p = 1 mm

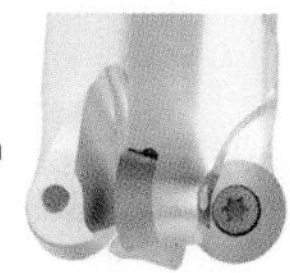

Vorschlichten (trochoidal)
KIENINGER
MultiEdge 2Feed Kopierfräser mit HM-Schaft
Kat.-Bez. EBG V12.012AN080-C-I

d_1 = 12 mm, z = 2
Ident No. 131514
Wendeplatte: WPB 12-HF
Hartmetallsorte: LC630Q
Ident No. 6132176

Schnittwerte
v_c = 270 m/min
n = 7 200 min^{-1}
f_z = 0,7 mm
v_f = 10 000 mm/min
a_e = 6 mm
a_p = 0,5 mm

Profilschlichten
KIENINGER
Kugel-Kopierfräser mit HM-Schaft
Kat.-Bez. EBG R0.6006AP100-C

d_1 = 6 mm, z = 2
Ident No. 130086
Wendeplatte: WPR 06-D
Hartmetallsorte: LC610Q
Ident No. 9079231

Schnittwerte
v_c = 360 m/min
n = 19 000 min^{-1}
f_z = 0,08 mm
v_f = 3 000 mm/min
a_e = 0,15 mm
a_p = 0,15 mm

8 Räumwerkzeuge und Räummaschinen

Räumen ist ein spanabhebendes Fertigungsverfahren mit einem mehrzahnigen Werkzeug. Die Schneidzähne sind hintereinander angeordnet und um eine Spanungsdicke gestaffelt, wodurch die Vorschubbewegung ersetzt wird. Die Schnittbewegung ist vorwiegend geradlinig und wird meist vom Räumwerkzeug ausgeführt.

Mit dem Fertigungsverfahren Räumen werden in den meisten Fällen schwierig herzustellende Profile mit hoher Oberflächengüte, Maß- und Formgenauigkeit hergestellt. Räumwerkzeuge sind sehr teuere Einzweckwerkzeuge, sodass das Räumen überwiegend in der Serienfertigung bei hohen Stückzahlen zum Einsatz kommt.

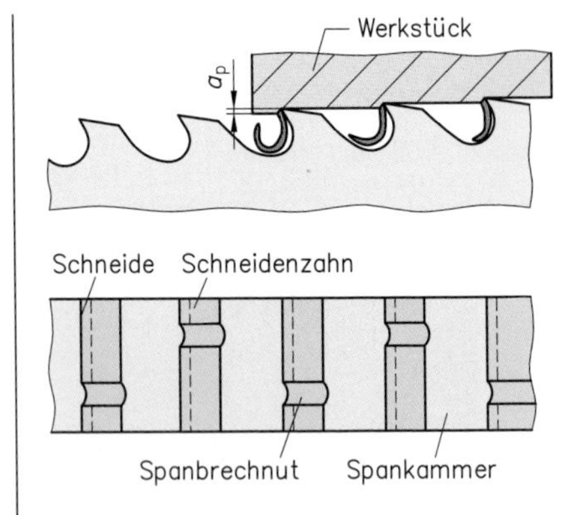

Spanabnahme mit Räumwerkzeug

8.1 Innenräumen

8.1.1 Innenräumen von symmetrischen Profilen

Beim Räumen von symmetrischen Innenprofilen wird die Räumnadel durch eine vorgearbeitete Bohrung des Werkstücks eingeführt und dann während der Hubbewegung durch das Werkstück gezogen. Die Führung erfolgt durch die Schneiden der Räumnadel, wodurch eine Werkzeugeinspannung überflüssig wird. Während des Räumvorgangs wird die Räumnadel vom Kühlschmiermittel umspült. Die Form des Innenprofils wird in einem Hub gefertigt.

Innengeräumtes Werkstük mit symmetrischem Profil

Der Werkzeugaufbau einer Räumnadel unterteilt sich in einen Schrupp-, Schlicht- und Reserveteil. Der Vorschub pro Zahn ist in den einzelnen Bereichen unterschiedlich. Im Schruppteil liegt der Vorschub zwischen f_z = 0,1 mm bis 0,25 mm, im Schlichtteil zwischen f_z = 0,0015 mm bis 0,04 mm und im Reserveteil ist der Vorschub gleich Null. Im Reserveteil befindet sich eine kleine Anzahl von Schneiden mit Fertigmaß. Beim Nachschleifen stumpf gewordener Werkzeuge werden sie nach und nach in den Schneidteil übernommen. Räumwerkzeuge werden meist einteilig aus Schnellarbeitsstahl gefertigt. Seltener werden Räumwerkzeuge aus Einzelteilen, die mit Hartmetallschneiden bestückt sind, zusammengesetzt

Beispiel **für Innenräumen eines symmetrischen Profils und die unterschiedlichen Bereiche einer Räumnadel**

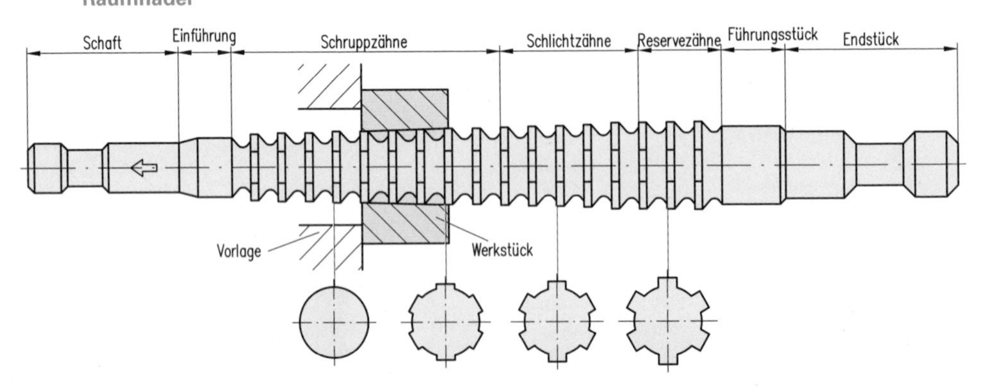

Innenräumen eines symmetrischen Profils geht fast ausschließlich von einer Bohrung mit dem Durchmesser des Einführungsstückes der Räumnadel aus. Die Werkstücke werden bei der Bearbeitung nur „fliegend" gelagert.

8.1.2 Innenräumen von nicht symmetrischen Profilen

Beim Innenräumen von nicht symmetrischen Profilen, z. B. einer Nut in eine Bohrung, müssen das Werkstück in einer Aufnahme positioniert und das Räumwerkzeug in einer Führung geführt werden.

Beispiel für das Innenräumen einer Passfedernut durch Zugräumen

Nachdem das Werkstück eingelegt ist, wird das Räumwerkzeug nach oben geschoben bis sich alle Zähne oberhalb des Werkstücks befinden. Anschließend wird die Beilage am Räumwerkzeug vorbei in die Werkstückaufnahme geschoben. Die Beilage bringt das Räumwerkzeug in die Ausgangsposition und verhindert beim Räumen das Abdrängen des Werkzeugs.

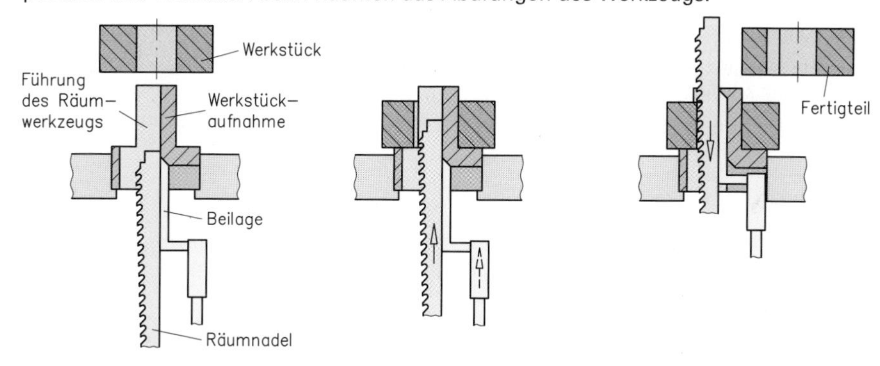

Das Innenräumen nicht symmetrischer Profile geht meist von einer Bohrung aus und erfordert das Positionieren des Werkstücks über den Bohrungsdurchmesser und Führung des Räumwerkzeugs.

8.2 Außenräumen

Durch Außenräumen werden Planflächen und Profile an äußeren Flächen von Werkstücken mit hoher Oberflächengüte sowie hoher Maß- und Formgenauigkeit erzeugt. Räumen ist in der Großserienfertigung oft eine Alternative zum Fräsen.

Beispiele für außengeräumte Werkstücke

Das Außenräumen erfordert Positionieren und Spannen des Werkstücks in einer Vorrichtung sowie eine präzise Führung des Räumwerkzeugs in der Räummaschine.

Beim Räumwerkzeug entspricht die Form des Zahnbereichs dem Querschnitt der zu erzeugenden Kontur. Der Werkzeugrücken ist entsprechend der Werkzeugführung gestaltet.

Die Aufteilung des Außenräumwerkzeugs in Schrupp-, Schlicht- und Fertigzahnung ist in der Aufgabenstellung mit der Räumnadel vergleichbar.

Außenräumwerkzeuge bestehen wegen ihrer komplizierten Form häufig aus mehreren Teilstücken (Segmenten), die auf Räumwerkzeugaufnahmen geschraubt oder geklemmt sind.

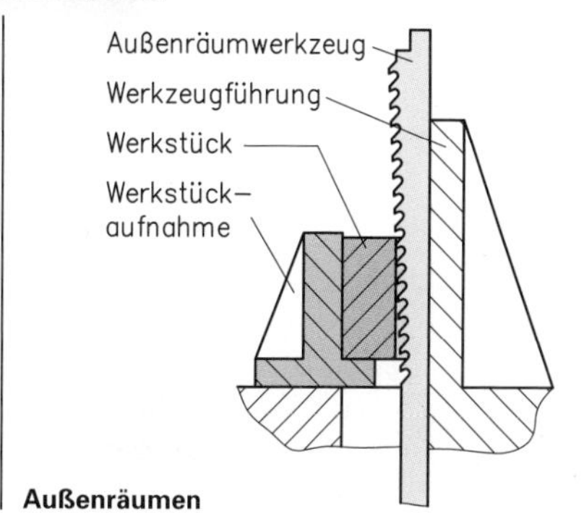

Außenräumen

Beispiel für Außenräumwerkzeuge

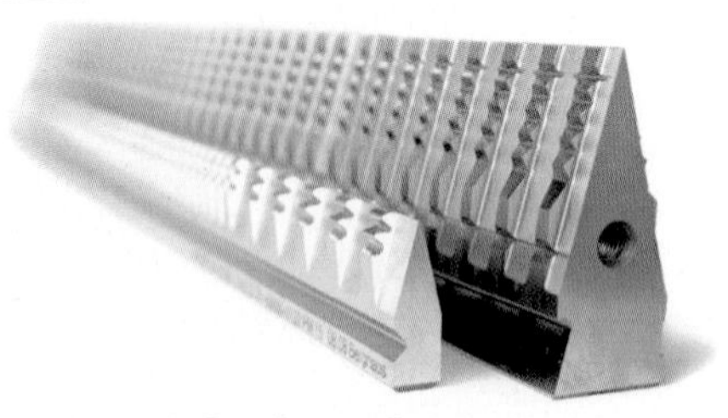

Einteiliges Außenräumwerkzeug

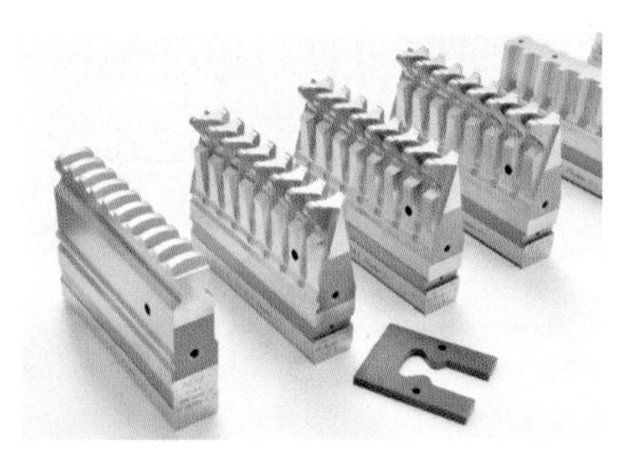

Segmente eines mehrteiligen Räumwerkzeuges

Das Außenräumen erfordert Positionieren und Spannen des zu bearbeitenden Werkstücks in einer Vorrichtung sowie eine präzise Führung des Räumwerkzeugs in der Räummaschine.

8.3 Räummaschinen

Im Bereich der Instandsetzung und der handwerklichen Einzelfertigung werden zum Innenäumen einfacher und kurzer Profile, wie z.B. Nute und Mehrkante, Stoßräumnadeln verwendet. Sie werden auf **Dornpressen** durch die Bohrung im Werkstück gedrückt.

Zum Räumen großer Serien werden Räummaschinen in waagerechter oder senkrechter (vertikaler) Anordnung gebaut, wobei die senkrechte Anordnung wegen des geringeren Platzbedarfs überwiegt.

Beispiel für eine Vertikal-Räummaschine und ihre Arbeitsweise (LLR-Räumtechnik)

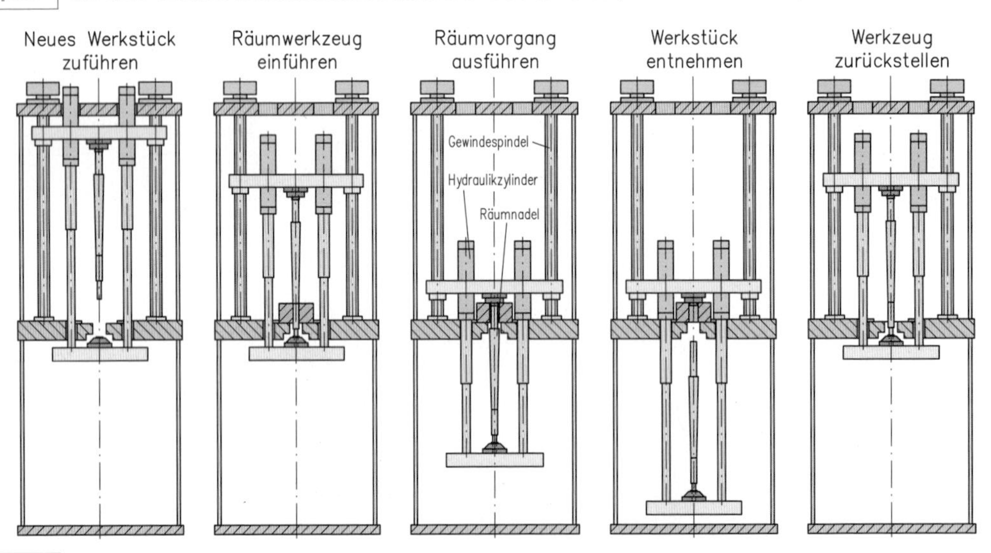

Beispiel für eine Horizontal-Räummaschine (Hahndorf GmbH)

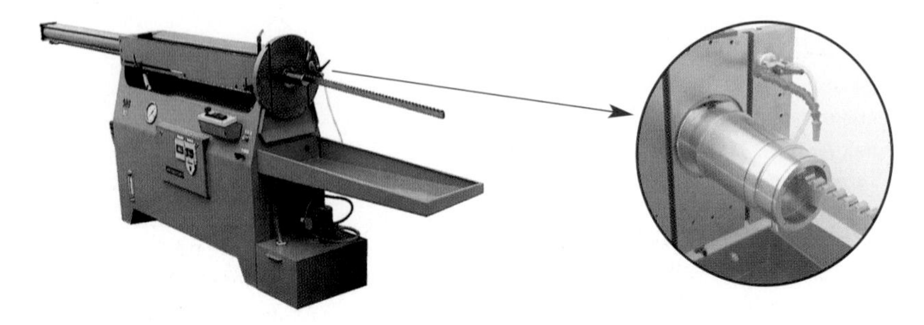

9 Glattwalzen

Glattwalzen ist ein Feinbearbeitungsverfahren, bei dem die Bearbeitungsriefen vom Feindrehen oder Reiben durch Umformen geglättet werden. Es können sowohl Außen- als auch Innenformen durch Glattwalzen bearbeitet werden. Dazu werden gehärtete Rollen allseitig mit großen Kräften auf die rotierenden Werkstückoberflächen gedrückt. Oberflächenerhebungen werden in die Oberflächenvertiefungen hineingedrückt. Dadurch verändert sich in Abhängigkeit von der vorhandenen Oberflächengüte der Werkstückdurchmesser um 0,01 mm bis 0,03 mm. Eine entsprechende Bearbeitungszugabe muss berücksichtigt werden.
Das Glattwalzen wird auch als **Rollieren** bezeichnet.

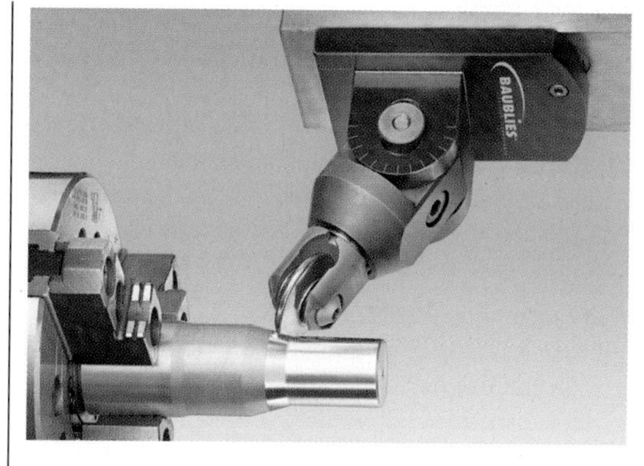

Glattwalzen einer Welle

Vorzüge des Glattwalzens:

- Verbesserung der Oberflächengüte auf arithmetische Mittenrauwerte bis zu $R_a = 0{,}4$ µm,
- Verbesserung der Formgenauigkeit,
- Steigerung der Verschleißfestigkeit durch Kaltumformung.

Nachteile:

- Es findet eine nicht genau vorher bestimmbare Durchmesseränderung statt.

Werkstoff: X 6 CrNi 18–10; Aufmaß: 0,02 mm
Durchmesser: 10 mm, Länge 30 mm; Zeit: 6 s

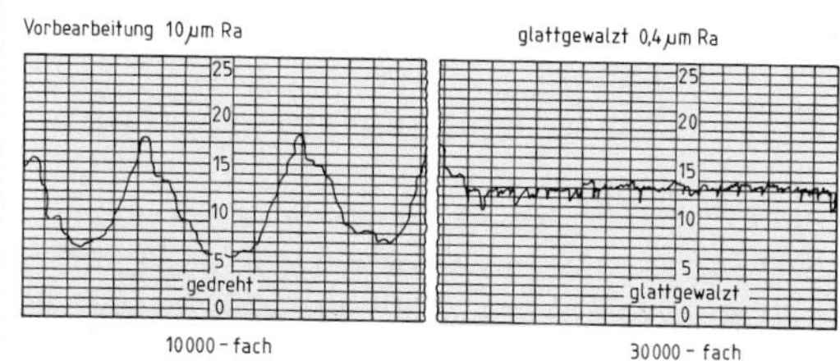

Oberfläche vor und nach Glattwalzen

Die Werkzeuge zum Glattwalzen können in Spindeln von Drehmaschinen, Bohrmaschinen und CNC-Maschinen eingesetzt werden. Der Arbeitsteil besteht aus einem käfigartigen Zylinder mit einer Anzahl gehärteter Rollen auf dem Umfang. Diese Rollen werden durch einen kegelförmigen Verstellmechanismus beim Innenglattwalzen gespreizt und beim Außenglattwalzen radial auf die Werkstückoberfläche gedrückt.

Beispiele für Glattwalzwerkzeuge

Innen-Glattwalzwerkzeug

Außen-Glattwalzwerkzeug

Angaben zur Durchführung des Glattwalzens:

- Alle gängigen Metalle, die zu Drehteilen verarbeitet werden, können in *ungehärtetem* Zustand glatt gewalzt werden.
- Umdrehungsfrequenzen und Vorschübe sind wie die entsprechenden Werte beim Bohren einzustellen. Die Bearbeitungszeiten sind entsprechend kurz.
- Der Einsatz von Schneidöl erhöht die Standzeit der Werkzeuge und verbessert die Oberflächen.

Glattwalzen ist ein Feinbearbeitungsverfahren zur Verbesserung der Oberflächengüte und Formgenauigkeit durch Umformen des Oberflächenprofils. Durch Kaltumformen tritt eine Erhöhung der Verschleißfestigkeit ein.

Übungsaufgabe G-72

10 Funkenerosives Abtragen

Die Einsatzmöglichkeiten der spanenden Bearbeitungsverfahren sind durch die mechanischen Eigenschaften der Werkstoffe und die komplizierten geometrischen Abmessungen begrenzt. Deshalb werden häufig funkenerosives **Abtragverfahren** eingesetzt. Zum Einsatz kommen sie bei
- Werkstoffen mit hoher Festigkeit und Härte,
- Werkstücken mit komplizierten geometrischen Formen und
- Werkstücken mit hoher Form- und Maßgenauigkeit.

Das funkenerosive Abtragen gehört zu den thermischen Abtragverfahren und wird eingeteilt in die Verfahren:
- funkenerosives Senken und
- funkenerosives Schneiden.

Teile eines Spritzgießwerkzeugs, hergestellt durch funkenerosives Abtragen

Durch funkenerosives Abtragen können Werkstücke mit hoher Form- und Maßgenauigkeit hergestellt werden. Die Bearbeitung ist unabhängig von der Härte der erodierbaren Werkstücke. Zum Einsatz kommen die Verfahren funkenerosives Senken und Schneiden.

10.1 Funktionsprinzip des funkenerosiven Abtragens

Durch **funkenerosives Abtragen** werden Schichten oder Teile eines elektrisch leitenden Werkstücks auf nicht mechanischem Wege abgetrennt. Der Werkstoffabtrag wird durch Verdampfen oder Aufschmelzen räumlich begrenzter Werkstückbereiche mithilfe von Wärme erzielt. Die dabei notwendige Wärme wird durch periodische **Funkenentladung** in einer nicht leitenden Flüssigkeit, die als **Dielektrikum** bezeichnet wird, erzeugt. Der Werkstoffabtrag wird vom Dielektrikum weggespült.

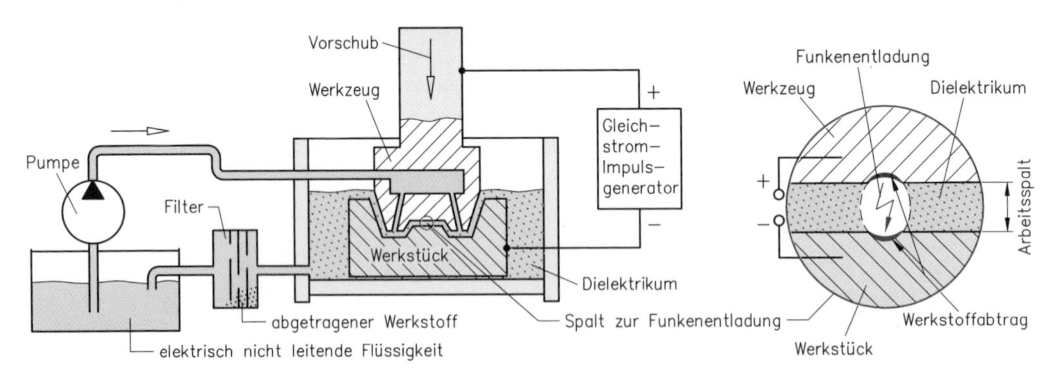

Werkstoffabtrag in einer Funkenerosionsanlage

Für das funkenerosive Abtragen werden spezielle Funkenerosionsanlagen eingesetzt. In diesen Anlagen werden Werkstück und Werkzeug als Pole eines Gleichstromkreises geschaltet, in dem ein Impulsgenerator 600 bis 1 000 000 Gleichstromimpulse entsendet. Die Anlagen werden so eingestellt, dass sich ein Spalt zwischen Werkstück und Werkzeug von 0,01 mm bis 0,1 mm ergibt. Der Spalt wird als **Arbeitsspalt** bezeichnet und vom Dielektrikum durchspült. Als Dielektrikum wird je nach Verfahren synthetisches Öl oder deionisiertes (salz- und säurefrei) Wasser eingesetzt.

Durch funkenerosives Abtragen werden elektrisch leitende Werkstückteile durch periodische Funkenentladung in einem Dielektrikum örtlich verdampft oder geschmolzen und weggespült. Das Verfahren wird auf speziellen Funktionsanlagen durchgeführt.

Übungsaufgaben G-73; G-74

10.2 Funkenerosives Senken

Das funkenerosive Senken wird in zwei Verfahrensvarianten durchgeführt,
- den formabbildenden Verfahren und
- den formerzeugenden Verfahren.

Bei den **formabbildenden Verfahren** werden speziell hergestellte Formelektroden zur Erzeugung von Gravuren und Durchbrüchen eingesetzt. Die Formelektrode führt dabei eine Vorschubbewegung in einer Richtung aus.

Die **formerzeugenden Verfahren** arbeiten meist mit *einfachen Elektrodenformen* und erzeugen die gewünschte Werkstückform durch eine Elektrodenbewegung, die in mehreren Richtungen gesteuert werden kann. Bei beiden Verfahrensvarianten wird der gesamte Werkstoff, der zur Erzeugung einer bestimmten Werkstückform abgetrennt werden muss, durch Funkentladungen abgetragen.

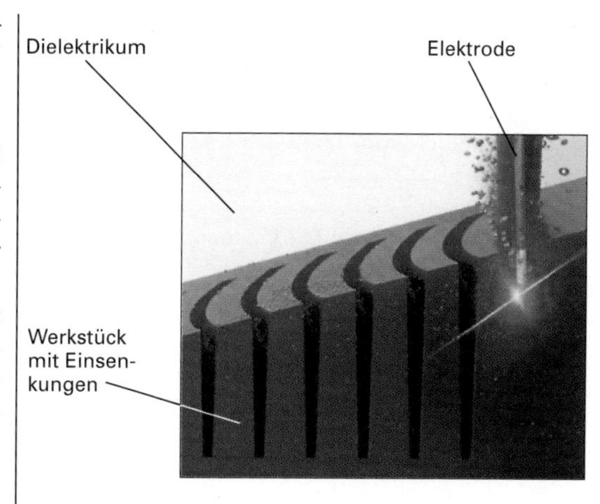

Funkenerosives Senken (formabbildend)

Beispiel für unterschiedliche Verfahrensvarianten

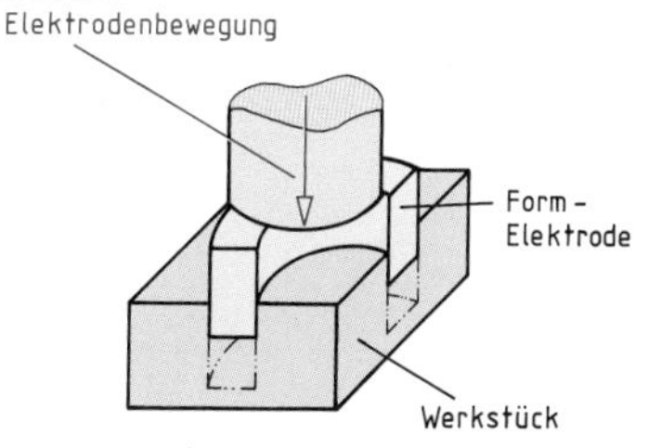

Formabbildendes Verfahren

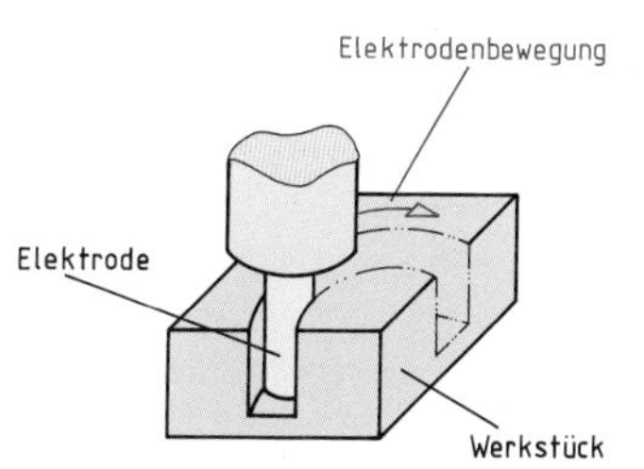

Formerzeugendes Verfahren

10.3 Planetärerosion

Die Bearbeitungstechnik, bei der zur Formerzeugung Elektrodenbewegungen in mehreren Richtungen überlagert werden, wird als *Planetärerosion* bezeichnet.

Häufig vorkommende Werkstückformen werden durch Elektrodenbewegungen erzeugt, die die Steuerung in Form von **Bearbeitungszyklen** bereithält. Die Bearbeitungszyklen können durch entsprechende Programmbefehle abgerufen werden.

Beispiel für die Planetärerosion mit Bearbeitungszyklen und mit einfachen Elektrodenformen

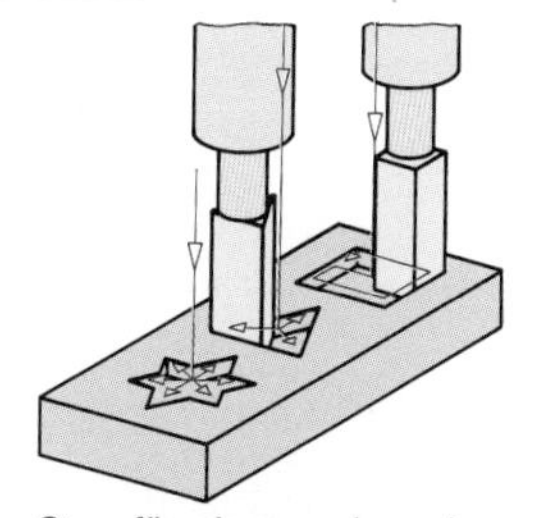
Sternförmiges und quadratisches Planetäraufweiten

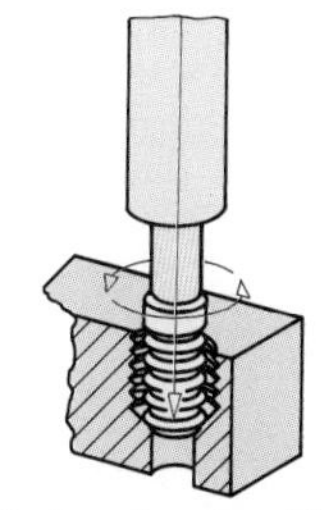
Kreisendes planetäres Aufweiten in einer oder zwei Hauptebenen.

Planetärerosion mit Bearbeitungszyklen

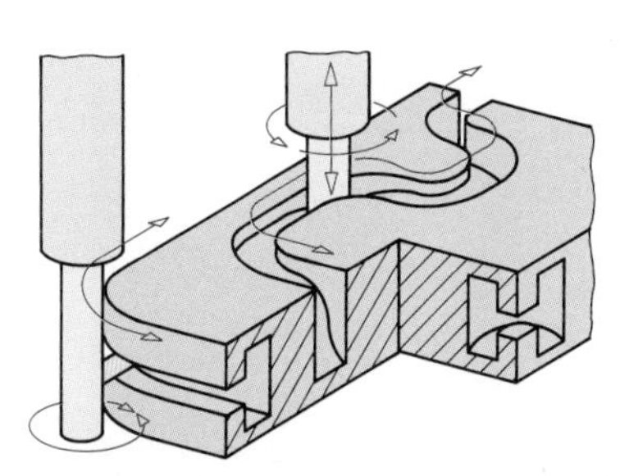
Planetärerosion mit einfacher Elektrodenform

Beim funkenerosiven Senken wird sowohl formabbildend mit Formelektroden als auch formerzeugend mit gesteuerten Elektrodenbewegungen gearbeitet. Bearbeitungstechniken, bei denen Elektrodenbewegungen in mehreren Richtungen überlagert werden, bezeichnet man als Planetärerosion.

Übungsaufgabe G-75

10.4 Funkenerosives Schneiden

Das funkenerosive Schneiden ist ein formerzeugendes Verfahren, bei dem ein Draht als Elektrode eingesetzt wird. Die gewünschte Werkstückform wird durch eine Drahtbewegung erzeugt, die in mehreren Richtungen gesteuert werden kann. Um den Verschleiß der Drahtelektrode auszugleichen, wird mithilfe einer Transporteinrichtung ständig Draht von einer Rolle abgewickelt und durch den **Schnittspalt** geführt.

Die Werkstückkontur wird dadurch erzeugt, dass der Erodierprozess zwischen der Drahtelektrode und dem Werkstück auf einer vorprogrammierten Bahn stattfindet. Dabei entsteht meist ein Schnitt, der ein bestimmtes Werkstückvolumen umschließt. Das umschnittene Werkstückvolumen wird als **Ausfallteil** bezeichnet. Als Werkstück kann sowohl das Ausfallteil als auch das Einspannteil vorgesehen werden.

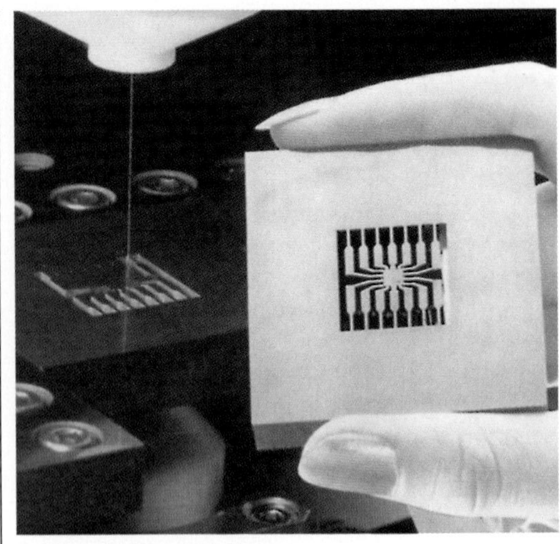

Funkenerosives Schneiden

Ist das Ausfallteil als Werkstück vorgesehen, so muss die **Startbohrung** zur Drahteinfädelung und der **Ausschnitt** zwischen Startbohrung und Werkstückkontur im Bereich des Einspannteils liegen.

Beispiel für die Erzeugung einer Werkstückkontur durch funkenerosives Schneiden

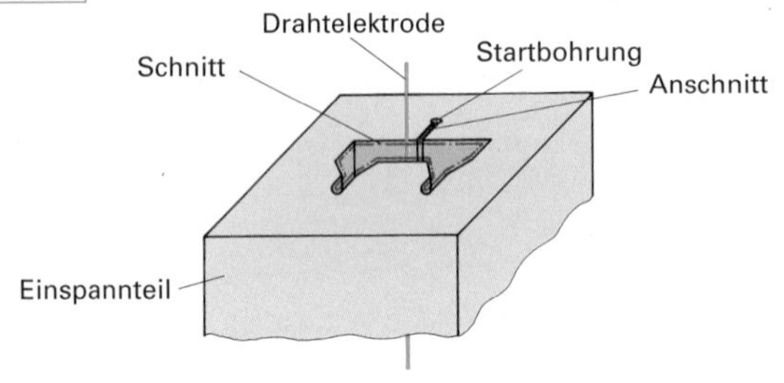

Einspannteil mit Startbohrung und Anschnitt

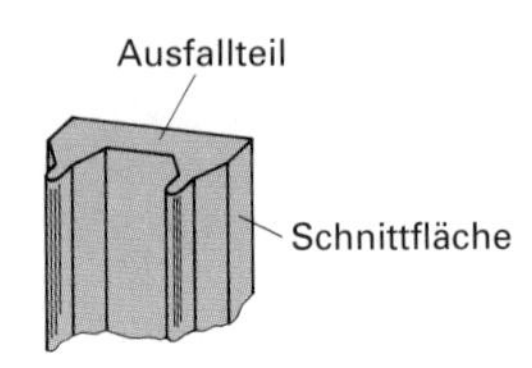

Ausfallteil wird als Schnittstempel benötigt

Ein wesentlicher Vorteil des funkenerosiven Schneidens gegenüber dem funkenerosiven Senken ist, dass nicht der gesamte Werkstoff des Einspannteils durch Funkenentladungen abgetragen werden muss, sondern nur der Werkstoff im Schnittspalt.

Durch funkenerosives Schneiden sind Schnittflächen zu erzeugen, die sowohl zylindrisch (parallel) als auch konisch verlaufen können.

Beispiel für Schnittflächenverläufe bei Profilen

Zylindrischer Schnittflächenverlauf

Konischer Schnittflächenverlauf

Das funkenerosive Schneiden ist ein formerzeugendes Verfahren, bei dem die Werkstückform durch die gesteuerte Bewegung einer Drahtelektrode erzeugt wird. Die dabei entstehende Schnittfläche kann sowohl zylindrisch als auch konisch verlaufen.

Übungsaufgaben G-76; G-77

10.5 Sicherheitsmaßnahmen an Funkenerosionsanlagen

Der Zerspanungsmechaniker muss die **Vorschriften für die Arbeitsräume** sowie die **Betriebsvorschriften** für Funkenerosionsanlagen kennen, um Schäden zu vermeiden.

Vorschriften für Arbeitsräume mit Funkenerosionsanlagen

- Werden leicht entzündliche Dielektrika eingesetzt, muss die Elektroinstallation den Bedingungen für feuergefährliche Betriebsstätten genügen.
- Im Bereich der Funkenerosionsanlagen muss der Umgang mit offenem Feuer und Licht sowie das Rauchen verboten sein.
- Die Arbeitsräume müssen ausreichend belüftet sein, damit sich keine gesundheitsschädlichen oder entzündbaren Dämpfe bilden können. Reicht die Belüftung nicht aus, so sind Absauganlagen zu installieren.

Maßnahmen zur Arbeitssicherheit

Betriebsvorschriften für den Einsatz von Funkenerosionsanlagen

- Funkenerosionsanlagen dürfen nur von Personen bedient werden, die vom Unternehmer eingewiesen und beauftragt sind. Bei den in regelmäßigen Abständen durchzuführenden Unterweisungen ist besonders auf Gefahren und Sicherheitsmaßnahmen einzugehen.
- Funkenerosionsanlagen, besonders aber die Sicherheitseinrichtungen, müssen regelmäßig einer Funktionsprüfung unterzogen werden. Werden Sicherheitsmängel festgestellt, ist die Anlage stillzulegen, bis die Mängel beseitigt sind.
- Jeder unnötige Hautkontakt mit Dielektrikum ist zu vermeiden.
- Der Dielektrikumsspiegel muss beim Betrieb der Anlage über der Funkenstrecke liegen.
- Die Temperaturüberwachung des Dielektrikums muss so eingestellt sein, dass bei einer Temperatur von 15 °C unter dem Flammpunkt, die Dielektrikumspumpe abgeschaltet wird.
- Funkenerosionsanlagen dürfen nur dann ohne Aufsicht (z. B. nachts) betrieben werden,
  - wenn die Arbeitsspannung abgeschaltet wird, sobald die Wirkfläche der Elektrode sich weniger als 30 mm unterhalb des Dielektrikumsspiegels befindet.
  - wenn zwei voneinander unabhängige Sicherheitssysteme zur Überwachung des Dielektrikumsspiegels sowie der Dielektrikumstemperatur vorhanden sind.
  - wenn automatische Feuerlöscheinrichtungen installiert sind.

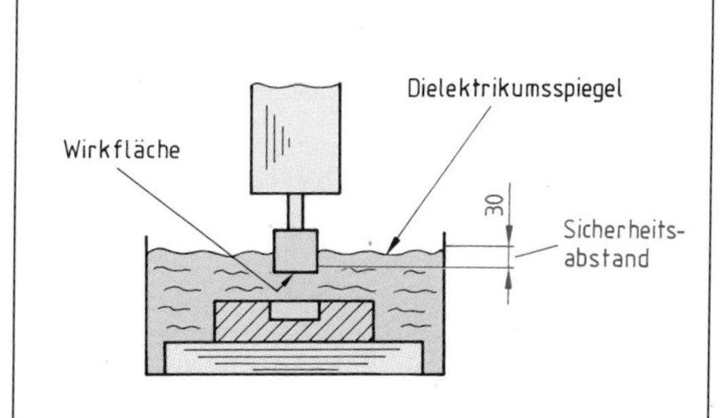

Dielektrikumsspiegel und Elektrodenwirkfläche

Beim Einsatz von Funkenerosionsanlagen sind die Vorschriften für die Arbeitsräume und die Betriebsvorschriften zu beachten. Die Anlagen dürfen nur von Personen bedient werden, die vom Unternehmer eingewiesen und beauftragt worden sind.

Übungsaufgabe G-78

Handlungsfeld: Fertigung optimieren

Problemstellung

Auftrag: Fertigungszeit verringern

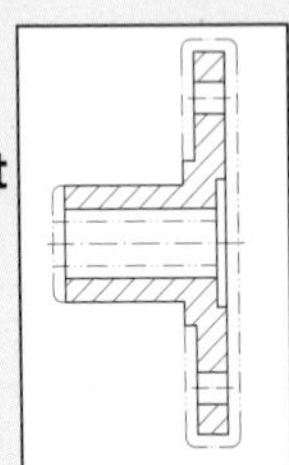

Bisherige Fertigung:

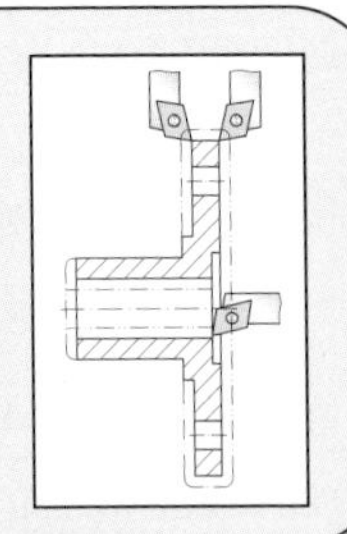

Vorgaben:
- Optimierungsziel
- Fertigungsdaten
  - Verfahren
  - Abfolge
  - Schnittdaten

  ⋮

aktuellen Prozess analysieren

Bohrungen

Planfläche hinten

Planfläche vorn

Schruppen (2 Schnitte):	
Schneidstoff HM BK1	
Schnittgeschwindigkeit	100 m/min
Vorschub	0,4 mm
Zeit	210 s
Standmenge	60 Stück
Schlichten (1 Schnitt):	
Schneidstoff HM BK1	
Schnittgeschwindigkeit	150 m min
Vorschub	0,1 mm
Zeit	180 s
Standmenge	150 Stück

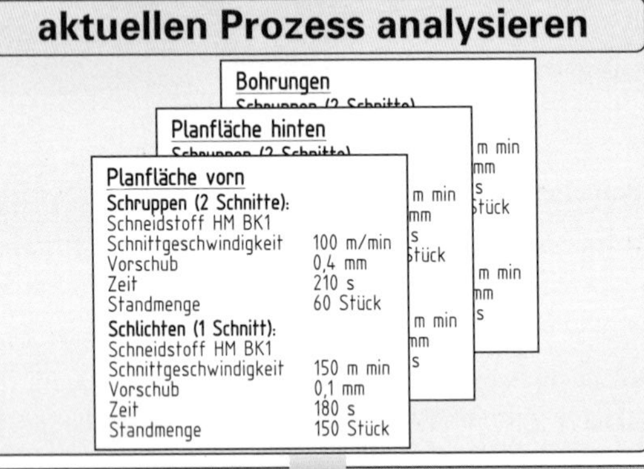

Ergebnisse:
- Optimierungsmöglichkeiten
- Verknüpfung von Prozessdaten und Optimierungsziel
- Aufwand zur Erreichung des Zieles

Vorgaben:
- Optimierungspotenzial
- Bewertungsverfahren
  - Bewertungsliste
  - Bewertungsdiagramm

Optimierung planen

Barriere (Hindernis zur Zielerreichung)	Wirkung einer einer Änderung	Schwierigkeit bei Änderung
Schnittdaten nur 80 % der zulässigen	mittel	gering
Schneidstoff nicht optimal	hoch	gering
Werkzeugwechsel zu häufig	gering	hoch

Ergebnisse:
- mögliche Maßnahmen
- Kosten der Maßnahmen
- Rangfolge der Maßnahmen
- Aktionsplan

Vorgaben:
- Aktionsplan

optimierten Prozess durchführen

Bohrungen

Planfläche hinten

Planfläche vorn

Schruppen		Siliziumnitrid
Schnittgeschwindigkeit		160 m/min
Vorschub		0,6 mm
Zeit	berechnet	ca. 80 s
Standmenge	geschätzt	100 Stück
Schlichten (1 Schnitt):		
Schneidstoff		Siliziumnitrid
Schnittgeschwindigkeit		200 m/min
Vorschub		0,1 mm
Zeit		ca. 110 s
Standmenge	geschätzt	200 Stück

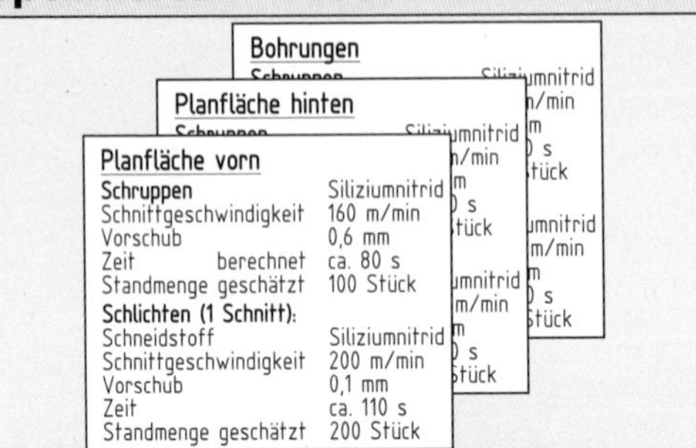

Ergebnisse:
- Daten aus verändertem Prozess

Prozessoptimierung dokumentieren und bewerten

1 Prozessoptimierung

1.1 Ziele einer Prozessoptimierung

Die Bemühungen, einen Fertigungsprozess zu optimieren, haben meist das Ziel, die Fertigungskosten zu senken und die Qualität des Produktes zu verbessern, da diese Größen entscheidend für seinen Verkaufserfolg sind.
Wichtige Ziele einer Optimierung, die sich nicht immer unmittelbar auf der Kostenseite zeigen oder manchmal auch noch Kosten verursachen können, sind die Verringerung der Arbeitsbelastung der an der Herstellung des Produktes beteiligten Personen und die Senkung der Umweltbelastung, z. B. durch Verringerung der Abfallstoffe und Vermeidung unangemessenen Energieverbrauchs.

In den meisten Fällen wird nicht ein einzelnes Ziel ausschließlich in den Blick genommen, sondern geprüft, welche zusätzlichen Vorteile durch eine bestimmte Optimierungsmaßnahme erreicht werden können, z. B. wird mit einer Optimierung der Schnittdaten meist auch gleichzeitig eine Verbesserung der Oberflächenqualität angestrebt.

Ziele einer Optimierung eines Zerspanungsprozesses können sein:
- Senkung der Fertigungskosten des Produktes,
- Steigerung der Produktqualität und Senkung von Ausschuss und Nacharbeit,
- Verringerung der Arbeitsbelastung der Beschäftigten,
- Senkung der Umweltbelastung durch den Fertigungsprozess.

Prozessoptimierung bedeutet aber nicht nur, einen bestehenden Fertigungsprozess effektiver zu gestalten, sondern auch die bestehenden Planungsstrukturen und die Qualitätssicherung in Hinblick auf kommende Fertigungsaufgaben zu verbessern.

1.2 Stellschrauben zur Prozessoptimierung

Der gesamte Fertigungsprozess stellt eine Einheit dar, in der jedes Glied das Gesamtergebnis beeinflusst. Jedes dieser Glieder bietet Optimierungsmöglichkeiten und bietet damit gleichsam eine Stellschraube zur Verbesserung des Prozessergebnisses.

„Stellschrauben" zur Prozessoptimierung

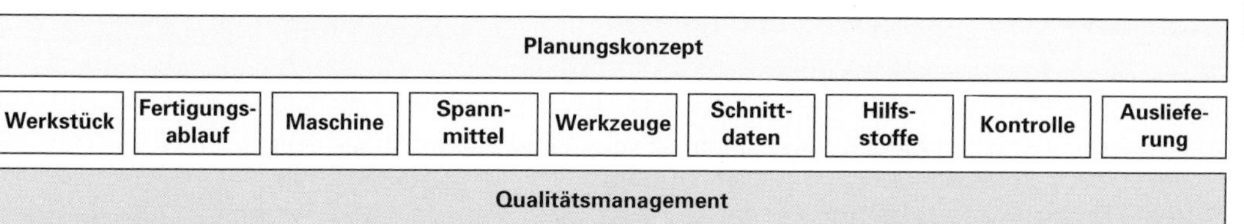

1.2.1 Planungskonzept

Bei einer Einzelfertigung erhält der Fachmann an der Maschine manchmal nur Werkstückzeichnung und Rohteil und übernimmt dann die gesamte Planung und Fertigung. Unter dem Gesichtspunkt der optimalen Nutzung der teuren Werkzeugmaschine ist dies wenig effektiv.
Kostengünstig ist es hingegen, die gesamte Planung außerhalb des Maschinenarbeitsplatzes vornehmen zu lassen und nur zur Fertigung den Maschinenarbeitsplatz zu belegen.

Für eine Fertigung auf CNC-Maschinen ist ihre Planung kostengünstig und optimal mit Simulationsprogrammen am PC durchzuführen. Zu einer Planung des Zerspanungsprozesses, kombiniert mit einer vollständigen Simulation, müssen im Simulationsprogramm berücksichtigt werden:
- die Form und die Maße des Rohlings,
- die genauen Maße der verwendeten Werkzeuge,
- die Positionen und Abmessungen der zu verwendenden Stütz-, Positionier- und Spannelemente,
- alle Werkzeug- und Spannmittelbewegungen sowie deren Geschwindigkeit.

Auf der Basis dieser Daten ist eine Simulation der Fertigung und Optimierung der Werkzeugwege einschließlich einer Kollisionskontrolle und einer genauen Aufnahme der Bearbeitungszeit möglich.

Beispiel **für die vollständige Simulation einer Bearbeitung auf einem Bearbeitungszentrum** (mit dem Programm TopFix der Firma MTS erstellt)

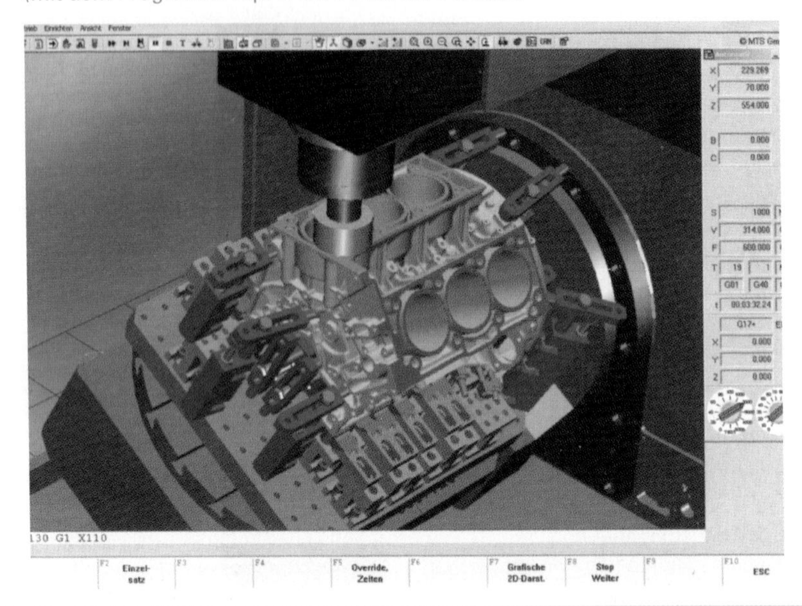

Ein optimales Planungskonzept für einen Zerspanungsvorgang beinhaltet die vollständige Simulation der Bearbeitung unter Berücksichtigung
- der Form und der Abmessungen des Rohlings, der Werkzeuge sowie der Positionier-, Spann- und Stützelemente und
- aller Werkzeug- und Spannmittelbewegungen sowie deren Geschwindigkeit.

1.2.2 Werkstückgestaltung und Rohteil

Der Fachmann für Zerspanung hat meist nur wenige Möglichkeiten, um auf die fertigungsgerechte Gestaltung eines Bauteiles einzuwirken. Er kann u. U. Vorschläge zur Auswahl eines besser zu spanenden Werkstoffes mit sonst gleichen Eigenschaften hinweisen und er kann im Rahmen von Vorserien evtl. Anregungen zur fertigungsgerechten Gestaltung geben.

Beispiele **für die fertigungsgerechte Gestaltung von Gussrohlingen**

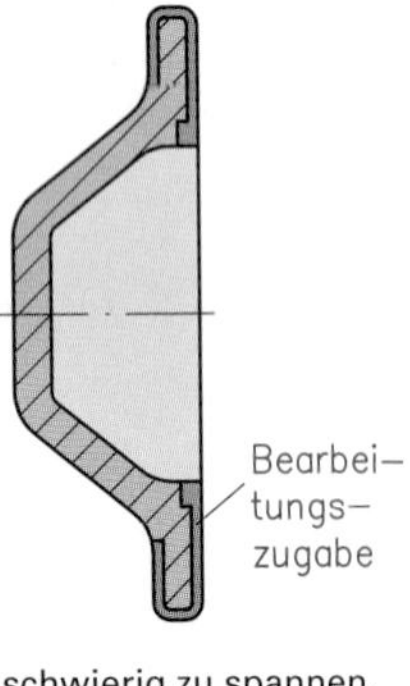

schwierig zu spannen, Bearbeitung in einer Aufspannung nicht möglich

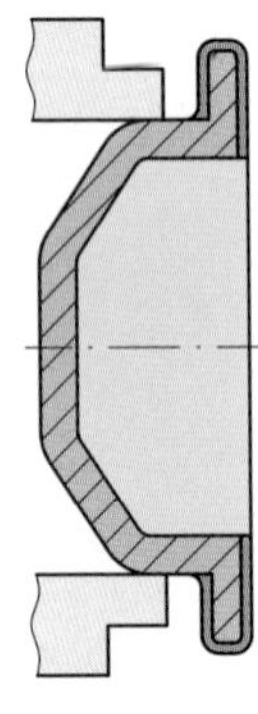

fertigungsgerechte Konstruktion

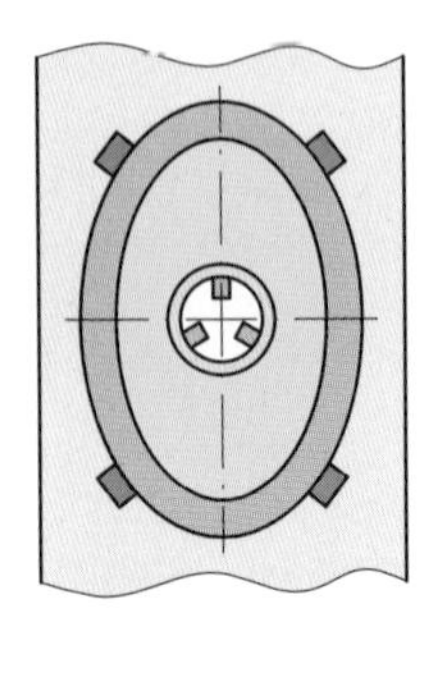

schwierig im richtigen Winkel zu positionieren

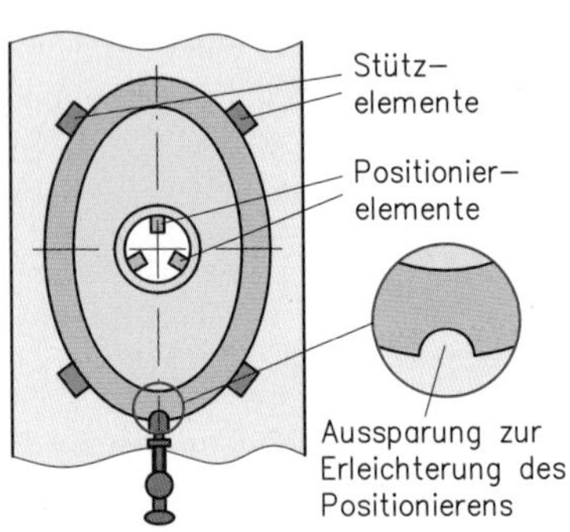

Erleicherung des Positionierens durch angegossene Kerbe

Übungsaufgabe H-1

Einigen Einfluss hat der Fachmann jedoch auf die Gestaltung der Rohteile, wenn diese von der Stange abgetrennt werden. Materialeinsatz und in geringem Maß auch Maschinenzeit können durch den Einsatz von Rohteilen, die in ihren Abmessungen nahe an die Umrisse der zu erzeugenden Werkstücke heranreichen, eingespart werden.

Beispiel für die Optimierung eines Rohteils aus einem Stangenabschnitt

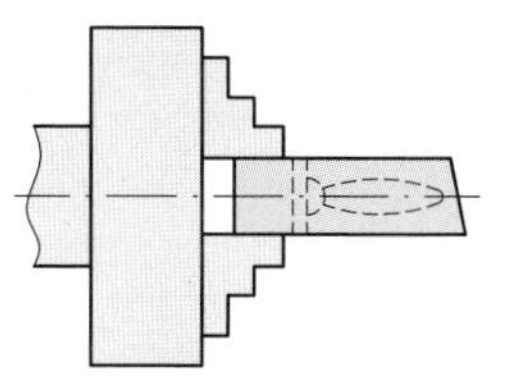

Materialverlust durch schräges Ablängen und ein Einspannende an jedem Werkstück

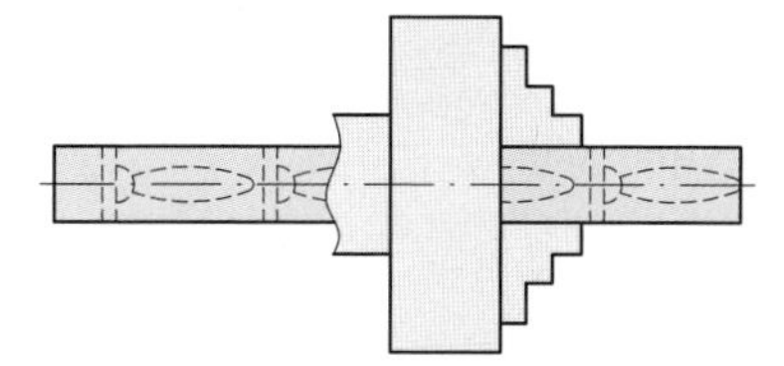

Geringer Materialverlust, da nur ein Einspannende an fünf Werkstücken

Nahe an den Maßen des fertigen Werkstücks liegende Rohteilmaße ersparen Material und Fertigungszeit.

1.2.3 Spannmittel und Spanntätigkeit

Teure Maschinenzeit bleibt durch umständliches Positionieren und Spannen der Werkstücke sowie durch das Ausspannen des fertigen Werkstücks ungenutzt, wenn dies an der stillstehenden Maschine geschieht.

Kurze Stillstandzeiten durch Spannen und Positionieren werden besonders in der Serienfertigung erreicht, z. B. durch

- Einsatz von Positionierhilfen, z. B. Anschlägen,
- Verwendung von Schnellspannsystemen statt Schraubspannern,
- Einsatz von Vorrichtungen
- Positionieren und Spannen außerhalb der Maschine auf Paletten und
- Verwendung von Nullpunkt-Spannsystemen.

Nullpunkt-Spannsystem

LF 10

1.2.4 Maschine

Wenn ein entsprechender Maschinenpark zur Verfügung steht, sollte für eine Zerspanungsaufgabe die optimale Maschine nach der Art der Zerspanung und der Werkstückgröße unter Berücksichtigung der geforderten Qualität ausgewählt werden.

Um eine möglichst optimale Nutzung zu erreichen, sollten Nebennutzungszeiten, z.B. für den Wechsel von Werkstücken, Werkzeugen und Hilfsmitteln, möglichst gering gehalten werden und Wartungen nach Möglichkeit außerhalb des Schichtbetriebes durchgeführt werden.
Verstärkt wird heute Wert auf energieeffizientes Arbeiten gelegt. Dies bedeutet:

- Maschinen sind so zu wählen, dass sie leistungsmäßig möglichst hoch ausgelastet sind,
- Maschinen während Pausen u.Ä. abschalten bzw. Leistung herunterfahren,
- Zusatzaggregate, z.B. Späneförderer, sollten nur zeitweise bei unmittelbarem Bedarf eingeschaltet werden,
- Druckluft sollte als teurer Energieträger möglichst wenig eingesetzt werden,
- Abwärme der Maschinen sollte möglichst genutzt werden.

Optimale Maschinenauswahl und optimaler Maschineneinsatz erfordern
- leistungsmäßige Auslastung der Maschine,
- möglichst geringe Stillstandzeiten,
- energieeffizienten Betrieb.

Übungsaufgaben H-2; H-3

1.2.5 Werkzeuge

Eine Optimierung der Werkzeuge bezieht sich einmal auf den Schneidenträger und zum anderen auf den Schneidenwerkstoff sowie die Schneidengestaltung. Bei Werkzeugen aus Vollmaterial, z. B. Vollhartmetallfräsern, sind Werkstoff des Schneidenträgers und Schneidenwerkstoff identisch.

Sonderwerkzeuge (Individualwerkzeuge) tragen Schneiden, die der zu erzeugenden Kontur entsprechen. Sie können ohne unproduktive Unterbrechungen des Fertigungsprozesses spezielle Bearbeitungen ausführen, sind aber u. U. zu anderen Aufgaben ungeeignet. Kostengünstigere Einzelwerkzeuge hingegen erfordern Werkzeugwechsel mit entsprechenden Unterbrechungen des Zerspanungsprozesses. Sie sind aber universell einsetzbar und vereinfachen die Lagerhaltung.

Werkzeugkosten können auch eingespart werden, indem Werkzeuge aus Vollmaterial nachgeschliffen oder Standardwerkzeuge zu Sonderwerkzeugen umgeschliffen werden.

Beispiel für ein Sonderwerkzeug zur Bearbeitung von Außen- und Innennuten mit einem Werkzeug

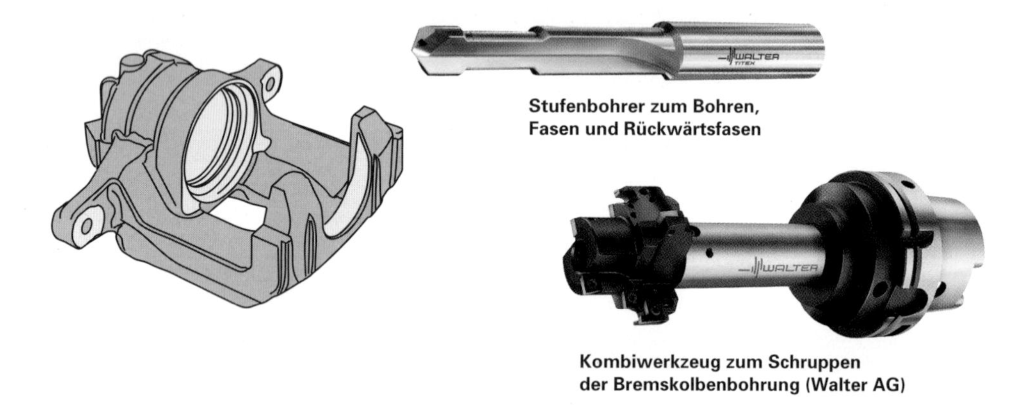

Stufenbohrer zum Bohren, Fasen und Rückwärtsfasen

Kombiwerkzeug zum Schruppen der Bremskolbenbohrung (Walter AG)

Ähnlich sind die Entscheidungen hinsichtlich des Schneidstoffes und der Beschichtung zu treffen. In Überlegungen zu den Kosten des Werkzeugs bzw. der Schneidplatten sind die Standzeit, die Werkzeugwechselzeit und die Kosten für Schneidenwechsel und Einstellarbeiten einzubeziehen.
Eine Optimierung der Standzeit der Werkzeuge kann durch kontinuierliche Überwachung des Werkzeugverschleißes erreicht werden.

Die Werkzeughersteller haben die Schneidengeometrie aufgrund von umfangreichen Versuchen gestaltet. Trotzdem kann es für spezielle Anwendungen zweckmäßig sein, die Werkzeuggeometrie durch eigene Versuche zu optimieren, um die Produktivität zu erhöhen und die Oberflächenqualität zu verbessern.

Optimale Einsatzbereitschaft der Werkzeuge bedeutet auch, dass vermessene Schwesternwerkzeuge bereitgehalten werden, damit diese nach Ende der Standzeit des aktiven Werkzeugs oder nach einem Schneidenbruch ohne Verzug eingewechselt werden können.

Die Auswahl der Werkzeuge beeinflusst stark die Qualität der Werkstücke und die Kosten der Bearbeitung. Es geht um Entscheidungen über
- Individualwerkzeug oder Einzelwerkzeug,
- teuren Schneidstoff mit hoher Standzeit oder preisgünstigeren mit niedrigerer Standzeit,
- Anzahl der bereitzuhaltenden und zu vermessenen Schwesternwerkzeuge.

1.2.6 Schnittdaten

Zu den in der Planung festgelegten Bearbeitungsschritten und Schnittfolgen können die Schnittwerte Schnitttiefe a_p, Vorschub f und Schnittgeschwindigkeit v_c optimiert werden. Unter Kostengesichtspunkten gilt für die Optimierung der Schnittwerte im Allgemeinen eine einfache Regel:

- Wenn die Lohnkosten und Kosten der Maschine hoch sind, strebt man kurze Fertigungszeiten an, wählt demnach hohe Schnittwerte und nimmt kurze Standzeiten der Werkzeuge in Kauf.
- Wenn ein teures Spezialwerkzeug eingesetzt werden muss, entscheidet man sich für eine lange Standzeit, wählt aus diesem Grund niedrige Schnittwerte und nimmt längere Fertigungszeiten in Kauf.

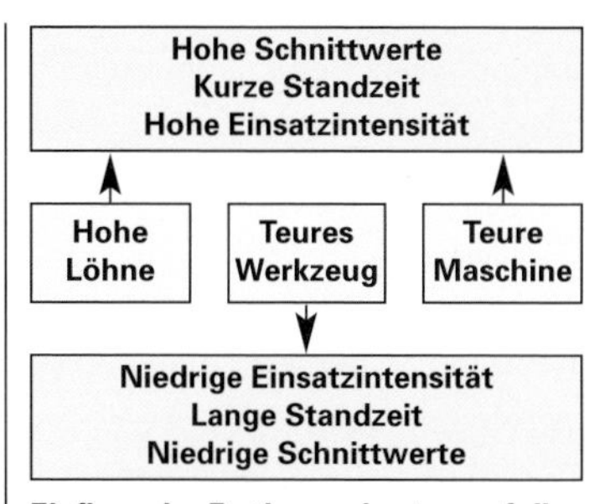

Einfluss der Fertigungskosten auf die Schnittparameter

Da meist unter Ausnutzung der Leistungsfähigkeit der Maschine für den Schruppvorgang die größtmögliche Schnitttiefe und ein möglichst großer Vorschub gewählt werden, wird die Schnittgeschwindigkeit zur entscheidenden Größe für eine Optimierung des Prozesses. Die Schnittgeschwindigkeit kann aber nicht beliebig gesteigert werden, denn ihre Erhöhung bedeutet gleichzeitig:
- höhere Werkzeugkosten, da die Standzeit sinkt, damit entstehen
- höhere Lohnkosten für häufigeres Einrichten und Einstellen der einzuwechselnden Werkzeuge und
- mehr Zeiten für häufigere Werkzeugwechsel.

Eine optimale Schnittgeschwindigkeit, bei der niedrigste Kosten verursacht werden, ist in der Serienfertigung nur durch umfangreiche Versuche zu ermitteln. Wertvolle Anhaltspunkte geben bereits die Schnittwertetabellen der Werkzeughersteller.

Hohe Zerspanungsleistungen wählt man bei hohen Lohn- und Maschinenkosten.
Kleinere Zerspanungsleistungen wählt man beim Einsatz teurer Werkzeuge.

LF 10

1.2.7 Hilfsstoffe

Wichtigste Hilfsstoffe im Zerspanungsprozess sind Kühlschmiermittel. Sie verursachen Kosten durch Beschaffung, Pflege, Wartung und Entsorgung. Darüber hinaus erfordern sie besondere Arbeitsschutzmaßnahmen sowie Reinigungs- und Konservierungsaufwand am Werkstück. Die Verlängerung der Zeit bis zum notwendigen Wechsel des Kühlschmiermittels durch Überwachung und Pflege stellt insbesondere bei wassermischbaren Kühlschmiermitteln in vielen Fällen ein bedeutendes Abfallverminderungs- und damit auch Kosteneinsparungspotenzial dar.
Darum sind unter dem Gesichtspunkt einer Optimierung die Verringerung des Kühlschmiermitteleinsatzes oder gar der Verzicht auf Kühlschmiermittel anzustreben.

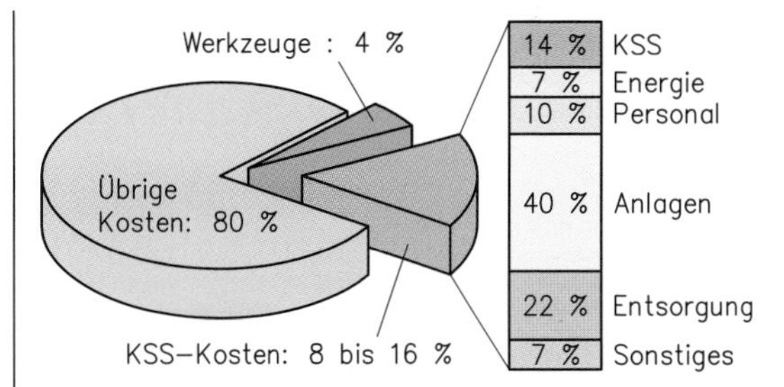

Kühlschmiermittelkosten in der Metallverarbeitung

Am günstigsten erscheint die Trockenzerspanung, da hier der gesamte Aufwand im Zusammenhang mit Kühlschmiermitteln entfällt. Eine Trockenzerspanung ist aber nicht bei allen Werkstoffen durchführbar und auf Verfahren mit geometrisch bestimmter Schneide begrenzt.
Nachteilig sind bei der Trockenzerspanung die meist geringe Oberflächenqualität der Werkstücke und die geringere Standzeit der Werkzeugschneiden.

Vielfach wird die Minimalmengenschmierung als optimaler Kompromiss zwischen dem Einsatz von Kühlschmiermitteln und der Trockenzerspanung angesehen. Sie erfordert zusätzliche Einrichtungen zur Zerstäubung an der Maschine und spezielle Werkzeuge, z.B. mit Innenkühlung.

Beispiel für einen Kostenvergleich zwischen herkömmlicher Nassbearbeitung und den Einsatz von Minimalmengenschmierung

Vereinfachter Kostenvergleich Nassbearbeitung/MMS-Einsatz bei einer einzeln stehenden Maschine mit 200 l KSS-Volumen

	Kosten pro Monat	
	Nassbearbeitung	**Trockenbearbeitung bzw. MMS-System**
Investitionen Abschreibung (6 Jahre)	Alle Komponenten i. A. vorhanden	zusätzlich ca. 3000,00 EUR **41,00 EUR/Monat**
Kühlschmierstoff	Emulsion (3 %) 0,30 EUR/l (ca. 60,00 EUR Badfüllung)	Für MMS geeignete KSS (synthethisch oder nativ) ca. 8,00 EUR/l
Verbrauch (Einschichtbetrieb) – durch Verschleppung (Späne, Werkstücke ...)	Umlaufsystem ca. 30 %/Monat = **30,00 EUR/Monat**	Verbrauch ca. 20 ml/h = 3,2 l/Mon. Verlustschmierung **25,60 EUR/Monat**
– durch Verwurf (Emulsion: 3 Monate Standzeit)	33 %/Monat = **20,00 EUR/Monat**	entfällt
Pressluft	entfällt	Verbrauch ca. 30 l/Min. 230 m³/Mon. x 1,5 C/m³ **3,40 EUR/Monat**
Personal Arbeitsaufwand für Ansetzen, Nachfüllen, KSS-Überwachung ... (Stundensatz 30,00 EUR)	ca. 2 Std./Monat = **60,00 EUR/Monat**	entfällt
Betriebsaufwand Maschinenstillstand durch Reinigung, KSS-Wechsel ... (Maschinenstundensatz 50,00 EUR)	ca, 3 Std./Monat =**130,00 EUR/Monat**	ca. 0,5 Std./Monat =**25,00 EUR/Monat**
Entsorgung: Austausch nach 3 Monaten Kosten: 250,00 EUR/m³	200 l Altemulsion x 0,3 60 l x 0,25 EUR/l = **15,00 EUR/Monat**	entfällt
resultierende Gesamtkosten	**275,00 EUR/Monat**	**95,00 EUR/Monat**
Wirtschaftlicher Vorteil je Maschine: 180,00 EUR/Monat bei MMS und 250,00 EUR/Monat bei vollständiger Trockenbearbeitung		

Quelle: ABAG-itm, Pforzheim

Hinsichtlich der Aspekte Umwelt- und Arbeitsschutz und ggf. Kosten kann die Trockenbearbeitung optimal sein.
Dem gegenüber stehen häufig eine geringere Oberflächenqualität und die geringere Standzeit der Werkzeuge.

1.2.8 Arbeitsplatz

Die optimale Gestaltung des Arbeitsplatzes erhöht damit nicht nur das Wohlbefinden und die Arbeitssicherheit der dort tätigen Menschen, sondern fördert auch deren Produktivität und trägt zur Erhöhung der Produktqualität bei.

- **Ordnung am Arbeitsplatz**

Übersicht und Ordnung am Arbeitsplatz erhöhen die Produktivität und helfen, den Stress bei Arbeitenden zu mindern. Die sogenannte 5-A-Methode hat sich zur Herstellung einer optimalen Ordnung am Arbeitsplatz bewährt:

1. Schritt: Aussortieren nicht benötigter Gegenstände
In diesem Schritt werden alle Werkzeuge und Hilfsmittel, die lange nicht benötigt wurden, aussortiert. Auch Werkzeuge, die doppelt vorhanden sind und nicht kurzfristig gebraucht werden, zählen dazu.

2. Schritt: Aufräumen der benötigten Gegenstände
Gegenstände, z.B. bestimmte Werkzeuge und Messzeuge, die sehr häufig gebraucht werden, griffbereit lagern und ordnen. Übrige Gegenstände möglichst entsprechend der Nutzungshäufigkeit entfernter lagern.

3. Schritt: Arbeitsplatz sauber halten
Nach einer Grundreinigung Reinigungszyklen, z.B. am Schichtende, alle zwei Tage, festlegen.

4. Schritt: Anordnung aller Gegenstände zur Regel machen

5. Schritt: Alle Schritte wiederholt durchlaufen und verbessern

Ordnung und Sauberkeit am Arbeitsplatz sind Voraussetzung für effektives Arbeiten.

- **Kurze und standardisierte Informationswege**

Durch Fehlen von Informationen und mühseliges Aufsuchen entsprechender Informationsquellen wird viel wertvolle Arbeitszeit in unnötige Tätigkeiten investiert.
Eine Optimierung des Arbeitsplatzes unter dem **Gesichtspunkt Information** erlaubt dem dort Tätigen, alle seine Arbeit unmittelbar betreffenden Zeichnungen, Programme, Werkzeuglisten, Arbeitsanweisungen u.a. ohne Zeitverzug einzusehen und auch dort zu bearbeiten, wo es nötig ist. Besonders wichtig ist eine einheitliche, standardisierte Form der Informationsübermittlung, um ständiges Neueinarbeiten zu vermeiden. Ferner ist der unmittelbare Zugang zu der übergeordneten Funktionsstelle sicherzustellen, damit bei auftretenden Problemen in kürzester Zeit eine Lösung herbeigeführt werden kann.

Die Standardisierung der Informationsübermittlung trägt wesentlich zur Erhöhung der Produktivität bei.

- **Ergonomische Gestaltung**

Die maßliche Gestaltung eines Arbeitsplatzes auf Basis der Körpermaße des dort Arbeitenden und die Vermeidung von kräftemäßiger Überbelastung helfen dabei, Haltungsschäden und daraus entstehende Gesundheitsschäden vermeiden.
Ferner ist für eine Reduzierung der Belastung der Arbeitenden durch Lärm, Staub, Aerosole aus Kühlschmiermittel u.a. zu sorgen.
Denn der krankheitsbedingte Ausfall eingeplanter Mitarbeiter bedeutet in den meisten Fällen eine erhebliche Störung im betrieblichen Ablauf.

Vermeidung von Überbelastung durch Einsatz eines Handhabungsgerätes

Beachtung der menschlichen Körpermaße, Senkung des Muskelkrafteinsatzes und die Verringerung von Lärm, Staub u.a. helfen dabei, Gesundheitsschäden zu vermeiden.

2 Ablauf des Optimierungsprozesses

Ganzheitliche Optimierungskonzepte nehmen jedoch nicht nur die Fertigung in den Blick, sondern den gesamten Gestaltungsprozess eines Produkts von der Planungsphase über die Fertigung bis zum Recycling.

- Die einzelnen Prozessschritte werden als Teil einer Prozesskette betrachtet.
- Jedes Glied wird auf seinen Einfluss auf das Gesamtergebnis und seine Optimierungsmöglichkeiten untersucht.
- Die Optimierung des Prozesses setzt möglichst dort an, wo mit geringem Aufwand ein hohes Ergebnis erzielt werden kann.

Beispiel für einen Auftrag zum Optimieren eines Zerspanungsprozesses (Anschlussstück)

Das in der Zeichnung dargestellte Anschlussstück wurde im Rahmen einer Vorserie (Nullserie) in einer Losgröße von 200 Stück gefertigt. Die Rüstzeit für Programmerstellung, Maschine und Werkzeuge einrichten u. Ä. betrug insgesamt acht Stunden. Die reine Fertigungszeit pro Stück lag bei ca. 42 Sekunden. Im Anschluss an die Fertigung folgte eine 100-%-Kontrolle im Messraum.

Die Qualität der 200 Teile, die als Muster an den Kunden geliefert wurden, entsprach den Anforderungen, sodass der Kunde den Vereinbarungen entsprechend einen Auftrag zur Fertigung von 200 000 Stück erteilte. Für eine wirtschaftliche Fertigung dieser hohen Stückzahl ist die Ausführungszeit von ca. 42 Sekunden pro Stück mindestens um den Faktor 10 zu reduzieren, so die Kalkulation. Von der Fertigungsabteilung werden Vorschläge zur Optimierung des Zerspanungsprozesses erwartet.

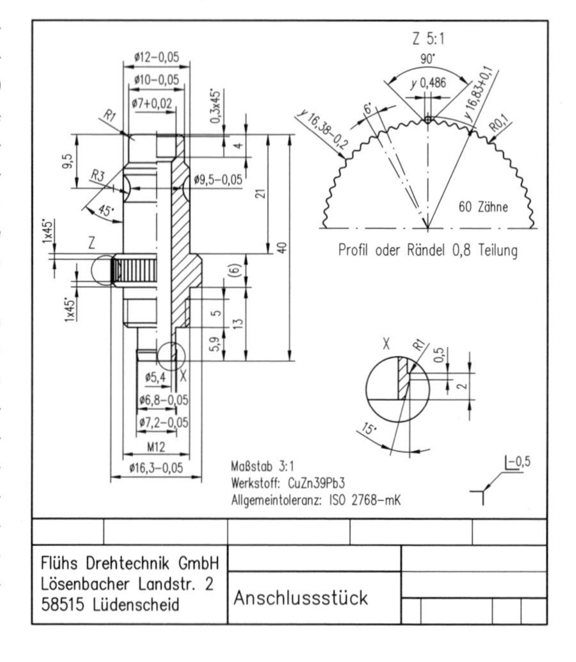

2.1 Zerspanungsprozess analysieren

Der Fachmann analysiert einen Zerspanungsprozess, indem er Eingangs- und Ausgangsgrößen ermittelt.

Beispiel für das Analysieren des Zerspanungsprozesses (Anschlussstück)

Eingangsgrößen → Zerspanungsprozess → **Ausgangsgrößen**

- Werkstückwerkstoff
  CuZn39Pb3
- Technologiedaten
  v_c = 200 m/min
  f = 0,3 mm bis 0,5 mm
  je nach Bearbeitungsvorgang
- Maschinenkonzept
  Einspindeldrehautomat
- Werkzeugkonzept
  Zentrierbohrer, Bohrer,
  Kopierdrehmeißel
  Gewindeprofildrehmeißel
  Abstechdrehmeißel
  Rändelwerkzeug 0,8 Tl.
- Spannkonzept
  – Dreibackenfutter

Ausgangsgrößen:

- Ausführungszeit
- Produktqualität

2.2 Prozessoptimierung planen

Der Fachmann untersucht die Wirkung, welche die Änderung einer Eingangsgröße („Stellschraube") auf das Ziel der Optimierung hat und ordnet der Wirkung eine Bewertungszahl (z.B. von 1 bis 10) zu. Ferner bewertet er die Schwierigkeiten, die zu erwarten sind, um die entsprechende Eingangsgröße zu ändern, ebenfalls mit einer Messzahl.
Das Ergebnis fasst er in tabellarischer Form zusammen. Bei einer Darstellung im Diagramm erkennt man deutlich die sich lohnenden Änderungen.

Beispiel für das Planen der Prozessoptimierung (Anschlussstück)

Nr.	Stellschraube	Wirkung	Schwierigkeitsgrad
1	Länge der Verfahr- und Arbeitswege des Kopierdrehmeißels, trotz günstiger Abfolge der Arbeitsschritte	8	4
2	Schnittgeschwindigkeit und Vorschub	2	1
3	Umspannzeiten	5	3
4	Werkzeugwechselzeiten	7	3
5	Abfolge der Arbeitsschritte	4	2

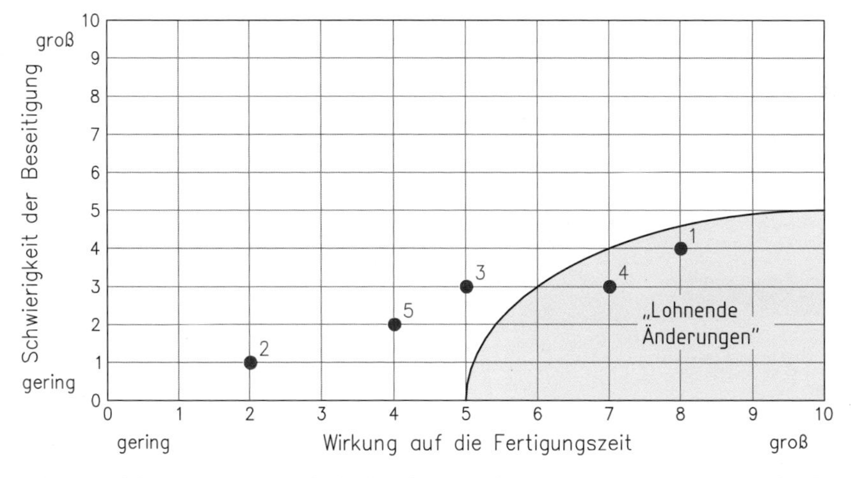

Aufgrund seiner Erfahrung und mit Methoden der Ideenfindung sucht der Fachmann Maßnahmen zur Optimierung der sich lohnenden Änderungen.

Beispiel für Maßnahmen zur Optimierung der sich lohnenden Änderungen

„Stellschraube 1"

Zur Verringerung der Verfahrwege wird der Einsatz von Formwerkzeugen geplant, deren Einsatz bei einer Stückzahl von 200000 auch bei den erhöhten Werkzeugkosten im Vergleich zu Standardwerkzeugen wirtschaftlich ist.

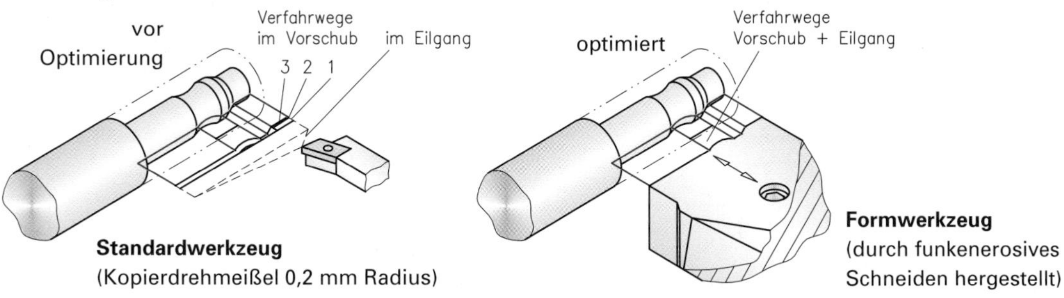

Standardwerkzeug (Kopierdrehmeißel 0,2 mm Radius)

Formwerkzeug (durch funkenerosives Schneiden hergestellt)

„Stellschraube" 4

Zur Verringerung der Werkzeugwechselzeiten wird der Einsatz eines Mehrspindeldrehautomaten geplant. Dabei entfällt ein Werkzeugwechsel gänzlich, da das Werkstück selbst schrittweise von einem Werkzeug zum anderen rotiert.

Innerhalb jedes Schritts können ein oder mehrere Werkzeuge sowohl im Längs- als auch im Quervorschub zum Einsatz gebracht werden, sodass nach einem Umlauf die vollständige Werkstückkontur entstanden ist.

Da der zur Verfügung stehende Mehrspindeldrehautomat sechs Hauptspindeln besitzt, wird nicht nur ein Rohling (Stangenmaterial) innerhalb eines Schritts bearbeitet, sondern immer sechs Rohlinge gleichzeitig. Somit wird bei jedem Schrittwechsel ein Werkstück komplett fertig.

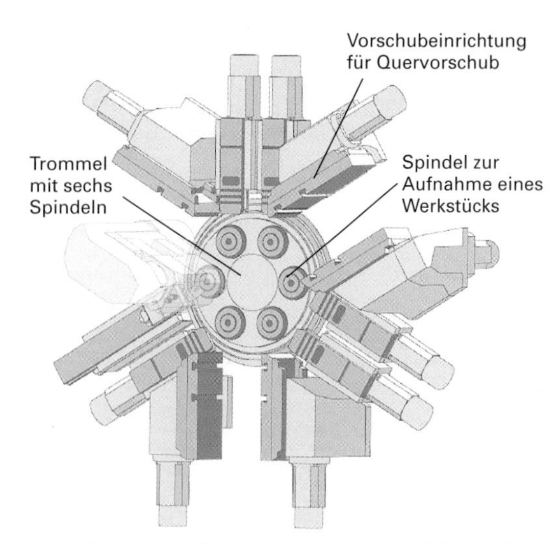

Spindeln und Vorschubeinrichtungen eines Mehrspindeldrehautomaten (Schema)

Da von der Stange gearbeitet wird, ist ein Umspannen nicht notwendig. Das Werkstück wird im letzten Schritt durch Abstechen von der Stange getrennt.

Die Parallelfertigung führt zu einer erheblichen Verkürzung der Fertigungszeit. Die durch diese Maßnahme erreichte Wirkung ist höher, als im Bewertungsdiagramm eingeschätzt, da hier die Parallelfertigung nicht mitbedacht wurde.

Mehrspindeldrehautomat (INDES MS16C)

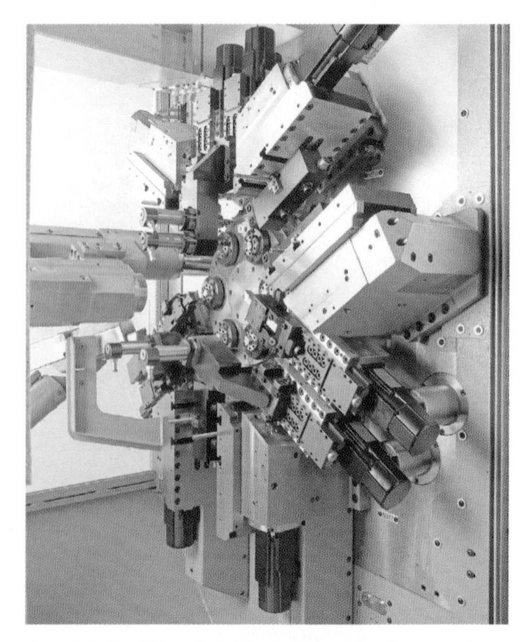

Spindeln und Vorschubeinrichtungen an einem Mehrspindeldrehautomaten (INDEX MS16C)

Fertigungsprozess auf einem Mehrspindeldrehautomaten:

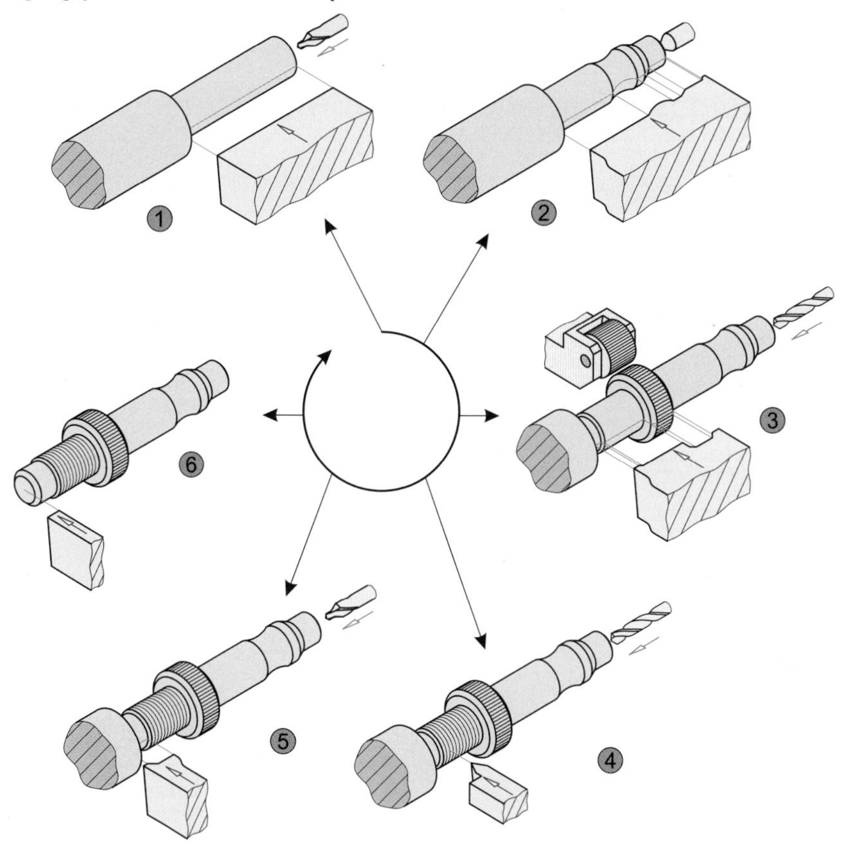

2.3 Prozessoptimierung durchführen und bewerten

Der Fachmann

- erprobt die entwickelten Maßnahmen, indem er jeweils eine der Maßnahmen umsetzt, den Zerspanungsprozess durchführt und die spezifischen Qualitätsmessgrößen erneut erfasst, auswertet und mit den festgelegten Zielen vergleicht;
- setzt den Optimierungsprozess fort, indem er
  - die weiteren geplanten Maßnahmen erprobt, falls der Sollwert noch nicht erreicht wurde oder
  - eine Steigerung des Zielwerts vornimmt oder
  - sich Ziele setzt, die sich auf andere Qualitätsmessgrößen beziehen.

Beispiel für das Durchführen und Bewerten der Prozessoptimierung (Anschlussstück)

- Die Fertigungszeit von 42 Sekunden pro Teil wurde durch den Einsatz von Formwerkzeugen (Maßnahme Nr. 1) auf etwa 20 Sekunden reduziert. Dabei kam weiterhin der CNC-gesteuerte Einspindeldrehautomat zum Einsatz. Die von der Kalkulation vorgegebene Fertigungszeit konnte damit jedoch nicht erreicht werden. Die Umsetzung der zweiten geplanten Maßnahme ist deshalb notwendig. Die Qualität der gefertigten Werkstücke entsprach den Anforderungen.
- Im Rahmen der Erprobung der Maßnahme Nr. 2 wurde bei Beibehaltung der Formwerkzeuge ein geändertes Maschinenkonzept gewählt. Der Einsatz eines Mehrspindeldrehautomaten ergab schließlich eine Fertigungszeit von 3,2 Sekunden pro Teil. Das gesetzte Ziel ist damit erreicht und die Serienfertigung kann beginnen. Auch im Rahmen der Maßnahme 2 entsprach die Qualität der gefertigten Werkstücke den Anforderungen.

Handlungsfeld: Werkstück mit CNC-Maschine fertigen

Problemstellung

Auftrag

Auftrag
Führungsstück aus E360 fräsen

Zeichnung

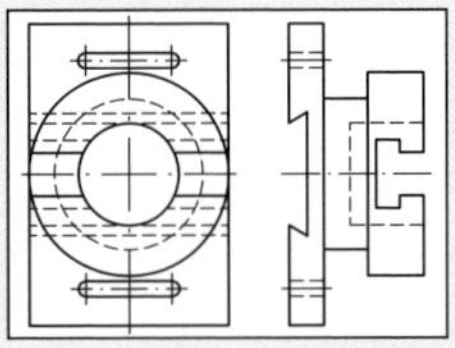

Vorgaben:
- Werkstück (Form, Maße, Oberfläche, Toleranzen)
- Werkstoff
- Stückzahl
- Termine

Analysieren

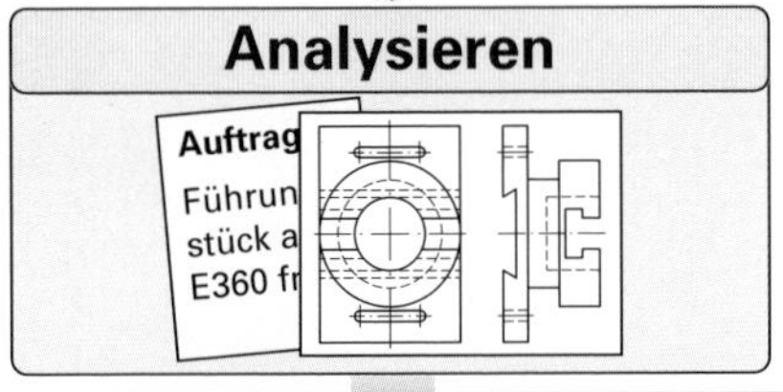

Ergebnisse:
- Fertigungsverfahren (Maschine)
- Abfolge der Fertigung
- Rohteil (Form, Maße)

Entscheidungen hinsichtlich Werkzeug:
- Schneidstoff
- Werkzeugtyp
- Schneidenwinkel
- Einspannung
- Prüfung (Schneidhaltigkeit, Standzeit)

Fertigung planen
(für das jeweilige Verfahren)

Entscheidung hinsichtlich Maschine:
- Art der Maschine
- Technologiedaten (Umdrehungsfrequenz, Vorschub ...)
- Verfahrbewegungen
- Einspannung
- Werkzeugeinsatz

Tätigkeiten:
- Einstellen bzw. Eingeben von Technologiedaten
- Einrichten der Werkstücke (Positionieren, Spannen, ggf. Stützen)
- Einrichten der Werkzeuge
- Bereitstellen von Hilfsstoffen

Fertigen

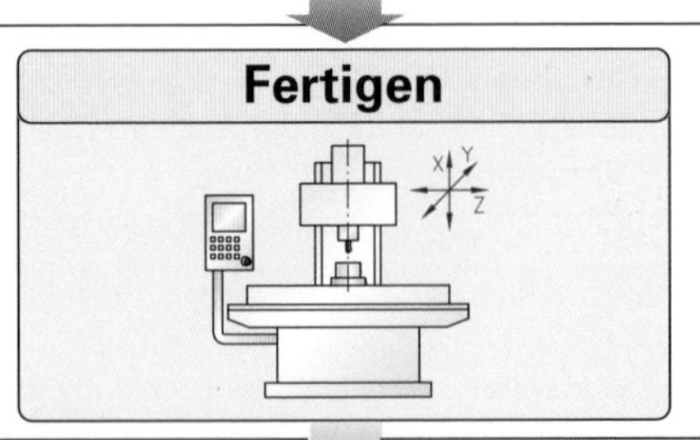

- Fertigung starten und überwachen
- Zwischenkontrollen durchführen
- Sicherheitsvorschriften beachten

Qualitätskontrolle durchführen

Kontrolle der
- Maße
- Form
- Oberfläche

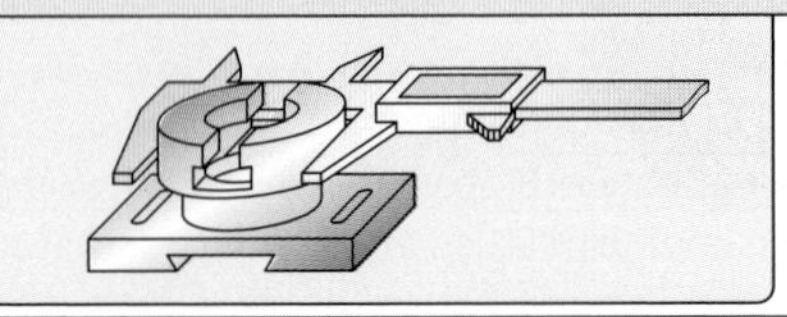

- Entscheidung über Verwendung (gut, Nacharbeit, Ausschuss)
- Fehleranalyse

1 Vorbereiten und Durchführen eines Einzelauftrags auf einer Drehmaschine

1.1 Einleitung

Der Fertigungsprozess ist Bestandteil eines komplexen Gestaltungsprozesses, der ausgehend vom Kundenauftrag bzw. Kundenwunsch z.B. ein bestimmtes Produkt als Ergebnis hervorbringt. Der Fachmann hat allein oder in Kooperation mit anderen am Gestaltungsprozess Beteiligten dafür Sorge zu tragen, dass Bauteile in der geforderten Stück-zahl und Qualität zum vereinbarten Termin und in einer für das Unternehmen wirtschaftlichen sowie bezogen auf unseren Lebensraum ökologischen Weise gefertigt werden können. Der Fachmann geht bei der Gestaltung von Fertigungsprozessen in Schritten vor:

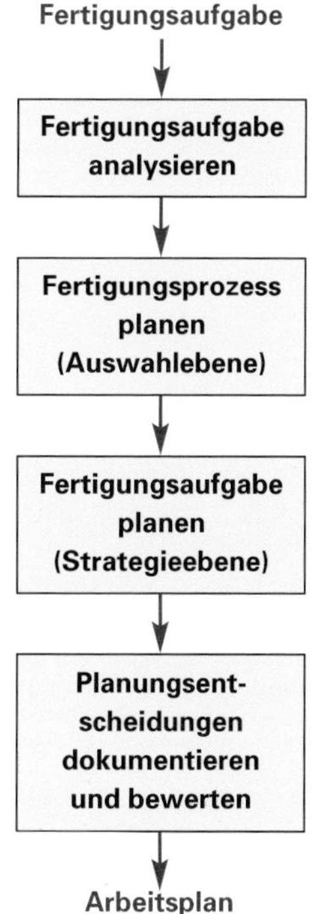

- Ermittlung von Bauteilform, -maßen, -werkstoff, geforderter Qualität, Stückzahl und Liefertermin

- Fertigungsverfahren auswählen
- Verfahrensspezifische Entscheidungen treffen hinsichtlich Maschinen, Steuerungsart (Automatisierungsgrad, Werkzeugen, Spannmitteln und Prüfmitteln

- Bearbeitungsstrategien festlegen hinsichtlich Abfolge der Arbeitsgänge, Abfolge der Arbeitsschritte innerhalb der Arbeitsgänge
- Fertigungsparameter (Technologiedaten) festlegen

- Arbeitsplan erstellen mit Arbeitsgängen und Arbeitsschritten, Werkzeugen, Fertigungsparametern und Bemerkungen
- Bewertungsfragen beantworten

Beispiel für einen Fertigungsauftrag (Gehäuse)

Das Gehäuse des nachfolgenden Thermostats soll gefertigt werden. Eine Losgröße von 550 Stück soll bis zum Ende des Monats in der Montageabteilung der eigenen Firma vorliegen.

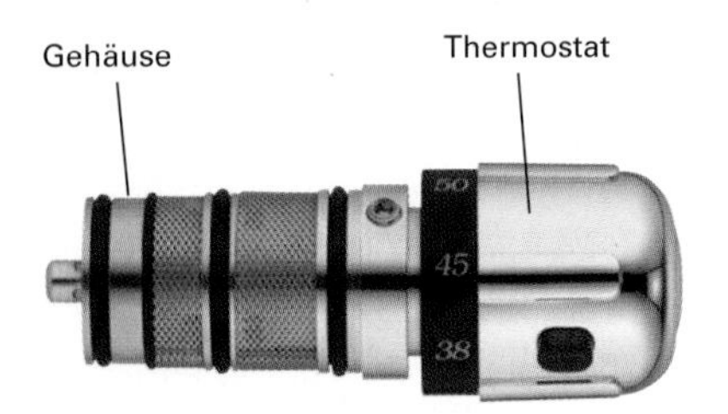

Fertigungszeichnung:

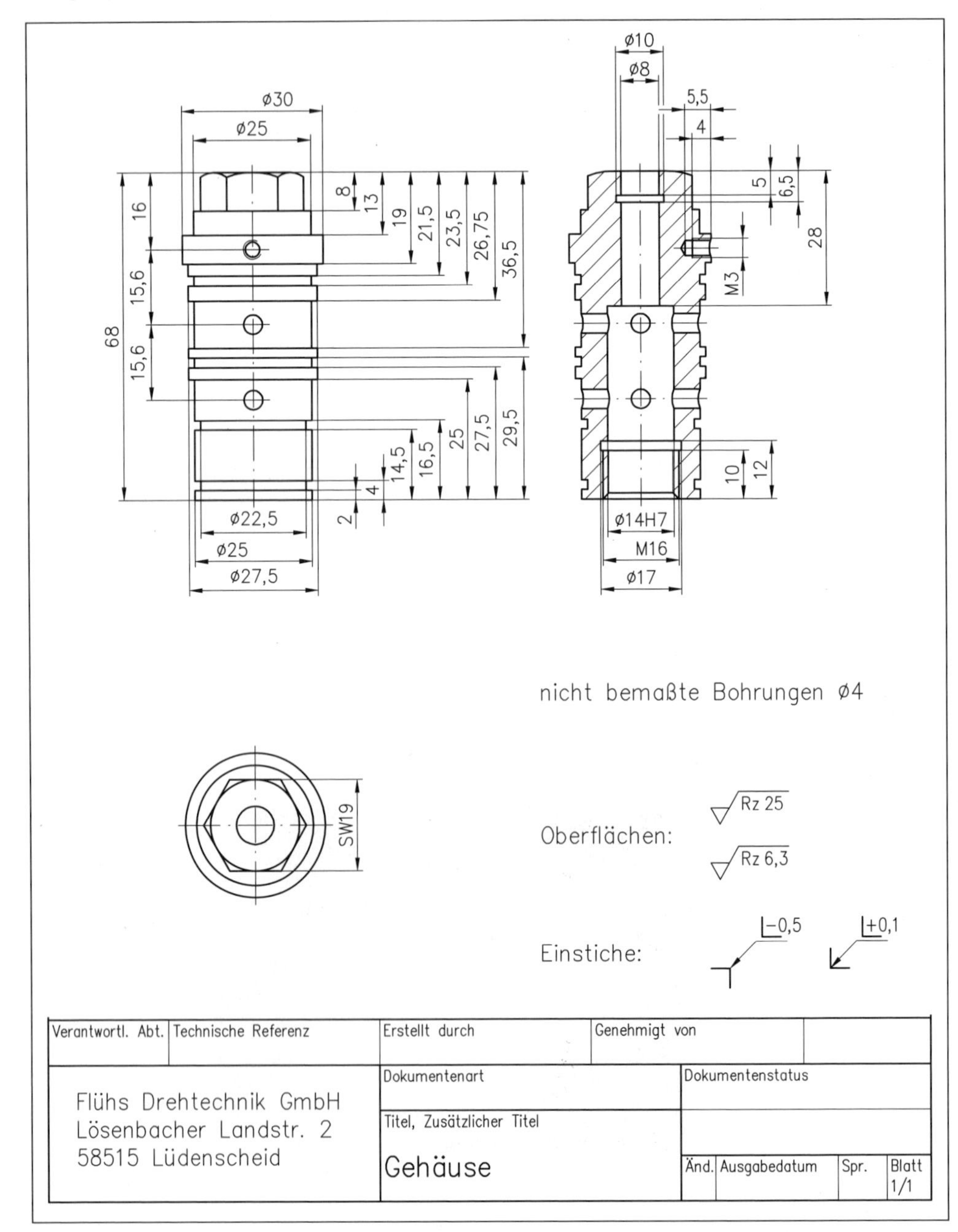

1.2 Fertigungsaufgabe analysieren

Der Fachmann analysiert eine Fertigungsaufgabe, indem er

- die Bauteilkontur, -maße, -werkstoff und Qualitätsanforderungen anhand der Fertigungszeichnung ermittelt,
- die geforderte Stückzahl und den Liefertermin anhand des Auftrags bzw. der Auftragslaufkarte feststellt,
- die für das Bauteil vorgesehenen Rohteilformen und -maße bestimmt.

Beispiel für das Analysieren der Fertigungsaufgabe (Gehäuse)

Die Fertigungszeichnung liefert die folgenden Informationen über das Bauteil:

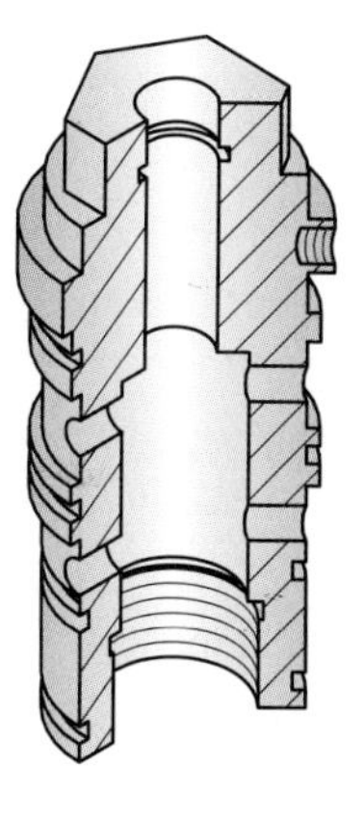

- zylindrische Kontur mit einem maximalen Durchmesser von 30 mm und einer Länge von 68 mm, spezielle Konturvorgaben hinsichtlich der Einstiche: Außenkante gratfrei mit 0,5 mm Abtrag (Form beliebig) und Innenkante mit Übergang von 0,1 mm (Form beliebig);
- Durchgangsbohrungen und Gewindebohrung senkrecht zur Hauptachse, Sechskant mit einer Schlüsselweite von SW 19;
- zu fertigen aus Kupfer-Zink-Knetlegierung CuZn38Pb2 (CW608N);
- bei der Fertigung sind die Allgemeintoleranzen ISO 2768-mK einzuhalten, Ausnahme: ø 14^{H7} (Funktionsmaß);
- für die Oberflächenbeschaffenheit ist eine gemittelte Rautiefe R_z = 25 µm vorgegeben,
  Ausnahme: Einstiche mit einer gemittelten Rautiefe von R_z = 6,3 µm (Dichtfläche).

Der Auftrag liefert weitere Informationen:

- Losgröße 550 Stück,
- zu liefern bis Monatsende, d.h. in zwölf Tagen.

1.3 Fertigungsprozess planen

Fertigungsverfahren

Der Fachmann entscheidet sich für mögliche Fertigungsverfahren, indem er

- zu jedem Formelement des Bauteils, welches speziell gefertigt werden muss (Eigenfertigung), mögliche Fertigungsverfahren ermittelt,

  Tipp: Dabei kann er sich an den bekannten formerzeugenden Möglichkeiten der unterschiedlichen Verfahren orientieren oder die Informationsschriften der Maschinenhersteller über die formerzeugenden Möglichkeiten bestimmter Verfahren informieren.

- überprüft, ob die verfahrensspezifisch erreichbare Qualität hinsichtlich Maß-, Form- und Oberflächentoleranz den Anforderungen genügt.

Auf der Grundlage der Auswahl des Fertigungsverfahrens sind nun die verfahrensspezifischen Entscheidungen hinsichtlich Maschine, Werkzeug, Spann- und Prüfmittel zu treffen.

- **Maschine**

Der Fachmann bestimmt Art und Größe der Maschine, indem er

- Größe und Ausrichtung des benötigten Arbeitsraums anhand der Abmessungen des Rohteils bestimmt,
- die auftretende Schnittkraft und die erforderliche Antriebsleistung für die mögliche Maximalbelastung berechnet,
- anhand der Bauteilkontur, der Stückzahl und des Liefertermins die erforderliche Steuerungsart (Automatisierungsgrad) der Maschine bestimmt.

  Tipp: Dabei sucht er nach der wirtschaftlichsten Lösung hinsichtlich Fertigungskosten, Programmieraufwand bei der CNC-Fertigung und Umrüstkosten bei der automatisierten Fertigung.

- **Werkzeug**

Der Fachmann wählt die Bauart und die Form der Werkzeuge (Standardwerkzeuge bzw. spezielle Formwerkzeuge) aus, indem er

- die Bauteilkontur und die möglichen Maschinenbewegungen beachtet,
- die Schneidengeometrie und den Schneidstoff in Hinblick auf den zu bearbeitenden Bauteilwerkstoff auswählt und dabei die Art der Bearbeitung, d.h. Schruppen oder Schlichten, berücksichtigt,
- die Werkzeuggröße nach der Werkstückgröße, der auftretenden Schnittkraft und der Art der Werkzeugeinspannung auswählt.

- **Spannmittel**

Der Fachmann legt die Spannmittel für das Rohteil fest, indem er

- die Aufspannmöglichkeit der gewählten Maschine berücksichtigt,
- den Einsatz von speziell gefertigten oder modularen Spannsystemen hinsichtlich eines wirtschaftlichen Einsatzes prüft,
- darauf achtet,
  - dass sicher gespannt werden kann, d.h. hohe Spannkräfte eingesetzt werden können, große Spannflächen vorliegen und geringe Unwuchten auftreten,
  - den Anforderungen entsprechend genau gespannt wird, ggf. sind zusätzliche Positionierelemente einzusetzen,
  - die Spannmittel eine weitgehende Bearbeitung ohne Umspannvorgänge gestatten, d.h. den Weg des Werkzeugs möglichst wenig behindern,
  - wenig Ausrichtarbeiten beim Positionieren, Spannen und Umspannen erforderlich sind, d.h. ggf. Positioniervorrichtungen oder Positionierhilfen eingesetzt werden. Die Ergebnisse der Planung trägt der Fachmann in den zum Arbeitsplan gehörenden Spannplan ein.

- **Prüfmittel**

Der Fachmann wählt geeignete Prüfmittel aus, indem er

- die Messgröße, die Zugänglichkeiten des Messorts, die Abmaße und die Anzahl der zu überprüfenden Maße berücksichtigt.

Beispiel für das Planen eines Fertigungsprozesses (Gehäuse)

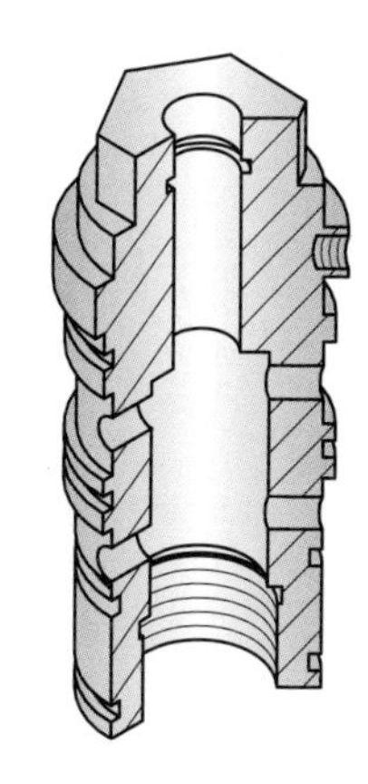

Fertigungsverfahren

Fertigung der ...

... zylindrischen Außenkontur durch Längsrunddrehen auf ∅ 30 mm,

... Maßbezugsfläche in z-Richtung durch Querplandrehen,

... Längsbohrung (∅ 8 mm, Durchgangsbohrung),

... Querbohrungen (∅ 4 mm bzw. ∅ 2,3 mm) durch Bohren bzw. Gewindebohren (M3) mit angetriebener Nebenspindel,

... Längsbohrung (∅ 13,5 mm, 30 mm tief),

... Innenkontur durch Längsrunddrehen auf ∅ 14^{H7} mm x 40 mm,

... Freistiche innen (∅ 10 mm x 1,5 breit und ∅ 17 mm x 2 mm breit) durch Quer-Einstechdrehen,

... Einstiche außen (∅ 25 mm x 2,0 mm breit) durch Quer-Einstechdrehen,

... Sechskant durch Mehrkantdrehen mit angetriebener Nebenspindel.

Mit den ausgewählten Verfahren ist eine Fertigung der Bauteile in der geforderten Qualität möglich.

Maschine

Gewählt wurde eine CNC-Maschine (Gildemeister NEF 400) mit Gegen- und Nebenspindel.

Begründung:

- Die Maschine kann Rohmaterial in Stangenform bis zu ∅ 51 mm bearbeiten.
- Der vorhandene Arbeitsraum ermöglicht die Fertigung des Gehäuses mit den gegebenen Hauptabmessungen (• 30 mm • 68 mm lang).
- Die zur Verfügung stehende Antriebsleistung ist hinreichend.
- Die erforderliche Drehfrequenz steht zur Verfügung (maximale Drehfrequenz der Maschine: 4000 min^{-1}).
- Bei der gegebenen Bauteilkontur und einer Losgröße von 550 Stück ist der Automatisierungsgrad (Einspindel-Drehautomat, CNC-gesteuert) wirtschaftlich.

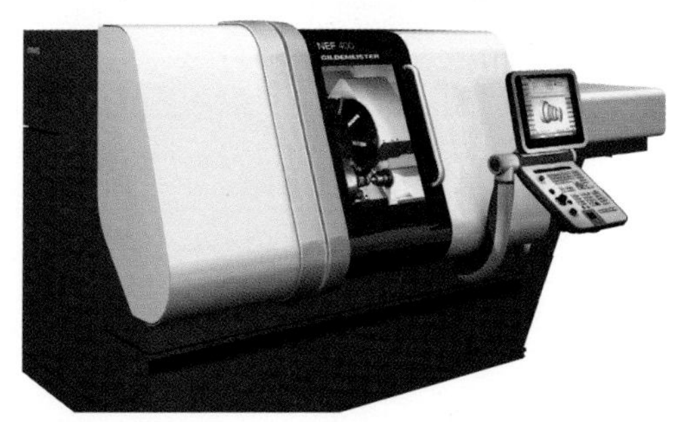

Werkzeuge

Vgl. Arbeitsplan in 1.5 Planungsentscheidungen dokumentieren (siehe folgende Seite)

Spannmittel

Spannkopf 42 BZI 31 für die Hauptspindel

Prüfmittel

Eingesetzt werden für die Prüfung der

- Außendurchmesser Grenzrachenlehren,
- Innendurchmesser Grenzlehrdorne,
- Freistiche (innen) Messbleche, Freistiche (außen) Maßlehren,
- Gewinde Gewindegrenzlehrdorne,
- Längen modifizierte Messuhren, die eine schnelle Maßerfassung ermöglichen.

1.4 Fertigungsabfolge planen

Der Fachmann plant die Abfolge der unterschiedlichen Arbeitsschritte eines Arbeitsgangs, indem er

- zunächst die Bearbeitung der Maßbezugflächen vorsieht. Dabei beachtet er, dass die von den Bezugsflächen abhängigen Maße eingehalten werden;
- hohe Lagegenauigkeit einzelner Formelemente durch Fertigung in einer Aufspannung anstrebt;
- zunächst die am weitesten von der Einspannung entfernt liegenden Teilgeometrien zerspant und so das Bauteil zur Einspannung hin stabil bleibt;
- sich außer bei dünnwandigen Bauteilen an der Regel: „Erst die Außenkontur, dann die Innenkontur spanen" orientiert. Bei dünnwandigen Bauteilen ist die umgekehrte Reihenfolge zweckmäßig;
- möglichst rechts schneidende Werkzeuge verwendet, um bei der Konturerstellung möglichst nahe an die Einspannstelle heranfahren zu können;
- bei einer automatisierten Fertigung von der Stange die Möglichkeit des Einsatzes einer umlaufenden Greifeinrichtung (Synchroneinrichtung) nutzt, um ohne manuelles Umspannen und Ausrichten die zuvor eingespannte Seite eines Werkstücks zu bearbeiten.

Beispiel für das Planen der Fertigungsabfolge (Gehäuse)

- Zunächst wird eine Bezugsebene plangedreht. Da in diesem Fall von der Stange gearbeitet wird, spielt das Maß hier eine untergeordnete Rolle.
- Die Außenkontur wird mit Ausnahme des Plandrehens und des Abstechens vollständig in einer Aufspannung gefertigt. Die Innenkontur wird mit Ausnahme des Einstichs ∅ 10 mm x 1,5 mm und des Entgratens der Bohrung ∅ 8 mm in der gleichen Aufspannung gefertigt.
- Die Fertigungsabfolge orientiert sich an den Regeln: „Teilgeometrien in Richtung der Einspannung bzw. von innen nach außen bearbeiten."
- Längsdrehen außen erfolgt mit rechts und links schneidenden (neutralen) Werkzeugen.
- Für das Umspannen wird eine Synchroneinrichtung verwendet.

1.5 Planungsentscheidungen dokumentieren

Die Planungsentscheidungen wurden in einem Arbeitsplan zusammengefasst.

Beispiel für einen Arbeitsplan

Arbeitsplan: Gehäuse				
Nr.	**Arbeitsgang**	**Werkzeug**	**Einstelldaten**	**Bemerkungen**
1.	Vorschieben des Materials	Anschlag		
2.	Plandrehen	Abstechdrehmeißel • Hartmetall Schneidplatte (SP TYP S100.0200.E2) • Schneidenträger für SP (TYP H100.2601.01)	n = 1188 1/min	
3.	Drehen der Außenkontur	Einstechdrehmeißel • Hartmetall Wendeschneidplatte (WSP TYP S224.0300.A2), Stechbreite 3 mm • Klemmhalter für WSP (LH224.2608.81)	n = 2246 1/min	
4.	Bohren 8 mm	Bohrsenker 8 mm	n = 1790 1/min	3 Durchgänge
5.	Bohren 14 mm	Bohrer 14 mm	n = 1023 1/min	
6.	Drehen Einstich innen 17 mm	Innen Stechdrehmeißel • Hartmetall Wendeschneidplatte (WSP TYP S229.0300.31) • Klemmhalter für WSP (LB224.0020.1.01)	n = 2097 1/min	

Nr.	Arbeitsgang	Werkzeug	Einstelldaten	Bemerkungen
7.	Mehrkantdrehen SW 19	*Messerkopf Mehrkantschlagen* • Hartmetall Wendeschneidplatte (WSP N314.MK40.20) • Grundkörper für WSP (L381.T069.12.04) • Spannschraube (5 F.08T20) • Auswuchtelement (L314.AT30.HM)	*n* = 1060 1/min	
8.	Gewindedrehen M16	*Gewindedrehen (M16, innen)* • Hartmetall Schneidplatte (SP TYP111 L111.1020.02) • Klemmhalter für SP (B111.0012.00)	*n* = 397 1/min	
9.	Bohren, Querbohrung 4 mm	Bohrer 4 mm, angetrieben	*n* = 3580 1/min	C-Achse positionieren
10.	Gewindebohren M3	*Gewindebohrer M3*	*n* = 2122 1/min	Spindel positionieren, Stopp
11.	Abgreifen auf Synchronspindel und Abstechen	Abstechdrehmeißel • Hartmetall Schneidplatte (SP TYP S100.0200.E2) • Schneidenträger für SP (TYP H100.2601.01)	*n* = 500 1/min	
12.	Hinterdrehen 10 mm	Einstechdrehmeißel innen • Hartmetall Schneidplatte (SP L110.0150.1.8+0,05r0,2 (TM35)) • Klemmhalter TYP B110.0016.02	*n* = 2097 1/min	
13.	Entgraten	Senker 90°		

1.6 Planungsentscheidungen bewerten

Jeder Arbeitsplan stellt eine Summe von Einzelentscheidungen dar, welche Fehler bzw. ungünstige Abläufe enthalten können. Daher sind die Auswahl und der Entscheidungsprozess einer abschließenden Kontrolle und einer Bewertung hinsichtlich Vereinfachungen oder Verbesserungen zu unterziehen.

Der Fachmann kontrolliert einen Arbeitsplan unter folgenden Fragestellungen:

- Ist die Auswahl der Verfahren und der Maschinen sinnvoll?
- Erzielt man mit der festgelegten Fertigungsfolge die Werkstückform in der verlangten Qualität?
- Ist die Schnittaufteilung günstig gewählt?
- Lässt sich das Ein- und Umspannen von Werkzeugen und Werkstücken vereinfachen?
- Kann man aufwändiges Ausrichten von Werkstücken vereinfachen oder einsparen?
- Ist der Werkstoff bei der Werkzeugauswahl und bei den Schnittdaten hinreichend berücksichtigt?
- Ist der festgelegte Fertigungsablauf insgesamt wirtschaftlich?

Die Überprüfung des Arbeitsplans ist abgeschlossen, wenn man bei allen Einzelabfragen zu positiven Ergebnissen gelangt ist. Andernfalls muss an entsprechenden Stellen nachgebessert werden.

2 Vorbereiten und Durchführen eines Auftrags auf einem Bearbeitungszentrum

2.1 Einleitung

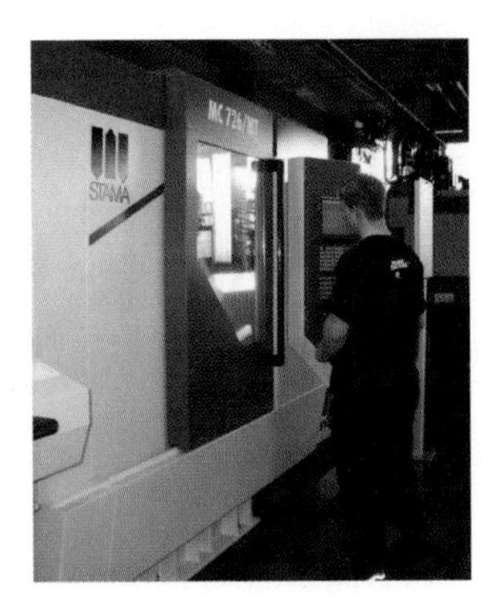

Bearbeitungszentren ermöglichen gegenüber Einzelmaschinen eine schnellere und präzisere Fertigung.
Da auf Bearbeitungszentren viele Bearbeitungsschritte in nur einer Aufspannung durchgeführt werden können, lassen sich

- die Rüstkosten senken,
- die Durchlaufzeiten verkürzen und
- die Lagetoleranzen der einzelnen Werkstückgeometrien zueinander verringern.

Bearbeitungszentren, bei denen Werkstücke von der Stange gearbeitet werden, haben zudem den Vorteil,
dass sie im Normalfall außer der Spannvorrichtung für die Stange keine speziellen Einrichtungen zum Positionieren, Spannen und Stützen benötigen. „Die Stange ist das beste Futter", so sagt die Praxis.

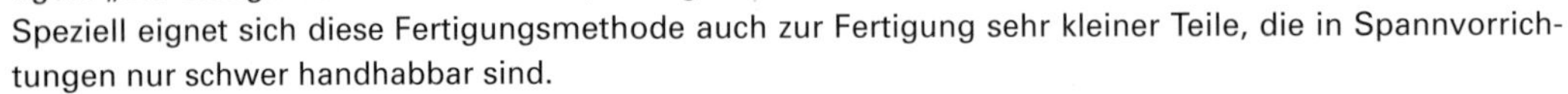

Speziell eignet sich diese Fertigungsmethode auch zur Fertigung sehr kleiner Teile, die in Spannvorrichtungen nur schwer handhabbar sind.

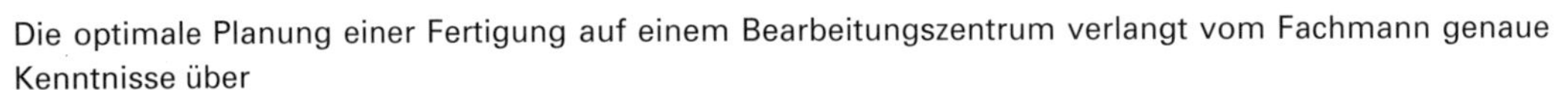

Die optimale Planung einer Fertigung auf einem Bearbeitungszentrum verlangt vom Fachmann genaue Kenntnisse über

- die geometrischen Daten und die Leistungsdaten der Maschine,
- die möglichen Fertigungsverfahren,
- die Ausrüstung der Maschine mit Werkzeugen, Spannmitteln u.a. und
- die Steuerung der Maschine.

Auf dieser Basis ist der Fachmann in der Lage, die in den Auftragsunterlagen geforderten geometrischen, qualitativen und organisatorischen Vorgaben zu erfüllen.

Beispiel für einen Fertigungsauftrag auf einem Bearbeitungszentrum (Fräskopf)

Der dargestellte Prototyp eines Planfräskopfs soll auf dem CNC-Fräs-Dreh-Zentrum STAMA MC 726/MT hergestellt werden.

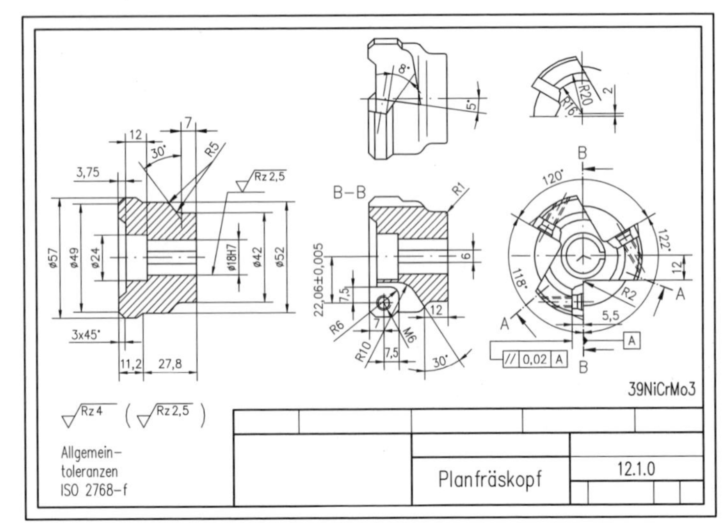

2.2 Analyse der Werkzeugmaschine

Zur Planung der Bearbeitung muss der Fachmann mit der zu verwendenden Maschine vertraut sein. Bei einer erstmalig von ihm einzusetzenden Maschine muss er sich im Rahmen der Einarbeitung anhand der vorhandenen Maschine und der zugehörigen Handbücher und Datenblätter über das mechanische System informieren. Er gewinnt dabei Informationen über

- die mit der Maschine möglichen Fertigungsverfahren, z. B. Fräsen, Drehen, Gewindeschneiden, Rollieren,
- die Daten für minimale und maximale Werkstückgrößen,
- die Daten der Antriebseinheiten der Maschine, z. B. Leistung, Drehmoment und Drehzahl der Spindelantriebe,
- die Zusatzeinrichtungen zum An- und Abtransport der Werkstücke,
- die Lage der zu programmierenden Maschinenachsen,
- die maximalen Verfahrenswege der einzelnen Achsen,
- die zur Verfügung stehenden Werkzeuge und die im Werkzeugmagazin der Maschine befindlichen Werkzeuge,
- die einsetzbaren Spannmittel für Werkstücke.

Zum Programmieren der Bearbeitung muss der Fachmann mit dem Programmiersystem der Maschine vertraut sein. Dazu informiert er sich anhand der Programmierhandbücher über die Programmstruktur, die Programmierung der einzelnen Maschinenachsen, die Verfahrbewegungen, die technologischen Daten usw.

Beispiel für die Analyse einer Werkzeugmaschine

Auf dem zur Verfügung stehenden Fräs-Dreh-Zentrum **STAMA MC 726/MT** können Werkstücke von der Stange oder aus dem Futter gefräst und gedreht werden. Ohne Umrüstung ist das Bearbeiten unterschiedlichster Werkstücke von der Stange möglich.
(Durch den Einsatz einer Gegenspindel ist die allseitige Bearbeitung von Werkstücken möglich.)

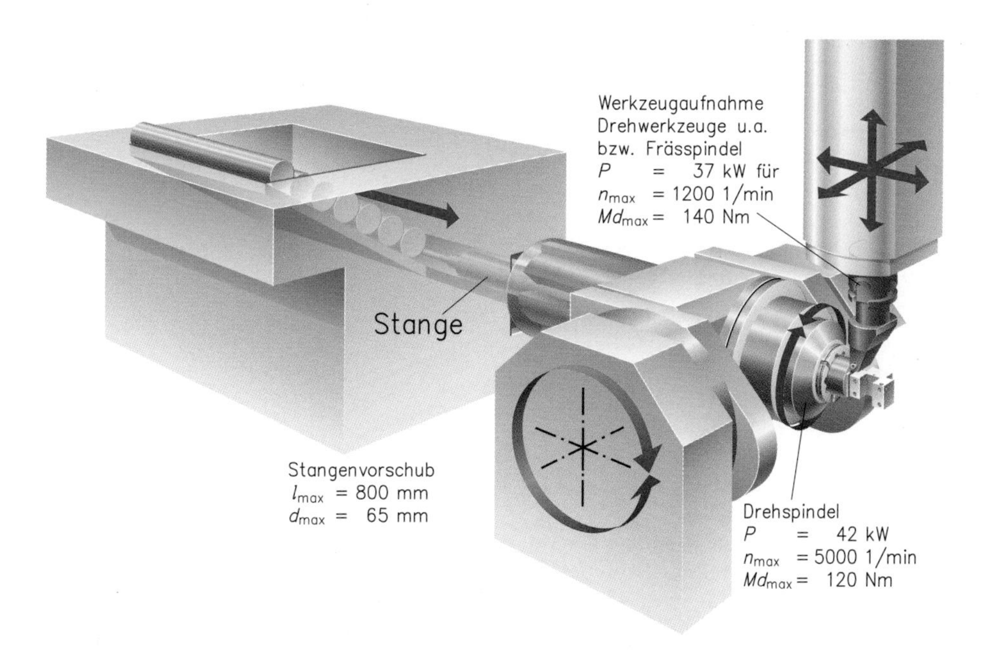

Funktionsbeschreibung und Maschinendaten des Fräsdrehzentrums STAMA MC 726/MT

Das Rohteil, die Stange, wird in die Formspannzange der Drehspindel aufgenommen.
Beim **Fräsen** wird die Drehspindel mit dem Werkstück als schwenkbarer Rundtisch eingesetzt, der beliebige Winkellagen einnehmen kann.

Beim **Drehen** dient die stehende Frässpindel als Aufnahme für die Werkzeuge. Die Drehspindel kann geschwenkt werden, sodass Drehbearbeitungen in jeder beliebigen Stellung der Spindelachse ausgeführt werden können.

Mit rotierender Frässpindel	**Mit in feststehender Frässpindel eingespanntem Drehwerkzeug**	**Mit Sondereinrichtungen**
Fräsen, Drehfräsen Bohren, Reiben, Senken Gewindefräsen	Innendrehen Außendrehen Gewindedrehen	Rollieren Räumen (einfache, geschlossene Konturen)

Bearbeitungsbeispiele auf dem Fräsdrehzentrum STAMA MC 726/MT

Arbeitsbereiche:

Verfahrwege: in X-Richtung 500 mm, in Y-Richtung 380 mm, in Z-Richtung 360 mm
Schwenkbereiche: A-Achse 360°, B-Achse 180°

Werkstückgröße bei Bearbeitung von der Stange

Größte Länge 240 mm
Durchmesserbereich 15 bis 65 mm

Werkzeugmagazin

60 Werkzeugplätze
Werkzeugaufnahme HSK-A63

Steuerung

Siemens 840 D
Zur Vereinfachung der Programmierung ist die Steuerung so eingerichtet, dass die Lage der Achsen automatisch jeweils der zu programmierenden Bearbeitung angepasst wird, z. B. liegt bei der Drehbearbeitung die Z-Achse immer so, dass das Werkstück in negativer Z-Richtung kürzer wird, beim Fräsen liegt diese Achse so, dass das Werkstück in Minusrichtung niedriger wird.

2.3 Analyse des Auftrags

Der Fachmann analysiert den Auftrag unter Berücksichtigung der ihm für den Auftrag zur Verfügung stehenden Maschine. Im Falle einer Fertigung von der Stange

- ermittelt er, ob das zu bearbeitende Werkstück innerhalb des Querschnitts einer auf der Maschine spannbaren Stange liegen kann.
- prüft er, ob bei der Bearbeitung stets zur Einspannung hin ein genügender Werkstoffquerschnitt verbleibt, damit bei der Bearbeitung durch Zerspanungskräfte und Fliehkräfte keine Verformungen oder gar Zerstörungen eintreten.

Aus den Unterlagen zum Auftrag entnimmt er weiterhin

- das Datenformat, in dem die Zeichnung vorliegt,
- die Stückzahl und die Terminvorgaben,
- die Fertigkontur, den zu verarbeitenden Werkstoff und die Qualitätsanforderungen.

Beispiel für das Analysieren eines Auftrags (Planfräskopf)

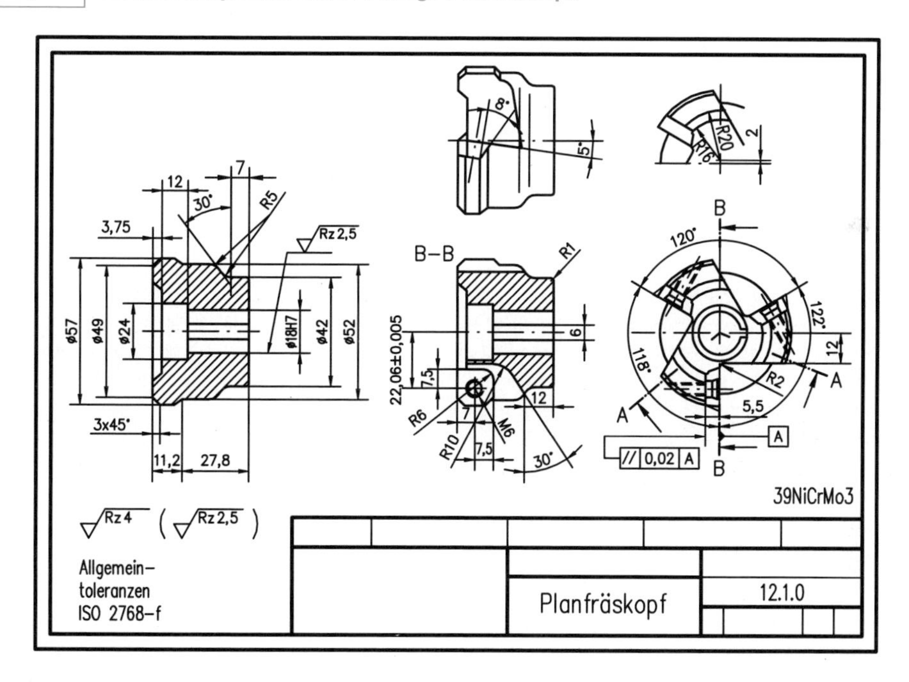

Angaben aus der Zeichnung

- Maße mit Abmaßen
- Passungsangaben
- Oberflächengüte
- Allgemeintoleranzen
- Form- und Lagetoleranzen
- Bezugsflächen
- Werkstoff

Angaben aus dem Auftrag

- Stückzahl
- Termin

Das in Auftrag gegebene Bauteil ist rund. Der größte Durchmesser beträgt 57 mm. Damit kann das Werkstück auf der vorgesehenen Maschine **STAMA MC 726 MT** aus einer Stange mit 60 mm Durchmesser gefertigt werden.

Die Form des Werkstücks ist so, dass bei der Bearbeitung immer ein großer Querschnitt zum eingespannten Stangenende erhalten bleibt, sodass Verformungen infolge von Zerspanungs- und Fliehkräften nicht auftreten können.

Die Nut sollte in einem zusätzlichen Arbeitsgang durch Räumen erzeugt werden.
Die Zeichnung des Planfräskopfs liegt als 2D-Zeichnung und als 3D-Zeichnung im sldprt-Format vor.

2.4 Planung der Abfolge der Fertigungsverfahren und der Einspannung

Die Planung der Fertigung beginnt mit der **Festlegung der Rohteilmaße**. Die Rohteilmaße bestimmt der Fachmann bei der Bearbeitung von der Stange aus dem Umriss des Werkstücks (siehe 2.3) einschließlich der Bearbeitungszugabe sowie Zugaben für Abtrennen, für das Freifahren von Werkzeugen und für das Einspannen im Futter.

Die **Arbeitsfolge** an einem Bearbeitungszentrum plant der Fachmann nach folgenden Gesichtspunkten:

- Konturelemente, an die besondere Anforderungen hinsichtlich ihrer Lage (Lagetoleranzen) gestellt werden, sollen in einer Aufspannung mit den Bezugselementen gefertigt werden.
- Weit aus der Aufspannung ragende Teile der Stange sollten möglichst zuerst bearbeitet werden, damit das Werkstück zur Aufspannung hin lange stabil bleibt.
- Werkzeugwechselzeiten sollen gering gehalten werden, indem Arbeiten, die mit dem gleichen Werkzeug ausgeführt werden, möglichst nacheinander erfolgen.
- Hektische Verfahrensbewegungen können vermieden werden, indem möglichst benachbarte Konturen nacheinander bearbeitet werden.
- Bei sehr stark ausgearbeiteten Konturen können innere Spannungen zu einem leichten Verzug des Werkstücks führen. Konturbereiche mit sehr geringen Formtoleranzen sollten darum gegen Ende der Bearbeitung noch einmal mit sehr geringer Spandicke überarbeitet werden.

Beispiel für das Planen einer Arbeitsabfolge (Planfräskopf)

Rohteilmaße und Einspannung
Das ausgewählte Fräs-Dreh-Zentrum arbeitet von der Stange. Darum ist zunächst nur der Durchmesser des Werkstücks entscheidend. Es wird ein Stangendurchmesser von 60 mm gewählt. Über die Rohlänge wird im Anschluss an die Programmierung entschieden, da die notwendigen Zusatzlängen zum Freifahren der Werkzeuge erst nach einer Werkzeugwahl festgestellt werden können. Der Stangenvorschub erfolgt durch eine Zuführeinheit. Aus diesem Grund wird als Spanneinheit in die Hauptspindel eine NC-gesteuerte hydraulische Formspannzange mit dem Durchmesser 60 mm eingesetzt.

Bearbeitungsfolge
1. Bearbeitung der Innenkontur

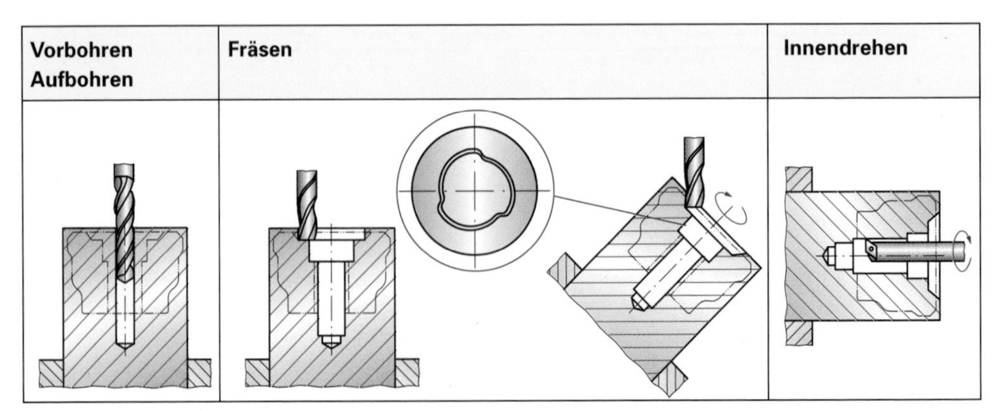

2. Bearbeitung der Außenkontur

Quer-Plandrehen Längs-Runddrehen	Einstecken	Schruppen	Schlichten

3. Bearbeiten der Aussparungen und der Gewinde

Fräsen der Aussparungen		Gewindeherstellen
• Schruppen • Schlichten	• Schruppen • Schlichten mit Formfräser	• Bohren • Gewindeschneiden

4. Fase drehen und Abstechen

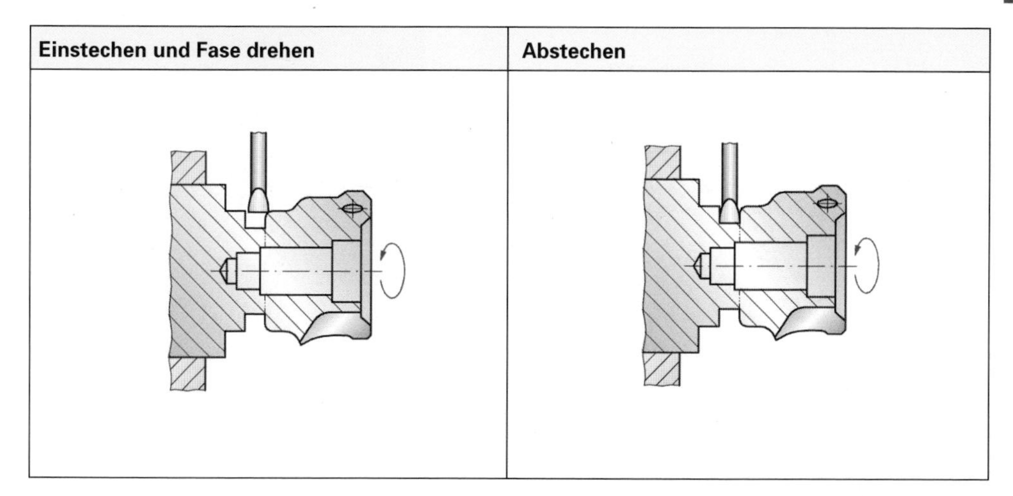

2.5 Programmierung des Werkstücks

Die Programmierung des Fertigungsablaufs nimmt der Fachmann außerhalb der Maschine an einem speziellen Programmierplatz vor.

Er erstellt das Programm für ein Werkstück, dessen CAD-Daten vorliegen, in folgenden Schritten:

1. Konvertieren der CAD-Kontur zu einer im CNC-Programmiersystem nutzbaren Darstellung,
2. Programmierung der einzelnen Arbeitsgänge in der vorher bestimmten Abfolge. Dabei wählt der Programmierer zu jedem Arbeitsgang das Werkzeug und bestimmt die technologischen Daten,
3. Simulation der Bearbeitung und Kollisionskontrolle,
4. Anpassung des Programms an die Werkzeugmaschine.

2.5.1 Bearbeiten der CAD-Kontur

Eine technische Zeichnung enthält eine Vielzahl von Informationen, die zur Bestimmung der Kontur für das CNC-Programmiersystem überflüssig sind, z. B. Bemaßungen, Schraffuren, Oberflächenkennzeichen. Zur Programmerstellung wählt der Fachmann darum aus der Zeichnung denjenigen Layer aus, der die zu erstellende Kontur enthält.
Auf diesem Layer kontrolliert und bearbeitet er die Kontur, indem er

- störende Linien u. a. löscht;
- die Übereinstimmung von Maßangaben und Konturdarstellung bei älteren Zeichnungen überprüft, denn fälschlicherweise wurde manchmal früher in CAD-Zeichnungen bei Änderungen nur die Maßzahl geändert, aber nicht automatisch die Kontur korrigiert;
- Passungsmaße auf ein mittleres Maß zwischen Größt- und Kleinstmaß setzt;
- Rohteilumrisse einträgt;
- in einer Simulation geschlossen dargestellte Linienzüge auf exakten Schluss überprüft, denn in 2D-CAD-Zeichnungen können Tangenten, Radienanschlüsse u. a. entsprechend der normalen Bildschirmdarstellung geschlossen sein, aber rechnerintern Lücken aufweisen, wenn nicht sorgfältig gearbeitet wurde.

Beispiel für das Konvertieren der CAD-Kontur (Planfräskopf)

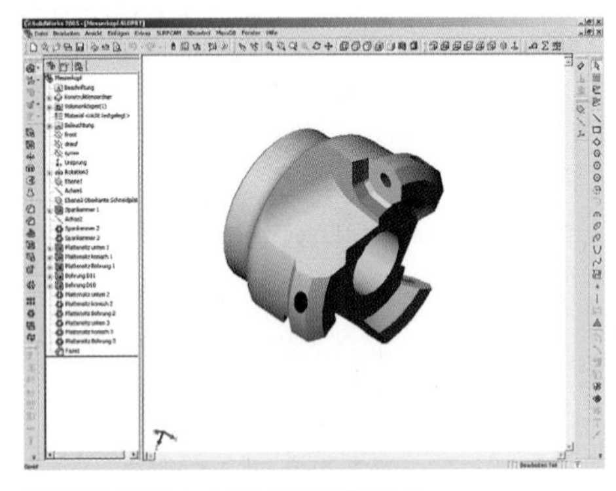

3D-CAD-Zeichnung in sldprt-Format

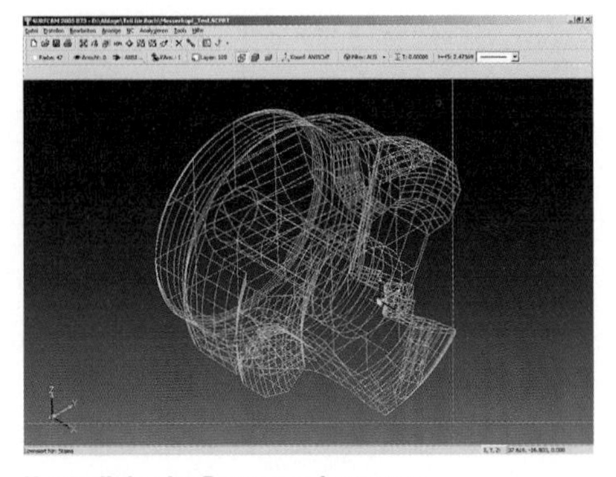

Konturlinien im Programmiersystem

2.5.2 Auswahl der zu bearbeitenden Kontur

Der Programmierer holt für den zu programmierenden Arbeitsschritt die CNC-gerecht aufbereitete Zeichnung auf den Bildschirm.

- Er grenzt die zu bearbeitende Kontur ab und
- fügt ggf. neue Begrenzungslinien ein, um den zu bearbeitenden Bereich zu verändern.

Beispiel für das Abgrenzen der Kontur für die Drehbearbeitung (Planfräskopf)

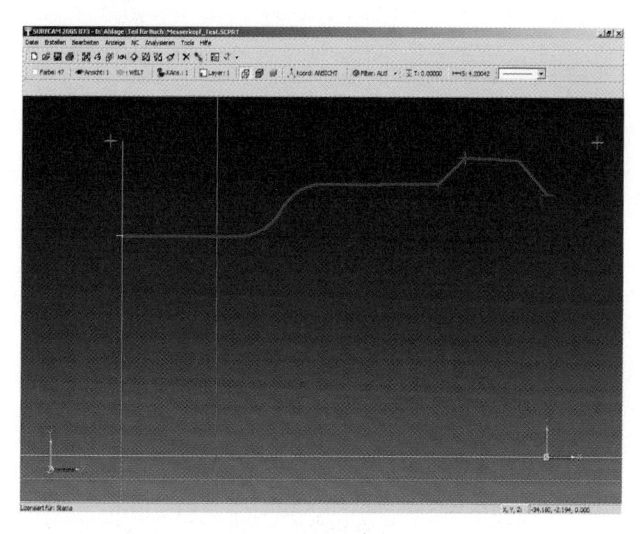

- **Auswahl der Werkzeuge und der Schnittbedingungen**

Der Fachmann muss entsprechend der Bearbeitung die Art, die Geometrie und den Werkstoff der **Werkzeuge** wählen. Dabei gelten weitgehend die folgenden Regeln:

- Für Schrupp- und Schlichtarbeiten sind unterschiedliche Werkzeuge einzusetzen. Die Schruppbearbeitung verlangt stabilere Werkzeuge mit größeren Keilwinkeln und entsprechend größeren Räumen für die Spanabfuhr.
- Spezielle und teure Formwerkzeuge sollen nur zur Fertigbearbeitung eingesetzt werden. Schwierige Konturen sollen möglichst mit Standardwerkzeugen vorgearbeitet werden.

Die optimalen Bereiche der **Schnittdaten** für ein gewähltes Werkzeug ermittelt der Fachmann aus den Datenblättern der Schneidstoffhersteller. Innerhalb der Grenzen, die dort für die einzelnen Schneidplatten angegeben sind, bestimmt der Zerspanungsfachmann die für die Bearbeitung einzustellenden Daten. Er richtet sich dabei nach

- dem Arbeitsgang,
- der Leistungsfähigkeit seiner Maschine,
- dem zu bearbeitenden Werkstoff und
- der geforderten Standzeit.

Ferner bestimmt er die Art des Anfahrens des Werkzeugs an die Kontur und das Zurückfahren.
Bei der Berücksichtigung der Standzeit muss der Fachmann zwischen den Werkzeugkosten und den Kosten der Maschinenstunde abwägen, denn höhere Schnittleistung bedeutet kürzere Fertigungszeit, aber gleichzeitig höhere Werkzeugkosten. Diese Werkzeugkosten umfassen neben den Kosten für das Werkzeug auch die Kosten für Einricht- und Einstellarbeiten.
Unterschiedliche Standzeiten berücksichtigt er ggf. durch Einsatz mehrerer gleichartiger Werkzeuge.

Beispiel für die Auswahl des Werkzeugs und der Schnittdaten für die Bearbeitung der Außenkontur (Planfräskopf)

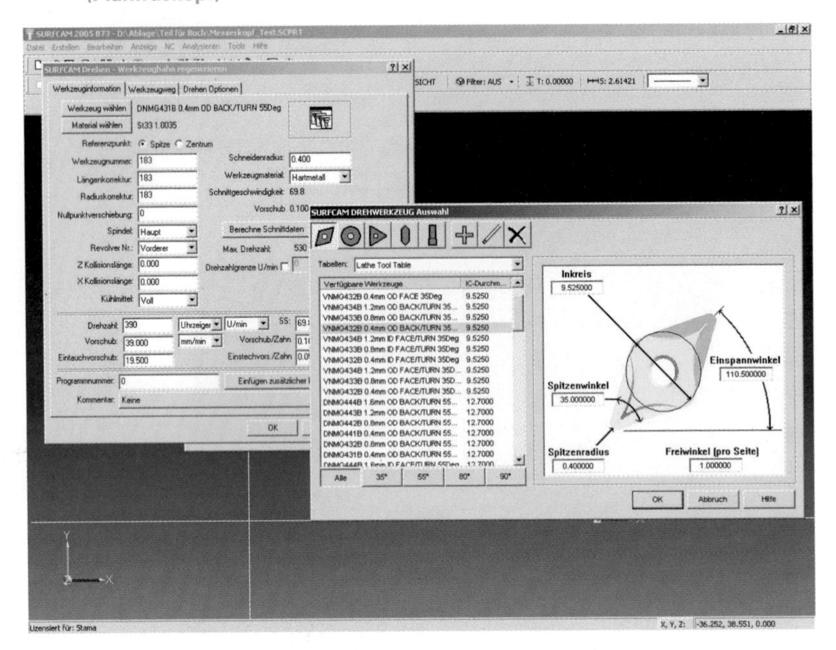

Für jeden Konturbereich programmiert der Fachmann die Bearbeitung in den zuvor genannten Schritten:

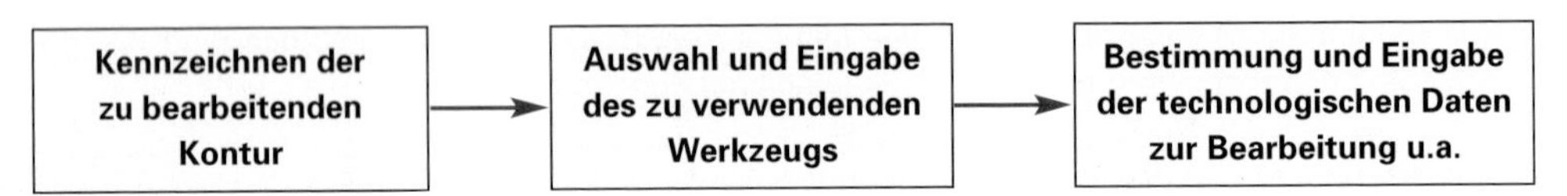

- **Programm (Auszug: Drehbearbeitung)**

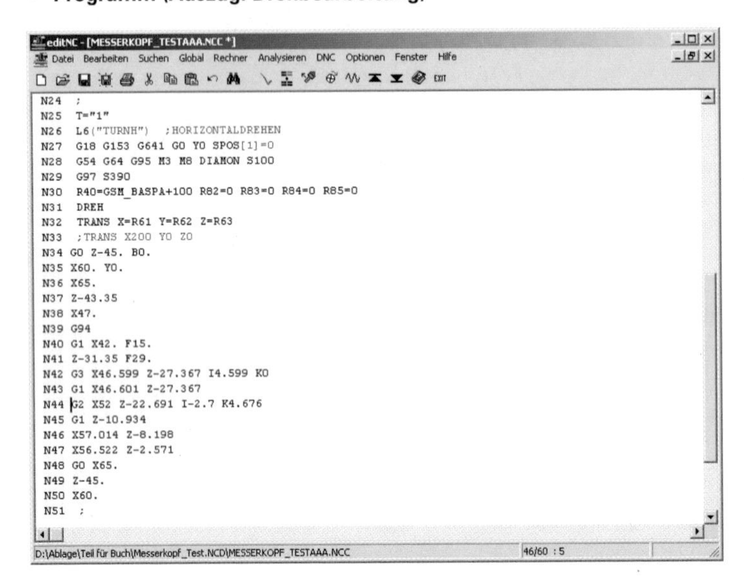

```
N24  ;
N25  T="1"
N26  L6("TURNH")  ;HORIZONTALDREHEN
N27  G18 G153 G641 GO YO SPOS[1]=0
N28  G54 G64 G95 M3 M8 DIAMON S100
N29  G97 S390
N30  R40=GSM_BASPA+100 R82=0 R83=0 R84=0 R85=0
N31  DREH
N32  TRANS X=R61 Y=R62 Z=R63
N33  ;TRANS X200 YO ZO
N34 GO Z-45. BO.
N35 X60. YO.
N36 X65.
N37 Z-43.35
N38 X47.
N39 G94
N40 G1 X42. F15.
N41 Z-31.35 F29.
N42 G3 X46.599 Z-27.367 I4.599 KO
N43 G1 X46.601 Z-27.367
N44 G2 X52 Z-22.691 I-2.7 K4.676
N45 G1 Z-10.934
N46 X57.014 Z-8.198
N47 X56.522 Z-2.571
N48 GO X65.
N49 Z-45.
N50 X60.
N51  ;
```

Nach erfolgreicher Programmierung simuliert der Programmierer die Fertigung, um Kollisionen von Werkzeugen mit Spannelementen oder vorstehenden Werkstückteilen auszuschließen.
Nach endgültiger Fertigstellung des Programms lässt der Programmierer vom Programmier-System den Werkzeug- und den Spannplan ausgeben.

2.6 Maschine einrichten und Bearbeitung durchführen

2.6.1 Einrichten der Maschine

Der Fachmann richtet die Maschine ein, indem er

- das Werkzeugmagazin mit voreingestellten Werkzeugen entsprechend dem Werkzeugplan bestückt;
- die Werkzeugmaße entsprechend der Voreinstellung in den Werkzeugspeicher der Maschine überträgt;
- die geplanten Spannmittel in den Arbeitsraum der Maschine einbringt, positioniert und spannt. Dabei gibt er auch die Lage des Werkstücknullpunkts, bezogen auf den Nullpunkt des Spannmittels, ein;
- die Teilsysteme zur Rohteilzufuhr und zum Abtransport der fertigen Werkstücke einrichtet.

Beispiel für das Einrichten der Teilsysteme der Maschine (STAMA)

Stangenmagazin

Spannzange

Werkzeugmagazin

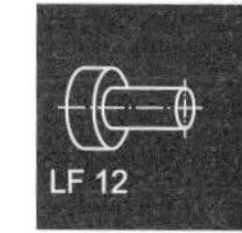

2.6.2 Durchführung der Bearbeitung

Durch Eingabe der Programmkennung (z. B. Programmnummer) ruft der Maschinenbediener das abzuarbeitende Programm auf und startet es.

Wenn er sich nicht ganz sicher ist, ob das Programm einwandfrei läuft, senkt er mithilfe des Vorschubgeschwindigkeitsschalters die programmierte Vorschubgeschwindigkeit, startet den automatischen Programmablauf und beobachtet – stets zum sofortigen Eingriff bereit – die Bearbeitung. Er kann auch Teile des Programms oder auch das gesamte Programm im Einzelsatzbetrieb abarbeiten, was aber außerordentlich aufwändig ist.

für Arbeitsgänge im Rahmen der Fertigung (Planfräskopf)

Bohren

Fräsen

Außenrunddrehen

Schlichten der Außenkontur

Fräsen der Aussparung

Bohren der Gewindebohrung

Planfräskopf

Organisieren und Überwachen von Fertigungsprozessen in der Serienfertigung LF 13

Handlungsfeld: Überwachen von Produkt- und Prozessqualität in der Serienfertigung

Problemstellung

Auftrag

Prüfauftrag

Für das angegebene Prüfmerkmal ist der Nachweis der Maschinen- und Prozessfähigkeit zu erbringen und der Fertigungsprozess kontinuierlich zu überwachen.

Prüfplan

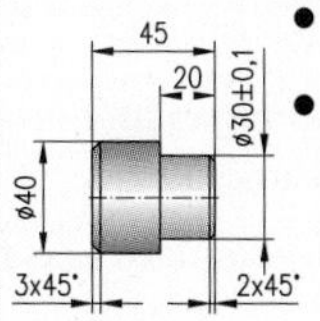

45
20
⌀30±0,1
⌀40
3x45°
2x45°

- Prüfmerkmal: ∅ 30±0,1
- Prüfumfang:
  - Maschinenfähigkeit: 50 Teile
  - Prozessfähigkeit: 125 Teile pro Schicht

Prüfergebnisse

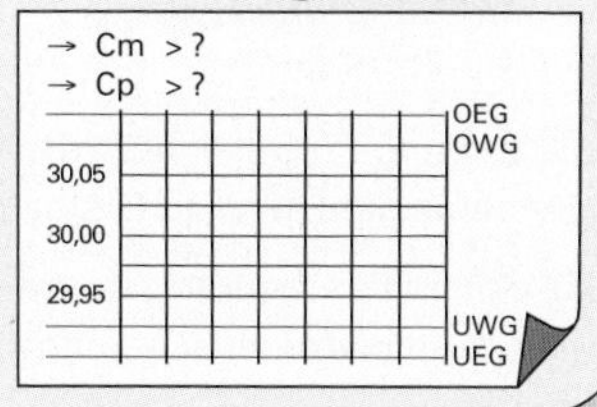

Auftrag und Prüfplan analysieren hinsichtlich:

- festgelegter Prüfmerkmale
- Vorgaben zum Überwachungsverfahren einschließlich Angaben zum Prüfumfang und den -zeiten
- Hinweisen zur Art der Ergebnisdokumentation

Analysieren

Auftrag

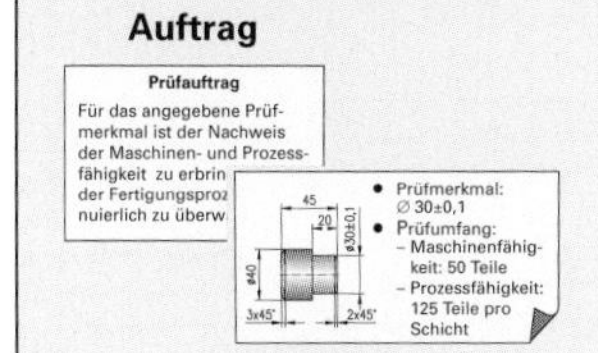

Ergebnisse:

- Messverfahren
- Verfahren der Datenaufnahme und -dokumentation
- Verfahren der Datenauswertung und Ergebnisdokumentation zum Nachweis beim Kunden

Überlegungen zu:

- Messmittel (Art, Größe, Genauigkeit)
- Art der Datenaufnahme und -dokumentation
- Vorgehen bei der Überwachung (Schrittfolge)
- Form der Ergebnisdokumentation zum Nachweis beim Kunden

Planen

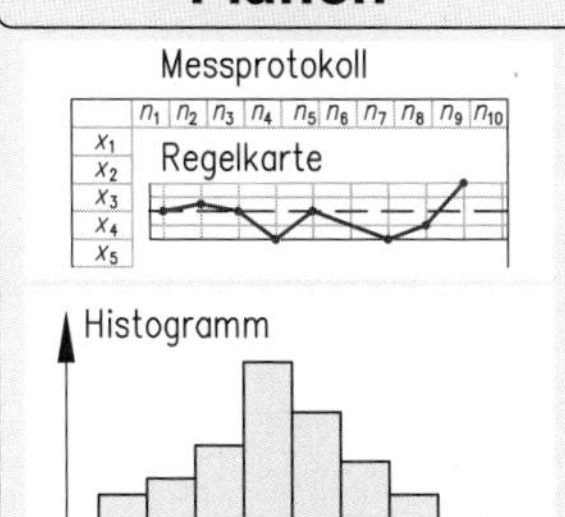

Ergebnisse:

- Art des Messmittels
- Formulare zur Dokumentation und Auswertung der Messergebnisse
- zu berechnende Qualitätskenngrößen

Ausführung und Auswertung

Überwachung durchführen:

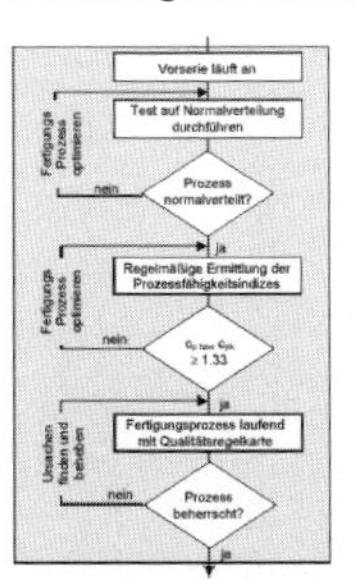

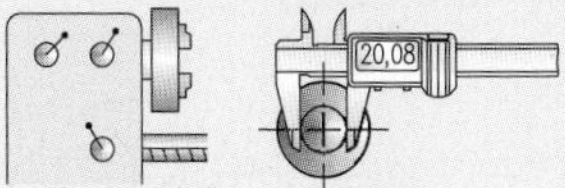

20,08

Messprotokoll

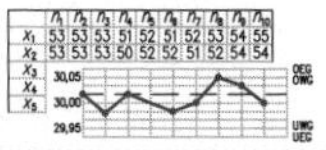

Ergebnisse

- $c_m = 1{,}63$, $c_p = 1{,}48$
- Maschine ist fähig
- Prozess ist fähig und beherrscht!

Ergebnisse:

Entscheidung über

- Maschinenfähigkeit,
- Prozessfähigkeit und
- Beherrschbarkeit des Prozesses

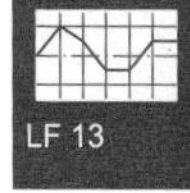

1 Fertigungssysteme

1.1 Einteilung der Fertigungssysteme

Fertigungssysteme werden hinsichtlich ihrer Flexibilität und Produktivität unterschieden in:

- *Bearbeitungszentren,*
- *flexible Fertigungszellen,*
- *flexible Fertigungssysteme,*
- *Transferstraßen.*

Flexibilität und Produktivität von Fertigungssystemen sind gegenläufige Größen, eine hohe Flexibilität eines Systems geht stets zu Lasten der Produktivität und umgekehrt.

So können in Bearbeitungszentren unterschiedlichste Werkstücke ohne große Systemumstellung schnell, aber nicht vollautomatisch gefertigt werden.

In flexiblen Fertigungssystemen können unterschiedliche Werkstücke schnell und vollautomatisch gefertigt werden. Eine Systemumstellung ohne großen Aufwand ist nur möglich, wenn die Werkstücke zur gleichen Teilefamilie gehören. Produktionsänderungen auf andere Teilefamilien bedürfen einer aufwendigen Systemumstellung.

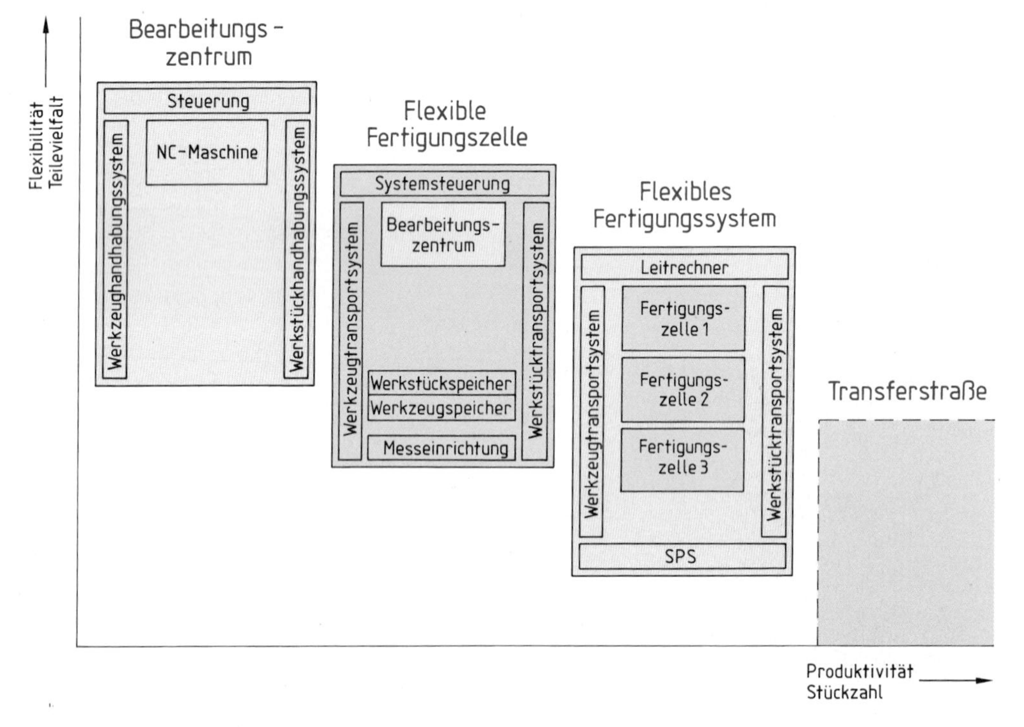

Produktivität und Flexibilität von Fertigungssystemen

Fertigungssysteme werden je nach Flexibilität und Produktivität eingeteilt in:

- Bearbeitungszentren,
- flexible Fertigungszellen,
- flexible Fertigungssysteme,
- Transferstraßen.

Übungsaufgaben J-1; J-2

- **Bearbeitungszentren**

Bearbeitungszentren besitzen eine hohe Flexibilität. Mit ihnen ist die Fertigung verschiedenartiger Werkstücke bei *beschränktem Umrüstaufwand* möglich. Man setzt sie bei kleinen bis mittleren Stückzahlen ein.
Die in flexiblen Fertigungssystemen als Modulbausteine eingesetzten Bearbeitungszentren müssen verkettungsfähig sein. Eine Verkettungsfähigkeit ist dann gegeben, wenn ein automatisches Zuführ- und Abführsystem für Werkstücke und Werkzeuge vorhanden ist. Darüber hinaus müssen Bearbeitungszentren mit solchen Steuerungen ausgestattet sein, die einen Informationsaustausch mit einem übergeordneten Rechner ermöglichen.

Beispiel für ein Bearbeitungszentrum

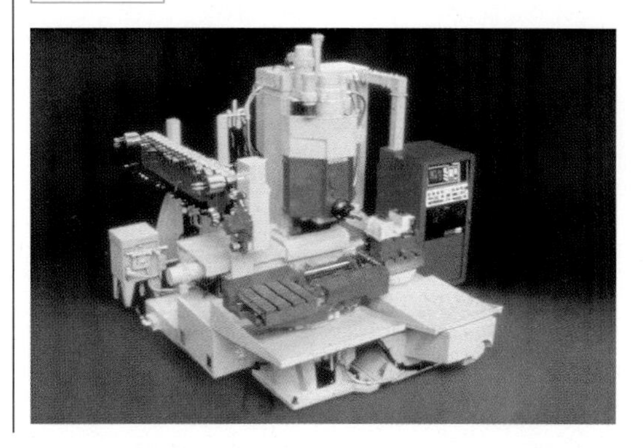

Bearbeitungszentren werden bei kleinen bis mittleren Stückzahlen eingesetzt.
Sie bestehen aus:
- NC-Maschine,
- CNC-Steuerung,
- Werkzeug- und ggf. Werkstückwechselsystem,
- Speicherprogrammierbarer Steuerung (SPS).

Für den Einsatz in flexiblen Fertigungssystemen müssen sie verkettungsfähig sein.

- **Flexible Fertigungszellen**

Flexible Fertigungszellen dienen zur automatischen Bearbeitung *vieler verschiedenartiger Einzelteile,* z. B. verschiedener Werkstücke für Nutzfahrzeuge. Sie unterscheiden sich von den Bearbeitungszellen dadurch, dass auch Werkstückwechsel, -transport und -lagerung automatisch erfolgen. Bei Bedarf kann die flexible Fertigungszelle durch Messmaschinen für Werkstücke bzw. Werkzeuge ergänzt werden.

Beispiel für eine flexible Fertigungszelle

Flexible Fertigungszellen werden in der Klein- und Mittelserienfertigung zur automatischen Bearbeitung verschiedenartiger Einzelteile eingesetzt. Sie bestehen aus
- Bearbeitungszentrum,
- Werkzeug- und Werkstücktransportsystem,
- Messeinrichtung,
- Systemsteuerung,
- Werkzeug- und Werkstückspeicher.

- **Flexible Fertigungssysteme**

Flexible Fertigungssysteme dienen der automatischen Komplettbearbeitung von Werkstücken aus gleichen oder unterschiedlichen Teilefamilien. In Verbundsystemen werden Einzelteile gefertigt, zu Baugruppen montiert und auf ihre Funktion geprüft.
Die Forderung des Marktes nach

- zunehmender Typenvielfalt,
- höherer Produktkomplexität und
- geringeren Lieferzeiten

erfordert insbesondere bei sinkenden Produktlebenszeiten in zunehmendem Maße den Einsatz von flexiblen Fertigungssystemen.
Wegen der zunehmenden Bedeutung von flexiblen Fertigungssystemen werden sie im Anschluss an diese Übersicht noch ausführlich behandelt.

Flexible Fertigungssysteme werden in der Mittel- und Großserienfertigung zur automatischen Komplettbearbeitung von Einzelteilen oder Baugruppen eingesetzt.
Sie bestehen aus:
- mehreren Fertigungszellen,
- einem Leitrechner,
- einer SPS und
- einem übergeordneten Werkzeug- und Werkstücktransportsystem.

- **Transferstraßen**

Transferstraßen besitzen eine hohe Produktivität. Sie werden bevorzugt in der Großserienfertigung eingesetzt. Dabei durchläuft ein Werkstück mehrere Fertigungseinrichtungen, meist Sonder- und Spezialmaschinen, mit denen jeweils nur wenige Bearbeitungsschritte ausgeführt werden. Die Bearbeitungsstationen sind hier in der Reihenfolge der Bearbeitung miteinander verkettet. Tansferstraßen besitzen nur eine *sehr begrenzte* Möglichkeit zum Umrüsten auf andere Werkstücke.

Transferstraße

Transferstraßen werden in der Großserienfertigung zur Bearbeitung von Massenteilen eingesetzt. Sie bestehen meist aus verketteten Sonder- und Spezialmaschinen.

1.2 Flexible Fertigungssysteme

1.2.1 Aufbau flexibler Fertigungssysteme

Flexible Fertigungssysteme bestehen aus folgenden miteinander verketteten Teilsystemen:

- Fertigungszellen mit Handhabungs-, Versorgungs- und Entsorgungssystemen,
- Werkzeugtransport- und Werkzeughandhabungssystemen,
- Werkstücktransport- und Werkstückhandhabungssystemen,
- Systemsteuerungen,
- Mess- und Überwachungssystemen.

Beispiel für den Aufbau eines flexiblen Fertigungssystems

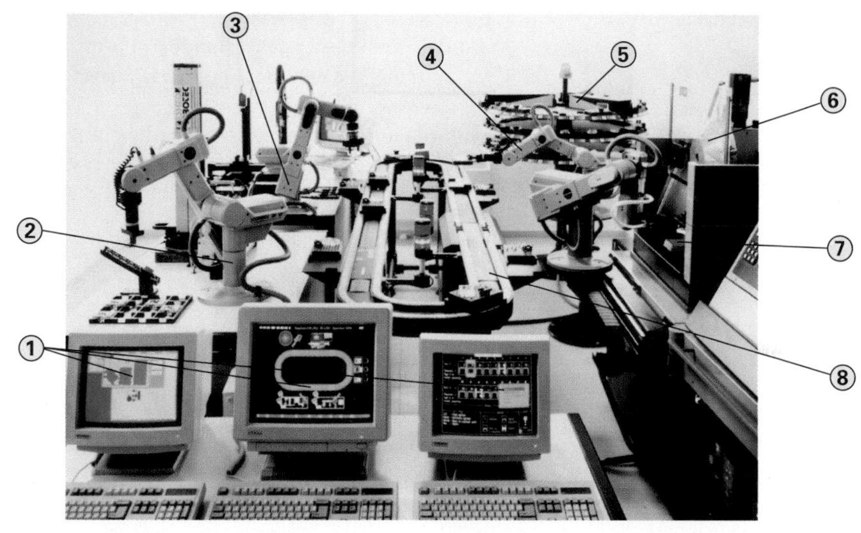

① Systemsteuerungs- und Überwachungssystem (Leitrechner, Stationsrechner, Controller)
② Montagesystem
③ Messsystem
④ Werkstückhandhabungssystem (Roboter)
⑤ Lagersystem (Rundtisch)
⑥ Werkzeughandhabungssystem (Werkzeugrevolver)
⑦ Bearbeitungszentrum
⑧ Werkstücktransportsystem (Förderband)

Die verschiedenen Teilsysteme sind über ein gemeinsames Steuerungs- und Transportsystem so miteinander verkettet, dass:

- eine automatische Fertigung stattfinden kann,
- unterschiedliche Fertigungsaufgaben an Teilefamilien durchgeführt werden können und
- keine Unterbrechung der automatischen Fertigung durch manuelle Eingriffe entsteht.

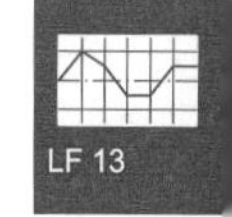

Flexibilität eines Fertigungssystems bedeutet die Fähigkeit, verschiedene Fertigungsaufgaben ohne große Umstellung der Teilsysteme ausführen zu können.

Flexible Fertigungssysteme ermöglichen die automatische Fertigung verschiedenartiger Werkstücke ohne große Systemumstellung. Sie bestehen aus folgenden Teilsystemen:

- Fertigungszellen mit Handhabungs-, Ver- und Entsorgungssystemen,
- Werkzeugtransport- und -handhabungssystemen,
- Werkstücktransport- und -handhabungssystemen,
- Systemsteuerung,
- Mess- und Überwachungssystemen.

1.2.2 Stoff- und Informationsfluss in flexiblen Fertigungssystemen

Der Ablauf einer flexiblen Fertigung wird durch den Stoff- und den Informationsfluss bestimmt. Damit die flexible Fertigung automatisch erfolgen kann, müssen vor dem Fertigungsbeginn die folgenden Vorgänge abgeschlossen sein:

- Definition des Auftrags
  1. Auswahl der Teilsysteme,
  2. Festlegungen der Fertigungsprozesse,
  3. Vergabe der Teilenummern.
- Erstellen von NC-Programmen
  1. Zeichnen der Konturen,
  2. Festlegen der Bearbeitungsschritte, Werkzeuge und Technologiedaten,
  3. Simulation und Postprozessorlauf,
- Aktivieren der Teilsysteme
  1. Einrichten der NC-Maschine,
  2. Aktualisieren des Lagerbestandes,
  3. Vorbereiten der Handhabungs- und Transportsysteme.

Die Auftragsdefiniton und die NC-Programme werden über das Leitsystem (Leitrechner) in das flexible Fertigungssystem übertragen. Start und Überwachung der Fertigung erfolgen vom Leitsystem aus.

Beispiel für Stoff- und Informationsfluss in einem flexiblen Fertigungssystem

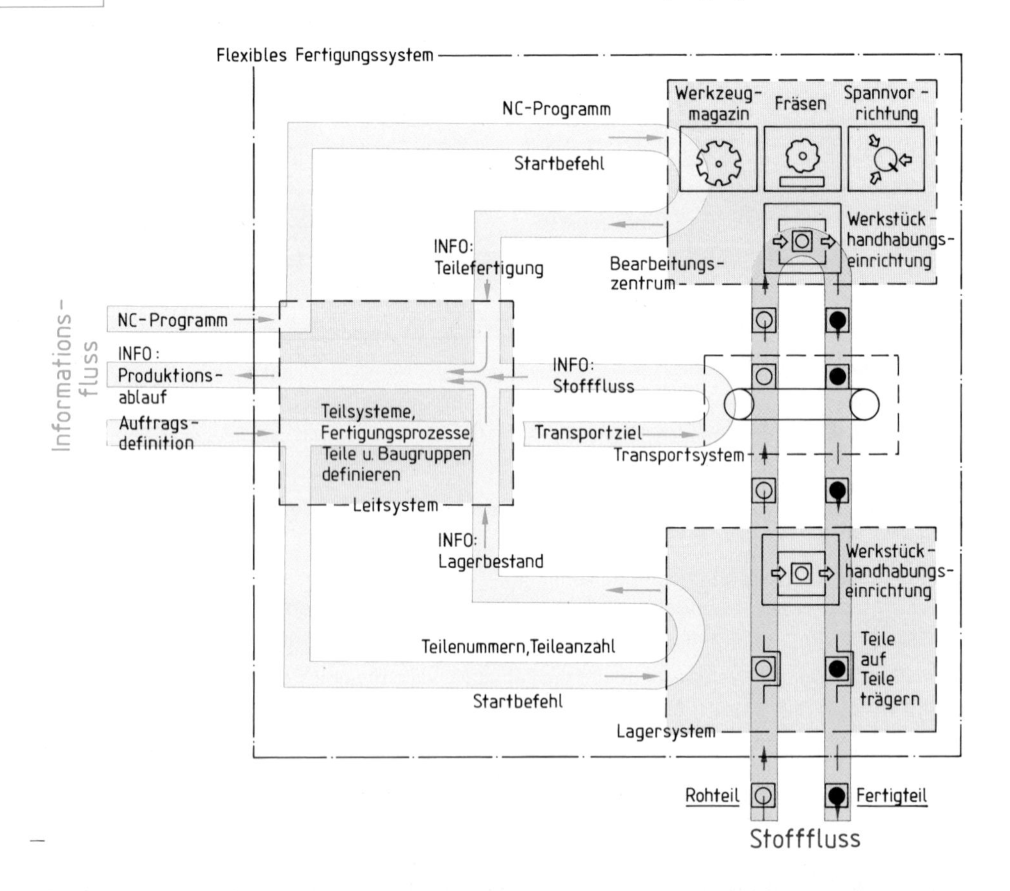

Der Stoff- und der Informationsfluss bestimmen den Ablauf einer flexiblen Fertigung. Vor dem Start einer automatischen Fertigung müssen der Auftrag definiert, die NC-Programme erstellt und die Teilsysteme aktiviert worden sein.

1.2.3 Vernetzung von Teilsystemen

Das automatisch arbeitende Fertigungssystem benötigt Informationen. Diese sind

- **Fertigungsprogramme** für Maschinen und Handhabungsgeräte,
- **Steuerungsprogramme** zur Steuerung des Materialflusses,
- **Start- und Stopp-Information** für das Gesamtsystem.

An den verschiedenen Teilsystemen des Gesamtsystems müssen diese Informationen aufeinander abgestimmt werden. Dies erfordert einen bestimmten Systemaufbau mit einzelnen Eingabe-, Speicher-, Rechner- und Kontrolleinrichtungen.

Beispiel für die Teilsysteme eines flexiblen Fertigungssystems

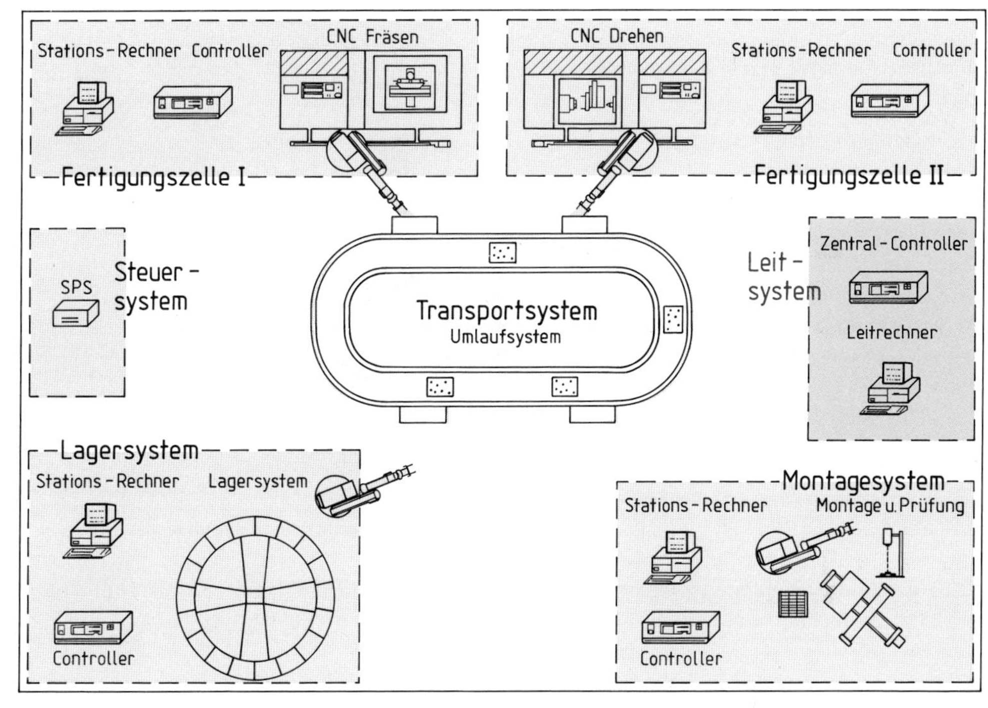

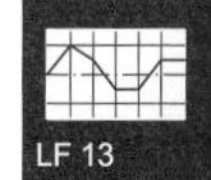

Die Fertigungsprogramme (NC-Programme, Roboterprogramme) sind in den **Controllern** jeder Station gespeichert. Controller sind Computer mit sehr hoher Leistung, in denen gleichzeitig mehrere Programme ablaufen können. Über PC können an jeder Station Programme und Fertigungsdaten eingegeben werden. Am Bildschirm der PCs kann der Fertigungsablauf beobachtet werden.

Das Steuerungsprogramm ist in der **SPS** gespeichert. Die SPS fragt die Sensoren der Transporteinrichtung ab und gibt entsprechende Ausgangssignale an die Stationscontroller weiter. Diese binden die Signale in ihre Programme ein, z. B. Signal: „Palette 5 mit Werkstück 3 in Greifposition" löst den Startbefehl für das Teilprogramm „Werkstück greifen und vom Transportband nehmen" aus.

Ein **Zentral-Controller** koordiniert den gesamten Stoff- und Informationsfluss zwischen den Teilsystemen. Ein **Leitrechner** erlaubt die Eingabe von Fertigungsdaten, Programmstart, Programmstopp und Ablaufkontrolle am Bildschirm.

Übungsaufgaben J-8; J-9

1.2.4 Handhabungssysteme

Der Stofffluss innerhalb flexibler Fertigungssysteme geschieht durch:

- *Transportieren,*
- *Lagern,*
- *Handhaben.*

Als **Transportieren** bezeichnet man dabei Ortsveränderungen von Werkstücken bzw. Werkzeugen über größere Entfernungen. Demgegenüber ist das **Handhaben** das gerichtete Bewegen von Werkstücken bzw. Werkzeugen innerhalb eines abgegrenzten Arbeitsraumes.

Handhaben ist ein gerichtetes Bewegen von Werkstück oder Werkzeug in einem abgegrenzten Arbeitsraum.

- **Werkzeughandhabungssysteme**

Die für einen überschaubaren Arbeitszeitraum erforderlichen Werkzeuge eines Bearbeitungszentrums werden in einem Werkzeugmagazin gespeichert. Nach dem Aufbau der Magazine unterscheidet man

- *Kettenmagazine* und
- *Kassettenmagazine.*

Bei Kettenmagazinen werden die Werkzeuge im Magazin zunächst positioniert, um den Zugriff des Greifers zu ermöglichen.
Bei Kassettenmagazinen wird zum Entnehmen eines Werkzeuges ein Zubringergreifer in die vorgesehene Position gebracht. Zur Identifizierung der Werkzeuge ist eine Codierung erforderlich.
Der Werkzeugwechsel vom Magazin zur Spindel und umgekehrt erfolgt mithilfe eines Schwenkgreifers. Die Handhabung der Werkzeuge durch den Schwenkgreifer ist bei beiden Magazinarten verschieden.

Kettenmagazin mit Schwenkgreifer

Das Werkzeughandhabungssystem eines Bearbeitungszentrums besteht aus Werkzeugmagazin und Greifersystem. Für die Entnahme ist eine Werkzeugcodierung erforderlich.

- **Werkstückhandhabungssysteme**

In flexiblen Fertigungssystemen werden Palettiersysteme zur Positionierung und Fixierung von Werkstücken eingesetzt. Ein Palettiersystem besteht aus einer Palettenaufnahme und einer Palette, auf der das Werkstück positioniert und fixiert ist. Die Palette kann automatisch gelagert, transportiert und in einer Werkzeugmaschine als Spannvorrichtung eingesetzt werden. Die Werkstückbearbeitung und -handhabung findet auf der Palette statt.

Palettiersystem mit Handhabungseinrichtung

Die Werkstücke werden zur Bearbeitung auf Universalpaletten gespannt dem Bearbeitungszentrum zugeführt.

• Programmierung von Handhabungssystemen

Handhabungssysteme unterscheidet man nach der Art der Steuerung und ihrer Programmierung in Manipulatoren, fest programmierte Handhabungsgeräte (Einlegegeräte) und Roboter.

Manipulatoren sind Handhabungsgeräte, bei denen fast alle Funktionen vom Bediener gesteuert werden. Es sind lediglich die Grenzen der Bewegungen und Kräfte fest programmiert. Die Manipulatoren dienen zum Bewegen heißer und schwerer Lasten, z.B. von Schmiedestücken beim Schmieden an Schmiedepressen. Manipulatoren, die ferngesteuert zu Arbeiten mit gefährlichen Materialien (radioaktiven Stoffen, Sprengstoffen, gefährlichen Viren oder Bakterien u.a.) und Arbeiten im Weltraum oder unter Wasser eingesetzt werden, bezeichnet man auch als Teleoperatoren.

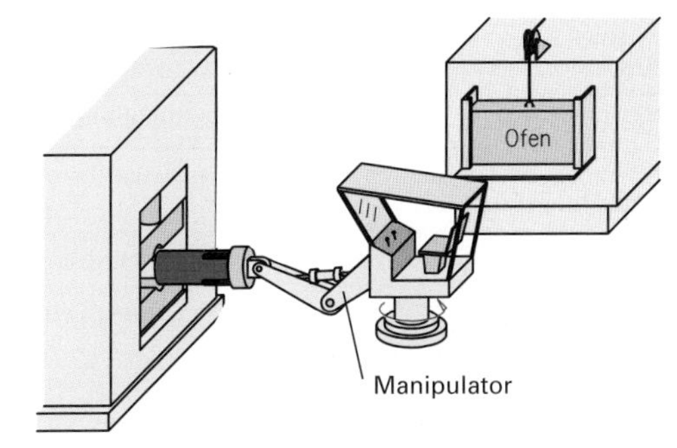

Manipulator im Schmiedebetrieb

Manipulatoren sind Handhabungsgeräte, in denen alle Bewegungsfunktionen vom Bediener gesteuert werden. Lediglich die Grenzen der Bewegungen und Kräfte sowie Warnhinweise sind fest programmiert.

Durch **Einlegegeräte** werden im Takt arbeitende Maschinen mit Bauteilen bestückt. Diese Geräte führen beim Einsatz immer die gleichen einfachen Drehungen und Schwenkungen sowie geradlinige Bewegungen in hoher Zahl aus. Wegen der Einfachheit der Bewegungen kann man in diesen Steuerungen das Ablaufprogramm durch festes Verdrahten oder Verschlauchen festlegen. Die Reihenfolge der Bewegungen wird durch Grenztaster, Sensoren, Anschläge u.ä. ausgelöst.
Eine Änderung des Ablaufes ist nur durch eine Schaltungsänderung zu bewirken. Darum nennt man diese Geräte fest programmiert.

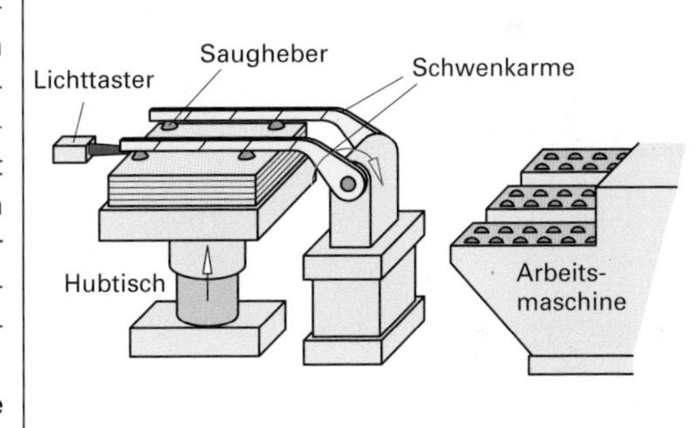

Einlegegerät

Einlegegeräte, in denen das Programm durch Verdrahtung oder Verschlauchung vorgegeben ist, sind fest programmierte Handhabungsgeräte.

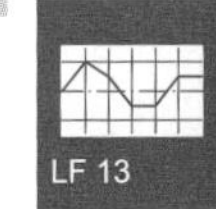

Industrieroboter sind Handhabungssysteme, deren einzelne Achsen unabhängig voneinander durch eine frei programmierbare Steuerung bzw. durch einen Rechner gesteuert werden. Wegen der Möglichkeit, das Programm ohne großen Aufwand zu ändern, sind die Industrieroboter universell einsetzbar. Ein Programm zur Steuerung eines Industrieroboters muss alle Informationen zur Durchführung und Überwachung des Bewegungsablaufes und zur Kommunikation mit anderen Systemen enthalten.

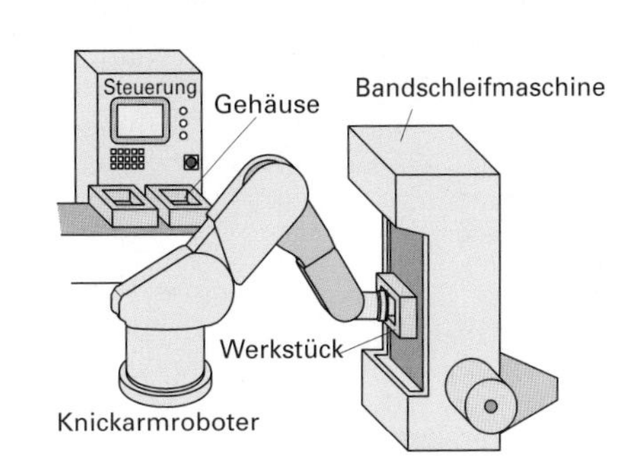

Knickarmroboter beim Schleifen

Industrieroboter sind frei programmierbare Handhabungssysteme und darum universell einsetzbar.

Übungsaufgaben J-13; J-14

1.2.5 Transportsysteme

Der Transport von Werkzeugen und Werkstücken innerhalb flexibler Fertigungssysteme erfolgt je nach Länge und Verlauf der Transportwege mit unterschiedlichen Transportsystemen.
Man verwendet z. B.:

Transportsysteme	Einsatzbereiche
Förderbänder	Für den Transport von Werkstücken mit geringen Gewichten.
Schienengebundene Transportfahrzeuge	Für geradlinige Transportwege in kleineren Systemen.
Hängeförderer	Für Transporte von Werkstücken in großen Fertigungssystemen.
Fahrerlose Transportfahrzeuge	Für nicht lineare Transportwege in größeren Systemen.

Beispiele für unterschiedliche Transportsysteme

Förderband

Schienengebundenes Transportfahrzeug

Fahrerloses Transportfahrzeug

Hängeförderer

Als Transportsysteme in Fertigungssystemen verwendet man z. B.:

- Förderbänder,
- schienengebundene Transportfahrzeuge,
- fahrerlose Transportfahrzeuge,
- Hängeförderer.

Übungsaufgabe J-15

1.2.6 Mess- und Überwachungssysteme

Die Prozessüberwachung in flexiblen Fertigungssystemen gliedert sich in die Teilbereiche:

- *Werkstücküberwachung* z.B. Lagebestimmung, Durchmesserprüfung
- *Werkzeugüberwachung* z.B. Standzeitüberwachung, Zerspankraftmessung
- *Fehlerdiagnose* z.B. Zustandsmeldungen, Fehlersuche

- **Werkstücküberwachung**

In flexiblen Fertigungssystemen umfasst die Werkstücküberwachung die Aufgaben

- Werkstückerkennung,
- Lagebestimmungen,
- Überprüfung von Bearbeitungsvorgängen,
- Qualitätsprüfungen.

Die Werkstücküberwachung wird im Arbeitsbereich von Bearbeitungszentren oder auf zwischengeschalteten Überwachungssystemen durchgeführt.

Beispiel für eine Werkstückerkennung

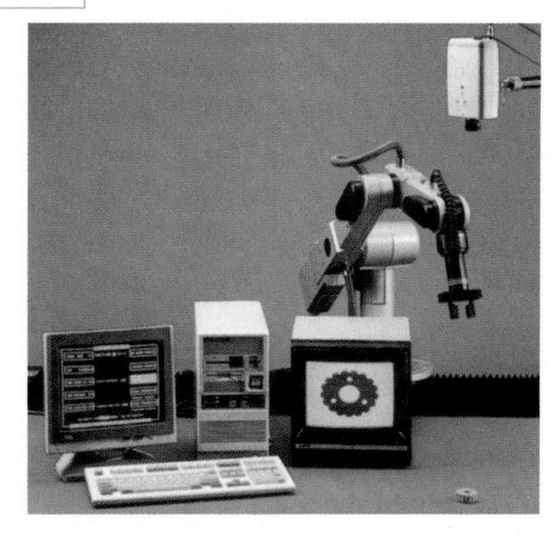

- **Werkzeugüberwachung**

Werkzeugüberwachungssysteme innerhalb von flexiblen Fertigungsanlagen dienen den Zielen:

- Erkennen von Werkzeugverschleiß und -bruch,
- Feststellen unerwarteter Werkzeugbrüche.

Durch eine lückenlose Werkzeugüberwachung sollen Schäden an Maschinen und Vorrichtungen vermieden und eine Ausschussproduktion in engen Grenzen gehalten werden.

Eine umfassende Werkzeugüberwachung kann sich auf die Phasen vor, während und nach der Bearbeitung erstrecken.

Am günstigsten erweist sich die Überwachung während der Bearbeitung.

Beispiel für eine Überwachung während der Bearbeitung

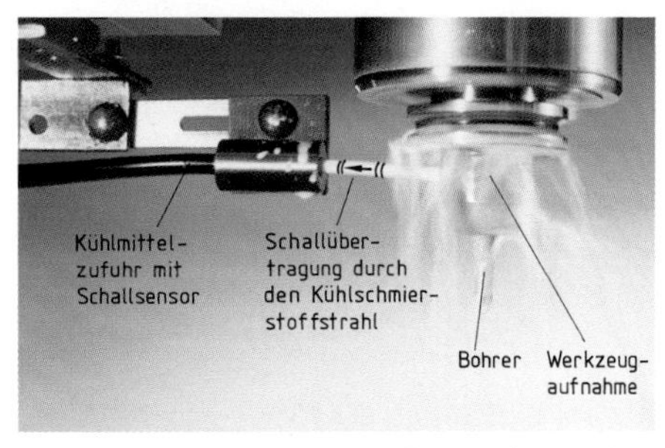

Prozessbegleitende Werkzeugüberwachung mit einer Körperschallmessung am Werkzeug

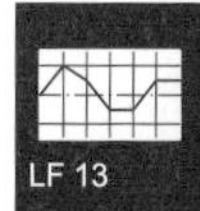

- **Fehlerdiagnose**

Mithilfe der Fehlerdiagnose sollen Störungen im Prozessablauf schnell erkannt und behoben werden können. Eine umfassende Prozessüberwachung in flexiblen Fertigungssystemen erfordert eine ständige Funktionsüberwachung sämtlicher Teilsysteme.

Ziele der Mess- und Überwachungssysteme sind:

- eine Qualitätssicherung der Werkstücke und
- ein möglichst störungsarmer Fertigungsablauf und damit eine hohe Auslastung der Anlage.

Man unterscheidet Systeme zur

- Werkstücküberwachung,
- Werkzeugüberwachung,
- Fehlerdiagnose.

Übungsaufgabe J-16

1.3 CIM-Konzept

Flexible Fertigungssysteme können in ein CIM-Konzept integriert werden. Unter CIM (**C**omputer **I**ntegrated **M**anufacturing) versteht man die Integration von:

- **CAD** (**C**omputer **A**ided **D**esign), durch rechnerunterstütztes Konstruieren können u. a. Zeichnungen für die NC-Programmierung erstellt werden.
- **CAM** (**C**omputer **A**ided **M**anufacturing), in der computerunterstützten Fertigungsplanung und Fertigung werden u. a. NC-Programme anhand von Konturzeichnungen und Technologiedaten zur Steuerung von NC-Maschinen erzeugt.
- **PPS** (**P**roduction **P**lanning **S**ystem), im Produktionsplanungssystem werden Auftragsverwaltung, Kapazitätsplanung, Kalkulation usw. durchgeführt.

Beispiel für ein CIM-Konzept

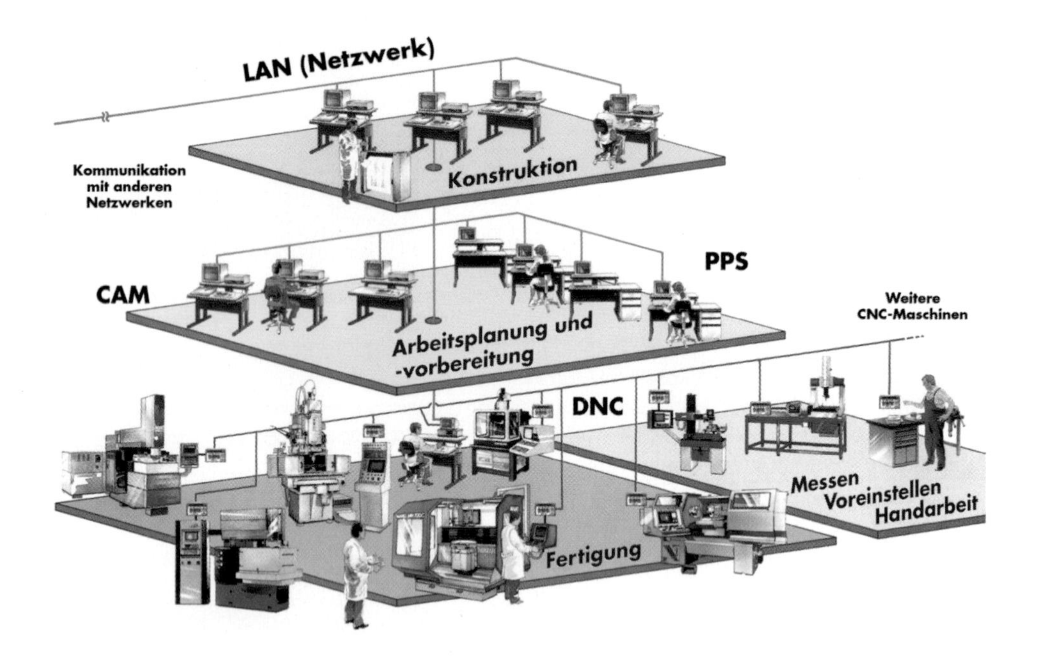

Mit der Einführung des CIM-Konzepts werden folgende Ziele verfolgt:

- Steigerung der Produktivität bei ausreichender Flexibilität,
- Verbesserung der Qualität,
- Erhöhung der Kapazitätsauslastung.

Für die in einem CIM-Konzept arbeitenden Menschen ergeben sich folgende Anforderungen:

- Kooperations- und Kommunikationsfähigkeit,
- Verantwortungsbereitschaft und
- Denken in komplexen Systemen.

In einem CIM-Konzept sind Konstruktions-, Produktionsplanungs- und Fertigungssysteme integriert und miteinander verkettet, um u. a. die Produktivität und die Qualität zu steigern. Das CIM-Konzept fordert von den Mitarbeitern ein hohes Maß an Kommunikations- und Kooperationsfähigkeit sowie geistige Flexibilität.

2 Industrieroboter

Für eine frei programmierbare Handhabung in flexiblen Fertigungssystemen werden Industrieroboter eingesetzt.

2.1 Einrichtungen von Industrierobotern

Industrieroboter bestehen aus folgenden Einrichtungen:

Effektor

Teilfunktionen:
Greifen, Polieren, Schweißen, Farbspritzen u.a.

Basisgerät

Teilfunktion:
Aufnahme der Kräfte und Momente in den Gelenken und Armen des Roboters

Steuerung

Teilfunktion:
Programmablauf speichern, steuern, überwachen und verknüpfen

Antrieb

Teilfunktion:
Achsbewegungen mit vorgegebener Geschwindigkeit zur Positionierung

Messsystem

Teilfunktion:
Messen der Lage, Geschwindigkeit und Beschleunigung der Achsbewegungen

Sensoren

Teilfunktion:
Signalerfassungen, z. B. Lageerkennung oder Vorhandensein von Objekten

In flexiblen Fertigungssystemen übernehmen Industrieroboter vielfach die Handhabung.
Einrichtungen eines Industrieroboters sind:
- Basisgerät,
- Effektor,
- Steuerung,
- Antrieb,
- Sensoren,
- Messsystem.

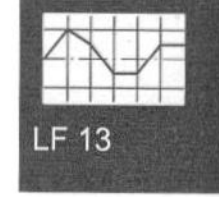

Achsen eines Industrieroboters

Die drei Hauptachsen (1, 2 und 3) bilden den Roboterarm. Mithilfe der **Hauptachsen** können alle Positionen im Raum angefahren werden. Für die Handhabung von Werkstücken oder Werkzeugen sind drei weitere Achsen – die **Handachsen** (4, 5 und 6) – erforderlich. Durch die rotatorischen Handachsen können die Handhabungsobjekte in ihren Positionen die notwendige Orientierung erhalten.

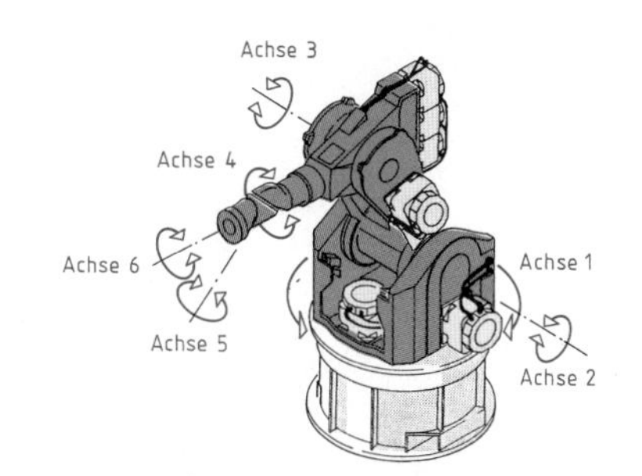

Haupt- und Handachsen eines Industrieroboters

Bei einem Industrieroboter wird zwischen den Hauptachsen zur Positionierung und den Handachsen zur Orientierung von Werkzeugen und Werkstücken unterschieden.

Übungsaufgaben J-17; J-18

2.2 Bauarten von Industrierobotern

Industrieroboter werden nach der Art ihrer Bewegungen unterschieden. Die Bewegungen können Drehbewegungen – *rotatorisch* – sein, man spricht von **R-Achsen**. Sind die Bewegungen geradlinig – *translatorisch* – dann spricht man von **T-Achsen**.

Bauart	Bewegungen und Arbeitsraum	Anwendungsbeispiele
Portalroboter 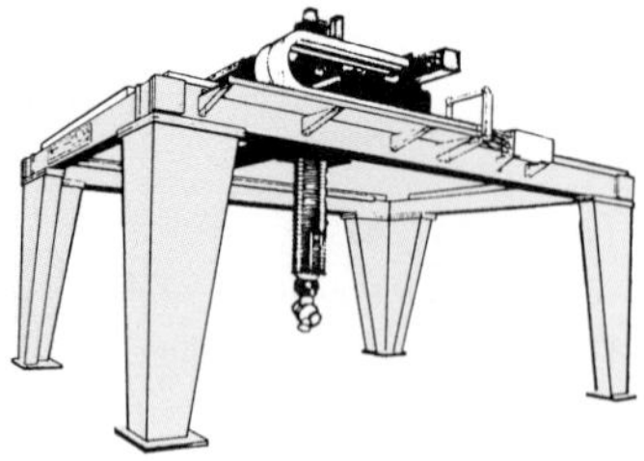	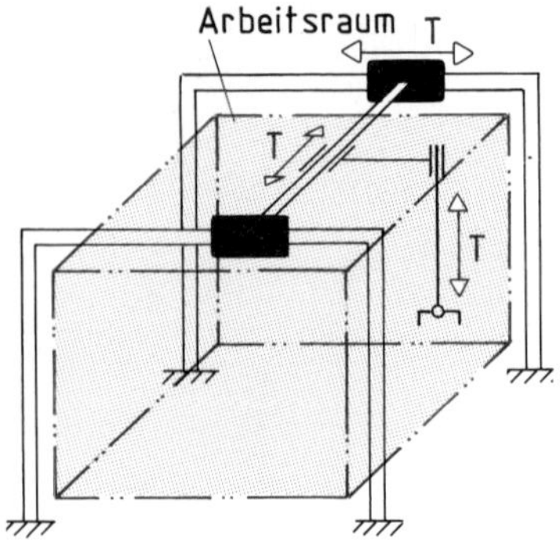 TTT-Bewegungsablauf	Be- und Entladen von Paletten, Montagetätigkeiten, Maschinenbeschickung
Schwenkarmroboter 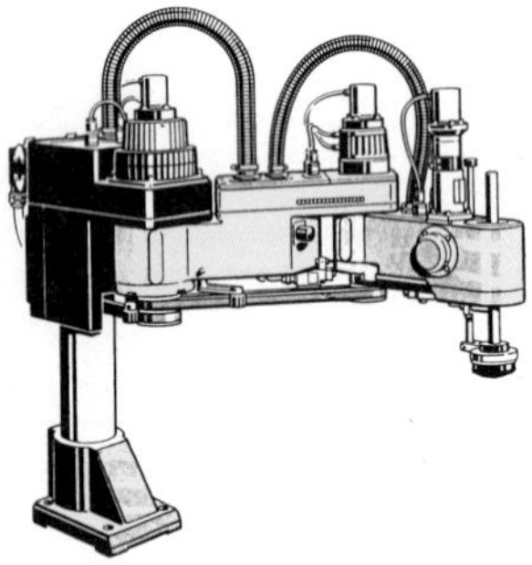	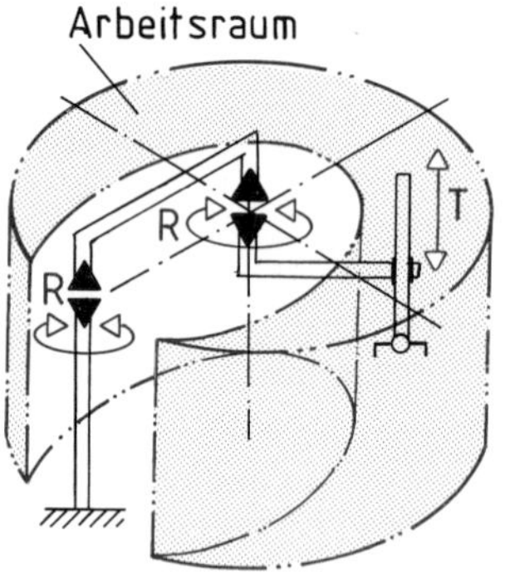 TRR-Bewegungsablauf	Montagetätigkeiten
Gelenkroboter 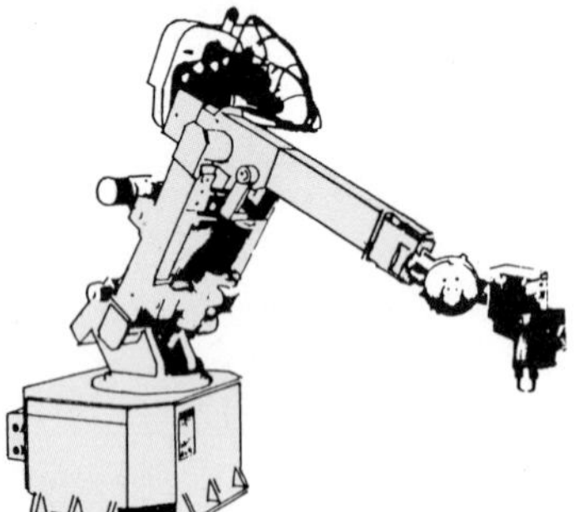	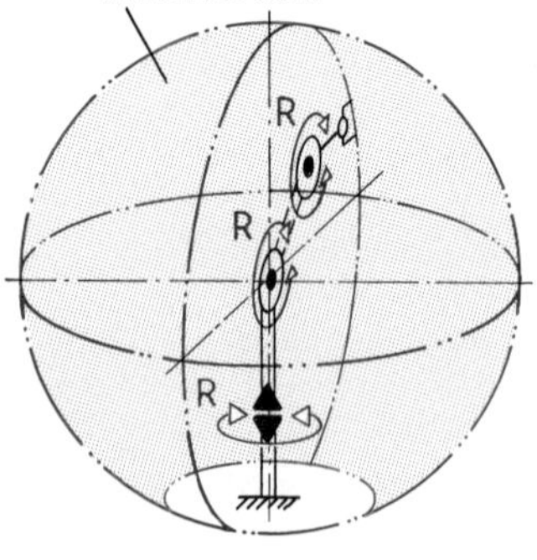 RRR-Bewegungsablauf	Maschinenbeschickung in der flexiblen Fertigung

Industrieroboter positionieren und orientieren Werkstücke und Werkzeuge durch rotatorische und translatorische Bewegungen.

2.3 Effektoren

Roboter führen mit Effektoren ihre eigentlichen Aufgaben durch. Effektoren können zu diesem Zweck mit eigenen Antrieben ausgestattet sein.
Zum Handhaben von Werkstücken werden unterschiedliche Greifer eingesetzt.

Beispiele für Effektoren zum Greifen

Zangengreifer

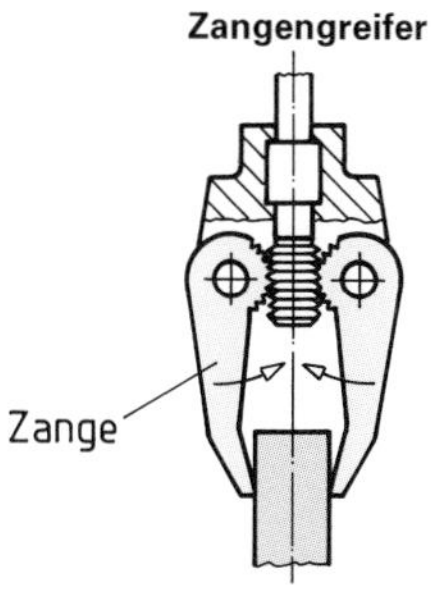

Magnetgreifer

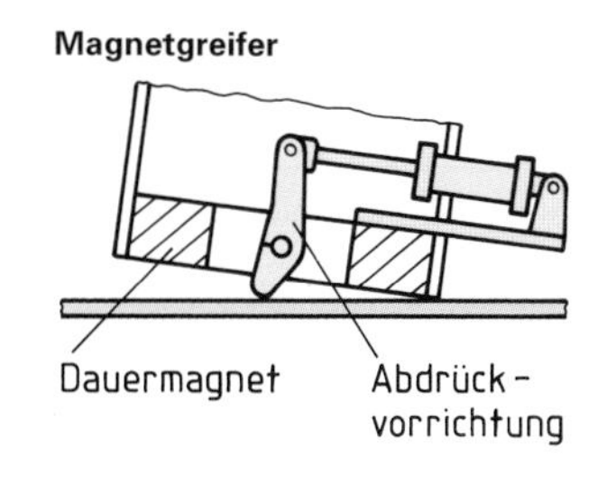

Sauggreifer

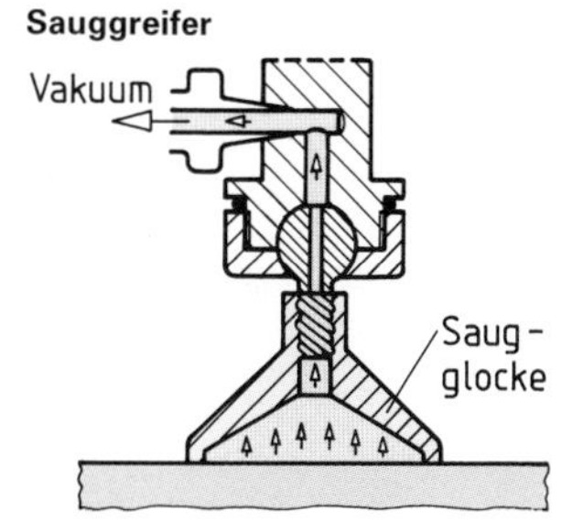

Roboter können auch Werkzeuge handhaben, z. B. Schweißgeräte, Bohrmaschinen, Farbspritz- und Klebepistolen.
Durch den Einsatz von automatischen Effektorwechselsystemen können Roboter in einem Arbeitszyklus unterschiedliche Aufgaben durchführen.
Effektoren müssen lagegerecht eingesetzt werden. Jeder Effektor hat deshalb einen Bezugspunkt für die Programmierung. Er wird mit Tool Center Point (TCP) bezeichnet. Der Tool Center Point ist bei Greifern meist die geometrische Mitte, bei Schweißgeräten der Punkt, in dem der Lichtbogen wirkt.

Effektoren führen die Handhabungsaufgabe des Roboters durch. Sie werden unter Berücksichtigung des Tool Center Points (TCP) programmiert.

2.4 Kriterien für den Einsatz von Industrierobotern

Kriterien für den Einsatz von Industrierobotern sind:

- Anzahl der Achsen,
- Tragfähigkeit,
- Arbeitsbereich,
- Geschwindigkeit des Roboterarmes.
- Positioniergenauigkeit,

Unter der **Positioniergenauigkeit** eines Industrieroboters versteht man die maximal auftretende *Abweichung*, die beim Anfahren bestimmter Punkte im Raum auftritt. Die Positioniergenauigkeit ist umso größer, je kleiner die Traglast, die Verfahrgeschwindigkeit und die Ausladung des Roboterarmes sind.

Beispiel für Bauarten und Kenngrößen von Industrierobotern

Gelenkroboter

Kenndaten:

max. Winkelgeschwindigkeit einer Achse 200°/s

Traglast bis 3 kg (einschl. Greifer)

Positioniergenauigkeit ± 0,05 mm

Schwenkarmroboter

Kenndaten:

max. Winkelgeschwindigkeit einer Achse 420°/s (Schwenken)

Traglast bis 20 kg

Positioniergenauigkeit ± 0,05 mm

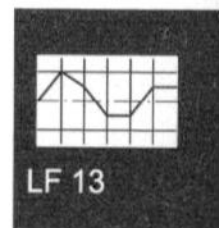

Kriterien für den Einsatz eines Industrieroboters sind:
- Bewegungsmöglichkeit,
- Tragfähigkeit,
- Geschwindigkeit und Positioniergenauigkeit

Übungsaufgaben J-20 bis J-22

2.5 Programmierung von Industrierobotern

2.5.1 Grundbestandteile von Roboterprogrammen

Die Anweisungen in Steuerungsprogrammen von Industrierobotern gliedern sich in:

- **Ablaufanweisungen,** mit denen der Ablauf des Programmes in Form einfacher Befehle beschrieben wird.
- **Bewegungsanweisungen,** welche die anzufahrenden Positionen und die Art der Bewegung dorthin beschreiben und Anweisungen zu den Bewegungen des Effektors enthalten.
- **Kommunikationsanweisungen,** durch die Hinweise und Aufforderungen an das Fachpersonal ausgelöst werden und die einen Informationsaustausch mit angeschlossenen Geräten einleiten.
- **Kontroll- und Diagnoseanweisungen,** mit denen das Verhalten des Roboters bei Unterbrechungen beschrieben wird.

Übersicht über die Grundbestandteile von Roboterpogrammen

Ablauf-anweisungen	Bewegungs-anweisungen	Kommunikations-anweisungen	Kontroll- und Diagnoseanweisungen
Start/Stopp	Positionsangaben	Anzeigen	Verhalten bei NOT-AUS
Warten	Wegbedingungen (Gerade, Kreisbogen, Verschleifen, Anfahrbedingungen, Bremsverhalten u.a.)	Warnungen	Verhalten bei Testlauf
Verzweigen zu Unterprogramm		Dateneingabeanforderungen	Verhalten bei Sensormeldungen von Störungen
Schleife bilden (Wiederholung von Programmteilen)	Verfahrgeschwindigkeit	Datenausgabe	
Zählen	Anweisungen an Effektor (Greifer, Schweißgerät, Spritzpistole o.a.)		
logisch Verknüpfen (wenn..., dann...)			

Steuerprogramme von Industrierobotern enthalten
- Ablaufanweisungen,
- Bewegungsanweisungen,
- Kommunikationsanweisungen,
- Kontroll- und Diagnoseanweisungen.

Eine Vereinfachung der Programmierung geschieht durch die Aufteilung des Steuerprogramms in ein **Ablaufprogramm** und in eine **Positionsliste**.

Im Ablaufprogramm werden Anweisungen für den Programmablauf, Bewegungen, Kommunikation sowie Kontrolle und Diagnose zusammengefasst. Für die anzufahrenden Positionen und evtl. auch für den Bewegungsablauf werden die entsprechenden Daten in der Positionsliste erfasst. Die Positionsliste wird auch Bewegungsprogramm genannt.

Weiterhin werden viele wiederkehrende Abläufe in Unterprogrammen zusammengefasst, die mit anderen Positionslisten in verschiedensten Roboterprogrammen einsetzbar sind.

Durch Aufteilung des Steuerprogramms in ein Ablaufprogramm und ein Bewegungsprogramm (Positionsliste) und die Verwendung von Unterprogrammen kann die Programmierung von Industrierobotern erheblich vereinfacht werden.

2.5.2 Programmierungsverfahren

- **Online-Programmierung**
  Bei der Online-Programmierung wird das Programm des Roboters unmittelbar in Zusammenhang mit der Steuerung des Roboters erstellt. Der Roboter ist in der Zeit der Programmierung nicht einsatzfähig.

Playback-Programmierung

Die Online-Programmierung für schwer zu beschreibende Bewegungen, wie z.B. das Spritzlackieren von Autos oder das Polieren von gegossenen Türgriffen, geschieht durch Playback-Programmierung.

Zur Programmierung werden zunächst alle Antriebe und Bremsen des Roboters abgeschaltet. Dann führt der Fachmann zur Progammierung den Effektor des Roboters so, wie er selbst von Hand auch arbeiten würde. Die Steuerung des Roboters nimmt dabei in sehr kurzen Zeitabständen alle Bewegungen und Schaltungen auf und speichert sie als Bewegungsprogramm. Dieses Programm kann beliebig oft vom Roboter selbstständig wiederholt werden – es kann **playback** (to play back = wieder abspielen) ablaufen.

Das Bewegungsprogramm muss noch durch Anweisungen zum Ablauf (z.B. Start, Wiederholung, Sonderanweisungen) zum Steuerprogramm des Roboters ergänzt werden.

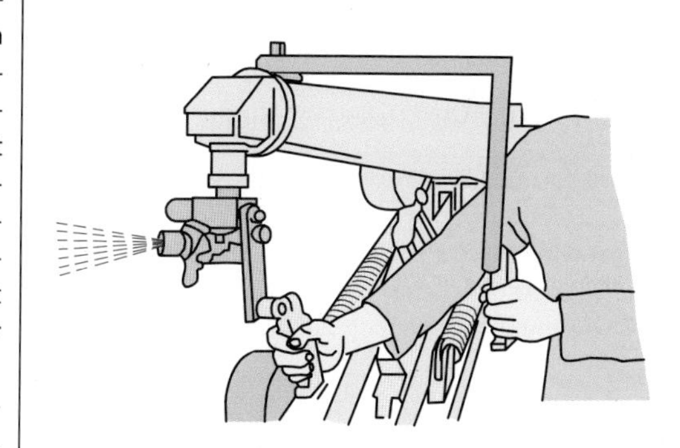

Playback-Programmierung beim Farbspritzen

> Bei der Online-Programmierung im Playback-Verfahren führt der Fachmann den Roboter am Effektor. Die Bewegung wird von der Steuerung des Roboters als Bewegungsprogramm gespeichert und auf Abruf hin genau wiederholt.

Teach-In-Programmierung

Steuerprogramme für Industrieroboter, in denen die Bewegungen einfach zu beschreiben sind (z.B. Transportbewegungen, geradlinige oder kreisförmige Montagebewegungen) werden meist nach dem **Teach-In-Verfahren** programmiert. Zur Programmerstellung gibt der Fachmann mit einem Programmierhandgerät die Ablaufanweisungen über Tasten ein. Durch Richtungstasten oder über einen Joystick fährt er dann zur Erstellung des Bewegungsprogramms (Positionsliste) den Effektor an wichtige Positionen und speichert diese auf Tastendruck.

Programmierhandgerät

LF 13

> Bei der Teach-In-Programmierung erstellt der Fachmann das Programm, indem er mit dem Programmierhandgerät Anweisungen eingibt und wichtige Positionen anfährt und abspeichert.

Gemischte Programmierung

Der Roboter ist während der Teach-In-Programmierung ebenso wie bei der Playback-Programmierung produktiv nicht einsetzbar. Darum verlegt man häufig die Programmierung des Ablaufes in die Arbeitsvorbereitung. Dort werden alle Anweisungen bis auf die Positionsangaben als Programm geschrieben. Lediglich die Positionswerte werden online aufgenommen.

Da hier ein Teil der Arbeit offline, also nicht unmittelbar an der Steuerung des Roboters durchgeführt wird, spricht man von einer **gemischten Programmierung**.

Übungsaufgaben J-23; J-24

- **Offline-Programmierung**

Durch Offline-Programmierung wird der gesamte Aufwand zum Programmieren des Industrieroboters in die Arbeitsvorbereitung verlegt. Dadurch steht der Roboter auch während der Programmierung weitgehend zur Produktion zur Verfügung.

Zu einem Offline-Programmiersystem gehören zwei Funktionseinheiten,

- eine Roboterprogrammerzeugung, in der das Programm mit den Anweisungen in einer Programmiersprache geschrieben wird und
- eine Simulation, in welcher der Arbeitsbereich des Roboters exakt abgebildet ist. In der Simulation wird die Brauchbarkeit des Programmes getestet und es können die Zeiten für die einzelnen Bewegungen realistisch bestimmt werden.

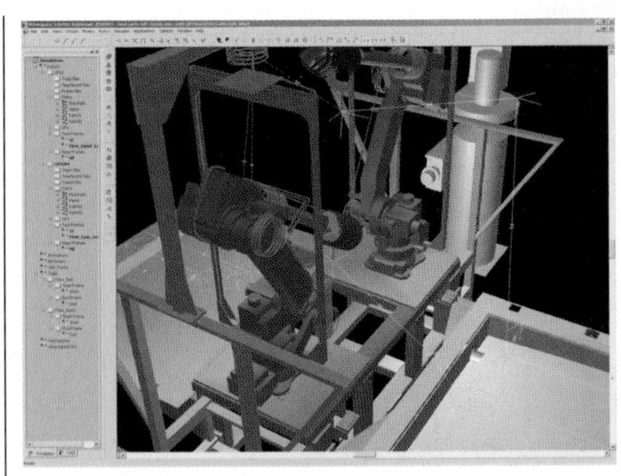

Simulation einer Roboterzelle

Bisher verwenden die verschiedenen Hersteller von Industrierobotern unterschiedliche Programmiersprachen. Dadurch ist der Wechsel eines Programmes von einem Roboter auf den eines anderen Herstellers sehr aufwendig. In der Praxis setzen sich besonders Programmiersprachen durch, in denen in leicht verständlichem Klartext die Anweisungen programmiert werden. So lautet z.B. in der Sprache BAPS (Bewegungs-Ablauf-Programmiersystem) der Befehl zu Position 3 zu fahren: FAHRE NACH POS3.

Offline-Programmierung geschieht in der Arbeitsvorbereitung unter Anwendung einer Programmiersprache und der Kontrolle durch eine Computersimulation der Roboterbewegungen.

2.5.3 Steuerung von Industrierobotern

Die mithilfe der unterschiedlichen Programmierverfahren festgelegten Positionen sind auf ein feststehendes Koordinatensystem bezogen. Zur Bewegung der einzelnen Achsen des Roboters müssen diese laufend in die Koordinaten der einzelnen Roboterachsen umgerechnet werden (Koordinatentransformation). Dies geschieht je nach Verfahren mit unterschiedlichem Rechenaufwand:

- Der Rechenaufwand ist gering, wenn der Rechner nur für jede Achse die Endstellung errechnen muss und die Form der Bewegung vom Anfangs- zum Endpunkt beliebig ist (Punktsteuerung).
- Der Rechenaufwand ist jedoch sehr hoch, wenn die Bahn einer festgelegten Funktion, z.B. einer Geraden, folgen soll (Bahnsteuerung).

Punktsteuerung [Point-to-Point (PTP)]

Bei dieser Steuerungsart verfährt der Roboter durch gleichzeitige Bewegung aller Achsen vom Ausgangspunkt zum Endpunkt. Zwischen den Bewegungen der Achsen besteht kein mathematischer Zusammenhang – je nach Länge der Wege erreichen die einzelnen Achsen ihren Zielpunkt zu unterschiedlichen Zeiten. Deshalb fährt der Roboter entlang einer komplizierten und nicht vorherbestimmten Raumkurve. Wegen des geringen Rechenaufwands ist die Verfahrenszeit bei der Punktsteuerung entsprechend kurz.

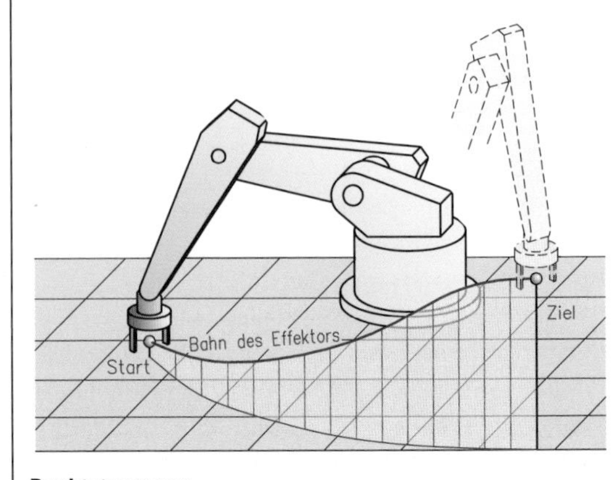

Punktsteuerung

Eine Abwandlung der PTP-Steuerung ist die **Synchro-PTP-Steuerung**. Bei ihr werden alle Achsbewegungen der langsamsten Bewegung angeglichen. Dadurch beginnen und enden alle Achsen zur gleichen Zeit mit der Bewegung. Dies führt zu ausgeglichenen Bewegungen und verringert Belastung und Verschleiß. Die Punktsteuerung (PTP) ist nur anwendbar, wenn keine definierten Bahnen für die Arbeitsaufgabe zurückgelegt werden müssen, wie etwa bei der Werkstück- oder Werkzeughandhabung. Bei der Punktsteuerung kommt es ausschließlich auf die Positioniergenauigkeit am Start- und Zielpunkt an.

Der Roboter bewegt sich bei der Punktsteuerung (PTP) zwischen Anfangs- und Endpunkt auf einer nicht vorherbestimmten Bahn. Diese Steuerung ermöglicht jedoch eine sehr schnelle Bewegung zwischen zwei Punkten, z.B. zum Werkstücktransport.

Bahnsteuerung [Continuos-Path (CP)]

Die Bahnsteuerung bezieht alle Roboterachsen aufeinander und erzeugt so eine definierte Bewegung. Zu diesem Zweck wird die Verbindung zwischen Start- und Zielpunkt entlang der vorbestimmten Bahn, z.B. einer Geraden, vom Rechner in eine sehr hohe Zahl von Zwischenpunkten zerlegt (Interpolation), die nacheinander angefahren werden. Die einzelnen Achsen werden dadurch in einem genau vorbestimmten Zusammenhang verfahren.

Die Bahnsteuerung benötigt einen sehr hohen Rechenaufwand. Sie ist aber für alle Roboterbewegungen auf definierten Bahnen, z.B. beim Schweißen, notwendig.

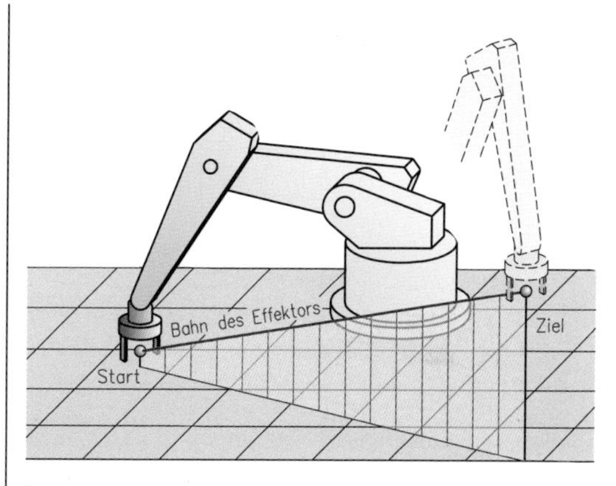

Bahnsteuerung

Die Bahnsteuerung ist für einen sehr genauen Bewegungsablauf geeignet, der z.B. beim Schweißen erforderlich ist.

Bahnüberschleifen

Die vom Roboter zurückgelegten Bahnen setzen sich je nach gewählter Steuerung aus unterschiedlichen Bahnsegmenten zusammen. Diese Bahnsegmente liegen jeweils zwischen zwei programmierten Positionen. Sind neben dem Start- und Zielpunkt, z.B. wegen den baulichen Gegebenheiten im Arbeitsraum oder der Lage von Start- und Zielpunkt zueinander, weitere Stützpunkte notwendig, kommt es zu einem „hakelnden" Bewegungsablauf. Da in der Regel ein stetiger Bewegungsablauf angestrebt wird, verzichtet man auf das exakte Anfahren der programmierten Stützpunkte und verrundet stattdessen zwei Bahnsegmente miteinander. Diese Verrundung wird als Überschleifen bezeichnet.

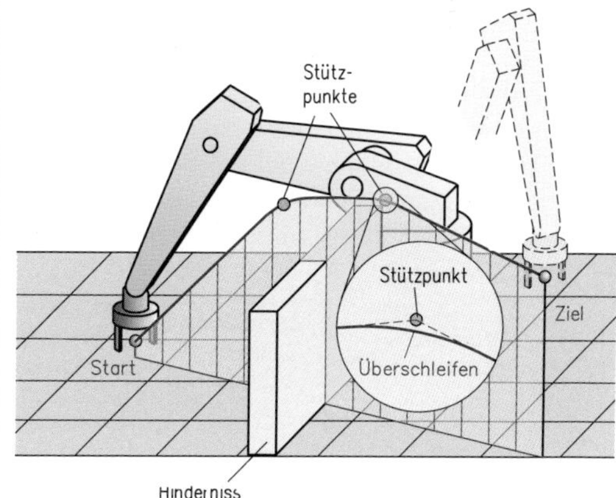

Bahnüberschleifen

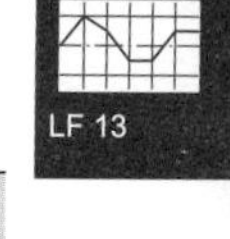

Das Überschleifen von Stützpunkten ermöglicht einen stetigen Bewegungsablauf des Industrieroboters beim Überfahren von Stützpunkten.

3 Qualitätsmanagement

3.1 Einleitung

Von jedem Produkt, das ein Kunde kauft und von jeder Arbeit, die zu verrichten ist, wird **Qualität** verlangt. Was der Einzelne unter Qualität versteht, ist schwer genau zu beschreiben – man spürt fehlende Qualität erst, wenn Mängel erkennbar werden. Qualität kann man in Abwandlung der etwas komplizierten DIN-Definition etwa so beschreiben:

> „Ein Produkt oder eine Arbeit besitzen Qualität, wenn sie in Hinblick auf ihre Eignung festgelegte und vorausgesetzte Erfordernisse erfüllen."

Unter dem Begriff **Qualitätsmanagement** werden darum alle Maßnahmen verstanden, die im Laufe einer Produktentstehung und -anwendung auf allen Ebenen zu treffen sind, damit ein Produkt entsteht, das alle vorausgesetzten Erfordernisse erfüllt. Qualitätsmanagement hat also den gesamten Lebensweg eines Produktes im Blick.

Beispiel für den Lebensweg eines Produktes

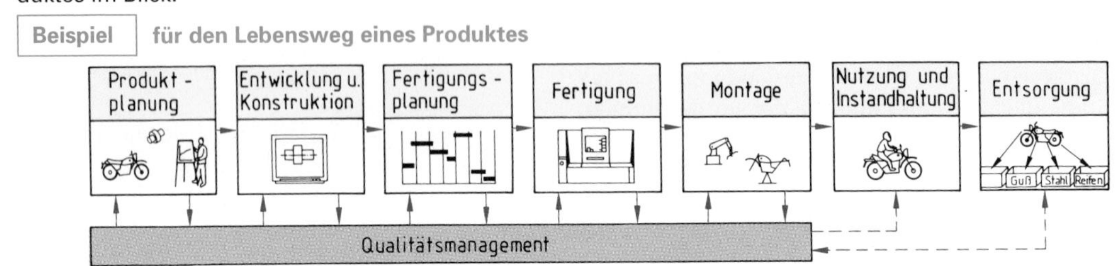

Das Qualitätsmanagement ist demnach etwas ganz anderes als eine reine Endkontrolle, in der die Qualität eines Produktes erst vor der Auslieferung bzw. Weitergabe geprüft wird. Qualitätsmanagement handelt gemäß dem Grundsatz: „Qualität ist zu erzeugen – nicht zu erprüfen."

Unter Qualitätsmanagement versteht man alle Maßnahmen im Laufe von Produktentstehung, Anwendung und Recycling, die notwendig sind, um Produkte zu erzeugen, welche die vorausgesetzten Erfordernisse erfüllen.

Dem Qualitätsmanagement kommt eine besondere Bedeutung in der Phase der Planung und Entwicklung zu, denn 75 % der Fehler eines Produktes entstehen dort. Sie werden aber häufig erst im Laufe der Fertigung oder beim Einsatz erkannt und verursachen dann extreme Kosten zur Fehlerbeseitigung. Es gilt für die Kosten etwa die **Zehnerregel**. Sie besagt, dass die Kosten zur Beseitigung eines Fehlers aus der Stufe zuvor in der folgenden etwa das Zehnfache an Kosten verursacht.

Beispiel für die Zehnerregel der Fehlerkosten

Bei der Planung eines Motorrades wurde an einer Mutter die Sicherung vergessen.
Hätte man bei der Planung daran gedacht und dies notiert, wäre der zeitliche Aufwand $^1/_2$ Minute gewesen, die 1,00 EUR gekostet hätte.
Wäre der Fehler bei der Zeichnungserstellung aufgefallen, hätte das Einarbeiten in die Zeichnung etwa 5 Minuten gedauert und damit 10,00 EUR gekostet usw.
Eine Rückrufaktion wegen fehlender Schraubensicherung würde um 100 000,00 EUR Kosten verursachen.

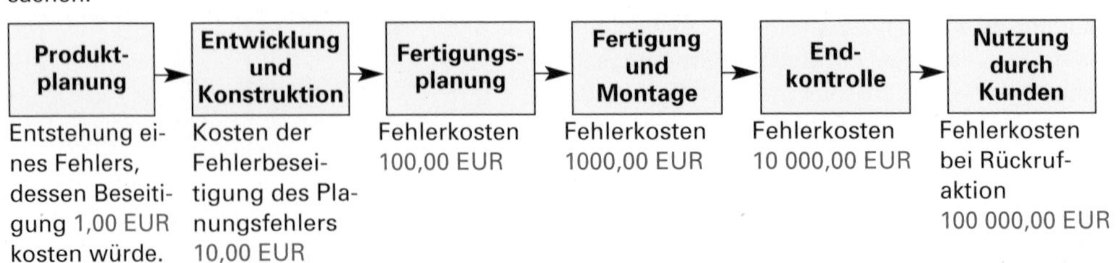

Die Fehlerbeseitigung kostet bei einer Entdeckung in der jeweils nächsten Verarbeitungsstufe etwa das Zehnfache (Zehnerregel der Fehlerkosten).

Übungsaufgaben J-26; J-27

Vielfach hatte man vor intensivem Einsatz von Qualitätsmanagement die Vorstellung, dass die Produktion für die Menge zuständig ist und allein die Endkontrolle für Qualität. Diese Einstellung hat erhebliche Nachteile:

- Ausschussteile werden nicht am Ort der Entstehung erkannt. Sie durchwandern die gesamte weitere Produktion, bis sie schließlich in der Endkontrolle auffallen. Fachleute nennen dieses „Schrottveredelung".
- In der Endkontrolle fallen Produkte mit unterschiedlichsten Fehlern an. Darum ist die Wahrscheinlichkeit, dass alle Fehler entdeckt werden, geringer als bei ständig überwachter Produktion. Eine heute von Großabnehmern, wie z.B. der Automobilindustrie, verlangte „Null-Fehler-Zulieferung" ist darum beim Zulieferer nicht mehr allein durch Prüfen, sondern nur noch mit einem geeigneten Qualitätsmanagement zu erzielen.

Bei einer komplexen Fertigung ist nur mit einer Endkontrolle keine Null-Fehler-Produktion möglich.

3.2 Einflussgrößen auf Qualität

Qualität entsteht durch funktionsgerechtes Zusammenwirken unterschiedlicher Faktoren, die man merkwirksam unter den „7 M" zusammenfasst: **M**ensch, **M**ethode, **M**aschine, **M**aterial, **M**itwelt, **M**anagement und **M**essbarkeit. Am wichtigsten ist hier der **Mensch.** Er muss Qualität planen und erzeugen. Er muss an jeder Stelle der Produktentstehung den gesamten Ablauf, besonders aber die an seine Tätigkeit anschließende Stufe, im Auge haben. Dazu benötigt er

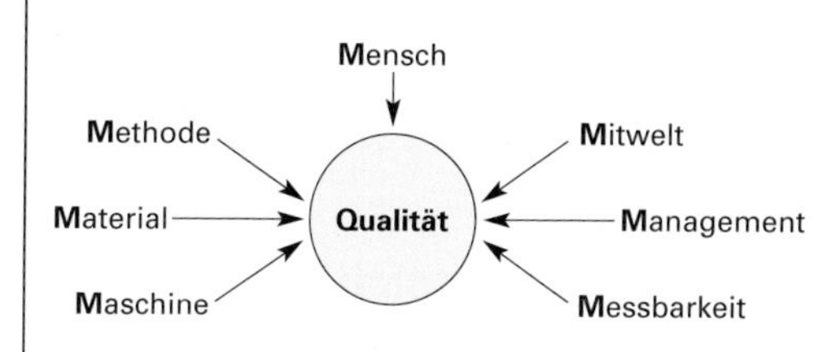

Einflussgrößen auf Qualität

- technisches Fachwissen,
- Kenntnis von Qualitätssicherungsmethoden,
- Bereitschaft und Fähigkeit, sein Wissen anzuwenden und
- Innovationsbereitschaft und Kreativität.

Die **Methoden** zur Erzeugung und Sicherung von Qualität müssen in jeder Stufe der Produktentstehung sinnvoll ausgewählt und eingesetzt werden.
Die **Maschinen** stehen für alle Fertigungs-, Handhabungs- und Prüfmittel. Sie müssen fähig sein, Qualität zu erzeugen.
Das **Material,** dies sind alle Werk- und Hilfsstoffe, Vorprodukte und Komponenten, die meist von Zulieferern dem Prozess zugeführt werden, muss der geforderten Produktqualität entsprechen.
Die **Mitwelt** (Umwelt) wird nicht nur in Form des richtig ausgestatteten Arbeitsplatzes gesehen, sondern meint das gesamte betriebliche Sozialgefüge, das Qualität und Qaulitätsbewusstsein bestimmt.
Das **Management** mit seinem Führungsstil, z.B. seinem Umgang mit Mitarbeitervorschlägen, seiner Offenheit in der Entscheidungsfindung und seiner Bewertung von Mitarbeiterleistungen, trägt wesentlich zur Qualität bei.
Die **Messbarkeit** von Eigenschaften ist entscheidend für die Beurteilung von Qualität. Mit Messbarkeit sind nicht nur die physikalisch und chemisch erfassbaren Größen eines Produktes angesprochen, sondern auch alle zahlenmäßig erfassbaren Merkmale des Produktes und der Produktentstehung.

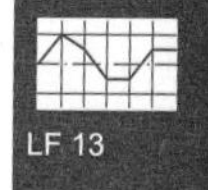

Qualität entsteht nur durch richtiges Zusammenwirken von Mensch, Methode, Maschine, Material, Mitwelt, Management und Messbarkeit.

Zur Unterstützung der systematischen Fehlerquellensuche verwendet man das **Fischgräten-Diagramm (Ishikawa-Diagramm).** Man trägt in diesem Diagramm die Einflüsse der sogenannten „7M" der Qualitätssicherung ein.

Je nach Bedarf können diese 7M auf 5M reduziert werden. Falls Fehlerzuordnungen bei der Aufstellung eines Diagrammes strittig sind, z.B. ob eine Fehlerquelle der Methode oder dem Mensch zuzuordnen ist, kann willkürlich zugeordnet werden. Wichtig ist jedoch, dass die Fehlerquelle aufgelistet wird.

Übungsaufgaben J-28; J-29

Beispiel für die Auflistung der Fehlerquellen beim Drehen einer gestuften Welle im Ishikawa-Diagramm

An die Welle werden Anforderungen hinsichtlich ihrer Maße und Form sowie an die Lage der Zylinder zueinander gestellt. Die an der Produktion Beteiligten haben Stichworte zu möglichen Fehlerquellen zusammengetragen und den bedarfsgerecht gewählten Faktoren zugeordnet.

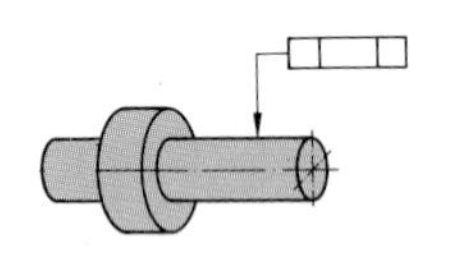

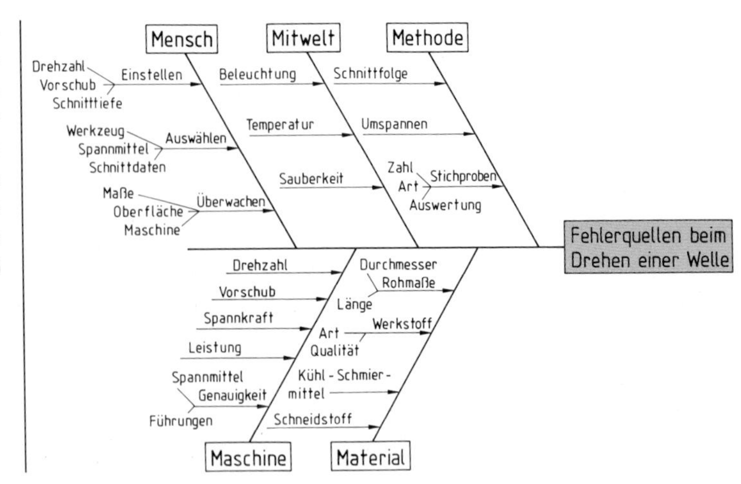

3.3 Qualitätssicherungsnormen

Die Norm DIN EN ISO 9000 erläutert die Grundbegriffe des Qualitätsmanagements (QM) und erklärt wichtige Begriffe.

DIN EN ISO 9001 ist für den Fachmann im Betrieb die bedeutendste QM-Norm. In ihr wird das Qualitätsmanagement als eine Art Regelkreis verstanden, in den die Kundenforderungen als Eingangsgröße eingehen und die Kundenzufriedenheit das geforderte Ergebnis darstellt.

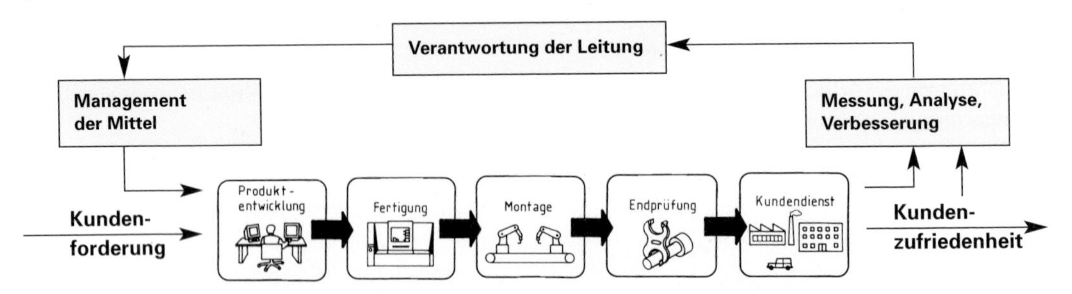

Die **Verantwortung der Leitung** besteht für die Festlegung der Qualitätsziele, der Befugnisse der Einzelnen, der Qualitätsplanung und der Bewertungsmaßstäbe für das Qualitätsmanagement.

Das **Management der Mittel** befasst sich mit der Auswahl und Förderung geeigneter Personen, der Auswahl und Zurverfügungstellung geeigneter Einrichtungen und der Schaffung einer die Qualität fördernden Arbeitsumgebung.

Die **Produktionsrealisierung** stellt den Kern des Prozesses dar. Das Qualitätsmanagement verlangt die Erzeugung, Prüfung, Sicherung und Dokumentation in jeder Stufe des Erzeugungsprozesses. Damit wird die Rückverfolgung von Teilen und Leistungen möglich. Gleichzeitig wird ein geeignetes Prüfmittelmanagement erwartet.

Die **Messung, Analyse und Verbesserung** hat in erster Linie auf die Kundenzufriedenheit zu schauen. Um diese zu gewährleisten, muss hier die Überwachung des gesamten Prozesses und der Teilprozesse geplant, kontrolliert und analysiert werden, sodass ein kontinuierlicher Verbesserungsprozess möglich wird.

DIN EN ISO 9004 ist ein Leitfaden zur Verwirklichung und Nutzung eines QM-Systems.

DIN EN ISO 19011 beschreibt die Durchführung von Audits (Analyse von Prozessabläufen) durch den Betrieb und durch Zertifizierungsgesellschaften.

Übungsaufgabe J-30

3.4 Qualitätssicherung in der Fertigung

Die Qualitätssicherung im Rahmen der Fertigung umfasst im Wesentlichen
- die regelmäßige und systematische Überwachung der eingesetzten Prüfmittel im Rahmen eines Prüfmittelmanagements,
- die Fähigkeitsprüfung der Maschinen und des Prozesses,
- die Prüfung des Produktes während und unmittelbar nach der Fertigung.

3.4.1 Prüfmittelmanagement

Das Prüfmittelmanagement soll gewährleisten, dass in allen Phasen der Produktion sowie bei Wartung und Inspektion stets geeignete Messmittel in richtiger Weise eingesetzt werden.

Diese Aufgabe verlangt
- Prüfmittelplanung,
- Prüfmittelverwaltung,
- Prüfmittelüberwachung.

- **Prüfmittelplanung**

Die Planung der Prüfvorgänge im Rahmen der Fertigung bezieht sich auf das Produkt, die einzusetzenden Betriebsmittel (Maschinen, Werkzeuge, Vorrichtungen u.a.) sowie die zu verwendenden Prüfmittel.

Aufgaben der Prüfplanung sind
- Festlegung der zu prüfenden Merkmale und ihrer Grenzwerte,
- Beschreibung der Prüfmethode,
- Auswahl der Prüfmittel,
- Einordnung der Prüfungen in den Produktionsprozess,
- Bestimmung des Prüfumfangs (z.B. Stichprobe, 100%-Prüfung),
- Festlegung der Art der Auswertung (z.B. gut – schlecht, zahlenmäßige Messwerterfassung, statistische Auswertung),
- Festlegung der Konsequenzen der Auswertung (z.B. Ausschuss, Nacharbeit),
- Festlegung der Prüfer und der Verantwortlichkeit.

- **Prüfmittelverwaltung**

Jedes Prüfmittel, das in qualitätsentscheidenden Bereichen der Produktion sowie der Wartung und Instandhaltung eingesetzt wird, muss gekennzeichnet und registriert sein. In entsprechenden Karteien müssen die einzelnen Verwendungen des Prüfmittels und sein Einsatz dokumentiert werden. Ferner sind in den Karteien die Intervalle für die Überprüfung des jeweiligen Prüfmittels festgelegt.

- **Prüfmittelüberwachung**

Hinsichtlich ihrer Funktion und Genauigkeit müssen Prüfmittel regelmäßig überprüft werden. Im Rahmen der Wartung der Prüfmittel ist die Kalibrierung vorzunehmen.
Bei der Kalibrierung wird der Zusammenhang zwischen einem geeichten Normal und dem Anzeigewert des Prüfmittels festgestellt.

Durch **Justieren** wird das Prüfmittel so eingestellt, dass die Anzeige die geringste Abweichung vom Wert des Normals darstellt.

Das Kalibrieren kann in Betrieben mit eigenem Kalibrierlabor vorgenommen werden. Unabhängige Kalibrierdienste sind der Deutsche Kalibrierdienst (DKD) und die Physikalisch Technische Bundesanstalt (PTB).

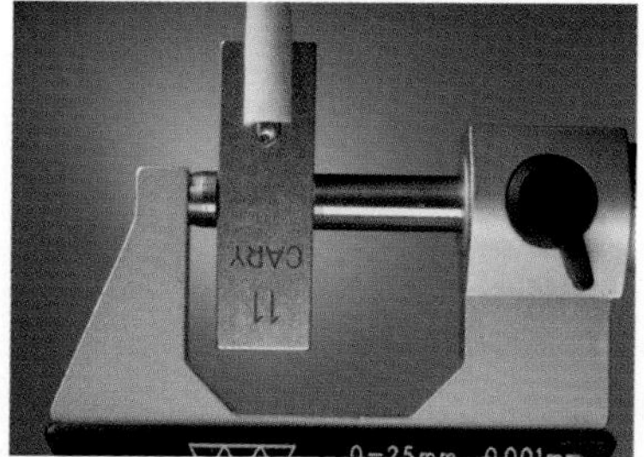
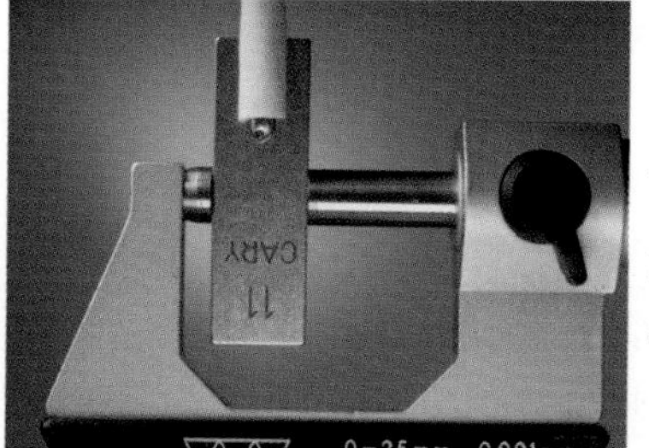
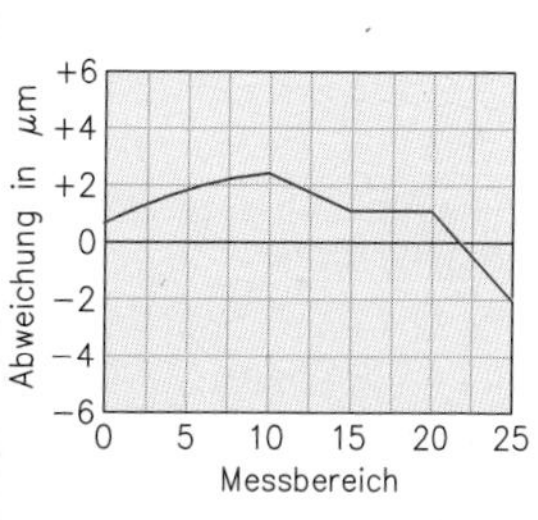

Kalibrieren einer Messschraube mit einem Endmaß

Übungsaufgaben J-31; J-32

Beispiel für Registerkarten in einem Messmittelverwaltungsprogramm (Rossmanith GmbH):

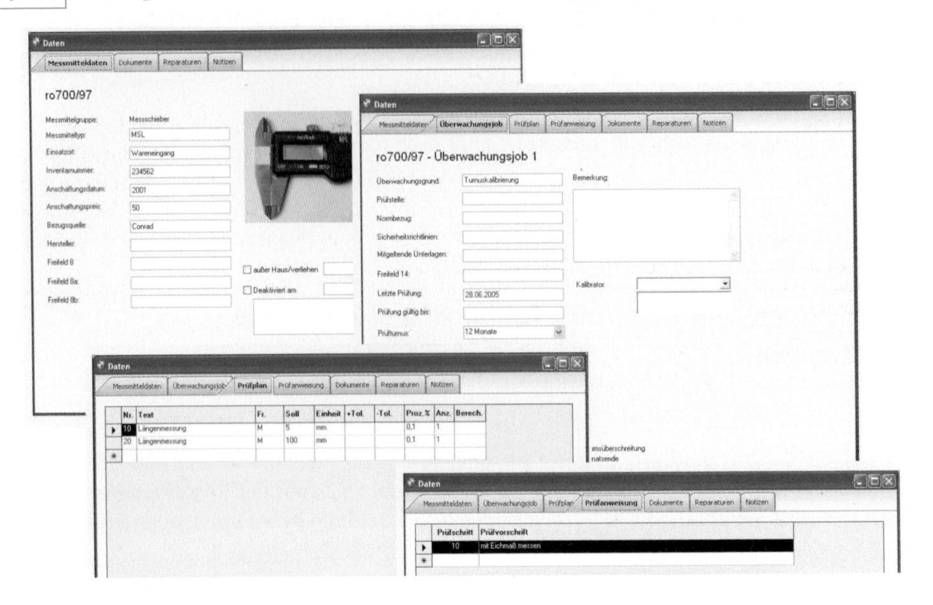

3.4.2 Fähigkeitsprüfungen

- **Maschinenfähigkeit MFU**

Mithilfe der Statistik hat man im Bereich der Serienfertigung festgelegt, dass eine Fertigung eben noch als geeignet gilt, wenn bei 1000 gefertigten Teilen 3 Teile fehlerhaft sind, d.h. nicht mehr innerhalb der vorgegebenen Toleranzen liegen.

Zur Feststellung der Maschinenfähigkeit einer Maschine untersucht eine Serie von nacheinander gefertigten Werkstücken, die

- aus einer Charge stammen,
- auf der betriebswarmen Maschine,
- mit einem Werkzeug und
- ohne Störeinflüsse gefertigt wurden.

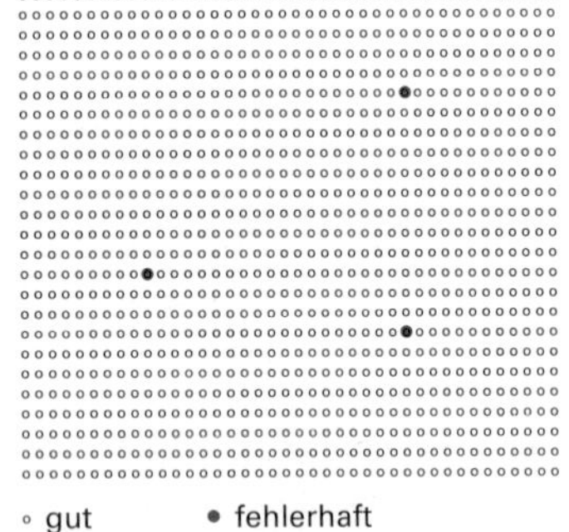

Veranschaulichung von 99,7 % fehlerfrei

In Maschinenfähigkeitsuntersuchungen stellt man fest, ob eine Maschine unter gleichbleibenden Bedingungen fähig ist, 99,7% aller Teile innerhalb der vorgegebenen Toleranzen zu fertigen.

- **Prozessfähigkeit PFU**

Unter den wechselnden Bedingungen der Serienfertigung können auf Maschinen, die eigentlich fähig sind, fehlerhafte Produkte entstehen, weil die Bedingungen, unter denen sie gefertigt wurden, schwanken. Dies kann viele Ursachen haben, z. B.:

- die Maschine kann unterschiedlich warm sein,
- die Werkzeuge sind maßlich geringfügig unterschiedlich,
- die Werkstücke weisen gering unterschiedliche Werkstoffeigenschaften auf,
- die Maschinenbediener arbeiten nicht alle in gleicher Weise.

Eine Maschine gilt als prozessfähig, wenn unter realen Bedingungen mindestens 99,7% aller gefertigten Werkstücke die gestellten Anforderungen erfüllen.

Zur Untersuchung der Prozessfähigkeit werden über eine oder mehrere Schichten mindestens 20 Stichproben zu je 5 Teilen gemessen und mithilfe statistischer Methoden ausgewertet.

Eine Maschine ist prozessfähig, wenn sie unter realen Bedingungen 99,7% aller Werkstücke im Rahmen der festgelegten Grenzen fertigen kann.

Übungsaufgaben J-33; J-34

4 Statistische Auswertung von Messungen zur Untersuchung der Maschinen- und der Prozessfähigkeit

4.1 Feststellen der Normalverteilung

Zur Untersuchung von Maschinen- und Prozessfähigkeit stellt man zunächst fest, ob die bei einer Untersuchung gemessenen Werte eine natürliche Verteilung aufweisen. Zu diesem Zweck werden am zu untersuchenden Produkt stichprobenartig Messungen durchgeführt und die Messwerte (x_1, x_2 usw.) in einer Liste erfasst. Diese Liste nennt man auch die **Urliste**.
Für jede Stichprobe kann ein **Mittelwert** ($\overline{x}$) errechnet werden, der ebenfalls in die Liste eingetragen werden kann. Ebenso kann für die gesamte Liste der Mittelwert bestimmt werden.

$$\overline{x} = \frac{x_1 + x_2 + x_3 + \ldots}{n}$$

$\overline{x}$ Mittelwert
$x_1, x_2 \ldots$ Messwerte
n Zahl der Messwerte

Beispiel für eine Urliste mit Mittelwerten von Bolzendurchmessern und Mittelwerten

Auf einer Drehmaschine werden Bolzen gedreht. Das Zeichnungsmaß ist 9 –0,030/–0,060. Es wurden aus der Produktion 10 Stichproben genommen. Bei jeder Stichprobe wurden 5 Bolzen an der jeweils gleichen Stelle gemessen. Die Maschinenfähigkeit ist nachzuweisen.

Messwerte	Stichproben 1	2	3	4	5	6	7	8	9	10
x_1	8,953	8,958	8,951	8,953	8,952	8,957	8,953	8,950	8,953	8,951
x_2	8,955	8,954	8,957	8,947	8,954	8,954	8,951	8,955	8,959	8,954
x_3	8,950	8,953	8,951	8,956	8,948	8,953	8,955	8,953	8,950	8,953
x_4	8,952	8,951	8,954	8,953	8,954	8,950	8,952	8,954	8,953	8,955
x_5	8,952	8,953	8,951	8,955	8,957	8,955	8,950	8,954	8,952	8,950
$\overline{x}$	8,952	8,954	8,955	8,953	8,953	8,954	8,952	8,955	8,953	8,953
	Mittelwert aller Messungen $\overline{\overline{x}}$ = 8,9529 mm									

Die bei der Stichprobe aufgenommenen Werte geben noch keinen Überblick darüber, wie dicht die gemessenen Werte beieinander liegen und wie die Mehrzahl der Werte um das geforderte Maß herum liegen. Um dies näher zu erfassen, bildet man Klassen, in welche die Werte eingeordnet werden. Die Zahl der Klassen (k) errechnet man dann näherungsweise aus der Quadratwurzel der Zahl der Messungen (n).

$$k = \sqrt{n}$$

k Zahl der Klassen
n Zahl der Messungen

Die Größe der einzelnen Klassen ermittelt man aus dem Abstand zwischen größtem und kleinstem aufgenommenen Messwert. Diesen Abstand teilt man durch die Zahl der Klassen, um die Klassenbreite zu erhalten. Bei der Klassenzahl rundet man auf sinnvolle Werte auf oder ab. Bei der Klassenbreite rundet man auf, damit alle Werte in den Klassen enthalten sind.

LF 13

Beispiel für die Berechnung der Klassenzahl und der Klassenbreite

Es wurden 50 Messungen durchgeführt. Es ergibt sich die Klassenzahl von $\sqrt{50}$ = 7,07, gerundet 7. In diese 7 Klassen sind die Messwerte einzugliedern.

Messwerte	Stichproben 1	2	3	4	5	6	7	8	9	10
x_1	8,953	8,958	8,951	8,953	8,952	8,957	8,953	8,950	8,953	8,951
x_2	8,955	8,954	8,957	8,947	8,954	8,954	8,951	8,955	8,959	8,954
x_3	8,950	8,953	8,951	8,956	8,948	8,953	8,955	8,953	8,950	8,953
x_4	8,952	8,951	8,954	8,953	8,954	8,950	8,952	8,954	8,953	8,955
x_5	8,952	8,953	8,951	8,955	8,957	8,955	8,950	8,954	8,952	8,950
$\overline{x}$	8,952	8,954	8,955	8,953	8,953	8,954	8,952	8,953	8,953	8,953

kleinster gemessener Wert

größter gemessener Wert

Der größte gemessene Wert ist 8,959 mm in der Stichprobe 9, der kleinste 8,947 mm in der Stichprobe 4. Der Abstand zwischen größtem und kleinstem Wert ist 8,959 mm − 8,947 mm = 0,012 mm. Verteilt man diesen Abstand von 0,012 mm auf 7 Klassen, so ergibt sich eine Klassenbreite von 0,012 mm/7 = 0,0017 mm, aufgerundet 0,002 mm.

Nach Festlegung der Klassen können die aufgenommenen Messwerte den einzelnen Klassen zugeordnet werden. Zweckmäßig geschieht dies in einer Strichliste.
Das Ergebnis lässt sich auch gut in einem Balkendiagramm darstellen. Wenn man im **Balkendiagramm** die Mitten der einzelnen Balken verbindet, erhält man die **Verteilungskurve**.

Beispiel für die Darstellung von Messwerten in Strichliste, Balkendiagramm und Verteilungskurve

Klasse von ... bis ...	Strichliste
8,946 bis 8,948	/ /
über 8,948 bis 8,950	/ / / / / /
über 8,950 bis 8.952	/ / / / / / / / / / /
über 8,952 bis 8,954	/ / / / / / / / / / / / / / / / / / /
über 8,954 bis 8,956	/ / / / / / /
über 8,956 bis 8,958	/ / / /
über 8.958 bis 8,960	/

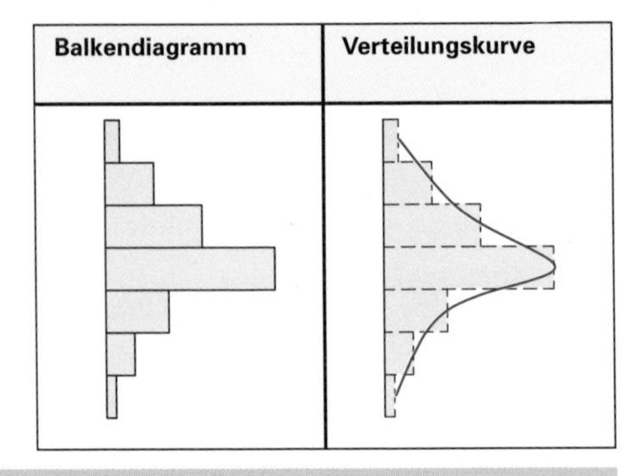

In der Urliste sind die Messwerte in der Reihenfolge ihrer Ermittlung aufgeführt.
Zur Darstellung der Verteilung werden die Messwerte entsprechend ihrer Größe in Klassen eingeordnet.
Die Verteilung der Messwerte auf die einzelnen Klassen kann in Strichlisten, Balkendiagrammen oder Verteilungskurven veranschaulicht werden.

Der Verlauf der Verteilungskurve erlaubt eine Bewertung der Messergebnisse. Eine ideale Verteilung liegt vor, wenn die Verteilungskurve die Form einer Glocke hat. Eine Fertigung ist statistisch optimal in Ordnung, wenn

- die Mitte der Glockenkurve in der Mitte des Toleranzfeldes liegt und
- der Größt- und der Kleinstwert noch genügend Abstand zu den Toleranzgrenzen haben.

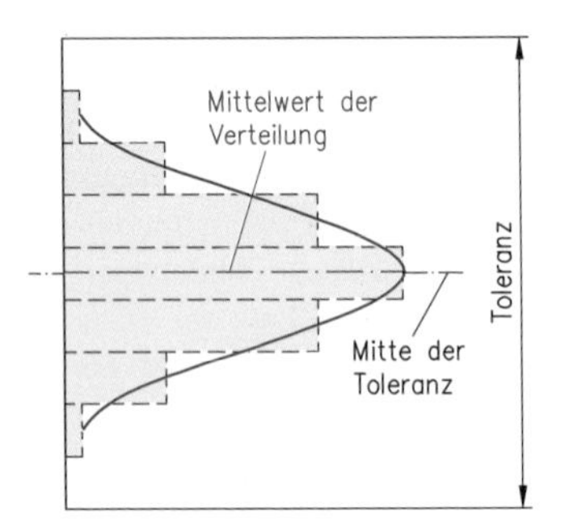

4.2 Ermittlung von Fähigkeitsindices

4.2.1 Berechnung von Maschinen- und Prozessfähigkeitsindices

Die Fähigkeitsindices (Maschinenfähigkeitsindex c_m und Prozessfähigkeitsindex c_p) beschreiben mit einer Verhältniszahl, wie viel „Spiel" der Teil der Normalverteilungskurve, in dem 99,7 % aller Messwerte enthalten sind, zu den Toleranzgrenzen hat. Bei einem Index von 1 grenzt dieser Teil der Kurve an die Toleranzgrenze. Als sicher gilt eine Produktion, wenn zu beiden Seiten der Kurve noch entsprechender Abstand besteht und ein Index von 1,33 vorliegt.

Zur Berechnung der Fähigkeitsindices geht man so vor:
Zunächst wird zu jeder Stichprobe aus dem Größt- und Kleinstmaß die **Spannweite** (R) errechnet und aus diesen Werten eine **mittlere Spannweite** ($\bar{R}$) ermittelt.

$$R = x_{max} - x_{min}$$

R Spannweite
x_{max} größter Messwert der Stichprobe
x_{min} kleinster Messwert der Stichprobe

$$\bar{R} = \frac{R_1 + R_2 + \ldots + R_n}{n}$$

$\bar{R}$ mittlere Spannweite
R_1; R_2 Spannwerte der Stichproben
n Zahl der Stichproben

Übungsaufgabe J-35

Beispiel für die Ermittlung der mittleren Spannweite von Stichproben

Messwerte	Stichproben 1	2	3	4	5	6	7	8	9	10
x_1	8,953	8,958	8,951	8,953	8,952	8,957	8,953	8,950	8,953	8,951
x_2	8,955	8,954	8,957	8,947	8,954	8,954	8,951	8,955	8,959	8,954
x_3	8,950	8,953	8,951	8,956	8,948	8,953	8,955	8,953	8,950	8,953
x_4	8,952	8,951	8,954	8,953	8,954	8,950	8,952	8,954	8,953	8,955
x_5	8,952	8,953	8,951	8,955	8,947	8,955	8,950	8,954	8,952	8,950
$\bar{x}$	8,952	8,954	8,955	8,953	8,951	8,954	8,952	8,953	8,953	8,953
R	0,005	0,007	0,006	0,009	0,007	0,007	0,005	0,002	0,009	0,005
	Mittelwert aller Messungen 8,9529 mm						mittlere Spannweite aller Stichproben $\bar{R}$ = 7,2 µm			

XXX kleinster Wert der Stichprobe (x_{min}) XXX größter Wert der Stichprobe (x_{max})

Berechnung der Spannweite für Stichprobe 1:

$R_1 = x_{max} - x_{min}$

R_1 = 8,955 mm – 8,950 mm = 0,005 mm

R_1 = 5 µm

Berechnung der mittleren Spannweite $\bar{R}$

$\bar{R} = (R_1 + R_2 + \ldots + R_n)/n$

$\bar{R}$ = (5 + 7 + 6 + 9 + 7 + 7 + 5 +12 + 9 + 5) µm/10

$\bar{R}$ = 7,2 µm

Mithilfe eines Tabellenwertes, der von der Zahl der Messungen innerhalb einer Stichprobe abhängig ist, wird aus der mittleren Spannweite die geschätzte Standardabweichung ($\hat{\sigma}$) berechnet. Die Standardabweichung ist ein wichtiges statistisches Maß.

Zahl der Messungen je Stichprobe	Faktor d_2
2	1,128
3	1,693
4	2,059
5	2,326
⋮	⋮
10	3,078

$$\hat{\sigma} = \frac{\bar{R}}{d_2}$$

$\hat{\sigma}$ geschätzte Standardabweichung
$\bar{R}$ mittlere Spannweite
d_2 Faktor (s. Tabelle)

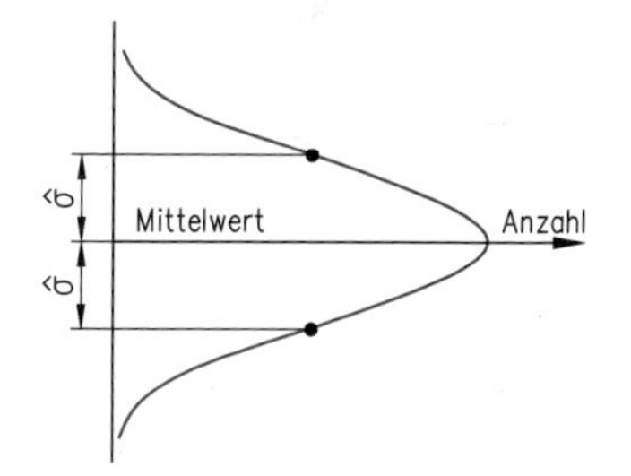

Innerhalb der einfachen Standardabweichung nach oben und unten vom Mittelwert liegen mit statistischer Sicherheit 68,3% aller Messwerte, innerhalb der dreifachen Standardabweichung nach oben und unten liegen 99,7% der Messwerte.

Beispiel für die Berechnung der Standardabweichung und ihre statistische Bedeutung

$\hat{\sigma} = \frac{\bar{R}}{d_2}$ 5 Messungen je Stichprobe: d_2 = 2,326 $\hat{\sigma} = \frac{7{,}2\ \mu m}{2{,}326}$ = 3,09 µm

Im Bereich vom Mittelwert ± Standardabweichung liegen statistisch 68,3% aller Messwerte.
68,3% aller Messwerte der untersuchten Bolzen liegen im Bereich von 8,9592 ± 0,00309 mm.

Bereich vom Mittelwert ± 3· Standardabweichung liegen statistisch 99,7% aller Messwerte.
99,7% aller Messwerte der untersuchten Bolzen liegen im Bereich von 8,9592 ± 0,00972 mm.

Wenn die Spanne von ± 3$\hat{\sigma}$ innerhalb der Toleranzgrenzen liegt, so werden wahrscheinlich 99,7 % aller Teile in Ordnung sein. Um zu zeigen, in welchem Verhältnis die Toleranzgrenzen zur Spanne ± 3$\hat{\sigma}$ stehen, hat man Fähigkeitsindices formuliert. Das Verhältnis der Toleranz zur Spanne ± 3$\hat{\sigma}$ ist der Fähigkeitsindex.

Übungsaufgabe J-36

Maschinenfähigkeitsindex

$$c_m = \frac{T}{2 \cdot 3 \cdot \hat{\sigma}}$$

c_m Maschinenfähigkeitsindex
T Toleranz
$\hat{\sigma}$ geschätzte Standardabweichung

Prozessfähigkeitsindex

$$c_p = \frac{T}{2 \cdot 3 \cdot \hat{\sigma}}$$

c_p Prozessfähigkeitsindex
T Toleranz
$\hat{\sigma}$ geschätzte Standardabweichung

Wenn die Grenzen der Toleranz mit der Spanne $\pm 3\hat{\sigma}$ zusammenfallen, beträgt der Fähigkeitsindex 1. Damit noch genügende Sicherheit bleibt, ist festgelegt, dass eine Maschine bzw. ein Prozess fähig ist, wenn er einen Fähigkeitsindex von $c \leq 1{,}33$ aufweist.

Beispiel für die Berechnung des Fähigkeitsindex und den Nachweis der Maschinenfähigkeit

Auf einer Drehmaschine wurden Bolzen gedreht. Das Zeichnungsmaß ist 9 –0,035/–0,070. Die Toleranz beträgt damit 0,035 mm bzw. 35 µm.
Es wurden aus der Produktion stichprobenartig 50 Bolzen an der jeweils gleichen Stelle gemessen. Die Auswertung ergab eine Standardabweichung von $\sigma = 2{,}92$ µm.

$$c_m = \frac{T}{2 \cdot 3 \cdot \hat{\sigma}} \qquad c_m = \frac{35\ \mu m}{2 \cdot 3 \cdot 2{,}92\ \mu m} = 1{,}99$$

Die Maschine ist fähig, da der Maschinenfähigkeitsindex über 1,33 liegt.

Die Maschinenfähigkeit ist bei $c_m \geq 1{,}33$ gegeben.
Die Prozessfähigkeit ist bei $c_p \geq 1{,}33$ gegeben.

4.2.2 Berechnung von kritischen Fähigkeitsindices

Die Fähigkeitsindices c_m und c_p sagen lediglich aus, dass der Bereich, in dem 99,7 % der Messwerte liegen, innerhalb der vorgegebenen Toleranz ein genügendes „Spiel" hat. Dieses „Spiel" ist ungleichmäßig verteilt, wenn der Mittelwert der Toleranz nicht auch der Mittelwert der Messungen ist.
Falls die Mittelwerte der Toleranz und der Mittelwert der Messungen auseinander liegen, ermittelt man den entsprechenden Fähigkeitsindex aus dem kleinsten Abstand des Mittelwertes der Messergebnisse zur Grenze der vorgegebenen Toleranz z_{krit}. Zur Unterscheidung bezeichnet man die so ermittelten Fähigkeitsindices als kritische Fähigkeitsindices und kennzeichnet sie mit c_{mk} bzw. c_{pk}.

Beispiel für die Lage normalverteilter Messergebnisse innerhalb der Toleranz

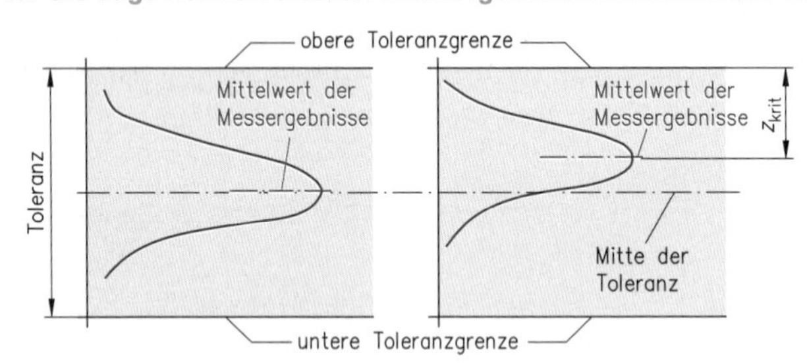

$$c_{mk} = \frac{z_{krit}}{3 \cdot \hat{\sigma}} \qquad c_{pk} = \frac{z_{krit}}{3 \cdot \hat{\sigma}}$$

c_{mk} kritische Maschinenfähigkeit
c_{pk} kritische Prozessfähigkeit
z_{krit} kleinster Abstand des Mittelwertes der Messergebnisse von der Toleranzgrenze
$\hat{\sigma}$ geschätzte Standardabweichung

Falls die Mitte der Toleranz nicht mit dem Mittelwert der Messergebnisse übereinstimmt, gilt für den Fähigkeitsnachweis:
Maschinen- und Prozessfähigkeit sind gegeben, wenn c_{mk} bzw. $c_{pk} > 1.33$ sind.

Übungsaufgabe J-37

4.2.3 Grafische Ermittlung von Normalverteilung und Fähigkeitsindices

Durch die Darstellung der aus der Strichliste gewonnenen Werte in einem speziellen Diagramm, dem **Wahrscheinlichkeitsnetz**, entsteht bei Normalverteilung anstelle der Glockenkurve eine einfache Gerade. Diese nennt man **Wahrscheinlichkeitsgerade**. Aus dem Verlauf der Geraden lässt sich der Mittelwert, der Fähigkeitsindex sowie die geschätzte Standardabweichung ermitteln.

Zur Darstellung der Wahrscheinlichkeitsgeraden werden von unten aufsteigend die Anzahl der Werte der einzelnen Klassen addiert und in Prozent umgerechnet. Diese Prozentwerte werden in das Diagramm übertragen. Es entsteht eine Ansammlung von Punkten. Durch diese wird eine Gerade so gelegt, dass rechts und linnks etwa gleich viele Punkte liegen. Diese Gerade ist die zur Strichliste gehörende Wahrscheinlichkeitsgerade.

Beispiel für ein Wahrscheinlichkeitsnetz mit der zu einer Strichliste gehörenden Wahrscheinlichkeitsgeraden

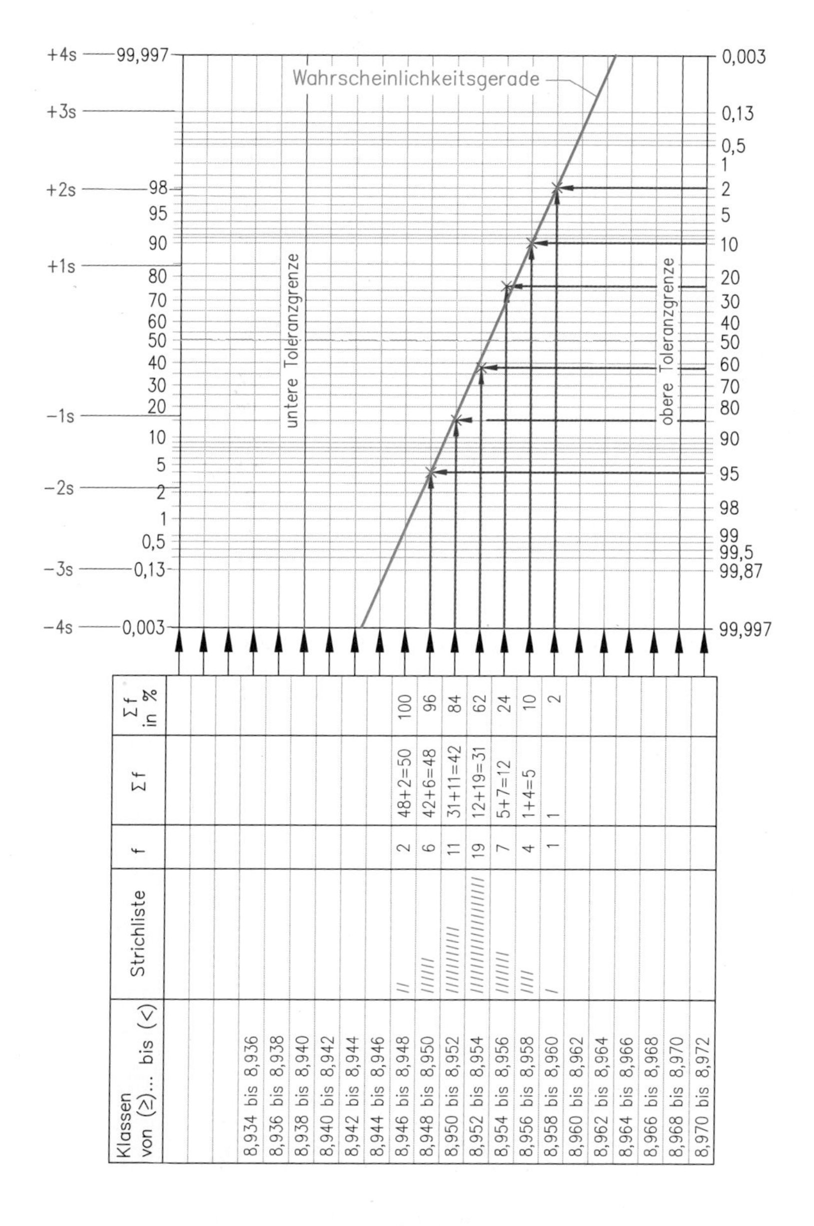

Klassen von (≥)… bis (<)	Strichliste	f	Σf	Σf in %
8,934 bis 8,936				
8,936 bis 8,938				
8,938 bis 8,940				
8,940 bis 8,942				
8,942 bis 8,944				
8,944 bis 8,946				
8,946 bis 8,948	//	2	48+2=50	100
8,948 bis 8,950	//////	6	42+6=48	96
8,950 bis 8,952	///////////	11	31+11=42	84
8,952 bis 8,954	///////////////////	19	12+19=31	62
8,954 bis 8,956	///////	7	5+7=12	24
8,956 bis 8,958	////	4	1+4=5	10
8,958 bis 8,960	/	1	1	2
8,960 bis 8,962				
8,962 bis 8,964				
8,964 bis 8,966				
8,966 bis 8,968				
8,968 bis 8,970				
8,970 bis 8,972				

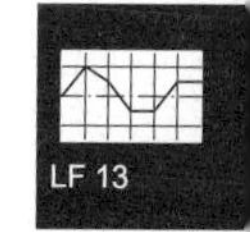

Ablesewerte im Wahrscheinlichkeitsnetz

Mittelwert:
Im Wahrscheinlichkeitsnetz entspricht die Wahrscheinlichkeit von 50 % dem Scheitelwert der Normalverteilung in der Glockenkurve. Wenn die Werteverteilung etwa einer Normalverteilung entspricht, kann der **Mittelwert** aus dem Geradenverlauf bestimmt werden. Er liegt in der Klasse, die unter dem Schnittpunkt der Wahrscheinlichkeitsgeraden mit der 50 %-Linie steht.

Standardabweichung:
Die Steigung der Wahrscheinlichkeitsgeraden ist ein Maß für die geschätzte **Standardabweichung**. Der waagerechte Abstand zwischen der Senkrechten im Schnittpunkt der 50 %-Linie und der Wahrscheinlichkeitsgeraden auf der Höhe der 1s-Linie entspricht der Standardabweichung.

Maschinen- bzw. Prozessfähigkeit:
Die **Maschinen- bzw. Prozessfähigkeit** ist gegeben, wenn die Wahrscheinlichkeitsgerade innerhalb des Bereichs der +4s-Linie und der 4s-Linie die Toleranzgrenzen nicht schneidet.

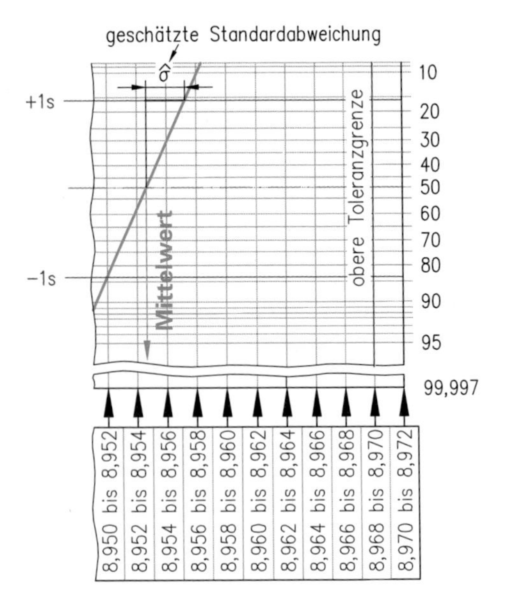

Mittelwert ca. 8,956,
Standardabweichung ca. 0,03 mm
Ablesewerte in Wahrscheinlichkeitsnetz

5 Prozessüberwachung

5.1 Kontrollkarten

Im laufenden Fertigungsprozess müssen alle Arbeitsgänge überwacht werden, damit Abwanderungstendenzen von Messgrößen (Trends) erkannt werden und Gegenmaßnahmen eingeleitet werden können. Zur Untersuchung solcher Trends kann man alle Werkstücke überprüfen. Da dieses meist sehr aufwendig ist, prüft man häufig mit **Stichproben**. Solche Stichproben kann man in regelmäßigen zeitlichen Abständen, z.B. stündlich oder nach bestimmten Stückzahlen, z.B. aus jeweils 500 gefertigten Teilen, nehmen. Die Zahlenwerte aus diesen Prüfungen zeigen wenig anschaulich den Verlauf der Messgröße. Darum versucht man durch grafische Darstellungen die Übersichtlichkeit zu verbessern. Die einfachste Darstellungsform geschieht in **Kontrollkarten**, die die Grenzwerte und die Stichprobennahme kennzeichnen. Ferner sind in den Karten Änderungen im Prozess vermerkt.

Beispiel für eine einfache Kontrollkarte

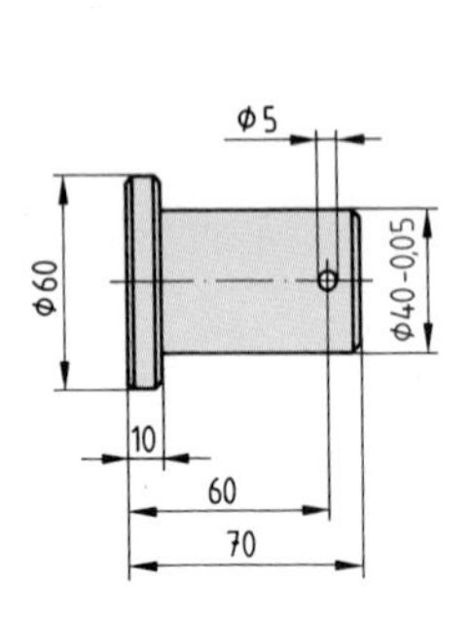

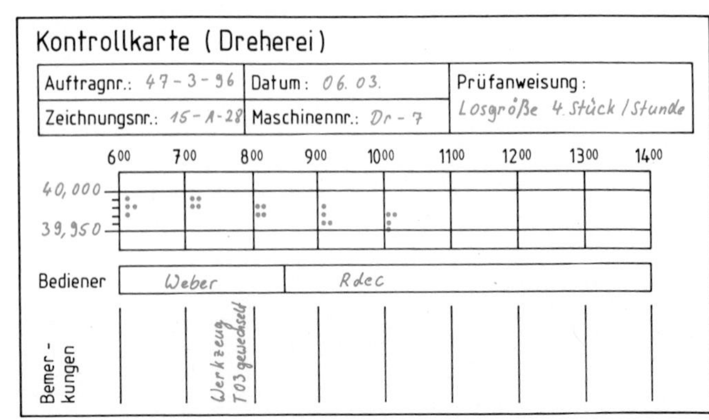

Übungsaufgaben J-38; J-39

5.2 Qualitätsregelkarten

5.2.1 Elemente einer Qualitätsregelkarte

Qualitätsregelkarten weisen mindestens drei Abschnitte auf. Im ersten werden organisatorische Daten wie z.B. Angaben zu Zeichnungsnummer, Rohteil, Werkstoff, festgehalten. Der zweite Teil enthält Tabellen zur Eintragung der Messergebnisse und im dritten Teil wird fortlaufend grafisch das Ergebnis veranschaulicht, denn in einer Grafik sind Auffälligkeiten am einfachsten zu erkennen.

Damit die Tendenz zu einer fehlerhaften Fertigung sofort erkannt werden kann, weist die Qualitätsregelkarte **Eingriffsgrenzen** auf, bei deren Erreichen der Prozess unmittelbar korrigiert werden muss. Eingriffsgrenzen dürfen nicht überschritten werden. Vor den Eingriffsgrenzen stehen in Regelkarten, die für sehr störungsanfällige Prozesse erstellt werden, **Warngrenzen**. Bei Erreichen der Warngrenzen muss der Prozess genauer beobachtet werden.
Mann nennt Karten, die statistisch abgesicherte Eingriffs- und ggf. Warngrenzen enthalten, **Qualitätsregelkarten**.
Die am häufigsten eingesetzte Qualitätsregelkarte ist die **Mittelwert-Spannweiten-Karte**.

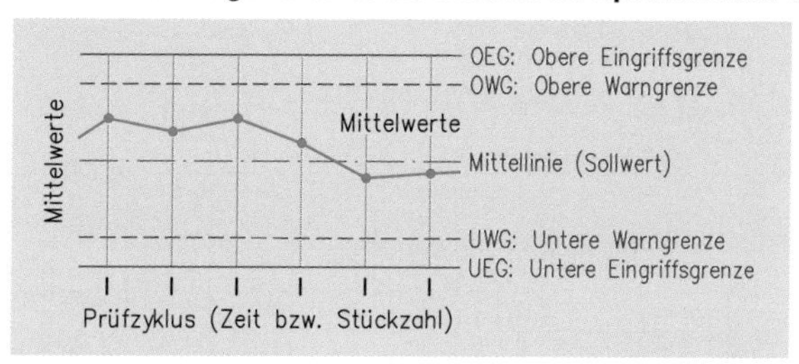

Mittelwertabschnitt

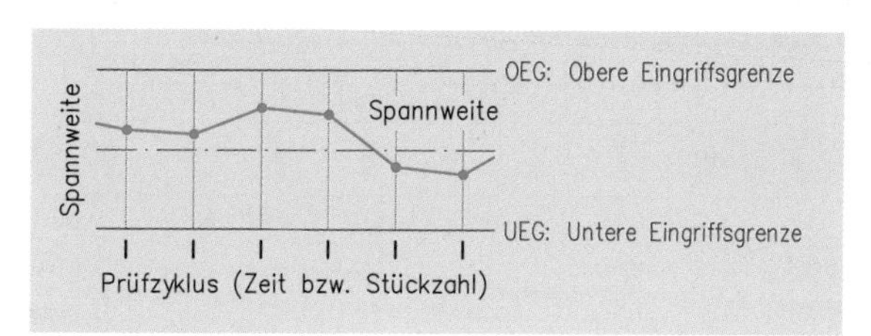

Spannweitenabschnitt

Grafikelemente einer Mittelwert-Spannweiten-Karte

5.2.2 Erstellung von Qualitätsregelkarten

Qualitätsregelkarten werden hinsichtlich der Eingriffsgrenzen, Prüfzyklen u.a. auf den jeweiligen Prozess bezogen angelegt.
Aus Vorversuchen, die meist in Zusammenhang mit der Prozessfähigkeitsuntersuchung durchgeführt wurden, werden mithilfe statistischer Verfahren die Warn- und Eingriffsgrenzen berechnet. Grundlagen für die Berechnungen sind der anzustrebende Mittelwert $\bar{\bar{x}}$, die in Vorversuchen ermittelte mittlere Spannweite $\bar{R}$ und Faktoren, die aus der Stichprobenanzahl bestimmt werden.

	Eingriffsgrenzen für	
	Mittelwerte	**Spannweiten**
OEG	$OEG_{\bar{\bar{x}}} = \bar{\bar{x}} + A_3 \cdot \bar{R}$	$OEG_{\bar{x}} = D_4 \cdot \bar{R}$
UEG	$UEG_{\bar{\bar{x}}} = \bar{\bar{x}} - A_2 \cdot \bar{R}$	$UEG_{\bar{x}} = D_3 \cdot \bar{R}$

Stichproben	**Faktor**		
	A_3	**D_2**	**D_3**
2	1,880	0	3,267
3	1,023	0	2,574
4	0,729	0	2,282
5	0,577	0	2,114
6	0,483	0	2,004

Beispiel **für die Berechnung der Eingriffsgrenzen zur Erstellung einer Mittelwert-Spannweiten-Karte**

Bei der Fertigung von Bolzen mit dem Nennmaß 9 –0,035/–0,070 mm wird die Toleranzmitte von 8,9525 mm angestrebt. Bei der Untersuchung der Prozessfähigkeit ergab sich, dass der Prozess fähig ist und eine mittlere Spannweite von 0,00653 mm aufweist.
Es sind die Eingriffsgrenzen zu berechnen.

1. Obere Eingriffsgrenze für die Mittelwerte

$OEG_{\bar{\bar{x}}} = \bar{\bar{x}} + A_2 \cdot \bar{R}$

$OEG_{\bar{\bar{x}}} = (8{,}9525 + 0{,}577 \cdot 0{,}00653)$ mm

$OEG_{\bar{\bar{x}}} = 8{,}956$ mm

2. Untere Eingriffsgrenze für die Mittelwerte

$UEG_{\bar{\bar{x}}} = \bar{\bar{x}} - A_2 \cdot \bar{R}$

$UEG_{\bar{\bar{x}}} = (8{,}9525 - 0{,}577 \cdot 0{,}00653)$ mm

$UEG_{\bar{\bar{x}}} = 8{,}949$ mm

3. Obere Eingriffsgrenze für die Spannweiten

$OEG_{\bar{R}} = D_4 \cdot \bar{R}$

$OEG_{\bar{R}} = 2{,}114 \cdot 0{,}00653$ mm

$OEG_{\bar{R}} = 0{,}014$ mm

4. Untere Eingriffsgrenze für die Spannweiten

$UEG_{\bar{R}} = D_3 \cdot \bar{R}$

$UEG_{\bar{R}} = 0 \cdot 0{,}00653$ mm

$UEG_{\bar{R}} = 0$

Die errechneten Werte der Eingriffsgrenzen werden in den Grafikteil der Regelkarte als Grenzen eingetragen.

Beispiel **für eine Regelkarte nach Eintrag der Stichprobenwerte**

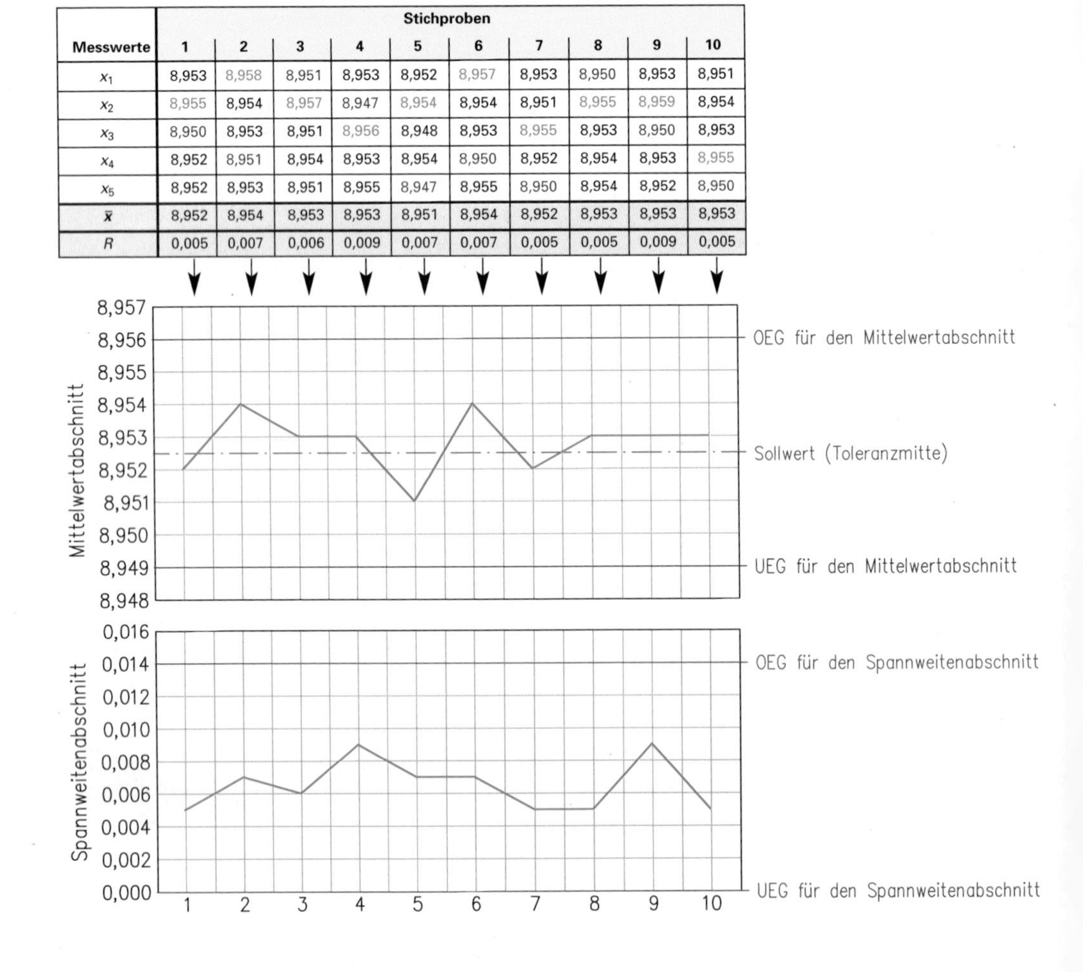

Messwerte	Stichproben 1	2	3	4	5	6	7	8	9	10
x_1	8,953	8,958	8,951	8,953	8,952	8,957	8,953	8,950	8,953	8,951
x_2	8,955	8,954	8,957	8,947	8,954	8,954	8,951	8,955	8,959	8,954
x_3	8,950	8,953	8,951	8,956	8,948	8,953	8,955	8,953	8,950	8,953
x_4	8,952	8,951	8,954	8,953	8,954	8,950	8,952	8,954	8,953	8,955
x_5	8,952	8,953	8,951	8,955	8,947	8,955	8,950	8,954	8,952	8,950
$\bar{x}$	8,952	8,954	8,953	8,953	8,951	8,954	8,952	8,953	8,953	8,953
R	0,005	0,007	0,006	0,009	0,007	0,007	0,005	0,005	0,009	0,005

5.2.3 Auswertung von Qualitätsregelkarten

Je nach Verlauf der Mittelwert- und Spannweitenkurve wird der Fertigungsprozess beurteilt. Zur Beschreibung besonderer Kurvenverläufe, die eine Korrektur erfordern, verwendet man Begriffe wie Ausreißer, Trend u.Ä.

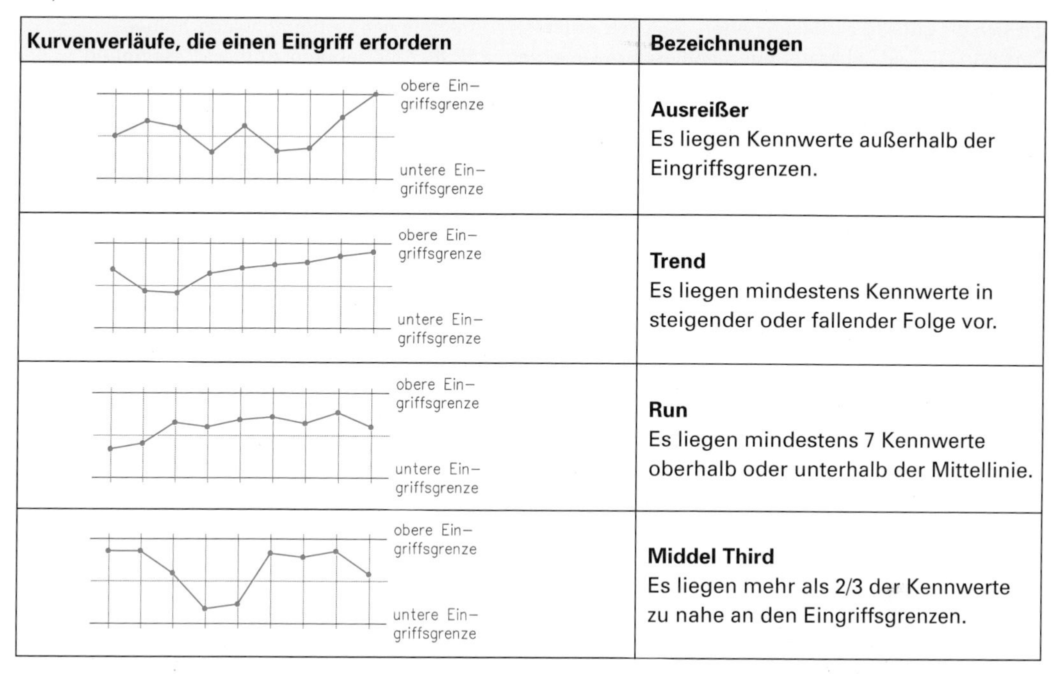

Kurvenverläufe, die einen Eingriff erfordern	Bezeichnungen
obere Eingriffsgrenze / untere Eingriffsgrenze	**Ausreißer** Es liegen Kennwerte außerhalb der Eingriffsgrenzen.
obere Eingriffsgrenze / untere Eingriffsgrenze	**Trend** Es liegen mindestens Kennwerte in steigender oder fallender Folge vor.
obere Eingriffsgrenze / untere Eingriffsgrenze	**Run** Es liegen mindestens 7 Kennwerte oberhalb oder unterhalb der Mittellinie.
obere Eingriffsgrenze / untere Eingriffsgrenze	**Middel Third** Es liegen mehr als 2/3 der Kennwerte zu nahe an den Eingriffsgrenzen.

Qualitätsdatenerfassung und -verarbeitung mit DV-Anlagen

Zur Erleichterung der Datenerfassung und Datenverarbeitung von Qualitätsdaten werden meist EDV-Programme eingesetzt. Die Dateneingabe in diese Programme kann über Tastatur oder direkt vom Messsystem aus erfolgen. Mit jedem neu eingegebenen Messwert wird die grafische Darstellung laufend dem aktuellen Stand angepasst. Es können ferner unterschiedliche Arten der Dastellung gewählt werden und auch verschiedene Arten von unterschiedlichen Messwerten im Zusammenhang dargestellt werden.

Beispiel für Bildschirmmasken einer EDV-gestützten Prozessregelung

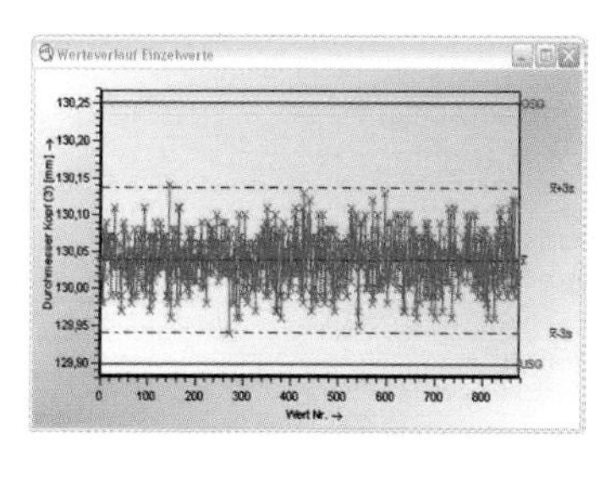

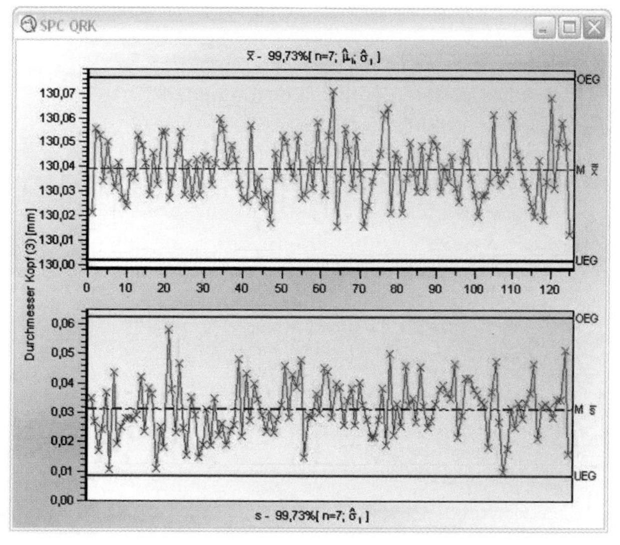

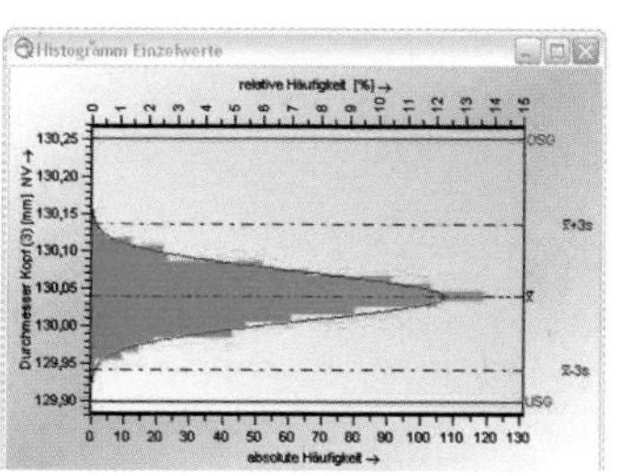

5.3 Fehlerdatenerfassung

Ein einwandfreies Produkt ist nur mit optimal eingestellten Maschinen und Anlagen zu erzeugen. Es ist deshalb zu einer späteren Zeit für eine Wiederholung der Produktion eines Bauteils wichtig, dass alle Fertigungsdaten des Prozesses erfasst und dokumentiert werden. Nur so sind Maschineneinstellungen u.Ä., die sich als günstig erwiesen haben, bei einer erneuten Aufnahme der Fertigung wiederholbar.
Daneben sind alle aufgetretenen Fehler, ihre Ursachen und die Maßnahmen zu ihrer Beseitigung zu erfassen, damit bei erneutem Auftreten eines dieser Fehler sofort sachgerecht reagiert werden kann.

Bei der Suche nach dem Zusammenhang von Ursachen und deren Auswirkungen gibt es eine Erfahrungsregel, die besagt, dass zwischen Ursache und Auswirkung eine Ungleichverteilung besteht. Diese Erfahrungsregel heißt **80/20-Regel** oder nach ihrem Entdecker das **Pareto-Prinzip** und lautet:

80 % eines Ergebnisses (bzw. der Auswirkung) entstehen durch 20 % Ursache (bzw. Aufwand).

Das Pareto-Prinzip gilt für viele Bereiche des täglichen Lebens, z.B.
- 80 % des Volksvermögens ist etwa im Besitz von 20 % der Bevölkerung.
- An 80 % der Tage des Jahres tragen wir etwa nur 20 % der Kleidung, die wir besitzen.
- 80 % der Hausaufgaben lösen Schüler in 20 % der Zeit. Die restlichen 20 % der Aufgaben – die schwierigen – hingegen beanspruchen die restlichen 80 % der Zeit.

Auf Fehler in der Produktion angewendet bedeutet das Pareto-Prinzip, dass 80 % des Ausschusses durch 20 % der möglichen Fehler verursacht werden.
Das heißt:
Wenn z.B. für das Auftreten eines Fehlers zehn verschiedene Fehlerquellen (10 Fehlerquellen = 100 %) existieren, so verurachen zwei dieser Fehlerquellen (2 Fehlerquellen = 20 %) zusammen den überwiegenden Teil des Ausschusses, nämlich 80 %. Diese Fehler müssen vorrangig beseitigt werden.

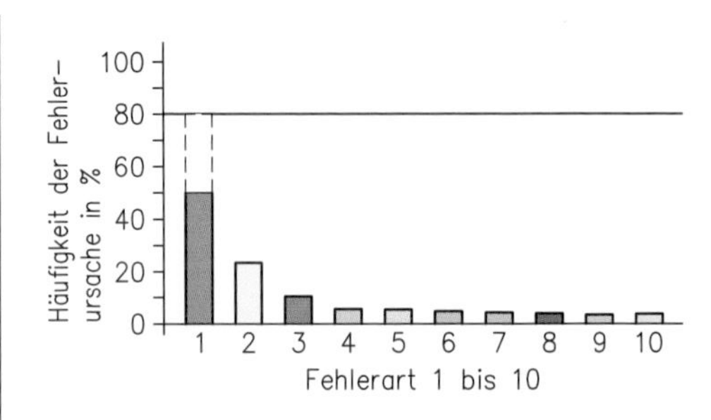

Pareto-Diagramm bei zehn Fehlerquellen

Durch eine systematische Erfassung der Fehlerursachen und der getroffenen Maßnahmen ist man in der Lage, die Fehlersuche zu optimieren. Man geht bei der Fehlersuche von der wahrscheinlichsten Ursache aus. Zur Fehlerbeseitigung wendet man zunächst die Maßnahme an, die in den meisten Fällen zum Erfolg geführt hat.

Beispiel für eine Fehlerdatendokumentation

Beim Rundschleifen wurden aufgetretene Fehler und ihre Häufigkeit dokumentiert.
Die Aufstellung zeigt, dass beim Auftreten von Rattermarken Abrichtfehler an der Schleifscheibe bisher die häufigste Fehlerquelle waren.
Bei erneutem Auftreten von Rattermarken wird man darum zur schnellen Fehlerbeseitigung zunächst diesen Fehler ins Auge fassen.

Fehlerursachen bei Brandflecken	Häufigkeit

Fehlerursachen bei Vorschubspuren	Häufigkeit

Fehlerursachen bei Rundheitsfehler	Häufigkeit

Fehlerursachen bei Rattermarken	Häufigkeit
Riemenschlag des Schleifantriebs	II
Fehler in der Lagerung der Schleifspindel	I
axiale Spannkraft zu gering	III
zu wenig Setzstöcke bei langen Werkstücken	II
Zentrierbohrungen nicht ok	II
Wuchtfehler der Schleifscheibe	II
Abrichtfehler an der Schleifscheibe	IIIII III
falscher Härtegrad der Schleifscheibe	I
stumpfe Schleifscheibe	II

80 % der Fehler werden durch nur 20 % aller Fehlerursachen hervorgerufen. Darum sind eine systematische Fehlererfassung und eine systematische Auflistung getroffener Maßnahmen zur Fehlerbeseitigung Voraussetzung für schnelles und umfassendes Handeln im Störungsfall.

Übungsaufgabe J-42

Handlungsfeld: Bauteile prüfen

Problemstellung

Prüfauftrag

Prüfauftrag
Bohrungsabstand prüfen

Zeichnung

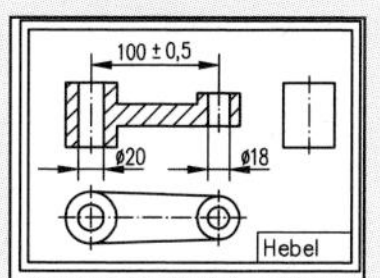

Werkstück

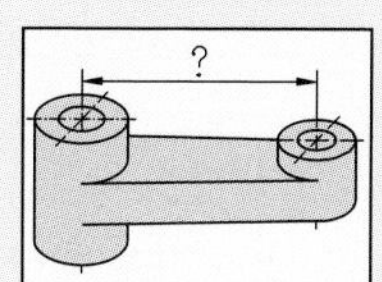

Analysieren

Auftrag und Zeichnungen auswerten nach:
- Zu prüfenden Eigenschaften (Form, Maße, Oberfläche ...)
- Toleranzen
- Gefordertem Ergebnis (Maßangabe oder Bedingung erfüllt/Bedingung nicht erfüllt)

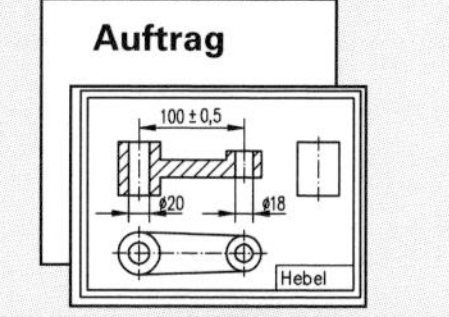

Ergebnisse:
Entscheidung für
- Messen oder Lehren
- Subjektives oder objektives Prüfen
- Umfang der Prüfung

Planen

Überlegungen zu:
- Prüfgerät (Art, Größe, Genauigkeit, Handhabung ...)
- Prüfaufbau (Positionierung von Werkstück und Messgerät ...)
- Durchführung der Prüfung (Abfolge der Prüfungen ...)
- Ergebnisdokumentation

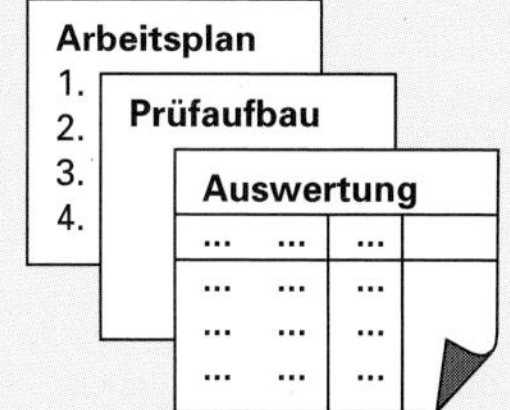

Ergebnisse:
- Plan der Prüfeinrichtung
- Prüfplan (Prüfmethode)
- Dokumentations- und Auswerteformular

Prüfung durchführen

Prüfstück einrichten

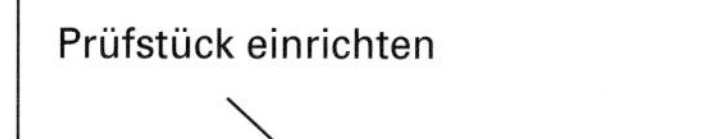

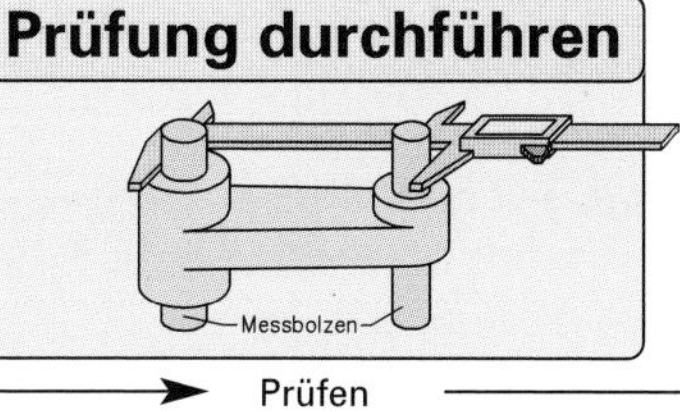

Prüfergebnis und Umgebungsbedingungen aufzeichnen

Prüfen (Umgebungsbedingungen beachten)

Auswerten

- Soll-Ist-Vergleich durchführen
- Statistische Auswertung vornehmen

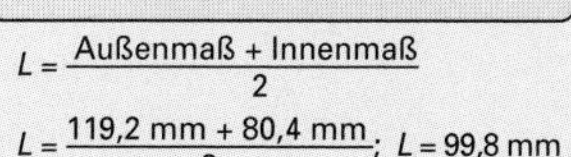

$$L = \frac{\text{Außenmaß} + \text{Innenmaß}}{2}$$

$$L = \frac{119{,}2\ \text{mm} + 80{,}4\ \text{mm}}{2}; \quad L = 99{,}8\ \text{mm}$$

- Ergebnis beurteilen (z. B. gut, Nacharbeit, Ausschuss)
- Fehler analysieren
- Fehlerbehebung vorschlagen

1 Grundbegriffe der Prüftechnik

1.1 Bedeutung des Prüfens in der Fertigung

Bei der Konstruktion von Werkstücken werden die Maße, der Werkstoff, die Oberflächenbeschaffenheit u. a. festgelegt. Der Arbeitsablauf wird organisiert und dokumentiert, eine hinreichende Anzahl von Kontrollen wird zugeordnet. Die Prüfung erfolgt durch:

- Eingangskontrolle
- Zwischenkontrolle
- Endkontrolle.

Beispiele für die Prüfung von Maßen an einer Welle

Vor der Fertigung beginnen die Prüfungen der Rohteile mit der Kontrolle der Rohmaße und der Untersuchung der Werkstoffe. Damit werden zu kleine Rohteile und unbrauchbare Materialien schon vor Beginn der Fertigung ausgeschieden.

Während der Fertigung finden wiederholt Prüfungen am Werkstück statt, um Teile mit Fehlern aus dem Fertigungsprozess auszusondern. Dadurch werden Fertigungskosten eingespart.

Nach der Fertigung wird das Erzeugnis geprüft. Es wird festgestellt, ob die vorgeschriebenen Bedingungen, die sogenannten *Sollwerte des Prüfgegenstandes* – wie Maße, Oberflächengüte, Festigkeit, Farbe u.a. –, mit hinreichender Genauigkeit eingehalten wurden.

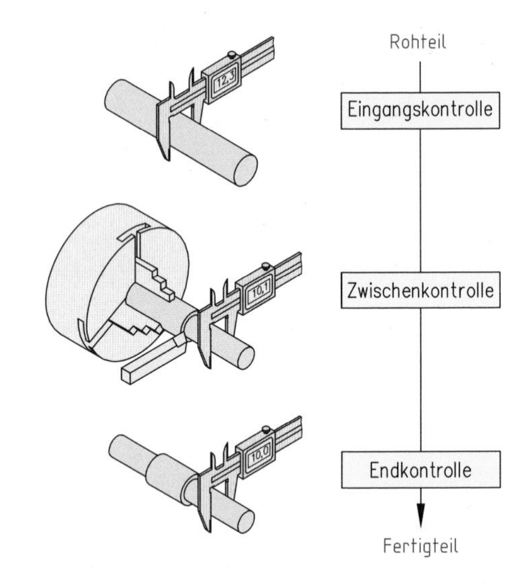

Prüfen (DIN 1319) heißt feststellen, ob eine bestimmte Größe des Prüfgegenstandes – also z.B. die Länge eines Werkstücks – die vorgeschriebenen Bedingungen erfüllt.

1.2 Subjektives und objektives Prüfen

Prüfen erfolgt mit den Sinnen und durch Prüfgeräte. Prüfungen durch Sinneswahrnehmung sind vom Prüfer abhängig. Sie werden **subjektive Prüfungen** genannt. Eine solche subjektive Prüfung ist z.B. die mit den Fingern durchgeführte Prüfung der Rauheit einer Werkstückoberfläche.

Prüfungen mit Prüfgeräten erlauben genaue Aussagen, z.B. mittels Zahlenwert oder der Vorgabe von Grenzwerten über auftretende Abweichungen von vorgeschriebenen Werten. Solche Prüfungen werden als **objektive Prüfungen** bezeichnet. Mit einem Oberflächenprüfgerät kann man z.B. die Rauheit einer Werkstückoberfläche objektiv prüfen.

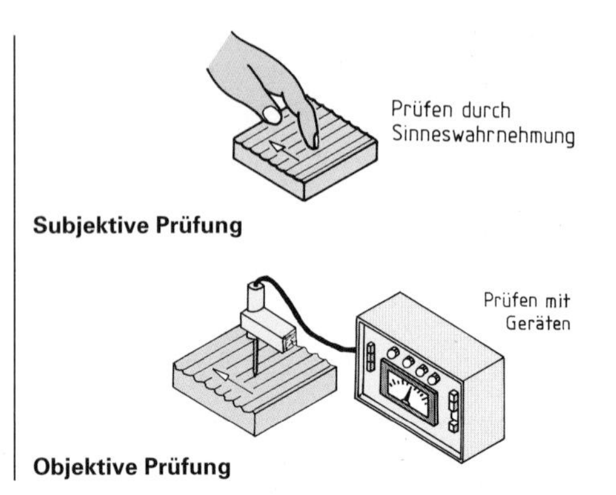

Subjektive Prüfung

Objektive Prüfung

Subjektives Prüfen ist das Prüfen durch Sinneswahrnehmung
Objektives Prüfenist das Prüfen mit Geräten, die Zahlenwerte liefern oder Grenzwerte vorgeben

1.3 Grundgrößen (Basisgrößen) und ihre Einheiten (Basiseinheiten)

Grundlage des objektiven Prüfens sind die im internationalen Einheitensystem (SI-System) festgelegten physikalischen Grundgrößen und ihre Einheiten.

Die in der Metalltechnik wichtigen Größen
- Länge,
- Masse,
- Zeit und
- Stromstärke

sind genormt.

Grundgröße	Einheiten der Grundgröße Name	Zeichen
Länge	Meter	m
Masse	Kilogramm	kg
Zeit	Sekunde	s
Stromstärke	Ampere	A

Wichtige Grundgrößen und ihre Einheiten sind:
- Länge mit Einheit Meter,
- Masse mit Einheit Kilogramm,
- Zeit mit Einheit Sekunde,
- Stromstärke mit Einheit Ampere.

Häufig entstehen bei Verwendung der Basiseinheiten sehr große oder kleine Zahlenwerte. Es wird zum Beispiel kaum jemand von einer 0,0001 m dicken Rasierklinge oder von einer 50 000 m langen Wegstrecke sprechen, sondern von einer 0,1 mm dicken Rasierklinge und einem Weg von 50 km.
Man bildet also *Vielfache* oder *Teile* der Größen und kennzeichnet dies durch **Vorsatzzeichen.**
Ausnahmen von diesen Regeln:
Weil Gramm als Basiseinheit der Masse zu klein ist, wählte man das Kilogramm als Einheit der Grundgröße.
Bei der Angabe der Zeit geht man aus Tradition beim Vielfachen auf Minuten, Stunden usw.

	Faktor Bedeutung	Zehnerpotenz	Vorsatz	Vorsatzzeichen
Vielfache ↑	Tausendfache	10^3	Kilo	k
	Hundertfache	10^2	Hekto	h
	Zehnfache	10^1	Deka	da
	Basiseinheit	**$10^0 = 1$**		
Teile ↓	Zehntel	10^{-1}	Dezi	d
	Hundertstel	10^{-2}	Zenti	c
	Tausendstel	10^{-3}	Milli	m
	Millionstel	10^{-6}	Mikro	µ

Durch die Wahl von Teilen oder Vielfachen von Einheiten werden Maßangaben anschaulicher.

Die Angabe einer Größe erfolgt *stets* durch Zahlenwert *und* Einheit. Soweit eine Einheit nicht verbindlich vorgeschrieben ist, soll sie so gewählt werden, dass kleine und übersichtliche Zahlenwerte entstehen.

Beispiele für die Angaben und Umrechnungen von Größen

$50\,000\text{ m} = 50 \cdot 10^3\text{ m} = 50\text{ km}$
$0{,}0001\text{ m} = 0{,}1 \cdot 10^{-3}\text{ m} = 0{,}1\text{ mm}$

$0{,}05\text{ kg} = 0{,}05 \cdot 10^3\text{ g} = 50\text{ g}$
$6\,000\text{ ms} = 6\,000 \cdot 10^{-3}\text{ s} = 6\text{ s} = 0{,}1\text{ min}$

Die Angabe einer Größe erfolgt stets durch Zahlenwert und Einheit. Die Einheit soll so gewählt werden, dass ein übersichtlicher Zahlenwert entsteht.

1.4 Formelzeichen

Durch Formelzeichen werden Größen übersichtlich in Kurzschreibweise dargestellt. Die verschiedenen Bedeutungen einer Grundgröße drückt man durch unterschiedliche Formelzeichen aus.

Grundgröße	Formelzeichen und ihre spezielle Bedeutung		Einheit
Länge	***l*** Länge ***b*** Breite ***h*** Höhe	***d*** Durchmesser ***r*** Radius ***s*** Wegstrecke	Meter

1.5 Prüfverfahren: Messen und Lehren

Das Prüfen von Längen, Winkeln, Formen u.a. kann grundsätzlich durch zwei unterschiedliche Verfahren erfolgen: durch Messen oder durch Lehren.

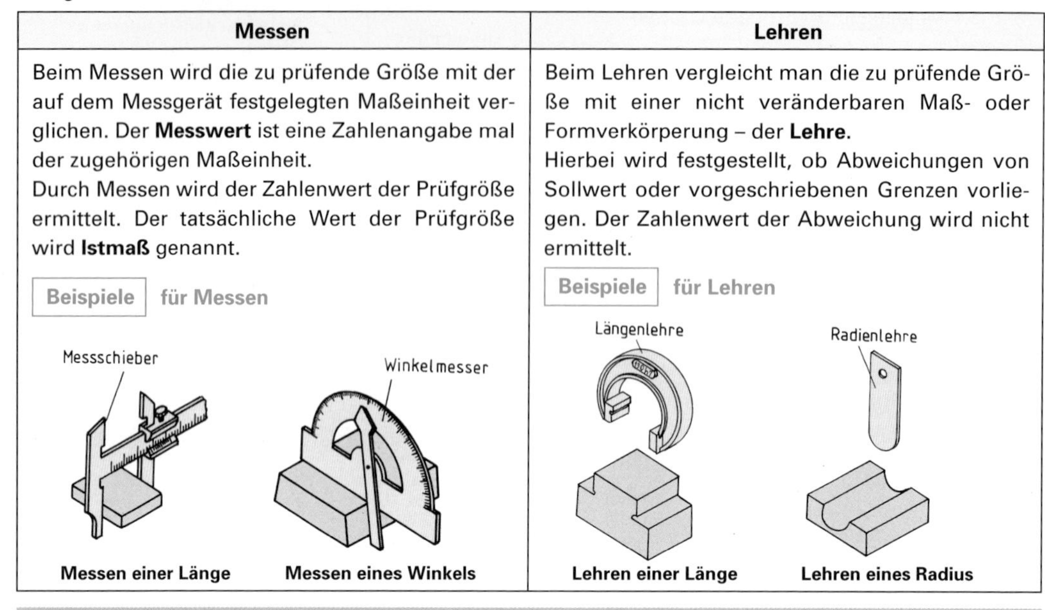

Messen	Lehren
Beim Messen wird die zu prüfende Größe mit der auf dem Messgerät festgelegten Maßeinheit verglichen. Der **Messwert** ist eine Zahlenangabe mal der zugehörigen Maßeinheit. Durch Messen wird der Zahlenwert der Prüfgröße ermittelt. Der tatsächliche Wert der Prüfgröße wird **Istmaß** genannt.	Beim Lehren vergleicht man die zu prüfende Größe mit einer nicht veränderbaren Maß- oder Formverkörperung – der **Lehre.** Hierbei wird festgestellt, ob Abweichungen von Sollwert oder vorgeschriebenen Grenzen vorliegen. Der Zahlenwert der Abweichung wird nicht ermittelt.
Beispiele für Messen	**Beispiele** für Lehren

Messen einer Länge **Messen eines Winkels** **Lehren einer Länge** **Lehren eines Radius**

Messen ist ein Prüfen, bei dem das Istmaß einer Messgröße als Zahlenwert ermittelt wird.
Lehren ist ein Prüfen, bei dem festgestellt wird, ob eine Messgröße mit einer Maß- oder Formverkörperung übereinstimmt.

2 Prüfen von Längen

2.1 Maßsysteme und Einheiten

Die international festgelegte und gesetzlich vorgeschriebene Einheit für die Länge ist das Meter (Einheitenzeichen: m). Man nennt dieses System auch **metrisches Maßsystem.**

Neben dem Meter als gesetzlicher Einheit für die Länge sind dezimale Teile und dezimale Vielfache des Meters zugelassen. Festgelegte Vorsilben geben dabei das dezimale Vielfache oder den dezimalen Teil des Meters an. In der Metallverarbeitung werden Maße in der Regel in Millimeter angegeben. Bei sehr genauen Maßangaben benutzt man auch die Einheit Mikrometer.

Vom Meter abgeleitete Längeneinheiten

$1\,000 \cdot 1\text{ m} = 1\,000\text{ m} = 1\text{ km}$	**Kilo**meter
$1 \cdot 1\text{ m} = 1\text{ m} = 1\text{ m}$	Meter
$\frac{1}{10} \cdot 1\text{ m} = 0{,}1\text{ m} = 1\text{ dm}$	**Dezi**meter
$\frac{1}{100} \cdot 1\text{ m} = 0{,}01\text{ m} = 1\text{ cm}$	**Zenti**meter
$\frac{1}{1\,000} \cdot 1\text{ m} = 0{,}001\text{ m} = 1\text{ mm}$	**Milli**meter
$\frac{1}{1\,000\,000} \cdot 1\text{ m} = 0{,}000001\text{ m} = 1\text{ µm}$	**Mikro**meter

Die Basiseinheit der Länge ist das Meter.
In der Metalltechnik werden Längenmaße in Millimeter angegeben.

In einigen Ländern wird noch die Einheit Zoll für die Längenmessung benutzt – **Zollmaßsystem.** Auch in Deutschland ist diese Einheit bei Rohrgewinden und teilweise im Fahrzeugbau noch üblich.
Für die Umrechnung gilt:

1 Zoll = 1″ = 25,400 mm

2.2 Höchstmaß – Mindestmaß – Toleranz

Werkstücke können in der Fertigung nie genau mit dem in der Zeichnung angegebenen Maß, dem **Nennmaß** *N*, hergestellt werden. Daher werden je nach Anforderung mehr oder weniger große Abweichungen vom Nennmaß zugelassen. Das größte zulässige Maß des Werkstückes ist das **Höchstmaß** G_o. Das kleinste zulässige Maß ist das **Mindestmaß** G_u. Den Unterschied zwischen Höchst- und Mindestmaß nennt man die **Toleranz** *T*.

Die obere zulässige Abweichung vom Nennmaß ist das **obere Abmaß** *ES*[1), 2)] bei Bohrungen, (*es* bei Wellen). Die untere zulässige Abweichung ist das **untere Abmaß** *EI*[1), 3)] bei Bohrungen, (*ei* bei Wellen).

Die Größe der Toleranz richtet sich nach dem Verwendungszweck.

Der Außendurchmesser eines Wasserrohres kann mit größerer Toleranz gefertigt werden, weil die Funktion dadurch nicht beeinträchtigt wird.

Die Zapfen einer Kurbelwelle müssen hingegen mit kleinerer Toleranz gefertigt werden, weil sonst eine einwandfreie Montage und ein ruhiger Lauf nicht gewährleistet sind.

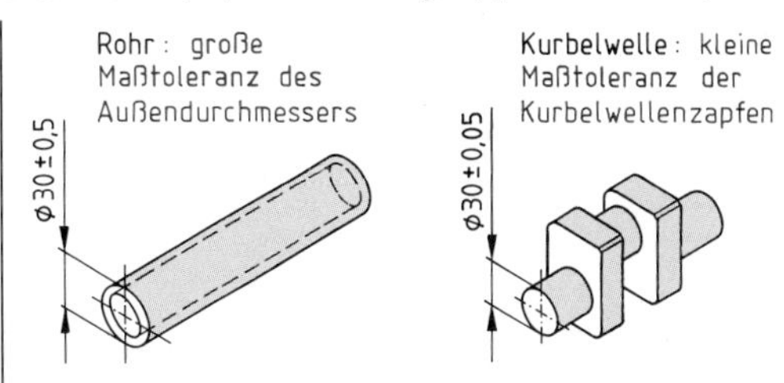

Auswahl der Toleranz nach dem Verwendungszweck

> Damit Werkstücke wirtschaftlich gefertigt werden können, gilt der Grundsatz:
> „Toleranzen so groß wie möglich und nur so klein wie notwendig wählen."

Beispiel für die Grenzen der zulässigen Abweichungen vom Nennmaß

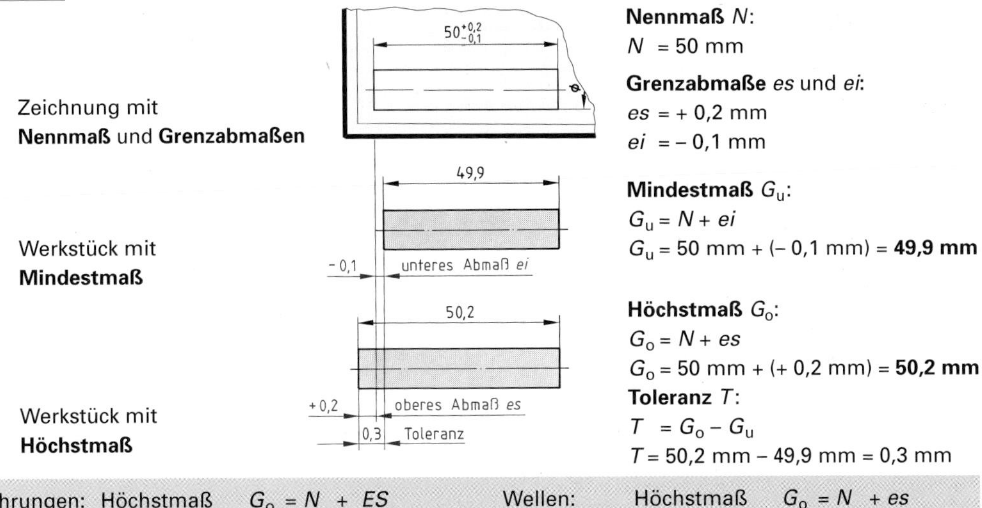

Nennmaß *N*:
$N = 50$ mm

Grenzabmaße *es* und *ei*:
$es = +0{,}2$ mm
$ei = -0{,}1$ mm

Mindestmaß G_u:
$G_u = N + ei$
$G_u = 50 \text{ mm} + (-0{,}1 \text{ mm}) = \mathbf{49{,}9 \text{ mm}}$

Höchstmaß G_o:
$G_o = N + es$
$G_o = 50 \text{ mm} + (+0{,}2 \text{ mm}) = \mathbf{50{,}2 \text{ mm}}$

Toleranz *T*:
$T = G_o - G_u$
$T = 50{,}2 \text{ mm} - 49{,}9 \text{ mm} = 0{,}3 \text{ mm}$

Bohrungen:			Wellen:		
Höchstmaß	$G_o = N + ES$		Höchstmaß	$G_o = N + es$	
Mindestmaß	$G_u = N + EI$		Mindestmaß	$G_u = N + ei$	
Toleranz	$T = G_o - G_u$		Toleranz	$T = G_o - G_u$	

- **Grenzabmaße für Längenmaße (Allgemeintoleranz nach DIN ISO 2768)**

Toleranzklasse	Grenzabmaße in mm für Nennmaßbereich in mm							
	0,5 bis 3	über 3 bis 6	über 6 bis 30	über 30 bis 120	über 120 bis 400	über 400 bis 1 000	über 1 000 bis 2 000	über 2 000 bis 4 000
f (fein)	± 0,05	± 0,05	± 0,1	± 0,15	± 0,2	± 0,3	± 0,5	–
m (mittel)	± 0,1	± 0,1	± 0,2	± 0,3	± 0,5	± 0,8	± 1,2	± 2
c (grob)	± 0,2	± 0,3	± 0,5	± 0,8	± 1,2	± 2	± 3	± 4
v (sehr grob)	–	± 0,5	± 1	± 1,5	± 2,5	± 4	± 6	± 8

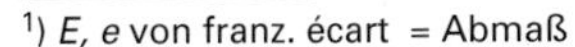

[1)] *E, e* von franz. écart = Abmaß
[2)] *S, s* von franz. superior = oberes
[3)] *I, i* von franz. inferieur = unteres

Übungsaufgabe PT-9

- **Grenzabmaße nach DIN ISO 286**

Grenzabmaße für Werkstücke, die zusammenpassen müssen, werden oft auch durch Buchstaben und Zahlen verschlüsselt angegeben. Für solche Passungsangaben entnimmt man die zulässigen Werte in $\frac{1}{1000}$ mm aus Tabellen.

Beispiel für Grenzabmaße nach DIN ISO 286

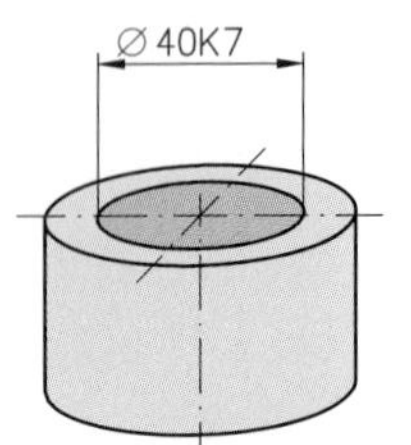

Tabellenauszug für Grenzabmaße *(ES, EI* bzw. *es, ei)* nach DIN ISO 286

Nennmaß-bereich über ... bis ... mm	Bohrungen Grenzabmaße in µm (= 0,001 mm)					Wellen Grenzabmaße in µm		
	N 7	**M 7**	**K 7**	**J 7**	**H 7**	**r 6**	**n 6**	**m 6**
30 ... 50	– 8	0	+ 7	+ 14	+ 25	+ 50	+ 33	+ 25
	– 33	– 25	– 18	– 11	0	+ 34	+ 17	+ 9

40 K7 ≙ 40 +0,007/–0,018

2.3 Begriffe der Längenmesstechnik

- **Begriffe der Messtechnik**

Begriffe	**Erläuterungen**
Anzeige	**analog** / **digital** 0 1 2 3 4 5 6 7 · Nonius · Skalenteilungswert (1 mm) · 24.33 · Schrittwert (0,01 mm) Die Anzeige ist die vom Messgerät ausgegebene Information über die Größe des Messwertes. Sie kann optisch – in analoger oder digitaler Form – vermittelt werden.
Messwert	Der Messwert ist das Ergebnis des Vergleichs zwischen der Messgröße und der auf dem Messgerät festgelegten Maßeinheit. **Messwert = Zahlenwert · Maßeinheit**
Messgröße	Die Messgröße ist die zu messende Größe an einem Werkstück.
Skalenteilungswert bzw. Schrittwert	Der Skalenteilungswert bzw. Schrittwert entspricht der Differenz zweier benachbarter Teilungsmarken auf einer Strichskala bzw. einem Ziffernschritt auf einer Ziffernskala.
Messabweichung	Eine Messabweichung ist die Differenz zwischen dem gemessenen Wert (Messwert) und dem tatsächlichen Wert (Messgröße).
Bezugstemperatur	Die Messtemperatur beträgt für genaue Messungen 20 °C. Sie muss für Messwerkzeuge und Werkstücke eingehalten werden.

- **Begriffe zum Messverfahren**

Grundlagen aller Prüfgeräte sind **Maßverkörperungen.** Die Verkörperung von Längenmaßen kann erfolgen:

- durch den Abstand von Teilstrichen auf Linealen,
- durch den festen Abstand von parallelen Flächen bei Parallelendmaßen.

Messverfahren, in denen das zu prüfende Maß unmittelbar mit einer Maßverkörperung verglichen wird, nennt man **direkte Messverfahren.**

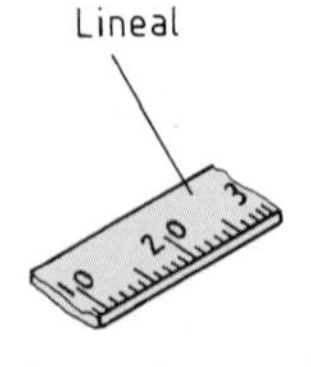

Verkörperung von Maßen zum direkten Messen

Durch das Messverfahren stellt man das Istmaß eines Werkstückes fest. Beim Messen von Längen erfolgt ein zahlenmäßiger Vergleich mit Maßverkörperungen.
Direktes Messen ist unmittelbares Vergleichen des zu prüfenden Maßes mit einer Maßverkörperung.

2.4 Direkte Längenmessung

2.4.1 Messen mit Messschiebern

Mit dem Messschieber können Außen-, Innen- und Tiefenmessungen durchgeführt werden. Durch eine Ablesehilfe, den **Nonius**, kann man Messwerte auf 1/10 mm Genauigkeit ablesen.

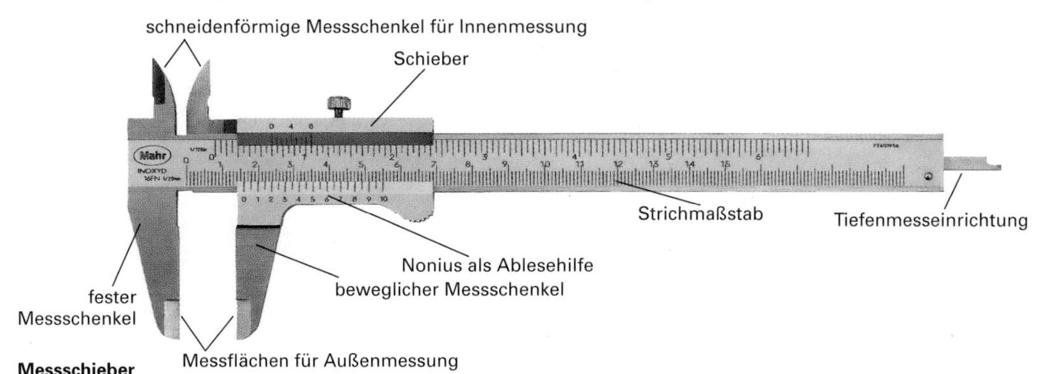

Messschieber

Der Zehntel-Nonius ist im einfachsten Falle 9 mm lang und in zehn gleiche Abschnitte geteilt. Der Abstand zweier Striche auf der Noniusskala ist daher 9 mm : 10 = 0,9 mm. Damit ist ein Skalenteil auf dem Nonius um 0,1 mm kleiner als auf dem Strichmaßstab.

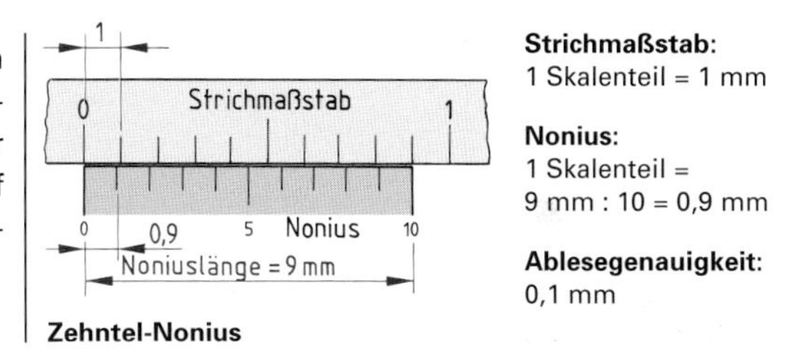

Zehntel-Nonius

Beispiel für das Ablesen eines Maßes

Wird der Messschieber mehr als einen Millimeter geöffnet, so erhält man den Ablesewert aus der Addition der ganzen und der zehntel Millimeter.

Ablesewert = 4 mm + 0,7 mm = **4,7 mm**

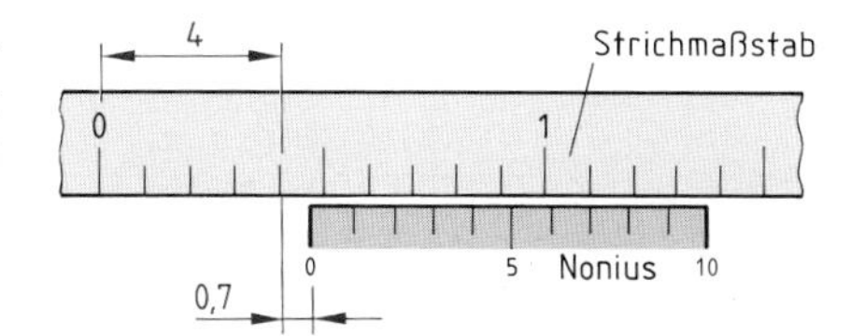

Ablesung von ganzen und zehntel Millimetern

Da die Striche beim 9 mm langen Nonius sehr dicht beeinander liegen, wird der Nonius zur Erhöhung der Ablesesicherheit auf 19 oder 29 mm Länge gestreckt.

Für das Arbeiten mit dem Messschieber ergeben sich aus den Beispielen folgende Ableseregeln:
- Ganze Millimeter werden auf dem Strichmaßstab links vom Nullstrich des Nonius abgelesen.
- Die zehntel Millimeter werden an dem Teilstrich des Nonius abgelesen, der mit einem Strich des Strichmaßstabs übereinstimmt.

- **Tiefenmessschieber**

Der Tiefenmessschieber dient zum Messen der Tiefen von Nuten und Ausarbeitungen sowie zum Messen von Längen stufenförmig abgesetzter Werkstücke.
Zur Auflage auf das Werkstück ist der Messschenkel des Schiebers beidseitig als sogenannte Messbrücke ausgeführt. In ihr wird der Strichmaßstab verschoben. Die Messflächen von Brücke und Strichmaß liegen bei der Nullstellung in einer Ebene.

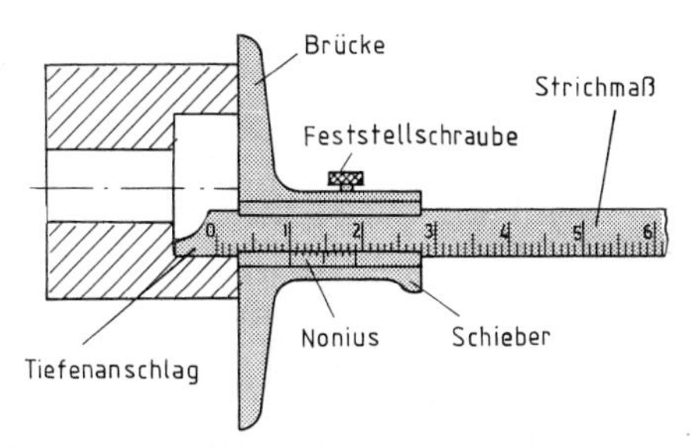

Messen mit einem Tiefenmessschieber

- **Messschieber mit Rundskala**

Messschieber mit Rundskala besitzen statt des Nonius eine Messuhr. Bei diesen Messschiebern werden auf dem Strichmaßstab die ganzen Millimeter und auf der Messuhr die Bruchteile der Millimeter abgelesen. Je nach Ausführung der Messuhr beträgt die Ablesegenauigkeit ein Zehntel- bis ein Hundertstelmillimeter.

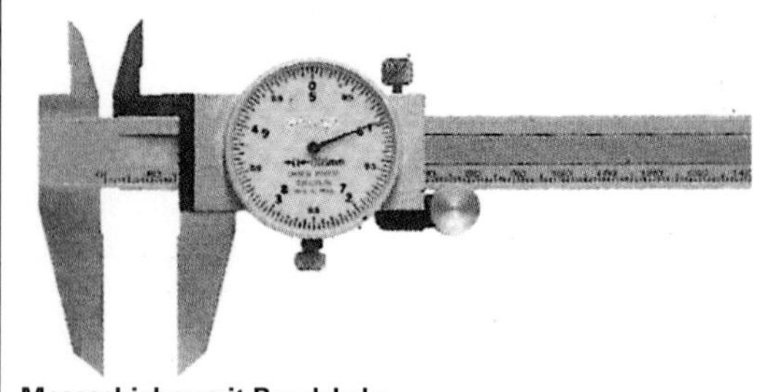

Messschieber mit Rundskala

- **Digital anzeigende Messschieber**

Digital anzeigende Messschieber zeigen auf einer LCD-Anzeige (Flüssigkristallanzeige) den Messwert unmittelbar an. Dadurch werden Ablesefehler weitgehend ausgeschlossen. Diese Messschieber erleichtern auch die Durchführung von Unterschiedsmessungen, da die Nullstellung beliebig einstellbar ist.

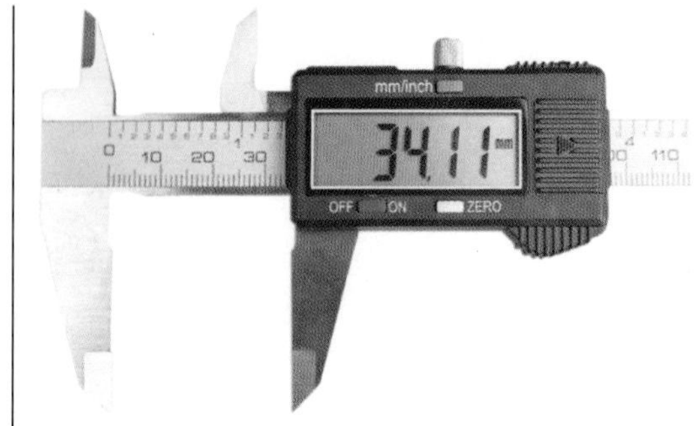

Messschieber mit digitaler Anzeige

Beispiele für die Vereinfachung von Messungen durch Nullstellen

Messaufgabe	Durchführung der Messung		
Abmaße messen ø12	Nennmaß einstellen 12.00	Null einstellen 0.00	Messen −0.15
Mittenabstand messen $d_1 = 15$ $d_2 = 25$ a	$(d_1 + d_2)/2$ einstellen (15 + 25)/2 = 20 20.00	Null einstellen 0.00	Messen 40.22
Bodendicke messen x	Maß der Hülsentiefe einstellen 30.08	Null einstellen 0.00	Messen 5.80

Mit digital anzeigenden Messschiebern können Maßunterschiede durch Voreinstellung von Hilfsmaßen und anschließendes Nullstellen unmittelbar gemessen werden.

Übungsaufgabe PT-15

2.4.2 Messen mit Messschrauben

Für Längenmessungen mit einer Ablesegenauigkeit von 0,01 mm Messschrauben benutzt werden. Bei Messschrauben wird mithilfe eines Gewindes die Längenmessung durchgeführt. Die Gewindesteigung stellt die Maßverkörperung dar. Je nach Ausführung sind Außen-, Innen- oder Tiefenmessungen möglich.

- **Messprinzip**

Bei Messschrauben wird das Maß durch den Abstand zwischen zwei Messflächen verkörpert. Dieser Abstand kann durch Hinein- oder Herausdrehen einer Gewindespindel aus einer Mutter verändert werden.

Beispiel für den Aufbau einer Messschraube

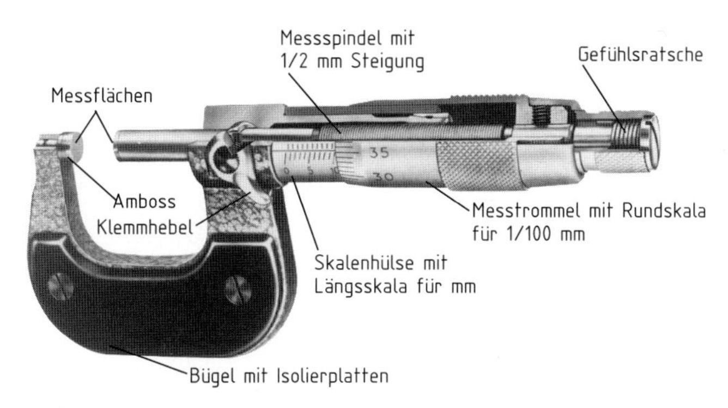

Die Steigung des Messspindelgewindes beträgt meist 0,5 mm. Eine Umdrehung dieser Messtrommel bewirkt daher eine Längsverschiebung der Messspindel von 0,5 mm. Um diese Verschiebung der Messspindel anzuzeigen, sind auf der Längsskala der Skalenhülse unterhalb des durchgehenden Längsstrichs Teilstriche aufgebracht, welche die halben Millimeter markieren.

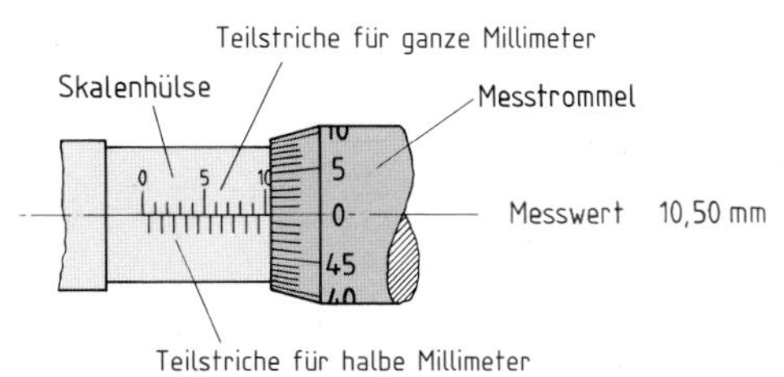

Ablesung ganzer und halber Millimeter

Bei Messspindeln mit einer Steigung von 0,5 mm ist der Umfang der Messtrommel in 50 gleiche Skalenteile aufgeteilt. Öffnet man die Außenmessschraube um einen Skalenteil der Messtrommel, so bewegen sich Messtrommel mit Messspindel in Achsrichtung um 1/50 von 0,5 mm weiter. 1/50 von 0,5 mm sind 0,01 mm.

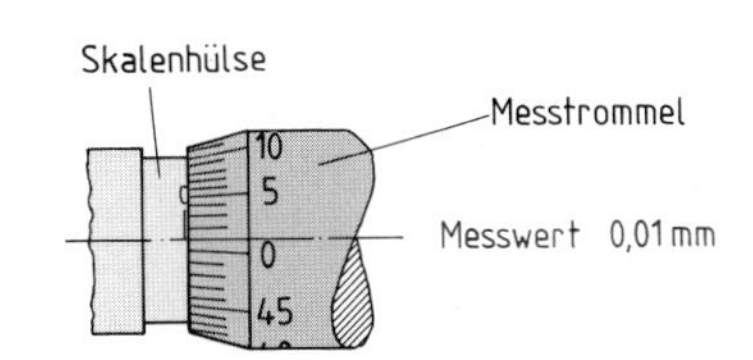

Ablesung eines Hundertstelmillimeters

Beim Ablesen des Messwertes bestimmt man zunächst auf der Skalenhülse die ganzen und halben Millimeter. Hinzu kommen die Hundertstelmillimeter, die auf der Messtrommel angezeigt werden.

Messwert: 16,0 mm + 0,42 mm = **16,42 mm**

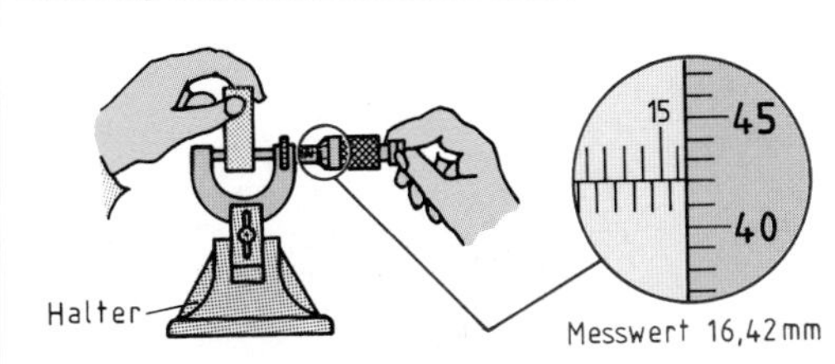

Messen mit der Bügelmessschraube

Für das Arbeiten mit Messschrauben ergeben sich folgende Ableseregeln:

- Ganze und halbe Millimeter werden auf der Skalenhülse abgelesen.
- Die Hundertstelmillimeter werden auf der Messtrommel abgelesen.
- Beide Ableseergebnisse werden addiert und ergeben den Messwert.

Übungsaufgaben PT-16 bis PT-18

- **Messschrauben für Innenmessungen**

Für Innenmessungen verwendet man Innenmessschrauben.

Die einfachste Bauform besteht aus:
- Haltegriff mit feststehendem Messbolzen und Innengewinde,
- Messtrommel mit Messspindel und Außengewinde.

Beim Messen von Bohrungsdurchmessern ist darauf zu achten, dass Innenmessschrauben genau durch den Bohrungsmittelpunkt und außerdem senkrecht zur Bohrungsachse gehalten werden.

Einfacher und genauer können Bohrungsdurchmesser mit einer **Innenmessschraube mit Dreipunktauflage** gemessen werden. Die drei um 120° versetzten Tastbolzen werden beim Drehen der Messtrommel gleichmäßig in radialer Richtung bewegt. Beim Anliegen der Taststifte auf der Bohrungswand befindet sich die Messgeräteachse an der Messstelle genau in der Bohrungsmitte. Während des Messvorgangs ist darauf zu achten, dass die Messgeräteachse und die Bohrungsachse übereinstimmen.

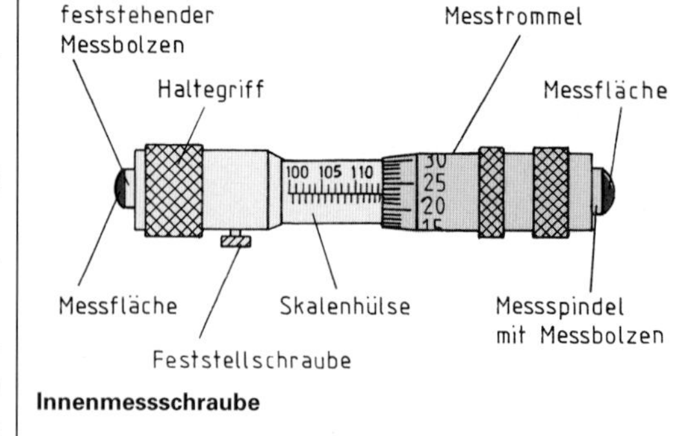

Innenmessschraube

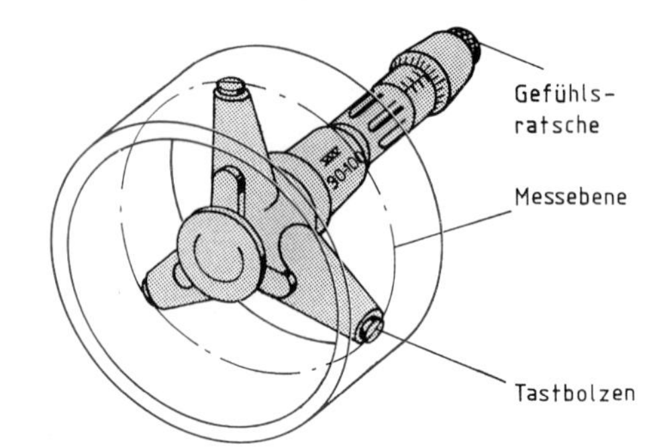

Messen mit einer Innenmessschraube mit Dreipunktauflage

- **Messschrauben für Tiefenmessungen**

Genaue Tiefenmessungen werden mit Tiefenmessschrauben vorgenommen.

Sie bestehen aus folgenden Teilen:
- Messbrücke mit Skalenhülse und Innengewinde,
- Messspindel mit Tiefenanschlag, Messtrommel, Außengewinde und Gefühlsratsche.

Bei der Tiefenmessschraube steigen die Zahlen der Skalenhülse von oben nach unten an.
Der Messbereich kann durch verschiedene Tiefenanschläge verändert werden.

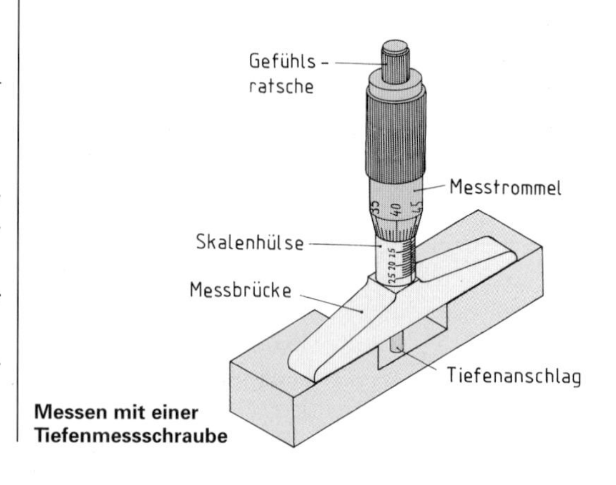

Messen mit einer Tiefenmessschraube

- **Messschrauben mit digitaler Anzeige**

Fehler beim Ablesen des Messwertes werden auch bei Messschrauben durch digitale Anzeige erheblich verringert. Häufig sind diese Messschrauben neben der Digitalanzeige noch mit einer Skalen- und einer Messtrommelteilung ausgerüstet, damit der Messwert zur Sicherheit auch in herkömmlicher Weise ermittelt werden kann.

Messschraube mit digitaler Anzeige

Übungsaufgaben PT-19; PT-20

2.4.3 Messen mit Messuhren und Feinzeigern

- **Aufbau**

Maßdifferenzen von 1/100 mm und geringer sind mit **Messuhren** feststellbar. Messuhren sind Längenmessgeräte, bei denen der Weg des Messbolzens über ein geeignetes System auf einen Zeiger übertragen wird, wobei sich der Zeiger um mindestens 360° vor einem runden Skalenblatt bewegt.

Feinzeiger sind Längenmesswerkzeuge, in denen der Winkelausschlag des Zeigers kleiner als 360° ist. Sie weisen sehr hohe Genauigkeit auf, haben aber wegen ihres Aufbaues nur einen begrenzten Messbereich. Die Übersetzung, das Verhältnis von Zeigerausschlag zum Weg des Tastbolzens, kann bis 1 000 : 1 betragen. Die Übersetzung kann auf verschiedene Weise bewirkt werden, zum Beispiel durch Hebelsysteme, Hebel-Zahnradsysteme oder Kombinationen von mechanischen und optischen Einrichtungen.

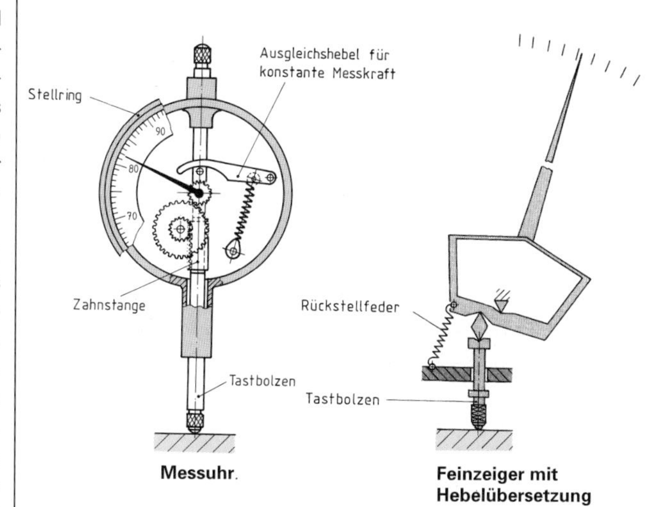

Aufbau von Messuhr und Feinzeiger

Messuhren zeigen ganze und Hundertstelmillimeter an. Der Zeigerausschlag ist mindestens 360°. Feinzeiger haben einen sehr begrenzten Anzeigebereich unter 1 mm. Sie zeigen nur Hundertstel- oder Tausendstelmillimeter an.

In digital anzeigenden Messuhren wird der Messwert nicht mechanisch, sondern durch Veränderung elektrischer Größen ermittelt.

Messuhren mit digitaler Anzeige erlauben höhere Ablesegenauigkeit als solche mit Skalenanzeige.

Die Messunsicherheit beträgt aber ± 1 Schritt und ist damit größer als bei analog anzeigenden Messuhren.

- **Einsatz von Messuhren zur Ermittlung von Istmaßen**

Werden Messuhren zur Ermittlung von Istmaßen eingesetzt, so muss die Nullstellung durch Endmaße festgelegt werden. Das Istmaß ergibt sich aus dem eingestellten Maß plus der Maßdifferenz, welche die Messuhr anzeigt. Bei der Einrichtung ist darauf zu achten, dass die Nullstellung der Messuhr so vorgenommen wird, dass positive und negative Abweichungen erfasst werden können.

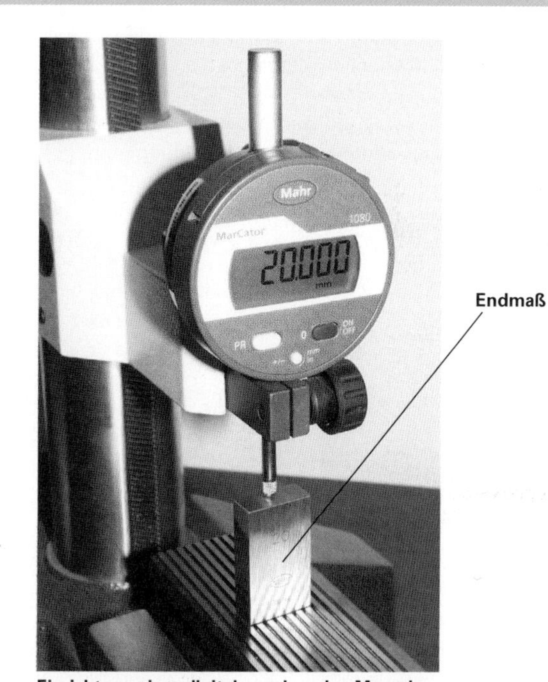

Einrichtung einer digital anzeigenden Messuhr mit einem Endmaß

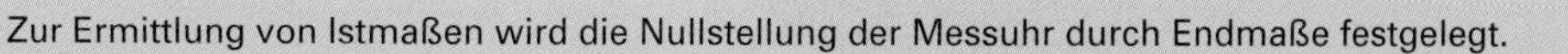

Zur Ermittlung von Istmaßen wird die Nullstellung der Messuhr durch Endmaße festgelegt.

Übungsaufgaben PT-21; PT-22

2.4.4 Messen mit Endmaßen

Maßverkörperungen, die ein bestimmtes Maß durch den Abstand zweier Endflächen darstellen, werden Endmaße genannt. Die Messflächen von Endmaßen können eben, zylindrisch oder kugelig sein. Endmaße sind aus Stahl, Hartmetall oder Keramik gefertigt.

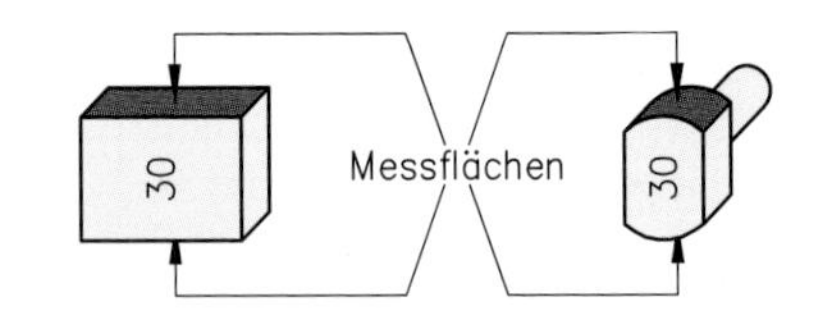

Messflächen an Endmaßen

Endmaße sind sehr genaue Maßverkörperungen, die Maße werden durch den Abstand zweier Messflächen dargestellt.

Endmaße dürfen nur im gesäuberten Zustand aneinander geschoben werden. Die Messflächen sind so eben, dass sie ohne äußeren Kraftaufwand infolge Adhäsion aneinander haften. Durch das Anschieben mehrerer Endmaßblöcke können beliebige Maße zusammengestellt werden.

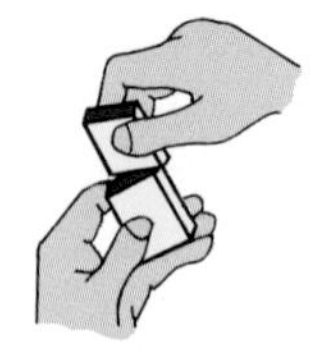

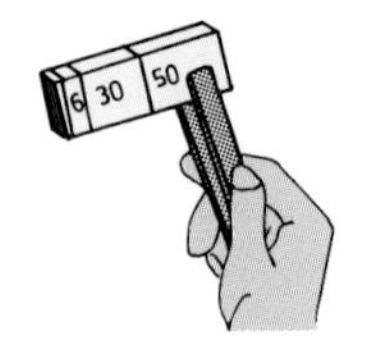

Anschieben von Endmaßen

Endmaßsätze werden mit einer Vielzahl sinnvoll gestufter Einzelendmaße angeboten. Ein Endmaßnormalsatz besteht aus Endmaßen mit fünf unterschiedlichen Maßbildungsreihen. Jede Reihe hat neun Maßblöcke. Innerhalb der Reihe ist die Stufung gleich; so beträgt z.B. in der Reihe 2 die Stufung von Endmaß zu Endmaß 0,01 mm.

Maßbildungsreihe	Stufung innerhalb der Reihe	Größe der Endmaße
Reihe 1	0,001 mm	1,001 mm bis 1,009 mm
Reihe 2	0,01 mm	1,01 mm bis 1,09 mm
Reihe 3	0,1 mm	1,1 mm bis 1,9 mm
Reihe 4	1 mm	1 mm bis 9 mm
Reihe 5	10 mm	10 mm bis 90 mm

Endmaße kann man in vier *Genauigkeitsgraden* von 0 bis III erhalten. Sätze mit dem Genauigkeitsgrad 0 haben dabei die höchste Genauigkeit.

Beim Zusammensetzen der Endmaße zu einem bestimmten Maß beginnt man zweckmäßigerweise mit der niedrigsten erforderlichen Maßbildungsreihe.

Beispiel für das Zusammenstellen von Endmaßen zur Maßverkörperung 76,452 mm

Maßbildung	Reihe 1	**1,002** mm
	Reihe 2	**1,05** mm
	Reihe 3	**1,4** mm
	Reihe 4	**3** mm
	Reihe 5	**70** mm
	Kontrolle	76,452 mm

Endmaße werden für verschiedene Aufgaben verwendet:

- Prüfen von anzeigenden Messgeräten,
- Prüfen von Lehren,
- Messen von Werkstücken,
- Einstellen von anzeigenden Messgeräten,
- Einstellen von Anreißspitzen,
- Einstellen von Werkzeugmaschinen.

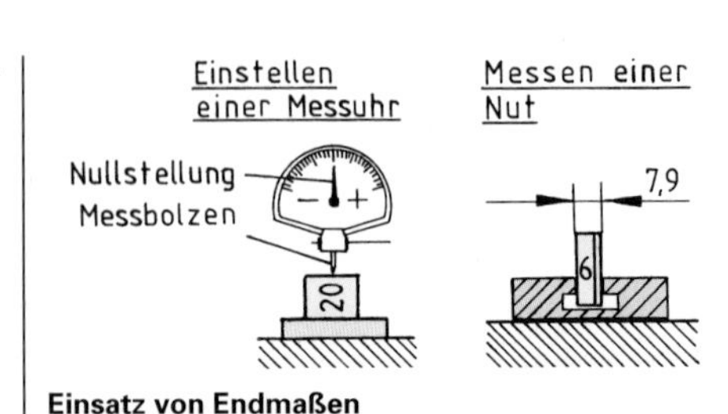

Einsatz von Endmaßen

Endmaße werden für Messungen mit Ablesegenauigkeiten bis zu 0,001 mm eingesetzt.

2.5 Indirekte Längenmessung

Bei der indirekten Längenmessung wird die Länge aus einer anderen physikalischen Größe abgeleitet. Zur indirekten Längenmessung benötigt man stets Messsysteme, welche die Länge aufnehmen, umwandeln, verarbeiten und anzeigen.

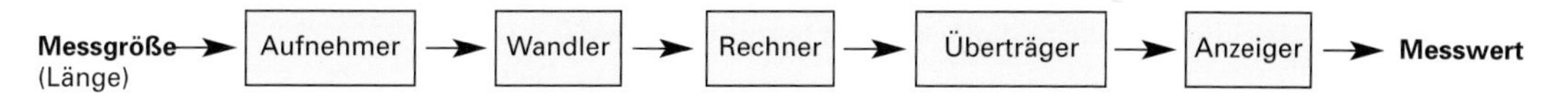

2.5.1 Pneumatische Längenmessung

Pneumatische Längenmessung eignet sich besonders für die Feinstmessung in der Serienfertigung. Da der Messbereich pneumatischer Längenmessgeräte sehr klein ist, werden diese Messgeräte nur zur Unterschiedsmessung benutzt.

Das Messen mit pneumatischen Messgeräten hat die folgenden Vorteile:

- Es wird nahezu berührungslos gemessen, damit werden Kratzspuren und Abnutzung von Messwertaufnehmern vermieden.
- Die ausströmende Luft hält die Messstelle von Verunreinigungen (z.B. Öl) frei.
- Es wird eine hohe Messgenauigkeit (bis zu ± 0,2 µm) erreicht.

Die Verfahren pneumatischer Längenmessung beruhen darauf, dass Änderungen an der Ausströmöffnung in einem Druckluftstrom Druck- und Geschwindigkeitsänderungen hervorrufen. Daraus ergeben sich als Messmethode für die Längenmessung am Werkstück zwei Verfahren, das **Durchflussmessverfahren** und das **Differenzdruckmessverfahren.**

- **Unterscheidung der Messverfahren**

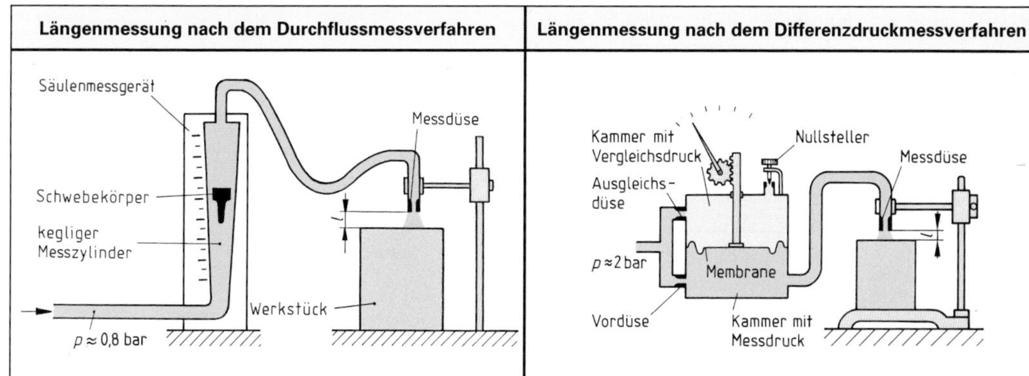

Längenmessung nach dem Durchflussmessverfahren	Längenmessung nach dem Differenzdruckmessverfahren
Die Durchflussmessung wird mit Säulenmessgeräten durchgeführt. Säulenmessgeräte werden bevorzugt für gleichzeitige Messungen an mehreren Messstellen an einem Werkstück eingesetzt.	Pneumatische Längenmessung nach dem Differenzdruckverfahren geschieht meist mit Zeigergeräten. Das Differenzdruckverfahren setzt man ein, wenn höherer Messdruck und größerer Messbereich (bis 0,2 mm) gefordert sind.

Bei der pneumatischen Längenmessung wird die Länge durch eine Druckdifferenz oder ein durchfließendes Volumen erfasst.
Das Durchflussmessverfahren wendet man bei Serienmessung und bei gleichzeitiger Messung an mehreren Messstellen an.
Das Differenzdruckmessverfahren wird angewendet, wenn größere Messbereiche und höhere Messdrücke gefordert sind.

Übungsaufgabe PT-25

- **Auswahl der Messgrößenaufnehmer**

Wegen der kleinen Messbereiche bei den pneumatischen Messgeräten sind für die verschiedenen Messungen unterschiedliche Messgrößenaufnehmer erforderlich.
Bis zu einer Rautiefe von 3 µm kann berührungslos gemessen werden. Bei größeren Rautiefen wählt man mechanisch berührende Taster.

Beispiele für berührungslose und mechanisch berührende Taster

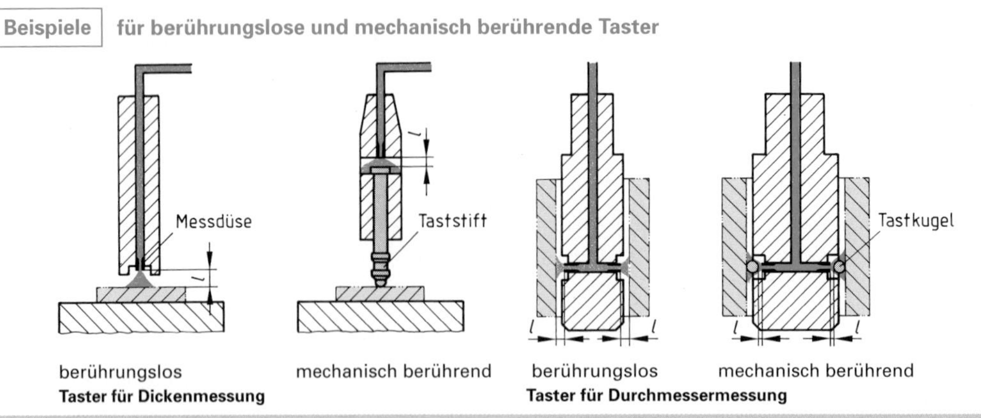

Taster für Dickenmessung **Taster für Durchmessermessung**

Entsprechend der Oberflächenrauheit wählt man bis 3 µm Rauheit berührungslose Taster, über 3 µm Rauheit mechanisch berührende Taster.

2.5.2 Elektrische Längenmessung

Längen beziehungsweise Längenänderungen können durch elektrische Messwertumformer in elektrische Größen wie Strom, Spannung, Widerstand überführt werden. Die aufgenommenen elektrischen Größen können durch Schaltungen wesentlich verstärkt werden, sodass eine hohe Empfindlichkeit gegeben ist.

Zur Umwandlung der Längenänderung in elektrische Größen werden wegen ihrer geringen Baugröße vorwiegend **induktive Taster** verwendet. Diese Taster verkörpern einen kleinen Transformator mit einer Primär- und zwei Sekundärwicklungen. Die Sekundärwicklungen sind so geschaltet, dass im Ausgang die Spannung Null ist. Der Taststift ist mit einem Eisenkern verbunden. Bei einer Verschiebung des Taststiftes steigt die Spannung in einer Sekundärwicklung, während sie in der anderen abnimmt. Aus der Spannungsdifferenz wird dann der Messwert ermittelt und angezeigt.

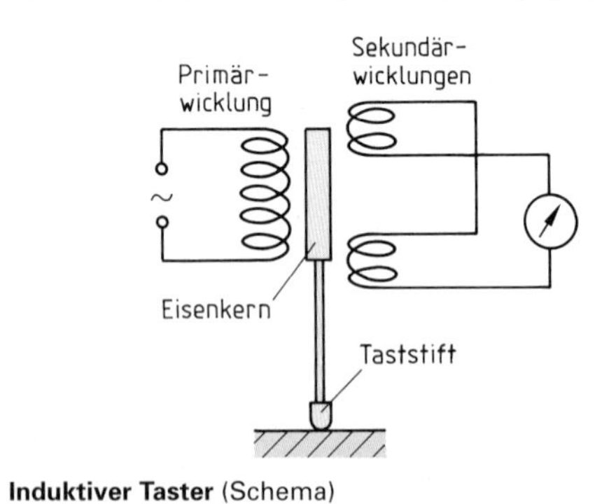

Induktiver Taster (Schema)

Die Vorteile der induktiven Längenmessung sind
- großer Messbereich (im Gegensatz zur pneumatischen Längenmessung),
- hohe Messgenauigkeit, z.B. ± 1 µm bei 1 mm Messbereich, ± 0,02 µm bei 3 mm Messbereich,
- einfache Weiterleitung und Verarbeitung der Messwerte in Datenverarbeitungsanlagen.

Induktive Messtaster formen Längenänderungen in Spannungsänderungen um.

In seltenen Fällen werden auch **kapazitive Messtaster** eingesetzt. In diesen bewirkt eine Längenänderung eine Verschiebung des Abstandes zwischen Kondensatorplatten. Die dabei auftretende Kapazitätsänderung wird zur Ermittlung des Messwertes genutzt. Wegen ihrer großen Bauweise werden kapazitive Taster weniger verwendet.
Größere Längen misst man durch Abtasten von Strichgittern (siehe *„Kapitel Grundlagen der CNC-Technik"*) mit Fotozellen.

Übungsaufgaben PT-26 bis PT-30

2.6 Lehren

Durch Lehren wird festgestellt, ob bestimmte Längen, Winkel oder Profile eines Werkstückes erreicht worden sind. Ein Messwert wird nicht ermittelt.

2.6.1 Formlehren

Mithilfe von Formlehren wird festgestellt, ob eine bestimmte geforderte Form, ein Radius oder ein Profil dem Sollzustand entspricht.

Beispiele für Formlehren

Radienlehre **Schleiflehre für Bohrer**

Formlehren verkörpern die Sollkontur.

2.6.2 Maßlehren

Maßlehren dienen zur Überprüfung von Maßen. Man kann mit Maßlehren nur die Grenzen feststellen, zwischen denen ein Maß liegt. Passt zum Beispiel die Nadel einer Düsenlehre mit 1,25 mm Durchmesser in eine Bohrung und die Nadel mit 1,30 mm Durchmesser nicht, so liegt das Maß der Bohrung zwischen 1,25 mm und 1,30 mm Durchmesser.

Beispiele für Maßlehren

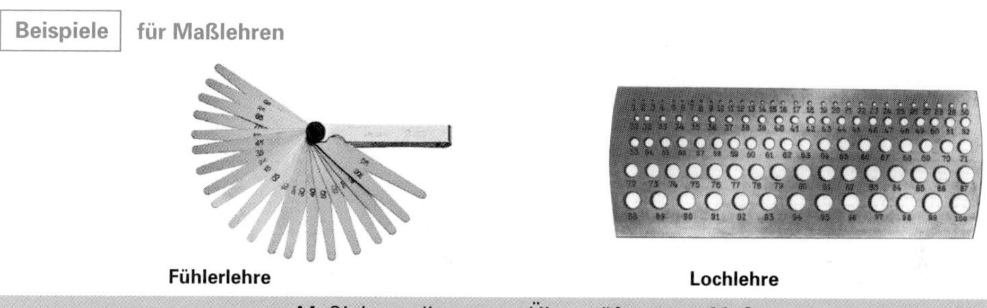

Fühlerlehre **Lochlehre**

Maßlehren dienen zur Überprüfung von Maßen.

2.6.3 Grenzlehren

Grenzlehren dienen zum Feststellen, ob die vorgeschriebenen Grenzmaße am Werkstück eingehalten sind. Die Grenzlehre hat deshalb zwei feste Maße: das Höchstmaß und das Mindestmaß. *Grenzrachenlehren* dienen zum Lehren von Wellen, *Grenzlehrdorne* zum Lehren von Bohrungen.

Beispiele für Grenzlehren

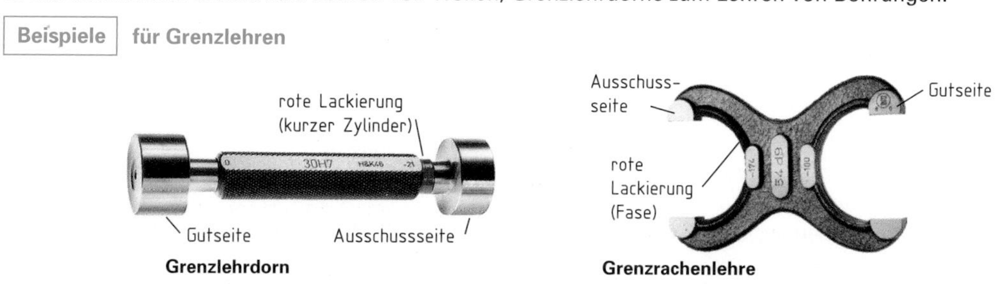

Grenzlehrdorn **Grenzrachenlehre**

Grenzlehren verkörpern das Höchst- und Mindestmaß.

3 Prüfen von Winkeln

Der Vollkreis hat einen Winkel von 360°.
Der Winkel von 1° wird unterteilt in 60 Minuten oder 3 600 Sekunden.

Vollkreis	=	360°
1 Grad	=	60 Minuten; 1° = 60′
1 Minute	=	60 Sekunden; 1′ = 60″

3.1 Universalwinkelmesser

Der Universalwinkelmesser ist vielseitiger verwendbar als der einfache Winkelmesser. Der Universalwinkelmesser hat zwei feste Schenkel, die unter einem Winkel von 90° zueinander stehen. Ein weiterer Schenkel ist um eine Vollkreisskala schwenkbar. Die Vollkreisskala ist in 4 mal 90° eingeteilt. Sie bildet mit den beiden festen Schenkeln eine starre Einheit. Mit dem beweglichen Schenkel verbunden ist eine Nebenskala. Sie besteht aus je einem Nonius rechts und links vom Nullstrich.

Jeder Nonius ist in 12 Teile aufgeteilt und erstreckt sich auf 23°. Der Winkel zwischen zwei Teilstrichen auf dem Nonius ist daher 23°/12 = 1°55′. Die Ablesegenauigkeit beträgt 5′.

Das Ablesen erfordert eine Zusammenfassung der Werte von Hauptskala und Nonius. Der Winkelnonius muss von der Null zweiseitig vorhanden sein. Daher ist zu beachten, dass Hauptskala und Nonius **stets** in gleicher Richtung abgelesen werden.

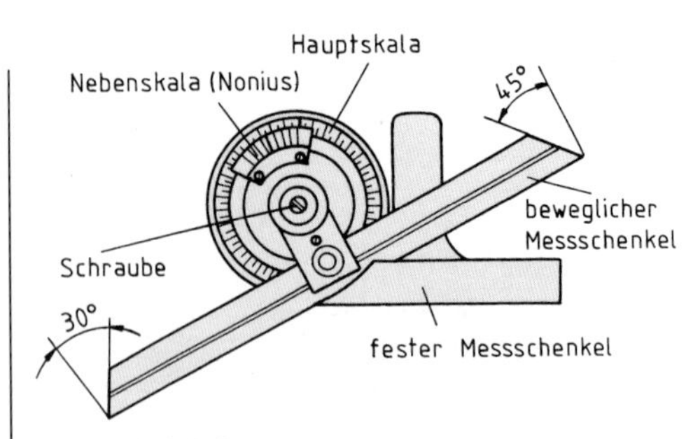

Universalwinkelmesser

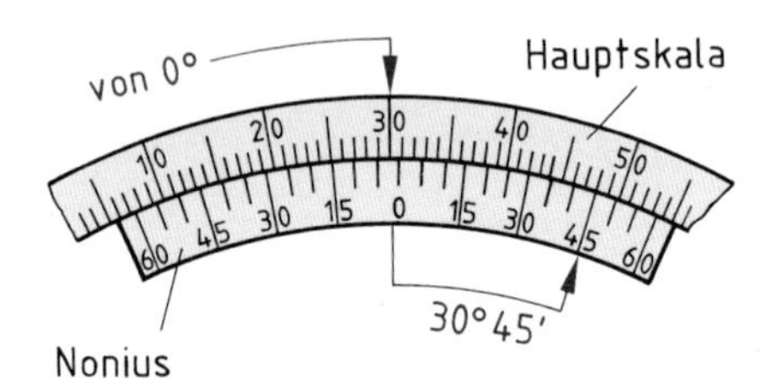

Ermittlung der Winkelgröße

3.2 Winkelendmaße

Winkelendmaße sind sehr genaue Maßverkörperungen von Winkeln. Die geneigte Stellung zweier Messflächen zueinander verkörpert den einzelnen Winkel. Die Größe des Winkels ist seitlich auf dem Endmaß aufgetragen. Zusätzlich trägt jedes Winkelendmaß am dünneren Ende das Minuszeichen und am dickeren Ende das Pluszeichen. Durch Zusammensetzen von Winkelendmaßen können sie zum Messen von Winkeln verwendet werden.

Winkelendmaße werden ähnlich den Parallelendmaßen in Sätzen geliefert. Ein solcher Satz enthält z.B. 14 Winkelendmaße in drei Maßbildungsreihen für Grade, Minuten und Sekunden. Mit diesem Satz kann jeder Winkel zwischen 0° und 90° in Stufen von 10″ dargestellt werden.

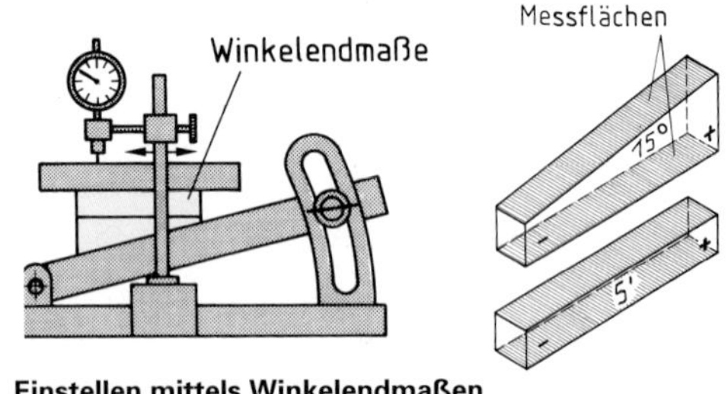

Einstellen mittels Winkelendmaßen

18° = 15° + 3°

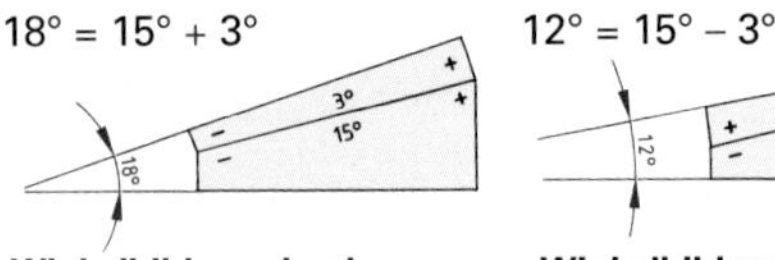

Winkelbildung durch Addition

12° = 15° – 3°

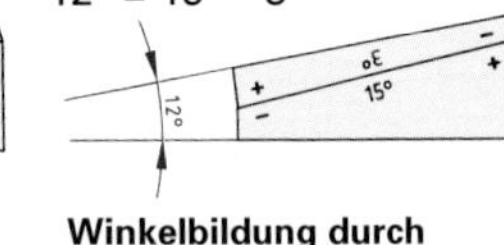

Winkelbildung durch Subtraktion

3.3 Sinuslineal

Mithilfe des Sinuslineals können Winkel durch Endmaßkombinationen zusammengestellt werden. Das Sinuslineal ist eine parallel geschliffene Platte, an der zwei Zylinder im Abstand L befestigt sind. Durch Unterlegen von Endmaßen wird der Winkel eingestellt. Es gilt die mathematische Beziehung:

$$\sin\alpha = \frac{H}{L}$$

α Winkel
H Höhe der Endmaße
L Länge des Sinuslineals

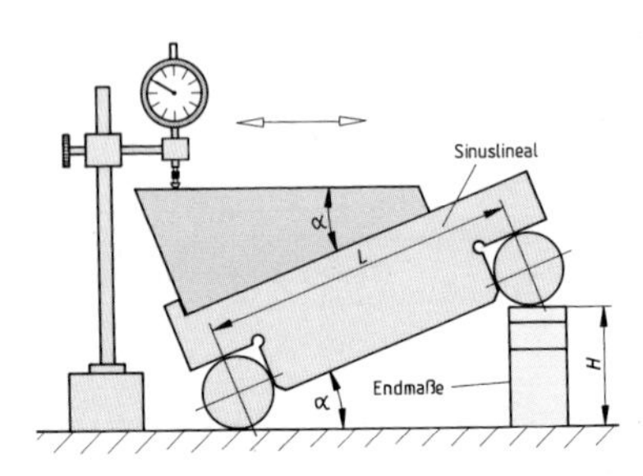

Messen mit dem Sinuslineal

Übungsaufgaben PT-33 bis PT-36

4 Prüfen der Rauheit von Oberflächen

Die Gestaltabweichungen der Werkstückoberflächen von ihrer Idealform ergeben sich aus den Bedingungen der Fertigung und der Werkstoffbeschaffenheit. Die Güte der Werkstückoberfläche ist beim Urformen und Umformen von der formgebenden Oberfläche und bei spanender Bearbeitung vom Verfahren und von den Schnittbedingungen abhängig.

Messgeräte zur Prüfung der Gestaltabweichungen von Werkstückoberflächen tasten diese ab, zeichnen über einen Diagrammschreiber stark vergrößerte Oberflächenprofile auf und errechnen verschiedenartige Kenngrößen.

Die Richtung der Oberflächenabtastung ist frei wählbar, bei spanender Bearbeitung prüft man meist quer zur Bearbeitungsrichtung.

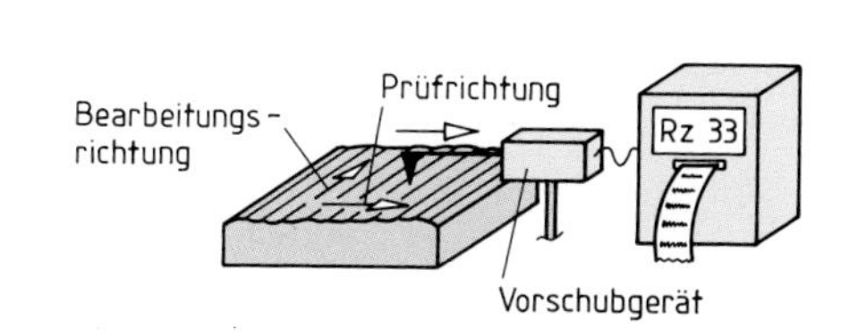

Rauheitsprüfung (Schema)

4.1 Oberflächenkenngrößen

Bei der Oberflächenprüfung erfasst man Gestaltabweichungen unterschiedlicher Größenordnung. Man unterscheidet in der 1. Ordnung **Formabweichungen,** in der 2. Ordnung **Welligkeit** und ab der 3. Ordnung **Rauheit.** Die Oberflächenprüfgeräte erlauben es, durch computerunterstützte Auswertung charakteristische Profilmerkmale heraus zu filtern.

Formabweichungen ermittelt man mithilfe von Messmaschinen, wogegen man die Welligkeit und Rauheit mit Tastschnittgeräten erfasst.

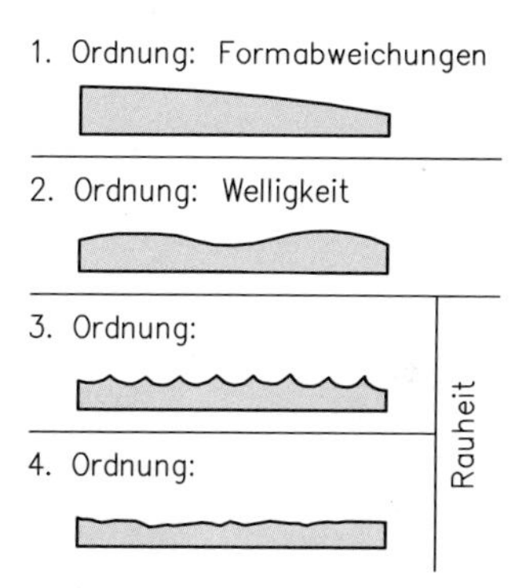

Gestaltabweichungen

Zur Darstellung des Rauheitsprofils werden die langwelligen Profilanteile durch entsprechende Filter unterdrückt. Durch eine solche Vorgehensweise erhält man eine stark vergrößerte Darstellung der mikroskopisch kleinen Unebenheiten der Werkstückoberfläche. Diese Oberflächenrauheit beeinflusst das Aussehen, das Verschleißverhalten und die Haftung von Beschichtungen.

Wichtige Kenngrößen sind die Rauheitskenngrößen *Rz* und *Ra*.

4.1.1 Rauheitskenngröße *Rz*

Zur Bestimmung des *Rz*-Wertes unterteilt man im Regelfall die Auswertelänge l in fünf gleiche Einzelmessstrecken l_e. Innerhalb jeder Einzelmessstrecke misst man den Abstand zwischen der höchsten und tiefsten Profilspitze. Diesen Abstand bezeichnet man als Einzelrautiefe *Z*. Den Mittelwert aus **fünf** aufeinander folgenden Einzelrautiefen Z_1 bis Z_5 bezeichnet man als Rauheitskenngröße Rz.

Man berechnet den Rz-Wert nach der Formel:

$$Rz = \frac{1}{5} \cdot (Z_1 + Z_2 + Z_3 + Z_4 + Z_5)$$

Bei der Angabe der Oberflächenbeschaffenheit wird in Deutschland die Rauheitskenngröße R_z bevorzugt verwendet.

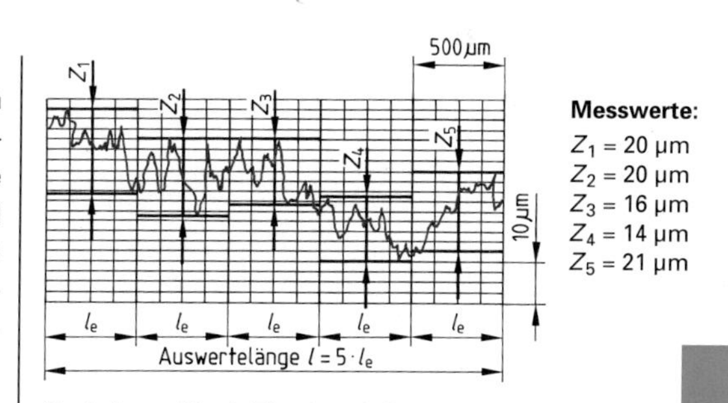

Rauheitsprofil mit Einzelrautiefe

Beispiel für die Berechnung des *Rz*-Wertes

$$Rz = \frac{1}{5} \cdot (20\ \mu m + 20\ \mu m + 16\ \mu m + 14\ \mu m + 21\ \mu m)$$

Rz = **18 µm**

Die Rauheitskenngröße *Rz* ist das arithmetische Mittel der Einzelrautiefen von fünf aufeinander folgenden Messstrecken.

PT

4.1.2 Rauheitskenngröße *Ra*

Den *Ra*-Wert kann man sich als Höhe eines Rechteckes vorstellen, dessen Grundseite die Auswertelänge ist. Dieses Rechteck muss flächengleich mit der unregelmäßigen Fläche zwischen Rauheitsprofil und Mittellinie sein. Damit stellt die Höhe des Rechtecks einen Mittelwert aller Profilabstände von der Mittellinie dar. Der errechnete *Ra*-Wert wird in Mikrometer angegeben.

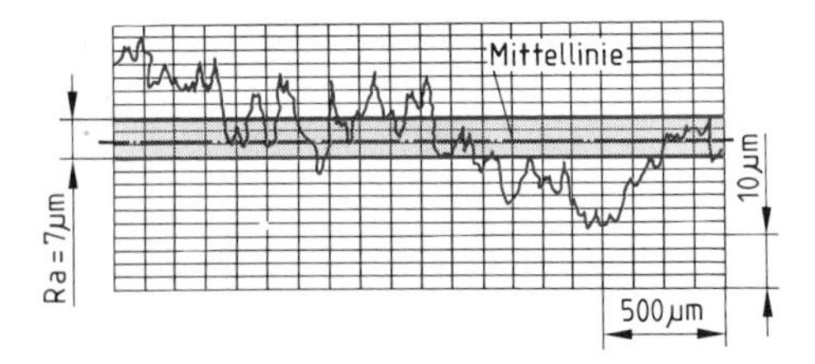

Darstellung des *Ra*-Wertes

Der Rauheitskenngröße *Ra* ist der Mittelwert aller Abweichungen des Rauheitsprofils von der Mittellinie.

4.2 Verfahren zur Prüfung der Rauheit

4.2.1 Prüfen mit Tastschnittgeräten

Bei Tastschnittgeräten tastet eine Diamantspitze mechanisch das Oberflächenprofil auf einer einstellbaren Messstrecke ab. Die entstehenden Höhenbewegungen der Tastspitze werden in elektrische Signale umgeformt und auf einen Rechner übertragen. Die Messstrecke und die Höhenbewegung können ggf. von einem Profilschreiber mit unterschiedlichen Vergrößerungen aufgezeichnet werden.

Beispiel für die Prüfung der Rauheit der Dichtfläche eines Zylinders

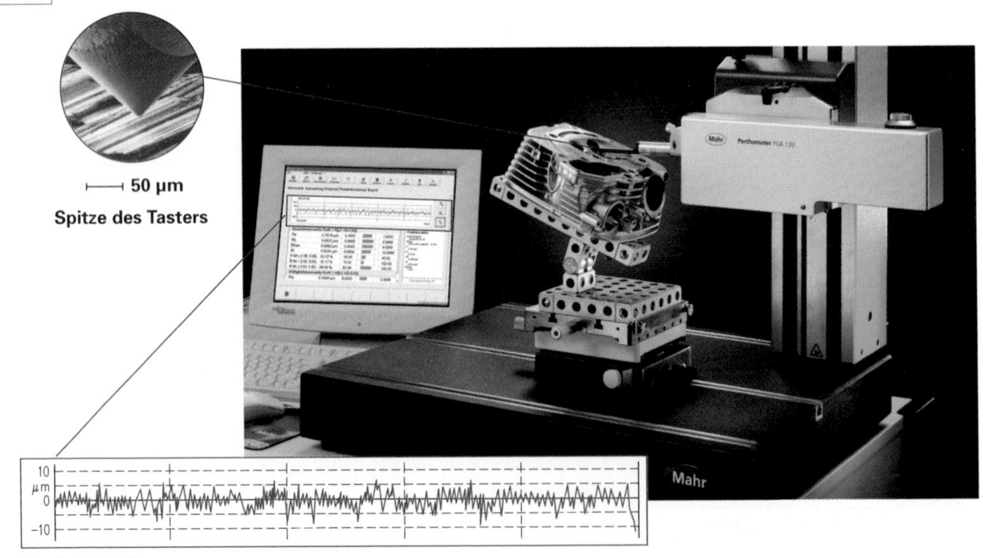

Spitze des Tasters

Rauheitsprofil

4.2.2 Prüfen durch Vergleich mit Oberflächenmustern

Jedes Fertigungsverfahren führt zu typischen Oberflächen. Zur Beurteilung der Oberflächenbeschaffenheit werden für die wichtigsten Fertigungsverfahren entsprechende Oberflächenmuster geliefert.

Durch abwechselndes Abtasten der Werkstückoberflächen und des Oberflächenmusters mit der Fingerkuppe kann die Oberflächenbeschaffenheit recht genau bestimmt werden. Dieser Vergleich zweier Oberflächen zählt zu den subjektiven Prüfverfahren, da das Ergebnis vom Feingefühl des Prüfers abhängig ist.

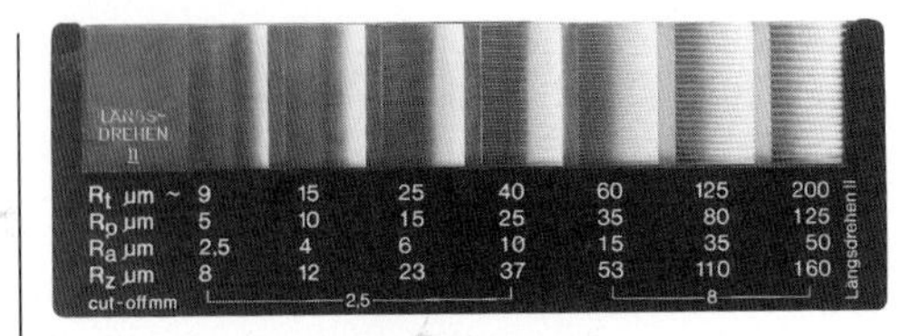

Oberflächenmuster für Drehteile

Übungsaufgabe PT-39

4.3 Angabe der Oberflächenbeschaffenheit in Zeichnungen

Wenn die Funktionstauglichkeit eines Werkstückes von der Oberflächenrauheit abhängt, wird diese in die Zeichnung eingetragen.

Werte für die Kennzeichnung der Oberflächenbeschaffenheit

Oberflächenbeschaffenheit nach alter Norm	**Oberflächenangaben** nach DIN ISO 1302 *Rz* in µm				*Ra* in µm			
	R 1	R 2	R 3	R 4	R 1	R 2	R 3	R 4
geschruppt Riefen fühlbar und mit bloßem Auge sichtbar	160	100	63	25	25	12,5	6,3	3,2
geschlichtet Riefen mit bloßem Auge noch sichtbar	40	25	16	10	6,3	3,2	1,6	0,8
fein geschlichtet Riefen mit bloßem Auge nicht mehr sichtbar	16	6,3	4	2,5	1,6	0,8	0,4	0,2
feinst geschlichtet	–	1	1	0,4	–	0,1	0,1	0,025

R 2 ist zu bevorzugen

Die Rauheitskenngrößen werden durch Symbole nach DIN ISO 1302 mit den Größenangaben in Zeichnungen eingetragen. Jede Rauheitskenngröße hat einen festgelegten Platz am Symbol.

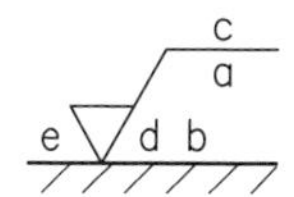

Lage der Oberflächenangaben am Symbol

a Rauheitskenngrößen *Ra*, *Rz* in µm bzw. *Rt*
b zweite Anforderung an die Oberflächenbeschaffenheit (wie a)
c Fertigungsverfahren, Oberflächenbehandlung
d Rillenrichtung
e Bearbeitungszugabe in mm

Beispiele für die Eintragung der Oberflächenkenngrößen in Zeichnungen

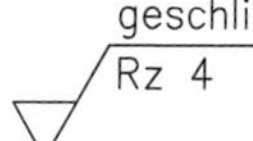

Geschliffene Oberfläche mit der größtmöglichen Rauheitskenngröße *Rz* = 4 µm

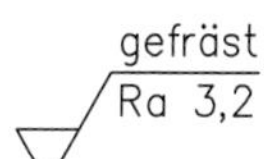

Gefräste Oberfläche mit der größten Rauheitskenngröße *Ra* = 3,2 µm

4.4 Fertigungsverfahren und Oberflächenbeschaffenheit

Oberflächenbeschaffenheit: feinst geschlichtet – fein geschlichtet – geschlichtet – geschruppt

Rauheitskenngröße *Rz* in µm: 0,04 0,06 0,1 0,16 0,25 0,4 0,63 1 1,6 2,5 4 6,3 10 16 25 40 63 100 160 250 400 630 1000

Urformen	Sandformgießen
	Kokillengießen
Umformen	Schmieden
	Ziehen
Trennen	Feilen
	Schaben
	Bohren
	Reiben
	Längs drehen
	Fräsen
	Flach-Stirnschleifen
	Honen
	Läppen

Zeichenerklärung: Rauheitswert bei sorgfältiger Fertigung — Rauheitswert bei grober Fertigung

PT

5 Prüfen von Gewinden

5.1 Lehren von Gewinden

Mit Gewindelehren lassen sich Gewinde in einem Arbeitsgang überprüfen.

- **Prüfen mit Gewindeschablonen**

Mit Gewindeschablonen kann man auf einfache Art durch Lichtspaltverfahren die Profilgrößen eines Gewindes feststellen. Dabei vergleicht man in einem Vorgang Steigung, Gewindetiefe und Flankenwinkel von Lehre und Prüfgegenstand miteinander.

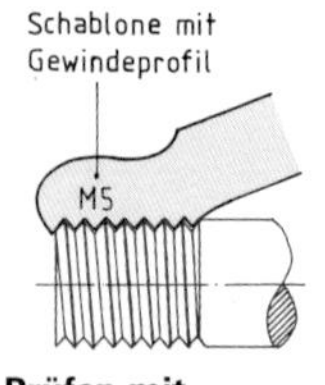

Prüfen mit Gewindeschablonen

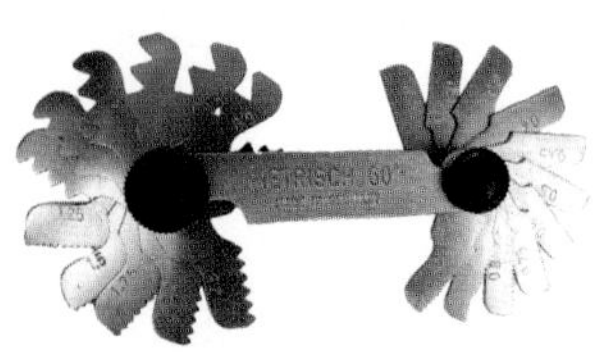

Satz Gewindeschablonen

Mit Gewindeschablonen prüft man das Profil eines Gewindes.

- **Prüfen mit Gewindegrenzlehren**

Zum Lehren von Innengewinden dienen **Gewindegrenzlehrdorne.** Die Gutseite des Lehrdorns hat das volle Gewindeprofil mit mehreren Gewindegängen. Die Gutseite muss sich in das zu prüfende Gewinde einschrauben lassen. Die Ausschussseite des Lehrdorns hat verkürzte Flanken und nur wenige Gewindegänge. Die Ausschussseite darf sich nicht einschrauben lassen.

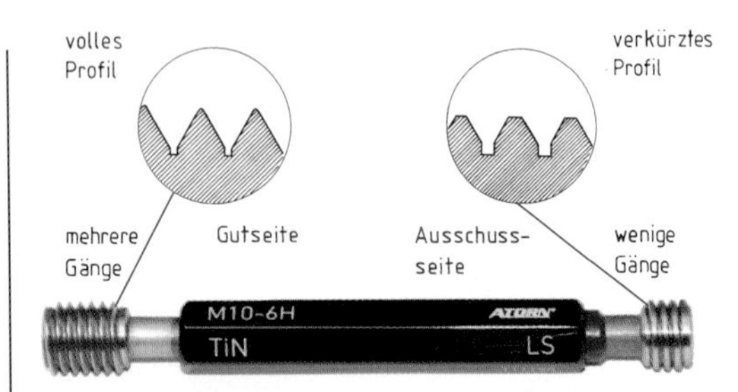

Gewindegrenzlehrdorn

Außengewinde prüft man mit Gewindelehrringen oder Grenzrollenlehren.

Gewindelehrringe entsprechen in ihrem Gewindeaufbau und ihrer Handhabung den Gewindegrenzlehrdornen. Für die Gut- und Ausschusslehrung gibt es jedoch getrennte Lehrringe. Da die Gutlehrringe durch das häufige Einschrauben stark verschleißen, verwendet man Lehrringe vorwiegend zum Prüfen von kurzen Außengewinden.

Ausschusslehrring Gutlehrring
Gewindelehrringe

Längere Außengewinde prüft man mit **Grenzrollenlehren.** Grenzrollenlehren für Gewinde sind wie Rachenlehren aufgebaut. Im gleichen Rachen ist je ein Rollenpaar für die Gutlehrung und für die Ausschusslehrung angeordnet. Das vordere Rollenpaar hat mehrere Gewindegänge des vollen Profils. Diese Rollen stellen die Gutseite der Lehre dar und müssen durch ihr Eigengewicht über das zu prüfende Gewinde rollen. Die Abnutzung der Rollen ist dabei sehr gering. Das hintere Rollenpaar hat nur wenige nicht voll ausgebildete Gewindegänge und dient zur Ausschusslehrung. Dieses Rollenpaar darf sich nicht über das zu prüfende Gewinde bewegen lassen.

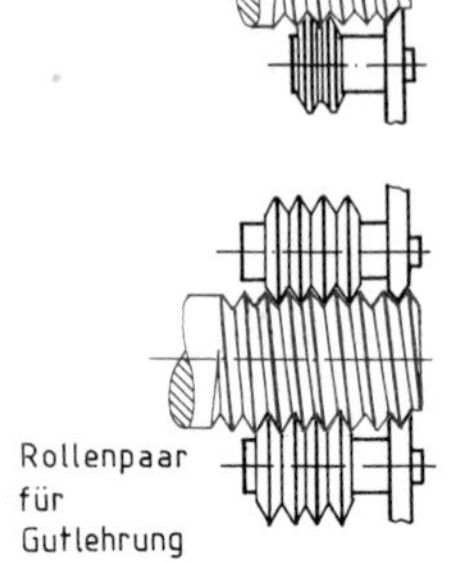

Gewinderollenlehre

Mit Gewindegrenzlehren überprüft man die Funktionsfähigkeit eines Gewindes.

Übungsaufgaben PT-42 bis PT-46

5.2 Messen von Gewinden

- **Messgrößen am Gewinde**

Der Flankendurchmesser, die Steigung und der Flankenwinkel in seiner Größe und Lage zur Achse sind entscheidend für die Genauigkeit eines Gewindes. Durch die geometrische Zuordnung dieser drei Größen ist das Gewinde bestimmt. Sie werden mit unterschiedlichen Messgeräten gemessen.

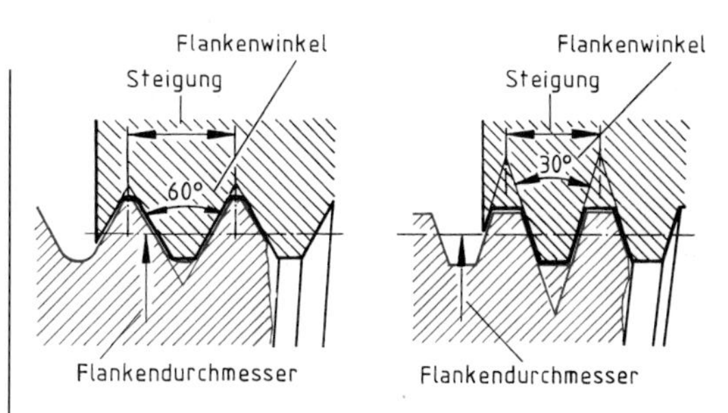

Messgrößen bei genormten Gewinden

- **Messen der Steigung**

Das einfachste Gerät zum Messen der Gewindesteigung ist der Messschieber. Man ermittelt die Steigung, indem man den Abstand mehrerer Gewindegänge mit den Messspitzen misst und den Messwert durch die Anzahl der Gewindegänge teilt. Durch Steigungsschnäbel mit eingeschobenen Endmaßen ergeben sich genauere Messwerte. Auch bei diesem Verfahren ist der Messwert ein Vielfaches der Steigung.

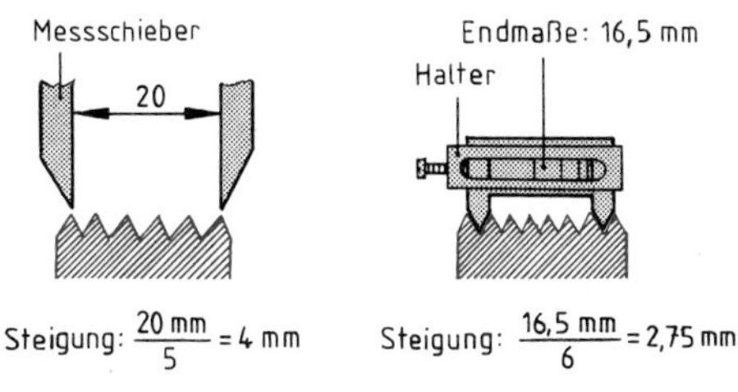

Messen der Steigung

Die Steigung bestimmt man bei eingängigen Gewinden aus dem Abstand mehrerer Gewindegänge.

- **Messen des Flankendurchmessers**

Der Flankendurchmesser kann bei Innen- und Außengewinden mit Messschrauben gemessen werden, die mit besonderen Einsätzen versehen sind. Diese Einsätze bezeichnet man als Kegel und Kimme. Sie sind beweglich, damit sie sich beim Prüfen in Richtung der Steigung einstellen können. Kegel und Kimme müssen der jeweiligen Gewindesteigung entsprechen.

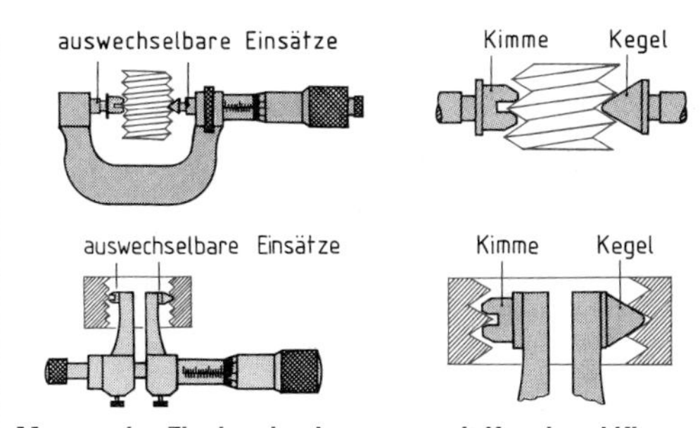

Messen des Flankendurchmessers mit Kegel und Kimme

Ein sehr genaues Messverfahren zur Bestimmung des Flankendurchmessers bei Außengewinden ist das Dreidraht-Messverfahren. Dabei verwendet man drei gleich dicke Messdrähte. Zwei Drähte werden in benachbarte Gewindelücken, der dritte in die gegenüberliegende Lücke des Gewindes eingelegt. Mit einer Messschraube ermittelt man den Abstand zwischen den Drähten. Der entsprechende Flankendurchmesser wird unter Berücksichtigung der Drahtdurchmesser errechnet oder Tabellen entnommen.

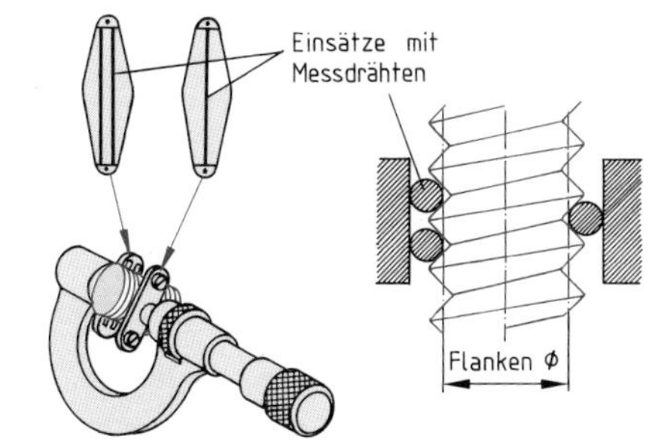

Messen des Flankendurchmessers mit Dreidraht-Messverfahren.

Den Flankendurchmesser bestimmt man mithilfe von Messschrauben aus dem Maß, das sich mit ins Gewinde eingelegten Kegeln oder Drähten ergibt.

Übungsaufgaben PT-47 bis PT-49

6 Messabweichungen

6.1 Größe der Messabweichung

Die Abweichung des Prüfergebnisses von der tatsächlichen Größe des zu prüfenden Gegenstandes nennt man Prüf- oder Messabweichung.

Beispiel für eine Messabweichung

gemessener Wert – tatsächlicher Wert = Messabweichung
20,1 mm – 20,076 = + 0,024 mm

Messabweichung = gemessener Wert – tatsächlicher Wert

6.2 Arten von Messabweichungen

- **Systematische Messabweichung**

Bestimmte Messabweichungen treten regelmäßig auf. Misst man z.B. mit einer Messschraube, die im Gewinde ein Spiel von 1/100 mm aufweist, so weicht der Messwert stets um 1/100 mm vom tatsächlichen Wert ab. Diese Messabweichung tritt bei jeder Messung mit dieser Messschraube auf, sie wird daher als **systematische Messabweichung** bezeichnet. Man kann sie also bei jeder Messung berücksichtigen.

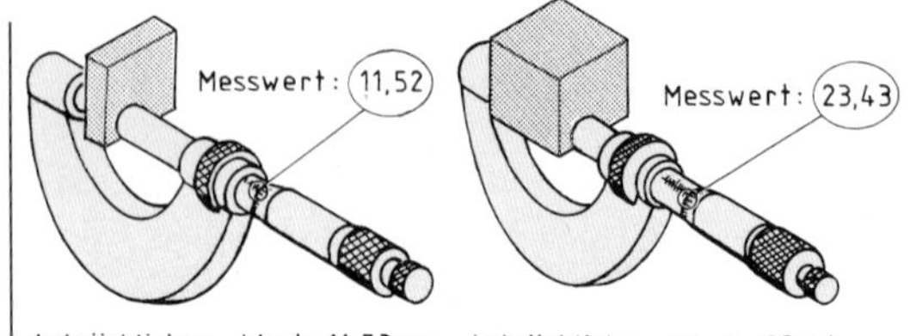

Systematische Messabweichung durch Gewindespiel

- Messabweichungen, die regelmäßig auftreten, bezeichnet man als systematische Messabweichungen.
- Systematische Messabweichungen können beim Prüfen berücksichtigt werden.

- **Zufällige Messabweichung**

Andere Abweichungen treten unregelmäßig auf. Presst man z.B. die Messschenkel eines Messschiebers unterschiedlich stark an das Werkstück an, so ergeben sich Abweichungen, die bei jeder Messung anders sind. Man bezeichnet sie als **zufällige Messabweichungen.** Solche Abweichungen kann man beim Prüfen nicht berücksichtigen.

Zufällige Abweichungen versucht man dadurch auszugleichen, dass man mehrere Messungen am gleichen Werkstück durchführt und aus ihnen einen Mittelwert errechnet. Der Mittelwert kommt dann dem tatsächlichen Wert sehr nahe.

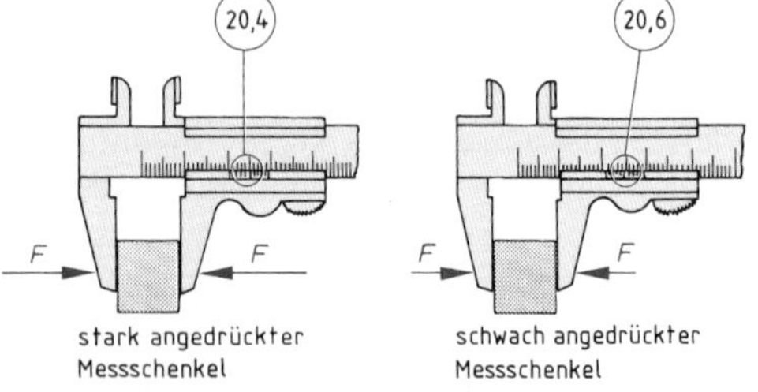

Zufällige Abweichung durch unterschiedliche Anpresskraft

1. Messung 20,4 mm
2. Messung 20,5 mm
3. Messung 20,5 mm
4. Messung 20,6 mm
} **Mittelwert 20,5 mm**

Bildung eines Mittelwertes

- Messabweichungen, die unregelmäßig auftreten, bezeichnet man als zufällige Messabweichungen.
- Zufällige Messabweichungen können beim Prüfen nicht berücksichtigt werden.

6.3 Ursachen von Messabweichungen

- **Unvollkommenheit am Prüfgegenstand**

Form und Oberfläche des Prüfgegenstandes können ebenfalls zu Messabweichungen führen. Wird z.B. ein nicht paralleles oder unrundes Werkstück nur an einer Stelle gemessen, führt dies zu einer Messabweichung. Ebenso verursacht eine ungenügende Qualität der Oberfläche Messabweichungen.

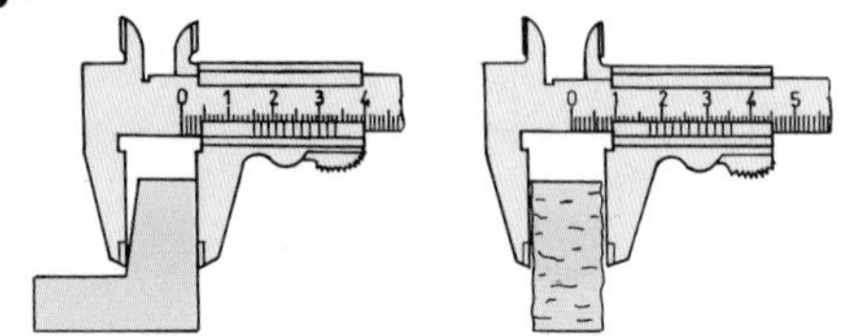

Messabweichung durch ungenügende Qualität des Prüfgegenstandes in Form der Oberfläche

Übungsaufgabe PT-50

- **Unvollkommenheiten bei Messgeräten und Lehren**

Prüfmittel, deren Messflächen durch Gebrauch abgenutzt oder gar beschädigt sind, führen zu ständig wiederkehrenden Abweichungen. Deshalb müssen Prüfgeräte von Zeit zu Zeit auf ihre Genauigkeit überprüft werden. So prüft man z.B. Messschrauben und Grenzrachenlehren mit Endmaßen.

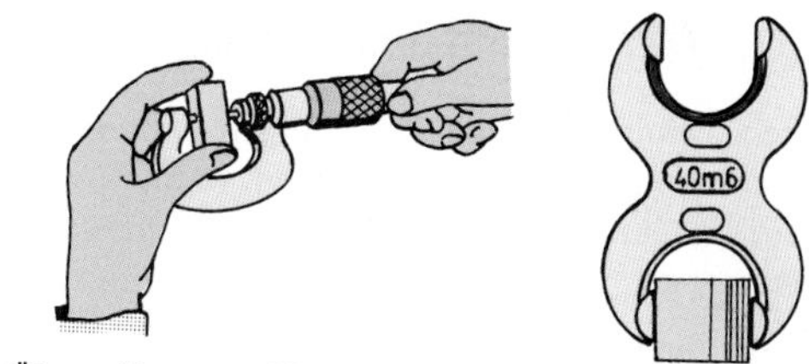

Überprüfung von Messschraube und Grenzrachenlehre

Die Genauigkeit von Messschiebern überprüft man, indem die Messflächen der beiden Messschenkel leicht zusammengedrückt werden. In geschlossener Stellung müssen Nullstrich des Schiebers und Nullstrich des Strichmaßstabes übereinstimmen. Mit dem Lichtspaltverfahren kann man erkennen, ob sich die Messflächen auf der ganzen Länge berühren.

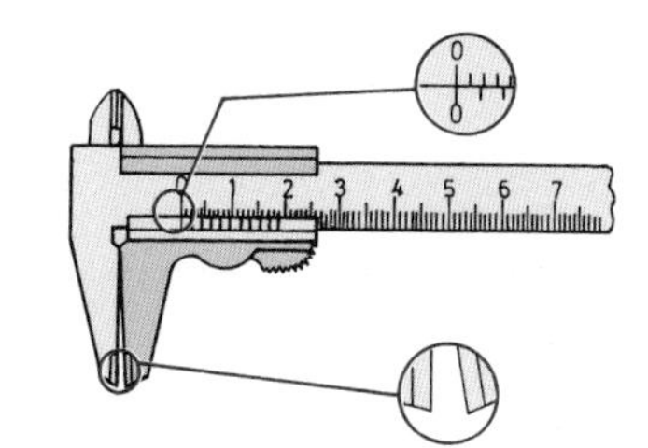

Überprüfung eines abgenutzten Messschiebers

Ungenaue Prüfgeräte verursachen systematische Messabweichungen. Daher muss die Genauigkeit der Prüfmittel ständig überprüft werden.

- **Unvollkommenheit in den Umweltbedingungen**

Die Bezugstemperatur für genaue Messungen beträgt 20 °C. Zu hohe oder tiefe Temperaturen verändern die Längen an Werkstücken und an Prüfmitteln. Das Nichteinhalten der Bezugstemperatur führt zu Messabweichungen. Diese Abweichungen sind bei gleichen Bedingungen stets regelmäßig.

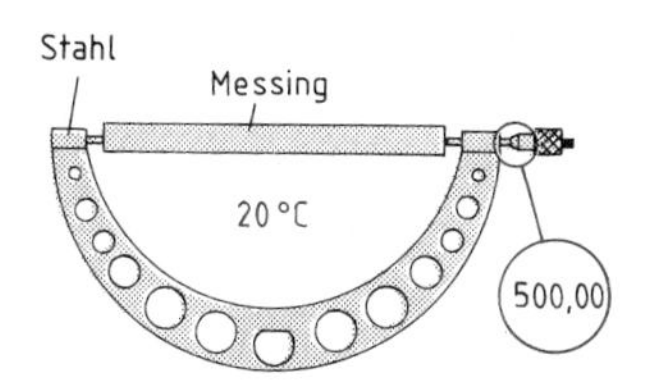

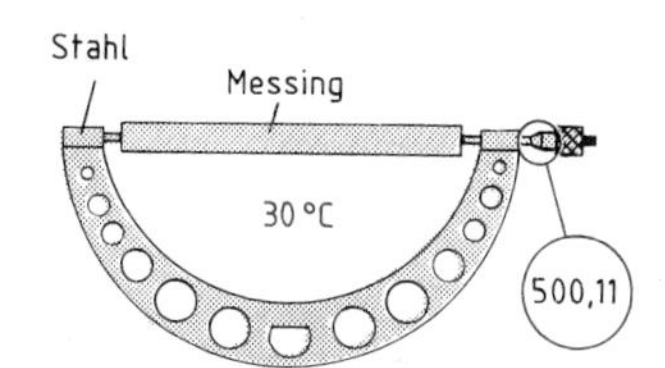

Messabweichungen durch Nichteinhalten der Bezugstemperatur

Abweichungen des Werkstücks oder des Prüfmittels von der festgelegten Bezugstemperatur von 20 °C verursachen Messabweichungen.

- **Persönliche Fehler des Prüfers**

Ein häufiger Fehler des Prüfers besteht darin, dass beim Ablesen von Strichmaßen und Zeigerinstrumenten die Blickrichtung nicht senkrecht zur Stricheinteilung ist. Die Maßebene am Werkstück und die Teilungsebene am Messinstrument liegen in einem Abstand parallel zueinander.
Der Abstand der Skala des Strichmaßes vom Werkstück oder der Abstand des Zeigers von der Skala führen durch das schräge Aufblicken zu einem mehr oder weniger großen Ablesefehler. Blickt man senkrecht auf anzeigende Prüfgeräte, vermeidet man diesen Fehler.

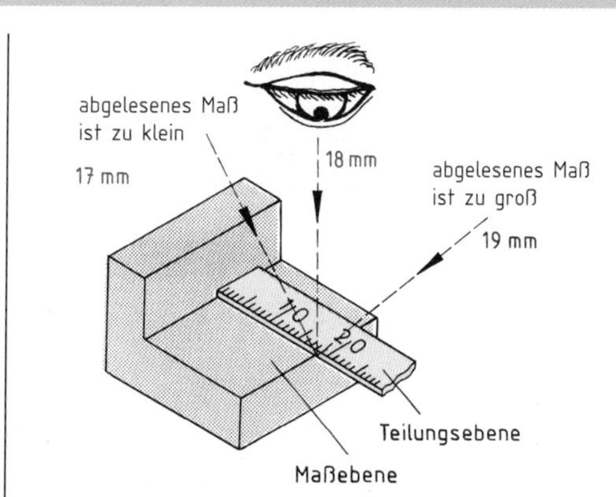

Ablesefehler durch schräge Blickrichtung

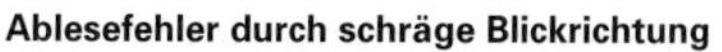

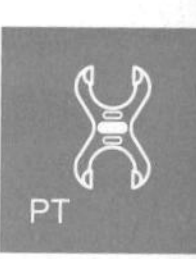

Persönliche Fehler des Prüfenden können durch gezielte Messübungen weitgehend verringert werden.

7 Auswahl von Prüfverfahren und Prüfgeräten

Messen wendet man zur Ermittlung von Istmaßen an, z.B. Messen eines Bohrerdurchmessers mit dem Messschieber. Messen ist notwendig, wenn Maße protokolliert werden müssen.
Lehren wendet man an, wenn festgestellt werden soll, ob eine Form oder ein Maß innerhalb festgelegter Grenzen liegt, z.B. Prüfen der Rechtwinkligkeit zweier Flächen mit dem Flachwinkel.

Nach der Entscheidung, ob Messen oder Lehren, wird das entsprechende Prüfgerät ausgewählt. Die Prüfbedingungen erfordern bestimmte Merkmale des Prüfgerätes:

- Die Prüfgröße bestimmt die Art des Prüfgerätes,
  z.B. verwendet man für Winkelmessungen Winkelmesser.
- Die Größe des zu prüfenden Maßes bestimmt den Arbeitsbereich des Prüfgerätes,
  z.B. misst man eine Gebäudelänge mit dem Bandmaß.
- Die geforderte Messgenauigkeit bestimmt die Ablesegenauigkeit des Messgerätes,
  z.B. erfordert die Prüfung des Maßes 30 ± 0,05 mm eine Messschraube, Messuhr, o. Ä.
- Die Anzahl der zu prüfenden Teile bestimmt die besonderen Merkmale des Prüfgerätes,
  z.B. setzt man zur Kurbelwellenprüfung in der Autoindustrie automatisierte Prüfeinrichtungen ein.
- Die Qualifikation des Prüfers bestimmt die Handhabung und Art der Ablesung,
  z.B. setzt man bei geringer Qualifikation des Prüfers bei Serienprüfungen Lehren mit akustischer Anzeige von Toleranzüberschreitungen ein.
- Die Arbeitsbedingungen bestimmen die Unempfindlichkeit des Prüfgerätes,
  z.B. werden Messungen an umlaufenden Teilen am günstigsten berührungslos durchgeführt.

Beispiele für die Auswahl von Prüfgeräten, Prüfverfahren und Hilfsmitteln

Situation	ausgewählte Prüfverfahren	Begründung der Entscheidung
In einer Werkstatt sind Stahlprofile von 350 mm bis 1910 mm Länge für eine Schweißkonstruktion zu messen.	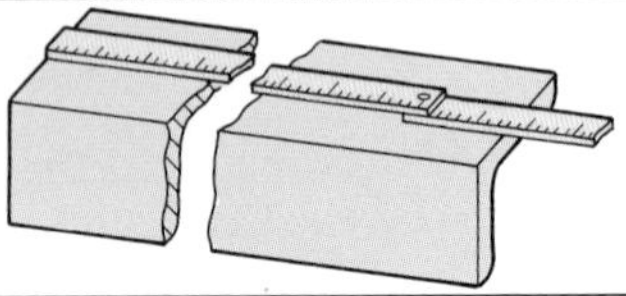	Die Messung kann mit einem Rollmaß oder einem Gliedermaßstab vorgenommen werden. Der Messbereich von 2 m ist erforderlich, die Ablesegenauigkeit von 1 mm ist ausreichend.
An 20 Bolzen ∅ 50 x 160 soll an einem Ende jeweils ein Zapfen mit ∅ 30 und 40 mm Länge gedreht werden, Maßtoleranz 0,1 mm.	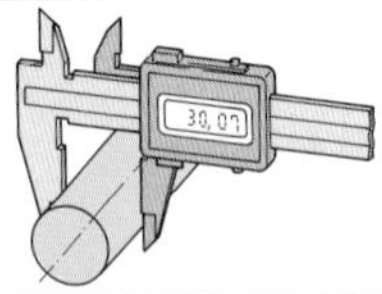 30,07	Die Messung des Zapfendurchmessers und der Zapfenlänge wird mit einem Messschieber mit Tiefenmesseinrichtung vorgenommen. Messbereich und Ablesegenauigkeit erfüllen die Anforderungen.
In einem Brenner ist wahrscheinlich eine falsche Düse eingesetzt worden. Die Bohrung der Düse ist zu prüfen.		Die Prüfung mit der Fühlerlehre ist einfach und sicher. Eine Prüfung mit einer kegligen Lochlehre würde nur den Durchmesser am Düsenaustritt erfassen.
Eine Exzenterscheibe soll 5 ± 0,5 mm außermittig sein. Es sind 50 Scheiben zu prüfen.		Trotz der großen Toleranz ist die Prüfung mit einer Messuhr sinnvoll, weil nach einmaliger Einstellung der Messuhr die Exzentrizität jeweils mit einer Umdrehung der Werkstücke geprüft werden kann.
Der Abstand einer Gewindebohrung von einer Passbohrung soll 100 ± 0,2 mm betragen. Das Maß ist zu prüfen.	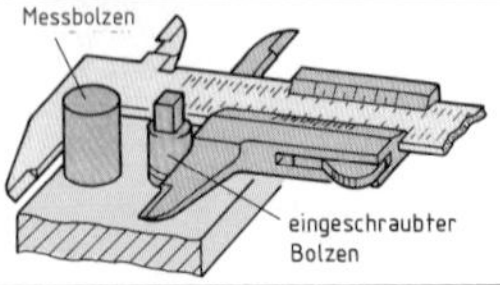 Messbolzen; eingeschraubter Bolzen	Die große Toleranz erlaubt die Messung mit dem Messschieber. Der Einsatz von Messbolzen ermöglicht eine genauere Erfassung des Maßes als die Messung über die Gewindespitzen.

Die Wahl der Hilfsmittel, z.B. Spannzeuge, Unterlagen, richtet sich nach ähnlichen Gesichtspunkten wie die Auswahl der Prüfverfahren.
Zum wirtschaftlichen Prüfen ist der kleinstmögliche Aufwand anzustreben.

Übungsaufgabe PT-55

8 Passungen und Prüfen von Passmaßen

8.1 Bedeutung der Passungen

Wie Bauteile zueinander passen sollen, ergibt sich aus der gewünschten Funktion und wird in Zeichnungen durch besondere Maßangaben festgehalten.
Die Normung von Maßen für den Zusammenbau ermöglicht den Austauschbau und die Arbeitsteilung. Damit werden Herstellungskosten in der Massenfertigung gesenkt.

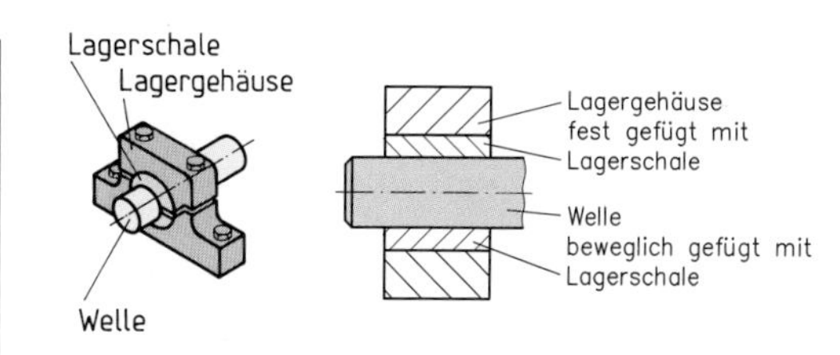

Fest und beweglich gefügte Bauteile

Die Normung von Zusammenbaumaßen erlaubt Austauschbau und Massenfertigung.

8.2 Begriffe und Maße bei Passungen

- **Passflächen**

Beim Zusammenpassen zweier Bauteile wird ein Außenteil mit einem Innenteil gepaart. Die Berührungsflächen zwischen den Teilen nennt man **Passflächen.** Bei kreisförmigen Passflächen bezeichnet man das Außenteil als „Bohrung" und das Innenteil als „Welle".
Sind die Passflächen der Paarungsteile eben, so spricht man von einer Passung zwischen zwei Paaren paralleler Passflächen.

Beispiele für Passungen

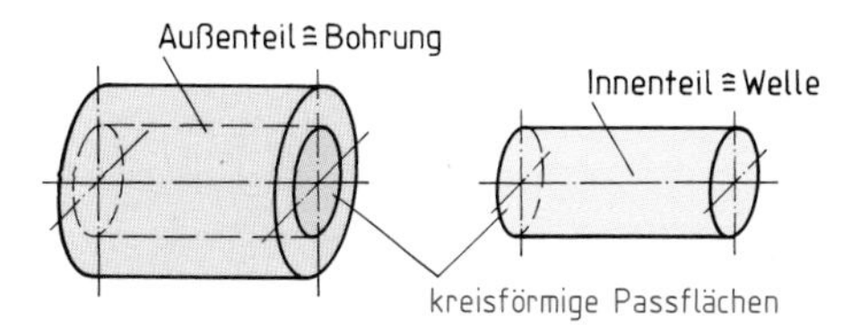

Kreiszylinderpassung (Rundpassung)

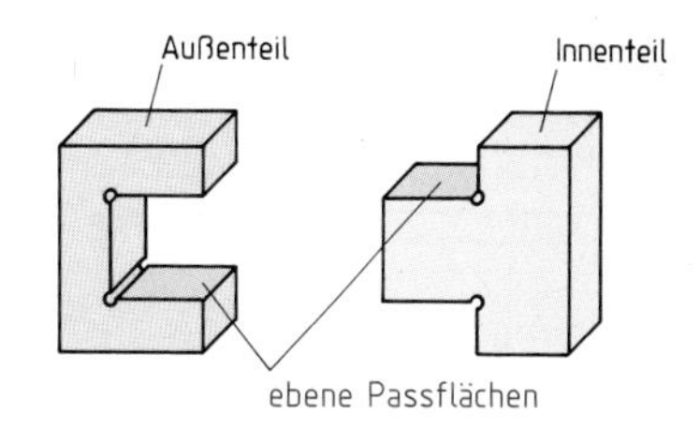

Passung zwischen zwei Werkstücken mit je zwei parallelen Passflächen (Flachpassung)

Passungen bestehen zwischen Bohrung und Welle oder zwischen ebenen Passflächen.
Für beide Passungsarten gelten gleiche Begriffe.

- **Höchstmaß und Mindestmaß**

Aus dem Nennmaß, das für gefügte Teile gleich ist, und den Abmaßen ergeben sich die übrigen Maße.

gewählte Maßbuchstaben	genormte Maßbuchstaben
N Nennmaß	ES Oberes Abmaß (Bohrung)
G_o Höchstmaß	EI Unteres Abmaß (Bohrung)
G_u Mindestmaß	es Oberes Abmaß (Welle)
T Maßtoleranz	ei Unteres Abmaß (Welle)

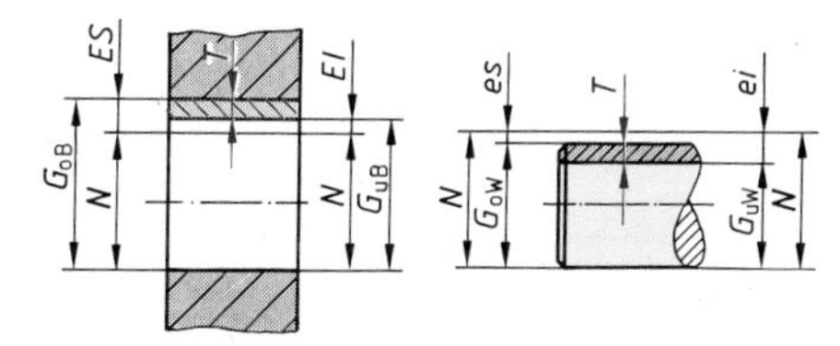

Höchstmaß und Mindestmaß

Bohrung

Höchstmaß = Nennmaß + oberes Abmaß

$G_{oB} = N + ES$

Mindestmaß = Nennmaß + unteres Abmaß

$G_{uB} = N + EI$

Welle

Höchstmaß = Nennmaß + oberes Abmaß

$G_{oW} = N + es$

Mindestmaß = Nennmaß + unteres Abmaß

$G_{uW} = N + ei$

Übungsaufgaben PT-56 bis PT-58

- **Maßtoleranz**

Der Unterschied zwischen Höchstmaß und Mindestmaß bzw. zwischen oberem und unterem Abmaß wird **Maßtoleranz** genannt. Die Toleranz ist stets ein positiver Betrag, da das Höchstmaß immer größer als das Mindestmaß ist.

Maßtoleranz = Höchstmaß – Mindestmaß
$T = G_o - G_u$

oder

Maßtoleranz = Oberes Abmaß – Unteres Abmaß
$T_B = ES - EI$ für Bohrungen
$T_W = es - ei$ für Wellen

Nulllinie

Die Grenzabmaße einer Passungsangabe beziehen sich auf das Nennmaß. Das Nennmaß dient als Bezugsgröße. In bildlichen Darstellungen von Grenzabmaßen benutzt man eine Begrenzungslinie des Nennmaßes als Bezugslinie. Diese Linie wird **Nulllinie** genannt.

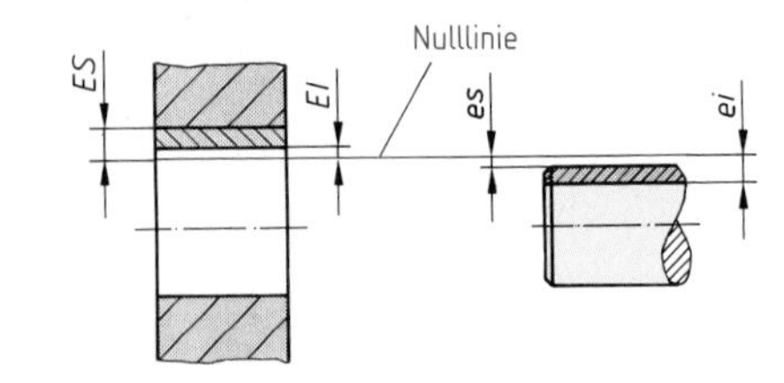

Nulllinie als Bezugslinie

Toleranzfeld

Bei der Darstellung der Grenzabmaße wählt man einen entsprechenden Vergrößerungsmaßstab. Für das obere und untere Abmaß zeichnet man in einem entsprechenden Abstand parallele Linien zur Nulllinie. Der Abstand zwischen diesen beiden Linien entspricht der Größe der Maßtoleranz.

Das Abmaß, das der Nulllinie am nächsten liegt, wird üblicherweise als **Grundabmaß** bezeichnet. Durch das Grundabmaß wird die Lage des Toleranzfeldes zur Nulllinie festgelegt. Als Toleranzfeld wird der Bereich bezeichnet, den die Linien für das Höchstmaß und Mindestmaß begrenzen.

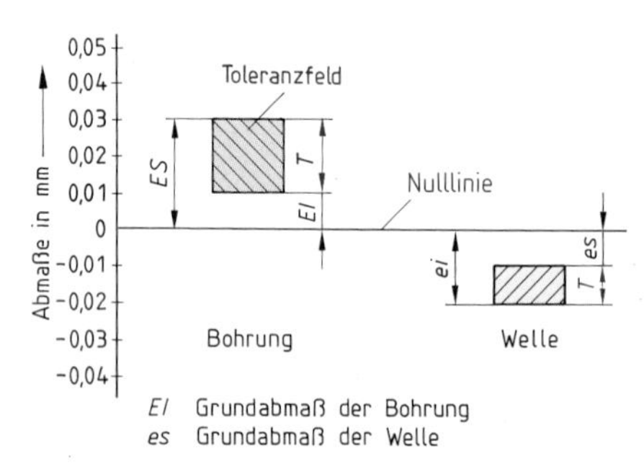

Lage von Toleranzfeldern zur Nulllinie

Das Toleranzfeld ist das Feld zwischen zwei Linien, die das Höchstmaß und Mindestmaß darstellen.

8.3 ISO-Normen für Maß- und Passungsangaben

Ein toleriertes Maß wird nach ISO-Norm verschlüsselt angegeben. Es setzt sich aus dem Nennmaß und der geforderten **Toleranzklasse** zusammen. Die Bezeichnung der Toleranzklasse besteht aus:

- einem Buchstaben für das **Grundabmaß** und
- der Zahl des **Grundtoleranzgrades**.

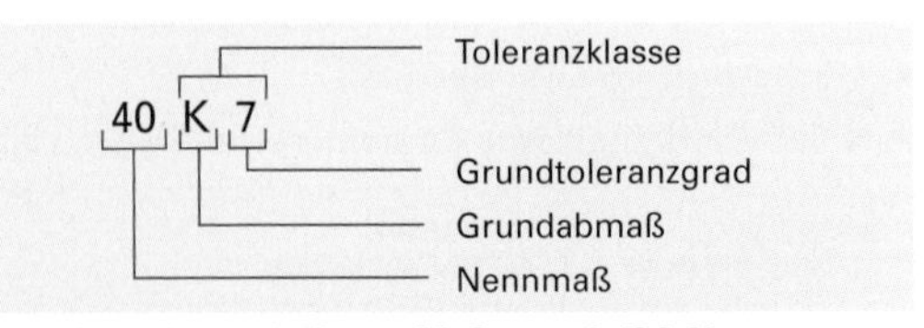

Angaben eines tolerierten Maßes nach ISO-Norm

Mithilfe von Tabellen für Grenzabmaße können die Toleranzklassen entschlüsselt werden. So sind z.B. für das Maß 40 K7 das obere Abmaß mit + 0,007 mm und das untere Abmaß mit – 0,018 mm festgelegt.

Tabellenauszug für Grenzabmaße (*ES, EI* bzw. *es, ei*) nach DIN ISO 286

Nennmaß-bereich über ... bis ... mm	**Bohrungen** Grenzabmaße in µm (= 0,001 mm)									**Wellen** Grenzabmaße in µm				
	S 7	**R 7**	**N 7**	**M 7**	**K 7**	**J 7**	**H 7**	**G 7**	**F 7**	**s 6**	**r 6**	**n 6**	**m 6**	**k 6**
30 ... 50	– 34 – 59	– 25 – 50	– 8 – 33	0 – 25	+ 7 – 18	+ 14 – 11	+ 25 0	+ 34 + 9	+ 50 + 25	+ 59 + 43	+ 50 + 34	+ 33 + 17	+ 25 + 9	+ 18 + 2

Übungsaufgaben PT-59; PT-60

- **Lage von Grundabmaßen**

Die Buchstaben geben verschlüsselt die Lage der Grundabmaße zur Nulllinie an. Dabei kennzeichnen die Buchstaben den Abstand zwischen der Nulllinie und den Grundabmaßen.

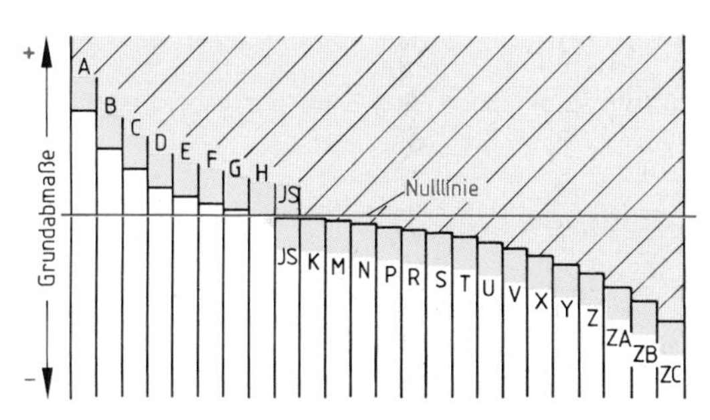

Lage der Grundabmaße für Bohrungen

Lage der Grundabmaße für Wellen

Grundabmaße für **Bohrungen** haben große Buchstaben von **A bis Z**. Grundabmaße für **Wellen** werden mit kleinen Buchstaben von **a bis z** gekennzeichnet. Um Verwechslungen mit Zahlen zu vermeiden, werden die Buchstaben I, L, O, Q, W in der großen und kleinen Schreibweise nicht benutzt. Zur Vergrößerung des Toleranzbereiches wurden die Z-Toleranzen um die Toleranzfelder ZA, ZB, ZC bzw. za, zb, zc erweitert.

ISO-Passmaße kennzeichnen die Lage des Grundabmaßes zur Nulllinie durch Buchstaben:

- große Buchstaben für Bohrungstoleranzen,
- kleine Buchstaben für Wellentoleranzen.

- **Grundtoleranzgrade und Grundtoleranzen**

In den Kurzzeichen für die Toleranzklassen nach ISO stehen hinter den Buchstaben Zahlen. Diese Zahlen geben den Grundtoleranzgrad an. Der Grundtoleranzgrad und das Nennmaß bestimmen den Wert der Grundtoleranz. Es stehen 20 Grundtoleranzgrade zur Verfügung, die mit den Buchstaben IT und einer Zahl gekennzeichnet werden (z.B. IT 9). Im Zusammenhang mit einem Grundabmaß entfallen die Buchstaben IT (z.B. h 9 statt IT 9). Die Zahl allein wird als **Toleranzgrad** bezeichnet.

Grundtoleranzen in Mikrometer für den Nennmaßbereich von 30 bis 50 mm

Grundtoleranzgrad	IT01	IT0	IT1	...	IT4	IT5	IT6	IT7	IT8	IT9	IT10	IT11	IT12	IT13	IT14	...	IT18
Grundtoleranz in µm	0,6	1	1,5	...	7	11	16	25	39	62	100	160	250	390	620	...	3900

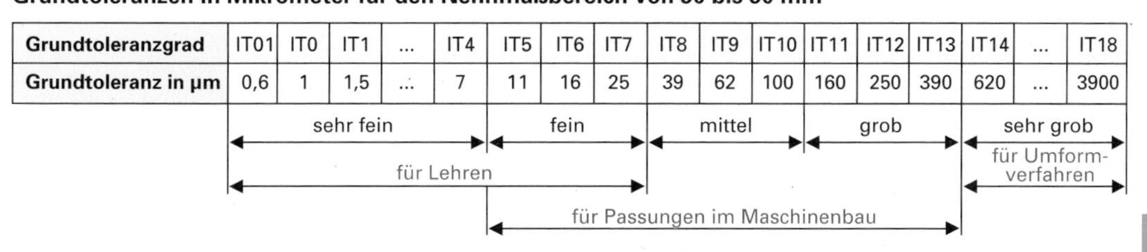

Bei gleichem Toleranzgrad vergrößert sich die Grundtoleranz mit größer werdendem Nennmaß. Jedoch erhält nicht jedes Nennmaß eine andere Grundtoleranzgröße. Man teilt die Nennmaße bis 500 mm in Bereiche mit jeweils gleicher Toleranz ein.

Grundtoleranzgröße in Abhängigkeit vom Nennmaß

Nennmaßbereich	Toleranz bei Toleranzgrad 7
über 6 bis 10 mm	15 µm
über 10 bis 18 mm	18 µm
über 18 bis 30 mm	21 µm

Der Grundtoleranzgrad wird entsprechend der Verwendung gewählt.
Bei gleichem Toleranzgrad wächst die Toleranz mit dem Nennmaß.

8.4 Passung, Spiel und Übermaß

Beim Fügen durch Zusammenpassen werden zwei Bauteile gepaart. Dabei bestimmen die Istmaße der Einzelteile, ob die Bauteile fest oder lose zusammengepasst sind.

- **Passung *P***

Die Passung (gewählter Maßbuchstabe = *P*) ist die Differenz zwischen dem Maß der Innenpassfläche (Bohrung) und dem Maß der Außenpassfläche (Welle) vor der Paarung.

> Passung = Maß der Innenpassflächen – Maß der Außenpassflächen

- **Spiel P_S und Übermaß $P_Ü$**

Bei Spiel ist die Bohrung größer als die Welle. Die Passung ist positiv.
Bei Übermaß ist die Welle größer als die Bohrung. Die Passung ist negativ.

Beispiel für Spiel und Übermaß

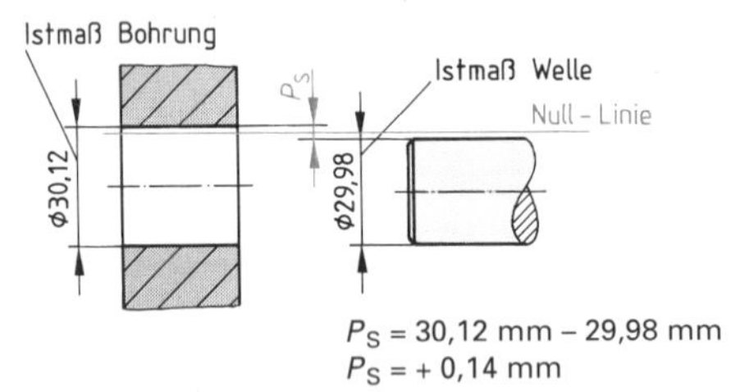

P_S = 30,12 mm – 29,98 mm
P_S = + 0,14 mm

Spiel zwischen Bohrung und Welle
(gewählter Maßbuchstabe = P_S)

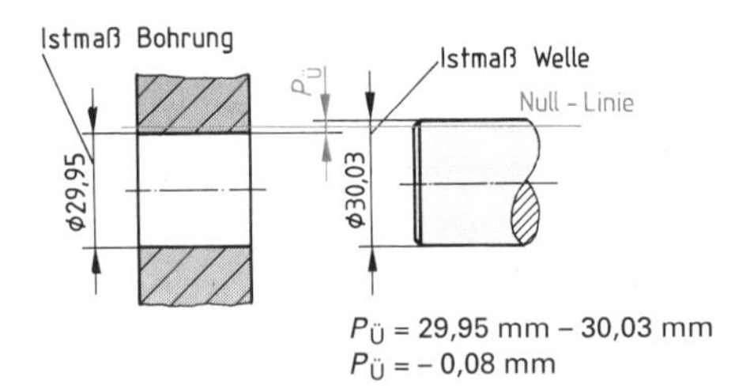

$P_Ü$ = 29,95 mm – 30,03 mm
$P_Ü$ = – 0,08 mm

Übermaß zwischen Bohrung und Welle
(gewählter Maßbuchstabe = $P_Ü$)

> Bei Spiel ist die Passung positiv, bei Übermaß dagegen negativ.

8.5 Einteilung der Passungen

- **Spielpassung**

Die Passung, bei der beim Fügen von Bohrung und Welle immer ein Spiel entsteht, wird als Spielpassung bezeichnet.

Höchstspiel P_{So} entsteht, wenn eine Bohrung mit Höchstmaß und eine Welle mit Mindestmaß gefügt werden.

Mindestspiel P_{Su} tritt bei einer Kombination von Bohrung mit Mindestmaß und Welle mit Höchstmaß auf.

Höchstspiel: P_{So} = 40,016 mm – 39,980 mm = 0,036 mm
Mindestspiel: P_{Su} = 40,000 mm – 39,991 mm = 0,009 mm

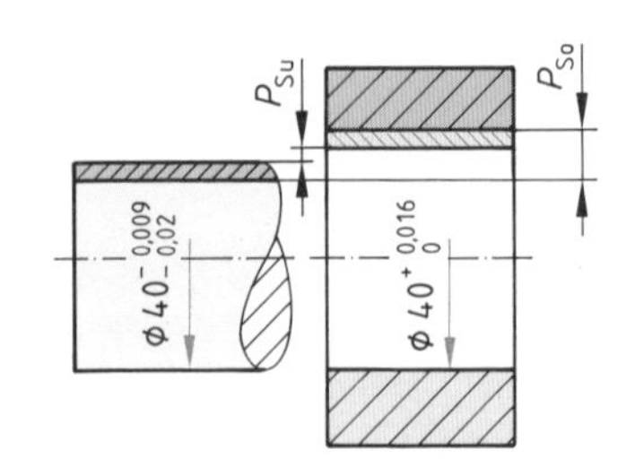

Spielpassung

> Bei einer Spielpassung ist das Höchstmaß der Welle kleiner/gleich dem Mindestmaß der Bohrung.
> Höchstspiel = Bohrung mit Höchstmaß – Welle mit Mindestmaß $P_{So} = G_{oB} - G_{uW}$
> Mindestspiel = Bohrung mit Mindestmaß – Welle mit Höchstmaß $P_{Su} = G_{uB} - G_{oW}$

- **Übermaßpassung**

Die Passung, bei der beim Fügen von Bohrung und Welle immer ein Übermaß entsteht, wird als Übermaßpassung bezeichnet.

Höchstübermaß $P_{Üo}$ entsteht, wenn eine Bohrung mit Mindestmaß und eine Welle mit Höchstmaß gefügt werden.

Mindestübermaß $P_{Üu}$ tritt bei einer Kombination von Bohrung mit Höchstmaß und Welle mit Mindestmaß auf.

Höchstübermaß: $P_{Üo}$ = 40,000 mm – 40,059 mm = – 0,059 mm
Mindestübermaß: $P_{Üu}$ = 40,016 mm – 40,048 mm = – 0,032 mm

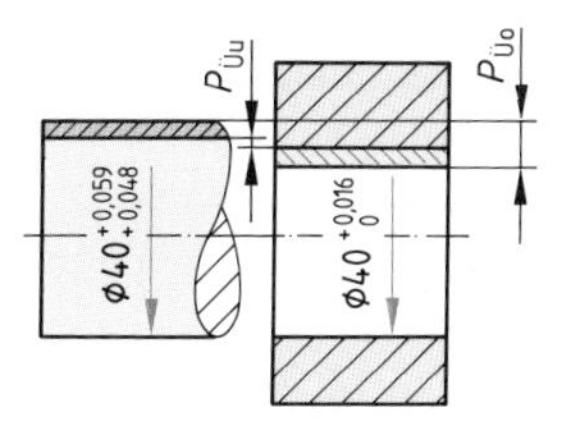

Übermaßpassung

Bei einer Übermaßpassung ist das Mindestmaß der Welle größer als das Höchstmaß der Bohrung.
Höchstübermaß = Bohrung mit Mindestmaß – Welle mit Höchstmaß
Mindestübermaß = Bohrung mit Höchstmaß – Welle mit Mindestmaß.

- **Übergangspassung**

Die Passung, bei der beim Fügen von Bohrung und Welle entweder ein Spiel oder ein Übermaß entsteht, wird als Übergangspassung bezeichnet. Ob ein Spiel oder ein Übermaß entsteht, hängt vom Istmaß der Bohrung und der Welle ab.

Höchstspiel: P_{So} = 40,016 mm – 40,002 mm = + 0,014 mm
Höchstübermaß: $P_{Üo}$ = 40,000 mm – 40,018 mm = – 0,018 mm

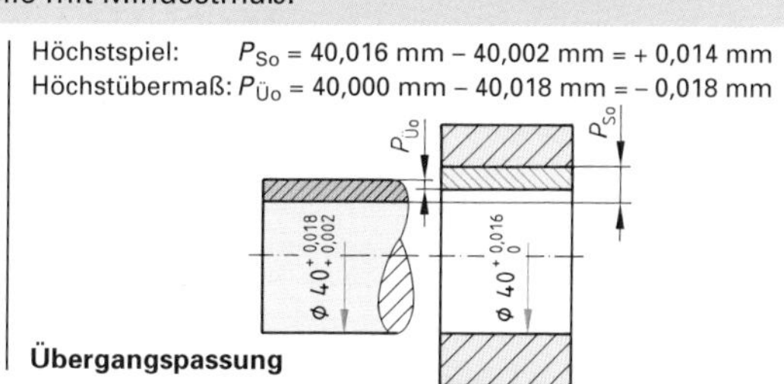

Übergangspassung

Je nach Istmaß von Bohrung und Welle kann sich bei einer Übergangspassung nach dem Fügen der beiden Teile sowohl ein Spiel als auch ein Übermaß ergeben.

- **Passtoleranz**

Die Passtoleranz (gewählter Maßbuchstabe = P_T) ist die Summe der Toleranzen von Bohrung und Welle, die zu einer Passung gehören. Die Passtoleranz hat kein Vorzeichen.

Beispiel für die Berechnung der Passtoleranz

Bohrung (B)		Welle (W)		
	$T_B = ES - EI$		$T_W = es - ei$	$P_T = T_B + T_W$
$\varnothing 40^{+0{,}059}_{+0{,}048}$	T_B = 59 µm – 48 µm	$\varnothing 40^{+0{,}016}_{0}$	T_W = 16 µm – 0 µm	P_T = 11 µm + 16 µm
	T_B = 11 µm		T_W = 16 µm	**P_T = 27 µm**

8.6 Passungssysteme

ISO-Passungsnormen nach DIN ISO 286 bieten viele Möglichkeiten, gewünschte Paarungen auszuwählen. Um die Zahl der benötigten Werkzeuge und Prüfmittel gering zu halten, beschränkt man sich auf eine Auswahl von Passungen. Dabei unterscheidet man die beiden Auswahlsysteme Einheitsbohrung und Einheitswelle.

- **Passungssystem Einheitsbohrung**

Bei der Auswahl von Passungen hat man sich darauf beschränkt, dass die **Bohrungen** stets das **Grundabmaß H** erhalten, d.h., das Mindestmaß der Bohrung ist gleich dem Nennmaß. Die gewünschte Passung erreicht man durch die Auswahl geeigneter Grundabmaße für die Welle.

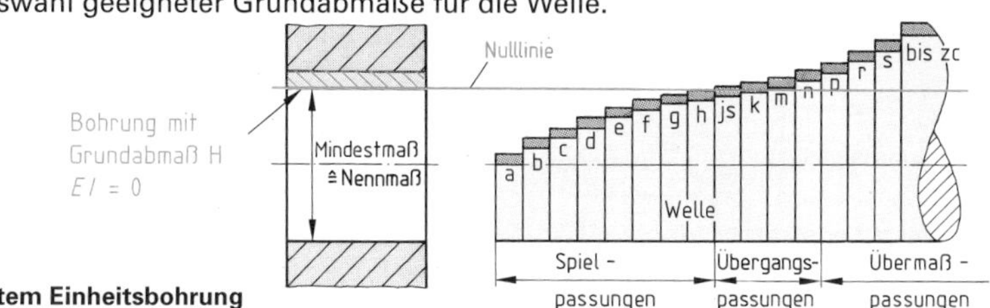

Passungssystem Einheitsbohrung

Beim Passungssystem Einheitsbohrung hat die Bohrung immer das Grundabmaß H.
Gewünschte Passungen erreicht man durch die Auswahl von Grundabmaßen für die Welle.

Übungsaufgabe PT-64

Anwendung findet das System Einheitsbohrung im Maschinen-, Kraftfahrzeug- und Elektromaschinenbau, weil dort Wellen mit Absätzen und verschiedenen Durchmessern eingebaut werden.

- **Passungssystem Einheitswelle**

Bei der Auswahl von Passungen hat man sich darauf beschränkt, dass die **Wellen** stets das **Grundabmaß *h* erhalten,** das Höchstmaß der Welle ist gleich dem Nennmaß. Die gewünschte Passung erreicht man durch die Auswahl Grundabmaße für die Bohrung.

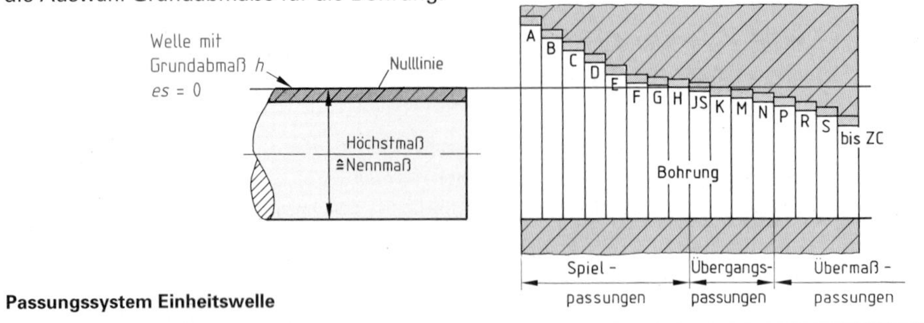

Passungssystem Einheitswelle

Bei Einheitswellen ist das Höchstmaß der Wellen gleich dem Nennmaß. Beim Passungssystem Einheitswelle paart man Wellen mit der Toleranzlage h mit Bohrungen unterschiedlicher Toleranzlagen.

Angewendet wird das Passungssystem Einheitswelle dort, wo man gezogene oder geschliffene Wellen ohne wesentliche Nacharbeit einsetzt. Das Passungssystem Einheitswelle wird bevorzugt in der Feinmechanik sowie im Textil- und Landmaschinenbau angewandt.

8.7 Passungsnormen

- **Passungssystem Einheitsbohrung (Auszug)**

Nennmaß-bereich mm	Reihe I (Grenzabmaße in µm)									Reihe II (Grenzabmaße in µm)								
	H7	r6	n6	h6	f7	H8	x8/u8[1])	h9	f7	H7	s6	m6	k6	j6	g6	H8	e8	d9
über 6 bis 10	+15 0	+28 +19	+19 +10	0 − 9	−13 −28	+22 0	+ 56 + 34	0 −36	−13 −28	+15 0	+32 +23	+15 + 6	+10 + 1	+ 7 − 2	− 5 −14	+22 0	−25 −47	− 40 − 76
über 10 bis 14 über 14 bis 18	+18 0	+34 +23	+23 +12	0 −11	−16 −34	+27 0	+ 67 + 40 + 72 + 45	0 +43	−16 −34	+18 0	+39 +28	+18 + 7	+12 + 1	+ 8 − 3	− 6 −17	+27 0	−32 −59	− 50 − 93
über 18 bis 24 über 24 bis 30	+21 0	+41 +28	+28 +15	0 −13	−20 −41	+33 0	+ 87 + 54 + 81 + 48	0 −52	−20 −41	+21 0	+48 +35	+21 + 8	+15 + 2	+ 9 − 4	− 7 −20	+33 0	−40 −73	− 65 −117
über 30 bis 40 über 40 bis 50	+25 0	+50 +34	+33 +17	0 −16	−25 −50	+39 0	+ 99 + 60 +109 + 70	0 −62	−25 −50	+25 0	+59 +43	+25 + 9	+18 + 2	+11 − 5	− 9 −25	+39 0	−50 −89	− 80 −142

- **Passungssystem Einheitswelle (Auszug)**

Nennmaß-bereich mm	Reihe I (Grenzabmaße in µm)									Reihe II (Grenzabmaße in µm)									
	h6	H7	F8	h9	H8	F8	E9	D10	C11	h11	D10	C11	h6	G7	h9	H11	h11	H11	A11
über 6 bis 10	0 − 9	+15 0	+35 +13	0 −36	+22 0	+35 +13	+ 61 + 25	+ 98 + 40	+170 + 80	0 − 90	+ 98 + 40	+170 + 80	0 − 9	+20 + 5	0 −36	+ 90 0	0 − 90	+ 90 0	+370 +280
über 10 bis 18	0 −11	+18 0	+43 +16	0 −43	+27 0	+43 +16	+ 75 + 32	+120 + 50	+205 + 95	0 −110	+120 + 50	+205 + 95	0 −11	+24 + 6	0 −43	+110 0	0 −110	+110 0	+400 +290
über 18 bis 24 über 24 bis 30	0 − 13	+21 0	+53 +20	0 −52	+33 0	+53 +20	+ 92 + 40	+149 + 65	+240 +110	0 −130	+149 + 65	+240 +110	0 −13	+28 + 7	0 −52	+130 0	0 −130	+130 0	+430 +300
über 30 bis 40 über 40 bis 50	0 −16	+25 0	+64 +25	0 −62	+39 0	+64 +25	+112 + 50	+180 + 80	+280 +120 +290 +130	0 −160	+180 + 80	+290 +120 +280 +130	0 −16	+34 + 9	0 −62	+160 0	0 −160	+160 0	+470 +310 +480 +320

[1]) bis 24 mm x8; über 24 mm u8

Übungsaufgaben PT-65 bis PT-67

8.8 Auswahl von Passungen

Die Auswahl von Passungen geschieht entsprechend der Funktion der Bauteile.
Es haben sich dabei bestimmte Passungen als vorteilhaft erwiesen.

Beispiele für häufig gewählte Passungen

	Einheits-bohrung	Einheits-welle	Eigenschaft	Anwendungsbeispiele
Spiel-passung	H7/h6; H8/h9	H7/h6; H8/h9	noch gleitfähig durch Handkraft	Führungen an Werkzeugmaschinen
	H8/f7	F8/h6	geringes Spiel, leicht verschiebbar	Gleitlager, Kolben, Schieberäder
		C11/h9	großes Spiel	Baumaschinen
Übergangs-passung	H7/n6		fügbar mit geringer Presskraft, Verdrehsicherung nötig	Zahnräder, Lagerbuchsen, Kupplungen
	H7/m6		Fügen und Lösen möglich, Verdrehsicherung nötig	Passstifte, Kugellagerringe
Übermaß-passung	H8/x8; H8/n8		fügbar mit sehr großer Presskraft, schrumpfbar	Kurbeln auf Wellen, Laufringe auf Radkörpern
	H7/r6		fügbar mit großer Presskraft	Buchsen in Radnaben, Lagerbuchsen

Für einen bestimmten Fall wählt man aus diesen Kombinationen nach folgenden Schritten eine geeignete Passung aus:

Schritt	Entscheidungskriterien	Ergebnis
1. Auswahl des Passungssystems	Anwendungsgebiet	Passungssystem
2. Festlegung der Lage der Grundabmaße	Passungssystem Verwendungszweck	Grundabmaße
3. Bestimmungen der Grundtoleranzgrade	Nennmaß Anwendungsgebiet	Grundtoleranzgrade (Grundtoleranzen)
4. Angabe der tolerierten Maße	Einzelteile	tolerierte Maße
5. Angabe der Passung	Zusammenbau	Passungsangabe

Beispiel für die Auswahl und Darstellung einer Passung

Aufgabe

Eine Buchse soll in ein Gehäuse gefügt werden. Die Verbindung muss ohne zusätzliche Sicherung gegen axiales Verschieben oder Verdrehen auskommen. Zu bestimmen ist die für diesen Einsatz notwendige Passung. Das Nennmaß beträgt ∅ 40 mm.

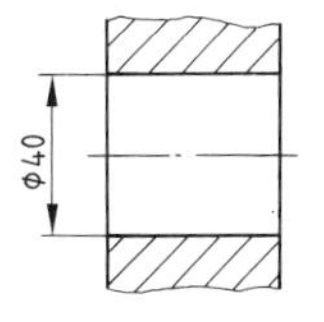

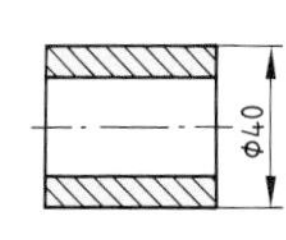

Lösung

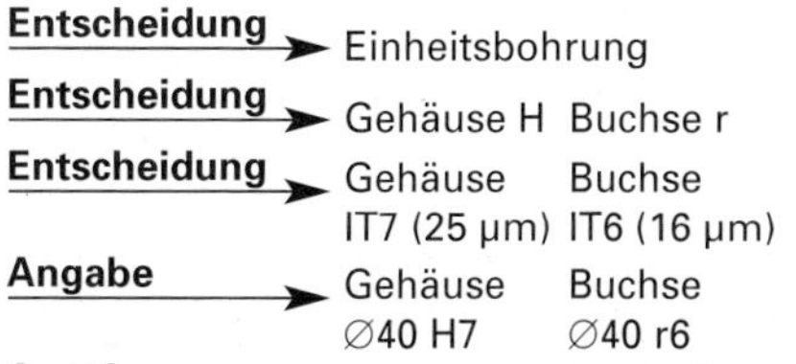

1. Schritt Auswahl des Passungssystems — **Entscheidung** → Einheitsbohrung

2. Schritt Festlegung der Lage der Grundabmaße — **Entscheidung** → Gehäuse H Buchse r

3. Schritt Bestimmung der Grundtoleranzgrade — **Entscheidung** → Gehäuse IT7 (25 μm) Buchse IT6 (16 μm)

4. Schritt Angabe der tolerierten Maße — **Angabe** → Gehäuse ∅40 H7 Buchse ∅40 r6

5. Schritt Angabe der Passung — **Angabe** → ∅40 H7/r6

Übungsaufgabe PT-68

8.9 Lehren von Passmaßen

In der Fertigung ist nur zu prüfen, ob das Istmaß innerhalb des Höchst- und Mindestmaßes liegt. Aus diesem Grunde müssen nur die **Grenzmaße** überprüft werden. Dies geschieht sehr einfach durch Prüfen mit Grenzlehren.

- **Grenzlehren für Innenmaße**

Innnemaße werden mit Grenzlehrdornen geprüft. Dabei sind meist die Gutlehre und die Ausschusslehre zu einem Prüfgerät vereinigt.

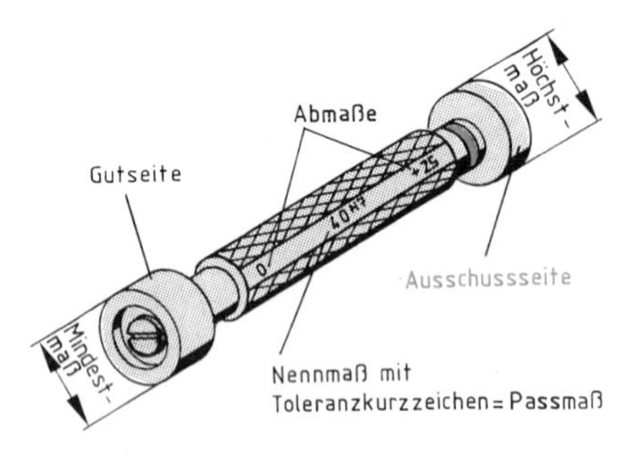

Grenzlehrdorn

Lehre mit Mindestmaß muss in die Bohrung passen

Lehre mit Höchstmaß darf nicht in die Bohrung passen

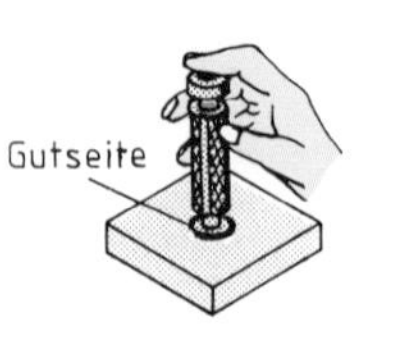

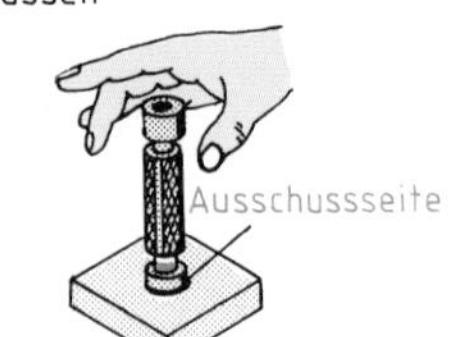

Prüfen mit Grenzlehrdorn

Mit der Gutseite des Lehrdorns wird ermittelt, ob die Bohrung nicht zu klein ist. Die Gutseite verkörpert das Mindestmaß. Sie muss in die Bohrung eingeführt werden können.
Mit der Ausschussseite des Lehrdornes wird geprüft, ob die Bohrung nicht zu groß ist. Die Ausschussseite verkörpert das Höchstmaß. Sie darf nicht in die Bohrung passen, andernfalls ist die Bohrung zu groß. Das Werkstück ist Ausschuss. Die Ausschusslehrdorne haben verkürzte Messzylinder und rote Farbmarkierungen.

Die Gutseite des Grenzlehrdorns verkörpert das Mindestmaß, die Ausschussseite das Höchstmaß. Kennzeichnung der Ausschussseite: Kurzer Prüfzylinder und rote Markierung.

- **Grenzlehren für Außenmaße**

Außenmaße, z.B. von Wellen, werden mit Grenzrachenlehren überprüft. Auch Grenzrachenlehren vereinigen meist eine Gutlehre und eine Ausschusslehre zu einem Prüfgerät.

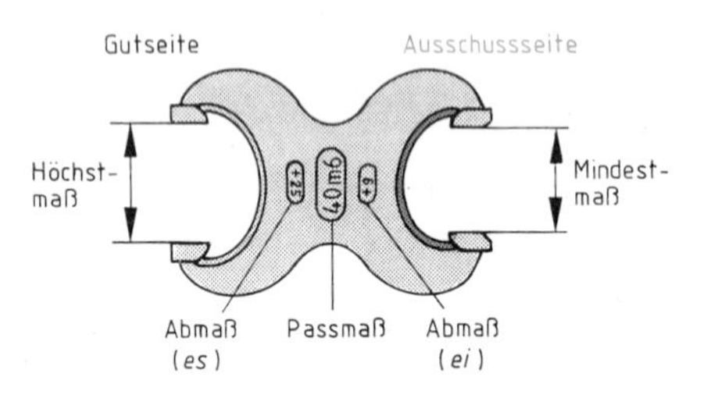

Grenzrachenlehre

Lehre mit Höchstmaß muss über die Welle passen

Lehre mit Mindestmaß darf nicht über die Welle passen

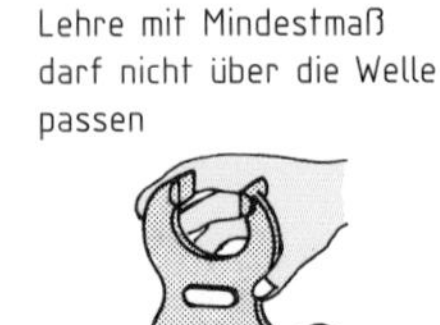

Gutseite

Ausschussseite

Prüfen mit Grenzrachenlehre

Mit der Gutseite der Rachenlehre wird festgestellt, ob die Welle nicht zu groß ist. Die Gutseite der Rachenlehre verkörpert das Höchstmaß. Die Gutseite muss durch Eigengewicht über die Welle gleiten.
Mit der Ausschussseite der Rachenlehre wird geprüft, ob die Welle nicht zu klein ist. Die Ausschussseite verkörpert das Mindestmaß. Sie darf nicht über die Welle gehen, sonst ist die Welle zu dünn. Das Werkstück ist Ausschuss. Die Ausschussseiten von Grenzrachenlehren haben Abschrägungen des Messrachens und eine rote Farbmarkierung im Rachen.

Die Gutseite der Grenzrachenlehre verkörpert Höchstmaß und die Ausschussseite Mindestmaß. Kennzeichnung der Ausschussseite: Angefaste Prüfflächen und rote Markierung.

Übungsaufgaben PT-69; PT-70

9 Form- und Lagetoleranzen und ihre Prüfung

Jedes Werkstück besteht aus vielen einzelnen Grundkörpern – z. B. Zylinder, Kegel, Prisma –, die entsprechend der angestrebten Funktion zusammengesetzt sind. Jeder Grundkörper beinhaltet Elemente wie Flächen, Achsen, Kanten u.a. Das Werkstück wird durch die Abmessungen der Grundkörper und die Lage der Grundkörper und deren Elemente zueinander exakt beschrieben.

Beispiel für die Zusammensetzung eines Werkstückes aus Grundkörpern

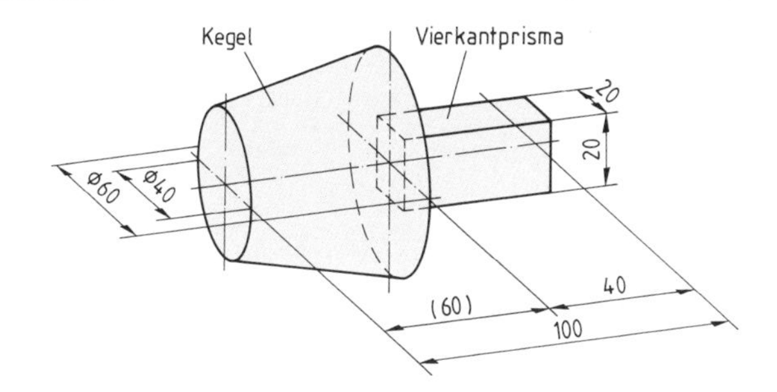

Maße der Grundkörper
Kantenlängenmaße
Durchmessermaße

Form der Grundkörper
Kegelstumpf mit Mantelfläche, Stirnflächen und Achse;
Vierkantprisma mit Flächen, Kanten, Mittelachse

Lage der Grundkörper zueinander
Mitten von Kegelstumpf und Vierkantprisma liegen auf einer Achse;
Flächen des Vierkantprismas liegen rechtwinklig bzw. parallel zueinander

Es ist weder möglich noch wirtschaftlich, maßlich genaue und geometrisch ideale Körper herzustellen und aneinander zu reihen. Darum weichen alle Werkstücke vom Idealzustand in den Maßen der Grundkörper, in der Form der Grundkörper und in der Lage der Grundkörper ab.

Um die Funktion und die Austauschbarkeit von Werkstücken und Baugruppen zu gewährleisten, müssen darum die zulässigen Abweichungen vom Idealzustand angegeben werden. Neben den Maßtoleranzen benötigt man darum auch Formtoleranzen und Lagetoleranzen.

Formtoleranzen beschreiben die zulässige Abweichung eines Grundkörpers des Werkstücks von seiner geometrischen Idealform.
Lagetoleranzen beschreiben die zulässige Abweichung von Grundkörpern oder deren Elemente in ihrer Lage zueinander.

9.1 Toleranzzone

Zur Beurteilung von Form- und Lageabweichungen benötigt man die Beschreibung der zulässigen Abweichung von der Idealform. Man nennt den Bereich, innerhalb dem alle Punkte der tolerierten Form oder Lage liegen müssen, die **Toleranzzone**.

Beispiel für eine Toleranzzone

Die tolerierte Achse des Kurbelzapfens muss innerhalb eines Zylinders von 0,05 mm Durchmesser liegen, der parallel zur Bezugsachse A–B (Achse der Kurbelwelle) liegt.

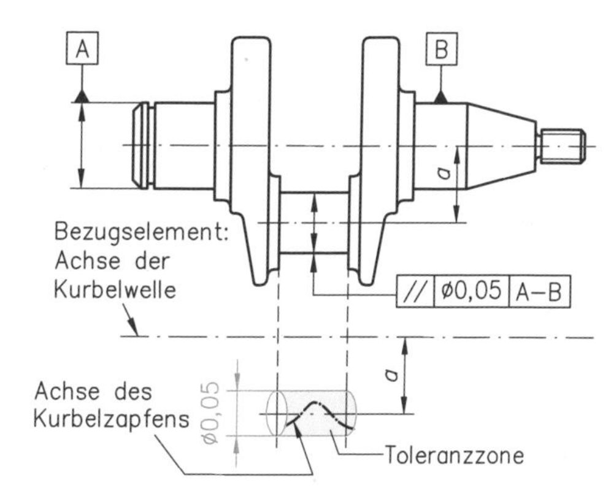

Die Toleranzzone gibt den Raum oder die Fläche an, in der alle Punkte des tolerierten Elementes liegen müssen.

9.2 Formtoleranzen

Formtoleranzen beschreiben die zulässigen Abweichungen eines Grundkörpers des Werkstückes von seiner geometrisch idealen Form.

In der technischen Zeichnung enthält die Eintragung einer Formtoleranz folgende Angaben:

- Symbol für die tolerierte Eigenschaft
- Hinweispfeil auf das tolerierte Element
- Maßangabe für die Größe der Toleranzzone (Toleranzwert *t*)

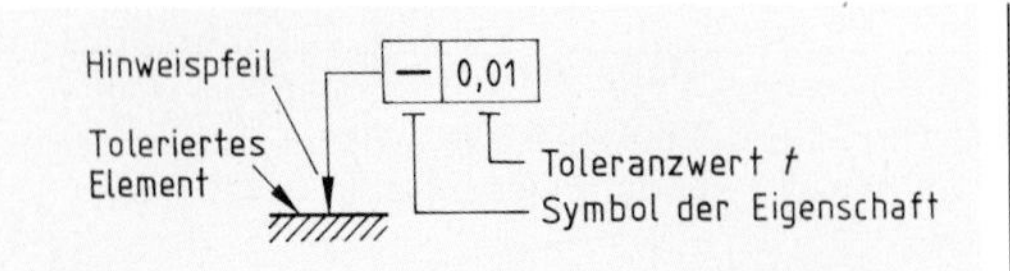

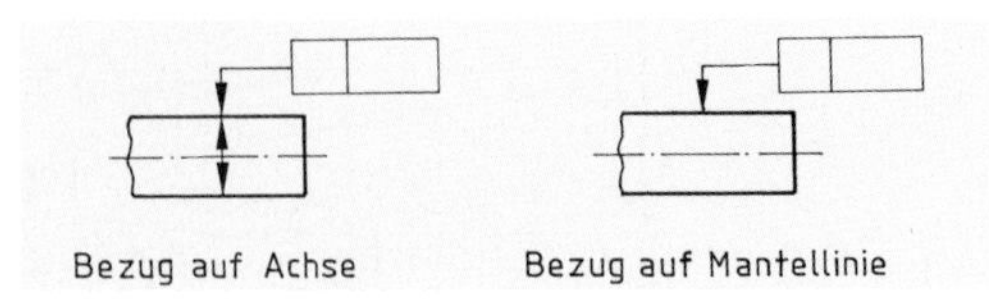

Formtoleranzen nach DIN ISO 1101 (Auszug)

Eigenschaft	Toleranzzone	Beispiele	
Geradheit —		— ϕ 0,04	Die Achse des Bolzens muss auf der Länge *l* innerhalb eines Zylinders vom Durchmesser *t* = 0,04 mm liegen.
Ebenheit ▱		▱ 0,08	Die gekennzeichnete Fläche mit den Maßen l_1 und l_2 muss zwischen zwei parallelen Ebenen vom Abstand *t* = 0,08 mm liegen.
Rundheit ○		○ 0,05	Die Umfangslinie muss auf der Länge *l* in jedem Querschnitt innerhalb eines Kreisringes von *t* = 0,05 mm Breite liegen.
Zylinderform ⌭		⌭ 0,06	Die Zylinderoberfläche muss auf der Länge *l* innerhalb eines Zylindermantels von *t* = 0,06 mm Wanddicke liegen.

9.3 Lagetoleranzen

Lagetoleranzen beschreiben die zulässigen Abweichungen von Elementen eines Bauteiles zueinander. Dabei ist es notwendig, ein Element zum Bezugselement zu erklären. Als Bezugselement wird das Element gewählt, welches bei der Funktion des Bauteiles von besonderer Bedeutung ist. In der Zeichnung ist das Bezugselement durch das Bezugsdreieck und den Bezugsbuchstaben besonders gekennzeichnet.

In der technischen Zeichnung enthält die Eintragung einer Lagetoleranz folgende Angaben:

- Symbol für die tolerierte Eigenschaft,
- Maßangabe für die Größe der Toleranzzone (Toleranzwert *t*)
- Bezugsbuchstabe für die Kennzeichnung des Bezugselementes,
- Hinweispfeil an das tolerierte Element.

Bei den Lagetoleranzen unterscheidet man Richtungs-, Lauf- und Ortstoleranzen.

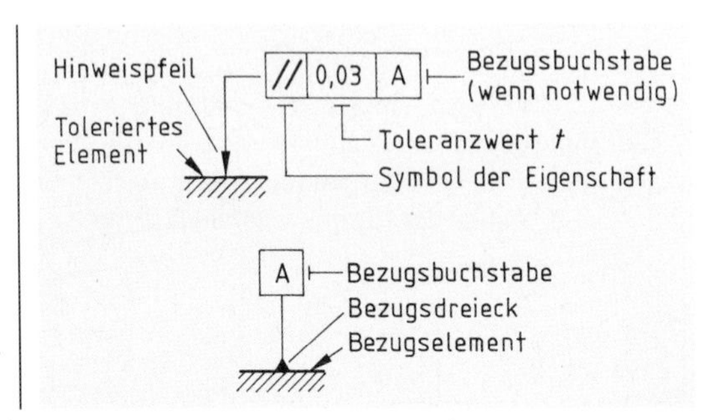

Übungsaufgaben PT-71 bis PT-73

Lagetoleranzen nach DIN ISO 1101

	Eigenschaft	Toleranzzone	Beispiele
Richtungstoleranzen	**Parallelität** //	ø t; Bezugsachse	// ø0,05 A; A — Die tolerierte Achse der kleinen Bohrung muss innerhalb eines zur Bezugsachse parallel liegenden Zylinders vom Durchmesser t = 0,05 mm liegen.
		t; Bezugsfläche	// 0,05 — Die tolerierte Fläche muss zwischen zwei zur Bezugsfläche parallelen Ebenen liegen. Abstand t = 0,05 mm.
	Rechtwinkligkeit ⊥	t; 90°; Bezugsfläche	⊥ 0,03 A; A — Die tolerierte Achse muss innerhalb von zwei parallelen Ebenen im Abstand t = 0,03 mm liegen. Die Ebenen stehen rechtwinklig zur Bezugsfläche.
	Neigung ∠	t; 50°; Bezugsfläche	∠ 0,1 A; A; 50° — Die tolerierte Fläche muss zwischen zwei parallelen Ebenen (Winkel 50°) im Abstand von t = 0,1 mm liegen.
Lauftoleranzen	**Planlauf** ↗	t; Bezugsachse	A; ↗ 0,1 A — Die Planlaufabweichung, bezogen auf die gekennzeichnete Achse A, darf t = 0,10 mm nicht überschreiten.
	Rundlauf ↗	t; Bezugsachse	↗ 0,05 A-B; A; B — Die Rundlaufabweichung, bezogen auf die Achse A-B, darf t = 0,05 mm nicht überschreiten.
Ortstoleranzen	**Position** ⌖	ø t; 40; 80	⌖ ø 0,10; 50; 110 — Die Achse des Bolzens muss innerhalb eines Zylinders von t = 0,10 mm Durchmesser liegen.
	Symmetrie ≡	t; Bezugselement	A; ≡ 0,1 A — Die Mittelebene des Ansatzes muss zwischen zwei parallelen Ebenen liegen, die t = 0,1 mm Abstand haben und parallel zur Bezugsebene liegen.
	Koaxialität Konzentrizität ◎	ø t; Bezugsachse	A; ◎ ø0,05 A — Die Achse des tolerierten Zapfens muss innerhalb eines Zylinders von t = 0,05 mm liegen. Dieser Zylinder muss mit der Achse des mit A gekennzeichneten Elements fluchten.

9.4 Messen von Form- und Lageabweichungen

9.4.1 Symbolische Darstellung von Prüfeinrichtungen

Das Messen von Form und Lage ist aufwendiger als das Messen von Längen. Meist müssen zum Prüfen von Form und Lage Messgeräte und Hilfsmittel zum Positionieren zu einer Messeinrichtung kombiniert werden. Zur Verdeutlichung des Aufbaus solcher Einrichtungen verwendet man Symbole.

Grafische Symbole in der Längenprüftechnik nach DIN 2258 (Auszug)

Symbol	Erklärung
	Messstelle
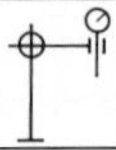	Messständer mit anzeigendem Längenmessgerät (Messuhr)
	Prüfplatte
	Anschlag
	Auflager fest bzw. höhenverstellbar
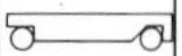	Sinuslineal
E	Parallelendmaß(e)
	Prüfprisma
 ←→	geradlinige Verschiebung
 ←←→→	schrittweise geradlinige Verschiebung in beliebige Positionen
	geradlinige Verschiebung in definierter Schrittweite
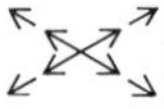	schrittweise Verschiebung in beliebige Positionen in einer Ebene
	schrittweise Drehung in beliebige Winkellagen
	genau eine Umdrehung
	Rundtisch kippbar

9.4.2 Messverfahren zum Messen von Form- und Lageabweichungen

Die Messung von Form- und Lageabweichungen bezieht sich stets auf ein angemessen genaues **Hilfsbezugselement,** wie z.B. eine Prüfplatte, einen Prüfdorn.

Der Messvorgang bei der Messung von Form- und Lageabweichung erfolgt in mehreren Schritten:
1. Ausrichten des Prüflings, **2.** Messungen, **3.** Auswertung der Messungen.

Beispiele für Messverfahren zur Ermittlung von Formabweichungen

Prüfauftrag	Messverfahren	Auswertung
Geradheit 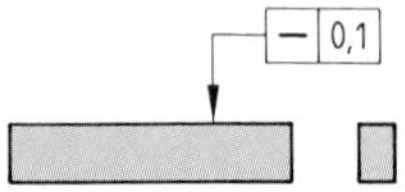 — 0,1	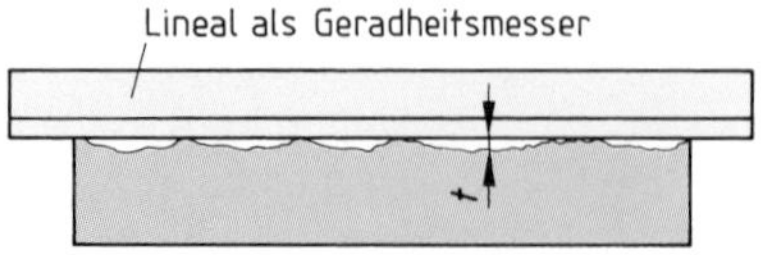 Lineal als Geradheitsmesser Durch Einschieben von Fühlerlehren wird die Spaltbreite ermittelt.	Die Geradheitsabweichung f_G ist das Maß der größten einschiebbaren Fühlerlehre. $f_G \leq t_{max}$
Geradheit 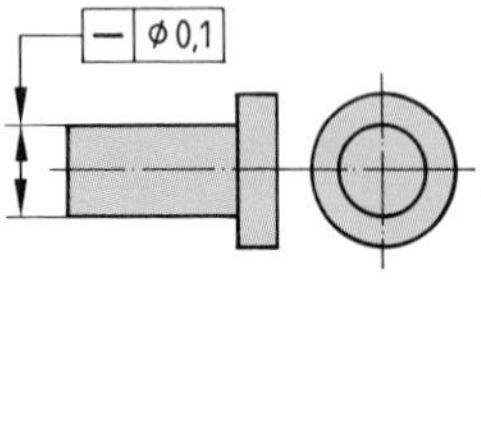 — ⌀0,1	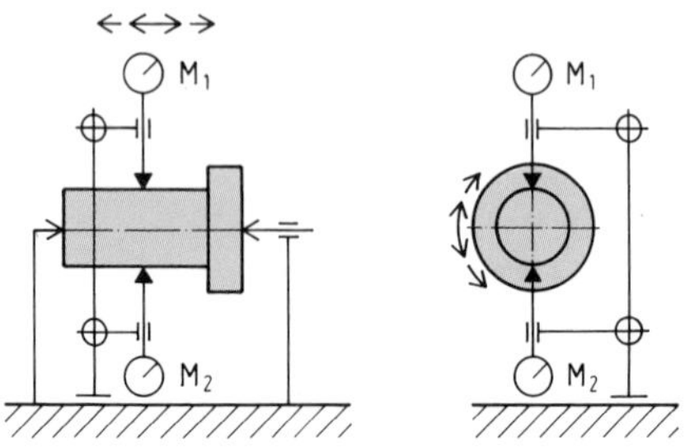 M1, M2	Die Geradheitsabweichung f_G der Achse ist die Hälfte des größten Unterschieds zwischen Messwert M_1 und Messwert M_2. $f_G = \frac{M_1 - M_2}{2}$

Prüfauftrag	Messverfahren	Auswertung
Ebenheit		Die Ebenheitsabweichung f_e ist die größte Differenz zwischen den Messwerten. $f_e = M_{max} - M_{min}$
Rundheit	Messquerschnitt	Für jeden Messquerschnitt wird aus einzelnen Messwerten das Profil dargestellt. Die Rundheitsabweichung im einzelnen Querschnitt ist die Radiendifferenz zum kleinsten Kreisring, der das Profil einschließt. Die Rundheitsabweichung ist die größte auftretende Radiendifferenz.

Beispiele für Messverfahren zur Ermittlung von Lageabweichungen

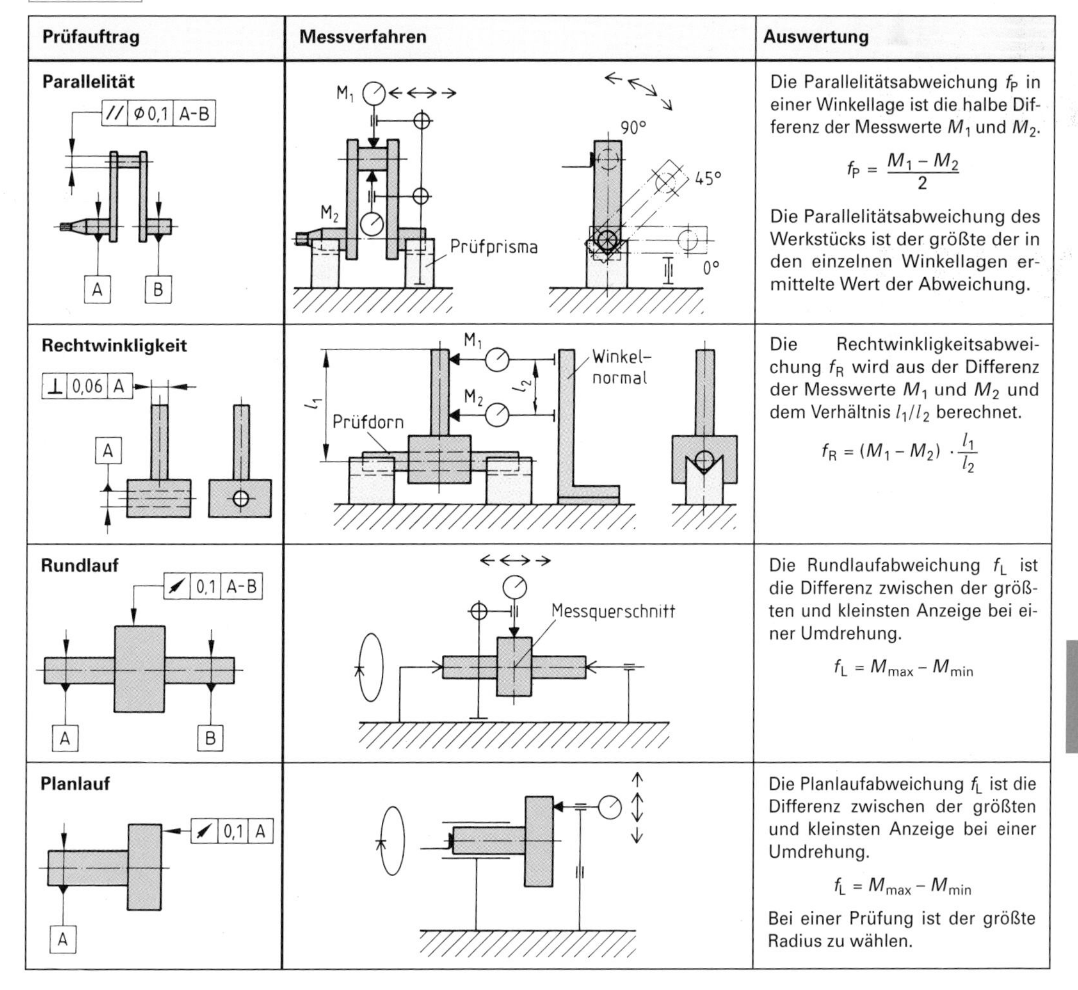

Prüfauftrag	Messverfahren	Auswertung
Parallelität	M_1, M_2, Prüfprisma, 90°, 45°, 0°	Die Parallelitätsabweichung f_P in einer Winkellage ist die halbe Differenz der Messwerte M_1 und M_2. $f_P = \frac{M_1 - M_2}{2}$ Die Parallelitätsabweichung des Werkstücks ist der größte der in den einzelnen Winkellagen ermittelte Wert der Abweichung.
Rechtwinkligkeit	M_1, M_2, l_1, l_2, Prüfdorn, Winkelnormal	Die Rechtwinkligkeitsabweichung f_R wird aus der Differenz der Messwerte M_1 und M_2 und dem Verhältnis l_1/l_2 berechnet. $f_R = (M_1 - M_2) \cdot \frac{l_1}{l_2}$
Rundlauf	Messquerschnitt	Die Rundlaufabweichung f_L ist die Differenz zwischen der größten und kleinsten Anzeige bei einer Umdrehung. $f_L = M_{max} - M_{min}$
Planlauf		Die Planlaufabweichung f_L ist die Differenz zwischen der größten und kleinsten Anzeige bei einer Umdrehung. $f_L = M_{max} - M_{min}$ Bei einer Prüfung ist der größte Radius zu wählen.

Übungsaufgaben PT-75; PT-76

- **Messvorrichtungen zur Bestimmung von Abweichungen**

In der Serienfertigung lassen sich Form- und Lageabweichungen mit speziellen Messvorrichtungen schnell und einfach feststellen.

Beispiele für den Einsatz pneumatischer Messvorrichtungen

Messen von Formabweichungen

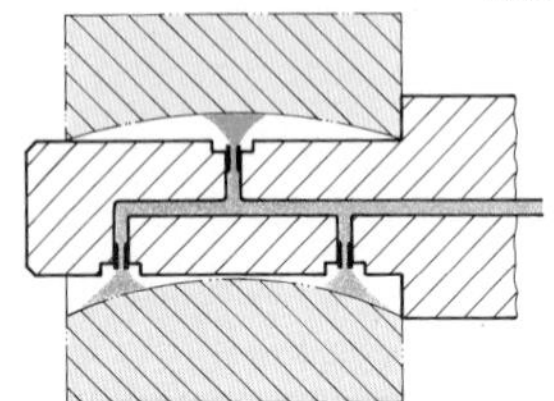

Geradheit

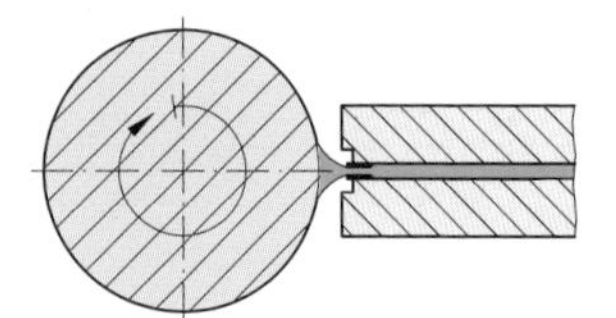

Rundheit

Messung von Lageabweichungen

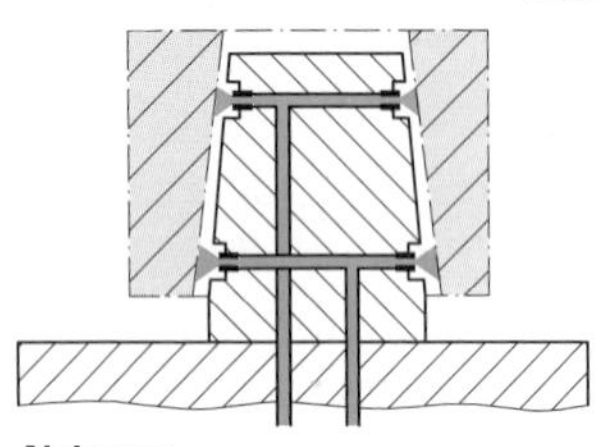

Neigung

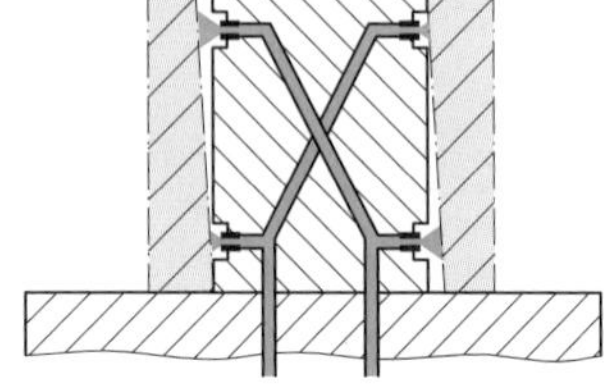

Rechtwinkligkeit

- **Messungen von Formabweichungen mit Profilprojektoren**

Profilprojektoren vergrößern die Konturen aufgelegter Werkstücke und bilden sie in genauem Maßstab auf einem Bildschirm ab. Die meisten dieser Geräte vergrößern bis zum 100-Fachen.

Die Glasbildschirme enthalten Zentrierlinien und die Werkzeugauflagen sind dreh- und verschiebbar, sodass die Werkstücke präzise ausgerichtet werden können.

Skalen und Musterkonturen können eingeblendet werden und erlauben so das Ausmessen von Längen, Radien, Kurvenverläufen und Winkeln.

Optische Schneidwinkelmessgeräte sind kleine Profilprojektoren mit 5- bis 10-facher Vergrößerung. Sie erlauben die Kontrolle von Werkzeugschneiden und die Messung von Werkzeugwinkeln.

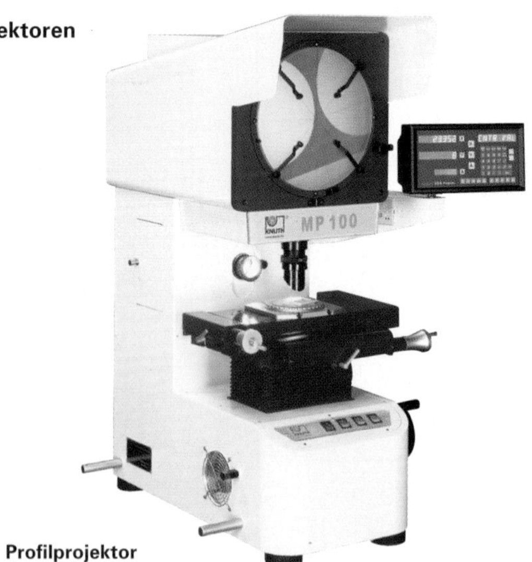

Profilprojektor

Beispiel für Projektionsbilder eines optischen Schneidwinkelmessgeräts

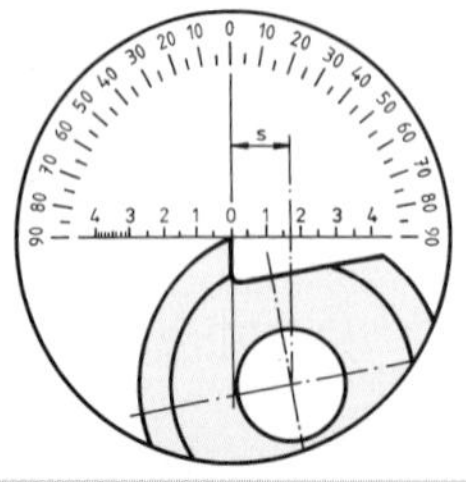

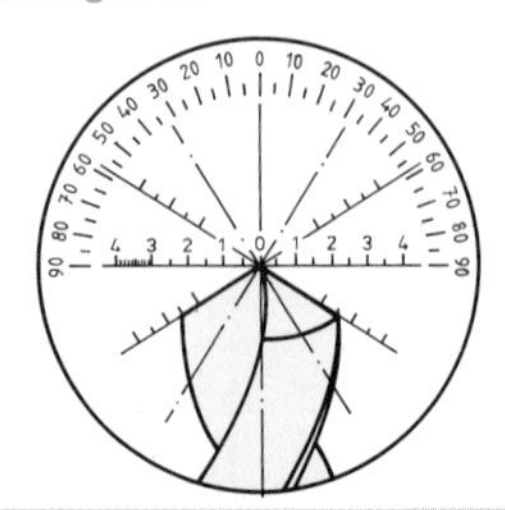

Profilprojektoren erzeugen vergrößerte Bilder des Werkstückprofils. Dies kann durch eingeblendete Skalen ausgemessen werden.

Übungsaufgabe PT-77

10 Messmaschinen

10.1 Digitale Höhenmessgeräte

Für Messungen in einer Koordinatenrichtung werden digitale Höhenmessgeräte eingesetzt. Mit ihnen werden Höhen, Durchmesser und Abstände gemessen. Aus den ermittelten Maßen können Mitten, die Abweichungen von parallelen Flächen sowie die Geradheit von Oberflächen berechnet werden.
Die gewonnenen Daten können über Computer weiterverarbeitet und ausgewertet werden.

Beispiel für ein Höhenmessgerät

Messfunktionen

Fläche antasten oben unten

Bohrung antasten oben unten

Welle antasten oben unten

Nut messen (Mitte und Breite)

Steg messen (Mitte und Breite)

Bohrung messen (Mitte und Durchmesser)

Welle messen (Mitte und Durchmesser)

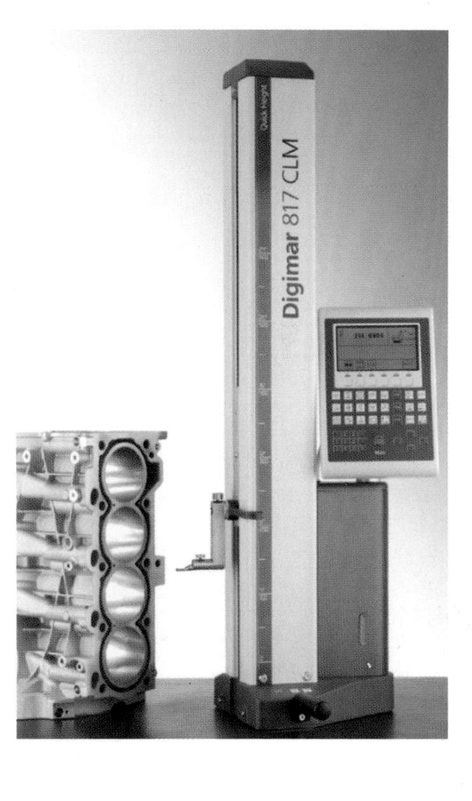

Berechnungsfunktionen

Abstand zwischen zwei Messwerten berechnen

Symmetrie zwischen zwei Messwerten berechnen

AUTO 01 **Automatisch Nullpunkt setzen**

Anwendungsbeispiel

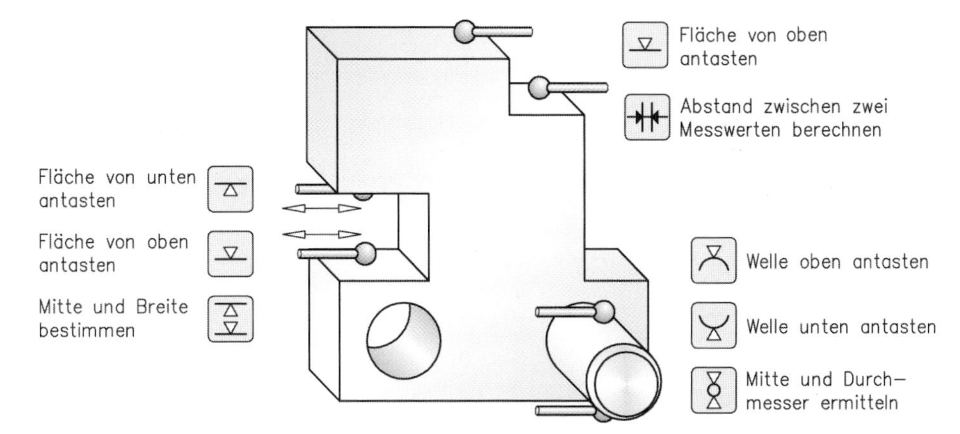

Übungsaufgabe PT-78

10.2 Einsatz numerisch gesteuerter Messmaschinen

Die Überprüfung von Werkstücken mit sehr kleinen Maß-, Form- und Lagetoleranzen ist mit herkömmlichen Prüfmitteln, wie z. B. Messschiebern, Messschrauben oder Grenzrachenlehren, sehr zeitaufwendig. Sehr viel schneller und genauer kann die Überprüfung solcher Werkstücke auf Messmaschinen erfolgen. Sämtliche Messaufgaben können dabei mit *einem* Gerät – der Messmaschine – gelöst werden.
Moderne Messmaschinen sind CNC-gesteuert.

Beispiel für die Durchführung eines Messauftrages in unterschiedlichen Techniken

Messaufgabe
Es sind zu prüfen:
- Durchmessermaße der Bohrungen,
- Lage der Bohrungsachsen,
- Form des Grundkörpers.

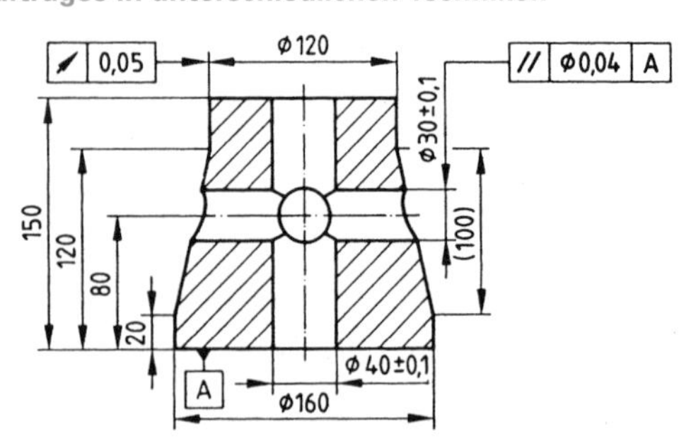

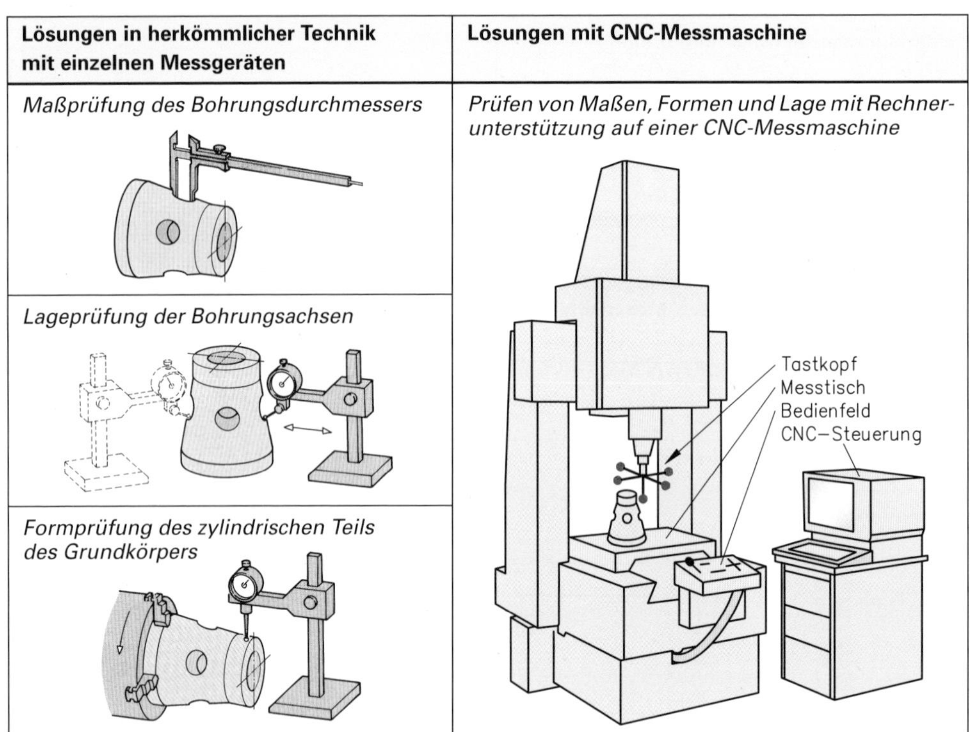

Lösungen in herkömmlicher Technik mit einzelnen Messgeräten	Lösungen mit CNC-Messmaschine
Maßprüfung des Bohrungsdurchmessers	*Prüfen von Maßen, Formen und Lage mit Rechnerunterstützung auf einer CNC-Messmaschine*
Lageprüfung der Bohrungsachsen	
Formprüfung des zylindrischen Teils des Grundkörpers	

10.2.1 Aufbau und Funktion von CNC-Messmaschinen

- **Baueinheiten einer CNC-Messmaschine**

CNC-Messmaschinen ähneln in ihrem Aufbau sehr stark CNC-Bohr- und -Fräsmaschinen.
Das zu prüfende Werkstück wird auf den *Maschinentisch* gespannt. Ein *Portal* oder ein *Ausleger* trägt die Messeinrichtung. Der Messtaster im *Tastkopf* wird ähnlich einem Fräswerkzeug relativ zum Werkstück in allen drei Achsen bewegt. Vom *Bedienfeld* aus können alle Bewegungen manuell gesteuert werden. Über die *CNC-Steuerung* können die Messvorgänge automatisiert werden.

Übungsaufgabe PT-79

- **Koordinatensysteme**

Für die Messung auf Messmaschinen sind drei Koordinatensysteme von Bedeutung:

- Das rechtwinklige **Koordinatensystem der Messmaschine** hat seinen Ursprung im Maschinennullpunkt. Die X- und Y-Achsen liegen auf der Oberfläche des Messtisches und die Z-Achse steht senkrecht dazu.
- Das rechtwinklige **Koordinatensystem des Tastsystems** hat seinen Ursprung im Mittelpunkt des Bezugstasters. Die Koordinatenachsen des Tastsystems verlaufen parallel zu den Maschinenkoordinatenachsen.
- Das rechtwinklige **Koordinatensystem des Werkstücks** hat seinen Ursprung in einem markanten Werkstückpunkt. Die Koordinatenachsen verlaufen parallel zu den Maschinenkoordinaten der Messmaschine.

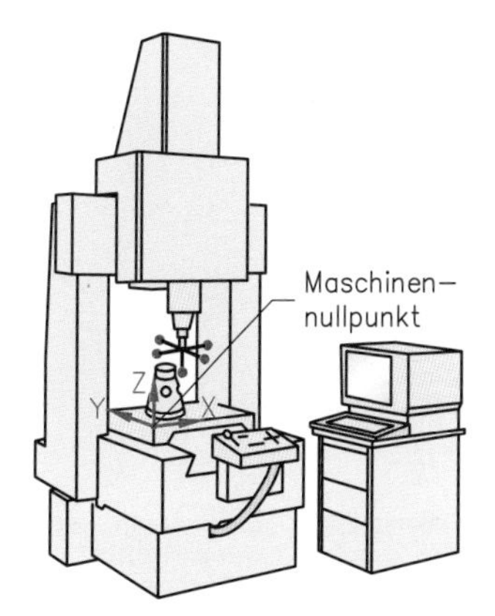

Koordinatensystem und Maschinennullpunkt einer Messmaschine

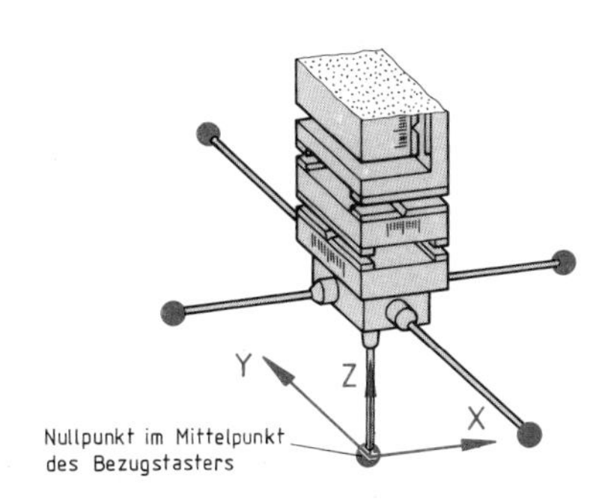

Koordinatensystem und Nullpunkt eines Tastkopfes

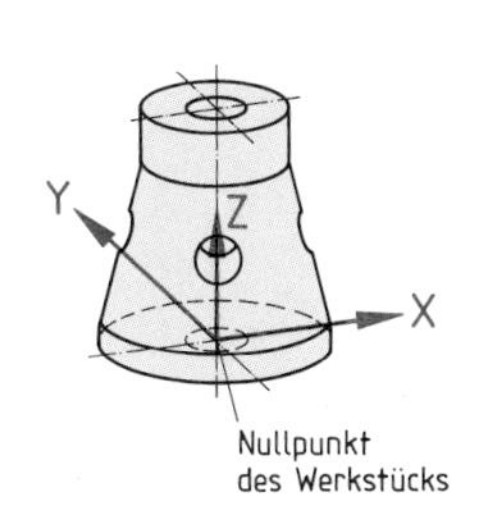

Koordinatensystem und Nullpunkt eines Werkstücks

- **Statische und dynamische Messwerterfassung**

Bei der Messwerterfassung unterscheidet man zwei Verfahren:

- Bei **statischer Messwerterfassung** wird der Messwert bei Stillstand der Messmaschine und in Nullstellung des Tastsystems aufgenommen.
- Bei **dynamischer Messwerterfassung** wird der Messwert während der Bewegung aus den Messwerten von Maschinen- und Tastermesssystem errechnet.

  Die kontinuierliche Aufnahme einer Vielzahl an Messpunkten innerhalb einer kurzen Zeit nennt man Scannen. Dazu führt die CNC-Messmaschine den Taster kontinuierlich und zeilenweise über die zu messende Oberfläche des Werkstücks. Gleichzeitig speichert der Rechner entweder in einem vorgegebenen Zeittakt oder in Abhängigkeit von der Messstrecke alle Messwerte.

  Die Messwerte lassen sich entweder als Messprotokoll auswerten oder von geeigneten Programmen direkt zum Fräsen einer gleichen Oberfläche verwenden.

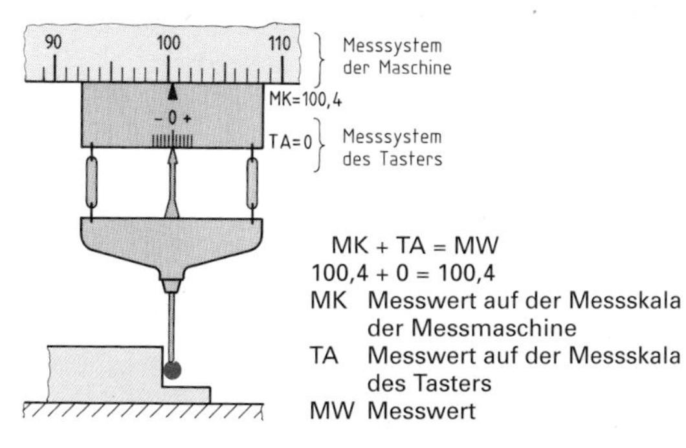

Statische Messwerterfassung (Schema)

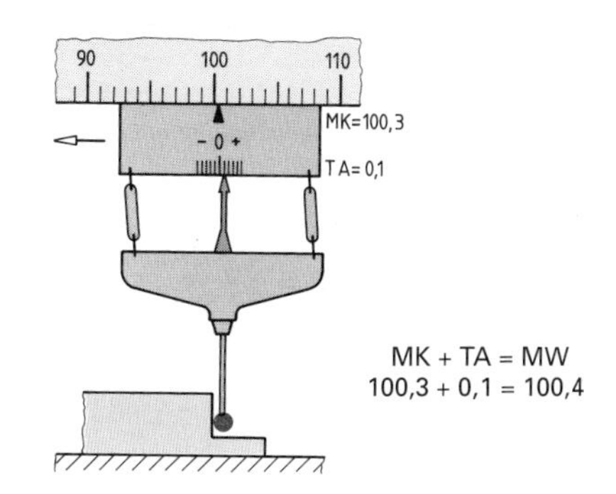

Dynamische Messwerterfassung (Schema)

Übungsaufgabe PT-80

• Messtaster und ihre Kalibrierung

Aufbau von Messtastern

Messtaster bestehen aus der *Einspannvorrichtung* und den eingesetzten *Taststiften*. Der Taststift trägt an seinem Ende das *Tastelement*. Als Tastelemente verwendet man meist Kugeln aus Rubin, für Sonderzwecke auch Kegel oder Zylinder. Ferner werden Kombinationen verschiedener Messtaster eingesetzt.

Die Auswahl der Taststifte für einen Messtaster soll so erfolgen, dass alle Messvorgänge an einem Werkstück möglichst ohne Lageveränderung des Werkstückes und ohne Wechsel der Taststifte vorgenommen werden können.

Beispiel für Taststifte und Taststiftkombinationen

Normaleinsatz

Zur schnellen Ermittlung von Bohrungsmitten (geringe Genauigkeit)

Zum Messen von Ringnuten

Zum allseitigen Messen

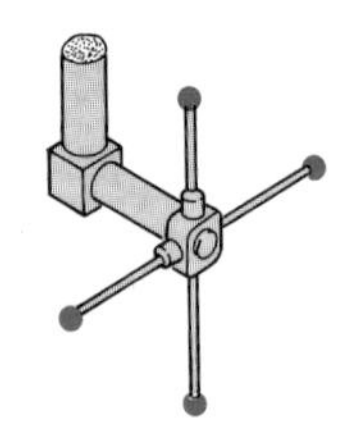

Zum Innenmessen waagerechter Bohrungen

Kalibrierung von Messtastern

Eine Voraussetzung für genaue Messungen ist die Feststellung von Ungenauigkeiten, die ihre Ursache im Tastsystem oder den Messkräften haben.

Die häufigsten Fehlerquellen sind:

- Abweichungen der Messtaster von Sollmaßen und Sollformen,
- Durchbiegung der Messtasterarme aufgrund der Einwirkung von Messkräften.

Um diese Fehler auszugleichen, stellt man mithilfe eines hochgenauen **Kugelnormals** die Messfehler unter verschiedenen Messbedingungen fest. Man nennt diese Erfassung der Messfehler **Kalibrieren**. Die beim Kalibrieren festgestellten Abweichungen werden beim Messen mithilfe von Software verrechnet – ähnlich den Werkzeugmaßkorrekturen bei der CNC-Bearbeitung.

Kalibrieren eines Messtasters

Die Erfassung der Abweichungen von Messtastern von ihrer Sollform und ihren Sollmaßen nennt man Kalibrieren.
Das Kalibrieren der Messtaster erfolgt an hochgenauen Kugelnormalen bei festgelegten Messbedingungen. Die ermittelten Korrekturmaße werden bei späteren Messungen über Softwareprogramme verrechnet.

- **Steuerung von Messabläufen**

Messungen an Einzelteilen und Kleinserien erfolgen meist über *manuelle* Steuerung. Bei Großserien werden *NC-Programme zur Steuerung* der Messmaschinen eingesetzt.

- **Manuelle Steuerung von Messungen**

Messmaschinen werden vom Bedienfeld aus mit einem oder zwei Steuerhebeln sowie Tasten manuell gesteuert:

- Die zu verfahrende Richtung wird entweder über Tasten oder über die Auslenkungsrichtung eines Steuerhebels eingegeben.
- Die Geschwindigkeit der Tasterbewegung wird entweder über Drehknopf oder über die Auslenkungsgröße eines Steuerhebels beeinflusst.

Sobald ein Messpunkt angefahren ist und die Maschine den Messwert erfasst hat, wird durch Tastendruck dieser Messwert automatisch an den Speicher übergeben.

Für eine manuelle Steuerung von Messmaschinen sind keine Programmierkenntnisse erforderlich.

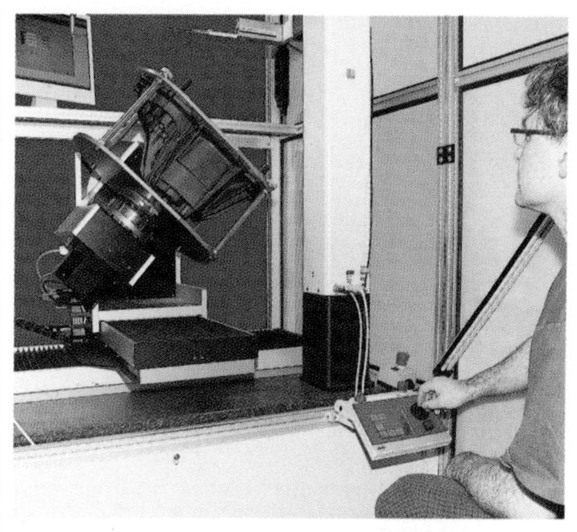

Manuelle Steuerung der Messmaschine

Bei manueller Steuerung von Messmaschinen werden Steuerbefehle über das Bedienfeld eingegeben.

- **Programmgesteuerte Messungen**

Lernprogrammierung an CNC-Messmaschinen

Sollen viele gleiche Werkstücke geprüft werden, können die Messpunkte und Verfahrwege mit den Geschwindigkeiten der manuellen Messung des ersten Werkstückes gespeichert werden. Diese Daten werden mithilfe der Software automatisch in ein Programm übernommen, das alle weiteren Messungen an den folgenden Werkstücken steuert. Man nennt diese Art der Erstellung eines NC-Programms *Lernprogrammierung* (Teach-In-Programmierung).

Für die Messung der Werkstücke mit dem Lernprogramm müssen die Werkstücke zum Start des Programms entweder an der gleichen Stelle positioniert sein oder der Messtaster muss jeweils manuell zu einem festgelegten Punkt am Werkstück herangeführt werden.

Bei der Lernprogrammierung werden Messpunkte, Verfahrwege und Verfahrgeschwindigkeiten einer manuell gesteuerten Messung gespeichert und in ein Messprogramm für künftige Messungen umgeformt (Teach-In-Programmierung).

Programmerstellung mit CNC-Software

Zum Prüfen von Serien gleicher Werkstücke werden Messprogramme mithilfe separater Rechner erstellt. Mit der Messsoftware werden

- die für den Messvorgang wesentlichen Werkstückkonturen konstruiert,
- die Messpunkte festgelegt und
- Verfahrwege und -geschwindigkeiten bestimmt.

Aus den so gewonnenen Daten wird das Messprogramm erzeugt. In einer Simulation wird es geprüft, optimiert und in den Rechner der Messmaschine eingegeben.

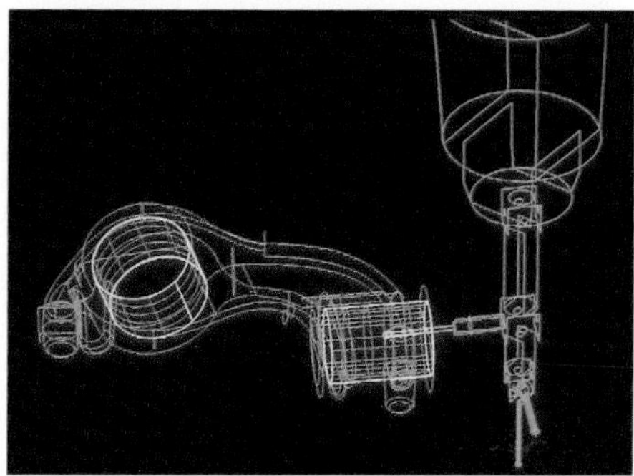
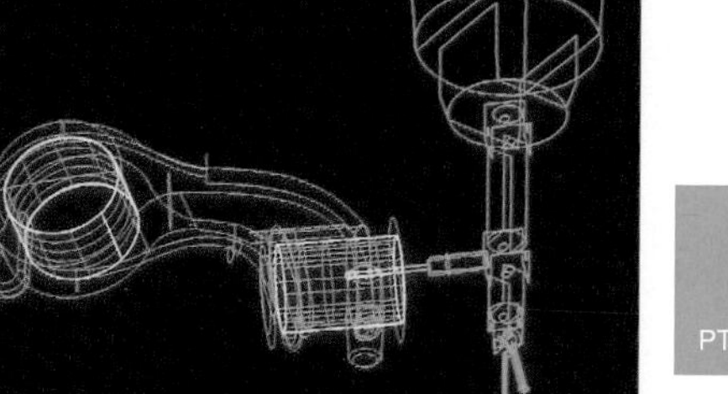

Simulation des Messvorgangs

Messprogrammerstellung mit CNC-Software erfordert die Eingabe von

- Geometriedaten des Werkstücks,
- Lage und Abfolge von Messpunkten und Messstrecken und
- Verfahrwegen und Verfahrgeschwindigkeiten des Messtasters.

Programmerstellung mithilfe von CAD-Daten

Für Werkstücke, die mithilfe eines CAD-Systems konstruiert wurden, liegen die Geometriedaten bereits vor. Mithilfe spezieller Software werden diese Daten übernommen und um die Lage von Messpunkten und Verfahrwegen zu einem Messprogramm ergänzt. Die Simulation und die folgende Optimierung geschieht in gleicher Weise wie bei der Programmerstellung mit CNC-Software.

Die Programmerstellung mit Messsoftware kann durch die Übernahme der Geometriedaten von Werkstücken, welche mit CAD-Systemen konstruiert wurden, deutlich verkürzt werden.

10.2.2 Software für CNC-Messmaschinen

Messprogramme haben folgende Aufgaben:

- Messmaschinen steuern,
- den Messpunkten am Werkstück die ermittelten Messwerte zuordnen,
- Messwerte zwischenspeichern,
- Messwerte auswerten, z. B. Form- und Lageabweichungen ermitteln,
- Dokumentationen der Messwerte über Ausgabegeräte ermöglichen.

Messprogramme erstellt man aus *Standard-* und *Sondersoftware* entsprechend der Messaufgabe.

- **Standardsoftware**

Standardsoftware wird zum manuellen und automatischen Messen von Werkstücken mit ebenen, zylindrischen, kegel- und kugelförmigen Begrenzungsflächen eingesetzt.
Mit ihrer Hilfe kann man

- Werkstücke rechnerisch auf dem Messtisch *ausrichten*, z. B. kann durch Antasten von Bezugsflächen der Werkstücknullpunkt bestimmt und die Lage des Werkstückkoordinatensystems gegenüber dem Maschinenkoordinatensystem verrechnet werden,
- Geometrieelemente wie Kreisfläche, Zylinder, Kegel durch Antasten von Einzelpunkten erfassen,
- gemessene Geometrieelemente *mathematisch verknüpfen*, z. B. können aus angetasteten Punkten auf Bohrungsumfängen Mittenabstände berechnet werden,
- Messwerte mit gespeicherten Sollwerten und Toleranzen des Werkstücks vergleichen,
- Messergebnisse durch Messprotokolle *dokumentieren*.

- **Sondersoftware**

Sondersoftware gibt es für vielfältige Bereiche und Probleme, wie z. B.

- zum Prüfen von Kurven und gewölbten Flächen, z. B. Zahnflanken, Turbinenschaufeln, Gesenke,
- zum Prüfen von Normteilen, z. B. Schrauben, Schnecken, Verzahnungen,
- zur statistischen Auswertung von Großserienmessungen.

Beispiel für die Prüfung einer Steuerkurve mit Auswertung der Messergebnisse

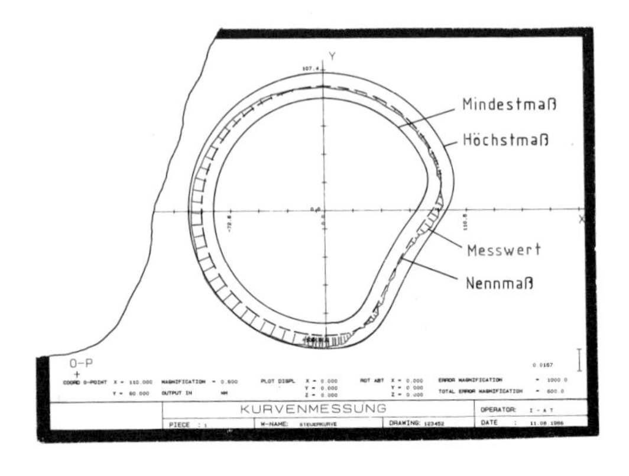

 Übungsaufgaben PT-85; PT-86

Handlungsfeld: Werkstoffe auswählen

Problemstellung

Für ein Bauteil ist der Werkstoff auszuwählen

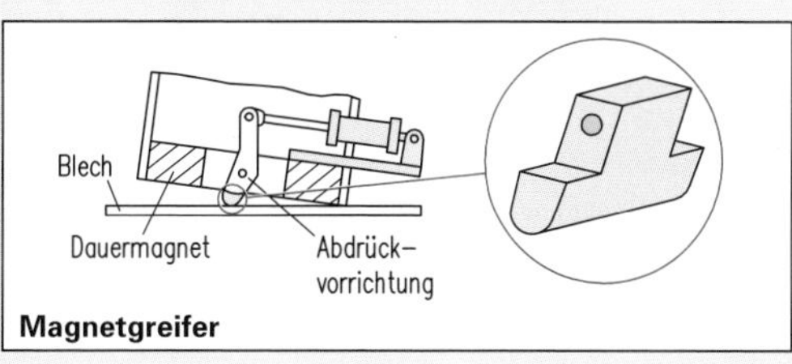

Magnetgreifer

Analysieren

- Belastung des Bauteils feststellen (mechanisch, thermisch, chemisch)
- notwendige Eigenschaften aus der Belastung ermitteln

Belastung:	**notwendige Eigensch.:**
– Biegung – Verschleiß	– unmagnetisch – fest – abriebfest – weicher als Blech – etc.

- bisher verwendete bzw. in ähnlichen Fällen eingesetzte Werkstoffe auflisten
- Kostenrahmen für Werkstoff ermitteln

Vorauswahl durchführen

Werkstoffe mit den notwendigen Eigenschaften auswählen

geeignet:
- austenitischer Stahl
- Messing, Bronze
- PA, PE, PTFE
- Al-Legierungen

- Werkstoffhauptgruppe auswählen (Stahl, Leichtmetall, Kunststoff ...)
- Werkstoffuntergruppe benennen (z.B. Baustahl, Messing ...)

Werkstoff technisch und wirtschaftlich bewerten

- Fertigung:
  - Werkstoffkosten
  - Fertigungskosten
  - Umweltbelastung

	Punktebewertung		
	Werkstoffpreis	Fertigungskosten	Um be
austenitischer Stahl	1	1	
Messing	2	2	
Bronze	1	2	
Polyamid	3	2	
Polytetrafluorethylen	2	1	

- Nutzung:
  - Wartung
  - Instandhaltung (Ersatzteilbeschaffung ...)
- Beseitigung:
  - Recycelbarkeit

ausgewählten Werkstoff normgerecht definieren

- Werkstoffbezeichnung

Druckstück: Polyamid PA 610

- Werkstoffnummer
- Kurzzeichen

1 Eigenschaften der Werkstoffe

Jeder Werkstoff besitzt viele Eigenschaften, die ihn von anderen Werkstoffen unterscheiden.
Man unterscheidet physikalische und chemische Eigenschaften. Aus diesen ergeben sich die technologischen Eigenschaften. Sie bestimmen die technische Verwendbarkeit von Werkstoffen.

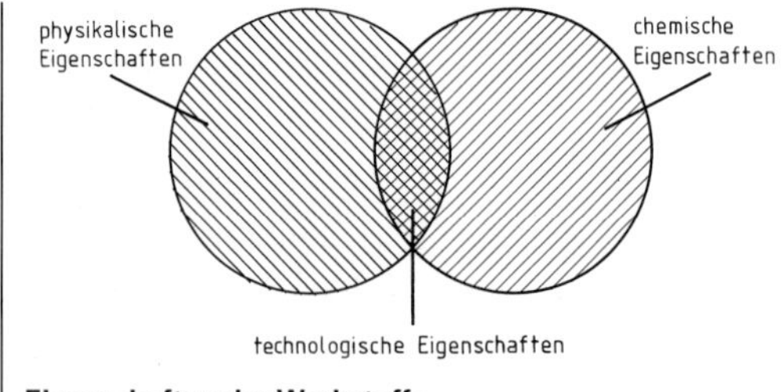

Eigenschaften der Werkstoffe

1.1 Physikalische Eigenschaften

1.1.1 Mechanische Eigenschaften

- **Dichte**

Jeder Körper besitzt eine Masse (Formelzeichen m). Die Basiseinheit der Masse ist das Kilogramm (Einheitenzeichen kg).
Jeder Werkstoff hat eine für ihn kennzeichnende Massenkenngröße. Diese Massenkenngröße erhält man, wenn man die Masse eines Körpers durch sein Volumen dividiert. Die so ermittelte Kenngröße bezeichnet man als **Dichte** (Formelzeichen ϱ, gesprochen: rho).

$$\text{Dichte} = \frac{\text{Masse}}{\text{Volumen}}$$

$$\varrho = \frac{m}{V}$$

Einheiten der Dichte:
$\frac{\text{t}}{\text{m}^3}$; $\frac{\text{kg}}{\text{dm}^3}$; $\frac{\text{g}}{\text{cm}^3}$

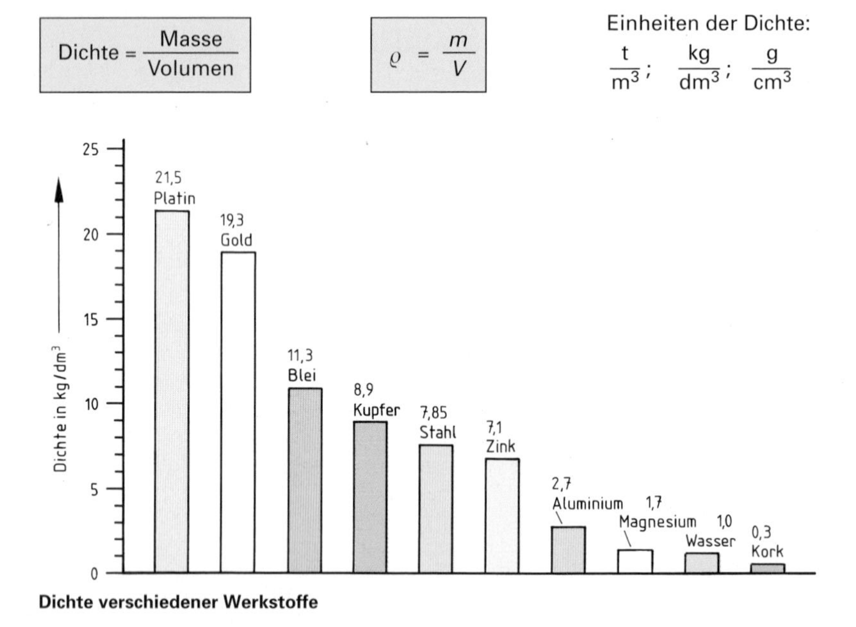

Dichte verschiedener Werkstoffe

Die Dichte ist bei der Auswahl von Werkstoffen, z.B. für den Fahrzeug- und Flugzeugbau, von Bedeutung. Um Gewicht zu sparen werden z.B. Flugzeugkonstruktionen aus Aluminiumlegierungen, Felgen für Pkw aus Magnesiumlegierungen, Motor- und Getriebehäuse für Pkw aus Aluminiumlegierungen gefertigt.

Die Dichte ist das Verhältnis von Masse zu Volumen.
In der Technik wird die Dichte eines Stoffes meist in kg/dm³ angegeben.

- **Festigkeit**

Die kleinsten Teilchen eines Werkstoffes werden untereinander durch Kräfte zusammengehalten. Diese Kräfte bezeichnet man als Zusammenhangskräfte oder **Kohäsionskräfte** eines Werkstoffes. Wird ein Werkstoff belastet, so verhindern die Kohäsionskräfte die Trennung der Werkstoffteilchen. Sobald jedoch die Belastung die Kohäsionskräfte übersteigt, werden die Werkstoffteilchen voneinander getrennt.

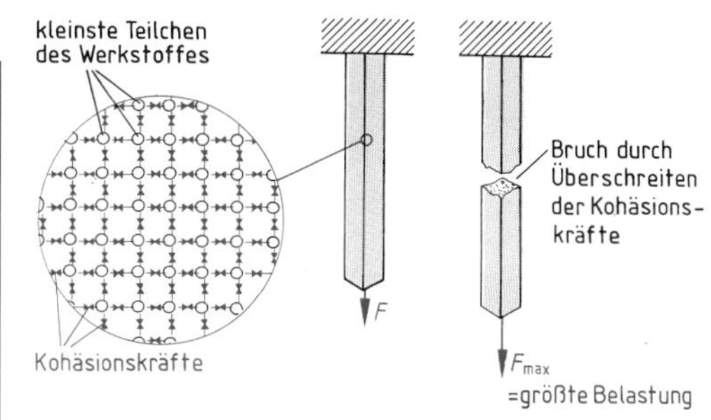

Kohäsionskräfte und Wirkung äußerer Kräfte

Die Kraft zur Überwindung der Kohäsionskräfte hängt vom Werkstoff und vom Querschnitt des belasteten Körpers ab. Mit größer werdendem Querschnitt kann ein Körper eine größere Belastung aufnehmen. Damit verschiedene Werkstoffe miteinander verglichen werden können, rechnet man die zur Überwindung der Kohäsionskräfte notwendige äußere Belastung auf einen Quadratmillimeter des Querschnitts um. Man spricht dann von der Festigkeit des Werkstoffes.

$$\text{Festigkeit} = \frac{\text{größtmögliche Belastung}}{\text{Anfangsquerschnitt}}$$

Die Festigkeit ist ein Kennwert für die Belastbarkeit eines Werkstoffes. Die Festigkeit wird durch das Verhältnis von größtmöglicher Belastung zum Querschnitt ausgedrückt. Die Festigkeit wird meist in N/mm^2 angegeben.

Die Werkstoffe zeigen bei den einzelnen Beanspruchungen unterschiedlichen Widerstand gegen eine Trennung der kleinsten Teilchen. Man unterscheidet darum verschiedene **Festigkeitsarten.**

Zugfestigkeit

Wird ein Körper durch Zugkräfte beansprucht, so verlängert er sich. Die Festigkeit, die ein Werkstoff dem Zerreißen infolge Zugbeanspruchung entgegensetzt, nennt man seine Zugfestigkeit.
Die Zugfestigkeit des Werkstoffes ist besonders wichtig, z.B. bei Schrauben, Seilen, Ketten und Betonstahl.

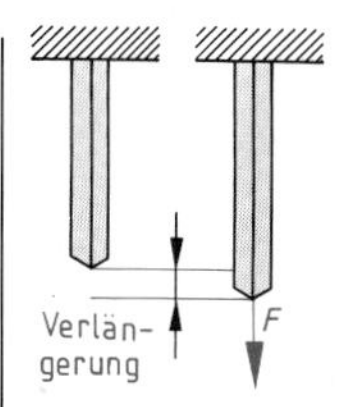

Zugbeanspruchung

Scherfestigkeit

Wird ein Körper durch Scherkräfte beansprucht, so werden die Teilchen des Werkstoffes gegeneinander verschoben. Die Festigkeit, die ein Werkstoff dem Abscheren infolge Schubbeanspruchung entgegensetzt, nennt man seine Scherfestigkeit. Die Scherfestigkeit eines Werkstoffes ist von besonderer Wichtigkeit bei Bolzen und Nieten.

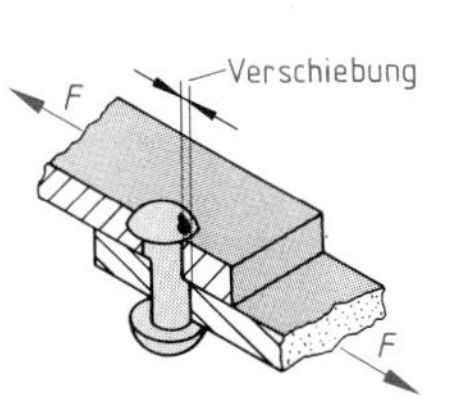

Scherbeanspruchung

Weitere Festigkeitsarten sind:

- Bei Biegebeanspruchung: Biegefestigkeit,
- bei Knickbeanspruchung: Knickfestigkeit,
- bei Druckbeanspruchung: Druckfestigkeit,
- bei Verdrehbeanspruchung: Verdrehfestigkeit.

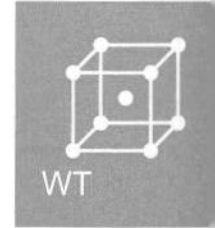

Zur Ermittlung der Festigkeitsarten werden genormte Prüfverfahren eingesetzt. Dabei werden die Prüfkörper bis zum Bruch belastet.

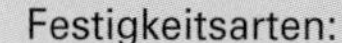

Festigkeitsarten:
- Zugfestigkeit,
- Biegefestigkeit,
- Druckfestigkeit,
- Knickfestigkeit,
- Scherfestigkeit,
- Verdrehfestigkeit.

Elastizität

Wirken Kräfte auf ein Werkstück, so werden die Abstände zwischen den Werkstoffteilchen um ein geringes Maß vergrößert oder verkleinert. Das Werkstück ändert dadurch seine äußere Form. Nach Entlastung gehen die Teilchen wieder auf ihre Ausgangsplätze zurück. Das Werkstück nimmt seine ursprüngliche äußere Form wieder ein. Diese Eigenschaft bezeichnet man als Elastizität.

Die Elastizität von Werkstoffen ist meist begrenzt. Beim Überschreiten einer werkstoffeigenen Grenze (Elastizitätsgrenze) wird der Werkstoff dauerhaft verformt oder bricht.

Die Elastizität des Werkstoffes ist z.B. bei Blatt- und Wendelfedern besonders wichtig.

Hoch elastische Werkstoffe, z.B. Gummi, sind nicht umformbar, weil sie nach Entlasten wieder in ihre Ausgangslage zurückgehen.

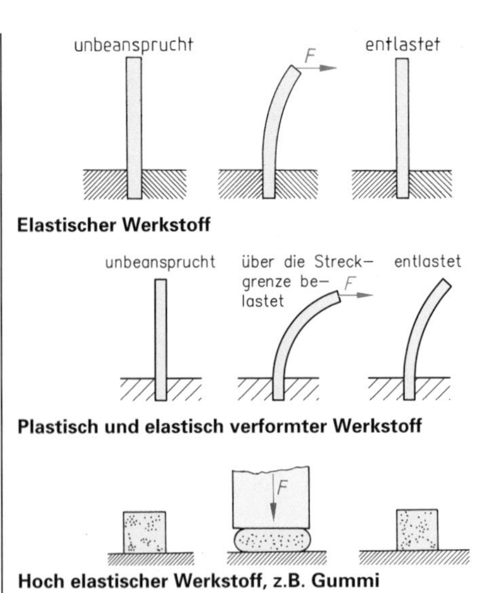

Elastischer Werkstoff

Plastisch und elastisch verformter Werkstoff

Hoch elastischer Werkstoff, z.B. Gummi

> Elastizität ist die Eigenschaft eines Werkstoffes, nach Entlasten seine Ausgangsform wieder einzunehmen.

Plastizität

Wird ein Werkstoff so hoch belastet, dass er nach Entlastung *nicht* in seine ursprüngliche Form zurückgeht, so ist er bleibend umgeformt. Man spricht von **plastischer Formänderung.** Werkstoffe mit hoher Plastizität lassen sich mit geringem Kräfteaufwand stark umformen.

Bei Metallen nimmt die Plastizität mit steigender Temperatur zu.

Für Werkstücke, die durch Umformen gefertigt werden, wie Profile, Bleche, Rohre, müssen Werkstoffe mit hoher Plastizität gewählt werden.

Werkstoffe, die bei Belastung ohne nennenswerte plastische Verformung zu Bruch gehen, bezeichnet man als **spröde.**

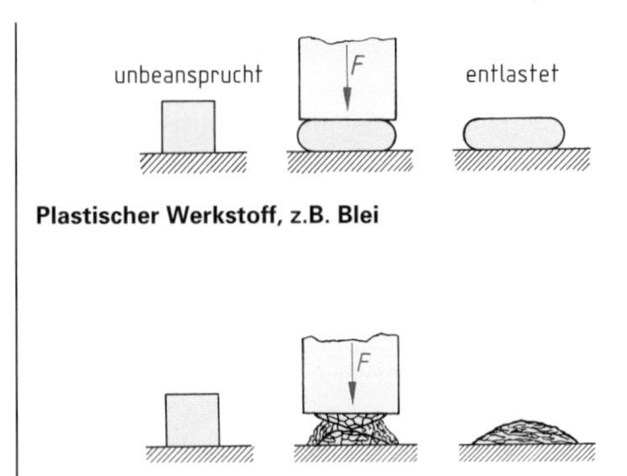

Plastischer Werkstoff, z.B. Blei

Spröder Werkstoff, z.B. Glas, Stein

> Plastizität ist die Eigenschaft eines Werkstoffes, sich in bestimmten Grenzen bleibend umformen zu lassen.

Härte

Werkstoffe können unterschiedlich hart sein. Diese Eigenschaft lässt sich nur durch Vergleich mehrerer Werkstoffe ermitteln. Harte Werkstoffe ritzen weiche. Den Widerstand, den ein Werkstoff dem Eindringen eines anderen in seine Oberfläche entgegensetzt, nennt man seine Härte. Bei der Auswahl von Werkstoffen für Werkzeugschneiden ist eine große Härte von besonderer Bedeutung.

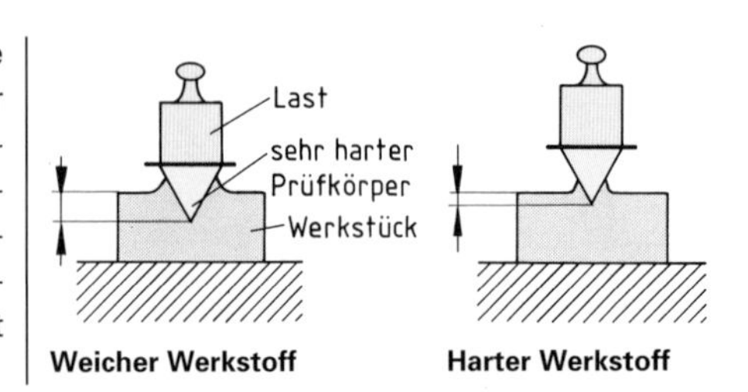

Weicher Werkstoff **Harter Werkstoff**

> Härte ist der Widerstand, den ein Werkstoff dem Eindringen eines anderen Körpers entgegensetzt.

1.1.2 Thermische Eigenschaften

- **Wärmedehnung**

Bei steigender Erwärmung eines Stoffes geraten seine kleinsten Teilchen in immer heftigere Bewegung. Sie benötigen dafür mehr Raum, das Volumen des Werkstoffes nimmt zu. Darum dehnen sich die Werkstoffe bei Erwärmung aus. Beim Abkühlen nimmt das Volumen ab, der Werkstoff schrumpft.
Bei Stahl beträgt die Wärmedehnung 0,012 mm je Meter Länge bei 1 Grad Temperaturänderung.

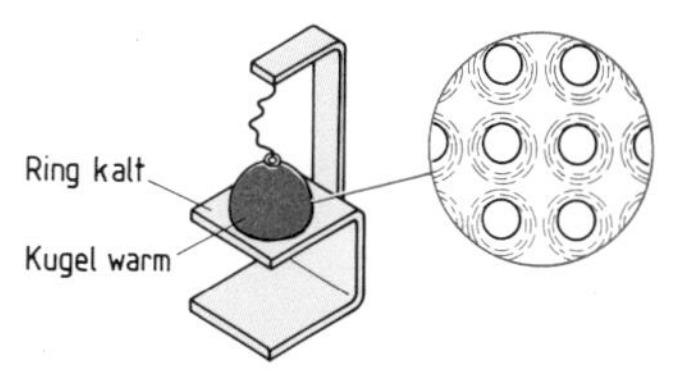

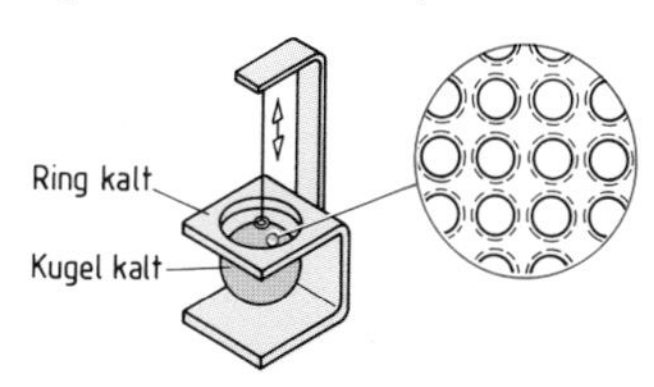

Versuch zur Wärmedehnung

Beim Fügen von Werkstücken muss die Wärmedehnung berücksichtigt werden, so werden z.B. Wellen und Achsen nur einseitig genau fixiert, während sie auf der anderen Seite verschiebbar gelagert werden.
Beim Fügen durch Eingießen muss darauf geachtet werden, dass nur Werkstoffe mit gleicher Wärmedehnung verbunden werden.
In der Praxis wird die Wärmedehnung als Verfahren zum Fügen – **Schrumpfverbindungen** – eingesetzt.

Längenausdehnung verschiedender Werkstoffe im Vergleich zur Längenausdehnung von Stahl

Kunststoffe: **Polyethylen (PE)** **Polyvinylchlorid (PVC)**	 **16** fach **7** fach
Zink	**2,5** fach
Aluminium	**2** fach
Beton	**1** fach
Glas	**0,6** fach

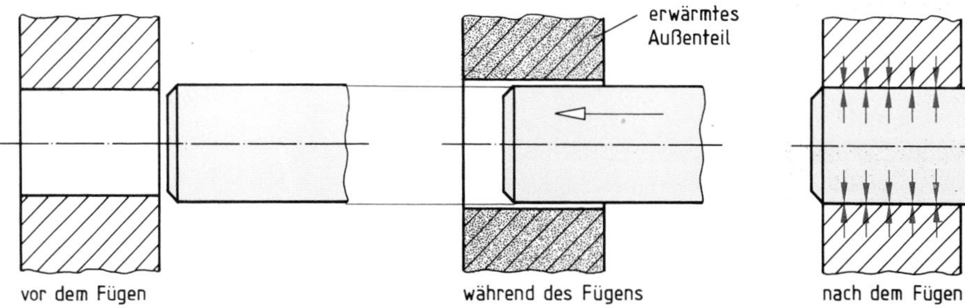

Herstellung einer Schrumpfverbindung

Wärmedehnung ist die Eigenschaft eines Werkstoffes, bei Temperaturänderung sein Volumen zu ändern. Angaben für die Wärmedehnung berücksichtigen meist nur die Längenausdehnung.

- **Wärmeleitfähigkeit**

Die Geschwindigkeit, mit der beim Erwärmen eines Stoffes die Wärmeenergie von einem Teilchen auf das nächste weitergeleitet wird, bestimmt die Wärmeleitfähigkeit.
Metalle sind Stoffe mit hoher Wärmeleitfähigkeit. Man verwendet sie darum als Werkstoffe für Wärme abgebende und Wärme aufnehmende Flächen z.B. in Heiz- oder Kühlanlagen. Schlechte Wärmeleiter sind Kunststoffe, Glas, Holz u.a. Man verwendet sie deshalb zum Isolieren.

Wärmeleitfähigkeit verschiedener Werkstoffe im Vergleich zur Wärmeleitfähigkeit von Glas

Kupfer	**320**-fach
Stahl	**43**-fach

Kesselstein	**1**- bis **3**-fach
Styropor	**0,02**-fach

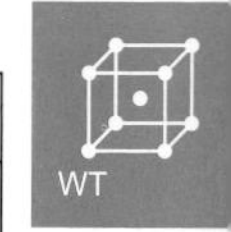

Die Wärmeleitfähigkeit gibt an, wie gut ein Werkstoff Wärmeenergie weiterleitet.

1.2 Chemische Eigenschaften

- **Korrosionsbeständigkeit**

Durch chemische Vorgänge können metallische Werkstoffe von der Oberfläche her unter Einwirkung von Luft, Wasser, Säuren oder anderen Stoffen zerstört werden. Diese Zerstörung bezeichnet man als **Korrosion.** Werkstoffe, die sich durch Einflüsse ihrer Umgebung chemisch nicht verändern, sind korrosionsbeständig.

- **Giftigkeit**

Flüssige Metalle verdampfen geringfügig. Dämpfe von Blei, Quecksilber und Kadmium sind giftig, sie können schon in geringen Mengen beim Einatmen zu akuten Gesundheitsschäden führen.

1.3 Technologische Eigenschaften

Durch technologische Eigenschaften wird das Verhalten der Werkstoffe bei der Verarbeitung beschrieben.

- **Gießbarkeit**

Durch Gießen von flüssigem Werkstoff in Formen werden Werkstücke gefertigt.
Die Eignung eines Werkstoffes, durch Gießen in Formen eine vorgegebene Gestalt anzunehmen, bezeichnet man als Gießbarkeit. Gut gießbare Stoffe sind im flüssigen Zustand dünnflüssig und neigen bei der Erstarrung und Abkühlung nicht zu Fehlern wie z.B. zu Rissen und Blasen.

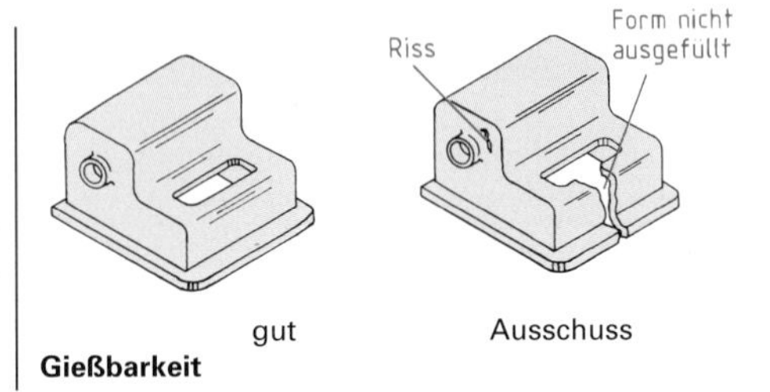

Gießbarkeit

Gießbarkeit ist die Eignung eines Werkstoffes zum Vergießen in Formen.

- **Umformbarkeit**

Durch Walzen, Schmieden und andere Umformverfahren werden Werkstücke in ihrer Form bleibend geändert. Die Eignung eines Werkstoffes, durch Umformen in eine andere Form gebracht zu werden, bezeichnet man als seine Umformbarkeit. Gut umformbare Werkstoffe sind leicht plastisch formbar.

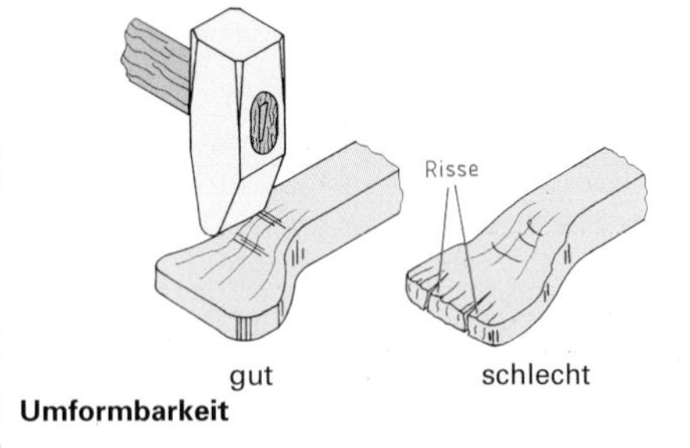

Umformbarkeit

Umformbarkeit ist die Eigenschaft eines Werkstoffes, durch äußere Beanspruchung bleibend umgeformt zu werden.

- **Zerspanbarkeit**

Durch spanende Bearbeitung, wie z.B. durch Drehen, Fräsen und Bohren, werden Werkstücke in ihrer Form geändert. Die Eignung eines Werkstoffes zum Zerspanen bezeichnet man als seine Zerspanbarkeit. Gut zerspanbare Werkstoffe zeigen glatte Oberflächen nach der Zerspanung und ergeben Späne, die den Fertigungsablauf nicht behindern.

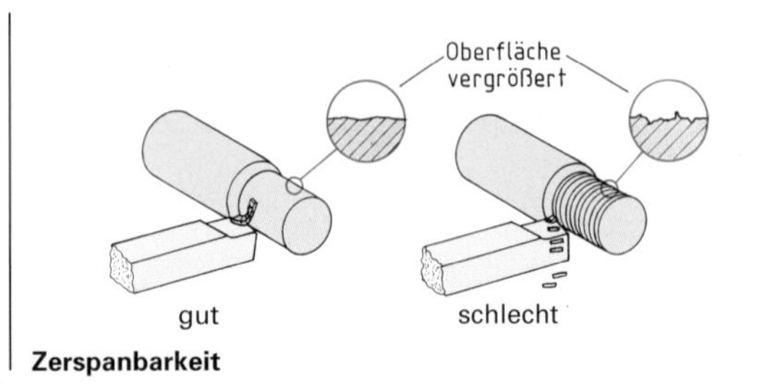

Zerspanbarkeit

Zerspanbarkeit ist die Eignung eines Werkstoffes zum Zerspanen.

Übungsaufgabe WT-9

2 Aufbau metallischer Werkstoffe

2.1 Chemische Elemente

• **Vorkommen und Einteilung**

Alle Stoffe auf der Erde, z.B. Wasser, Stein, Holz, Stahl, Kunststoff, sind aus Grundstoffen aufgebaut. Diese Grundstoffe nennt man chemische Elemente. In der Natur gibt es 92 Elemente. Zu diesen kommen noch Elemente, die mit Mitteln der modernen Atomphysik erzeugt werden. Diese künstlich hergestellten Elemente sind bislang jedoch technisch bedeutungslos.

Auf der Erde sind die Elemente in sehr unterschiedlichen Mengen vorhanden. So bestehen z.B. 50 % der Erdrinde aus dem Element Sauerstoff, während 83 andere Elemente einen Anteil von insgesamt nur 1,4 % haben. Darunter befinden sich so wichtige Elemente wie Kupfer, Zink, Nickel, Kohlenstoff.

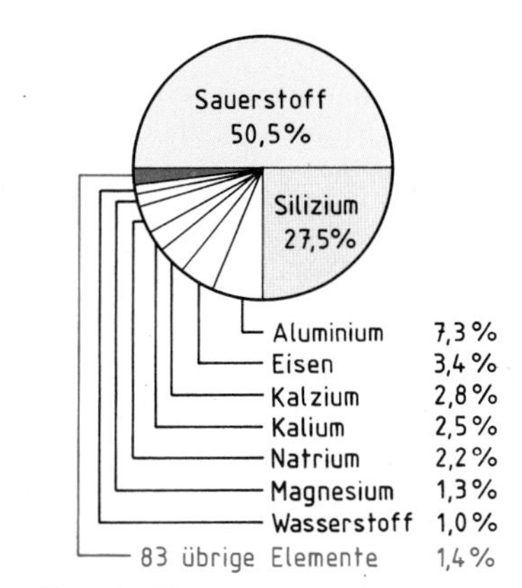

Verteilung der Elemente in der Erdrinde

Alle Stoffe bestehen aus Grundstoffen, den chemischen Elementen. Chemische Elemente lassen sich mit üblichen Trennverfahren nicht in einfachere Stoffe zerlegen.

Jedes Element hat einen Namen, der durch ein international gültiges Symbol abgekürzt wird. Das Symbol setzt sich aus Buchstaben des lateinischen Namens des Elementes zusammen.

Eisen = **F**errum ⇒ **Fe**
Sauerstoff = **O**xygenium ⇒ **O**
Kohlenstoff = **C**arboneum ⇒ **C**
Stickstoff = **N**itrogenium ⇒ **N**

Etwa 70 Elemente zeigen als gemeinsame Merkmale besonderen Glanz, gute Wärmeleitfähigkeit, elektrische Leitfähigkeit und gute Umformbarkeit. Sie werden als **Metalle** bezeichnet. Die übrigen Elemente bezeichnet man als **Nichtmetalle**.

Kennzeichen der Metalle:
- glänzende Oberfläche,
- gute elektrische Leitfähigkeit,
- gute Wärmeleitfähigkeit,
- gute Umformbarkeit.

Die Metalle werden nach der Dichte in **Leichtmetalle** und **Schwermetalle** unterteilt. Leichtmetalle haben eine Dichte unter 5 g/cm^3.

Von den Schwermetallen ist das Element Eisen das in der Technik am häufigsten verwendete Metall. Andere Schwermetalle sind als Legierungsmetalle des Eisens von Bedeutung, wie z.B. Mangan, Wolfram und Chrom.

Häufig verwendete Leichtmetalle sind die Elemente Aluminium, Magnesium und Titan.

Unter den Nichtmetallen nimmt das Element Kohlenstoff eine besondere Stellung ein. Kohlenstoff ist die Grundlage aller Stoffe der lebenden Natur und der Kunststoffe.

Schwermetalle:					
Eisen	Fe	Kupfer	Cu	Zinn	Sn
Zink	Zn	Blei	Pb	Nickel	Ni
Mangan	Mn	Wolfram	W	Vanadium	V
Kobalt	Co	Molybdän	Mo	Chrom	Cr
Leichtmetalle:					
Aluminium	Al	Magnesium	Mg	Titan	Ti
Nichtmetalle:					
Kohlenstoff	C	Silizium	Si	Stickstoff	N
Schwefel	S	Wasserstoff	H	Chlor	Cl
Phospor	P	Sauerstoff	O	Argon	Ar

Übungsaufgaben WT-10; WT-11

• Aufbau der Elemente

Das Atom ist das kleinste Teilchen eines chemischen Elementes. Jedes Element hat anders aufgebaute Atome.
Bausteine der Atome sind das **Proton,** das **Neutron** und das **Elektron.** Sie unterscheiden sich voneinander durch ihre Masse, ihre elektrische Ladung und ihren Platz im Atom.

Protonen sind elektrisch positiv geladen. Elektronen sind elektrisch negativ geladen. Neutronen sind elektrisch neutral.

Protonen und Neutronen haben etwa gleiche Masse und bilden den **Atomkern.**

Das Elektron hat nur etwa 1/2000 der Masse eines Protons. Die Elektronen bilden die **Atomhülle.**

Das erste brauchbare Atommodell wurde 1913 von E. Rutherford entworfen und von N. Bor weiterentwickelt. Hiernach bewegen sich die Elektronen auf kreis- oder ellipsenförmigen Bahnen um den Atomkern.
Die Bahnen, auf denen sich die Elektronen bewegen, liegen schalenförmig um den Atomkern. Man spricht deshalb von Schalen, die unterschiedliche Abstände zum Kern haben.

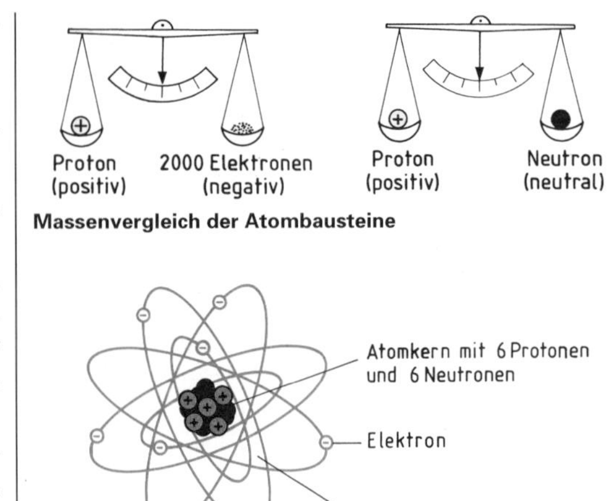

Massenvergleich der Atombausteine

Kohlenstoffatom nach Bor

Atombausteine:
Kernbausteine: • Protonen (elektrisch positiv), • Neutronen (ungeladen)
Bausteine der Hülle: • Elektronen (elektrisch negativ)

• Atomaufbau der Elemente 1 bis 18
(nach dem Atommodell von Bor)

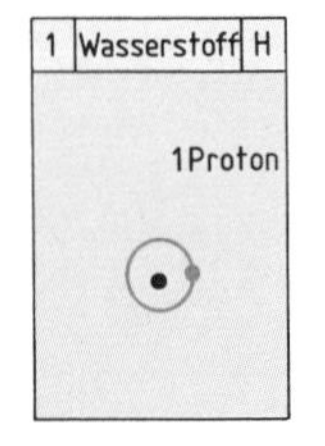

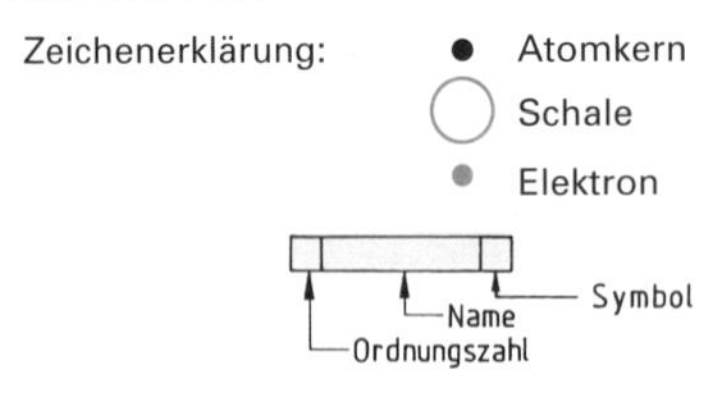

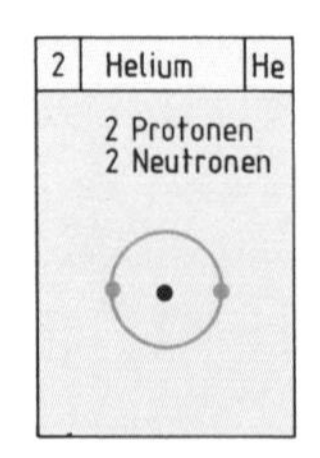

3 Lithium Li	4 Beryllium Be	5 Bor B	6 Kohlenstoff C	7 Stickstoff N	8 Sauerstoff O	9 Fluor F	10 Neon Ne
3 Protonen + Neutronen	4 Protonen + Neutronen	5 Protonen + Neutronen	6 Protonen + Neutronen	7 Protonen + Neutronen	8 Protonen + Neutronen	9 Protonen + Neutronen	10 Protonen + Neutronen

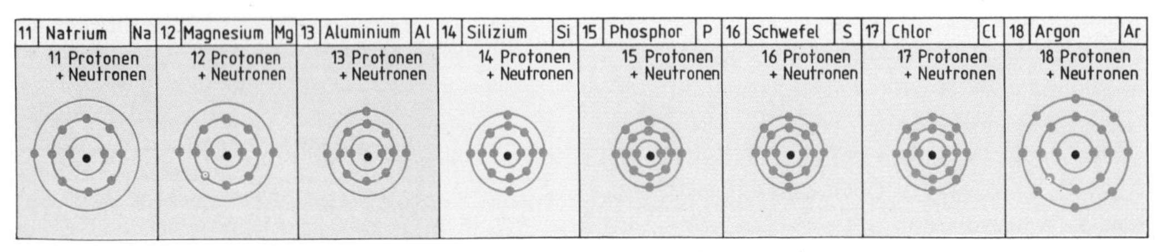

Übungsaufgaben WT-12; WT-13

2.2 Aufbau von reinen Metallen

2.2.1 Metallbindung

Metallatome geben die Elektronen der äußeren Schalen ab. Dadurch entstehen elektrisch positiv geladene Teilchen, die man als **Metallionen** bezeichnet.
Die abgegebenen Elektronen bleiben ungebunden und können sich zwischen den Metallionen frei bewegen. Durch ihre negative Ladung bewirken sie den Zusammenhalt der Metallionen. Es entsteht ein **kristalliner Aufbau** – ein Metallkristall.
Bei starker Vergrößerung ist an polierten Metallflächen die Kristallform erkennbar.

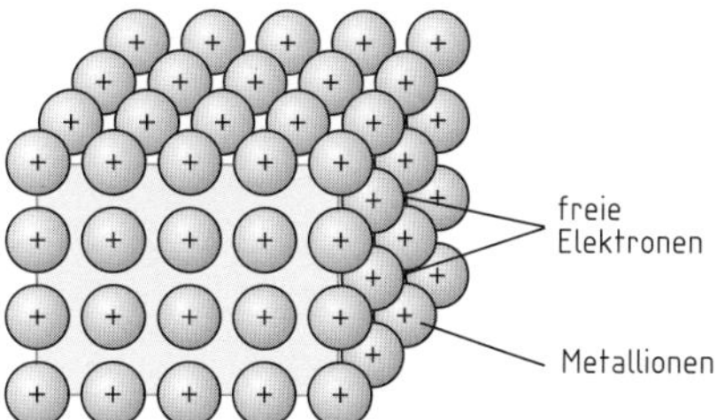

Schema eines Metallkristalls

Foto einer Aluminiumoberfläche

10 000-fache Vergrößerung

In Metallen werden die positiv geladenen Metallionen von freien Elektronen zusammengehalten. Metalle sind kristallin aufgebaut.

Wirken Kräfte auf einen Metallkristall, so können die Schichten innerhalb des Metallkristalls leicht gegeneinander verschoben werden, ohne dass der Gesamtzusammenhang verloren geht. Die Folge ist eine gute Umformbarkeit der Metalle.

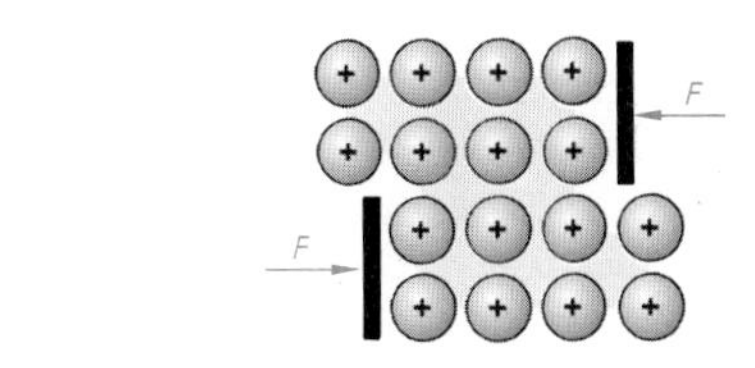

Metallkristall bei Umformung

Metalle sind wegen des kristallinen Aufbaus leicht umformbar.

Bildet man mit einem metallenen Draht und einer Batterie einen geschlossenen Stromkreis, so fließen Elektronen. Die Elektronen strömen vom Minuspol durch den Draht zum Pluspol. Die leichte Verschiebbarkeit der freien Elektronen in Metallen ist die Ursache für die gute elektrische Leitfähigkeit der Metalle.

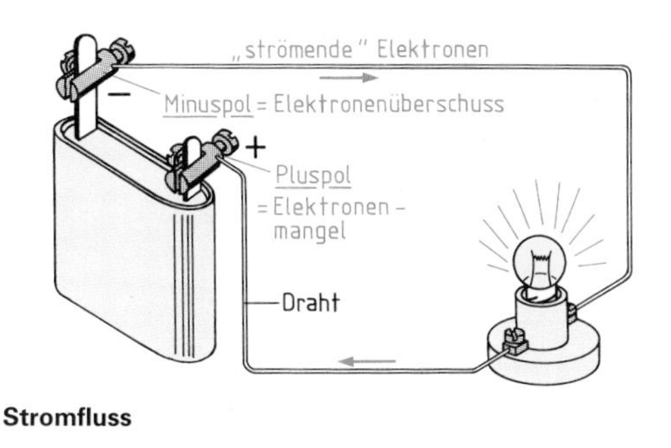

Stromfluss

Die freien Elektronen sind die Ursache für die elektrische Leitfähigkeit der Metalle.

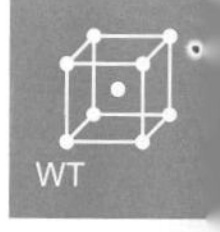

2.2.2 Schmelzverhalten von reinem Metall

Erwärmt man reines Metall, so steigt die Temperatur im Werkstoff zunächst gleichmäßig an. Dabei behalten die kleinsten Teilchen des Metallgefüges ihre Plätze im Metallkristall bei. Sie werden jedoch mit steigender Temperatur in immer stärkere Schwingungen versetzt. Schließlich lösen sich nacheinander einige Teilchen aus dem Gitter und bewegen sich frei – das Metall beginnt flüssig zu werden.

Übungsaufgaben WT-14; WT-15

Zum Übergang vom festen in den flüssigen Zustand benötigen die Teilchen sehr viel Wärme. Die Temperatur im Werkstoff steigt deswegen nicht weiter, obwohl ständig Wärme zugeführt wird. Erst wenn das ganze Metall geschmolzen ist, steigt die Temperatur wieder stetig an.

Beispiel für das Schmelzen eines reinen Metalles

fester Stoff → Aufschmelzen (fester Stoff + Schmelze) → Schmelze

fest – flüssig – 320 °C – 327 °C – 327 °C – 330 °C – Tiegel – Brenner

Schmelzen von reinem Blei

Misst man beim Aufschmelzen eines Metalles in bestimmten Zeitabständen die Temperaturen und trägt zugehörige Temperaturen und Zeiten in ein Diagramm ein, so erhält man durch Verbinden der einzelnen Punkte einen Linienzug. Dieser Linienzug gibt das Verhalten des Metalles genau wieder. Zunächst verläuft der Linienzug steil nach oben. Während eines bestimmten Zeitraumes erfolgt kein weiterer Temperaturanstieg. Es tritt also keine Temperaturveränderung ein. Diese Temperatur bezeichnet man als **Schmelztemperatur** oder Schmelzpunkt. Man spricht auch von einem **Haltepunkt,** weil die Temperatur „anhält". Anschließend verläuft die Kurve entsprechend der steigenden Temperatur wieder steil nach oben.

Beispiel für die Schmelzpunktbestimmung eines reinen Metalles

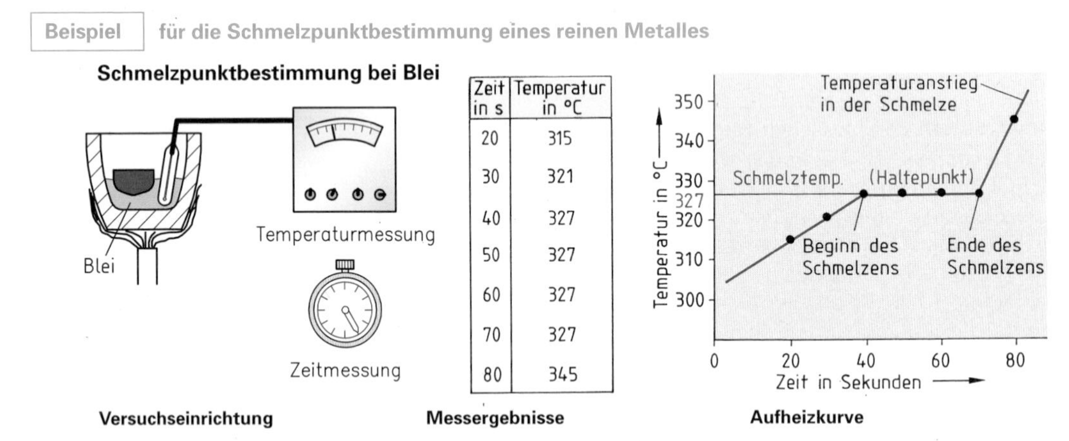

Zeit in s	Temperatur in °C
20	315
30	321
40	327
50	327
60	327
70	327
80	345

Versuchseinrichtung **Messergebnisse** **Aufheizkurve**

Misst man den zeitlichen Verlauf der Temperatur bei der Abkühlung, so ergibt sich bei der Umwandlung vom flüssigen in den festen Zustand ein Haltepunkt bei der gleichen Temperatur wie der Schmelzpunkt. Schmelz- und Erstarrungspunkt sind gleich.

Reine Metalle schmelzen und erstarren während eines Haltepunktes.
Schmelz- und Erstarrungstemperatur sind gleich. Darum können Umwandlungspunkte über den Aufheiz- oder Abkühlungsverlauf ermittelt werden.

2.2.3 Metallgefüge

Die Entstehung des kristallinen Aufbaus eines Metalls lässt sich am besten am Erstarrungsvorgang einer Metallschmelze erklären.

In einer Metallschmelze bewegen sich Metallionen regellos mit hoher Geschwindigkeit durcheinander. Kühlt die Schmelze ab, so wird die Bewegung der Metallionen langsamer. Bei Erreichen der **Erstarrungstemperatur** lagern sich die Ionen gleichzeitig an vielen Stellen der Schmelze zusammen. Es entstehen viele einzelne Kristalle, die während des Erstarrungsvorganges wachsen.

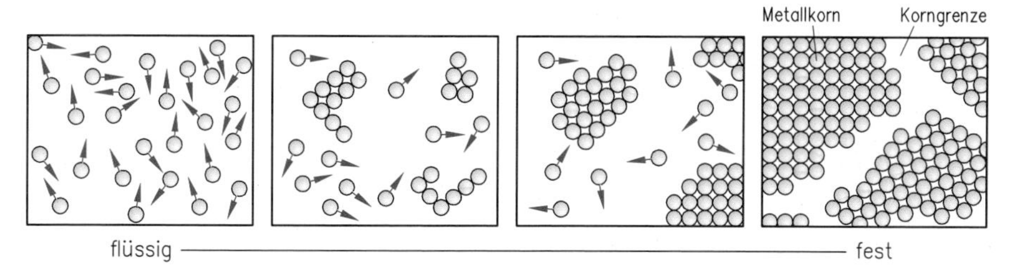

Entstehung des Metallgefüges

Bei der Erstarrung einer Metallschmelze lagern sich Metallionen zu Kristallen zusammen.

Gegen Ende der Erstarrung stoßen die Kristalle aneinander. Die so entstandenen und gegeneinander gewachsenen Kristalle nennt man **Körner.** Die Grenzen zwischen den Körnern werden als **Korngrenzen** bezeichnet. Körner und Korngrenzen sind an polierten und mit Säure behandelten Metallproben unter dem Mikroskop zu erkennen. Diesen unter dem Mikroskop sichtbaren Aufbau des Metalls nennt man **Metallgefüge.**

Die Größe der Körner beeinflusst die Eigenschaften eines Metalls:

- grobkörnige Gefüge sind leichter zerspanbar,
- feinkörnige Gefüge sind zäher.

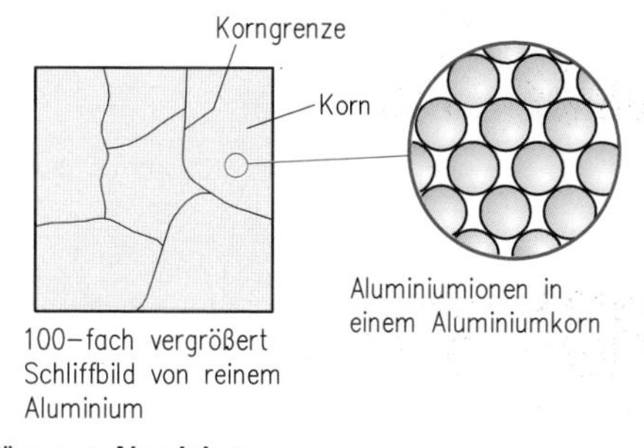

Gefüge von Aluminium

Das Metallgefüge besteht aus vielen gegeneinander gewachsenen Kristallen.
Man nennt diese Kristalle Körner.
Feinkörnige Gefüge sind zäher, grobkörnige Gefüge sind besser zerspanbar.

Die Art, wie die Metallionen innerhalb eines Kornes angeordnet sind, ist bei den einzelnen Metallen unterschiedlich. Zur Kennzeichnung dieser Ordnung denkt man sich die Mitten der nächsten benachbarten Metallionen miteinander verbunden. Man erkennt dann ein immer wiederkehrendes, räumliches Gebilde. Dieses räumliche Gebilde bezeichnet man als **Gitter.**

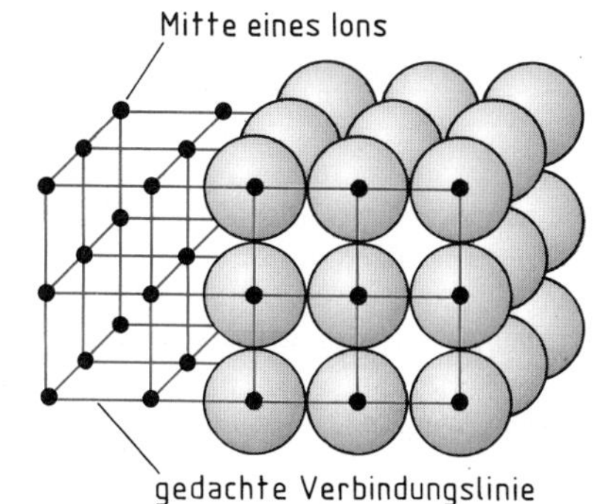

Gitteraufbau

Die Anordnung der Metallionen im Metallkristall wird durch das Gitter beschrieben.

Übungsaufgabe WT-17

2.2.4 Gittertypen

- **Kubisch-raumzentriertes Gitter (krz-Gitter)**

Beim kubisch-raumzentrierten Gitter sind acht Metallionen räumlich so angeordnet, dass die Verbindungen ihrer Mitten einen Würfel ergeben. Ein weiteres Metallion befindet sich in der Mitte – im Zentrum – des Würfels.
Metalle mit kubisch-raumzentriertem Gitteraufbau sind z.B. Chrom, Molybdän und Eisen (bei niedrigen Temperaturen).

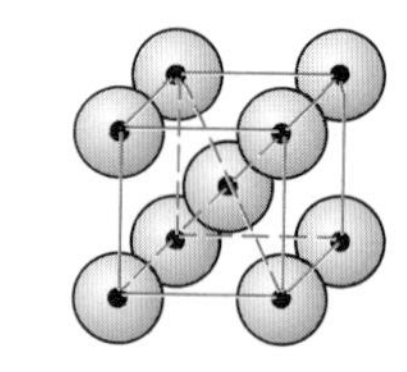
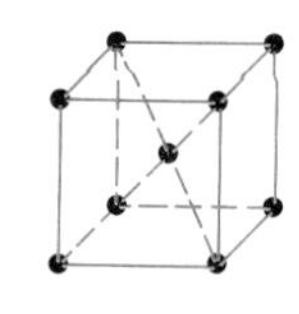

Kubisch-raumzentrierter Gitteraufbau

- **Kubisch-flächenzentriertes Gitter (kfz-Gitter)**

Beim kubisch-flächenzentrierten Gitter sind ebenfalls acht Metallionen räumlich so angeordnet, dass die Verbindungen ihrer Mitten einen Würfel bilden. Weitere sechs Metallionen befinden sich in den Mitten jeder Würfelfläche.
Metalle mit kubisch-flächenzentriertem Gitteraufbau sind z.B. Aluminium, Kupfer, Blei und Eisen (bei höheren Temperaturen).

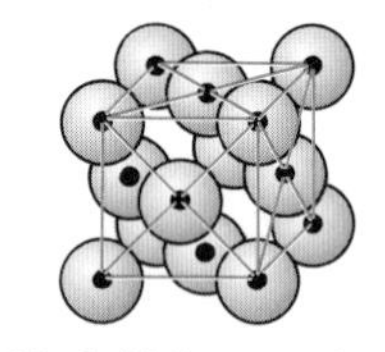
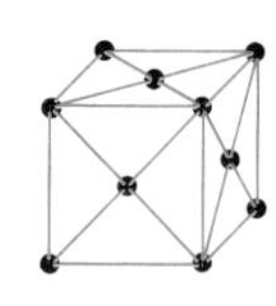

Kubisch-flächenzentrierter Gitteraufbau

- **Hexagonales Gitter (hex-Gitter)**

Beim hexagonalen Gitter bilden die Verbindungslinien benachbarter Metallionen einen Körper mit sechseckiger Grundfläche und Deckfläche. In der Mitte dieser beiden Flächen befindet sich je ein weiteres Metallion. Zwischen Grund- und Deckfläche haben zusätzlich drei Metallionen Platz.
Metalle mit hexagonalem Gitteraufbau sind z.B. Magnesium, Titan und Zink.

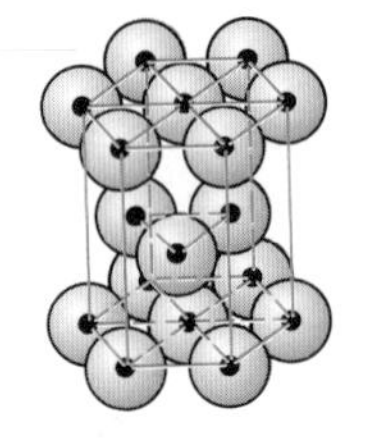
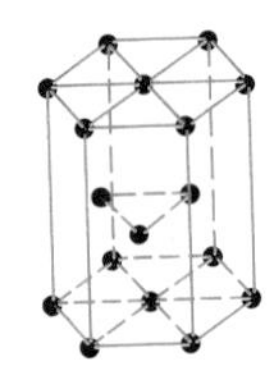

Hexagonaler Gitteraufbau

Metalle kristallisieren hauptsächlich in
- kubisch-flächenzentrierten Gittern,
- kubisch-raumzentrierten Gittern oder
- hexagonalen Gittern.

- **Einfluss des Gittertyps auf Eigenschaften**

Aus den unterschiedlichen Gittertyen ergeben sich jeweils andere Eigenschaften:
Metalle mit hexagonalem Gitter – wie z.B. Magnesium – lassen sich schlechter umformen.
Metalle mit kubisch-flächenzentriertem Gitter – wie z.B. Blei – lassen sich gut umformen.

Auch für die Wärmebehandlung von Werkstoffen, z.B. beim Härten von Stahl, ist der Gittertyp von Bedeutung.

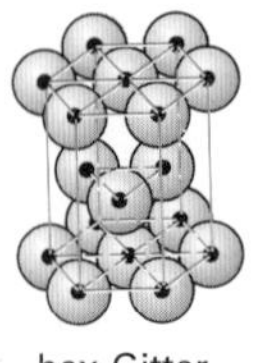

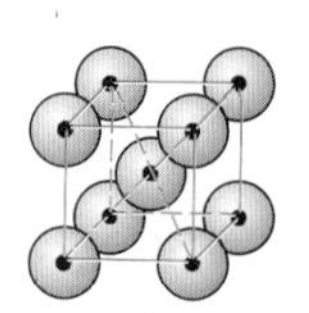

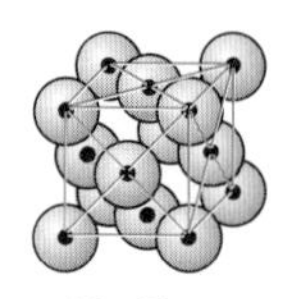

Bedeutung des Gittertyps für die Umformbarkeit

Am besten umformbar sind Metalle mit kfz-Gitter, am schlechtesten Metalle mit hex-Gitter.

Übungsaufgaben WT-18; WT-19

2.3 Legierungen

Reine Metalle haben im Maschinenbau und in der Fertigungstechnik nur geringe Bedeutung. Die reinen Metalle erfüllen nicht die vielseitigen Anforderungen, die an die Werkstoffe von Bauteilen gestellt werden. Zur Änderung der Eigenschaften werden darum Metalle mit anderen Metallen oder Nichtmetallen im flüssigen Zustand gemischt. Ein solches Gemisch ist eine **Legierung**.

Häufig verwendete Legierungen haben einen besonderen Namen wie z.B. Stahl, Gusseisen, Messing.
Stahl ist eine Sammelbezeichnung für schmiedbare Legierungen aus Eisen und höchstens 2,06 % Kohlenstoff. Für besondere Anforderungen legiert man andere Elemente zu.
Gusseisen ist eine Sammelbezeichnung für nicht schmiedbare Legierungen aus Eisen und 3 bis 5 % Kohlenstoff.
Messing ist eine Sammelbezeichnung für Legierungen aus Kupfer (mehr als 50 %) und Zink.

Eine Legierung ist ein Gemisch von Metallen bzw. Metallen mit Nichtmetallen, das aus einer gemeinsamen Schmelze erstarrt.

An die einzelnen Bauelemente von Maschinen und Anlagen werden unterschiedliche Anforderungen gestellt, die für die Auswahl des Werkstoffes entscheidend sind.

Beispiel **für verschiedene Legierungen in einem Getriebemotor** (beispielhafte Darstellung)

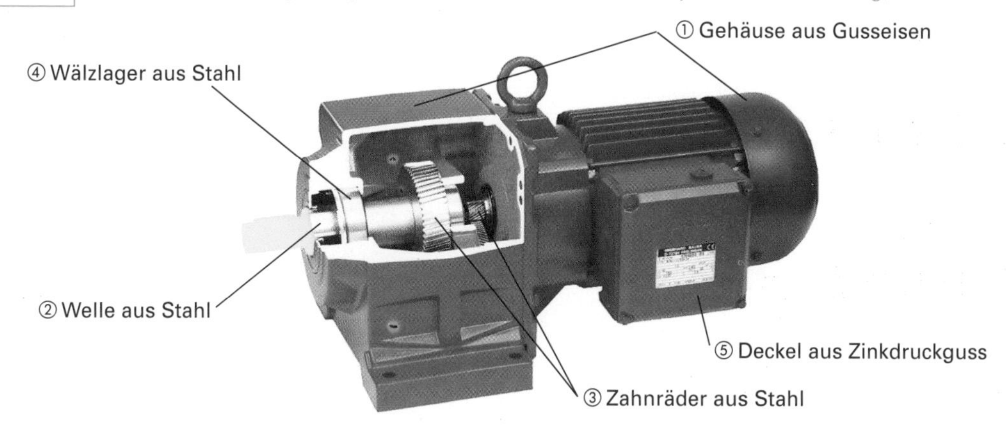

Bauelemente	Geforderte Eigenschaften	Werkstoff
① **Gehäuse**	mittlere Festigkeit, leicht herstellbar durch Gießen	**Gusseisen** mit 3,5 % Kohlenstoff und 1,5 % Silizium
② **Welle**	hohe Festigkeit und Zähigkeit	**Stahl** mit 0,42 % Kohlenstoff, 4 % Chrom, 0,5 % Silizium und 0,4 % Mangan
③ **Zahnräder**	hohe Zähigkeit mit harter und verschleißfester Randschicht	**Stahl** mit 0,2 % Kohlenstoff, 1,3 % Mangan und 0,5 % Silizium (Randschichtgehärtet)
④ **Wälzlager**	harte und verschleißfeste Oberfläche	**Stahl** mit 1,05 % Kohlenstoff, 0,5 % Chrom und 0,3 % Silizium
⑤ **Deckel**	leicht herstellbar durch Gießen, sehr geringe Anforderungen	**Zinkdruckguss** mit 3,8 % Aluminium
Wicklung	gute elektrische Leitfähigkeit	**reines Kupfer**
Kontaktschrauben	gute elektrische Leitfähigkeit, mittlere Festigkeit	**Messing** mit 65 % Kupfer und 35 % Zink

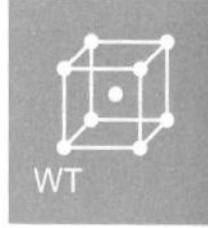

Übungsaufgabe WT-20

Entscheidend für die Eigenschaften legierter Werkstoffe ist das Verhalten der Legierungsbestandteile zueinander im festen Zustand.
Man unterscheidet grundsätzlich zwei Legierungstypen, Legierungen mit *Kristallgemengen* und Legierungen mit *Mischkristallen.*

2.3.1 Legierungen mit Mischkristallen

- **Aufbau und Eigenschaften**

Sind die Bestandteile einer Legierung am Aufbau des Kristallgitters gemeinsam beteiligt, so spricht man von einem **Mischkristall.**
Die Legierungsbestandteile sind im Korn gemischt. Legierungen mit Mischkristallbildung sind unter dem Mikroskop von den reinen Metallen nicht zu unterscheiden, da man im einzelnen Korn die verschiedenen Elemente nicht erkennen kann.

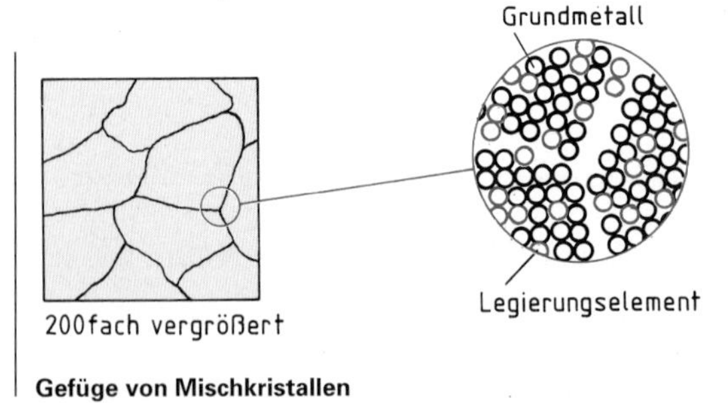

Gefüge von Mischkristallen

Legierungen bilden Mischkristalle, indem die Bestandteile gemeinsame Gitter bilden.

Legierungsbestandteile mit kleinen Atomdurchmessern können Mischkristalle bilden, indem sie sich in Gitterlücken des Grundwerkstoffes einlagern. Die Fremdatome müssen erheblich kleiner sein als die Atome des Grundmetalls.
Diese Art der Mischkristalle bezeichnet man als **Einlagerungsmischkristalle.**

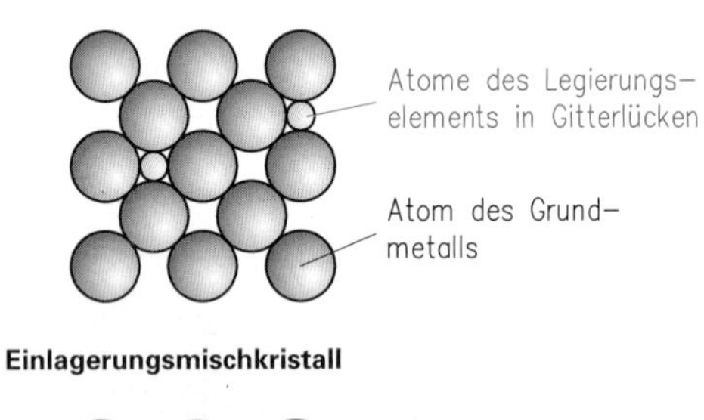

Einlagerungsmischkristall

Legierungsbestandteile mit etwa gleichem Atomdurchmesser wie das Grundmetall bilden Mischkristalle, indem die Atome des Legierungsbestandteils Atome des Grundwerkstoffes ersetzen. Diese Art der Mischkristalle bezeichnet man als **Austauschmischkristalle** (Substitutionsmischkristall).
Die Bildung von Austauschmischkristallen ist nur möglich, wenn die Ausgangsstoffe gleichen Gittertyp haben.

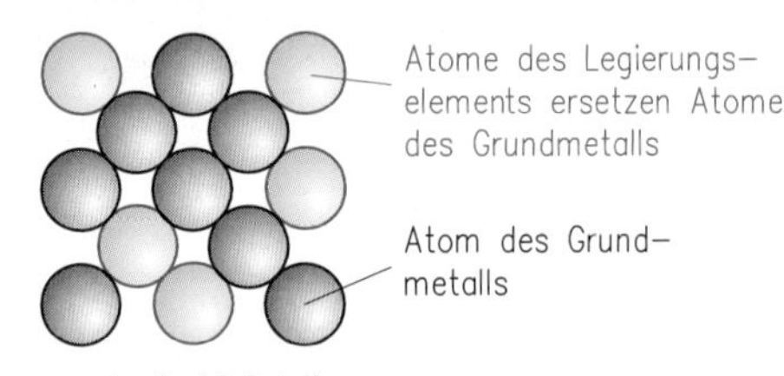

Austauschmischkristall

Bei den Legierungen mit Mischkristallbildung müssen zwei Arten unterschieden werden:
- Einlagerungsmischkristalle,
- Austauschmischkristalle.

Die Atome der Legierungsbestandteile in Mischkristallen behindern die Umformung des Grundwerkstoffes nur wenig. Deshalb sind Legierungen mit Mischkristallen leicht umformbar und zäh.

Wegen ihres einheitlichen Gefüges sind Mischkristalle verhältnismäßig korrosionsbeständig.

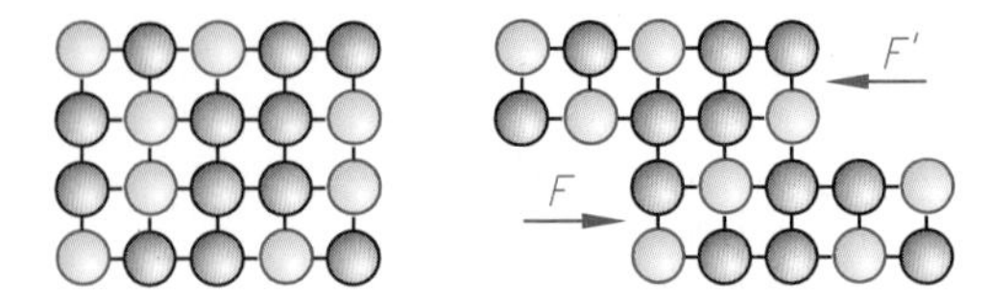

Umformung von Mischkristallen

Mischkristalle
- haben hohe Zähigkeit,
- sind leicht umformbar,
- sind meist korrosionsbeständig.

Übungsaufgaben WT-21; WT-22

- **Schmelz- und Erstarrungsverhalten von Legierungen mit Mischkristallen**

Legierungen mit Mischkristallen zeigen ein anderes Aufheiz- und Abkühlungsverhalten als reine Metalle. Sie schmelzen und erstarren nicht bei einer bestimmten Temperatur, einem Haltepunkt, sondern in einem Temperaturbereich. Temperaturbereiche nennt man in der Fachsprache Temperaturintervalle, darum spricht man von einem **Schmelz-** bzw. **Erstarrungsintervall.**

Beispiel für das unterschiedliche Erstarrungsverhalten von zwei reinen Metallen und einer daraus gebildeten Legierung

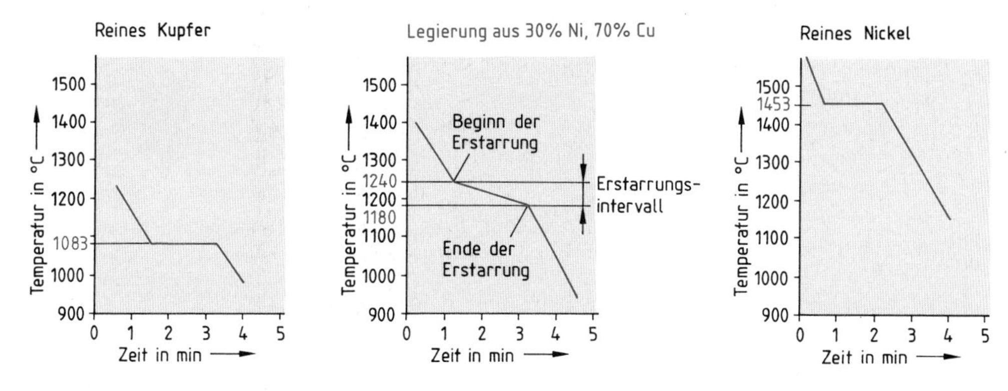

Legierungen mit Mischkristallen schmelzen und erstarren in einem Temperaturintervall.

Die Temperaturen von Erstarrungsbeginn und Erstarrungsende sind abhängig von der Zusammensetzung der Legierung. Zur besseren Übersicht über das Schmelz- und Erstarrungsverhalten von verschiedenen Legierungen trägt man Beginn und Ende der Erstarrungsintervalle von Legierungen in ein Diagramm mit den Achsen Temperatur und Zusammensetzung ein. Verbindet man die Punkte untereinander, so erhält man ein Diagramm, das man als **Zustandsdiagramm** der Legierung bezeichnet.

Beispiel für die Entwicklung eines Zustandsdiagramms aus Abkühlungskurven

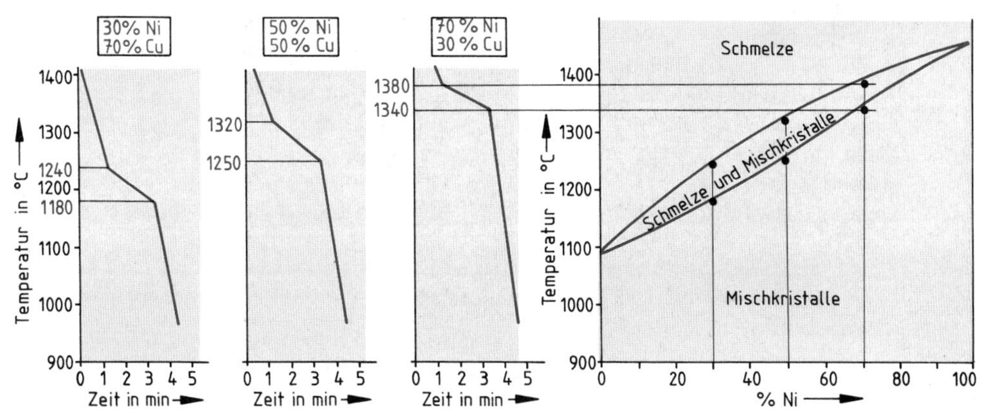

Abkühlungskurven von Kupfer-Nickel-Legierungen **Zustandsdiagramm von Cu-Ni-Legierungen**

Aus diesem Zustandsdiagramm können Beginn und Ende des Schmelzens oder Erstarrens für jede beliebige Zusammensetzung abgelesen werden. Ferner kann man aus Zustandsdiagrammen die jeweils höchste Temperatur ablesen, auf die eine Legierung erhitzt werden darf, ohne dass sie zu schmelzen beginnt.

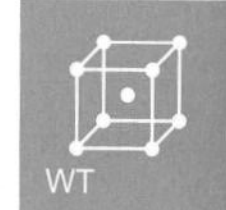

Zustandsdiagramm von Legierungen mit Mischkristallen haben die Form einer „Zigarre".

Übungsaufgabe WT-23

2.3.2 Legierungen mit Kristallgemengen

- **Aufbau und Eigenschaften**

Liegen in einem Werkstoff die einzelnen Legierungsbestandteile im festen Zustand getrennt nebeneinander vor, so spricht man von **Kristallgemengen.**

Die verschiedenen Kristallarten sind auf Grund ihrer Größe nur unter dem Mikroskop deutlich zu erkennen. Weil sich die Atome von Grundmetall und Legierungselement bei Kristallgemengen meist im Durchmesser und im Gittertyp, in dem sie Kristalle bilden, unterscheiden, ist das Gefüge uneinheitlich.

Beispiel für das Gefüge einer Legierung mit Kristallgemenge

Aluminiumatome haben einen Durchmesser von $3 \cdot 10^{-10}$ m, Siliziumatome haben dagegen einen Durchmesser von $2{,}3 \cdot 10^{-10}$ m. Aluminium erstarrt im kfz-Gitter, Silizium nicht. In einer Legierung mit 12% Si ist Aluminium das Grundmetall, in das Siliziumkörner eingelagert sind.

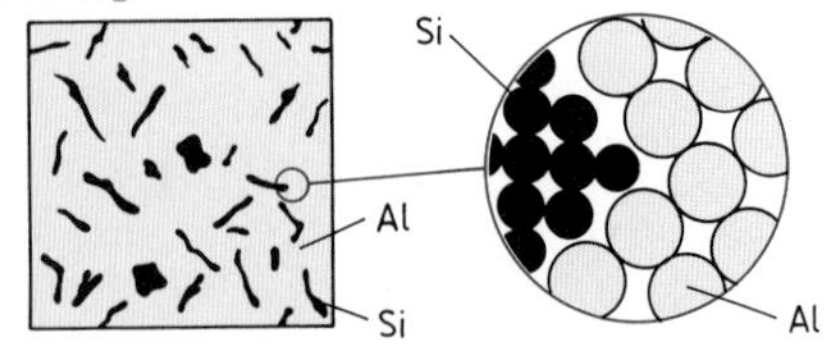

Gefüge einer schlecht umformbaren Al-Legierung mit 12% Silizium

Legierungen bilden Kristallgemenge, indem die Legierungsbestandteile nebeneinander eigene Kristalle bilden.

Die verschiedenen Atomdurchmesser und Gittertypen der einzelnen Bestandteile eines Kristallgemenges behindert die Umformung sehr. Darum verwendet man Werkstoffe mit Kristallgemenge möglichst nicht zum Umformen.

Legierungen mit Kristallgemengen sind schlecht umformbar.

Kristallgemenge haben bei bestimmten Zusammensetzungen besonders niedrige Schmelztemperaturen und sind besonders dünnflüssig. Deshalb lassen sich solche Legierungen gut gießen.

Beispiel für die Schmelzpunkterniedrigung in einer Legierung mit Kristallgemenge

Im Gusseisen mit Kugelgraphit liegt der Legierungsbestandteil Kohlenstoff getrennt neben Eisen in Form von Graphitkugeln vor. Eine Legierung mit etwa 4 % Kohlenstoffgehalt schmilzt und erstarrt bei niedrigerer Temperatur als die Stoffe aus der sie besteht.

Der Schmelzpunkt beträgt für

– Eisen	1536 °C
– Graphit (Kohlenstoff)	3500 °C
– Legierung mit 4% Kohlenstoff	1123 °C

Gusseisengefüge mit Kugelgraphit mit 4% C

Eisen Graphit

200fach vergrößert

Schmelztemperatur in °C: 1000, 1100, 1200, 1300, 1400, 1500, 1536, 1600

0 1 2 3 4 %C 6

niedrigste Schmelztemperatur bei 4,23% C

1123°C

Schmelztemperatur von Fe-C-Gusslegierungen

Bilden Stoffe Legierungen mit Kristallgemenge, so ist darunter stets eine Legierung mit einer bestimmten Zusammensetzung, die bei tieferer Temperatur schmilzt und erstarrt als die Ausgangsstoffe. Die Legierung ist besonders gut gießbar.

Legierungen mit Kristallgemengen ergeben bei spanabhebender Bearbeitung, z.B. Drehen, kurze Späne, weil der Span an den unterschiedlichen Gefügebestandteilen bricht. Darum verwendet man solche Legierungen zum Zerspanen auf automatischen Bearbeitungsmaschinen.

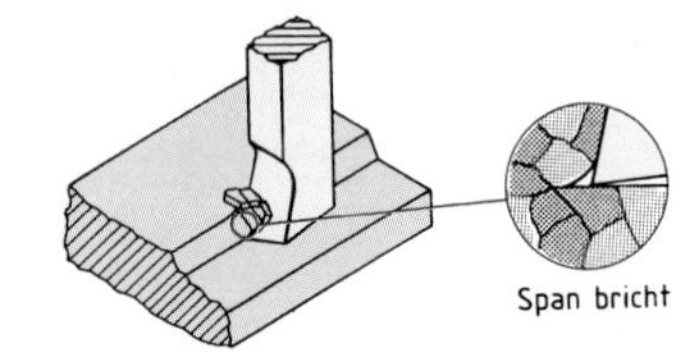

Kurze Späne beim Zerspanen von Kristallgemengen

Legierungen mit Kristallgemengen sind sehr gut spanbar.

Übungsaufgabe WT-24

Viele Legierungen mit Kristallgemengen sind gute Lagerwerkstoffe. Dabei tragen die Körper des härteren Legierungsbestandteils die Welle, während die weicheren Körner die Schmierung begünstigen.

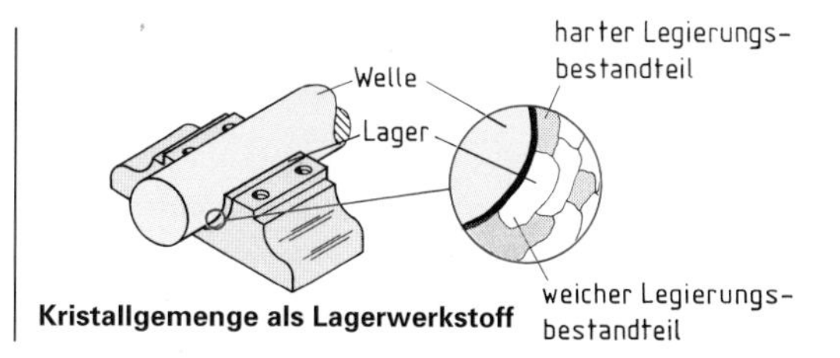

Kristallgemenge als Lagerwerkstoff

Lagermetalle sind meist Legierungen mit Kristallgemengen.

- **Schmelz- und Erstarrungsverhalten von Legierungen mit Kristallgemengen**

Unter den möglichen Legierungen zweier Stoffe, die ein Kristallgemenge bilden, befindet sich ein Gemisch, das wie ein reines Metall bei einem Haltepunkt erstarrt. Diese Legierung weist eine besonders feine Verteilung der Bestandteile auf. Das Gefüge dieser Legierung nennt man **Eutektikum.** Der Schmelzpunkt des Eutektikums liegt stets tiefer als der Schmelzpunkt des niedrigst schmelzenden Bestandteiles.

Beispiel für das Erstarrungsverhalten und das Gefüge eines Eutektikums

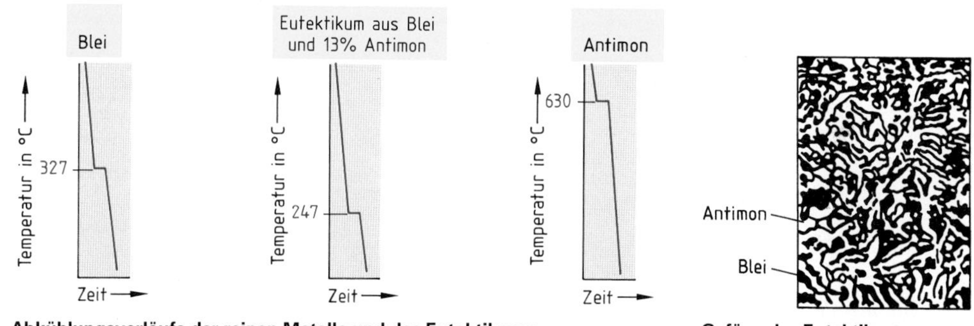

Abkühlungsverläufe der reinen Metalle und des Eutektikums **Gefüge des Eutektikums**

Kennzeichen eines Eutektikums:
- feinstes Kristallgemenge,
- Erstarrung bei einem Haltepunkt,
- niedrigste Schmelztemperatur.

Legierungen, deren Zusammensetzung nicht eutektisch ist, scheiden zunächst in einem Erstarrungsintervall den gegenüber der eutektischen Zusammensetzung überschüssigen Bestandteil in Form kleiner Kristalle aus. Dadurch ändert sich die Zusammensetzung der Schmelze soweit, bis sie eutektische Zusammensetzung hat. Die restliche Schmelze erstarrt dann als Eutektikum.

Beispiel für das Erstarrungsverhalten und das Gefüge einer nicht eutektischen Legierung

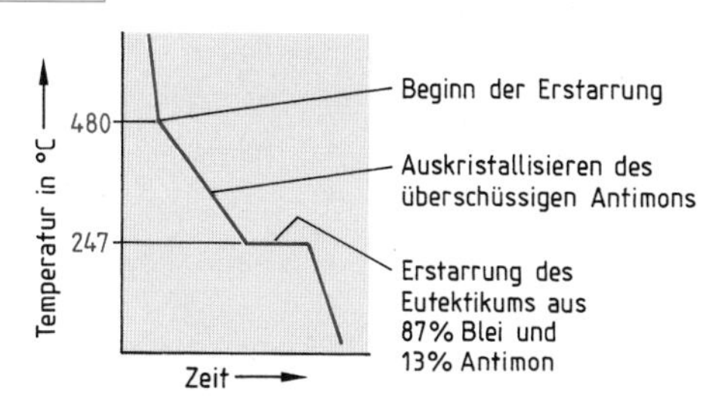

Abkühlungsverlauf einer Legierung mit 50% Antimon

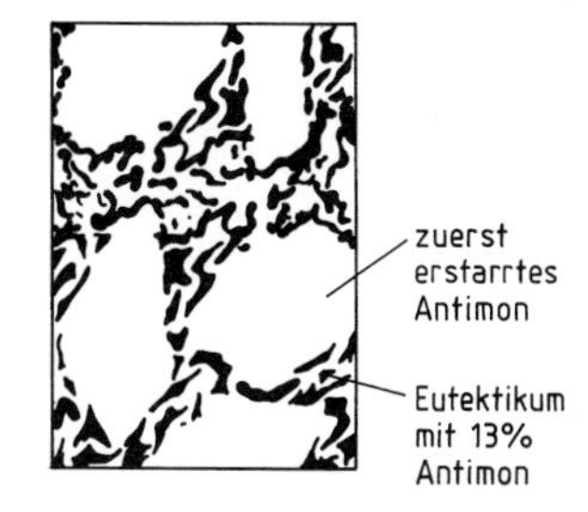

Gefüge einer Legierung mit 50% Antimon

In Legierungen mit Kristallgemengen, die nicht die eutektische Zusammensetzung haben, kristallisiert zunächst in einem Temperaturintervall der überflüssige Bestandteil aus. Die Restschmelze erstarrt eutektisch.

Übungsaufgaben WT-25; WT-26

Zur Erstellung des Zustandsdiagramms für ein Kristallgemenge trägt man auch den Beginn und das Ende der Erstarrung verschiedener Legierungen in ein Diagramm mit den Achsen Temperatur und Zusammensetzung ein. Hier entsteht ein V-förmiges Diagramm mit einer waagerechten Linie bei der Erstarrungstemperatur des Eutektikums.

Beispiel für das Zustandsdiagramm und die Gefüge einer Legierung mit Kristallgemenge

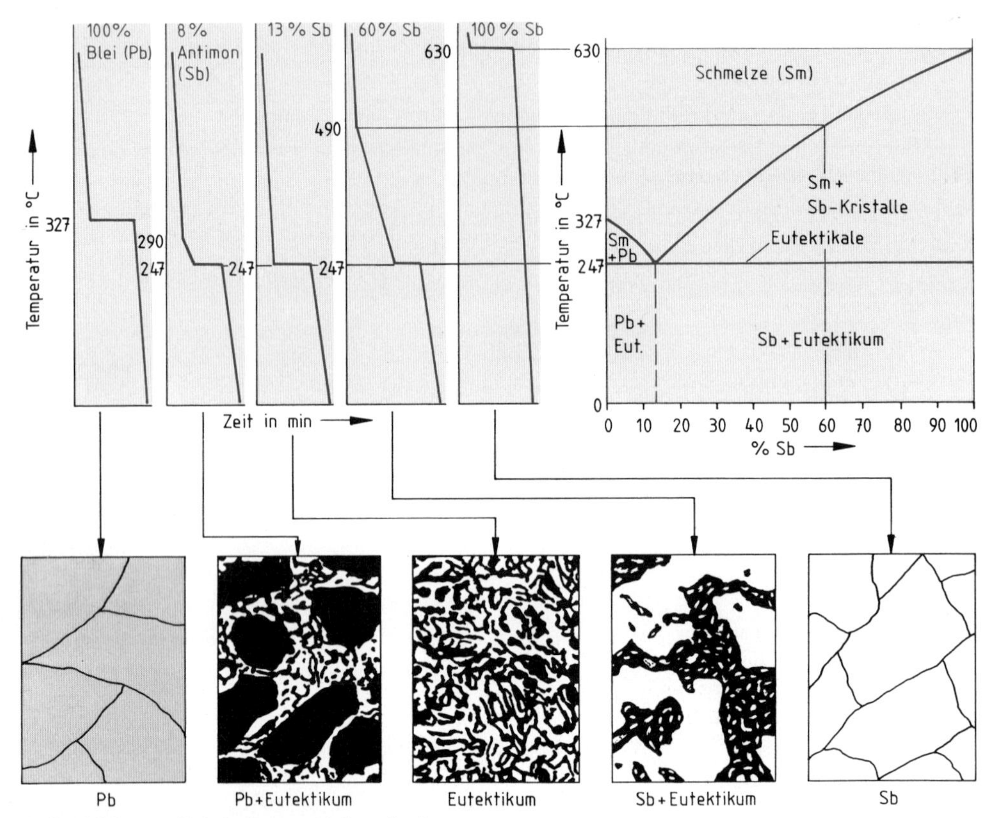

Gefügebilder von Blei, Antimon und deren Legierungen

In die verschiedenen Felder des Diagramms werden die jeweils vorliegenden Bestandteile eingetragen. Oberhalb der V-förmigen Kurve besteht eine Legierung nur aus Schmelze. Das Feld erhält die Beschriftung „Schmelze".

Zwischen der V-förmigen Kurve und der waagerechten Linie – **der Eutektikalen** – liegen die Bereiche, in denen der gegenüber dem Eutektikum überschüssige Bestandteil kristallisiert:

- Bei Legierungen, die mehr Blei als die eutektische Legierung enthalten, liegen Bleikristalle und Schmelze als Bestandteile vor.
- Bei Legierungen, die mehr Antimon als die eutektische Legierung enthalten, liegen Antimonkristalle und Schmelze vor.
- Unterhalb der eutektischen Temperatur ist alles fest. Als Bestandteile findet man hier die vorher ausgeschiedenen Kristalle und das Eutektikum. In die Felder trägt man demnach die Bezeichnungen der Gefügebestandteile „Blei + Eutektikum" und „Antimon + Eutektikum" ein.

Zustandsdiagramme von Legierungen mit Kristallgemengen haben die Form des Buchstaben V, der auf einer waagerechten Linie – der Eutektikalen – steht.

3 Gefüge und Eigenschaften von Stahl

3.1 Unlegierte Stähle

Stähle sind **Eisen-Kohlenstoff-Legierungen.** Entstehung und Veränderung des Gefüges von Eisen-Kohlenstoff-Legierungen werden durch das Zustandsdiagramm Eisen-Kohlenstoff veranschaulicht. Stähle haben höchstens 2,06% Kohlenstoff. Deshalb bezeichnet man den Teil des Diagramms von 0,05 bis 2,06 % Kohlenstoff als die Stahlseite des Zustandsdiagramms der Eisen-Kohlenstoff-Legierungen.

Das Eisen-Kohlenstoff-Diagramm beschreibt die Entstehung und Veränderung des Gefüges von Eisen-Kohlenstoff-Legierungen. Die Stahlseite reicht von 0,05 bis 2,06% Kohlenstoff.

3.1.1 Gefügebestandteile

Die vielseitige Verwendung von Stahl erfordert unterschiedliche Werkstoffeigenschaften. Durch die Wahl des Kohlenstoffgehaltes und eine entsprechende Behandlung können Stähle erzeugt werden, die den unterschiedlichsten Anforderungen genügen. Die Eigenschaften der Stähle und die Möglichkeiten, sie zu ändern, lassen sich am inneren Aufbau erklären.

- **Austenit**

Stahlschmelzen jeder Zusammensetzung erstarren zunächst als Mischkristalle. Die Kohlenstoffatome sind in Gitterlücken zwischen den Eisenatomen eingelagert. Die Eisenatome bilden bei der Erstarrung ein **kubisch-flächenzentriertes Gitter**. Man bezeichnet das Gefüge des Mischkristalls aus kubisch-flächenzentriertem Eisen- und eingelagerten Kohlenstoffatomen als **Austenit.**
Austenit ist zäh und gut umformbar.

Das Eisen-Kohlenstoff-Diagramm zeigt wegen der Mischkristallbildung im oberen Bereich den für Mischkristalle typischen Verlauf.

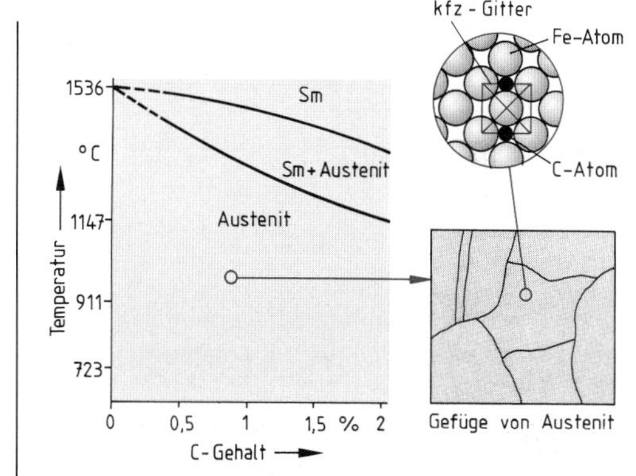

Austenit im Eisen-Kohlenstoff-Diagramm

Austenit ist das Gefüge von Mischkristallen aus kubisch-flächenzentriertem Eisen mit Kohlenstoffatomen in den Gitterlücken. Austenit ist zäh und gut umformbar.

- **Ferrit**

Kühlt man reines Eisen langsam ab, lagern sich die Eisenatome um. Aus dem kubisch-flächenzentrierten Gitter des Eisens entsteht ein kubisch-raumzentriertes Gitter. Dieses Eisen mit dem kubisch-raumzentrierten Gitter bezeichnet man als **Ferrit**. In den Gitterlücken des Ferrits haben die Kohlenstoffatome keinen Platz. Ferrit ist weich und leicht umformbar.

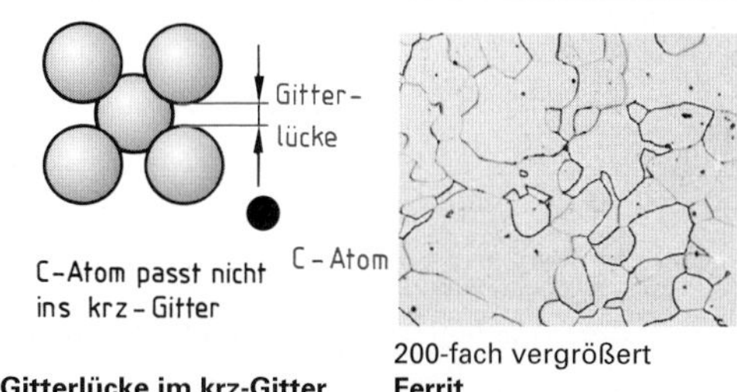

Gitterlücke im krz-Gitter

200-fach vergrößert
Ferrit

Ferrit ist das Gefüge von nahezu reinem Eisen mit kubisch-raumzentriertem Gitteraufbau.
Ferrit ist weich und leicht umformbar.

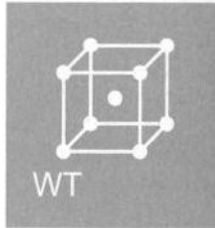

- **Zementit**

Kohlenstoffatome können mit Eisenatomen die Verbindung Fe_3C bilden. Diese Verbindung Fe_3C nennt man **Zementit.** Zementit besitzt hohe Festigkeit, ist aber hart und spröde.

Zementit ist das Gefüge, das aus einer chemischen Verbindung des Eisens und des Kohlenstoffs mit der Formel Fe_3C besteht. Zementit ist hart und spröde.

Übungsaufgabe WT-28

- **Perlit**

Kühlt man Austenit mit 0,8 % Kohlenstoff ab, so bleibt bei 723 °C die Temperatur für eine gewisse Zeit konstant, weil ein neues Gefüge entsteht. Das Gitter des Eisens wandelt sich vom kubisch-flächenzentrierten in ein kubisch-raumzentriertes Gitter um. Weil die Gitterlücken im kubisch-raumzentrierten Gitter sehr klein sind, kann dieses Gitter keinen Kohlenstoff aufnehmen.
Die Kohlenstoffatome wandern darum geringe Strecken und bilden mit einem Teil des Eisens die Verbindung Fe_3C. Es entsteht so ein lamellenartiges Gefüge aus kubisch-raumzentriertem Eisen und Fe_3C. Man bezeichnet das Gefüge als **Perlit.**
Perlit entspricht einem eutektischen Gefüge. Weil es nicht aus der Schmelze, sondern aus Mischkristallen entsteht, spricht man von einem *eutektoidischen* Gefüge.

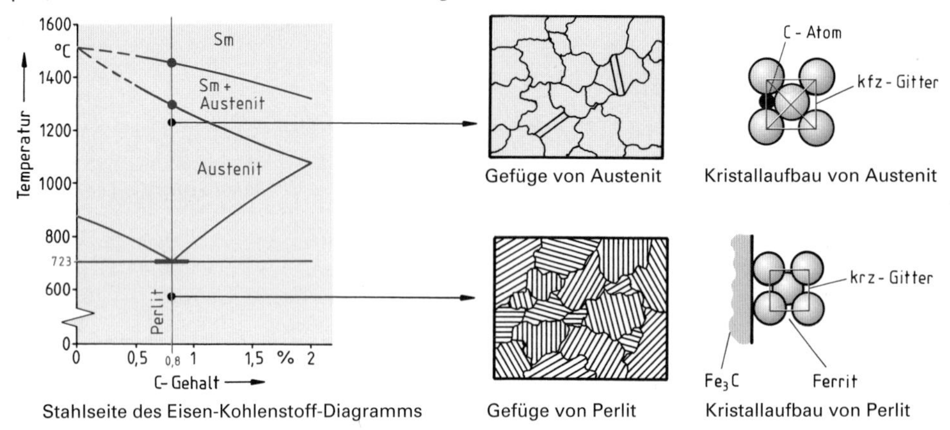

Stahlseite des Eisen-Kohlenstoff-Diagramms

Gefüge von Austenit

Kristallaufbau von Austenit

Gefüge von Perlit

Kristallaufbau von Perlit

Entstehung von Perlit

Austenit mit 0,8 % Kohlenstoff wandelt sich bei 723 °C in Perlit um.
Perlit besteht aus lamellenartig gelagertem Ferrit und Zementit.

- **Gefüge untereutektoidischer Stähle**

Legierungen mit weniger als 0,8 % Kohlenstoff haben gegenüber dem Perlit zu viel Eisen. Das überschüssige Eisen wandelt sich bei der Abkühlung in einem Temperaturbereich in Ferrit um. Der Kohlenstoff aus diesem Eisen wandert von den Stellen, an denen der Ferrit entstanden ist, zu den noch vorhandenen Mischkristallen. Sobald diese Mischkristalle 0,8 % Kohlenstoff erreicht haben, entsteht aus ihnen Perlit. Stähle mit weniger als 0,8 % Kohlenstoff bestehen darum aus Ferritkörnern und Perlit.

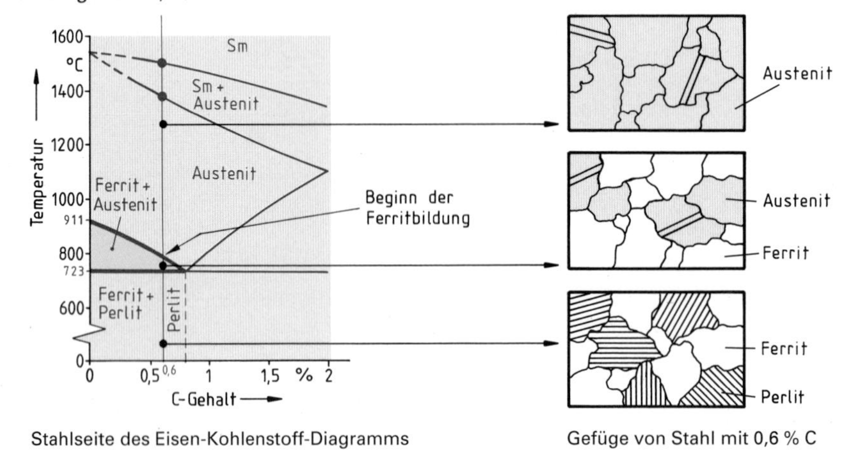

Stahlseite des Eisen-Kohlenstoff-Diagramms

Gefüge von Stahl mit 0,6 % C

Entstehung des Gefüges untereutektoidischer Stähle

Gefüge von unlegierten Stählen mit Kohlenstoffgehalten unter 0,8 % bestehen bei Raumtemperatur aus Ferrit und Perlitkörnern. Je höher der Anteil an Kohlenstoff, desto mehr Perlitkörner.

Übungsaufgaben WT-29; WT-30

- **Gefüge übereutektoidischer Stähle**

Legierungen mit mehr als 0,8 % Kohlenstoff haben gegenüber dem Perlit zu viel Kohlenstoff. Darum bildet sich bei diesen Legierungen während der Abkühlung in einem Temperaturbereich zunächst Zementit. Die Mischkristalle werden dadurch ärmer an Kohlenstoff. Sobald die noch vorhandenen Mischkristalle 0,8 % Kohlenstoffgehalt erreicht haben, entsteht aus ihnen Perlit. Stähle mit mehr als 0,8 % Kohlenstoff bestehen darum aus Zementit, der schalenförmig an den Korngrenzen vorliegt, und Perlit.

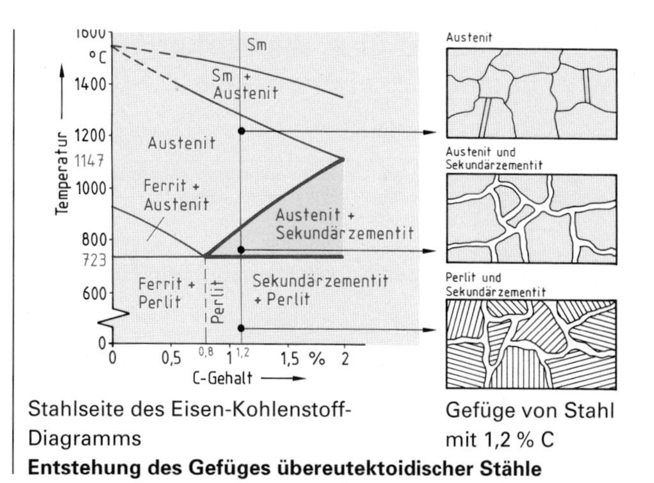

Stahlseite des Eisen-Kohlenstoff-Diagramms

Gefüge von Stahl mit 1,2 % C

Entstehung des Gefüges übereutektoidischer Stähle

Gefüge von unlegierten Stählen mit Kohlenstoffgehalten über 0,8 % bestehen bei Raumtemperatur aus Perlitkörnern und Sekundärzementit an den Korngrenzen.

- **Zusammenfassung wichtiger Begriffe zu Gefügen von Stählen**

Gefüge	Erklärung
Austenit	Mischkristalle mit einem kubisch-flächenzentrierten Gitter. Bei 1147 °C löst es bis zu 2,06 % Kohlenstoff.
Ferrit	Eisen mit einem kubisch-raumzentrierten Gitter. Ferrit löst nahezu keinen Kohlenstoff.
Zementit	Eine chemische Verbindung zwischen Eisen und Kohlenstoff – Fe_3C. Fe_3C liegt bei Stählen mit mehr als 0,8 % Kohlenstoff als Schalenzementit vor.
Perlit	Eutektoidisches Gefüge aus Ferrit und Zementit entsteht bei 723 °C.

3.1.2 Eigenschaften unlegierter Stähle in Abhängigkeit vom Gefüge

Aus der Kombination Ferrit/Zementit ergeben sich unterschiedliche Eigenschaften der Stähle.
Je höher der Gehalt an Zementit wird, desto härter und fester wird der Stahl. Seine Umformbarkeit und Zähigkeit sinken. Das Auftreten von Korngrenzenzementit (Sekundärzementit) führt zu besonders starkem Abfall der Zähigkeit. Die Härtbarkeit der Stähle steigt mit steigendem Kohlenstoffgehalt.

C-Gehalt	**0 %**	**0,4 %**	**0,6 %**	**0,8 %**	**1,2 %**
Perlitanteil	0 %	50 %	75 %	100 %	93 % (7 % Sek.-Zem.)
Gefüge	Ferrit	Ferrit Perlit	Ferrit Perlit	Perlit	Perlit Sekundärzementit
Zugfestigkeit	ca. 200 N/mm²	ca. 700 N/mm²	ca. 850 N/mm²	ca. 950 N/mm²	ca. 1000 N/mm²
Härte	ca. 150 HB	ca. 180 HB	ca. 220 HB	ca. 240 HB	ca. 260 HB
Härtbarkeit	bis 0,35 % nicht härtbar	**steigende Härtbarkeit** →			

Mit steigendem Gehalt eines Stahles an Zementit wachsen Härte, Festigkeit, Verschleißfestigkeit und Härtbarkeit. Die Zähigkeit und der Widerstand gegen Rissbildung sinken.

Übungsaufgaben WT-31; WT-32

3.2 Übersicht über die Wirkungen von Begleit- und Legierungselementen auf Stahl

☐ Bereich des unlegierten Stahls ☐ Bereich des legierten Stahls

	Name Symbol	Anteil in % als Begleitelement in Stahl	 in Gusseisen	Veränderung der Eigenschaften bei steigendem Anteil erhöht	 vermindert	Anwendung als Legierungselement
Begleitelemente	**Kohlenstoff** **C**	0,02 bis 2,06	2,5 bis 5,0	Festigkeit (stark) Härte Härtbarkeit	Dehnbarkeit Schweißbarkeit Schmiedbarkeit Zähigkeit Schmelzpunkt	
	Silizium **Si**	0,03 bis 0,6	1,5 bis 4,0	Festigkeit Elastizität Härtetiefe Korrosionsbeständigkeit Graphitbildung	Umformbarkeit Schweißbarkeit	1,0 bis 3,0% Federstähle 2,0 bis 4,0% Elektrobleche 11,0 bis 13,0% säurebeständiger Guss
	Mangan **Mn**	0,4 bis 0,8	0,4 bis 1,2	Festigkeit Zähigkeit Härtetiefe	Zerspanbarkeit Graphitbildung	0,6 bis 1,5% Mangan-Vergütungsstähle 1,0 bis 2,0% Federstähle 10,0% Manganhartstahl 12,0 bis 18,0% säure- u. hitzebeständiger Stahl
	Phosphor **P**	0,03 bis 0,08	0,2 bis 1,0	Festigkeit	Dehnbarkeit Kaltumformbarkeit Zähigkeit Schweißbarkeit	1,0 bis 2,0% dünnwandiger Guss
	Schwefel **S**	0,03 bis 0,06	0,08 bis 0,12	Zerspanbarkeit	Umformbarkeit bei hohen Temperaturen (Rot- und Heißbruch)	0,2 bis 0,25% Automatenstahl
Legierungselemente	**Chrom** **Cr**			Zugfestigkeit Härte Warmfestigkeit Härtetiefe Korrosionsbeständigkeit Schneidhaltigkeit Kornfeinheit	Dehnung (gering)	0,3 bis 1,2% Vergütungs- und Einsatz-Stähle (z.B. f. Wälzlager) 5,0 bis 9,0% warmfeste Stähle 8,0 bis 25,0% rost- und säurebeständige Chrom- und Chrom-Nickel-Stähle
	Nickel **Ni**			Zugfestigkeit Härte Korrosionsbeständigkeit Härtetiefe	Wärmedehnung	7,0 bis 18,0% korrosionsbeständige Chrom-Nickel-Stähle bis 5,0% Vergütungsstähle 1,0 bis 2,0% Einsatzstähle 3,0 bis 5,0% verschleißfestes Gusseisen
	Vanadium **V**			Zugfestigkeit Warmfestigkeit Härte Zähigkeit		0,6 bis 2,0% warmfeste Stähle bis 5,0% Schnellarbeitsstähle (mit Wolfram und Molybdän)
	Wolfram **W**			Feinkörnigkeit Warmfestigkeit Härtetiefe Korrosionsbeständigkeit	Dehnung (gering)	0,4 bis 2,0% warmfeste Stähle 2,5 bis 4,0% Schnellarbeitsstähle (mit Vanadium und Molybdän)
	Molybdän **Mo**			Zugfestigkeit Härte Warmfestigkeit	Schmiedbarkeit Dehnung	0,4 bis 0,9% warmfeste Stähle 3,0 bis 4,0% Schnellarbeitsstähle (mit Wolfram und Vanadium)

3.3 Stoffeigenschaftändern von Stählen

3.3.1 Glühverfahren für unlegierte Stähle

- **Weichglühen**

Ziel des Weichglühens ist ein Gefüge, das besser spanend bearbeitet werden kann als das Ausgangsgefüge. Im Perlit muss die Werkzeugschneide die Zementitlamellen zerbrechen und stumpft dabei schnell ab. Durch Weichglühen überführt man die Zementitlamellen des Perlits in Kugeln, die leicht vom Werkzeug aus der Ferritmasse herausgehoben oder zur Seite gedrängt werden können. Dadurch wird die Schneide weniger beansprucht.

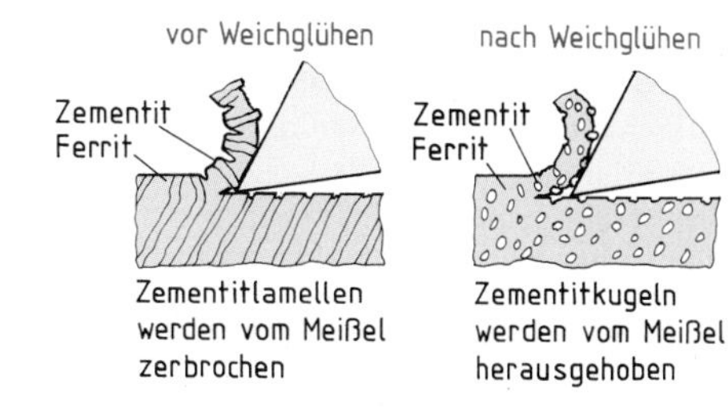

Spanen vor und nach dem Weichglühen

Bei untereutektoidischen Stählen glüht man viele Stunden lang unterhalb von 723 °C. Bei übereutektoidischen Stählen formt man zunächst durch eine mehrstündige Glühung bei etwa 750 bis 780 °C den schalenförmigen Zementit an den Korngrenzen zu Kugeln um. Danach glüht man unter 723 °C weiter, um Perlit mit kugelförmigen Zementit zu erhalten.

Beispiel für Weichglühen

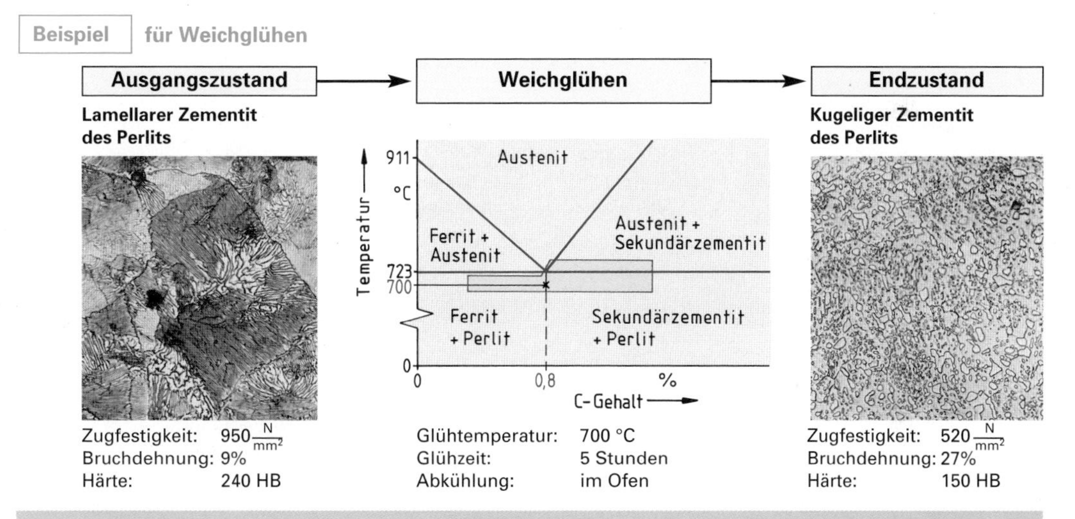

Ausgangszustand		Weichglühen		Endzustand	
Zugfestigkeit:	950 $\frac{N}{mm^2}$	Glühtemperatur:	700 °C	Zugfestigkeit:	520 $\frac{N}{mm^2}$
Bruchdehnung:	9%	Glühzeit:	5 Stunden	Bruchdehnung:	27%
Härte:	240 HB	Abkühlung:	im Ofen	Härte:	150 HB

Weichglühen dient zur Verbesserung der Zerspanbarkeit und Umformbarkeit.
Beim Weichglühen werden lamellarer und schalenförmiger Zementit in Kugelform überführt.

- **Spannungsarmglühen**

Enthält ein Werkstück aus Stahl starke Eigenspannungen durch ungleichmäßiges Abkühlen beim Gießen, Schweißen, Schmieden oder anderen Verfahren, so können diese Spannungen durch Erwärmen abgebaut werden. Damit keine Gefügeänderungen und keine Verformung durch das Eigengewicht des Werkstückes eintreten, erfolgt das Spannungsarmglühen bei Temperaturen zwischen 500° und 600 °Celsius. Beim Spannungsarmglühen muss das Werkstück über den ganzen Querschnitt die gleiche Temperatur aufweisen und anschließend sehr langsam abgekühlt werden. Deshalb zieht sich dieses Glühverfahren über mehrere Stunden hin.

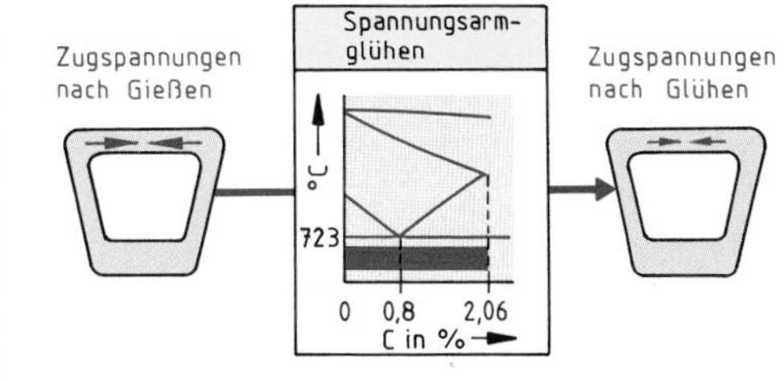

Spannungsarmglühen

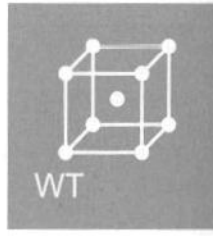

Spannungsarmglühen geschieht bei Temperaturen zwischen 500 und 600 °C über mehrere Stunden.
Spannungsarmglühen führt man durch, um Spannungen im Werkstück zu verringern.

Übungsaufgaben WT-33 bis WT-35

- **Normalglühen**

Häufig muss das Gefüge gehärteter oder geschweißter Bauteile wieder in den Zustand, den es nach dem Fe-Fe_3C-Diagramm haben müsste, zurückgeführt werden. Dies geschieht durch Normalglühen. Gleichzeitig wird beim Normalglühen ein feinkörniges und damit zähes Gefüge erzeugt.
Normalglühen geschieht dadurch, dass man die Stähle bis in den Austenitbereich erhitzt. Es entsteht ein neues Gefüge. Man glüht etwa 15 Minuten je 10 mm Wanddicke. Danach kühlt man an ruhender Luft ab. Bei übereutektiodischen Stählen glüht man den Stahl meist vorher weich, sodass der Sekundärzementit in Kugelform überführt wird. Danach führt man die Normalglühung bei etwa 750 °C durch.

Beispiel für das Normalglühen einer 20 mm dicken Platte aus C35

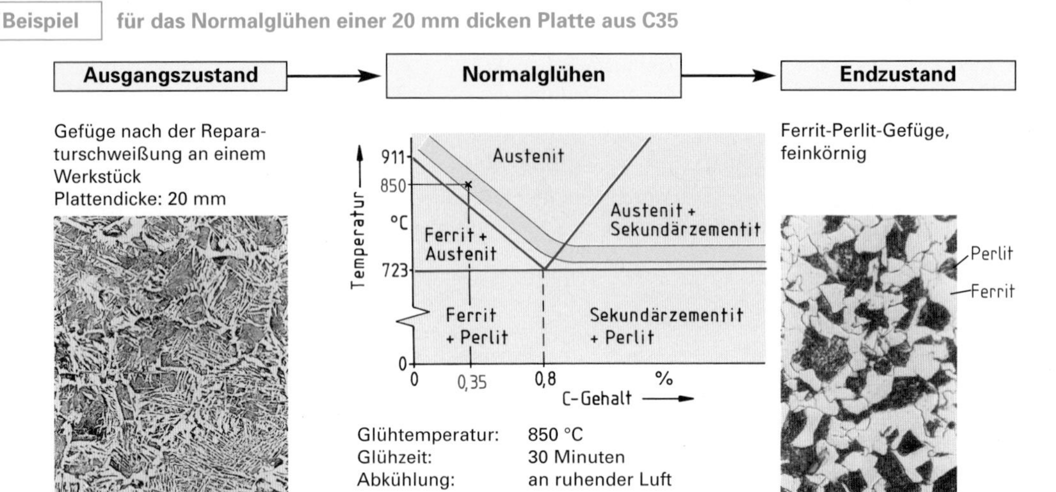

> Beim Normalglühen erhitzt man den Stahl kurzzeitig in den Austenitbereich und kühlt anschließend an der Luft ab. Normalglühen geschieht zur Erzeugung eines feinkörnigen und gleichmäßigen Gefüges.

- **Rekristallisationsglühen**

Beim Kaltumformen tritt durch die Streckung der Gefügekörner eine Kaltverfestigung ein, die den Werkstoff in seinen Eigenschaften verändert. Festigkeit und Härte nehmen zu, die Dehnbarkeit nimmt ab. Um Stähle nach einer Kaltumformung wieder umformbar zu machen, glüht man sie bei einer Temperatur um 700 °C. Dabei tritt eine Kornneubildung – eine Rekristallisation – ein. Das Gefüge lässt sich nun wieder umformen.

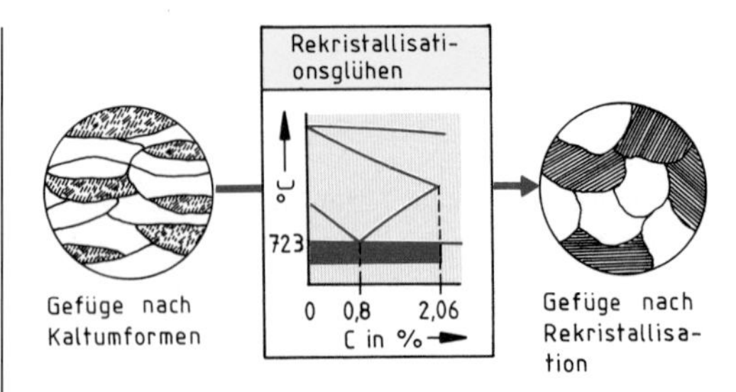

Rekristallisationsglühen

> Rekristallisationsglühen geschieht zum Zweck der Kornneubildung nach Kaltumformen. Beim Rekristallisationsglühen wird ein kalt verfestigtes Gefüge durch Kornneubildung wieder umformbar.

3.3.2 Härten

Härte und Verschleißfestigkeit werden durch Abschreckhärten erhöht. Zum Abschreckhärten wird das Werkstück zunächst bis in den Austenitbereich erhitzt. Dabei geht aller Kohlenstoff in Lösung, d.h., er befindet sich dann in Gitterlücken des kubisch-flächenzentrierten Gitters.
Übereutektoidische Stähle werden vor dem Härten weich geglüht, damit der Korngrenzenzementit in Kugelform überführt wird, und dann von einer Temperatur kurz über 723 °C gehärtet.

Beim Abschrecken haben die Kohlenstoffatome keine Zeit zum Wandern und zur Bildung von Fe_3C. Das Gitter klappt vom kubisch-flächenzentrierten Gitter ins kubisch-raumzentrierte um. Die Kohlenstoffatome werden auf Zwischengitterplätzen eingeschlossen und verspannen das kubisch-raumzentrierte Gitter. Der Werkstoff wird hart und hochfest, aber spröder. Das Gefüge, welches sich nach dem Abschrecken einstellt, heißt **Martensit.**

Martensit

Beispiele für Gefüge und Kristalländerung beim Härten eines C60

äußerer Vorgang und Temperatur	Raumtemperatur → Aufheizen →	Halten bei Härtetemperatur → Abschrecken in Wasser →	Raumtemperatur
Gefüge	Ferrit, Perlit Ferrit und Perlit	Austenit	Martensit
Kristallaufbau	Fe_3C, krz-Eisen C bildet Fe_3C	C-Atom, kfz-Eisen C in Gitterlücke	C-Atom, krz-Eisen C verspannt das Gitter

Härten ist Erwärmen in den Austenitbereich mit anschließendem Abschrecken, damit die Kohlenstoffatome zwangsweise im Gitter gehalten werden. Das entstandene Gefüge ist Martensit.

Beim Abschrecken kühlt das Werkstück außen am schnellsten ab. Nach innen hin verringert sich die Abkühlungsgeschwindigkeit. Dicke Werkstücke härten daher nur bis zu der Tiefe, in der die notwendige Abkühlungsgeschwindigkeit erreicht wird.
Die Einhärtetiefe kann durch Legierungselemente vergrößert werden.

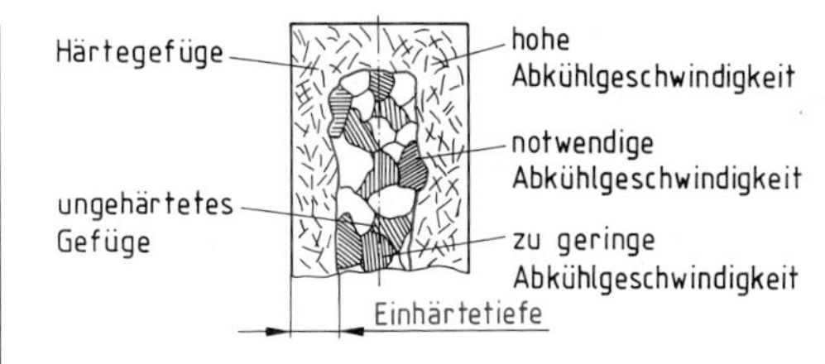

Einhärtetiefe eines Bolzens aus C60

Bei der Durchführung der Härtung ist Folgendes zu beachten:

- **Aufheizen**
  Damit Wärmespannungen und Verzug in Werkzeugen gering bleiben, müssen die Werkstücke langsam aufgeheizt werden. Zweckmäßig geschieht dies in Stufen, z.B. zunächst bis 400 °C erhitzen und dort bis zur völligen Durchwärmung halten, danach weiteres Aufheizen auf Härtetemperatur. Die Haltezeit auf jeder Stufe ist 1/2 min je mm Wanddicke.

- **Halten bei Härtetemperatur (Austenitisieren)**
  Die Temperatur, auf die Stähle zu erhitzen sind, damit sie bei entsprechender Abkühlung Härtegefüge aufweisen, nennt man Härtetemperatur. Sie ist dem Fe-Fe_3C-Diagramm zu entnehmen. Für untereutektoidische Stähle liegt sie im Austenitbereich und bei übereutektoidischen Stählen bei etwa 780 °C.

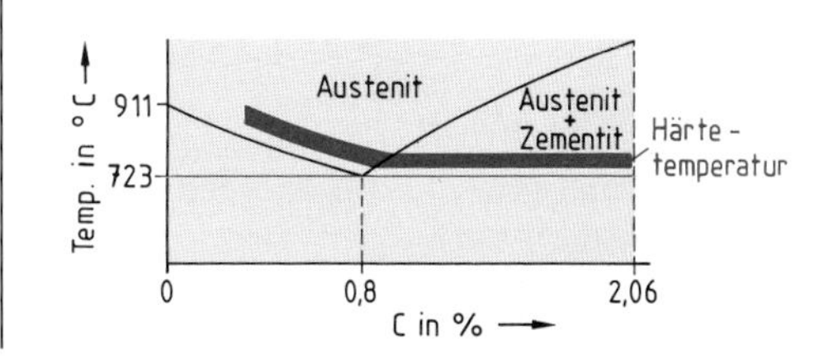

Bei Härtetemperatur wird das Werkstück nach völliger Durchwärmung noch etwa 20 Minuten gehalten. Wenn an der Werkstückoberfläche die Härtetemperatur erreicht ist, dauert die Zeit bis zur völligen Durchwärmung nach einer „Faustformel" für Wanddicken ab 40 mm etwa:

Durchwärmzeit in min = 1/2 der größten Wanddicke in mm – 10 min

- **Abschrecken**

  Nach dem Austenitisieren werden die Werkstücke abgeschreckt. Die erreichbare Härte wird durch die mögliche Abkühlungsgeschwindigkeit und das Abschreckmittel bestimmt. Darum können unlegierte Stähle nur in begrenzten Wanddicken durchgehärtet werden.

  Die Abkühlungsgeschwindigkeit richtet sich nach dem Kohlenstoffgehalt der Stähle. Je höher der Kohlenstoffgehalt eines Stahles ist, desto mehr behindern sich die Kohlenstoffatome gegenseitig bei der Wanderung. Für die Martensitbildung genügt darum bei höheren Kohlenstoffgehalten eine geringere Abkühlungsgeschwindigkeit.

  Die Atome der Legierungselemente Chrom, Mangan, Wolfram und Vanadium behindern ebenfalls die Wanderung der Kohlenstoffatome. Bei hohen Gehalten an diesen Elementen ist auch bei langsamer Abkühlung keine Wanderung der Kohlenstoffatome möglich. Darum bildet sich bei legierten Stählen auch bei geringer Abkühlungsgeschwindigkeit ein Härtegefüge.

  Durch unterschiedliche Abschreckmittel erreicht man verschiedene Abkühlungsgeschwindigkeiten. Entsprechend den einsetzbaren Abschreckmitteln unterscheidet man:

  – **Wasserhärter**: Unlegierte Stähle, z.B. C60;
  – **Ölhärter**: Legierte Stähle, z.B. 34 Cr 4;
  – **Lufthärter**: Speziell legierte Stähle, z.B. 60 CrNiMo 8.

  Beim Abschrecken muss das Werkstück im Abschreckmittel so bewegt werden, dass es ständig vom Abschreckmittel umgeben ist, denn die Bildung isolierender Dampfblasen führt zu weichen Stellen. Sobald die zu härtenden Teile beim Abschrecken eine Oberflächentemperatur von 150 bis 100 °C erreicht haben, werden sie in einem Temperaturausgleichsofen so lange gehalten, bis sich über den Querschnitt eine gleichmäßige Temperatur eingestellt hat. Dann erst wird auf Raumtemperatur abgekühlt. Anschließend erfolgt das Anlassen.

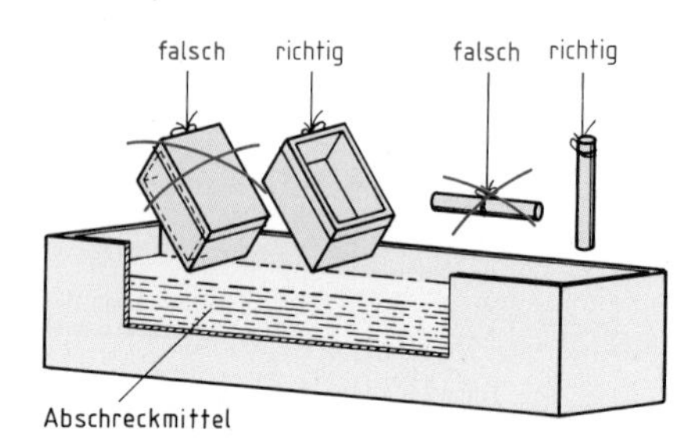

Richtiges und falsches Eintauchen der Werkstücke in ein Abschreckmittel

- **Anlassen bei niederen Temperaturen**

  Durch Erwärmen auf niedrige Temperaturen von etwa 180 bis 250 °C können Kohlenstoffatome auf günstigere Zwischengitterplätze umgelagert werden. Dieses Erwärmen bezeichnet man als **Anlassen** bei niederen Temperaturen. Es führt zu einer unbedeutenden Minderung der Härte. Die Neigung zu Spannungsrissen nimmt jedoch *erheblich* ab. Darum werden alle Werkzeuge nach dem Härten etwa 1 Stunde je 20 mm Wanddicke, mindestens aber 2 Stunden lang, angelassen. Das Anlassen geschieht in Öfen, Salz- oder Ölbädern. Die Abkühlung erfolgt an der Luft oder in Öl.

  Anlassen bei niederen Temperaturen bewirkt
  – geringen Abfall der Härte, – geringen Anstieg der Zähigkeit, – starke Minderung der Rissneigung.

  Die Anlasstemperatur wird dem notwendigen Widerstand gegen Rissneigung und der Stahlqualität angepasst. Je geringer die Gefahr der Rissentstehung ist, desto geringer sind die Anlasstemperaturen.

  Beispiele für Anlasstemperaturen

Messzeuge, Lehren	100 bis 200 °C;	Bohrer, Gewindebohrer	bis 250 °C;
Drehmeißel, Fräser	bis 200 °C;	Messer, Äxte	bis 300 °C.

Je geringer die Gefahr der Rissbildung, desto niedriger die Anlasstemperatur.

Übungsaufgaben WT-41; WT-42

Beispiel für eine Temperaturfolge für die Härtung eines C45

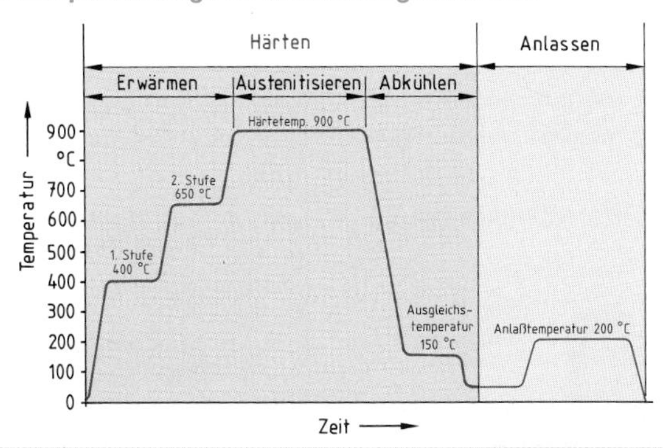

Arbeitsfolge beim Härten:
- Vorsichtiges Erwärmen, möglichst in Stufen auf Härtetemperatur.
- Halten ca. 20 Minuten nach vollständiger Durchwärmung.
- Abschrecken bis zur Ausgleichstemperatur
- Anlassen bei niedrigen Temperaturen

3.3.3 Vergüten

Bei hoch beanspruchten Bauelementen wie Drahtseilen, Schrauben und Wellen steigert man durch ein Wärmebehandlungsverfahren die Festigkeit und die Widerstandsfähigkeit gegen schlagartige Belastung (Zähigkeit). Die Veränderung dieser Eigenschaften erzielt man durch einen Härtevorgang mit nachfolgendem Anlassen bei Temperaturen zwischen 400 und 700 °C. Diese Wärmebehandlung durch Härten mit Anlassen bei hohen Temperaturen nennt man **Vergüten.**

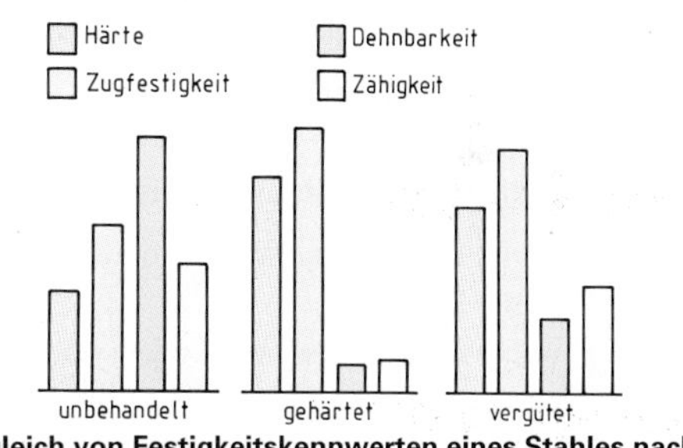

Vergleich von Festigkeitskennwerten eines Stahles nach Härten und Vergüten

Vergüten ist Härten mit nachfolgendem Anlassen bei Temperaturen zwischen 400 bis 700 °C.
Durch Vergüten erzielt man eine hohe Zugfestigkeit und hohe Widerstandsfähigkeit gegen schlagartige Belastung (Zähigkeit).

Beim Vergüten richtet sich die Temperatur für das Anlassen nach der Art des Stahles und der geforderten Zugfestigkeit. Stähle, die besonders zum Vergüten geeignet sind, heißen **Vergütungsstähle**. Sie sind in DIN EN 10083 genormt. Vergütungsstähle sind unlegierte Stähle mit einem Kohlenstoffgehalt von 0,22 bis 0,6 % und niedrig legierte Stähle.

Für jeden Stahl hat man in Versuchen Diagramme aufgestellt, aus denen die erreichbaren Festigkeitskennwerte in Abhängigkeit von der Anlasstemperatur abgelesen werden können. Diese Schaubilder heißen **Anlassschaubilder.**

Beispiel für die Ermittlung der Anlasstemperatur

Eine Kurbelwelle aus 34 Cr 4 soll auf eine Zugfestigkeit von 800 N/mm^2 vergütet werden. Im Anlassschaubild für den Stahl 34 Cr 4 findet man dafür eine Anlasstemperatur von 590 °C, eine Streckgrenze von 550 N/mm^2 und eine Bruchdehnung von 18 %.

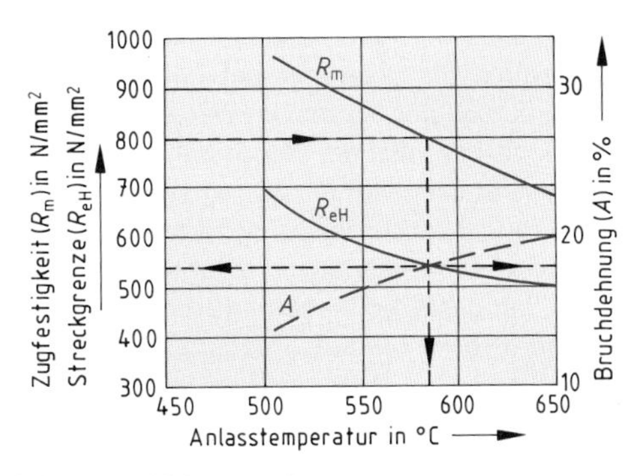

Anlassschaubild von 34 Cr 4

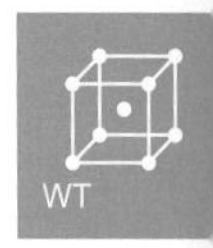

Aus Anlassschaubildern können die Anlasstemperaturen für verschiedene Vergütungsstähle entnommen werden. Bei diesen Temperaturen werden bestimmte Festigkeitswerte erreicht.

Übungsaufgaben WT-43; WT-44

3.3.4 Härten der Randschicht

Werkstücke, welche stoßartiger oder ständig wechselnder Belastung ausgesetzt sind, werden nur in der Randschicht gehärtet. Dadurch erhalten die Bauelemente eine harte und verschleißfeste Randschicht, während der Kern zäh bleibt. So werden z.B. die Gleitflächen an Kurbelwellen oder an Nockenwellen, die Zahnflanken bei Zahnrädern und Messflächen bei Messwerkzeugen in der Randschicht gehärtet.

Beispiele für randschichtgehärtete Bauteile (Werkstücke geschnitten)

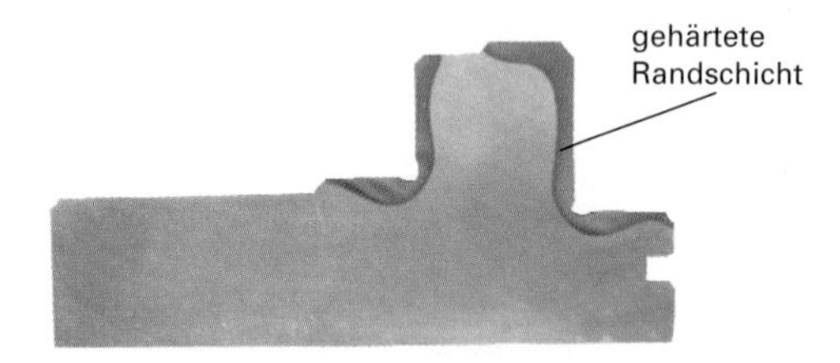

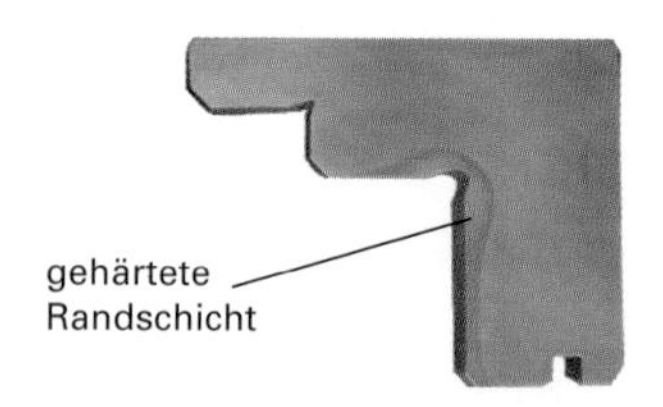

Härten der Randschicht zielt auf harte und verschleißfeste Randschicht bei zähem Kern ab.

3.3.4.1 Flamm- und Induktionshärten

Härtbare Stähle mit 0,3 bis 1,2 % Kohlenstoff werden nur in der Randzone auf Härtetemperatur erwärmt und dann abgeschreckt.

Beim **Flammhärten** wird das Werkstück von einem Brenner schnell bis zur Härtetemperatur erwärmt und sofort mit einer Brause abgeschreckt.
Die Härtetiefe beträgt mindestens 1 mm und kann durch Verringerung der Vorschubgeschwindigkeit von Brenner und Brause vergrößert werden. Das Flammhärten kann bei jeder Werkstückgröße vorgenommen werden. Es wird vor allem für große Teile und für Teile mit komplizierter Form angewendet.

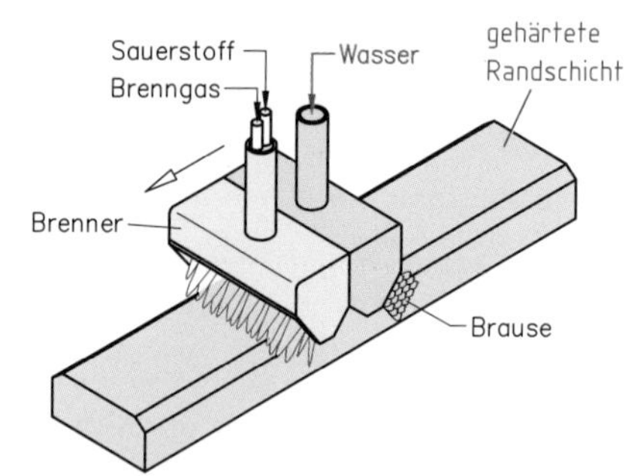

Flammhärten eines Gleitstücks

Beim **Induktionshärten** wird das Werkstück mithilfe von elektrischem Wechselstrom in der Randschicht erwärmt. Dazu wird das Werkstück in eine Spule eingeführt, durch die Wechselstrom mit hoher Frequenz fließt. Dadurch werden im Werkstück Wirbelströme induziert, die die Randzone schnell auf Härtetemperatur erwärmen. Mit einer Brause, die hinter der Spule angeordnet ist, wird das Werkstück abgeschreckt. Die Einhärtetiefe ist sehr gleichmäßig und kann gut gesteuert werden. Sie beträgt 0,1 bis 1 mm und wird mit höherer Frequenz des Stromes geringer.

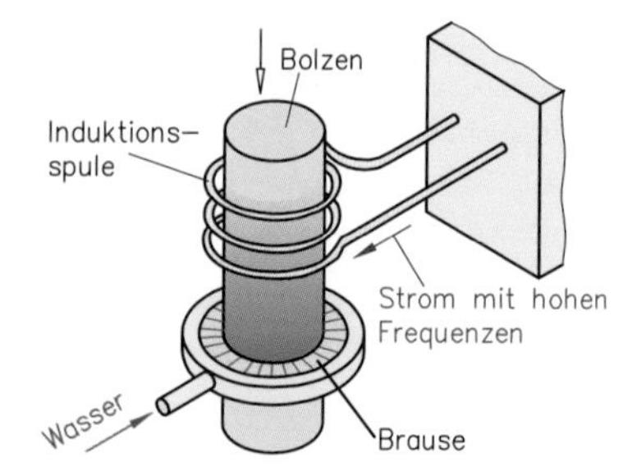

Induktionshärten eines Bolzens

Bauelemente aus härtbarem Stahl mit einem Kohlenstoffgehalt von 0,3 bis 1,2 % werden in der Randschicht gehärtet, indem man die Randschicht hoch erhitzt und dann abschreckt. Nach der Art der Erwärmung unterscheidet man: • Flammhärten, • Induktionshärten.

Übungsaufgaben WT-45 bis WT-47

3.3.4.2 Einsatzhärten

- **Übersicht über den Verfahrensablauf**

Bauteile aus kohlenstoffarmen Stählen (C < 0,2 %) sind gut bearbeitbar und sehr zäh. Sie können stoßartige und wechselnde Belastungen gut aufnehmen. Ihre Randschicht verschleißt jedoch sehr schnell. Zur Erzeugung einer harten und verschleißfesten Randschicht werden diese Stähle zunächst durch Einbringen von Kohlenstoff in die Randschicht aufgekohlt (eingesetzt) und danach abschreckgehärtet.

Beispiel für Verfahrensablauf und Gefüge beim Einsatzhärten

Ausgangsgefüge → Einsetzen → Gefüge nach Einsatz → Härten → Gefüge nach Härten

Ferrit+Perlit
Bolzen
Gasaufkohlungsofen
Perlit
Härteofen
Wasserbad
Martensit

Beim Einsatzhärten werden kohlenstoffarme Stähle in der Randschicht aufgekohlt (eingesetzt) und anschließend abschreckgehärtet.

- **Aufkohlen (Einsetzen)**

Das Einsetzen geschieht in Öfen, in die man gleichzeitig Stoffe gibt, welche leicht Kohlenstoff abgeben. Dies sind häufig Gasgemische aus Kohlenmonoxid (CO), Methan (CH_4) u.a. Damit die Kohlenstoffatome in die Werkstückoberfläche eindringen können, erfolgt die Aufkohlung bei Temperaturen, bei denen das Eisen ein kubisch-flächenzentriertes Gitter hat. Dies ist im Austenitbereich der Fall. Das kfz-Gitter weist große Gitterlücken auf, in welche die Kohlenstoffatome leicht eindringen können. Je nach gewünschter Einhärtetiefe dauert dieser Glühprozess mehrere Stunden.

Beispiel für die Ermittlung von Glühtemperatur und Aufkohlungszeit

Ein Bolzen aus C 15 für eine Fördereinrichtung soll 1 mm tief aufgekohlt (eingesetzt) werden. Glühtemperatur und Aufkohlungszeit sind zu bestimmen.

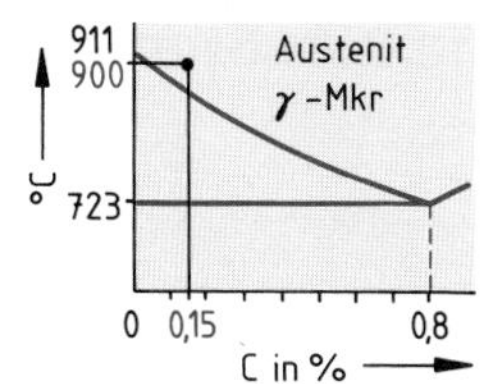

Glühtemperatur für das Einsetzen eines Bolzens aus C 15

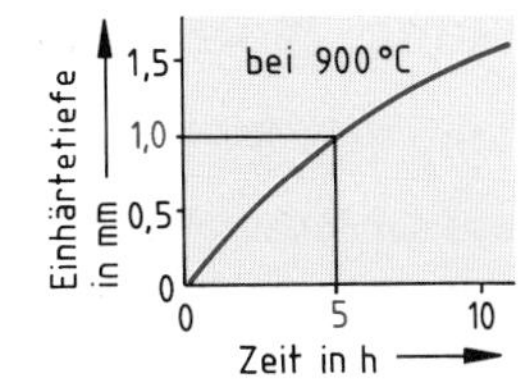

Einhärtetiefe in Abhängigkeit von der Aufkohlungszeit

- Nach dem Eisen-Kohlenstoff-Diagramm muss der C 15 zum Aufkohlen auf 900 °C erwärmt werden.
- Für die geforderte Einhärtetiefe 1 mm ist eine Aufkohlungszeit von 5 Stunden erforderlich.

Neben den Gasen verwendet man zum Aufkohlen auch Salzschmelzen, die leicht Kohlenstoff abgeben, wie z. B. KCN-Schmelzen. Diese Salzschmelzen sind sehr giftig. Darum wird auf dieses Verfahren weitgehend verzichtet.

Aufkohlen (Einsetzen) kann durch Gas-Aufkohlung oder Salzbad-Aufkohlung erfolgen.
Bei der Gas-Aufkohlung kann der Kohlenstoffgehalt der Randschicht durch Temperatur und Gaszusammensetzung exakt vorherbestimmt werden.

- **Härten nach dem Einsetzen**

Das Härten nach dem Einsetzen geschieht nach erneutem vorsichtigem Aufheizen in den Austenitbereich der Randschicht. Als Abschreckmittel werden je nach Zusammensetzung des Stahles Wasser, Öl oder besser das Warmbad mit ca. 200 °C verwendet.

Härten nach dem Einsatz geschieht nach Aufheizen in den Austenitbereich für die Randschicht. Das anschließende Abschrecken erfolgt in Wasser, Öl oder dem Warmbad.

3.3.4.3 Nitrieren

Beim Nitrieren dringen Stickstoffatome in die Randschicht der Werkstücke ein und bilden mit den metallischen Legierungszusätzen (Cr, V) chemische Verbindungen, die besonders hart sind. Ein Abschrecken erübrigt sich. Chemische Verbindungen von Metallen und Stickstoff bezeichnet man als **Nitride.** Die Dicke der Nitridschicht wird durch die Glühdauer bestimmt. Zum Beispiel benötigt man 20 Stunden für 0,3 mm Eindringtiefe.
Für das Randschichthärten durch Nitrieren sind Stähle mit 0,3 bis 0,5 % Kohlenstoffgehalt und zusätzlichen Legierungsanteilen aus Aluminium, Chrom, Molybdän, Vanadium u.a. geeignet. Diese Stähle werden in Stickstoff abgebenden Mitteln, meist in Ammoniakgas (NH_3), bei etwa 500 bis 580 °C geglüht. Zum Nitrieren werden in seltenen Fällen auch Zyansalzschmelzen wie z. B. NaCN und KCN verwendet.

Die geringe Glühtemperatur und das Fehlen des Abschreckens ermöglichen es, dass man fertig bearbeitete Werkstücke nitrieren kann. Es tritt kein Verzug auf. Die Nitride der Legierungszusätze Aluminium, Molybdän, Vanadium, Chrom u.a. haben neben der hohen Härte große Korrosionsbeständigkeit und Hitzebeständigkeit.
Nitriergehärtet werden Messzeuge und Verschleißteile warmbeanspruchter Werkstücke, wie z.B. Ventile in Verbrennungsmotoren.

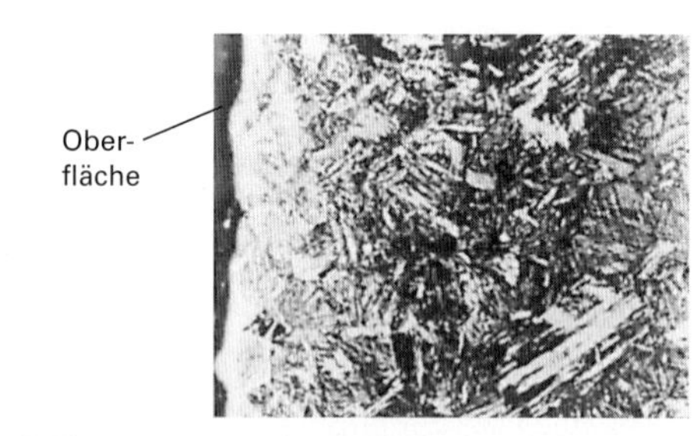

Gefüge eines nitrierten Stahles

Beim Nitrieren bilden die Legierungszusätze besonders legierter Stähle in der Randschicht der Werkstücke Nitride. Die Randschicht nitrierter Bauelemente ist sehr hart und verschleißfest, hitzebeständig und korrosionsbeständig.

3.4 Einteilung, Normung und Verwendung von Stählen

3.4.1 Einteilung von Stählen

- **Unterteilung nach der chemischen Zusammensetzung**

Unlegierte Stähle dürfen bestimmte Gehalte an Begleitelementen nicht überschreiten,
z.B. Mn 1,6 %; Si 0,5 %; Al 0,1 %; Ti 0,05 %; Cu 0,4 %; Ni und Cr 0,3 %.
In **legierten Stählen** überschreitet mindestens ein Element diese Grenzwerte.

- **Unterteilung nach Anforderungen und Gebrauchseigenschaften**

Nach den Anforderungen und Gebrauchseigenschaften gliedert man die Stähle in Grundstähle, Qualitätsstähle und Edelstähle.

Grundstähle sind unlegierte Stähle, die folgende Bedingungen erfüllen:
- Eine Wärmebehandlung ist nicht vorgesehen.
- Die Eigenschaften liegen innerhalb bestimmter, in der Norm festgelegter Grenzen.

Mindestzugfestigkeit	höchstens 690 N/mm²	Mindestbruchdehnung	höchstens 26 %
Mindeststreckgrenze	höchstens 360 N/mm²	Rockwellhärte	höchstens 60HRB
Kohlenstoffgehalt	mindestens 0,1 %		

Qualitätsstähle können unlegiert oder legiert sein.
Unlegierte Qualitätsstähle gehen hinsichtlich ihrer Eigenschaften über die Grundstähle hinaus. Es sind auch keine Anforderungen an den Reinheitsgrad vorgesehen.

Legierte Qualitätsstähle sind im Allgemeinen nicht für Oberflächenhärtung und Vergütung bestimmt. Zu ihnen zählen:
- Feinkornbaustähle mit Höchstgehalten an Mn 1,8 %; Cr, Cu, Ni 0,5 %; Ti, V, Mo 0,12 %.
- schweißbare Feinkornbaustähle für Behälter und Rohrleitungsbau, für die Mindeswerte für die Streckgrenze (380 N/mm^2 bei Dicken bis 16 mm) und die Kerbschlagarbeit (KV < 27J bei –50 °C) garantiert werden.
- legierte Stähle für Rohrleitungsbau, Schienen und Spundwände.
- Stähle, die nur mit Cu legiert sind.

Edelstähle können unlegiert oder legiert sein.
Unlegierte Edelstähle sind meist zum Vergüten oder Oberflächenhärten bestimmt.

Zu den **unlegierten Edelstählen** zählen:
- Stähle, die besonders hohe Kerbschlagarbeit im vergüteten Zustand erreichen,
- Stähle, die besondere Anforderungen an Einhärtungstiefe und Oberflächenhärte erfüllen,
- Stähle mit geringen P- und S-Gehalten (< 0,02 %),
- Stähle mit hoher Kerbschlagarbeit (über 27J bis –50 °C).

Legierte Edelstähle sind alle bis hierher nicht einzuordnenden, legierten Stähle.
Dazu zählen besonders nicht rostende, mit Cr und Ni legierte Stähle, Schnellarbeitsstähle, Wälzlagerstähle und legierte Werkzeugstähle.

Die Zuordnung eines Stahles zu den verschiedenen Gruppen ist am einfachsten anhand der Stahlgruppennummer der entsprechenden Werkstoffnummer vorzunehmen.

Stähle werden nach DIN EN in Grundstähle, Qualitätsstähle und Edelstähle gegliedert.
Qualitäts- und Edelstähle können legiert und unlegiert sein.

3.4.2 Normung von Stählen

3.4.2.1 Kurznamen von Stählen

- **Benennung nach den mechanischen Eigenschaften und Verwendung**

Für Stähle, die zu Konstruktionszwecken verwendet werden, gibt der Kurzname nach DIN EN 10027 Auskunft über die Festigkeitseigenschaften.

Die Bezeichnung beginnt mit einer Buchstabenkennzeichnung für den Verwendungszweck. Es folgen Kennzahlen bzw. Kennbuchstaben für Eigenschaften. Anschließend können in zwei Gruppen besondere Kennzeichen für Behandlung, Verwendung u.a. angeführt werden.

Hauptgruppe		**Zusatzgruppe**	
Kennzeichen für Verwendungszweck	**Kennzahl**	**Gruppe 1**	**Gruppe 2**
S Stähle für den allgem. Stahlbau **P** Stähle für Druckbehälter **L** Stähle für Rohrleitungen **E** Stähle für Maschinenbau **H** Kaltgewalzte Flacherzeugnisse **D** Flacherzeugnisse zum Kaltumformen	Zahlenwert der Mindest-streckgrenze in N/mm^2	Kerbschlagarbeit für Stahlbaustähle Besondere Eigenschaften Spezielle Verwendung	ergänzende Angaben zu Gruppe 1

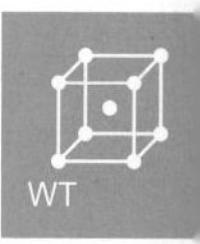

Für Stahlbaustähle ergibt sich folgender Aufbau der Kurzzeichen:

Kennzeichen für Verwendungszweck	Kennzahl	Gruppe 1				Gruppe 2
		Mindestwerte der Kerbschlagarbeit			**Prüftemperatur in °C**	
		27J	**40J**	**60J**		
S	Zahlenwert der Mindeststreckgrenze in N/mm²	JR	KR	LR	20	**M** thermomechanisch gewalzt **N** normalisiert **Q** vergütet **G** sonstige Angaben
		J0	K0	L0	0	
		J2	K2	L2	–20	**J**, **K**, **L**: Hinweis auf Kerbschlagarbeit bei vorgegebener Temperatur
		J3	K3	L3	–30	
		J4	K4	L4	–40	
		J5	K5	L5	–50	
		J6	K6	L6	–60	

Bei den übrigen Stählen werden in Gruppe 1 die Warmbehandlung und besondere Angaben zur Verwendung angegeben. Die Angabe erfolgt wie zur Gruppe 2 der Stahlbaustähle durch Buchstaben.

Beispiele für den Aufbau von Kurznamen mit Hinweisen auf Verwendung und mechanische Eigenschaften nach DIN EN 10027

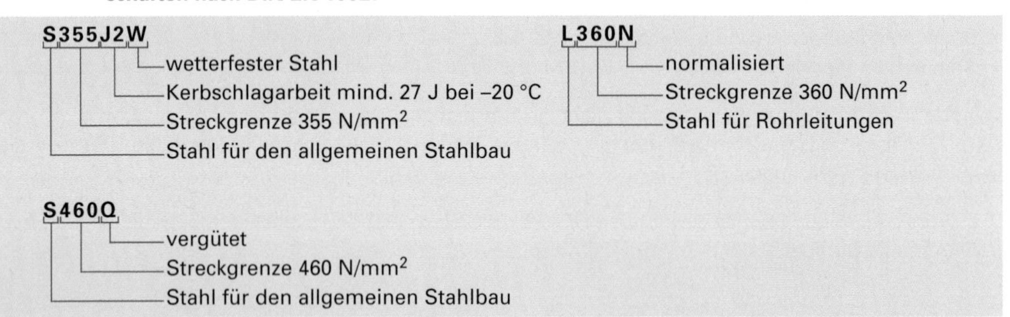

Häufig wird in der Praxis noch die ungültige DIN 17006 angewendet. In dieser Norm steht für allgemeine Baustähle **St**. Es folgt der ungefähre Bereich der Mindestzugfestigkeit, der durch einen Zahlenwert angegeben wird.

Beispiel für die Kennzeichnung der mechanischen Eigenschaften in einem Kurzzeichen nach DIN 17006 (nicht mehr gültig)

St 37
- 37: Bereich der Mindestzugfestigkeit 340 bis 470 N/mm²
- St: Allgemeiner Baustahl

- **Benennung unlegierter Stähle**

Unlegierte Stähle, deren Eigenschaften durch eine Wärmebehandlung verändert werden können, werden nach der DIN EN 10027 durch das Symbol C für Kohlenstoff und eine angehängte Zahl, welche das 100-Fache des C-Gehaltes angibt, gekennzeichnet.

Beispiele für die Kurzbenennung unlegierter Stähle nach DIN EN 10027

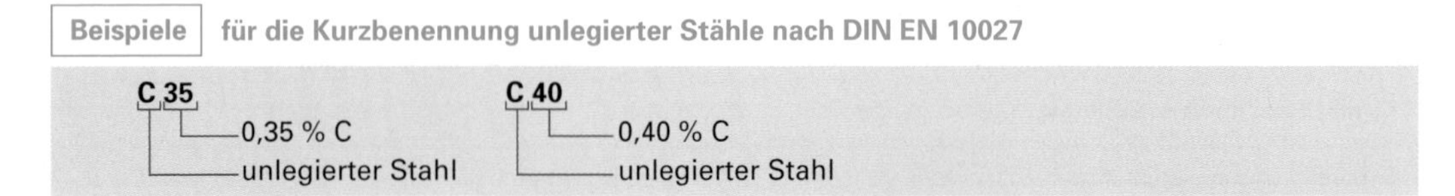

Schema für den Aufbau einer Kurzbenennung unlegierter Stähle:

C	Kennzahl für den C-Gehalt

- **Benennung niedrig legierter Stähle**

Bei niedrig legierten Stählen hat jedes Legierungselement weniger als 5 % Anteil an der Zusammensetzung. Nach DIN EN werden diese Stähle gekennzeichnet durch
- Kennzahlen für den C-Gehalt,
- Symbole für die Legierungselemente,
- Kennzahlen für die Legierungsanteile.

Für Stahlformguss wird dem Kurzzeichen der Buchstabe **G** vorangestellt.

Die Kennzahlen ergeben sich durch Multiplikation des %-Anteils des Legierungselementes mit dem Faktor *f* (siehe Tabelle).
Umgekehrt kann man aus der Kennzahl den prozentualen Anteil des einzelnen Legierungselementes ermitteln, indem man die Kennzahl durch den Faktor dividiert.

Faktoren für Legierungselemente

Faktor *f*	Legierungselement
100	C, P, S, N, Ce
10	Al, Cu, Mo, Ta, Ti, V
4	Si, Co, Cr, W, Ni, Mn

Beispiele für die Kurzbenennung niedrig legierter Stähle nach DIN EN 10027

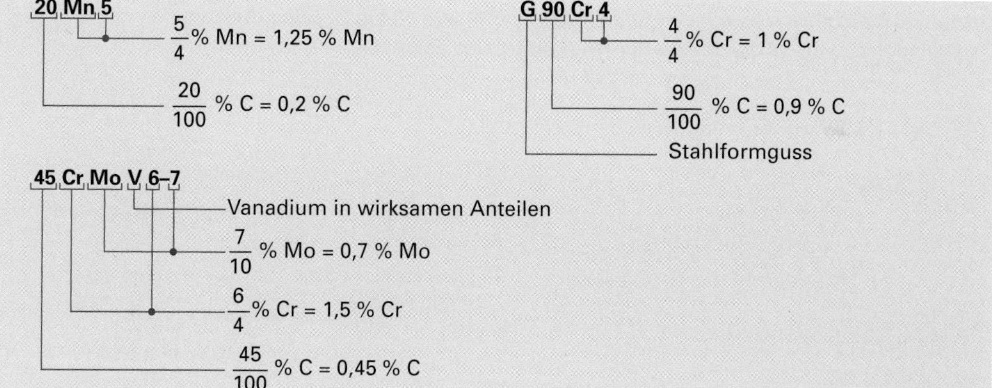

Schema für den Aufbau einer Kurzbenennung niedrig legierter Stähle:

Kennzahl für C-Gehalt	Chem. Symbole der Leg.-Elemente	Kennzahlen für Leg.-Anteile

- **Benennung hoch legierter Stähle**

Stähle, bei denen mindestens ein Legierungselement mehr als 5 % beträgt, sind hoch legiert. Alle hoch legierten Stähle sind Edelstähle. Bei diesen Stählen beginnt die Kurzbenennung mit dem großen Buchstaben **X**. Es folgen
- Kennzahl für den C-Gehalt,
- Symbole der Legierungselemente,
- Anteile der Legierungselemente in Prozent.

Beispiele für die Kurzbenennung hoch legierter Stähle nach DIN EN 10027

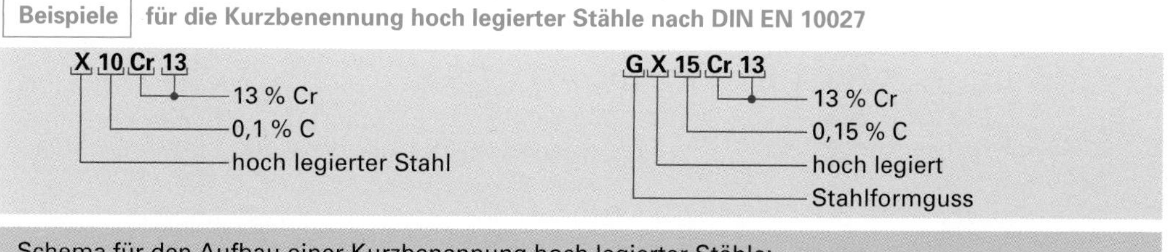

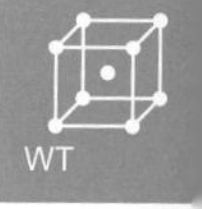

Schema für den Aufbau einer Kurzbenennung hoch legierter Stähle:

X	Kennzahl für C-Gehalt	Symbole der Leg.-Elemente	Leg.-Anteile in Prozent

Übungsaufgaben WT-55 bis WT-61

3.4.2.2 Werkstoffnummern von Stählen

Neben den systematischen Benennungen von Werkstoffen mit Buchstaben und Zahlenkombinationen besteht auch ein Nummernsystem für Werkstoffe aller Art. Diese Werkstoffnummern sind mithilfe der Datenverarbeitung besser auswertbar. Die Normung der Werkstoffnummern für Stähle ist in DIN EN 10027 erfasst.

Die Werkstoffnummern für Stähle sind fünfstellig.
Mit der ersten Stelle wird die Werkstoffhauptgruppe gekennzeichnet. Die **Werkstoffhauptgruppe** Stahl hat die Nummer **1**. Nach einem Punkt folgt als zweistellige Zahl die **Stahlgruppennummer.** Sie lässt Rückschlüsse auf die Zusammensetzung bzw. Verwendung zu. Die folgenden zwei Zahlen sind **Zählnummern,** die keine Rückschlüsse auf Eigenschaften zulassen. Diese Ziffern werden vom jeweiligen Normenausschuss festgelegt.

- **Unlegierte Stähle**

Grundstähle, die allein wegen ihrer Festigkeitseigenschaften verwendet werden, tragen die Stahlgruppennummer 00 und 90.
Unlegierte Qualitätsstähle werden mit den Stahlgruppennummern 01 bis 07 und 91 bis 97 gekennzeichnet. Einer höheren Zahl entspricht höhere Festigkeit bzw. höherer Kohlenstoffgehalt.
Unlegierte Edelstähle sind mit den Stahlgruppennummern 10 bis 19 gekennzeichnet.
Darin sind mit 15 bis 18 die unlegierten Werkzeugstähle enthalten.

Beispiele für Werkstoffnummern unlegierter Stähle

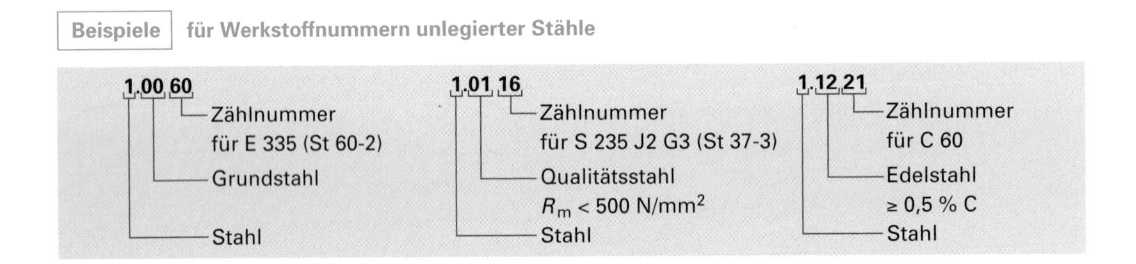

- **Legierte Stähle**

Legierte Qualitätsstähle sind mit den Stahlgruppennummern 08 bis 09, sowie 98 und 99 gekennzeichnet.
Legierte Edelstähle haben die Stahlgruppennummern von 20 bis 89. Davon sind

- 20 bis 29 Werkzeugstähle,
- 32 bis 33 sind Schnellarbeitsstähle, 35 ist Wälzlagerstahl,
- 40 bis 49 sind chemisch beständige Stähle,
- 50 bis 89 sind Stähle für den Maschinen- und Behälterbau.

Beispiele für Werkstoffnummern legierter Stähle

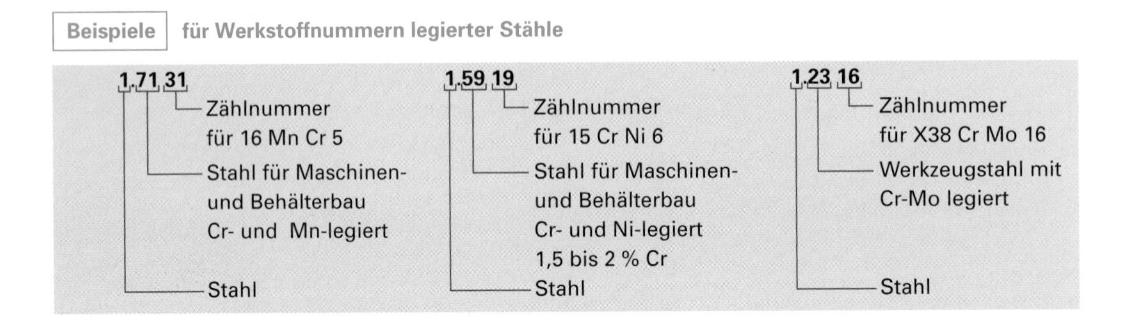

Zur genauen Entschlüsselung benötigt man die Tabellen des Normblattes DIN EN 10027.

Übungsaufgabe WT-62

3.4.3 Stahlsorten

- **Unlegierte Baustähle**

Unlegierte Baustähle nach DIN EN 10025 sind Grund- und Qualitätsstähle, die vorwiegend aufgrund ihrer mechanischen Eigenschaften im Stahlbau und Maschinenbau eingesetzt werden.

Beispiele für unlegierte Baustähle

Kurzname nach DIN EN 10025	frühere Bezeichnung nach DIN 17006	Werkstoff-nummer	Gewährleistete mechanische Werte: Proben 3–100 mm R_m N/mm²	Mittelwerte Proben 3–100 mm R_{eH} N/mm²	A %
S 185	St 33	1.0035	510 bis 295	185 bis 175	18
S 235 J2 G3	St 37-3	1.0116	470 bis 340	235 bis 215	26
S 235 J0	St 37-3	1.0144	470 bis 340	275 bis 205	26
E 295	St 50-2	1.0050	610 bis 470	295 bis 265	26
E 335	St 60-2	1.0060	710 bis 570	335 bis 305	16
E 360	St 70-2	1.0070	830 bis 790	360 bis 335	11

- **Schweißgeeignete Feinkornbaustähle**

Schweißgeeignete Feinkornbaustähle nach DIN EN 10113 sind Qualitäts- und Edelstähle, die aufgrund ihres feinkörnigen Gefüges hohe Streckgrenze und gute Zähigkeit aufweisen. Sie werden besonders im Brückenbau und zum Bau von Druckbehältern eingesetzt.

Beispiele für schweißgeeignete Feinkornbaustähle

Kurzname nach DIN EN 10025	Werkstoff-nummer	frühere Bezeichnung	Zugfestigkeit Proben 16–40 mm N/mm²	Steckgrenze Proben 16–40 mm N/mm²	Steckgrenze Proben 40–63 mm N/mm²	Bruchdehnung %	Kerbschlagarbeit bei 20 °C J	chemische Zusammensetzung maximal C %	Si %	Mn %
S275N	1.0490	StE 285	510-370	265	255	24		0,18	0,4	0,5-1,4
S355N	1.0545	StE 355	630-470	345	335	22	55	0,20	0,5	0,9-1,65
S420N	1.8902	StE 420	680-520	400	390	19		0,20	0,6	1,0-1,7

- **Vergütungsstähle**

Vergütungsstähle sind nach DIN EN 10083 unlegierte und legierte Stähle. Sie sind für kleine Maschinenelemente mit geringer Festigkeit wie Schrauben und Bolzen bis zu großen Bauelementen mit hohen Festigkeitseigenschaften wie Schiffskurbelwellen einzusetzen.

Beispiele für Vergütungsstähle

Kurzname nach DIN EN 10083	Werkstoff-nummer	Gewährleistete mechanische Werte über 16 bis 40 mm Durchmesser vergütet: Zugfestigkeit N/mm²	Streckgrenze N/mm²	Bruchdehnung %
C 45	1.0503	800 bis 650	305	16
C 60	1.1221	950 bis 800	520	13
28 Mn 6	1.1170	840 bis 690	490	15
34 Cr 4	1.7033	950 bis 800	590	14
50 CrMo 4	1.7228	1200 bis 1000	780	10
30 CrNiMo 8	1.6580	1300 bis 1100	900	10
34 CrNiMo 6	1.6582	1300 bis 1100	900	10

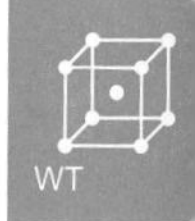

- **Nitrierstähle**

Nitrierstähle nach DIN EN 10085 sind Stähle, die als Legierungselemente Cr, Al und V enthalten. Diese Legierungselemente bilden mit Stickstoff harte und verschleißfeste Nitride.
Typische Nitrierstähle sind 39 CrMoV 13-9 und 41 CrAlMo 7.

- **Einsatzstähle**

Einsatzstähle nach DIN EN 10084 sind Qualitäts- und Edelstähle, die nach Aufkohlen und Härten der Oberfläche vorwiegend im Maschinen- und Werkzeugbau verwendet werden.

Beispiele für Einsatzstähle

Kurzname nach DIN EN 10084	Werkstoff-nummer	Gewährleistete mechanische Werte Probestab 30 mm Durchmesser Zugfestigkeit N/mm^2	Streckgrenze N/mm^2	Bruchdehnung %
C 10 E	1.1121	490 bis 640	295	16
C 15 E	1.1141	590 bis 780	350	14
16 MnCr 5	1.7131	880 bis 1180	390	11
20 MnCr 5	1.7147	1080 bis 1370	685	8
18 CrNiMo 13-4	1.6587	1180 bis 1420	785	8

- **Nicht rostende Stähle**

Nicht rostende Stähle nach DIN EN 10088 sind Edelstähle, die durch Zulegieren von mindestens 12 % Cr hohe Beständigkeit gegen chemische Angriffe durch korrodierende Flüssigkeiten aufweisen.
Der bekannteste Stahl dieser Gruppe ist der X 10 CrNiMoTi 18-9.

- **Automatenstähle**

Automatenstähle nach DIN EN 10087 sind Stähle, die sich durch gute Zerspanbarkeit und gute Spanbrüchigkeit auszeichnen. Diese Eigenschaften werden durch Einschlüsse von Schwefel im Grundgefüge erzielt. Bleizusätze erhöhen ebenfalls die Zerspanbarkeit.

Automatenstähle sind z.B. 10 S 20 für verschleißfeste Kleinteile und 38 SMn 28 für große Bauteile.

- **Federstähle**

Federstähle nach DIN EN 10089 weisen in gehärtetem und angelassenem Zustand hohe Streckgrenze und damit eine gute Elastizität auf. Sie sind meist mit Chrom und mehr als 1% Silizium legiert.
Federstähle sind z.B. 38 Si 7, 61 SiCr 7 und 51 CrV 4.

- **Schnellarbeitsstähle**

Schnellarbeitsstähle werden zur Herstellung von Zerspanungs- und Schnittwerkzeugen eingesetzt. Sie erhalten ihre hohe Härte vorwiegend durch harte und warmfeste Karbide der Legierungselemente.
Schnellarbeitsstähle werden durch ein besonderes Bezeichnungssystem gekennzeichnet. Der Kurzname beginnt mit **HS,** es folgen in ganzen Zahlen die Gehalte an Wolfram, Molybdän, Vanadium und Cobalt. Der Kohlenstoffgehalt (0,6 % bis 1,2 %) und der Chromgehalt (meist 4 %) werden nicht angegeben.

Beispiele für Schnellarbeitsstähle

Kurzname HS (W-Mo-V-Co)	Werkstoff-nummer	Chemische Zusammensetzung in % (Mittelwerte) C	Cr	W	Mo	V	Co	Härte nach dem Anlassen in HRC
HS 3 - 3 - 2	1.3333	0,99	4,15	2,85	2,75	2,35	–	62 ... 64
HS 6 - 5 - 2 - 5	1.3343	0,88	4,15	6,35	4,95	1,85	–	64 ... 66
HS 10 - 4 - 3 - 10	1.3207	1,27	4,15	10,25	3,75	3,25	10,50	65 ... 67
HS 12 - 1 - 4 - 5	1.3202	1,37	4,15	12,00	0,85	3,75	4,75	65 ... 67

4 Eisen-Kohlenstoff-Gusswerkstoffe

- **Kohlenstoff in Fe-C-Gusswerkstoffen**

Fe-C-Gusswerkstoffe enthalten Kohlenstoff in verschiedener Konzentration und verschiedener Form. Sie haben deshalb sehr unterschiedliche Gefüge.
Stahlguss ist in Formen gegossener Stahl mit normalem Stahlgefüge. Der C-Gehalt beträgt höchstens 0,75 % C.
Gusseisen enthält Kohlenstoff überwiegend in Form von Lamellen oder Kugeln, C-Gehalte 3 bis 5 %.
Temperguss hat im Rohzustand allen Kohlenstoff als Fe_3C. Der C-Gehalt liegt zwischen 2,5 % und 3,5 %.
Sonderguss sind Hartguss und besonders legierte Gusseisensorten.

Übungsaufgaben WT-66 bis WT-71

- **Gießeigenschaften**

Durch Gießen lassen sich Werkstücke in beliebiger Gestalt herstellen. Für Werkstücke mit komplizierten Formen ist Gießen das wirtschaftlichste Fertigungsverfahren. Gießen erfordert vom Werkstoff bestimmte Eigenschaften:

- **Gutes Formfüllungsvermögen und Dünnflüssigkeit,** damit der flüssige Gusswerkstoff die gesamte Gießform auch in kleinsten Querschnitten ausfüllt.
- **Niedriger Schmelzpunkt,** damit Energiekosten gespart werden und die Gießform nicht unnötig durch hohe Temperaturen belastet wird.
- **Geringe Schwindung,** damit beim Übergang vom flüssigen in den festen Zustand keine Schwindungshohlräume – Lunker – entstehen. (Schwindung: 1 %)

Die Gießeigenschaften entscheiden nicht allein über die Verwendung eines Werkstoffes als Gusswerkstoff. Wichtiger sind in vielen Fällen die Festigkeitseigenschaften.

Eisen-Kohlenstoff-Legierungen mit ungefähr 4 % Kohlenstoff zeigen gute Gießeigenschaften. Nachteilig ist jedoch die gegenüber Stahl geringere Zugfestigkeit dieser Werkstoffe. Für Werkstücke mit hoher Beanspruchung wählt man darum Stahlguss, der zwar schlechtere Gießeigenschaften besitzt, jedoch hohe Festigkeit und Zähigkeit hat.

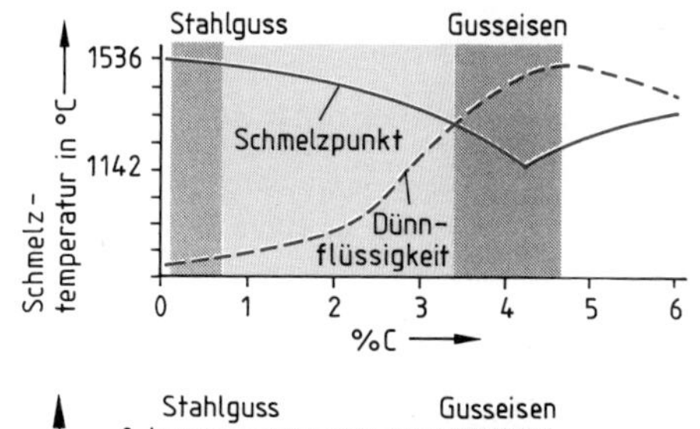

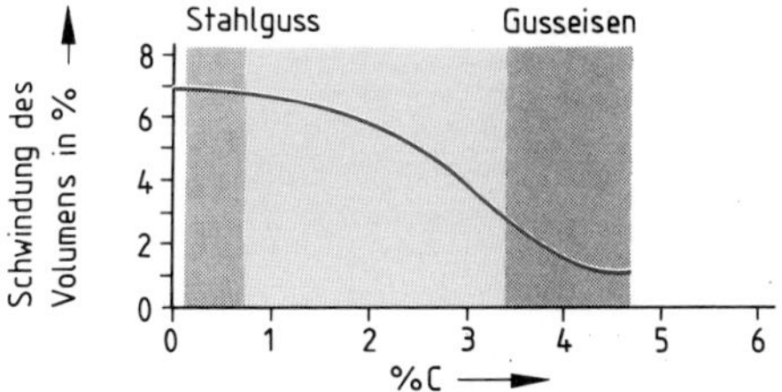

Vergleich der Gießeigenschaften von Stahlguss und Gusseisen

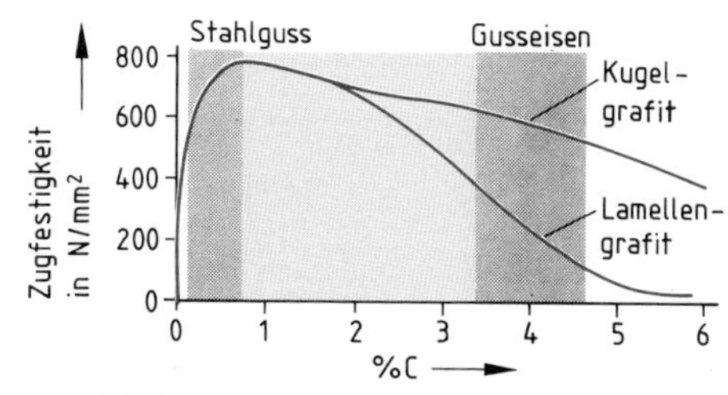

Zugfestigkeit von Stahlguss und Gusseisen

Fe-C-Gusslegierungen haben im Bereich von 3 bis 4 % C beste Gießeigenschaften.

4.1 Stahlguss

Stahlguss ist in Formen gegossener unlegierter und legierter Stahl mit einem Kohlenstoffgehalt meist um 0,25 %. Wegen des geringen Kohlenstoffgehaltes hat Stahlguss eine Gießtemperatur von etwa 1600 °C, also um 300 °C höher als bei Gusseisen. Das Volumen von Stahlguss schwindet beim Erkalten bis zu achtmal so stark wie bei Gusseisen, die Festigkeit ist jedoch doppelt so hoch.

Stahlguss wird als Werkstoff etwa für hochfeste Werkstücke mit komplizierter Form verwendet. So werden Turbinengehäuse, Nähmaschinenteile u.a. aus Stahlguss hergestellt. Die Stückgewichte reichen von weniger als einem Gramm bis zu mehreren 100 Tonnen.

Unlegierter Stahlguss wird mit dem Kurzzeichen GE und der Streckgrenze *Re* gekennzeichnet; z.B. GE 240 (alte Bezeichnung GS-45).

Verdichtergehäuse (3 500 kg)

Stahlguss ist unlegierter und legierter Stahl, der in Formen unmittelbar zu Werkstücken vergossen wird. Der Stahlguss hat hohe Festigkeit und Zähigkeit.
Stahlguss mit unter 1 % C hat ungünstige Gießeigenschaften, aber hohe Festigkeit.

4.2 Gusseisen

4.2.1 Gefüge und Eigenschaften von Gusseisen

Gusseisen enthält 3 bis 5 % Kohlenstoff. Bei diesen Kohlenstoffgehalten erhält man niedrige Schmelztemperaturen. Darüber hinaus sind die Gießeigenschaften wie Dünnflüssigkeit, geringe Schrumpfung, geringe Rissneigung u.a. besonders günstig. Darum können auch sehr dünnwandige Werkstücke aus Gusseisen hergestellt werden.

Im Gefüge der meisten Eisen-Kohlenstoff-Gusswerkstoffe mit höherem Kohlenstoffgehalt liegt der Kohlenstoff überwiegend als Graphit vor. Den Gefügebestandteil, der das Eisen enthält, bezeichnet man als Grundgefüge.

Gusseisen ist eine Eisen-Kohlenstoff-Legierung mit 3 bis 5 % C. Gusseisen besteht aus einem Grundgefüge, das im Wesentlichen vom Eisen gebildet wird und darin eingelagertem Graphit.

Dieses Grundgefüge kann wie beim Stahl nur aus Ferrit, aus Ferrit und Perlit oder ganz aus Perlit bestehen. Je höher der Perlitanteil ist, desto größer sind Festigkeit und Härte des Gefüges. Festigkeit und Zähigkeit des Grundgefüges können bei besonderen Anforderungen durch Vergüten erhöht werden.

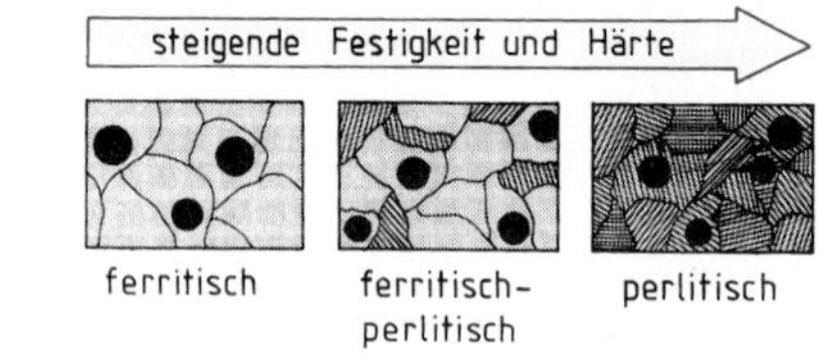

Grundgefüge in Gusseisen mit Kugelgraphit

Das Grundgefüge des Gusseisens kann bestehen aus:

- Ferrit,
- Perlit,
- Ferrit und Perlit,
- Vergütungsgefüge.

Der im Grundgefüge eingelagerte Graphit hat nur sehr geringe Festigkeit und Härte und vermindert die Festigkeitseigenschaften des gesamten Gefüges. Dabei werden Festigkeit und Härte weniger durch die Menge des Graphits als vielmehr durch seine Form beeinflusst. Lamellenförmig eingelagerter Graphit schwächt das Grundgefüge stärker als flockenförmiger oder gar kugelförmiger Graphit, denn jede Graphitlamelle wirkt auf das Grundgefüge wie eine Kerbe, von der Risse ausgehen können.

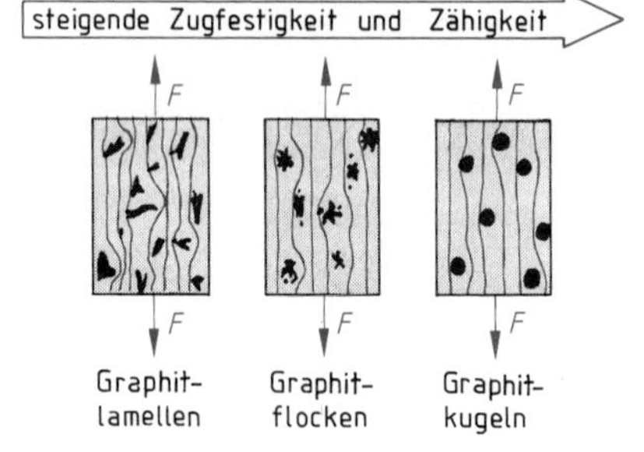

Einfluss der Graphitform

Die Graphitform beeinflusst entscheidend die Festigkeit und Zähigkeit von Gusseisen.

4.2.2 Gusseisen mit Lamellengraphit (GJL)

Gusseisen mit Lamellengraphit nach DIN EN 1561 ist ein Eisen-Kohlenstoff-Gusswerkstoff, dessen Kohlenstoff im Gefüge überwiegend in Form von Graphitlamellen vorliegt. Er hat in der Regel Kohlenstoffgehalte von 2,5 % bis 4,0 % bei Siliziumgehalten um 2,0 %. Dadurch ergeben sich gute Gießeigenschaften.

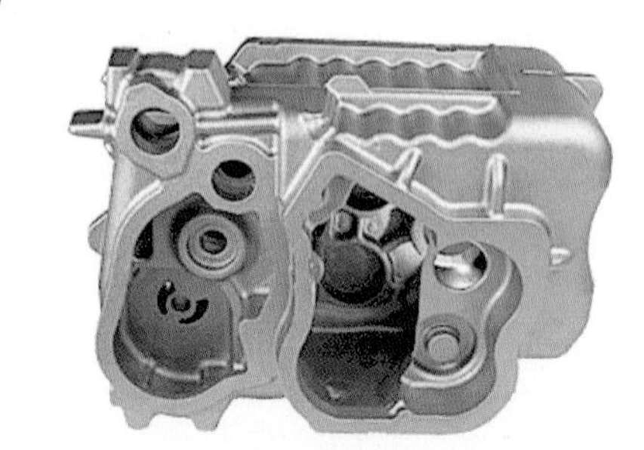
Getriebegehäuse aus Gusseisen mit Lamellengraphit

Gusseisen mit Lamellengraphit (GJL) ist ein Eisen-Kohlenstoff-Gusswerkstoff, bei dem der Kohlenstoff überwiegend als Graphit in Lamellenform vorliegt.

Da jede Graphitlamelle eine Kerbe für das Grundgefüge darstellt, ist die Festigkeit des Gusseisens weit geringer als die von Stahlguss. Dabei weisen Gefüge von Gusseisen mit gleicher Zusammensetzung, aber mit kleineren Lamellen höhere Festigkeit auf als Gefüge mit großen Lamellen.
Weiterhin bestimmt die Art des Grundgefüges die Festigkeitseigenschaften.

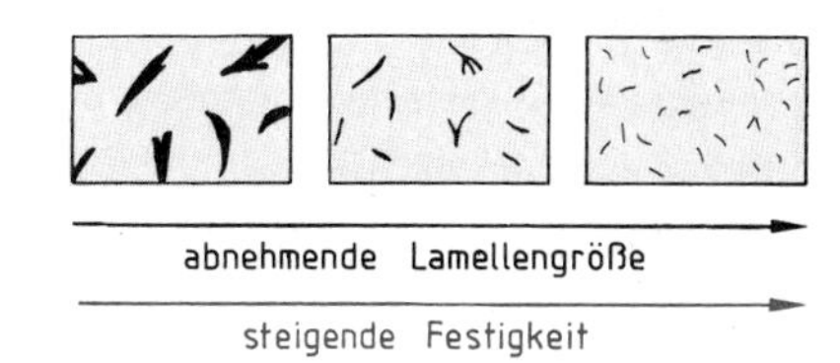

Einfluss der Lamellengröße auf die Festigkeit

Die Festigkeit von Gusseisen mit Lamellengraphit (GJL) hängt von der Größe der Graphitlamelle und der Art des Grundgefüges ab.

Gusseisen dämpft Schwingungen. Diese Dämpfungseigenschaften des Gusseisens beruht darauf, dass die Graphitlamellen wie Polster das Übertragen der Schwingungen verhindern. Wegen seiner schwingungsdämpfenden Eigenschaft und seiner guten Gießbarkeit wird Gusseisen zur Herstellung von Ständern für Werkzeugmaschinen, Motorengehäusen u.a. verwendet.

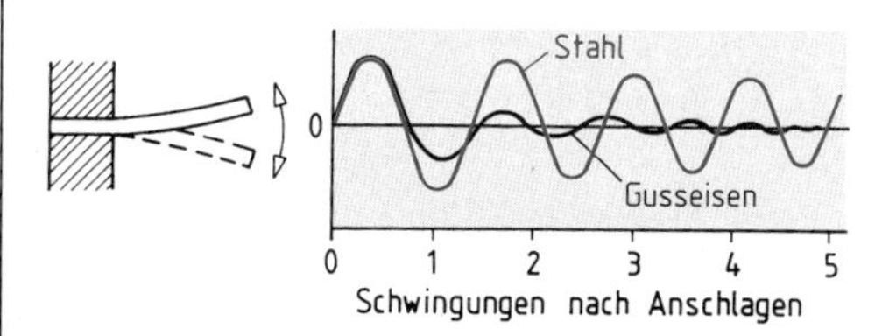

Schwingungsverlauf bei Stahl und Gusseisen

Gusseisen mit Lamellengraphit (GJL)
- ist gut gießbar,
- wirkt schwingungsdämpfend,
- ist relativ korrosionsbeständig.

4.2.3 Gusseisen mit Kugelgraphit (GJS)

Gusseisen mit Kugelgraphit nach DIN EN 1563 ist ein Eisen-Kohlenstoff-Gusswerkstoff, dessen Kohlenstoff im Gefüge weitgehend kugelförmig vorliegt. Der Kohlenstoffgehalt liegt zwischen 3,5 und 4,5 %. Die kugelförmige Ausbildung des Graphits im Gefüge entsteht durch Zugabe von Magnesium in die Schmelze. Da die Graphitkugeln nur geringe Kerbwirkung für das Grundgefüge haben, ist die Festigkeit von Gusseisen mit Kugelgraphit annähernd so hoch wie bei Stahlguss, ohne dass sich die Gießeigenschaften gegenüber Gusseisen mit Lamellengraphit verschlechtern.

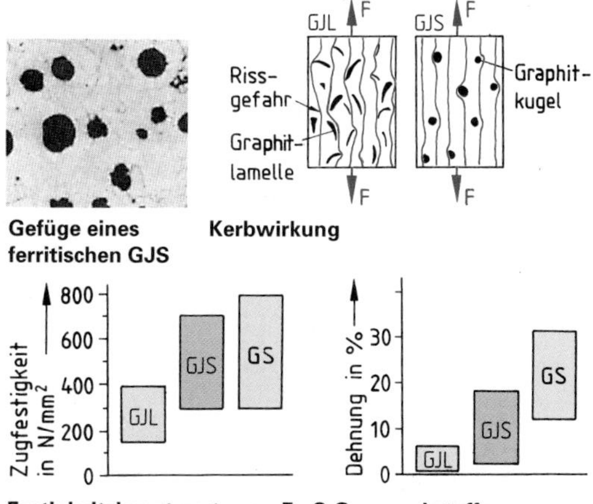

Festigkeitskenntwerte von Fe-C-Gusswerkstoffen

Gusseisen mit Kugelgraphit ist ein Eisen-Kohlenstoff-Gusswerkstoff, bei dem der Kohlenstoff überwiegend als Graphit in Kugelform vorliegt.

Gusseisen mit Kugelgraphit wird als Werkstoff für Automobilteile (Achsgehäuse, Getriebegehäuse, Bremstrommeln, Kurbelwellen u.a.), hoch beanspruchte Maschinenteile, Bauteile im Landmaschinenbau und Waggonbau verwendet.

Wasserkasten für Betonpumpe aus GJS

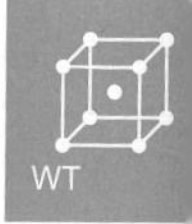

Gusseisen mit Kugelgraphit (GJS)
- ist fester und zäher als GJL,
- ist gut gießbar,
- ist relativ korrosionsbeständig.

Übungsaufgaben WT-74 bis WT-78

4.3 Normbezeichnungen von Fe-C-Gusswerkstoffen

- **Kurznamen von Gusseisenwerkstoffen**

Der Kurzname für Gusseisenwerkstoffe wird nach DIN EN 1560 durch maximal sechs Angaben gebildet, wobei nicht alle Positionen belegt sein müsen. Es wird immer die Sorte des Gusseisenwerkstoffs und die mechanische Eigenschaft bzw. die Härte angegeben.

Beispiele für Kurznamen von Gusseisenwerkstoffen

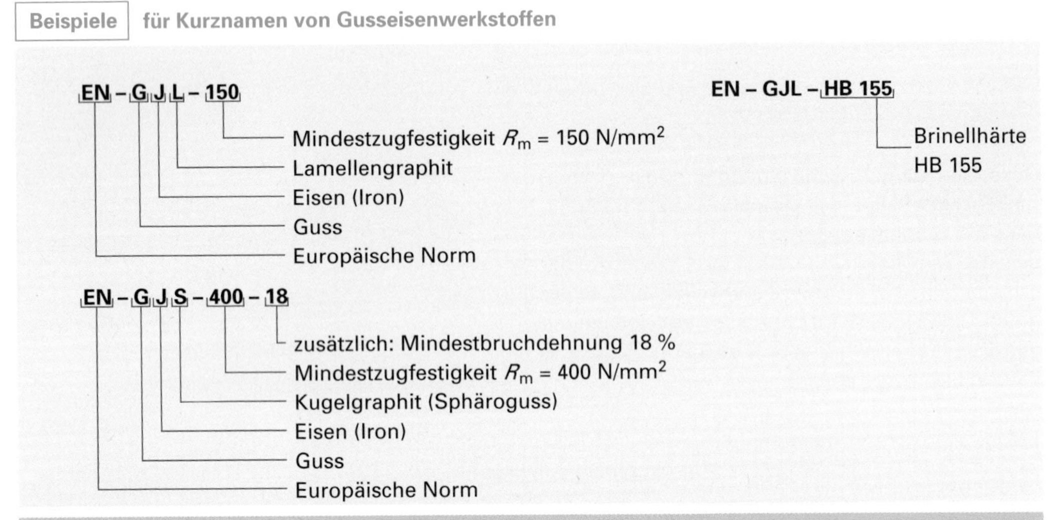

Kurznamen für Gusseisenwerkstoffe beginnen immer mit EN, es folgt ein G für Guss und dann ein J für Eisen, die Sorte schließt diese Buchstabenfolge mit L für Lamellengraphit oder S für Kugelgraphit ab. Abschließend werden mechanische Eigenschaften angegeben.

- **Werkstoffnummern für Gusseisenwerkstoffe**

Die Werkstoffnummern für Gusseisenwerkstoffe unterscheiden sich nach DIN EN 1561 von denen der Stahlwerkstoffe. Sie beginnen immer mit EN, es folgt die Sorte des Gusseisenwerkstoffs, wie z.B. JL oder JS, und eine vierstellige Zahl.

Beispiele für Werkstoffnummern von Gusseisenwerkstoffen

Werkstoff	Kurzname	Werkstoff-nummer	Bisheriger Kurzname	Festigkeitseigenschaft/ Härte
Gusseisen mit Lamellengraphit	EN-GJL-200	**EN-JL 1030**	GG-20	Zugfestigkeit R_m = 200 bis 300 N/mm^2
Gusseisen mit Lamellengraphit	EN-GJL-HB 235	**EN-JL 2050**	GG-240 HB	Brinellhärte HB 165 bis 235
Gusseisen mit Kugelgraphit	EN-GJS-400	**EN-JS 1030**	GGG-40	Zugfestigkeit R_m = 370 bis 400 N/mm^2

- **Werkstoffnummern für Stahlguss**

Die Werkstoffnummern werden für Stahlguss nach dem Nummernsystem für Stähle nach DIN EN 10027 angegeben. Sie beginnen immer mit einer 1. und dann folgt eine vierstellige Zahl.

Beispiele für Werkstoffnummern von Stahlguss

Werkstoff	Kurzname	Werkstoff-nummer	Bisheriger Kurzname	Festigkeitseigenschaft
Stahlguss für Druckbehälter	GP 240	**1.0619**	GS-C 25	R_{eH} = 240 N/mm^2
Stahlguss	GE 200	**1.0420**	GS-39	R_{eH} = 200 N/mm^2

Bei Stahlguss beginnt die Werkstoffnummer immer mit 1. und es folgt eine vierstellige Zahl.

Übungsaufgabe WT-79

5 Nichteisenmetalle

5.1 Aluminium und Aluminiumlegierungen

5.1.1 Reinaluminium

Aluminium wird im Gegensatz zu Eisen auch als reines Metall verwendet.
Der innere Aufbau des Aluminiums bestimmt seine Eigenschaften, die eine vielseitige Anwendung des Aluminiums und seiner Legierungen ergeben.

chem. Symbol:	Al
Schmelzpunkt:	660 °C
Dichte:	2,7 g/cm^3
Gittertyp:	kubisch-flächenzentriert

Eigenschaft	Ursache	Verwendungsbeispiele
geringe Dichte **ϱ = 2,7 g/cm^3**	großer Abstand der Atome kleine Masse eines Atoms	Legierungen für Fahrzeugbau und Flugzeugbau
gute elektrische Leitfähigkeit	viele freie Elektronen	Reinaluminium für Stromschienen und Überlandleitungen
gute Wärmeleitfähigkeit		Reinaluminium und Aluminiumlegierungen für Kochtöpfe und Heizkörper
gute Umformbarkeit	kubisch-flächenzentriertes Gitter	Reinaluminium für Folien und Tuben
Korrosionsbeständigkeit	Bildung einer festen und dichten Oxidhaut an der Luft	Reinaluminium und Aluminiumlegierungen für Nahrungsmittelbehälter und Rohrleitungen
schweiß- und lötbar mit besonderen Verfahren		

5.1.2 Aluminiumgusslegierungen

Aluminium bildet mit Silizium ein Kristallgemenge. Eine Aluminium-Silizium-Legierung mit etwa 12 % Silizium schmilzt bereits bei etwa 600 °C, besitzt sehr gute Gießeigenschaften (Dünnflüssigkeit, geringe Schwindung) und hat hohe Festigkeit. Sie lässt sich im Allgemeinen gut schweißen und ist korrosionsbeständig.
Anteile an Magnesium und Kupfer erhöhen die Festigkeit. Kupfer verringert jedoch die Korrosionsbeständigkeit. Aluminiumgusslegierungen mit diesen Elementen werden als Werkstoffe z.B. für Motorengehäuse und Getriebegehäuse im Fahrzeug- und Flugzeugbau verwendet.

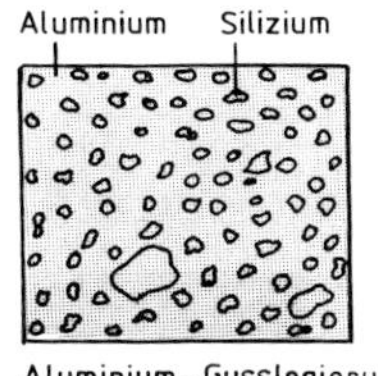

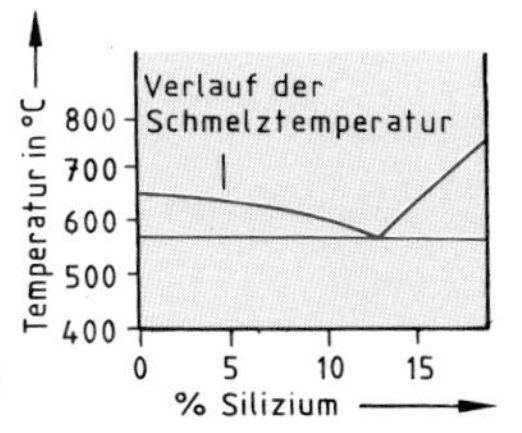

Gefüge und Schmelztemperatur von Al-Si-Legierungen

Zylinderkopf aus Aluminiumgusslegierung

Aluminiumgusslegierungen sind Aluminiumlegierungen mit guten Gießeigenschaften. Sie enthalten in der Regel Silizium.

5.1.3 Aluminiumknetlegierungen

Bereits geringe Zusätze der Legierungselemente Magnesium (Mg), Silizium (Si), Kupfer (Cu), Zink (Zn) und Mangan (Mn) ändern sehr stark die Eigenschaften des reinen Aluminiums. Insbesondere werden Festigkeit und Härte gesteigert, die elektrische Leitfähigkeit gesenkt, während die Umformbarkeit nur gering nachlässt. Diese Legierungen können durch Warmumformen (Walzen, Strangpressen) durchgeknetet werden, deshalb nennt man sie Aluminiumknetlegierungen.
Aluminiumknetlegierungen werden aufgrund ihrer hohen Festigkeit und geringen Dichte als Werkstoffe für Transportbehälter sowie Konstruktionsteile im Fahrzeug-, Flugzeug- und Schiffbau verwendet.

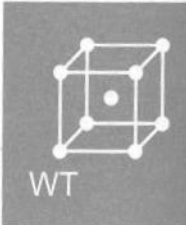

Aluminiumlegierungen mit Zusätzen von Magnesium, Silizium, Kupfer, Zink und Mangan sind gut umformbar und haben hohe Festigkeit. Man nennt sie Knetlegierungen.

Übungsaufgaben WT-80 bis WT-83

5.1.4 Aushärtung von Aluminiumlegierungen

Aluminium bildet mit bestimmten Legierungselementen (Kupfer, Magnesium, Zink) bei höheren Temperaturen (ca. 500 °C) Mischkristalle. Zum Aushärten erhitzt man die Werkstücke zunächst auf diese Temperatur. Man nennt dies **Lösungsglühen.** Werden Guss- oder Knetlegierungen, welche solche Legierungselemente enthalten, auf Raumtemperatur langsam abgekühlt, entstehen Kristallgemenge aus Aluminium und den Legierungselementen. Kühlt man solche Legierungen von höheren Temperaturen schnell ab, so bleibt das Mischkristallgefüge auch bei Raumtemperatur erhalten. Die Atome der Legierungselemente bleiben zwangsweise im Aluminiumgitter eingebaut.

Im Gegensatz zum Stahl sind diese Aluminium-Legierungen zunächst weich und leicht umformbar. Die Härtezunahme setzt erst ein, wenn die schnell abgekühlten Aluminiumlegierungen eine Zeitlang lagern. Erst während dieser Zeit tritt die Gitterverspannung ein. Sie bewirkt die Zunahme der Härte und der Festigkeit. Diesen Vorgang bezeichnet man als **Auslagerung.**

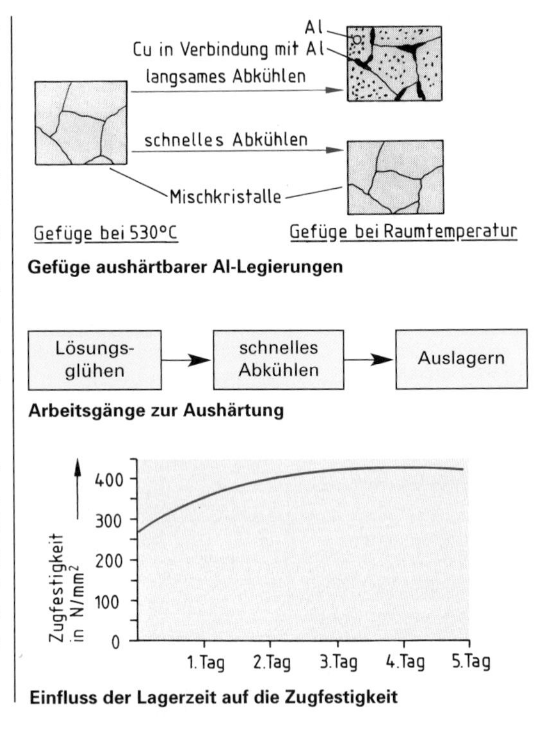

Gefüge aushärtbarer Al-Legierungen

Arbeitsgänge zur Aushärtung

Einfluss der Lagerzeit auf die Zugfestigkeit

Die Aushärtung der Aluminiumlegierungen geschieht in drei Stufen:
- Lösungsglühen,
- schnelles Abkühlen,
- Auslagern.

5.1.5 Normbezeichnungen

Entsprechend der Systematik für Nichteisenmetalle gliedern sich die Kurzzeichen für Aluminium nach DIN EN 573 in mehrere Teile. Das Kurzzeichen beginnt immer mit dem Normhinweis **EN**.

Es folgt ein **A** für Aluminium. Die folgenden Teile weisen auf Herstellung, Zusammensetzung und Werkstoffzustand hin.

Aufbau des Kennzeichens von Aluminium und Al-Legierungen

Norm	Werkstoff	Herstellung	Kennzeichen für Zusammensetzung	Kennzeichen für Werkstoffzustand
		W Halbzeug	Normen für Zusammensetzung	Buchstabe und Zahl für Behandlungszustand
			1. Stelle **1** reines Aluminium	
EN	**A**	**C** Guss	**2** Cu	
			3 Mn Hauptbestandteil	**O** weichgeglüht
		B Block	**4** Si	**O2** thermomechanisch behandelt für höchste Umformbarkeit
			— oder —	**H** kaltverfestigt
				H12 ¼ hart kaltverfestigt
			Zeichen für **Al** und chemische Symbole für Legierungselemente mit evtl. Zahlenwert des Gehaltes in fallender Reihenfolge	**T** ausgehärtet
				T4 lösungsgeglüht und kalt ausgelagert

Übungsaufgabe WT-84

Beispiele für Normbezeichnungen von Aluminiumlegierungen

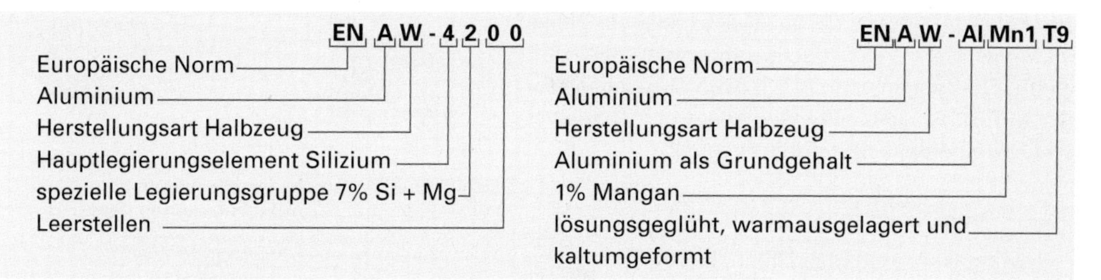

5.2 Kupfer und Kupferlegierungen

5.2.1 Eigenschaften und Verwendung von Kupfer

Kupfer wird als reines Metall in der Technik verwendet. Die folgenden Eigenschaften bestimmen seine Verwendung.

chem. Symbol:	**Cu**
Schmelzpunkt:	1 083 °C
Dichte:	8,9 g/cm³
Gittertyp:	kfz

Ursache	Eigenschaft	Verwendungsbeispiele
Viele freie Elektronen	**sehr gute elektr. Leitfähigkeit**	Kabel, Stromschienen
	sehr gute Wärmeleitfähigkeit	Wärmetauscher, Lötkolben
Kubisch-flächenzentriertes Gitter	**gute Umformbarkeit**	Behälter, Kessel, Dichtungen, Kunstgegenstände
Bildung einer dichten und festen Oxidschicht an der Luft	**gute Korrosionsbeständigkeit**	Rohrleitungen, Dachabdeckungen, Plattierungen

5.2.2 Kupferlegierungen

Die wichtigsten Legierungselemente des Kupfers sind Zink (Zn), Zinn (Sn), Nickel (Ni), Aluminium (Al) und Blei (Pb).
Die Normenbezeichnung der Kupferlegierungen ist in gleicher Weise aufgebaut wie die der Al-Legierungen. Sie beginnt jedoch mit Cu.

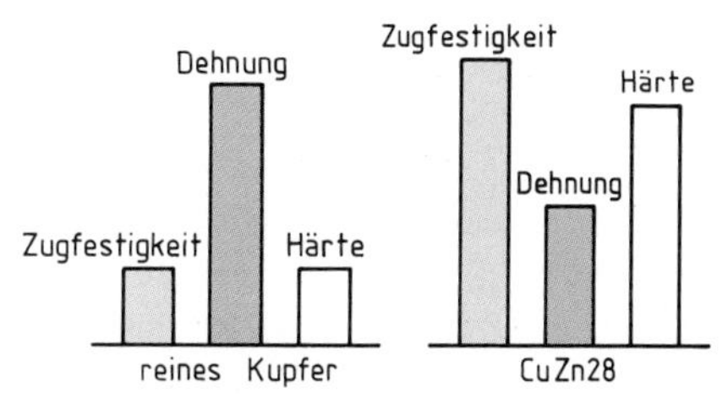

Mechanische Eigenschaften von reinem Kupfer und einer Kupfer-Zink-Legierung

- **Kupfer-Zink-Legierungen**

Kupfer-Zink-Legierungen mit einem Kupfergehalt von mindestens 50% und Zink als Hauptlegierungsbestandteil werden als **Messing** bezeichnet. Damit bei der spanenden Bearbeitung der Span besser bricht, kann Messing bis zu 3% Blei enthalten.
Beträgt der Zinkgehalt unter 38%, so besteht das Messing aus Mischkristallen mit kubisch-flächenzentriertem Gitteraufbau. Diese Messingsorten sind sehr gut umformbar. Sie werden als Kupfer-Zink-Knetlegierungen bezeichnet. Aus diesen Messingsorten werden Schrauben, Blattfedern, Kugelschreiberminen, Hülsen u.a. Bauteile durch Kaltumformen hergestellt.

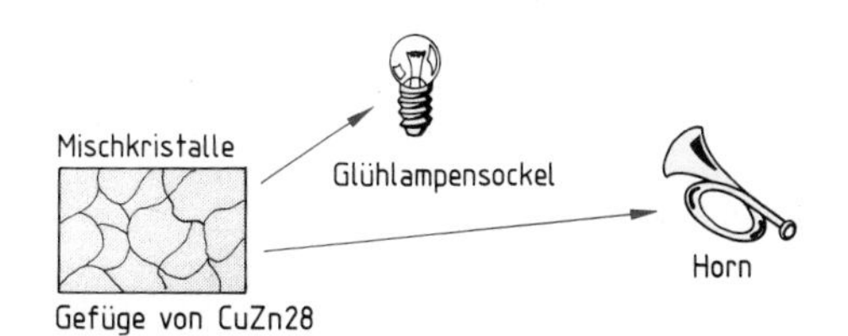

Gefüge und Beispiele für die Verwendung von Cu-Zn-Legierungen mit niedrigem Zn-Gehalt (Messing)

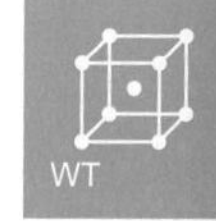

Übungsaufgaben WT-85; WT-86

Steigt der Zinkgehalt über 38 %, bildet sich ein Kristallgemenge aus kubisch-flächenzentrierten und kubisch-raumzentrierten Mischkristallen. Diese Messingsorten sind schlecht umformbar, aber gut gießbar und zerspanbar. Aus diesen Messingsorten werden Armaturen, Ventile, Steuerungsbauteile und Formdrehteile aller Art hergestellt.

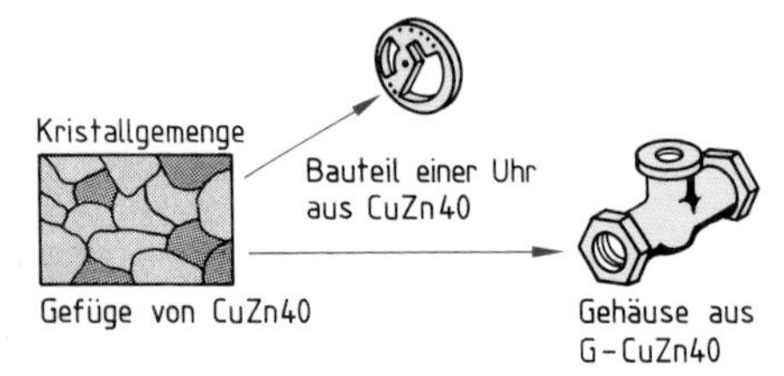

Gefüge und Beispiele für die Verwendung von Cu-Zn-Legierungen mit höheren Zn-Gehalten (Messing)

Messing ist eine Kupfer-Zink-Legierung. Messingsorten mit weniger als 38% Zinkgehalt sind gut umformbar. Messingsorten mit mehr als 38% Zinkgehalt sind gut gieß- und zerspanbar.

- **Kupfer-Zinn-Legierungen**

Kupfer-Zinn-Legierungen bezeichnet man als **Zinn-Bronzen.** Zinn-Bronzen werden in Knetlegierungen und Gusslegierungen unterteilt. Dabei werden die Zinn-Bronzen bis zu 9% Zinn als Knetlegierungen bezeichnet, da bis zu diesem Zinngehalt Mischkristalle gebildet werden. Diese Zinnbronzen sind gut umformbar. Es werden daraus Schrauben, Drähte, Bleche, Bänder und andere Bauteile hergestellt.

Steigt der Zinngehalt über 9 %, entstehen Kristallgemenge. Es verschlechtert sich die Umformbarkeit. Die Gießeigenschaften verbessern sich. Darüber hinaus verbessern sich Korrosionsbeständigkeit und die Gleiteigenschaften. Aus Zinnbronzen stellt man Schneckenräder, Lager, Armaturen, Bauteile für Turbinen und Gleitschienen durch Gießen her.

CuSn6	94 % Cu	6 % Sn
CuSn8	92 % Cu	8 % Sn

Profilstab Blech Schraube

Verwendung von Cu-Sn-Knetlegierungen

G-CuSn 12	88 % Cu	12 % Sn
G-CuSn 14	86 % Cu	14 % Sn

Führung Ventilgehäuse

Verwendung von Cu-Sn-Gusslegierungen

Bronzen sind Kupfer-Zinn-Legierungen. Bronzen mit weniger als 9% Zinn sind Knetlegierungen. Bronzen mit mehr als 9% Zinn werden vergossen.

- **Kupfer-Zink-Zinn-Legierungen**

Kupfer-Zink-Zinn-Legierungen bezeichnet man als **Rotguss.** Rotguss ist ein sehr gut gießbarer und korrosionsbeständiger Werkstoff. Er wird für dünnwandige verwickelte Werkstücke wie Pumpengehäuse, Schneckenräder, Heißdampfarmaturen verwendet.

G-CuSn5ZnPb	85 % Cu 5 % Sm; Zn u. Pb in Anteilen
G-CuSn 10Zn	88 % Cu 10 % Sn (2 %) Zn

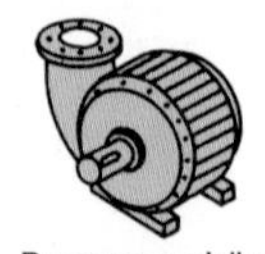

Pumpengehäuse Armatur

Verwendung von Cu-Zn-Sn-Legierungen

Rotguss sind Kupfer-Zink-Zinn-Legierungen.

- **Kupfer-Zink-Nickel-Legierungen**

Kupfer-Zink-Nickel-Legierungen bezeichnet man wegen ihres silbernen Glanzes als **Neusilber.** Es enthält zwischen 10 und 25 % Nickel. Neusilber ist gut umformbar und sehr korrosionsbeständig. Es wird als Werkstoff in der Optik, in der Feinmechanik und im Kunstgewerbe verwendet.

CuZn 30 Ni 12 Pb	56 % Cu	30 % Zn	12 % Ni	2 % Pb

Türgriffe Bestecke Teile an Fotoapparaten

Verwendung von Cu-Zn-Ni-Legierungen

Neusilber sind Kupfer-Zink-Nickel-Legierungen.

Übungsaufgaben WT-87 bis WT-90

6 Sinterwerkstoffe

Aus pulverförmigen metallischen und nicht metallischen Ausgangsstoffen stellt man in zunehmendem Maße Bauelemente her, an die hohe Anforderungen in Bezug auf Maßhaltigkeit, Festigkeit und Belastbarkeit gestellt werden. Darüber hinaus lassen sich aus den zunächst pulverförmigen Stoffen neue Werkstoffe mit bisher unbekannten Eigenschaften herstellen. Sie erlauben technische Lösungen, die vorher undenkbar waren.

So kann man aus pulverförmigen Ausgangsstoffen:

- Bauelemente herstellen, die aus Werkstoffen mit sehr hohen Schmelzpunkten bestehen, z.B. Glühfäden aus Wolfram für Glühlampen. Sie haben einen Schmelzpunkt von 3 380 °C.
- Werkstoffe herstellen, deren Bestandteile im schmelzflüssigen Zustand nicht mischbar sind, z.B. Graphit und Kupfer als Werkstoff für Stromabnehmer.
- poröse metallische Werkstoffe erzeugen, z.B. Bronzen für Gleitlager und Metallfilter.

Gesinterte Bauteile

Nachteile bei der Herstellung von Sinterwerkstoffen und Sinterwerkstücken sind:

- Die Pulverherstellung ist oft sehr teuer.
- Die Presswerkzeuge können erst bei Großserien wirtschaftlich eingesetzt werden.
- Bei der Herstellung von Werkstücken, die Hinterschneidungen und Hohlräume enthalten, treten erhebliche Schwierigkeiten auf.

6.1 Herstellung von Sinterteilen aus Metallpulvern

Durch das Urformverfahren Sintern stellt man aus pulverförmigen Ausgangsstoffen feste Werkstücke in ihrer Endform her. Diese Werkstücke zeichnen sich durch hohe Form- und Maßgenauigkeit aus.
Die Fertigung von Werkstücken aus Metallpulver oder aus Pulver metallischer Verbindungen erfolgt meist in mehreren Arbeitsgängen.

Arbeitsgänge beim Sintern

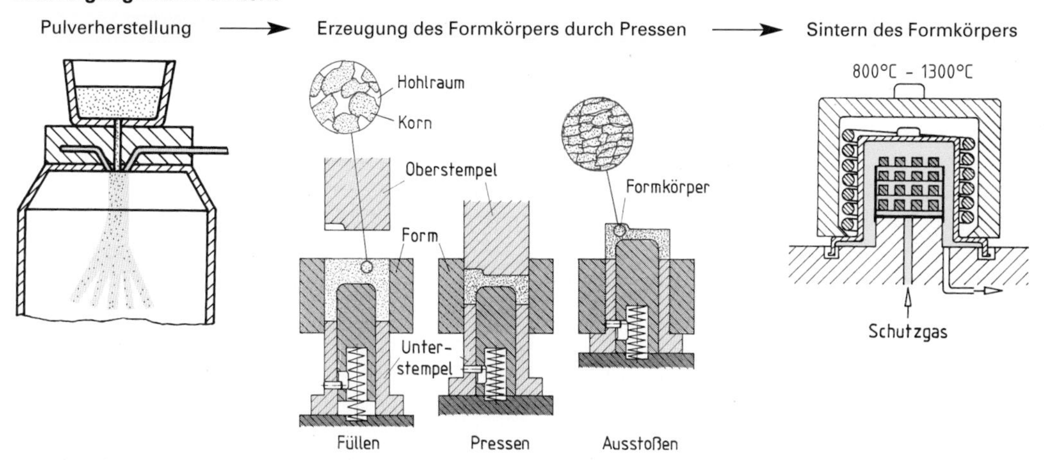

Beim Sintern wird aus metallischen Pulvern unter hohem Druck ein Rohling gepresst und unter Wärmewirkung ein zusammenhängendes Werkstückgefüge geschaffen.

WT

6.2 Sintermetalle

Aus Pulvern von Reinsteisen, Stahl, Kupfer- und Aluminiumlegierungen werden durch Sintern Bauelemente hergestellt. Sintergefüge sind gleichmäßiger und feinkörniger als Gussgefüge und zeigen deshalb erhöhte Festigkeitseigenschaften. Durch Sintern hergestellte Bauelemente sind so maßgenau, dass sie unmittelbar eingebaut werden können. Die Herstellung von Bauelementen durch Sintern ist nur bei großen Serien wirtschaftlich.

Werkstoffe aus Sinterbronzen und Eisen-Kupfer-Grafit-Sinterwerkstoffe besitzen sehr gute Eigenschaften als **Lagerwerkstoffe**. Sie sind nahezu wartungsfrei, geräuscharm und besitzen wegen ihrer Porosität gutes Ölspeichervermögen. Durch den eingelagerten Kohlenstoff sind diese Lagerwerkstoffe im Notfall selbst schmierend. Sie haben dadurch gute **Notlaufeigenschaften.**
Hoch poröse Werkstoffe wie Sinterkupfer, Sinterbronzen und Sinterstahl eignen sich besonders für die Herstellung von Filtern, Schalldämpfern und als Flammenschutz in der Autogentechnik.

Werkstücke aus Sintermetall

Filter aus Sinterkupfer

Als Ordnungsmerkmal für Sintermetalle dient der Porenraum zwischen den Pulverteilchen. Der Porenraum bestimmt Gebrauchseigenschaften und Einsatzgebiet.

(↓ steigende Dichte, steigende Festigkeit)

Klasse		Anteil des Porenraumes (Porenraum / Dichte)	Beispiele für Anwendung
SINT A	bis 60%		Filter
SINT B	bis 30%		ölgetränkte Gleitlager
SINT C	bis 20%		Bauteile für Maschinenbau, Fahrzeugbau, Waffentechnik
SINT D	bis 15%		
SINT E	bis 5%		
SINT F	unter 5%		

Die Kennzeichnung der Sintermetalle ist nach DIN festgelegt. Eine normgerechte Werkstoffbezeichnung enthält mindestens folgende Angaben:

Kennwort SINT für Verfahren

Kennbuchstabe für Werkstoffklasse

Werkstoffklasse	Raumausfüllung
AF	<73%
A	75%
B	80%
C	85%
D	90%
E	94%
F	>95%[1]
G	>92%[2]
S	>90%[3]

Kennziffer für Werkstoff

Kennziffer	chemische Zusammensetzung
0	Eisen und Stahl, 0 bis 1% Cu
1	Eisen und Stahl, 1 bis 5% Cu
2	Eisen und Stahl, >5% Cu
3	Eisen und Stahl, <6% legiert[4]
4	Eisen und Stahl, >6% legiert[4]
5	legiert mit Cu >60%
6	Buntmetallegierung (außer Ziffer 5)
7	Leichtmetalle

[1]) warm gepresste Formteile [2]) infiltrierte Formteile [3]) warm gepresste Gleitlager [4]) außer Cu

Übungsaufgaben WT-92; WT-93

6.3 Hartmetalle

6.3.1 Aufbau von Hartmetallen

Die Ausgangsstoffe für die Hartmetalle sind chemische Verbindungen aus Metallen und Kohlenstoff. Diese Verbindungen bezeichnet man als **Metallkarbide.** Wolframkarbid (WC), Titankarbid (TiC), Borkarbid (B_4C) haben eine Härte, die um ein Vielfaches über der Härte von Stahl liegt. Gleichzeitig besitzen sie Schmelztemperaturen, die über 2000 °C liegen.

Eigenschaften		WC	TiC	TiN
Dichte	g/cm³	15,7	4,93	5,21
Schmelzpunkt	°C	2776	3067	2950
Oxidationsbeständigkeit		mäßig	gut	sehr gut
Vickershärte	HV10	1800	3200	2450
Druckfestigkeit	N/mm²	400	300	
Biegebruchfestigkeit	Nmm²	550	350	

Nach der Zusammensetzung unterscheidet man zwei Gruppen von Hartmetallen:
- Hartmetalle, in denen vorwiegend Wolframkarbid der Härteträger und Kobalt das Bindemittel ist, werden als **Hartmetalle HW** gekennzeichnet.
- Hartmetalle, in denen die Härteträger Mischungen aus Karbiden und Nitriden von Tantal, Titan u.a. sind, und ein Gemisch aus Nickel, Kobalt und Molybdän das Bindemittel ist, werden als **Hartmetalle HT** bezeichnet. Man nennt diese Hartmetalle auch **Cermets** (**cer**amics + **met**als).

Hartmetalle **HW**:	Härteträger: WC	Bindemittel: Co
Hartmetalle **HT**: (Cermets)	Härteträger: Karbide und Nitride von Ta, Ti, W, Nb	Bindemittel: Ni, Co, Mo

Beschichtete Hartmetalle, gleich welcher Art, werden mit HC gekennzeichnet.

6.3.2 Verwendung und Eigenschaften von Hartmetallen

Hartmetalle werden als Schneidstoffe[1] von Zerspanungswerkzeugen eingesetzt.
In der Stanz- und Umformtechnik werden Stempel, Matrizen und stark verschleißbeanspruchte Teile von Werkzeugen aus Hartmetall gefertigt.
Die Eigenschaften der verschiedenen **Hartmetallsorten HW** und die damit verbundenen Einsatzmöglichkeiten ergeben sich aus
- den unterschiedlichen Bindemittelanteilen (3 bis 30%),
- den unterschiedlichen Korngrößen der Karbide (1 bis 10 μm)

Beispiel für den Einfluss von Co-Gehalt und WC-Korngröße auf die Biegefestigkeit von Hartmetallen HW

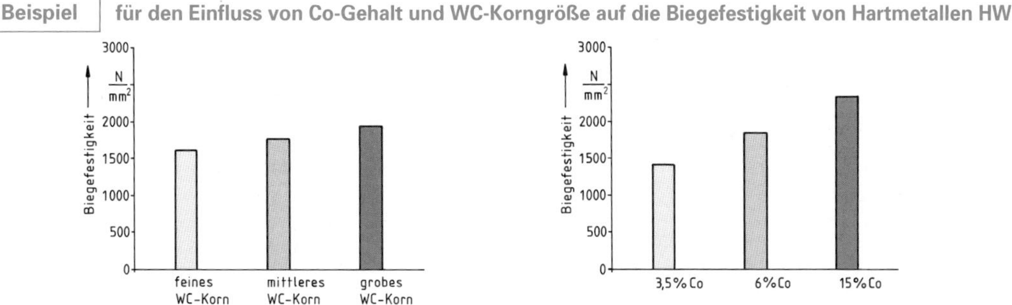

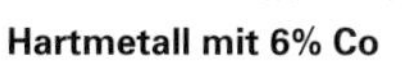

Hartmetall mit 6% Co

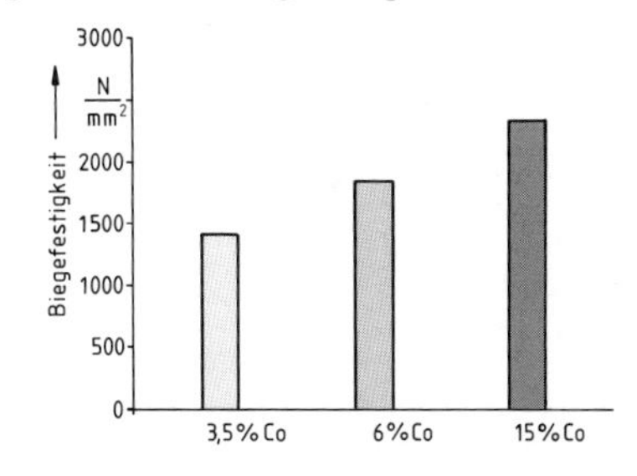

Hartmetall mit mittlerer WC-Korngröße

Cermets (HT) besitzen wegen der erheblich geringeren Dichte der Härteträger nur etwa 50% der Dichte von Hartmetallen auf Wolframkarbid-Basis. Sie sind zudem härter und verschleißfester. Da Cermets erst bei höheren Temperaturen oxidieren, erlauben sie beim Einsatz als Schneidstoffe erheblich höhere Schnittgeschwindigkeiten.
Cermets leiten gegenüber Hartmetallen HW Wärme schlechter und haben gleichzeitig hohe Wärmedehnung. Als Folge dieser Eigenschaften ist die Beständigkeit gegen schnelle Temperaturwechsel geringer als bei den Hartmetallen HW.
Im Vergleich zu Stahl haben alle Hartmetalle jedoch den Vorteil, dass sie bei gleicher Belastung eine erheblich geringere elastische Verformung aufweisen.

[1] Schneidwerkzeuge aus Hartmetall siehe LF 2 und 5 Kap. 1.2.2

Übungsaufgaben WT-94 bis WT-96

6.4 Keramische Werkstoffe

Keramische Werkstoffe sind Sinterwerkstoffe. Die meisten technischen Keramiken sind Verbindungen von Metallen und Halbmetallen mit Sauerstoff, Kohlenstoff oder Stickstoff. Man unterscheidet demnach *oxidische* und *nicht oxidische* Keramiken. Die im Maschinenbau und in der Fertigungstechnik eingesetzten technischen Keramiken haben drei besondere Eigenschaften:

- Sie sind *nicht metallisch* und unterscheiden sich dadurch von Metallen.
- Sie sind *anorganisch* und unterscheiden sich dadurch von den Kunststoffen.
- Sie sind zu mindestens *30% kristallin* und unterscheiden sich so von den Gläsern.

Werkstücke aus Keramik

Technische Keramiken sind Sinterwerkstoffe aus chemischen Verbindungen von Metallen mit Nichtmetallen. Sie sind nicht metallisch, anorganisch und mindestens teilweise kristallin.

6.4.1 Erzeugung keramischer Werkstoffe

Die **Herstellung der Pulverteilchen** erfolgt wegen der Sprödigkeit der Ausgangsstoffe, z.B. das Siliziumkarbid, vorwiegend durch Mahlen.

Die **Formgebung** kann vor der Sinterung auf unterschiedliche Weise erfolgen:

- **Kaltpressen** geschieht in Stahl- oder Hartmetallformen und führt zu Werkstücken mit kreideartiger Festigkeit.
- **Kaltisostatisches Pressen** geschieht in Form mit einer elastischen Seite. Die Formkörper müssen evtl. an der entsprechenden Seite nachgearbeitet werden.
- **Spritzpressen** geschieht – wie in der Kunststoffverarbeitung – in Metallformen.
- **Extrudieren** wird ebenfalls – wie in der Kunststoffverarbeitung – mit angeteigten Keramikmassen zur Formgebung von Profilen durchgeführt.

Durch die **Sinterung,** die bei 1 600 ° bis 1 800 °C durchgeführt wird, erhalten die Pulverteilchen den Zusammenhalt. Es tritt dabei eine erhebliche Schwindung ein, die größer ist als die der Sintermetalle. Sie beträgt in Einzelfällen bis zu 20%.

6.4.2 Eigenschaften und Verwendung keramischer Werkstoffe

Übersicht über Eigenschaften und Verwendung technischer Keramiken

Eigenschaften und Verwendung	Aluminiumoxid Al_2O_3	Zirkonoxid ZrO_2	Siliziumkarbid SiC	Siliziumnitrid Si_3N_4
Biegefestigkeit in N/mm²	bis 350	bis 800	kalt gepresst 350 heiß gepresst 700	heiß gepresst 750
Druckfestigkeit in N/mm²	bis 3 500	bis 2 000	1 200	3 000
Härte in HV	3 000	2 800	3 500	4 200
Ausdehnungskoeffizient in 1/K	0,000 008	0,000 011	0,000 004	0,000 003
obere Verwendungstemperatur in °C	1 700	2 300	1 400	1 400
Verwendung im Maschinen- und Motorenbau und in der Fertigungstechnik	Armaturenteile Schneidplatten Ziehkonen Pumpenkolben	Ventilteile Lagerteile Ziehkonen	Gleitringe Lagerteile Wellenschutzhülsen	Turboladerrotoren Düsen Motorenteile

Keramische Schneidstoffe siehe LF 2 und 5, Kap. 1.2.3

7 Verbundwerkstoffe

7.1 Einteilung

Durch Kombination verschiedener Werkstoffe kann man optimale Werkstoffeigenschaften erreichen. Verbundwerkstoffe teilt man ein in

- **Durchdringungsverbundwerkstoffe,** bei denen fest zusammenhängende Teilchen, zwischen denen Hohlräume vorliegen, von einem zweiten Stoff durchdrungen werden. Die fest zusammenhängenden Teilchen (Grundwerkstoff) bezeichnet man als Matrix.
- **Teilchenverbundwerkstoffe,** bei denen in einem zusammenhängenden Stoff (Matrix), kleine Teilchen eines zweiten Stoffes eingelagert sind.
- **Faserverbundwerkstoffe,** bei denen Fasern in den Grundwerkstoff (Matrix) eingelagert sind.
- **Schichtverbundwerkstoffe,** bei denen gleichartige oder verschiedenartige Materialschichten miteinander verbunden sind.

Beispiele für die Struktur und die Verwendung von Verbundwerkstoffen

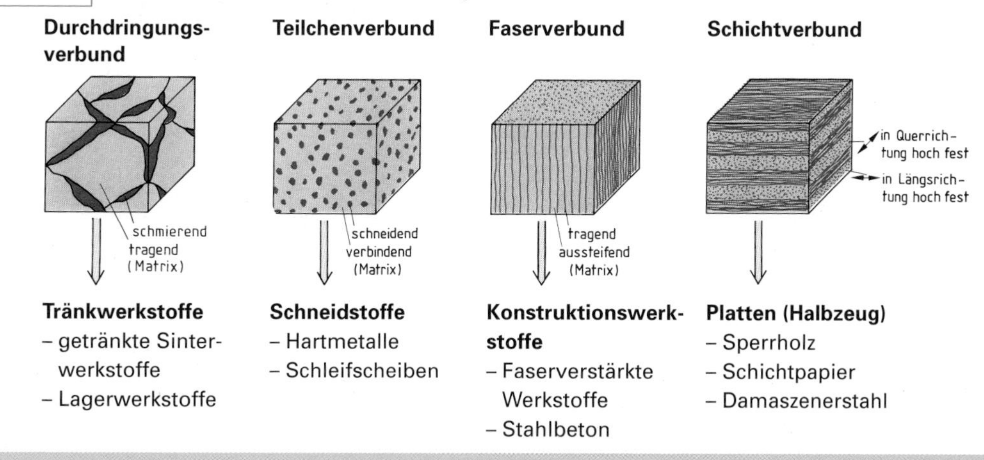

Verbundwerkstoffe kombinieren die Eigenschaften der Grundwerkstoffe.
Man unterscheidet:
- Durchdringungsverbundwerkstoffe,
- Teilchenverbundwerkstoffe,
- Schichtverbundwerkstoffe,
- Faserverbundwerkstoffe,

7.2 Spanen von Verbundwerkstoffen

Die unterschiedlichen Eigenschaften der einzelnen Stoffe, aus denen ein Verbundwerkstoff aufgebaut ist, erschweren häufig die Zerspanung, besonders deutlich wird das bei faserverstärkten Kunststoffen.

Füllstoffe, z. B. Glasfasern, Kohlenstofffasern, Papierbahnen, werden besonders zur Verstärkung duroplastischer Kunststoffe eingesetzt. Diese Füllstoffe bewirken hohen Verschleiß an Werkzeugen. Darum werden verstärkte Kunststoffe mit Hartmetallwerkzeugen oder diamantbeschichteten Werkzeugen bearbeitet.

Beim Zerspanen fällt Staub aus den Füllstoffen an, der gesundheitsgefährdend ist. Darum sollte möglichst mit Wasserkühlung oder unter guten Absauganlagen gearbeitet werden. Beim Fräsen ist bei Faser- und Schichtverbundwerkstoffen darauf zu achten, dass Gleichlauffräsen durchgeführt wird, damit die Schichten nicht vom Werkzeug aufgerissen (delaminiert) werden.

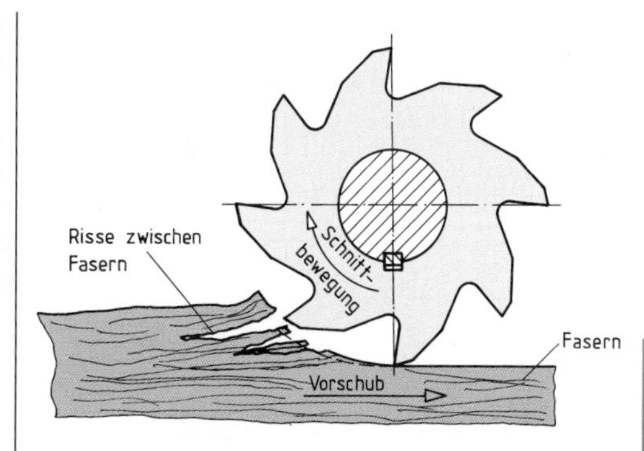

Delaminieren bei Gegenlauffräsen

Kunststoffe mit Füllstoffen erfordern Hartmetallwerkzeuge oder diamantbeschichtete Schneiden. Stäube von verstärkten Kunststoffen, besonders von Glasfasern, sind gesundheitsgefährdend.

Übungsaufgaben WT-100; WT-101

8 Kunststoffe

Im Maschinenbau haben die Kunststoffe neben den Metallen als Konstruktionswerkstoffe Bedeutung gewonnen. Ihre Anwendung wächst ständig, da die Eigenschaften dieser Werkstoffgruppe sehr leicht den Erfordernissen angepasst werden können.

Wichtige Anwendungen von Kunststoffen im Maschinenbau sind:

- Verkleidungen, Gehäuse,
- Rohrleitungen, Schläuche, Behälter,
- Zahnräder, Riemen, Kupplungen, Lager,
- Dichtungen, Isolierungen,
- Klebstoffe.

Alle Kunststoffe haben gemeinsame Eigenschaften, durch die sie sich von anderen Werkstoffen unterscheiden.

Bauteile aus Kunststoff für den Maschinenbau

Eigenschaft	Verwendung	Beispiele
geringe Dichte	Behälterwerkstoff	Flaschenkästen, Eimer, Öltanks
elektrisch nicht leitend	Isolierstoffe	Steckdosen, Handbohrmaschinengehäuse
schlecht wärmeleitend	Wärmedämmstoffe	Heizleitungsisolation, Kühlschrankisolation
schwingungsdämpfend	Schallschutzstoffe	Getriebeteile, Maschinenunterlagen
korrosionsbeständig	Korrosionsschutzwerkstoff	Rohrleitungen, Apparate, Beschichtungen

8.1 Einteilung der Kunststoffe

8.1.1 Einteilung nach dem Molekülaufbau

Kunststoffe bestehen aus sehr großen Molekülen, von denen jedes aus vielen tausend Atomen gebildet wird. Man nennt diese großen Moleküle **Makromoleküle**. Die Makromoleküle haben die Form von langen Ketten, die auch verzweigt sein können.

Das Grundgerüst der Makromoleküle, die Kette, wird bei Kunststoffen auf Kohlenstoffbasis durch Kohlenstoffatome gebildet.

Bei Kunststoffen auf Siliziumbasis, den Silikonen, bilden Silizium- und Sauerstoffatome das Grundgerüst der Makromoleküle.

Beispiel für den unterschiedlichen Molekülaufbau von Kunststoffen

Kunststoff auf Kohlenstoffbasis:
Polyvinylchlorid (PVC)

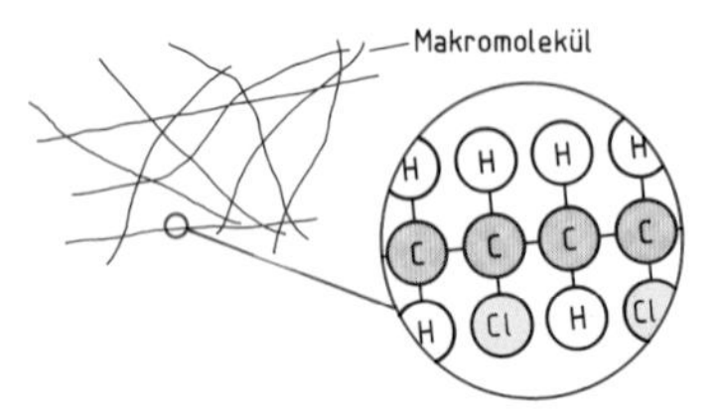

Kunststoff auf Siliziumbasis:
Silikonkautschuk

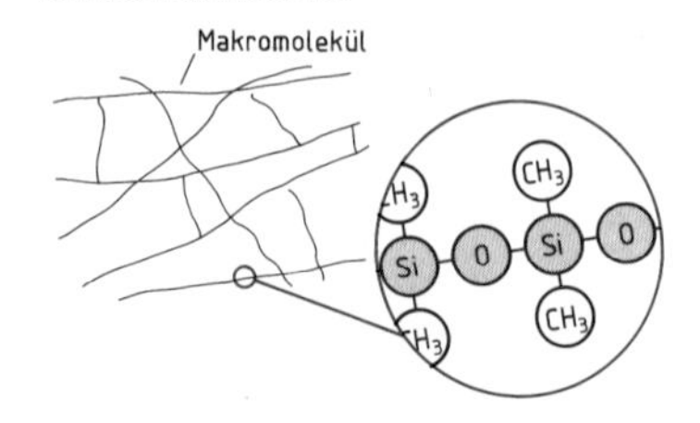

Die meisten Kunststoffe bestehen aus Makromolekülen, in denen Kohlenstoffatome das Grundgerüst bilden.

> Die meisten Kunststoffe bestehen aus Makromolekülen, mit Kohlenstoffatomen als Grundgerüst.
> In den Kunststoffen, die als Silikone bezeichnet werden, bilden Silizium- und Sauerstoffatome das Grundgerüst der Makromoleküle.

Übungsaufgaben WT-102; WT-103

8.1.2 Einteilung nach Struktur und thermischem Verhalten

Die fadenförmigen Makromoleküle eines Kunststoffes können unvernetzt oder vernetzt sein. Dies bestimmt entscheidend das Verhalten eines Kunststoffs beim Erwärmen.

- **Unvernetzte Makromoleküle**

In unvernetzten Kunststoffen liegen die Makromoleküle miteinander *verknäult* vor. Bei Erwärmen sind die Makromoleküle sehr leicht gegeneinander verschiebbar. Darum sind Kunststoffe mit unvernetzten Makromolekülen in der Wärme schmelzbar und plastisch formbar. Sie werden als **Thermoplaste** bezeichnet (z. B. PVC).

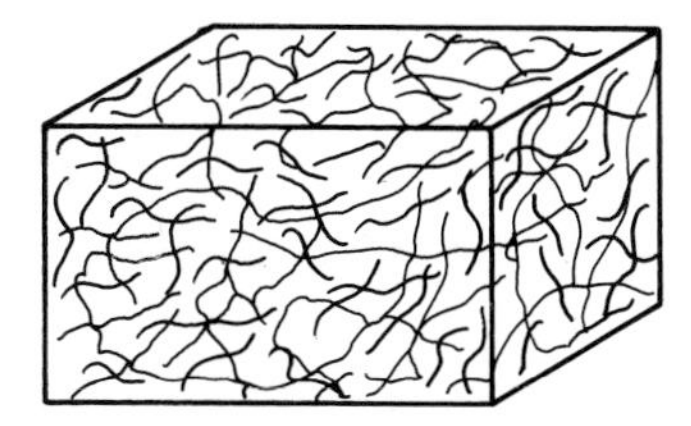

Unvernetzte Makromoleküle

Thermoplastische Kunststoffe können durch Schweißen miteinander verbunden werden. Durch Lösungsmittel, z. B. Aceton, können die unvernetzten Moleküle von Thermoplasten aus ihrem Verband gelöst werden. Darum sind die meisten thermoplastischen Kunststoffe durch Lösungsmittel anlösbar.

Thermoplastische Kunststoffe bestehen aus unvernetzten Makromolekülen. Thermoplaste sind schmelzbar, im warmen Zustand unformbar, schweißbar und meist unbeständig gegen Lösungsmittel.

- **Vernetzte Makromoleküle**

In vernetzten Kunststoffen bilden die Makromoleküle infolge chemischer Verknüpfung ein mehr oder weniger dichtes, *räumliches Netzwerk.* Die Makromoleküle können auch beim Erwärmen nicht mehr gegeneinander verschoben werden. Darum sind Kunststoffe mit vernetzten Makromolekülen auch nach Erwärmen nicht mehr umformbar.

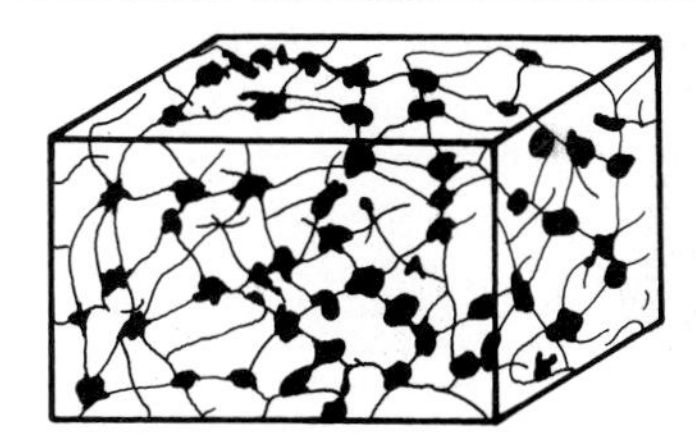

Räumlich vernetzte Makromoleküle

Duroplastische Kunststoffe

Kunststoffe, in denen die Makromoleküle *vernetzt* vorliegen, bleiben auch bei höheren Temperaturen hart und fest. Diese Kunststoffe bezeichnet man als **Duroplaste.**
Bei den Duroplasten können sich die fadenförmigen Makromoleküle nicht gegeneinander verschieben, weil sie in kurzen Abständen verknüpft sind. Man kann Duroplaste auch nicht verschweißen.

Zur Herstellung von Bauelementen liefert der chemische Betrieb diese Kunststoffe als unvernetzte Vorprodukte. Nach der endgültigen Formgebung leitet man die Vernetzung der Makromoleküle meist durch Wärme ein. Diesen Vernetzungsvorgang bezeichnet man auch als Aushärtung.

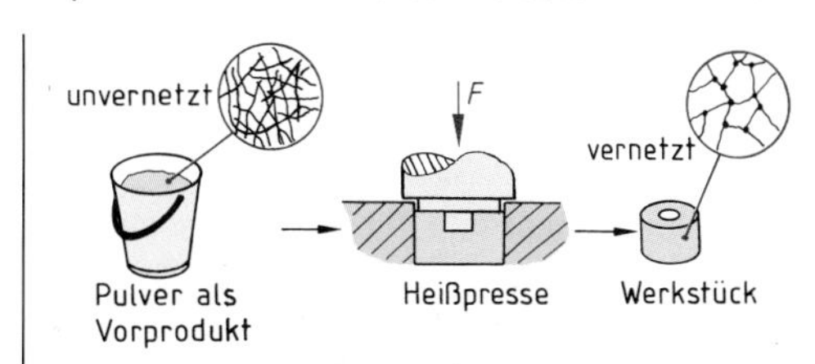

Verarbeitung eines Duroplastes

Duroplaste sind Kunststoffe, die aus vernetzten Makromolekülen bestehen.
Duroplaste sind nach der Aushärtung in der Wärme nicht umformbar und nicht schweißbar.

Elastische Kunststoffe

Kunststoffe, in denen die Makromoleküle in größeren Abständen voneinander vorliegen und dabei weitmaschig vernetzt sind, zeigen auch bei Raumtemperatur gummielastisches Verhalten. Diese Kunststoffe bezeichnet man als **Elaste.**

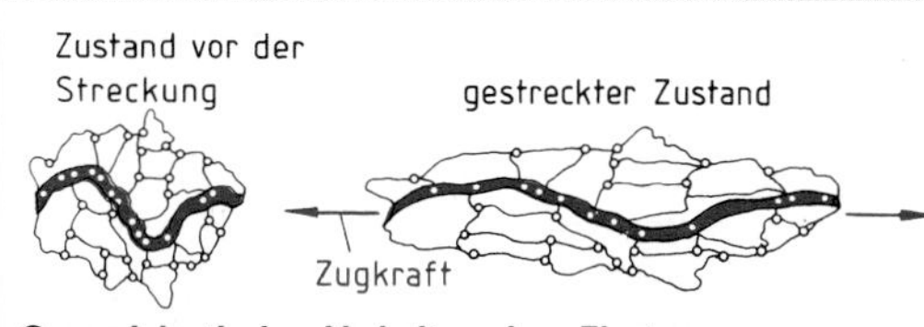

Gummielastisches Verhalten eines Elastes

Elaste sind Kunststoffe, die aus weitmaschig vernetzten Makromolekülen bestehen. Sie zeigen gummielastisches Verhalten und sind nach der Aushärtung in der Wärme nicht umformbar und nicht schweißbar.

Vergleich des thermischen Verhaltens von Thermoplasten und Duroplasten

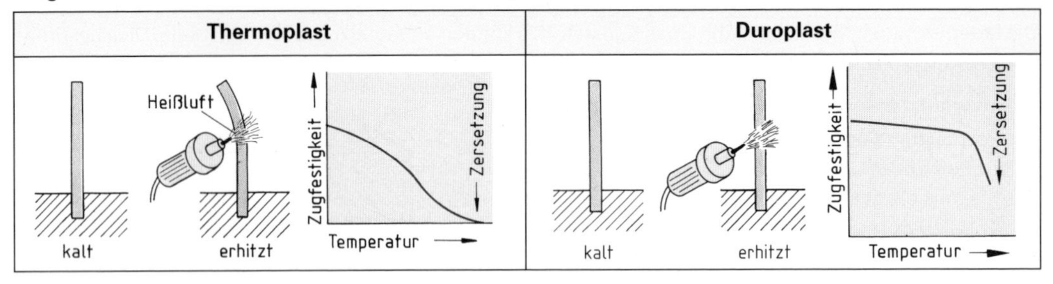

8.2 Erzeugung und Verwendung von Kunststoffen

Die Ausgangsstoffe für die Kunststoffherstellung werden aus Erdöl, Erdgas oder Kohle gewonnen. Diese Ausgangsstoffe bestehen aus kleinen Molekülen mit wenigen Atomen. Die Erzeugung der Kunststoffe besteht darin, aus vielen kleinen Molekülen Makromoleküle zu bilden. Die Verfahren, nach denen die kleinen Ausgangsmoleküle zu Makromolekülen verknüpft werden, geben den so erzeugten Kunststoffgruppen ihre Bezeichnung:

- Erzeugung durch Polymerisation liefert **Polymerisate,**
- Erzeugung durch Polykondensation liefert **Polykondensate**,
- Erzeugung durch Polyaddition liefert **Polyaddukte**.

Die Vorsilbe poly = viel deutet auf die Vielzahl der kleinen Moleküle hin, aus denen die Makromoleküle entstehen.

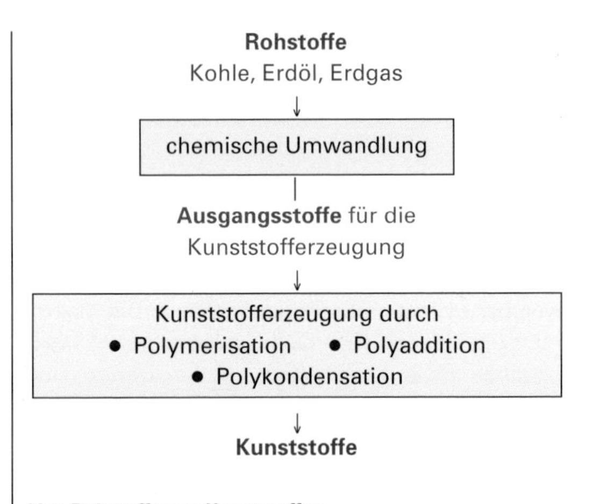

Von Rohstoffen zu Kunststoffen

Beispiel für die Erzeugung eines Kunststoffes durch Polymerisation

Bei der Polymerisation wird die Doppelbindung in den Monomeren aufgespalten, und die einzelnen Monomere verbinden sich zu kettenförmigen Polymeren. Je nach Art der Monomere entstehen durch die Polymerisation Kunststoffe mit unterschiedlichen Eigenschaften.

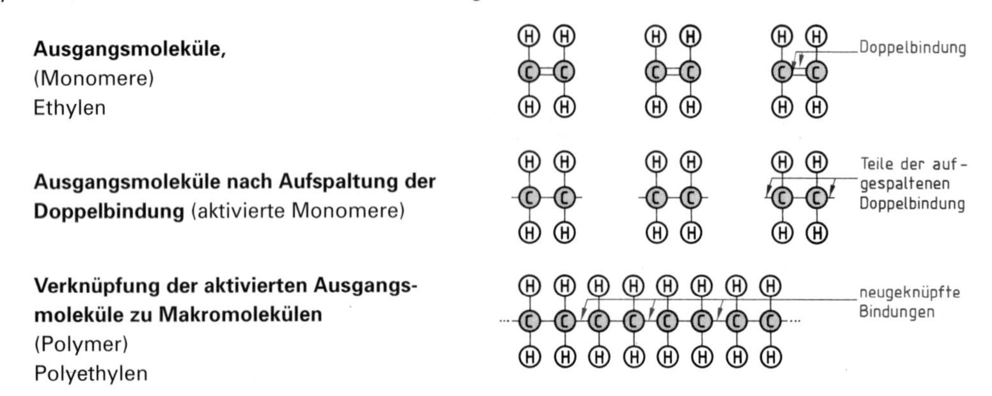

Kleine Ausgangsmoleküle werden bei der Kunststofferzeugung zu Makromolekülen verbunden.

Übungsaufgaben WT-107; WT-108

8.3 Übersicht über wichtige Kunststoffe

	Kunststoff Kurzzeichen	Typische Verwendungen	Weitere Anwendungen Handelsnamen	Eigenschaften	Erkennen des Kunststoffes am Verhalten eines Spanes in der Flamme eines Bunsenbrenners
Polymerisate	**Polyethylen PE**	Eimer, Druckrohre	Haushaltsartikel (Eimer, Wannen, Schüssel), Schutzhelme, Rohre, Verpackungsfolien, Kabelisolierungen, Hohlkörper, Folien *Handelsnamen:* Hostalen, Vestolen, Lupolen	Dichte: 0,9 g/cm^3 Zugfestigkeit: 140 N/mm^2 Bruchdehnung: bis 500% chem. Beständigkeit: beständig gegen Säuren, Laugen und organische Lösungsmittel, unbeständig gegen heißes Öl	bläuliche Flamme Geruch nach brennender Kerze schmilzt brennende Tropfen fallen ab, dabei gelbe Flamme
	Polyvinylchlorid PVC	Dachrinnen u. Abwasserrohre, Fensterrahmen u. Rolläden	Fußbodenbeläge, Kunstleder, Vorhänge, Stiefel, Rohre, Platten, Flaschen, Folien, Apparate *Handelsnamen:* Vestolit, Hostalit, Skai, Pegulan	Dichte: 1,4 g/cm^3 Zugfestigkeit: 60 N/mm^2 Bruchdehnung: bis 100% chem. Beständigkeit: unbeständig gegen organische Lösungsmittel	grünliche Flamme brennt schlecht stechender Geruch nach Salzsäure erlischt außerhalb der Flamme
	Polystyrol PS	Behälter für Molkereiprodukte, Isolierplatten aus Hartschaum	Isolierteile für Elektrotechnik, Werkzeuggriffe, billige Haushaltsartikel, kleine Behälter, Einwegverpackungen, Isolierungen *Handelsnamen:* Luran, Hostyren, Vestyran, Styropor	Dichte: 1,05 g/cm^3 Zugfestigkeit: 65 N/mm^2 Bruchdehnung: 3,5% chem. Beständigkeit: unbeständig gegen organische Lösungsmittel	gelbe Flamme süßlicher Geruch stark rußend schmilzt beim Brennen
Polyaddukte	**Polyurethan PU**	Härter, Zweikomponentenlacke, Polsterschäume	Kleber, Dichtungen, Zahnräder, Treibriemen, Textilfasern, Lacke *Handelsnamen:* Desmodur-Desmophen, Moltopren, Vulkollan	Dichte: 1,21 g/cm^3 Zugfestigkeit: 50 N/mm^2 Bruchdehnung: 80% chem. Beständigkeit: unlöslich in organischen Lösungsmitteln	gelbliche Flamme stechender Geruch verkohlt an der Brennfläche
	Epoxidharz EP	Zweikomponentenkleber, Leitwerk von Sportflugzeug (glasfaserverstärkt)	hoch feste, glasfaserverstärkte Konstruktionsteile, Gießereimodelle, abriebfeste Anstrichstoffe *Handelsnamen:* Lekutherm, Epoxin, Araldit, UHU-plus	Dichte: 1,3 g/cm^3 Zugfestigkeit: 50 N/mm^2 Bruchdehnung: 0,7% chem. Beständigkeit: unlöslich in organischen Lösungsmitteln	hellorangefarbige, bläulich gesäumte Flamme rußend phenolartiger Geruch

	Kunststoff Kurzzeichen	Typische Verwendungen	Weitere Anwendungen Handelsnamen	Eigenschaften	Erkennen des Kunststoffes am Verhalten eines Spanes in der Flamme eines Bunsenbrenners
Polykondensate	**Polyester PETP**	Seile; Textilfasern (TREVIRA)	Lagerschalen, Schaltergehäuse, Kontaktabdeckungen, Folien *Handelsnamen:* Diolen, Trevira, Dacron, Hostaphan	Dichte: 1,8 g/cm^3 Zugfestigkeit: 150 N/mm^2 Bruchdehnung: 40% chem. Beständigkeit: unlöslich in den meisten Lösungsmitteln	zusammenschmelzend süßlicher Geruch brennt außerhalb der Flamme weiter
	glasfaserverstärkter Polyester UP	Boote; Behälter	Abdeckungen, lichtdurchlässige Verkleidungen, Angelruten *Handelsnamen:* Leguval, Palatal, Polyleit, Vestopal	Dichte: 1,9 g/cm^3 Zugfestigkeit: bis 800 N/mm^2 Bruchdehnung: 3% chem. Beständigkeit: unlöslich in organischen Lösungsmitteln	gelbliche Flamme süßlicher Geruch starke Rußentwicklung
	Polyamide PA	Bohrmaschinengehäuse; Zahnräder	Füllhalter, Schutzhelme, Rollen, Bürsten, Angelschnüre, Textilfasern, Lagerschalen *Handelsnamen:* Supramid, Ultramid, Vestamid	Dichte: 1,15 g/cm^3 Zugfestigkeit: 85 N/mm^2 Bruchdehnung: bis 200% chem. Beständigkeit: unbeständig gegen starke Säuren und Laugen, beständig gegen Öl und Benzin	bläuliche Flamme Geruch nach Horn bräunlich anschmelzend zieht Tropfen
	Aminoplaste MF u.a.	Beschichtungen von Küchenmöbeln; Steckdose, Schalter: Isolierteile	Telefongehäuse, Campinggeschirr, Küchenmaschinengehäuse, Toilettendeckel *Handelsnamen:* Albamit, Getalit, Resopal	Dichte: 1,5 g/cm^3 Zugfestigkeit: 40 N/mm^2 Bruchdehnung: 0,5% chem. Beständigkeit: beständig gegen schwache Säuren und Laugen sowie gegen organische Lösungsmittel	brennt schlecht Material verkohlt unter knackendem Geräusch fischartiger Geruch
	Phenoplaste PF	Lagerschale aus Schichtpressstoffen; Zündverteiler im Kfz	Zahnräder, Schichtholz, Isolierplatten, Bedienungsknöpfe *Handelsnamen:* Bakelit, Pertinax	Dichte: 1,3 g/cm^3 Zugfestigkeit: bis 250 N/mm^2 Bruchdehnung: 1% chem. Beständigkeit: beständig gegen schwache Säuren und Laugen sowie organische Lösungsmittel	gelbe Flamme Material brennt schwer platzt knackend Phenolgeruch

9 Werkstoffprüfung

Damit die verschiedenen Eigenschaften der Werkstoffe erfasst werden können, sind viele Prüfverfahren entwickelt worden.

- **Mechanische Prüfverfahren** dienen der Ermittlung von Festigkeitskennwerten des Werkstoffs. Besonders wichtig unter diesen Prüfverfahren sind die Prüfung der Zugfestigkeit und der Härte.
- **Technologische Prüfverfahren** dienen zur Ermittlung des Werkstoffverhaltens bei der Verarbeitung. Wichtige technologische Prüfverfahren sind die Verfahren zur Prüfung der Umformbarkeit.
- **Metallographische Prüfverfahren** geben Auskunft über das Gefüge der Werkstoffe.
- **Zerstörungsfreie Prüfverfahren** dienen zur Fehlersuche an fertigen Werkstücken.

9.1 Mechanische Prüfverfahren

9.1.1 Zugversuch

Der Zugversuch nach DIN EN 10002 ist einer der wichtigsten Versuche zur Prüfung von Metallen. Man ermittelt im Zugversuch das Werkstoffverhalten unter Zugbeanspruchung. Dabei werden als wichtige Werkstoffkennwerte die Zugfestigkeit, die Streckgrenze und die Dehnbarkeit des Werkstoffes festgestellt.
Als Proben für den Zugversuch werden genormte Rund- oder Flachproben verwendet. Ausschnitte aus dickwandigen Werkstücken und Gussteilchen werden zu Rundproben gedreht. Aus Blechen werden Flachproben gefertigt.

Für die Probenabmessung gilt:

- Rundproben $L_0 = 5 \cdot d_0$
- Flachproben $L_0 = 5 \cdot 1{,}13 \cdot \sqrt{S_0}$

d_0 Anfangsdurchmesser
L_0 Anfangsmesslänge
S_0 Anfangsquerschnitt

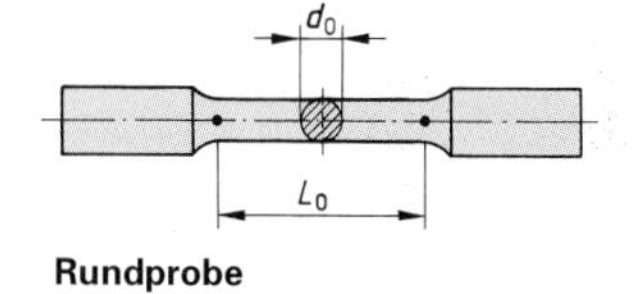

Rundprobe

Diese Werkstoffproben werden auf einer Zugprüfmaschine einer stetig wachsenden Belastung ausgesetzt. Als Prüfmaschinen verwendet man meist Universalprüfmaschinen, die neben dem Zugversuch auch die Durchführung von Biege-, Scher- und Druckversuchen erlauben.
Die Aufbringung der Prüfkraft auf die Zugprobe erfolgt mechanisch oder hydraulisch, wobei die jeweils wirkende Kraft durch einen Kraftmesser angezeigt wird. Ein Schreibgerät zeichnet die Verlängerung der Probe in Abhängigkeit von der wirkenden Kraft auf. Es entsteht ein **Kraft-Verlängerung-Schaubild.**

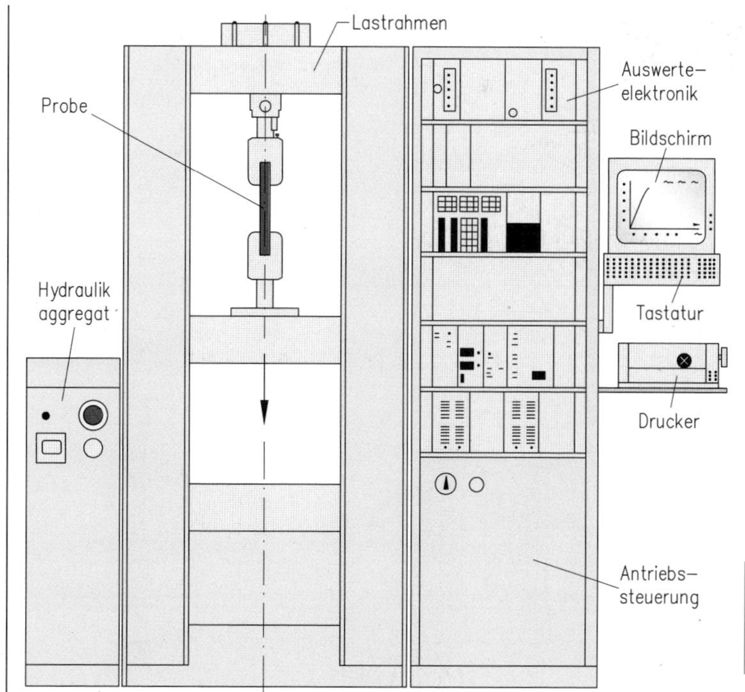

Zerreißmaschine mit Anzeige- und Schreibgerät

Durch die Umrechnung der Kraft- und Verlängerungswerte ergibt sich das Spannung-Dehnung-Schaubild des geprüften Werkstoffes. Dieses Diagramm zeigt das Verhalten eines Werkstoffes unter Zugbelastung. Aus dem **Spannung-Dehnung-Schaubild** können wichtige Kennwerte des Werkstoffes entnommen werden.

Im Zugversuch ist die **Spannung** (σ) das Verhältnis zwischen Zugkraft und Anfangsquerschnitt der Probe.

$$\text{Spannung} = \frac{\text{Kraft}}{\text{Anfangsquerschnitt}} \qquad \sigma = \frac{F}{S_0}$$

Die **Dehnung** (ε) ist die prozentuale Längenänderung, bezogen auf die Anfangsmesslänge.

$$\text{Dehnung} = \frac{\text{Verlängerung}}{\text{Anfangsmesslänge}} \cdot 100\,\% \qquad \varepsilon = \frac{L - L_0}{L_0} \cdot 100\%$$

- **Spannung-Dehnung-Schaubild eines unlegierten Baustahls**

Unlegierte Baustähle werden in Konstruktionen verwendet. Sie werden nach ihrem Verhalten unter Zugbelastung beurteilt.

Die Spannung-Dehnung-Kurve eines unlegierten Baustahles zeigt folgenden Verlauf:

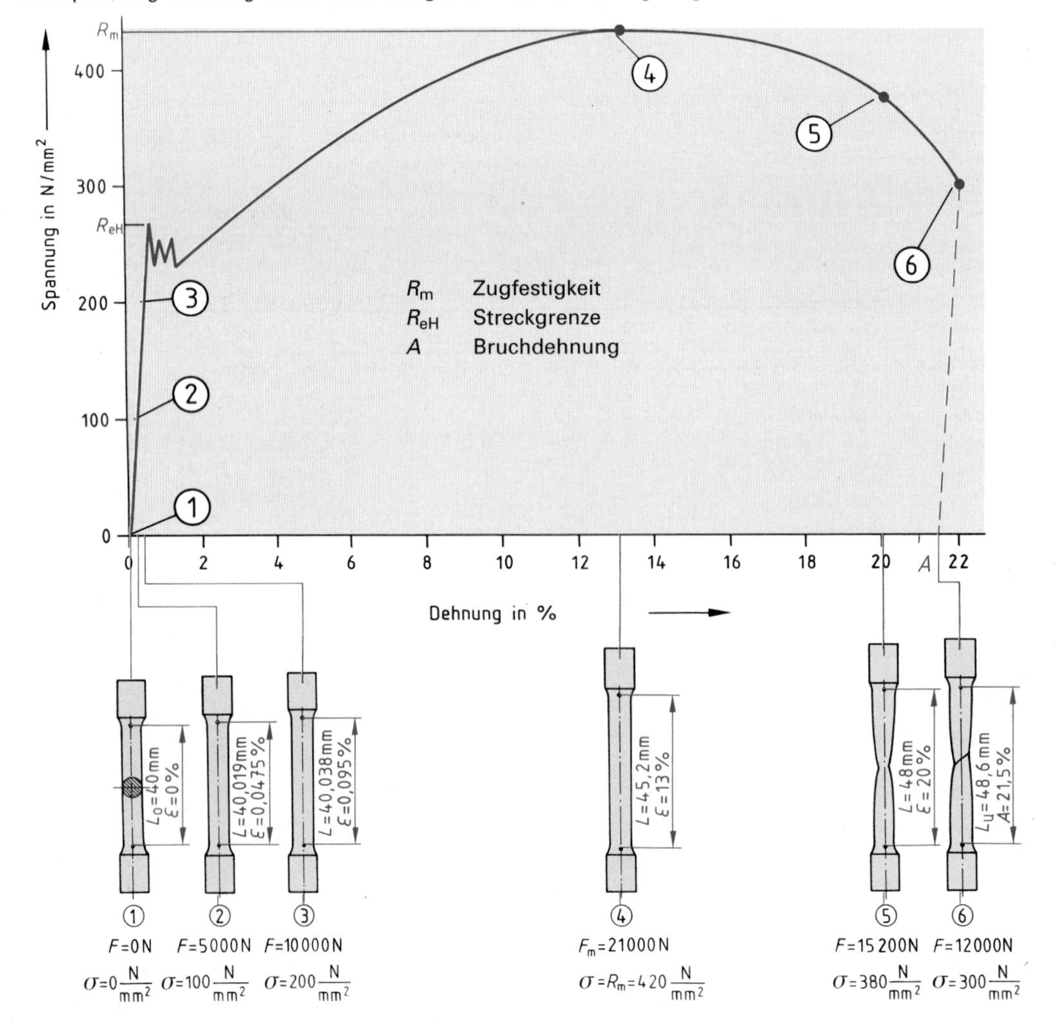

- **Wichtige Bereiche und Kennwerte**

Die zeichnerische Darstellung des Spannung-Dehnung-Verlaufs zeigt im Anfangsbereich eine ansteigende Gerade. Spannung und Dehnung sind hier einander proportional. Der Werkstoff verhält sich in diesem Bereich **elastisch.**

- Die **Streckgrenze** (R_{eH}) ist die Spannung, bei der erstmals eine plastische Verformung ohne Anstieg der Belastung auftritt. Bei gut dehnbaren Werkstoffen wird die in Bauteilen zulässige Spannung aus der Streckgrenze berechnet.
- Die **Zugfestigkeit** (R_m) ist die höchste Spannung, die der Werkstoff im Zugversuch ertragen hat. Bei spröden Werkstoffen wird die in Bauteilen zulässige Spannung aus der Zugfestigkeit berechnet.

$$\text{Zugfestigkeit} = \frac{\text{größte Zugkraft}}{\text{Anfangsquerschnitt}} \qquad R_m = \frac{F_m}{S_0}$$

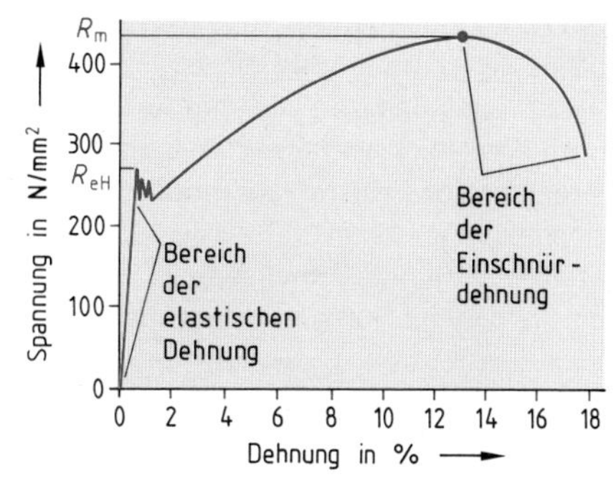

Spannung-Dehnung-Diagramm eines unlegierten Baustahls

Nach Erreichen der Zugfestigkeit schnürt die Probe an einer Stelle ein, dadurch fällt die Spannung bis zum Bruch ab.

- Die **Bruchdehnung** (A) ist die bleibende Längenänderung nach dem Bruch bezogen auf die Anfangsmesslänge. Die Längenänderung wird nicht aus dem Diagramm entnommen, sondern an den zusammengelegten Probenteilen ermittelt.

$$\text{Bruchdehnung} = \frac{\text{Verlängerung}}{\text{Anfangsmesslänge}} \cdot 100\,\%$$

$$A = \frac{L_u - L_0}{L_0} \cdot 100\,\%$$

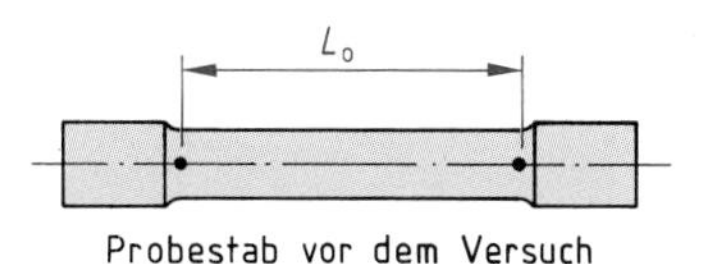

Probestab vor dem Versuch

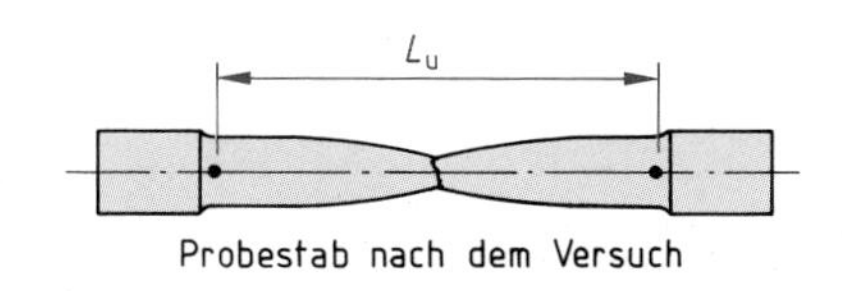

Probestab nach dem Versuch

Die Bruchdehnung dient zur Beurteilung der Verformungsfähigkeit eines Werkstoffes.

Wichtige Kennwerte des Zugversuchs sind
- Streckgrenze,
- Zugfestigkeit,
- Bruchdehnung.

9.1.2 Härteprüfung

Neben dem Zugversuch ist die Prüfung der Werkstoffe auf ihre Härte ein wichtiges Prüfverfahren metallischer Werkstoffe.

Als Härte bezeichnet man den Widerstand, den ein Werkstoff dem Eindringen eines Körpers in seine Oberfläche entgegensetzt.

Die Ergebnisse von Härteprüfungen sind wichtig, um zum Beispiel:
- Anhaltswerte für die richtige Wahl des Werkstoffes von Werkzeugen für die spanende Bearbeitung zu finden,
- den Erfolg einer Wärmebehandlung an Werkstoffen zu kontrollieren,
- in der automatisierten Fertigung Werkstücke mit ungeeigneter Härte zu ermitteln und von der Weiterverarbeitung auszuschließen.

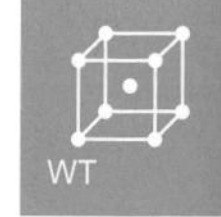

Bei der Härteprüfung erhält man Werte über die Härte eines Werkstoffes, die lediglich Vergleichswerte darstellen. Sie können nicht als Grundlage zur Berechnung von Konstruktionen verwendet werden. Die durch verschiedene Härteprüfverfahren erhaltenen Werte sind nur bedingt miteinander vergleichbar.

Übungsaufgaben WT-109 bis WT-116

- **Härteprüfung nach Brinell (DIN EN ISO 6506)**

Die Härteprüfung nach Brinell dient zur Bestimmung der Härte von
- weichen Werkstoffen, z.B. unlegiertem Baustahl, Aluminiumlegierungen und
- Werkstoffen mit ungleichmäßigem Gefüge, z.B. Gusseisen.

Bei dem Härteprüfverfahren nach Brinell wird eine Hartmetallkugel mit einer festgelegten Prüfkraft in die Oberfläche des zu prüfenden Werkstückes gedrückt.
Nach einer Belastungszeit von mindestens zehn Sekunden wird der Durchmesser *d* des bleibenden Eindrucks im Werkstück gemessen. Aus diesem Durchmesser wird die Oberfläche des Eindrucks bestimmt. Das Verhältnis von Prüfkraft zur Eindruckoberfläche multipliziert mit dem Faktor 0,102 bezeichnet man als die Brinellhärte.
Die Bezeichnung für die Brinellhärte ist HBW. Härtewerte, die früher mit einer Prüfkugel aus Stahl gewonnen wurden, werden mit HBS gekennzeichnet

$$HBW = 0{,}102 \frac{F}{A}$$

$$HBW = 0{,}102 \cdot \frac{2\,F}{D \cdot \pi \left(D - \sqrt{D^2 - d^2}\right)}$$

F Prüfkraft in N
A Oberfläche des bleibenden Eindruckes in mm²
D Durchmesser der Prüfkugel in mm
d Durchmesser des Eindruckes in mm
(In die Gleichungen werden nur die Zahlenwerte ohne Einheiten eingesetzt.)

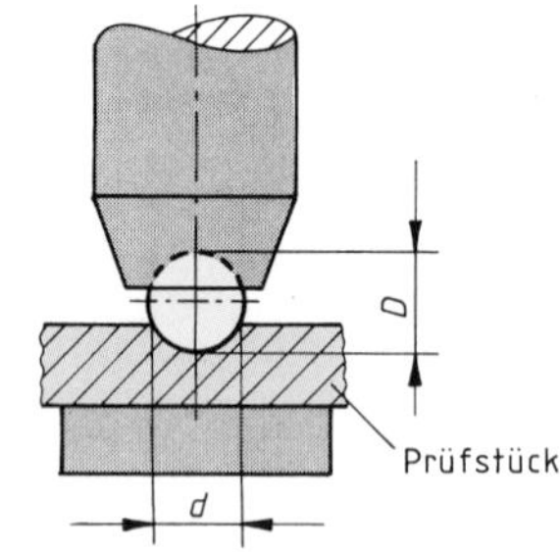

Härteprüfung nach Brinell (Schema)

Die Brinellhärte eines Werkstoffes ergibt sich aus dem Verhältnis von Prüfkraft zur Eindruckoberfläche, die von einer Prüfkugel erzeugt wurde.

Die Zugfestigkeit allgemeiner Baustähle lässt sich näherungsweise aus der Brinellhärte errechnen.

$$R_m \approx 3{,}5 \cdot HBW \text{ in N/mm}^2$$

Beispiel **für die Berechnung der Zugfestigkeit aus dem HBW-Wert**

gemessene Härte: 200 HBW
Zugfestigkeit $R_m = 3{,}5 \cdot 200$ N/mm²
$\mathbf{R_m = 700 \cdot N/mm^2}$

- **Härteprüfung nach Vickers (DIN EN ISO 6507)**

Die Härteprüfung nach Vickers dient zur Prüfung harter und gleichmäßig aufgebauter Werkstoffe.
Dieses Verfahren wird auch zur Härteprüfung an dünnwandigen Werkstücken und Randzonen eingesetzt.
Bei der Härteprüfung nach Vickers wird eine Diamantpyramide mit einer festgelegten Prüfkraft in das Werkstück eingedrückt. Aus den Diagonalen *d* des bleibenden Eindrucks wird die Eindruckoberfläche errechnet. Das Verhältnis von Prüfkraft zur Eindruckoberfläche ergibt mit dem Faktor 0,102 multipliziert die Vickershärte (HV).

$$HV = \frac{0{,}102 \cdot F}{A} = \frac{0{,}1891 \cdot F}{d^2}$$

F Zahlenwert der Prüfkraft in N
A Zahlenwert der Oberfläche des bleibenden Eindrucks in mm²
d Zahlenwert der Länge der Eindruckdiagonale in mm

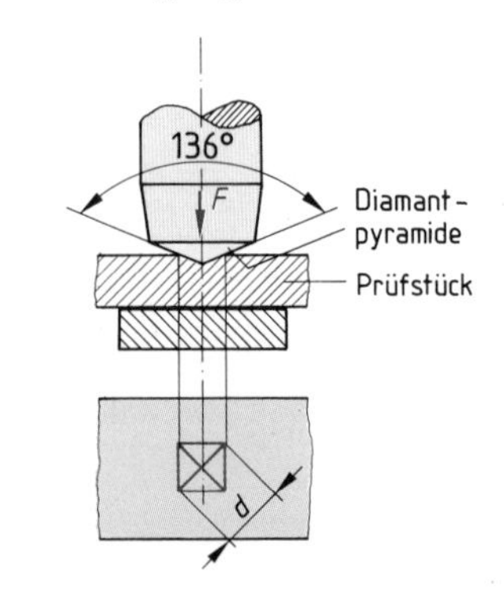

Härteprüfung nach Vickers (Schema)

Die Vickershärte ergibt sich aus dem Verhältnis von Prüfkraft zur Eindruckoberfläche, die durch einen pyramidenförmigen Prüfkörper aus Diamant erzeugt wurde.

Übungsaufgaben WT-117 bis WT-119

- **Härteprüfung nach Rockwell-C (DIN EN ISO 6508)**

Die Härteprüfung nach dem Rockwell-C-Verfahren dient zur Bestimmung der Härte bei sehr harten Werkstoffen. Als Prüfkörper wird ein Diamantkegel verwendet. Mit einer festgelegten Prüfkraft wird dieser Kegel in die Oberfläche des zu prüfenden Werkstückes eingedrückt. Die Eindringtiefe des Diamantkegels ist ein Maß für die Härte des Werkstoffes. Eine Messuhr, die mit dem Prüfgerät verbunden ist, misst die Eindringtiefe. Auf der Skala der Uhr kann man die Härtewerte in Rockwelleinheiten (*HRC*) unmittelbar ablesen.

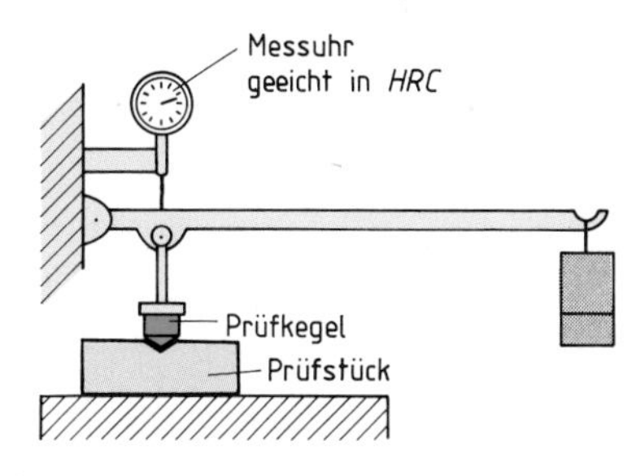

Schema der HRC-Prüfung

Die Rockwellhärte HRC eines Werkstoffes ergibt sich aus der Eindringtiefe eines kegelförmigen Prüfkörpers aus Diamant.

9.1.3 Kerbschlag-Biegeversuch

Der Kerbschlag-Biegeversuch nach DIN EN ISO 148 dient zur Beurteilung der Zähigkeit eines Werkstoffes. Der Versuch liefert keinen Kennwert für die Festigkeitsberechnung.
Beim Versuch wird eine sorgfältig gekerbte Probe, die zwischen zwei Widerlagern liegt, auf einem Pendelschlagwerk mit einem einzigen Schlag entweder durchgebrochen oder durch die Widerlager gezogen. Die dabei verbrauchte Schlagarbeit ist die **Kerbschlagarbeit.** Die Kerbschlagarbeit (*K*) in Joule, im Zusammenhang mit der Angabe der verwendeten Probe, ist der im Kerbschlag-Biegeversuch ermittelte Kennwert eines Werkstoffes.

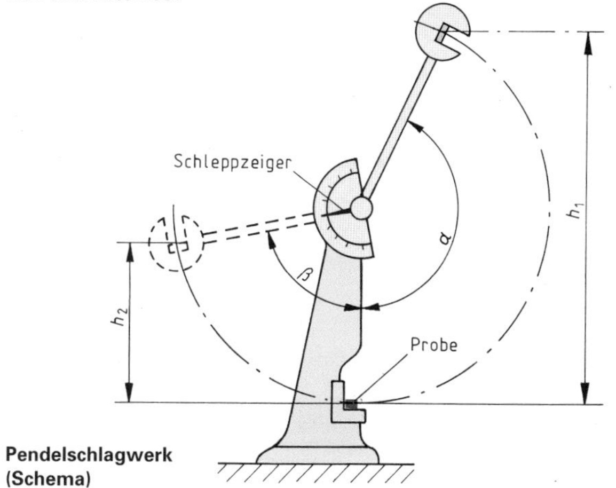

Pendelschlagwerk (Schema)

$$K = F_G \cdot (h_1 - h_2)$$

K Kerbschlagarbeit
F_G Gewichtskraft des Hammers
h_1 Fallhöhe
h_2 Steighöhe

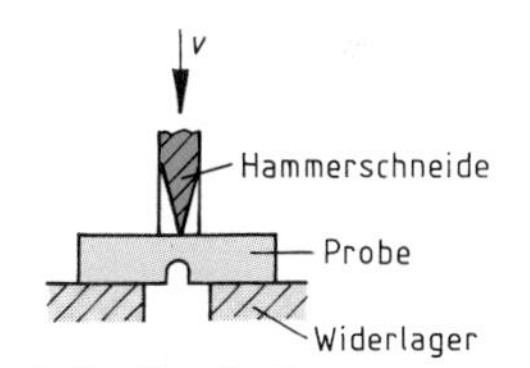

Auftreffen der Hammerschneide auf die Probe

Je nach Temperatur verhält sich ein Werkstoff zäh oder spröde. Mit Kerbschlagbiegeversuchen bei unterschiedlichen Temperaturen ermittelt man die Übergangstemperatur zwischen zähem und sprödem Verhalten unter den Versuchsbedingungen.

In der Praxis verlangt man, dass ein Werkstoff auch unterhalb der minimalen Einsatztemperatur noch eine wesentliche Kerbschlagarbeit *K* aufweist.

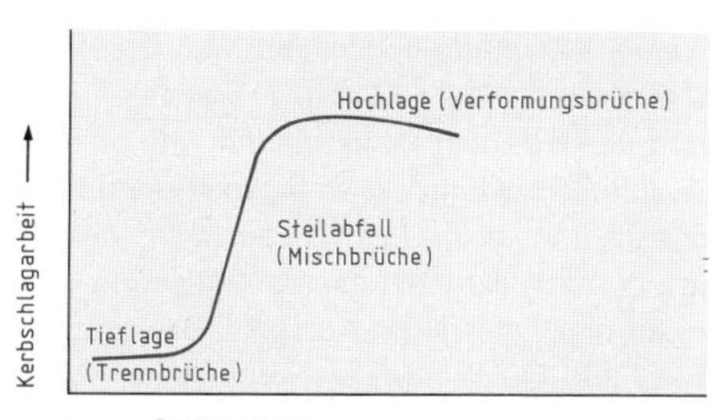

Kerbschlagarbeit in Abhängigkeit von der Prüftemperatur bei unlegiertem Baustahl S235JR

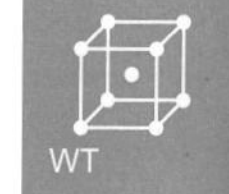

Der Kerbschlag-Biegeversuch dient zur Beurteilung der Zähigkeit eines Werkstoffes.

9.2 Technologische Prüfverfahren

Technologische Prüfverfahren untersuchen das Verhalten der Werkstoffe bei der Verarbeitung. Demzufolge sind die Prüfverfahren sehr zahlreich. Die entsprechenden Prüfverfahren sind meist genormt.

9.2.1 Ausbreitprobe

Die Ausbreitprobe dient zur Ermittlung der Schmiedbarkeit eines Werkstoffes. Ein Flachstab wird bei Schmiedetemperatur soweit ausgeschmiedet (ausgebreitet), bis Risse an den Kanten auftreten. Ein gut schmiedbarer Werkstoff soll auf das Doppelte bis Dreifache der Ausgangsbreite ausschmiedbar sein.

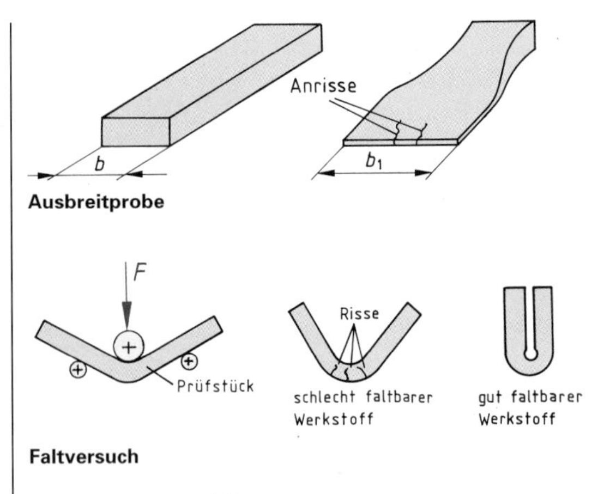

Ausbreitprobe

Faltversuch

9.2.2 Faltversuch

Der Faltversuch dient zur Ermittlung der Faltbarkeit eines Werkstoffes. Dabei wird eine Probe stetig bis zum Auftreten von Rissen gebogen. Der Winkel, bei dem die ersten Risse auf der Zugseite auftreten, ist ein Maß für die Faltbarkeit eines Werkstoffes. Gut faltbare Werkstoffe sollen sich ganz zusammenfalten lassen.

9.2.3 Tiefungsversuch nach Erichsen

Der Tiefungsversuch dient zur Ermittlung der Tiefziehfähigkeit von Blechen. Dabei wird das Probeblech mithilfe einer Stahlkugel von 20 mm Durchmesser in einer Matrize so lange getieft, bis der erste Riss auftritt. Die Tiefung bis zu diesem Anriss dient zur Beurteilung des Werkstoffes.

F
Kugel Φ20
Faltenhalter
Probe
Matrize
Φ27
Probe nach dem Versuch
Anrisse
Tiefung

Tiefungsversuch nach Erichsen

In technologischen Prüfverfahren wird das Verhalten des Werkstoffes bei der Verarbeitung untersucht.

9.3 Metallografische Prüfverfahren

Bei der metallografischen Prüfung wird das Gefüge des Werkstoffes sichtbar gemacht, um Aufschluss über Gefügeaufbau und Gefügefehler zu erhalten.

9.3.1 Mikroskopische Untersuchungsverfahren

Durch die Metallmikroskopie ist es möglich, das Gefüge einer Werkstoffprobe insgesamt oder nur einzelne Gefügebestandteile sichtbar zu machen. Die Werkstoffprobe wird zunächst geschliffen und poliert. Um die für die Beurteilung des Gefüges wesentlichen Bestandteile untersuchen zu können, wird der Schliff geätzt. Je nach dem Ziel der Untersuchung verwendet man unterschiedliche Ätzmittel. Das Gefüge von Stählen und die Korngrenzen von reinen Metallen werden z.B. mit einer 1%igen Salpetersäure geätzt. Einzelne Gefügebestandteile können auch durch entsprechende Beleuchtung, z.B. durch schräg einfallendes Licht oder durch farbiges Licht, hervorgehoben werden.

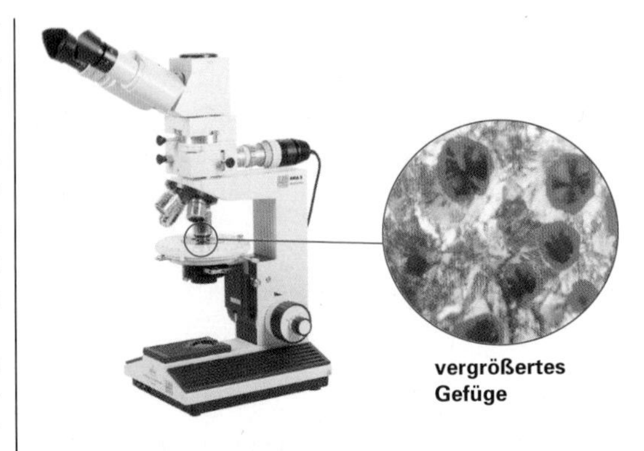

vergrößertes Gefüge

Lichtmikroskop zur Metalluntersuchung

9.4 Zerstörungsfreie Prüfverfahren

Ein fertiges Werkstück kann versteckte Fehler wie Lunker, Risse oder Schlackeneinschlüsse aufweisen. Die Fehler können bei einer Verwendung des Werkstückes zu Gefahrenquellen für Menschen und Geräte werden. Es ist Aufgabe der zerstörungsfreien Werkstoffprüfung, solche Fehler ohne Beschädigung des Bauteils ausfindig zu machen.

9.4.1 Prüfung mit Röntgenstrahlen

Röntgenstrahlen sind wie das sichtbare Licht elektromagnetische Wellen. Die Wellenlänge der Röntgenstrahlen beträgt jedoch nur 1/10 000 der Wellenlänge des sichtbaren Lichtes. Deshalb sind Röntgenstrahlen unsichtbar. Sie durchdringen jedoch lichtundurchlässige Körper und schwärzen dahinter befindliche Filme. **Röntgenstrahlen sind sehr schädlich für den menschlichen Organismus.** Darum sind bei der Anwendung umfangreiche Sicherheitsbestimmungen zu beachten.

Mithilfe der Röntgenstrahlen werden in der zerstörungsfreien Werkstoffprüfung Schlackeneinschlüsse, Gasblasen, Lunker und andere größere Werkstoffehler sichtbar gemacht. Das zu prüfende Werkstück wird zwischen eine Röntgenröhre und einen Film gebracht. Die Röntgenstrahlen werden durch die Werkstoffehler weniger abgeschwächt als durch das fehlerfreie Metall. Die Strahlen schwärzen darum den Film hinter dem Fehler stärker als an den anderen Stellen. Damit werden die Werkstoffehler auf dem Film deutlich.

Ähnlich verfährt man bei der Werkstoffprüfung mit Gammastrahlen. Hier hat man jedoch statt einer Röhre einen radioaktiven Stoff, der ständig Strahlen aussendet.

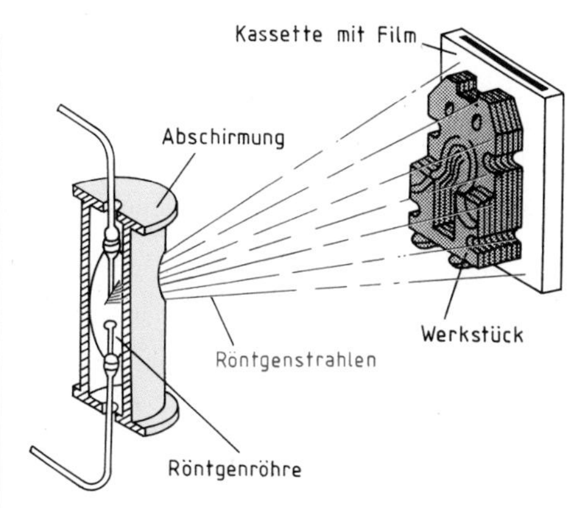

Prüfung eines Zylinderkopfs mit Röntgenstrahlen

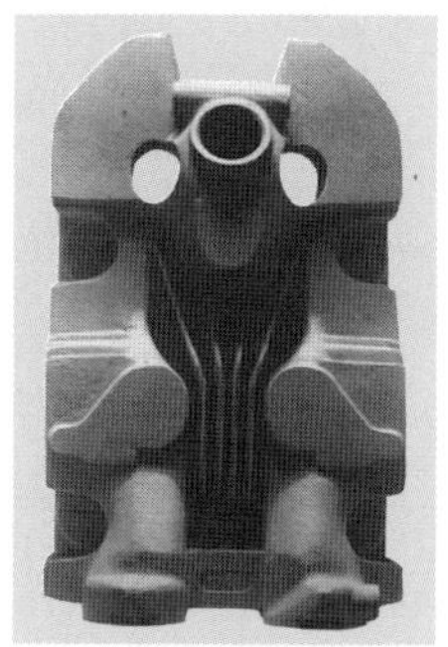

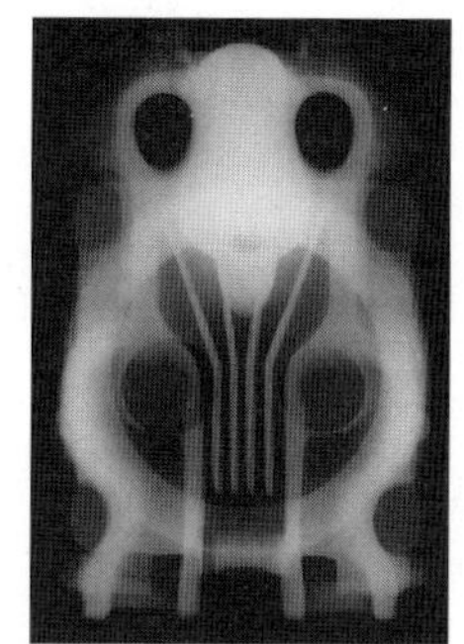

Foto und Röntgenbild eines Zylinderkopfs

Mithilfe von Röntgenstrahlen können Werkstofffehler wie Lunker, Schlackeneinschüsse u.a. in Werkstoffen aller Art aufgespürt werden.

9.4.2 Prüfung mit Magnetpulver

Mit dem Magnetpulver-Prüfverfahren können Risse, Lunker und andere Fehlerstellen, die dicht unter der Oberfläche von Werkstücken aus Stahl liegen, erkannt werden.

Bei diesem Verfahren wird das Werkstück durch einen Elektromagneten magnetisiert. Die magnetischen Feldlinien, welche das Werkstück durchdringen, stoßen an den Fehlerstellen auf einen Widerstand, den sie außerhalb des Werkstückes umgehen. Eisenpulver, das mit Petroleum auf das Prüfstück geschlämmt wird, haftet infolge der austretenden Feldlinien an der Fehlerstelle. Dadurch ist die Fehlerstelle erkennbar.

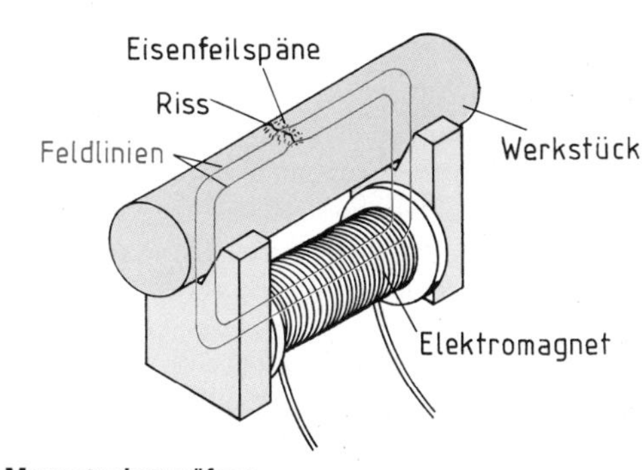

Magnetpulverprüfung

Mithilfe der Magnetpulverprüfung können Werkstofffehler in der Nähe der Oberfläche von feromagnetischen Werkstoffen aufgespürt werden.

Übungsaufgaben WT-129 bis WT-131

9.4.3 Prüfung mit Kapillarverfahren

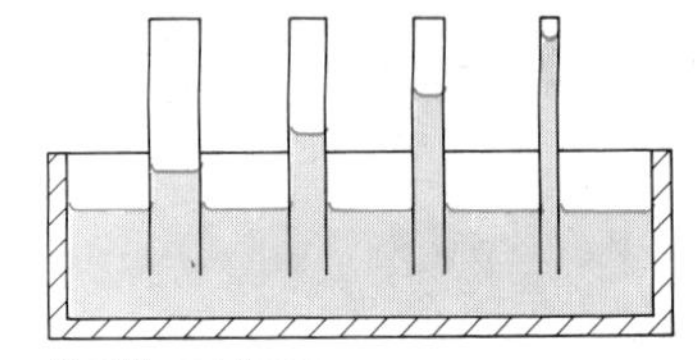
Kapillarwirkung

Viele Flüssigkeiten steigen aufgrund von Anhaftkräften (Adhäsionskräften) und Kräften in der Oberfläche (Oberflächenspannung) in engen Spalten hoch. Man nennt enge Röhren Haarröhrchen oder Kapillare und spricht entsprechend von Kapillarwirkung.

Bei allen Kapillarverfahren wird zunächst eine meist rote Kapillarflüssigkeit auf das Werkstück gesprüht. Diese Flüssigkeit dringt wegen ihrer Dünnflüssigkeit in die Fehlerstellen ein. Nach Abwischen der Werkstückoberfläche wird ein weißer Entwickler aufgesprüht. Die rote Flüssigkeit, die noch in den Fehlerstellen geblieben ist, färbt den Entwickler rot. Die Fehlerstellen sind so mit bloßem Auge erkennbar.

Beispiel für die Arbeitsfolge bei einem Kapillarverfahren

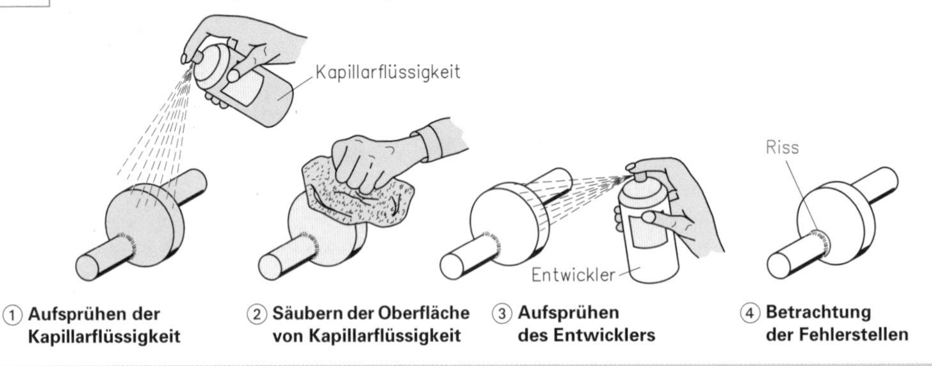

① **Aufsprühen der Kapillarflüssigkeit** ② **Säubern der Oberfläche von Kapillarflüssigkeit** ③ **Aufsprühen des Entwicklers** ④ **Betrachtung der Fehlerstellen**

Mithilfe von Kapillarverfahren können Werkstofffehler wie Risse, Lunker u.a. die mit der Oberfläche in Verbindung stehen, aufgesprüht werden.

9.4.4 Prüfung mit Ultraschall

Durch die Prüfung mit Ultraschall können Werkstücke bis zu mehreren Metern Dicke auf Fehler untersucht werden. Die Schallwellen zur Werkstoffprüfung führen 500 000 bis 10 000 000 Schwingungen in einer Sekunde aus.

Bei der Werkstoffprüfung mit Ultraschall wird ein Schallkopf, der als Sender und Empfänger arbeitet, auf das zu prüfende Werkstück gesetzt. Für eine sehr kurze Zeit (einige Mikrosekunden) sendet der Schallkopf Ultraschall. Er wird dann auf Empfang geschaltet. Der Schall durchläuft das Werkstück, wird an der gegenüberliegenden Werkstückoberfläche zurückgeworfen und kehrt als Echo zum Schallkopf zurück. Die Laufzeit des Schalles wird auf einem Bildschirm als Abstand zweier Zacken sichtbar gemacht. Befindet sich ein Fehler im Werkstück, so wird ein Teil des Schalles bereits von dort zum Schallkopf zurück geworfen. Da dieses Echo früher im Empfänger ist als das Bodenecho, zeichnet sich der Fehler auf dem Bildschirm als zusätzliche Zacke zwischen Eingangs- und Bodenecho ab.

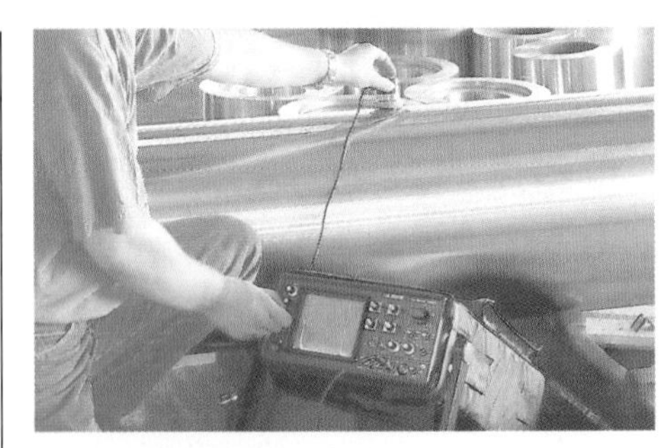
Fehlersuche mit Ultraschall

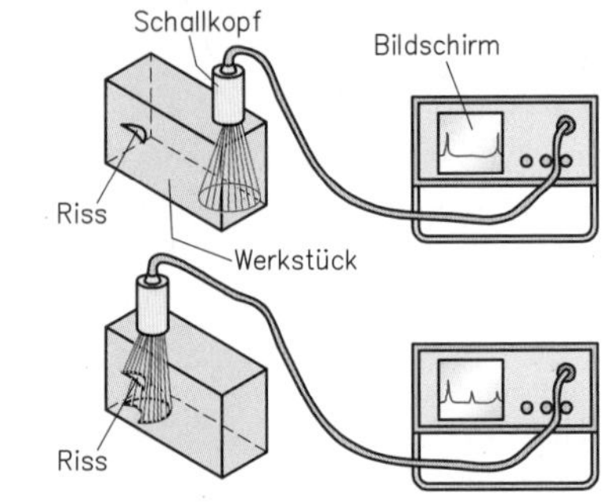

Prüfung mit Ultraschall

Mithilfe der Ultraschallprüfung können in metallischen Werkstoffen Fehler aller Art in beliebiger Tiefenlage im Werkstück aufgespürt werden.

Übungsaufgaben WT-132; WT-134

Handlungsfeld: Messungen in elektrisch gesteuerten Anlagen durchführen

Problemstellung

Eine SPS gesteuerte Anlage funktioniert nicht bestimmungsgemäß. Es findet kein Teilestopp an der Übergabestelle für ein Fertigungszentrum statt. Fehlerart und -quelle sind festzustellen.

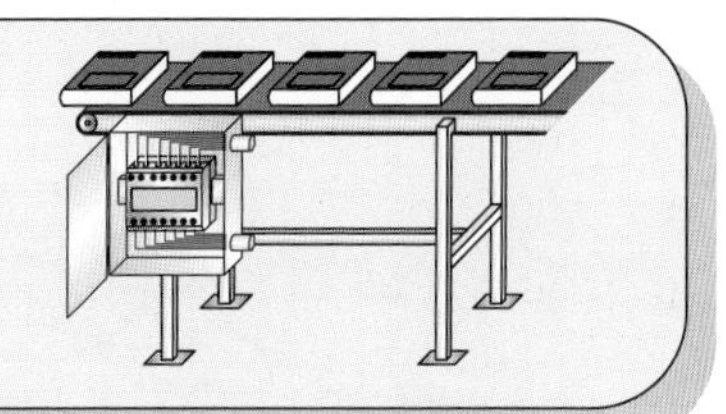

Analysieren

Vorgaben:
- allgemeine Fehlerbeschreibung
- definierte Aufgabenstellung
- keine weiteren Informationen oder Dokumente

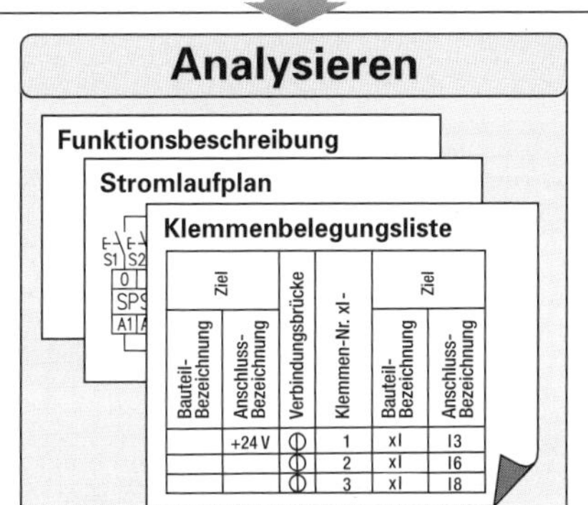

Funktionsbeschreibung

Stromlaufplan

Klemmenbelegungsliste

Ziel		Verbindungsbrücke	Klemmen-Nr. xl-	Ziel	
Bauteil-Bezeichnung	Anschluss-Bezeichnung			Bauteil-Bezeichnung	Anschluss-Bezeichnung
	+24 V		1	xl	I3
			2	xl	I6
			3	xl	I8

Ergebnisse:
- Unterlagen zur Anlage:
  - Funktionsbeschreibung
  - Stromlaufplan
  - Klemmenbelegungsliste
- Messgerät (Art und Messbereich)
- Steuerungsart
- Fehlerlisten, Anlagenzustand, Ausfallzeiten

Planen

Eingang:
- ausgewertete Informationen
- Art und Messbereich des Messgerätes

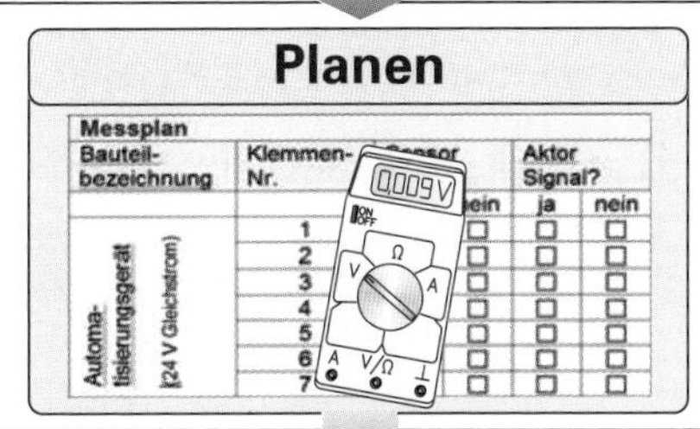

Messplan

Bauteilbezeichnung	Klemmen-Nr.	Sensor		Aktor Signal?	
			nein	ja	nein
Automatisierungsgerät (24 V Gleichstrom)	1		☐	☐	☐
	2		☐	☐	☐
	3		☐	☐	☐
	4		☐	☐	☐
	5		☐	☐	☐
	6		☐	☐	☐
	7		☐	☐	☐

Ergebnisse:
- Messgerät
  Messplan mit
  - Messstelle und
  - Abfolge
  Messstrategie
- Sicherheit (Mensch, Anlage)

Ausführen

Eingang:
- Sicherheit für Personen und System herstellen
- Messgerät einstellen (Stromart, Messbereich)
- Messstellen kontaktieren
- Schwellenwerte messen

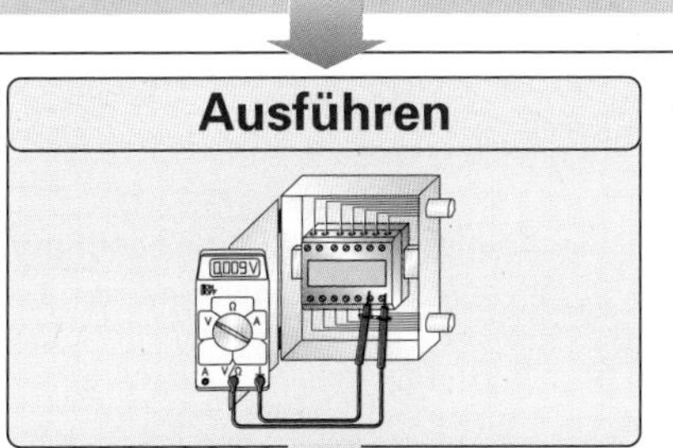

Ergebnisse:
- Messwerte
- Messprotokoll
- Auffälligkeiten (erkennbar) in der Messumgebung

Auswerten

Eingang:
- Messprotokoll
  Auffälligkeiten

Fehlerliste

Störung	mögliche Ursache	Maßnahme zur Beseitigung
kein Teilestop an Übergabestelle (keine Spannung an Klemme 2)	Signalleitung unterbrochen	Signalleitung austauschen

Ergebnisse:
- Fehlerstatistik
- aktualisierte Fehlerliste (Fehlererkennung)

1 Wirkungen und Einsätze elektrischer Energie

- **Wärmewirkung**

Elektrische Energie kann in Wärmeenergie umgewandelt werden. Dies geschieht z.B. im Elektroofen, beim Lichtbogenschweißen und beim Schmelzen einer Schmelzsicherung.

Beispiel für die Umwandlung von elektrischer Energie in Wärmeenergie

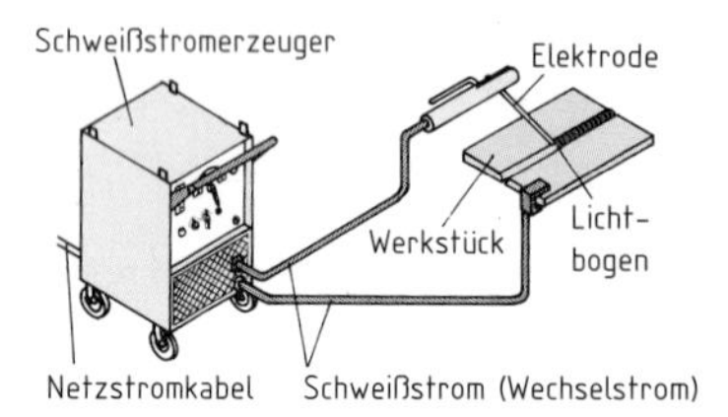

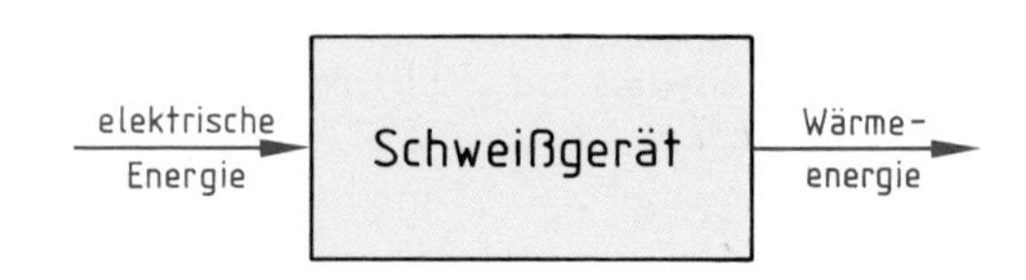

- **Magnetische Wirkung**

Elektrische Energie wird in Elektromagneten in Energie eines magnetischen Feldes umgewandelt. Dies geschieht z.B. in Hubmagneten und Elektromotoren.

Beispiel für die Umsetzung elektrischer Energie in Energie eines Magnetfeldes

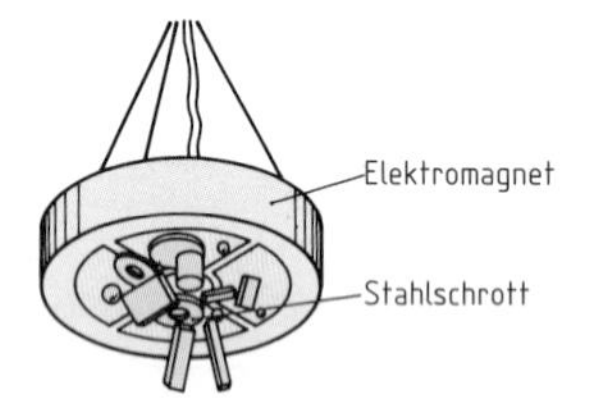

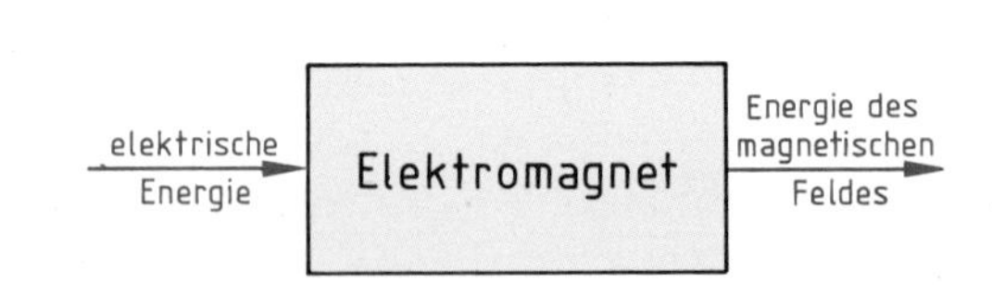

Die magnetische Wirkung des elektrischen Stromes wird in Elektromotoren ausgenutzt.

Beispiel für die Nutzung elektrischer Energie zur Erzeugung von Bewegungsenergie

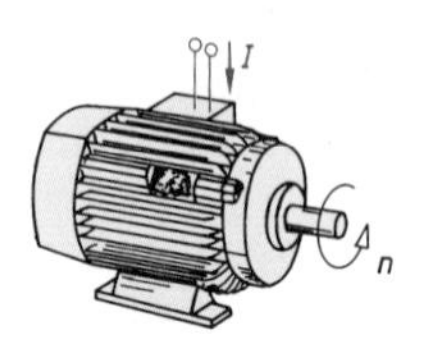

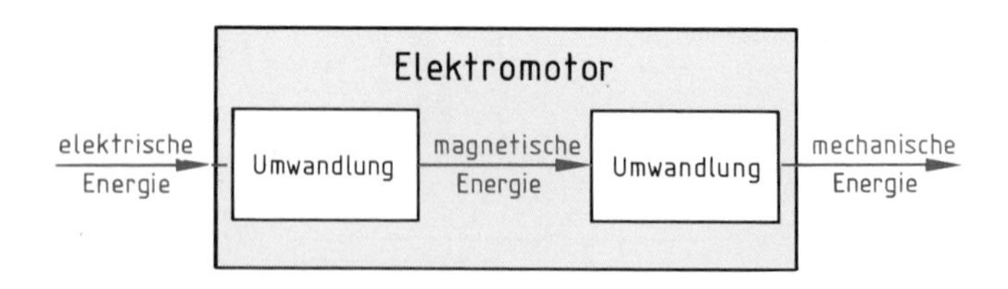

- **Chemische Wirkung**

Zur Auslösung und Fortführung vieler chemischer Reaktionen benötigt man Energie. Sie wird oft in Form elektrischer Energie zugeführt, z.B. in galvanischen Anlagen und zum Laden von Akkus.

Beispiel für die Nutzung elektrischer Energie bei chemischen Prozessen

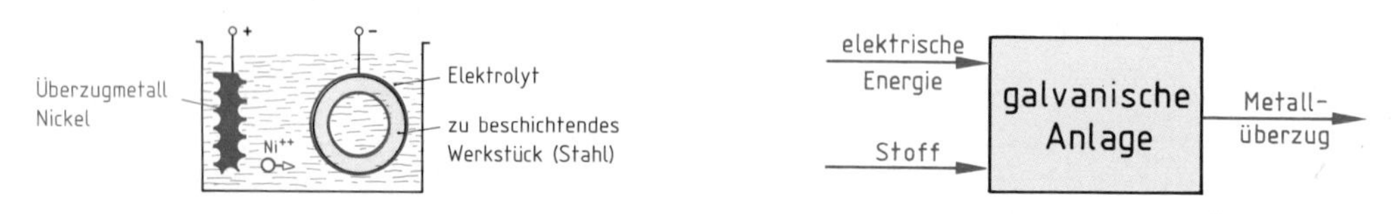

In der Metalltechnik werden folgende Wirkungen des elektrischen Stromes genutzt:
- Wärmewirkung,
- magnetische Wirkung,
- chemische Wirkung.

- **Einsatz elektrischer Energie**

In der Metalltechnik wird elektrische Energie als Arbeitsenergie zum Antrieb von Maschinen und Einrichtungen und als Hilfsenergie zum Steuern und Regeln verwendet.

Beispiel für den Einsatz elektrischer Energie als Arbeits- und Hilfsenergie

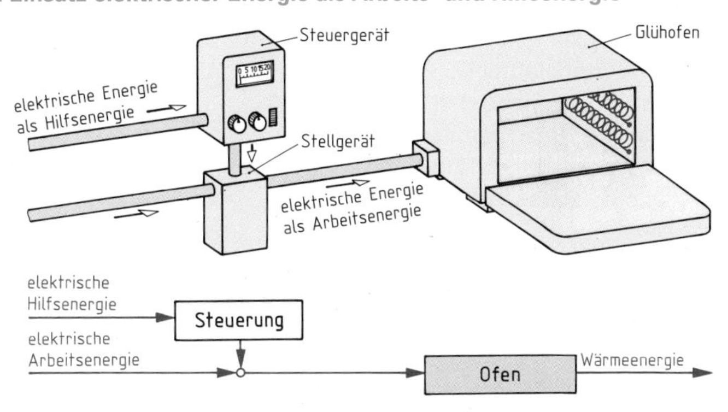

Elektrische Energie wird in Antrieben als Arbeitsenergie und in Steuer- und Regeleinrichtungen als Hilfsenergie verwendet.

2 Physikalische Grundlagen

2.1 Elektrische Ladung

- **Atomaufbau**

Die Atome aller Elemente haben einen Kern und eine Hülle. Der Atomkern enthält als wichtigste Bausteine die **Protonen** und die **Neutronen.** Protonen und Neutronen haben etwa die gleiche Masse.
Die Hülle wird von elektrisch negativ geladenen Teilchen, den **Elektronen,** gebildet. Diese Elektronen bewegen sich mit sehr hoher Geschwindigkeit um den Kern, so dass sich die Vorstellung einer Elektronenhülle ergibt. Elektronen haben nur etwa $^1/_{2\,000}$ der Masse eines Protons.
Protonen sind elektrisch positiv, Elektronen sind negativ geladen. Neutronen sind neutral.

Teilchenart	Symbol	Ladung	Masse	Massenverhältnis
Proton	p^+	positiv	$1{,}7 \cdot 10^{-24}$g	1
Neutron	n	neutral	$1{,}7 \cdot 10^{-24}$g	1
Elektron	e^-	negativ	$9{,}1 \cdot 10^{-28}$g	$\approx \frac{1}{2\,000}$

- **Elementarladung**

Die Ladung eines Elektrons ist die kleinste Ladungseinheit. Deshalb bezeichnet man diese Ladung als Elementarladung, und da das Elektron negativ geladen ist, als *negative Elementarladung.*
Die gleich große Ladung eines Protons bezeichnet man als positive *Elementarladung.*

Jedes Elektron besitzt eine negative Elementarladung.
Jedes Proton besitzt eine positive Elementarladung.

Die Ladung eines Elektrons ist zu klein, um mit ihr technische Berechnungen durchzuführen. Man fasst darum die Ladung von $6{,}25 \cdot 10^{18}$ Elektronen zu einem **Coulomb** (C) zusammen.

1 Coulomb ist die Ladungsmenge von $6{,}25 \cdot 10^{18}$ Elektronen.

Übungsaufgaben ET-2 bis ET-5

- **Kräfte zwischen Ladungen**

Unterschiedliche elektrische Ladungen können durch Einsatz von Energie getrennt werden.

Beispiel für Ladungstrennung

Beim Reiben eines Kunststoffstabes mit einem Wolltuch gehen Elektronen des Wolltuches auf den Kunststoffstab über, und es entsteht dort ein Elektronenüberschuss. Der Kunststoffstab erhält dadurch eine negative Ladung. Das Wolltuch weist hingegen Elektronenmangel auf und ist dadurch positiv geladen.

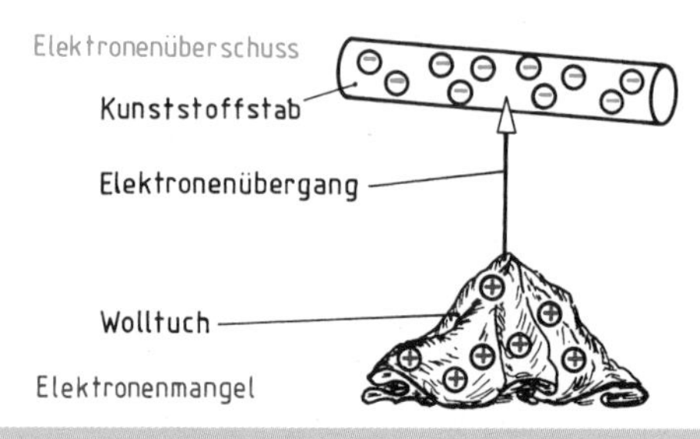

Zur Trennung elektrischer Ladungen ist Energie erforderlich.

Hat man unterschiedliche Ladungen voneinander getrennt, so bestehen zwischen Teilen mit unterschiedlicher elektrischer Ladung *anziehende* Kräfte und zwischen Teilen mit gleicher elektrischer Ladung *abstoßende* Kräfte.

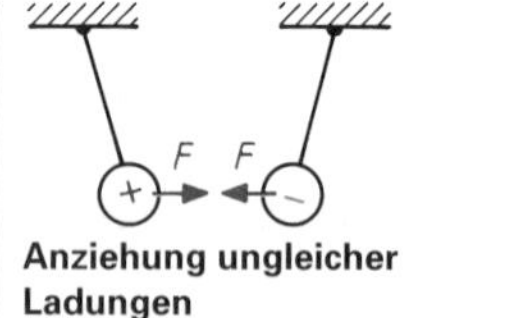

Anziehung ungleicher Ladungen

Abstoßung gleicher Ladungen

Teile mit unterschiedlicher elektrischer Ladung ziehen sich gegenseitig an.
Teile mit gleicher elektrischer Ladung stoßen sich gegenseitig ab.

2.2 Strom

In elektrischen Leitungen können Elektronen weiter bewegt werden. Diesen Fluss von Elektronen bezeichnet man als den elektrischen Strom. Wenn durch den Leiterquerschnitt in einer Sekunde $6{,}25 \cdot 10^{18}$ Elektronen strömen, so fließt ein Strom von **1 Ampere**.

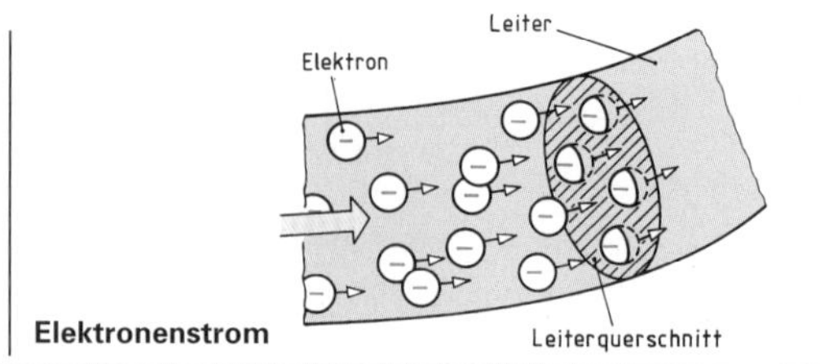

Elektronenstrom

Der elektrische Strom ist der Fluss von Elektronen.
1 Ampere entspricht einem Fluss von $6{,}25 \cdot 10^{18}$ Elektronen je Sekunde.

Bewegt sich der Elektronenstrom stets in die gleiche Richtung, so spricht man von **Gleichstrom**. Stellt man in einem Diagramm den Strom in Abhängigkeit von der Zeit dar, so zeigt das Diagramm eine parallele Linie zur Zeitachse. Batterien und Akkumulatoren liefern Gleichstrom.

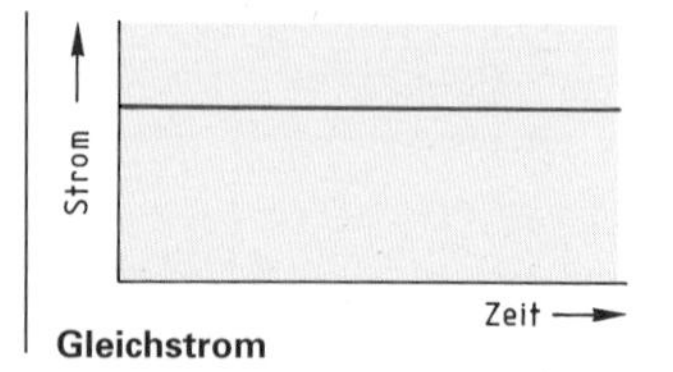

Gleichstrom

Symbol für Gleichstrom: = oder DC (DC = direct current)

Ein Strom, der stets in gleiche Richtung fließt, ist ein Gleichstrom.

Ändert der Elektronenstrom in regelmäßigen Zeitabständen (periodisch) seine Größe und seine Richtung, so nennt man diesen Strom **Wechselstrom**. Stellt man in einem Diagramm den Strom in Abhängigkeit von der Zeit dar, so zeigt das Diagramm eine Wellenlinie (Sinuskurve) um die Nulllinie. Die Elektroversorgungsunternehmen liefern einen Wechselstrom, der in 1 Sekunde 50-mal eine Sinuskurve durchläuft und damit 100-mal in der Sekunde seine Richtung ändert.

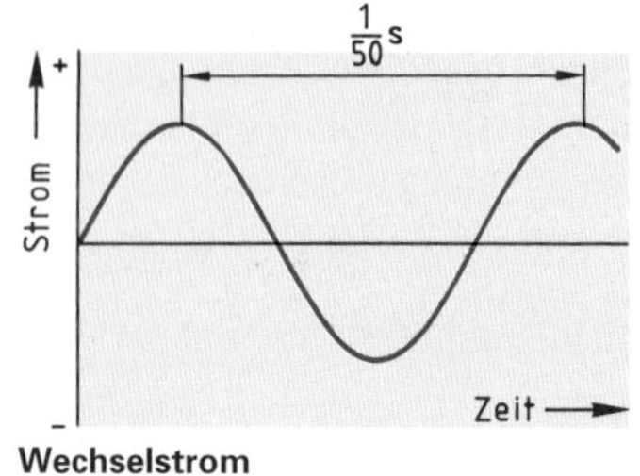

Wechselstrom

Symbol für Wechselstrom: ~ oder AC (AC = alternating current)

Ein Strom, der periodisch seine Richtung und Größe ändert, ist ein Wechselstrom.

2.3 Spannung

- **Prinzip der Spannungserzeugung**

Durch die Trennung elektrischer Ladungen erhält man Bereiche mit Elektronenüberschuss und solche mit Elektronenmangel.

Der Bereich mit *Elektronenüberschuss* ist der **Minuspol,** der Bereich mit dem *Elektronenmangel* der **Pluspol.**

Wegen der Anziehungskräfte zwischen den unterschiedlichen Ladungen besteht das Bestreben, einen Ausgleich zwischen den beiden Polen herzustellen. Dieses Ausgleichsbestreben nennt man die elektrische **Spannung.**

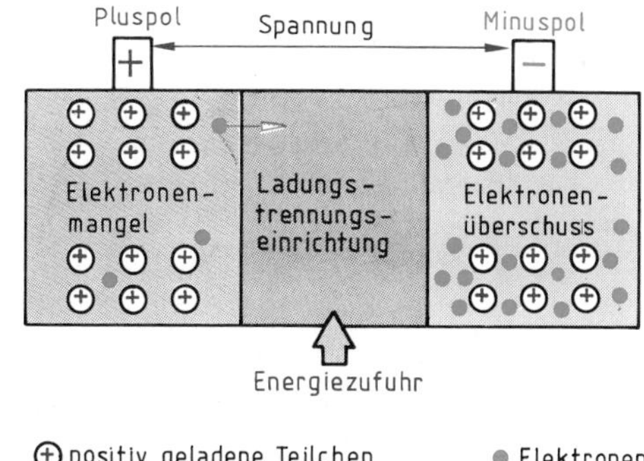

⊕ positiv geladene Teilchen ● Elektronen

Prinzip einer Spannungsquelle

Spannung besteht zwischen getrennten elektrischen Ladungen.

Zur Spannungserzeugung muss Arbeit aufgewendet werden. Verrichtet man bei der Ladungstrennung an 1 Coulomb eine Arbeit von 1 Nm, so hat man eine Spannung von **1 Volt** erzeugt.

1 Nm Arbeit an 1 Coulomb verrichtet, ergibt die Spannung 1 Volt.

- **Spannungsquellen**

Generator

In Generatoren wird Spannung durch Aufwenden mechanischer Energie erzeugt.
Diese Art der Spannungserzeugung wird von den Elektroversorgungsunternehmen betrieben. Generatoren im kleineren Maßstab sind der Dynamo am Fahrrad und die „Lichtmaschine" im Kraftfahrzeug.

Batterie und Akkumulator

In Batterien und Akkumulatoren wird Spannung durch chemische Prozesse erzeugt.
Man verwendet diese Spannungsquellen zur Versorgung nicht ortsgebundener Maschinen und Geräte.

Solarzellen

In Solarzellen erfolgt die Ladungstrennung durch Lichteinwirkung.
Nach dem beschlossenen Ausstieg aus der Stromerzeugung durch Kernenergie kommt der Nutzung von Solarzellen zur Energieerzeugung in der Bundesrepublik erhöhte Bedeutung zu.

Thermoelemente

In Thermoelementen geschieht die Ladungstrennung unmittelbar durch Wärmeenergie.
Man verwendet Thermoelemente zum Speisen von Zündsicherungen in Erwärmungsanlagen und zur Temperaturmessung.

Beispiele für Spannungsquellen

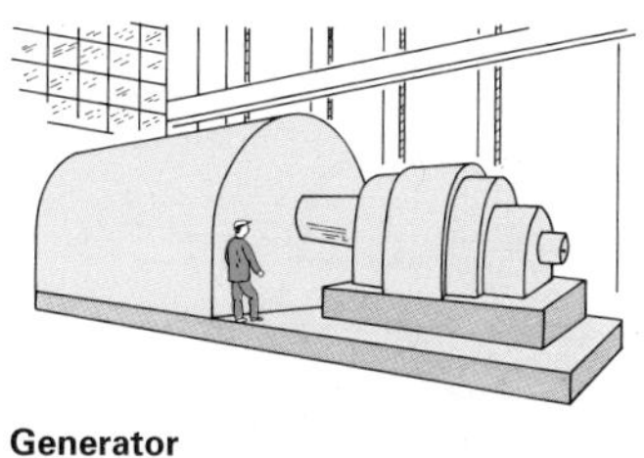

Generator

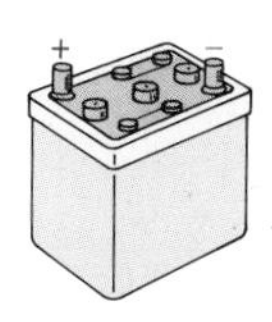

Akkumulator

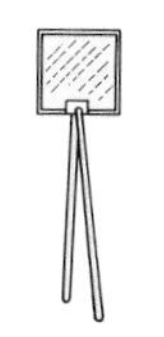

Solarzelle

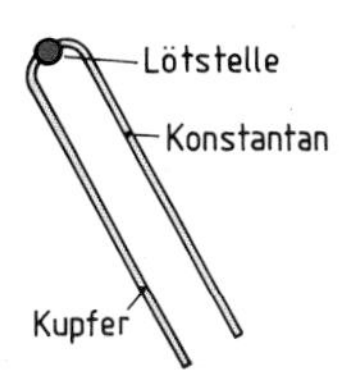

Thermoelement

Spannungserzeugung geschieht in:
- Generatoren,
- Batterien und Akkumulatoren,
- Solarzellen,
- Thermoelementen.

ET

Übungsaufgaben ET-11 bis ET-14

2.4 Stromkreis

Verbindet man die Pole einer Spannungsquelle über eine elektrisch leitende Verbindung mit einem Verbraucher, so fließen Elektronen vom Minuspol (–) der Spannungsquelle über Leiter und Verbraucher zum Pluspol (+).

Die in sich geschlossene Anordnung von Spannungsquelle, Leiter und Verbraucher bezeichnet man als *elektrischen Stromkreis.*

Aus historischen Gründen hat man als Stromrichtung eine Bewegung vom Pluspol zum Minuspol festgelegt. Diese Festlegung wird als technische Stromrichtung bezeichnet.

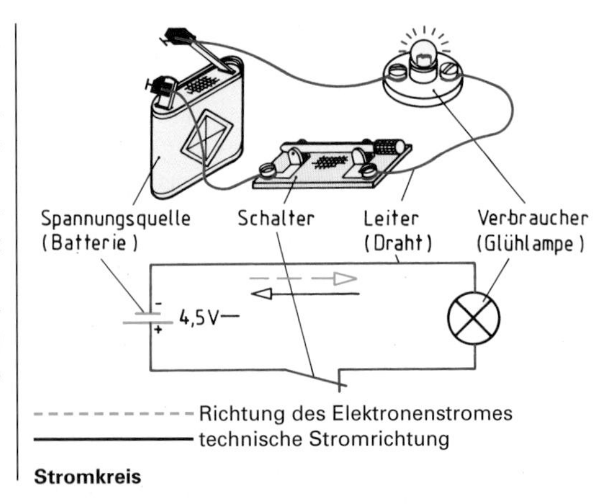

Stromkreis

Der geschlossene Stromkreis besteht aus Spannungsquelle, Leiter und Verbraucher.
Technische Stromrichtung: vom Pluspol zum Minuspol.

2.5 Messung von Stromstärke und Spannung

- **Strommessung**

Strommessung ist Durchflussmessung, deshalb müssen **Strommessgeräte** direkt in den Stromkreis eingesetzt werden. Sie stehen in einer Reihe mit dem Verbraucher – sie sind *in Reihe geschaltet.* Strommessgeräte zeigen die Stromstärke in Ampere an, man nennt sie auch Amperemeter.

Strommessgeräte dürfen nur zusammen mit einem Verbraucher zum Einsatz kommen, da sonst ein extrem hoher Strom fließt, den man in der Technik als **Kurzschlussstrom** bezeichnet.

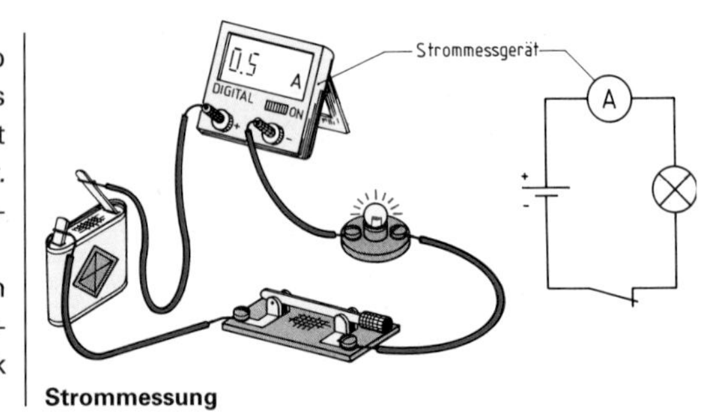

Strommessung

Der Strommesser wird immer mit dem Verbraucher in Reihe geschaltet.

- **Spannungsmessung**

Spannungsmessung ist die Messung eines Unterschiedes. Spannungen müssen immer zwischen zwei Punkten eines Stromkreises gemessen werden, z.B. zwischen den beiden Polen einer Spannungsquelle oder zwischen dem Eingangs- und Ausgangspunkt eines Verbrauchers.

Das **Spannungsmessgerät** wird *parallel zum Verbraucher* angeschlossen. Spannungsmesser zeigen die Spannung in Volt an, man bezeichnet sie auch als Voltmeter.

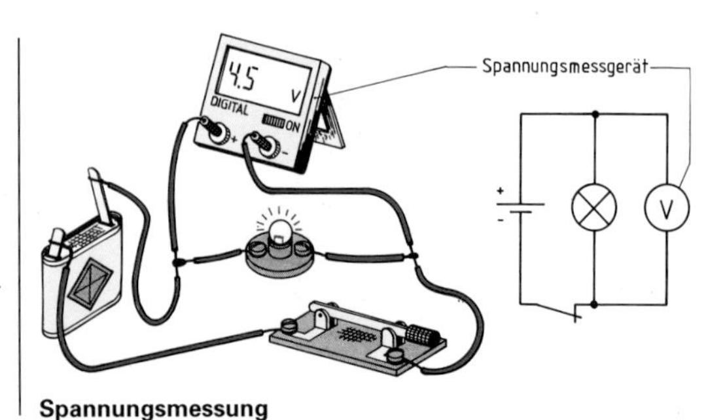

Spannungsmessung

Der Spannungsmesser wird immer mit dem Verbraucher parallel geschaltet.

2.6 Leiter – Halbleiter – Nichtleiter

- **Leiter**

Metallische Leiter

Metalle sind gute elektrische Leiter. Die Ursache dafür sind frei bewegliche Elektronen im Metall. Sobald mit einem metallischen Leiter ein Stromkreis geschlossen wird, setzen sich diese in Richtung Pluspol in Bewegung.

Elektronen treten am Minuspol der Spannungsquelle in den Leiter ein, und am Pluspol treten dafür andere heraus. Obwohl sich die Elektronen nur mit sehr geringer Geschwindigkeit (ca. 0,3 m/h) im Leiter in Stromrichtung bewegen, pflanzt sich der „Stoß", der durch das Eintreten von Elektronen in den Leiter entsteht, mit hoher Geschwindigkeit fort.

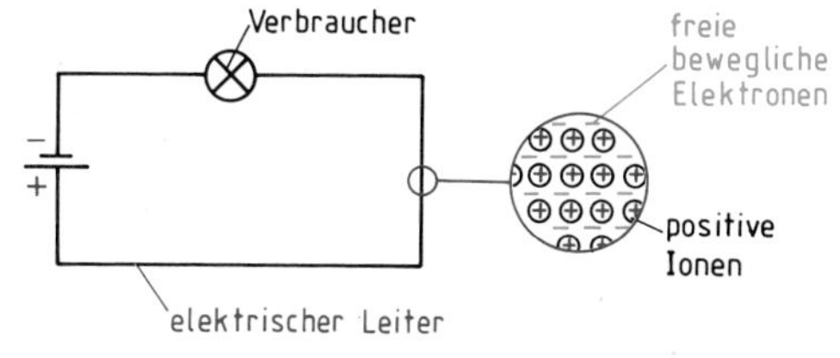

Metall als elektrischer Leiter

Quasifreie Elektronen sind die Ursache für die gute elektrische Leitfähigkeit eines Metalles.

Elektrolyte als Leiter

Wässrige Lösungen von Säuren, Laugen und Salzen können ebenfalls elektrischen Strom leiten, denn in Wasser sind Säuren, Laugen und Salze in positive und negative Ionen aufgespalten. Unter Spannung wandern die Ionen zu den entgegengesetzt geladenen Polen und transportieren so elektrische Ladungen. An den Polen erfolgen dabei stets chemische Umsetzungen. Diese elektrisch leitenden Flüssigkeiten nennt man **Elektrolyte**.

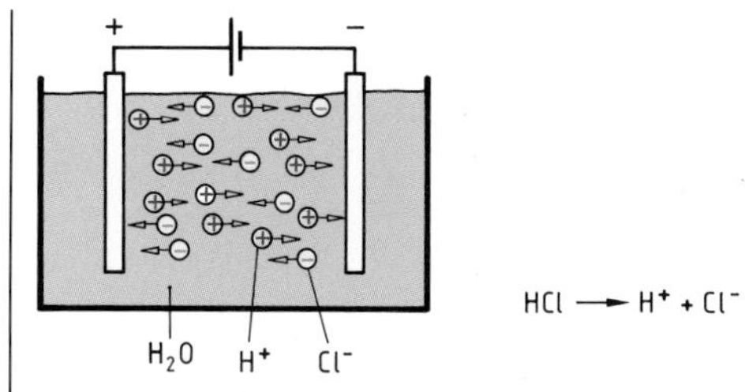

Stromleitung in verdünnter Salzsäure (HCl)

In Elektrolyten erfolgt der Ladungstransport über Ionen.

- **Halbleiter**

In Halbleiterwerkstoffen, z.B. in reinem Silizium und Germanium, erfolgt die Bindung zwischen den Nachbaratomen durch die Elektronen der Außenschale. Daher sind diese Elektronen nicht mehr frei beweglich wie bei den Metallen, sondern so fest gebunden, dass sie bei niedrigen Temperaturen nicht zur Leitung des elektrischen Stromes zur Verfügung stehen. Erst bei höheren Temperaturen können einige dieser Elektronen durch die Wärmebewegung freigesetzt werden und Ladungen transportieren. Reine Halbleiter leiten also den elektrischen Strom erst bei höheren Temperaturen.

Beispiel für das Verhalten eines Halbleiterwerkstoffes bei verschiedenen Temperaturen

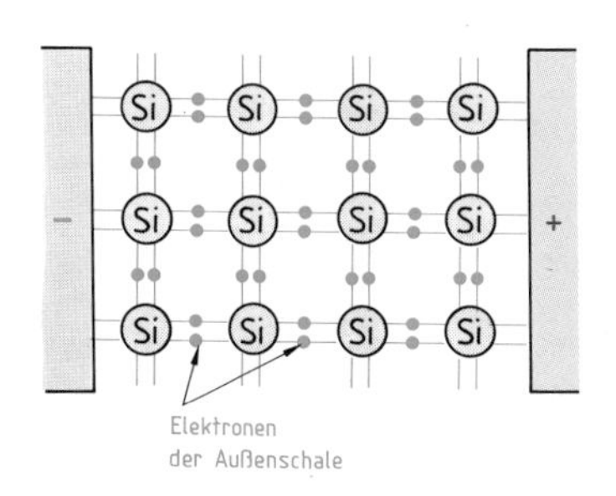

Niedrige Temperatur

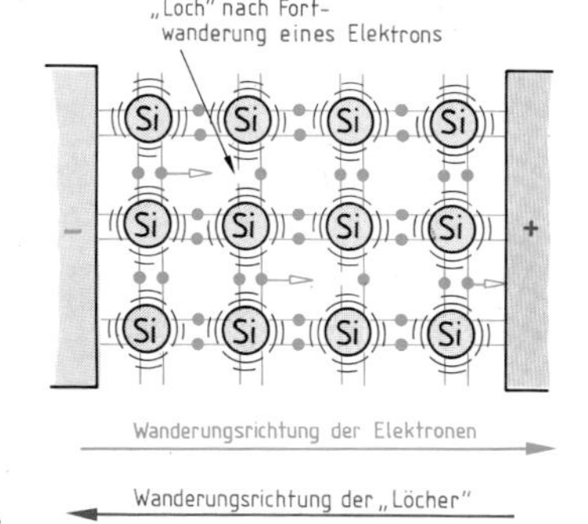

Hohe Temperatur

Reine Halbleiter leiten bei niedrigen Temperaturen keinen elektrischen Strom.
Bei hohen Temperaturen werden Halbleiter zu Leitern.

Übungsaufgaben ET-20 bis ET-22

Legiert man zu einem Halbleiterwerkstoff in sehr geringen Mengen Stoffe, deren Atome z.B. gegenüber Silizium oder Germanium ein Elektron mehr oder ein Elektron weniger auf der Außenschale haben, so kann man gezielt überschüssige (quasifreie) Elektronen oder Löcher erzeugen. Man nennt diese Halbleiterwerkstoffe **dotierte** Halbleiter. Halbleiterbauelemente der Elektronik (z.B. Dioden, Transistoren) sind Kombinationen verschieden dotierter Halbleiter.

Dotieren ist das Legieren eines Halbleiterwerkstoffes mit sehr wenigen Fremdatomen. Elektronische Halbleiterbauelemente bestehen aus dotierten Halbleiterwerkstoffen.

- **Nichtleiter**

Stoffe ohne bewegliche Ladungsträger leiten den elektrischen Strom nicht. Solche Stoffe sind z.B. Gummi, Kunststoffe, Glas, trockene Luft und chemisch reines Wasser. Man verwendet diese Stoffe zur Isolierung von elektrischen Leitern und Geräten. Deshalb bezeichnet man sie als **Isolierstoffe** oder **Nichtleiter**.

Querschnitt einer isolierten Kupferleitung

Stoffe, in denen Ladungen nicht bewegt werden können, werden als Nichtleiter oder Isolierstoffe bezeichnet.

2.7 Elektrischer Widerstand

Im Stromkreis wird der Fluss der Elektronen gehemmt. Diese Erscheinung bezeichnet man als **elektrischen Widerstand.** Er wird in **Ohm** (Ω) angegeben.
Der elektrische Widerstand eines Leiters ist abhängig von:

- Leiterlänge, • Leiterquerschnitt, • Leiterwerkstoff, • Temperatur des Leiters.

In den meisten Fällen ist der Einfluss der Temperatur auf den Leiter unbedeutend. Daher wird bei Berechnungen die Temperatur mit 20 °C als konstant angesetzt.

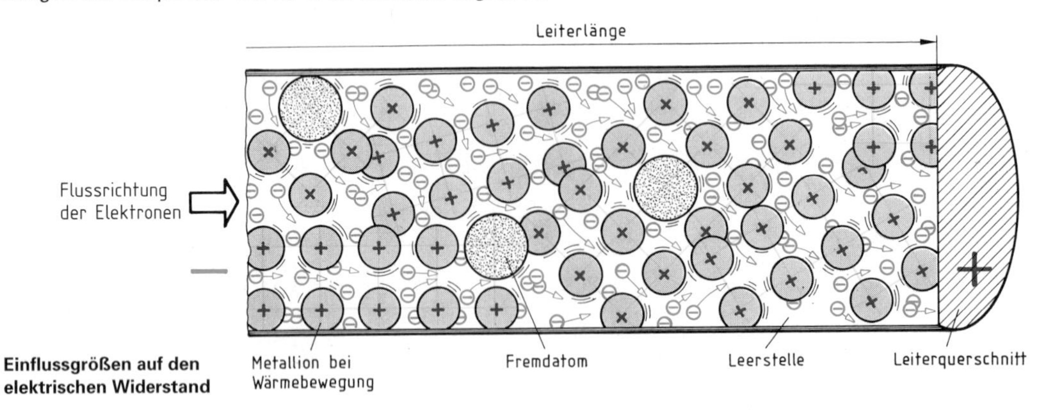

Einflussgrößen auf den elektrischen Widerstand

Die verschiedenen Einflussgrößen auf den elektrischen Widerstand haben folgende Auswirkungen:

- Mit *steigender Leiterlänge* wächst der Widerstand, weil die Elektronenbewegung auf dem längeren Weg stärker behindert wird.
- Mit *kleinerem Leiterquerschnitt* wird der Widerstand größer, weil die Durchtrittsfläche kleiner wird.
- Mit *sinkender Zahl* freier Elektronen und *stärkerer Behinderung durch Fremdatome* im Kristallgitter steigt der elektrische Widerstand. Diese Werkstoffabhängigkeit des Widerstandes drückt man durch den **spezifischen Widerstand** (Formelzeichen: ϱ) aus.

Übungsaufgaben ET-23 bis ET-25

Der Zusammenhang zwischen den Einflussgrößen und dem elektrischen Widerstand R bei 20 °C wird in folgender Gleichung angegeben:

$$R = \frac{\varrho \cdot l}{S}$$

R Widerstand in Ω
l Leiterlänge in m
S Leiterquerschnitt in mm^2
ϱ spezifischer Widerstand in $\frac{\Omega\, mm^2}{m}$ bei 20 °C

Werkstoff	Spezifischer Widerstand in $\frac{\Omega\, mm^2}{m}$ bei 20 °C
Silber	0,0149
Kupfer	0,0178
Aluminium	0,0241
Eisen	0,1400

Beispiel für die Berechnung des elektrischen Widerstandes eines Leiters

Aufgabe

Ein aufgewickelter Kupferdraht mit 0,016 mm^2 Querschnitt ist 73,1 m lang.
Der elektrische Widerstand ist zu berechnen.

Lösung

$R = \frac{\varrho \cdot l}{S}$ $\quad R = \frac{0{,}0178\ \Omega\, mm^2 \cdot 73{,}1\ m}{m \cdot 0{,}016\ mm^2}$ $\quad \mathbf{R = 80\ \Omega}$

Der Widerstand eines Leiters hängt bei konstanter Temperatur ab von:
- Länge,
- Querschnitt,
- Werkstoff.

$$R = \frac{\varrho \cdot l}{S}$$

Weicht die Temperatur eines Widerstandes von 20 °C ab, so muss der Widerstandswert neu errechnet werden. Diese Neuberechnung erfolgt über den *Temperaturbeiwert* α.

$$R = R_K \cdot (1 + \alpha \cdot \Delta\vartheta)$$

R_K Widerstand bei 20 °C
α Temperaturbeiwert
$\Delta\vartheta$ Temperaturänderung gegenüber 20 °C

Werkstoff	Temperaturbeiwert α in $\frac{1}{K}$
Kupfer	0,0039
Aluminium	0,0038
Eisen	0,0045

Beispiel für die Berechnung eines Widerstandes bei einer von 20 °C abweichenden Temperatur

Aufgabe

Ein Stahldraht hat bei 20 °C einen Widerstand von 60 Ω.
Auf welchen Wert steigt der Widerstand bei einer Temperaturerhöhung auf 70 °C?
(α = 0,0045 1/K)

Lösung

$R = R_K \cdot (1 + \alpha \cdot \Delta\vartheta)$

$R = 60\ \Omega \cdot \left(1 + 0{,}004 \frac{1}{K} \cdot 50\ K\right)$

$R = \mathbf{73{,}5}\ \Omega$

Der Widerstand von elektrischen Leitern ist temperaturabhängig. Bei metallischen Leitern steigt der Widerstand mit steigender Temperatur.

Übungsaufgaben ET-26 bis ET-32

2.8 Ohmsches Gesetz

Den gesetzmäßigen Zusammenhang der elektrischen Größen **Spannung, Stromstärke** und **Widerstand** in einem elektrischen Stromkreis erforschte Georg Simon Ohm.

Er stellte folgende Abhängigkeiten fest:
1. Steigert man die Spannung bei gleich bleibendem Widerstand, so steigt die Stromstärke im gleichen Verhältnis wie die Spannung.
2. Erhöht man den Widerstand bei gleich bleibender Spannung, so nimmt die Stromstärke im gleichen Verhältnis ab, wie der Widerstand zunimmt.

Aus diesen beiden Abhängigkeiten ergibt sich das **Ohmsche Gesetz:**

Spannung = Stromstärke · Widerstand

$$U = I \cdot R$$

Beispiel für einen Versuch zum Nachweis des Ohmschen Gesetzes

Man führt eine Versuchsreihe mit 0,98 m Konstantandraht mit einem Querschnitt von 1 mm² durch, indem man verschiedene Spannungen anlegt und dabei die verschiedenen Stromstärken misst.

Versuchsaufbau:

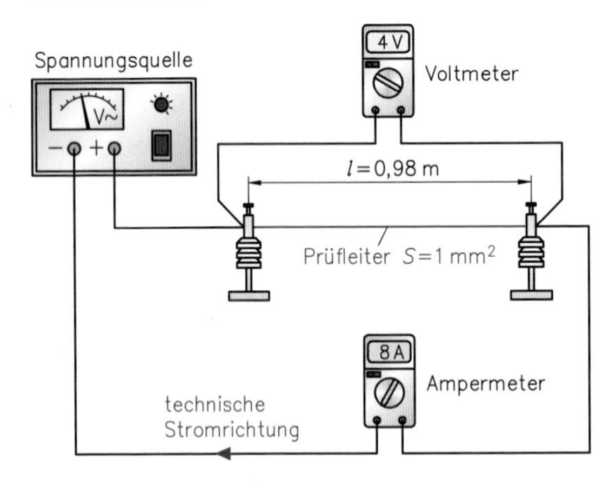

Messergebnis:

Spannung U in Volt	Stromstärke I in Ampere
1	2
2	4
3	6
4	8

Versuchsauswertung:

Aus den Messwerten und dem Verlauf des Graphen im Spannungs-Stromstärken-Schaubild ergibt sich, dass Spannung und Stromstärke stets in gleichem Verhältnis stehen. Das Verhältnis aus Spannung und Strom ist der Widerstand.

Der Versuch zeigt, dass z.B. eine Spannung von 1 V in einem Konstantandraht von 0,98 m Länge und 1 mm² Querschnitt einen Strom von 2 A fließen lässt. Der Widerstand des Drahtes ist demnach:

$$R = \frac{U}{I} = \frac{1\,\text{V}}{2\,\text{A}} = 0{,}5\,\Omega$$

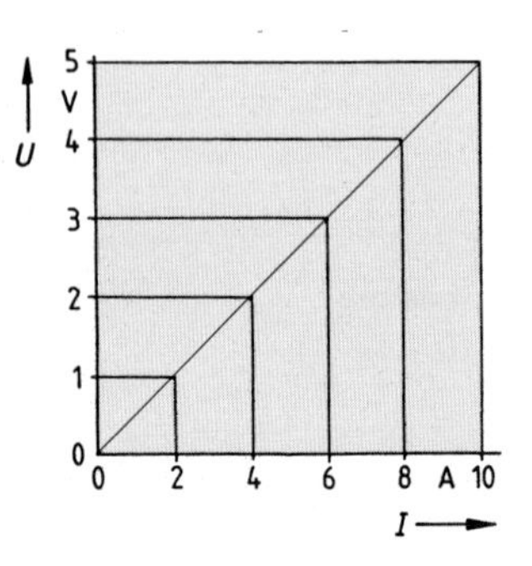

Das Spannungs-Stromstärken-Schaubild verdeutlicht die Abhängigkeit zwischen Spannung und Strom in einem Stromkreis.

Übungsaufgaben ET-33 bis ET-36

3 Grundschaltungen

3.1 Reihenschaltung

In einer Reihenschaltung liegen alle Verbraucher hintereinander im Stromkreis und werden vom gleichen Strom durchflossen. Die Reihenschaltung findet z.B. bei Lichterketten für Weihnachtsbäume Verwendung. Zudem stellt jede Zuleitung zu einem Verbraucher einen Widerstand dar, der mit dem Verbraucher in Reihe geschaltet ist.

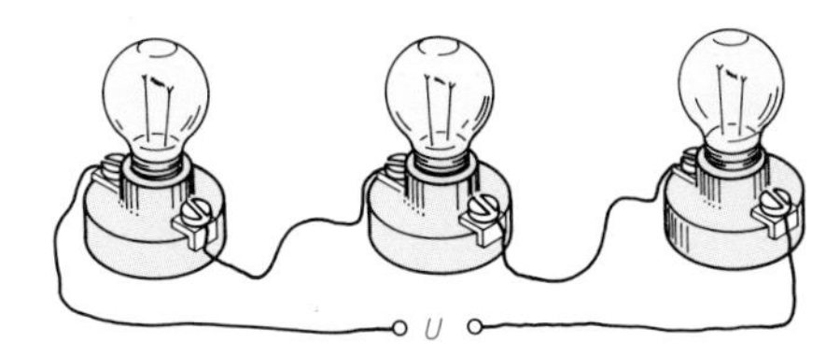

Reihenschaltung von Glühlampen

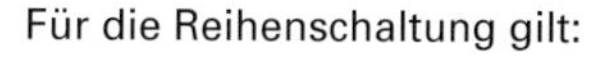

Für die Reihenschaltung gilt:

1. Der Strom ist an allen Stellen gleich.
   $I_{ges} = I_1 = I_2 = I_3 = ...$
2. Der Gesamtwiderstand ist gleich der Summe der Einzelwiderstände.
   $R_{ges} = R_1 + R_2 + R_3 + ...$
3. Der Spannungsbetrag, der notwendig ist, um den Strom durch den einzelnen Widerstand zu treiben – Spannungsabfall am Widerstand – ist nach dem Ohmschen Gesetz:
   $U_1 = I \cdot R_1 \quad U_2 = I \cdot R_2 \quad U_3 = I \cdot R_3 ...$
   Die Gesamtspannung ist gleich der Summe der Teilspannungen.
   $U_{ges} = U_1 + U_2 + U_3 + ...$

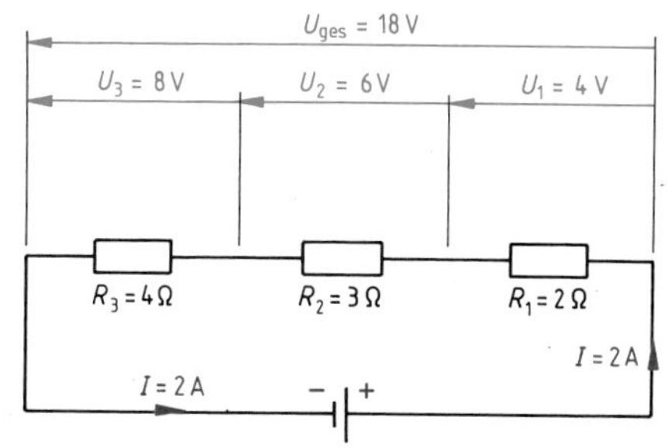

Reihenschaltung mit Widerständen

Beispiel für die Berechnung von Spannungen und Strom in einer Reihenschaltung

Aufgabe

In der skizzierten Reihenschaltung fließt ein Strom von 2,5 A.
Es sind die Spannungsabfälle an den Widerständen und die Gesamtspannung zu berechnen.

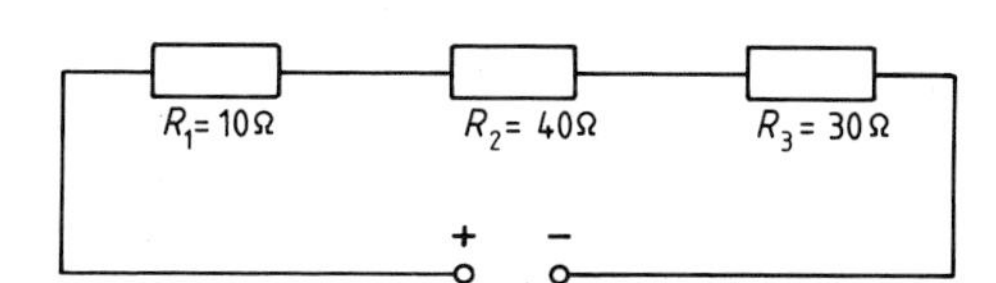

Lösung

$R_{ges} = R_1 + R_2 + R_3$	$U_{ges} = I \cdot R_{ges}$	$U_1 = I \cdot R_1$	$U_2 = I \cdot R_2$	$U_3 = I \cdot R_3$
R_{ges} = 10 Ω + 40 Ω + 30 Ω	U_{ges} = 2,5 A · 80 Ω	U_1 = 2,5 A · 10 Ω	U_2 = 2,5 A · 40 Ω	U_3 = 2,5 A · 30 Ω
R_{ges} = **80 Ω**	U_{ges} = **200 V**	U_1 = **25 V**	U_2 = **100 V**	U_3 = **75 V**

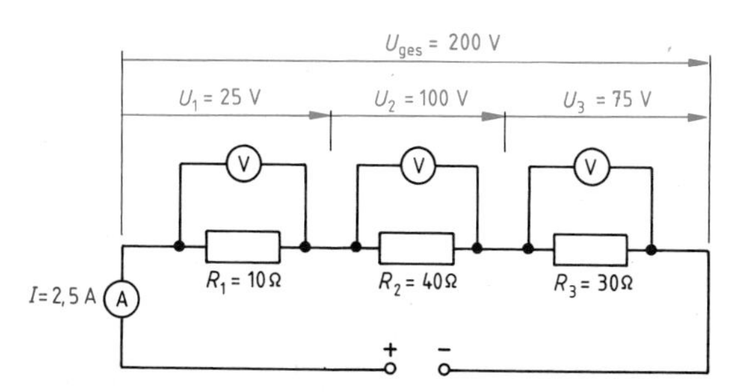

Reihenschaltung: $I_{ges} = I_1 = I_2 = I_3 = ...$ $\quad R_{ges} = R_1 + R_2 + R_3 + ...$ $\quad U_{ges} = U_1 + U_2 + U_3 + ...$

ET

Übungsaufgaben ET-37 bis ET-39

3.2 Parallelschaltung

In einer Parallelschaltung liegen die Verbraucher parallel zueinander. An allen Verbrauchern liegt die gleiche Spannung an.
Die Geräte am Stromnetz sind parallel geschaltet.

Für die Parallelschaltung gilt:

1. Die Spannung ist an allen Verbrauchern gleich.
   $U_{ges} = U_1 = U_2 = U_3 = \ldots$
2. Der Strom, welcher durch den einzelnen Widerstand fließt, ist
   $I_1 = \frac{U}{R_1}$ $I_2 = \frac{U}{R_2}$ $I_3 = \frac{U}{R_3}$
   Der Gesamtstrom ist gleich der Summe der Teilströme.
   $I_{ges} = I_1 + I_2 + I_3 + \ldots$
3. Den Gesamtwiderstand errechnet man aus
   $\frac{U}{R_{ges}} = \frac{U}{R_1} + \frac{U}{R_2} + \frac{U}{R_3} + \ldots \quad | : U$
   $\frac{1}{R_{ges}} = \frac{1}{R_1} + \frac{1}{R_2} + \frac{1}{R_3} + \ldots$

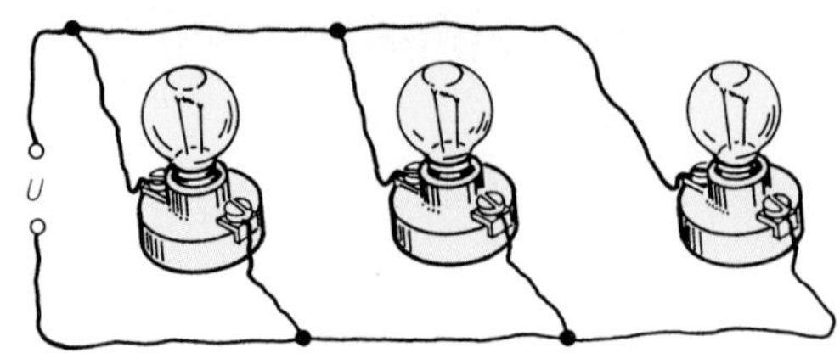

Parallelschaltung von Glühlampen

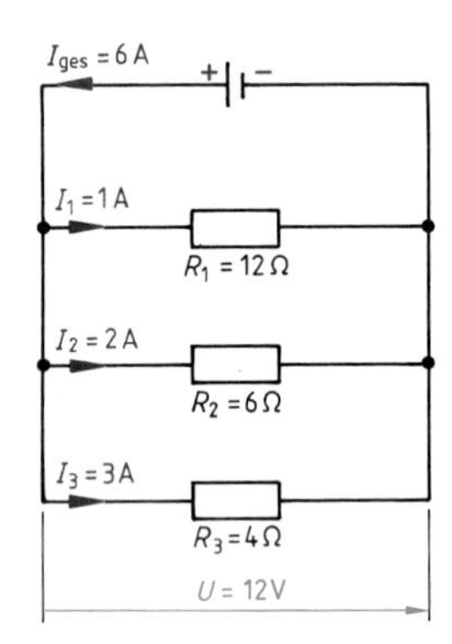

Parallelschaltung von Widerständen

Beispiel für die Berechnung von Strom und Widerstand in einer Parallelschaltung

Aufgabe
In der skizzierten Parallelschaltung liegen die Widerstände an einer Spannung von 60 V. Es sind die Teilströme und der Gesamtwiderstand zu berechnen.

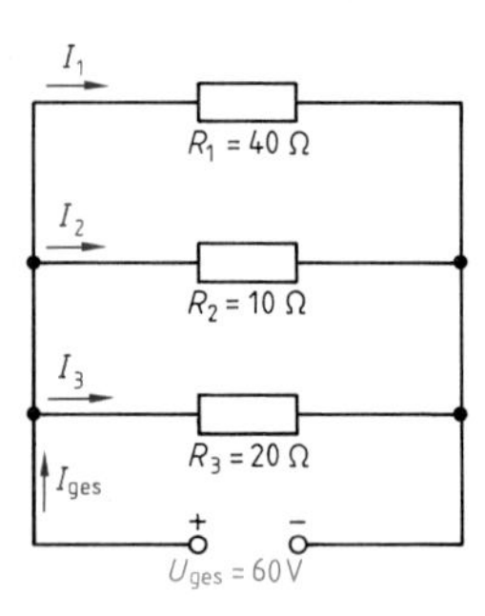

Lösung

$I_1 = \frac{U}{R_1}$ $I_2 = \frac{U}{R_2}$ $I_3 = \frac{U}{R_3}$

$I_1 = \frac{60\ V}{40\ \Omega} = \mathbf{1{,}5\ A}$ $I_2 = \frac{60\ V}{10\ \Omega} = \mathbf{6\ A}$ $I_3 = \frac{60\ V}{20\ \Omega} = \mathbf{3\ A}$

$I_{ges} = I_1 + I_2 + I_3$

$I_{ges} = 1{,}5\ A + 6\ S + 3\ A = 10{,}5\ A$

$\frac{1}{R_{ges}} = \frac{1}{R_1} + \frac{1}{R_2} + \frac{1}{R_3} + \ldots$

$\frac{1}{R_{ges}} = \frac{1}{40\ \Omega} + \frac{1}{10\ \Omega} + \frac{1}{20\ \Omega} = 0{,}175 \frac{1}{\Omega}$

$R_{ges} = \mathbf{5{,}7}\ \Omega$

$I_{ges} = \frac{U}{R_{ges}} = \frac{60\ V}{5{,}7\ \Omega} = \mathbf{10{,}5\ A}$

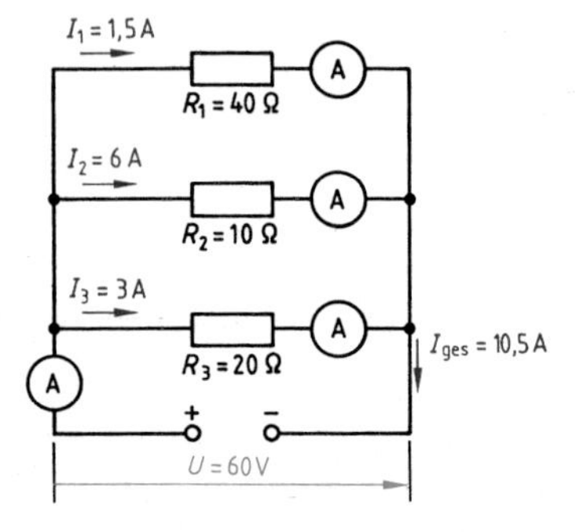

Parallelschaltung: $U_{ges} = U_1 = U_2 = U_3 = \ldots$ $I_{ges} = I_1 + I_2 + I_3 + \ldots$ $\frac{1}{R_{ges}} = \frac{1}{R_1} + \frac{1}{R_2} + \frac{1}{R_3} + \ldots$

Übungsaufgaben ET-40 bis ET-42

4 Schaltzeichen für elektrische Bauelemente und Schaltpläne

4.1 Bauteile in der Elektrotechnik

Sehr viele elektrische Schaltungen bestehen im Prinzip aus folgenden Bauelementen:

Spannungsquelle **Schalter** **Verbraucher** (z.B. Lampe) **Leitungen**

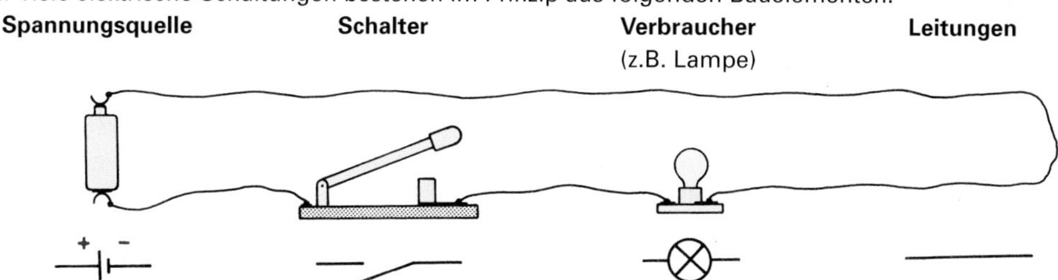

Diese Bauteile werden **Betriebsmittel** genannt. Betriebsmittel werden durch Symbole dargestellt. Die Symbole heißen **Schaltzeichen.** Schaltzeichen enthalten die allgemeinste Information über Art und Funktion des Betriebsmittels. Alle Schaltzeichen sind genormt.

Beispiele für Betriebsmittel und Schaltzeichen

Betriebsmittel	Beispiele für Bauformen	Schaltzeichen
chemische Spannungsquellen		
Schalter		
Lampen		
Leitungen		

Schaltzeichen enthalten die allgemeinste Information über Art und Funktion des elektrischen Bauelementes.

4.2 Elektrische Schaltpläne

Schaltzeichen werden zu **Schaltplänen** zusammengefasst. Verschiedene Schaltpläne (z.B. Stromlaufplan oder Installationsplan) sollen verschiedene Sachverhalte einer Schaltung deutlich machen. Damit keine Missverständnisse entstehen, ist auch die Ausführung (die Darstellungsweise) der Schaltpläne genormt.

Schaltpläne enthalten Informationen über

- die Anordnung der Betriebsmittel in einer Schaltung,
- die elektrischen Verbindungen in einer Schaltung,
- die Wirkungsweise einer Schaltung.

In Stromlaufplänen kommt es ausschließlich auf die Wirkungsweise einer Schaltung an. Deshalb müssen in Stromlaufplänen die einzelnen Stromwege übersichtlich dargestellt werden.

Beispiele für Stromlaufpläne

1. Zusammenhängende Darstellung

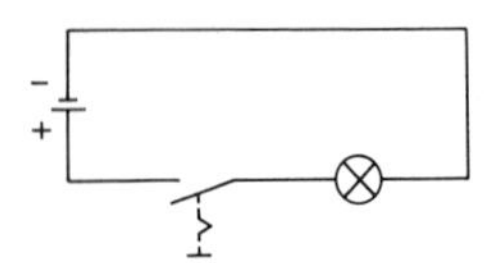

Bei der zusammenhängenden Darstellung werden alle Schaltzeichen der elektrischen Betriebsmittel **zusammenhängend** – als Einheit – gezeichnet.

2. Aufgelöste Darstellung

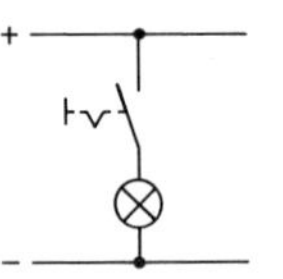

Bei der aufgelösten Darstellung werden die Schaltzeichen so angeordnet, dass geradlinige Stromwege entstehen.

In allen Stromlaufplänen werden die Verbindungslinien waagerecht oder senkrecht gezeichnet, ganz gleich, wie die Leitungen in der ausgeführten Schaltung tatsächlich liegen.

In Schaltplänen werden Schaltzeichen mit elektrischen Leitern verbunden dargestellt, sie zeigen die Arbeitsweise der elektrischen Schaltung.

4.3 Auswahl genormter Schaltzeichen

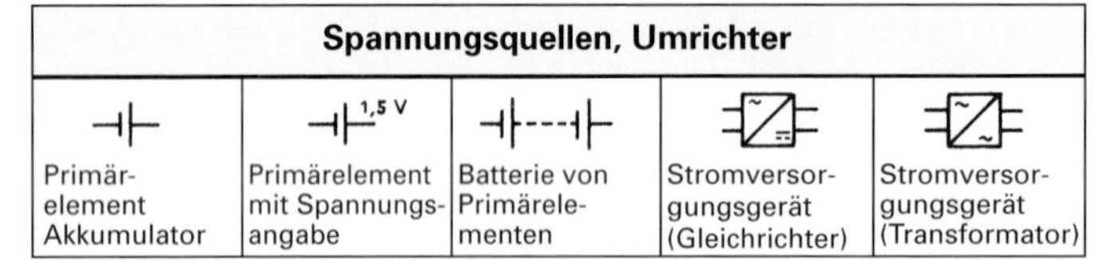

Spannungsquellen, Umrichter				
Primärelement Akkumulator	Primärelement mit Spannungsangabe (1,5 V)	Batterie von Primärelementen	Stromversorgungsgerät (Gleichrichter)	Stromversorgungsgerät (Transformator)

Messgeräte	
Spannungsmesser (V)	Strommesser (A)

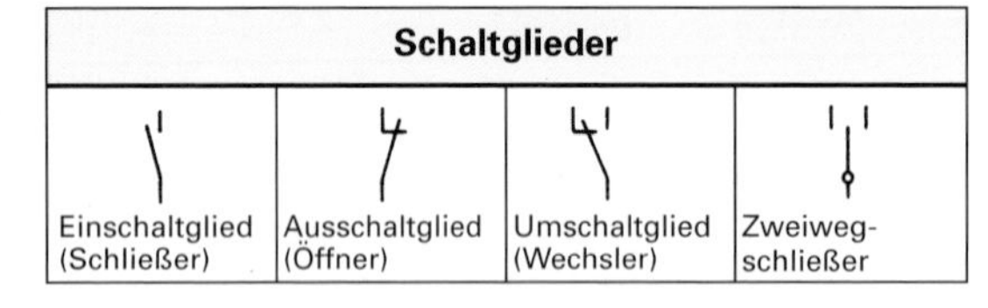

Schaltglieder			
Einschaltglied (Schließer)	Ausschaltglied (Öffner)	Umschaltglied (Wechsler)	Zweiwegschließer

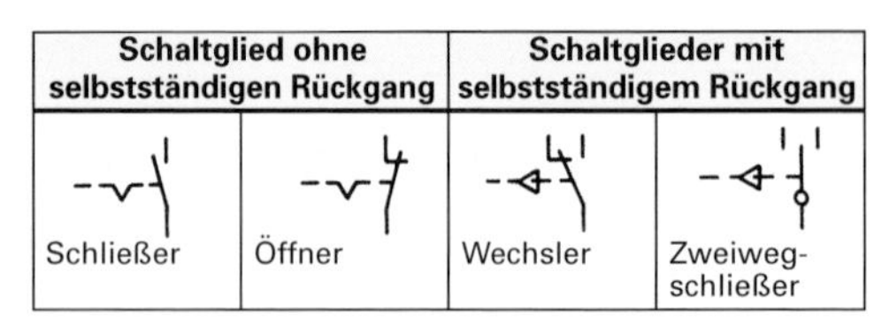

Schaltglied ohne selbstständigen Rückgang		Schaltglieder mit selbstständigem Rückgang	
Schließer	Öffner	Wechsler	Zweiwegschließer

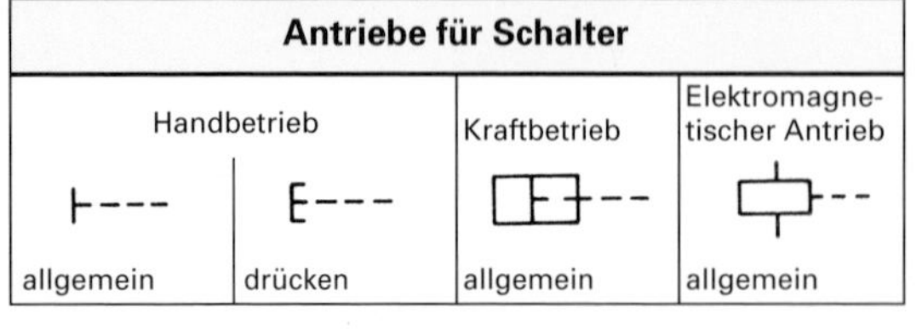

Antriebe für Schalter			
Handbetrieb		Kraftbetrieb	Elektromagnetischer Antrieb
allgemein	drücken	allgemein	allgemein

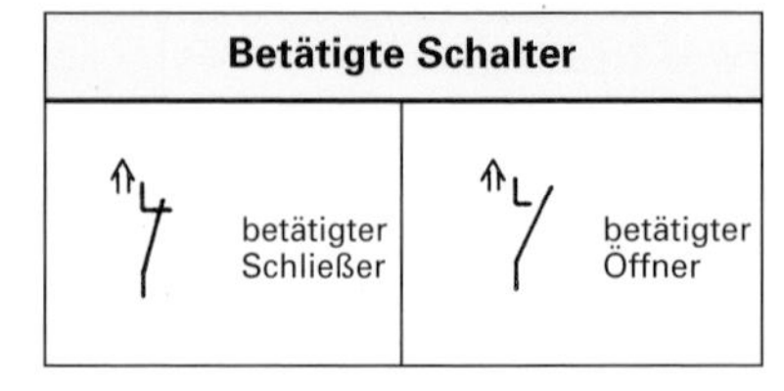

Betätigte Schalter	
betätigter Schließer	betätigter Öffner

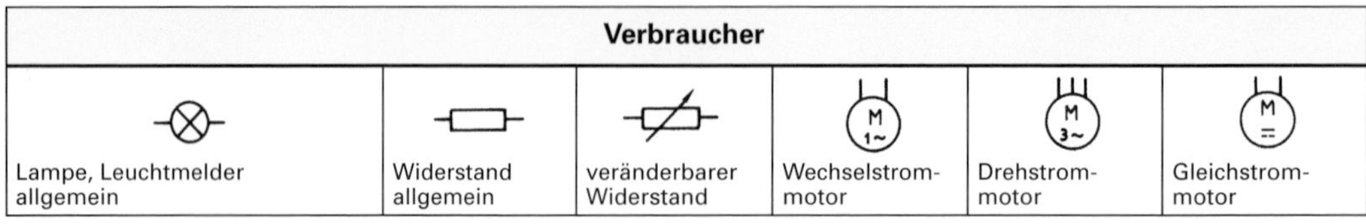

Verbraucher					
Lampe, Leuchtmelder allgemein	Widerstand allgemein	veränderbarer Widerstand	Wechselstrommotor	Drehstrommotor	Gleichstrommotor

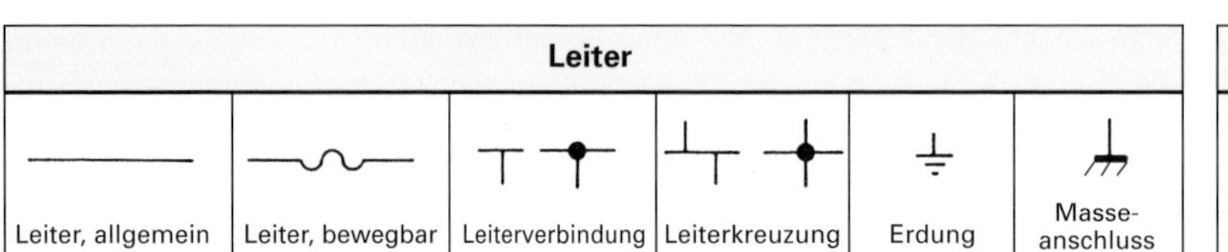

Leiter					
Leiter, allgemein	Leiter, bewegbar	Leiterverbindung	Leiterkreuzung	Erdung	Masseanschluss

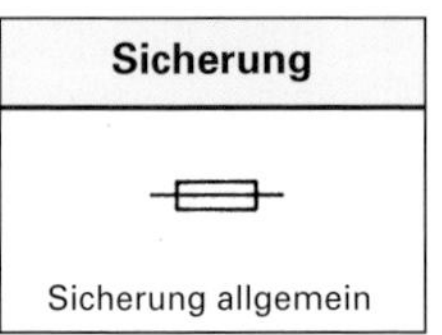

Sicherung
Sicherung allgemein

5 Technische Nutzung des elektrischen Stromes

5.1 Elektrische Leistung und elektrische Arbeit

- **Elektrische Leistung**

Elektrische Maschinen und Geräte erbringen Leistungen, z.B. verrichtet ein Elektromotor eine bestimmte Arbeit je Sekunde oder ein Heizgerät liefert eine bestimmte Wärmemenge je Sekunde. Die elektrische Leistung hängt von der Stromstärke und der Spannung ab. Die Leistung steigt im gleichen Verhältnis wie Stromstärke und Spannung zunehmen.
Elektrische Leistung P ergibt sich als Produkt aus Spannung U und Stromstärke I:

$$P = U \cdot I$$

Die Einheit der elektrischen Leistung ist das Watt.

$$1\ \text{Watt} = 1\ \text{Volt} \cdot 1\ \text{Ampere}$$
$$1\ \text{W} = 1\ \text{V} \cdot 1\ \text{A}$$

Elektrische Leistung $P = U \cdot I$, Einheit: Watt

- **Elektrische Arbeit**

Arbeit W ist das Produkt aus Leistung P und der Zeit t, während der die Leistung erbracht wurde.
Elektrische Arbeit ist damit:

$$W = P \cdot t = U \cdot I \cdot t$$

Die Einheit der elektrischen Arbeit ist die Wattsekunde bzw. die Kilowattstunde.

$$1\ \text{Wattsekunde} = 1\ \text{Volt} \cdot 1\ \text{Ampere} \cdot 1\ \text{Sekunde}$$
$$1\ \text{Ws} = 1\ \text{V} \cdot 1\ \text{A} \cdot 1\ \text{s}$$
$$1\ \text{kWh} = 3\,600\,000\ \text{Ws}$$

Elektrische Arbeit: $W = U \cdot I \cdot t$ Einheit: Wattsekunde
Kilowattstunde

5.2 Wärmewirkung des elektrischen Stromes

5.2.1 Grundlagen

Fließt ein Strom eine gewisse Zeit lang durch einen Widerstand, so wird dabei die Arbeit $W = U \cdot I \cdot t$ verrichtet. Im Widerstand wird diese elektrische Arbeit in die **Wärmemenge** Q umgewandelt. Setzt man in diese Gleichung für die Spannung $U = R \cdot I$ ein, so erhält man:

$$Q = W = R \cdot I \cdot I \cdot t = R \cdot I^2 \cdot t$$

$$Q = R \cdot I^2 \cdot t$$

Diese Gleichung sagt aus, dass die Wärmemenge mit steigendem Widerstand verhältnisgleich steigt. Mit steigender Stromstärke wächst sie sogar quadratisch, d.h. bei einer Verdoppelung der Stromstärke steigt die Wärmemenge auf das 4fache.

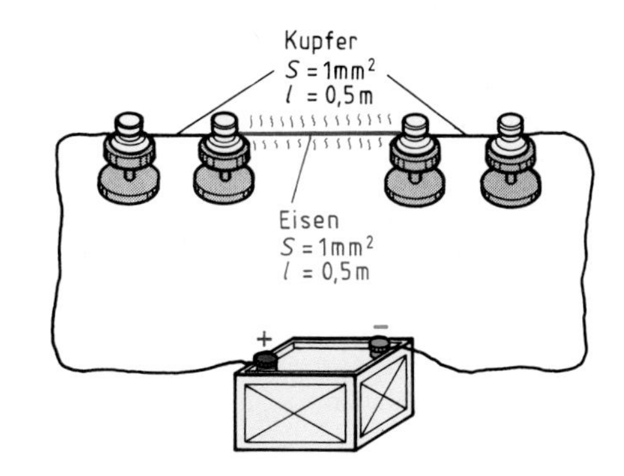

Nachweis der Abhängigkeit der Erwärmung vom Widerstand des Leitermaterials

Wegen dieses hohen Einflusses der Stromstärke erfordern die meisten Geräte zur Nutzung der Wärmewirkung des elektrischen Stromes hohe Stromstärken.

An elektrischen Widerständen wird elektrische Energie in Wärmeenergie umgewandelt.
Die entstehende Wärmemenge wächst mit dem Quadrat der Stromstärke.

Übungsaufgaben ET-47 bis ET-53

5.2.2 Anwendung der Wärmewirkung des elektrischen Stromes in der Metalltechnik

In Wärmebehandlungseinrichtungen, Elektroschweißgeräten, Heizgeräten u.a. wird elektrischer Strom zur Erwärmung genutzt.

- In Widerstandsöfen, Kunststoffschweißgeräten u.a. werden Heizdrähte (z.B. aus Fe-Cr-Ni-Legierungen) oder Heizstäbe aus Siliciumkarbid vom hindurchfließenden Strom zum Glühen gebracht.
- In Lichtbogenöfen und beim Elektroschweißen wird die Wärmewirkung des elektrischen Lichtbogens genutzt.
- In induktiven Erwärmungsanlagen, die mit Wechselstrom sehr hoher Frequenz gespeist werden (z.B. zum Induktionshärten), wird im Werkstück eine Spannung erzeugt, die dort einen Strom fließen lässt, der zur Erwärmung führt.

Die Wärmewirkung des elektrischen Stromes entsteht:
- in metallischen Leitern mit hohem Widerstand,
- im elektrischen Lichtbogen,
- im Werkstück als Leiter durch eine induzierte Spannung und dem so entstehenden Stromfluss.

5.3 Chemische Wirkung des elektrischen Stromes

5.3.1 Grundlagen der Galvanotechnik

In der Galvanotechnik werden in Metallsalzlösungen Werkstücke mithilfe des elektrischen Stromes beschichtet, z.B. verkupfert, verchromt, vernickelt.

Metallsalze bestehen aus positiven Metallionen und negativ geladenen Ionen eines Säurerestes. Beim Lösen eines Salzes in Wasser drängen die Wassermoleküle die Ionen des Salzes auseinander – die Ionen verteilen sich im Wasser – und können sich frei bewegen.

Leitet man über eingehängte Platten – die Elektroden – einen Strom durch die Salzlösung, so wandern die positiv geladenen Metallionen zur negativ geladenen Elektrode (Katode). Dort können die Metallionen Elektronen aufnehmen und sich als Metallbelag abscheiden. Bei vielen Metallen werden neben den Metallionen auch Wasserstoffionen des Wassers an der negativen Elektrode entladen. Der Wasserstoff perlt an der Elektrode auf. Er kann in galvanischen Anlagen unter sehr ungünstigen Umständen zu einer Explosionsgefährdung führen.

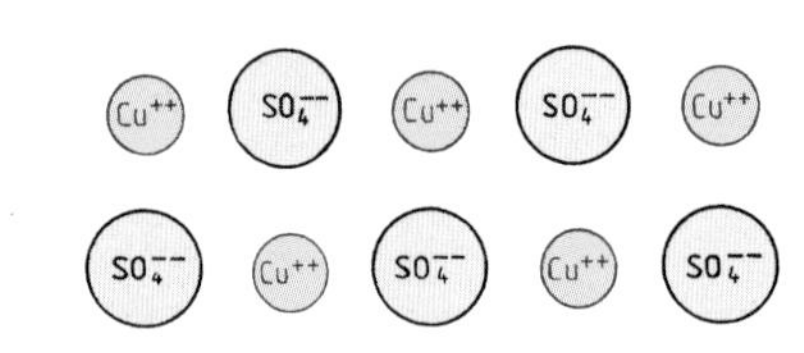

Ionen im Kupfersulfat ($CuSO_4$)

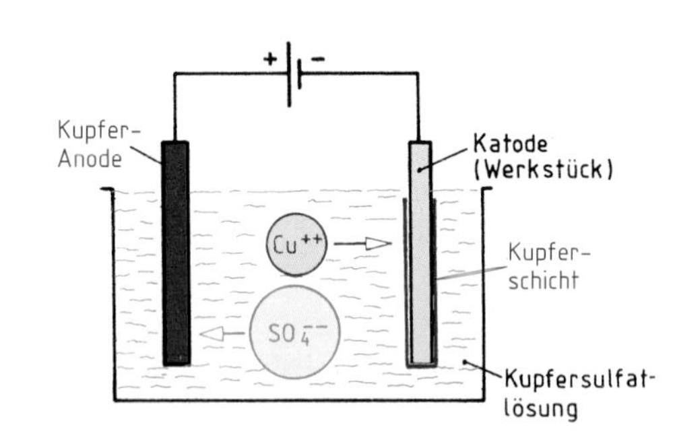

Elektrolyse von Kupfersulfat

edlere Metalle →

Na Mg Al	Zn Cr Ni	Cu Ag Au
aus wässrigen Lösungen **nicht** abzuscheiden	aus wässrigen Lösungen werden *Metallionen* und *Wasserstoffionen* entladen	aus wässrigen Lösungen werden nur *Metallionen* entladen

Verhalten der Metallionen bei der Elektrolyse

In Metallsalzlösungen liegen positiv geladene Metallionen vor. Soweit das Metall nicht zu unedel ist, können die Metallionen durch elektrischen Strom an einer negativ geladenen Elektrode – der Katode entladen und als Metallbelag abgeschieden werden. Dieses Beschichten geschieht in der Galvanotechnik.

Übungsaufgaben ET-54; ET-55

5.3.2 Grundlagen chemischer Abtragverfahren

Wird ein Metall als positiv geladene Elektrode (Anode) geschaltet, so können dem Metall Elektronen entzogen werden. Das Metall löst sich unter Bildung von Metallionen von der Oberfläche her auf. Diese Fähigkeit des elektrischen Stromes, eine Auflösung eines Metalles an der Anode zu bewirken, wird in elektrochemischen Abtragverfahren genutzt.

Elektrochemische Abtragverfahren dienen zur Erzeugung von Werkstückkonturen entsprechend einer profilgebenden Katode.

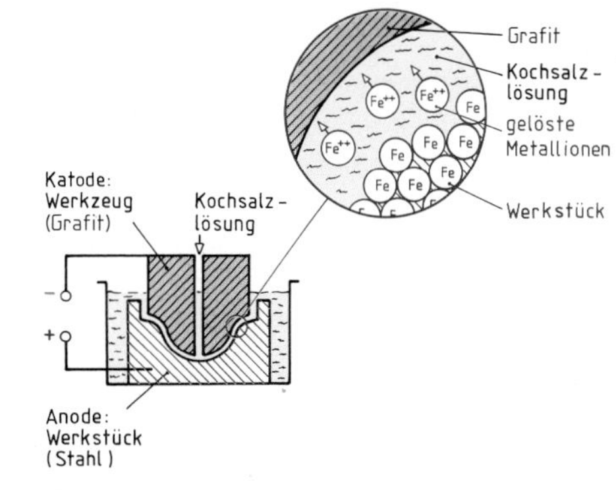

Auflösung eines Metalles beim elektrochemischen Abtragen

An einer Anode kann durch elektrischen Strom gezielt Metall zur Auflösung gebracht werden. Diese Wirkung des elektrischen Stromes ist die Grundlage elektrochemischer Abtragverfahren.

5.4 Magnetische Wirkung des elektrischen Stromes

5.4.1 Grundlagen

- **Dauermagnetismus**

Dauermagnete ziehen magnetisierbare Stoffe, wie z.B. Stahl, an. Die beiden Stellen eines Dauermagneten mit der stärksten Anziehungskraft nennt man die **Magnetpole.**

Hängt man einen Dauermagneten frei auf, so richtet er sich in Nord-Süd-Richtung der Erde aus. Den nach Norden weisenden Pol nennt man den *Nordpol* des Magneten, den anderen Pol den *Südpol.*

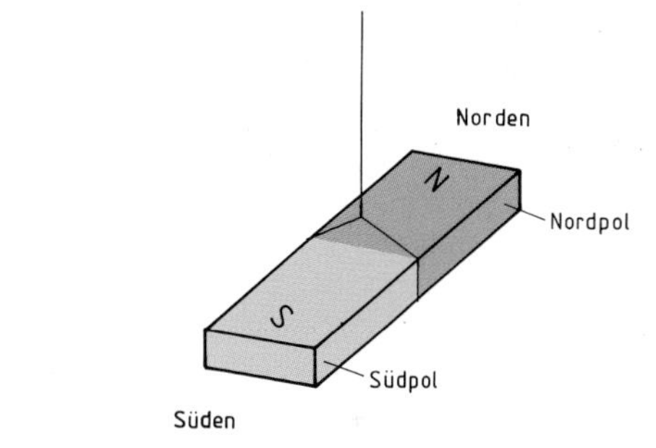

Ausrichtung eines drehbar aufgehängten Stabmagneten

Der Nordpol eines drehbar aufgehängten Dauermagneten zeigt nach Norden, der Südpol nach Süden.

In der Umgebung eines Magneten – dem *Magnetfeld* – wirken magnetische Kräfte. Die Richtung dieser Kräfte beschreibt man durch gedachte Linien – die **Feldlinien.**

Feldlinien sind in sich geschlossen und verlaufen außerhalb des Magneten vom Nordpol zum Südpol. Die Feldlinien beschreiben auch die Größe der magnetischen Kräfte im Magnetfeld. Je dichter die Feldlinien angeordnet sind, desto größer ist die Kraft im Feld.

Beispiele für die Bauformen und Felder von Dauermagneten

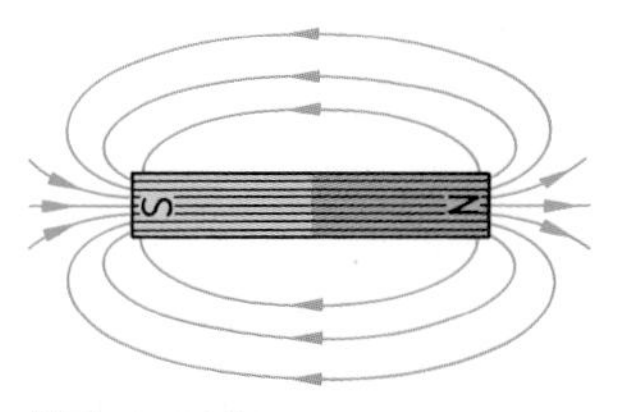

Stabmagnet

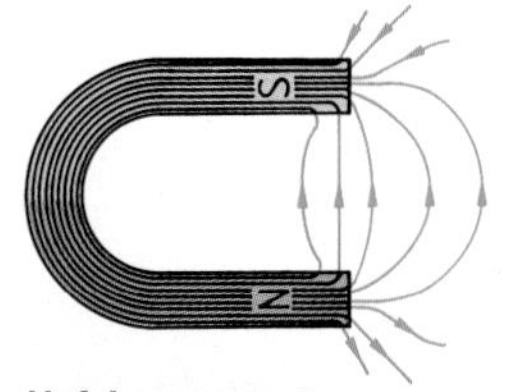

Hufeisenmagnet

Feldlinien verlaufen außerhalb des Magneten vom Nordpol zum Südpol.
Die Richtung der Feldlinien veranschaulicht die Kraftrichtungen im Magnetfeld.
Die Dichte der Feldlinien veranschaulicht die Stärke des Magnetfeldes.

Übungsaufgaben ET-56; ET-57

Zwischen den Polen verschiedener Magnete ergeben sich Wechselwirkungen.

Um gleichnamige Magnetpole gegeneinander zu führen, muss man Kraft aufwenden. Die gleichnamigen Magnetpole stoßen sich gegenseitig ab.

Nähert man ungleichnamige Magnetpole einander, so beobachtet man das Gegenteil. Ungleichnamige Magnetpole ziehen sich gegenseitig an.

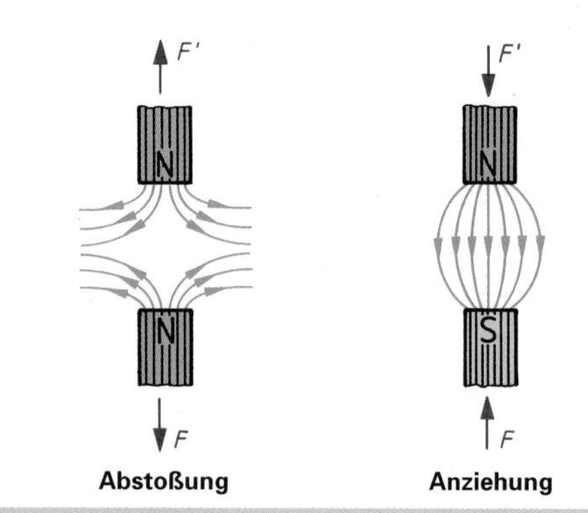

Gleichnamige Magnetpole stoßen sich ab.
Ungleichnamige Magnetpole ziehen sich an.

- **Elektromagnetismus**

Um einen stromdurchflossenen Leiter entsteht ein ringförmiges Magnetfeld, das mit Eisenfeilspänen sichtbar gemacht werden kann.
Die Richtung der Feldlinien dieses Feldes hängt von der Stromrichtung ab.

Man kann die Richtung der Feldlinien nach zwei verschiedenen Regeln feststellen:

Regel 1
Schaut man in der technischen Stromrichtung hinter dem Strom her, dann verlaufen die Feldlinien im Uhrzeigersinn.

oder

Regel 2
Hält man den abgespreizten Daumen der rechten Hand in die technische Stromrichtung, dann zeigen die den Leiter umfassenden Finger in Richtung der Feldlinien.

In gedachten Schnitten senkrecht zum Leiterquerschnitt stellt man den vom Betrachter fortfließenden technischen Strom durch das folgende Symbol dar: ⊗.

Den auf den Betrachter zufließenden Strom kennzeichnet man so: ⊙.

Man kann diese Symbole als Blick auf die Federn eines wegfliegenden Pfeiles beziehungsweise als Spitze eines auf den Betrachter zufliegenden Pfeiles deuten.

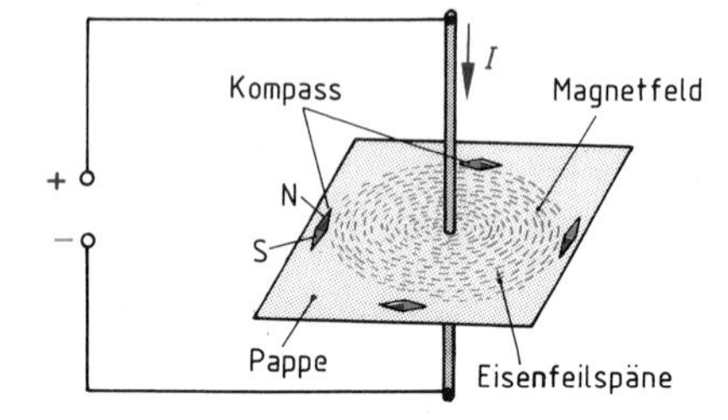

Magnetfeld um einen geraden Leiter

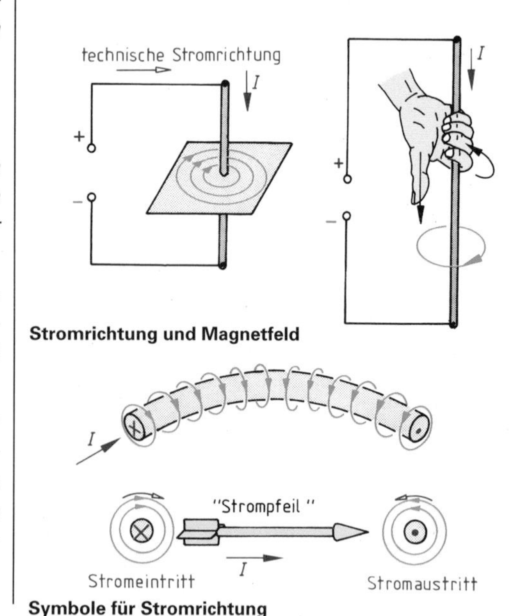

Stromrichtung und Magnetfeld

Symbole für Stromrichtung

Um einen stromdurchflossenen Leiter entsteht ein Magnetfeld.
In technische Stromrichtung gesehen verlaufen die Feldlinien rechts herum.

Formt man einen Leiter zu einer Windung, so entsteht auf beiden Seiten dieser Windung ein Magnetfeld mit Nord- und Südpol. Am Nordpol treten die Feldlinien aus der Schleife aus, am Südpol treten sie wieder in die Schleife ein. Eine Verstärkung der magnetischen Wirkung lässt sich durch Vergrößerung der Windungszahl und Erhöhung des Stromes erreichen. Eine weitere, sehr hohe Verstärkung des Magnetfeldes erreicht man durch einen Eisenkern in der Magnetspule.

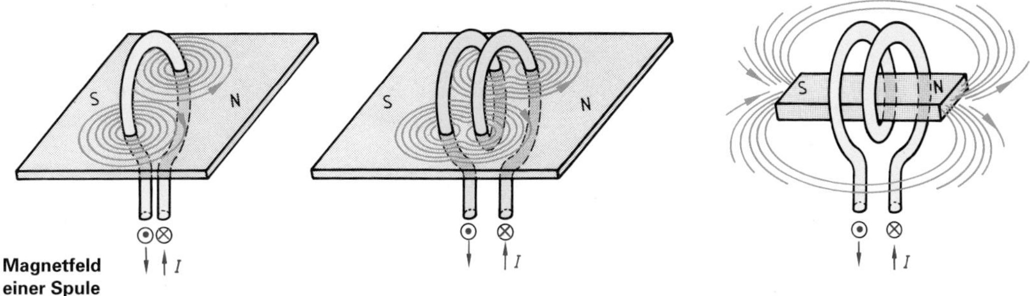

Magnetfeld einer Spule

Die Polarität einer Magnetspule kann man nach folgender Regel bestimmen:

Umfasst man die Spule mit der rechten Hand in Wickelrichtung und technischer Stromrichtung, dann zeigt der abgespreizte Daumen den Nordpol an.

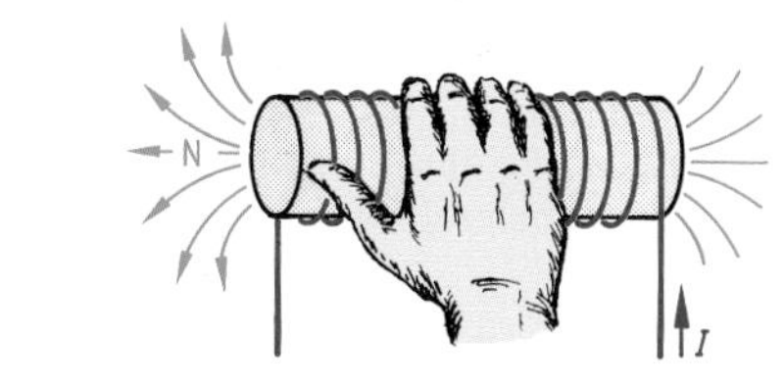

Polarität einer Magnetspule

Eine Magnetspule hat Nord- und Südpol.
Die Stärke des Feldes einer Magnetspule wächst mit steigender Windungszahl, steigender Stromstärke und kürzerer Baulänge.
Die Kraft einer Magnetspule wird durch einen Eisenkern erheblich verstärkt.

5.4.2 Anwendung des Elektromagnetismus

5.4.2.1 Elektromagnet

- **Hubmagnet**

Die Erzeugung eines Magnetfeldes mithilfe stromdurchflossener Spulen mit Eisenkern wird in Elektromagneten ausgenutzt. Solche Magnete werden als Hubmagnete in Stahlwerken und auf Schrottplätzen, sowie als Elektromagnetspanner in der Schleiftechnik und im Vorrichtungsbau eingesetzt.

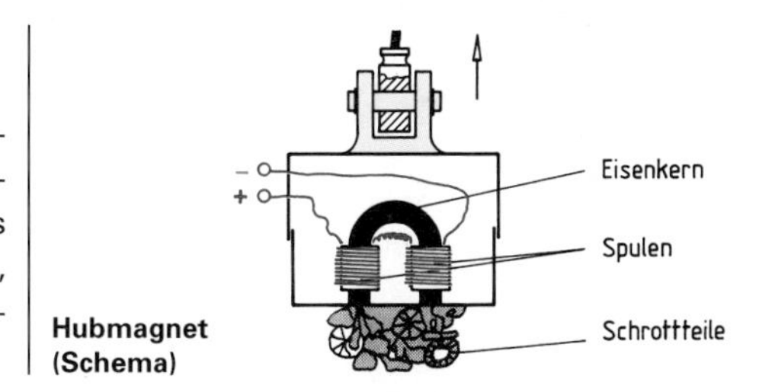

Hubmagnet (Schema)

Elektromagnete setzen die durch Elektrizität erzeugten magnetischen Kräfte zum Halten von Eisen- und Stahlteilen ein.

- **Relais**

Ein Elektrobauteil, in dem über eine Spule mit geringer Stromstärke ein schwaches Magnetfeld erzeugt wird, um mit der Magnetkraft einen Kontakt im Hauptstromkreis zu betätigen, heißt Relais. Ein Relais kann zum Öffnen oder Schließen des Laststromkreises eingesetzt werden. Der zum Betätigen benötigte Steuerstrom kann im Vergleich zum Laststrom sehr klein sein.

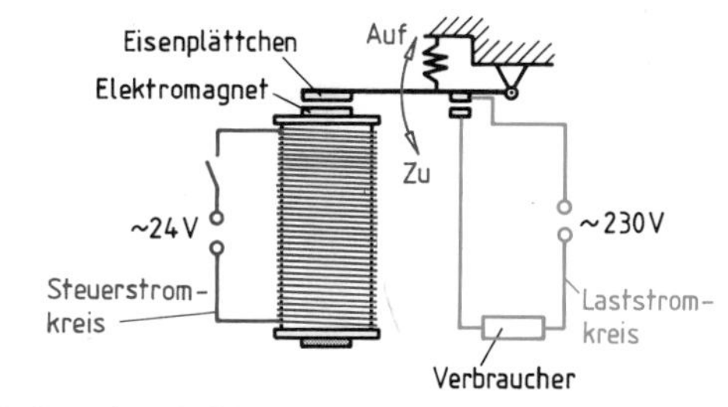

Aufbau eines Relais

Ein Relais ist ein Schaltglied, in dem durch Magnetkraft eines Steuerstroms ein Kontakt im Laststromkreis betätigt wird.

Übungsaufgaben ET-61 bis ET-66

5.4.2.2 Elektromotor

- **Prinzip des Elektromotors**

Auf einen stromdurchflossenen Leiter wirken in einem Magnetfeld Kräfte ein. Bei freier Lagerung des Leiters können diese Kräfte eine Bewegung des Leiters verursachen. In Elektromotoren wird diese Bewegung ausgenutzt, um elektrische Energie in Bewegungsenergie umzuwandeln.

Hängt man in das Magnetfeld eines hufeisenförmigen Dauermagneten eine Leiterschaukel, so erfährt diese eine Ablenkung, sobald sie von einem Gleichstrom durchflossen wird. Ursache dieser Bewegung ist die Wechselwirkung zwischen dem Magnetfeld des Dauermagneten – dem äußeren Feld – und dem Magnetfeld um den stromdurchflossenen Leiter – dem inneren Magnetfeld.

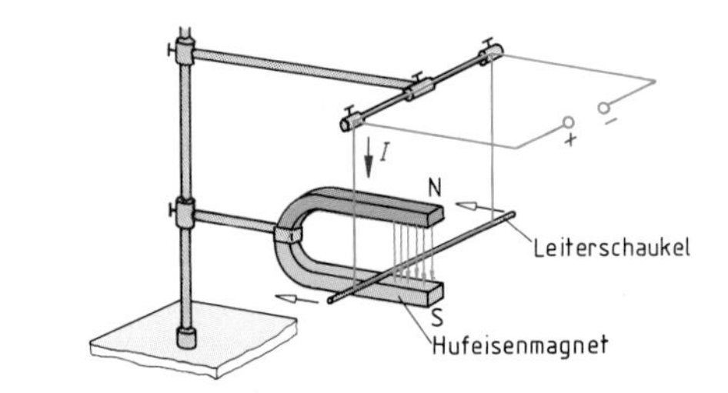

Bewegung durch Magnetkräfte

Betrachtet man den Feldlinienverlauf der beiden überlagerten Magnetfelder, dann stellt man fest, dass bei der angenommenen Stromrichtung im Bereich rechts vom Leiter die Feldlinien gleich gerichtet sind; hier verstärken sich die Magnetfelder. Links vom Leiter sind die Feldlinien entgegengesetzt gerichtet; äußeres und inneres Magnetfeld schwächen sich in ihrer Wirkung gegenseitig. Dies erklärt, warum die Leiterschaukel zur Seite der Magnetabschwächung ausweicht.

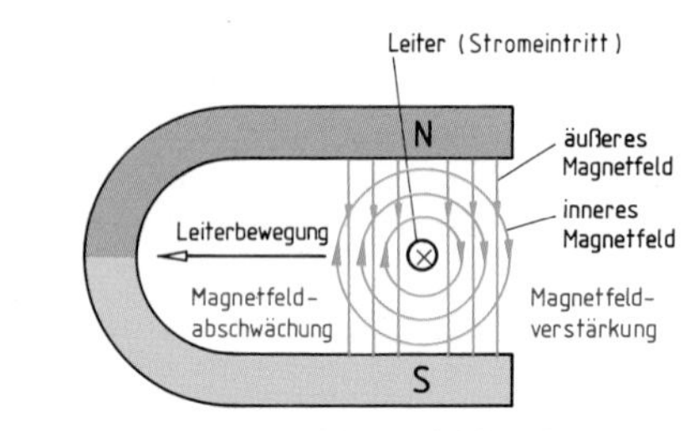

Leiterbewegung durch Magnetfeldüberlagerung

Ein stromdurchflossener Leiter erfährt in einem äußeren Magnetfeld eine Kraftwirkung, die senkrecht zu den Kraftlinien des äußeren Feldes gerichtet ist.

Setzt man in das Feld eines Dauermagneten statt einer Leiterschaukel eine leicht drehbare, stromdurchflossene Spule ein, so bilden sich an dieser Spule Nord- und Südpol aus. Die Spule stellt sich daraufhin mit einer Drehbewegung so ein, dass ihre Pole den Polen des äußeren Feldes entgegengerichtet sind.

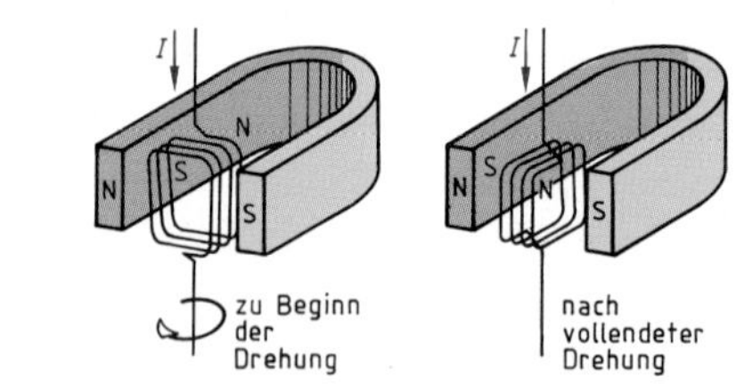

Halbdrehung einer Spule im Magnetfeld

Um eine dauernde Drehbewegung zu erhalten, kehrt man durch einen selbsttätigen Polwender, den **Kommutator,** die Stromrichtung – und damit die Polung der Magnetspule – um.

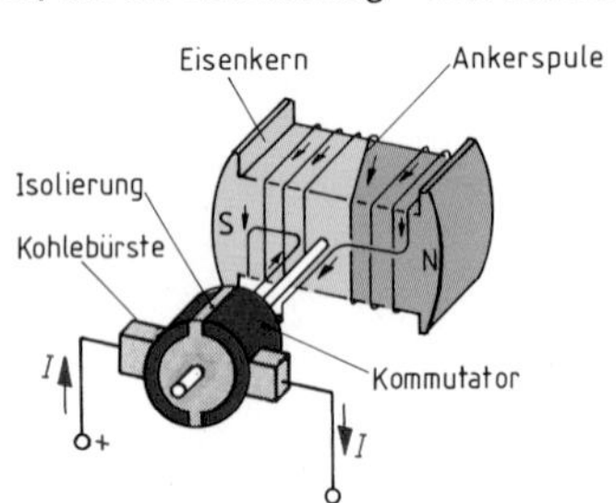

Stromzufuhr über Kommutator

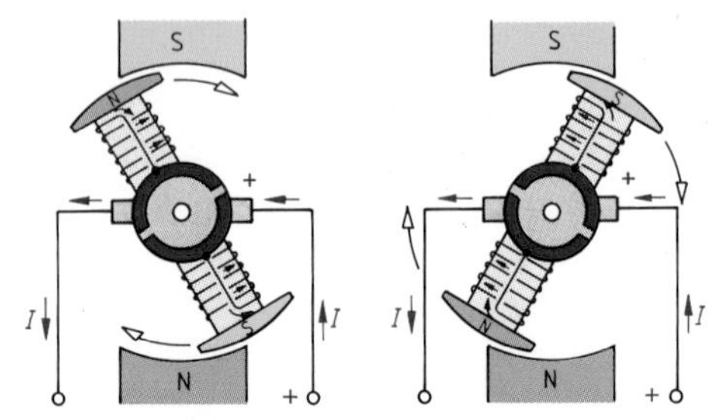

Umpolung durch Kommutator

Die Drehbewegung des Ankers ergibt sich durch die Anziehung bzw. Abstoßung der Pole. Durch die Umpolung des inneren Magnetfeldes wird die Drehbewegung aufrecht erhalten.

Übungsaufgaben ET-67 bis ET-71

- **Allstrommotor und seine Schaltung**

Soll der Motor mit Gleich- oder Wechselstrom angetrieben werden, so muss man Elektromagnete zur Erzeugung des äußeren Feldes einsetzen. Schaltet man die Feldwicklung parallel zum Anker, so erhält man einen **Nebenschlussmotor.** Dieser läuft im Leerlauf mit einer vorgegebenen Höchstdrehzahl. Er kann beim Anlauf nur kleine Kräfte entwickeln. Man baut diese Motoren in Kleinmaschinen mit geringem Anlaufwiderstand, z.B. Kaffeemühlen und Staubsauger, ein.

Schaltet man dagegen Feldwicklung und Ankerwicklung in Reihe, so erhält man einen **Reihenschlussmotor** (Hauptschlussmotor). Er entwickelt schon beim Anlauf hohe Drehkräfte. Unbelastet steigert er jedoch seine Drehzahl sehr stark. Diese Motoren werden in größeren Maschinen und als Anlasser in Kraftfahrzeugen verwendet.

Beide Motorentypen, Reihen- und Nebenschlussmotor, können mit Gleich- und Wechselstrom betrieben werden. Man nennt sie deshalb **Allstrommotore.**

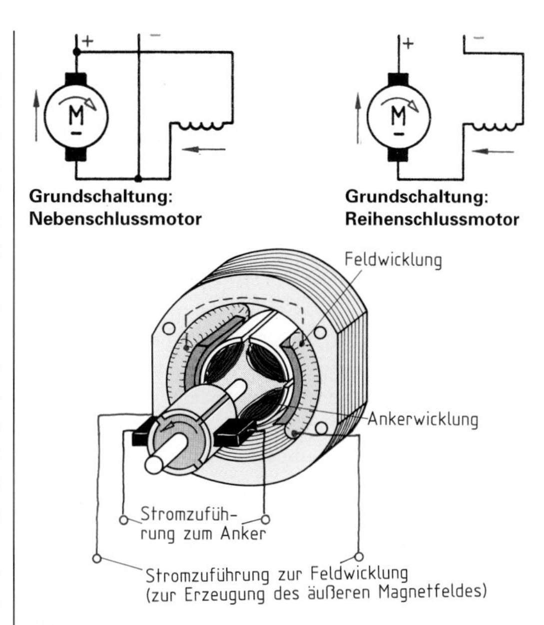

Grundschaltung: Nebenschlussmotor

Grundschaltung: Reihenschlussmotor

Allstrommotor

In Allstrommotoren werden das äußere und das innere Magnetfeld durch Elektromagnete erzeugt. Allstrommotore können im Reihen- und Nebenschluss geschaltet sein.

5.4.2.3 Generator

- **Elektromagnetische Induktion**

Bewegt man einen Leiter durch ein Magnetfeld, so dass er dabei Feldlinien „schneidet“, dann wird in ihm eine Spannung erzeugt – induziert (inducere = lat. hereinführen).

Die Höhe der erzeugten Spannung hängt ab von

- der *Dichte der Feldlinien* (Stärke des Feldes),
- der *Länge des Leiters* im Magnetfeld,
- der *Geschwindigkeit der Bewegung.*

Vereinfacht kann man auch sagen:

- Die Spannung hängt von der Zahl der Feldlinien ab, die pro Zeiteinheit geschnitten werden.

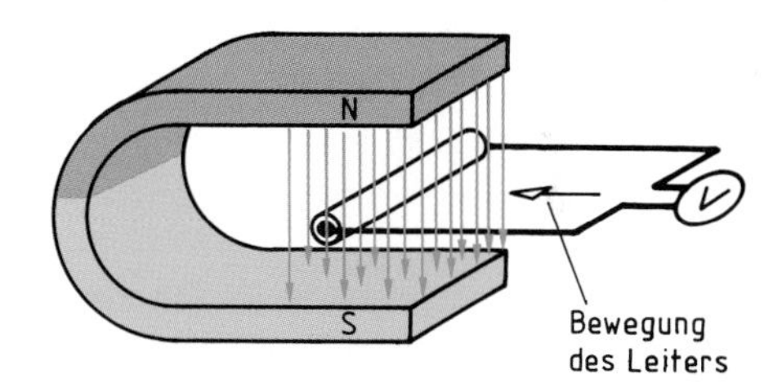

Entstehung einer Spannung in einem bewegten Leiter (Induktion)

In einem bewegten Leiter, der Feldlinien schneidet, wird eine Spannung induziert.

Die Richtung eines durch Induktion erzeugten Stromes kann einfach durch die „Rechte-Hand-Regel“ bestimmt werden:

Hält man die rechte Hand so, dass die Feldlinien in die offene Handfläche eintreten, dann zeigen die gestreckten Finger in die Stromrichtung, wenn der abgespreizte Daumen in die Bewegungsrichtung weist.

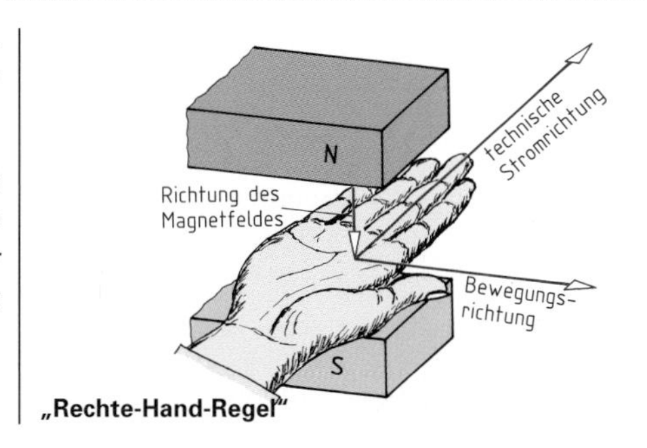

„Rechte-Hand-Regel“

• Wechselstromgenerator

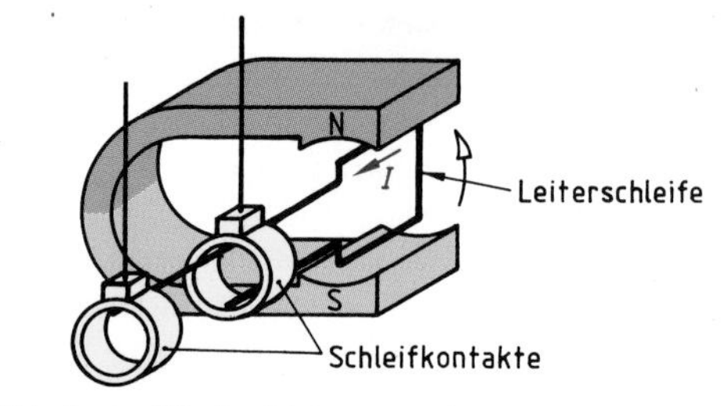

Prinzip des Wechselstromgenerators

Die einfachste Bauform eines Wechselstromgenerators ist eine Leiterschleife, die in einem Magnetfeld gedreht wird. Die dabei induzierte Spannung wird über zwei ringförmige Schleifkontakte abgegriffen.
Bei einer gleichförmigen Drehbewegung der Leiterschleife überstreicht diese in gleicher Zeit den gleichen Drehwinkel. Die Anzahl der magnetischen Feldlinien, die dabei von den parallel zur Drehachse liegenden Bereichen der Leiterschleife geschnitten werden, ist jedoch unterschiedlich. Da sich die induzierte Spannung aufgrund der Zahl der Feldlinien, welche pro Zeiteinheit geschnitten werden, ergibt, wird in den verschiedenen Stellungen der Leiterschleife eine unterschiedliche Spannung erzeugt. Bei waagerechter Lage der Schleife ist die Spannung Null. Im Verlauf einer Umdrehung entsteht eine Wechselspannung, die sich entsprechend einer Sinuskurve ändert. Die Wechselspannung bewirkt in einem Stromkreis einen Wechselstromfluss.

Beispiel für den Verlauf der Spannung an einem Wechselstromgenerator

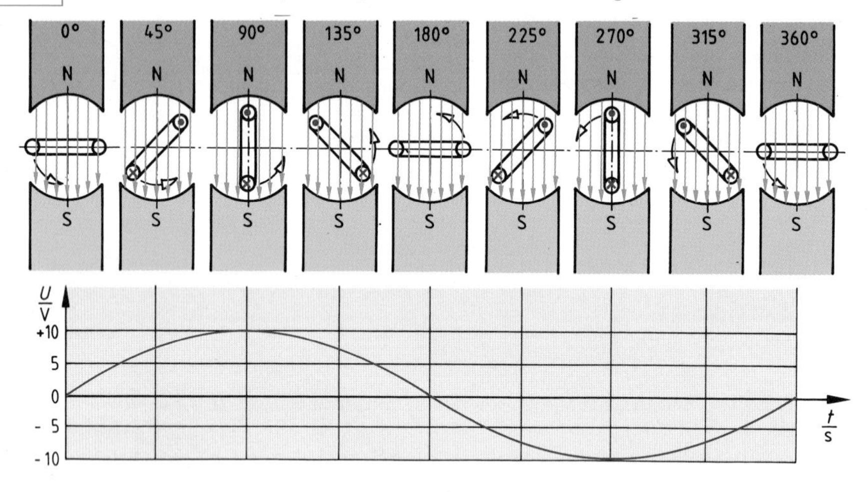

In einer Leiterschleife, die in einem Magnetfeld gedreht wird, werden je nach Lage der Schleife zu den Feldlinien unterschiedliche Spannungen induziert.
Ein Wechselstromgenerator erzeugt Spannung und Strom mit sinusförmigem Verlauf.

• Kenndaten des Wechselstroms

Periode
Sich wiederholender Verlauf der Spannung während einer bestimmten Zeit.

Periodendauer T
Zeit für eine Periode

Frequenz f
Anzahl der Perioden pro Sekunde
1 Hertz = 1 Hz = 1 Periode pro Sekunde

Scheitelwert U_s (Amplitude)
Größte Spannung während einer Periode. Dieser Maximalwert tritt während einer Periode im positiven und negativen Spannungsbereich auf.

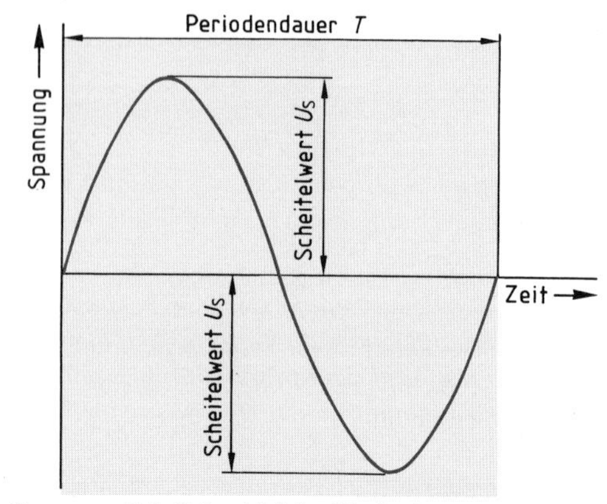

Spannung-Zeit-Schaubild des Wechselstroms

Übungsaufgaben ET-74 bis ET-78

Effektivwerte

Mit Spannungs- und Strommessern werden nicht die Scheitelwerte des Wechselstroms gemessen, sondern die Effektivwerte. Dieses sind Werte, die ein Gleichstrom haben müsste, um die gleiche Wärmewirkung zu erzielen wie der gemessene Wechselstrom. Die Effektivwerte einer Wechselspannung oder eines Wechselstromes betragen etwa 71% der Scheitelwerte.

$$U_{eff} = 0{,}707 \cdot U_s \qquad I_{eff} = 0{,}707 \cdot I_s$$

Auf Leistungsschildern von elektrischen Geräten werden stets die Effektivwerte angegeben.

Kennzeichnung:

Geräte, die mit Wechselstrom betrieben werden, sind durch das Zeichen ~ oder die Abkürzung **AC** (**al**ternating **c**urrent) gekennzeichnet.

• Technisch verwendete Frequenzen von Wechselstrom

Je nach Anforderungen werden in der Technik unterschiedliche Wechselstromfrequenzen verwendet.

Beispiele für gebräuchliche Wechselstromfrequenzen

$16^2/_3$ Hz	Versorgungsnetz der Bundesbahn
50 Hz	Versorgungsnetz der Elektro-Versorgungs-Unternehmen
0,5 bis 10 kHz	Mittelfrequenzanlagen zum Induktionshärten
0,05 bis 10 MHz	Hochfrequenzanlagen zum Induktionshärten

• Gleichstromgenerator

Soll mit einem Generator eine Gleichspannung erzeugt werden, dann muss die wechselnde Polung unterbunden werden. Nach jeder Halbdrehung der Leiterschleife müsste eine Umpolung erfolgen. Dies wird erreicht, wenn man die Schleifringe des Wechselstromgenerators durch den vom Elektromotor her bekannten Kommutator (Wandler) ersetzt.

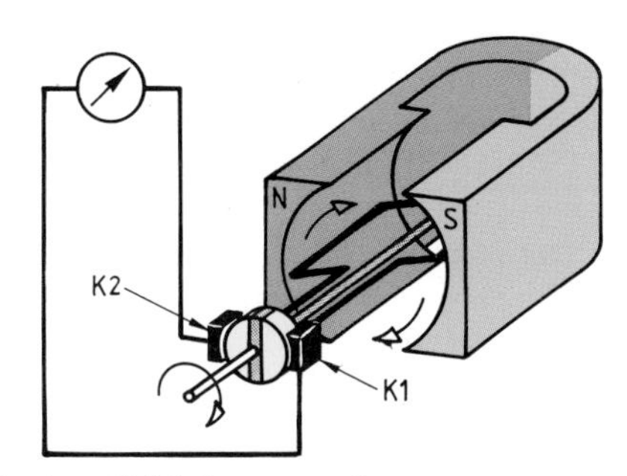

Prinzip eines Gleichstromgenerators

Die so erzeugte Gleichspannung verändert sich sinusförmig zwischen Null und dem Scheitelwert, man spricht von einer *pulsierenden Gleichspannung.* Den ebenfalls fließenden Strom nennt man **pulsierenden Gleichstrom**.

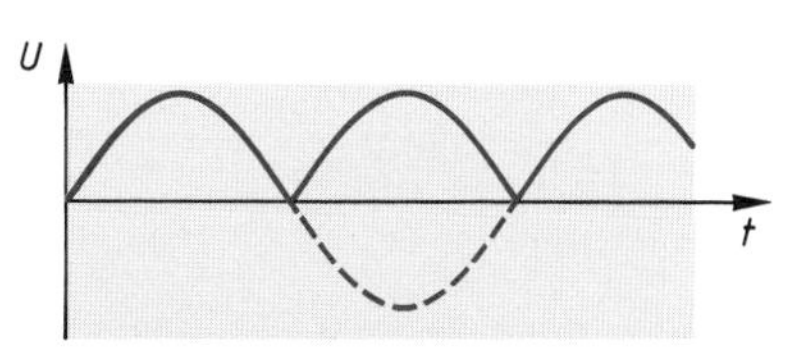

Pulsierende Gleichspannung bei zweiteiligem Kommutator

Das Pulsieren einer Gleichspannung ist unerwünscht. Daher verringert man die Schwankungen, indem man statt einer einfachen Leiterschleife mit mehreren Spulen auf dem Anker arbeitet. Der Kommutator muss dann mit einer entsprechenden Aufteilung versehen werden. So erhält man eine weitgehend geglättete pulsierende Gleichspannung.

Pulsierende Gleichspannung bei vierteiligem Kommutator

Gleichstromgeneratoren liefern aufgrund geschickter Umpolung einen pulsierenden Gleichstrom.

Übungsaufgaben ET-79; ET-80

5.4.2.4 Transformator

Der Transformator dient zur Umformung von Wechselspannungen. Er wird z.B. in Schweißgeräten verwendet, um die Netzspannung von 230 V bzw. 400 V in die Schweißspannung von etwa 60 V umzuformen.

Ein Transformator besteht aus zwei Spulen, die einen gemeinsamen Eisenkern aus Transformatorblechen besitzen. Die Spule, welche an der umzuformenden Eingangsspannung liegt, ist die **Primärspule.** Die Spule, an der die gewünschte Ausgangsspannung abgegriffen werden kann, ist die **Sekundärspule.**

Die Funktion des Transformators ist so zu erklären: Die an die Primärspule angeschlossene Wechselspannung erzeugt ein sich ständig änderndes Magnetfeld. Dieses Magnetfeld induziert in der Sekundärspule eine Wechselspannung. Die Spannung am Ausgang der Sekundärspule hängt von der Spannung an der Primärspule und dem Verhältnis der Windungszahlen von Primärspule zur Windungszahl der Sekundärspule ab.

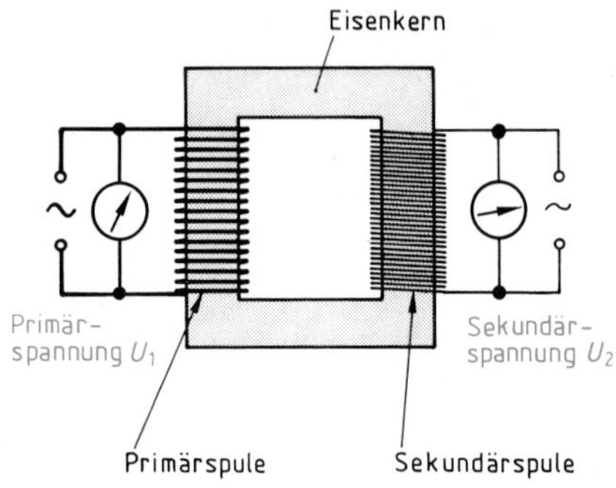

Schematischer Aufbau eines Transformators

$$\frac{\text{Primärspannung}}{\text{Sekundärspannung}} = \frac{\text{Windungszahl der Primärspule}}{\text{Windungszahl der Sekundärspule}}$$

$$\frac{U_1}{U_2} = \frac{N_1}{N_2} \qquad \frac{I_1}{I_2} = \frac{N_2}{N_1}$$

Verhältnisse am Transformator

Beispiele für Berechnungen am Transformator

Beispiel 1

Gegeben:

Primärspannung $U_1 = 230$ Volt
Primärspule $N_1 = 100$ Windungen
Sekundärspule $N_2 = 500$ Windungen

Gesucht:

Sekundärspannung U_2

Lösung: $\frac{U_1}{U_2} = \frac{N_1}{N_2}$

$$U_2 = \frac{U_1 \cdot N_2}{N_1} = \frac{230\ \text{V} \cdot 500}{100}$$

$U_2 =$ **1 150 V**

Beispiel 2

Gegeben:

Primärspannung $U_1 = 230$ V
Sekundärspannung $U_2 = 55$ V
Primärspule $N_1 = 100$ Windungen

Gesucht:

Sekundärspule N_2

Lösung: $\frac{U_1}{U_2} = \frac{N_1}{N_2}$

$$N_2 = \frac{U_2 \cdot N_1}{U_1} = \frac{55\ \text{V} \cdot 100}{230\ \text{V}}$$

$N_2 =$ **24 Windungen**

Bei einem Transformator verhält sich die Primär- zur Sekundärspannung wie die Windungszahl der Primär- zur Windungszahl der Sekundärspule.

6 Maßnahmen zur Unfallverhütung

Die Gefahren des elektrischen Stromes können mit den menschlichen Sinnen nicht wahrgenommen werden, so dass viele der Unfälle aus Unkenntnis, Unachtsamkeit oder auch aus Leichtsinn geschehen. Defekte elektrische Anlagen oder Geräte sind weitaus seltener Unfallursache.

Übungsaufgaben ET-81 bis ET-85

6.1 Gefährliche Wirkungen des elektrischen Stromes und allgemeine Schutzmaßnahmen

6.1.1 Gefährliche Wirkungen des elektrischen Stromes

Der menschliche Körper leitet den elektrischen Strom. Daher kann bei einer Berührung eines stromdurchflossenen Leiters durch den Menschen Strom fließen. Die Größe der Stromstärke ist abhängig von der anliegenden Spannung und dem Gesamtwiderstand des Menschen. Der Gesamtwiderstand setzt sich dabei zusammen aus

- dem Übergangswiderstand zwischen Leiter und Mensch,
- dem Körperinnenwiderstand,
- dem Übergangswiderstand zwischen Mensch und dem zweiten Leiter, bzw. zwischen Mensch und Erde.

Der Körperinnenwiderstand ist gegenüber dem Hautwiderstand vernachlässigbar klein. Feuchte Hände oder Feuchtigkeit zwischen Füßen und Boden verringern stark den Übergangswiderstand. Nach dem Ohmschen Gesetz steigt die Stromstärke mit abnehmendem Gesamtwiderstand. Daher besteht eine besondere Gefährdung in Feuchträumen, wo der Übergangswiderstand sehr gering sein kann.

Nach internationalen Sicherheitsvorschriften dürfen Menschen

- kurzzeitig einer Stromstärke von 30 mA und
- einer geringeren Spannung als 50 V ausgesetzt sein.

Beim Überschreiten dieser Grenzwerte können folgende **gefährliche Wirkungen** auftreten:

Fehlsteuerungen von Körperfunktionen

Viele Körperfunktionen werden elektrisch über Nervenbahnen gesteuert. So kann unter dem Einfluss eines durch den Körper fließenden Stroms eine Fehlsteuerung eintreten. Diese kann zur Muskelverkrampfung, zu Herzkammerflimmern oder zum Herzstillstand führen.

Schäden durch übermäßige Erwärmung

Bei großen Stromstärken führt die Wärmewirkung des elektrischen Stroms an den Ein- und Austrittsstellen zu Verbrennungen. Es kann zur Verkohlung von Körperteilen kommen, wenn an den Übergangsstellen ein Lichtbogen entsteht.

Zersetzen der Körperflüssigkeit

Bei längerer Einwirkung des elektrischen Stroms zersetzt sich die Körperflüssigkeit (Blut u.a.) elektrolytisch. Dies kann zu Vergiftungserscheinungen führen. Da diese Folgeerscheinungen erst nach einigen Tagen auftreten, sollte ein Arzt bei Unfällen mit Elektrizität aufgesucht werden, damit dieser vorbeugend das Unfallopfer behandeln kann.

ERSTE HILFE bei Unfällen mit Elektrizität

Eine gute und schnelle Hilfe bei Unfällen mit Elektrizität kann lebensrettend sein. Anleitungen zur ersten Hilfe bei Unfällen müssen in allen elektrischen Betriebsräumen aushängen.

Erste Maßnahmen sind:

- Stromkreis unterbrechen oder Verunglückten von Kontaktstelle entfernen, ohne ihn direkt zu berühren.
- Bewusstlosen in Seitenlage bringen und Atemwege frei machen.
- Wiederbelebung mit Atemspende und Herzmassage.
- Sofortige Benachrichtigung eines Arztes zur weiteren Versorgung veranlassen.

Sekundärunfälle

Zahlreiche Unfälle geschehen als Folgeerscheinung einer Berührung mit Strom führenden Teilen. Das Unfallopfer erschrickt aufgrund des Stromschlags so heftig, dass es völlig falsch reagiert. Stürze von Leitern oder Verletzungen an Maschinen können Folgen von Stromschlägen sein.

Übungsaufgaben ET-86 bis ET-89

6.1.2 Allgemeine Schutzmaßnahmen

- Alle spannungsführenden Teile müssen mit Isolierungen oder Abdeckungen versehen sein.
- Alle Anlagen und Geräte mit einer Spannung über 50 Volt Wechselspannung bzw. 120 Volt Gleichspannung müssen mit Maßnahmen zum Schutz für den Bediener versehen sein, wenn ein Defekt an den Isolierungen auftreten sollte – **VDE-Bestimmungen.** Das *VDE-Zeichen* garantiert die Einhaltung der geltenden Schutzvorschriften für die Bauart dieses Gerätes.

VDE-Zeichen

- Arbeiten an unter Spannung stehenden Anlagen sind strengstens verboten.
- Arbeiten an elektrischen Anlagen sind nur von Fachkräften auszuführen.

Nur autorisierte Fachkräfte dürfen an elektrischen Anlagen arbeiten. Es besteht ein strenges Verbot, an Anlagen, die Spannung führen, zu arbeiten.

6.2 Leitungs- und Geräteschutzeinrichtungen

6.2.1 Leitungsquerschnitte nach DIN VDE 0100

Elektrogeräte und elektrische Leitungen können bei Überlastung durch eine zu hohe Stromstärke beschädigt oder zerstört werden, da sich die Strom führenden Teile erwärmen.
In den DIN VDE-Bestimmungen ist z.B. festgelegt, dass sich Leitungen mit PVC-Isolierungen bei gängiger Verlegeart wie in Installationsrohren oder Kanälen bis maximal 70 °C erwärmen dürfen. Die Erwärmung eines Leiters wächst mit steigender Stromstärke und sinkendem Leiterquerschnitt. Aus diesem Grund ist für jeden Leiterquerschnitt die maximal zulässige Stromstärke in den DIN VDE-Bestimmungen festgelegt.

Mindestquerschnitt für 2 belastete Cu-Leitungen in mm^2	Nennstrom der Sicherungen in A
1,5	13
2,5	16
4	25
6	35

Auszug aus DIN VDE 0100 für Mehraderleitungen verlegt in Installationsrohren

6.2.2 Schmelzsicherungen

Schmelzsicherungen werden als schwächstes Glied am Anfang eines Stromkreises eingebaut. Die auswechselbare Sicherungspatrone ist mit einem dünnen Schmelzdraht im Sandbett versehen. Der Gesamtstrom fließt durch diesen Schmelzdraht, so dass dieser bei einer Überschreitung der zulässigen Stromstärke schmilzt. Damit wird der Stromfluss unterbrochen.
Schmelzsicherungen werden entsprechend dem vorhandenen Leiterquerschnitt eingebaut. Um eine Verwendung zu starker Sicherungen zu erschweren, hat der Fußkontakt der Sicherungspatrone einen festgelegten Durchmesser, der in einen Passring des Sicherungssockels passen muss.
Ein farbiges Signalplättchen, welches von einer Feder herausgedrückt wird, zeigt an, ob der Schmelzdraht durchgebrannt ist. *Schmelzsicherungen dürfen nicht geflickt werden.*

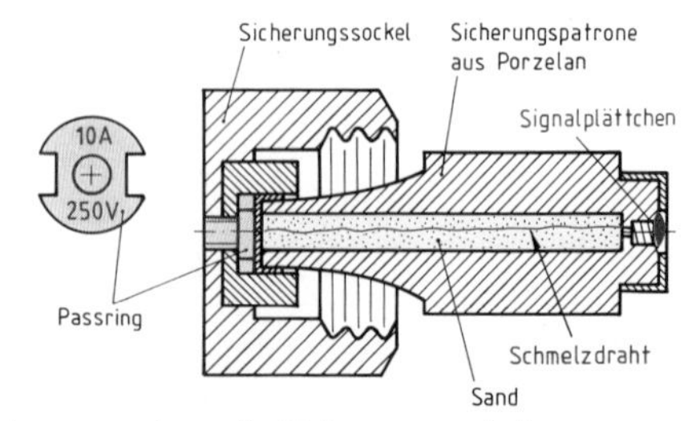

Sicherungspatrone im Sicherungssockel

Nennstrom ≙ Höchststrom	Kennfarbe für Sicherung u. Passring
8 Ampere	grün
10 A	rot
16 A	grau
20 A	blau
25 A	gelb

Schmelzsicherungen und ihre Kennfarben

Schmelzsicherungen müssen auf den verwendeten Leiterquerschnitt abgestimmt sein. Schmelzsicherungen dürfen nicht überbrückt oder geflickt werden.

6.2.3 Schutzschalter

Ein Schalter, der bei zu hoher Stromaufnahme, bei Überhitzung als Folge längerer Überlastung oder bei Fehlerspannung selbsttätig öffnet, wird als Schutzschalter bezeichnet.

Schutzschalter können auf verschiedene Arten ausgelöst werden:

- durch Wärmewirkung des elektrischen Stromes – thermische Auslöser,
- durch magnetische Wirkung des elektrischen Stromes – elektromagnetische Auslöser.

Thermische Auslöser

Thermische Auslöser arbeiten mit Bimetallen. Das Bimetall besteht aus zwei miteinander fest verschweißten Metallstreifen. Die beiden Metalle dehnen sich bei Erwärmung unterschiedlich stark aus – so kommt es zur Krümmung. Diese Krümmung nutzt man zum Betätigen von Kontakten, die den Stromkreis unterbrechen. Da das Bimetall erst bei ausreichender Krümmung als Folge der Erwärmung die Kontakte öffnet, arbeitet es immer mit Zeitverzögerung.

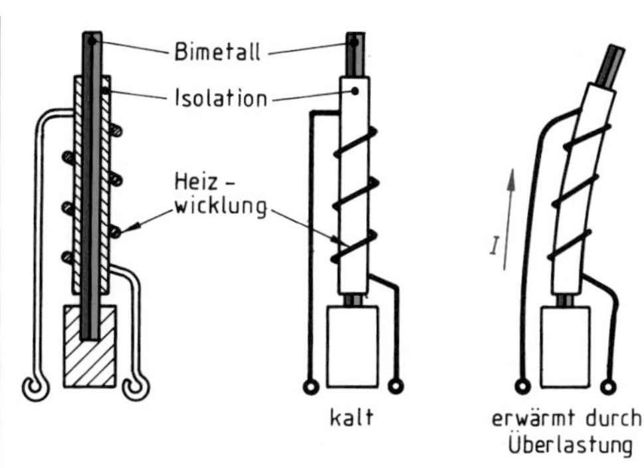

Auslösung durch Bimetall

Elektromagnetische Schnellauslöser

Beim Auftreten eines Kurzschlussstromstoßes wird der Schlaganker in die Magnetspule hineingezogen und der Stößel herausgeschlagen.

Elektromagnetische Schnellauslöser schalten sofort.

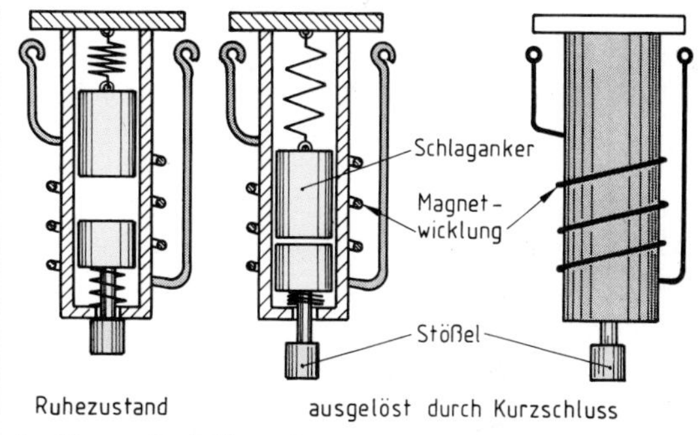

Auslösung durch Magnet

Beispiel für einen Schutzschalter mit thermischer und magnetischer Auslösung

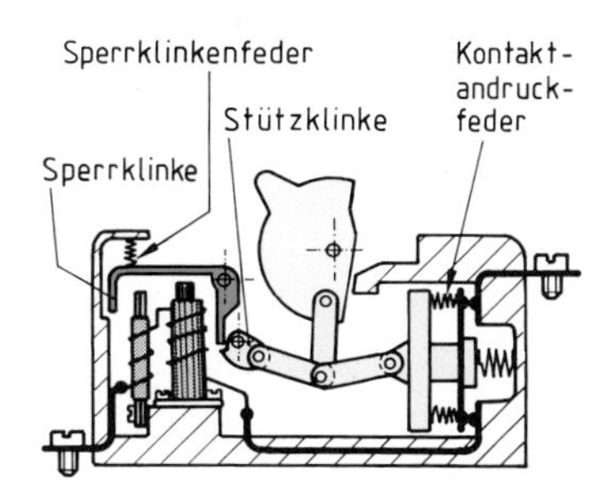

Eingeschaltet

Der Kniehebel ist gestreckt, die Kontaktandruckfedern halten den Schalter geschlossen.

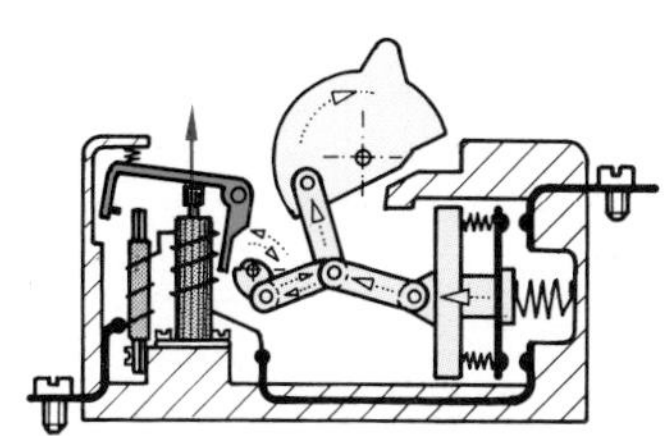

Schnellauslösung bei Kurzschluss

Der Stößel des Schnellauslösers „schlägt" dem Kniehebel die Stütze weg. Die gespannten Federn lösen den Schalter aus.

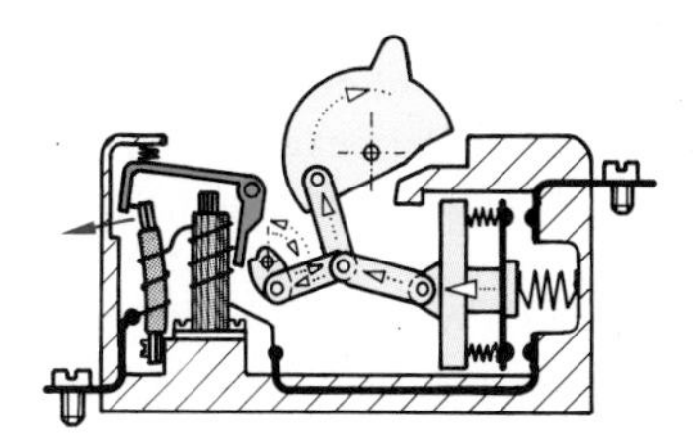

Verzögerte thermische Auslösung bei Überlastung

Das gekrümmte Bimetall drückt ebenfalls die Stütze des Kniehebels weg.

Übungsaufgabe ET-94

6.3 Schutzmaßnahmen gegen gefährliche Körperströme

Die Schutzmaßnahmen, die den menschlichen Körper gegen gefährliche Ströme schützen sollen, lassen sich in zwei Gruppen unterteilen:

Arten von Schutzmaßnahmen

Netzunabhängige Schutzmaßnahmen

Der Schutz ergibt sich durch die Bauweise der Geräte (Verbraucher), z.B.
- Schutzisolierung
- Schutzkleinspannung

Netzabhängige Schutzmaßnahmen

Der Schutz ergibt sich durch einen Schutzleiter im Stromversorgungsnetz, z.B.
- Schutzerdung
- Fehlerstromschutzschalter
- Not-Aus-Schalter

6.3.1 Schutzisolierung

Ortsveränderliche Betriebsmittel – z. B. eine Handbohrmaschine – sind mit einer Schutzisolierung versehen.
Eine Auskleidung des Maschinengehäuses mit einer Isolierschicht bzw. ein Gehäuse aus Kunststoff verhindert, dass im Falle eines Fehlers Gehäuseteile unter Spannung geraten.
Das Gerät muss bei dieser Isolierung mit einem Profilstecker ohne Schutzkontakt ausgestattet werden. Die Anschlussleitung ist mit dem Stecker fest verbunden. Schutzisolierung wird angewendet bei Elektrowerkzeugen (z.B. Handbohrmaschine), Haushaltsgeräten, Leuchten und Kleingeräten (z.B. Elektrorasierern).

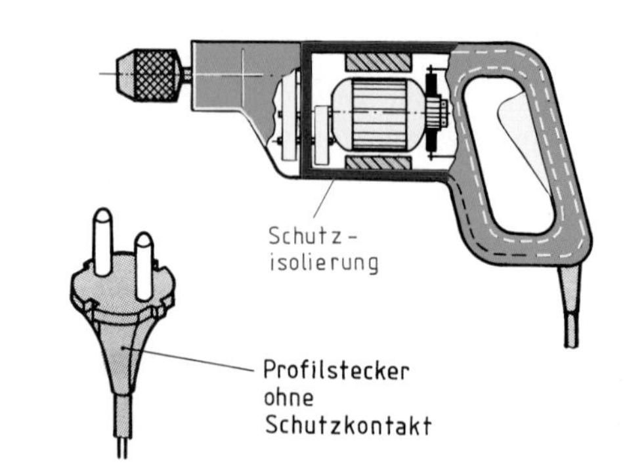

Handbohrmaschine mit Schutzisolierung

Schutzisolierung verhindert Fehlerspannung an Betriebsmitteln.
Betriebsmittel mit Schutzisolierung haben Profilstecker ohne Schutzkontakt.

6.3.2 Schutzkleinspannung

Als Schutzkleinspannung bezeichnet man Wechselspannungen bis 50 V. Einem Verbraucher wird ein Transformator vorgeschaltet, oder dieser ist ein fest installierter Bestandteil des Gerätes.
Der Trafo formt die Netzspannung in die Kleinspannung um. Die Sekundärseite, an die der Verbraucher angeschlossen ist, hat keine leitende Verbindung zum Netz. Dies und die niedrige Spannung sind eine wirksame Schutzmaßnahme. Geräte mit Schutzkleinspannung dürfen auf der Sekundärseite keine Anschlussklemme für einen Schutzleiter besitzen.

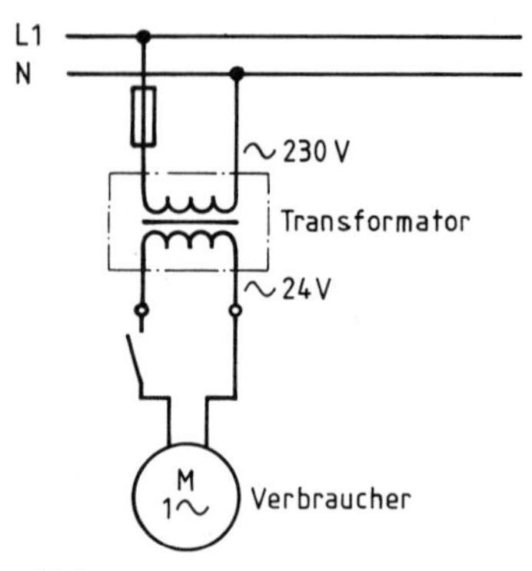

Schutzkleinspannung

Eine Schutzkleinspannung bis 50-V-Wechselspannung erzeugt man durch einen dem Verbraucher vorgeschalteten Transformator.
Die Kleinspannungsseite hat keine leitende Verbindung zum Stromnetz.

6.3.3 Schutzerdung

Von einer Schutzerdung spricht man, wenn die nicht Strom führenden Teile von Betriebsmitteln (Verbraucher) über einen Schutzleiter mit einem **Erder** verbunden sind.
Erder sind großflächige leitende Metallteile, die in Oberflächennähe, in Fundamenten oder als Tiefenerder elektrische Ströme in das Erdreich ableiten. Erder dürfen nur einen begrenzten Übergangswiderstand zum Erdreich haben. Dadurch entstehen zwischen einer Person, die das wegen des Fehlers spannungsführende Bauteil berührt, und der Erde nur geringe Spannungsdifferenzen. Diese sind ungefährlich.

Benennung des Schutzleiters: **PE** (**p**rotection **e**arth [engl.] = Schutzerde)
Kennfarbe: grün/gelb

Symbol: 

Schutzerdung verhindert hohe Berührungsspannung.

6.3.4 Fehlerstromschutzschalter

Fehlerstromschutzschalter schützen den Menschen vor Schäden durch den elektrischen Strom. Sie schalten das angeschlossene Betriebsmittel innerhalb von 0,2 Sekunden ab, wenn ein Fehlerstrom wegen eines Isolationsfehlers fließt.
So lange die Ursache für die Abschaltung des Betriebsmittels *nicht* beseitigt ist, kann der Fehlerstromschutzschalter *nicht* wieder eingeschaltet werden.
Fehlerstromschutzschalter werden meist kurz als FI-Schutzschalter bezeichnet.

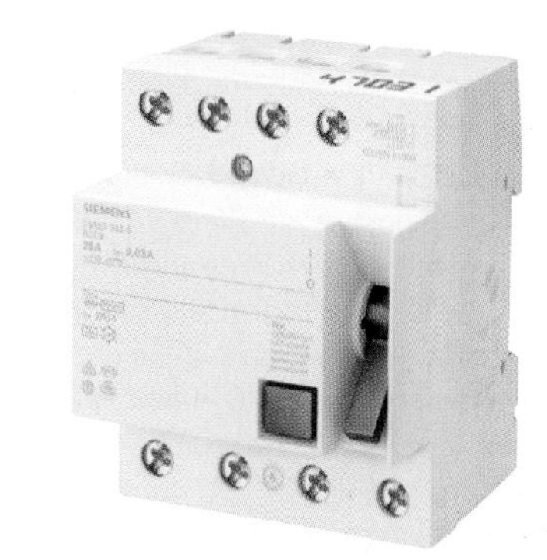

Fehlerstromschutzschalter

Fehlerstromschutzschalter dienen dem Personenschutz. Nach Abschalten durch einen Fehlerstromschutzschalter ist das Wiedereinschalten des Betriebsmittels nur nach Beseitigung der Störungsursache möglich.

6.4 Kennzeichnung elektrischer Geräte und Schutzsymbole

Die technischen Daten eines elektrischen Gerätes kann man dem Leistungsschild auf dem Gerät entnehmen. Die richtige Deutung der Kennzeichnung kann lebenswichtig sein, besonders, wenn das Gerät bei der Benutzung feucht werden kann. Manche Geräte sind auch nur für Kurzzeitbetrieb geeignet.

Schutzsymbole

Symbole	Bedeutung
V D E	VDE-geprüft auf Sicherheit
	schutzisoliert
	funkentstört
Ex	explosionsgeschützte Ausführung
	regengeschützt

Symbole	Bedeutung
	strahlwassergeschützt
	spritzwassergeschützt
	wasserdicht
...bar	druckwasserdicht
	staubgeschützt
	staubdicht

Quellenverzeichnis

Den nachfolgend aufgeführten Firmen danken wir für die Überlassung von Informationsmaterial, Fotos, Vorlagen und fachlicher Beratung:

August Berghaus GmbH & Co. KG, Remscheid: S. 416.1, 416.2
BAUBLIES AG, Renningen: S. 417.1-3
Bauer Gear Motor, Esslingen: S. 543.1
BESSEY TOOL GMBH&CO.KG, Bietigheim-Bissingen: S. 20.1-4
Bildungsverlag EINS GmbH: S. 162.1, 162.2, 212.1, 228.1-4, 232.1, 266.2, 242.1, 242.3, 242.4, 243.2, 242.3, 256.2a, 256.2b, 352.1, 435.1, 455.1, 455.2, 457.1, 553.1, 553.2, 554.1, 554.2, 555.1, 560.1, 568.2
BMW AG, München: S. 571.1
Carl Zeiss Industrielle Messtechnik GmbH, Oberkochen: S. 528.1
CeramTec GmbH, Plochingen: S. 578.1
CERATIZIT Austria GmbH, Austria-6600 Reutte: S. 152.2-4
DESCH Antriebstechnik GmbH & Co. KG, Arnsberg: S. 192.1, 192.2
Drechselbedarf K. Schulte, Geeste, S. 506.1
EMCO Maier Ges.m.b.H., A – Hallein-Taxach: S. 114.1, 114.2, 245.1
Ernst Reime Vertriebs GmbH, Präzisions-Gewindetechnik, Feucht b. Nürnberg: S. 34.1
Fraunhofer IPT, Aachen (Fotograf A. Peters): S. 406.1
Fraunhofer IPT, Aachen (Fotograf G. Flüchter): S. 405.1
Fraunhofer IST, Braunschweig: S. 405.2, 405.3
Fraunhofer-Institut für Werkstoff- und Strahltechnik IWS Dresden, Dresden: S. 256.1
Gießerei Heunisch GmbH, Bad Windsheim: S. 568.3
GILDEMEISTER Aktiengesellschaft, Bielefeld: S. 317.1, 334.1, 334.2, 439.2, 439.3
GKN Service International GmbH, Rösrath: S. 197.2
Gleser GmbH RÄUMTECHNIK-SYSTEMFERTIGUNG, Velbert: S. 414.2
Gotthilf Walter GmbH, Spezialfabrik für Teilapparate, Ötisheim: S. 131.2
Gühring oHG, Albstadt: S. 28.3, 61.2, 118.1, 118.2, 318.2, 318.3
Wilh. Hahndorf Maschinenbau GmbH, Dassel: S. 416.4, 416.5
HAHN & KOLB Werkzeuge GmbH, Stuttgart: S. 122.1-3, 494.1, 496.1, 501.1-6, 506.2
HAINBUCH GMBH SPANENDE TECHNIK, Marbach: S. 86.2
Hartmetallwerkzeugfabrik Andreas Maier GmbH, Schwendi-Hörenhausen: S. 55.1
Hartmetall-Werkzeugfabrik Paul Horn GmbH, Tübingen: S. 105.1, 105.2, 408.1-5
haspa GmbH, Ittlingen: S. 197.3a, 197.3b
HEDELIUS Maschinenfabrik GmbH, Meppen: S. 358.1, 358.2
HEIDENHAIN, Traunreut: S. 372.3
HEINRICH HACHENBACH Werkzeugfabrik GmbH&Co. KG, Ehringshausen: S. 117 4, 117.6, 117.8
HERCULES Accell Germany GmbH, Sennfeld/Schweinfurt: S. 39.1, 231.1
HIRSCHMANN GmbH, Fluorn-Winzeln: S. 425.3
Hofmann Mess- und Auswuchttechnik GmbH & Co. KG, Pfungstadt: S. 385.1, 411.1
HOFFMANN Räumtechnik GmbH, 75175 Pforzheim: S. 415.2
INDEX-Werke GmbH & Co. KG Hahn & Tessky, Esslingen: S. 335.2, 432.1-3
Inductoheat Europe GmbH, Reichenbach: S. 558.1, 558.2
Ingersoll Werkzeuge GmbH, Haiger: S. 53.2, 53.3, 116.3, 119.1
Interflon Deutschland GmbH, Nettetal: S. 257.3a
ISCAR Germany GmbH, Ettlingen: S. 370.1
joke Technology GmbH, Bergisch-Gladbach: S. 393.1-3
KARL DEUTSCH Prüf- und Messgerätebau GmbH & Co KG, Wuppertal: S. 592.1
Kern GmbH, Großmaischeid: S. 580.1
KNUTH Werkzeugmaschinen GmbH, Wasbek: S. 28.5, 524.3
Kordt GmbH & Co. KG, Eschweiler: S. 506.5
KUKA Roboter GMBH, Augsburg: S. 465.1
LMT GmbH & Co. KG, Schwarzenbek: S. 116.4, 116,5, 121.1, 121.2

LMT KIENINGER GmbH, Lahr: S. 413.2-4
LMpv Leichtmetall-Produktion & Verarbeitung GmbH, Oranienbaum: S. 161.1
Ludwig Hunger Werkzeug- und Maschinenfabrik GmbH, München: S. 128.b
Mahr GmbH, Göttingen: S. 493.1, 497.1, 504.1a, 504.1b, 506.3, 506.4, 525.1, 529.1
MAPAL Dr. Kress KG, Aalen: S. 127.1, 127,5, 127.6
MATRIX GmbH Spannsysteme & Produktionsautomatisierung, Ostfildern: S. 143.2
Messer Cutting Systems GmbH, Groß-Umstadt: S. 178.1
A. Monforts Werkzeugmaschinen GmbH & Co. KG, Mönchengladbach: S. 67.1, 353.1
MOTORENFABRIK HATZ GmbH & Co. KG, Ruhstorf a.d. Rott: S. 45.1
Nederman GmbH, Köngen: S. 158.1
Olsberg Hermann Everken GmbH, Olsberg: S. 569.3
Optimum Maschinen Germany GmbH, Hallstadt/Bamberg: S. 71.1, 80.2-4, 135.1
Ortlinghaus-Werke GmbH, Wermelskirchen: S. 204.1
pekrun Getriebebau GmbH, Iserlohn: S. 209.1
Peter Wolters GmbH, Rendsburg: S. 400.1, 404.1
PRESTO International UK Ltd, Sheffield (GB) und GEBR. DAPPRICH GmbH, Wuppertal (D): S. 52.1
PWA HandelsgesmbH Linz/Austria: S. 143.1
H. Richter Vorrichtungsbau GmbH, Langenhagen: S. 89.1, 89.2
Robert Bosch GmbH, Leinfelden-Echterdingen: S. 20.5
Röders GmbH, Soltau: S. 407.1, 407.2
Röhm GmbH, Sontheim, S. 85.1, 87.1, 87.2, 88.1, 374.1
ROTHENBERGER Werkzeuge GmbH, Kelkheim: S. 43.1, 43.2
RUKO GmbH Präzisionswerkzeuge, Holzgerlingen: S. 28.1, 28.2, 28.4, 53.1
Sandvik Tooling Deutschland GmbH – Geschäftsbereich Coromant, Düsseldorf: S. 93.1
H. Sartorius Nachf. GmbH & Co. KG , Ratingen: S. 69.1-4, 127.7, 127.8, 128.1a, 257.2
Schaeffler GmbH, Herzogenaurach: S. 194.2-5
SCHÜTZ + LICHT Prüftechnik GmbH, Langenfeld: S. 590.1, 590.2
SEW-EURODRIVE GmbH & Co. KG, Bruchsal: S. 211.1
Siemens AG, Regensburg: S. 621.1
Stahl- und Metallbau IHNEN GmbH & Co. OHG, Aurich: S. 182.1
STAMA Maschinenfabrik GmbH, Schlierbach: S. 442.1, 443.1, 444.1-3, 451.1-3, 452.1-7
Stefan Diller Photographie, Würzburg: S. 240.1
Technische Berufsfachschule Lette-Verein Berlin, Abt. Metallographie und Physikalische Werkstoffanalyse, Berlin: S. 64.2, 64.3, 65.1, 65.2, 66.12
Tesa Technology Deutschland GmbH, Ludwigsburg: S. 475.1, 495.1
TRILUX GmbH & Co. KG, Arnsberg: S. 257.1
Walter AG, Tübingen: S. 426.2, 426.3
WEILER Werkzeugmaschinen GmbH, Emskirchen/Mausdorf: S. 236.1
Wikipedia creativ commons/Glenn McKechnie: S. 154.1, 163.1
Zeilhofer Handhabungstechnik GmbH & Co.KG, Feldkirchen: S. 429.1
Zerzog GmbH & Co. KG, Ottobrunn bei München: S. 241.1
E. Zoller GmbH & Co. KG Einstell- und Messgeräte, Pleidelsheim: S. 331.1

Zeichnungen:
Bildungsverlag EINS GmbH, MD-Grafikdesign Michele Di Gaspare, Bergheim

Sachwortverzeichnis

F

G

H

N

O

P

Q

R

S

T

U

V

W

Y

Z